Klassische Texte der Wissenschaft

Begründet von
Olaf Breidbach, Institut für Geschichte der Medizin, Universität Jena, Jena, Deutschland
Jürgen Jost, Max-Planck-Institut für Mathematik in den Naturwissenschaften, Leipzig, Deutschland

Herausgegeben von
Jürgen Jost, Max-Planck-Institut für Mathematik in den Naturwissenschaften, Leipzig, Deutschland
Armin Stock, Zentrum für Geschichte der Psychologie, Universität Würzburg, Würzburg, Deutschland

Die Reihe bietet zentrale Publikationen der Wissenschaftsentwicklung der Mathematik, Naturwissenschaften, Psychologie und Medizin in sorgfältig edierten, detailliert kommentierten und kompetent interpretierten Neuausgaben. In informativer und leicht lesbarer Form erschließen die von renommierten WissenschaftlerInnen stammenden Kommentare den historischen und wissenschaftlichen Hintergrund der Werke und schaffen so eine verlässliche Grundlage für Seminare an Universitäten, Fachhochschulen und Schulen wie auch zu einer ersten Orientierung für am Thema Interessierte.

Weitere Bände in der Reihe https://link.springer.com/bookseries/11468

Michael Mielewczik · Michal V. Simunek ·
Uwe Hoßfeld
(Hrsg.)

Gregor Mendel

Versuche über Pflanzen-Hybriden

Unter Mitarbeit von Janine Moll-Mielewczik

Hrsg.
Michael Mielewczik
8106 Adlikon bei Regensdorf, Schweiz

Uwe Hoßfeld
AG Biologiedidaktik, Universität Jena
Jena, Deutschland

Michal V. Simunek
Institut für Zeitgeschichte, Akademie der
Wissenschaften der Tschechischen Republik
Prag 6, Tschechische Republik

ISSN 2522-865X   ISSN 2522-8668 (electronic)
Klassische Texte der Wissenschaft
ISBN 978-3-662-57975-6   ISBN 978-3-662-57976-3 (eBook)
https://doi.org/10.1007/978-3-662-57976-3

Die Deutsche Nationalbibliothek verzeichnet diese Publikation in der Deutschen Nationalbibliografie; detaillierte bibliografische Daten sind im Internet über https://portal.dnb.de abrufbar.

© Springer-Verlag GmbH Deutschland, ein Teil von Springer Nature 2024, korrigierte Publikation 2025

Das Werk einschließlich aller seiner Teile ist urheberrechtlich geschützt. Jede Verwertung, die nicht ausdrücklich vom Urheberrechtsgesetz zugelassen ist, bedarf der vorherigen Zustimmung des Verlags. Das gilt insbesondere für Vervielfältigungen, Bearbeitungen, Übersetzungen, Mikroverfilmungen und die Einspeicherung und Verarbeitung in elektronischen Systemen.
Die Wiedergabe von allgemein beschreibenden Bezeichnungen, Marken, Unternehmensnamen etc. in diesem Werk bedeutet nicht, dass diese frei durch jedermann benutzt werden dürfen. Die Berechtigung zur Benutzung unterliegt, auch ohne gesonderten Hinweis hierzu, den Regeln des Markenrechts. Die Rechte des jeweiligen Zeicheninhabers sind zu beachten.
Der Verlag, die Autoren und die Herausgeber gehen davon aus, dass die Angaben und Informationen in diesem Werk zum Zeitpunkt der Veröffentlichung vollständig und korrekt sind. Weder der Verlag, noch die Autoren oder die Herausgeber übernehmen, ausdrücklich oder implizit, Gewähr für den Inhalt des Werkes, etwaige Fehler oder Äußerungen. Der Verlag bleibt im Hinblick auf geografische Zuordnungen und Gebietsbezeichnungen in veröffentlichten Karten und Institutionsadressen neutral.

Planung/Lektorat: Stefanie Wolf
Springer Spektrum ist ein Imprint der eingetragenen Gesellschaft Springer-Verlag GmbH, DE und ist ein Teil von Springer Nature.
Die Anschrift der Gesellschaft ist: Heidelberger Platz 3, 14197 Berlin, Germany

Das Papier dieses Produkts ist recyclebar.

That book seems a very load of Sisyphus.
When it's rolled up, nearly all comes rolling down again.

William Bateson[1]

---

[1] **William Bateson (1861–1926)** am 4. April 1910 in einem Brief an den Zoologen Ross Granville Harrison (1870–1959) zu Schwierigkeiten bei der Fertigstellung seines Buchs „*Problems of Genetics*" (Bateson 1979, S. vii.). S. a. Fußnote 17.

Die Originalversion des Buchs wurde revidiert. Ein Erratum ist verfügbar unter https://doi.org/10.1007/978-3-662-57976-3_10

Danksagung

Ein besonderer Dank geht an Prof. Dipl.-Ing. Dr. Peter Ruckenbauer (Wien/St. Stephan ob Stainz), dessen Ableben wir leider im April 2019 mit großer Trauer tragen mussten und PhDr. Jiří Sekerák, PhD (Brno), die den Autoren bei den Vorarbeiten zur vorliegenden Edition sehr behilflich waren sowie Dr. Janine Moll (Zürich) und Prof. Dr. Hartmut Greven (Düsseldorf) für viele hilfreiche Kommentare und Korrekturen. Dank gilt auch Dr. Susanne Tittmann (Hochschule Geisenheim), Dr. Johannes Pfeifer (vormals ETH Zürich) und Monika Poulter für viele interessante Gespräche und Diskussionen. Dr. Karl Porges (Jena) sei herzlich dafür gedankt, dass er uns gestattet hat, seine Ausarbeitungen zur Rezeption von Mendel in den Schulen der DDR zu verwenden. Dies gilt auch für Prof. Dr. Bruno Studer (ETH Zürich) und Prof. Darrel Francis (Imperial College London) für Ihre Unterstützung, Kommentare und Hilfe bei der Erstellung eines Tagungsbandbeitrages zur Rezeption Gregor Mendels im 19. Jahrhundert. In stark umgearbeiteter Form bildete dieser die Grundlage für das sechste Kapitel des vorliegenden Buchs. Ein ganz herzliches Dankeschön des Erstautors gilt Goetz Richter (Rothamsted Research, UK), Tobias Löffler (Universität Düsseldorf) sowie Ronja, Oliver und Patricia Kunze für ihre vielfältige und außerordentliche Hilfe während des Pandemie-Jahres 2020. Ebenso dankbar sind die Editoren der Geschäftsführung des Springer-Verlages und vor allem dem Herausgeber der Reihe, Prof. Dr. Jürgen Jost (Leipzig), für Interesse an dieser Arbeit.

Zuletzt möchte sich der Erstautor des Buches zutiefst bei seiner Mutter Renate Mielewczik bedanken, die in ihren letzten Lebenstagen eine große Freude daran hatte, die Korrekturfahne unseres Buches durchzusehen, bevor sie unerwartet und leider viel zu früh verstorben ist. Dieses Buch ist ihr und ihrem Enkel Kasimir gewidmet.

Einleitung

Unter den klassischen Werken der Naturwissenschaften nehmen die Arbeiten des Mittelschullehrers, Ordensmitglieds sowie Priors der Eremiten des Heiligen Augustinus, d. h. eines Bettelordens der Augustiner, Gregor Johann Mendel (1822–1884), eine herausragende Stellung ein. Sein Ruhm basiert auf seinem wichtigsten Werk zu Kreuzungsexperimenten von Pflanzenhybriden und den darin besprochenen kombinatorischen Regeln der Vererbung. Mendels Artikel *„Versuche über Pflanzen-Hybriden"* aus dem Jahr 1866, in dem er die wichtigsten Erkenntnisse dieser an Erbsen durchgeführten Beobachtungen und Schlussfolgerungen niedergeschrieben hat, zeichnet sich insbesondere durch eine sehr durchdachte mathematische und statistische Analyse einer biologischen Fragestellung aus. Seine Analysen waren auch deshalb erfolgreich, weil er einen gelungenen Modellorganismus auswählte und ihm für seine Auswertungen eine ausreichend große Zahl von Replikaten bzw. Stichprobengröße zu Verfügung stand. Mendel verwendete eine originelle Versuchsanordnung, bei welcher er auch auf Kontrollexperimente und Rückkreuzungen zurückgriff. Die bahnbrechenden Erkenntnisse seiner Arbeiten erlangte er vor allem deshalb, weil er sich methodisch auf die Betrachtung einzelner diskreter Merkmalspaare konzentrierte, die sich in ihrer Erscheinung klar voneinander unterschieden ließen. Sein Artikel zeichnet sich durch eine ihm eigene, besonders ausgeprägte Beobachtungsgabe aus, die er geschickt mit seiner didaktischen Fähigkeit zur präzisen Erläuterung komplexer Sachverhalte verband. Stark verkürzt und in modernerer Form ausgedrückt, beobachtete Mendel in seinen Versuchen, dass bei der Kreuzung von homozygoten Individuen, die sich nur in einem Merkmal unterschieden (beispielsweise in der Farbe der Samen: gelb und grün), alle Individuen der nächsten Generation in Bezug auf die Ausprägung dieses Merkmals uniform waren, wobei eines der beiden Merkmale dominierte. Wurden die heterozygoten Individuen dieser Filialgeneration untereinander gekreuzt, so kam es zu einer Aufspaltung in der folgenden Generation, welche einem festen Zahlenverhältnis (3:1) in der Anzahl der Individuen entsprach, in denen jeweils eines der beiden Merkmale ausgeprägt war. Verwendete Mendel Pflanzen, die sich in mehreren äußeren Merkmalspaaren voneinander unterschieden, so stellte er fest, dass er ähnliche Beobachtungen machen konnte. Die Aufspaltung der Häufigkeit der jeweiligen Merkmale in den Individuen in der zweiten Filialgeneration war jedoch hinsichtlich der einzelnen Merkmalspaare voneinander unabhängig, so dass sich im Erscheinungsbild der Nachkommen nun neue Kombinationen ergaben. Auch hier fand er durchschnittliche Zahlenverhältnisse für die Häufigkeit von möglichen Merkmalskombinationen der Nachkommen, wobei sich durch die größere Zahl an möglichen Kombinationen in den einzelnen Merkmalen komplexere numerische Verhältnisse ergaben. Bemerkenswert ist die Tatsache, dass sich Mendels Analyse nicht nur auf die Ausprägung einzelner Merkmale in der Gestalt und Aussehen einzelner Pflanzen beschränkt hat. Vielmehr war es ihm bereits damals möglich (obwohl wichtige biologische Konzepte und Grundlagen wie Meiose, Chromosomen oder das Vorhandensein von Genen noch nicht bekannt waren), Rückschlüsse dahingehend zu ziehen, dass es neben den äußeren Eigenschaften der Pflanze auch solche einer inneren Gestalt gibt. Für diese wählte Gregor Mendel damals die Begriffe „Anlagen" und „Faktoren". Letztere sind dann im Zeitalter der Genetik später als Gene bzw. Genotyp umgedeutet worden.

Waren diesen Untersuchungen noch zu Lebzeiten Mendels nur eine geringe Aufmerksamkeit vergönnt, so änderte sich dies maßgeblich im Jahr 1900 als Carl Correns[2],

---

[2] **Carl Erich Franz Joseph Correns (1864–1933)** war ein deutscher Botaniker und Genetiker. Nach dem Studium der Botanik, Chemie und Physik an den Universitäten in München, Graz, Berlin und Leipzig promovierte er 1889 in München bei Carl W. von Nägeli (s. a. Kap. 1., Fußnote : 31). Im Jahr 1891 habilitierte sich C. Correns in Tübingen, wo er 10 Jahre als Privatdozent tätig war. In dieser Zeit führte er Kreuzungsexperimente, u. a. an Mais und Erbsen (1896–1899) durch, in denen er ähnl. Ergebnisse wie Gregor Mendel erzielte und wobei er auch auf dessen Publikation zu Versuchen an Pflanzenhybriden stieß. 1892 erhielt Correns die *venia legendi* und heiratete Elisabeth Widmer (1862–1952), die Nichte seines Doktorvaters, die im Hause Nägeli aufgewachsen war und Correns wissenschaftlich unterstützte. Durch diese familiäre Verbindung gelangte Correns in den Besitz von Briefen G. J. Mendels an Nägeli, welche er später transkribierte und als Ergänzung zu Mendels Experimenten publizierte. Nach der „Wiederentdeckung" wurde Correns 1902 zum außerordentlichen Professor nach Leipzig und 1909 als ordentlicher Professor nach Münster berufen, wo er an beiden Orten weiter genetische Grundlagenforschung betrieb. 1914 erfolgte die Ernennung zum Direktor des neu gegründeten Kaiser Wilhelm-Instituts für Biologie in Berlin-Dahlem. Biogr. Ang. n. Stein 1950; Renner 1957; Rheinberger 1995, 2003, 2015, Zimmermann 1924. Zur „Wiederentdeckung" der Mendelschen Regeln durch Correns s. a. Abschn. 7.1.

Hugo de Vries[3] und Erich von Tschermak-Seysenegg[4] diese „wiederentdeckten" und damit begannen, Mendels Erkenntnisse zu popularisieren und weiterzuentwickeln. Die „Wiederentdeckung" von Mendels Arbeiten, insbesondere der später nach ihm benannten

---

[3] **Hugo Marie de Vries (1848–1935)** war ein niederl. Biologe und Botaniker. Nach dem Studium in Leiden wurde er 1870 mit seiner Arbeit *„Über den Einfluss der Temperatur auf die Lebenserscheinungen der Pflanzen"* promoviert. Nach mehreren Studienaufenthalten im Ausland, u. a. bei Julius Sachs (1832–1897) in Prag, wurde er 1878 zum außerordentlichen Professor für Pflanzenphysiologie an der Universität in Amsterdam berufen. Von 1885 bis 1918 war er zudem Direktor am dortigen Botanischen Garten. De Vries hat selbst umfangreiche Kreuzungsexperimente durchgeführt und ist dabei auf ähnliche Ergebnisse wie G. J. Mendel gestoßen, wobei er u. a. auch das bekannte 3:1 Verhältnis entdeckte. Seine bedeutendsten wissenschaftlichen Arbeiten waren sein Opus zur *„Mutationstheorie"* sowie seine darauf aufbauenden Vorlesungen, in welchen er auch umfassend auf die Mendelschen Regeln einging (de Vries 1901, 1903, 1910, 1911, 1912). Biogr. Ang. n. Margadant 1979; Zevenhuizen 1998. Für eine umfassende Biographie s. Zevenhuizen 2008. Zur „Wiederentdeckung" durch de Vries s. a. Abschn. 7.1.

[4] **Erich Tschermak (1871–1962)** war ein österr. Pflanzenzüchter und Botaniker. Sein Vater war der Mineraloge Gustav Tschermak (1836–1927), der ebenso wie Mendel aktives Mitglied im Naturforschenden Verein in Brünn gewesen ist. Sein Großvater war der Botaniker Eduard Fenzl (1808–1879), bei dem Mendel in Wien Botanik studiert hatte. Nach dem Studium der Landwirtschaft in Wien und Halle an der Saale begann Erich Tschermak in Gent 1898 mit Kreuzungsexperimenten an Erbsen. Im Rahmen dieser Versuche stieß er 1899 auf die Arbeit von Gregor Mendel. Wie die anderen beiden „Wiederentdecker" publizierte auch E. Tschermak seine eigenen Ergebnisse in mehreren Artikeln im Jahr 1900. Im Jahr 1906 erhob Kaiser Franz Joseph I. (1830–1916) seinen Vater Gustav in den erblichen Adelsstand und verlieh ihm das Prädikat *„Edler von Seysenegg"*. Publikationen von seinem Sohn erschienen seitdem unter den abgewandelten Namen Erich von Tschermak bzw. Erich von Tschermak-Seysenegg. Nach 1900 wandte er sich der praktischen Pflanzenzucht und Hybridisierung zu, wobei es ihm vor allem darum ging, in der Praxis vorteilhafte Varianten zu erzielen. Ab 1903 arbeitete er als Assistenzprofessor an der Wiener Hochschule für Bodenkultur. Seit 1906 hatte er dort, bis zu seiner Emeritierung im Jahr 1941, als Professor die Lehrkanzel für Pflanzenzüchtung, dem ersten derartigen Lehrstuhl in ganz Europa, inne. Biogr. Ang. n. Gliboff 2015; Ruckenbauer 2000; Simunek et al. 2011b; s. a. E. v. Tschermak-Seysenegg 1958. Zur „Wiederentdeckung" durch Tschermak-Seysenegg s. a. Abschn. 7.1.

Vererbungsregeln/Gesetzen (sog. Mendelschen Regeln[5]) im Jahr 1900, wird heute allgemein als ein Wendepunkt in der Entwicklung der modernen Biologie angesehen.[6]

Von 1859, dem Erscheinungsjahr von Charles Darwins *„On the Origin of Species"*, bis zur Jahrhundertwende ging es Evolutionsforschern vorrangig um das Beweisen der Evolution sowie das Aufstellen von Stammbäumen. Der Schwerpunkt ihrer Forschungen lag in der phylogenetischen Forschung und Betrachtung sowie in systematisch-taxonomischen Aufstellungen. Insgesamt lag der Fokus der Betrachtungen im Besonderen auf der Selektionstheorie von Darwin. Nach der „Wiederentdeckung" der Mendelschen Regeln kam es in der wissenschaftlichen Literatur zu einer Verschiebung dieses Fokus. Der wissenschaftliche Diskurs begann sich mehr auf die Deszendenztheorie zu verlagern[7]. Gleichzeitig vollzog die Biologie entscheidende Schritte von einer deskriptiven, philosophischen hin zu einer quantitativen und analytischen modernen Naturwissenschaft. Dies war auch eine entscheidende Voraussetzung für die Entstehung und Etablierung eines völlig neuen Faches innerhalb der Biowissenschaften – der Genetik (im deutschen Kontext Vererbungslehre bzw. Vererbungswissenschaft) – wobei diese Bezeichnung jedoch erst im Jahr 1905 geprägt bzw. etabliert wurde.[8]

---

[5] **Mendelsche Regeln:** Was genau unter den Mendelschen Regeln bzw. Gesetzen zu verstehen war und ist, unterscheidet sich seit der „Wiederentdeckung" teilweise erheblich in der Ansicht verschiedener Autoren. Im Deutschen wohl am weitesten verbreitet ist die Darstellung als Regeln sowie die Unterteilung in eine *„Uniformitätsregel"*, *„Spaltungsregel"* und *„Unabhängigkeitsregel"*. Demgegenüber stehen im Englischen terminologisch die Bezeichnungen als Gesetze: und zwar als *„Law of dominance"*, *„Law of independent assortment"* und *„Law of segregation"*. Alternative Bezeichnungen für die *„Uniformitätsregel"* waren insb. im Zeitalter der klassischen Genetik die Bezeichnungen *„Dominanz"*- und *„Prävalenzregel"*. Als weitere synonyme Bezeichnungen dieser Regeln sind in der historischen Literatur bspw. auch die Begriffe *„Vereinigungsregel"* sowie das „Gesetz von der Selbständigkeit der MerkmaleSelbständigkeit" zu finden. Demgegenüber sprach E. Tschermak bspw. von einem *„Gesetz von der Verschiedenwertigkeit der einzelnen Merkmale"* und dem *„Gesetz von der Aufspaltung der Nachkommenschaft der Hybriden in verschiedenen Merkmalskombinationen"*. Anstelle der *„Spaltungsregel"* bzw. d. *„Spaltungsgesetzes"* sprach man mitunter auch von einem *„Gesetz von der Reinheit der Gameten"*. Mit den Erkenntnissen Thomas Hunt Morgans u. a. wurden die Mendelschen Grundprinzipien dann noch um vier wesentliche Prinzipien erweitert: *„Die Kopplungsregel"*, die *„Regel von der begrenzten Zahl der Kopplungsgruppen"*, die *„Crossing-Over Regel"* und die *„Regel von der linearen Anordnung der Gene in den Chromosomen"* (Müller 2002, S. 448, s. a. Morgan 1919). Zu den Mendelschen Regeln s. a. den kritisch kommentierten Text von Mendels Artikel aus dem Jahr 1866 in der vorl. Ausgabe (Kap. 2).
[6] Siehe bspw. Bateson 1902; Bowler 1989; Carlson 2004; Dunn 1965a & 1965b; George 1975; Henig 2001; Hoßfeld, Simunek & Mielewczik 2017; Iltis 1924; Klein & Klein 2013; Kříženecký 1965a & 1965b; Krumbiegel 1967; Olby 1985; Orel 1965, 1984, 1996; Richter 1943; Sajner 1975; Sander 1988; Sapp 1990; Stern & Sherwood 1966; Weiling 1993/1994a. Einige Biologen, wie beispielsweise der Evolutionsbiologe Ernst Mayr (1904–2005), sahen in den Arbeiten Mendels gar eine Revolution (Mayr 1984, S. 2).
[7] Siehe hierzu Hoßfeld, Simunek & Mielewczik 2017.
[8] **Ursprung des Begriffs Genetik:** William Bateson, ein ausgesprochener Anhänger des Mendelismus, der nachhaltigen Anteil daran hatte diese Ideen in der englischsprachigen Fachwelt zu etablieren, benutzte den Term *„Genetics"* bzw. *„Science of Genetics"* erstmalig 1905 in einem Brief an den Zoologen Adam Sedgwick (1854–1913) (Bateson 2002 & Online:

Eine zentrale Rolle bei dieser Entwicklung, die nicht nur die Wiederbelebung des intellektuellen und wissenschaftlichen Erbes eines bis 1900 nur lokal tätigen Forschers, sondern auch die biographische Bearbeitung der Mendelschen Gesamtleistung mit sich brachte, spielte seine Arbeit „*Versuche über Pflanzen-Hybriden*" (Mendel 1866a). Diese im Jahre 1866 zum ersten Male veröffentlichte 45-seitige Darstellung der Ergebnisse seiner langjährigen und exakt durchgeführten Kreuzungsversuche mit zahlreichen Generationen von Erbsen (*Pisum sativum*) geriet erst nach 34 Jahren wieder in den Fokus der Naturforscher. Die darin vorgestellten Versuchsergebnisse wurden bestätigt und zugleich zum Ausgangspunkt und zur Inspirationsquelle für die erste Generation der Anhänger der neuen Forschungsrichtung weltweit. Diese wurden – nicht immer ganz genau zutreffend – als „*Mendelianer*" und „*Mendelisten*" und die Forschungsströmung als „*Mendelismus*" bezeichnet.[9] Dadurch sollte das kausale Verhältnis zu Mendel als Forscher und zu seiner Leistung personifiziert werden. Im wissenschaftsgeistigen Milieu des beginnenden 20. Jahrhunderts wurde oftmals auch die Annahme von mendelistischen Grundsätzen zugleich Teil einer weltanschaulichen Positionierung: „*Mendelism is a subject which has come to stay and to play an important part in human affairs. In Agriculture, Horticulture [...] its voice will be heard. It will not be as a voice in the desert, but as a world-vibratory one, uttering its pronouncements, admonitions, and definitive conclusions, based on the solid and unshakeable ground of accurate experiment, wherever culture and life come into contact [...].*"[10]

Etwas vereinfacht wurde Mendel 16 Jahre nach seinem Tod, d. h. ohne irgendeine Möglichkeit, das neue Fach aktiv mitgestalten zu können, als „Gründervater" der neuen Vererbungsforschung präsentiert. In der ersten Hälfte des 20. Jahrhunderts wurde dann schließlich seine Persönlichkeit, die immer enigmatisch blieb[11], in der volkstümlichen Literatur heroisiert und für ideologische Zwecke ideengeschichtlich sogar instrumentalisiert.[12] Zugleich führte aber die Lektüre seiner wissenschaftlichen Arbeit und die Prüfung der dargestellten Versuchsdaten vereinzelt auch zu einer Relativierung der Mendelschen Leistung. Einige Forscher haben beispielsweise auf einen wissenschaftsmythologischen Aspekt der „Wiederentdeckung" hingewiesen.[13] Eine andere revisionistische Darstellung, die von einer Reihe von Autoren vertreten wurde, zielte und zielt darauf ab, dass

---

https://www.dnalc.org/view/16195-Gallery-5-William-Bateson-Letter-page-1.html; zuletzt aufgerufen: 4. Juni 2018). Zur historischen Entwicklung und Wandlung des Begriffs „Gen" siehe Plischko 2012, Plischko & Labisch 2017a & 2017b.

[9]Rheinberger 2008; Correns 1924.

[10] Prologue. *The Mendel Journal* (1909) 1(1): 1-2; s. a. Simunek, Ruckenbauer & Hoßfeld 2014, S. 5.

[11] Zum Enigma von Gregor Mendels Persönlichkeit siehe bspw. Gustafsson 1969, S. 239–258; Matalová 1983, S. 299–308; Orel 1996, S. 1–6; Posner 1966; Sorsby 1965; Weiling 1993/94d, S. 391–393.

[12] Zur Heroisierung der historischen Figur Gregor Mendels in der Zeit nach der „Wiederentdeckung" siehe z. B. Schindler 1902; Wiesner 1901, 1910; Wisnar 1908 sowie insb. Iltis 1924. Zur Ideologisierung und Heroisierung Mendels während der Zeit des Nationalsozialismus s. z. B. Fietz 1944; Heinen 1941. Siehe hierzu auch Kap. 7 und Kap. 8 in der vorl. Edition.

[13]Hartl & Orel 1992; Bowler 1989.

Mendel mit seiner Arbeit eigentlich nicht an Fragen der Vererbung, sondern an der Rolle von Hybriden bei der Entstehung neuer Arten bzw. der Verbesserung von Gemüsesorten durch Bastardierung interessiert war.[14] Vermutlich am kontroversesten war aber der Vorwurf bzw. die Unterstellung, dass die Mendels Arbeit zu Grunde liegenden Daten auf einer Datenfälschung basieren, da diese zu genau waren.[15]

Dieser Kritik war nicht zuletzt auch deswegen möglich, weil in einer Zeitspanne von 16 Jahren (1884–1900) vieles von Mendels Nachlass vernichtet und verschenkt worden war oder aus anderen Gründen als verschollen galt und teilweise auch heute noch gilt.[16] Für die spätere historische und biographische Forschung war diese Lage umso

---

[14] Hartl & Orel 1992; Monaghan & Corcos 1990, S. 268.

[15] Zum Ursprung dieser als **Mendel-Fisher-Kontroverse** bekannten Diskussion siehe z. B. Weldon 1902, Fisher 1936; Fisher [& Mendel] 1965; Di Trocchio 1989, 1990, 1991. Dem entgegen stehen eine Vielzahl von Arbeiten, welche den Analysen auf denen diese Vorstellungen basierten, zum Teil sehr deutlich widersprochen haben, z. B.: Franklin et al. 2008, s. a. Fairbanks 2015; Hartl & Fairbanks 2007; Radick 2015; Weiling 1993/1994, S. 35–38, 279–283. Vgl. auch Edwards 1986; Orel 1968; Piegorsch 1981, 1982, 1986, 1990; Pilgrim 1984, 1986, Weiling 1986.

[16] Křiženecký 1965a, S. 19; Iltis 1932. Křiženecký 1965a, S. 19; Iltis 1932. **Der verstreute Nachlass Gregor Mendels:** Nach dem Tod Mendels existierte offensichtlich noch ein umfangreicher handschriftlicher Nachlass, welcher jedoch zumindest zu einem großen Teil von seinem Nachfolger als Prälat Anselm Rambousek (1824–1901) vernichtet bzw. verbannt worden ist (Iltis 1924 basierend auf einer Mitteilung des Paters Clemens). Im Detail sind die einzelnen Erzählungen zu diesem Sachverhalt jedoch widersprüchlich. Hiervon zeugt bspw. ein später im Juli 1928 verfasster Brief von Mendels Neffen Alois Schindler (1859–1930) an den damaligen Prokurator des Augustinerstifts, P. Anselm Matoušek (1881–1939), welcher damit beauftragt war, die noch vorhandenen Archivalien und Erinnerungsstücke an Gregor Mendel zu sammeln (Miksch 1975). In diesem Brief berichtete A. Schindler, dass er ein halbes Jahr nach Mendels Tod das Brünner Augustinerstift besuchte und ihm Rambousek damals im Verlauf eines Gesprächs folgende Mitteilung gemachte hatte: „*Es sind von ihrem Onkel sehr viele an ihn gerichtete Briefe [wohl Unterstützungsanliegen], und sonstiges Geschreibsel da; ich erwäge, was ich damit machen soll; am besten wird es sein, Alles zu verbrennen*" (zit. n. Křiženecký 1965b, S. 104). A. Schindler hat diesbezüglich bedauert, dass er nicht um den schriftlichen Nachlass Mendels gebeten hat, da hierdurch möglicherweise Forschungsarbeiten Mendels, wie zum Beispiel dessen Bienenstudien verloren gegangen sein könnten (ebd.). Alois Bruder, Ferdinand Schindler (1864–1940), hat dementgegen in einem Brief an William Bateson aus dem Jahr 1902 berichtet, dass Mendel möglicherweise zu Ende seines Lebens unter Verfolgungswahn litt und seine Manuskripte selbst verbrannt hat (TLOGJM, S. 27). Unter den Geschichten zur Provenienz und Verbleib von Materialien aus dem Nachlass Gregor Mendels am bekanntesten ist sicherlich die durchaus abenteuerliche Geschichte des von ihm selbst verfassten handschriftlichen Manuskripts, welches als Vorlage für den Druck von Mendels Artikel aus dem Jahr 1866 diente und das lange Zeit als verschollen galt, bevor es nach der Wende wieder auftauchte (vgl. Kap. 1). Vor dem Zweiten Weltkrieg waren die meisten archivalischen Dokumente in einer Mendel-Gedenkstätte im Kloster, sowie einem von Hugo Iltis (siehe Fußnote 20) eingerichtete kleinen Mendelmuseum in der Brünner Volkshochschule zu finden. Durch die Flucht von Hugo Iltis vor dem Nationalsozialismus, durch die deutsche Besetzung Brünns u. Kriegsverluste etc. ist es dann zu einer weiteren Zersplitterung des Nachlasses gekommen, zu welcher letztendlich auch die Auflösung des von Hugo Iltis in Amerika geführten kleinen Mendel-Museums

ungünstiger, da Mendel im Prinzip ein Privatgelehrter war. Es stand ihm also keine Infrastruktur der damals bereits weit institutionalisierten wissenschaftlichen Forschung des 19. Jahrhunderts, wie z. B. an Universitäten oder Akademien, zur Verfügung.[17]

Kurz nach 1900 wurde Mendels Wirkungsstätte auch biographisch-symbolisch thematisiert. Die Stadt Brünn wurde so zum lokalen sowie internationalen Gedächtnisort, der als symbolisches Bindeglied zwischen der neuen Vererbungswissenschaft und der *„Wiege der Genetik"*, d. h. der früheren Arbeitsstätte Mendels, eine wichtige Rolle spielte und so ins Bewusstsein der Genetiker zurückkehrte.

Die ersten Besuche einzelner Forscher in Brünn, wie z. B. durch W. Bateson[18], eine Reihe von ersten wissenschaftlichen Arbeiten und biographischen Aufsätzen, sowie die Enthüllung des Mendel-Denkmals von Theodor Charlemont (1859–1938) im Juli 1910

---

beigetragen hat. Wichtigstes Repositorium für Archivalien zu Gregor Mendel ist heute das vom Mährischen Landesmuseum betriebene Mendelianum mit seinem zugehörigen Archiv. Eine umfangreiche Auflistung der wichtigsten primären Dokumente wurde zuletzt von Matalová (1981 & 2007/2008) und Matalová & Matalová 2022 zusammengestellt. Die Reste der Sammlung von Hugo Iltis befinden sich heute in der *Iltis Mendeliana Collection* im Archiv der University of Illinois. Darüber hinaus existiert in Kentucky die *Bishop Howard – Thomas Moore College Mendel Collection*, welche (auch digitalisierte) Abschriften und Übersetzungen von Mendels Prüfungszeugnissen und Tätigkeit als Abt sowie anderen Dokumenten auch online zugänglich und verfügbar macht. Das Schicksal einer Vielzahl von Primärquellen und Dokumenten ist dabei oftmals nicht immer klar. So liegen beispielsweise die Briefe Mendels an den Botaniker Carl W. Nägeli unseres Wissens heute nur als Photokopien und in gedruckten Transkripten vor. Der Verbleib der handschriftlichen Originale der Briefe scheint ungeklärt und vermutlich wurden diese während des Zweiten Weltkrieges zerstört. Von Mendels privater Korrespondenz ist aus oben genannten Gründen sowieso nur ein kleiner Bruchteil erhalten geblieben. Der Großteil dieser Briefe ist insb. in Kříženecký (1965b) als Transkripte abgedruckt, heute leicht zugänglich. Auch hier ist allerdings der Verbleib der Originale nicht immer ganz klar. Ein Brief Mendels an seine Eltern findet sich bspw. im Archiv der Österreichischen Akademie der Wissenschaften, welche diesen erst nach dem Zweiten Weltkrieg auf abenteuerlichem Weg erhalten hatte (siehe Brehm 2017 mit Faksimile des Briefes). Andere Briefe Mendels an seine Familie waren über Jahrzehnte im Privatbesitz der Nachfahren seiner beiden Schwestern. Gegen Ende des Zweiten Weltkrieges, vor dem Einmarsch der Roten Armee, wurden zumindest einige dieser Schriftstücke zusammen mit anderen Wertgegenständen versteckt und vergraben, um diese zu schützen. Kurze Zeit später wurden diese Briefe auf Grund der politischen Verhältnisse des Jahres 1946 und der einsetzenden Vertreibung/Abschiebung in Folge der Beneš-Dekrete der Obhut eines Priesters überlassen, welcher diese mehrere Jahrzehnte hütete, bevor zumindest einige dieser Briefe Jahrzehnte später wieder auftauchten (Mann 2009).

[17]Vollmann & Grausgruber 2017, S. 51–64; Šohajková 2000; Orel & Fantini 1983; George 1983; Weiling 1993/94, S. 387–388; Orel 1970, 1973.

[18]**William Bateson (1861–1926)** war ein britischer Genetiker, der maßgeblich an der Popularisierung Mendels im engl. Sprachraum beteiligt war. Nach Schule und Studium in Cambridge arbeitete er in den 1880er Jahren kurzzeitig in den USA bei dem Embryologen William Keith Brooks (1848–1908). Nach Cambridge zurückgekehrt, verlagerte sich Batesons Interesse schnell auf das Studium des Phänomens der Variation. Von diesem erhoffte sich Bateson, dass es dabei helfen könnte, die Mechanismen der Evolution aufzuklären. Dabei gelangte er zu der Einsicht, dass einige biologische Merkmale in der Natur nicht in einer Normalverteilung und

kreierten eine über Brünn hinausgehende Mendel-Tradition, die zunächst als „österreichische" verstanden und dargestellt wurde (siehe Abschn. 7.2).[19]

Trotz zahlreicher biographischer Aufsätze bedeutete diese Tradition aber keinesfalls eine komplexe bio-historiographische Bearbeitung von Mendels Beitrag zum Fundament der modernen Biologie. Dazu kam es erst in der ersten Hälfte der 1920er

---

kontinuierlich, sondern diskontinuierlich, bspw. in der Form von Dimorphismen auftreten. Seine Erkenntnisse publizierte Bateson 1894 in seinem Buch *„Materials for the study of variation"*, wobei er darauf hinwies, dass bei diskontinuierlichen Merkmalen evolutionäre Anpassungen unter dem Druck natürlicher Selektion wesentlich einfacher erklärbar seien als kontinuierliche Anpassung basierend auf einer graduellen Selektion von Merkmalen. Schon zu dieser Zeit forderte Bateson, dass umfangreiche züchterische Experimente notwendig seien, um diese Fragen zu beantworten (Bateson 1894, S. 574). In den 1890er Jahren war Bateson zu einem glühenden Vertreter saltationistischer Evolutionsvorstellungen geworden. Dabei ging er z. B. davon aus, dass in vielen Fällen Variationen aus Hybridisierungen zwischen verschiedenen unerkannten Arten und nicht durch systematische, graduelle und langandauernde Selektion durch hortikulturelle Bestrebungen entstanden sind (Crew 1966b). Damit, dass Bateson diese Meinung sehr aktiv vertreten hat, kam er in den direkten Konflikt mit den Biometrikern Karl Pearson (1857–1936) und Walter R. Weldon (1860–1906), die kontinuierliche Evolutionsvorstellungen vertraten. Im Juli 1899 hielt Bateson auf der Hybridisierungskonferenz der Royal Horticultural Society eine Vorlesung, in der er Hybridisierung und Kreuzungen als Methode wissenschaftlicher Forschung vorstellte. Nachdem Bateson im Jahr 1900 auf Mendels Versuche aufmerksam geworden war, wurde er schnell zum eifrigsten Verfechter des Mendelismus im englischen Sprachraum. Zum einen verbreitete er eine englische Version von Mendels Artikel zu *„Versuchen über Pflanzen-Hybriden"* in seinen eigenen Büchern, zum andern weitete er eigene Kreuzungsstudien aus. Von 1900 bis 1910 leitete er in Cambridge eine Arbeitsgruppe, die sich mit dem Mendelismus und Fragen der klassischen Genetik befasste. Bei seinen eigenen genetischen Forschungen entdeckte Bateson bspw. die Epistase, homöotischen Mutationen und, zusammen mit Reginald Punett (1875–1967) und Edith R. Saunders (1865–1945), die Genkopplung. Auf Grund seiner herausragenden Bedeutung hinsichtlich der wissenschaftlichen Popularisierung Mendels in England und Amerika vertreten einige Autoren und Historiker die Auffassung, dass man W. Bateson neben H. de Vries, C. Correns und E. v. Tschermak-Seysenegg ebenfalls zu den „Wiederentdeckern" der Mendelschen Regeln zählen muss (Keynes & Cox 2008). Biogr. Ang. n. Bateson 1928; Bateson 2002; Cock & Forsdyke 2008; Crew 1966b. Zur Rolle Batesons in der Phase der „Wiederentdeckung" s. a. Abschn. 7.1.1.

[19] Iltis 1911b, S. 335–363. Siehe insb. S. 337.

Jahre, als der Brünner Botaniker Hugo Iltis[20] eine umfassende Mendel-Biographie vorlegte.[21] Dabei versuchte er nicht nur, die damals noch zur Verfügung stehenden persönliche Überlieferungen zu sammeln sowie die biographischen Daten und vorhandenen historischen Skizzen und Fragmente zu Mendels Leben auszuwerten, sondern auch eine umfassende historiographische Darstellung der Ausgestaltung über den Mendelismus vorzulegen. Auf jeden Fall blieb diese Biographie über Mendel, die 1932 in wesentlich umgearbeiteter Form ins Englische übersetzt wurde, in der ersten Hälfte des 20. Jahrhunderts, auch für spätere Autoren und deren Interpretationen, die wichtigste Quelle zur Person Mendels.[22]

Aus diesen Gründen trat – und tritt bis heute – immer Mendels wichtigstes publiziertes Werk, seine *„Versuche über Pflanzen-Hybriden"*, in den Vordergrund der Betrachtungen bzw. den damit eng verbundenen Fragen zu dessen Verbreitung und Rezeption vor und nach 1900. Die frühen Wiederveröffentlichungen der Versuche Mendels durch die ersten Pioniere des Mendelismus galt offensichtlich nur dem praktischen Ziel der Verbreitung von Mendels genetischem Gedankengut und dessen Popularisierung.[23] Bei den späteren kritischen Editionen und ergänzenden Studien traten dann auch noch biographische, wissenschaftsgeschichtliche und textkritische Aspekte vermehrt in den Blickpunkt.[24] Die

---

[20]**Hugo Iltis (1882–1952)** war ein aus Brünn stammender Botaniker der 1924 eine erste umfassende Mendelbiographie mit dem Titel *„Gregor Johann Mendel: Leben, Werk und Wirkung"* vorgelegt hat. Nach dem Studium der Biologie und Botanik in Brünn, Prag und Zürich promovierte er bei dem Pflanzenphysiologen Hans Molisch (1856–1937). Von 1905 bis 1938 arbeitete Iltis am Brünner Deutschen Gymnasium. Zudem war er Privatdozent für Botanik und Genetik an der Deutschen Technischen Hochschule (DTH) in Brünn. Als Schriftführer des Mendel-Denkmalkomitees und Mitglied des NfV war er seit spätestens ab 1906 aktiv an der Popularisierung von Gregor Mendel und dessen Werk beteiligt, wobei er schon früh eigene kurze Artikel zu Mendel publizierte und auch Vorträge hielt (siehe hierzu Abschn. 7.2.2). 1922 gab er die Festschrift zur Mendel-Jahrhundertfeier in Brünn heraus. Sein Opus Magnus war die genannte Mendelbiographie, die in mehrere Sprachen übersetzt worden ist (Chinesisch, Englisch und Japanisch) (s. a. Abschn. 1.3). Nach dem Ersten Weltkrieg gründete Iltis in Brünn das Museum Mendelianum und 1921 die Masaryk-Volkshochschule, einer Abendschule zur Erwachsenenbildung. Als Wissenschaftler jüdischer Abstammung war Iltis einer der aktiven Kritiker des Rassismus, welchem er entgegenzutreten versuchte, indem er eine Rassenkunde nach eigenen Vorstellungen propagierte, popularisierte und vor den Gefahren einer Rassenbiologie warnte. Aus diesem Grund wurde Iltis und seine Familie 1938, nach der Annexion Österreichs, von Franz Boas (1858–1942) und Albert Einstein (1879–1955) in ihren Bestrebungen zur Emigration in die USA unterstützt. Letztere gelang schließlich kurz vor Einmarsch der Nationalsozialisten in den Rest von Böhmen und Mähren im März 1939. In den USA fand Hugo Iltis eine Anstellung am Mary Washington College in Fredericksburg, wo er erneut ein kleines Museum zu Mendel und der Genetik einrichtete. Biogr. Ang. n. BLBL 1979, Bd. 2, Lfg. 1, S. 5; Dunn 1953; s. a. Iltis 2017; Simunek et al. 2011c.

[21] Iltis 1924; Ders. 1932, 1966.

[22] Ders. 1932a.

[23] E. v. Tschermak-Seysenegg 1958, S. 58.

[24] Matalová 1973.

bearbeiteten Fragestellungen betrafen hier bspw. die Genese der wissenschaftlichen Entdeckung bzw. deren Nichtbeachtung zu Lebzeiten Mendels sowie die wissenschaftlichen und intellektuellen Leistungen Mendels.[25] Für alle Generationen von Genetikern war und blieb sie jedoch, obwohl inzwischen durch neue theoretische Ansätze wie z. B. die Gentheorie überholt, immer von symbolischem Wert.[26]

Wie es der Anthropologe Thomas Cremer (geb. 1945) in einem Essay zum Paradigma von Gregor J. Mendel auf den Punkt gebracht hat: Jede Abhandlung zu Gregor Mendel wird früher oder später mit der *„Gretchenfrage"* konfrontiert, was denn eigentlich das Bedeutende an Mendels Leistung gewesen ist?[27]

Einerseits waren es sicherlich die von ihm beschriebenen wissenschaftlichen Erkenntnisse zu den Regeln der Vererbung, wobei es durchaus unterschiedliche Interpretationen dazu gibt, welche Erkenntnisse im Detail besondere Bedeutung und Relevanz entfaltet haben und direkte und indirekte Ansatzpunkte für weitere Forschungen gaben. So sind hier selbstredend die direkten Einflüsse auf die sich nach 1900 konstituierende Genetik aber auch die Evolutionsbiologie zu nennen. Die Arbeit von Mendel lieferte dabei in vielen Fällen direkte Inspiration und Ansätze zu neuen Forschungsfragen. Zugleich gab sie aber auch Anlass zu weiteren ähnlichen Versuchen in der Pflanzenzüchtung. Darüber hinaus war Mendels Arbeit ebenso ein wichtiger Grundstein nicht nur in der Etablierung einer quantitativen Biologie im Allgemeinen, sondern auch im Diskurs einer nach 1900 aufkeimenden theoretischen Biologie. Gerade in der Frühphase der Genetik kann kaum ein Zweifel bestehen, dass Mendels Arbeit einen direkten und sehr starken Einfluss auf eine Vielzahl von Wissenschaftler dieser Generation gehabt hat. Viele der Genetiker der ersten Generation sowie deren Schüler hatten einen maßgeblichen Anteil daran diese Tradition fortzuführen.

Neben dieser biologisch und wissenschaftlich fokussierten Perspektive gibt es aber einen weiteren Aspekt, ohne den die nachhaltige Bedeutung Mendels und seines Textes kaum vollständig verstanden werden kann: Die Bedeutung der populären Rezeption und Popularisierung von Mendel und seinem Werk und ihre gesellschaftliche Wirksamkeit, die sie entfaltet hat. Sie reicht in ihrer Relevanz weit über eine rein wissenschaftliche und biologische Betrachtungsweise hinaus. Am offenkundigsten zeigt sich diese in der Präsentation von Mendels Versuchen und den Mendelschen Regeln sicher in der weiträumigen Aufnahme, die Gregor Mendel und sein Werk in Schulbüchern gefunden hat und immer noch findet. Daneben hat Mendels Text aber auch eine wichtige Rolle in Diskussionen an der Schnittstelle zwischen Wissenschaft, Gesellschaft und der Politik gespielt. Besonders ausgeprägt waren diese in der Zeit des Nationalsozialismus unter Vereinnahmung Mendels für ideologische Vorstellungen und nach Ende des Zweiten

---

[25] Siehe hierzu bspw. Fisher 1936; Fisher [& Mendel 1965]; Kříženecký 1965b; Matalová 1973; Orel 1974a; Stern & Sherwood 1966; Weiling 1970a.

[26] Sturtevant 1967, S. 11–17; Lewis 1967, S. 17–49; Muller 1965.

[27] Cremer 1985, S. 208.

Weltkriegs im wissenschaftlichen Diskurs im Konflikt zwischen dem Westen und den Staaten des Ostblocks, welche mit einer positivistischen Neuausrichtung der Genetik einherging (siehe Abschn. 1.3.1.4, 8.1 und 8.2). Nur so ist überhaupt erklärbar, wieso praktisch auch heute noch fast jeder schon einmal von den Mendelschen Regeln gehört hat.

In der Geschichte der Genetik, Biologie und Naturwissenschaften im Allgemeinen kommt Mendels Arbeit aber auch deshalb eine besondere Bedeutung zu, weil er für Generationen von Wissenschaftlern als direkte und oft auch als indirekte Inspirationsquelle gedient hat. Wie wichtig Mendels Text dabei auch für die Entwicklung moderner biologischer Theorien war, lässt sich vielleicht am besten anhand von Zitaten aus dem Mund derer belegen, die Mendel nachfolgten. Der Genetiker Curt Stern (1902–1981)[28] hielt beispielsweise Mendels Arbeit für einen der *„Triumphe des menschlichen Verstandes"*, während Carl Correns, wohl mehr an Mendels brillante Versuchsplanung denkend, rückblickend feststellte, dass dessen Versuche *„der Wissenschaft ein Werkzeug in die Hand gedrückt"* hatten, das man *„mit dem Hebel des Archimedes vergleichen"* konnte.[29] Für den Wiederentdecker E. Tschermak lag die *„Grosstat Mendels […] in der Schaffung einer rationellen, geradezu mathematischen Fragestellung und einer exakten Methode für die Vererbungsforschung."*[30] W. Bateson schrieb bereits 1902 in seiner Verteidigung Mendels gegenüber den Biometrikern, dass Mendels Experimente einen ähnlichen Rang wie jene einnehmen müssten, welche die atomistischen Gesetze der Chemie begründeten. Für Charles Chamberlain Hurst (1870–1947), einen der frühen engl. Mendelianer, waren die Versuche Mendels in ihrer Einfacheit von einem *„Master Mind konzipiert, ausgeführt und interpretiert worden."* Nach Hurst bestand Mendels große Entdeckung darin, dass er die *„Realität der Segregation entdeckt und ihre wahre Bedeutung erkannt hatte."* Für Thomas Hunt Morgan bestand Mendels große Entdeckung dagegen darin, dass sich *„die Gene in den Keimzellen sauber voneinander separieren, selbst wenn es sich um eine intermediäre Hybride handelt."*[31] Als es letztendlich in der Mitte des 20. Jahrhunderts um die Frage ging, wie sich die Vorstellungen der modernen Biologie hinsichtlich der Vererbung mit der synthetischen Evolutionstheorie vereinen ließen fand auch der Nobelpreisträger und Genetiker Hermann Joseph Muller

---

[28] Zur Biographie von Curt Stern siehe Abschn. 1.3.1.4.
[29] Zit. n. Stern & Sherwood 1966 und Correns 1922, S. 631.
[30] Zit. n. Iltis 1911, S. 354.
[31] Zit n. Hurst 1911, S. 192 & Morgan 1923, S. 243. Übersetzung durch d. Verf. d. vorl. Edition; **Thomas Hunt Morgan (1866–1945)** war ein aus Kentucky stammender US-amerikanischer Genetiker. Durch Kreuzungen der Fruchtfliege Drosophila gelang es ihm, die grundlegende Struktur der Chromosomen aufzuklären. Er beschrieb, dass die Gene linear auf den Chromosomen angeordnet sind, wobei es ihm gelang Abstände von Gene auf einem Chromosom zu ermitteln. Die Experimente Morgans und seiner Schüler im berühmt gewordenen "Fly Room" fanden in der Periode von 1910 bis 1928 an der Columbia University statt. Von 1928 bis 1942 arbeitete T. H. Morgan dann am California Institute of Technology. 1933 erhielt Morgan den Nobelpreis für seine Entdeckungen zur Rolle der Chromosomen in der Vererbung.

(1890–1967) auf der Feier zum 100-jährigen Jubiläum der Vorträge Gregor Mendels ähnlich deutliche Worte. Nach ihm beinhaltete die Genetik, die aus der „*brillianten Arbeit Gregor Mendels hervorgegangen war*", den „*Schlüssel zum Verständnis der Frage, wie das Leben aus unbelebter Materie entstanden war, sowie der grundlegenden Natur der Fäden, aus welchem die Evolution selbst gewoben ist.*"[32] Praktisch schon mit der „Wiederentdeckung" wurde dabei auch die Frage vital, wie denn die Mendelschen Regeln mit der Evolutionstheorie Darwins und den Konzepten zur Entstehung neuer Arten in Einklang zu bringen wären. Den radikalsten Standpunkt vertrat hier wohl Armin Tschermak, der schon im Sommer des Jahres 1901 in einem Vortrag im Verein der Aerzte in Halle (a.d. Saale) feststellte, dass die „*Bildung neuer, samenbeständiger Kombinationen [...] einen thatsächlichen Faktor für die Entstehung neuer Arten dar*[stellt]. *Ein ebensolcher ist in der anpassungsweisen, reactiven Gestaltänderung, sowie in der von de Vries beobachteten Umprägung oder Mutation gegeben, während die Darwin'sche Annahme einer natürlichen Zuchtwahl (d.h. einer Konkurrenz minimal differenter Individuen um die beschränkten Lebensbedingungen mit absoluter Entscheidung zu Gunsten der einen Form) einer thatsächlichen Begründung entbehrt.*"[33] Mendels Biograph H. Iltis verwies auf Augenzeugen der Vorträge, welche u.a. berichteten, dass Mendel selbst wohl der Ansicht gewesen sei, dass die Selektionstheorie alleine nicht tragen würde. Hierzu gehörte auch das Mendel-Zitat (zit. n. Iltis 1924, S. 66): „*So viel sehe ich schon, dass es die Natur auf diesem Wege im Speziesmachen nicht weiterbringt; da muss noch irgend etwas anderes dabei sein.*"

Zuletzt, zum 200. Jubiläum von Mendels Geburtstag, unterstrich der Evolutionsbiologe Nils Stenseth noch einmal, dass die Vereinigung der Arbeiten Mendels und Darwin die Grundlage der Evolutionsbiologie bildet. Er wies jedoch darauf hin, dass der Beitrag Mendels hier weniger als das fehlende Puzzleteil in Darwins Evolutionstheorien verstanden werden sollte, sondern dass die Ideen Darwins und Mendels vielmehr wie Schlüssel und Schloss gleichermassen kritisch für das Verständnis der Evolution sind.[34]

Seit 1900 diente Mendels Text „*Versuche über Pflanzen-Hybriden*" auch immer wieder als Projektionsfläche für die ideale Gestaltung eines wissenschaftlichen Artikels, welcher u. a. durch seine Klarheit und Prägnanz mustergültig erscheint.[35] In vielerlei

---

[32] In freier Übersetzungen durch d. Verf. d. vorl. Edition, zit. n. Muller 1965, S. XXII sowie Bateson 1902, S. 35: „[...] *I ventured to declare that his experiments are worthy to rank with those which laid the foundation of the Atomic Laws of Chemistry.*"

[33] Zit. n. A. Tschermak im Bericht des Vereins der Aerzte in Halle a. S. für die Sitzung v. 19. Juni 1901, in: *Muenchener Medicinische Wochenschrift* 1901, 48(36): 1472–1428 (dort S. 1428). Unterstreichung durch d. Verf. der vorl. Edition.

[34] Stenseth et al. 2022, S. 2.

[35] Siehe z. B. Correns 1922; Glass 1943; Sirks 1956, S. 90; Wallace 1992, S. 46; Cox 1999, S. 183, Allchin 2000, 2002, S. 43, 2003. Siehe auch Goldschmidt 1913, S. 147: „*Die klassische Schrift des Augustinerpaters vom Königskloster in Brünn ist in ihrer Kürze und wundervollen Klarheit noch heute, wo so viel Material gleicher Art vorliegt, die beste Lektüre zur Einführung in die moderne Bastardlehre [...]*". Vgl. auch Bateson 1909, S. 7: „*To appreciate what Mendel did the*

Hinsicht stellt Mendels klassischer Text den Leser aber auch vor Herausforderungen. 150 Jahre nach der Erstveröffentlichung kann man heute kaum voraussetzen, dass die damalige Standardliteratur dem heutigen Leser auch nur annähernd vertraut ist. An anderen Stellen ist Mendel zudem erstaunlich vage und für einen Text, der durch seine außerordentliche Präzision berühmt ist, zum Teil sogar bemerkenswert unpräzise. Hinzu kommt, dass Mendel wenig und wenn, dann nur sehr ungenau, zitiert hat.

All dies hat schon seit der „Wiederentdeckung" wiederholt Anlass dazu gegeben, Mendels Artikel durch kommentierte Neuauflagen einer neuen Generation von Lesern nahezubringen. Auch der vorliegende Band ist darum bemüht.

Denn auch 157 Jahre nach der ersten Veröffentlichung von Mendels Artikel – und kurz nach dem 200. Jubiläum von Mendels Geburt – hat es einen besonderen Charme, diese für die Geschichte der Biowissenschaften so zentrale Arbeit in einer kommentierten Edition in der Springer-Reihe „*Klassische Texte der Wissenschaft*" zu würdigen und wieder zu veröffentlichen. Dies gilt umso mehr, als die Arbeiten Mendels auch heute noch Anknüpfungspunkte zu vielen aktuellen Problemstellungen der Biologie und Umweltwissenschaften bieten.

Im Gegensatz zu früheren Auflagen wurde dabei aber insbesondere Wert darauf gelegt, durch Kommentare klarer herauszuarbeiten und zu kontextualisieren, wie verschiedene Generationen von Lesern Mendel so unterschiedlich verstehen konnten. Hierbei wurden zum einen Verweise auf die historische Literatur des 19. Jahrhunderts berücksichtigt, zum anderen auch Querverweise zum neuesten Kenntnisstand der Wissenschaft eingearbeitet.

Mittels ergänzender Kapitel zur Entstehungsgeschichte von Mendels Artikel (Kap. 1), dessen Rezeption Mendels im 19. Jahrhundert (Kap. 6), sowie einer Kurzbiographie zu Gregor Mendel (Kap. 4) wurde dieser Ansatz weiterverfolgt. Ausführliche Besprechungen der Editionsgeschichte des Mendelschen Textes (Abschn. 1.2 und 1.3) im 20. Jahrhundert, sowie die Geschichte der Popularisierung Mendels liefern viele ergänzende Informationen (siehe Kap. 1 und Kap. 7), welche von früheren kritischen kommentierten Ausgaben von Mendels Texten nicht oder nur teilweise beachtet worden sind.

---

reader should refer to the original paper, which is a model of lucidity and expository skill. His success is due to the clearness with which he thought out the problem." Ebenso J. Gicklhorn 1950, S. 4: „*Es sind aber weniger die in jedem Lehrbuch verzeichneten Ergebnisse Mendels als vielmehr die klare und kritische Formulierung aller methodischen Forderungen zur exakten Druchführung jedes Erbversuches mit Pflanzen oder Tieren, denen wir heute – geschichtlich beurteilt – grösseren Wert beilegen* [sic]." Deutlich äußerte sich diesbezüglich auch der Genetiker Leslie Clarence Dunn (1893–1974) im Rahmen des 100jährigen Jubiläums von Mendels Vorträgen (Dunn 1965b, S. 193): „*[…] In fact only his chief paper is needed to demonstrate these qualities. I venture to say that in clarity and incisiveness this paper has never been surpassed by those which succeeded it as genetics grew.*"

Gegenüber früheren Neuauflagen ist auch das Publikationsverzeichnis Mendels umfassend ergänzt worden (Kap. 5), u. a. durch einen neu aufgefundenen meteorologischen Artikel Mendels zu Beobachtungen eines Gewitters aus dem Jahr 1857, welcher in der vorliegenden Edition ebenfalls abgedruckt wird. In die Sammlung der kritisch kommentierten Texte (Kap. 2) wurden neben Mendels wichtigsten Artikel zu Erbsen auch seine anderen kleinen naturwissenschaftlichen Schriften zu biologischen Themen aufgenommen. Hierzu zählen beispielsweise fragmentarische Berichte zu seinen Versuchen an Bienen sowie seine beiden frühen entomologischen Arbeiten. Zusammen mit weiteren von Gregor Mendel verfassten kurzen Rezensionen und meteorologischen Arbeiten (siehe Kap. 5) vermitteln diese Texte einen interessanten Überblick zur extremen Breite von Mendels naturkundlichem Interesse, seinen grundsätzlichen Naturverständnis und seinem weiteren wissenschaftlichen Schaffen abseits von Kreuzungsexperimenten. Einen besonderen Schwerpunkt in Gregor Mendels naturforschenden Wirken stellten seine meteorologischen Arbeiten dar. Über mehr als zwei Jahrzehnte führte er eigene meteorologische Messungen durch und er kompilierte in mehreren Artikeln die mehrjährigen und von mehreren anderen Beobachtern gesammelten klimatischen Daten für Brünn, Mähren und Schlesien. Auch hierbei gelang es ihm, für die damalige Zeit bemerkenswerte Beobachtungen zu machen, beispielsweise zu stadtklimatischen Phänomenen. Viele andere von Gregor Mendel durchgeführte Versuche und angestellte naturkundliche Beobachtungen sind von ihm selbst niemals publiziert worden. Hierzu zählen insbesondere weitere Kreuzungs- und Anbauversuche, welche er an vielen weiteren Pflanzenarten durchgeführt hat (Kap. 3). Kenntnisse zu diesen erschließen sich lediglich aus seinen Briefen, Notizblättern und handschriftlichen Notizen, die Mendel in Büchern seiner eigenen Handbibliothek hinterlassen hat, sowie einigen kurzen Berichten in Zeitungsartikeln. Insbesondere zur Frühphase von Mendels Kreuzungsversuchen in der Mitte der 1850er Jahre ließen sich von uns dabei eine ganze Reihe neuer Erkenntnisse gewinnen. So konnte beispielsweise festgestellt werden, dass seine Kreuzungs- und Anbauversuche in Brünn zunächst im Kontext von Akklimatisierungsversuchen diskutiert worden sind (Kap. 1).

In zwei weiteren abschließenden Kapiteln wurde von uns skizzenartig versucht, einige Traditionen darzustellen, in deren Kontext Mendel und die von ihm durchgeführten Versuche zum einen popularisiert, zum anderen aber auch politisch missbraucht worden sind. Im Blickpunkt stand dabei zunächst die Popularisierung Mendels in der Zeit kurz nach der „Wiederentdeckung" sowie während der Frühphase der Genetik (Kap. 7). Hieraus hervorgegangen ist letztendlich dann auch der wissenschaftspolitische Missbrauch des Mendelismus während der Zeit des Nationalsozialismus in den Diensten der Etablierung der Rassenideologie aber auch Eugenik (Kap. 8). Nach dem Zweiten Weltkrieg musste sich daher die Genetik erst wieder in einem positiven Licht neu etablieren. In den Ländern des Ostblocks kam es dabei zu einer deutlichen ideologischen Gegenbewegung, die als Lyssenkoismus oder schöpferischer Darwinismus bekanntgeworden ist und in der man die Genetik in der Tradition Mendels als explizites Feindbild aufbaute (Kap. 8). Mendels Artikel zu Pflanzenhybriden hat zudem durch seine weite Verbreitung in Schulbüchern eine besondere Bedeutung, denn damit gehört er auch heute noch zu den bekanntesten naturwissenschaftlichen Texten überhaupt. Diese schulische Tradition der Mendel-Rezeption existiert dabei praktisch schon seit den Tagen der „Wiederentdeckung". Die genaue historische Entwicklung der Darstellung Mendels im schulischen Unterricht ist jedoch von Land zu Land recht unterschiedlich verlaufen und in seinem Gesamtausmaß auch heute noch nicht vollständig untersucht worden. In Deutschland wurden die Mendelschen Regeln beispielsweise während des Dritten Reiches erstmals flächendeckend verpflichtend in die Lehrpläne aufgenommen. Nach dem Zweiten Weltkrieg und trotz der gegenläufigen Bestrebungen des Lyssenkoismus fanden die klassische Genetik und die historische Gestalt Gregor Mendel auch in Ostdeutschland schon bald wieder Einzug in die damals aktuelle Schulbildung und die dazugehörigen Ausbildungsmaterialien. Die historischen Hintergründe dieser Entwicklung sind von uns im abschließenden Kapitel des vorliegenden Buches kurz skizziert. Sie sind vor allem deshalb von gesellschaftlicher Bedeutung, da sie aufzeigen, wie es dazu kommen konnte, dass praktisch jedes Schulkind in Deutschland während des 20. Jahrhunderts von Gregor Mendel gehört hat (siehe Abschn. 8.3 und 8.4).

Inhaltsverzeichnis

1	**Historische Einführung und Editionsgeschichte**			1
1.1	Text und sein Erstdruck			1
	1.1.1	Vorträge		2
		1.1.1.1	Vorträge vor dem Hintergrund einer Schulreform	25
	1.1.2	Erstdruck von 1866		27
		1.1.2.1	Druckerei und Verlag	28
	1.1.3	Mendels wissenschaftliches und berufliches Netzwerk		38
		1.1.3.1	Mendel und das Kloster	44
	1.1.4	Drucklegung		54
	1.1.5	Handschrift und ihr Schicksal		58
1.2	Deutsche Wiederauflagen			63
1.3	Internationale Übersetzungen und Wiederauflagen			71
	1.3.1	Englische Übersetzungen		71
		1.3.1.1	Frühe Ausgaben	71
		1.3.1.2	Ausgaben der Harvard University Press	73
		1.3.1.3	Englische Übersetzung mit Anmerkungen von Sir R. A. Fisher	80
		1.3.1.4	Die Stern-Sherwood Ausgabe	83
		1.3.1.5	Weitere englische Übersetzungen	85
		1.3.1.6	Aktuelle englischsprachige Referenzausgabe	85
	1.3.2	Französische Übersetzungen		88
	1.3.3	Italienische Übersetzungen		89
	1.3.4	Japanische Übersetzungen		90
	1.3.5	Polnische Übersetzungen		95
	1.3.6	Russische Übersetzungen		96
	1.3.7	Spanische Übersetzungen		99
	1.3.8	Schwedische Übersetzungen		101
	1.3.9	Tschechische Übersetzungen		102
	1.3.10	Chinesische Übersetzungen		103

	1.3.11 Weitere Übersetzungen sowie die Würdigung Mendels während des 2. Vatikanischen Konzils	106
	1.3.12 Editionsgeschichte der Briefe Mendels an C. W. Nägeli	110

2 Kritisch kommentierte Originaltexte von Gregor Mendel 113
   2.1 Editorischer Hinweis 113
   2.2 Mendels Vortrag über *Botys margaritalis* (1853)...................... 116
   2.3 Ueber *Bruchus pisi*, mitgeteilt von V. Kollar (1854) 119
   2.4 [3] Versuche über Pflanzen-Hybriden 122
   2.5 Über das Gewitter in Brünn am 7. August 1857 200
   2.6 Ueber einige aus künstlicher Befruchtung gewonnenen Hieracium-Bastarde 202
   2.7 Mendel als Imker I (1872) – Ein interessanter Fall einer Bienenräuberei 211
   2.8 Mendel als Imker II (1872) – Eine kleine Notiz 212
   2.9 Mendel als Imker III (1872) – Eine Anekdote aus Mendels Bienenstand .. 213
   2.10 Mendel als Imker IV (1875) – Überwinterungsversuche 214
   2.11 Mendel als Imker V (1875) – Mendels Bienenstock 215
   2.12 Mendel als Imker VI (1875) – Zur Annahme von Nachschwärmen 216
   2.13 Mendel als Imker VII (1875) – Versuche mit einer neuen Bienenrasse 217
   2.14 Mendel als Imker VIII (1875) – Zur Faulbrut 219
   2.15 Mendel als Imker IX (1875) – Mitteilungen des Prälaten Mendels zur cyprischen Biene und dem Versand von Königinnen und Begleitbienen .. 220
   2.16 Mendel als Imker X (1877) – Der Einfluss lokaler Wetterbedingungen auf Bienenstock und Honigertrag 223
   2.17 Mendel als Imker XI (1878) – Überwinterung von Bienen in Nothstöcken 228
   2.18 1. Ein Schwarm der amerikanischen Bienenart *Trigona lineata* Lep. lebend in Europa (1879) 229
   2.19 2. Ein Schwarm der amerikanischen Bienenart *Trigona lineata* Lep. lebend in Europa (1880) 236

3 Durchführung der Versuche mit Pflanzen-Hybriden 245
   3.1 Versuche mit Erbsen und Bohnen 246
   3.2 Kreuzungen von *Verbascum* 251
   3.3 Kreuzungen von *Aquilegia* 255
   3.4 Kreuzungen von *Geum* 257
   3.5 Versuche mit *Mirabilis* sp. (1867–1870) 261
   3.6 Versuche mit Kratzdisteln (*Cirsium* sp.) 263
   3.7 Versuche mit *Matthiola* 265
   3.8 Versuche mit *Linaria* und anderen Blütenpflanzen 268
   3.9 Versuche mit Maispflanzen (*Zea mays*) 272
   3.10 Versuche mit Hieracien 275

	3.11 Anbauversuche, Akklimatisierungsexperimente und Kreuzungsversuche mit anderen Pflanzenarten	278
	3.12 Hybridisierungsversuche mit Obstbäumen und Wein	284

4 Gregor Mendel – eine kurze Biographie 289
- 4.1 Schulbesuch in Heinzendorf und Leipnik (1828–1834) 293
- 4.2 Besuch des Gymnasiums in Troppau (1834–1840) 294
- 4.3 Studium in Olmütz (1841–1843) 297
- 4.4 Novizenzeit und theologischen Studien (1843–1847) 300
- 4.5 Priesterweihe, Studium und Unterricht 301
  - 4.5.1 Priesterweihe & das Revolutionsjahr 1848 301
  - 4.5.2 Lehramt in Znaim 312
  - 4.5.3 Studium in Wien 320
  - 4.5.4 Lehrer an der Oberrealschule (1853–1868) 323
- 4.6 Wahl zum Abt und Wirken als Prälat (1868–1884) 327
- 4.7 Weitere literarische und wissenschaftliche Tätigkeit 331
- 4.8 Krankheit und Tod 334

5 Publikationsverzeichnis von Gregor Mendel 341
- 5.1 Wissenschaftliche Publikationen 341
  - 5.1.1 Berichte ohne Titel 348
  - 5.1.2 Wissenschaftliche Arbeiten Mendels in Publikationen anderer Autoren 350
- 5.2 Von Mendel verfasste Rezensionen und Berichte 361
- 5.3 Posthume Publikationen 374

6 Die Mendel-Rezeption im historischen Kontext des 19. Jahrhunderts ... 377
- 6.1 Die Rezeption von Mendels Versuchen vor 1900 377
  - 6.1.1 Der „Great Neglect" im zeitgenössischen Kontext 379
  - 6.1.2 Gregor Mendel und der Ursprung bibliographischer Literaturdatenbanken 380
  - 6.1.3 Veröffentlichung in einem „obskuren" Journal 382
  - 6.1.4 Unbekannte Partner des Schriftenaustauschs 383
  - 6.1.5 Das Schicksal von 40 Sonderdrucken vor 1900 386
    - 6.1.5.1 Weitere Hinweise auf Sonderdrucke vor 1900 387
  - 6.1.6 Die Korrespondenz zwischen Gregor Mendel und Carl Wilhelm von Nägeli 391
  - 6.1.7 Weitere frühe bibliographische Erwähnungen 396
  - 6.1.8 Ein unbekannter Nachdruck und andere frühe Rezeptionen (1867–1868) von Mendels Artikel 397
    - 6.1.8.1 Ein unbekannter Nachdruck von Mendels Erbsenartikel 397
  - 6.1.9 Echte Zitate und Erwähnungen von Mendels Erbsenartikel (1868–1881) 400

		6.1.9.1	Hermann Hoffmann und Mendel (1869)	400
		6.1.9.2	Mendel, Darwin und der Materialismus	403
		6.1.9.3	Mendel-Rezeption in Russland und Schweden.	406
		6.1.9.4	Mendel und W. O. Focke (1881).	406
	6.1.10		Weitere kleinere Verweise in deutschsprachigen Publikationen	409
	6.1.11		Weitere kleinere Verweise in englischsprachigen Publikationen vor 1900	410
	6.1.12		Gregor J. Mendel und die Pflanzenzüchter des 19. Jahrhunderts.	412
	6.1.13		Resümee zur Rezeption Mendels vor 1900	418

7 Popularisierung Mendels ab 1900. 419
   7.1 „Annus mirabilis" – zur „Wiederentdeckung" von Mendels Arbeit 419
      7.1.1 Zum Einfluss von William Bateson 432
      7.1.2 Weitere Verbreitung im Jahr 1900 434
   7.2 Frühe Popularisierung von Mendel in Wien, Brünn/Mähren und Prag 435
      7.2.1 Wien 437
      7.2.2 Brünn/Mähren 441
      7.2.3 Prag. 445
   7.3 Weitere Popularisierung in der Zwischenkriegszeit. 450

8 Skizzen zum wissenschaftspolitischem Missbrauch des Mendelismus und der Einführung der Mendelschen Regeln im Schulunterricht nach dem Ende des Zweiten Weltkriegs. 453
   8.1 Nationalsozialismus 453
   8.2 Aufstieg und Fall des Lyssenkoismus 456
      8.2.1 Mendel in Abwehr gegen Lyssenkoismus 459
   8.3 Mendel in der Schule während den Diktaturen 464
      8.3.1 Mendel in der Schule der NS-Zeit 464
            8.3.1.1 Genehmigte Lichtbildreihen und Lehrmittel zur Vererbungslehre. 468
      8.3.2 Fachdisziplin Genetik und Mendel in den Lehr- und Lernmaterialien der SBZ/DDR 471
            8.3.2.1 Stellung der Genetik in den Lehrplänen und Lehrbüchern der SBZ/DDR 474
            8.3.2.2 Persönlichkeit G. J. Mendel – Wissenschaftsgeschichte im Schulbuch. 479
      8.3.3 Abschliessende Bemerkungen 482

9 Zeittafeln 483
   9.1 Zeittafel zu G. J. Mendel 483
   9.2 Zeittafel zur Entwicklung der Genetik. 484

Erratum zu: Gregor Mendel	E1
Epilog und abschließende Betrachtungen	487
Verwendete Literatur-Datenbanken, Suchmaschinen und Bibliographien.....	499
Glossar..	501
Literatur..	505
Stichwortverzeichnis...	571

Abkürzungsverzeichnis

AdRE   **Allgemeine deutsche Real-Encyklopädie**
„*Allgemeine deutsche Real-Encyclopädie fuer die gebildeten Stände. Conversations-Lexicon. Elfte, umgearbeitete, verbesserte und vermehrte Auflage. In funfzehn* [sic] *Bänden. Elfter Band. Occupation bis Prämie.*" Leipzig: F. A. Brockhaus, 1867.

ASGr   **Alois Schindler Gedenkrede**
„*Gedenkrede auf Prälat Gregor Joh. Mendel.*" Anlässlich der Gedenktafelenthüllung in Heinzendorf/Hynčice, Schlesien, am 20. Juni 1902 gehalten von med. Dr. Alois Schindler (1859–1930), I. Stadtarztin Zuckmantel/Zlaté Hory, Schlesien. O. A.
Diese Rede ist ursprünglich als ein privat verbreitetes Schriftblatt gedruckt und von Alois Schindler, einem Neffen Gregor Mendels, verbreitet und u. a. an Schulen verschenkt worden. Das Original ist heute äußerst rar und schwer zu bekommen. In kommentierter Form ist es von Kříženecký J. (1965), S. 77–95; sowie in Matalová (2007/2008), S. 61–73 [59–81] in einer Sammlung von Primärquellen zu Gregor Mendel neu abgedruckt worden. Zuletzt abgedruckt im Appendix einer wissenschaftshistorisch edierten und auf Gregor Johann Mendel bezogenen Briefsammlung mit Auszügen aus der Korrespondenz von William Bateson, Hugo Iltis und Erich von Tschermak-Seysenegg unter dem Titel „*The Letters on G.J. Mendel*" (siehe auch TLOGJM) (Simunek et al. 2011c, S. 79–96). Verweise auf Seitenangaben in der hier vorliegenden Edition beziehen sich immer auf die letztgenannte Ausgabe.

BLBL   Biographisches Lexikon zur Geschichte der Böhmischen Länder (1979). Herausgegeben im Auftrag des Collegium Carolinum von Heribert Sturm. R. Oldenbourg Verlag München Wien. Herausgegeben in mehreren Bänden und Lieferungen.

BLKÖ	Biographisches Lexikon des Kaiserthums Oesterreich (1856 bis 1891) von Constant v. Wurzbach (Hrsg.). 60. Bände. Verlag der Universitäts-Buchdruckerei von L. C. Zamarski. In späteren Ausgaben Druck und Verlag der k. k. Hof- und Staatsdruckerei. Wien.
Dioskuri	**The Mendelian Dioskuri** „*The Mendelian Dioskuri: Correspondence of Armin with Erich von Tschermak-Seysenegg, 1898–1951*". Michal V. Simunek, Uwe Hoßfeld, Florian Thümmler & Olaf Breidbach (eds.). *Studies in the History of Science and Humanities*, Volume 28. Institute of Contemporary History of the Academy of Sciences Prague & Department of Genetics. Prag: Pavel Mervart, 2011.
EPdkkkSOV 1854	**Erstes Programm des k. k. kathol. Staats-Obergymnasiums zu Vinkovce 1853/4** Anonym, „*Erstes Programm des k. k. kathol. Staats-Obergymnasiums zu Vinkovce in der kroatischen-slavonischen Militär-Grenze, veröffentlicht am Schlusse des Schuljahres 1853/4.*", 1854, gedruckt bei A. Pichler's Witwe & Sohn. Darin: „*Die Geschichte des Gymnasiums*", S. 17–23.
F$_M$	*Folia Mendeliana*
Haldane	**The Haldane Archive** Die digitalisierte Archiv-Sammlung des Genetikers John Burdon Sanderson Haldane (1892–1964) ist über die Webseite der *Wellcome Library* unter der Digitalen Sammlung „*Codebreaker: Makers of Modern Genetics – The J.B.S. Haldane papers*" zu erreichen und zugänglich. Sie enthält umfangreiches Material zum Leben und der Korrespondenz Haldanes. Spezifische Angaben zu Archiveinheiten entsprechen immer den in der Digitalen Sammlung benutzten Referenzen zu Untereinheiten. https://wellcomelibrary.org/collections/digital-collections/makers-of-modern-genetics/digitised-archives/j-b-s-haldane/
JBddLOB 1886/7	**Jahres-Bericht der deutschen Landes-Oberrealschule in Brünn 1886/7** Anonym, „*Jahres-Bericht der deutschen Landes-Oberrealschule in Brünn 1886/7*". Erschienen im Verlag der Anstalt, Druck von Rudolf Rohrer. Darin der „*Jahresbericht über den Zustand der deutschen Landes-Oberrealschule zu Brünn für 1886/87*", S. 23–45.
KTvM	**Kirchliche Topographie von Mähren 1861** P. Dr. Gregor Wolny, „*Kirchliche Topographie von Mähren, meist nach Urkunden und Handschriften, II. Abtheilung. Brünner Diöcese*", IV. Bd. (Schluss), Brünn: 1861, Selbstverlag, Druck von Georg Gastl.

PdkkGC	**Programm des k. k. Gymnasiums Cilli 1856** Anonym, *„Programm des k. k. Gymnasiums Cilli am Schlusse des Schuljahres 1856."* Schnellpressendruck von Eduard J. Jeretin. Cilli. Darin: *„Schulnachrichten",* S. 18 ff.
PdkkdOGB 1871	**Programm des k. k. deutschen Ober-Gymnasiums in Brünn 1871.** Anonym, *„Programm des k. k. deutschen Ober-Gymnasiums in Brünn für das Schuljahr 1871".* Erschienen im Verlag des k. k. Gymnasiums, Brünn: Druck von Rudolf M. Rohrer, 1871. Darin der *„Jahres-Bericht ueber den Zustand des k. k. deutschen Ober–Gymnasiums zu Brünn im Schuljahre 1870–1871"* S. 16–33.
PdkkOGzT 1871	**Programm des Kais.-Königl. Ober-Gymnasiums zu Troppau: 1871** Anonym, *„Programm des Kais.-Königl. Ober-Gymnasiums zu Troppau für das Schuljahr 1871."* Troppau: Druck von Alf. Trassler, o. D.
PdkkORiB 1854	**Programm der k. k. Ober-Realschule in Brünn 1854** Anonym, *„Programm der Ober-Realschule in Brünn. Veröffentlicht am Schluße des Schul-Jahres 1854."* Brünn: Gedruckt bei R. Rohrer's Erben, 1854. Darin: *„Jahresbericht der k. k. Ober-Realschule in Brünn für das Studienjahr 1853/4.",* erstattet von dem Direktor der Anstalt Joseph A. Auspitz (1812–1889).
PdkkORiB 1865	**Programm der k .k Ober-Realschule in Brünn 1865** Anonym, „Programm der k .k. Ober-Realschule in Brünn. für das Schul-Jahres 1865." Brünn: Druck von Carl Winiker, 1865. Darin: „Jahresbericht der k. k. Ober-Realschule in Brünn für das Studienjahr 1864/65.", erstattet von dem Direktor der Anstalt Joseph A. Auspitz.
PdSORiB 1875	**Programm der Staats-Ober-Realschule in Brünn 1875** Anonym, *„Programm der Staats-Ober-Realschule in Brünn für das Schuljahr 1875."* Brünn: Erschienen im Selbst-Verlag der Staats-Ober-Realschule. Druck von Carl Winiker, 1875. Darin die Berichte: a) von B. Fogler zur *„Nothwendigkeit der Einführung einer modernen Sprache, vorzugsweise der französischen an Realschulen, und Vortheile, die dadurch den jungen Menschen erwachsen.",* S. 3–5, und b) *„Bericht über den Zustand der k. k. Ober-Realschule im Studienjahr 1875.",* S. 12–36.
PdsCURiB 1859	Anonym, „Programm der selbständigen Communal-Unter-Realschule in Brünn. Veröffentlicht am Schlusse des Schul-Jahres 1858/1859." Brünn: Druck von Carl Winiker. Brünn.
TLOGJM	**The Letters on G. J. Mendel**

	„Correspondence of Williams Bateson, Hugo Iltis, and Erich von Tschermak-Seysenegg with Alois and Ferdinand Schindler, 1902–1935". Michal Simunek, Uwe Hoßfeld, Florian Thümmler & Jiří Sekerák (eds.). *Studies in the History of Science and Humanities* Vol. 27. Institute of Contemporary History of the Academy of Sciences Prague & Department of Genetics/‚Mendelianum' of the Moravian Museum Brno. Prague: Pavel Mervart, 2011.
WBBNoM	**William Bateson's Biographical Notice of Mendel** William Bateson war ein britischer Genetiker, der einen maßgeblichen Anteil daran hatte die Ideen und Arbeiten Gregor Mendels, insb. in der englischsprachigen Welt, zu verbreiten. Eine der wichtigsten Arbeiten Batesons war sein Buch *„Mendel's Principle of Heredity"*, welches in mehreren Auflagen erschienen ist. Die Auflage aus dem Jahr 1909, eine essentielle Neubearbeitung seines 1902 herausgegebenen Buchs *„Mendels's Principles of Heredity ; a Defence"*, enthielt in einem als Appendix beigefügten zweiten Teil eine kurze biographische Notiz zum Leben Gregor Mendels (op. cit., 1909, S. 309–316). In dieser berichtete Bateson mehrere inkorrekte Angaben und Ungenauigkeiten der ersten Auflage. Dabei konnte er sich auf mehrere biographische Artikel stützen, welche zu dieser Zeit bereits in Wien und Brünn, der Heimatstadt Gregor Mendels, erschienen waren (op. cit., S. 309–316). Insbesondere das von Alois Schindler, dem Neffen Mendels, privat herausgegebene Gedenkblatt (ASGr), sowie eine Korrespondenz zwischen William Bateson und Alois Schindler haben dabei die wichtigste Grundlage für dieses Erratum gebildet. Zuletzt neu abgedruckt wurde die biographische Notiz im Appendix der Briefsammlung *„The Letters on G.J. Mendel"* (Simunek et al. 2011c, S. 99–106). Verweise auf Seitenangaben in der hier vorliegenden Edition beziehen sich immer auf die letztgenannte Ausgabe.
[sic]	sīc erat scriptum (dt.: so stand es geschrieben)
°C	Grad Celsius
8vo.	Oktav-Format
a.	aus
a.o.	ausserordentlicher/ausserordentlichen
a. a. O.	am angegebenen Ort
Abb.	Abbildung
Abdr.	Abdruck
abgedr.	abgedruckt
Abhandl./Abh.	Abhandlung
Abschn.	Abschnitt
abw.	abweichend

AIBS	American Institute of Biological Sciences
ähnl.	ähnliche(n)
Ang.	Angaben
Anm.	Anmerkung
auct. non	auctorum non. Verwendung eines wissenschaftlichen Namens entgegen der Fassung des Erstbeschreibes
aufgel.	aufgelöst
BBC	British Broadcasting Corporation
Bd.	Band
Bem.	Bemerkung
betr.	betreffend
Bez.	Bezirk
BHL	Biodiversity Heritage Library
biogr.	biographisch(e)
BRD	Bundesrepublik Deutschland
bspw.	beispielsweise
bzw.	beziehungsweise
CIMMYT	Centro Internacional de Mejoramiento de Maiz y Trigo [Internationales Mais- und Weizenforschungsinstitut]
cm	Zentimeter
CPESF	Committee on Public Education and Scientific Freedom
d.	der/die/das/des
d. h.	das heißt
d. J.	des Jahres
d. M.	des Monats
DDR	Deutsche Demokratische Republik
DDT	Dichlordiphenyltrichlorethan
ders.	derselbe
desw.	desweiteren
dgl.	dergleichen
DHM	Deutsches Hygiene Museum
Diss.	Dissertation
DNS	Desoxyribonukleinsäure
dt.	deutsche/deutscher/deutsches/deutschen
DTH	Deutsche Technische Hochschule Brünn
durchges.	durchgesehen(e)
DVV	Deutsche Verwaltung für Volksbildung in der Sowjetischen Besatzungszone Deutschlands (siehe auch DZfV)
DZfV	Deutsche Zentralverwaltung für Volksbildung in der Sowjetischen Besatzungszone Deutschlands (siehe auch DVV)
Ed.	Edition
ed./eds.	editor/editors (dt. Herausgeber in engl. Werken)
ebd.	ebenda

einschl.	einschließlich
engl.	englische/englischer/englisches/englischen
etc.	et cetera
et al.	et alii/et aliae/et alia
EOS	Erweiterte Oberschule
ETH	Eidgenössische Technische Hochschule Zürich
f.	für
f.	folgend
F1	Erste Filialgeneration
F2	Zweite Filialgeneration
F3	Dritte Filialgeneration
Febr.	Februar
ff.	folgende
fl.	Florin
FM	Folia Mendeliana
franz.	französische/französischer/französisches/französischen
g	Gramm
geb.	geboren
gedr.	gedruckt
gest.	gestorben
Ger.-Bez.	Gerichts-Bezirk
Ges.	Gesellschaft
gräfl.	gräflich(en/er)
GSA	Genetic Society of America
h	Stunde
hist.	historisch
hochw.	hochwürdige
hochwst.	hochwürdigste
Hr./Hrn.	Herr/Herrn
HRR	Heiliges Römisches Reich
Hrsg.	Herausgeber
HUP	Harvard University Press
ident.	identisch
insb.	insbesondere
inf./inful./inflrt.	infulierte(r)
IRRI	International Rice Research Institute [Internationales Reis Forschungsinstitut]
Jg.	Jahrgang
k. k.	kaiserlich-königlich
k. u. k.	kaiserlich und königlich
Kap.	Kapitel
Kl.	Klasse

königl.	königlich
KW	Kurzwelle
l. J.	laufenden Jahres
landw.	landwirtschaftliche(n)
LE/le	Gensymbole bei Erbsen für Normal- und Zwergwuchs
LTEs	Long Term Experiments (dt. Langzeitexperimente)
m	Meter
M. K.	Mährischer Korrespondent/Mährischer Correspondent
M./Min./min	Minute(n)
mähr./Mähr.	mährisch/Mährisch
Math.	Mathematisch(e)
MfV	Ministerium für Volksbildung der Deutschen Demokratischen Republik
MGV	Mährischer Gewerbeverein
Minim.	Minimum
Mio.	Millionen
MUD	Movimento de Unidade Democrática
MZM	Moravské zemské muzeum (dt. Mährisches Landesmuseum)
n.	nach
naturwiss.	naturwissenschaftlich(e)
Neuaufl.	Neuauflage
NF / N. F.	Neue Folge
NfV	Naturforschender Verein in Brünn
niederl.	niederländische/niederländischer/niederländisches/niederländischen
Nr./No.	Nummer
NS	nationalsozialistisch
NSDÄB	Nationalsozialistischer Deutscher Ärztebund
NSDAP	Nationalsozialistische Deutsche Arbeiterpartei
O.	Osten
o.	ohne
o. D.	ohne Datum
o. S.	ohne Seitenangabe
ÖBL	Österreichisches Biographisches Lexikon
OCLC	Online Computer Library Center
op. cit.	opere citato (im angeführten Werk)
österr.	österreichisch(e/er/en)
P.	Pater
Paris. L./Pa. L./Par. Lin.	Pariser Linien
PdN	Praxis der Natuwissenschaften – Biologie in der Schule
Pfd.	Pfund
Phys.	Physikalisch(e)

POS	Polytechnische Oberschule
priv.	private(n)
R/°R	Grad Réaumur (alte Temperatureinheit)
RM	Reichsmark
s.	siehe
S.	Seite(n)
s. a.	siehe auch
Sächs.	Sächsisch(e)
SBZ	Sowjetische Besatzungszone
schles./Schles.	Schlesisch(e)
SED	Sozialistische Einheitspartei Deutschlands
Sep.	Separat
SMAD	Sowjetischen Militäradministration in Deutschland
SO	Süd-Ost
sog.	sogenannt(e)
SSR	Sowjetische Sozialistische Republik
stat.	statistische
Syn.	Synonym
Tab.	Tabelle
Tom.	Tomus [Band]
tsch.	tschechisch
u.	und
U.	Uhr
u. A.	unter Anderem
U.d.S.S.R.	Union der Sozialistischen Sowjetrepubliken (Sowjetunion)
UNESCO	engl. United Nations Educational, Scientific and Cultural Organization
Univ.	Universität
U.S.	United States
USA	Vereinigte Staaten von Amerika
u.s.f.	und so fort
u. s. w./usw.	und so weiter
UCL	University College London
v.	von
v.M.	vergangenen/vorigen Monats
VASHkNIL	Allunion Akademie für Landwirtschaft
Verf.	Verfasser
versch.	verschiedene
vgl.	vergleiche
VNV	*Verhandlungen des Naturforschenden Vereins in Brünn*
Vol.	Volume [Band]
vorl.	vorliegend(n / r)

W.Z.	*Wiener Zeitung*
Wiss.	Wissenschaft(en)
Wschr.	Wochenschrift
WSW	West-Süd-West
z.	zu
z. B.	zum Beispiel
z. T.	zum Teil
Z./Ztschr.	Zeitschrift
zit.	zitiert
zool. / zoolog.	zoologisch / zoologische /zoologischen / zoologischer
Zool.-bot.	Zoologisch-botanische(n / r)
Ztg.	Zeitung
zus.	zusammen
zuckerhalt.	zuckerhaltig

Autorenkürzel der Botaniker und Zoologen

All.	**Carlo Allioni (1728–1804)** war ein italienischer Arzt und Professor für Botanik an der Universität Turin. Von 1763 bis 1781 leitete er in Turin zudem den Botanischen Garten.
A. Cunn.	**Allan Cunningham (1791–1839)** war ein englischer Botaniker und Entdecker, der insb. die Flora Australiens und Neuseelands beschrieben hat.
Avé-Lall.	**Julius Léopold Eduard Avé-Lallemant (1803–1867)** war ein deutscher Botaniker und von 1838 bis 1855 Kurator am Botanischen Garten in Sankt Petersburg.
Baker	**John Gilbert Baker (1834–1920)** war ein britischer Botaniker. Von 1866 bis 1890 arbeitete er in der Bibliothek und dem Herbarium d. Royal Botanical Gardens in London (Kew), wo er von 1890 bis 1899 dann auch als Kustos wirkte.
Boiss.	**Pierre Edmond Boissier (1810–1885)** war ein Schweizer Botaniker und Schüler von Alphonse Pyrame de Candolle (1806–1893). Sein wichtigstes Werk war die *Flora Orientalis* sowie umfangreiche Herbarien, die er auf Exkursionen und Expeditionen bis nach Indien angelegt hatte.
C. A. Mey	**Carl Anton von Meyer (1795–1855)** war ein russlanddeutscher Botaniker und ab 1850 Direktor des Botanischen Gartens in Sankt Petersburg.
C. Bauhin	**Caspar Bauhin (1560–1624)** war ein Schweizer Mediziner und Botaniker aus. Er besaß einen großen Kräutergarten und verfasste neben zahlreichen anderen Publikationen ein umfangreiches Kräuterbuch.
Cunningh.	Siehe A. Cunn.
Fisch.	**Friedrich Ernst Ludwig von Fischer (1782–1854)** war ein preußisch-russischer Botaniker. Von 1823 bis 1850 war er Direktor des Botanischen Gartens in Sankt Petersburg.

J. C. ANDERSEN	**Johannes Carl Andersen (1873–1962)** war ein neuseeländischer Bibliothekar, Ethnologe und Historiker. 1921 stellte er in Palmerston North eine Übersicht populärer Namen neuseeländischer Pflanzen vor, welche er 1926 noch einmal separat als Artikel herausgab.
H. B. et K.	Botanische Autorenangabe für die beiden großen Naturforscher und Weltreisenden **Alexander von Humboldt (1769–1859)** und **Aimé Jacques Alexandre Bonpland (1773–1858)**, sowie **Karl Sigismund Kunth (1788–1850)**, welcher die beiden unterstützte und dessen Herbarium bei dessen Tod 55000 Pflanzenmuster umfasste.
KOCH	**Wilhelm Daniel Joseph Koch (1771–1849)** war ein deutscher Botaniker und Mediziner. Von 1824 bis 1849 war er Direktor des Botanischen Gartens in Erlangen.
L.	**Carl von Linné (1707–1778)** war ein schwedischer Naturforscher und Begründer der binären Nomenklatur als Grundlage der modernen botanischen und zoologischen Taxonomie.
LATREILLE	**Pierre André Latreille (1762–1833)** war ein französischer Insektenkundler und einer der Begründer der modernen Entomologie.
LEDEB.	**Carl Friedrich von Ledebour (1786–1851)** war ein deutscher Botaniker und Naturforscher. Von 1811 bis 1836 war er Direktor des Botanischen Gartens in Dorpat [Tartu]. Seine wichtigsten Werke waren die *Flora altaica* und die *Flora rossica*, für welche er auch verschiedene Studienreisen und Expeditionen nach Russland, Sibirien und Zentralasien durchgeführt hatte.
LEP.	**Amédée Louis Michel Le Peletier, comte de Saint-Fargeau (1770–1845)** war ein französischer Entomologe und Spezialist für Hymenopteren.
M. BIEB.	**Friedrich August Marschall von Bieberstein (1768–1826)** war ein deutscher Botaniker.
MEDIK.	**Friedrich Kasimir Medikus (1738–1808)** war ein deutscher Arzt und Botaniker. Er war einer der Begründer eines Botanischen Gartens in Mannheim.
MICHL.	**Leopold Michl (1764–1843)** war ein österreichischer Priester und Botaniker der ein umfangreiches Herbar anlegte und sich insbesondere mit der Flora Salzburgs beschäftigte.
MILL.	**Phillip Miller (1691–1771)** war ein englischer Botaniker und Gärtner am Chelsea Physic Garden. Sein wichtigstes Werk war das von ihm verfasste „*Gardeners Dictionary*" welches bis 1768 acht Auflagen erlebte.
MOENCH	**Conrad Moench (1744–1805)** war ein deutscher Botaniker und Professor an der Universität von Marburg, der dort viele Pflanzen der lokalen Flora beschrieb.
NEIL.	**August Neilreich (1803–1871)** war ein österreichischer Botaniker, dessen Forschungsschwerpunkt die Flora von Wien und Niederösterreich war.

Pall.	**Peter [Petrus, Pyotr] Simon Pallas (1741–1811)** war ein preußischer Naturforscher und Geograph, der mehrere Expeditionen in Russland unternommen hat.
Pollmann	**August Pollmann (1813–1898)** war ein deutscher Apidologe. Ab 1863 wirkte er im Westfälisch-Rheinischen Verein für Bienen- und Seidenzucht, u. a. als Redakteur des Vereinsblattes. In der Königlich Preußischen Landwirtschaftlichen Lehranstalt Bonn-Poppelsdorf hielt er über viele Jahre Vorlesungen zur Bienenzucht.
R. Cunn.	**Richard Cunningham (1793–1835)** war ein englischer Botaniker und der jüngere Bruder von Allan Cunningham. R. Cunningham arbeitete im Hortus Kewensis und bereiste zwischen 1833 und 1834 Australien und Neuseeland.
Ruiz & Pav.	**Hipólito Ruiz López (1754–1815)** war ein spanischer Botaniker der zusammen mit José Antonio Pavõn y Jiménez (1754–1844) die erste spanische Expedition ins Vizekönigreich Peru begleitete und mehrere botanische Werke zur Südamerikanischen Flora verfasste.
Schne.	**George Voorheim Schneevogt (1775–1850)** war ein niederl. Botaniker und Gärtner in Haarlem, dessen Hauptwerk, die *„Icones plantarum variorum"*, reich bebildert und mehrsprachigen Beschreibungen versehen war.
Scop.	**Johann Anton Scopoli (1723–1788)** war ein italienisch-österreichischer Arzt und Naturforscher. Zu seinen Hauptwerken gehörten die in den 1760er Jahren veröffentlichten *„Flora carniolica"* und *„Entomologia carniolica"*.
Spinola	Massimiliano Spinola (1780–1857) war ein italienischer Entomologe. Seine Sammlung umfasste viele Insekten aus Südamerika, zu denen z. B. auch tropische Wespen gehörten.
Steven	**Christian von Steven (1781–1863)** war ein finno-russischer Botaniker und Entomologe. Er studierte in Turku, Jena und St. Petersburg und war bis 1824 Direktor des Botanischen Gartens von Nikita auf der Krim.
Tausch	**Ignaz Friedrich Tausch (1793–1848)** war ein böhmischer Botaniker.
Thunb.	**Carl Peter Thunberg (1743–1828)** war ein schwedischer Naturforscher und Anhänger Linnaeus. Er beschrieb viele neue Pflanzenarten aus Japan und Südafrika.
Trevir.	**Ludolf Christian Treviranus (1779–1864)** war ein bedeutender deutscher Botaniker, der u. a. als Professor in Bremen, Rostock und Breslau wirkte. Im Jahr 1830 wechselte er an die Rheinische Friedrich-Wilhelms-Universität in Münster. Er war der Verfasser verschiedener wichtiger Arbeiten zur Pflanzenanatomie und untersuchte daneben auch die Sexualität der Pflanzen.

V̦and. **Domenico Agostino Vandelli (1735–1816)** war ein italienischer Naturforscher, der als Kurator/ Direktor an den Botanischen Gärten der Universität von Coimbra und Lissabon tätig war.

V̦ill. **Charles Joseph de Villers (1724–1810)** war ein französischer Naturforscher, der sich u. a. mit den entomologischen Arbeiten Carl von Linné beschäftigte.

W./W̦illd. **Carl Ludwig Willdenow (1765–1812)** war bedeutender Systematiker. Er war unter anderem von 1810 bis zu seinem Tod Direktor des Botanischen Gartens in Berlin.

Historische Einführung und Editionsgeschichte

Michael Mielewczik, Michal V. Simunek,
Janine Moll-Mielewczik und Uwe Hoßfeld

1.1 Text und sein Erstdruck

Gregor Johann Mendel stellte die Resultate seiner umfangreichen, mehrjährigen und kontinuierlich durchgeführten Experimente zu Pflanzenhybriden von Gartenerbsen (*Pisum sativum, P. sacharatum* und *P. quadratum*) erstmals in zwei Vorträgen, am Mittwoch, den 8. Februar und Mittwoch, den 8. März 1865, der Öffentlichkeit vor.[1] Ein Jahr später reichte er diese zur Publikation in den *Verhandlungen des Naturforschenden Vereins* (*VNV*) in Brünn ein. Der Druck erfolgte auf Basis einer Reinschrift des Vortrags, welche er selbst angefertigt hatte, und die bis heute erhalten geblieben ist. Ende des Jahres 1866 ging der 4. Jahresband der *VNV* in Druck. Bis zum Jahreswechsel wurde dieser an die Mitglieder der Naturforschenden Vereins (NfV) in Brünn verteilt und an

---

[1] Kříženecký 1965b; Iltis 1924; Matalová 2010, S. 17; Mielewczik et al. 2017, S. 87–89; Weiling 1970a, S. 10.

M. Mielewczik (✉) & J. Moll-Mielewczik
Adlikon bei Regensdorf, Schweiz
E-Mail: michaelmielewczik77@gmail.com
E-Mail: mollj@bluewin.ch

M. V. Simunek
Institut für Zeitgeschichte, Akademie der Wissenschaften der Tschechischen Republik, Prag 6, Tschechische Republik
E-Mail: simunekm@centrum.cz

U. Hoßfeld
AG Biologiedidaktik, Universität Jena, Jena, Deutschland
E-Mail: uwe.hossfeld@uni-jena.de

© Springer-Verlag GmbH Deutschland, ein Teil von Springer Nature 2024
M. Mielewczik et al. (Hrsg.), *Gregor Mendel,* Klassische Texte der Wissenschaft,
https://doi.org/10.1007/978-3-662-57976-3_1

korrespondierende Partnerinstitutionen in aller Welt versandt. Auf der Basis von zeitgenössischen Berichten kann die Entstehungsgeschichte heute weitaus detaillierter rekonstruiert werden, als dies bislang der Fall war. Dabei widersprechen diese Berichte teilweise erheblich den Darstellungen der ersten Biographen von Gregor Johann Mendel.

1.1.1 Vorträge

Die zwei Abendvorlesungen im Gebäude der Brünner Oberrealschule, an der Mendel zu dieser Zeit als Mittelschullehrer tätig war (Abb. 1.1),[2] erfolgten auf den monatlichen Versammlungen des lokalen Naturforschenden Vereins (NfV) in dessen dortigem Vereinslokal. Der NfV war 1861 aus der naturwissenschaftlichen Sektion der k. k. mähr.-schles. Gesellschaft zur Beförderung des Ackerbaues, der Natur- und Landeskunde hervorgegangen. Mendel selbst war in der naturwissenschaftlichen Sektion der genannten Ackerbaugesellschaft und im NfV seit 1855 bzw. 1861 als Mitglied und schließlich als Referent für Meteorologie aktiv tätig. Seine beiden Vorlesungen zu *„Versuche über Pflanzen-Hybriden"*, die Mendel posthum zu weltweitem Ruhm verhelfen sollten, begannen jeweils um 18 Uhr.

Sein erster Vortrag im Februar 1865 schloss direkt an eine Vorlesung aus dem Vormonat an. In dieser hatte Alexander Makowsky[3] ausführlich über die Evolutionstheorie von Charles Darwin referiert. Diese Besprechung Darwins war die erste ihrer

---

[2] **Brünner Oberrealschule:** Mendel unterrichtete an dieser Schule zwischen 1854 bis 1868 die Fächer Physik und Naturgeschichte in der 1. und 2. Klasse sowie zeitweilig Mineralogie (1858). Die Errichtung der Oberrealschule als vollständige Realschule war dabei vom k. k. Kultus- und Unterrichtsministerium am 14. April 1851, als direkte Folge der durch die Revolution 1848 ausgelösten Schulreform, genehmigt worden (Weiling 1970a, S. 215; Žaar 1902, S. 36). Der Neubau, in dem die beiden Sitzungen stattfanden, wurde Ende des Jahres 1859 in der Johannesgasse fertiggestellt (Matalová 2010, S. 15; Žaar 1902, S. 9–20). Mendel hat sich zudem über mehrere Jahre am dortigen Unterricht für Lehramtskandidaten beteiligt. Zur Zeit seiner Vorträge zu Pflanzenhybriden war Mendel auch der Kustos der Bibliothek der Oberrealschule (s. hierzu das Programm der Ober-Realschule in Brünn für das Schuljahr 1865, S. 56).

[3] **Alexander Makowsky (1833–1908)** war ein Botaniker, Geologe und Paläontologe, der zu der Zeit von Mendels Vorträgen als Mittelschullehrer in Brünn angestellt war. Seit 1859 arbeitete er als Assistent an der Oberrealschule, an der auch Mendel lehrte (Weiling 1984b, S. 243, Anm. 10). Bereits in den frühen 1860er Jahren hatte er, noch besonders an der Botanik interessiert, die *„Flora des Brünner Kreises, nach pflanzengeographischen Principien"* veröffentlicht, für welche Mendel meteorologische Daten zur Verfügung gestellt und aufbereitet hatte. Später wurde Makowsky zum Professor für Mineralogie und Geognosie (von 1873 bis 1905) an der Deutschen Technischen Hochschule (DTH) in Brünn ernannt (Weiling 1984b, S. 243, Anm. 10). Er war über viele Jahre als Kustos des NfVs tätig. Alexander Makowsky hat sich auch später immer wieder mit Darwins Werk auseinandergesetzt und darüber auch in öffentlichen Vorträgen referiert. So hielt er bspw. in Brünn im Jahr 1878 [sic] einen Vortrag zum 70. Geburtstag [sic] von Charles Darwin (Sitzungsber. des NfV in d. *Brünner Morgenpost* (Beilage der *Brünner Ztg.*) 5. März 1878, S. 211); s. a. *Mährisch-schlesischer Correspondent* vom 10. Februar 1878, S. 4. Auch ein kurzer Nekrolog zum Wirken des großen britischen Forschers nach dessen Tod ist von Makowsky im Rahmen des NfV im Hörsaal der DTH in Brünn gehalten worden (Sitzungsber. des NfV in d. *Brünner Ztg.*, 11. Mai 1882, S. 3). Biogr. Ang., soweit nicht anders zitiert, n. Anonymous 1899.

Abb. 1.1 Stadtansicht von Brünn zur Zeit Gregor Mendels (oben) sowie die Oberrealschule in Brünn (unten). Als Sitz des Naturforschenden Vereins war dies auch der Ort, an dem Mendel 1865 seine Vorträge hielt.

Art in Brünn und einer der ersten öffentlichen Vorträge zu Darwins Evolutionstheorie in Mähren bzw. im deutschsprachigen Raum und Österreich überhaupt.[4] Makowskys Darstellung scheint für einige Aufmerksamkeit gesorgt zu haben und der Inhalt seines

---

[4] **Darwin in Brünn I:** Es ist nicht ganz klar, wann in Brünn erstmals über die Evolutionstheorien von Charles Darwin diskutiert worden ist. Sicher ist, dass in der Bibliothek des NfVs bereits seit Januar 1863 eine deutsche Ausgabe *„Ueber die Entstehung der Arten im Thier- und Pflanzenreiche durch natürliche Züchtigung* [sic]" existierte, welche, zusammen mit 42 anderen Schriften, von

Franz Czermak (1834–1911) auf der Jänner-Sitzung des NfV gestiftet worden war (NfV Sitzungsprotokoll 14. Januar 1863; vgl. teils abw. Orel 1971b; Mylechreest 1995, S. 9). Die zitierte, fehlerhafte Titelangabe von Darwin (1862) entspricht der Auflistung im angegebenen Protokoll (a.a.O., S. 6).

Daneben haben verschiedene Autoren in den letzten fünf Jahrzehnten darauf hingewiesen, dass der Geologe und Sekretär des NfVs Carl Schwippel (1821–1911) bereits im September 1861 den Namen Darwin das erste Mal in Brünn erwähnte (siehe bspw. Orel 1971b; Ayala 2007, S. 200; Engels & Glick 2008, S. 262). Leider gibt es beim originalen Verweis auf diese Tatsache (Orel 1971b) mehrere Probleme, welche eine Einordnung schwierig machen. So erscheint es irritierend, wie auf einer Sitzung des NfVs ein solcher Einwurf am 25. September 1861 gemacht worden sein kann, denn die erste eröffnende und gründende Sitzung des NfVs erfolgte erst am 21. Dezember 1861. Auch im ersten Band der Verhandlungen des NfVs findet sich kein Verweis oder Protokoll für eine Septembersitzung im Jahr 1861 (oder 1862). Allerdings erscheint eine so frühe Sitzung nicht unmöglich, denn der erste Aufruf zur Gründung des Vereins hatte bereits am 8. Februar 1861 stattgefunden. Laut dem Mendel-Biographen Vítězslav Orel (1926–2015), dem langjährigen Leiter des *Mendelianums* in Brünn, soll sich im Protokoll folgender Satz gefunden haben: *„In diesem Referate wurde besonders hervorgehoben: C. Darwin: Geologische Auseinandersetzung organischer Wesen"* wobei Orel, ausgehend von einem Hinweis durch den Jenaer Biologiehistoriker Georg Uschmann (1913–1986), darlegte, dass es sich hierbei um einen Verweis auf einen Artikel in der *Zeitschrift für die gesammten Naturwissenschaften* gehandelt haben muss, in welcher ein Artikel mit demselben Titel erschienen war. Die von Orel gegebene Referenz auf diesen Artikel war leider fehlerhaft und verwies auf den falschen Band (korrekt: *Zeitschrift für die gesammten Naturwissenschaften*, Bd. XVI., No. XII., S. 425–459). Der im Dezember 1860 veröffentlichte Artikel stellte dabei einen unveränderten Abdruck des Kapitels aus der von Heinrich Georg Bronn (1800–1862) ins Deutsche übersetzen ersten Version von Darwins *„Origin of Species/Die Entstehung der Arten"* dar. Die Redaktion der Zeitschrift hatte sich gar gedrungen gefühlt, extra anzumerken, dass *„wir mit den meisten der hier dargelegten Ansichten uns durchaus nicht einverstanden erklären können [...]"*. Ungeachtet dieser Probleme scheint es angebracht zu sein, darauf hinzuweisen, dass sowohl in Wien, als auch in Olmütz/Olomouc bereits 1860 umfangreiche Rezensionen zu *„Darwin's neue Schöpfungslehre"* erschienen waren (siehe bspw. *Illustrirte Ztg.* No. 890, 21. Juli 1860, S. 47, No. 895, 25. August 1860, S. 127 und No. 896, 1. September 1860, S. 143; *Die Neue Zeit – Olmüzer Zeitung* vom 15. und 16. September 1860). Es ist also durchaus möglich, dass in Brünn schon vor 1861 Kenntnis von Darwins *„On the Origin of Species"* genommen wurde. Das vollständige Fehlen in den Brünner Zeitungsartikeln (*Neuigkeiten, Brünner Zeitung* etc.) vor 1865 mag lediglich auf einer strenger durchgesetzten lokalen Zensur beruhen. Auf die englische Erstausgabe der *„On the Origin of Species"* wurde in Wien erstmals bereits im Januar 1860 aufmerksam gemacht. Sie war zu diesem Zeitpunkt bereits eines der am besten verkauften englischen Bücher überhaupt (*Die Presse*, 10. Januar 1860, S. 10). Einzelne Beobachtungen von Ch. Darwin sind in Wien und auch Brünn übrigens schon lange vor Erscheinen der *On the Origin of Species* verbreitet worden. In der Zeitschrift *Moravia* wurden bspw. bereits 1845 ins Deutsche übersetzte Auszüge aus Darwins Reiseberichten als *„Reisebilder aus der Südsee"* abgedruckt (Darwin 1845). Solche Beobachtungen Darwins sind dann auch in den folgenden Jahren in Mähren immer wieder präsentiert worden. So druckte die *Brünner Ztg.*, 5. September 1852, S. 1395 bspw. die folgende kleine Anekdote: „[...] *Darwin berichtet, dass der Mensch auf den Galopagos-Inseln* [sic] *im stillen Ocean von der Blase der Schildkröte (Testudo indica) einen ähnlichen Gebrauch macht, wie der Beduine in der Wüste von jener des Kamehles* [sic]. *Doch trinken die Einwohner dieser Inseln zuerst das Wasser des Herzbeutels als das bessere."*

Vortrags wurde in mehreren kurzen Zeitungsnotizen ausführlich besprochen.[5] Sein Darwin-Vortrag war jedoch mehr als nur ein kurzer Abriss und eine Interpretation der Evolutionstheorie. Vielmehr gestaltete sich der Vortrag bereits als Überleitung zu den Versuchen von G. J. Mendel, und so wurden beispielsweise nicht nur Darwins Ideen aus der Hortikultur und Viehzucht dargelegt, sondern es wurde ausdrücklich hervorgehoben, dass sich dort, *„unter der Hand des Menschen"*, Eigenschaften auf die Abkömmlinge vererben.[6] Auch in anderem Kontext ist Makowsky in seinem Vortrag zu Darwins Theorien auf Fragen der Vererbung eingegangen. So berichtete er u. a. in Bezug auf den von Darwin propagierten *„Kampf um's Dasein"*, dass *„Individuen eine verschiedene Widerstandfähigkeit in diesem Vernichtungsprocesse"* entwickeln und *„Abänderungen der Individuen entweder schädlich, gleichgiltig oder nützlich"* sein können.[7] Im Weiteren hat Makowsky dies dann noch wie folgt ausgeführt: *„Die überlebenden Individuen werden die Ihnen nützlich gewordene Abweichung oft wieder auf ihre Nachkommen vererbt haben und wenn diese nur nach 10 Generationen wieder einmal in gleicher Richtung und Stärke varirten [sic], so war das Mass der Abänderung und somit ihre Aussicht die anderen zu überleben auf's Neue vermehrt."*[8]

Liest man Makowskys und Mendels Vorträge zusammen, so kann man sich des Eindrucks nicht erwehren, dass diese zwei Präsentationen von den beiden Referenten sehr genau aufeinander abgestimmt worden sind. Dies zeigt sich vielleicht nirgendwo deutlicher als in dem für die Abschlussworte genutzten Goethe-Zitat, mit welchem A. Makowsky seinen Vortrag zu Darwin geschlossen hat: *„Die Aufgabe der zukünftigen Naturforschung sei beispielsweise nicht die, zu untersuchen, wozu das Rind Hörner*

---

[5] **Darwin in Brünn II:** In *den Brünner Neuigkeiten,* 13. S. [3] und 14. Januar 1865, S. [3] findet sich z. B. folgende kurze Beschreibung eines anonymen Verfassers: *„[…] begann Herr Professor Makowsky seinen, in klarer und schwungvoller Sprache gehaltenen Vortrag über Charles Darvin's Theorie der organischen Schöpfung. Zur Grundlage seines mit gespanntem Interesse verfolgten Vortrages diente das von dem genannten englischen Verfasser im November 1859 veröffentlichte Werk, welches in kürzester Zeit in alle Sprachen der gebildeten Nationen übersetzt, gegen den bisher festgehaltenen Grundsatz auftrat: ,Omne vivum ex ovo' (alles Lebende kommt aus dem Eie). Darvin's Theorie beruht hauptsächlich auf folgenden Sätzen: Auf der niedrigsten Stufe des Thier- und Pflanzenreiches treffen wir Organismen, die erst bei genauer Betrachtung ihrer Entwicklungsstadien eine tierische oder pflanzliche Natur erkennen lassen. Diese pflanzen sich zuerst durch Theilung fort. Die auf diese Weise entstandenen Individuen ändern […] allmälich ihre Beschaffenheit […] Die Keimkörner erzeugenden Wesen gehen nach einer Reihe von Generationen in Samen erzeugende und Eier legende Wesen über, diese bilden endlich in beständiger Abänderung ihres Charakters und ihrer Nachkommenschaft jene unendliche Reihe von Pflanzen- und Thierarten, welche den Erdball beleben."* Eine ausführlichere Darstellung des Vortrags von Makowsky findet sich in den gedruckten Sitzungsprotokollen des NfVs (*VNV* 1865 (4. Bd.), 11. Jänner, S. 10–18). Siehe zudem die *Brünner Ztg.* Nr. 10 vom 13. Januar 1865, S. 13; sowie die Ausgaben Nr. 11 vom 14. Januar 1865, S. 63; Nr. 12 vom 16. Januar 1865, S. 69.

[6] Siehe hierzu die Brünner *Neuigkeiten,* 14. Januar 1865, sowie die bereits erwähnten Sitzungsprotokolle.

[7] *Brünner Ztg.* vom 14. Januar 1865, S. 63.

[8] Ebd.

habe, sondern wie es zu seinen Hörnern gekommen ist."[9] Die Möglichkeit einer Absprache scheint jedenfalls sowohl durch die zeitliche Nähe und das persönliche Verhältnis Mendels zu Makowsky gegeben zu sein. Laut H. Iltis war Makowsky mit Mendel befreundet und bei diesem, u. a. bei Klosterfesten, des Öfteren zum Essen eingeladen.[10]

Bedenkt man wieviel Aufmerksamkeit dem Verhältnis von Mendel zu den Evolutionstheorien Darwins in der Wissenschaftsgeschichte und in der frühen Phase der Entwicklung der Genetik (und auch danach) geschenkt worden ist, so erscheint es bemerkenswert, dass diese thematischen Anknüpfungspunkte in den Vorträgen Makowskys, wie z. B. die „*Reihe von Generationen*", die genauere Betrachtung von „*Entwicklungsstadien*" und die beständige „*Abänderung ihres Charakters*", selten eine genauere Beachtung erfahren haben.[11] Eine interessante Frage ist sicherlich, wieviel Resonanz Makowskys Vortrag und Darwins Evolutionstheorien in Brünn im Rahmen des Jahres 1865 direkt erfahren haben. Die Tatsache, dass nicht nur mehrere Zeitungsartikel, sondern auch die Sitzungsberichte des NfV darüber ausführlich referierten, deutet jedenfalls auf ein gesteigertes Interesse hin.

Einen Monat nach Makowskys Darwin-Vortrag folgte ihm Mendel mit seinen eigenen Beobachtungen, Vorstellungen und Analysen. Mendel besprach in seinem ersten Vortrag die Ergebnisse seiner „*Versuche über Pflanzen-Hybriden*" und die numerischen Resultate, die er bei Betrachtung einzelner phänotypischer Merkmale über mehrere Generationen hinweg erzielt hatte. Sein Vortrag bildete dabei den Abschluss eines für Brünn durchaus aufregenden Tages.

Erwartungsvoll waren wohl während des Tages letzte Vorbereitungen für den Empfang der österreichischen Kaiserin Elisabeth Amalie Eugenie von Wittelsbach (1834–1870) – genannt Sisi – getroffen worden, welche gegen Mittag des folgenden Tages mit dem kaiserlichen Hofzug in Brünn eintreffen sollte. Als Schirmherrin des Brünner Damenstifts machte sie auf ihrem Weg zum Dresdner Hof am Brünner Bahnhof Zwischenstation, um in ihrem Hof-Salonwagen verschiedene Audienzen zu geben. So galt es denn auch in Brünn, wie an allen Hauptstationen, die Kaiserin offiziell zu begrüßen und angemessen zu empfangen.[12] Bereits am Vortag waren seine kaiserliche Hoheit, der Erzherzog Karl Ferdinand von Österreich (1818–1874) sowie eine Entourage seiner Stabs- und Oberoffiziere eingetroffen und hatten den Ball des uniformierten

---

[9] Siehe das Sitzungsprotokoll des NfVs mit dem Vortrag Alexander Makowskys vom 11. Januar 1865, sowie die Brünner *Neuigkeiten*, 13. S. [3] und 14. Januar 1865, S. [3]. Hinsichtlich des vermutlich originalen Ursprungs dieses Zitates siehe Meding 1861, S. 34.

[10] Siehe Iltis 1924, S. 170.

[11] Siehe in diesem Kontext z. B. Beer 1966.

[12] **Die Reise der Kaiserin** galt der Vermählung ihres jüngeren Bruders Karl Theodor von Wittelsbach (1839–1909) mit Sophie, der Prinzessin von Sachsen (1845–1867). Der Aufenthalt der Kaiserin dauerte jedoch nur kurz. Bereits nach einer Viertelstunde setzte der Zug die Fahrt fort, nachdem die Kaiserin dem Erzherzog Carl Ferdinand von Österreich (1818–1874) eine kurze Audienz gewährt hatte (*Brünner Ztg.*, 9. September 1865, S. 184; s. ebenso: Bericht in den Brünner *Neuigkeiten*, 10. Februar 1865, S. 3).

1 Historische Einführung und Editionsgeschichte

Bürgercorps im Augartensaal in Brünn besucht.[13] Dieser Besuch, sowie der große abends stattfindende Maskenball, rahmten diesen besonderen Tag ein.[14]

Lange waren lediglich zwei kurze Beschreibungen zur ursprünglichen Rezeption von Mendels Vorträgen im Jahr 1865 bekannt, welche von den frühen Mendel-Biographen stammten. So berichtete H. Iltis, dass die beiden Vorträge von etwa 40 Personen besucht worden waren und diese von dem damaligen Sekretär des NfV, Gustav Niessl von Mayendorf[15], eingeleitet wurden.[16] Eine vollständige Liste der anwesenden Zuhörer ist nicht überliefert, aber zum Auditorium sollen u. a. Alexander Makowsky[17], die Botaniker Jacob Kalmus[18]

---

[13] *Brünner Ztg.*, 8. Februar 1865, S. 180.

[14] Siehe hierzu die entsprechenden Anzeigen in der Zeitung *Neuigkeiten* und *Mährischer Correspondent* vom 8. Februar 1865.

[15] **Gustav Niessl von Mayendorf (1839–1919)** war ein in Verona (Venetien) geborener Botaniker, Astronom und Geodät. Seine Eltern waren der österreichische Artillerieoffizier und 1851 in den Adelsstand erhobene Josef Niessl (gest. 1864) und Louise Niessl v. Mayendorf (geb. Edle von Scherb) (gest. 1874). Gustav Niessl zeigte schon als Schüler ein großes Interesse an den Naturwissenschaften. Bereits im Alter von 15 Jahren veröffentlichte er, noch als Realschüler, eine erste botanische Abhandlung (Doležal 1907). Sein Interesse an der Naturkunde wurde nachhaltig durch seinen Vater geprägt. Josef Niessl war selbst Botaniker und gehörte zu den ersten Mitgliedern, die im Gründungsjahr 1851 dem Zoologisch-botanischen (Zool.-bot.) Verein zu Wien beitraten. Auch Gustav v. Niessl ist in diesem Verein ab 1856 aktiv tätig gewesen, während er gleichzeitig am polytechnischen Institut in Wien Naturwissenschaften studierte. Im Polytechnikum war G. Niessl von 1857 bis 1859 dann auch als Assistent tätig. Im Jahr 1859 wechselte er nach Brünn, wo er eine Stelle als Supplent für praktische Geometrie an der technischen Lehranstalt (der späteren DTH) erhielt. Im Jahr 1860 wurde er dort zum ordentlichen Professor ernannt und 1868 zum Direktor der Anstalt gewählt. In dem akademischen Jahr 1877/1878 und dann noch einmal 1888/1889 war er Rektor der DTH. Seine eigene naturwissenschaftliche Tätigkeit beschränkte sich im Laufe der Jahre zunehmend auf die Astronomie und die Beobachtung von Meteoren. Besondere Bedeutung erlangte Gustav Niessl für die ersten frühen Mendel-Biographien als noch lebender Zeitzeuge. Im NfV war Gustav Niessl ab 1861 mehr als 40 Jahre lang äußerst aktiv tätig, viele Jahre dessen Sekretär und wiederholt in den Vorstand gewählt. Erwähnenswert ist, dass auch sein Vater, Josef Niessl, als Mitglied des NfV den Aufbau des Vereins und dessen Bibliothek gefördert hat. Für eine detaillierte Biographie vgl. Doležal 1907. Vgl. hierzu auch Frimmel 1939.

[16] Iltis 1924, S. 118–119. Laut Iltis basierte seine Darstellung auf dem Protokoll der denkwürdigen Sitzung. Siehe ebenso Weiling 1966.

[17] Zu seiner Person s. ausführlicher Abschn. 1.1.3.

[18] **Jakob Kalmus (1834–1870)** war ein in Prag geborener Mediziner und Botaniker. Nach Besuch des Gymnasiums in Prag studierte er dort Medizin. In jener Zeit gehörte er zusammen mit seinem Bruder Alexander Kalmus (1831–1869) zur *Botanischen Tauschanstalt* in Prag und zum Kreis um den Botaniker Phillip Maximilian Opiz (1787–1858). In eben jener Zeit entwickelte Jakob Kalmus ein besonderes Interesse für die Systematik der Kryptogamen. Im Jahr 1860 kam er nach Brünn, wo er zunächst als Sekundararzt im allgemeinen Krankenhauses arbeitete. Später übernahm er in Brünn die Aufgabe des Stadtbezirksarztes, während sein Bruder Alexander eben diese Funktion in Prag in der Josefstadt innehatte. In Brünn befreundete sich J. Kalmus schon bald mit Johann Nave und Gustav von Niessl, mit denen er im Laufe der Jahre viele botanische Exkursionen unternahm und „*Vorarbeiten zu einer Kryptogamenflora von Mähren und österr. Schlesien*" in den *VNV*

und Carl Theimer[19] sowie der Chemiker Franz Czermak[20] gehört haben. Entgegen der Darstellung von Hugo Iltis (1924, S. 118) kann der Kryptogamenexperte Johann Nave bei Mendels Vortrag nicht anwesend gewesen sein, da er bereits am 18. November 1864 verstorben war.[21] Aus den in den *VNV* abgedruckten Sitzungsberichten kann man zudem entnehmen, dass wohl auch der Botaniker und Landes-Cassendirector Eduard Wallauschek (1823–1901), der Botaniker und Lehrer Franz Haslinger (1835–1902), der damalige k. k. Landtafel-Adjunkt in Brünn Ernest Steiner (1820–1894) und der Entomologe Franz Wildner (1815–1866) auf der Sitzung am 8. Februar anwesend waren, da sie auf eben dieser Sitzung die Neuaufnahme mehrerer Mitglieder vorgeschlagen hatten. Aus gleichem Grund ist davon auszugehen, dass auch Franz Migerka (1828–1915) der Vorlesung Gregor Mendels beigewohnt hat. Migerka war seit 1861 Mitglied der Handels- und Gewerbekammer in Brünn und auf seinen Vorschlag ist die Gründung des Mährischen Gewerbevereins zurückzuführen.[22] Bereits zuvor hatte er eine Abhandlung zur Bedeutung von Industrie-Ausstellungen veröffentlicht.[23] In den 1860er Jahren wurde Migerka ins Handelsministerium nach Wien berufen, für welches er wiederholt als Repräsentant Österreichs im Ausland diente, so u. a. bei der Eröffnung des Suezkanals (1869) und der Weltausstellung in Philadelphia (1876).[24] Es ist durchaus

---

veröffentlichte (Kalmus et al. 1864). In Brünn war J. Kalmus Mitglied des Vereins „*Lesehalle*" sowie einer der Gründer des NfV, für den er auch als Vize-Präsident und Sekretär tätig war. Als eben solcher war Jakob Kalmus auch bei den beiden Vorträgen Mendels im Jahr 1865 anwesend. Im Oktober 1866 wurden er und weitere Brünner Ärzte von Kaiser Franz Joseph I für ihre Tätigkeit während der Besetzung Brünns durch Preußen ausgezeichnet. J. Kalmus erhielt das Goldene Verdienstkreuz mit der Krone. Er starb in Brünn am 13. September 1870 nach kurzer, schwerer Krankheit im Alter von 35 Jahren, nachdem sein Bruder bereits im Jahr zuvor jung an einer tuberkulösen Herzbeutel- und Bauchfellentzündung verstorben war. Biogr. Ang. beruhen auf einem kurzen von G. v. Niessl verfassten Nekrolog in den Sitzungsberichten der *VNV*, einem kurzen anonymen Nekrolog in *Die Neue Zeit* vom 17. September 1870 [S. 3], sowie versch. kleineren Zeitungsnotizen aus Brünn, Wien und Prag.

[19] **Carl Theimer (1823–1870)** wurde in Brünn geboren. Nach dem Gymnasium studierte er Pharmazie an der Universität in Wien (1858–1850). Er übernahm dann die Apotheke „Zu Mariahilf" von seinem Vater. Er war gründendes Mitglied des NfV und widmete sich auch Versuchen mit Pflanzenhybriden.

[20] **Franz Czermak (1834–1911)** war ein Brünner Chemiker. Von 1857 bis 1862 war er Assistent an der Lehrkanzel für Allgemeine Chemie an der k. k. technischen Hochschule in Brünn und von 1862 bis 1869 ebendort Privatdozent. Zudem war er wie Mendel Mitglied des NfV, wo er Mitte der 1860er Jahre unter anderem die Aufgabe des Rechnungsführers innehatte. Insgesamt war Czermak im Verein fünf Jahrzehnte aktiv und administrativ wirkend und nach Iltis die „Seele" des Vereins. Biogr. Ang. n. Hellmer 1899; Iltis 1912; *VNV* 1862–1911. Für frühere Angaben zu den anwesenden Zuhörern von Mendels beiden Vorträgen siehe Iltis 1924; Gustafsson 1969 u. Weiling 1993a.

[21] Weiling 1993/1994b; s.a. Fußnote 108; s.a. Iltis 1924, S. 48.

[22] Stekl 1975.

[23] Migerka 1857.

[24] Siehe z. B. Holdhaus & Migerka 1873 und Migerka 1877. F. Migerkas gedruckter Bericht zur Eröffnung des Suezkanals (Migerka 1870) muss wohl als verschollen gelten. Im MGV hat Migerka hierzu über die Winterferien 1869 einen Vortrag gehalten, der so erfolgreich war, dass er ihn noch einmal wiederholen bzw. ergänzen musste.

wahrscheinlich, dass auch die neugewählten Mitglieder, also der Großhändler und Präsident des ersten Brünner Credit-Vereins Leopold Haupt (1827–1904), der damalige Sekretär der Brünner Handelskammer und Dozent für Nationalökonomie an der Brünner Handelsschule Robert Heym,[25] der Advocats-Kandidat und spätere Politiker Adolf Promber (1843–1899), der Brünner Sudmeister Adolph Heisler (1826–1866) und Carl Koch, dem Vortrag Mendels beigewohnt haben.[26]

Inhaltlich soll im Anschluss an den Vortrag weder Fragen noch Diskussionen gegeben haben.[27] Der Mendel-Biograph Oswald Richter[28] berichtete sogar, dass Mendels Ausführungen mit „*Spott und Gelächter*" aufgenommen wurden.[29]

---

[25] **Robert Heym (1816–1866)** war ein Nationalökonom und, so vermuten wir zumindest, Bruder des Leipzig Mathematikers Karl Heym (1818–1889). Bereits im Jahr 1847 beschäftigte sich R. Heym mit den ersten Ideen von Hermann Schulze-Delitzsch (1808–1883) zu den Möglichkeiten des Genossenschaftswesens. Seine Gedanken hierzu legte er in einer kleinen Schrift fest (Heym 1848a). Seine ebenfalls 1848 veröffentlichte Schriften zur Frage der zunehmenden Mechanisierung, in denen er sich direkt an die Arbeiter wandte, hatten Pioniercharakter. So vertrat Heym darin z. B. bereits den Standpunkt, dass Maschinen letztendlich mehr Arbeitsplätze schaffen als vernichten (vgl. Heym 1848b; 1848c: 1848d, s.a. Schramm 2021). Nach den Ereignissen der Revolution musste R. Heym aus Sachsen fliehen, was ihn schliesslich Anfang der 1850er Jahre nach Brünn verschlug. Schon bald war er Sekretär der Brünner Handels- und Gewerbekammer, Mitglied und Verwaltungsrat des MGV und im Comité zur Eisenbahn-Tarif-Frage als Teil der Gruppe für Schafwollwaren. Ab März 1865 war er Vorstand in der Sektion des MGV für Volkswirtschaft. Des Weiteren war Heym Mitglied der mähr.-schles. Ackerbaugesellschaft und der Historisches Sektion. Auch in seiner Funktion als Sekretär des MGV verwies R. Heym immer wieder auf die Arbeiten von Schulze-Delitzsch und das Prinzip der solidarischen Haftung. In Brünn war es dann auch insb. R. Heym, der, in enger Kooperation mit der Oberrealschule, die Errichtung einer kostenlosen Handels- und Handwerkerschule vorantrieb. Im Jahr 1862 gehörte Heym zu den Ausstellern auf der Londoner Weltausstellung, die auch Gregor Mendel besucht hat. Vom Ministerium für Handel und Volkswirthschaft in Wien war er zum offiziellen Berichterstatter für die Londoner Weltausstellung bestellt. Für seine erfolgreiche Präsentation erhielt Heym vom Kaiser das goldene Verdienstkreuz mit der Krone. Wie später noch diskutiert, gehörte R. Heym nicht nur zu den Zuhörern von Mendels Vorträgen sondern spielte schon 1854/55 eine wichtige Rolle in der Zusammenstellung der von Mendel verwendeten Erbsensorten.

[26] Siehe hierzu die Sitzungsberichte im 4. Bd. der *VNV* für den 8. Februar und 8. März 1865. Aus gleichen Gründen kann man auch davon ausgehen, dass F. Czermak, J. Kalmus, A. Makowsky, G. von Niessl, A. Promber, F. Steiner, E. Wallauschek, F. Wildner sowie der Oberlehrer am Brünner Blinden-Institut Johann Schwarz (geb. 1822) und der Hauptschullehrer Joseph Rentél bei Mendels zweitem Vortrag am 8. März anwesend waren. Auf dieser Sitzung wurden auch mehrere neue Mitglieder vorgeschlagen, von denen man vermuten darf, dass sie Mendels zweitem Vortrag beigewohnt haben könnten. Hierzu zählten der Landtafel-Director in Brünn Franz Krčmar (gest. 1866), die beiden Advocats-Kandidaten Gustav Raynoschek und Rudolph Kriz, der Brünner Erzieher Joseph Iller, der Lottobeamte Joseph Stadler, die Lehrer Anton Kuzela, Anton Esterak, der Oberlehrer Franz Mucha (gest. 1866) aus Seelowitz und Joseph Neugebauer sowie der Postbeamte Ferdinand Ritter v. Widmann.

[27] Iltis 1924; Gustafsson 1969; Weiling 1993a.

[28] Zu seiner Person s. ausführlich Abschn. 7.2.3.

[29] **Spott und Gelächter:** Siehe hierzu Richter 1941, S. 132. In einem Vortrag zum 75. Jahrestag der Vorträge der Mendelschen Versuche beschrieb O. Richter die Vorlesungen mit dieser krassen Darstellung. Die Authentizität der von Richter genutzten Quelle für diese Sichtweise scheint jedoch nicht hinreichend gesichert. Als Gewährsmann berief sich Richter auf Alois Fietz (1890–

Aus den veröffentlichten Briefen[30] von Mendel an den Botaniker Carl Wilhelm von Nägeli[31] war zudem Mendels eigene Wahrnehmung und Erinnerung des Vortrags bekannt, nach der seine Präsentation zunächst eine gemischte Aufnahme gefunden habe. Auf seine Vorträge Bezug nehmend, schrieb er: „*Ich begegnete, wie es nicht anders zu erwarten war, sehr getheilten Ansichten* [...]".[32]

Zum 100-jährigen Jubiläum von Mendels Vorlesung im Jahre 1965 wurde bekannt, dass zwei weitere kurze protokollarische Beschreibungen von Mendels beiden Vorlesungen in den historischen Ausgaben der lokalen Tageszeitung *Neuigkeiten* in Brünn

---

1968), der dies von einer mündlichen Äußerung von A. Makowskys Iltis berichtet haben soll. A. Fietz war als Dozent und Botaniker seit den 1920er Jahren an der DTH und im NfV in Brünn tätig. Zudem hatte er im NfV der 1930er Jahre die Rolle des Bücherwarts inne. In den 1940er Jahren, in der Zeit der deutschen Besetzung von Brünn und nach seiner Ernennung zum Professor der Botanik (1942), unterstützte Fietz die Popularisierung von Mendel im Rahmen der NS-Propaganda (Fietz 1944, Simunek & Hoßfeld 2010).

[30] **Editionsgeschichte der Briefe Mendels an Carl Wilhelm von Nägeli:** Die neun erhaltenen Briefe von Mendel an Nägeli aus dem Zeitraum von 1866 bis 1873 wurden erstmals vom „Wiederentdecker" Carl Correns in den Abhandlungen der Königlich-Sächsischen Gesellschaft der Wissenschaften herausgegeben. Der Abdruck erfolgte dabei im 29. Band, der mit dem Jahr 1906 abgeschlossen war (siehe Correns 1906). In der Literatur wird die Briefsammlung meist mit Correns (1905) zitiert. Der Grund ist, dass wie damals oft üblich die Abhandlungen in Form mehrerer Einzelhefte und Lieferungen im Zeitraum zwischen 1904 und 1906 erfolgte. Das dritte Heft der Abhandlungen bestand dann aus der von C. Correns editierten und kommentierten Sammlung der Briefe Mendels. Der Beitrag selbst war von Correns für die Abhandlungen schon am 5. Dezember 1904 vorgetragen worden. Das fertige Manuskript reichte Correns dann am 23. Dezember 1904 ein. Der letzte Druckbogen war dann am 20. Februar druckfertig erklärt und bereit für die Auslieferung. Der Separatdruck des 3. Heftes erschien im Verlag von B. G. Teubner in Leipzig und konnte für 3 Mark erworben werden (siehe Correns 1905). Der Sonderdruck wies dabei eine doppelte Paginierung auf: Zum einen die des Separatdruck, zum anderen die des gesammten Bandes der genannten Abhandlungen. Soweit in der vorl. Edition auf die Briefe Mendels an C. W. Nägeli eingegangen wird ist daher im weiteren konsequent Correns (1906) mit der zugehörigen Paginierung als Quelle angegeben. Die Briefe Mendels sind dann von Correns noch einmal 1924 unverändert in dessen „Gesammelten Werken" als Anhang jedoch mit abgeänderten Seitenzahlen aufgenommen worden (Correns 1924, S. 1233–1297).

[31] **Carl Wilhelm von Nägeli (1817–1891)** war ein Schweizer Botaniker. Als Sohn eines Landarztes studierte er zunächst selbst Medizin in Zürich, bevor er in Genf mit dem Studium der Botanik begann. Nach Abschluss seiner Dissertation über *„Die Cirsien der Schweiz"* bei Alphonse Pyrame de Candolle (1806–1893) im Jahr 1840 in Zürich, gründete er 1844 in Jena, zusammen mit Matthias Jacob Schleiden (1804–1881), die *„Zeitschrift für wissenschaftliche Botanik"*. Zwischen 1849 und 1856 war Nägeli als Professor an den Universitäten in Zürich und Freiburg/Breisgau tätig. Ab 1856 erfolgte die Berufung auf den Lehrstuhl für Allgemeine Botanik am Eidgenössischen Polytechnikum (heute ETH) in Zürich. Wohl auch durch Vermittlung Justus Liebigs (1803–1873) war Nägeli dann von 1857 bis 1889 an der Universität in München tätig. Zu seinen wichtigsten Arbeiten gehörten Abhandlungen zur Bastardbildung, Entwicklung von Stärkekörnern, Zell- und Deszendenztheorie sowie umfangreiche Studien zu Wachstumsgesetzen.

[32] Correns 1924, S. 199.

1 Historische Einführung und Editionsgeschichte

erhalten geblieben sind.[33,34] Diese beiden kurzen Erwähnungen sind auch deshalb von besonderem Interesse, weil sie Mendels Vorlesungen durchaus eine *„rege Theilname des Auditoriums"* bescheinigten. Sie zeigen zudem auf, dass die Vorlesungen Demonstrationen anhand von Pflanzenmaterial beinhalteten und insgesamt sogar besonders löblich bewertet wurden. Desgleichen belegen die beiden Protokollauszüge, dass bereits der

---

[33] **Bericht in den Brünner *Neuigkeiten*, 10. Februar 1865, S. 3:** *„Sitzung des naturforschenden Vereins. z. Brünn, 9. Febr. In der gestern abgehaltenen, abermals sehr zahlreich besuchten Monatssitzung führte der neu gewählte Vicepräsident Hr. Theimer den Vorsitz. – Nach Bekanntgabe der Einläufe hielt Herr Prof. G. Mendel einen längeren, besonders für Botaniker interessanten Vortrag über Pflanzenhybriden, welche durch künstliche Befruchtungen stammverwandten Arten und zwar durch Uebertragung des männlichen Blüthenstaubes auf die Samenpflanze hervorgebracht werden. – Er hob dabei hervor, daß die Fruchtbarkeit der Pflanzenhybriden, oder Bastarde zwar erwiesen sei, aber nicht constant bleibe, und daß dieselben stets geneigt wären, zur Stammart rückzukehren, welche Rückkehr eben auch durch wiederholte künstliche Befruchtungen mit dem Blüthenstaube der Stammpflanzen beschleunigt werden kann. – Der Vortragende betonte hierauf seine durch mehrere Jahre mit Erfolg gemachten Versuche die er namentlich mit mehreren Erbsengattungen (Pisum .sativum, P. sacharatum und P. quadratum) anstellte und zeigte die Proben aus den bezüglichen Generationen vor, wornach [sic] gemeinsame Merkmale gegenseitig übergangen waren, differirende Merkmale oder ganz neue Charaktere hervorbrachten. Die Differenzmerkmale der Erbsenhybriden zeigten sich in der Gestalt, dann Färbung des reifen Samens und der Samenschale, in der Farbe der Blüthen, in der Form der reifen und in der Farbe der unreifen Samenhülsen, in der Stellung der Blüthen und im Unterschiede der Achsenlänge. <u>Beachtenswerth waren die ziffermäßigen Zusammenstellungen mit Rücksicht auf die eingetretenen Differenz-Merkmale der Hybriden und deren Verhältniß gegenüber den Stammarten.</u> [unterstrichen durch d. Verf. d. Edition] – Daß der Vorwurf des Vortrages ein glücklicher und die Durchführung desselben eine ganz befriedigende war, bewies die <u>rege Theilnahme des Auditoriums</u>.* [unterstrichen durch d. Verf. d. Edition]" (siehe insb. auch Sajner 1965; Beer 1966; Mielewczik et al. 2017, vgl. auch Vollmann & Matalová 2016a & 2016b).

[34] **Bericht in den Brünner *Neuigkeiten*, 10. März 1865, S. 3:** *„Sitzung des naturforschenden Vereins. – Z. Brünn. 9. März. Nach Eröffnung der Sitzung durch den Vizepräsidenten Herrn Karl Theimer und Mittheilung, der seit der letzten Versammlung eingegangenen Geschenke und Sendungen hielt Herr Professor G. Mendel seinen zweiten Vortrag über Pflanzenhybriden. Anknüpfend an die bezüglichen Mittheilungen in der letzten Vereinsversammlung am 8. v. M. sprach er über <u>Zellenbildung, Befruchtung und Samenbildung überhaupt und bei den Hybriden insbesondere unter Hinweisung auf seine bei Pisum (Erbse) mit eben so viel Umsicht als Erfolg angestellten Versuche</u> [unterstrichen durch d. Verf. d. Edition], welche er auch im nächsten Sommer fortzusetzen erklärte. – Zum Schluße theilte er mit, daß er auch mit vielen anderen, namentlich angezeigten, stammverwandten Pflanzen künstliche Befruchtungen zur Erzielung der Bastarden in den letzten Jahren vorgenommen habe, und sich durch <u>die erlangten günstigen Resultate</u> [unterstrichen durch d. Verf. d. Edition] aufgemuntert fühle, derlei Bastardirungen nicht nur weiter zu versuchen, sondern auch hierüber eingehende Berichte zu erstatten. – Diesem mit vielfacher Anerkennung belohnten Vortrage fügte Herr Professor v. Nießl bei, daß auch von ihm bei Pilzen, Mosen und Algen mit Hilfe des Mikroskopes Hybridisationen beobachtet worden seien, und daß weitere dießfällige Beobachtungen nicht nur bisherige Hypothesen begründen, sondern auch weitere interessante Aufklärungen bringen werden. [...]"* (siehe insb. auch Sajner 1965; Beer 1966; Mielewczik et al. 2017; vgl. auch Vollmann & Matalová 2016a & 2016b; Zhang et al. 2017).

Aufbau der mündlichen Vorträge, in der wesentlichen Komposition, der des späteren Artikels entsprach. Insbesondere die *„ziffernmäßigen Zusammenstellungen mit Rücksicht auf die eingetretenen Differenz-Merkmale der Hybriden und deren Verhältniß gegenüber den Stammarten"* hatte bereits explizit in den Vorträgen Erwähnung gefunden.[35]

Weitere, erst vor kurzem aufgefundene, Berichte[36] zu den beiden Vorlesungen in anderen zeitgenössischen Tageszeitungen aus Brünn vervollständigen heute diese Darstellungen. Publiziert wurden diese Beiträge als kurze Artikel in der *Brünner Zeitung*[37,38]

---

[35] Ebd.

[36] Siehe Mielewczik et al. 2017.

[37] ***Brünner Morgenpost*** **(Beilage zur *Brünner Zeitung*), Anonymous 1865a vom 6. März 1865, S. 211:** „*Monats-Versammlung des naturforschenden Vereins in Brünn am 8. Februar 1864* [sic]. *(Auszug aus dem Sitzungsprotocolle.) Nach Eröffnung der Sitzung durch den zum ersten Male den Vorsitz führenden Herrn Vicepräsidenten C. Theimer und Mittheilung der seit der letzten Versammlung eingegangenen Geschenke und Sendungen hielt Herr Professor G. Mendel den angekündigten Vortrag über Pflanzenhybriden. Derselbe gab als Einleitung eine kurze Geschichte der vorzüglichsten in Bezug auf Pflanzenbastardirung angestellten Beobachtungen und Versuche und die Resultate derselben, und ging dann auf seine selbstständigen zahlreichen, mit eben so viel Umsicht als Erfolg angestellten Versuche über,* <u>um deren zum Theil mit älteren Angaben übereinstimmende, zum Theile abweichende Ergebnisse mitzutheilen</u> [unterstrichen durch d. Verf. d. Edition] *und aus denselben eine Reihe höchst interessanter und wichtiger Schlüsse zu ziehen. Die einschlägigen Beobachtungen wurden meist an Papilionaceen (einer selbst nach namhaften Forschern zur Hybridisation wenig geeigneten Familie) gemacht und durch eine Reihe von Jahren an zahlreichen Generationen fortgesetzt, und gaben so günstige Ergebnisse, dass aus denselben mit ziemlicher Genauigkeit eine Anzahl* <u>mathematischer Formeln für die Gesetze der Hybridenbildung</u> [unterstrichen durch d. Verf. d. Edition] *gewonnen werden könnte.* <u>Der Vortrag wurde durch zahlreiche Belegstücke (namentlich an Früchten und Samen) erläutert erklärt</u> [unterstrichen durch d. Verf. d. Edition].*"

[38] ***Brünner Zeitung*, 20. März 1865, S. 362:** „*Monats-Versammlung des naturforschenden Vereins in Brünn am 8. März 1865. (Auszug aus dem Sitzungsprotokolle) […] Herr Professor G. Mendel beendete seinen Vortrag über Pflanzenhybriden. Derselbe besprach die Ansichten über die Bildung und das Entstehen derselben, sowie die Kreuzung, Vermehrung und Fortpflanzung derselben. Nach einer übersichtlichen Darstellung der neuesten* <u>Ergebnisse der Untersuchungen über die Entstehung und Entwicklung des Pflanzenkeimes im Allgemeinen</u> [unterstrichen durch d. Verf. d. Edition], *suchte der Vortragende dieselben bei der Bildung der Hybriden zu verwerthen und stellte in Bezug auf die bei diesem* <u>Acte wirksamen Factoren eine Hypothese auf, welche durch die große Anzahl sinnreicher, vom besten Erfolge gekrönter Versuche getragen, nicht wenig zur Aufklärung dieses bisher noch ungenau beobachteten Processes beitragen dürfte</u> [unterstrichen durch d. Verf. d. Edition]. *Herr Professor Mendel gedenkt seine Untersuchungen über diesen Gegenstand fortzusetzen und seiner Zeit das Resultat derselben in einer im Jahreshefte des naturforschenden Vereines zu veröffentlichenden Arbeit bekannt zu geben […]*".

und im *Mährischen Correspondent*.³⁹,⁴⁰ Wie auch die beiden anderen bereits bekannten Auszüge, basieren sie auf den verloren gegangenen, handschriftlichen vollständigen Sitzungsprotokollen des NfV. Interessanterweise beinhalten diese Beiträge einige weitere inhaltliche Details zu den beiden Vorträgen Mendels, welche bislang nicht bekannt waren. So erfahren wir aus diesen, dass die verwendeten Belegstücke aus „*Früchten und Samen*" bestanden und bereits während der Vorlesung die Möglichkeit diskutiert wurde, eine Reihe allgemein gültiger „*mathematischer Formeln für die Gesetze der Hybridenbildung*" aufzustellen.⁴¹

Durch diese Zeitungsartikel zeigt sich auch, dass Mendels Vortrag schon in allen beschriebenen Details den Darstellungen in seinem späteren Artikel gefolgt ist.

Seinen zweiten Vortrag im März begann Mendel mit der Zellenbildung und einer Hypothese zu den Faktoren, welche den Merkmalen logisch zu Grunde liegen. Mendels zweiter Vortrag scheint wesentlich weniger gut besucht gewesen zu sein, wie sich aus den Zeitungsberichten entnehmen lässt.⁴² Ursache dafür war eventuell das vorherrschende schlechte Wetter.⁴³,⁴⁴

---

³⁹ *Mährischer Correspondent*, 10. Februar 1865, S. 4–5: „*Monatsversammlung des naturforschenden Vereines.) Die gestrige Versammlung war ziemlich zahlreich besucht. Der Secretär, Med. Dr. Kalmus, berichtete zuerst über die Einläufe seit der letzten Sitzung; unter den Letzteren befanden sich auch 1500 Exemplare Conchylien, welche dem Vereine von Herrn Ullepitsch in Kärnten geschenkt wurden, und 4000 geordnete Pflanzen-Exemplare welche ein Geschenk des hierortigen Apothekers Herrn Teimer sind. Hierauf hielt Hr. Realschullehrer P. Gregor Mendl einen Vortrag über die künstliche Befruchtung der Pflanzen und theilte die gelungenen Resultate seiner Versuche auf diesem Gebiete mit. Schließlich fand die Aufnahme neuer Mitglieder in den Verein statt.*" Josef Ullepitsch (1827–1896) war damals u. a. Mitglied des Naturhistorischen Landesmuseums in Kärnten.

⁴⁰ *Mährischer Correspondent*, 10. März 1865, S. 4: „*Monatsversammlung des naturforschenden Vereines.) Nach den Mittheilungen, welche seitens des Secretärs Dr. Kalmus der Versammlung eröffnet wurden, sind die Sammlungen des naturforschenden Vereines in neuester Zeit wieder ansehnlich vermehrt worden. So hat unter Anderem der russische Staatsrath Kiehlewein [sic] in Rostock dem Vereine 26 Bände naturwissenschaftlichen Inhaltes, ferner 20 russische und sibirische Mineralien zum Geschenke gemacht. Auf der Tagesordnung stand ein Vortrag des Herrn Realschullehrers P. Gregor Mendel über Pflanzen-Hybriden. Ehe derselbe den von ihm angekündigten Vortrag hielt, sprach er über die Zelle und über die Fortpflanzung der Gewächse durch Befruchtung. Die Versammlung war diesmal wegen des ungünstigen Wetters nur schwach besucht.*"
Gemeint war der Botaniker Paul Eduard Kühlewein (1798–1870).

⁴¹ Siehe *Brünner Morgenpost* (Beilage zur *Brünner Ztg.*), 6. März 1865, S. 211.

⁴² Siehe *Mährischer Correspondent* 10. März 1865, S. 4. Vgl. hierzu auch Fußnote 21.

⁴³ Ebd.

⁴⁴ **Schnee:** Den lokalen Wetterberichten lässt sich entnehmen, dass es während des Tages zu umfangreichen Schneefällen gekommen war, der von den frühen Morgenstunden bis zum Mittag dauerte. In Gegenden, wie der inneren und äußeren Stadt, wo der Schnee nicht direkt schmolz, erreichte die Schneedecke bereits am Morgen eine Höhe von 12 Zoll. Im Verlauf des Abends setzte Tauwetter ein, wobei gleichzeitig im Umkreis Angst vor Überflutungen geherrscht haben mag.

Bislang war es unklar, auf welche Kritiken Mendel mit seinen Vorlesungen im Detail überhaupt gestoßen ist. Direkte Belege für diese Kritik waren bis vor kurzem nicht verfügbar.[45] Die neu aufgefundenen Zeitungsnotizen geben hierzu aber einige Anhaltspunkte. Mendel selbst hat bereits in seiner ersten Vorlesung ausdrücklich darauf hingewiesen, dass seine Versuchsergebnisse „[…] *zum Theil mit älteren Angaben übereinstimmende, zum Theil abweichende Ergebnisse* […]" geliefert hatten.[46] Ein weiterer Kritikpunkt, der in dem Auszug aus dem Sitzungsbericht hervorgehoben wurde, war die Wahl von „*Papilionaceen*" (Schmetterlingsblütler) als Versuchsobjekt.[47,48] Der Protokollant hielt hierzu ausdrücklich fest, dass es sich hierbei um eine „*selbst nach namhaften Forschern zur Hybridisation wenig geeigneten* [sic] *Familie*" handelte.[49] Es ist durchaus bemerkenswert, dass dies praktisch mit der später von C. W. v. Nägeli verfassten Kritik in seinen Briefen an Mendel übereinstimmt, welche diesen dazu veranlassten, seine Experimente mit Hieracien statt Erbsen fortzusetzen.[50]

Tatsächlich findet sich in der Zeitungsliteratur aber noch wesentlich mehr. Bislang war es beispielsweise eine nicht abschließend geklärte Frage, ob Mendels Versuche an Erbsen und zur Bastardierung möglicherweise schon außerhalb des Klosters diskutiert worden sind, bevor diese 1865 präsentiert und schließlich 1866 gedruckt wurden.[51] Von der Fachliteratur ist dieses Problem bislang nicht ausreichend erörtert und diskutiert worden. Basierend auf einem neuen Literaturfund kann dies heute mit absoluter Sicherheit belegt werden, denn schon vor dem Sommer 1861, also wesentlich früher als

---

[45] Mielewczik et al. 2017.

[46] Siehe *Brünner Morgenpost* (Beilage zur *Brünner Ztg.*), 6. März 1865, S. 211; vgl. Mielewczik et al. 2017.

[47] Ebd.

[48] **Der Verfasser beider Sitzungsprotokolle,** auf denen die Zeitungsartikel beruhen, ist nicht bekannt. Olby und Gautrey (1968) haben, basierend auf den bereits zuvor veröffentlichten Auszügen, damit argumentiert, dass die Verwendung des Begriffs „*männlichen Blüthenstaubes*" darauf hindeute, dass es sich beim Autor um keinen Botaniker gehandelt haben kann. Die ergänzenden neu gefundenen Teile verdeutlichen jedoch, dass der Autor wohl nicht nur botanische Kenntnisse hatte, sondern offenkundig auch über Kenntnisse zur Hybridisierung im Speziellen verfügt zu haben scheint. Am wahrscheinlichsten erscheint, dass Gustav von Niessl (1839–1919), Carl Theimer, Jacob Kalmus oder Alexander Zawadzki (1798–1868) das zugrundeliegende Sitzungsprotokoll verfasst haben. Für letzteren würde sprechen, dass zumindest eine der Zeitungsbesprechungen mit dem Kürzel „Z." versehen ist. Der Verweis auf die Schwierigkeiten von Papilionaceen bezieht sich vermutlich auf Erläuterungen bei Gärtner 1849, S. 134–136, möglicherweise aber auch auf eine in der *Botanischen Zeitung* erschienene Rezeption der Papilionaceen im Kontext von Darwin (Treviranus 1863). Zu Schwierigkeiten bei Papilionaceen vgl. auch Darwin 1866. Verwiesen sei an dieser Stelle auf die Darstellung von Kerner, nach der „*Leguminosen-Bastarte*" am „*seltensten scheinen*" (Kerner 1865h, S. 206).

[49] Siehe *Brünner Morgenpost* (Beilage zur *Brünner Ztg.*), 6. März 1865, S. 211; vgl. Mielewczik et al. 2017.

[50] Vgl. Mendel 1870; Correns 1924.

[51] Siehe zu dieser Diskussion bspw. Mielewczik et al. 2017.

1 Historische Einführung und Editionsgeschichte

bislang geglaubt, muss in Brünn in breiteren Personenkreisen intensiv über die Arbeiten des Augustinerpaters gesprochen worden sein. Auch die Kritik an seinen Versuchen durch seine Zeitgenossen wird dabei wesentlich klarer. So erschien in der *Brünner Zeitung* ein kurzer Bericht in den Lokalnachrichten: „*Wir lasen in einem hier erscheinenden Blatte einer angeblich für Gartenbesitzer und Blumisten interessante Mittheilung, über Akklimatisationsversuche des Herrn Prof. Mendl, im Augustinerstifte zu Altbrünn. Ohne Herrn Prof. Mendl nahe treten zu wollen, denn wir ehren jedes Streben auf praktischem Wege der Wahrheit näher zu rücken; müssen wir unsere Leser gleichwohl mit dem wahren Werthe der Sache bekannt machen, den der Berichterstatter etwas zu hoch angeschlagen hat. [...]*".[52] Nach einem kurzen Exkurs zu Spinat und Spinat ähnlichen Gewächsen fuhr der anonyme Autor[53] fort: „*Was die Bastardirung der Bohnen oder Fisolen, der Erbsen und Gurken betrifft, so führen die Samenverzeichnisse aus Frankreich, England und Deutschland so viele Spielarten und von so ausgezeichneter Güte an, dass*

---

[52] *Brünner Ztg.*, 30. Juli 1861, S. 1388. Siehe hierzu auch die kürzlich erschienene Besprechung durch Van Dijk et al. 2018.

[53] **Die erste Erwähnung von Mendels Experimenten im Jahr 1861:** Auch wenn der Autor anonym ist, so ist es doch sehr wahrscheinlich, dass es sich hierbei entweder um den Brünner Gärtner Johann Nepomuk Twrdy (1806–1883) oder um den Gärtner Johann Metzel bzw. Metzl (gräfl. Mittrowsky'scher Schlossgärtner in Pernstein/Pernštejn) handelte, welche beide international für ihre Fuchsienzüchtungen berühmt wurden. Dies lassen zumindest die umfangreichen Bezüge betr. des Bastardieren der Fuchsien vermuten, welche in dem kurzen Zeitungsartikel zu finden sind:

„*Die Bastardirung oder Hybridation – so nennt man die Übertragung des Blüthenstaubes mit einem feinen Pinsel auf die Narbe einer anderen Pflanze, ein auf diese Weise erzeugter Same gibt in den meisten Fällen eine neue Spielart – der Nelken und Fuchsien ist eine alte und allgemein bekannte Kunst, jetzt jedem Gartengehilfen bekannt oder geläufig. Wir verdanken ihr die vielen Hunderte hybrider Rosen, Nelken, Fuchsien, Petunien u. s. w. die uns durch die Farbenpracht ihrer Blüthen entzücken und welche Handelsgärtner aller Länder in den Blumenhandel brachten und jährlich bringen. Da die Fuchsien, namentlich die hochstämmigen – Mode- und Lieblingsblumen sind, so versuchen es auch Damen, neue hybride Arten von ihren Fuchsien am Fenster zu gewinnen.*

Die erste und zwar die scharlachrothe Fuchsie, Fuchsia coccinea. Art. brachte ein Schiffscapitän 1788 aus Chili nach England, die nächste war die schlanke, F. gracilis. aus Mexico, dann die kleinblätterige, F. microphylla. 1827 eben daher; bis zum heutigen Tage haben wir 32 constante Arten, welche alle aus dem südlichen Amerika stammen, und von diesen wohl bei 500 Bastarde, die in Europa erzeugt wurden.

Fuchsia, wurde diese schöne und sehr leicht zu ziehende Pflanzenordnung dem Leonhard Fuchs zu Ehren genannt, welcher 1565 als Prof. der Medicin in Tübingen starb. Er war Botaniker und Vertheidiger der hippokratischen Medicin, und wurde von Carl V. geadelt. Diese Gattung führte auch die Namen: Nahusia. Schne.; Skinnera. Mönch; Quelusia. Vand. aber nur der Name nach Fuchs hat sich erhalten." (*Brünner Ztg.*, 30. Juli 1861, S. 1388).

Bereits bekannt war, dass Mendel und Twrdy intensiv zusammenarbeiteten. Twrdy's Tochter Amálie Twrdy (1849–1931) berichtete H. Iltis für seine Biographie, dass sich ihr Vater und Mendel oft getroffen und über die eigene Arbeit gesprochen haben (Iltis 1924; Vávra 1984; Edelson 1999, S. 67 & Orel 1996, S. 223). Auch den Garten Twrdy's soll Mendel oft besucht haben (Edelson 1999, S. 67). Mendel selbst hat die Fuchsie zu seinem Quasi-Symbol erhoben (auf zwei Photos hält er bspw. auch eine Fuchsie hoch; siehe Abb. 1.4). Twrdy hat später (1882) Mendel zu Ehren eine Fuchsie nach ihm als „*Prälat Mendel*" benannt (Iltis 1924; Vávra 1984). Unbekannt war jedoch, dass Mendel und Twrdy möglicherweise schon derart früh Fragestellungen der Bastardierung miteinander diskutiert haben können (vgl. hierzu auch Iltis 1924, S. 142; Van Dijk et al. 2018).

es kaum erwähnenswerth ist, ganz kleinen Versuchen dieser Art eine volkswirthschaftliche Bedeutung beizulegen."[54]

Die Kritik an Mendels Arbeit scheint also in allererster Linie auf einem ökonomischen Argument, sowie dem mangelnden Umfang der Versuche begründet gewesen zu sein. Van Dijk et al. 2018 waren kürzlich in der Lage, die originale Version des Artikels ausfindig zu machen, auf den sich die genannte Kritik bezogen hat. In dem im *Mährischen Correspondent* erschienenen Text wurden bereits 1861 erstmals Pflanzenversuche von Gregor Mendel beschrieben:[55]

„Der Professor an der hiesigen k. k. Oberrealschule P. Gregor Mendl beschäftigt sich mit sehr instruktiven Versuchen, welche eine Verbesserung der in unserer Gegend gebauten Gemüse- und Blumensorten zum Zwecke haben und umso größere Beachtung verdienen, als sie auf die Hebung eines wichtigen Gewerbezweiges unserer Vorstädte einen wesentlichen Einfluss nehmen dürften. Durch künstliche Befruchtung ist es gelungen, überraschende Resultate zu erzielen. Die von dem Herrn Professor gezogenen Gemüse, wie Erbsen, Fisolen, Gurken, Bohnen bilden hoch emporragende Stauden, welche sich durch einen massenhaften Ansatz von Früchten auszeichnen und an Größe und Geschmack nichts zu wünschen übrig lassen. Für den Anbau dieser Gewächse wurde hauptsächlich aus dem Auslande bezogener Saame verwendet. Von fremden Gemüsen wurde vorläufig der neuseeländische Spinat akklimatisirt, der in unserem Boden ganz vorzüglich gedieh. Die sehr fleischigen Blätter enthalten nicht bloß mehr Nahrungsstoff als die jetzt gebauten Sorten, sondern die Pflanze zeichnet sich auch durch ihr üppiges Wachsthum aus, so daß einige Exemplare den Boden eines ziemlich großen Versuchsfeldes fast ganz mit ihrer Blätterfülle bedecken. Minder glücklich fielen die bisher mit Kartoffeln angestellten Versuche aus. Die Pflanzen zeigten zwar eine sehr kräftige Entwicklung, allein an den Früchten stellte sich leider die Fäulnis ein, die bis jetzt alle Mittel zu ihrer Behebung spottet. Professor Mendl hat seine Versuche vorläufig auch auf einige Blumensorten ausgedehnt, die bisher für theures Geld aus dem Auslande bezogen wurden. Die Nelken und Fuchsien, von welchen letzteren der Herr Professor mehrere hundert Töpfe gezogen hat, zeichnen sich durch ihre Fülle und Farbenpracht in überraschender Weise aus. Wenn man die Mühe und Sorgfalt erwägt, welche diese Versuche erfordern, um ein gedeihliches Resultat zu erzielen, so muß man dem Streben des Herrn Professors alle Anerkennung zollen. Nicht unbedeutende Beträge wandern für Saamen von hier in das Ausland und diese sollen eben der heimischen Production erhalten bleiben."

Besonders wichtig erscheint die Bezeichnung von Mendels Experimenten als *„Akklimatisationsversuche"*.[56] Seit der „Wiederentdeckung" ist viel darüber diskutiert worden, was Mendel selbst glaubte, in seinen Versuchen untersucht und entdeckt zu

---

[54] *Brünner Ztg.,*, 30. Juli 1861, S. 1388.

[55] Zit n. den Brünner *Neuigkeiten* vom 26. Juli 1861, S. 2; Rubrik: „*Brünner Zuschauer*", mit Verweis auf den Originalabdruck, im *Mährischer Korrespondent* (abgekürzt M.K.). Siehe hierzu auch Krinkels 2018.

[56] *Brünner Ztg.,* 30. Juli 1861, S. 1388. Zur Bedeutung der Rolle von Akklimatisationsversuchen für Mendel siehe auch Mielewczik et al. 2022c & 2023.

haben. Dies hat zu intensiven Diskussionen darüber geführt, ob man Mendel als Genetiker ansehen darf oder ob Mendel selbst überhaupt die Definition eines „Mendelianers" erfüllte.[57] Eine konservative und vorsichtigere Auslegung tut sicherlich recht daran,[58] Mendel im Kontext der klassischen Hybridationsversuche des 19. Jahrhunderts zu verstehen. Durch die zusätzliche Einordnung als Akklimatisationsversuche kann dies nun weiter im zeithistorischen Kontext konkretisiert werden. Dabei bedeutet dies nicht, dass er die grundlegende Bedeutung seiner Experimente für das Verständnis der Vererbung und Evolution nicht erkannt hat, sondern vor allem, dass er diese wohl in einem weitergehenden Wissenschaftszusammenhang eingebettet verstanden hat.[59]

Die neuen Belege, mit den frühesten Erwähnungen der Mendelschen Experimente, vier Jahre früher als bisher bekannt, macht eine völlig neue, ergänzende Lesart möglich. Wie bereits vor kurzem in einer Reminiszenz zu den entomologischen Arbeiten von Mendel dargelegt wurde, war Mendel selbst vor allem auch an den ökonomisch verwertbaren Ergebnissen seiner Arbeit interessiert.[60] So hatte er bei der Untersuchung von Pflanzenschädlingen in den 1850er Jahren bereits darauf hingewiesen (Mendel 1853; s. Kap. 2), dass man den durch diese verursachten Schäden eventuell beikommen könne, wenn die Aussaatzeit dem Schlüpfen der Insekten-Schädlinge entsprechend angepasst würde.[61] Tatsächlich hat es kurze Zeit später sogar diesbezügliche Feldversuche in Mähren gegeben, und zwar explizit mit einem Schädling, an dem Mendel selbst großes Interesse gehabt hat: dem Gemeinen Erbsenkäfer *Bruchus pisi* (Mendel 1854; siehe Kap. 2).[62] Entscheidend hinzu kommt die Tatsache, dass Mendel neben den sieben Merkmalen bei seinen Experimenten noch ein 8. Merkmal untersuchte, das er in seiner Publikation aus dem Jahr 1866 weitestgehend ausgelassen hat: die Blütezeit seiner Erbsenpflanzen.[63] Bedenkt man dies und berücksichtigt ferner, dass Mendel auch an meteorologischen Untersuchungen interessiert war, sowie den Umstand, dass der NfV in seinen Anfangsjahren an phänologischen Untersuchungen mitwirkte und auch dementsprechende Projekte förderte, so stellt sich hier die Frage, ob die Akklimatisation von Erbsenpflanzen und anderen Gemüsearten in dieser Hinsicht nicht das, oder zumindest ein, wichtiges Anliegen von Mendel war, als er seine Versuche geplant hat. Einen interessanten Hinweis auf das damalige Verständnis des Zusammenhangs von Versuchen mit künstlicher Befruchtung und der Akklimatisierung liefert ein 1864 im mährischen Teschen/Těšín gedrucktes Buch mit dem Titel *„Über Akklimatisation der Thiere und Pflanzen"* von Oskar Žlik (1829–1878). In diesem berichtete der Autor, der im Mai 1864 Mitglied im NfV geworden und in späteren Jahren auch Teil

---

[57] Olby 1979.
[58] Siehe bspw. Hartl & Orel 1992.
[59] Siehe z. B. die Diskussion ebd.; Mielewczik et al. 2017; Van Dijk et al. 2018.
[60] Mielewczik 2017.
[61] Ebd.
[62] Siehe Hofmann 1861. Vgl. auch Mielewczik 2017, S. 123; Mielewczik et al. 2017.
[63] Siehe hierzu die Briefe Mendels in Correns 1906; Correns 1924.

des meteorologischen Beobachtungsnetzwerks war, von den Möglichkeiten und Techniken der künstlichen Befruchtung durch Kunstgärtner, u.a. bei *Cirsien* und *Hieracien*, welche im Wesentlichen mit den von Mendel genutzten Methoden übereinstimmten. Auch angesprochen wurden darin die Probleme der Beeinflussung von Versuchskreuzungen durch Insektenbestäubungen. Den angesprochenen Zusammenhang beschrieb Žlik dabei wie folgt: „*Es ist nun klar, dass, um in der Akklimatisation der Thiere und Pflanzen günstige Resultate zu erlangen, sehr mannigfaltige und oft sehr langwierige Versuche unternommen werden müssen; eine Hauptbedingung zur Realisirung von Akklimatisationen ist also ‚Geduld'. Es ist nicht zu läugnen, dass die Früchte der gegenwärtigen Akklimatisations-Versuche meist erst in den nächsten Generationen genossen werden können.* [...]" (Žlik 1864, S. 25). Für Žlik hatte die „*Akklimatisation (...) dahin zu streben, für die gegebenen klimatischen Verhältnisse eines Bezirkes diejenigen Kulturprodukte, diejenigen Thiere und Pflanzen aufzufinden, welche in jenem Bezirke gediehen und einen hohen Ertrag zu liefern geeignet sind.*" (a.a.O., S. 4). Das Prinzip der Akklimatisation beruhte für ihn dabei darauf, dass „*Thiere und Pflanzen unter veränderten Lebensbedingungen ihre Leistung nicht vermindern, sondern wo möglich, noch steigern sollen.*"

Eine enge Beziehung zur Akklimatisation wurde schon in dieser Zeit der Phänologie zugeschrieben. Bei letzterer handelte es sich zunächst um eine vor allem phänomenologisch beobachtende Wissenschaft, die einen Zusammenhang zwischen klimatischen Umweltbedingungen einerseits und jährlich wiederkehrenden Wachstums- und Entwicklungsstadien bei Pflanzen und Tieren andererseits zu beschreiben versuchte, wobei hierbei dann auch biogeographische Überlegungen eine wichtige Rolle spielten. Nach der Veröffentlichung der Kreuzungsversuche an Erbsen durch Mendel gab es im NfV in Brünn jedenfalls verstärkt Bemühungen, „*an möglichst vielen Punkten phänologische Beobachtungen über das Thier- und Pflanzenreich aufzustellen.*"[64] Mendel selbst hatte an solchen komplexen Beobachtungen bereits in den 1850er Jahren innerhalb der Ackerbaugesellschaft mitgewirkt. Unter einem modernen Blickwinkel erscheint das Stichwort „Akklimatisationsversuche" sicher sehr weit gefasst. Allerdings macht diese Beschreibung im historischen Kontext Sinn, denn die Akklimatisation war gerade in den 1850er und 1860er Jahren ein Modewort und zudem eine der Triebfedern für den internationalen Austausch von Wissen und Pflanzenmaterial.[65] So bildeten sich in vielen Metropolen der Welt Akklimatisationsvereine. Zu den frühen Beispielen zählten u. a. die Akklimatisationsvereine in Paris, Grenoble, Nancy, der Akklimatisationsverein für die königlich preußischen Staaten in Berlin, das ägyptische Akklimatisierungskomitee in

---

[64] Siehe hierzu bspw. den Antrag Hermann Schindlers aus Daschitz/Dašice (Böhmen) in den Sitzungsprotokollen des NfV (*VNV* 1868, 6. Band, S. 11).
[65] Vgl. hierzu bspw. Albrecht 2018, S. 110 ff.

1 Historische Einführung und Editionsgeschichte

Alexandria sowie der kaiserliche Akklimatisationsverein in Moskau.[66] Diesen waren schon bald eine oftmals große Zahl an Gartenbau- und landwirtschaftlichen Vereinen angeschlossen.[67] Auch in Wien gab es damals derartige Bestrebungen zur Gründung eines Akklimatisationsvereins.[68] Einer der Ausgangspunkte der Akklimatisationsbewegung war die Mitte des 19. Jahrhunderts einsetzenden Effekte der Globalisierung, welche sich nicht nur in der Etablierung effizienter mariner Handelsrouten, sondern insbesondere auch in den europäischen Auswanderungswellen manifestierten. Es mag heute merkwürdig anmuten, aber Österreich war damals kein Binnenland, sondern eine marine Handelsmacht die nicht nur weite Teile des Mittelmeers beherrschte, sondern auch darum bemüht war,

---

[66] In Paris wurde seit 1853 am Akklimatisationsgarten im Park Bois de Boulogne geplant. Hieraus entstand der erste Akklimatisationsverein, die *Société Anonyme du Jardin Zoologique d'Acclimatation du Bois de Boulogne*, welche Aktien für den Aufbau des Akklimatisationsgarten herausgab. Besonders der Zoologe Isidore Geoffroy Saint-Hillaire (1805–1861) war intensiv um die Verwirklichung des Projekts bemüht. Er gründete 1854 die *Société Imperialé Zoologique d'Acclimatation*. Noch im selben Jahr wurden Akklimatisationsvereine in Nancy und Grenoble gegründet. Nur wenig später, am 31. Juli 1856 wurde der *Akklimatisations-Verein für die königlich preussischen Staaten* gestiftet. In diesem Jahr erfolgte auch die Einrichtung des ägyptischen Acclimations-Comité. Schon sehr bald folgten weitere Akklimatisationsvereine in vielen Kolonien der europäischen Großmächte. Dies führte schon bald dazu, dass auch in Kolonien, wie Australien und Neuseeland, eine Vielzahl von Tierarten aus Europa und anderen Kontinenten eingeführt worden sind, welche nachhaltige Probleme in den dortigen Ökosystemen verursacht haben, welche bis heute andauern.

[67] Allein dem preußischen Akklimatisationsverein hatten sich mehr als 50 landwirtschaftliche und Gartenbauvereine angegliedert. Das besondere Interesse an der Akklimatisierung Mitte des 19. Jahrhunderts bedeutet nicht, dass es sich hierbei um eine gänzlich neue Idee gehandelt hat. Dem damit befassten Kreis aus Wissenschaftlern und Ökonomen war durchaus bewusst, dass es derartige Bestrebungen in den Jahrhunderten zuvor, und insb. durch die Entdeckungsfahrten ausgelöst, seit Kolumbus immer wieder solche Versuche gegeben hat, neue Arten und Sorten an neue Verhältnisse anzupassen. Der große Unterschied war, dass man erst Mitte des 19. Jahrhundert die Hoffnung hatte, durch internationale Kooperationen diese Akklimatisierungsbestrebungen nun systematisch vorantreiben zu können.

[68] Siehe z. B. Hesse 1921 sowie Žlik 1864, S. 47 mit Verweis auf das zoologische Akklimatisations-Institut in Wien. In Wien gab es in den 1860er Jahren zunächst den Versuch, einen „*Thiergarten am Schüttel*" zu etablieren, wobei auch hierfür ein entsprechender Verein zu dessen Finanzierung gegründet worden ist. Das Projekt erwies sich jedoch schnell als ein finanzielles Desaster und nicht besonders nachhaltig. Direktor des Zoos am Schüttel war Gustav Jäger (1832–1917), der in Wien die allerersten Vorträge zur Evolutionstheorie Darwins gehalten hat. Anfang der 1870er Jahre kam es in Wien dann zu einem neuen Anlauf die Akklimatisierungsbestrebungen zu institutionalisieren, und zwar im Rahmen der neu gegründeten k. k. landw.-chem. Versuchsstation, die an das Thierarznei-Institut angegliedert war. In deren Statuten wurde als einer von deren Hauptaufgaben festgelegt, dass sie sich mit Untersuchungen zu befassen hatte, „welche mit der landwirthschaftlichen Praxis in unmittelbarem Zusammenhange stehen, wie z. B. die Gesetze der Akklimatisation von Pflanzen und Thieren [...]" (s. hierzu d. Auszug aus den Statuten in den *Mittheilungen der k. k. Mähr.-Schles. Gesellschaft für Ackerbau, Natur- und Landeskunde* vom 12. Februar 1871, S. 50).

eigene Expeditionsfahrten wie die der Fregatte Novara zu organisieren.[69] Insofern waren die Voraussetzung zur Teilnahme an den Akklimatisierungsbestrebungen im Habsburger Kaiserreich zunächst also durchaus gut. Das primäre Ziel all dieser Vereine war, fremde Tier- und Pflanzenarten zu akklimatisieren, wobei immer auch Nutztiere und Kulturpflanzen von speziellem Interesse waren. Somit spielten die Akklimatisationsvereine auch eine wichtige Rolle bei der Etablierung der ersten „modernen" zoologischen und botanischen Gärten. Darüber hinaus hatten sich diese Vereine aber noch ambitioniertere Aufgaben gestellt, die man auch öffentlich kommentierte und man hoffte, so *„die Akklimatisation von Thieren und Pflanzen betreffenden Vorarbeiten und Voraussetzungen in geordneter Reihenfolge mit den Versuchen, die verschiedenen Zwischenfälle bei den Beobachtungen mit den Resultaten zu vergleichen und dadurch die Grundlagen einer neuen Wissenschaft zu gewinnen, welche die Akklimatisation in Zukunft nicht mehr als Spiel des Zufalls dem Empirismus allein überlassen wird."*[70] Zumindest indirekt hat auch der NfV mit vielen dieser Vereine über Mitglieder korrespondiert. Mendel hat vermutlich selbst von diesen Netzwerken insofern profitiert, als die Akklimatisationsvereine unter anderem auch dabei mithalfen, neue ausländische Bienensorten zu importieren, mit denen auch Mendel später experimentierte (siehe Kap. 2). Sein Interesse an Akklimatisierungsversuchen zeigt sich aber auch in seinen Versuchen mit anderen Pflanzenarten in den 1850er bis 1870er Jahren, denn es ist durchaus bemerkenswert, dass Mendel Anbau- und Kreuzungsversuche mit Kultur- und Zierpflanzen durchführen konnte, deren Ursprung auf sechs verschiedenen Kontinenten zu finden ist (siehe Kap. 3).

Bedenkt man, dass in der modernen Pflanzenphysiologie große Bemühungen gerade darauf abzielen, mit Hilfe von visueller (bildbasierter) Phänotypisierung und Genomweiten Assoziationsstudien, Interaktionen zwischen genetischem Hintergrund und Umwelteinflüssen (GxE) und Anbaumanagment (GxExM) auf die Plastizität des Phänotyps zu untersuchen, so liest sich Mendels Versuchsanordnung in diesem Kontext immer noch sehr

---

[69] Die **Novara-Expedition** war die erste Weltumseglung der Österreichischen Marine. Die Expedition dauerte von 1857 bis 1859 und startete im Frühling 1857 im Hafen von Triest. Die Reise ging von dort zunächst nach Gibraltar und Südamerika. Es folgte die Umsegelung des Kaps der Guten Hoffnung und eine Weiterfahrt in den Indischen Ozean, wo das Schiff im Weiteren der südasiatischen und dann südostasiatischen folgte. Die Expedition erreichte letztendlich Australien und Neuseeland. Zuletzt wurde der Pazifik überquert, Kap Hoorn passiert, und die Fregatte Novara kehrte über die Azoren nach Europa zurück. Die Expedition hatte primär einen wissenschaftlichen Fokus und als solche wurde sie schon in der Planung von vielen Europäischen Wissenschaftlern, unter ihnen z. B. Charles Darwin, Sir William Jackson Hooker (1785–1865) und Sir Charles Lyell (1797–1875), unterstützt (siehe z. B. Scherzer 1861b, Vol. 1., S. 4; Vgl. auch Mielewczik et al. 2022c). Für einen detaillierten Überblick über die Forschungsreise der Fregatte Novara siehe z. B. Basch-Ritter 2008 sowie den zeitgenössischen Bericht von Karl Scherzer (1861a & 1861b). Möglicherweise hat Gregor Mendel von der Reise mitgebracht Samen erhalten. In einem Zeitungsbericht findet sich bspw. der Hinweis, dass Mendel 1860/1861 Akklimatisierungs- und Anbauversuche mit Neuseeländischem Spinat durchführte (Mielewczik et al. 2022c. Vgl. auch Van Dijk 2018, S. 349).

[70] Zitiert aus dem Eintrag zur Akklimatisation in Herrmann Julius Meyers' *„Neues Konversationslexikon für alle Stände"* (Zweite Auflage), Leipzig 1861, S. 350.

modern (siehe Kap. 2 u. 3).[71] Insbesondere deswegen, weil es sein Aufbau weitestgehend frei von Umwelteinflüssen erlaubte, die bestmöglichen Untersuchungen von „genetischen" Eigenschaften auf den Phänotyp bei diskreten Merkmalen vorzunehmen.[72]

Interessanterweise gibt es heute erstmals ernstzunehmende Hinweise, dass Mendels Forschungsprojekt nicht das Ergebnis eines solitär vor sich hin forschenden einzelnen Wissenschaftlers gewesen ist, sondern vielmehr seinen Ursprung in einem vom k. k. Handelsministerium und der Brünner Handelskammer offiziell geförderten Vorhaben gehabt haben dürfte. Den entscheidenden Hinweis hierzu hat Mendel selbst gegeben, denn er schrieb in seinem Artikel *„Versuche über Pflanzen-Hybriden"*, dass er für seine Versuche 22 Erbsensorten ausgewählt hat. Bei einer Recherche zu diesem Aspekt haben wir festgestellt, dass genau 22 Erbsensorten noch einmal an anderer Stelle Erwähnung gefunden haben, und zwar in einem Bericht über *„Die Beschickung der Pariser Industrie- und Agricultur-Ausstellung mit mährischen Natur- und Landbauerzeugnissen durch die Brünner Handelskammer"* aus dem Jahr 1855.[73] In diesem wurde besprochen, dass die

---

[71] Siehe hierzu bspw. DeWitt & Scheiner 2004; Brichet et al. 2017; Liebisch et al. 2015; Tardieu et al. 2017.

[72] **Moderne Phänotypisierung:** Erst mit modernen, bildgebenden und automatischen Verfahren ist es heute möglich, nicht nur einzelne Merkmale, sondern holistisch die gesamte Pflanzenperformance/Erscheinung und Varianz quantitativ zu untersuchen (Walter et al. 2015). In den Phänotypisierungsplattformen mit automatischer Bildanalyse können heute unter kontrollierten Umweltbedingungen mitunter mehr als 1.000 Pflanzen täglich untersucht und ausgewertet werden (s. z. B. Fournier et al. 2015; Artzet et al. 2016, 2019; Cabrera-Bosquet et al. 2016; Brichet et al. 2017; Pradal et al. 2017). Erst hierdurch werden Untersuchungen für viele kontinuierlich erscheinende und komplexe Merkmale, wie bspw. das Wachstum und Ertrag, die von sehr vielen Faktoren bestimmt werden, auf holistischer Ebene und einer genügend hohen Zahl von Replikaten möglich. Gerade in Feldversuchen, wie sie Mendel vorwiegend durchgeführt hat, ist aber auch heute noch die Hochdurchsatz Phänotypisierung der Flaschenhals in der Pflanzenzüchtung und bei pflanzenphysiologischen Untersuchungen (Furbank & Tester 2011; Liebisch et al. 2015). Zum generellen Einfluss von Umweltbedingung auf das Pflanzenwachstum sei hier auch auf die diesbezüglichen Ansichten und Untersuchungen innerhalb des NfV hingewiesen (siehe hierzu Abschn. 5.1.2).

[73] Siehe dazu die *Brünner Ztg.,* vom 16. Mai 1855, S. 729–730 (Lauer 1855): *„Während Kanonendonner den Boden der Krim erschüttert, ist für den 15. Mai die festliche Eröffnung des dem Fortschritt der Civilisation und des Friedens geweihten Glaspalastes in Paris wohl vor sich gegangen. [...] In Landescultur und Industrie auf ehrenwerther Stufe stehend, hat Mähren bezüglich seiner Productions-Branchen sich an diesem edlen Wetteifer zahlreich und ehrenvoll betheiligt. Den von dem hohen k. k. Handelsministerium zur Vermittelung dieser Betheiligung und förderlichen Einführung heimischer Producte bei jener Weltausstellung berufenen Handelskammern war die Aufgabe geworden: theils die Verbreitung der landwirthschaftlichen und der Bergbau-Production, des Kleingewerbs- und der Fabriks-Industrie über deren Bezirke vermittelst Industrialkarten übersichtlich nachzuweisen, theils die industriellen Sendungen mit Consignationen zu begleiten: [...] um die kaiserlich französische Beurtheilungs-Commission in die Lage zu setzen, die bezüglichen Erzeugnisse [...] gebührend würdigen zu können. Es ist nur gerecht, die vor ihrem Abgange nach Paris vielseitig eingesehene Industrialkarte der Brünner Handelskammer, so wie deren statistische Nachweisungen als Musterarbeiten zu bezeichnen. Daß die für den fraglichen Zweck an diese Kammer gelangten schätzbaren Natur- und Landbau-Erzeugnisse zunächst thatkräftigen*

Brünner Handelskammer nach Vermittlung durch das k. k. Handelsministerium damit beauftragt und befasst war, eben diese Ausstellung mit mährischen Natur- und Landbauerzeugnissen zu bestücken. Bei der Auswahl der landwirtschaftlichen Produkte ging es darum, *„ein übersichtliches Bild hierländiger landwirthschaftlicher Culturzustände"* zusammenzustellen. Das Ergebnis war eine Sammlung von Samenproben unterschiedlichster Agrarpflanzen und hierzu gehörten den *„Erbsenbau"* betreffend genau 22 Proben. Auch wenn Mendel nicht erwähnt wird, die hier erwähnten Proben decken sich durchaus mit den von ihm beschriebenen Eigenschaften in seinen Versuchen und interessant dabei ist, dass hierbei auch ein weiteres Merkmal, der Blütezeitpunkt, erwähnt wurde. Die Tatsache, dass Mendels Versuche vor der „Wiederentdeckung" praktisch wenig Beachtung gefunden haben (vgl. Kap. 6), seine Erbsen aber andererseits bereits auf einer internationalen Ausstellung präsentiert worden sind, birgt natürlich ein gewisses Mass an Ironie und bedarf wohl zumindest einer kurzen Erläuterung der damit verbundenen Hintergründe, insbesondere, da sich hieraus auch viele bisher unbekannte Querverweise zur Biographie Gregor Mendels ergeben. Verantwortlicher im Ministerium Buol-Schauenstein war Andreas von Baumgartner, der zumindest in der Zeit der Vorbereitung bis Januar 1855 die Position des Handels- sowie Finanzministers in Österreich innehatte und gleichzeitig der kaiserlichen Akademie der Wissenschaften in Wien vorstand.[74]

Mitgliedern der k.k. m. s. Ackerbau-Gesellschaft und deren Stationen zu verdanken, glaubt man, als selbstverständlich, nicht erst bemerken zu dürfen. [...] Um ein übersichtliches Bild hierländiger landwirtschaftlicher Culturzustände zu gewähren, wurden Reihenfolgen vorzüglicher Samenproben in Getreidearten, Hülsen-, Hackfrüchten, Küchengärtnerei, Futter- und Handels-Gewächsen, Waldsaat, Mahlproducten, Flachs, Seide und Wollen zusammengestellt. [...]; den Erbsenbau [repäsentierten]: 22 Proben, verschieden in Farbe, Größe, Güte und Reifezeit, von frühen, späten, gelben, grünen, grauen, Zucker- und Platterbsen, braunen und gelben Zisererbsen; [...]. Diese umfassende Ausstellung konnte nur in Folge vielseitigen Zusammenwirkens realisiert werden. Sie bildet einen factischen Rechenschaftsbericht über die Zustände unserer Landescultur und bekundet den anerkennenswerthen Eifer, womit intelligente Männer der practischen Cultur zur Ehre des Vaterlandes bestrebt waren, Mährens landwirtschaftlichen Fortschritt in dem Pariser Glaspalaste würdig und thatkräftig vertreten zu helfen."

[74] **Freiherr Andreas von Baumgartner (1793–1865)** war ein österr. Physiker und Politiker mit guten Kontakten nach Mähren. Ab 1810 studierte er an der Universität Wien Mathematik und Naturwissenschaften. 1817 übernahm er den Lehrstuhl für Physik am Lyzeum in Olmütz/Olomouc. 1823 erhielt er die Berufung zum Professor für Physik und angewandte Mathematik an der Universität Wien. 1824 erschien erstmals sein Lehrbuch *„Die Naturlehre nach ihrem gegenwärtigen Zustand mit Rücksicht auf mathematische Begründung"*, welches letztendlich bis 1845 acht Auflagen erleben sollte und zu seinen Lebzeiten als ein Standardwerk in der Ausbildung von Physikern galt und von dem man schon auf Grund seines Kapitels zur Meteorologie sicher annehmen darf, dass es auch Gregor Mendel bekannt war. Zwischen 1826 und 1841 gab Baumgartner, zunächst zusammen mit Andreas von Ettingshausen (1796–1878), die *Zeitschrift für Physik und Mathematik* heraus. 1833 musste Baumgartner aus Gesundheitsgründen seine Position an der Universität aufgeben. Von nun an stand die praktische Anwendung der Wissenschaft für ihn im Vordergrund. 1833 wurde er Direktor der k. k. Porzellanfabrik. 1838 übernahm er die Organisation der Woll- und Teppichfabriken. In den frühen 1840er Jahren wurde er dann damit beauftragt, die Auswirkungen

1 Historische Einführung und Editionsgeschichte

In der Brünner Handelskammer waren deren Präsident und Vize-Präsident Ernst Johann Herring (1816–1871) und Max Gomperz (1822–1913) sowie deren Sekretär Robert Heym für die Beschickung der Weltausstellung in Paris zuständig.[75] Die im Auftrag der Brünner Handelskammer zusammengetragene Samensammlung, welche im Übrigen nicht nur Erbsen, sondern auch Samen vieler anderer Pflanzenarten umfasste, ist dann auch tatsächlich, wie sich aus den offiziellen Katalogen entnehmen lässt, in Paris ausgestellt worden. Für die Präsentation der „*Collection de céréales, semences, plantes destinées au commerce, obtenues en Moravies*" vor Ort in Paris war Joseph C. Lauer (1788–1869) bevollmächtigt. Lauer war in Brünn ein langjähriges Mitglied der k. k. mähr.-schles. Gesellschaft des Ackerbaues, der Natur- und Landeskunde, für die er von 1821 bis 1851 deren Zeitschrift *Mittheilungen* als Redakteur herausgab. Auf Seiten der genannten Ackerbaugesellschaft war zuletzt Johann Pátek für die Verwaltung der Samensammlung direkt verantwortlich, welche nach einem weiteren erhaltenen Katalog vermutlich auch schon auf einer Festausstellung im Jahr 1854 zu Ehren des Kaisers und seiner Gemahlin

---

von Zolltarifen auf die wichtigsten Industriezweige zu studieren. Nach kurzem Intermezzo als Direktor der k. k. Tabakfabriken übernahm Baumgartner 1846 die Aufgabe einen elektro-magnetischen Telegraphen im Kaiserreich einzuführen. Bereits im Dezember 1846 (nach anderen Quellen Ostern 1847) war die Linie Wien-Brünn als erste grössere Überlandverbindung auf dem europäischen Festland fertiggestellt und betriebsbereit. Noch im selben Jahr folgte der Ausbau der Linien u.a. nach Prag und Pressburg. 1848 wurde Baumgartner zunächst die Leitung der Staatseisenbahn übertragen. In Folge der Ereignisse im März 1848 konnte Baumgartner dort jedoch kaum direkt wirkend werden. Stattdessen übernahm er im Ministerium Pillersdorf den Bereich „öffentliche Arbeit". Mit dem Fall des Ministeriums trat auch Baumgartner von seinem Posten zurück. Im Jahr 1851 wurde Baumgartner zum Präsidenten der k. k. Akademie der Wissenschaften ernannt und zum Handelsminister sowie kurze Zeit später auch zum Finanzminister berufen. Hauptaugenmerk dieser Zeit war die Beseitigung des Staatsdefizits, die Emittierung von Staatsanleihen, sowie die Privatisierung verschiedener Staatsgüter. Seine Tätigkeit als Minister dauerte bis zum Jahr 1855. Danach war Baumgartner als Reichsrath weiter beratend tätig, konzentrierte sich jedoch wieder verstärkt auf die Wissenschaft und sein Amt als Präsident der Akademie der Wissenschaften.

[75] Siehe hierzu auch den *Brünner Anzeiger* und Tagesblatt vom 27. April 1855: „*Dr. Robert Heym, Sekretär unserer Handels- und Gewerbekammer hatte die Güte, uns zu der Besichtigung der ‚Agrikultur- und Industrie-Karte des Brünner Gewerbekammer-Bezirkes' einzuladen, welche zur Pariser Ausstellung kommt. Dieselbe ist in hohem Grade anziehend. Sie gewährt ein so vollständiges Bild des Zustandes unseres Ackerbaues und der Industrie, wie er vor wenigen Jahren Niemand zusammenzustellen im Stande gewesen wäre. Sie ist das Resultat der Arbeit der Gewerbekammer seit ihrem Bestehen und ein Werk des unermüdeten Fleißes, der reichen Kenntnisse und einer äußerst sinnreichen Combination des Herrn Dr. Heym. Man hat den ganzen Umfang des Bezirkes und darin Alles vor sich und sehr sinnig bezeichnet und angedeutet, was die Industrie, Gewerbe und Ackerbau schaffen. Wir verzichten darauf, den geehrten Lesern eine Vorstellung von der Karte geben zu wollen, da unserer Ansicht nach und bei deren Eigenthümlichkeit eine Selbstbesichtigung nöthig ist, und erwähnen nur, daß der Text französisch ist, die Ausführung mit vielem Fleiße geschah und sich dieselbe in einem großen Goldrahmen würdig darstellt, um in einer Weltausstellung einen ehrenvollen Platz zu behaupten. Gewiß wird die Karte nach deren Ausstellung lithographirt werden und für den allgemeinen Gebrauch erscheinen.*"

in Brünn präsentiert worden ist.[76] Wie der Austausch von Samen zu jener Zeit im Umfeld Mendels erfolgte und welchen Hintergrund dieser hatte, davon zeugen eine Vielzahl von Belegen aus jener Zeit. Wenige Tage, nachdem die Auswahl der Samenproben für die Pariser Ausstellung abgeschlossen war, fand die lokale Sitzung des Titschnowitz'er Bezirksvereins der k. k. Mährisch-Schlesischen Gesellschaft zur Beförderung der Ackerbaues, der Natur- und Landeskunde unter dem Vorsitz von Franz Diebl[77] statt, bei welchem Mendel zuvor studiert hatte (siehe Kap. 4). Aus dem Protokoll dieser Sitzung geht beispielsweise hervor, dass Diebl die Meinung vertrat, dass *„die unentgeldliche [sic] Vertheilung von Sämereien […] das beste Mittel"* sei, um die *„Gemüsezucht im Bezirke zu heben."*[78] Als Beleg dafür führte Diebl das Beispiel der Riesenmöhre an, von der zu diesem Zeitpunkt bereits sieben Pfund Samen verteilt worden waren. Solche Bestrebungen dürfen dabei keineswegs nur lokal beschränkt verstanden werden. Vielmehr waren sie

---

[76] Siehe hierzu das *„Verzeichnis der Landes-Producte, Manufactur-Waaren und historischen Denkwürdigkeiten welche für die Feier der allerhöchsten Anwesenheit Ihrer Majestäten im Monat Juni 1854 veranstalteten Ausstellung eingesendet wurden."*, Druck bei Franz Gastl.

[77] **Franz Diebl (1770–1859)** war ein aus dem böhmischen Tschastolowitz nahe Königsgrätz stammender Agronom und Naturforscher. In seiner Jugend etablierte er bereits eine erste Baumschule, welche er erfolgreich unternehmerisch bewirtschaftete. 1823 wurde er so korrespondierendes Mitglied der k. k. Mährisch-Schlesischen Ackerbaugesellschaft. Am Philosophischen Institut erhielt Diebl bald eine Professur, in deren Rahmen er eine große Zahl landwirtschaftlicher Publikationen, Vorlesungen und Lehrbücher verfasste, die viele seine Schüler stark beeinflusst haben dürften. Sein vermutlich berühmtester Schüler war Gregor Mendel, der bei ihm 1845/1846 Vorlesungen besuchte. In seinen Texten befasste sich Diebl vor allem mit den Grundlagen der Rationellen Landwirtschaft aber auch mit seinen Ansichten zur künstlichen Bastardbefruchtung. Von Franz Diebl gegebenen Beschreibungen zu letzterem Thema vermitteln dementsprechend einen guten Einblick in das Standardwissen zu diesem Thema zu der Zeit als Mendel seine Versuche begann, sowie den Einleitungssätzen Mendels zur künstlichen Befruchtung (Diebl 1835, S. 29-30; vgl. Mendel 1866, S. 3 s. a. Kap. 2): *„Die künstliche oder hybride Befruchtung wird oft in der Gärtnerei zwischen Pflanzen von zwei verschiedenen Sorten, Abarten, die sich aber in ihren wesentlichen Eigenschaften voneinander gar nicht, und in den minder wesentlichen nur wenig unterscheiden, zu dem Ende vorgenommen, um dadurch eine Verschiedenheit in Wurzeln, Knollen, Blüthen oder Früchten, oder auch Varietäten hervorzubringen; […] Eine derlei künstliche Befruchtung wird auf folgende Art vorgenommen. An den männlichen Blüthen einer eben frisch aufgeblühten Blume, werden die Staubbeutel, bevor selbe aufbrechen und den Blüthenstaub ausstreuen, abgepflückt oder kastrirt, dagegen aber von jener Pflanze, die zu der künstlichen Befruchtung bestimmt ist, ein Zweig mit männlichen Blüthen genommen, und der männliche Samenstaub auf jene weiblichen ausgestreut; wenn man die Blüthen nicht abbrechen will, so wird bloss der reife Blüthenstaub aus den aufgeplatzten Staubbeuteln, auf einen feinen Haarpinsel, den man zuvor anhaucht, gesammelt, und damit auf die zu befruchtenden weiblichen übertragen, indem man den Staub darüber abschüttelt.[…]"*. Für eine detaillierte Biographie zu Franz Diebl sie Anonymous 1859b. Vgl. auch Mielewczik et al. 2022c. Zum Unterricht der Pflanzenphysiologie unter Diebl siehe Šebánek 2012.

[78] Siehe: Titschnowitz'er Berzirks-Verein. Bericht über die Versammlung am 21. Mai 1855, in: *Mittheilungen der K. K. Mährisch-Schlesischen Gesellschaft zur Beförderung des Ackerbaues, der Natur- und Landeskunde*, 1855, S. 245–248.

Teil eines gemeinschaftlichen, regionalen Programms der Ackerbaugesellschaft, das sich darum bemühte, die Pflanzenzucht und den Pflanzenanbau voranzubringen, wobei dies im Einzelnen wohl im Einklang mit identischen Bestrebungen in Wien geschah. Gleichzeitiges und weitergehendes Ziel war es zudem, den Anbau von alternativen Sorten und Pflanzenkulturen voranzutreiben, um so ihre Effizienz zu steigern. Ein gutes Beispiel hierfür liefert die oben erwähnte Pariser Ausstellung, von der die Wiener landwirtschaftliche Gesellschaft Samen mitbrachte, die ihr vom französischen Gärtner (Vilmorin) als Geschenk mitgegeben worden waren. Auch diese sind verteilt worden und konnten für Anbauversuche genutzt werden (vgl. auch Kap. 6).

Es ist übrigens interessant anzumerken, dass es im Jahr 1866 dann auch zu einer kostenlosen Verteilung von Sämereien von Erbsensorten gekommen ist, und zwar in der regional benachbarten Schlesischen Gesellschaft für Vaterländische Kultur. In deren Jahresbericht für jenes Jahr heißt es, dass die Erbsensorten *„Non plus ultra", „Woodford green"* und *„Neue engl. grosse Brech-Zucker"* gratis ausgegeben worden sind und hier eine *„reiche Ernte"* und gute Qualität erzielt worden ist.[79]

1.1.1.1 Vorträge vor dem Hintergrund einer Schulreform

Ganz abgesehen vom eigentlichen Inhalt muss man die naturwissenschaftlichen Vorträge G. Mendels (und ebenso den Vortrag von A. Makowsky) auch vor dem Hintergrund eines Diskurses innerhalb der Brünner Lokal- und Schulpolitik sehen und einordnen. Zu Beginn des Jahres 1865 hat man in Brünn und Wien um eine Reform des Schulwesens gerungen, und zwar in einer Weise, die auch in der Öffentlichkeit diskutiert wurde. Dabei ging es im Kern darum den Lehrbetrieb, insbesondere den der Realschulen, zu modernisieren. Man diskutierte beispielsweise die Einführung von Maturitätsprüfungen, sowie die Idee, dass es *„vollkommen practisch"* wäre, wenn man dem Latein als Sprachfach *„keinen Platz"* mehr einräumen und man stattdessen mehr Wert auf Französisch als *„Cultursprache"* legen sollte.[80] In diesem Kontext gab es auch die Forderung, der Naturgeschichte

---

[79] Siehe hierzu den *VI. Bericht ueber die Verhandlungen der Section für Obst- und Gartenbau im Jahre 1866,* in: *44. Jahres-Bericht der Schlesischen Gesellschaft für Vaterländische Cultur,* 1866, S. 216.

[80] **Aus dem anonym verfassten Brief von „einem Schulmanne",** vom 20. Januar 1865, abgedr. im Artikel *„Der Unterrichtsrath und die Realschule",* in: *Mährischer Correspondent* vom 21. Januar 1865, S. 1. Der Druck des *Mährischer Correspondent* erfolgte damals im Verlag Georg Gastl. Es lässt sich nicht mit Sicherheit sagen, wer der *„Schulmann"* war, der diese Ideen vertrat. Aber es gibt eine begründete Vermutung, die sich in diesem Zusammenhang gerade aufdrängt, denn der in diesem Schreiben enthaltene Bezug auf Französisch und Naturgeschichte als wichtige Unterrichtsfächer findet seine Deckungsgleichheit in den beiden Augustiner-Klosterbrüdern Gregor Mendel und Benedikt Fogler (1812–1886), welche diese Fächer an der Oberrealschule in Brünn unterrichteten. Der wahrscheinlichere Autor der Zeilen ist Fogler, der Kapitular am Augustinerstift, welcher sowohl Französisch als auch Italienisch lehrte. Letzterer hat später seine Ansichten zum Französisch-Unterricht auch noch einmal in einer kleinen eigenen Abhandlung niedergelegt (siehe PdSORiB 1875, S. 3–5). Siehe auch die anonym abgedruckte und aus Wien kommende Originalkorrespondenz im *Mährischer Correspondent,* vom 17. Januar 1865, S. 2.

als Unterrichtsfach einen größeren Stellenwert und „*weiteren Spielraum*" als bisher einzuräumen.[81] Direkt beteiligt an diesen in Wien, in einem „*Unterrichtsrath*", stattfindenden Verhandlungen war Josef Auspitz (1812–1889), der Direktor der Brünner Oberrealschule, an welcher Mendel als Lehrer für Naturgeschichte und Physik mehr als zwanzig Stunden pro Woche tätig war. Der Aspekt der Maturitätsprüfungen war damals wichtig, weil diese an vielen Hochschulen gefordert wurden.[82]

Als Teil dieser Reformen war zu Beginn des Jahres 1865 zudem eine deutliche Annäherung zwischen dem Mährischen Gewerbeverein (MGV) und der Oberrealschule zu beobachten. Josef Auspitz wurde beispielsweise am 2. März, also wenige Tage vor Mendels zweitem Vortrag, zum Vize-Präsidenten des MGV gewählt. Auch eine Reihe von anderen Lehrern war damals aktiv im MGV tätig. Wenig später im März wurde dann vom MGV im Prüfungssaal der Oberrealschule eine Ausstellung eingerichtet, auf welcher u. a. 160 gerahmte Photographien und Gipsabdrücke, sowie die Produkte der verschiedensten Gewerbe zu besichtigen waren (*Brünner Ztg.* v. 28. März 1865). Mit den aus der Ausstellung und Vorträgen erzielten Einnahmen bemühte sich der MGV um die Zusammenstellung einer Modellsammlung, zu der u. a. Waschmaschinen von Bradford, Nähmaschinen von Baro und Schütz, Brotschneidmaschinen oder auch Kartoffelschälmaschinen gehörten.[83] Festgehalten sind all diese Bestrebungen des MGV in einer Reihe von Zeitungsartikeln, die in den ersten Monaten 1865 unter dem Kürzel „M." in der *Brünner Ztg.* erschienen.[84] Unabhängig von der Autorenschaft der Artikel geben diese in jedem Fall einen Einblick zum Hintergrund der damaligen Kooperation zwischen der Oberrealsschule und dem MGV sowie dessen Zielsetzungen: „*M. [...] Indem der Bericht mit Recht betont, daß Mehrung des Wissens, Steigerung der Intensität des geistigen Lebens, Erweiterung des Gedankenkreises die Aufgabe Aller ist, welche den Fortschritt wollen, Minderung des Dunkels und des Betonens des Eigeninteresses die Aufgabe Aller ist, welche die Zukunft auf bessere Grundlagen gestellt wissen wollen, Aufgaben, welche nur einmüthiges Wirken zu lösen vermag, — kennt er dem Gewerbevereine den Beruf zu,*

---

[81] Ebd.

[82] Im April 1869 sind vom K. u. k. Kultusminister hinsichtlich der Realschulen dann Sonderregelungen in Kraft gesetzt worden, die sich direkt auf das Problem der Realschulen bezogen und Erleichterungen für Absolventen der mathematisch-naturwissenschaftlichen Klassen bringen sollten (s. z. B. die Beilage zu Nr. 84 der *Tagespost* [Graz] vom 1. April 1869. Dort der Artikel „*Zur Vorschrift über die Prüfungen der Candidaten des Lehramtes an selbstständigen Realschulen*" [o. S.].

[83] *Brünner Ztg.* vom 4. März 1865

[84] Die Identifikation des Kürzels M. in der *Brünner Ztg.* bzw, ist nicht vollständig auflösbar und dürfte sich je nach Kontext auf mehrere verschiedene Autoren bezogen haben. Im Kontext der Berichte zum *MGV* dürfte es sich fast mit Sicherheit um Franz Migerka gehandelt haben. Es konnte erst kürzlich belegt werden, dass Gregor Mendel bereits 1865 Mitglied des MGV war. Siehe hierzu Van Dijk & Ellis 2020, PdkkORiB 1865, S. 56. Vgl. Sajner 1971c, S. 240, mit Verweis auf Quittungen für die Jahre 1872 und 1876, sowie einer Notiz im Prälatur-Journal für das Jahr 1876.

nach diesen Richtungen zu wirken und schließt mit den Worten: Und dieß ist die Antwort auf die so banale Frage, welche leider noch zu oft ausgeworfen wird: ‚Welchen Nutzen schafft mir der Gewerbeverein?' Er kann allerdings weder die Erzeugungs- noch die Absatzverhältnisse sofort und den Wünschen der Einzelnen entsprechend umgestalten, aber das Nachdenken wachrufen, die vereinzelten Kräfte zum gemeinsamen Schaffen vereinen und so die Kraft des in seiner Beschränkung auf sich schwachen Individuums steigern, die Hand bieten zur Durchführung nur durch Vereinigung erzielbarer socialer oder gewerblicher Reformen, das ist seine Aufgabe, das kann und wird er leisten."[85] Letzteres zeigt übrigens schon deutlich auf, dass hierbei auch die soziale Frage und nicht nur eine Schulreform im Zentrum des damaligen öffentlichen Interesses des MGV stand. Dies ging so weit, dass man im Rahmen des MGV zu genau jener Zeit die Einrichtung eines Arbeiter-Invaliden-Pensions-Vereins anregte.[86] Dessen Gründung scheiterte zwar zunächst, doch führten einige Fabriken in der Folge bereits erste Kranken- und Pensionskassen ein, ein Musterschutz-Verein für Arbeiter wurde gegründet und es gab eine erste Initiative zum Bau von Arbeiter-Wohnungen.[87] Praktisch zeitgleich hat es in Brünn auch eine Reform der polytechnischen Hochschule (technische Lehranstalt) gegeben, welche in eine Fachschule umgewandelt wurde.[88] Die Bewilligung hierzu wurde letztendlich im Oktober 1866 erteilt.[89]

1.1.2 Erstdruck von 1866

Der Erstdruck der Abhandlung der „*Versuche über Pflanzen-Hybriden*" erschien zunächst auf Deutsch[90], mehr als ein Jahr nach den ursprünglichen Vorträgen im offiziellen Presseorgan des NfVs, d. h. den *VNV* als vierter Band.[91] Sie wurden kontinuierlich von 1863 bis 1944 in Brünn herausgegeben.

---

[85] Zit. n. d. *Brünner Morgenpost (Beilage d. Brünner Ztg.)*, Nr. 52, vom Samstag d. 4. März 1865, S. 265. Vgl. hierzu auch in Abwandlung d. „*Jahrbuch des mährischen Gewerbe-Vereines für 1864/5.*" A. a. O., S. 8.
[86] Ebd.
[87] Ebd.
[88] Siehe AdRE 1867, S. 201; dort der Eintrag „*Oesterreich (geographisch-statistisch)*".
[89] Ebd.
[90] Deutsch war zu dieser Zeit nicht nur wissenschaftliche *Lingua franca* – auch Brünn, Hauptstadt der Markgrafschaft Mähren, also eines der Kronländer des Österreichischen Kaisertums, war vorwiegend deutschsprachig. Mendel selbst stammte aus dem deutschsprachigen Kuhländchen, welches nach den schlesischen Kriegen zwischen Preußen und Österreich bei letzterem verblieben war. Mendel beherrschte darüber hinaus auch die tschechische Sprache. Innerhalb des Klosters als eine offizielle Institution in Brünn war jedoch Deutsch die vorherrschende Sprache.
[91] Mendel 1866a, S. 3–47; s. a. Křiženecký 1965b, S. 160–173.

Die Ausarbeitung wurde in der Ausschuss-Sitzung des NfVs am 10. Februar 1866 vorgelegt und zum Druck angenommen.[92] Zu Lebzeiten Mendels wurde die Veröffentlichung nie wieder vollständig publiziert, ergänzt oder aktualisiert. Die Arbeit in der Urfassung enthält also die Fragestellung, Darstellung der experimentellen Arbeitsweise, die Resultate, Argumentation und Schlussfolgerungen mit Stand 1866. Am Ende desselben Bandes erschien noch eine weitere Arbeit Mendels über *„Meteorologische Beobachtungen aus Mähren und Schlesien für das Jahr 1865"*.[93] Dieser Beitrag war erst in der Ausschuss-Sitzung vom 9. Juni 1866, d. h. kurz vor dem Ausbruch des preußisch-österreichischen Krieges, zum Druck angenommen worden.[94]

1.1.2.1 Druckerei und Verlag

Der Druck des IV. Bandes der *VNV* erfolgte im Verlag des NfVs bei der Firma „Březa, Winiker & Comp. in Brünn". Daneben waren 40 Sonderdrucke von Mendels Arbeit in Auftrag gegeben worden (s. a. Kap. 6). Diese Sonderdrucke tragen auf der Titelseite den Zusatz: *„Aus Georg Gastl's Buchdruckerei, Postgasse Nr. 446"*.[95] In der Mendelliteratur fand sich bislang kein Hinweis darauf, wie es zu diesen beiden unterschiedlichen Druckereiangaben gekommen ist.

Die letztere der beiden Druckereien ist aus einer Buchhandlung und Bücherleihe, die in Brünn von Johann Georg Gastl und Josef G. Trassler (1759–1816) gegründet wurde, hervorgegangen.[96,97,98]

In der Anfangszeit konzentrierte sich die Buchhandlung auf die Herausgabe von Kalendern. Seit 1810 war der Firma auch der Druck von amtlichen Schematismen erlaubt. Nach dem durch ein Leberleiden hervorgerufenen Tod des Gründers Johann Georg Gastl, übernahm dessen ältester noch lebender Sohn Johann Nepomuck Gastl (1795–?) im Jahr 1814

---

[92] Matalová 2009, S. 13, 17.

[93] Mendel 1866b. Siehe hierzu auch die Publikationsliste Mendels in Kap. 5.

[94] Weiling 1970, S. 285.

[95] Siehe hierzu beispielsweise den Sonderdruck aus der Universitätsbibliothek Wien: https://fedora.phaidra.univie.ac.at/fedora/objects/o:171522/methods/bdef:Book/view# (zuletzt aufgerufen: 4. Juni 2018). Die ersten drei Bände der *VNV* sind alle bei Gastl erschienen.

[96] Chyba 1966, S. 96–97.

[97] **Johann Georg Gastl (1766–1814)** hatte im Jahr 1784 die Mantgold'sche Buch-, Kunst- und Musikalienhandlung in Brünn übernommen, nachdem er von seinem Oheim, dem Wiener Buchhändler Johann Georg Weigand (1712–1788), eine kaufmännische Ausbildung erhalten hatte (s. *Jurendes Mährischer Wanderer* Jg. 1815, S. 161–162). Diese Brünner Buchhandlung führte er 29 Jahre lang bis zu seinem Tod, wobei er sie durch Zukauf der Buchhandlung in Olmütz (1799) sowie der Siedler'schen Buch-, Kunst- und Musikalienhandlung im Jahr 1805 noch erweitern konnte (ebd.).

[98] Gastl und Trassler haben wiederholt direkt kooperiert, so bei dem gemeinsamen Druck von Kalendern, wie dem *„Jurende's vaterländischer Pilger im Kaiserstaate Oesterreichs"* (siehe z. B. den 17. Jg. von 1830).

die Firmenleitung. In dieser Zeit begannen die beiden Buchhandlungen Gastl und Trassler zudem wissenschaftliche Bestrebungen in Brünn zu unterstützen. Davon profitierte zunächst das Franzens-Museum in Brünn, dem die beiden Buchhandlungen im Sommer 1819 zusammen mehr als 600 Bände wissenschaftlicher Werke aus verschiedenen Zweigen sowie neuere und ältere Verlagsartikel im damaligen Wert von mehr als 3000 Gulden zum Geschenk machten.[99] Gleichzeitig verpflichtete man sich, in Zukunft von allen Druckerzeugnissen ein kostenloses Belegexemplar beim Museum abzuliefern.[100]

Im Jahr 1829 ging die Leitung der Brünner Buchhandlung auf Franz de Paula Christian Gastl[101], den Bruder von Nepomuck über, welcher die Firma bis 1846 führte und unter anderem den Druck der *Brünner Zeitung* und des *Mährischen Correspondenten* übernahm.[102] Bereits in den 1830er Jahren war die Gastl'sche Lese- oder sogenannte Leihbibliothek auf 6.000 bis 7.000 Bände angewachsen.[103] Im Jahr 1846 verkaufte er die Buchhandlung und widmete sich der Druckerei und dem Verlag, welche in seinem Besitz blieben.[104] Aus der Druckerei Franz Gastl wurde nach dem Tod des Eigentümers Franz de Paula Christian Gastl schließlich die Druckerei Georg Gastl, welche im Jahre 1865/1866 nach rechtlichen und finanziellen Schwierigkeiten von der Druckerei Winiker in einem Konkursverfahren übernommen wurde.[105] Zur Zeit der

---

[99] Siehe hierzu den *Österreichischer Beobachter,* 21. Juni 1819, S. 835.

[100] Ebd.

[101] **Franz de Paula Christian Gastl (1798–1855)** war das 5. und jüngste Kind von Johann Georg Gastl, das aus dessen erster Ehe mit Anna Gärtner hervorgegangen war.

[102] Siehe Anonymous, in: *Moravia* 1846, H. 9, S. 262–263.

[103] Schmidt 1851, S. 80.

[104] Siehe Anonymous, in: *Moravia* 1846, H. 9, S. 262–263.

[105] **Das Ende der Druckerei Georg Gastl:** Am 27. Dezember 1864 wurde gegen die Firma Georg Gastl, Buchdrucker in Brünn, ein sogenanntes Ausgleichsverfahren vor dem Landgericht eingeleitet, das vom Mitglied des NfVs und Notar Dr. Carl Wallaschek (1820–1896) in Brünn betreut wurde (s. *Gerichtshalle* vom 9. Januar 1865, Nr. 3, S. 18; *Verordnungsblatt für den Dienstbereich des österreichischen Finanzministeriums,* 8. Januar 1865, Nr. 1, S. 2). Anmeldungen zu diesem Verfahren hatten bis zum 28. Februar 1865 zu erfolgen (s. *Gerichtshalle* vom 30. Januar 1865, Nr. 9, S. 50). Am 4. Dezember 1865 erfolgte schließlich die Versteigerung der Buchdruckerei und Schriftgießerei. Der Umfang dieser Versteigerung gibt noch heute einen interessanten Einblick in die Leistungsfähigkeit damaliger Druckereien, denn zum Inventar der Buchdruckerei gehörten nicht weniger als 400 Zentner Schriften, 4 Schnellpressen (davon eine mit zwei Druckzylindern), 1 Satinierpresse sowie 6 Handpressen. Der Gesamtwert der Auktion wurde damals auf etwa 24.000 Gulden geschätzt (Quellen: Zeitungsannoncen). Die Ursachen für diesen Konkurs sind nicht bekannt. Aus der Zeitungsliteratur des Jahres 1865 lässt sich jedoch erschließen, dass Georg Gastl im Jahre 1865 verschwunden und/oder geflüchtet ist (*Fremden-Blatt,* 5. August 1865, S. 4). In Brünn kursierten zu dieser Zeit über sein Schicksal verschiedene Gerüchte. Nach diesen soll er sich bspw. von Bremerhaven nach Mexiko eingeschifft haben, um dort „*bei den Freiwilligen einzutreten*" oder „*sich in Wiesbaden eine Kugel durch den Kopf gejagt*" haben (*Die Presse,* 19. Januar 1865, S. 1). Dementgegen druckte der von ihm gegründete *Mährische Correspondent* (24. Januar 1865, S. 4), unter den Tagesnachrichten, dass es sich dabei um „*Falsche Gerüchte*" handelte und dass

Veröffentlichung von Mendels Arbeit über Pflanzenhybriden stand der Brünner Verlag höchstwahrscheinlich schon vollumfänglich unter der Leitung von Johann H. Carl Winiker.[106] Im Verlag Carl Winiker erschienen in den 1840er, 1850er und 1860er Jahren eine Reihe von wissenschaftlichen Arbeiten sowie Schul- und Lehrbücher sowohl in deutscher als auch tschechischer Sprache (Tab. 1.1). Auch das Programm des k. k. Gymnasiums in Brünn ist bei C. Winiker gedruckt worden.[107] Außerdem wurden zeitgleich auch religiöse, geisteswissenschaftliche sowie klassische Werke deutscher Literatur, wie z. B. Friedrich Schillers (1759–1805) sämtliche Werke in zwölf Bänden veröffentlicht. Ebenso erschienen zur Zeit der Veröffentlichung von Mendels Arbeit auch Zeitschriften der Tagespresse wie der *Mährisch-schlesische Correspondent* (1861–1877) und das *Moravský národní list* [Mährisches Volksblatt] (1861–1877). Die Konzentration auf Lehrinhalte war dabei kein Zufall, sondern politisch intendiert und in der Erweiterung des Lehrerpersonals an Schulen begründet. Bereits 1868 schrieb der langjährige Bürgermeister der Stadt Brünn, Christian d'Elvert (1803–1896), dass was der *„Erweiterung des Lehrkreises noch größeren Werth gab, war die Gewinnung von Lehrkräften, wie sie sich bei uns in [...] Männern darstellen, wie Kolenati*[108],

---

den *„Bekannten und Verwandten desselben nichts bekannt ist, was die Nachrichten über seine Reise nach Amerika, seine Selbstentleibung in Wiesbaden u. s. w., begründet erscheinen ließe."*
Später wurde an anderer Stelle kolportiert, dass ein Privatbrief davon Kunde getan habe, dass sich der Drucker nach New York abgesetzt und nun dort in einer Zeitungsdruckerei gearbeitet habe (*Fremden-Blatt*, 5. August 1865, S. 4). Nachvollziehen lässt sich noch, dass G. Gastl am 22. Dezember 1864 in Wien im Erzherzog Karl abgestiegen war. Damit verliert sich aber jede weitere Spur des Druckers. Weitere Lebenszeichen von Georg Gastl, auch im Textkorpus des amerikanischen Zeitungswesens, haben sich bislang nicht nachweisen lassen. Wie die Sonderdrucke von Gregor Mendels Artikel noch Ende 1866 bei Georg Gastl gedruckt werden konnten, bleibt jedoch ein Rätsel.
[106] **Johann H. Carl Winiker (1807–1877)** stammte aus Göttingen und fing zuerst mit Brünner Musicalien-Leih-Institut an. Im Jahr 1841 übernahm er die älteste Brünner Buchhandlung von Seidl und Braunmüller, bevor er im Jahr 1848/1849 schließlich die Druckerei Carl Winiker in Brünn gründete. Diese Möglichkeit der Etablierung einer neuen Druckerei hatte sich wohl aus den Wirren des Revolutionsjahrs 1848 und den daraus resultierenden Schwierigkeiten für die Zeitung *„Die Presse"* ergeben, die in Wien bald nicht mehr gut gelitten war, und deswegen nach Brünn auszuweichen suchte (vgl. Mayer 1887, S. 324). Vgl. desweiteren Smékalová & Vokřínová 2014; Šimeček 2011.
[107] Siehe z. B. die Programme des k. k. Gymnasiums in Brünn für das Schuljahr 1851, 1852 und 1856.
[108] **Friedrich Anton [August] Rudolph Kolenati / Kolenatý (1812–1864)** war ein Mediziner und Naturforscher. Nach einem Medizinstudium in Prag promovierte er 1836 und arbeitete dort als Assistent im Fachbereich Biologie. Im Jahr 1842 ging er nach Sankt Petersburg, wo er von 1842 bis 1846 als Assistent der Zoologie tätig war, und an mehreren Forschungsreisen teilnahm (Flasar 1997). Im Jahr 1848 habilitierte er sich in medizinisch-pharmazeutischer Zoologie und Botanik sowie Kristallographie. Am Prager Polytechnikum wirkte er von 1849–1850 als Professor für Botanik, Zoologie und Mineralogie. In dieser Zeit initiierte Kolenatý auch die Gründung des Prager naturhistorischen Vereines Lotos. Im Jahr 1850 folgte er einer Berufung zum Professor für Naturgeschichte an die k. k. Technische Lehranstalt in Brünn. Kolenatýs umfangreiche Tätigkeit umfasste insbesondere auch Untersuchungen zu Fledermäusen, Mineralogie, aber auch entomologische Beobachtungen (ebd.). Ab 1851 wirkte Kolenatý zudem als Vorstand der neugegründeten naturhistorischen Sektion in der k. k. mähr.-schles. Gesellschaft des Ackerbaues, der Natur- und Landeskunde (siehe hierzu den in Brünn herausgegebenen und bei Gastl gedruckten *„Landwirthschafts-Kalender auf das Jahr 1851"*, S. [94]).

1 Historische Einführung und Editionsgeschichte

Tab. 1.1 Übersicht der im Verlag C. Winiker veröffentlichten Lehrbücher im Bereich der Naturwissenschaften, 1849–1866

Jahr	Autor	Titel
1849	Pátek, Johann (1820–1872)	Systematische Darstellung der Klassifikation des Obstes, nach den besten Systemen berühmter Pomologen.
	Pátek, Johann	Vollständiger Katechismus der Obstzucht. Ein nothwendiges Unterrichtshilfsbuch für alle Freunde des Obstbaues insbesondere für die liebe Schuljugend bearbeitet.
1851	Netolička, Eugen (1829–1889)	Leitfaden beim ersten Unterrichte der Physik.
	Pátek, Johannn	Lehrbuch des Seidenbaues.
1853	Quadrát, Bernard B. (1821–1895)	Lehrbuch der Chemie für Oberrealschulen und technische Anstalten sowie zum Selbst-Unterrichte. Erste Abtheilung. Unorganische Chemie.
	Pisko, František J. (1827–1888)	Foucault's Beweis für die Axendrehung der Erde.
1854	Pisko, František J	Lehrbuch der Physik für Unter-Realschulen.[a]
	Quadrát, Bernard B.	Lehrbuch der Chemie für Oberrealschulen und technische Anstalten sowie zum Selbst-Unterricht (Bd. II). – Wiederauflage –
1855	Kolenati, Friedrich A. (1812–1864)	Elemente der Krystallographie.
	Kolenatý, A. Friedrich	Zoologie für Lehrende und Lernende, fasslich nach dem gegenwärtigen Standpunkte der Wissenschaft.
	Quadrát, Bernard B	Anleitung zur qualitativen und quantitativen chemischen Analyse für Ober-Realschulen und höhere Gewerbschulen
	Quadrát, Bernard B	Lehrbuch der Chemie für Oberrealschulen und technische Anstalten sowie zum Selbst-Unterricht (Bd. II). – Wiederauflage –
1856	Pisko, František J	Lehrbuch der Physik für Unter-Realschulen.
	Quadrát, Bernard B	Lehrbuch der Chemie für Oberrealschulen und technische Anstalten sowie zum Selbst-Unterricht (Bd. II). – Wiederauflage –
	Smita, Johann (Jan)[b] (1830–1891)	Grundzüge zur Naturgeschichte der beiden organischen Reiche zum Gebrauche beim naturgeschichtlichen Unterrichte in den unteren Classen der Mittelschulen
	Schnedar, Rudolf[c]	Grundzüge der darstellenden Geometrie nebst ihrer Anwendung auf Schattenbestimmung, Linear und Parallel-Perspective für Realschulen. 1. Auflage mit 252 Figuren
1857	Niederrist, Joseph (1809–1865)	Naturgeschichte des Mineralreiches für den practischen Bergmann (Bd. I).
	Quadrát, Bernard B	Lehrbuch der Chemie für Oberrealschulen und technische Anstalten sowie zum Selbst-Unterricht (Bd. II). – Wiederauflage –
1858	Niederrist, Joseph	Naturgeschichte des Mineralreiches für den practischen Bergmann (Bd. II).

(Fortsetzung)

Tab. 1.1 (Fortsetzung)

Jahr	Autor	Titel
	Pisko, František J	Lehrbuch der Physik für Unter-Realschulen. – Wiederauflage –
1859	Krejčí, Jan (1825–1887)	Přehled fysikálních zákonů a potřebení jich v životě obecném [Physik. Eine Übersicht von physikalischen Gesetzen und ihrer Anwendung im allgemeinen Leben]
	Pisko, František J	Lehrbuch der Physik für Ober-Realschulen
	Schnedar, Rudolf (1828–1862)	Grundzüge der darstellenden Geometrie nebst ihrer Anwendung auf Schattenbestimmung Linear und Parallel-Perspective für Ober-Realschulen und zum Selbstunterricht. 2. Auflage mit 279 Figuren.
1860	Pisko, František J	Lehrbuch der Physik für Ober-Gymnasien
	Quadrát, Bernard B	Elemente der reinen und angewandten Chemie für Unter-Realschulen.
1861	Pisko, František J.	Lehrbuch der Physik für Unter-Realschulen. – Wiederauflage –
	Matzek, Franz[d]	Siebenstellige gemeine Logarithmen.
1862	Matzek, Franciszek [Franz]	Siedmiocyfrowe pospolite Logarytmy [Siebenstellige gemeine Logarithmen]
	Fleischer, Josef	Mathematika. Učební kniha pro vyšší reálné školy a gymnasia (díl I) [Mathematik. Ein Lehrbuch für die höheren Realschulen und Gymnasien (Bd. I)]
	Pisko, František J	Fysika. Přehled fysikálních zákonů a potřebení jich v životě obecném [Physik. Eine Übersicht von physikalischen Gesetzen und ihrer Anwendung im allgemeinen Leben]. – Wiederauflage –
	Quadrát Bernard B. & Bádal KJ[e]	Základové chemie k užívání na nižších réalkách [Elemente der reinen und angewandten Chemie für Unter-Realschulen] (Übersetzung ins Tschechische).
	Vogel, Hilarius	Geographie für Schule und Haus mit besonderer Berücksichtigung des Kaiserthums Österreich.
1863	Makowsky, Alexander	Die Flora des Brünner Kreises. Nach Pflanzengeographischen Principien – mit einer meteorologischen Tabelle von G. Mendel
1864	Macek, František	Grundzüge der zeichenden Geometrie, als Einleitung zur perspektivischen Aufnahme geometrischer Formen nach der Beurtheilung, mit freiem Auge und mit freier Hand, zunächst für die erste Klasse der Realschulen und Realgymnasien.
	Schnedar, Rudolf	Grundzüge der Darstellenden Geometrie nebst ihrer Anwendung auf Schattenbestimmung, Linear- und Parallel-Perspective für Ober-Realschulen und zum Selbstunterricht.
1865	Pisko, František J	Lehrbuch der Physik für Unter-Realschulen. – Wiederauflage –
	Matzek, Franz	Die Methoden der orthographischen Parallelperspektive oder die Axonometrie.

(Fortsetzung)

1 Historische Einführung und Editionsgeschichte

Tab. 1.1 (Fortsetzung)

Jahr	Autor	Titel
1866	Quadrát, Bernard B	Lehrbuch der Chemie für Oberrealschulen und technische Anstalten sowie zum Selbst-Unterricht. Erste Abtheilung. Unorganische Chemie. – Wiederauflage (4. Auflage) –

[a]Das **Lehrbuch der Physik für Unter-Realschulen** war eines der erfolgreichsten Physik-Lehrbücher des 19. Jahrhunderts in deutscher Sprache. Von 1854 bis 1871 erschienen insgesamt acht deutschsprachige Auflagen. Hinzu kamen noch einmal sechs Auflagen mit tschechischer Terminologie, zwei Auflagen in ungarischer Sprache sowie sechs Auflagen mit polnischer Terminologie. Ausgaben in deutscher Sprache waren in Deutschland, Österreich und der Schweiz weit verbreitet. Hinzu kamen umgearbeitete Auflagen für den Unterricht im Unter-Gymnasium (1855 & 1865), Ober-Gymnasium (Pisko 1860 & 1869), in Ober-Realschulen (Pisko 1859, 1869 & 1873), den Unterricht in den oberen Klassen der Gymnasien und Realschulen (Pisko 1877).

[b]**Jan Smita/Johann Smita (1830–1891)** war Lehrer für Naturgeschichte an der Ober- sowie für Physik an der Unter-Realschule in Prag.

[c]**Rudolf Schnedar (1828–1862)** studierte in Graz und war 1850 dort Assistent für höhere Mathematik und praktische Geometrie. Von 1854 bis 1860 war er Professor an der Oberrealschule in Brünn, bevor er später nach Laibach/Ljubljana wechselte. Das von ihm während seiner Zeit in Brünn erstellte Lehrbuch war sehr erfolgreich. Es erschien erstmals im Jahr 1856 und wurde vom k. k. Kultusministerium für Oberrealschulen zugelassen. Danach wurde es mehrfach wiederaufgelegt (1859: Zweite Auflage; 1864: Dritte Auflage; 1869: Vierte Auflage; 1873: Fünfte vermehrte und verbesserte Auflage) und ist mindestens bis in die 1870er Jahre genutzt worden. Er war Lehrer an der Oberrealschule in Brünn zu der Zeit, als auch Mendel dort tätig war.

[d]**František Macek/Franz Matzek (1833–1870)** war in den 1860er Jahren an der Oberrealschule, an der auch G. J. Mendel lehrte, zunächst als Assistent, dann als Supplent und schließlich als Professor für Geometrie, Mathematik und Mechanik tätig (1862–1869). Bei seinem ersten Lehrbuch zur Geometrie konnte er sich noch auf ein Manuskript des verstorbenen Rudolf Schnedar stützen, welches ihm vorgelegen hat. In den 1860er Jahren hielt Fr. Matzek wiederholt Vorträge im Rahmen des MGV in Brünn, indem er seit dem 4. März 1865 Mitglied und Verwaltungsrat war. Dort referierte er bspw. *„Ueber die Kesselsteinbildung"* (16. April 1862), *„Ueber den Gebrauch der Gasmesser"* (25. Februar 1864), *„Ueber die projectirten Wasserleitungen von Brünn und Wien"* (14. Dezember 1865) und *„Ueber gewerblichen Unterricht auf der Pariser Ausstellung"* (27. Oktober 1867). Fr. Matzek war Mitglied des NfV und Kustos des Mechanik-Kabinetts und 1870 Vizepräsident d. MGVs. Darüber hinaus war er zuletzt Bezirksschul-Inspektor und Mitglied des Brünner Zweigvereins der deutschen Schillerstiftung. Biogr. Ang. u. a. n. d. *Brünner Ztg.* vom 11. November 1870, versch. Todesanzeigen sowie Angaben in den Schriften des Gewerbevereines.

[e]**Karel J. Bádal/Karl J. Badal** war in den 1850er Jahren Lehrer am Brünner Gymnasium, wo er Stenographie unterrichtete, sowie Assistent der Allgemeinen und Speziellen Chemie am Technischen Institute in Brünn (1855–1858). Vorwiegend hat er aber seit 1857 als Lehrer an der Communal-Unter-Realschule in Brünn gearbeitet, welche auf die Oberrealschule vorbereiten sollte. Neben dem nichtobligaten Fach Stenographie, dass dort für ein zusätzliches Honorar von 2 Gulden pro Semester besucht werden konnte, lehrte Bádal Naturlehre, Naturgeschichte und Physik in den ersten beiden Klassen sowie Chemie in der III. Klasse, wo er auch Ordinarius war (s. PdsCURiB 1859). Des weiteren hielt er Übungen im Laboratorium ab. Bádal war zudem Kustos der Lehrmittelsammlung für Naturgeschichte und Chemie und der Unterrealschule. Auch an der Oberrealschule hat er wiederholt Stenographie unterrichtet (s. PdkkORiB 1855). Insofern dürften Mendel und Bádal miteinander bekannt gewesen sein. Zu Beginn des Schuljahrs 1859/60 hat Bádal dann seine Stelle an der damaligen Communal-Unterrealschule gekündigt. Weitere Angaben sind nicht bekannt. Ein anderes bei Winiker erschienenes Chemiebuch von Bádal und Quadrat zum Einsatz an Real-Gymnasien und Unter-Realschulen ist lange benutzt worden. Noch 1876 ist davon eine 3. Auflage erschienen, die unter Berücksichtigung der neueren Theorien von Anton Effenberger (1842–1925) bearbeitet worden ist.

Kořistka[109], Zawadzki[110] […], *Quadrat*[111], *Pisko*[112], *Netoliczka*[113], Berr, Schwippel

---

[109] **Karl Kořistka/Karel František Edvard Kořistka (1825–1906)** war ein österreichisch-ungarischer Geograph, Mathematiker und Pionier der Landvermessung und Kartographie. Nach Schulbesuch in Iglau und Brünn studierte er von 1841–1843 an der Universität in Wien die Fächer Physik, Mathematik und Astronomie sowie von 1843–1847 Montanwissenschaften an der Berg- und Forstakademie Schemnitz. Im Jahr 1848 war er für kurze Zeit als Assistent bei Christian Doppler (1803–1853) tätig. Von 1849 an wirkte Kořistka als Professor für praktische Geometrie (Geodäsie) am Polytechnikum in Brünn. Diese Stelle hatte er mehr als 25 Jahre lang inne. Hinzu kam ein umfangreiches Wirken in Prag insbesondere im Bereich der Kartographie, welches letztendlich zu einem völlig neuen Kartensystem für Österreich-Ungarn führte. Seit den 1860er Jahren lag ein Schwerpunkt auch auf der Verknüpfung von topologischen, geologischen, botanischen, zoologischen, meteorologischen und bodenkundlichen Verhältnissen. Ausgehend von der Zusammenarbeit von G. J. Mendel und A. Makowsky für die Flora von Mähren mit von Mendel aufbereiteten meteorologischen Daten darf man annehmen, dass Mendel die Arbeiten Kořistkas gekannt hat. Ab 1851 wirkte Kořistka zudem als Sekretär der neugegründeten naturhistorischen Sektion in der k. k. mähr.-schles. Gesellschaft zur Beförderung des Ackerbaues, der Natur- und Landeskunde (siehe hierzu den in Brünn herausgegebenen und bei Gastl gedruckten „*Landwirthschafts-Kalender auf das Jahr 1851*", S. [94]).

[110] **Alexander Zawadzki (1798–1868)** war ein aus Bielitz (heute Bialsko) in Österreichisch-Schlesien stammender Naturforscher. In den Jahren 1826 bis 1830 diente Zawadzki als Adjunkt an der Lehrkanzel für Mathematik und Physik an der Universität in Lemberg/Lwiw. An der Lemberger Universität war er schließlich ab 1840 als Professor für Physik tätig. Zawadzki lebte seit Anfang der 1850er Jahr in Brünn, wo er auch gründendes Mitglied des NfV war. Dort trat er auch als inoffizieller Mentor von Mendel in Erscheinung (Orel 1972; Szybalski 2010). Hinzuzufügen ist, dass Zawadzki auch an der Oberrealschule in Brünn, ebenso wie Mendel, Physik lehrte. Darüber hinaus unterrichtete Zawadzki auch die Fächer Spezielle Botanik und Zoologie.

[111] **Bernard B. Quadrát (1821–1895)** war ein Chemiker. Nach dem Studium der klassischen Philosophie in Prag begann er ein Studium der Naturwissenschaften. 1850 wurde er zum Professor der Allgemeinen und Analytischen Chemie am Polytechnikum in Brünn berufen.

[112] **František Josef Pisko/Franz Joseph Pisko (1827–1888)** war ein Physiker und Physiklehrer aus Brünn sowie sehr erfolgreicher Autor von Lehrbüchern. Von 1852 bis 1856 war er als Professor für Physik für die oberen Klassen am Brünner Gymnasium tätig. Dort lehrte er Naturlehre (u. a. Mechanik, Magnetismus, Elektrizität) sowie Mathematik (u. a. Algebra, Geometrie, Arithmetik, Kombinatorik und Permutationen). Bekannt wurde F. Pisko vor allem durch seine Vorträge und Abhandlungen zu Foucaults Beweis für die Achsendrehung der Erde. Seine Lehrbücher sind über viele Jahre auch an der Oberrealschule in Brünn im Einsatz gewesen, in welcher G. J. Mendel lehrte. Als Physiklehrer dürfte Mendel die Werke von F. J. Pisko gekannt haben.

[113] **Eugen Netolička (1829–1889)** war Doktor der Philosophie und u. a. Mitglied der k. k. Ackerbaugesellschaft in Brünn, sowie Mitglied des Zool.-bot. Vereines in Wien, in welchem auch Mendel tätig war. Im Februar 1856 wurde E. Netolička zum Sekretär der naturwissenschaftlichen Sektion der Ackerbaugesellschaft gewählt (Brünner *Neuigkeiten* vom 9. Februar 1856, Titelblatt). In erster Linie war er jedoch Lehrer und bis 1856 als solcher am Obergymnasium in Troppau/Opava sowie als Professor für Naturgeschichte und philosophische Propädeutik am Obergymnasium in Brünn tätig. Von dort aus wurde er an die steiermärkisch-ständische Oberrealschule in Graz berufen, wo er unter anderem Physik und Mechanik unterrichtete (s. *Zeitschrift für die*

1 Historische Einführung und Editionsgeschichte

[…], *Niessl, Makowsky, Jeitteles, Urban*[114], *Mendel u. a.* <u>welche sich auch in der gelehrten Welt und als Schriftsteller einen geachteten Namen erwarben</u> [unterstrichen durch d. Verf. d. vorl. Edition]."[115] (Vgl. auch Tab. 1.1). Es ist übrigens hervorzuheben, dass in den Verlagen Gastl und Winiker, insb. in der Zeit nach der Revolution von 1848, immer wieder Buchprojekte in deutscher und tschechischer Sprache entstanden sind, die im Kontext der damaligen Zeit und Umstände in ihrem Inhalt absolut bemerkenswert erscheinen. Von diesen sollen hier drei exemplarisch kurz genannt sein: Bei Franz Gastl veröffentlichte beispielsweise Pluskal (1849) eine der ersten Biographien einer weiblichen Botanikerin, der damals noch aktiven böhmischen Pflanzenforscherin Josephine Kablik (1787–1862), die, ebenso wie Mendels Klosterbruder und Freund Mathias Klácel, Mitglied im naturforschenden Verein Lotos in Prag war. M. Klácel, auf den im Verlauf dieses Kapitels und Buchs noch detaillierter eingegangen wird, hat dann selbst 1854 bei Winiker eine erste tschechische Übersetzung des Antisklaverei Romans „*Onkel Toms Hütte*" aus der Feder von Harriet Beecher-Stowe (1811–1896) drucken lassen, die auch in verschiedenen Zeitungsanzeigen beworben worden ist.[116] Am vermutlich interessantesten im direkten Kontext von Mendels Versuchen ist zuletzt eine weitere Übersetzung ins Tschechische anzuführen, welche vermutlich kurz vor oder nach Mendels beiden Vorträgen im Jahr 1865 entstanden sein muss. Dabei handelte es sich um eine ausführliche und reich illustrierte Darstellung

---

österreichischen Gymnasien 1857, Bd. 7, S. 813). Netolička war der Autor mehrerer Lehrbücher. So verfasste er bereits in den 1850er Jahren eines der ersten Lehrwerke zur damals neuen Fachrichtung der Pflanzenphysiologie (Netolička 1855a; siehe ebenso Šebánek 2012). Auch zu Physik, Mineralogie, Botanik und Zoologie verfasste er eigene Lehrbücher (Netolička 1854, 1855b, 1857), ebenso wie zahlreiche Studien zur Geschichte der Physik (Netolička 1886, Netolička & Wachlowski 1891).

[114] **Emanuel Urban (1821–1901)** war ein mährischer Naturforscher und Lehrer aus Freiberg/Příbor der mit Mendel in Troppau/Opava zur Schule gegangen ist (vgl. Weiling 1993a, S. 46). Ab 1845 unterrichtete er als Professor und Nachfolger von Faustin Ens (1782–1858) am k. k. Gymnasium in Troppau. Zu seinen Fächern zählten Deutsch, Latein und Naturgeschichte. Als Kustos (1853–1855) des Troppauer Museums übernahm Urban die Aufgaben seines Vorgängers, des Augustinerpater Antonin Alt. Urban war zudem korrespondierendes Mitglied im naturhistorischen Verein Lotos in Prag und wirkliches Mitglied der Ackerbaugesellschaft in Brünn. Zu seinen wissenschaftlichen Arbeiten gehörte bspw. ein Buchkapitel zu den Vegetationsverhältnissen in der Markgrafschaft Mähren und dem Herzogtum Schlesien (Urban 1860). Ab Januar 1868 war Urban auf Vorschlag von Josef Lang und Gustav von Niessl ordentliches Mitglied des NfV in Brünn. Von Urban gemachte phänologische Beobachtungen wurden später in den Zusammenstellungen von Anton Tomaschek aufgenommen (Tomaschek 1873b; s. a. Kap. 5).

[115] De'Elvert 1868a, S. 242.

[116] Zu den frühen tschechischen Übersetzungen siehe insbesondere Kalivodová 2017: Die gekürzte und bearbeitete Übersetzung des Romans erschien 1853 trotz Zensur zunächst als Serie in der Moravsky Národní List, mit der Klácel lange eng verbunden war (ebd.). 1854 wurde der Roman dann bei Winiker gedruckt.

der urzeitlichen Vorwelt von Carl Gottfried Wilhelm Vollmer (1797–1864), die dieser unter dem Mädchennamen seiner Ehefrau als Dr. V. F. A. Zimmermann veröffentlicht hatte (Abb. 1.2). In seiner deutschen Fassung war dieses Buch außerordentlich populär und hat mindestens 18. Auflagen erfahren (Zimmermann 1861). Die tschechische Ausgabe erschien unter dem Titel „*Divy prasvěta*" [Die Wunder der Urwelt] in einer Übersetzung durch František Vymazal (1841–1917) im Verlag Karafiat. Gedruckt worden war sie jedoch, wie ein Vorsatz verrät, in der Druckerei Georg Gastl (Tiskem Jiřího Gastla) (Siehe Zimmermann 1866). Das Buch selbst stellt dabei ein typisches Beispiel vordarwinistischer Evolutionsvorstellungen dar. Bemerkenswert ist jedoch, dass Darwin als Forschungsreisender bereits an mehreren Stellen in der tschechischen Ausgabe erwähnt wird, u.a. in einer von dem Historiker und Journalisten Jakub Malý (1811–1885) als Fußnote verfassten biographischen Notiz zu Charles Darwin: „*(...) wurde durch sein letztes Werk bekannt, das ein Ergebnis von 20jährigen Studien ist. In diesem Werk hat er die Vermutung der älteren Naturforscher über den Übergang der einzelnen Arten von organischen Wesen in andere, die bisher nur ungenügend belegt wurden, durch unwiderlegbare Gründe zur Gültigkeit geführt und dadurch ein neues Gesetz der Natur entdeckt. Dabei hat er belegt, dass alle früheren sowie heutigen Organismen zurück auf höchstens ein halbes Dutzend pflanzliche und tierische Grundformen/Grundgestalten/Grundformationen zurückzuführen sind, aus denen alle andere entstanden sind und auch nicht aufgehört haben zu entstehen.*"[117]

Der Verweis auf das Verlagsprogramm und die Lehrbücher, die im selben Verlag gedruckt worden sind wie die Arbeit Mendels, ist dabei nicht nur von literaturhistorischem Interesse. Die Übersicht zeigt vielmehr, wie stark Mendel damals in einem florierenden schulischen Umfeld eingebettet und tätig war, welches durch lokalpolitische Bestrebungen unterstützt und gefördert wurde, und in dem eben auch die Möglichkeit bestanden hat, Ideen einem weiteren Umfeld zu präsentieren und publizistisch tätig zu werden. Einige der hier erwähnten Schulbücher sind jedenfalls außerordentlich erfolgreich gewesen. Sie erschienen in vielen Auflagen und wurden auch überregional genutzt. Bedenkt man, wie erfolgreich Mendel später in Schulbüchern popularisiert worden ist, so fragt man sich an dieser Stelle unweigerlich, ob nicht auch Mendel dieser Weg hin zu einer früheren Popularisierung offen gestanden hätte, aber auch, ob er dann überhaupt „wiederentdeckt" worden wäre? Mendel hat sich letztendlich dafür entschieden, seine Versuche in den *VNV* in Brünn zu publizieren. Damit beschritt er den möglichen zweiten Weg, der naturwissenschaftlich interessierten Lehrern damals offenstand, um eigene Beobachtungen und wissenschaftliche Tätigkeiten bekannt zu machen. Dieser Weg ist auch von vielen Lehrern in Brünn damals beschritten worden.

---

[117] Zimmermann 1866, S. 231; Übersetzung aus dem Tschechischen durch d. Autoren der vorl. Edition; Der Inhalt der Fußnote stimmt im Übrigen 1:1 mit einem von J. Maly (1862) für ein tschechisches Gelehrtenlexikon verfassten Artikel zu Charles Darwin überein.

Abb. 1.2 Illustrationen aus „*Die Wunder der Urwelt*", hier exemplarisch aus der 18. deutschen Auflage. Das reich bebilderte populäre Werk wurde zwischen 1862 und 1866 ins Tschechische übersetzt und in der gleichen Druckerei gedruckt, von der auch die Sonderdrucke von Gregor Mendels Artikel „*Versuche über Pflanzen-Hybriden*" angefertigt worden sind.

1.1.3 Mendels wissenschaftliches und berufliches Netzwerk

Wechselt man die Blickrichtung, dann kann die Aufstellung der im Verlag Winiker (vormals Gastl) erschienenen Lehrbücher auch als Ausgangspunkt für eine Betrachtung des wissenschaftlichen, pädagogischen und beruflichen Netzwerks dienen, auf das sich Mendel in den 1850er Jahren stützen konnte. Mendel hat die Mehrzahl der aufgeführten Autoren (u. a. Karl Kořistka, Franz Joseph Pisko, Alexander Zawadzki, F. A. Kolenatý, Jan Pátek[118], Franz Matzek, Hilarius Vogel & Alexander Makowsky) persönlich gekannt und oftmals sogar mit diesen zusammengearbeitet. Einige der Autoren gehörten beispielsweise zum Lehrerkollegium der Oberrealschule, an der Mendel unterrichtet hat (Abb 1.3). In anderen Fällen gab es aber noch weit darüber hinausreichende Beziehungen, welche sogar Mendels weitere berufliche Laufbahn nachhaltig geprägt haben. So war es z. B. F. A. Kolenatý der auf Mendel, der zu diesem Zeitpunkt bereits Kapitular des Klosters St. Thomas in Altbrünn war, aufmerksam machte, als es 1851 darum ging, eine Supplentenstelle als Professor in der Oberrealschule zu besetzen.[119] Dieser Vorschlag führte dazu, dass Mendel sich bei den Schülern der Lehranstalt und deren Direktor J. Auspitz vorstellen und letztendlich später auch das Lehramt als Supplent und Professor antreten konnte.[120] Eine weitere wichtige Rolle für Mendel hat auch der an der Oberrealschule tätige J. Pátek gespielt. Pátek war sehr darum bemüht, *„das Interesse für die Obstcultur, Bienenzucht und Seidenzucht in den Kreisen der Lehrer wie der Schüler zu wecken und zu fördern"*.[121] Gerade bei Mendel scheint er dabei besonderen Erfolg gehabt zu haben. Auf seinen Vorschlag hin wurde dieser 1851 zum Mitglied der naturhistorischen Sektion der k. k. Mährisch-Schlesischen Gesellschaft zur Beförderung des Ackerbaues, der Natur- und Landeskunde in Brünn (Ackerbaugesellschaft) gewählt, in welchem er für den Rest seines Lebens aktiv war.[122] Kořistka war es

---

[118] **Jan Pátek [Johann Patek] (1820–1872)** war Lehrer und wie Mendel ein Mitglied des NfVs.

Seine Lehrerlaufbahn hatte Pátek 1846 als Assistent der allgemeinen Naturgeschichte und Landwirtschaftslehre an der philosophischen Lehranstalt in Brünn begonnen. Von 1849 bis 1854 arbeitete er als Lehrer an der Oberrealschule in Brünn. Im Jahr 1854 erfolgte eine Berufung zum Direktor der Normalhauptschule. Pátek war erfolgreich als Lehrbuchautor tätig und entwarf eine große Zahl von physikalischen und botanischen Schultafeln für den Schulunterricht, welche weite Verbreitung fanden. Im Jahr 1863 wurde Pátek in Prag zum provisorischen und später definitiven Landesschulrat von Böhmen ernannt, 1869 erfolgte die Ernennung zum Landesschulinspektor für Böhmen. Hinzuweisen ist zudem darauf, dass Pátek in den 1850er und 1860er Jahren die Weltausstellungen in London und Paris besucht hat und dort auch als Berichterstatter wirkte (ebd.). Es ist zu vermuten, dass er die Reise nach London zusammen mit G. Mendel angetreten hat. Biogr. Ang. n. *Mährisches Schul-Blatt* 1873, S. 14, 82.

[119] Siehe hierzu Richter 1943, S. 65.

[120] Ebd.

[121] Siehe hierzu den Nekrolog in dem *Mährischen Schul-Blatt* 1873, S. 14 & S. 82.

[122] Marvanová & Orel 1968.

Abb. 1.3 Oberes Bild: Die Mitglieder des Naturforschenden Vereines in Brünn: 1) Carl Theimer (Botaniker), 2) Josef Auspitz (Schuldirektor, Mathematiker u. Physiker), 3) Alexander Zawadzki (Botaniker u. Physiker), 4) Johann Nave (Botaniker), 5) Eduard Wallauschek (Entomologe), 6) Entomologe Julius Müller (Entomologe), 7.) Franz Czermak (Mineraloge u. Chemiker), Karl Schwippel (Lehrer für Physik u. Naturgeschichte), Alexander Makowsky (Botaniker u. Lehrer für Naturgeschichte), Gustav von Niessl (Botaniker u. Mathematiker), Ignaz Weiner (Realschullehrer u. Physiker) und Jakob Kalmus (Arzt und Botaniker). Unteres Bild: Die Lehrer der Brünner Oberrealschule (ca. 1864–1865). In der hinteren Reihe stehend: Franz Fiala (gest. 1894), Franz Haslinger*, Hilarius Vogel (ca. 1828–1897), Ignaz Budař (1812–1883)+, Alexander Makowsky*, Jakob Bratkovič*+, Josef Hoffmann+, Anton Matzenauer (gest. 1894), Johann Pfeifer*, Johann Pytlik (gest. 1875), Ruprich Wenzel*, Josef Roller (gest. 1892)*+. In der vorderen Reihe sitzend: Franz Matzek*+, Josef Rotter (gest. 1879), Dr. Richard Rotter (gest. 1886)*, Anton Kratky, Direktor Josef Auspitz*+, Alexander Zawadzki*, Benedikt Fogler*, Franz Berr (gest. 1886)*+, Gregor Mendel*+ und Anton Mayßl (gest. 1899)*+. Viele der Lehrer der Ober-Realschule in Brünn waren in den 1860er Jahren Mitglied im NfV (*) und MGV (+).

dann, der in seiner Funktion als Sekretär der naturhistorischen Sektion der Ackerbaugesellschaft, das Sitzungsprotokoll der Sektion vom 23. Juli 1851 unterschrieben hat, in welchem Mendel als Mitglied vorgeschlagen und bestätigt wurde.[123] Nach der Berufung J. Páteks zum Direktor der Normalhauptschule 1854 und seinem Weggang übernahm Mendel dessen Stellung an der Oberrealschule.

Mendels Wirken in der Schule und in der Ackerbaugesellschaft sorgte jedenfalls dafür, dass er auch sofort dem NfV von Brünn beitrat, als dieser gegründet wurde. Hier kam er praktisch mit allen zu dieser Zeit führenden Botanikern Mährens in direkten Kontakt, die zudem fast alle Mitglieder des NfV waren. Dazu gehörten u. a. Johann Nave[124], Wilhelm Tkany[125], G. von Niessl, welche dort neben den bereits erwähnten Botanikern A. Zawadzki, J. Kalmus, C. Theimer u. a. aktiv waren (Abb. 1.3).

Schon in den frühen 1860er Jahren machte sich der NfV die meteorologischen und phänologischen Beobachtungen zur besonderen Aufgabe.[126] Zur *„Erforschung der meteorologischen Verhältnisse Mährens und Schlesiens"* wurden dazu in mehreren Orten Beobachtungsstationen eingerichtet. Zu den ersten eingerichteten Stationen gehörte die

---

[123] Ebd.

[124] **Johann Nave (1831–1864)** war ein aus Brünn stammender Beamter und Botaniker. Ab 1850 studierte er in Wien Rechtswissenschaften, beschäftigte sich daneben aber ausgiebig mit der Botanik, welche er bei Eduard Fenzl und Franz Unger hörte. Im Jahre 1854 kehrte er nach Brünn zurück und wurde dort Beamter in der mähr. Finanz-Landesdirektion. Nave spezialisierte sich im Folgenden insb. auf die mähr. und schles. Algenflora, mit der er sich einen Namen machte. Auf Antrag Gregor Mendels wurde er in der Sitzung vom 14. April 1858 zum Mitglied der naturwissenschaftlichen Section der k. k. mähr.-schles. Gesellschaft zur Beförderung des Ackerbaues, der Natur- und der Landeskunde. Später war Nave einer der Mitbegründer des NfV und in diesem in der Folge dann aktiv tätig. U. a. übernahm er bspw. die Aufgabe des Bibliothekars und Rechnungsführers im NfV. J. Nave war auch mit Gregor Mendel befreundet, mit dem er vermutlich 1862 auch eine Reise nach Paris und zur Weltausstellung nach London unternommen hat (Van Dijk & Ellis 2020). Als Johann Nave im November 1864 im Alter von nur 33 Jahren verstarb, war es G. Mendel, der ihm die letzte Ölung erteilte. Biogr. Ang. n. Iltis 1924, S. 47–48; Riedl 1976; vgl. auch Weiling 1993/94b und Van Dijk & Ellis 2020.

[125] **Wilhelm Tkany (1792–1863)** besuchte das Gymnasium in Brünn, studierte dann in Olmütz und begann eine Beamtenlaufbahn. Im Jahr 1822 ging er als Hof-Konzipist nach Wien. In den 1830er Jahren hatte er Beamtenstellen in Brünn und Wien inne. Er wurde dann als mährisch-schlesischer Gubernialrat nach Brünn versetzt, wo er bis 1855, dem Jahr seiner Pensionierung verblieb. Tkany war ein fleißiger Botaniker, der ein umfassendes Herbarium anlegte, welches er auf unzähligen Exkursionen zusammengestellt hat. Nach seinem Tod vermachte er dieses dem NfV, in welchem Tkany bereits seit 1862 Mitglied war. Von 1853–55 war Tkany Vorstand der naturwiss. Sektion der Ackerbaugesellschaft. Ab 1851 war er zudem Ehrenmitglied des Vereins Lotos in Prag sowie ab 1852 Mitglied der Zool.-bot. Gesellschaft in Wien. Biogr. Ang. n. Svojtka 2014.

[126] Siehe hierzu insb. die Darstellung bei d'Elvert 1868, S. 274–276. Siehe hierzu ebenso Jahresversammlung des naturforschenden Vereines am 20. Dezember 1862, in: *Brünner Ztg.* vom 9. Jänner 1863, S. 43.

1 Historische Einführung und Editionsgeschichte

von Paul Olexik betriebene meteorologische Messstation in Brünn,[127] welche Gregor Mendel in seinen letzten Lebensjahren weitergeführt hat. Es dauerte jedoch nicht lange, bis der NfV weitere Beobachter gewinnen und man darf wohl annehmen, dass Mendel hier auch durch seine eigenen Verbindungen und Kontakte aus Schul- und Lehrzeiten hilfreich war. Jedenfalls wurden weitere Beobachtungsposten eingerichtet. In Znaim/Znojmo vom Gymnasial-Direktor Josef Arthur Dvořák[128], in Troppau/Opava von Josef

---

[127] **Paul Olexik (1801–1878)** war ein im Gebiet der heutigen Slowakei geborener Mediziner, Meteorologe und Gärtner. Er studierte ab 1820 an der Universität Wien Medizin, wo er 1826 auch promovierte (Vavra 1977). Von 1827 bis 1828 arbeitete er als Sekundararzt im Allgemeinen Krankenhaus in Wien. Als es in Russland 1829 zu einer schweren Choleraepidemie kam, ordnete der erste österreichische Kaiser Franz I. [Franz II. (HRR)] (1768–1835) die Einberufung einer Hofkommission unter dem Vorsitz des obersten Kanzlers, des Grafen Anton Friedrich Mittrowsky (1770–1842) an, welche Olexik zusammen mit zwei weiteren Ärzten auf eine Reise nach Moskau entsandte, um von dort zu berichten (Riecke 1832, S. 83–84; Spausta, Olexik & Zhuber 1832, S. 299–312). Als Regierungsbeauftragter reiste er 1831 zur Cholerabekämpfung durch Böhmen und Mähren (Vavra 1977). Ab 1832 war Olexik Physikus aller Brünner Fürsorgeanstalten und als Arzt im Landeskrankenhaus tätig, wo er später auch Primararzt und Direktor wurde. Für seine Leistungen während der Choleraepidemie 1866 verlieh ihm Kaiser Franz Joseph I. 1867 den Titel eines kaiserlichen Rats (*Oesterreichische Zeitschrift für praktische Heilkunde*, Bd. 13, S. 656). Olexik war bereits seit 1844 Mitglied der meteorologischen Sektion sowie Ausschussmitglied und Vizepräsident der Obst-, Wein- und Gartenbausektion der Ackerbaugesellschaft (ebd.). Paul Olexik führte insgesamt 35 Jahre lang in Brünn meteorologische Messungen durch, wobei er eng mit Gregor Mendel zusammenarbeitete. Zudem war Olexik Mitglied der k. k. Gesellschaft der Ärzte in Wien, Pest und Ofen.

[128] **Joseph [Josef] Arthur Dvořák [auch Dworák, Dworak, Dvořák] (1823–1894)** war ein Lehrer aus Neudorf in Mähren. Er arbeitete zunächst als Adjunkt am Gymnasium in Brünn und 1848 als Supplent am Gymnasium in Iglau/Jihlava. 1851 besuchte er, wie Gregor Mendel, das Physikalische Institut in Wien, um dort die Prüfungen nach neuem System abzulegen. 1853 wurde Dvořák dann Supplent am Gymnasium im Znaim/Znojmo und später im gleichen Jahr durch das k. k. Ministerium für Kultus und Unterricht zum wirklichen Gymnasiallehrer ernannt. Zu seinen Unterrichtsfächern gehörten Mathematik und Physik. In Znaim/Znojmo wirkte er ab 1860 auch als Direktor des Gymnasiums. 1867 wurde er als Direktor an das Gymnasium in Olmütz/Olomouc versetzt. In den 1870er Jahren wurde er zum mähr. Land-Schulrat ernannt und lehrte am Gymnasium in Brünn. Dort war er auch Kustos des *„Physikalischen Cabinets und chemischen Laboratoriums"*. Zuletzt war er ab 1871 als Landesschul-Inspektor für die Mittelschulen in Mähren. Biogr. Ang. n. JBddLOB 1886/7, S. 36, PdkkdOGB 1871, S. 16, 18; *Mährisches Tagblatt* vom 30. Juli 1894.

Lang[129], in Hochwald/Hukvaldy vom Förster Josef Jackl[130] betreut, welche ihre Daten dem NfV und Mendel zur Verfügung stellten.[131] Im Januar 1863 kamen dann noch die von Dr. Johannes Hackspiel[132] und Anton Weiner[133] in Iglau/Jihlava, F. Kilian in Triesch/

---

[129] **Josef Lang** war ein mährischer Lehrer, der zunächst als Supplent am k. k. Gymnasium in glau/ Jihlava wirkte. Im Jahr 1853 vertrat er den krankheitsbedingt ausgefallenen Josef A. Dvořák am Gymnasium in Znaim. 1855 und 1856 unterrichtete er wieder in Iglau. Zu seinen Fächern gehörten Griechisch, Physik, Mathematik und Naturlehre. In dieser Zeit wurde er auch zum wirklichen Gymnasiallehrer ernannt. In den 1860er Jahren war er als Gymnasiallehrer in Troppau/Opava tätig. Lang war seit Frühjahr 1862 Mitglied des NfV. Auf Vorschlag Karl Schwippels war Lang bereits 1857 zum Mitglied der Naturwissenschaftlichen Sektion der k. k. Mährisch-Schlesischen Gesellschaft zur Beförderung des Ackerbaues, der Natur- und Landeskunde ernannt worden (Schwippel 1857). Seine meteorologischen Beobachtungen hat Lang u. a. im Schulprogramm des Gymnasiums in Troppau veröffentlicht (1865). Genauere Lebensdaten nicht bekannt.

[130] **Johann Jackl (1827–1909)** studierte von 1846 bis 1848 an der Forstlehranstalt in Mariabrunn und war Förster in Hochwald, bevor er 1867 zum Waldbereiter ernannt wurde. Später fürstlich-erzbischöflicher Oberforstmeister in Ostrawitz/Ostravice. Er stellte im NfV 1863 den Antrag, dass an allen meteorologischen Stationen auch Beobachtungen zur Intensität des Erdmagnetismus sowie zur *„Inclination und Declination"* der Magnetnadel gemacht werden sollten, was vom Verein jedoch u. a. aus Kostengründen abgelehnt wurde (Sitzungsprotokoll des NfV am 8. Juli 1863; *Brünner Ztg.* 23. Juli 1863, S. 1363–1364). Von Jackl gemachte phänologische Beobachtungen wurden später in der von Anton Tomaschek angefertigen Zusammenstellung bearbeitet und aufgenommen (Tomaschek 1873b; s. a. Kap. 5). Johann Jackl wurde 1894 pensioniert.

[131] Siehe hierzu insb. die Darstellung bei d'Elvert 1868, S. 274–276. Siehe hierzu ebenso den Artikel *„Jahresversammlung des naturforschenden Vereines am 20. December 1862"*, in: *Brünner Ztg.* vom 9. Jänner 1863, S. 43.

[132] **Johann Konrad Hackspiel (1830–1901)** war ein in Riefensberg (Vorarlberg) geborener Lehrer. 1851 wurde er Supplent und später Lehrer am Iglauer Obergymnasium. Somit war er einer der ersten weltlichen Lehrer nach der Mittelschulreform. 1856 bestand er an der Wiener Universität die Lehramtsprüfung, wo er 1860 dann auch in der Philosophie promovierte. 1870 wechselte er vom Iglauer Gymnasiums an das akademische Gymnasium in Wien. 1873 wurde J. K. Hackspiel zum Direktor des deutschen k. k. Altstädter Staats-Realgymnasiums in Prag berufen, welches später in das Staats-Obergymnasium erweitert wurde und wo er bis zu seiner Pensionierung im Jahre 1899 tätig war. Zu seinen Unterrichtsfächern gehörten Deutsch, Mathematik, Physik. Wie Mendel war auch er Mitglied des Zool.-bot. Vereins in Wien. Zudem war er Mitglied der hist. stat. Sektion der Ackerbaugesellschaft. Biogr. Ang. n. Chevalier 1901, S. 959–960. J. K. Hackspiels bekanntester Schüler war der Schriftsteller Franz Kafka (1883–1924) (siehe Wagenbach 1958, S. 48/49 und Pichler 2015, S. 90).

[133] **Anton Weiner (1811–1865)** war Doktor der Medizin und Magister der Augenheilkunde und Geburtshilfe sowie Gymnasialprofessor in Iglau/Jihlava. Er unterrichtete Mathematik, Naturgeschichte und Physik. Seinen naturgeschichtlichen Unterricht im Bereich der Geologie, Geognosie und Paläontologie hielt er dabei nach dem Lehrbuch von Rudolf Kner (1810–1869), einem von Mendels Universitätslehrern (Sajner 1966; s.a. Kner 1851). Darüber hinaus war Weiner ein Experte für Schmetterlingsblütler, welchen er auch eine Monographie gewidmet hatte (Weiner 1861). Er war zudem, wie Mendel, Mitglied der naturhistorischen Sektion der Ackerbaugesellschaft in Brünn, sowie des Zool.-bot. Vereins in Wien.

Třešť, Karl Schwab in Rožínka[134], Lehrer Josef Tálský[135] in Neutitschein/Nový Jičín und Dr. Leopold Toff[136] in Bistritz am Hostein/Bystřice pod Hostýnem betreuten Stationen hinzu, welche ihre Resultate ebenfalls regelmäßig einsandten.[137] Gemessen wurden an diesen Stationen nicht nur meteorologische Daten. Vielmehr wurden hier auch Pflanzenwachstum und Blütezeitpunkte einer Vielzahl verschiedener Pflanzenarten beobachtet (siehe Kap. 5).

Bedenkt man, dass Mendel seine „*Versuche über Pflanzen-Hybriden*" wohl, zumindest in der Anfangszeit, primär als Akklimatisierungsversuche verstanden hat, sowie die Tatsache, dass es ihm, wie bereits diskutiert, bei seinen Erbsen vor allem um eine Optimierung des Blütezeitpunkts gegangen sein mag, erscheinen die gemeinschaftlichen phänologischen Beobachtungsreihen als wichtige Inspirationsquelle und wissenschaftlicher Hintergrund für seine Experimente. Letzterem ist in der wissenschaftshistorischen Betrachtung bislang wohl viel zu wenig Aufmerksamkeit geschenkt worden. Die wissenschaftlichen Untersuchungen zu den Pflanzen waren nicht nur Bestrebungen des lokalen Brünner NfV und der Ackerbaugesellschaft. Vielmehr gehörten sie zu einem umfassenden Forschungsnetzwerk und Forschungsverbund, dessen Bedeutung und Ausmaß wohl immer unterschätzt worden ist. Tatsächlich war das Forschungsprojekt, an dem Mendel hier als einer von vielen aktiven Forschern beteiligt war, eines der frühesten Langzeitexperimente oder LTEs (engl. Long Term Experiments) aus dessen Netzwerk viele wichtige Publikationen und Einzelprojekte hervorgegangen sind (siehe hierzu z. B. Kap. 5). Es ist deutlich hervorzuheben, dass es im 19. Jahrhundert in seiner Dimension wohl einzigartig und das größte naturwissenschaftliche Kooperationsprojekt seiner Zeit war, das sich in seinem räumlichen Ausmaß großflächig über weite Teile Mittel- und Ost-Europas erstreckte.

---

[134] **Karl [Carl] Schwab (gest. 1877)** war Forstmeister bzw. gräfl. Mittrowsky'scher Waldbereiter in Rožínka bei Pernstein. Er war wie Mendel Mitglied des NfV.

[135] **Josef Tálský (1836–1907)** war ein mährischer Ornithologe und Bürgerschullehrer in Neutitschein/Nový Jičín. Seit 1856 arbeitete er dort als Lehrer an der Communal Unter-Realschule (ab 1870 umgewandelt in eine Bürgerschule), wo er bis zu seiner Pensionierung im Jahr 1895 tätig war. Tálskýs Interesse galt insb. der gefiederten Fauna Mährens, zu welcher er ausgiebig publizierte. J. Tálský war Miglied der ornithologischen Gesellschaft zu Wien, Prag und Berlin. Seit dem Gründungsjahr 1862 war J. Tálský zudem, vorgeschlagen von G. J. Mendel und J. Kalmus, Mitglied des NfV in Brünn. Ab 1866, nach Ausbildung durch Sebald Schwab (1801–1877) in der Kunst des Ausstopfens, begann J. Tálský eine umfangreiche Vogelsammlung anzulegen, welche 1895 bereits 500 Präparate umfasste und im Neutitscheiner Stadtmuseum untergebracht war. Biogr. Ang. n. Anonymous 1895, sowie den Sitzungsprotokollen des NfV vom 9. Juli 1862 und 10. Dezember 1862.

[136] **Leopold Toff (1831–1906)** promovierte 1858 an der Universität Wien, war danach Sekundararzt am k. k. Krankenhaus in Wien und arbeitete danach ab 1860 bis zu seinem Lebensende als Mediziner, Chirurg und Kurarzt in der mährischen Kurstadt Bistritz am Hostein/Bystřice pod Hostýnem. Seine Kurgäste behandelte er dort mit herkömmlichen Wannenbädern sowie (als lokale Spezialität) Molkebädern, die aus Schafsmilch präpariert wurden. Auf Vorschlag von Jakob Kalmus und Gustav von Niessl trat Toff schon 1862 dem NfV bei. In den 1870er Jahren war Toff Mitglied der Verfassungspartei.

[137] Ebd.

Auf Grund der sehr begrenzten Zahl an Informationen zu den Versuchen aus den 1850er und den frühen 1860er Jahren ist es sehr schwierig, Mendels genaue Vorstellung zum Problem der Akklimatisierung zu verstehen. Einen möglichen Ansatzpunkt hierzu liefern die Experimente, die Mendel, wenn auch später, mit Bienen angestellt hat (siehe auch Kap. 2 und 5). In diesen finden sich zwar eher wenig Anhaltspunkte hinsichtlich hereditärer Ansichten. Im Kontext des Akklimatisationsgedankens liefern sie aber durchaus wertvolle Einblicke in Mendels wissenschaftliches Arbeiten und seine Vorstellungen. In der Tat hat Mendel versucht, mehrere Bienensorten aus dem Orient und dem Mittelmeerraum, aber auch eine tropische Bienenart, in Brünn zu akklimatisieren. Aus den Beschreibungen seiner Versuche geht zudem sehr deutlich hervor, welchen großen Stellenwert Mendel Umwelteinflüssen, sowohl bezogen auf das Verhalten, aber auch hinsichtlich ökonomischer Fragestellungen (z. B. zum *Honigertrag*), beigemessen hat. Unseres Wissens sind diese Texte seit der „Wiederentdeckung", abgesehen von Auszügen, niemals wieder zum Nachdruck gekommen und zudem relativ schwer zugänglich. Aus diesem Grund sind sie, ebenfalls kritisch kommentiert, dieser Ausgabe beigefügt worden.

1.1.3.1 Mendel und das Kloster

Das Brünner Königinkloster war für Mendel und die anderen Klosterbrüder zugleich Heimat und Zentrum ihrer religiösen Tätigkeit. Als Priester wie auch als Wissenschaftler von herausgehobener Bedeutung war für Mendel seine Beziehungen zu den anderen Bewohnern des Klosters, dessen Mauern ihm einen sicheren Rückzugsraum bot. Zwar gab es auch innerhalb des Klosters, Meinungsverschiedenheiten, aber wenn es darauf ankam, präsentierte man sich nach außen geschlossen und als gemeinschaftlich verschworene Einheit.

Der Klosterkonvent zeichnete sich in jener Zeit durch eine außerordentliche Gelehrsamkeit aus.[138] Um 1854 zählten insgesamt 15 Priester zum Konvent, von denen vier zumindest die meiste Zeit außerhalb des Klosters lebten (Abb. 1.4 & 1.5).[139]

Zu den bekanntesten und wichtigsten Mitgliedern des Brünner Augustinerstiftes zur Zeit Mendels und seiner Experimente gehörten der Literaturhistoriker und Germanist Francis Thomas Bratránek[140], František Mathias

---

[138] Siehe hierzu bspw. Orel 1972; Weiling 1993.

[139] Czihak & Sladek 1991/1992, Beilage 4, S. 53. Aus dem Bericht der vom Bischof persönlich durchgeführten Visitation der Klöster der Augustiner-Eremiten vom 7. September 1854.

[140] **Francis Thomas Bratránek/František Tomáš Bratránek (1815–1884)** war Mitglied des Augustinerkonvents, Philosoph, Germanist und Hochschullehrer. Nach Besuch der Volksschule und des Gymnasiums in Brünn trat er 1834 in den dortigen Augustinerorden ein. Er begann ein Studium an der Franzens-Universität in Olmütz, ging aber schon bald an die Universität nach Wien. Dort promovierte er 1839 in Philosophie und machte die Bekanntschaft mit den Erben der Familie von Johann Wolfgang von Goethe (1749–1832), was seinen weiteren Lebensweg nachhaltig beeinflussen sollte. Enge Beziehungen pflegte Bratránek mit der Familie Gomperz, nachdem er in den 1840er Jahren deren jüngsten Sohn Theodor Gomperz (1832–1912) privat im Kloster unterrichtet hatte (Gomperz 1905). Ab 1851 arbeitete er als Professor an der Universität in Krakau,

Klácel[141], Benedikt Fogler[142], Philipp Gabriel, Antonin Alt, Pavel

---

wo er später auch Dekan und Rektor war. Seine wichtigsten Arbeiten sind die von ihm besorgten Editionen von Goethes naturwissenschaftlicher Korrespondenz sowie des Briefwechsels zwischen Humboldt und Goethe (Bratránek 1874). Daneben veröffentlichte er 1853 aber auch ein Buch mit dem Titel *„Beiträge zu einer Ästhetik der Pflanzenwelt"*, welches Mendel mit Sicherheit kannte und diesen wohl auch beeinflusst haben dürfte, unter anderem in dessen eher romantischen Ausführungen zur Mannigfaltigkeit der Blütenfarben und Formen. Bratránek war wie Mendel ein Mitglied des NfV und es wird angenommen, dass Mendel und Bratránek miteinander befreundet waren (siehe z. B. Soudek 1984). Zu Beginn des Jahres 1866 plante der Wiener Verleger Arnold Hilberg, eine neue Monatsschrift mit dem Titel *Internationale Revue* herauszugeben. Ziel war dabei explizit eine große Zahl international bekannter Wissenschaftler, Politiker und Literaten für die Mitarbeit zu gewinnen. Zu den namhaftesten Autoren, die in den Werbeanzeigen für die initiale Subskription beworben wurden, gehörten neben Bratránek und vielen anderen Prominenten dieser Zeit auch Karl Marx (1818–1883) und Friedrich Engels (1820–1895) (Vgl. hierzu auch den Brief von A. Hilberg an K. Marx vom 18. Juni 1866 in: Marx-Engels-Gesamtausgabe digital. Hg. von der Internationalen Marx-Engels-Stiftung. Berlin-Brandenburgische Akademie der Wissenschaften, Berlin. http://megadigital.bbaw.de/briefe/detail.xql?id=M0000015 . Der Einmarsch Preußens in Brünn scheint dem Unternehmen aber nur eine kurze Lebenszeit beschert zu haben. Seine letzten Lebensjahre verbrachte Bratránek langsam erblindend im Kloster in Brünn. Biogr. Ang. n. Anonymous 1878; Klin & Loužil 1987; Loužil 1972, 1983.

[141] **František Matouš [Mathias] Klácel (1808–1882)** trat 1820 in das Kloster der Augustiner ein. Ab 1825 war er Professor an der Philosophischen Lehranstalt in Brünn. Im Jahre 1845 wurde er wegen der von ihm verbreiteten „Hegelianismus" des Lehramtes enthoben. Danach war er sehr aktiv als Schriftsteller, wobei er die Entstehung eines tschechischen Nationalbewusstseins unterstützte und förderte. Er agierte zudem als Herausgeber mehrerer Zeitungen. Kurz nachdem Mendel 1868 zum Abt gewählt wurde, verließ M. Klácel das Augustinerkloster und wanderte nach Amerika aus. Klácel war auch der Verfasser mehrerer Bücher. Dazu gehörten z. B. eine bemerkenswerte Enzyklopädie, in welcher er u. a. Aspekte wie Kommunismus und Sozialismus (von ihm eher gefordert) diskutiert, die aber vor allem durch ihre ultramodernistische Form verblüfft, denn die herkömmliche Orthographie wird komplett ignoriert und stattdessen alles so geschrieben, wie man es spricht oder wie es klingt. In seiner Zeit in Amerika schrieb Klácel auch noch ein Manuskript zur Evolution. In diesem hat er auf die Versuche Mendels allerdings keinen Bezug genommen. Für eine ausführlich Biographie zu Klácel siehe Dvořáková 1976.

[142] **Benedikt Ignaz Fogler (1812–1886)** war zur Zeit Mendels der Kapitular des Augustinerstifts. Von 1824 bis 1829 besuchte er als Schüler das Gymnasium in Teschen/Těšín. Von 1829 bis 1831 studierte er Philosophie und von 1832 bis 1837 Theologie, wobei er als Hörer auch Vorlesungen in Ökonomie (an den landwirtschaftlichen Lehrkanzeln in Brünn und Olmütz), Erziehungskunde, Geschichte und Naturgeschichte besuchte. 1837 wurde er zum Priester berufen und in den 1840er Jahren war er Beichtvater für die Gefangenen im Brünner Gefängnis am Spielberg, einem der damals wohl berüchtigtsten und am meisten gefürchtetsten Gefängnisse Europas. An der Philosophischen Lehranstalt in Brünn unterrichtete er ab 1846 französische und italienische Sprache und Literatur. Ab 1853 war er als Supplent an der Oberrealschule in Brünn tätig. Im Jahr 1857 Fogler die Lehrbefähigung erteilt und er somit ordentlicher Professor. An der Oberrealschule in Brünn unterrichtete er wieder Französisch und Italienisch. Zudem war er seit 1862 (u. a. auf Vorschlag von Alexander Makowsky) Mitglied des NfV sowie der Obst-, Wein- u. Gartenbausektion der k. k. Mährisch-Schlesischen Gesellschaft zur Beförderung des Ackerbaues, der Natur- und Landeskunde (ebd.). Biogr. Ang. n. *VNV* (Bd. 1), dem Nekrolog auf Fogler in der *Brünner Ztg.* vom 18. April 1886, S. [2], PdSORiB 1875, S. 13 & PdkkORiB 1853, S. 16.

Křížkovský[143], Anselm Rambousek, Josef Lindenthal, Alipius Winkelmayer und Václav Šembera. Ab den 1860er Jahren wurden dann eine Reihe weiterer Novizen oder Priester in den Orden aufgenommen, von denen einige nach der „Wiederentdeckung" noch über ihre persönliche Erinnerungen an Gregor Mendel berichten konnten. Hierzu zählten u.a. der spätere Abt des Klosters Franciscus Silesius Bařina, Karl Ondráček, Anton Krátký, Ernst Schwetz, Ambros Poye und **Alysius Joseph Slovák**.[144,145]

---

[143] **Pavel [Karel] Křížkovský (1820–1885)** war ein tschechischer Komponist. Nach dem Studium in Prag trat er dem Augustinerorden bei und wurde 1845 Augustinermönch. Im Jahre 1848 folgte die Ernennung zum Priester. Zudem wirkte er als Chorleiter des Augustinerklosters. Eines seiner bekanntesten Werke ist die Kantate „Die Heiligen Kyrill und Method". **Philipp Vincenz Gabriel (1811–1885)** lehrte ab 1833 provisorisch und ab 1838 als Professor an der Philosophischen Lehranstalt in Brünn Mathematik. Ab 1849 war er provisorischer Direktor des Gymnasiums in Brünn, welches damals mit der Philosophischen Lehranstalt zusammengelegt wurde. Gabriel war ab September 1851 Professor und Direktor am katholischen Gymnasium in Teschen/Těšín. 1869 verließ er den Orden und wurde Weltpriester. 1874 folgte die Pensionierung und er zog nach Wien, wo er k. k. Schulrat wurde. **Antonin František Alt (1806–1888)** stammte aus Braunau (nach anderen Quellen aus Brünn) und war dem Orden 1829 als Novize beigetreten, bevor er im Jahr 1832 die Priesterweihe empfing. Später war er Lehrer am Gymnasium in Troppau und später Direktor am Staatsgymnasium in Bratislava.

[144] **Wenzel [Václav] Šembera (1808–1881)** stammte aus dem böhmischen Aust und war dem Augustinerorden 1830 beigetreten, bevor er 1833 die Priesterweihe empfing. In den 1830er Jahren war er der Pfarr-Cooperator, später dann Kapitular des Konvents. **Anselm Jan Evangelista Rambousek (1824/1825–1901)** stammte aus dem mährischen Littau/Litovel. Er trat 1843 in den Augustinerorden in Brünn ein und wurde 1848 zum Priester geweiht. 1875 wurde er Pfarrer der Klosterstiftskirche zu St. Thomas in Altbrünn. Nach dem Tod Gregor Mendels wurde Rambousek dessen direkter Nachfolger, der als gewählter Prälat die Leitung des Klosters übernahm. In dieser Position unterstützte Rambousek die Renovierung der Stiftskirche, bei der 1887 auch ein prächtiges Portalfenster mit vielseitiger Bildsprache eingesetzt wurde und das unter anderem auch die Portraitköpfe Gregor Mendels und Cyrill Napps enthielt. **Joseph Lindenthal (1810–1871)** war dem Orden 1834 beigetreten und schon ein Jahr später zum Priester ernannt worden. J. Lindenthal wurde im Januar 1869 auf Vorschlag G. Mendels und A. Makowskys Mitglied im NfV. Biogr. Ang. n. dem *„Personalstand der Secular- und Regular-Geistlichkeit der Brünner Diöcese in Mähren im Jahr 1840"*, versch. Zeitungsberichten aus Brünn sowie weiteren zeitgenössische Schematismen. **Alipius Winkelmayer (1829–1868)** wurde 1829 zu Stadtamhof in Bayern geboren und studierte ab 1861 Theologie und wurde 1864 ordiniert. Er starb nach mehreren Wochen Krankheit am Tag nach der Wahl Gregor Mendels als Prälat. Biogr. Ang. n. Personalstand der Sacular- und Regular-Geistlichkeit der Brünner Diöcese in Mähren für das Jahr 1861, Druck von Georg Gastl, Postgasse Nr. 446, Brünn, S. 200; *Salzburger Kirchenblatt* Nr. 17, 23. April 1868. Vgl. auch hierzu auch Klein & Klein 2013 mit teilw. leicht abweichenden Angaben.

[145] **Franciscus Silesius Bařina (1863–1943)** stammte aus Brest und war der letzte Novize, der von Gregor Mendel persönlich eingekleidet worden war (1883). Nach seiner Priesterweihe (1887) wurde er 1901 von den Klosterbrüdern zum Nachfolger Anselm Rambouseks als Prälat gewählt und leitete das Kloster bis zu seinem Tod. **Karl Joseph Ondráček (1848–1908)** aus Zdar plante zunächst Weltpriester zu werden, bat dann jedoch Gregor Mendel um Aufnahme in den Brünner Augustinerorden. Im November 1870 erfolgte die Einkleidung als Novize und 1873 die Weihe zum

1 Historische Einführung und Editionsgeschichte

Abb. 1.4 Die Mönche des Brünner Klosterkonvents (ca. 1862–1864). Stehend von links nach rechts, Benedikt Fogler, Pavel Křížkovský, Thomas Bratránek, Josef Lindenthal, Gregor Mendel, Anselm Rambousek, Antonín Alt und Matouš Klácel. Sitzend von links nach rechts Baptist Vorthey, Cyril Napp (der damalige Abt unund Prälat) und Václav Šembera.

Mit einer ganzen Reihe seiner Augustinerbrüder hat Gregor Mendel im Laufe der Jahre sehr enge persönliche Beziehungen verbunden, wobei die sich hierauf beziehenden biographischen Analysen oft sehr fragmentarisch und auch widersprüchlich sind. In seinen ersten Klosterjahren standen Mendel vor allem Anselm Rambousek und Wilhelm Rösner (1822–1888) nahe (Kap. 4.4), mit denen er im September 1843 gleichzeitig in den Augustinerstift eingetreten war. Zwischen den drei Männern entwickelte sich dabei schon sehr bald eine sehr enge Freundschaft. Hiervon zeugt ein Abschnitt aus dem viele Jahre

---

Priester. **Ernst Franz Schwetz (1844–1912)** war einer der wenigen direkt aus Brünn stammenden Ordensbrüder. Er trat im Oktober 1868, also kurz nach der Wahl Mendels zum Prälaten des Klosters, in den Brünner Orden ein. 1870 wurde er zum Priester geweiht und ab 1888 war er Prior des Klosters. Ambros **Ferdinand Poye (1842–1900)** war bereits 1863 in das Kloster eingetreten und empfing seine Priesterweihe 1868. Alysius Joseph Slovák **(1860–1906)** war dem Orden 1876 beigetreten und 1883 zum Priester geweiht worden. **Antonín Krátký (1829–1907)** empfing 1852 die Priesterweihe. An der Oberrealschule in Brünn arbeitete er als Religionslehrer, wo er mit Gregor Mendel einen freundschaftlichen Umgang pflegte. Als Mendel sich nach seiner Wahl zum Abt an der Schule vearbschiedete, bot er Krátký an ihm ins Kloster zu folgen. Im August 1868 wurde Krátký ins Kloster aufgenommen und 1872 zum Novizen- und Klerikermagister ernannt. Nach Mendels Tod wirkte Krátký für mehr als zwei Jahrzehnte als Subprior des Konvents. Alle biogr. Ang. n. Meijer 1984. Für weitere Mitglieder des Klosterkonvents s. a. Klein & Klein 2013, S. 224.

Abb. 1.5 Blick auf das Klosterareal in Alt-Brünn, 1899.

später erschienenen Nekrolog zu Wilhelm Rösner, nach welchem dieser seine Tage im Stift zu den schönsten seines Lebens zählte. Danach wurde „*das* Freundschaftsverhältnis, *dass sich zwischen den drei Novizen entwickelte (...) Zeit ihres Lebens auf das innigste und herzlichste gepflegt.* [...]" (*Znaimer Wochenblatt* v. 7. Juli 1888). Vorsteher des Augustinerstiftes war zur Zeit der Versuche Mendels zu Pflanzen-Hybriden der Abt und Prälat Franz

Cyrill Napp.¹⁴⁶ Im Rahmen seiner Tätigkeit für die Ackerbaugesellschaft initiierte er viele agronomische Projekte. Hierzu gehörte beispielsweise eine von Napp auf dem Zimpelberg/Kraví hora bei Brünn (heute Teil der Stadt) angelegte Rebenpflanzung, auf welcher 100 verschiedene Traubensorten angebaut und auch im Großen kultiviert wurden.¹⁴⁷

Daneben war aber Napp auch darum bemüht, das Schulwesen vorsichtig zu liberalisieren. Als Vorsitzender des in Brünn zusammenkommenden Studienrates hatte Napp z. B. Anteil daran, dass zwar die Unterrichtssprache am Iglauer Gymnasium Deutsch blieb, jedoch die tschechische Sprache als freier Gegenstand des Unterrichts gelehrt werden konnte.¹⁴⁸ Napp selbst war jedoch nicht nur theologisch und ökonomisch interessiert, sondern persönlich sehr darum bemüht, die Klosterbrüder zum Studium der Wissenschaften zu motivieren.¹⁴⁹ Dabei zeigte er sich auch gegenüber liberalen Bestrebungen, wie beispielsweise solchen durch die Klosterbrüder Klácel und Křížkovský angestrebten, oft erstaunlich tolerant.¹⁵⁰

Besonders wichtige Bezugspersonen innerhalb des Klosters waren für ihn hinsichtlich seines wissenschaftlichen Schaffens wohl insbesondere Tomáš Bratránek und Mathias Klácel, welche Mendel u. a. mit verschiedenen Autoren des Vormärz und den Schriften Hegels vertraut gemacht haben dürften. Daneben muss man insbesondere die von beiden

---

¹⁴⁶ **Franz Cyrill Napp (1792–1867)** wurde in Gewitsch/Jevíčko geboren. Nach dem Tod seines Vaters früh zur Halbwaise geworden, war der aus ärmlichen Verhältnissen stammende Napp im Jahr 1810 dem Augustinerorden beigetreten und hatte 1813 das Ordensgelübde abgelegt. Nach der im Jahr 1815 erfolgten Priesterweihe, studierte er zunächst in Wien an der theologischen Fakultät der Universität. Die dortige Lehramtsprüfung bestand er mit Auszeichnung. In der Folge war Napp zunächst beginnend mit dem Jahr 1816 neun Jahre als Professor für alttestamentarische Exegese und orientalische Sprachen (Arabisch, Syrisch und Chaldäisch) an der Theologischen Lehranstalt in Brünn tätig, bevor er im Jahr 1824 unanimiter zum Abt und Prälat des Augustinerstiftes gewählt wurde. Bis zu dieser Wahl war Napp zudem Bibliothekar der damals 18.000 Bände umfassenden Stiftsbibliothek, die er neu katalogisierte. Im Dezember 1825 wurde Napp zum korrespondierenden Mitglied der k. k. mähr.-schles. Gesellschaft zur Beförderung des Ackerbaues, der Natur und Landeskunde ernannt. Ab März 1827 war er dort dann auch als beisitzendes Mitglied und Präses des pomologisch-önologischen Vereines wirkend. Später war Napp dann auch wirkliches Mitglied der k. k. Landwirtschaftsgesellschaft in Wien (ab 1829) sowie korrespondierendes Mitglied der k. k. Landwirtschafts-Gesellschaft der Steiermark (ab 1838). Von 1832 bis 1848 hatte Napp zudem das Amt des Gymnasial-Direktors inne, zu dessen Aufgaben es gehörte jedes Jahr mehrere Gymnasien zu besuchen und zu inspizieren. Zu dieser Aufgabe gehörte nicht nur, sich über den Fortschritt der Studien und die Sittsamkeit der Schüler zu unterrichten, sondern insb. auch festzustellen welche Schulbücher verwendet wurden. Zu seiner Zeit gehörte er zu den wichtigsten Persönlichkeiten Brünns. Biogr. Ang. n. Czihak & Sladek 1991/1992 (inkl. der Autobiographie Napps im Anhang) und Zlámal 1991/1992. Vgl. auch Weiling 1968b, 1993, 1993a.

¹⁴⁷ Siehe hierzu Wolny 1836, S. XXVII.

¹⁴⁸ Siehe hierzu: *„Neunundvierzigstes Programm des k. k. Staats-Obergymnasiums zu Iglau. Veröffentlicht am Schlusse des Schuljahres 1898–1899"*, Iglau 1899, S. 11.

¹⁴⁹ Endersby 2007, S. 107.

¹⁵⁰ Pavel Křížkovský, der später bedeutende Musiker und Dirigent, welcher schon bald den tschechisch nationalpatriotischen Bestrebungen von Klácel und Rambousek beitritt.

vertretenen ästhetisch-botanischen sowie naturphilosophischen Konzepte im Sinne Goethes durchaus als wichtige Inspirationsquelle für Mendel betrachten, von denen er sich wohlgemerkt in seinen Versuchen durch eigene innovative und neue Ideen abheben wollte und dies auch in seinen eigenen wissenschaftlichen Arbeiten sehr nachhaltig umgesetzt hat. Dabei darf man durchaus vermuten, dass insbesondere die philosophisch-logischen Anregungen Klácels, welche dieser oft in kurzen provokanten Lehrsätzen vertreten hat, Mendels eigene logische Wahrnehmung und Beobachtung natürlicher Phänomene beeinflusst haben. Überhaupt darf man auf Grund der verschiedenen Schriften Klácels und Bratráneks wohl vermuten, dass es damals innerhalb des Klosters so manch rege Diskussionen zu kontroversen Themen, wie beispielsweise der sozialen Frage, die Konzepte des Sozialismus und Kommunismus, Reformen im Lehrbetrieb, aber auch den Hintergründen der Revolution von 1848, gegeben hat, von denen wohl auch Mendel einiges mitbekommen haben dürfte. Daneben darf man wohl sicher annehmen, dass auch naturwissenschaftliche kontroverse Themen, wie der Ursprung und die Abstammung des Menschen, der Positivismus, die Evolution und die Grundlagen des Materialismus und des Darwinismus im Kloster zur Zeit von Mendels Kreuzungsversuchen intensiv philosophische betrachtet, besprochen und diskutiert worden sind. Bis auf einzelne kleine erhaltene Fragmente ist von diesen Diskussionen leider kein direkter Beleg erhalten geblieben. Spätere Werke von Bratránek und Klácel geben aber vereinzelt Hinweise auf diesen Diskurs, denn beide Klosterbrüder haben sich in späteren Jahren in eigenen Schriften auch selbst mit den Theorien Darwins auseinandergesetzt. Bekannt sind beispielsweise die zu einem eigenartigen Monismus verwobenen spirituell-religiösen Betrachtungen von Klácel, welche dieser später nach seiner Auswanderung nach Amerika niedergelegt hat und die verschiedentlich in der Mendel-Literatur besprochen worden sind. Weniger bekannt ist dagegen, dass sich auch Tomáš Bratránek mit Charles Darwin beschäftigt hat. Die von ihm veröffentlichte naturwissenschaftliche Korrespondenz Goethes enthält auch die einzige direkte Betrachtung eines Mitglieds des Brünner Klosterkonvents zum Darwinismus (s. Bratránek 1874, S. XLVIII). Ausgehend von einer Analyse der naturwissenschaftlichen Bedeutung Goethes und startend von dessen *„Metamorphose der Pflanzen"* schrieb Bratránek dort: *„Es läge aus diesem Punkte sehr nahe, über Goethe's Verhalten zum Darwinismus, wenn er denselben kennen gelernt hätte, zu sprechen. Statt dessen berufen wir uns wieder auf einen dazu befähigtern [sic]* Mann, der Haeckel's Behauptung, die Darwin'sche Ansichten seien schon bei Goethe zu finden, widerlegte, nämlich auf Oscar Schmidt ‚War Goethe ein Darwinianer?' (1871). *Wir fassen es nur kürzer zusammen, wenn wir sagen, daß durch Darwin die Goethe'sche Anschauungsweise geradezu umgekehrt wird. Bei Darwin ist nämlich der Typus eine zufällig entstandene und um ihrer Zweckmäßigkeit willen festgehaltene Form, als ein Erzeugniß, bei Goethe dagegen die notwendige Grundlage für die Entwickelung und ihre zufälligen Variationen, also eine Voraussetzung. In Bezugs auf die Descendenzhypothese dürften aber Goethe's Worte so gelautet haben, wie er in einem analogen Falle über die sogenannten positiven Resultate Cuvier's für die Geologie (‚Discours sur les revolutions de la surface des Goethe's, 1826, ist dabei gemeint) sie an G. Sternberg am 19. September*

1826 schrieb: ‚Doch fällt mir bei meiner Art, die natürlichen Dinge zu betrachten, jenes geistreiche Wort dabei ein: «Der Franzose liebt das Positive, und wenn er es nicht findet, so macht er es.» Dieses ist zwar aller Menschen angeborene Natur und Weise, die ich wenn nicht zur Erbsünde doch wenigstens zur Erbeigenschaft rechnen möchte, und mich deshalb möglichst davor zu hüten oder vielmehr sie auszubilden suche. Der Mensch gesteht überall Probleme zu, und kann doch keines ruhen und liegen lassen; und dieses ist auch ganz recht, denn sonst würde die Forschung aufhören; aber mit dem Positivem muß man es nicht so ernsthaft nehmen, sondern sich durch Ironie darüber erheben und ihm dadurch die Eigenschaft des Problems erhalten: denn sonst wird man bei jedem geschichtlichen Rückblicke confus und ärgerlich über sich selbst." Ein Blick auf die Biographie Bratráneks gibt möglicherweise auch einen Hinweis, warum Mendel die Ergebnisse seiner Versuche nicht, wie bereits andiskutiert, als Schulbuch veröffentlicht haben mag, denn der Grund mag in einer durchaus kritischen Stellung des Wiener Kultus- und Unterrichtsministeriums gegenüber den Brünner Mönchen gelegen haben. Als Bratránek beispielsweise im Schuljahre 1855/56 in Krakau plante, eine Vorlesung zu Goethes Faust zu halten, wurde ihm vom damaligen ministerialen Referenten Mozart mitgeteilt, dass dieser eine solche Veranstaltung nicht befürworten konnte, da es schließlich ein Ding der Unmöglichkeit wäre, dass ein österreichischer und katholischer Universitätsprofessor Fausts Antwort auf Gretchens Frage zitieren könne, ob er denn an Gott glaube.[151] In eben diesem Sinne verwies Mozart auch auf Mephistos beißende Beschreibung der bestehenden Rechtsordnung (zit. n. Louzil 1983, S. 99): „*Es erheben sich Gesetz und Rechte / wie eine ew'ge Krankheit fort,/ sie schleppen von Geschlecht sich zum Geschlechte / und rücken sacht von Ort zu Ort./ Vernunft wird Unsinn, Wehtat Plage; / Weh Dir, daß Du ein Enkel bist! / Vom Rechte, das mit uns geboren ist,/ von dem ist leider! nie die Frage.*" Hieraus schloss Mozart, vermutlich nicht ganz zu Unrecht, dass dies sowohl kirchlich als auch politisch Anstoss erregen könnte, wovon er sich vorsorglich angesichts jedes möglichen daraus entstehenden Skandals klar distanzieren wollte. Mendel mag aus dieser Episode jedenfalls die Schlussfolgerung gezogen haben, dass es kaum möglich sein würde, seine Versuche in umfangreicher Form herauszugeben. Gänzlich unbekannt dürfte heute die Tatsache sein, dass auch Tomáš Bratránek in der Brünner Realschule Vorträge gehalten hat. Im Februar 1863 kündigte beispielsweise ein mit dem Kürzel „M". gekennzeichneter Artikel in der *Brünner Ztg.* (17. Februar 1863) einen zweiten populärwissenschaftlichen Vorlesungs-Zyklus an. Zu den Referenten zählten eben Tomáš Bratránek mit einem Vortrag zur Romantischen Schule, Direktor Schindler mit einem Vortrag zum menschlichen Auge und der Direktor der Realschule Josef Auspitz mit einem Beitrag zur Nahrungsmittellehre (vgl. hierzu auch Bratránek 1863, 1864 & 1866). Mit den Einnahmen aus den Eintrittspreisen zu derartigen Veranstaltungen wurden zu jener Zeit verschiedene gemeinnützige Vereine unterstützt. Hierzu gehörte wohl explizit auch der bereits erwähnte Mährische Gewerbeverein, dessen Sekretär Migerka damals im Veranstaltungs-Komitee sass. Man kann insofern durchaus damit argumentieren, dass

---

[151] Louzil 1983.

Mendels beide Vorträge im Jahr 1865 Teil dieser üblicherweise im Februar und März stattfindenden populärwissenschaftlichen Vorlesungsreihen waren. Dafür spräche würde jedenfalls, dass auch die populärwissenschaftlichen Vorträge im Jahr 1866 (als Referenten wurden T. Bratránek, Theodor Gomperz (1832–1912), F. Migerka und Dr. Rotter geworben) im Prüfungssaal der Oberrealschule stattgefunden haben[152]. Eine besonders enge Freundschaft hat Mendel mit seinem Klosterbruder František Matouš Klácel verbunden, der in seinen Aktivitäten tief in die tschechischen Nationalbestrebungen der 1840er Jahre involviert war. Während der Wirren der Revolution von 1848 musste Klácel Brünn für einen längeren Zeitraum verlassen. In der Folge übertrug er Mendel die Leitung des Klostergartens[153]. In späteren Jahren kam es jedoch zum Bruch zwischen beiden Männern. Schon bald nach der Wahl Mendels zum Abt des Klosters im Jahr 1868 (Kap. 4) verliess Klácel das Brünner Kloster und wanderte nach Amerika aus. Was letztendlich zum Disput zwischen Mendel und Klácel geführt hat, ist nicht bekannt. Erhalten geblieben ist im Nachlass Klácels in Prag lediglich eine kleine Notiz in welcher Klácel schrieb, dass nach dem Tod des Prälaten Cyrill Napp „*ein junger Professor zum Abt gewählt* [wurde], *der (zwar einmal) mein gelehrter und freidenkender Freund (gewesen war), aber (nach seiner Wahl zum Abt) ein duckmäuserischer Heuchler (geworden ist), der es verstand, allen zu gefallen; es lag ihm nichts an dem, was es rechts oder links gab; es lag ihm nur (noch) etwas an dem ‚Goldenen Kalb', das er in einem Osterlamm versteckte. Er hat umso bereitwilliger auf alle Ideale geschworen, je weniger an sie geglaubt hat*" (zit. n. Sladek 1984, vgl. Dvořáková 1976, S. 133). Weiter erwähnt werden muss noch der ebenfalls als Professor und Botaniker tätige Augustiner Aurel Anton Thaler, auf den ein kleiner im Kloster angelegter Garten sowie umfangreiches Herbarium zurück ging.[154] Diesem ist Mendel zwar vermutlich nicht mehr persönlich begegnet, allerdings wurden beide, also der Garten und das Herbarium, auch von Mendel genutzt. Man darf sich im Übrigen auch nicht vorstellen, dass Mendel all seine Versuche und die Betreuung der Pflanzen ganz alleine ausgeführt hat. Beispielsweise ist gut bekannt, dass ver-

---

[152] Siehe *Brünner Ztg.* vom 26. Februar 1866, S. 277.

[153] Siehe Dvořáková 1976, S. 221; Peaslee & Orel 2007.

[154] **Aurelius [Aurel] Anton Thaler (1796–1843)** war ein aus Iglau/Jihlava stammender Augustiner und Botaniker. Im Jahre 1818 trat er dem Augustinerorden bei und war 1824 ein ernstzunehmender Kandidat für die Nachfolge des im Jahr zuvor verstorbenen Abtes Benedikt Eder, eine Stelle auf die er jedoch zu Gunsten von F. C. Napp verzichtete (Klein & Klein 2013, S. 240; Weingartner 1878, S. 88). Von 1823 an unterrichtete er als Professor am philosophischen Institut in Brünn und am Gymnasium Mathematik und seit 1825 auch Naturgeschichte (ebd.). Im Jahre 1833 wurde er unter bislang nicht geklärten Umständen seines Amtes enthoben. Laut dem Bischof von Brünn musste er seinen Dienst als Mathematikprofessor am Philosophischen Institut in Brünn einstellen, „*weil er im Zustand der Trunkenheit vor seinen Schülern gotteslästerliche Worte ausgestoßen*" haben soll (Czihak & Sladek 1991/1992, S. 54). Er starb am 21. Juni 1843 im Klosterstifte St. Thomas an der Wassersucht, wenige Monate bevor Gregor Mendel dem Orden beitrat. Biogr. Ang. n. der *Brünner Ztg.* vom 26. Juni 1843.

Abb. 1.6 Heutiger Blick auf die Stelle im Klostergarten, wo das Gewächshaus Mendels stand, 2016.

schiedene der Klosterbrüder (unter ihnen Klácel, Winkelmayer und Lindenthal) zumindest zeitweise im Klostergarten (Abb. 1.6) mitgeholfen haben, ebenso wie der Gärtner Josef Maresch, den Hugo Iltis für seine Mendel-Biographie noch interviewen konnte. Hinzuzufügen ist, dass es im Kloster damals natürlich eine ganze Reihe von Bediensteten gegeben hat, die bis auf wenige Ausnahmen, in der Mendel-Literatur kaum oder mitunter auch gar keine Berücksichtigung gefunden haben. So kann man aus den lokalen Zeitungsblättern aus Brünn jener Zeit beispielsweise erfahren, dass es im Jahr 1865 im Königinkloster einen Gärtner mit dem Namen J. Nabicht gab, welcher auf einer Blumenausstellung im Brünner Augarten immertragende Erdbeeren und getriebene Kartoffeln präsentiert hat. Erwähnung gefunden haben zudem die Kunstgärtner Franz und Laurenz Czastka. Von ersterem ist beispielsweise zu ermitteln, dass er in den 1850er Jahren im Königinkloster u. a. sehr schöne, durch Farbenschmelz entstandene, Azaleen, Rhododendron sowie Kamelien gezüchtet und auf Ausstellungen präsentiert hat. Auch eine schöne Ananas mit dem Namen *„Brommelia Nervosa"* ist von ihm in Brünn 1857 vorgestellt worden. Daneben wurden von F. Czastka auch verschiedene Gemüsesorten, beispielsweise Sechswochenkartoffeln, Rhabarber und Blumenkohl angebaut.[155]

Erhaltene Archivalien aus der Mitte des 19. Jahrhunderts machen aber deutlich, dass das Klosterleben auch Mendels wissenschaftlichen und schulischen Bestrebungen klare Grenzen auferlegt und mitunter sogar Schwierigkeiten und Konflikte heraufbeschworen hat. Am deutlichsten zeigt sich dies in einem Bericht der Visitation des Stiftes durch den Brünner Bischoff im September 1854, in welchem sich dieser sehr abfällig über Mendel geäußert hat: *„Es bleibt noch zu erwähnen [...] P. Gregor Mendel, der in einem weltlichen Institut in Wien auf Kosten des Klosters profane Wissenschaften zu dem Zwecke studiert, daß er einmal an einer staatlichen Anstalt als Professor derselben wirken könne; jetzt unterrichtet er in der sogenannten Realschule von Brünn Naturlehre und Naturgeschichte im Dienste eines Supplenten.“*[156]

1.1.4 Drucklegung

Die genaue Zahl der in der ersten Auflage in den *VNV* erschienenen Exemplare von Mendels Arbeit ist nicht bekannt (Abb. 1.7). Man kann aber von einer Auflage von 500

---

[155] Klein & Klein 2013, S. 240. **Die Bewohner und Bediensteten des Königinklosters:** Eine gesammelte Übersicht der zur Zeit Mendels im Königinkloster arbeitenden und teilweise auch dort wohnenden Personen gibt es unseres Wissens bis heute nicht. Lediglich zu den Mitgliedern des Konvents selbst existieren verschiedene Übersichten (z. B. Meijer 1984; Klein & Klein 2013). Gärtner, Diener, Bedienstete sowie anderweitig im Königinkloster wohnende und arbeitende Personen werden in der Brünner Lokalpresse immer nur sehr vereinzelt im Kontext besonderer Ereignisse erwähnt, weshalb sich daraus nur ein sehr unvollständiges Bild ergibt. So kann man z. B. aus der Berichterstattung über einen Diebstahl von Lederstiefeln lernen, dass es im Kloster einen Pförtner gab, der dort auch eine Wohnung besessen hat. Weitere Ang. finden sich im Archivmaterial zu Mendel. Zur Zeit von Mendels Tod wohnte im Königinkloster auch ein gewisser Antonín Doupovec (1870–1954) dessen Mutter im Kloster Mendel in seinen letzten Lebenswochen zusammen mit einer Nonne gepflegt hat (Doupovec 1965; siehe Abschn. 4.8). Den vermutlich engsten Umgang pflegte Mendel vermutlich mit seinem langjährigen treuen Diener Josef, der ihn auch auf seinen Reisen oft begleitet hat (siehe Richter 1943). Im Laufe der Zeit hat es im Königinkloster auch eine ganze Reihe von Gärtnern gegeben, u. a. die bereits erwähnten Josef Mareschs, J. Nabicht und Franz Czastka sowie der ebenfalls belegte Laurenz Czastka. Aus Mendels Privatkorrespondenz ist zudem bekannt, dass es im Kloster eine Frau Smekal gab, die sich als Bedienstete u. a. um die Wäsche der Mönche kümmerte (Kříženecký 1965b). Aus den Erinnerungen Leoš Janáček geht zudem hervor, dass in dem an das Klostertor angrenzenden Gebäude, an welchem damals noch der Mühlbach offen vorbeifloss, Vinczenz Brandl (1834–1901) wohnte (Janáček 1928; Weiling 1994b). Der Historiker Brandl unterrichtete zusammen mit Mendel von 1858–1861 als Lehrer an der Brünner Realschule, bevor er 1861 zum Landesarchivar in Mähren ernannt wurde. Mendels Neffen besuchten in Brünn das Gymnasium und haben gegenüber der Prälatur am Klosterplatz gewohnt und den Onkel oft am Wochenende besucht (siehe TLOGJM, S. 81).

[156] Czihak & Sladek 1991/1992, S. 54, (dort Beilage 4).

Abb. 1.7 Verhandlungen des Naturforschenden Vereines in Brünn in der Dauerausstellung des Mendelianums Brünn, 2016.

Exemplaren ausgehen.[157] Sie wurden meist direkt an andere wissenschaftliche Einrichtungen, mit denen der NfV im Austausch stand und an die Vereinsmitglieder und Abonnenten verschickt.[158] Dazu wurden noch 40 Sonderdrucke bestellt und gedruckt.[159] Zumindest einige davon sind noch von Mendel selbst an andere Wissenschafter wie C. W. v. Nägeli und Anton Kerner von Marilaun (1831–1898) versendet worden (Abb. 1.8; s. Abschn. 6.1).[160]

---

[157] Nach Weiling (1984a, S. 257) sollen nach einer nicht näher gekennzeichneten Versandliste 463 Exemplare direkt Ende 1866 zum Versand gekommen sein. Der Rest soll bis etwa 1870 abgesetzt worden sein (ebd.). Vgl. hierzu auch Mielewczik et al. 2017.

[158] Heute sind die Exemplare des 4. Bandes kaum zu finden. Während der Erstellung dieser Edition war z. B. die komplette Serie der Verhandlungen nur in einem Antiquariat im Angebot.

[159] Siehe Iltis 1924, S. 120; Kříženecký 1965a, S. 19; Weiling 1984a; Matalová 2009, S. 14; Mielewczik et al. 2017.

[160] Die Sonderdrucke gehören auf Grund ihrer historischen Bedeutung, sowie der sehr kleinen Auflage, heute zu den sehr wertvollen wissenschaftlichen Druckwerken des 19. Jahrhunderts. Dies gilt umso mehr, da nur in einzelnen Fällen ihr Verbleib bekannt ist. Sie kommen daher nur äußerst selten in den Handel. Eine seltene Ausnahme ist ein Exemplar, dass im Sommer 2016 zum 150. jährigen Jubiläum bei Christies versteigert wurde und dort für einen Preis von 242.500 Pfund unter den Hammer gekommen ist (Christies Sale 12139, Lot 177, https://www.christies.com/lotfinder/Lot/mendel-johann-gregor-1822-1884-versuche-uber-pflanzen-hybriden-6012493-details.aspx (Angabe zum 1. Juli 2019), zuletzt aufgerufen am 2. Mai 2019). Leider sind uns keine weiteren Informationen zur Provenienz dieses Exemplars bekannt.

Abb. 1.8 Carl Wilhelm von Nägeli (links) und Anton Kernel von Marilaun (rechts) gehörten zu den Wissenschaftlern, die von Gregor Mendel einen Sonderdruck seiner „Versuche über Pflanzen-Hybriden" erhalten hatten.

Gegenüber dem handschriftlich von Mendel verfassten Manuskript (vgl. Abschn. 1.1.5) weist der Originaldruck von 1866 zahlreiche, vorwiegend systematische Abweichungen sowie einige Druckfehler auf, wie z. B. hybrid im Adjektiv in Verbindung mit den Substantiven groß geschrieben usw.[161] Es gibt auch Unterschiede in der Schreibweise wie z. B. Cultur/Kultur, Charactere/Charaktere, Factoren/Faktoren, recessive/rezessive oder Species/Spezies oder Tippfehler wie z. B. obwol/obwohl oder Beobachungen/Beobachtungen.[162]

Beim Setzen des Textes wurden aber auch eine Reihe von sinnenstellenden Fehlern gemacht.[163] In späteren Auflagen wie z. B. in der von 1910 wurden diese Druckfehler, soweit sie nicht wesentlich erschienen, stillschweigend korrigiert oder in einigen Fällen auf sie in den Fußnoten aufmerksam gemacht.[164] In den anschließend bestellten Sonderdrucken wurden einige Fehler durch Mendel selbst korrigiert.[165] Diese sind bis heute

---

[161] Siehe ebenso Weiling 1970a, S. 18.
[162] Kříženecký 1965a, S. 21; Matalová 1973, S. 244–245; Weiling 1970a, S. 18.
[163] Matalová 2008, S. 107, Bem. 1; Kříženecký 1965a, S. 19; Weiling 1993/94b, S. 33.
[164] Siehe z. B. Iltis 1911a, S. 6.
[165] Kříženecký 1965a, S. 19; Matalová 2009, S. 20; Weiling 1984a, S. 257–265.

allerdings nur für den sog. Wiener[166], Tübinger[167] und Grazer[168] Sonderdruck bekannt und sicher nachgewiesen.[169]

Es ist davon auszugehen, dass der Text Ende 1866 vollständig gesetzt vorlag, wobei die Verzögerung durch die Kriegsverhältnisse in Brünn im Sommer 1866 (preußische Okkupation einschließlich Presseaufsicht und Mendels Einsatz bei der Verpflegung der Verwundeten und Kranken) verursacht worden sein könnte.[170]

---

[166] **Der Wiener Sonderdruck** stammt aus dem Nachlass des Botanikers Anton Kerner von Marilaun (1831–1898) (Weiling 1970a, S. 16; Pas 1976), dem dieser von Mendel persönlich geschickt worden war. Von dort gelangte der Sonderdruck in die Bibliotheken des Botanischen Institutes der Universität Wien (Weiling 1970a, S. 16) (für weitere Details Abschn. 6.1.3). Eine digitalisierte Version dieses Exemplars findet sich heute unter https://fedora.phaidra.univie.ac.at/fedora/objects/o:171522/methods/bdef:Book/view# (zuletzt aufgerufen: 8. September 2023).

[167] **Der Tübinger Sonderdruck** aus dem Max-Planck-Institut für Biologie entstammt dem Nachlass von Theodor Boveri (1862–1915) (Kříženecký 1965a; Weiling 1970; Pas 1976; Weiling 1984a, S. 257). Es wurde immer angenommen, dass es sich bei diesem Exemplar ursprünglich um jenes gehandelt hat, welches Mendel persönlich an C. W. v. Nägeli verschickte (Weiling 1984a S. 257). Daran sind kürzlich jedoch Zweifel laut geworden. In einer Untersuchung zur frühen Literatur-Rezeption Mendels war festgestellt worden, dass Boveri diesen Sonderdruck möglicherweise von seinem Vater bekommen haben könnte (Mielewczik et al. 2017) (für weitere Details s. Abschn. 6.1.3).

[168] **Der Grazer Sonderdruck** stammt aus dem Institut für systematische Botanik an der dortigen Universität (Weiling 1970a, S. 16; Rössler 1988, S. 35). Es wird vermutet, dass er aus dem Nachlass Franz Unger (1800–1870) stammt, der Mendels Lehrer für Pflanzenphysiologie an der Universität Wien war (Rössler 1988, S. 35; Pas 1976). Das ist aber von F. Weiling (1984a) angezweifelt worden. Weiling vermutete, dass Unger als Ehrenmitglied des NfVs sowieso die *VNV* erhalten hätte. Zudem verwies Weiling darauf, dass sich im umfangreichen in Graz aufbewahrten Briefnachlass von Unger kein Brief Mendels befindet. Tatsächlich stammte der Grazer Sonderdruck aus dem Nachlass des Gymnasial-Professors Franz Krasan (1840–1907) (Rössler 1988, S. 35). Einen Beleg für die Verbindung Ungers zu Krasan hinsichtlich der Herkunft des Sonderdruckes gibt es nicht. Diese wurde früher nur vermutet (siehe Rössler 1988, S. 35). Heute erscheint es wahrscheinlicher, dass Mendel diesen Sonderdruck direkt an Krasan gesandt hat (für weitere Details s. Abschn. 6.1.3). In Grazer Kontext ist übrigens auch noch auf den Zoologen Eduard Oskar Schmidt (1823–1886) zu verweisen. Letzterer hatte während seiner Zeit an der Universität in Krakau in den 1856/57 engen Kontakt mit Mendels Klosterbruder Franz Tomáš Bratránek und war mit diesem befreundet. Beide einte damals das Interesse an den naturwissenschaftlichen Studien Goethes. Schmidt war im Jahr 1865/1866 in Graz der erste protestantische Rektor an einer österreichischen Universität. Seine Antrittsrede war ein offenes Bekenntnis zu den Ideen Darwins. Schmidt und Unger waren eng befreundet und publizierten unter anderem 1866 zusammen ihre beiden Vorlesungen über „*Das Alter der Menschheit und das Paradies*" basierend auf damals neueren geologischen Forschungen und der Hypothese. Die Ausgaben der *Brünner Ztg.* aus den 1850er bis 1870er Jahren belegen verschiedentlich, dass Schmidt nach Brünn neben Bratránek auch noch eine Vielzahl anderer Kontakte gepflegt haben muss.

[169] Weiling 1970a, S. 16; Matalová 2009, S. 14; Weiling 1984a. Nach Weiling (1984a) gibt es weitere Sonderdrucke mit Korrekturen, welche jedoch leicht abweichend sind.

[170] Mielewczik et al., S. 89; Weiling 1970a, S. 284.

Darüber hinaus dürfte aber auch das bereits erwähnte Verschwinden der Brünner Druckers G. Gastl zur erheblichen Verzögerung der Auflage des 4. Bandes der *VNV* beigetragen haben, denn der Konkurs ist sicher nicht ohne Probleme abgelaufen. Der Druck selbst ist vermutlich durch den zuständigen Maschinenmeister in der Druckerei Gastl, Michael Unger (1803–?), durchgeführt, zumindest aber verantwortet worden.[171] Das erlaubt heute eine genauere Einordnung, wann der Band letztendlich fertiggestellt wurde.

Da der 4. Band mit der Bezeichnung des Druckers C. Winiker versehen ist, muss dies nach dessen Übernahme der Druckerei Gastl erfolgt sein. Dieser Wechsel des Eigentümers kann jedoch erst nach dem 4. Dezember 1866, dem Tag der Versteigerung, erfolgt sein, vermutlich sogar noch etwas später. Letzteres ist auch konsistent mit den Sitzungsprotokollen des NfV. Da der Umfang des 4. Bandes den früherer Jahresbände überstieg, fielen auch erhöhte Druckkosten an. Statt der ursprünglich im Dezember 1865 präliminierten und bewilligten 550 Gulden rechnete das Redaktions-Komitee nun mit Zusatzkosten von weiteren 135 Gulden für den insgesamt 28½ Bogen umfassenden Jahresband. Die Gesamtsumme von 685 Gulden verteilte sich dabei auf 643 Gulden für den Druck, 16 Gulden für die enthaltenen 8 Holzschnitte und 26 Gulden für das Heften und Broschüren. Ausgeliefert wurden die Exemplare höchstwahrscheinlich Ende Dezember 1866, möglicherweise auch erst im Januar 1867, nachdem dem Antrag des Redaktions-Komitees hinsichtlich der Bewilligung der Zusatzkosten auf der Vereinssitzung von 14. November 1866 ohne Debatte zugestimmt worden war. Die Kosten für den Druck umfassten dabei auch den Druck von Abzügen, die den Autoren zustanden und dürften damit auch die heute bekannten Sonderdrucke von Mendels Artikel beinhaltet haben.[172] Die ersten Sonderdrucke wurden Ende Dezember 1866 verschickt.[173] Sie müssen jedoch noch früher als die kompletten Ausgaben des 4. Bandes der *VNV* erstellt worden sein, da noch G. Gastl als Drucker angegeben ist.

1.1.5 Handschrift und ihr Schicksal

Als Vorlage für den Druck diente offensichtlich die erhaltene Handschrift, d. h. die endgültige von Mendel verfasste Textfassung (Reinschrift). Sie besteht aus 12 doppelt gefalteten Aktenbögen mit einer Seitengröße von 33,9 × 20,9 cm.[174] Verfasst wurde dieses

---

[171] Vgl. hierzu die Zeitungsnotiz zum 50-jährigen Dienstjubiläums von Michael Unger, in: *Vorwärts,* 24. Februar 1870, S. 3.

[172] J. Oppenheimer (1932) hat in einem kleinen Zeitungsartikel aus dem Archiv des Naturforschenden Vereines berichtet, dass sich im Protokoll des NfV für den 10. November die folgende Anmerkung befunden hat: „*Separat-Abdr. Prof. Mendel ... 1 fl.*". In den gedruckten Sitzungsprotokollen der Jahresbände ist dies jedoch nicht einzeln vermerkt.

[173] Weiling 1993/94b, S. 34.

[174] Ebd., S. 20.

1 Historische Einführung und Editionsgeschichte

Manuskript auf Konzeptpapier der Größe von Aktenbögen, wie sie damals gebräuchlich waren.[175] Das Gewicht des gesamten Manuskripts liegt bei nur 100 g; der einzelne Bogen bei etwa 8 g. Die originale Fassung ist durch zwei längere Zwischenstriche in drei Hauptabschnitte geteilt. Der erste Hauptteil des Textes ist aufgegliedert in eine größere Zahl von Kapiteln, während der letzte in zwei Kapitel aufgeteilt ist.[176] Im Originaldruck von 1866 ist diese Unterteilung nicht berücksichtigt und auch in späteren Nachdrucken und Übersetzungen wurden die einzelnen Passagen unterschiedlich aufgeteilt.[177] Die Bögen sind auf ihrer ersten Seite in der linken oberen Ecke fortlaufend nummeriert.[178] Auf den Seiten 16 und 33 der Handschrift gibt es am linken Textrand eine Notiz von fremder Hand, die höchstwahrscheinlich die Datierungen bedeuten, und eine Markierung des Setzers.[179] Auf einigen Seiten gibt es auch Spuren von Druckerschwärze bzw. von Händen und Fingern des Setzers.

Der Text ist in bemerkenswerter Schönschrift geschrieben. Dies ist kaum überraschend, denn Mendel beherrschte nicht nur die damalige deutsche Kurrentschrift, sondern auch die lateinische Schrift und Kanzleischrift.[180] Im Jahr 1902 bemerkte dazu W. Bateson: *„Seine* [Mendels – d. Verf.] *Handschrift zeichnet sich durch peinlichste Sauberkeit aus, jeder Buchstabe ist wie gestochen."*[181] Die Zeilen sind einheitlich, abgerundet und der Zeilenbeginn ist auf allen Seiten exakt.[182]

Im vollen Umfang als Faksimile abgedruckt wurde die Handschrift/Reinschrift selten. Im 20. Jahrhundert kam es dazu nur dreimal. Zuerst wurde sie 1941 aus Anlass des 70. Geburtstages von E. von Tschermak-Seysenegg in der Fachzeitschrift *Der Züchter*, damals unter der Leitung des Agrarwissenschaftlers Bernhard Husfeld (1900–1970), reproduziert.[183] Es wurden auch die Originalseiten abgelichtet; höchstwahrscheinlich von Karl Zaar[184], einem früheren Professor der technischen Photographie an der Deutschen

---

[175] Ebd.
[176] Ebd.
[177] Ebd., S. 30.
[178] Weiling 1993/94b, S. 22; ders. 1970, S. 283–285.
[179] Weiling 1970a, S. 284.
[180] Ebd., S. 18; Weiling 1993/94b, S. 28.
[181] Bateson 1902, S. 313.
[182] Weiling 1993/94b, S. 28.
[183] Matalová 1973, S. 244; Matalová 2009, S. 15; Weiling 1993/94b, S. 19; *Der Züchter* 13, 1941, S. 221–268).
[184] **Karl Zaar (1880–1949)** war der Sohn des gleichnamigen Direktors der Oberrealschule in Brünn, an welcher bereits Mendel gelehrt hatte. Seit den 1910er Jahren beschäftigte sich Zaar mit photographischen und photogrammetrischen Verfahren und hielt in Brünn verschiedentlich Vorträge zu neuen Techniken, z. B. zum Autochromverfahren (z. B. *Tagesbote,* 28. April 1912), welches die Erstellung früher Farbenphotographien erlaubte, oder zum Einsatz der Photographie zur Landvermessung (ebd., 20. April 1920). Seit 1920 hatte er eine Honorardozentur für wissenschaftliche Photographie an der DTH in Brünn inne (Hubeny 1949). Im Jahr 1921 folgten die Habilitation und die Ernennung zum Privatdozenten für Geodäsie, Photogrammetrie und Vervielfältigungs-

Technischen Hochschule (DTH) in Brünn.[185] Von den selben photographischen Platten wurde dann die zweite Faksimile-Serie im Jahr 1959 aus Anlass des 90. Jubiläums der Veröffentlichung hergestellt.[186] Zum dritten Mal wurde das Faksimile, nach dem Wiederauftauchen der Handschrift, in der Edition Mendels Aufsatzes zu den Pflanzenhybriden von Professor Walther Mann (geb. 1932) veröffentlicht.[187] Dagegen wurde nur die erste Seite der Handschrift öfter als Illustration benutzt.[188]

Was das Schicksal der Handschrift, eines der wertvollsten Dokumente der modernen Biologie- und Wissenschaftsgeschichte betrifft, ist dieses von 1900 bis heute kompliziert. Von H. Iltis wurde 1909 ausdrücklich festgestellt, dass er die Handschrift im Archiv des NfV gefunden hat, dessen rechtlicher Nachfolger heutzutage das Mährische Landesmuseum *(Moravské zemské muzeum)* in Brünn ist.[189] Damit wäre die zweite mögliche Fundstelle im Brünner Augustinerkloster, die manchmal auch genannt wurde[190], ausgeschlossen.[191] Laut Anni Iltis (1900–1987), der Frau von Hugo Iltis, fand dieser das Manuskript kurz vor dem Ausbruch des Ersten Weltkrieges.[192]

Nach der Auffindung bot Iltis die Handschrift im Namen des NfVs zweimal zum Verkauf an. Zuerst im Jahr 1909 in England und 1920 in den USA.[193] Beide Versuche scheiterten. Im Jahr 1910 wurde sie aus Anlass der Feierlichkeiten zur Enthüllung des Mendel-Denkmales in Brünn öffentlich ausgestellt.[194] Danach wurde die Handschrift durch den NfV aufbewahrt, und zwar seit 1932 in dem Schließfach der Brünner Escompte-Bank.[195] Sie war auf jeden Fall kein Exponat in dem kleinen Mendel-Museum, das in der Zwischenkriegszeit von H. Iltis in Brünn errichtet worden war.[196]

---

verfahren für Karten und Pläne. An der Hochschule war er zunächst mit dem Aufbau eines Institutes für Technische Photographie beschäftigt. Im Jahr 1928 erhielt Zaar einen Ruf zum ordentlichen Professor der Geodäsie an der Technischen Hochschule Graz, welchem er folgte. Dort war er auch bis zu seinem Tod tätig (ebd.). In den 1940ern fertigte Zaar Reproduktionen von Briefen und Dokumenten Mendels für O. Richters Mendel Biographie an (s. Richter 1943, S. 66, hier Anm. 45).

[185] Simunek & Hoßfeld 2010, S. 330; vgl. Richter 1943, S. 66, hier Anm. 45.
[186] Gedda 1959.
[187] Mann 1992.
[188] Siehe z. B. Kříženecký 1965b, S. 16; Orel, Marvanová & Sajner 1965, S. 33, Bild 52; Fietz 1944, S. 15; Iltis 1924, Tafel 8).
[189] Simunek & Hoßfeld 2010, S. 326, 331.
[190] Ebd.
[191] Matalová 2009, S. 15; dies. 1993/94, S. 37–38.
[192] Dies. 1993/94, S. 38.
[193] Simunek & Hoßfeld 2010, S. 327.
[194] Weiling 1993/94b, S. 21.
[195] Ebd., S. 19; Matalová 1993/94, S. 38.
[196] Iltis 1932.

In dem Schließfach musste sich die Handschrift bis April/Mai 1945 befunden haben. Die letzte offizielle und dokumentierte Herausnahme erfolgte am 30. April 1940 durch den 2. Schriftführer und Verwalter der Bücherei des NfVs, was höchstwahrscheinlich mit der Vorbereitung der Ablichtung in der Zeitschrift *Der Züchter* zusammenhing.[197]

Ab April/Mai 1945, als das Schließfach geöffnet und leer vorgefunden wurde, galt die Handschrift als verschollen, was 1961 offiziell von tschechoslowakischer Seite bestätigt wurde.[198] Jede Suche, einschließlich der Involvierung der renommierten amerikanischen Zeitschrift *Science* im Jahr 1947 blieben dabei erfolglos.[199]

Erst 44 Jahre später trat um die Mitte des Jahres 1989 der Ur-Ur-Großneffe von Mendel Pater und Mitglied des Augustinerordens Clemens Richter (geb. 1933) in Kontakt mit Franz Weiling (1904–1999) und teilte ihm mit, dass sich die Handschrift in seinem Besitz im Pfarrhaus in Stuttgart-Sillenbuch befände.[200] Anschließend überprüfte Weiling im August 1989 das vorgelegte Dokument und bestätigte dessen Authentizität.[201] Die weitere Verzögerung war auf die politische Wende in der Tschechoslowakei im Jahr 1989 zurückzuführen.[202] Offiziell wurde die Wiederauffindung der Handschrift auf dem „Mendel-Forum" in Brünn am Dienstag, den 18. August 1992 präsentiert.[203]

Wie die Handschrift letztendlich aus Brünn nach Stuttgart kam, ist weiterhin unklar. Nach der Version, die Weiling mitteilte, soll die Handschrift nach 1945 in der Tschechoslowakei verblieben und erst gegen 1986 ausgeführt bzw. den Verwandten von Mendel in der BRD übergeben worden sein.[204] Ein Pressebericht beschrieb den Weg des Dokuments nach 1945 auf folgende, dramatisch übertriebener Weise: *„Nach dem zweiten Weltkrieg galt das Werk als verschollen. Vermutlich wurde es in der Zeit des Kalten Krieges aus dem damals sozialistischen Mähren nach Deutschland geschmuggelt, um sie vor dem Zugriff der Kommunisten zu bewahren."*[205] Nach anderen Informationen war die Handschrift nach 1945 im Besitz von unbekannten Mitgliedern des Augustinerordens, welcher in der Tschechoslowakei 1953 aufgelöst wurde.[206]

---

[197] Matalová 1993/94, S. 38–39.
[198] Simunek & Hoßfeld 2010, S. 331.
[199] Ebd., S. 331.
[200] Weiling 1993/1994, S. 19.
[201] Ebd. S. 20.
[202] Weiling 1993/94b.
[203] Ebd. S. 21.
[204] Ebd. S. 21; Matalová 1993/1994, S. 40.
[205] Raimund Weible, Von Sillenbuch zurück nach Brünn. Kostbare Handschrift des Vaters der Genetik wieder in Tschechien, in: https://www.tagblatt.de (Ausgabe vom 11. Februar 2012).
[206] Mendelův rukopis se vrací do Brna, spory o něj trvaly čtvrt století [Mendels Handschrift kehrt nach Brünn zurück. Die Streitigkeiten dauerten ein Viertel des Jahrhunderts], in: https://brno.idnes.cz (Ausgabe vom 10. Februar 2012); Thomas Broch, Verborgener Schatz auf dem Boden der Diözese, in: https://www.drs.de (Ausgabe vom 9. Februar 2012); Cenný Mendelův rukopis o dědičnosti je zpět v ČR [Wertvolle Handschrift von Mendel über die Vererbung ist zurück in der Tschechischen Republik], in: https://www.ceskatelevize.cz (Ausgabe vom 9. Februar 2012).

Im Jahr 1992 wurde in Darmstadt das bereits erwähnte Faksimile von W. Mann, einem Nachkommen von Mendels Schwester Theresia, veröffentlicht.[207]

Inzwischen entstanden verschiedene Initiativen, um eine Rückkehr des Dokumentes nach Brünn zu ermöglichen, wobei aber die Frage nach den rechtmässigen Besitzverhältnissen der Handschrift nie zufriedenstellend geklärt wurde. Im Jahr 2008 schickte der damalige Rektor der Masaryk Universität in Brünn eine Anfrage an den General-Prior des Augustinerordens im Vatikan. Dieser antwortete ein Jahr später in dem Sinne, dass das Manuskript erhalten ist und gut aufbewahrt wird.[208]

Zwei Jahre später (2010) sollten nach Presseangaben zwei Wiener Augustinermönche die Handschrift nach Wien schaffen, wurden aber vom baden-württembergischen Wissenschaftsministerium daran gehindert. Die zuständigen Behörden leiteten ein Verfahren ein, um die Handschrift zum nationalen Kulturgut in der BRD zu erklären. Damit sollte die Ausfuhr ins Ausland verhindert werden. Deswegen befand sich seit 2010 die Handschrift in der Verwahrung der Stuttgarter Kanzlei Wahlert (2012 fusioniert mit Heussen).[209]

Dieses Verfahren wurde auch in der Tschechischen Republik bekannt und es wurden offizielle Schritte für die Rückkehr der Handschrift eingeleitet. Hierbei war auch das tschechische Außenministerium involviert.[210]

Nach zwei Jahren und *„langdauernden diplomatischen Bemühungen"* wurde die Handschrift am Donnerstag, den 9. Februar 2012 in Prag offiziell den Ordensvertretern aus Brünn übergegeben.[211]

Wo das Dokument von 2012 bis 2018 untergebracht war, ist unklar. Laut Pressemitteilungen soll es seit 2018 in den Klosterräumen öffentlich ausgestellt sein.[212] Inzwischen wurde ein Verfahren durch das Mährische Landesmuseum in Brünn eingeleitet, um die Handschrift bei dem Ministerium für Kultur der Tschechischen Republik zum nationalen Kulturgut zu erklären.[213]

---

[207] Mann 1992.

[208] Martin Rychlík, Šifra mistra Mendela [Mendel-Sakrileg], in: https://www.euro.cz (Ausgabe vom 8. Oktober 2009).

[209] Raimund Weible, Von Sillenbuch zurück nach Brünn. Kostbare Handschrift des Vaters der Genetik wieder in Tschechien, in: https://www.tagblatt.de (Angabe zum 11. Februar 2012).

[210] ČSSD vítá návrat Mendelova rukopisu do Brna [ČSSD begrüßt die Rückkehr von Mendels Manuskript nach Brünn], in: https://www.cssd.cz, o. D.

[211] Rukopis J. G. Mendela po 25 letech v České republice [Handschrift von J. G. Mendel nach 25 Jahren in der Tschechischen Republik], in: https://www.mzv.cz (Ausgabe vom 9. Februar 2012).

[212] Masarykova univerzita vystaví natrvalo Mendelův rukopis [Die Masaryk-Universität stellt Mendels Manuskript auf die Dauer aus], in: https://www.muni.cz (Ausgabe vom 1. Februar 2018).

[213] Mitteilung von Dr. Jiří Sekerák, Mendelianum MZM Brno, an die Verfasser, 18. Januar 2018.

1.2 Deutsche Wiederauflagen

Die ersten vollständigen Neuauflagen von Mendels Artikel zu seinen „*Versuche über Pflanzen-Hybriden*" fallen in den Zeitraum der „Wiederentdeckung" der später nach Mendel benannten Vererbungsregeln um das Jahr 1900.[214]

Den Ausgangspunkt bildeten die Arbeiten dreier Wissenschaftler, welche die Ergebnisse Mendels erstmals bestätigten. Es waren dies der deutsche Botaniker und spätere erste Direktor des Kaiser-Wilhelm-Institutes für Biologie in Berlin, Carl Correns, der niederländische Botaniker und Begründer der Mutationstheorie, Hugo de Vries, sowie der bereits erwähnte österreichische Pflanzenzüchter E. v. Tschermak-Seysenegg. So lautete in den letzten mehr als einhundert Jahren oftmals die historische Hinführung in den meisten Schul- oder Genetik-Lehrbüchern.[215]

Die Wiederauflage sollte nicht nur das bisher weitgehend unbekannte Werk von G. J. Mendel bekannt machen, sondern auch die Darstellung einer parallelen und gegenseitig unabhängigen Entdeckungsleistung der drei Wissenschaftler bestätigen und somit einer langfristigen Mendel-Tradition helfen. (für weitere Details s. Kap. 7) Die zentrale Rolle sollte dabei E. v. Tschermak-Seysenegg zukommen.

In diesem Kontext ist nach dem aktuellen Kenntnisstand festzustellen, dass: 1. der Informationsgrad der besagten Wissenschaftler über die gegenseitigen Forschungsergebnisse (einschließlich Materialtausch), besonders von E. v. Tschermak-Seysenegg und H. de Vries, größer war, als bisher angenommen; 2. die Animosität zwischen C. Correns und E. v. Tschermak-Seysenegg eindeutig belegt ist. Dabei wurde bei dem jüngeren E. v. Tschermak-Seysenegg besonders die „außerwissenschaftliche" Motivation, d. h. Erlangung einer Professur sowie das Streben nach gesellschaftlicher Anerkennung deutlich; dies muss berücksichtigt werden, und 3. die ebenfalls eindeutig belegte aktive Beteiligung des älteren Bruders von E. v. Tschermak-Seysenegg, des Physiologen Armin v. Tschermak-Seysenegg (1870–1952) an der Planung, Interpretation und Verwertung der Experimentalforschung seines jüngeren Bruders.[216] In diesem Kontext sei auch daran erinnert, dass Armin v. Tschermak-Seysenegg seit 1900 wiederholt Aussagen veröffentlichte, aus denen hervorgeht, dass die „Wiederentdeckung" völlig unabhängig und parallel verlief und ausschließlich von den besagten drei Wissenschaftlern (Tripelentdeckung) ausging. Dadurch ist sie in der Geschichte der Genetik bzw. Wissenschaftsgeschichte – neben dem „great neglect" der Arbeit Mendels – sehr vital geworden.

Gerade unter dem Blickwinkel der Petrifizierung der Tripelentdeckung begann E. v. Tschermak-Seysenegg auch an der ersten kommentierten Edition von Mendels

---

[214] Matalová 1973; vgl. Mielewczik et al. 2017.
[215] Siehe z. B. Stubbe 1963, S. 190; Johansson 1979, S. 30–32; Jahn 1982, S. 437; Schulbuch Biologie Klasse 10, 1984, S. 31.
[216] Hoßfeld, Simunek & Mielewczik 2017, S. 135–155; Simunek, Hoßfeld & Mielewczik 2017, S. 155–164; Simunek, Hoßfeld & Wissemann 2011.

Publikation aus dem Jahr 1866 zu arbeiten, obwohl der erste, damals genannte Aspekt rein praktischer Natur war, d.h., es sollten zuerst die *"beiden gedrängten Mittheilungen, welche Mendel über diese ihn jahrzehntelang beschäftigten Fragen an einem schwer zugänglichen Orte gemacht hat"*, einem breiten Leserkreis zugänglich gemacht werden.[217] Dabei wurden nicht nur die Druckfehler korrigiert, sondern es kam seinerseits auch zu Abänderungen (z. B. Durchschnitte vs. Differenzen oder + vs. =), die zu Missverständnissen führen konnten.[218] Der zweite Aspekt von E. v. Tschermak-Seyseneggs Engagement beruhte in der *"Forderung historischer Gerechtigkeit"*.[219]

Als Correns in den 1930er Jahren zum eigentlichen „Wiederentdecker" stilisiert wurde, führte E. v. Tschermak-Seysenegg zur Genese der ersten kritischen Edition Folgendes aus: „[...], *dass ich bereits im Jahre der* Wiederentdeckung *der Mendelgesetze die Aufnahme der Mendel-Arbeit in die ‚Klassiker der exakten Wissenschaften' beantragt und damit wohl den schlagendsten Beweis erbracht hatte, die grosse Bedeutung Mendels als Biologe* s o f o r t[220] *erkannt zu haben"*.[221]

Nach der zuerst negativen Beurteilung der Absicht E. von Tschermak-Seyseneggs vom Botaniker Hermann zu Solms-Laubach,[222] sollte die erste Wiederauflage von C. Correns in der seit 1889 von Karl Ritter von Goebel (1855–1932) herausgegebenen Zeitschrift *Flora* verbreitet werden.[223] Damit wurde sie historisch die überhaupt erste Neuauflage von Mendels Arbeit nach über 30 Jahren. Ironischerweise wurde erst zum 150-jährigen Jubiläum der Veröffentlichung von Mendels Artikel bekannt, dass weder der von C. Correns, noch der von E. v. Tschermak-Seysenegg initiierte Nachdruck der erste in deutscher Sprache war.[224] Bereits 1867 war erstmals ein (wenn auch gekürzter) Nachdruck von Mendels *"Versuche über Pflanzen-Hybriden"* erschienen. Dieser

---

[217] Mendel (Hrsg. E. Tschermak) 1901, S. 54.
[218] Weiling 1970a, S. 19; Kříženecký 1965a, S. 22, 23, 24, 65.
[219] Zit. n. E. v. Tschermak-Seysenegg 1937, S. 147.
[220] hervorgehoben im Original – d. Verf.
[221] Zit. n. E. v. Tschermak-Seysenegg 1958, S. 58.
[222] **Graf Hermann zu Solms-Laubach (1842–1915)** war ein aus Laubach in Oberhessen stammender Botaniker. Er studierte in Giessen, Berlin, später Freiburg und Halle bei Alexander Braun und Anton de Bary (1831–1888) Botanik. Nach seiner Habilitation im Jahr 1866 folgte er als Extraordinarius seinem Freund De Bary an die damals neu gegründete Universität Straßburg (1872). 1879 wurde Solms-Laubach Ordinarius und Direktor des botanischen Gartens in Göttingen. 1888 übernahm er nach dem Tod De Barys dessen Nachfolge in Straßburg. Seine wissenschaftlichen Arbeiten deckten ein weites Feld innerhalb der Botanik ab. Ein besonderes Interessensschwerpunkt stellten seine Arbeiten zur Pflanzengeographie sowie der Geschichte verschiedener Kulturpflanzen dar. Zur Biographie von Solms-Laubauch s. insb. Jost (1915), sowie den darauf beruhenden, von K. Goebel verfassten Nekrolog im *Jahrbuch der Königlich Bayerischen Akademie der Wissenschaften* 1915, S. 136–139.
[223] Mendel & Correns 1900.
[224] Mielewczik et al. 2017.

Nachdruck²²⁵ erfolgte als zweiteilige Serie in einer monatlichen Beilage zur *Wochenschrift des Gewerbevereins* in Bamberg, welches sich zu dieser Zeit zu einem Zentrum der Samenproduktion entwickelt hatte (Kap. 6). Unglücklicherweise waren vom unbekannten Redakteur dieses Nachdrucks nahezu alle statistischen und analytischen Details aus der Originalarbeit entfernt worden.²²⁶ Ergänzend gab es auch inhaltlich eine ganze Reihe von Fehlern, die dem Redakteur dieser Auflage anzulasten waren. Den durchaus zahlreichen Lesern dürfte hierdurch die Bedeutung der Entdeckungen von Mendels Experimenten entgangen sein.²²⁷

Erst nach Veröffentlichung in der *Flora* wurden Ende 1901 die Schriften²²⁸ Mendels²²⁹ in der von dem deutsch-baltischen Chemiker, Philosoph und Nobelpreisträger (1909) Wilhelm Ostwald (1853–1932) gegründeten Reihe „*Klassiker der exakten Wissenschaften*" abgedruckt.²³⁰ E. v. Tschermak-Seysenegg erhielt dafür die Zustimmung von der Vereinsleitung des NfV. Für die Berichterstattung dieses Vorgangs verantwortlich war derselbe Sekretär des NfV, der 1866 auch schon den Erstdruck zur Veröffentlichung vorlegt hatte, G. Niessl von Mayendorf. Letzterer berichtete auf der Vereinssitzung vom 13. November 1901: „*Da die weitere Verbreitung der schönen Mendel'schen Arbeiten nur erwünscht sein kann, hat die Vereinsleitung den Abdruck derselben in der oben bezeichneten Sammlung mit genauer Angabe der Quelle gestattet und es wird nun das Heft Nr. 121 der Ostwald'schen Sammlung, welcher ausschliesslich diesen Gegenstand enthält, der Versammlung vorgelegt.*"²³¹

Die Reihe „*Klassiker der exakten Wissenschaften*" war bereits 1889 gegründet worden und Ostwald nahm an der Herausgabe bis 1893 teil.²³² Sie spiegelte Ostwalds Typisierung der Wissenschaftler nach sog. Klassiker vs. Romantiker wider.²³³ Die Bände erschienen im Leipziger Verlag von Wilhelm Engelmann (1808–1878), der im Jahr 1901 von seiner Witwe Christiane Therese Engelmann (1820–1907) geleitet wurde. Die

---

²²⁵ Für eine kritisch kommentierte Version dieses Nachdrucks siehe den Anhang in Mielewczik et al. 2017, S. 126–134.
²²⁶ Mielewczik et al. 2017.
²²⁷ Ebd.
²²⁸ Mendel 1866a; Mendel 1870.
²²⁹ Ebd.
²³⁰ Domschke & Hofmann 2012; Ostwald 1926; Rodnyj & Solowjew 1977.
²³¹ *VNV* 40/1901, S. 55.
²³² Dunsch & Müller 1989.
²³³ Zu Ostwald s. Domschke & Hofmann 2012; Ostwald 1926; Rodnyj & Solowjew 1977.

Schwerpunkte waren Medizin, Geschichte und Philosophie. Bis 1901 wurden in der Reihe nur acht botanische und pflanzenphysiologische Schriften veröffentlicht.[234]

Die 1. Auflage dieser Klassikerreihe ist wohl im Laufe der Jahre mehrfach nachgedruckt worden. Nach den Angaben E. v. Tschermaks (1910) erreichte sie bis 1910 eine Druckauflage von 1500 Exemplaren. Nachdem 1910 auch in den *VNV* ein Neuabdruck erschienen war, wurde auch eine Neuauflage der von E. v. Tschermak herausgegebenen Ausgabe nötig. Diese erschien im folgenden Jahr. Vier weitere Auflagen wurden von ihm 1913, 1923, 1933 und 1940 besorgt. Die ursprüngliche Ausgaben sind in späteren Jahren dann wiederholt noch einmal unverändert wiederaufgelegt worden. Unter den kommentierten deutschen Neuabdrucken müssen insbesondere noch die beiden von Jaroslav Křiženecký (1965a & 1965b) besorgten Neuauflagen sowie die 2006 von Anna Matalová kommentierte Edition herausgehoben werden. In allen drei Arbeiten finden sich eine Vielzahl zusätzlicher Anmerkungen und Erläuterungen zu Mendels Artikel aus dem Jahr 1866. Insgesamt wurde die Arbeit zu den mendelschen „*Versuche über Pflanzen-Hybriden*" bislang mindestens 29 Mal auf Deutsch, davon 8 Mal als Faksimile des Erstdruckes aus dem Jahr 1866 und 20 Mal als Faksimile bzw. Transkript wiederveröffentlicht (siehe Tab. 1.2) Die letzte umfassende deutsche kommentierte Neuauflage in der Reihe von Ostwalds Klassikern (nun als Neue Serie) stammt aus dem Jahr 1970 und wurde von dem Wissenschaftshistoriker Franz Weiling (1970a) angefertigt. Zuletzt ist anzumerken, dass die verschiedenen Neuauflagen im Übrigen oft auch Vorlagen für die Übersetzungen in die Fremdsprachen gedient haben.[235]

---

[234] Es waren: **1890** (Nr. 15 & 16) – Nicolas-Théodore de Saussure, *Chemische Untersuchungen über die* Vegetation, *Teil 1 & 2;* **1893** (Nr. 41) – Joseph G. Kölreuter, *Vorläufige Nachricht von einigen das Geschlecht der Pflanzen betreffenden Versuchen und Beobachtungen nebst Fortsetzungen 1, 2 und 3;* **1894** (Nr. 48, 49, 50, 51) – Christian K. Sprengel, *Das entdeckte Geheimnis der Natur im Bau und in der Befruchtung der Blumen (1793);* **1895** (Nr. 62) – Thomas A. Knight, *Sechs pflanzenphysiologische Abhandlungen (1803–1812);* **1896** (Nr. 84) – Caspar Friedrich Wolff, *Theoria Generationis (1759);* **1898** (Nr. 95) – Ernst Wilhelm von Brücke, *Pflanzenphysiologische Abhandlungen (1844–1862);* **1899** (Nr. 105) – Rudolf J. Camerarius, *Ueber das Geschlecht der Pflanzen (De sexu plantarum epistola)* (1694); **1901** (Nr. 120) – Marcello Malphigi, *Die Anatomie der Pflanzen (I. u. II) (1675, 1679).*

[235] Křiženecký 1965a, S. 22–23; Matalová 1973, S. 248–253; Peters 1961, S. 1–20.

Tab. 1.2 Die deutschen Wiederauflagen (Faksimile sowie Transkripte) des im Jahr 1866 veröffentlichten Textes, seit 1900

Jahr	Verlag / Ort	Reihe/Zeitschrift	Anmerkungen
1867	Bamberg	Beilage der Wochenschrift des Gewerbevereins	• Erster Nachdruck im Auszug, der fast 150 Jahre unbekannt geblieben ist • Zweiteilig; nahezu der gesamte mathematische Inhalt wurde ausgelassen
1901	N. G. Elwertsche Verlagsbuchhandlung, Marburg	*Flora* 89 (Ergänzungsband zum Jg. 1901)	• Transkript. • Herausgegeben von K. Goebel und kommentiert von C. Correns
1901	Wilhelm Engelmann, Leipzig	Ostwalds Klassiker, Nr. 121	• Transkript • Herausgegeben und kommentiert von E. *v.* Tschermak-Seysenegg (ebenso in späteren Auflagen) 1. Auflage
1910	Naturforschender Verein, Brünn	Verhandlungen des naturforschenden Vereins in Brünn, Bd. 49, S. 7–48	• Faksimile. • Der Band erschien 1911
1911	Wilhelm Engelmann, Leipzig	Ostwalds Klassiker, Nr. 121	• Transkript, 2. Auflage
1913	Wilhelm Engelmann, Leipzig	Ostwalds Klassiker, Nr. 121	• Transkript, 3. Auflage
1914	Teubner, Leipzig-Berlin	–	• Transkript • Erschien in der deutschen Übersetzung von Bateson W.: Mendels Vererbungstheorien, S. 316–356
1917	W. Junk, Berlin	Fachschule-Edition, Nr. 20	• Faksimile im anastatischen Neudruck vom Original
1923	Akademische Verlagsgesellschaft, Leipzig	Ostwalds Klassiker, Nr. 121	• Transkript, 4. Auflage
1929	Verlag von Velhagen u. Klasing, Leipzig-Bielefeld	Velhagen und Klasings deutsche Lesebogen, Nr. 123	• Transkript • Herausgegeben von Paul Zühlke[a]
1933	Akademische Verlagsgesellschaft, Leipzig	Ostwalds Klassiker, Nr. 121	• Transkript, 5. Auflage
1940	Akademische Verlagsgesellschaft, Leipzig	Ostwalds Klassiker, Nr. 121	• Transkript, 6. Auflage

(Fortsetzung)

Tab. 1.2 (Fortsetzung)

Jahr	Verlag / Ort	Reihe/Zeitschrift	Anmerkungen
1943	-, Tokyo	–	• Faksimile. • Abgedruckt in der Arbeit Yosito Sinoto, Syokubutuzassyu no Kenkyu, S. 115–159 • Als Vorlage wurde der Abdruck von W. Junk (1917) gebraucht
1951	-, Washington	–	• Faksimile • The Journal of Heredity 42 (1): 1–47
1960	Engelmann, Leipzig	–	• Faksimile
1962	Wheldon and Wesley – Hafner Publ. Co, Weinheim-Codicote – New York	–	• Faksimile • *Historiae naturalis classica* 4
1962	Fritz und Hans Freising Privatausgabe, Göppingen	–	• Faksimile
1965 1965	Academia/MZM, Praha-Brno Johann Ambrosius Barth Verlag. Leipzig.	–	• Transkript mit Kommentaren auf Englisch • Herausgegeben in der Edition von Jaroslav Kříženecký – Bohumil Němec, *Fundamenta Genetica* Gregor Johann Mendel 1822–1884. Texte und Quellen zu seinem Wirken und Leben. -korrigiertes Transkript – zusammengestellt und kommentiert von Jaroslav Kříženecký
1970	Friedr. Vieweg und Sohn, Braunschweig	Ostwalds Klassiker N.F. Bd. 6	• Transkript • Herausgegeben und kommentiert von Franz Weiling
1971	?, ?	Lehre	• Faksimile • Herausgegeben von J. Cramer

(Fortsetzung)

Tab. 1.2 (Fortsetzung)

Jahr	Verlag / Ort	Reihe/Zeitschrift	Anmerkungen
1976	Hessisches Sozialministerium, Wiesbaden	–	• Transkript
1976	Fritz und Hans Freising Privatausgabe, 2. Auflage (mit Vorwort von E. Fuchs)	–	• Faksimile
1983	Arkana-Verlag Böttker Wunderlich, Göttingen	–	• Transkript
1984	G. Czihak (Selbstverlag), Salzburg	–	• Faksimile • Herausgegeben als Teil der Arbeit *Johann Gregor Mendel (1822–1884): dokumentierte Biographie und Katalog zur Gedächtnisausstellung anläßlich des hundertsten Todestages mit Facsimile seines Hauptwerkes: „Versuche über Pflanzenhybriden"*
1995	Verlag Harri Deutsch, Thun-Frankfurt/M	Ostwalds Klassiker, Nr. 121	• Transkript • Nach der Ausgabe von 1901
1999	Ernst Klett, Stuttgart-Düsseldorf-Leipzig	Lesehefte Naturwissenschaften 600	• Transkript im Auszug für den Schulunterricht als Lehr- und Lernmaterial mit ergänzenden Kommentaren und Illustrationen
2000	Verlag Harri Deutsch, Thun-Frankfurt/M	Ostwalds Klassiker, Nr. 121	• Transkript • Nach der Ausgabe von 1901
2006	Verlag Harri Deutsch, Thun-Frankfurt/M	Ostwalds Klassiker, Nr. 121	• Transkript • Nach der Ausgabe von 1901 • [7. Auflage]
2006	MZM, Brünn	Folia Mendeliana 40–41	• Faksimile • Kommentiert von Anna Matalová • Es erschien auch als Sonderheft

(Fortsetzung)

Tab. 1.2 (Fortsetzung)

Jahr	Verlag / Ort	Reihe/Zeitschrift	Anmerkungen
2006	Universitätsbibliothek J. Ch. Senckenberg, Frankfurt/Main	Ostwalds Klassiker, Nr. 121	• Transkript • Nach der Ausgabe von 1911

Für die Übersicht bis 1973 vgl. Matalová 1973, S. 247–248. Beim ersten Nachdruck aus dem Jahr 1867 in der *Wochenschrift des Gewerbe-Vereines der Stadt Bamberg* handelte es sich um einen Teildruck der bis vor kurzem nicht bekannt war (vgl. Mielewczik et al. 2017, S. 126–134; s. a. Kap. 6). Auch bei dem Nachdruck in Velhagen und Klasings Lesebogen aus dem Jahr 1929 handelt es sich nur um einen Teilabdruck, was jedoch auf den ersten Blick nur sehr schwer zu erkennen ist. Zudem ist er weit verbreitet gewesen und auch als Schultext benutzt worden. Aus diesem Grund ist er in der Tabelle aufgenommen. Gleiches gilt auch hinsichtlich der didaktisch für die Schule aufbereiteten Klett-Ausgabe. Im Zeitraum von 1999 bis 2003 ist deren 1. Auflage in 5 ansonsten identischen Druckausgaben erschienen. Andere frühe, durchaus umfangreiche Nachdrucke im Auszug, beispielsweise in der Rosenzeitung (Krüger 1902), sind in die Tabelle nicht mit aufgenommen worden

[a]**Paul Zühlke (1877–1957)** war ein aus Berlin stammender Mathematiker und Mathematikdidaktiker. Nach dem Studium an der Universität und Technischen Hochschule in Berlin wurde er 1902 in Rostock promoviert. Anschliessend erfolgte der Eintritt in den Schuldienst in Berlin und Landshut, ab 1919 in Kiel. 1920 erhielt er an der dortigen Universität einen Lehrauftrag zur Didaktik der Mathematik. Seit 1921 war er Oberschulrat im Provinzialschulkollegium Kassel. Im Jahr 1923 nahm er den Lehrauftrag an der Universität Marburg für Didaktik der Mathematik an, welcher 1926 eine Honorarprofessur folgte. In den 1920er Jahren gab er verschiedene Mathematische Aufgabensammlungen heraus. Beim Verlag von Velhagen und Klasing veröffentlichte er zudem verschiedene Lesebogen, die als „*Materialien zum Arbeitsunterricht an höheren Schulen*" dienen sollten. Hier zählten z. B. unter anderem der genannte Mendel-Lesebogen, „*Abhandlungen über die Erhaltung der Kraft*" von Robert Mayer (1814–1878) (Lesebogen Nr. 2/3, 1926) oder der Text „*Über Strahlen elektrischer Kraft*" von Heinrich Hertz (1857–1894) (Lesebogen Nr. 108, 1927)

1.3 Internationale Übersetzungen und Wiederauflagen

1.3.1 Englische Übersetzungen

1.3.1.1 Frühe Ausgaben

Die erste Übersetzung von Mendels Kreuzungsexperimenten in die englische Sprache erfolgte im Jahr 1901. Erstellt wurde sie von Charles Thomas Druery.[236] Die Veröffentlichung erfolgte im *Journal of the Royal Horticultural Society*[237], dessen Chefradakteur William Wilks[238] diese in Auftrag gegeben hatte. Im Jahre 1902, also noch in der ersten Phase der „Wiederentdeckung", erschien ein von Walter Weldon[239] verfasster kritischer

---

[236] **Charles Thomas Druery (1843–1917)** war eine Autorität auf dem Gebiet der britischen Farne, welche er in vielen Arbeiten seit den 1870er Jahren untersucht hat. Zu seinen wichtigsten wissenschaftlichen Verdiensten gehört die Entdeckung der Apasporie bei Farnpflanzen. Neben einer Vielzahl wissenschaftlicher Artikel veröffentlichte Druery auch mehrere Standardwerke zu den britischen Farnpflanzen (Druery 1888; Druery 1903; Druery 1910). Für seine botanischen Arbeiten erhielt er 1897 als einer der ersten Empfänger die „*Victoria Medal of Honour*". Druery war zudem eines der ältesten und einflussreichsten Mitglieder der *British Pteridological Society,* in welcher er zeitweilig als Präsident und Sekretär der Gesellschaft tätig war. Zudem begründete er 1909 die *British Fern Gazette*, an welcher er als Chefradakteur und Autor bis zu seinem Tode mitwirkte. Neben seiner Arbeit als Botaniker betätigte sich Druery auch als Schriftsteller und Dichter (s. bspw. Druery 1873, 1882, & 1914). Im Jahr 1906 bemühte er sich zudem darum, einen Verleger für eine englische Ausgabe von H. de Vries Buch *„Die Mutationstheorie"* zu finden. Für dieses Ansinnen suchte er u. a. Unterstützung bei dem britischen Mendelianer W. Bateson, der dieses Anliegen jedoch negativ beantwortete und hierfür keine Verantwortung übernehmen wollte. Vgl. Weiling 1970a, S. 16; Olby 2000.

[237] Mendel 1901c, S. 1–32.

[238] **Reverend William Wilks (1843–1923)** war Kurator und späterer Vikar des Kirchspiels von Shirley (heute Croydon bei London). Wilks gärtnerische Tätigkeit verhalfen ihm zu einem beträchtlichen Ansehen und der langjährigen Position eines Sekretärs in der Royal Horticultural Society. Seine wichtigste Entdeckung war der Shirley Mohn (engl. Shirley poppy). Diesen fand Wilks eines Tages zufällig in seinem Garten, als er eine einzelne Mohnpflanze bemerkte, deren Petalen einen schmalen weißen Streifen hatten. Durch künstliche Auswahl und Hybridisierung gelang es ihm, aus dieser Pflanze einen Mohnstamm heranzuzüchten, dessen Farbe von weiß über rosa bis hin zu pink und rot reichte. In der Anfangszeit der klassischen Genetik hat dieses Beispiel der spontanen Abweichung vom Wildtyp einige Aufmerksamkeit erfahren. Der Biometriker und Statistiker Karl Pearson (1857–1936) verwendete dies als Beispiel um seine kurz vor der „Wiederentdeckung" der Mendelschen Regeln entwickelte Theorie der Homotyposis zu belegen, in welcher er eine einfachere, korrelative Erklärung der Variation gefunden zu haben glaubte, welcher seiner Ansicht nach im Widerspruch zu den Ansichten der Mendelisten stand (Pearson 1901, 1902, 1906).

[239] **Frank Walter Raphael Weldon (1860–1906)** wurde in London in der Familie eines Industriellen geboren. Er studierte Zoologie an der University College London (UCL), King's College London und St. John's College in Cambridge. Im Jahr 1889 übernahm er den Jodrell Chair of Zoology am UCL und wurde auch Kurator im Grant Museum of Zoology. Im Jahr 1890 wurde er Mitglied der Royal Society. Weldon widmete sich zuerst der Meeresbiologie und später vor allem Fragen der Selektion in den natürlichen Populationen. Nach 1900 wurde er besonders durch die heftige Kritik der Mendelschen Regeln seitens sog. Biometriker bekannt. Siehe hierzu z. B. Olby 1989.

Kommentar zu Mendels Kreuzungsexperimenten[240], auf dessen Grundlage sich W. Bateson veranlasst sah, eine verteidigende Erwiderung zu verfassen. Diese unter dem Titel „*Mendel's Principles of Heredity: A Defence*" publizierte Abhandlung übernahm auch die von Druery erstellte Übersetzung.[241] Auch in den Neuauflagen seines Werks von 1909 (2. Auflage), 1913 (3. erweiterte Auflage) und 1930 (4. Auflage) ist diese Übersetzung zu finden.[242] Dieselbe englische Übersetzung wurde auch von William E. Castle[243] in den Jahren 1916 und 1921 in zwei Editionen (insg. 5 Druckausgaben) seines Buches „*Genetics and Eugenics, a Textbook for Students of Biology and a Reference Book for Animal and Plant Breeders*" genutzt.[244]

---

[240] Weldon 1902.

[241] Bateson 1902, S. 40–95. Ebenso in Kříženecký 1965b, S. 66.

[242] **Übersetzungen von William Bateson:** Siehe Bateson 1909a (veröffentlicht im März 1909), S. 317–361; ders. 1909b (erneut gedruckt im August 1909), S. 317–361; ders. 1913a (Dritte Auflage mit Ergänzungen), S. 335–379 und ders. 1930 S. 335–379 (Vierte Auflage). Die letzte Version enthielt in der Übersetzung von Mendels Artikel (Mendel 1866a) eine Korrektur in Hinsicht auf das Verhalten der Hybriden in der F2 Generation die auf eine Kritik des niederländischen Botanikers Johannes Paulus Lotsy (1867–1931) zurückging (s. Bateson 1930, S. 349, Zeile 7-9 und S. x). In den Büchern von Bateson fand sich auch eine englische Übersetzung von Mendels 1870 erschienenen Abhandlung zu Kreuzungen bei *Hieracium* unter dem englischen Titel „*On Hieracium-Hybrids obtained by artificial fertilization*" (Siehe hierzu Bateson 1909a, S. 362–368; Bateson 1909b, S. 362–368; Bateson 1913, S. 386; Bateson 1930, S. 380–386). Neben den zuvor aufgeführten Ausgaben von William Batesons Buch mit englischem Druckort gab es auch noch in Zusammenarbeit mit Putnam`s Sons (New York) angefertigte Ausgaben für den amerikanischen Markt (Bateson 1909c/1913b). Pas 1959 hat zudem darauf hingewiesen, dass es möglicherweise eine weitere Druckausgabe von Batesons Buch aus dem Jahr 1913 mit Druckort New Haven gegeben haben könnte. Auf dieses war Pas bei der Lektüre der Zitate in Sinnott, Dunn & Dobzhansky 1950, S. 52 gestoßen. Allerdings waren weder van der Pas noch wir in der Lage eine solche Ausgabe zu lokalisieren. Vermutlich war die Grundlage lediglich ein fehlerhaftes Zitat, bei dem die Druckangaben mit denen eines anderen Buches von Bateson aus demselben Jahr verwechselt worden sind (Vgl. hierzu Bateson 1913c). Zu früheren Angaben zu den von Bateson besorgten englischen Übersetzungen vgl. auch Kříženecký 1965b, S. 66.

[243] **Wiliam E. Castle (1867–1962)** wurde in einer Bauernfamilie geboren. Er studierte zuerst an der Denison University in Granville und dann an der *Harvard University*, wo er sich auf die Zoologie spezialisierte. Nach dem Abschluss lehrte er Zoologie an der University of Wisconsin-Madison und *Knox College* in Galesbury, Illinois bzw. Harvard University. Nach seiner Emeritierung in Harvard ging er an die University of California. Er war auch Mitglied des wissenschaftlichen Rates des Eugenics Record Office und im Jahr 1916 Mitbegründer der Fachzeitschrift *Genetics*. Als einer der ersten Genetiker widmete er sich der mendelistisch orientierten Erforschung von *Drosophila melanogaster*.

[244] **Übersetzungen bei Castle:** Siehe Castle 1916, S. 281–321 (First edition) & Castle 1921, S. 313–353 (Second edition). Von diesem Buch existierten insgesamt 5 Druckausgaben. Die erste Auflage erschien dabei im Dezember 1916 (First impression), Februar 1917 (Second impression) und Juli 1917 (Third impression). Die zweite Auflage erschien zweimal, und zwar im August 1920 (First impression) und August 1921 (Second impression). In früheren Zusammenstellungen (vgl. z. B. Kříženecký 1965b, S. 66; Pas 1959, S. 331–332 & Matalová 1973) finden sich deshalb unterschiedliche Jahreszahlen für die jeweiligen Ausgaben. In den Übersetzungen bei Castle sind die von W. Bateson vorgeschlagenen Änderungen zum Originaltext von Mendel durch [] besonders gekennzeichnet (Vgl. Castle 1921, S. 313, Anm. 1).

Damit wurde die erste Übersetzung auch die Standardausgabe in englischer Sprache, mit welcher die meisten Wissenschaftler weltweit arbeiteten. Die englische Übersetzung Druerys wurde auch in weiteren genetischen Textbüchern neu abgedruckt und wiederverwendet, z. B. in dem von Edmund Ware Sinnott (1888–1968), L.C. Dunn und Th. Dobzhansky editierten Lehrbuch „*Principles of Genetics*".[245]

Daneben sind seit der „Wiederentdeckung" eine nicht überschaubare Zahl von Zusammenfassungen von Mendels Versuchen und Artikel in englischer Sprache erschienen, nachdem bereits 1903 von Castle eine Zusammenfassung von Mendel im Magazin *Science* abgedruckt worden war.[246]

1.3.1.2 Ausgaben der Harvard University Press

Die Druery/Bateson-Übersetzung wurde dann auch als eine selbstständige Broschüre durch die Harvard University Press (HUP) herausgegeben. Die ersten beiden Auflagen dieser Ausgabe stammen aus den Jahren 1925 und 1926.[247] Sie basieren auf den bei Castle abgedruckten Übersetzungen, welche ebenfalls im Verlag der HUP erschienen waren. In den Jahren 1925–2002 wurde diese Ausgabe insgesamt mehr als 20 mal von der HUP herausgegeben.[248]

---

[245] Siehe bspw. Sinnott, Dunn & Dobzhansky 1950, S. 463–493 im Appendix mit der Übersetzung von Bateson. Diese 4. Ausgabe von „*Principles of Genetics*" war zudem, als besondere Ehrung Mendels, mit der vorangestellten Reproduktion eines ihn portraitierenden Ölgemäldes von Flannery aus dem Besitz von H. Iltis versehen. Wie bereits von früheren Autoren festgestellt, enthielten die früheren drei Druckauflagen dieses Buchs aus den Jahren 1925, 1932 und 1939 keinen Appendix mit der Übersetzung von Mendels Artikel aus dem Jahr 1866 (Matalová 1973). Zu finden war die Übersetzung aber auch in späteren Ausgaben (siehe z. B. die 5. Auflage Sinnott, Dunn & Dobzhansky 1958, S. 419–443 im Appendix) und verschiedenen fremdsprachigen Lizenzausgaben.

[246] Castle 1903. Die dort abgedruckte Zusammenfassung war zuvor bereits in den *Proceedings of the American Academy of Arts and Science* 38 (18), 1903, S. 535–548 publiziert worden.

[247] Siehe identisch Pas 1959.

[248] **Anzahl der Auflagen der Harvard University Press:** Vgl. hiervon abweichend Kříženecký 1965, S. 66; Matalová 1973; Müller-Wille & Hall 2020; 2016: https://www.bshs.org.uk/bshs-translations/mendel. Kříženecký, auf den sich wohl viele spätere Autoren direkt oder indirekt bezogen haben, berichtete von 15 selbständigen Broschüren, die im Zeitraum 1925–1965 im HUP erschienen sein sollen. Als Quelle für diese Aussage bezog er sich dabei auf den bibliophilen Peter van der Pas (1915–2004), der im Laufe seines Lebens eine kolossale Sammlung von Büchern zur Wissenschafts- und Technikgeschichte zusammengetragen hat. Eine genaue Zitierung fehlt allerdings. Gemeint war vermutlich ein kleiner bibliographischer Artikel (Pas 1959), in welchem dieser Bibliothekskataloge und Material der Los Angeles Public Library, der Library of the University of California in Berkeley sowie der Library of Congress in Washington hinsichtlich des Abdrucks von Mendels Text ausgewertet hat. Dort finden sich zwar in der Tat 13 Nummern mit Werken gelistet, die Mendels Text enthalten. Insgesamt 15 selbständige Broschüren in der HUP sind aber nicht aufgeführt. Hinsichtlich der Harvard-Ausgabe wurden unter Punkt 10 lediglich zwei Ausgaben von 1925 und ein erneuter Abdruck aus dem Jahr 1926 referenziert. Daneben gelistet sind die in der Harvard University Press erschienenen und hier bereits genannten Ausgaben des Buchs von W.

Die Entstehungsgeschichte dieser sehr erfolgreichen Nachkriegsauflagen des Mendeltextes in der HUP muss dabei vor dem Hintergrund eines sehr komplexen, mehr als zwei Jahrzehnte dauernden, wissenschaftlichen aber auch politischen Diskurses innerhalb der Genetik im Kalten Krieg eingeordnet und gesehen werden, welcher einer etwas ausführlicheren Erläuterung bedarf (s. auch Abschn. 8.2.1).

Bereits im Herbst 1948 gründete der Vorstand der *Genetic Society of America* (GSA) ein Komitee zu Abwehr Anti-Genetischer Propaganda.[249] Die vorrangige Aufgabe dieses Komitees, dem namhafte Genetiker wie Robert C. Cook[250], Theodosius G. Dobzhansky (1900–1975), Hermann J. Muller (1890–1967) und H. Bentley Glass[251] angehörten, war die praktische und intellektuelle Bekämpfung Lyssenkos[252] (vgl. Abschn. 8.2 und 8.2.1) In diesem Sinne sind seine Mitglieder dann auch praktisch vorgegangen und haben sich publikumswirksam mit der Lyssenko-Affäre auseinandergesetzt.[253] Die Mitglieder des Komitees mussten sich dabei jedoch als Einzelpersonen identifizieren, denn ihnen war

---

Castle. Nach unserer eigenen Zählung konnten wir anhand unserer eigenen umfangreichen Handbibliotheken, einer Vielzahl von digitalen und analogen Bibliotheks- und Antiquariats-Katalogen, sowie den uns vorl. Bibliographien zur Geschichte der Genetik insg. 16 verschiedene HUP-Mendel Auflagen identifizieren (siehe Tab. 1.3). Bei der gewählten Angabe beziehen wir uns auf die Angabe in der HUP Ausgabe von 1974, in welcher angegeben ist, dass es sich bereits um die zwanzigste Druckauflage handelte.

[249] Selya 2012, S. 415. Aus dem Komitee ging schon bald das *Committee on Public Education and Scientific Freedom (CPESF)* hervor.

[250] **Robert Carter Cook (1890–1991)** war ein amerikanischer Genetiker. Besondere Bedeutung erlangte er insb. als Editor des *Journal of Heredity* in den Jahren von 1922 bis 1962 (Crow 2005). In diesem hatte er bereits seit den 1930er Jahren Kritiken an Lyssenko untergebracht.

[251] **Hiram Bentley Glass (1906–2005)** war ein amerikanischer Genetiker, Biologielehrer und Kolumnist, der seine wissenschaftliche Karriere u. a. mit einer Promotion unter dem Nobelpreisträger H.J. Muller im Jahr 1932 begonnen hat. Neben wissenschaftlichen Forschungen und der wissenschaftlichen Lehre betätigte sich Glass über einen Zeitraum von mehr als 40 Jahren auch als Editor des *Quarterly Review of Biology* (1944–1986). Ab 1947 arbeitete Glass als Assistenzprofessor an der Johns Hopkins University. Im Zeitraum von 1959 bis 1965 war er Mitglied der Biological Sciences Curriculum Study (BSCS) Gruppe, welche damit beauftragt war, die Neuanpassung von Biologiebüchern für den Schulunterricht in den USA zu überwachen. Glass war zudem „*Trustee*" und später Präsident der *Biological Abstracts*. Glass hat zu den amerikanischen Autoren gehört, die schon sehr früh die Lektüre von Mendels Arbeit zu Pflanzen-Hybriden forcierten. Bereits 1943 schrieb er dazu seinem Lehrbuch „*Genes and the man*", dass alle an der Genetik interessierten Personen Mendels Arbeit zu Erbsen direkt lesen sollten, welches Glass selbst für ein Meisterwerk hielt: „*It is a masterpiece of scientific writing describing a masterpiece of scientific experimentation*" (Glass 1943, S. 81). Biogr. Ang. n. Erk 2005.

[252] Selya 2012, S. 420–421.

[253] Siehe hierzu bspw. die aus dem Zeitraum 1948 bis 1949 stammenden Artikel: R.C. Cook, „*Lysenko's Marxist Genetics: Science or Religion?*", Journal of Heredity 40, 1949, S. 169–202; R.C. Cook, „*Walpurgis week in the Soviet Union*", The Scientific Monthly 68, 1949, S. 367–372; H.J. Muller, „*The Crushing of Genetics in the USSR*", Bulletin of the Atomic Scientists 4, 1948, S. 369–371; Th. Dobzhansky, „*The suppression of a Science*", Bulletin of the Atomic Scientists 5, 1949, S. 144–146.

nicht erlaubt, für die GSA im Gesamten zu sprechen.[254] Dies war ein Konflikt der über mehrere Jahre ohne Lösung innerhalb der GSA schwelte, da sich die Diskussionen im Kontext der McCarthy-Ära zunehmend auch mit der Freiheit der Wissenschaft als solcher beschäftigten.[255] Über Jahre hinweg war es dabei unmöglich, sich auf eine gemeinsame Linie zu einigen.[256] Aus diesem Kontext entwickelte sich ein zweiter Schwerpunkt der Bestrebungen des Vorstands der Gesellschaft, um eine allgemeine positivistische Darstellung der Genetik, aber auch Biologie und Wissenschaft, als solche, ging.[257]

Ihren Ausgangspunkt hatten diese Bestrebungen in den Vorbereitungen zum goldenen, fünfzigjährigen Jubiläum der Genetik im Jahr 1950, also 50 Jahre nach der „Wiederentdeckung" der Mendelschen Regeln. Zunächst war angedacht, die Feierlichkeiten für dieses Jubiläum im Rahmen einer kleinen Zeremonie auf der Jahrestagung der GSA im September 1950 zu begehen, und dieses an eine Tagung unter der Schirmherrschaft des American Institute of Biological Sciences (AIBS) anzugliedern.[258] Die Verantwortung der Organisation dieser Zeremonie bzw. Tagung lag zunächst in Händen des bekannten Genetikers C. Stern, der zu dieser Zeit Präsident der GSA war.[259] Im Januar 1950 schlug der Schatzmeister der GSA, Willard Ralph Singleton (1900–1982), Stern vor, hierfür ein Organisationskomitee

---

[254] Selya 2012, S. 420–421.

[255] Selya 2012, S. 416–417.

[256] Siehe hierzu z. B. Wolfe 2010, S. 70.

[257] Selya 2012, S. 427–428; Wolfe 2010, S. 70–71, S. 74.

[258] Wolfe 2012, S. 390.

[259] **Curt Stern (1902–1981)** war ein bedeutender deutsch-amerikanischer Genetiker. Nach dem Studium der Zoologie in Marburg und Berlin promovierte er 1923 mit Untersuchungen zur Mitose bei Acanthocystideen *(Heliozoa)*. Mit Hilfe eines Stipendiums der *Rockefeller Foundation* war es Stern möglich, für zwei Jahre am Institut von Th. H. Morgan an der *Columbia University* zu forschen. Dort wies er unter anderem nach, dass das Y-Chromosom bei *Drosophila* nicht wie zuvor angenommen, „genleer" ist. Zudem fand er, dass es Mutanten mit ungewöhnlicher XXY Chromosomenkonfiguration gibt. Nachdem er 1926 aus den USA zurückkehrte, wurde er Assistent von R. Goldschmidt am Kaiser Wilhelm-Institut in Berlin. In den 1920er und 1930er Jahren war Stern in Deutschland dann einer der ganz wenigen Genetiker, die sich mit der Genetik und Vererbung beim Modellorganismus *Drosophila* beschäftigt haben. In dieser Zeit gelang ihm u. a. ein wichtiger Nachweis zum Beleg der von Morgan vertretenen Theorie des Crossing-overs und dem damit verbundenen „*Faktorenaustausch"*. Stern rückte mit seinen eigenen Arbeiten somit schon bald zur internationalen Spitzenforschung auf. Nach der Habilitation im Jahr 1928 erhielt Stern dann erneut ein Stipendium der Rockefeller Foundation. Dieses erlaubte ihm in den Jahren 1932–1933 noch einmal in den USA im Labor von Th. Morgan zu forschen, welches zu diesem Zeitpunkt bereits nach Pasadena übergesiedelt war. Auf Grund der Machtergreifung der Nationalsozialisten und den ersten antisemitischen Vorschriften, die eine Entlassung von Juden aus dem öffentlichen Dienst vorsahen, war für Stern an eine weitere Karriere in Deutschland nicht zu denken. Er entschied sich daher, in den USA zu bleiben. Ab 1935 arbeitete Stern erst als Assistenz- dann als vollwertiger Professor an der University of Rochester (N.Y.), wo er weiter an Chromosomen bei *Drosophila* forschte und wichtige Arbeiten publizieren konnte. Im Zweiten Weltkrieg wirkte er zudem in der biomedizinischen Abteilung des „Manhattan-Projekts" mit, in welchem auch seine Frau (Evelyn Stern, née Summerfield) als Übersetzerin tätig war. Sein Interesse galt dabei der Erforschung der

aus den damaligen Granden der klassischen Genetik einzusetzen. Genaue Namen der damit gemeinten Kandidaten sind nicht bekannt, aber W. Castle, A. Blakeslee[260], G. Shull[261] und R. Goldschmidt dürften mögliche Kandidaten gewesen sein.[262] Von diesem Plan ist Stern jedoch in der Folge schnell abgewichen, vielleicht auch, weil er möglicherweise eine nostalgische Veranstaltung älterer Herren befürchtete.[263] Stattdessen wurde eine Reihe jüngerer namhafter Genetiker (L. C. Dunn, I. M. Lerner[264], Paul Mangelsdorf[265],

---

genetischen Auswirkungen beim Einsatz atomarer Waffen. 1947/48 trat C. Stern dann die Nachfolge von Goldschmidt an der University of California in Berkeley am Lehrstuhl für Zoologie an. Ab 1958 hatte er dort dann auch den Lehrstuhl für Genetik inne. In diese Zeit fällt auch ein wachsendes Interesse Sterns an wissenschaftshistorischen Themen, in dessen Rahmen dann auch die Neuübersetzung von Mendels Artikel zu Versuchen bei Pflanzenhybriden fällt. Im Jahr 1970 wurde Stern schließlich emeritiert. Biogr. Ang. n. Hagemann 2006.

[260] **Blakeslee, Albert Francis (1874–1954)** war ein aus New York State stammender amerikanischer Botaniker und Genetiker. Nach Studium und Promotion an der Harvard University arbeitete er zwischen 1904 und 1906 am Botanischen Institut an der Universität Halle-Wittenberg. Zurück in Amerika übernahm er zunächst unter anderem am Connecticut Agricultural College die Professur für Botanik. Später wurde er Mitarbeiter und zuletzt auch Direktor an der Carnegie Institution. Blakeslee untersuchte schon früh verschiedene Formen nichtmendelscher Vererbungsgänge. Besondere Bedeutung hatte seine Arbeit an Colchicin zur Induktion von Mutationen und Polyploidie für die Pflanzenzüchtung (Blakeslee & Avery 1937; Reese 1950). Für detaillierte Biographien siehe bspw. Sinnott 1959 & Kimmelmann 2006.

[261] **George Harrison Shull (1874–1954)** war ein amerikanischer Pflanzengenetiker. Er spielte eine wichtige Rolle in der Entwicklung des Hybrid-Mais sowie bei der Entwicklung des Konzepts der Heterosis. Für weiterführende biogr. Ang. siehe Parkes Riley 1955.

[262] Selya 2012.

[263] Wolfe 2012, S. 393.

[264] **Israel Michael Lerner (1910–1977)** war ein amerikanischer Genetiker und Evolutionsbiologe. Er promovierte 1936 an der University of California und beschäftigte sich dort als Professor insbesondere mit der Geflügelzucht und deren genetischen Aspekten. Lerner verfasste mehrere Fachbücher zur Genetik. Besondere Beachtung fanden seine Arbeiten zur genetischen Homeostasis. Biogr. Ang. n. Dronamraju 1990, *American National Biography,* Vol. 13, S. 503–504.

[265] **Paul Christoph Mangelsdorf (1899–1989)** war ein besonders einflussreicher, amerikanischer Botaniker, Agronom und Genetiker deutscher Abstammung, der sich vorwiegend mit der Hybridisierung von Mais beschäftigte. Nach Studium am Kansas State Agricultural College (heute *Kansas State University*) promovierte er 1925 zum Sc. D. bei dem Genetiker Edward Murray East (1879–1938) (Birchler 2014). Seit 1927 arbeitete Mangelsdorf an der Texas Agricultural Experimental Station. Aus dieser Zeit stammte sein Interesse an den genetischen Ursprüngen des Mais. Seine hierzu vertretenen Ideen galten lange als populär, jedoch heute als widerlegt (ebd.). Von 1940 bis zu seiner Emeritierung 1968 war Mangelsdorf dann Professor für ökonomische Botanik in Harvard, 1945 wurde er zudem Direktor des dortigen Botanical Museums (Birchler 2014). Seit 1941 war Mangelsdorf einer der Berater für Landwirtschaft der Rockefeller Foundation. Deren Bestrebungen initiierten letztendlich die Gründung des Internationalen Mais- und Weizenforschungsinstituts CIMMYT (Centro Internacional de Mejoramiento de Maiz y Trigo) in Mexiko sowie des International Rice Research Institutes (IRRI), welche unter der Federführung des späteren

C. L. Huskins[266] und M. R. Irwin[267]) als Organisationskomitee verpflichtet.[268] Nach Diskussionen innerhalb dieses Komitees kristallisierte sich schon bald ein Plan heraus, die großen Errungenschaften der Genetik der letzten 50 Jahre im Rahmen eines historischen Programms vorzustellen, wobei die Personen im Vordergrund stehen sollten, welche diese Entwicklung selbst miterlebt und mitgetragen hatten.[269] Daneben rückte aber auch schon bald die Darstellung Gregor J. Mendels im Rahmen dieser Veranstaltung in den Blickpunkt und es wurde beispielsweise vorgeschlagen, den Mendel Biographen H. Iltis mitsamt seinen Mendeliana einzuladen.[270] Ebenso wurde diskutiert, ein 3-Cent Briefmarke herauszugeben.[271] Insbesondere P. Mangelsdorf war innerhalb der Gruppe enthusiastisch und einer derjenigen, die erkannten, dass mit einer positivistischen Darstellung der Genetik den sowjet-russischen Argumenten am besten entgegen getreten werden konnte.[272]

Was ursprünglich lediglich als kleine Feierlichkeit zum fünfzigjährigen Jubiläum der Mendelschen Gesetze gedacht war, nahm in der Planung dann schnell immer größere Ausmaße an. Dunn schlug vor, mindestens die Hälfte des Programms noch ungelösten Problemen zu widmen, wobei in den Fokus auch die Physik, Chemie, Mathematik, Medizin, Soziologie und Agrarwissenschaft rückten.[273] Mit Hilfe dieser positiven Darstellung der Genetik gelang es dann auch, eine substanzielle finanzielle Förderung, insbesondere durch die Rockefeller Foundation, einzuwerben. Anschliessend wurde eine eindrückliche Liste von Referenten (z. B. W. Castle, R. Goldschmidt, J. Huxley, G.

Friedensnobelpreisträgers Norman Borlaug (1914–2009) großen Anteil daran hatten, die Grüne Revolution in Gang zu setzen (ebd.; vgl. auch Borlaug 1968, 1970). U. a. war Mangelsdorf auch Präsident der American Society of Naturalists (1951), der Genetics Society of America (1955) sowie der Society for Economic Botany (1962). Nach seiner Pensionierung arbeitete und forschte Mangelsdorf an der University of North Carolina.

[266] **Huskins, Charles Leonard (1897–1953)** war ein kanadischer Genetiker. Nach Promotion am Kings College in London (1927) arbeitete er in England mit William Bateson. 1930 kehrte er nach Kanada zurück, wo er ab 1934 den ersten Lehrstuhl für Genetik an der McGill University in Montreal innehatte. In seinen genetischen Arbeiten konnte er unter anderem zeigen, dass es bei einzelnen Arten im Verlauf der Evolution zur Verdopplungen gekommen ist. Biogr. Ang. n. Sparrow 1954.

[267] **Malcolm Robert Irwin (1897–1987)** war ein amerikanischer Genetiker und Pionier der Immunogenetik. Nach Promotion am Lehrstuhl für Genetik an der Iowa State University (1928) arbeitete er zunächst mit W. E. Castle, Von 1936 bis 1965 wirkte er dann als Professor an der University of Wisconsin-Madison wobei er sich insbesondere mit den Blutgruppen verschiedener Nutztiere beschäftigte. Biogr. Ang. n. Owen (1989).

[268] Wolfe 2012, S. 393.
[269] Ebd., S. 394.
[270] Ebd.
[271] Ebd.
[272] Ebd., S. 395.
[273] Ebd., S. 396.

Beadle und J. Lederberg) aufgestellt.[274] Iltis und seine Mendeliana-Sammlung wurden mit Hilfe eines gemieteten Kombis nach Columbus, wo die Feierlichkeiten stattfanden, verfrachtet und die Sammlung dort in einer mehrmonatigen Ausstellung präsentiert.[275] Auf der Konferenz selber folgte man dem Plan, die Genetik als eine Wissenschaft im Dienste der Menschheit darzustellen. Einer der Hauptvertreter dieses Gedankengangs war P. Mangelsdorf, der den Hybridmais als das beste Beispiel für den Beitrag der Mendelschen Genetik zur Erfüllung der Bedürfnisse der Menschheit präsentierte.[276] Letzteres Argument untermauerte er weitergehend, in dem er darauf hinwies, dass die Mendelsche Genetik damit ein wichtiges ideologisches Werkzeug sei, um die amerikanischen Ideale der Demokratie und Freiheit weiter zu verbreiten. Dabei diente die synthetische Evolution als ein Deckmantel, hinter dem sich fast alle Teilnehmer ohne größere Kontroversen vereinigen konnten, ohne dass die damals noch schwelenden Fachkonflikte zur DNS, zur partikulären Einheit der Gene oder die Genregulation in den publikumswirksamen Fokus traten.[277] Zudem begannen fast alle Teilnehmer darauf zu verweisen, dass ihre jeweiligen Subdisziplinen sich schon von den Forschungen Mendels direkt ableiteten. Der Eugenik mit ihrer engen Beziehung zur Genetik in den Jahrzehnten zuvor wurde gar kein Platz mehr eingeräumt und auch nicht mehr erwähnt.

Um eine maximale Außenwirkung zu erzielen, wurde von den Verantwortlichen der Organisation eine PR-Firma engagiert, um die Aufmerksamkeit der Öffentlichkeit auf die Veranstaltung zu lenken. Diese ist auch sehr erfolgreich gewesen. Die viertägigen Feierlichkeiten wurden letztendlich von 2.500 Biologen besucht, ein begleitendes Lehrbuch wurde veröffentlicht und ein Flugblatt, das auf die allgemeine Öffentlichkeit abzielte, erschien in einer Auflage von 100.000 Druckexemplaren. In der Retrospektive betrachtet, leistete das goldene Jubiläum jedenfalls einen entscheidenden Impuls um Gregor J. Mendel als den „Vater der Genetik" in der internationalen modernen Literatur und in Schulbüchern zu verankern. Ganz sicher ist, dass vor diesem Hintergrund jedenfalls auch die Entstehung von Neuauflagen von Mendels *Versuchen* zu sehen ist. In den USA ist dies insbesondere durch die ab 1950 entstehenden Neuausgaben in der HUP erfolgt. In der Version von 1965 und auch späteren Ausgaben (die Ausgabe ist immer noch erhältlich) ist dieser ein Vorwort des Harvard-Professors P. C. Mangelsdorf vorangestellt. Damit ist Mendels Arbeit dann endgültig in den Kontext der Probleme der

---

[274] Ebd., S. 398.

[275] Ebd., S. 398–399.

[276] **Mendel und der Hybridmais:** Die Verknüpfung der Bedeutung von Mendels Arbeiten und der des Hybridmais hat Mangelsdorf wiederholt zur Popularisierung seiner Ideen genutzt. Siehe hierzu beispielsweise auch Mangelsdorf 1948.

[277] Ebd., S. 401.

1 Historische Einführung und Editionsgeschichte

Welternährung gestellt worden.[278] Wie die früheren Ausgaben basierten auch die Nachkriegsausgaben der HUP immer noch auf der Bateson Übersetzung. Daneben sind im Nachgang des goldenen Jubiläums dann auch noch eine Vielzahl weiterer genetischer Quellensammlungen, Bücher zur Geschichte der Genetik sowie internationale Mendel-Konferenzen und Ausgaben entstanden.

Ebenfalls enthalten war die Bateson Übersetzung bspw. auch in der 1959 von James Arthur Peters (1922–1972) unter dem Titel *„Classic Papers in Genetics"* herausgegebenen Sammlung von Artikeln bzw. klassische Arbeiten auf dem Gebiet der Genetik.[279] Mendels Artikel ist in dieser Ausgabe jedoch gekürzt wiedergegeben. Die letzten Abschnitte und Seiten, in denen sich Mendel mit Kreuzungen bei anderen Pflanzen beschäftigte, wurden, ebenso wie die abschliessenden Diskussionen und Literatureinordnungen zur Vererbung, ausgelassen. Die Begründung die Peters hierfür angab ist durchaus interessant, denn nach seiner praktischen Erfahrung aus dem universitären Genetikunterricht waren es diese Seiten, die eher zu Verwirrungen denn für Klarheit gesorgt haben.[280]

In ihrer kompilativen Gestaltung verdeutlicht dieser damalige Neuabdruck zusammen mit anderen genetischen Arbeiten vermutlich am besten, welchem immensen transformativen Wandel die Biologie in der ersten Hälfte des 20. Jahrhunderts unterlag und welch vielfältigen neuen Möglichkeiten sich im Rahmen der Genetik dabei nach der „Wiederentdeckung" Mendels den Biologen dieser Zeiten eröffnet haben. Zudem macht die Kompilation anschaulich, welche verschiedenen Aspekte sich aus Mendels Arbeit sowohl direkt als auch indirekt ergeben haben und weiteres Studium benötigten. Oftmals waren es sogar direkte Aspekte in Mendels Arbeit selbst, die wichtige anregende Impulse gaben bzw. auch durch neue Fragestellungen und Beobachtungen, die durch die Mendelschen Gesetze allein nicht beantwortet oder erklärt werden konnten. Die hier besprochene Edition klassischer genetischer Arbeiten illustriert zuletzt aber auch all das Wissen, welches Mendel 1865 noch nicht zur Verfügung stand.

---

[278] Vgl. hierzu bspw. auch Mangelsdorf 1965, S. 242, in welchem dieser Mendel hinsichtlich der US-amerikanischen Geschichte kontextualisierte: „*How is it that we in the United States enjoy such an abundance when so much of the world hungers? […] A little more than a century ago in the midst of a civil war the American Congress with remarkable foresight […] passed […] two acts […]. One […] was concerned with […] the creation of a department of agriculture, the other, the Morrill Act, with the establishment […] of colleges […] related to agriculture and the mechanical arts… […] When the science of genetics was born with the rediscovery of Mendel's law in 1900 the consequences of the events in 1862 and 1865 converged. […]*". Davon ausgehend verwies Mangelsdorf darauf, dass beide Institutionen wichtig waren, die Genetik und deren Techniken praktisch anzuwenden bzw. anwendbar zu machen. Den wichtigeren Beitrag, neben den Fortschritt der genetischen Techniken selbst, hat die Genetik seiner Ansicht nach aber als Katalysator gehabt, der dabei half, eine allgemeinere, größere Transformation der amerikanischen Landwirtschaft voranzutreiben (ebd.).

[279] Peters 1959, S. 2–20.

[280] Ebd., S. 1. Dieser Aspekt ist auch hinsichtlich der verschiedenen kommentierten Ausgaben von Mendels-Artikel interessant, denn oft wurden den letzten Seiten tatsächlich weniger Beachtung geschenkt.

Im Rahmen der HUP Übersetzungen muss auch noch auf eine weitere Anthologie verwiesen werden. Im Jahr 1962 veröffentlichten Reginald H. Phelps (1909–2006), der damalige Direktor des Harvard University Extension Programms und Jack M. Stein (1914–1976), Professor für Deutsche Sprache und Literatur an der Harvard University, eine Anthologie unter dem Titel „*The German Scientific Heritage*". In dieser war eine gekürzte deutsche Ausgabe von Gregor Mendels wichtigstem Artikel enthalten, wobei randständig die elementaren korrespondierenden Vokabeln in Englisch beigefügt waren. Die Anthologie richtete sich primär an fortgeschrittene Deutsch-Studenten und beinhaltete Auszüge bedeutender wissenschaftlicher Werke in deutscher Sprache. Mendels Artikel, der ergänzend mit einigen Zeichnungen und Grafik bebildert war, befand sich dabei in bester Gesellschaft u. a. zu Auszügen aus Texten von Johannes Kepler (1571–1630), Justus von Liebig, Emil Fischer (1852–1919), Hermann von Helmholtz (1821–1894), Karl Ernst von Baer (1792–1876), Carl Friedrich von Weizsäcker (1928–2007), sowie der Mathematiker Leonhard Euler (1707–1783), Gottfried Wilhelm Leibniz (1646–1716) und Carl Friedrich Gauß (1777–1855).

1.3.1.3 Englische Übersetzung mit Anmerkungen von Sir R. A. Fisher

Im Jahr 1965, zum 100jährigen Jubiläum von Mendels Vorträgen, wurde schließlich eine von Denise Ryan neu durchgesehene Übersetzung mit Anmerkungen von Sir Ronald Aylmer Fisher[281] durch John Henry Bennett[282] herausgegeben und publiziert.[283] Diese

---

[281] **Ronald Aylmer Fisher (1890–1962)** war ein britischer Genetiker, Mathematiker und Evolutionsbiologe. 1909 begann er mit Hilfe eines Stipendiums ein Studium der Mathematik am Gonville and Caius College in Cambridge, welches er schon bald erfolgreich abschloss. Von 1913 bis 1919 arbeitete Fisher als Statistiker in London. Schon in dieser Zeit war Fisher stark von Mendels Versuchen beeinflusst. So publizierte er beispielsweise 1918 seine Arbeit „*The Correlation Between Relatives on the Supposition of Mendelian Inheritance*" in welcher er den Begriff der Varianz und deren formale Analyse einführte.

Von 1919 bis 1933 arbeitete Fisher an der Rothamsted Experimental Station, ab 1933 als Professor für Eugenik am University College London. Sir Ronald Aylmer Fisher gilt heute als einer der Hauptbegründer der modernen Statistik und Populationsgenetik. Seine Ansichten zu Rasse und Eugenik werden jedoch heute sehr kritisch gesehen. Für biogr. Ang. zu Fisher siehe insb. Box 1978, 1980 & 1989.

[282] **John Henry Bennett (1926–2015)** war ein australischer Mathematiker, der bei R. A. Fisher in Cambridge seine Doktorarbeit absolvierte (Bennet & Somerville o. D.). Nach mehreren Forschungsaufenthalten in den USA, Kanada und erneut Cambridge wurde er 1956 in Adelaide zum Professor für Genetik ernannt. Nach dem Tod Fishers in Adelaide 1962 war es dann Bennett, der die Editierung der gesammelten Werke von Fishers wissenschaftlichen Arbeiten übernahm, welche schließlich in 5 Bänden im Zeitraum zwischen 1971 und 1974 erschienen. Darüber hinaus hat er, neben der von Fisher kommentierten englischen Ausgabe von Mendels Text, auch noch zwei Sammlungen zur Korrespondenz von R. A. Fisher herausgegeben (s. Bennett 1983 & 1993).

[283] Siehe Fisher [& Mendel] 1965. Bereits bei Křiženecký 1965b wurde auf die kommentierte Übersetzung R. A. Fishers mit Verweis auf das Jahr 1957 hingewiesen (*Source papers in the structure of science*, 1).

Ausgabe muss insofern hervorgehoben werden, als sie die Mendel gegenüber kritischste Ausgabe darstellt und in der Folge eine ganz eigene Kontroverse ausgelöst hat.[284]

Die posthume Publikation einer kommentierten Ausgabe Mendels durch Fisher beruhte auf unpublizierten Notizen, welche letzterer 1955, in seiner Zeit als Professor an der Universität Cambridge, angefertigt hatte.[285] Sie waren ursprünglich im Kontext einer angedachten Serie zu Primärpublikationen über die Struktur der Wissenschaft angedacht, welche jedoch letztendlich nicht erscheinen sollte.[286] Neben marginalen Kommentaren Fishers ist in dieser Ausgabe auch eine von Fisher erstellte Einleitung zu Mendels Artikel zu finden, welche noch durch ein Vorwort des Herausgebers ergänzt worden war.[287] Enthalten waren zudem noch eine kurze Biographie Mendels, welche den Arbeiten W. Batesons entnommen war, sowie abschließend ein Nachdruck von R. Fishers im Jahr 1936 erstmals erschienenem Aufsatz *„Has Mendel's work been rediscovered?"*, auf welchem auch in Klappentext, Vorwort und der Einleitung eingegangen wurde. Der meist zitierte Absatz dieses Artikels ist mit Sicherheit derjenige, in dem Fisher auf in seinen Augen eklatante statistische Diskrepanzen in den Ergebnissen von Mendels Arbeit aufmerksam machte. Er zog daraus den Schluss, dass „[...] *die Daten der meisten Experimente, wenn nicht aller, der Experimente verfälscht wurden um besser mit Mendels Erwartungen übereinzustimmen."*

Grundlage dieser Aussage waren Überlegungen zur Wahrscheinlichkeit, mit der Mendels Ergebnisse in Einzelexperimenten zu erwarten waren. Bereits 1902 hatte der Biometriker und Evolutionsbiologe W. F. R. Weldon darauf hingewiesen, dass Mendels Ergebnisse sehr nah an den Erwartungswerten lagen, was er mit Hilfe des damals von K. Pearson gerade neu entwickelten χ^2 Tests aufzuzeigen versuchte.[288] Der junge Fisher war auf dieses Problem bereits 1911 gestoßen und hatte darauf in einem Vortrag über Heredität aufmerksam gemacht, den er vor der Cambridge University Eugenics Society gehalten hatte und in welchem er erstmals biometrische und mendelistische Ideen zusammenbrachte.[289] Fisher hat dann die einzelnen Experimente von Mendels Kreuzungen statistisch untersucht, wobei auch er den χ^2 Test nutzte und eine von ihm erstellte Rekonstruktion der Experimente Mendels verwendete. Die essentielle Erkenntnis Fishers war die Tatsache, dass die statistischen Tests eine extrem gute Übereinstimmung von Beobachtungen mit Erwartungswerten zeigten, welche nur sehr unwahrscheinlich

---

[284] Fisher [& Mendel] 1965, S. VIII.
[285] Ebd., S. V–VIII.
[286] Ebd.; vgl. hierzu eine abweichende Darstellung in Křiženecký 1966, S. 66.
[287] Fisher [& Mendel] 1965, S. V–VIII.
[288] Weldon 1902; Fairbanks & Rytting 2001, S. 738; Pearson 1900; Siehe aber insb. auch Radick 2015.
[289] R. A. Fisher war zu dieser Zeit noch Student und im dritten Jahr im Gonville and Caius College in Cambridge (Edwards 1986, Box 1989, S. 6–8). Der vollständige Vortrag Fishers ist erst posthum als Artikel von J.H. Bennett (1983) publiziert worden (Fisher 1912).

zufällig entstanden sein konnte. Noch wichtiger war ihm jedoch die Einsicht, dass es insbesondere in einer Versuchsreihe Mendel eine große Diskrepanz insofern gab, als dass die Beobachtungsfrequenzen extrem nah an dem von Mendel „erwarteten" 2:1 Verhältnis lagen aber sich signifikant von den statistischen Erwartungswerten unterschieden.[290]

Dabei ging es Fisher ursprünglich gar nicht darum nachzuweisen, dass an Mendels Artikel etwas nicht stimmte. Hintergrund für diese Vorgehensweise war vielmehr, dass er den Eindruck hatte, dass Mendels Text, und dies *„trotz seiner immensen Publizität"*, bis dahin nur oberflächlich untersucht worden war, ja dass selbst die „Wiederentdecker" nicht in der Lage waren dem Text neue Ideen zu entnehmen, welche sie nicht *„sowie schon bereit waren zu akzeptieren"*.[291] Dieses Kernanliegen zeigt sich dabei schon im von Fisher für den Aufsatz gewählten ironischen bzw. gar polemischen Titel.

Fishers großer Verdienst ist, dass er in diesem Artikel als Erster eine zeitliche und organisatorische Rekonstruktion von Mendels Versuchen vorgenommen hat, auf die alle späteren Autoren zurückgreifen konnten. Fisher hatte dabei aber mit großen Problemen zu kämpfen, denn bei der Erstellung seiner zeitlichen Einordnung stand ihm im Wesentlichen nur Mendels Artikel selbst zur Verfügung. Auf andere damals verfügbare wichtige Quellen wie H. Iltis Mendel-Biographie, welche bereits in einer englischen Ausgabe vorlag, hat er sich bei der Erstellung nicht berufen können. Sie lag ihm nicht vor bzw. er wurde erst während des Peer-Reviewprozesses auf deren mögliche Relevanz hin aufmerksam gemacht. Dadurch ist Fisher insbesondere auch der Verweis von Iltis auf den Briefwechsel von Mendel mit C. W. v. Nägeli entgangen, in dem Mendel darauf hingewiesen hatte, dass seine Experimente in den Jahren 1856 bis 1863 durchgeführt worden den.[292]

R. A. Fisher ging dagegen davon aus, dass Mendel seine Versuchserbsen erstmalig im Jahr 1857 angebaut hat und er somit bis zu seinem Vortrag Ergebnisse von 8 kompletten Jahren auswerten und somit darüber berichten konnte.[293]

Der fertige Artikel Fishers, der später in der kommentierten Neuauflage aus dem Jahr 1965 neu abgedruckt wurde, ist auf Anregung durch Douglas McKie (1896–1967), einem der Editoren des damals gerade frisch gegründeten Magazins *Annals of Science*, entstanden. Verfasst wurde er von R. A. Fisher in den Weihnachtsferien 1935/36.[294]

Im selben Jahr wie Fishers Übersetzung erschien 1965 anlässlich des 100. Jubiläums der Veröffentlichung Mendels Schrift auch noch eine sehr originelle und mit einem

---

[290] Fisher [& Mendel] 1965, S. V.

[291] Siehe hierzu im Detail den Brief R. A. Fishers an Douglas McKie, den Chefredakteur der *Annals of Science* in: Fisher [& Mendel] 1965, S. VII. [Übersetzung des Kurzzitates durch d. Verf. d. vorl. Edition].

[292] Die Zitierung von Iltis ist erst nachträglich von Fisher, aber noch vor Druck des Aufsatzes, dem Artikel beigegeben worden.

[293] Fisher [& Mendel]1965, S. VI.; vgl. Fisher 1936.

[294] Siehe Fisher [& Mendel] 1965, S. VII.

extensiven englischen Kommentar versehene deutschsprachige Edition in der Tschechoslowakei.[295]

1.3.1.4 Die Stern-Sherwood Ausgabe

Im Jahr 1966 erschien schließlich eine der wenigen Neu-Übersetzungen ins Englische, welche durch C. Stern und die von ihm rekrutierte Eva Sherwood[296] als Hauptübersetzerin, besorgt wurde.[297] Der Abdruck der Übersetzung erfolgte in einem Quellenband zur Geschichte der Genetik, welcher unter dem Titel *„The Origins of Genetics. A Mendel Source Book"* erschienen ist. Ausgangspunkt dieser Ausgabe war die Ansicht der beiden Herausgeber, dass die Übersetzung von Druery und Bateson stellenweise fehlerhaft und problematisch sei. Sowohl für E. Sherwood als auch C. Stern war Deutsch Muttersprache. Ihre Übersetzung wird allgemein als genauer akzeptiert als die ältere Ausgabe.[298] Publikationstechnisch hat sie jedoch keine so weite Verbreitung gefunden.[299] In der Quellensammlung selbst war neben Mendels Artikel *„Versuche über Pflanzen-Hybriden"* auch eine Übersetzung von Mendels kleinerer Arbeit zu Kreuzungsexperimenten bei *Hieracium* beigefügt. Auch Mendels Briefe an C. W. v. Nägeli sind in dieser Ausgabe zu finden.[300] Darüber hinaus enthielt der Band auch Arbeiten der beiden „Wiederentdecker" H. de Vries und C. Correns. Beigefügte Briefe von beiden verdeutlichen zudem, wie diese auf Mendels Arbeit gestoßen waren. Den Abschluss bildeten Diskussionen von R. A. Fisher und Wright, Sewall (1889–1988) hinsichtlich der Verlässlichkeit von Mendels Daten. Im Jahr 1968 ist die Übersetzung von E. Sherwood und C. Stern dann noch einmal, ebenso wie zwei Briefe von Mendel an C. W. v. Nägeli in einer weiteren Quellensammlung zur Geschichte der Genetik und Entwicklungsbiologie abgedruckt worden, und zwar in der von Bruce R. Voeller (1934–1994) zusammengestellten Edition *„The chromosome theory of inheritance: Classic papers in*

---

[295] Křiženecký 1965a, S. 15–92.

[296] **Eva R. Sherwood (1918 o. 1919–1968)** war eine in Deutschland geborene, amerikanische Genetikerin. Sie emigrierte 1937 in die USA. Ihre Karriere begann sie als Studentin von C. Stern in seiner Zeit an der University of Rochester (N.Y.), wo sie 1941 einen Bachelor Abschluß in Genetik erlangte. Nachdem sie 1943 die amerikanische Staatsbürgerschaft erhalten hatte, wechselte sie 1952 an die University of California in Berkeley, wo sie Sterns wichtigste Assistentin wurde. Neben der mit Stern editierten Mendel-Quellensammlung hat sie mit diesem zusammen auch noch einige weitere wissenschaftliche genetische Studien durchgeführt und veröffentlicht. Quellen: *Oakland Tribune,* 22. November 1968, S. 30; *San Francisco Examiner* 22. November 1968, S. 49.

[297] Siehe Stern & Sherwood 1966, S. 1–49, S. 49–55 sowie S. 56–101.

[298] Fairbanks & Abbott 2016, S. 402; s. a. Kevles & Hood 1993, S. 339; Porteous 2004.

[299] Fairbanks & Abbott 2016, S. 402.

[300] Ebd.

development and heredity".[301] Neben der Arbeit von Mendel enthielt diese Kompilation auch auszugsweise Texte 1.) von Oscar Hertwig[302] und Hermann Fol[303] zur Rolle des Zellkerns bei der Befruchtung, 2.) von Joseph Gottlieb Kölreuter (1733–1806) zur Gleichwertigkeit der Eltern an den Eigenschaften der Nachkommen, 3.) von Eduard Strasburger (1844–1912), August Weismann (1834–1914) und O. Hertwig zur Rolle des Zellkerns als Vehikel bei der Vererbung, 4.) von Walther Flemming (1843–1905), Wilhelm Roux (1850–1924) und Edouard van Beneden (1846–1910) zur Kontinuität der Chromosomen sowie 5.) von Thomas Harrison Montgomery Jr. (1873–1912), Clarence Erwin McClung (1870–1946), Theodor Boveri (1862–1915), Walter Sutton (1877–1916), Edmund Beecher Wilson (1856–1939) und Nettie Stevens (1861–1912) zur Individualität der Chromosomen. Den Abschluss bildeten 8 Arbeiten zur Mendelschen Genetik und Chromosomentheorie der Vererbung von Sutton, Eleanor Carothers

---

[301] Voeller 1968, S. 113–156.

[302] **Oscar Hertwig (1849–1922)** war ein deutscher Zoologe, der in Bonn und Jena forschte. Von 1888 bis 1921 war er ordentlicher Professor am II. Anatomischen Institut in Berlin. Hertwig beobachtete 1875 beim Seeigelei, dass der Befruchtungsvorgang auf der Verschmelzung einer Ei- und eines Spermakerns basiert. Er zeigte zudem, dass es nicht zu einer Neubildung von Kernen kommt, sondern diese erhalten bleiben und Material über Generationen hinweg weitergegeben wird. Daraus leitete Hertwig den zweiten Fundamentalsatz der Zelllehre, *„Omnis nucleus a nucleo"* ab, welchem er dem ersten damals bereits akzeptierten *„Omnis cellula a cellula"* anfügte (Hertwig 1918, S. 61). Hertwig war zudem auch in anderer Hinsicht wichtig für die Entwicklung der Genetik, da seine *„Kernidioplasmatheorie"* propagierte, dass die färbbare Kernsubstanz Träger der Erbanlagen ist. Im Jahre 1890 entdeckte er bei *Ascaris* zudem die Reduktionsteilung der Samenzelle. Hertwig war auch nach der „Wiederentdeckung" ein Anhänger Nägelis. Die von Mendel gefundene Spaltungsregel betrachtete Hertwig als *„fundamental wichtige Entdeckung"*. Dabei stand für Hertwig im Vordergrund, dass sich die Forschungsgebiete zur Befruchtung der Eizelle und die *„Mendelforschung"*, d. h. *„das physiologische Studium der Eigenschaften pflanzlicher und tierischer Bastarde (Hybride oder Mischlinge)"* ergänzten und bestätigten (Hertwig 1918, S. 71–72). In seinen Lehrbüchern ist Hertwig sehr detailliert auf die Mendelforschung eingegangen (siehe z. B. Hertwig 1918, S. 71–118, S. 243, S. 342–343). Biogr. Ang. n. Uschmann 1969; in der Quellensammlung von Voeller waren Studien von Hertwig am Seeigelei (Hertwig 1876), sowie zur Rolle des Zellkerns bei der Vererbung abgedruckt (Hertwig 1885). Vgl. Voeller 1968, S. 1–8.

[303] Hermann Fol (1845–1892) war ein Schweizer Zoologe. Er gilt als Mitbegründer der modernen Zytologie. Ab 1878 war er Titularprofessor für vergleichende Embryologie und Teratologie an der Universität Genf. Ende der 1870er beobachtete Fol die Befruchtung einer Eizelle durch ein Spermium und bestätigte so die Arbeiten von Oscar Hertwig (Voeller 1968, S. 9–11). Im Gegensatz zu diesem beobachtete Fol aber auch direkt den Transfer des Nukleus des Spermiums in das Zytoplasma der Eizelle, wo dieser zum Pronukleus wurde. Zudem erkannte er, dass nur ein einzelnes Spermium zur Befruchtung einer Eizelle notwendig ist (ebd.). In der Quellensammlung von Voeller ist ein Auszug aus Fols Artikel zum Beginn der Ontogenese bei verschiedenen Tieren wiedergegeben (Fol 1877; Voeller 1968, S. 9–11). In seiner Besprechung der Arbeit Fols hat Voeller darauf hingewiesen, dass auch schon Mendel in einem seiner Briefe an C. W. v. Nägeli angemerkt hat, dass bei Pflanzen für die Befruchtung lediglich ein Pollenkorn notwendig ist (ebd.; Mendels Brief vom 3. Juli 1870 in Voeller 1968, S. 151).

(1882–1957), Th. H. Morgan, Alfred Henry Sturtevant (1891–1970), Calvin Blackman Bridges (1889–1938), Albert Francis Blakeslee und Th. Dobzhansky. Zuletzt erschien die Stern-Sherwood-Ausgabe noch einmal in einem 1989 von Jules Janick herausgegebenen Sammelband zu den klassischen wissenschaftlichen Texten der Gartenbauwissenschaft[304]. Janick machte dort deutlich, dass Mendel seiner Auffassung nach primär als Wissenschaftler in der Tradition des Gartenbaus zu sehen ist, und Mendels Artikel aus dem Jahr 1866 nicht nur der bedeutendste gartenbauwissenschaftliche Artikel, sondern wohl auch der berühmteste Einzelartikel in der Geschichte der Biologie überhaupt gewesen ist[305].

1.3.1.5 Weitere englische Übersetzungen

Gesondert zu erwähnen ist auch die von Alain F. Corcos (geb. 1925) und Floyd V. Monaghan (1916–1999) unter dem Titel *„Gregor Mendel's Experiments on Plant Hybrids: A Guided Study"* besorgten Ausgabe aus dem Jahr 1993. Diese unterscheidet sich didaktisch von fast allen anderen Ausgaben dadurch, dass zwischen den Text von Mendel eigene umfangreiche Interpretationen und Kommentierungen eingefügt worden sind.

Eine weitere englische Neuausgabe von Mendels Kreuzungsexperimenten wurde im Jahr 2016 von Scott Abbott und Daniel J. Fairbanks (geb. 1956) veröffentlicht, wobei es sich um eine neue Übersetzung und Darwinisierung des ursprünglichen Textes handelte.[306] In minimaler Veränderung wurde diese noch einmal in der *Folia Mendeliana* 52 (2) aus dem Jahr 2016 abgedruckt.

1.3.1.6 Aktuelle englischsprachige Referenzausgabe

Die bislang letzte englische Übersetzung erfolgte durch Staffan Müller-Wille und Kersten T. Hall für die British Society for the History of Science.[307] Letztere Version, die zunächst als Online-Angebot erschien, glänzt u. a. dadurch, dass viele Feinheiten in der Übersetzung vom Deutschen ins Englische detailliertest beleuchtet werden.[308] Die Onlineausgabe erlaubt ein satzweises Durchgehen, wobei auch die Unterschiede zwischen den verschiedenen englischen Ausgaben (insb. der von Bateson und Stern & Sherwood), sowie deren Schwachstellen aufgezeigt werden.[309]

---

[304] Janick 1989, S. 413–436.
[305] Janick 1989, S. 412.
[306] Siehe Abbott & Fairbanks 2016, S. 407–422; Fairbanks & Abbott 2016, S. 401–405.
[307] Vgl. https://www.bshs.org.uk/bshs-translations/mendel/ (zuletzt aufgerufen: 4. April 2018).
[308] Zu anderen, teilweise gekürzten Ausgaben s. a. Kříženecký 1965a, S. 22–23; Matalová 1973, S. 248–253; Peters 1961, S. 1–20.
[309] **Zu Unterschieden in den englischen Übersetzungen** sowie Auslegungen und Übersetzungsfehlern in diesen, s. a. die Kritiken bei Weiling 1994a; Sandler 2000; Allchin 2002; Shan 2016, S. 70, 82, 85, 91–92, 230–233, Van Dijk & Ellis 2016 und Fairbanks & Abbott 2016, S. 402; Müller-Wille & Orel 2007. Als Beispiel einer frühen Kritik siehe Gustafsson 1969, S. 251 u. Stern & Sherwood 1966.

Zudem sind in dieser Ausgabe, die 2020 auch noch einmal in Druckform erschienen ist (Dostál, Müller-Wille & Hall 2020), viele inhaltliche Detailaspekte in den Kommentaren angesprochen, welche sich so in keiner anderen Edition finden. Im Gegensatz zu früheren Übersetzungen basiert sie auf einem der bereits erwähnten Sonderdrucke, welcher auf der Seite der Virtual Laboratory online erhältlich ist.[310] Textkritisch sind dabei auch Unterschiede zwischen dem Mendel-Manuskript und dem den Editoren vorliegenden Sonderdruck kolportiert worden.[311] Besonders gelungen ist an dieser Ausgabe aber, dass viele Querverweise auf Literatur gegeben werden, welche Mendel vermutlich auch selbst genutzt hat. Gerade auf diese Anmerkungen ist in der hier vorliegenden Edition umfangreich, innerhalb der kritisch kommentierten Version von Mendels Arbeit zu den Versuchen (Kap. 2), eingegangen worden, da sich hier durchaus eine Vielzahl von neuen weitergehenden Erkenntnissen ergeben haben.

Neben den englischen Ausgaben wurde Mendels Hauptwerk auch in viele weitere Sprachen übersetzt. Bereits im Zeitalter der klassischen Genetik bis 1965 erschienen beispielsweise Ausgaben in Französisch, Italienisch, Japanisch, Polnisch, Russisch, Spanisch, Schwedisch, Tschechisch und Chinesisch (siehe Tab. 1.3 sowie Abschn. 1.3.2 ff.).

---

[310] Müller-Wille & Hall 2016; The Virtual Laboratory Max-Planck-Institute for the History of Science, Berlin. Vgl. https://vlp.mpiwg-berlin.mpg.de/library/data/lit26745 (zuletzt aufgerufen: 4. 4.2018). Die dort zu findende digitale Version weist auch einige kleine Korrekturen auf, von denen angenommen wird, dass diese von Mendel selbst vorgenommen worden sind (vgl. auch Müller-Wille & Hall 2016). Auf der Webseite finden sich leider keine weiteren Angaben zu der dort digitalisierten Version. Vermutlich handelt es sich aber um den Sonderdruck, den man im Nachlass von Boveri gefunden hat.

[311] Müller-Wille & Hall 2016.

Tab. 1.3 Statistische Übersicht zu den unterschiedlichen Neuausgaben, internationalen Ausgaben und Übersetzungen von Mendels Arbeit zu Pflanzenhybriden

Sprache	Jahr der Publikationen	Anzahl an Auflagen/ Editionen
Deutsch	1901 (2x)^b, 1910^b, 1911^b, 1913, 1914*, 1917, 1923, 1929, 1933, 1940, 1943, 1951, 1962 (2x), 1965^b, 1965^b, 1970^b, 1971, 1976 (2x), 1983, 1984, 1995^b, 1999, 2000^b, 2006 (3x)^b BSHS 2020^{ab}	29
Englisch	Druery: 1901^{bx}; Bateson: 1902^{*bxz}, 1909a^{*bxz}, 1909b^{*bxz}, 1909c, 1913a^{*bx}, 1913b^b, 1930^{*bxz}, 1930; Castle: 1916^{*bv}, 1920^x, 1921^{*bv}, 1924*; Sinnott, Dunn & Dobzhansky: 1950^{*bvx}, 1958^b Fisher: 1965^b Corcos & Monaghan 1993^b HUP: 1925^{*+b}, 1926*, 1930$^+$, 1933$^+$, 1936$^+$, 1938$^+$, 1941$^+$, 1946$^+$, 1948$^+$, 1950$^+$, 1956$^+$, 1960^{+a}, 1965$^{+\#ab}$, 1967^{+x}, 1974$^{x\#b}$, 2002$^{a\#}$ Stern & Sherwood: 1966^{bz}, 1968^{bc}, 1989^b Cosimo Classics: 2008 Abbott & Fairbanks: 2016 (2x)^b BSHS: 2016^b, 2020^b	41
Japanisch	Nagai: 1916^{vz}; Ikeno: 1927^{vx}; Matsuura: 1927^{vx}; Koizumi 1928^{vx}; Kosakai: 1928^{vz}; Uda: 1931^{vxz}; Sinoto: 1935^{vxz}, 1943^{vxz}, 1965, 1972^x; Nagai: 2008^a	11
Russisch	Flaksberger 1910^x, 1929^{xz}, 1935; Yegunova 1912^x, Breslavets: 1923^{xz}, Sapegin: 1923^x, Flaksberger 1929^{xz}, 1935^{vxz}, Gaissinovitch: 1935^{xz}, 1965^{bxz}, 1968^x	9
Chinesisch	Fu: 1920–21^w, Dao Rong: 1936^w, 1937, 1939, Wu Zhong Xian: 1957^{w+}, 1965$^+$, 1970, 1985$^?$	7 oder 8
Spanisch	Burkart: 1934^{bu}, 1946^{au}, 2008+; Robledo: 1940 (2x)^{*bvx}, Prevosti Pelegrin: 1965$^{\#+bx}$, 1974^b	7
Italienisch	Patellani: 1914^{vx}, Gedda & Pinkus: 1956^{*bvx}, 1967^x, di Trocchio: 1990^b	4
Französisch-Französisch	Chappellier: 1907^{bvz}, 1980$^+$, 1984^{+a}	2
Schwedisch	Larsson: 1917^{vxz}, 1965^x, Nilsson: 1967^x	3
Tschechisch	Brožek: 1926^{bvz+}, 1965, 2007^b	3
Ungarisch	Raymund: 1944^{xa}, Szabó: 1976; Gyula: 1980$^+$	3
Polnisch	Wolska 1915^{bvx}, Wilczyński: 1948^{+vxz}	2
Portugiesisch	Candeias: 1965^{xz}	1
Rumänisch	Piescu: 1945^x	1
Georgisch	Garsiashvili: 1929†**	1
Armenisch	Sargsyan: 1936†**	1

(Fortsetzung)

Tab. 1.3 (Fortsetzung)

Sprache	Jahr der Publikationen	Anzahl an Auflagen/ Editionen
Lettisch	Dišlera: 1979+	1
Vietnamesisch	2012+	1

*Angaben belegt durch Pas 1959; **Angaben belegt durch Bakhteev 1971; ᵘAngaben belegt durch Nunez 2000; ᵛAngaben belegt durch Křiženecký 1965a & 1965b; ʷAngaben belegt durch Zhencheng 1989; ˣAngaben belegt durch Matalová 1973; ʸAngaben belegt durch Orel 1974b; ᶻAngaben belegt durch Matalová 1974 (Übersetzung enthielt auch Mendels Artikel zu Kreuzungen bei Hieracium); +Nachgewiesen durch www.worldcat.org; #Vorwort von Paul C. Mangelsdorf; ?Nicht ganz sichere Verifizierung; ªNachweis in Antiquariats- oder Bibliothekskatalogen; ᵇAusgabe lag vor; ᶜBekanntermassen gekürzte Ausgabe; †Ausgabe verschollen bzw. in Bibliothekskatalogen nicht nachweisbar.

1.3.2 Französische Übersetzungen

Die erste französische Übersetzung „*Recherches sur des hybrides végétaux*" stammt aus dem Jahr 1907 und wurde von Albert Chappellier[312] angefertigt.[313] Erschienen ist sie in „*Le Bulletin Scientifique de la France et de la Belgique*". Chappellier war zu diesem Zeitpunkt Assistent bei Alfred Giard[314], welcher einen maßgeblichen Anteil an der erstmaligen Rezeption Darwins in Frankreich hatte, selbst jedoch lamarckistische bzw. neolamarckistische Ansichten vertrat, wobei er Darwins Theorie als komplementär erachtete.[315] Chappelliers Übersetzung basierte auf der deutschen Version. Die französische Ausgabe von A. Chappellier ist dann noch einmal von Jean Robert Armogathe (geb. 1947) durchgesehen und 1980 sowie 1984 neu abgedruckt worden, wobei die Ausgabe

---

[312] **Albert Chappellier (1873–1949)** war ein französischer Agraringenieur, Ornithologe und Pionier des Vogel- und Naturschutzes, der bereits 1906 in die *Société d'acclimatation* eingetreten war (Luglia 2014). Zur Zeit seiner französischen Mendel-Übersetzung war er bei Alfred Mathieu Giard im *Laboratoire d'évolution* tätig, wo er fast 20 Jahre arbeitete (siehe Chappellier 1921). Von 1908 bis 1914 arbeitete er an seiner Dissertation und veröffentlichte selbst Arbeiten zu Kreuzungsexperimenten (Chappellier 1911a & b, 1912a & b, 1914, 1917, 1921). Der frühe Tod seines Mentors Giard, Schwierigkeiten bei den Versuchen und anfallende Kosten verzögerten seine Arbeiten jedoch erheblich. Mit Ausbruch des Ersten Weltkrieges konnte Chappellier dann gar nicht mehr an seinen Versuchen weiterarbeiten. Erst ab Januar 1919 war es ihm möglich wieder an seiner Dissertation zu arbeiten, welche er 1920 erfolgreich abschließen konnte (s. Chappellier 1921).

[313] Albert Chappellier [& Gregor Mendel, „*Recherches sur des hybrides végétaux*", Le Bulletin Scientifique de la France et de la Belgique 1907, 41, S. 371–419. Auf der Titelseite des Journals war die Reproduktion einer Plakette mit einem Konterfei Gregor Mendels abgebildet. Siehe hierzu ebenso Křiženecký 1965b, Matalová 1973.

[314] **Alfred Mathieu Giard (1846–1908)** war zu dieser Zeit Professor an der Pariser Sorbonne, wo er den weltweit ersten Lehrstuhl für Evolution innehatte (Engels & Glick 2008, S. 373).

[315] Vgl. Bowler 1992, S. 108–116 & Engels & Glick 2008.

durch Kommentare von Marcel Blanc sowie ein Vorwort ergänzt wurden.[316] Anlass für die letzte Ausgabe war der 100. Todestag von Gregor J. Mendel. Daneben ist auch noch eine französische Übersetzung von Mendels Briefen an C. W. v. Nägeli erschienen.[317]

Vereinzelt ist behauptet worden, dass die erste französische Übersetzung vom Genetiker Lucien Cuénot (1866–1951) erstellt wurde. Dies ist jedoch nicht der Fall.[318]

1.3.3 Italienische Übersetzungen

In Italien ist auf Gregor Mendel und die mendelschen Regeln erstmals in einem Essay[319] von Giuseppe Cuboni[320] aus dem Jahr 1903 aufmerksam gemacht

---

[316] Armogathe [& Mendel] 1980, *"Recherches sur les hybrides végétaux."* CIEEIST, Orsay. Ang. n. OCLC-Nummer 26983787 im Worldcat.org; Armogathe JR (1984) *"Le cas Mendel: la traduction française des Mémoires sur l'hybridation et des études"*, Orsay, Université de Paris Sud. Ang. n. OCLC-Nummer 896069417 und 292927 im Worldcat.org, sowie dem Katalog der Bibliothèque universitaire – Université de Nantes.

[317] Siehe Orel & Armogathe 1985.

[318] Siehe hierzu Křiženecký 1965b, S. 99.

[319] Cuboni 1903, S. 554–564. Staffan Müller-Wille & Marsha L. Richmond (2016, S. 384, Anm. 12) haben darauf hingewiesen, dass sich die internationale Verzögerung von drei Jahren (zwischen der „Wiederentdeckung" und den ersten international erscheinenden Berichten) nicht nur bei Cuboni findet, sondern auch bei den ersten Berichten zum Mendelismus von Spillmann, Biffen und Nilsson-Ehle zu Tage trat. Als möglichen Grund hierfür haben sie darauf verwiesen, dass Mendelsche Experimente wegen des saisonalen Pflanzenwachstums mindestens zwei Jahre in Anspruch nehmen.

[320] **Giuseppe Cuboni (1852–1920)** war ein aus Modena stammender italienischer Botaniker und Agronom. Seine wissenschaftliche Karriere begann er mit einem Studium der Medizin und Naturwissenschaften in Rom. Ab 1877 arbeitete er für vier Jahre am Botanischen Garten in Rom. Zwischen 1881 bis 1885 war er Professor für Naturgeschichte an der *"Scuola di viticoltura di Conegliano"*. Im Jahre 1886 und 1887 lehrte er dort Botanik und Pflanzenpathologie. Im Jahre 1887 wurde Cuboni zum Direktor der Station für Pflanzenpathologie *(Stazione di Patologia vegetale)* in Rom ernannt, wo er bis zu seinem Tod wissenschaftlich tätig war. Relevanz hat Cuboni vor allem als Begründer der italienischen Phytopathologie. Neben Alexander Millardet war Cuboni zudem einer der Erfinder der im Weinbau gegen den Falschen Mehltau der Weinrebe *(Plasmopara viticola)* eingesetzten Kupferkalkbrühe (auch Bordeauxbrühe), dem ersten wirksamen Fungizid. Detailliertere Angaben zur Biographie und den hier genannten Lebensdaten Giuseppe Cubonis finden sich z. B. in Anonymous 1921; Pantanelli 1920; Traverso 1920, S. 44–50. Nach der „Wiederentdeckung" der Mendelschen Regeln im Jahr 1900 war Cuboni einer der wichtigsten Förderer der experimentellen Deszendenzlehre und Pflanzenzucht in Italien (Pantanelli 1920; Volpone 2005; vgl. auch Paul 1996, S. 83). U. a. hatte er massgeblichen Anteil an der Errichtung der landwirtschaftlichen Versuchsstationen in Rieti (Getreidezucht ab 1903/1905) und Rovigo (Rübenzucht ab 1911) (vgl. abw. Pantanelli 1920). Auch international vertrat Cuboni den italienischen Mendelismus. So war er bspw. 1906 Teilnehmer der *"International Conference on Hybridization and Plant Breeding"* in London, deren Ergebnisse dann später unter dem Titel *"Report of the Third International* Congress of *Genetics"* abgedruckt worden sind (Volpone 2005, S. 77). Auch bei der Einweihung des Mendel-Denkmals in Brünn im Jahr 1910 war Cuboni anwesend (ebd.). S. a. der *Tagesbote aus Mähren und Schlesien* vom 22. September 1910, S. 8.

worden.[321] Auch in den folgenden Jahren hat Cuboni wiederholt in Italien Mendel und die mendelschen Regeln erwähnt.[322] Schon kurz darauf erfolgten in Italien auf Versuchsstationen zur Pflanzenzucht die ersten Mendelschen Versuche.

Serafino Patellani (1868–1925), Inhaber des ersten Lehrstuhles für Eugenik in Italien[323], brachte 1914 die erste italienische Ausgabe *„Gregorio Mendel e l'opera sua"* heraus, wobei diese Ausgabe sowohl Mendels Pisum- als auch Hieracium-Arbeit umfasste.[324]

Eine weitere Ausgabe stammt aus dem Jahr 1956 und wurde durch den italienischen Arzt und Genetiker Luigi Gedda (1902–2000) und R. Pinkus im *Istituto Gregorio Mendel* in Rom besorgt. Sie trug den Titel *„Gregorio Mendel, Esperimenti sugli ibridi di plante"* und erschien in *„Novant'Anni delle Leggi Mendeliane, 1865–1955"*.[325] In dieser wurde die italienische Übersetzung einem Faksimile der Handschrift Seite für Seite gegenübergestellt.

Eine überarbeitete Version dieser Übersetzung ist noch einmal im Jahr 1967 unter dem Titel *„G. J. Mendel, Ricerche sugli Ibridi delle Plante"* in den *Acta Geneticae Medicae & Gemellologiae* abgedruckt worden.[326] Im Jahr 1990 wurde dann eine italienische Mendel-Übersetzung herausgegeben, die von Frederico di Trocchio (1949–2013) angefertigt worden ist.[327] Letztere Übersetzung war dann auch der Anlass zu einer sehr detaillierten Kommentierung von Mendels Text.[328] Im Jahre 2014 erschien noch eine von Alessandro Minelli (geb. 1948) herausgegebene italienische Ausgabe von Mendels Arbeit zu Hybriden bei Hieracien.[329]

1.3.4 Japanische Übersetzungen

Laut Kříženecký[330] (und Matalová 1973) gab es von 1916 bis 1972 insgesamt neun japanische Ausgaben.[331]

---

[321] Volpone 2005, S. 77. S. auch Luca 2013, S. a. der *Tagesbote aus Mähren und Schlesien* vom 22. September 1910, S. 8.

[322] Siehe bspw. Cuboni 1911.

[323] Cassata 2011, S. 49, Anm. 21.

[324] Serafino Patellani & Gregor Mendel, *„Gregorio Mendel e l'opera sua"*, Societa edit. libr., Il Morgagni 56, 1914, S. 148–154, 161–176, 201–233.

[325] Gedda 1959, S. 5–99.

[326] Gedda, Pinkus & Mendel 1967, S. 3–58.

[327] Siehe Di Trocchio 1990: *„Le traduzioni italiane di Mendel"*. Cult. Scu. 29(115): 302–311.

[328] Di Trocchio 1989.

[329] Mendel [& Minelli] 2014, Traduzione di C. Bullo, S. Patellani. Sesto San Giovanni, 2014; br., pp. 79, (Mimesis. Filosofia/Scienza. 8).

[330] Kříženecký 1965b, S. 67.

[331] Vgl. auch Weiling 1970a, S. 17, Anm. 18; Matalová 1973.

1 Historische Einführung und Editionsgeschichte

Bereits 1903 erschien in Japan erstmals ein Bericht zu den Mendelschen Regeln.[332] Dieser basierte auf einer nicht wörtlichen Übersetzung eines in *Popular Science Monthly* abgedruckten Artikels von William Jasper Spillman (1863–1931) durch Katsuzo Usui (1871–1945), in welchem dieser die Mendelschen Regeln anhand eigener Ergebnisse präsentierte.[333] Dieser kurze Bericht hat aber zunächst wohl keine weitere Rezeption erfahren.[334] In Japan gab es aber schon sehr kurz nach der „Wiederentdeckung" der Mendelschen Regeln erste mendelistische Bestrebungen. Ein primärer Fokus lag hierbei zunächst auf der Zucht der Seidenraupe, an welchem insbesondere Kametaro Toyama (1867–1918), unter anderem während eines Gastaufenthaltes in Bangkok, ein besonderes Interesse zeigte und selbst forschte. K. Toyama, der bereits zuvor unter Ishikawa Chiyomatsu[335], einem Schüler von A. Weismann, Untersuchungen zur Spermatogenese der Seidenraupe durchgeführt hatte, gehörte dabei zu einer kleinen Gruppe von japanischen Wissenschaftlern, die zu dieser Zeit direkte Erfahrungen in Europa sammeln konnten.[336] Er arbeitete dabei mit eigenen, Mendels Vorbild folgenden, Kreuzungsexperimenten. Die Ergebnisse dieser Arbeit wurden auf Englisch sowohl als wissenschaftliche Publikation sowie umfassende Dissertation publiziert[337], wobei Toyama an verschiedenen Stellen Mendel wörtlich auf Deutsch zitierte.[338] Aufgrund der industriellen und staatspolitischen Relevanz folgten schon bald weitere Arbeiten zur Genetik der Seidenraupe unter ande-

---

[332] Usui 1903/4: Mendel's Laws. Sinano-hakubutugaku-zassi. [The Sinano Journal of Natural History] 6/7: S. 2–6, 8: S. 10–15, 9: S. 13–16. Zit. n. Sinoto 1971b & Nakazawa 1986.

[333] Sinoto 1971b, S. 285–287; Nakazawa 1986; Vgl. auch Spillmann 1903. S. a. Onaga 2010, S. 223.

[334] Sinoto 1971b, S. 285–287. Vgl. hierzu auch den Brief von Mendels Neffen F. Schindler an H. Iltis vom 7. März 1911 mit einem Verweis auf eine Mendelreliquie für einen japanischen Gelehrten (TLOGJM, S. 41). Nach d. Interpretation von Simunek et al. (ebd.) soll es sich bei diesem Gelehrten um Katsuzo Usui gehandelt haben.

[335] **Ishikawa Chiyomatsu (1861–1934)** war ein japanischer Evolutionsbiologe, der unter dem ersten Professor für Zoologie in Japan, dem Amerikaner Edward S. Morse (1838–1925) an der imperialen Universität in Tokio studiert hatte. In dieser Zeit wurde Chiyomatsu zu einem Anhänger der Evolutionstheorien Darwins und des Sozial-Darwinismus. In der Zeit von 1885 bis 1889 war er als Student an der Universität in Freiburg/Breisgau immatrikuliert und forschte dort unter August Weismann (Komai 1956). Von 1900 bis 1907 war Ishikawa Chiyomatsu Direktor der naturhistorischen Sektion des National Museum in Tokyo, wodurch er auch die Leitung des kaiserlichen Zoos innehatte. Diese Tätigkeit sah er dabei insb. auch als Bildungsauftrag.

[336] Siehe Toyama 1894a & 1894b. K. Toyama war von Juli 1911 bis August 1913 auf einer Forschungsreise in Europa. Staatlich von der japanischen Regierung gefördert konnte Toyama auf dieser Reise viele Universitäten und Institutionen besuchen (Yokoyama 1968). K. Toyama gehörte neben dem Pflanzenphysiologen **Keita Shibata (1877–1949)** zu den japanischen Forschern, welche den internationalen Aufruf zur Errichtung eines Denkmales für Gregor Mendel unterzeichneten (siehe Iltis 1911, S. 340).

[337] Siehe Toyama 1906a, 1906b, 1912a, 1912b, 1913; Toyama & Mori 1913.

[338] Ebd.; siehe z. B. auch Toyama 1906a.

rem von Studenten Toyamas.³³⁹ Soweit uns bekannt ist aber im Zeitraum von 1900 bis 1915 noch keine vollständige Übersetzung von Mendel ins Japanische erfolgt.³⁴⁰ Die frühen Arbeiten Toyamas sorgten aber dafür, dass in Japan ein grundsätzliches Interesse an Mendel geweckt wurde und der Mendelismus erstmals auch in Schultexten Erwähnung fand.³⁴¹

Die erste bekannte japanische Übersetzung erschien 1916 und ging auf den Genetiker Isaburo Nagai (1887–1971) zurück, welcher in Japan und den USA Landwirtschaft studiert und ein Jahr als Student in Heidelberg verbracht hatte. Zurück in Japan promovierte er 1917 an der Imperialen Universität in Tokio zu genetischen Studien am Reis. In diese Zeit fällt auch seine Übersetzung von Mendels Arbeit.³⁴² Zwei weitere Übersetzungen folgten im Jahr 1927 im Rahmen der Erstellung von zwei Textbüchern zur Genetik. Die erste der beiden stammte von Seiitiro Ikeno (1867–1943), seit 1891 Professor für Botanik an der landwirtschaftlichen Abteilung der Imperialen Universität in Tokio, der u. a. zur Reisgenetik sowie der Hybridisierung vieler Pflanzenarten forschte und exzellente Beziehungen zur internationalen Genetikszene pflegte. Die japanische Übersetzung von Mendels Artikel war dabei Teil der zweiten Auflage seines Buchs zur Experimentellen Genetik.³⁴³ Die gleichzeitig erschienene japanische Übersetzung von Hajime Matsuura (1904–?), einem Genetiker der sich später umfassend mit der Chromosomenforschung auseinandergesetzt hat, war Teil von dessen zweiter Auflage seines Buches zu den

---

[339] Tanaka 1913a, 1913b & 1916; Uda 1919.

[340] Vgl. Matalová 1973.

[341] Siehe z. B. Sinoto 1971b; Nakazawa 1986. Beide Autoren berichten, dass in der Nagano Präfektur 1916 ein wissenschaftliches Textbuch für die Primarschule gedruckt wurde. Im Jahr 1917 folgte dann noch ein zweites Textbuch für Fortgeschrittene.

[342] Isaburō Nagai [& Gregor Mendel], „*G. Mendel: Syokubutuzassyu ni kansuru Siken*", in: *Nippon-ikusyugakkai* (日本育種学会) [Die Japanische Gesellschaft für Züchtung]. Tokio 1916, S. 1–52. Zit. nach Matalová 1973. In jüngster Zeit ist diese Ausgabe vermutlich noch einmal in einem japanischen Museumsbericht aufgenommen worden. Siehe hierzu „グレゴア・メンデル著,永井威三郎訳"植物ノ雑種ニ関スル試験"について" [Über Gregor Mendel, übersetzt von Isaburō Nagai], in: *Japan University College of Resources Science and Technology Museum* [日本大学生物資源科学部博物館] Museums Bulletin [博物館報] 2008 (eds. Hideaki Fujii & Kazuto Shirato [白戸 一士], 18, S. 101–121. Ang. n. japanischen Bibliothekskatalogen; Für die Ausgabe von 1916 vgl. auch die Angabe zur Ausgabe bei Kříženecký 1965a, S. 53, 1965b, S. 66–67 & Matalová 1973 & Matsubara 2004. Vgl. Nakazawa 1986.

[343] Seiitiro Ikeno [& Gregor Mendel], „*Syokubutu no Zassyu ni tuiteno Kenkyu*", in: Seiitiro Ikeno, „Zikken-idengaku" [Experimentelle Genetik]. Tokio 1927, S. 173–220, Zit. n. Matalová 1973. Vgl. auch die Angaben zur Ausgabe bei Kříženecký 1965a, S. 53, 1965b, S. 66–67. Vgl. Nakazawa 1986.

1 Historische Einführung und Editionsgeschichte

Prinzipien der Genetik.[344] Im folgenden Jahr 1928 erschien auch eine japanische Ausgabe von W. Batesons *„Mendel's Principles of Heredity"*. Dabei wurde auch die darin enthaltene englische Version von Mendels Artikel berücksichtigt, welches 1965 noch einmal in zweiter Auflage erschien.[345] In den Jahren 1928 bis 1943 wurden zudem noch mehrere weitere japanische Ausgaben von Mendels Versuchen veröffentlicht.[346] Zuletzt

---

[344] Hajime Matsuura [& Gregor Mendel], „Syokubutu no Zassyu ni kansuru Kenkyu", in: Hajime Matsuura, „Idengaku-genri" [Prinzipien der Genetik]. Tokyo 1927, S. 513–574. Zit. n. Matalová 1973. Vgl. auch die Angaben zur Ausgabe bei Kříženecký 1965a, S. 53, 1965b, S. 66–67. **Hajime Matsuura (1904–?)** war in den 1920er Jahren Professor für Genetik an der Universität Tokio und ab den 1930er Jahren an der Universität von Sapporo. In dieser Zeit besuchte er auch wiederholt Amerika, wo er u.a. die University of California, sowie die experimentelle Farm von Luther Burbank (1849–1926) besuchte. Von H. Matsuura stammte zudem eine umfangreiche Bibliographie zur Genetik aus dem Jahr 1929, welche dann noch einmal 1933 in erweiterter Form abgedruckt worden ist (Matsuura 1929, 1933). In der überarbeiteten Ausgabe führte Matsuura, auf insgesamt 787 Seiten, 2077 wissenschaftliche Publikationen auf, die seit der „Wiederentdeckung" primär mit der Gen-Analyse von Blütenpflanzen beschäftigt hatten, wobei insgesamt Arbeiten zu 373 Arten aus 55 Familien besprochen wurden. Zu dieser Bibliographie zuzurechnen ist ein weiterer Artikel in dem Matsuura auf das biologische Problem paralleler Entwicklungen in der Evolution hinsichtlich des Phänotyps und des Genotyps aufmerksam machte, welche auch bei Arten auftreten können, bei denen eine gemeinsame Befruchtung nicht ehr möglich ist und in dem Matsuura, inspiriert durch die Arbeiten N. Vavilovs, vorschlug ein übergeordnetes, speziesübergreifendes genetisches Nomenklatursystem einzuführen (Matsuura 1934).

[345] Makoto Koidzumi [& Gregor Mendel], „G. Mendel. Zassyusyokubutu no Kenkyu", in: *Iwanami-bunko* 1928, No. 339, S. 31–100; Zweite von Yosito Sinoto revidierte Auflage, Tokyo 1965. Zit. n. Kříženecký 1965a, S. 53. Vgl. auch die abweichenden Angaben zur Ausgabe bei Kříženecký 1965a, S. 53, 1965b, S. 66–67 & Matalová 1973. Übersetzer dieser Ausgabe war vermutlich der Zoologe, Parasitologe und Wissenschaftshistoriker **Makoto Koidzumi [auch Koizumi]** (小泉丹) **(1882–1952)**. M. Koidzumi war 1923 aus dem japanisch besetzten Taiwan nach Japan zurückgekehrt und hatte sich seitdem sehr intensiv mit den Schriften von Charles Darwin auseinandergesetzt. Hierzu gehörte auch eine von ihm 1929 erstellte Übersetzung von Charles Darwins *„Origin of Species"*, welche 1938 noch einmal neu aufgelegt wurde (siehe hierzu auch Freeman 1977, Setoguchi 2009, Kijima & Hoquet 2013). M. Koizumi war Professor an der Keiogijuku Universität und verfügte über sehr vielfältige Kontakte zu Wissenschaftlern in Europa.

[346] **Weitere japanische Übersetzungen:** Fuboku Kosakai [& Gregor Mendel], „G. Mendel, Syokubutuzassyuho no Zikken". Übersetzung durch Fukobu Kosakai, in: Fukobu Kosakai, „Mendel no Idengenri" [Mendels Prinzipien der Heredität, in der japanischen Ausgabe von W. Batesons Buch]. Tokio 1928, S. 432–484; Hajime Uda [& Gregor Mendel], „G. Mendel, Syokubutu no Zassyu ni kansuru Kenkyu", in: Hajime Uda,„Zikken-idengakukogi" [Lehren zur Experimentellen Genetik]. Tokio 1931, S. 7–63; Yosito Sinoto & Gregor Mendel, „G. Mendel, Syokubutu no Zassyu ni kansuru Zikken", in: Yosito Sinoto, „Mendel to sono Zengo (Mendel antau kaj lia epoko)". Tokio 1935, S. 37–74; Yosito Sinoto & Gregor Mendel, „G. Mendel, Syokubutu no Zassyu ni kansuru Zikken",in: Yosito Sinoto, „Syokubuzassyu no Kenkyu". Tokio 1943, S. 35–102. Zit. n. Kříženecký 1965b, S. 67 & Matalová 1973. Zu den verschiedenen weiteren Übersetzern ins Japanische liegen

relativ detaillierte biographische Angaben vor. **Fuboku Kosakai [auch Kozakai Fuboku] (1890–1929)** war ein japanischer Arzt, Übersetzer und Autor. Seine Karriere begann er mit einem Studium der Medizin an der Imperialen Universität in Tokio. Als Spezialist für Physiologie und Serologie unterrichtete er später an der Imperialen Tōhoku Universität. Eine schwere Lungenkrankheit (Hämoptyse) beendete seine Karriere als Wissenschaftler. Stattdessen betätigte er sich in der Folge ab etwa 1921 als Übersetzer und Autor von Kurzgeschichten. Zu seinen Arbeiten gehörten dabei einige der frühesten japanischen Detektivgeschichten und Science-Fiction Erzählungen (May 1990, S. 1076). Besondere Bekanntheit erlangte seine in *Taishu Bungei* abgedruckte Erzählung „*Jinko Shinzō*" [Das künstliche Herz] aus dem Jahr 1926. Letztere Kurzgeschichte, welche unter anderem die erste erfolgreiche Transplantation eines künstlichen Herzens um mehr als 50 Jahre vorwegnahm, hat auch posthum internationale Beachtung gefunden (May 1990; Kosakai 2019). Inhaltlich setzte sich Kosakai in ihr auch mit den unvorhersehbaren Folgen wissenschaftlichen Erkenntnisstrebens auseinander. So war bspw. die in „*Jinko Shinzō*" beschriebene Transplantation eines Herzens zwar physisch erfolgreich, endete jedoch damit, dass der Patient keine Emotionen mehr empfinden konnte (Kosakai 2019). Tragisch entschied der Arzt daher den Motor des Herzens auszuschalten und sich stattdessen zukünftig mit einer anderen Erfindung, einer künstlichen Lunge, mit der Stickstoff fixiert werden kann, weiter zu beschäftigen, um so den menschlichen Zwang und Trieb zur Nahrungsaufnahme zu beseitigen (ebd.). Die Kurzgeschichte endete damit, dass der Arzt die Ankunft von Doktor Haber, dem Erfinder des Haber-Bosch Verfahrens, in Japan erwartet und er seine moralisch-ethischen Überlegungen damit beschloss, dass es wohl besser sei, wenn sich Biologen darauf beschränken würden, an künstlichen Herzen aus Quecksilber zu basteln (ebd.). **Hajime Uda (1893–?)** war ein japanischer Genetiker und Schüler Toyamas, der zunächst zur Genetik der Farbe der Kokons und des Blutes von Seidenraupen geforscht hat und hierbei insb. die Anwendbarkeit der Mendelschen Gesetze überprüfte (Uda 1919). Später war Uda auch an Fragen zur maternalen Vererbung interessiert (Uda 1923). Im Jahr 1924 verbachte Hijame Uda dann ach einige Zeit in Lyon, wo er sich für die Arbeiten des Botanikers Alexis Jordan zur Speziesfrage und Konstanz der Arten interessierte (siehe das Titelblatt von *Genetics* Januar 1925 und die zugehörige Beschreibung). In späteren Lebensjahren vertrat Uda eine kontroverse Theorie, nach der das Alter des Vaters beim Menschen das Geschlecht der Nachkommen beeinflussen kann (Uda 1957). **Yosito Sinoto (1895–1989)** war ein japanischer Botaniker und später Präsident der Japanischen Mendel-Gesellschaft. 1923 graduierte er an der Imperialen Universität in Tokio in Botanik, wo er in der Folge auch eine Stelle als Assistent bekleidete. Nach der Promotion im Jahre 1929 reiste er in den Jahren 1932–1933 durch Europa, wobei er auch das Kloster in Alt-Brünn besuchte. Seit 1933 hatte er den Lehrstuhl für Genetik an der wissenschaftlichen Fakultät der Imperialen Universität in Tokio inne. Dort wurde er 1938 zum Assistenz-Professor und 1943 zum Professor befördert. In dieser Zeit verfasste Sinoto auch ein Vorwort für die durch Yuzuru Nagashima erstellte japanischen Übersetzung der Mendel Biographie von Hugo Iltis. Gegen Ende des Krieges wurden Sinoto und mehrere andere Biologen in die Bergregion der Yamanashi Präfektur evakuiert, wo Sinoto der Landbevölkerung Kenntnisse der Bibel vermittelte. 1953 wechselte Sinoto an die International Christian University in Tokio und wurde Präsident der Genetics Society of Japan. 1989 erschien eine von Sinoto aus dem Griechischen übersetzte japanische Ausgabe der Bibel, an welcher er 40 Jahre gearbeitet hatte. Biogr. Ang. zu Yosito Sinoto n. Nakazawa 1991/92.

erschien im Jahr 1972 eine Übersetzung durch den japanischen Botaniker und Genetiker Kosuke Yamashita[347] und zwar in dessen Buch zu den Grundlagen des Mendelismus.[348]

1.3.5 Polnische Übersetzungen

Laut Weiling gab es zwei polnische Ausgaben.[349] Eine Ausgabe erfolgte im Jahr 1948 bei Książka in Warschau unter der Herausgabe von Jan Z. Wilczyński (1891–1970), einem Biologie-Professor an der Universität in Thorn/Toruń, welche auf der von E. v. Tschermak-Seysenegg überarbeiteten Version beruhte und sowohl die Erbsen als auch Hieracium-Arbeit von Mendel beinhaltete. Sie trug den Titel „*Prace naukove Jana Grzegorza Mendla*".[350] Die Mendel-Ausgabe von J. Z. Wilczyński muss dabei im Kontext einer Reihe von Artikeln gesehen werden, die der polnische Biologe in den späten 1930er und frühen 1940er Jahren in verschiedenen internationalen Journalen veröffentlichte. In diesen diskutierte J. Z. Wilczyński (1938, 1939, 1942a, 1942b, 1943) u. a. die Darstellung der Mendelschen Gesetze in Form einer allgemeinen binomialen Gleichung. Die Ausgabe war dabei einer der letzten Texte die zu Gregor Mendel erschien, bevor die Ära des Lyssenkoismus in Polen hereinbrach.[351] Bereits zuvor, im Jahr 1915, war in Warschau eine erste polnische Übersetzung „*Badania nad mieszańcami roślin*" von Wanda Wolska (1841–1926) erschienen, welche ebenfalls auf der Tschermak-Transkription beruhte.[352]

---

[347] **Kosuke Yamashita (1909–1988)** [山下孝介 訳編] war Professor für Botanik an der Universität Kyoto und ein früher japanischer Pionier in der Erforschung genetischer Pflanzenressourcen. Unter anderem versuchte er den Ursprung des wilden Weizens und verwandter Arten aufzuklären. In dieser Eigenschaft nahm er auch an verschiedenen wissenschaftlichen Expeditionen, bspw. im östlichen Mittelmeerraum, Mesopotamien sowie im Hindukusch teil, um dort Pflanzenmaterial zu sammeln (siehe z. B. Yamashita 1960 & 1965; Hirano 1973; Kihara 1982, S. xiv). Kosuke Yamashita führte zudem u. a. verschiedene Studien zu Chromosomen von Einkorn durch.

[348] Kosuke Yamashita & Gregor Mendel, „*G. Mendel, Syokubutuzassyu ni kansuru Zikken*" [メンデルの<植物雑種に関する実験>ほか], in: Kosuke Yamashita, „Mendelism no Kiso" [メンデリズムの基礎] [Ursprung des Mendelismus]. Syokabo, Tokio 1972, S. 20–88. Von letzterem Werk hat es evtl. auch noch eine zweite Ausgabe gegeben. Alle Zitierungen und Angaben abgeleitet nach Matalová 1973, S. 252 und Worldcat OCLC Nummer 703736444. Zumindest bei einer dieser Ausgaben war das Titelblatt des handschriftlich von Mendel verfassten Manuskripts auf der Titelseite des Bandes abgedruckt.

[349] Weiling 1970a, S. 17.

[350] Wilczyński [& Mendel] 1948. Die Ausgabe enthielt auch eine polnische Übersetzung von Mendels Hieracium-Artikel (siehe Mendel 1870 & Matalová 1974). Die Arbeiten von J. Z. Wilczyński zu Gregor Mendel stammen vorwiegend aus der Zeit des Zweiten Weltkriegs. Nach einer Forschungsreise nach England war Wilczyński zunächst einige Zeit mit der Stefan Bathory Universität in Vilnius verbunden. Für einen detaillierten Lebenslauf sei hier auf seine Biographie von Żukowski (2019) verwiesen.

[351] Köhler 2014, S. 16.

[352] Siehe auch: https://pbc.biaman.pl/dlibra/doccontent?id=36187, sowie Kříženecký 1965b, S. 66.

1.3.6 Russische Übersetzungen

Laut Weiling[353] und Matalová[354] sind mindestens vier verschiedene russische Übersetzungen (zusammen in neun Auflagen) erschienen.

Die früheste russische Übersetzung bzw. Ausgabe stammt aus dem Jahr 1910 und wurde von dem russischen Weizenspezialisten und Taxonomen Konstantin A. Flaksberger [auch Flyaksberber, Flaxberger][355] verfasst, der im Büro für Angewandte Botanik in St. Petersburg arbeitete. Abgedruckt wurde sie unter dem Titel *„Gregor Mendel, Opyty nad rastitelnimi gibridami"*.[356] Die Edition selbst basierte auf der von E. v. Tschermak-Seysenegg kommentierten deutschen Version. Flaksberger versuchte dabei, eine möglichst genaue russische Übersetzung zu erstellen, da Kreuzungen in der landwirtschaftlichen Praxis zu dieser Zeit eine immer größere Bedeutung erlangten.[357]

Eine zweite Ausgabe dieser russischen Version ist dann 1929 noch einmal erstellt und zusammen mit Fußnoten in der russischen Reihe *„Klassiker aus der Welt der Wissenschaft"* publiziert worden, wobei Flaksberger noch ein kurzes Essay unter dem Titel *„Gregor Mendel und seine Vererbungsgesetze"* vorangestellt hat.[358] Die Erstellung dieser Edition ist möglicherweise durch eine Forschungsreise Flaksbergers im Sommer 1927 angeregt worden, bei welcher er die mendelistischen Pflanzenzuchtbestrebungen

---

[353] Weiling 1970a, S. 17.

[354] Matalová 1973.

[355] **Konstantín Andreevich Flaksberger [auch Flyaksberber, Flaxberger, Fliáksberguer; russ. Фляксбергер, Констнтин Андреевич] (1880–1942)** war ein weißrussischer Botaniker deutscher Abstammung aus Grodno, der seine Karriere 1903 als Student der Naturgeschichte an der Kaiserlichen Jurjew Universität im estnischen Dorpat/Tartu (heute Tartu Universität) unter dem Geobotaniker Nikolaï I. Kuznetsov (1864–1932) begann (Mitrofanova & Udachin 2007). Während eines Studienaufenthaltes an der Universität Warschau untersuchte Flaksberger dann die Stomata verschiedener Pflanzenarten, was zu ersten wissenschaftlichen Publikationen führte. Im Jahre 1907 trat Flaksberger dann bei Robert Eduardowitsch Regel (1867–1920) eine Stelle als Assistent im Büro für angewandte Botanik in St. Petersburg an, wo er für die nächsten 35 Jahre tätig sein sollte. Dort wurde er bald damit beauftragt, eine Übersicht zum Studium des Weizens in ganz Russland anzufertigen. Die zugeteilte Aufgabe legte den Grundstein für die Karriere K. Flaksbergers als absoluter Weizenspezialist sowie einer umfangreichen Erweiterung der St. Petersburger Weizensammlung (ebd.). Eine seiner ersten Publikationen aus dieser Zeit war eine Übersetzung von Friedrich August Körnicke (1828–1908) zum Weizen ins Russische. Kurze Zeit später hat Flaksberger dann auch die erwähnte erste russische Übersetzung von Mendels Arbeit zu Pflanzenhybriden vorgelegt.

[356] Konstantin A. Flaksberger [& Gregor Mendel], *„Gregor Mendel, Opyty nad rastitelnimi gibridami"*, in: *Journal des Komitees für Angewandte Botanik* 3, 1910, S. 481–529 (Übersetzung durch K. A. Flaksberger). Zit. n. Matalová 1973. Im Folgenden sind alle bei Matalová gegebenen englischen Titel für die dort aufgelisteten russischen Buchtitel hier in deutscher Translation wiedergegeben. Vgl. auch Kříženecký 1965b, S. 66 sowie die *Bibliographia Mendeliana – Supplementa Periodica 1/1967* in der FM 3.

[357] Mitrofanova & Udachin 2007.

[358] Flaksberger [& Mendel] 1929, S. 5–10. Siehe ebenso Mitrofanova & Udachin 2007.

in Deutschland, Frankreich, Dänemark, Österreich und Schweden aus nächster Nähe verfolgen konnte.[359] Zuletzt ist die Ausgabe von Flaksberger noch einmal im Jahr 1935 erschienen. Dort war sie Teil des von Nikolai Iwanowitsch Vavilov (1887–1943) herausgegebenen Buches *„Klassiker der Naturwissenschaften"*.

Nach Aufkommen des Lyssenkoismus konnten dann in der Sowjetunion Stalins keine weiteren Versionen erscheinen. Im Jahr 1941, nach der Verhaftung N.I. Vavilovs, wurde auch K. A. Flaksberger, der Autor der ersten russischen Übersetzungen von Mendels Artikel zu *„Versuche über Pflanzen-Hybriden"*, in Leningrad zusammen mit drei weiteren russischen Forschern verhaftet und ins Gefängnis geworfen. Er starb letztendlich im September 1942 im Gefängniskrankenhaus von Zlatoust. Vorgeworfen worden war ihm seine heftige Kritik an Lyssenko.

Aus der Frühzeit der russischen Genetik stammen jedoch noch einige weitere Ausgaben. So legte beispielsweise S. Yegunova in St. Petersburg 1912 bereits sehr früh eine weitere Übersetzungen aus dem Deutschen vor, die im Biologischen Laboratorium von Peter F. Lesgaft entstanden ist.[360] Eine weitere Version ist 1923 in Odessa erschienen und war von Andrej Afanasyevich Sapegin[361] herausgegeben worden.[362] Mendels Text ist in dieser Ausgabe aber nur gekürzt wiedergegeben.[363]

---

[359] Für Informationen zur Reise siehe Flaksberger 1929.

[360] S. Yegunova [& Gregor Mendel] (1912) *„Gregor Mendel, Issledovania nad gibridami rastaniy"*. Petersburg 1912 (Übersetzung durch S. Yegunova). Zit. n. Matalová 1973. Diese Ausgabe war während der Erstellung dieser Edition weder in Antiquariaten noch über den Weltkatalog der Bibliotheken (OCLC WorldCat) aufzufinden. Auch zur Person des Übersetzers ließen sich keine weiteren Angaben ermitteln.

[361] **Andrei Afanasyevich Sapegin (1883–1946)** war ein ukrainischer Botaniker, Genetiker, Pflanzenzüchter und Professor für Pflanzenselektion an der Universität Odessa. Im Jahre 1908 wurde ihm die Leitung einer Forschungsgruppe übertragen und im Auftrag der Universität konnte er eine Forschungsreise zu den bereits bestehenden Instituten zur Pflanzenzüchtung in Deutschland und Schweden machen (Elina 2014). Nach seiner Rückkehr nutzte er seine dabei erlangten Einsichten, um in Odessa ein Forschungsprogramm zu etablieren, welches den Methoden und Praktiken Svalöf Pflanzenzucht Station in Schweden nachempfunden war (ebd.; s.a. Sapegin 1913). Erste Erfolge erzielte Sapegin dann mit der Entwicklung neuer Sorten von Sommer- und Winterweizen (Elina 2014). Sapegin war einer der Ersten, der das Prinzip der Strahlenmutagenese nutzte, um neue Weizensorten zu züchten. Sapegin war vermutlich der erste Wissenschaftler in der sowjetischen Landwirtschaftsszene, der Morgans Chromosomentheorie unterstützte (Elina 2010). Nachdem er zunächst noch zu den Förderern Lyssenkos zählte, wurde er in den 1930er Jahren zunehmend kritischer. Auf Grund Drucks Lyssenkos war es aber schließlich Sapegin der 1935 als Direktor des Instituts für Pflanzenzüchtung in Odessa entlassen, während Lyssenko zu seinem Nachfolger ernannt wurde (Stansfield 2000, S. 146). Von 1939 bis 1945 war Sapegin dann Vizepräsident der Akademie der Wissenschaften der Ukrainischen SSR.

[362] Sapegin & Mendel (1923): *„Gregor Mendel, Opyty nad rastitelnimi gibridami"*, in: A. A. Sapegin (Hrsg.), *Genetik. Phasen des Mendelismus*. Odessa 1923, S. 7–35. Zit. n. Matalová 1973. Vgl. auch E. v. Tschermak-Seysenegg 1960, S. 24.

[363] Matalová 1973.

Im gleichen Jahr erschienen ist zudem eine von Lidija I. Breslavets[364] erstellte Übersetzung unter dem Titel „*Opty nad rastitelnimi gribridami Gregora Mendela*", welche auch den Ausgangspunkt für eine Reihe weiterer russischer Auflagen war.[365] Neu abgedruckt wurde sie beispielsweise im Jahr 1935 in einer Zusammenstellung klassischer Arbeiten zu Pflanzenhybriden von Sagaret, Naudin und eben Mendel.[366]

Erst zum 100. Jubiläum der Vorträge Mendels sind dann 1965 und noch einmal 1968 auch in Russland (bzw. in der damaligen UdSSR) wieder Übersetzungen von Mendels Arbeit publiziert worden. Erstellt wurden sie von dem russischen Genetiker Abba

---

[364] **Lidija Petrovna Breslawetz [Breslavec; Breslavets] (1882–1946)** war eine Biologin und Pionierin der frühen russischen Genetik. Erste Studien zum Gehalt von Asparagin bei *Vicia faba* publizierte sie noch vor dem Ersten Weltkrieg unter ihrem Mädchennamen Krestovnikova (1909). Für die von E. Baur, C. Correns, Valentin Haecker (1864–1927), Gustav Steinmann (1856–1929) und Richard v. Wettstein (1863–1931) herausgegebene *Zeitschrift für induktive Abstammungs- und Vererbungslehre* half sie in St. Petersburg schon 1914 bei der Zusammenstellung der internationalen neuesten russischen Literatur. Mit Ausbruch des Ersten Weltkrieges brach diese internationale Kooperation aber sofort wieder ein. Kurze Zeit später begann sie in St. Petersburg mit ersten eigenen Chromosomenstudien bei *Antirrhinum,* mendelschen Kreuzungsversuchen bei *Viola* sowie Untersuchungen zur Vererbung der Färbung bei *Tropaeolum majus* (Breslawetz 1916, 1918a). Mitte der 1920er Jahre arbeitete sie dann in Timiriasevs Föderalem Institut für Wissenschaftliche Forschung in Moskau als Zytologin. Abseits davon war Lidija Breslawetz eine Vertraute des Genetikers Nikolai Iwanowitsch Vavilov (1887–1943), den sie vor Lyssenko zu warnen versuchte (Popovskiĭ 1977, S. 31, 40), und mit dem sie in den 1930er Jahren auch wissenschaftlich kooperierte. Sie begann erste Studien zu den Auswirkungen radioaktiver Strahlung auf Pflanzen und Pflanzenwachstum, ein Thema, zu dem sie umfangreich publizierte. Auch sie war von den Auswirkungen des Lyssenkoismus betroffen. Allerdings konnte sie, nach dem Tod Vavilovs und dem Ende des Zweiten Weltkrieg, 1946 die Ergebnisse ihrer Forschung zur Auswirkung von Strahlen auf Pflanzen in Form einer umfangreichen Monographie publizieren (s. Breslawetz 1946). Dabei kam ihr möglicherweise zu Gute, dass diese Art von Forschung zu diesem Zeitpunkt im Kontext der Weltraum- und Nuklearforschung in der Sowjetunion immer wichtiger wurde. Unterstützt wurde sie zu diesem Zeitpunkt von Sergei I. Vavilov (1891–1951), dem jüngeren Bruder Nikolai Vavilovs, der zu dieser Zeit von 1945 bis 1951 Präsident der *Sowjetischen Akademie der Wissenschaften* sowie gleichzeitig Vorsitzender der Kommission der Akademie der Wissenschaftler der UdSSR für die Publikation populärwissenschaftlicher Literatur, zuständig war. Unter der Schirmherrschaft dieser Kommission erschien auch die bereits erwähnte wissenschaftliche Monographie, welche 1960 auch ins Englische übersetzt wurde (Breslavets 1960). Die von L. Breslawetz dort vertretene Hypothese der Hormesis, nach der radioaktive Strahlung Pflanzenwachstum befördern kann, verschaffte ihrer Arbeit auch internationale Aufmerksamkeit, hat jedoch von Anfang an zu kontroversen wissenschaftlichen Diskussionen geführt, die teilweise bis heute andauern (Broda 1973; Calabrese & Baldwin 2000; Mohr & Schopfer 1978, S. 360).

[365] Lidija I. Breslavets & Gregor Mendel, „*Opyty nad rastitelnimi gibridami Gregora Mendela*", in: Nikolai K. Koltsov, Klassiker der Naturwissenschaften, Buch 10. Moskau – St. Petersburg 1923, S. 5–44. Zit. nach Matalová 1973.

[366] Abba E. Gaissinovitch, „*Opyty nad rastitelnimi gibridami Gregora Mendela*", in: L. I. Breslavets – A. E. Gaissinovitch (Hrsg.), „Sageret – Naudin – Mendel: Ausgewählte Werke zu Pflanzen-Hybriden". Moskau – Leningrad 1935, S. 235–291 (Übersetzung durch L. I. Breslavets). Zit. n. Matalová 1973.

Yevseevitch Gaissinovitch[367] auf Basis der von Breslavets erstellten Ausgabe von 1923, wobei die Ausgabe von 1968 überarbeitet und modifiziert worden ist.[368] Die Ausgabe von 1965 enthielt neben der Pflanzen-Versuche Mendels auch noch eine russische Übersetzungen von Mendels Hieracium-Arbeit[369], sowie die von Mendel verfassten Briefe an C. W. v. Nägeli.[370] Ziel der Ausgabe war nichts weniger als die Rehabilitierung der Genetik in der UdSSR. Der Mendel-Band war dabei explizit als symbolisches Signal konzipiert.

1.3.7 Spanische Übersetzungen

Seit den 1930er Jahren sind mehrere spanische Übersetzungen erschienen, welche überwiegend auf der englischen Ausgabe von Bateson bzw. der Harvard-Ausgabe beruhen.

Als erstes ist das Werk *„Experimentos en hibridación"* von 1940 mit einer Übersetzung, Einführung und Kommentaren von Emilio Robledo[371] zu erwähnen, das in

---

[367] **Abba Yevseevitch [Evseevič] Gaissinovitch [Gajsinovič] (1907–1989)** war ein sowjetischer Genetiker, der an der Univ. Moskau unter Sergei Chetverikov (1880–1959) studiert hat (Schmidt 2004; s. a. Levit 2015). Von 1928 bis 1931 forschte er während einer Aspirantur in experimentaler Genetik im Labor von A. S. Serebrovskij an künstl. Drosophilamutanten (Schmidt 2004). Experimentelle Arbeiten konnte er wegen einer Tuberkuloseerkrankung aber seit Beginn der 1930er Jahre nicht mehr durchführen; stattdessen wandte er sich der Erforschung der Geschichte der Biologie und Genetik zu. In dieser Tätigkeit wurde er 1934 Mitarbeiter an der Sowjetenzyklopädie. Zudem begründete er die Reihe *„Klassiki biologii i mediciny"*, in welcher wie bereits erwähnt 1935 die Arbeiten von Gregor Mendel und seinen Vorgängern Naudin und Sagaret in russischer Übersetzung erschienen. Im Weiteren arbeitete Gaissinovitch dann am Lehrstuhl für Darwinismus an der Univ. Moskau und im Institut für Geschichte der Naturwissenschaften und Technik der AdW. Als „Mendelist-Morganist" wurde er jedoch 1948 im Rahmen des Lyssenkoismus entlassen (a. a. O.). Zum Mendeljubiläum 1965 übernahm er aber dann die Rolle des Herausgebers einer neuen russischen Mendel-Edition. Ab 1966 arbeitete Gaissinovitch dann im von N. K. Koltsov (1872–1940) gegründeten Institut für Entwicklungsbiologie (a. a. O.).

[368] A. E. Gaissinovitch & Gregor Mendel, *„Gregor Mendel, Opyty nad rastitelnimi gibridami"*, in: A. E. Gaissinovitch (Hrsg.), Klassiker der Wissenschaften. Moskau 1965, S. 9–46; A. E. Gaissinovitch & Gregor Mendel, *„Opyty nad rastitelnimi gibridami. Gregora Mendela"*, in: Abba E. Gaissinovitch (Hrsg.), „Sageret – Naudin – Mendel: Ausgewählte Werke zu Pflanzen-Hybriden", Moskau 1968, S. 105–139. Zit. n. Matalová 1973.

[369] Gaissinovitch [& G. Mendel] 1965, S. 47–54.

[370] Ebd., S. 55–93.

[371] **Emilio Robledo Correa (1875–1961)** war ein aus Salamina (Kolumbien) stammender Botaniker und Historiker, der zuerst als Lehrer arbeitete und 1900 in Medellín zum Mediziner promoviert wurde. Während des kolumbianischen Bürgerkriegs (1899–1902) arbeitete Robledo als Truppenarzt. 1905 o. 1906 reiste er nach London, wo er Tropenmedizin studierte. Nach weiteren Aufenthalten in Paris und Lyon kehrte er 1907 nach Kolumbien heim, wo er als Arzt wirkte und unter anderem zu Malaria und anderen Tropenfiebern forschte. Ab 1910 war er auch politisch aktiv, bspw. als Gobernador des Departments Caldas. Von 1921 und 1927 übernahm er die Aufgabe als Rektor der Universität Antioquia, deren Geschichte er auch in einer Monographie niederlegte. Seine

Medellín, Kolumbien, veröffentlicht worden ist.[372] Von dieser Ausgabe scheint es mehrere Auflagen und Ausgaben gegeben zu haben. Vorgelegen hat uns ein weiterer zweiteiliger Abdruck unter dem Titel „*Experimentos en Hibridacion de Plantas*" aus demselben Jahr.[373] Grundlage für Robledos Übersetzung war die von Bateson kommentierte Harvard Ausgabe aus dem Jahr 1938. Wo Robledo Kommentare von Bateson verwendete hat er dies durch das Kürzel (B.) entsprechend markiert. Zu den bemerkenswerten Eigenarten der von Robledo kommentierten Edition von Mendels Text gehören seine Fußnoten zu monohybriden, dihybriden und trihybriden Kreuzungen, welche Robledo mit Kreuzungsquadraten ansteigender Komplexität zu illustrieren bemüht war. Hintergrund für Robledos Interesse an Mendels Text dürfte dabei zum einen sein Interesse an Geschichte und Botanik gewesen sein, zum anderen sein Interesse an der Förderung öffentlichen Unterrichts. Daneben hat sich Robledo seit den 1920 Jahren aber auch an der in Kolumbien geführten Diskussion zu „*Rasse*", „*Entartung*" und Sozialhygiene beteiligt.[374]

Eine weitere, von Antoni Prevosti Pelegrin (1919–2011) besorgte, spanische Ausgabe erschien 1965 in Mexiko unter dem Titel „*Experimentos de hibridacion en plantas: Trabajo leido en las reuniones del 8 de febrero y del 8 de marzo de 1865*".[375] Prevosti war zudem der Übersetzer des von E. C. Ware Sinnott, L. C. Dunn, Th. Dobzhansky herausgegebenen englischen Genetik-Lehrbuchs ins Spanische, wobei letzteres mindestens in drei spanischen Ausgaben herausgegeben worden ist.[376]

Im Jahre 1973 erschien noch eine spanische Übersetzung der englischen Quellensammlung zur Genetik von C. Stern und E. Sherwood, in welcher auch Mendels Artikel enthalten war.[377] Die Übersetzung ins Spanische ist dabei von dem Augustinerpater Pau-

---

besondere Leidenschaft galt der Botanik und Lexikographie, was dazu führte, dass er ein umfangreiches Schriftwerk hinterlassen hat. In der Literatur wird wiederholt darauf verwiesen, dass er die erste spanische Übersetzung von Mendels Arbeit zu Pflanzenhybriden erstellt hat, wobei jedoch übersehen worden ist, dass eine solche in Argentinien schon seit 1934 existierte. Biogr. Ang. n. Anonymous 1962.

[372] Pas 1959; Matalová 1973: E. Robledo [& G. Mendel] (1940a), „*Experimentos en hibridacion, por Gregorio Mendel*", Traduccion introduccion y notas por Emilio Robledo. Tip. Sanson, Medellin, 1940.

[373] E. Robledo [& G. Mendel] (1940b) „*Origines del Mendelismo – Experimentos en hibridacion de Plantas, por Gregorio Mendel*". Revista Facultad Nacional de Agronomía Medellín 2, S. 335–367 & Robledo & G. Mendel (1940c) „*Origines del Mendelismo*", Revista Facultad Nacional de Agronomía Medellín 2, S. 560–588.

[374] Siehe hierzu bspw. Robledo 1920; Cruz & Peña 2016.

[375] Vgl. auch Weiling 1970a, S. 17, Anm. 16. Ebenso Matalová 1973.

[376] E. W. Sinnott, L. C. Dunn, Th. Dobzhansky, Antonio Prevosti (1961), „*Principios de genética*", Omega. Barcelona; E. W. Sinnott, L. C. Dunn, Th. Dobzhansky, Antonio Prevosti (1972 & 1975), „*Principios de genética*", Traducción de: *Principles of genetics*, 5th edition. Ediciones Omega S.A. Barcelona.

[377] C. Stern & E. R. Sherwood, „*El origen de la genética*" (= *Sección xii historia y filosofía de las ciencias* 4, Exedra 85). Madrid; 1973.

lino Rodríguez vorgenommen worden. Ein Jahr später (1974) folgte eine im kubanischen Havanna gedruckte spanische Ausgabe unter dem Titel „*Experimentos sobre Hibridos de Plantas*".[378] Der Titel war dabei bewusst gegenüber den Editionen von Prevosti und Robledo abgewandelt worden, um dem Original besser zu entsprechen. Die abgedruckte Übersetzung selbst basierte auf der spanischen Edition von Prevosti. Die Ausgabe war mit umfangreichen, ins Spanische übersetzten Kommentaren von V. Orel[379], dem damaligen Leiter des Mendelianums, sowie einer historischen Einleitung von F. Weiling versehen. Der Jubiläumsband, in welchem diese Ausgabe abgedruckt wurde, enthielt darüber hinaus, neben vielen Einzelbeiträgen, auch noch Mendels Hieracium-Arbeit sowie eine spanische Ausgabe von Mendels Briefen an C. W. v. Nägeli.[380]

Die letzte spanische Ausgabe mit einer Einleitung von Andrés Moya (geb. 1956) erschien schließlich 2008 unter dem Titel „*Experimentos sobre híbridos en las plantas*" in Oviedo bei KRK Ediciones. Letztere Ausgabe basiert auf einer Übersetzung von Arturo Eduardo Burkart[381], die 1934 unter dem Titel „*Experimentos sobre híbridos en plantas*" in Argentinien herausgegeben wurde.[382] Auf Grund ihrer Verbreitung in Bibliographien der 1930er und 40er Jahre dürfte dies lange Zeit die am weitesten verbreitete spanische Übersetzung gewesen sein.

1.3.8 Schwedische Übersetzungen

Bereits 1917 erfolgte eine schwedische Übersetzung durch [Carl] Robert Larsson (1885–1956), die unter dem Titel „*Försök med växtbastarder: två avhandlingar 1865

---

[378] J. L. Sanchez & V. Orel (eds.), „Experimentos sobre Hibridos de Plantas" [Versuche über Pflanzen-Hybriden], in: „*Gregorio Mendel. Sequicentenario de su Nacimiento*". La Habana: 1974, S. 125–157.

[379] Siehe Orel 1974b.

[380] Leonie Kellen Piternick & George Piternick, „*Cartas de Gregor Mendel a Carl Nägeli*", in: Sanchez & Orel, op. cit., S. 181–216.

[381] **Arturo Eduardo Burkart (1906–1975)** war ein argentinischer Botaniker deutscher Abstammung (siehe Solbrig 1976). Im Jahre 1928 graduierte er zum Landwirtschaftlichen Ingenieur (Cabrera 1976). Später studierte er in Deutschland im Institut für Pflanzenzüchtung unter Erwin Baur (1875–1933) in Müncheberg, sowie am Kaiser-Wilhelm-Institut für Biologie in Berlin als Schüler von C. Stern, Genetik. In Kooperation mit letzterem verfasste er dann auch eine Arbeit zur Genetik der Fruchtfliege sowie seine Dissertation zu einer neuen Drosophilamutante (Burkart 1933; Burkart & Burkart 1976; Cabrera 1976). Seine Übersetzung von Mendels Text erfolgte dann im direkt darauffolgenden Jahr. Von 1939 bis 1961 hatte er als Professor den Lehrstuhl für Futterpflanzen an der Landwirtschaftlichen Fakultät in La Plata inne. Zudem war er von 1936 bis zu seinem Tod Direktor im *Instituto de Botánica Darwinion* sowie Titularprofessor für Botanik in Buenos Aires (Cabrera 1976; Solberg 1976). Herauszuheben ist Burkart in seiner Eigenschaft als absoluter Spezialist für Leguminosen.

[382] Arturo Burkart [& Gregor Mendel] „*Experimentos sobre híbridos en plantas*" [Versuche über Pflanzen-Hybriden]. *Revista Argentina de Agronomía* 1, 1934, S. 3–38.

och 1869" bei Bonnier in Stockholm erschien.[383] Diese Ausgabe ist mindestens noch ein weiteres Mal, im Jahr 1965 neu aufgelegt worden. Eine bislang letzte schwedische Übersetzung wurde durch Ernst Nilsson[384] unter dem Titel *„Ärftlighetslärans urkunder. Mendelismens födelse och pånyttfödelse"* im Jahre 1967 veröffentlicht.[385] Neben der Ausgabe von Mendels Vorträgen beinhaltete diese Ausgabe auch eine schwedische Übersetzung der Artikel der sog. Wiederentdecker C. Correns, H. de Vries und E. v. Tschermak-Seysenegg. Nilsson hatte seit 1925 selbst unzählige Versuche mit Kreuzungen von Erbsenvarianten durchgeführt.

1.3.9 Tschechische Übersetzungen

Da Mendel als Forscher eng mit Brünn verbunden war, verwundert es kaum, dass auch mehrere tschechischen Übersetzungen entstanden. Die erste solche wurde erst 1926 von dem Botaniker, Eugeniker und ersten Professor der Genetik an der Naturwissenschaftlichen Fakultät der Karls-Universität in Prag Artur Brožek (1882–1934) vorgelegt.[386] Inhaltlich umfasste die Ausgabe sowohl die *Pisum-* als auch die *Hieracium*-Arbeit von G. J. Mendel sowie zusätzliche Kommentare A. Brožek. Diese Ausgabe ist dabei auch vor dem historischen Hintergrund der Tschechoslowakischen Unabhängigkeitserklärung im Jahr 1918 nach dem Ende des Ersten Weltkriegs, sowie der Jubiläumsfeier zum 100. Geburtstags Mendels im Jahr 1922, anzusiedeln.[387] Anlässlich des 100. Jubiläums von Mendels Veröffentlichung wurde 1965 ein Symposium in Brünn unter der Mitarbeit der Tschechoslowakischen Akademie der Wissenschaften und der tschechoslowakischen

---

[383] Larsson [& Mendel] 1917; siehe ebenso Kříženecký 1965b, S. 67.

[384] **Ernst Nilsson (1895–1986)** war ein schwedischer Gärtner, Pflanzenzüchter und Schriftsteller. Als Gärtner arbeitete er von 1919–1925 zunächst im Alnarps Lantbruksinstitut, zwischen 1925 und 1943 dann als Pflanzenzüchter für verschiedene Hersteller von Saatgut. Von 1944 bis 1966 war er bei J. E. Ohlsens Enke AB. Wie Mendel führte auch Nilsson Erblichkeitsversuche mit *Pisum* durch, die er auch in Deutsch publizierte. Dabei betrachtete er zum einen die von Mendel beschriebenen Merkmale (z. B. die gelbe Kotyledonenfarbe), aber auch andere diskrete Eigenschaften, wie das Auftreten semisteriler Formen bei Erbsen (Nilsson 1929a, 1929b, 1932a, 1932b, 1936). Biogr. Ang. erweitert n. d. *„Svensk biografisk handbok"* (1969), P A Norstedt & Söners förlag Stockholm (Hrsg. Sten Lagerström & Elvan Sölvén), S. 690.

[385] Nilsson [& Mendel] 1967.

[386] Matalová 1973. Vgl. Artur Brožek, *„G. J. Mendelovy bastardační pokusy na Pisum a Hieracium. Jubilejní spisek na paměť 60. výročí prvého uveřejnění prací Mendelových, vydaný Českou akademií věd a umění v Praze"*. [G. J. Mendel's Hybridisierungs Experimente mit Pisum und Hieracium. Jubiläumsausgabe zum 60. Jahrestag der Erstveröffentlichung von Mendels Werken, herausgegeben von der Tschechischen Akademie der Wissenschaften und Künste in Prag]. In: *Zvláštní otisk ze Sborníku přírodovědeckého* 2: 1–53." Praha 1926.

[387] Simunek & Hoßfeld 2018.

Kommission der UNESCO organisiert und abgehalten.[388] Ergebnis war im Vorfeld darüber hinaus die Etablierung eines Dokumentationszentrum zur Geschichte der Genetik.[389] Dieses Zentrum wurde als eine eigene Abteilung an das Mährische Landesmuseum angegliedert, mit der Aufgabe, die Genetik des 20. Jahrhundert zu dokumentieren und archivieren.[390] Dieses „Mendelianum" wurde im Kloster in Alt Brünn, der ursprünglichen Wirkungsstätte Mendels, eingerichtet.[391] Desweiteren wurde seit 1965 in Brünn die wissenschaftshistorische Fachzeitschrift *Folia Mendeliana* herausgegeben.[392] In diesem zeithistorischen Kontext wurde dann auch die Übersetzung von A. Brožek 1965 von V. Orel revidiert. Eine völlig neue tschechische kommentierte Übersetzung wurde zuletzt 2008 von Anna Matalová (geb. 1944) publiziert.[393]

1.3.10 Chinesische Übersetzungen

Zu chinesischen Übersetzungen von Mendels Artikeln ist bislang nur sehr wenig in der westlichen Literatur bekannt geworden. In den Werksverzeichnissen von bekannten Übersetzungen des Mendeltextes fehlten sie bislang völlig.[394] Sicher scheint, dass die Mendelschen Regeln in China erstmals 1913,[395] also kurz nach der Xinhai-Revolution und dem Ende der Qing-Dynastie, verbreitet worden sind.[396] Die hiervon ausgehende Reform des feudalen Bildungssystems, sowie das steigende Interesse an westlichen Wissenschaften, dürften hierbei ein entscheidender Faktor gewesen sein.[397]

Eine erste vollständige chinesische Übersetzung durch Gu Fu[398] ist dann schon in den Jahren 1920–1921 als fünfteilige Serie in einem chinesischen Magazin mit dem Titel

---

[388] Simunek et al. 2018.
[389] Ebd.
[390] Ebd.
[391] Ebd.
[392] Ebd.
[393] Vgl. Gregor Mendel & Anna Matalová (ed.), Pokusy s hybridy rostlin [Versuche mit Pflanzenhybriden]. Brno 2008.
[394] Vgl. hierzu Kříženecký 1965b, S. 66-67; Orel 1974b, S. 158–159; Matalová 1973 & 1974; Jakubíček & Kubíček 1965; Jakubíček 1970, 1976; Weiling 1970a.
[395] Nach Zhencheng 1989 ist Mendels Theorie der Vererbung in China erstmals unter dem Titel „Revealing the mysteries of life" in Landessprache verbreitet worden, und zwar im „Journal of Progress". Teil dieses Artikels war ein 17 seitiger Abschnitt zur Genetik und Mendels Theorie (ebd.). Genauere Angaben zu dieser Publikation ließen sich nicht ermitteln. Vgl. auch Schneider 2005.
[396] Zhencheng 1989, S. 7; Schneider 2005, S. 41.
[397] Vgl. ebenso Zhencheng 1989, S. 7.
[398] Weitere Informationen zu Gu Fu sind nicht bekannt.

Xueyi [Lerntechniken] erschienen.[399] Zum 100-jährigen Jubiläum von Mendels Geburtstag sind dann 1922 auch in China eine Reihe von Gedenkartikeln zu Mendel vorgelegt worden.[400] Im Jahre 1925 hat dann Chen Zhen[401], ein Anhänger Morgans, eine erste umfangreiche chinesische Biographie zu Mendel veröffentlicht.[402] Zeitlich fallen diese Werke in die erste Phase der Genetik in China, in welcher Studien zur Vererbung, Evolution und Variation bei Goldfischen, Drosophila und Mais begonnen wurden.[403]

Im Jahre 1936 erschien dann schließlich auf Basis einer japanischen Ausgabe eine chinesische Neuübersetzung von Mendels *Erbsenartikel*, welche von Lin Daorong besorgt worden ist.[404] 1937, im Rahmen einer Serie von berühmten Klassikern[405], 1939, 1965 und 1970 ist diese Ausgabe dann noch wiederholt neu aufgelegt worden.[406] In den 1930er Jahren ist dann ebenso auch noch die Mendelbiographie von H. Iltis durch Tan Zhen Yao ins Chinesische übersetzt worden.[407] In den 1940er bzw. 1950er Jahren hat auch in China der Lyssenkoismus Einzug gehalten. Lehre und Forschung zur sog. mendelschen bzw. morganschen Genetik wurden verboten.[408]

---

[399] Zhencheng 1989, S. 8. Genaue bibliographische Angaben zu dieser Ausgabe ließen sich nicht ermitteln.

[400] Ebd.

[401] **Chen Zhen (1894–1957)** war ein Pionier der chinesischen Genetik. Im Jahre 1918 schloss er das Studium der Biologie an der Universität Nanjing ab. Dank eines Stipendiums *(Boxer Indemnity Scholarship)* konnte Chen in Amerika an der *Columbia University* studieren (Sullivan & Liu 2015), wo er 1921 einen Mastertitel erwarb (Fu et al. 1995). Zurück in China war er einer der ersten Forscher, die Genetik an der Universität lehrten, wobei er selbst stark durch die Arbeiten von Th. H. Morgan beeinflusst worden ist. Chen Zhen selbst forschte insb. zur Genetik bzw. Vererbung bei Goldfischen.

[402] Zhencheng 1989, S. 8.

[403] Ebd.

[404] Lin [& Mendel] 1936, „*Zhi wu za zhong zhi yan jiu*" (植物雜種之研究), 商務印書館, Shanghai: Shang wu yin shu guan, Minguo 25 in der Serie *Han yi shi jie ming zhu.; Xin shi ji wan you wen ku.* Übersetzung der Arbeit Mendels (孟德爾著) durch Lin Daorong (林道容). Zitiert nach Worldcat OCLC Nr. 702601571.

[405] Zhencheng 1989, S. 8. Weitere Informationen zu dieser Ausgabe liegen den Autoren nicht vor.

[406] Lin [& Mendel] 1939, „*Zhi wu za zhong zhi yan jiu*" (植物雜種之研究), [商務] Shang hai: Shang wu, min 28 in der Serie *Wan you wen ku jian bian,* 84; Lin & Mendel 1965, „*Zhi wu za zhong zhi yan jiu*" (植物雜種之研究), Taibei Shi: Taiwan shang wu, Minguo 54; Lin [& Mendel 1970], „*Zhi wu za zhong zhi yan jiu*" (植物雜種之研究), Taibei: Taiwan shang wu yin shu guan (臺灣商務印書館), Minguo 59. Übersetzung der Arbeit Gregor Mendels (林道容譯) durch Lin Daorong (林道容) in der Serie *Ren ren wen ku,* 1487. Zitiert nach Worldcat OCLC Nr. 30393081, 36106964, 815165353, 913614851.

[407] Zhencheng 1989, S. 8. Zhenyao Tan 1936, „*Mende'er zhuan*" (門德爾傳). Übersetzung von Iltis Biographie durch Zhen Yao Tan [Zhenyao Tan] (譚鎮瑤), 商務印書館, Shanghai [Kommerzielle Presse Shanghai]: Shang wu yin shu guan, Minguo 25 in der Serie *Zi ran ke xue xiao cong shu.; Xin shi ji wan you wen ku.* Zitiert nach Zhencheng 1989, S. 8 und Worldcat OCLC Nr. 679921597. Weitere Informationen zu Zhenyao Tan sind nicht bekannt.

[408] Zhencheng 1989, S. 10.

Entspannung brachte im Zeitraum 1956 bis 1957 die von Zedong, Mao (1893–1976) und der kommunistischen Partei Chinas initiierte „*Hundert-Blumen-Bewegung*", welche dem Volk die Gelegenheit geben sollte, sich kritisch zur Situation in der Volksrepublik China zu äußern. Für die chinesische Genetik war diese von Mao Zedong ausgerufene Bewegung wichtig, da sie insbesondere durch den damals zweiten Fünfjahresplan sowie den 12 Jahre Plan für die Wissenschaft auch im Zentrum politischer Betrachtungen stand.[409] Die zentrale Diskussionsplattform zur Zukunft der Genetik und Landwirtschaft in China bot dann das Qingdao Symposium von 1956.[410] Im Rahmen dieses Symposiums ist dann 1957 auch eine durch Wu Zhong Xian[411] vorgenommene Neuübersetzung von Mendels Artikel zu Pflanzenhybriden erschienen.[412] Auch andere wichtige Werke der Genetik sind in den späten 1950er und 1960er Jahren in China in die Landessprache übersetzt worden. Dazu gehörte beispielsweise Th. H. Morgans „*Theory of the Gene*", Th. Dobzhanskys „*Genetics and the Origin of Species*" sowie „*Principles of Genetics*" von Sinnot, Dunn & Dobzhansky.[413] In eben diesen Zeitraum fällt auch die Etablierung erster systematischer Kurse zur Genetik, sowie die Einrichtung eines ersten Lehrstuhls zur modernen Genetik im Jahr 1962.[414] Das Ende des Lyssenkoismus, sowie die Reetablierung der Genetik 1965 in der Sowjetunion, angezeigt durch die rege Teilnahme von sowjetischen Wissenschaftlern auf der Mendel-Gedächtniskonferenz in

---

[409] Siehe hierzu bspw. Schneider 2005, S. 165 ff.

[410] Peishan 1988; Schneider 2005, S. 165 ff.; Schneider 2012.

[411] **Wu Zhong Xian (1911–?)** war ein Absolvent der Huazhong Universität (Sullivan & Liu 2015, S. 453–454). Auf Grund eines Stipendiums studierte er in Übersee und erlangte 1937 in Edinburgh einen PhD in Genetik und Tierzucht. Nach seiner Rückkehr nach China wurde er Institutsleiter für Zoologie an der Landwirtschaftlichen Universität in Peking. Wu war dort ein Gegner des dem Institut aufoktroyierten Lyssenkoismus, und nach dessen Ende setzte er sich bei Zhou Enlai (1898–1976), dem chinesischen Premierminister, dafür ein, dass die chinesische, kommunistische Partei politische Anschuldigungen gegen Wissenschaftler unterbinden sollte. Wu war einer der wichtigsten Teilnehmer auf dem Qingdao Genetik Symposium von 1956. Er ist zudem der Verfasser einer Reihe von Arbeiten, deren Ziel es war, die natürliche Selektion Darwins mathematisch und in Form biometrischer und mathematischer Modelle zu beschreiben (ebd.).

[412] Wu & [Mendel] 1957, „*Zhi wu za jiao de shi yan*" (植物杂交的试验). Übersetzung von Mendels (孟德尔) Artikel durch Wu Zhong Xian [Zhongxian] (吴仲贤), 科学出版社, Beijing: Ke xue chu ban she. Zitiert nach Worldcat OCLC Nr. 301568615. S. a. Zhencheng 1989, S. 11 sowie Das 1979, S. 10. Diese Ausgabe ist auch in den englischsprachigen Pressespiegel der chinesischen Nachrichtenagentur „*Hsinhua News Agency*" 1957, S. 189, Nr. 22715 aufgelistet worden.

[413] Zhencheng 1989, S. 11.

[414] Ebd., S. 12.

Brünn, sind auch in China aufmerksam verfolgt worden.[415] Auf Grund der chinesischen Kulturrevolution (1966–1976) kam es jedoch erneut zu ultralinken Kritiken genetischer, wissenschaftlicher Bestrebungen.[416] Erst nach dem Ende Kulturrevolution erlangte die Genetik in China aber eine rasch zunehmende Bedeutung.

Im Jahr 1984 entfaltete die Genetische Gesellschaft Chinas umfangreiche Bestrebungen zu Mendels 100. Todestag, welche sich in Vorträgen Gedächtnisartikeln zu Mendel sowie wissenschaftlichen Berichten manifestierte.[417] In diesem Rahmen ist dann auch ein Mendel Gedächtnisband erschienen, der sich direkt mit den Konsequenzen des Lyssenkoismus auseinandersetzte.[418] Eventuell hat es im Rahmen dieser Bestrebungen 1984 auch eine chinesische Neuauflage von Mendels Artikel geben.[419]

1.3.11 Weitere Übersetzungen sowie die Würdigung Mendels während des 2. Vatikanischen Konzils

Darüber hinaus sind bereits in der Frühzeit der Genetik auch noch eine georgische und eine armenische Übersetzung von Mendels Arbeit erschienen.[420] Die georgische Übersetzung basierte dabei auf der deutschen Vorlage und war 1929 von I. Garsiashvili in Tiflis erstellt und herausgegeben worden.[421] Letzterer hat daneben auch noch eine dem Mendelismus und Mendel gewidmete Arbeit Goldschmidts in georgischer Übersetzung erstellt.[422] Die erwähnte armenische Ausgabe stammt aus dem Jahr 1936 und basierte auf einer Übersetzung durch N. Sargsyan und enthielt zudem einen kritischen Aufsatz von C. Correns und Anmerkungen von E. v. Tschermak-Seysenegg.[423]

---

[415] Ebd.

[416] Ebd.

[417] Ebd., S. 13–14. S. a. Schneider 2005, S. 222–224. Das Mendel-Jubiläum war bereits die zweitere derartige Veranstaltung in China in den 1980er Jahren. Bereits 1982 hatte es vergleichbare Bestrebungen zu Darwins 100. Todestag gegeben (s. Schneider 2005, S. 222–223).

[418] 中國遺傳學會主編 [Chinesische Genetische Gesellschaft, Hrsg.] 1985, Mengde'er shi shi yi bai zhou nian ji nian wen ji (孟德爾逝世一百周年紀念文集), 科學出版社, Beijing: Ke xue chu ban she. Mit einleitendem Editorial des chinesischen Genetikers Tan Jiazhen [C.C. Tan] (1909–2008).

[419] Genauere Informationen zu dieser Ausgabe haben sich nicht ermitteln lassen. Erwähnung gefunden hat sie bspw. im Tagungsband „*Progress in ECIWO biology and its applications to medicine and agronomy: proceedings of the First International Congress of ECIWO Biology*, 1990, Singapore", 1990, S. 209.

[420] Garsiashvili [& Mendel] 1929. Zit. nach Bakhteev 1971 und Matalová 1973.

[421] Ebd.; weitere Informationen zu dieser Edition und I. Garsiashvili liegen nicht vor.

[422] Ebd.

[423] Sargsyan [& Mendel 1936]. Zit. nach Bakhteev 1971 und Matalová 1973.

1 Historische Einführung und Editionsgeschichte

Zum Ende des Zweiten Weltkriegs, bzw. im Rahmen der deutschen Besetzung sind zudem noch eine rumänische und eine ungarische Übersetzung von Mendels Versuchen zu Hybriden entstanden.[424]

Die rumänische in Bukarest erschienene und von Andrei Piescu, einem damals bekannten Genetiker und Pflanzenzüchter, besorgte Ausgabe basierte dabei auf den deutschen Ausgaben und trug den Titel *„Experimente asupra hibrizilor de plante de Gregor Mendel"*.[425] Die Publikation erfolgte dabei im *Buletinul Cultivării şi Fermentării Tutunului* [Die Zeitschrift für Tabakbau und -Gärung], dem Hausblatt des Tabakforschungs-Institut Bucureşti-Băneasa, in dem Piescu seit Bginn der 1930er Jahre forschte.[426]

Die erste ungarische Übersetzung stammt aus dem Jahr 1944 und ist von dem ungarischen Botaniker und Biologen Rapaics Raymund [von Rumwerth] (1885–1954) unter dem Titel *„Kísérletek növényhibridekkel"* [Versuche mit Pflanzenhybriden] publiziert worden. Erstellt wurde diese im Auftrag der Königlich Ungarischen Gesellschaft für Naturwissenschaften. Basierend auf der von E. v. Tschermak-Seysenegg besorgten 3. deutschen Ausgabe von 1913 hat T. Attila Szabó (geb. 1941) 1976 Mendels Artikel zu Pflanzenhybriden dann noch einmal in einer auf Ungarisch abgefassten Quellensammlung zur Geschichte der Genetik publiziert.[427] Im Jahr 1980 ist noch eine weitere ungarische Übersetzung aufgelegt worden, die von Horváth Gyula ausgeführt wurde.[428]

---

[424] Zitiert nach Matalová 1973.

[425] Piescu [& Mendel] 1945. Vgl. Raicu & Vlădescu (1971) zur Einführung des Mendelismus in Rumänien; s. a. Matalová 1973, S. 253.

[426] Ebd.; **Andrei Piescu (1896–1978)** war ein rumänischer Pflanzenzüchter, der in den späten 1920ern in Klausenburg/Cluj als Assistent im Labor für Pflanzenzüchtung arbeitete. Bereits im Jahr 1938 hatte A. Piescu eine Arbeit von Thomas Hunt Morgan zur Evolution ins Rumänische besorgt, die unter dem Titel *„Bazele ştiinţifice ale evoluţiei"* bei Monitorul oficial si imprimeriile statului, Bucharesti, veröffentlicht worden ist. Später wurde Piescu Direktor des rumänischen Tabaksforschungsinstitutes. Piescu forschte primär an Kreuzungen verschiedener Tabakarten.

[427] T. Attila Szabó, *„A genetika évszázada"* [Das Jahrhundert der Genetik]. Bukarest: 1976, S. 1–288. Das Buch erschien in Ungarisch und mit ausgewählten Schriften von G. Mendel, F. Galton, A. Weismann, József Gelei, H. de Vries, Th. H. Morgan, J. D. Watson, F. H. C. Crick, Emil Racovita, N. I. Vavilov und J. Huxley. Mendels Arbeit ist dort (S. 15–62) unter dem Titel *„Kísérletek növényhibrideken"* enthalten.

[428] Horváth Gyula [& Gregor Mendel], *„Kísérletek növényhibridekkel"* [Versuche mit Pflanzenhybriden], in: Iwan T. Frolov & Stepan A. Pasztusnij, A genetika száz éve. [Einhundert Jahre Genetik]. Budapest: 1980.

Verwiesen sei an dieser Stelle auch noch auf eine portugiesische Übersetzung von Alberto J. Candeias aus dem Jahr 1965, welche unter dem Titel „*Experiências sobre Híbridos das Plantas*" erschien.[429]

In Lettland erschien die erste Ausgabe Mendels in der Landessprache wohl erst nach dem Ende des Lyssenkoismus.[430] Publiziert wurde diese Edition zusammen mit Illustrationen und Faksimiles, basierend auf einer Übersetzung der russischen Ausgaben, 1979 durch den lettischen Genetiker Valda Dišlera (1928–1985)[431], welcher auch eine Reihe anderer lettischer Genetikbücher verfasst und übersetzt hat.[432]

Des Weiteren hat der Augustinerpater Johann Georg Meijknecht (1901–1967) mehrere Jahre an einer niederländischen Übersetzung von Mendels Artikel gearbeitet, welche jedoch auf Grund des plötzlichen Todes des Autors nicht mehr veröffentlicht werden konnte.[433] Diese Übersetzung war zudem mit einem kritischen Kommentar zur Deutung der Mendelschen Versuche durch R. A. Fishers versehen und soll im Nachlass Meijknechts erhalten geblieben sein.[434] Meijknecht, der Naturwissenschaften studiert hatte, unterrichtete bis an sein Lebensende als Professor für Biologie am Augustiner-Gymnasium in Eindhoven, wobei er dort auch eigene experimentelle genetische Studien durchführte. 1938 besuchte er das Brünner Kloster und studierte dort die erhalten

---

[429] Alberto J. Candeias [& Gregor Mendel], „*Experiências sobre Híbridos das Plantas*" In: *Naturalia* 9, 1965, S. 1–63. Zit. n. Weiling 1970a, S. 17 & Jakubíček 1976. **Alberto Candeias (1891–1972)** war ein portugiesischer Publizist, Hochschullehrer und Absolvent der Universität von Coimbra. Bereits in den 1940er Jahren hatte er in mehreren Schriften versucht, den Theorien Charles Darwins in Portugal eine grössere Öffentlichkeitswirksamkeit zu verschaffen. So publizierte Candeias im portugiesischen Magazin *Seara Nova* eine mehrteilige Reihe zur Biographie Darwins (Candeias 1940). 1941 und 1943 erschien diese dann in erweiterter Form in zwei Ausgaben in der „*Bibliotheca Cosmos*" unter dem Titel „*A Vida e a obra de Darwin*", welche in ihrer Entstehung mit der damals sehr restriktiven Zensur zu kämpfen hatte (Gomis 2017a, 2017b; s.a. Candeias 1941a). In dieser Zeit befasste sich Candeias auch erstmals in einem kurzen, populärwissenschaftlichen Artikel mit Mendel und den Mendelschen Regeln (Candeias 1941b). 1945 wurde A. Candeias Chefredakteur der *Seara Nova*. Zudem war Candeias in den Jahren 1945–1946 Mitglied der oppositionellen MUD (*Movimento de Unidade Democrática*), einer Demokratie-Bewegung gegen das damalige autoritäre Regime von António de Oliveira Salazar (1889–1970). A. Candeias Werk umfasste eine ganze Reihe von Übersetzungen, u.a. von populärwissenschaftlichen Büchern, ins Portugiesische. Hierzu zählten bspw. eine Übertragung von William Cecil Dampiers erstmals 1929 erschienenem Buch „*A History of Science, and its relations with philosophy and religion*" sowie des von dem Atomphysiker Robert J. Oppenheimer verfassten „*Science and Common Understanding*".

[430] Raipulis 2017.

[431] V. Dišlera [& G. Mendelis] (1979) „*Pētījumi par augu hibrīdiem*". Zvaigzne, Rīga. S. a. OCLC Worldcat Nr: 719046321.

[432] Raipulis 2017.

[433] Miksch 1975.

[434] Ebd.

1 Historische Einführung und Editionsgeschichte

gebliebenen Mendeliana.[435] Aus diesem Besuch entstanden dann letztendlich mehrere kleine Schriften sowie eine umfangreiche Biographie unter dem Titel *„Gregor Mendel. De Ontdekker der Erfelijheidswetten"*, in welcher sich Meijknecht (1950) mit dem Leben und Werk Gregor Mendels auseinandersetzte. Meijknechts Arbeiten stehen hierbei stellvertretend für die große Faszination, welche die Persönlichkeit und das Werk Mendels auf viele Mitglieder des Augustinerordens während des 20. Jahrhunderts ausgeübt hat. Aus dieser Faszination entstanden im Augustinerorden in der Folge bereits seit der „Wiederentdeckung" eine Vielzahl biographischer und historischer Schriften zu Mendel, welche von Miksch (1975) bibliographisch zusammengefasst worden sind. Neben den naturwissenschaftlichen Erkenntnissen Mendels war dabei die Religiosität Mendels oftmals ein weiteres elementares Topos.[436] Zeitlicher Höhepunkt dieser Bestrebungen das Werk Mendels weiter bekannt zu machen, war das Jahr 1965 mit dem 100-jährigen Jubiläum der Vorträge Mendels zu seinen Kreuzungsexperimenten. Eröffnet wurde dieses auf kirchlicher Seite durch das Apostolische[437] Schreiben *„Gegorii Mendel"* von Papst Paul VI. (1897–1978) in welchem der Pontifex darauf aufmerksam machte, dass neben der mathematischen gründlichen Schulung Mendels dieser wohl auch durch die Schriften des heiligen Augustinus inspiriert worden sein dürfte, welcher *„besonders bei der Entdeckung der Zahl in den Dingen die Weisheit Gottes bewunderte, die alles nach Zahl geordnet und erschaffen habe [...]"* (Paul VI. 1965). Im Laufe dieses Jahres besuchten verschiedene Ordensmitglieder die zahlreichen Jubilarfeiern in Europa und Amerika und veröffentlichten unzählige kleinere und grössere Artikel, mit denen sie auf Mendel als Mensch, Ordensbruder und dessen wissenschaftliches Werk aufmerksam machten. Den Höhepunkt des Jubiläumsjahres stellte dann aber die eigentliche vom Augustinerorden organisierte Mendel Gedächtnis-Sitzung am 25. November 1965 in Rom dar, an welcher

---

[435] Meijer 1984.

[436] Siehe z. B. Lierde 1956, Zumkeller 1971.

[437] Zum Ordenspatron der Augustiner siehe auch die Ansprache von Papst Benedikt XVI. (1927–2022) am am Prager Flughafen am 26. September 2009 (zit. n. Benedikt XVI): *„In dieser naturwissenschaftlich geprägten Zeit ist es aufschlußreich, sich das Beispiel des Augustinerabts aus Mähren Gregor Mendel vor Augen zu führen, der mit seiner bahnbrechenden Forschung die Grundlage der modernen Genetik gelegt hat. Ihm gilt nicht der Vorwurf seines Ordenspatrons, des heiligen Augustinus, der es bedauerte, daß so viele sich ́mehr damit befassen, Tatsachen zu bewundern als ihre Ursachen zu ergründen ́ (Epistula 120,5; vgl. Johannes Paul II., Ansprache bei der Gedenkfeier zum 100. Todestag von Abt Gregor Mendel, 10. März 1984). Der wahre Fortschritt der Menschheit wird am besten durch eine solche Verbindung der Weisheit des Glaubens mit den Erkenntnissen der Vernunft gefördert."*

Wie sehr die Genetik auch das Selbstbildnis der Kirche beeinflusst hat, davon zeugen auch die Bezugnahmen mehrerer nachfolgender Kirchenväter auf Gregor Mendel. Siehe hierzu bspw. die Ansprache des Heiligen Vaters am Prager Flughafen am 26. September 2009 von Papst Benedikt XVI. (1927–2022):

mehr als 3.000 Personen aus dem kirchlichen (darunter auch 17 Kardinäle und 150 Bischöfe), politischen, kulturellen und wissenschaftlichen Lebens teilnahmen und welche als prächtiger Abschluss des 2. Vatikanischen Konzils dienen sollte.[438] Die feierliche Veranstaltung fand damals im Palazzo Pio XII. statt, dem zu dieser Zeit grössten kirchlichen Festsaal in Rom.[439] Eröffnet wurde die von einer Mendelausstellung begleitete Feier durch Grussworte des Papstes. Inhaltlich bemühte man sich im eigentlichen Hauptteil der Veranstaltung vor allem darum, Gregor Mendel als Priester und Augustinermönch, und nur in zweiter Linie als Forscher und Wissenschaftler, zu ehren, wobei es implizit natürlich auch darum ging, die Vereinbarkeit von Wissenschaft und Religion in den Vordergrund zu stellen.[440] Ähnlich große Veranstaltungen von kirchlicher Seite gab es dann auch noch einmal 1983 bzw. 1984, dem 100. Jubiläum von Mendels Todestag. Zuletzt findet sich im OCLC-Katalog auch noch eine 2012 erschienenen vietnamesische Übersetzung.[441]

Nimmt man alle Auflagen zusammen, so sind bis heute international mehr als 100 Auflagen von Mendels Artikel zu „*Versuche über Pflanzen-Hybriden*" bekannt.

1.3.12 Editionsgeschichte der Briefe Mendels an C. W. Nägeli

Die neun erhaltenen Briefe von Mendel an Nägeli aus dem Zeitraum von 1866 bis 1873 wurden erstmals vom „Wiederentdecker" Carl Correns in den Abhandlungen der Königlich-Sächsischen Gesellschaft der Wissenschaften herausgegeben. Der Abdruck erfolgte dabei im 29. Band der mit dem Jahr 1906 abgeschlossen war (siehe Correns 1906). In der Literatur wird die Briefsammlung meist mit Correns (1905) zitiert. Der Grund ist, dass wie damals oft üblich die Abhandlungen in Form mehrerer Einzelhefte und Lieferungen im Zeitraum zwischen 1904 und 1906 erfolgte. Das dritte Heft der Abhandlungen bestand dann aus der von C. Correns editierten und kommentierten Sammlung der Briefe Mendels. Der Beitrag selbst war von Correns für die Abhandlungen schon am 5. Dezember 1904 vorgetragen worden. Das fertige Manuskript reichte Correns dann am 23. Dezember 1904 ein. Der letzte Druckbogen war dann am 20. Februar druckfertig erklärt und bereit für die Auslieferung. Der Separatdruck des 3. Heftes erschien im Verlag von B. G. Teubner in Leipzig und konnte für 3 Mark erworben werden (siehe Correns 1905). Der Sonderdruck wies dabei eine doppelte Paginierung auf: Zum einen die des Separatdruck, zum anderen die des gesammten Bandes der genannten Abhandlungen. Soweit in der vorliegenden Edition auf die Briefe Mendels an C. W. Nägeli eingegangen wird,

---

[438] Miksch 1975; s. a. Orel 1966.
[439] Miksch 1975.
[440] Vgl. Miksch 1975.
[441] Quan Sen Trang [& Mendel] (2012) Mendel và cây đậu vườn. TP. Nxb. Tong hợp TP. Ho Chí Minh. Zit. n. OCLC Worldcat Nr: 811079159.

ist daher im Weiteren konsequent Correns (1906) mit der zugehörigen Paginierung als Quelle angegeben. Die Briefe Mendels sind dann von Correns noch einmal 1924 unverändert in dessen "Gesammelten Werken" als Anhang jedoch mit abgeänderten Seitenzahlen aufgenommen worden (Correns 1924, S. 1233–1297). Zum 50, Jubiläum der „Wiederentdeckung" erschien dann in einem Supplement des Journals Genetics eine von Leonie Kellen Piternick (1918–1992) und George Piternick (1918–1999) angefertigte englische Übersetzung der von Correns herausgegebenen Mendel-Briefe (Correns 1950, S. 1–29).

2. Kritisch kommentierte Originaltexte von Gregor Mendel

Michael Mielewczik, Michal V. Simunek und Uwe Hoßfeld

2.1 Editorischer Hinweis

Die ersten kommentierten Ausgaben von Mendels Artikel „*Versuche über Pflanzen-Hybriden*" erschienen bereits in den frühen 1900er Jahren. Kommentierungen beschränkten sich damals jedoch auf kurze Fußnoten und Anmerkungen. In diesen Ausgaben haben dann auch wiederholt kleine Anpassungen an eine modernere Rechtschreibung stattgefunden, meist ohne diese explizit zu vermerken. Auch Übersetzungen ins Englische, aber auch in andere Sprachen haben auf diesen frühen Ausgaben beruht. Die umfangreichste kritisch kommentierte Ausgabe von Mendels Artikel in Deutsch erschien erst im Jahre 1970 und wurde durch den Mendel-Historiker Franz Weiling (1904–1999) besorgt.[1] Diese viele Detailaspekte berücksichtigende Ausgabe war eine Neubearbeitung im Rahmen der *Ostwaldschen Klassiker* und stellt seit beinahe 50 Jahren nun die

---

[1] Weiling 1970a.

M. Mielewczik (✉)
Adlikon bei Regensdorf, Schweiz
E-Mail: michaelmielewczik77@gmail.com

M. V. Simunek
Institut für Zeitgeschichte, Akademie der Wissenschaften der Tschechischen Republik, Prag 6, Tschechische Republik
E-Mail: simunekm@centrum.cz

U. Hoßfeld
AG Biologiedidaktik, Universität Jena, Jena, Deutschland
E-Mail: uwe.hossfeld@uni-jena.de

© Springer-Verlag GmbH Deutschland, ein Teil von Springer Nature 2024
M. Mielewczik et al. (Hrsg.), *Gregor Mendel,* Klassische Texte der Wissenschaft,
https://doi.org/10.1007/978-3-662-57976-3_2

klassische deutschsprachige Referenz zu Mendels Text dar. Diese Ausgabe bildet auch den Ausgangspunkt für die aktuelle Springer-Edition und die in vorliegendem Kapitel präsentierte und kritisch kommentierte Neuauflage (s. Kap. 2.4). Ergänzend dazu wurden viele von Weiling und anderen Autoren besprochene Aspekte, wo dies möglich war, weiter vertieft, wobei auch eine Vielzahl weiterer Bezüge auf wissenschaftliche Texte des 19. und 20. Jahrhunderts ergänzt worden sind. Bei den Kommentierungen der von Mendel verwendeten Mutanten gehen die in der vorliegenden Edition eingefügten Anmerkungen zudem auch auf Erkenntnisse der molekularen Genetik ein, welche verdeutlichen, mit welchen Pflanzenvarianten Mendel am wahrscheinlichsten gearbeitet hat.

Seit den Zeiten der klassischen Genetik hat sich selbstverständlich auch das Verständnis der Lektüre von Mendels Artikel zu Pflanzenhybriden immer wieder geändert. Dies zeigt sich gerade bei den frühen Artikeln der „Wiederentdecker" zu den Mendelschen Regeln besonders deutlich. Wo nötig, gehen die in der vorliegenden Edition enthaltenen Anmerkungen daher auch auf die unterschiedlichen Lesarten ein. Da Mendels Artikel ohne Frage zu den meist rezipierten wissenschaftlichen Werken des 19. Jahrhunderts gehört, ist es wenig verwunderlich, dass sich in den letzten mehr als hundert Jahren auch immer wieder Wissenschaftshistoriker und Genetiker im Kontext der modernen Genetik und Pflanzenzüchtung mit der Lesart und den Details von Mendels Artikel auseinandergesetzt haben. Auch hinsichtlich der Textkontextualisierung im Rahmen der botanischen und biologischen Literatur des 19. und 20. Jahrhunderts hat es vielfältige Bestrebungen in dieser Hinsicht gerade auch bezugnehmend auf die biologische Theoriebildung gegeben. Auch auf diese oftmals weit in der wissenschaftshistorischen und genetischen Literatur verstreuten Quellen ist in den Anmerkungen der vorliegenden Edition umfassend eingegangen worden. Dies ist beispielsweise dort der Fall, wo Mendels Ergebnisse sich mit den Forschungen anderer Forscher des 19. Jahrhunderts deckten, aber auch davon abgewichen sind. Soweit sich in anderen früheren kritisch kommentierten Neuauflagen bzw. Übersetzungen weitere Ergänzungen gefunden haben, sind auch diese in der Kommentierung berücksichtigt bzw. diskutiert worden.

Der vorliegende Text orientiert sich im Druck und in der Schreibweise bewusst an der Originalausgabe, die in den *Verhandlungen des naturforschenden Vereines* (*VNV*) in Brünn im 4. Band für das Jahr 1865 erschienen ist. Tippfehler wurden nicht wie in früheren Ausgaben korrigiert. Zudem wurde auch die alte Schreibweise beibehalten. Der Grund dafür ist, dass an einigen wenigen Stellen auch durch diese stillschweigenden Korrekturen oftmals Missverständnisse hervorgerufen worden. Weiling hat in seiner kommentierten Ausgabe 1970 daher absichtlich und bewusst auf einen Sonderdruck aus dem Jahr 1866 zurückgegriffen, in welchem eine kleine Zahl von Korrekturen zu finden sind, welche mutmaßlich Mendel noch selbst vorgenommen hat. Diese Anmerkungen sind auch im vorliegenden Band in Form kommentierter Fußnoten berücksichtigt.

Die in eckigen Klammern beigefügten Zahlen bezeichnen jeweils die Seiten des Originaldruckes in den *VNV* in Brünn (Mendel 1866 S. 3–47; s. auch Abb. 2.1). Auf eine Ausweisung der Seiten des handschriftlichen Manuskripts in der Handschrift Mendels wurde zu Gunsten einer besseren Lesbarkeit verzichtet (siehe hierzu abw. die kommentierte Transkription von Weiling 1970a). Texte in S p e r r s c h r i f t entsprechen

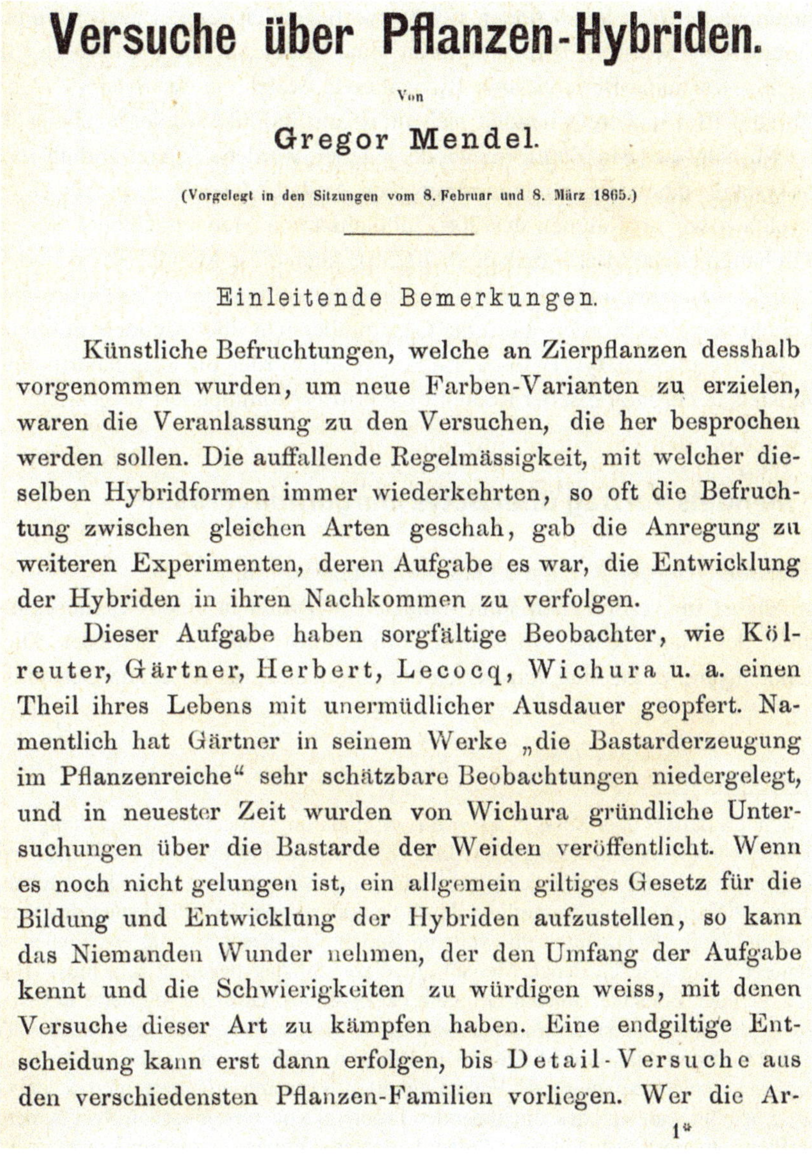

Versuche über Pflanzen-Hybriden.

Von

Gregor Mendel.

(Vorgelegt in den Sitzungen vom 8. Februar und 8. März 1865.)

Einleitende Bemerkungen.

Künstliche Befruchtungen, welche an Zierpflanzen desshalb vorgenommen wurden, um neue Farben-Varianten zu erzielen, waren die Veranlassung zu den Versuchen, die her besprochen werden sollen. Die auffallende Regelmässigkeit, mit welcher dieselben Hybridformen immer wiederkehrten, so oft die Befruchtung zwischen gleichen Arten geschah, gab die Anregung zu weiteren Experimenten, deren Aufgabe es war, die Entwicklung der Hybriden in ihren Nachkommen zu verfolgen.

Dieser Aufgabe haben sorgfältige Beobachter, wie Kölreuter, Gärtner, Herbert, Lecocq, Wichura u. a. einen Theil ihres Lebens mit unermüdlicher Ausdauer geopfert. Namentlich hat Gärtner in seinem Werke „die Bastarderzeugung im Pflanzenreiche" sehr schätzbare Beobachtungen niedergelegt, und in neuester Zeit wurden von Wichura gründliche Untersuchungen über die Bastarde der Weiden veröffentlicht. Wenn es noch nicht gelungen ist, ein allgemein giltiges Gesetz für die Bildung und Entwicklung der Hybriden aufzustellen, so kann das Niemanden Wunder nehmen, der den Umfang der Aufgabe kennt und die Schwierigkeiten zu würdigen weiss, mit denen Versuche dieser Art zu kämpfen haben. Eine endgiltige Entscheidung kann erst dann erfolgen, bis Detail-Versuche aus den verschiedensten Pflanzen-Familien vorliegen. Wer die Ar-

Abb. 2.1 Titelseite Mendels „*Versuche über Pflanzen-Hybriden*", 1866.

den Sperrungen im Original. Die teilweise altertümliche Schreibweise durch Mendel wurde explizit beibehalten. Dort, wo klare Textfehler im Original vorlagen, wurden diese entsprechend mit Kommentaren versehen. Bei Überschriften der einzelnen Abschnitte in Mendels Text aus dem Jahr 1866 wurde aus Gründen des Layouts und der Lesbarkeit auf das Ausweisen der Sperrschrift verzichtet und die Überschriften wurden aus fett in die jeweiligen Paragraphen eingereiht. Neben Mendels Hauptwerk und seinem Artikel zur Kreuzungen bei *Hieracium* finden sich im vorliegenden Kapitel auch weitere, weniger bekannte Texte Mendels. Hierzu gehören seine beiden kürzeren Artikel zu Pflanzenschädlingen sowie seine Berichte über Bienenkunde, welche in der *Brünner Honigbiene* zu finden sind. Bei letzterem handelt sich meist um indirekt wiedergegebene Berichte Mendels, weshalb diese in Zitatform wiedergegeben werden. Zuletzt enthält das Kapitel einen bislang unbekannten meteorologischen Artikel Mendels zu einem Gewitter in Brünn, welchen wir im Rahmen des 200. Jubiläums von Mendels Geburtstags erstmals vorgestellt hatten (siehe Mielewczik et al. 2023b). Auch diese Mendel-Texte sind von uns durchgehend kritisch kommentiert und soweit möglich mit ergänzenden Informationen in den Fußnoten versehen worden. Für eine Gesamtübersicht über Mendels publizistisches Schaffen sei hier auf Kap. 6 verwiesen. Im Folgenden werden die Originalartikel und Berichte Mendels in chronologischer Reihenfolge kritisch kommentiert vorgestellt.

2.2 Mendels Vortrag über *Botys margaritalis* (1853)[2]

Der hochwürdige Herr G. M e n d e l hielt folgenden Vortrag:
Anfangs August im verflossenen Jahre fand ich in Brünn in einem Gemüsegarten den Fruchtstand des Gartenrettigs (*Raphanus sativus*) fast gänzlich verwüstet. Die lederartige Schotenwand zeigte sich von aussen her durchbohrt; die rundliche Oeffnung, deren

---

[2] Gregor Mendels Artikel über *Botys margaritalis* erschien im 3. Band der *Verhandlungen des zoologisch-botanischen Vereins in Wien* für das Jahr 1853, S. 116–118 (Mendel 1853). Den zugrundeliegenden Vortrag hat Mendel auf der Versammlung des Vereins am 1. Juni 1853 gehalten. Geleitet wurde die Sitzung der Versammlung durch den damaligen Vizepräsidenten des Vereins August Neilreich (1803–1871). Durch die weiteren Berichte zu dieser Sitzung erschließen sich eine Reihe weiterer Naturforscher, denen Mendel auf dieser Sitzung begegnet sein muss. Hierzu gehörten u. a.: 1.) der Botaniker Johann Ortmann (1814–1890). Ortmann referierte in der gleichen Sitzung über die botanischen Bestrebungen der französischen Botaniker Jean Jacques Timothée Puel (1813–1890) und Alphonse Maille (1813–1865), welche ein Jahr später zu den Gründungsmitgliedern der Société botanique de France gehörten. Ortmann erläuterte hierbei, dass man in Paris darum bemüht war, sich des zunehmenden Problems von verschiedenen Synonymen bei botanischen Pflanzennamen anzunehmen. Zudem berichtete Ortmann in diesem Kontext davon, dass die beiden Franzosen daher anstrebten, eine „*Statistik des Pflanzenreiches*" zu etablieren. Primär ging es hierbei aber um Herbarbelege und praktische Probleme der Systematik. Im Kontext dieser Diskussion zur Standardisierung machte Ortmann auch die folgende kurze Bemerkung: „*sicher ist es, dass die Ausbreitung der Vegetation auf der Erdoberfläche gewissen Gesetzen unterliegt* […]". 2.) der aus dem mährischen Iglau/Jihlava stammende Botaniker Alois Pokorny (1826–1886), zu dieser Zeit Professor am k. k. akademischen Gymnasium in Wien. 3.) Der Botaniker und Historiker Ludwig Ritter von Heufler zu Rasen und Perdonegg (1817–1885), der auf dieser Sitzung einen Vortrag zur Geschichte der Gattung *Hieracium* und den Inhalt der neuesten Monographien zu dieser Pflanzengattung zusammenfasste. 4.) der Zoologe Georg Frauenfeld (1807–1873) war ein Spezialist für Entomologie u. Malakologie.

Durchmesser sehr verschieden war, und in einzelnen Fällen wohl 1 Linie und darüber betragen mochte, war am häufigsten in der Mitte oder gegen die Spitze hin angebracht. Wohl die Hälfte der untersuchten Schoten war vollständig ausgehöhlt, die Samen sammt der markigen Ausfüllung gänzlich verschwunden; bei anderen war die Zerstörung nur theilweise ausgeführt, und in wenigen Fällen bloss die Schotenwand durchbohrt. Lange spürte ich vergeblich dem Urheber dieser Verwüstung nach; die angegriffenen Schoten waren bereits von ihrem Feinde verlassen. Endlich gelang es mir doch, denselben auf einer Pflanze in 3 Exemplaren zu entdecken, jedes in einem [sic] anderen Schote. Ich fand eine beiläufige 6′′′ lange und 3′′′ dicke Raupe, die bereits in jenem Zustande der Erstarrung war, welche der Verpuppung vorauszugehen pflegt. Die leere Schote war im Inneren mit einem weissen seidenartigen Gespinnste ausgepolstert, und auch die durchbohrte Stelle damit übersponnen. Diese wenigen hatten ohne Zweifel die Schote zum Orte ihrer Verwandlung gewählt, während die übrigen vermuthlich in die Erde gegangen waren.

Mein hochverehrter Lehrer Herr Director K o l l a r[3], dem ich nach meiner Rückkehr nach Wien Proben der beschädigten Schoten sammt der Raupe vorlegte, ermunterte mich, den Schmetterling zur Entwicklung zu bringen. Zu diesem Ende wurden 2 Schoten sammt ihrem lebenden Inhalte in ein hölzernes Kästchen gelegt, nachdem ich dieselben zuvor an der Spitze geöffnet hatte, um die Zeit der Verpuppung beobachten zu können und im Zimmer aufbewahrt. Den ganzen Winter hindurch blieben beide Raupen unverwandelt liegen. Erst am 19. April wurde die eine zur Puppe, und schon am 15. Mai, also nach 26 Tagen, brach der Schmetterling durch, während die andere Raupe noch unverwandelt war, aber bei der leisesten Berührung Zeichen des Lebens von sich gab. Herr Director Kollar hatte die Güte, den Schmetterling zu bestimmen und mit den in der kaiserl. Sammlung vorhandenen Exemplaren genau zu vergleichen. Es ergab sich, dass es *Botys margaritalis* (*Scopula margaritalis* H ü b.) aus der Familie der Pyraliden sei.[4]

Die Raupe fand Herr Director K o l l a r nicht ganz mit der von H ü b n e r[5] beschriebenen übereinstimmend. Vielleicht hätte H ü b n e r bei seiner Beschreibung ein Exemplar aus einem anderen Entwicklungsstadium vor sich. Herr Director K o l l a r

---

[3] **Vincenz Kollar (1797–1860)** war ein österr. Entomologe und Zoologe. Seit 1817 arbeitete er am Hof-Naturalien-Cabinet in Wien, wo er ab 1851 auch Vorstand des Zoologischen Hofkabinetts war. V. Kollar war zudem der Schwiegervater des bereits erwähnten Georg Frauenfeld (Sajner 1967).

[4] Für den **Rübsaatpfeifer** sind in der Literatur verschiedene Synonyme zu finden. Die damals am weitesten verbreitete war *Botys margaritalis*. Daneben waren auch *Pyralis margaritalis* und *Scopula margaritalis* verbreitet. *Pyralis margaritalis* wird heute als Synonym von *Evergestis extimalis* Scop, betrachtet

[5] V. Kollar bezog sich hier auf **Jacob Hübner (1761–1826)**, einen deutschen Entomologen aus Augsburg, der in seinen Werken damals noch viele unbekannte Schmetterlingsarten beschrieben hat. Da seine literarische Sammlung auch posthum immer wieder literarisch erweitert wurde ist nicht ganz klar auf welchen Text sich Kollar hier explizit hingewiesen hat.

entwirft folgende Beschreibung: „Die Raupe ist 6 Linien lang, 2 Linien dick, walzig, am Ende wenig schmäler. Ihr Kopf ist glänzend schwarz, glatt."

„Der Leib gelblichgrün; am Halskragen (Rückenschilde) befinden sich zwei grosse schwarze Flecken. Der Rücken des Körpers hat vier Reihen grösserer schwarzbrauner Puncte, und neben den beiden äusseren Reihen noch eine Reihe ganz kleiner glänzend schwarzer Pünctchen; die Stigmata sind braun; auf jedem der grösseren Puncte steht ein steifes borstenförmiges Haar. Die Brustfüsse sind gelblichgrau; die Bauchfüsse (4 Paare) haben einen bräunlichen Borstenkranz, die zwei Nachschieber ebenso. Die untere Bauchseite ist grünlichgelb ohne Flecke."

Der Schmetterling kommt in den meisten Gegenden von Deutschland, Ungarn und der Ukraine vor, und es ist bekannt, dass sich seine Raupe von den weichen unreifen Samen der *Cruciferen* nährt. Einzeln hat man dieselben auf verschiedenartigen Schotengewächsen gefunden; so erzählt z. B. H ü b n e r, sie kommen in der Ukraine auf *Sysimbrium*- und *Iberis*-Arten nicht selten vor.[6] Als verheerend durch ihre grössere Menge wurde sie bis jetzt auf Kohlarten, und besonders auf dem Rübenkohle *(Brassica Rapa)* beobachtet, wesshalb [sic] ihr auch die Gemüsegärtner den Namen „Pfeifer in der Rübensaat" gegeben haben.[7]

Was den Schaden anbelangt, den sie in dem vorliegenden Falle angerichtet hatte, so ist er bedeutend genug, um die Aufmerksamkeit der Oekonomen auf sich zu ziehen. Die Schoten, die sich nach meiner Schätzung im Juni und der ersten Hälfte des Juli entwickelt hatten, waren fast ohne Ausnahme zerstört; nur diejenigen, die etwas später zur Entwicklung kamen und im Herbste noch reife Samen brachten, blieben verschont. Die Erklärung dieses Umstandes dürfte wohl daher zu hohlen [sic] sein, dass die Flugzeit des Schmetterlinges, wenn er sich bei uns im Freien entwickelt, nur von Anfang Juni bis in die ersten Tage des Juli dauert. Vielleicht wäre es möglich, durch späteren Anbau der für die Samenernte bestimmten Rettige dem Uebel ganz vorzubeugen.

Ich fand nirgends eine Andeutung, dass die Raupe für die erwähnte Pflanze schon schädlich aufgetreten wäre. Der Gärtner des erwähnten Gemüsegartens versichert mich [sic] indessen, dass ihm die „gestreiften Würmer" auch im vorhergehenden Jahre den Rettigsamen gefressen hätten. Wenn sie auch bis jetzt als wahrhaft schädlich nur für Rübenkohl und Rettigsamen bekannt ist und auf anderen verwandten Culturpflanzen ver-

---

[6] Gemeint waren die **Rauken** (Sisymbrieae) und **Schleifenblumen** (Iberideae). Der Verweis auf die Ukraine könnte auf die beginnende Zusammenarbeit mit Alexander Zawadzki zurückgehen, der vielfach als Mendels Mentor angesehen wird. Die ungewöhnliche Schreibweise *Sysimbrium* war damals recht weit verbreitet, in Brünn ist sie aber eher selten genutzt worden (vgl. z. B. Makowsky 1860, S. IV). Es ist jedoch erwähnenswert, dass sie auch in der ersten wissenschaftlichen Arbeit von J. Wiesner (1854) zu finden ist, welche dieser damals fast gleichzeitig in der Brünner Oberrealschule als Schüler verfasst hat.

[7] Auch Rübsaatpfeifer. In einigen Botanikbüchern älteren Datums wurde dieser Name davon abgeleitet, dass die Schoten mit den Löchern das Aussehen einer Flöte hatten (siehe z. B. Floericke 1908, S. 82).

einzelt vorkam, so bürgt das nicht dafür, dass sie durch plötzliche Vermehrung nicht auch diesen schädlich werden könne, was bei jenen, die bloss ihrer Samen wegen gebaut [sic] werden, um so empfindlicher wäre. Es gibt mehrere Beispiele, dass ein Insect auf einer bestimmten Pflanze immer nur sporadisch vorkam, plötzlich jedoch verheerend auftrat und dann in derselben Gegend durch viele Jahre wieder selten war. Für den Winterreps[8] wäre da wohl nichts zu befürchten, da er schon im Juni ausreift und geschnitten wird; für den Sommerreps[9] und Senf hingegen muss das Prognosticon bedenklicher ausfallen.

Es ist desshalb wichtig, die Oekonomie des Thieres genauer zu erforschen. Ich kam im verflossenen Jahre zu spät dazu, und sah nur den angerichteten Schaden. Die Vermuthungen, die ich aus dem Gesehenen schöpfen kann, beschränken sich darauf, dass wahrscheinlich der Schmetterling im Juni seine Eier auf die in Entwicklung befindlichen Schoten legt, die ausgekrochenen Räupchen sich in das Innere durchbohren, dasselbe ausfressen, und wenn sie mit einer Schote fertig sind, wohl auch auf eine andere übergehen. Es scheint dem Thiere ziemlich gleichgiltig zu sein, ob es, nachdem es ausgewachsen ist, seine Puppenzeit (wie H ü b n e r angibt) in der Erde oder in der Schote zubringe. Genaue Beobachtungen werden hoffentlich recht bald die erwünschten Aufschlüsse ertheilen.

2.3 Ueber *Bruchus pisi,* mitgeteilt von V. Kollar (1854)[10]

Hr. Direct. V. K o l l a r theilt nachstehendes, vor einigen Tagen ihm zugekommene Schreiben Sr. Hochw., des Hrn. G. M e n d e l, Capitulars des Stiftes St. Thomas in Brünn mit.

---

[8] Synonym für Winterraps.

[9] Synonym für Sommerraps.

[10] Gregor Mendels Artikel über *Bruchus pisi* erschien im 4. Band der *Verhandlungen des zoologisch-botanischen Vereins in Wien* für das Jahr 1854, S. 27–30 (Mendel 1854). Es scheint nicht abschließend geklärt, wer nach der „Wiederentdeckung" zuerst auf die beiden kleineren entomologischen Arbeiten Mendels aufmerksam gemacht hat. E. Tschermak ging in seinem ersten Nachdruck (1901) der „*Versuche über Pflanzen-Hybriden*" noch davon aus, dass alle wissenschaftlichen Arbeiten Mendels in den *VNV* erschienen waren (a.a.O., S. 56). In Batesons erstem Buch zu den Prinzipien der Vererbung, wurde dann schon auf die beiden Artikel aus den Jahren 1853 bzw. 1854 verwiesen (Bateson 1902, S. 36). Für die eben dort aufgeführten biogr. Ang. zu G. J. Mendel verwies Bateson primär auf die Kurzbiographie von Carl Correns (1900b), sowie einzelne Angaben in der Tschermak-Ausgabe. In beiden Texten sind die kl. Artikel aber nicht erwähnt. Über den Umweg über Batesons Buch haben dann bspw. auch die Neffen Mendels von den beiden weiteren Arbeiten erfahren. Siehe hierzu den Brief v. F. Schindler an H. Iltis vom 22. Juli 1909 (TLOGJM, S. 33–34). Mendels Arbeit zu *Bruchus pisi* ist auch im 19. Jahrhundert schon wiederholt zitiert worden. Zudem ist sie in der *Bibliotheca entomologica* aufgeführt, (S.432) – dort allerdings unter dem Eintrag von Vincencz Kollar.

Hochgeehrter Herr Director ! Ich erlaube mir über einen Delinquenten zu referieren, der seit zwei Jahren in der Umgebung von Brünn bedeutenden Schaden anrichtet. Es ist der *Bruchus pisi*.[11]

Dieses Thier hat, besonders im verflossenen Jahre, einen grossen Theil der Erbsenkörner auf dem Felde zerstört und auch die eingeerntete Frucht dadurch für den Menschen ungeniessbar gemacht, dass es in Menge in den Körnern überwintert. Das Uebel hat eine solche Höhe erreicht, dass die auf dem Markt gebrachten Erbsen von der Marktinspection häufig nicht zum Verkaufe zugelassen werden können.

Anfangs Jänner untersuchte ich eine Partie dieser angesteckten Frucht und fand die Thiere in bedeutender Anzahl, meistens als Puppe, seltener als ausgebildetes Insect oder Larve. Die Körner, in welchen sie sich befanden, schienen auf den ersten Anblick ganz gesund zu sein, waren meist glatt und gut ausgereift. Bei genauerer Betrachtung konnte man jedoch in der Hüllhaut des Kornes einen feinen Stich, wie von einer Nadel herrührend, und auf der entgegengesetzten Seite einen kreisrunden dunkler gefärbten Fleck von beiläufig 1/2´´´ Durchmesser deutlich wahrnehmen.

Bei Zerstückelung des Kornes lässt sich leicht der Weg verfolgen, den die anfänglich sehr kleine Larve genommen hat. Das Innere ist grossen Theils ausgehöhlt, doch hat die Larve sich nur an einem Puncte bis zur Hüllhaut durchgefressen, und da ist die dunkle Stelle, an der sich jede angesteckte Erbse leicht erkennen lässt. An diesem Puncte bricht auch der ausgebildete Käfer durch. Bereits im verflossenen Monate habe ich in meiner Wohnung einige zur Entwicklung gebracht.

---

[11] *Bruchus pisi* L. (syn. von *B. pisorum*) ist der Gemeine Erbsenkäfer, der zur Zeit Mendels oft auch als **Erbsenwippel** bezeichnet wurde. **Der geographische Ursprung von *B. pisi*** war lange Zeit nicht endgültig geklärt. Ausgehend für die Verwirrung waren wohl die frühesten Berichte über immense Schäden an Erbsenkulturen in Nordamerika. **Peter Kalm (1716–1779)**, ein schwedischer Entdecker und Botaniker, berichtete in seinen Reiseberichten über Nordamerika für das Jahr 1748 davon, dass in New Jersey, New York und Pennsylvania der Anbau von Erbsen fast vollständig eingestellt worden war (Kalm 1756, Tom. II, S. 293–295; Ders. 1757, Tom. II, S: 315; Ders. 1770, Tom. I). Grund hierfür war ein sich schnell weiterverbreitendes, schädliches Insekt („*De noxa insectorum*") – eben der Erbsenkäfer. Bei seiner Heimkehr nach Stockholm im August 1751 stellte Kalm sehr erschrocken fest, dass er diesen als ungebetenen Gast im Reisegepäck bzw. befallenem Pflanzenmaterial mitgebracht und so versehentlich beinahe verbreitet hatte (Kalm 1754, Tom. II, S: 315). Mit großer Vorsicht und einer entsprechenden Warnung versehen sandte Kalm einige Exemplare der geschlüpften Insekten an den Grafen Carl Gustav Tessin (1696–1770) und C. Linné. Schon bei Erscheinen der engl. Übersetzung von Kalms Reisebericht sah sich der Bearbeiter in einer Fussnote dazu genötigt darauf hinzuweisen, dass die Vorsicht Kalms diesbezüglich nicht genutzt hätte, da Linné bereits berichtet hatte, dass die südlichen Länder Europas bereits infestiert wären (Kalm 1770, Tom. I, S. 176). Davon ausgehend ist dann in der Folge vielfach angenommen worden, dass es sich bei *Bruchus pisi* um ein Neozoon gehandelt hat, der während der Kolonisation Amerikas nach Europa eingeschleppt wurde (Curtis 1860, S. 379; Kellermann 1878, S: 298; Riley 1877a, S. 669). Mitunter ist *Bruchus pisi* dabei mit dem Coloradokäfer und *Tenebrio obscurus* als Beispiel eines Insektenschädlings angeführt worden, der in Europa akklimatisiert wurde (Riley 1877a, 1877b).

Andere Autoren haben dagegen schon zur Zeit Mendels vermutet, dass *B. pisi* bereits in der Antike im Mittelmeerraum und Orient verbreitet gewesen sein muss (Haberlandt 1865). Neuere archäologische Studien weisen sowohl den Erbsenanbau als auch das Vorkommen von *B. pisorum* in Europa schon für das Neolithikum nach (Antolín & Schäfer 2020). Vgl. Mielewczik 2017, S. 128, Anm. 2.

Die Ueberwinterung des Thieres in den Körnern selbst war mir bis jetzt unbekannt. Häufig habe ich bei Oeffnung grüner Hülsen die schon ziemlich erwachsene Larve frei neben den angefressenen Körnchen liegen gesehen und deshalb geglaubt, dass die Verpuppung nicht in den Körnern, sondern innerhalb der Hülse erfolge.

Ich bin zwar jetzt einer anderen Ansicht, muss aber gestehen, dass sich mir diese Art der Ueberwinterung mit der Annahme, dass die Weibchen seine Eier nur in die Blüthe lege, nicht recht reimen will.

So viel ist gewiss, dass die Larve bald nach ihrem Ausschlüpfen aus dem Ei in das Körnchen eingedrungen sein muss; das beweist der sehr enge Kanal, durch den sie ihren Weg nahm. Wurde das Ei wirklich schon in die Blüthe gelegt, so war das Körnchen, als es von der Larve angegriffen wurde, noch sehr jung und zart, gegen Verletzungen sehr empfindlich. Man muss dann staunen, wie es möglich war, dass sich dasselbe eben so gut, wie jedes andere gesunde Korn entwickeln konnte, obwohl es ununterbrochene Verletzungen zu erleiden hatte. Bei anderen Pflanzen sehen wir in ähnlichen Fällen die Frucht kränkeln und absterben. Auch in Erbsenhülsen, in welchen die Larve frei liegt, sind ein oder mehrere Körner gänzlich verkümmert, vermuthlich jene, die von der Larve zuerst verletzt wurden.[12]

Das Ganze liesse sich leichter begreifen, wenn man annehmen dürfte, dass das Körnchen schon fester oder wohl gar ausgereift war, als sich die kleine Larve einbohrte. Daraus würden sich freilich Consequenzen ergeben, die ich aufs Gerathewohl auszusprechen mich nicht getraue.

Jedenfalls wäre es wünschenswerth, die Oekonomie dieses Thieres auf das genaueste zu kennen, um wo möglich seiner weiteren Vermehrung und Verbreitung Einhalt zu thun, sonst steht zu befürchten, dass wir um eine der nahrhaftesten Fruchtgattungen ärmer werden. Wie ich höre, sollen bereits Besitzer grösserer Realitäten gesonnen sein, den Erbsenbau für den kommenden Sommer einzustellen.

Sollten Euer Wohlgeboren etc.[13]

---

[12] **Die Beobachtung Mendels von frei liegenden Larven** in der Erbsenhülse hat V. Kollar in seiner Lebensgeschichte von *Bruchus pisi* dann noch einmal mit direktem Verweis auf Mendel sehr kritisch kommentiert. Da Kollar in keinem Fall eben solche finden konnte und sich die Larven vielmehr immer im Inneren der Erbse fanden, konstatierte er (Kollar 1859, S. 424): „[...] *Wenn daher der Herr Capitular Mendel Würmer oder Larven in der Schote beobachtet, so waren es gewiss keine Bruchus-Larven, sondern die Räupchen einer kleinen Motte, der Tortrix arcuana Linn., welche ebenfalls ein Feind der Erbse ist, deren grüne Samen ihre Larve auch in der Schote, aber an ihrer Oberfläche benagt und zur Zeit der Verpuppung die Schote verlässt.*" Diese spätere Kritik dürfte Mendel wohl gekannt haben. Dies lässt zumindest ein Naturkalender seines Mentors A. Zawadzki vermuten, den dieser unter dem Autoren-Kürzel „Z-i" als Zeitungsartikel veröffentlicht hat und in dem er die Darstellung Kollars noch einmal in Kurzform, jedoch ohne die Kritik an Mendel, rezipierte (*Brünner Ztg.* v. 12. Juni 1859, S. 1067–1069). Hervorzuheben ist die versteckte wissenschaftliche Replik des Botanikers Zawadzki, der erst einmal darauf hinwies, dass man botanisch korrekt von Erbsenhülsen und nicht von Schoten sprechen sollte.

[13] Dem Brief Mendels im Abdruck waren einige Ergänzungen durch Vinzenz Kollar beigefügt, welche versuchten, den Bericht Mendels weiter einzuordneten: „*Der Herr Director erwähnt hierauf, dass er durch den* Bruchus pisi *in den letzten Jahren in manchen Gegenden, namentlich aber in*

2.4 [3] Versuche über Pflanzen-Hybriden

Von Gregor Mendel

(Vorgelegt in den Sitzungen vom 8. Februar und 8. März 1865.)[14]

Mähren und Galizien an Erbsen verursachte Schaden unlängst auch in einem der ´Pr. Corr.´ entnommenen Artikel des Zeitungsblattes des ´Wiener Lloyd´ vom 7. März 1854 besprochen worden sei. In diesem Artikel werde zugleich als Mittel zur Vernichtung des Käfers angedeutet, die Erbsen vor dem Säen recht scharf zu trocknen, nämlich sie durch 2–3 Stunden einer Hitze von 40–50 Grad R e a u m. Auszusetzen, welcher Hitzegrad jedes Insect tödtet, der Keimkraft der meisten Pflanzensamen aber, also wahrscheinlich auch der Erbsen nicht nachtheilig ist, während andere empfohlene Abhilfsmittel entweder, wie z. B. die Benützung der behafteten Erbsenkörner zur Saat, die Weiterverbreitung des Insects geradezu befördern, oder doch, wie die Anwendung irgend einer Samenbeize, sich als ungenügend darstellen wurdern.

Hr. K o l l a r bemerkt weiter, dass die Schädlichkeit des Bruchus pisi, *der übrigens die Ursache war, dass in Nordamerika bereits vor langer Zeit der Erbsenbau gänzlich aufgegeben wurde, schon von älteren Naturforschern, namentlich von D e G e e r mehrfach beobachtet, gleichwohl aber ein Mittel, den Verwüstungen desselben Einhalt zu thun, bisher nicht bekannt sei.*

D e G e e r nehme an, dass die Verwandlung bloss in der reifen Frucht vor sich geht. Dieselbe Ansicht scheine der Verfasser des Aufsatzes im ´Lloyd´ zu, haben. Hrn. K o l l a r selbst seien im verflossenen Jahre von einem Oekonomen Erbsen mitgetheilt worden, in welchen sich im Winter die Käfer entwickelten. Wenn nun wirklich die Entwicklung des Bruchus pisi ausschliesslich nur in der reifen Frucht im Winter geschieht, dann sei ein Schutzmittel in der erhöhten Temperatur *allerdings gefunden. So sei auch bei* Roggen *und* Weizen, *um diess Getreide von den ihm feindlichen Insecten zu befreien, in Frankreich schon vor vielen Jahren die Erhitzung auf 46 bis 48 Grad des hundertheiligen Thermometers mit Erfolg angewendet worden, da die Insecten zu Grunde gingen, ohne dass das Getreide die Keimkraft verlor. Der Herr Director habe sich veranlasst gesehen, hierüber einen Versuch bei Erbsen anzustellen, und das Resultat war, dass* Erbsenkörner *bis 41 ½ Grd. R e a u m. erwärmt und hierauf angepflanzt, die Keimkraft ganz wohl behalten hatten. So sicher aber auch hiernach dieses Mittel die Erbsen von dem Bruchus pisi befreien würde, so wäre es doch unzureichend, wenn, wie Hr. M e n d e l andeutet, woran er jedoch nach seinem eigenen Zugeben zuletzt wieder irre geworden, die Larven oder die Puppen des Käfers den Winter im Freien zubringen sollten. So viel Hrn. K o l l a r bekannt, sind die Zweifel über diesen entscheidenden Umstand bisher noch immer nicht beseitigt (…).“* Bei dem von V. Kollar erwähnten De Geer handelt es sich um den schwedischen Entomologen **Carl de Geer (1720–1778)**.

[14] **Vorlesungen:** Gregor Mendel trug seine Versuche zuerst als Vorlesung in den Sitzungen des NfV in Brünn im Februar und März 1865 vor. Der Druck erfolgte mehr als ein Jahr später (s. Kap. 1; s. a. Mielewczik et al. 2017). Im ersten Vortrag beschäftigte sich Mendel mit der Kreuzung von Hybriden über mehrere Generationen und den daraus resultierenden numerischen Verhältnissen. Die Sitzung endete mit der Kombination verschiedener Merkmale in den Folgegenerationen. In der zweiten Vorlesung diskutierte Mendel die Fortpflanzungszellen der untersuchten Pflanzen (ebd.). Die Vorlesungen wurden durchaus positiv vom Publikum aufgenommen und auch in mehreren kleineren lokalen Zeitungsartikeln erwähnt (Mielewczik et al. 2017). Für den Originaldruck siehe Mendel 1866a, S. 3–47. Siehe hierzu Kap. 1.1.1.

Einleitende Bemerkungen. Künstliche Befruchtungen,[15] welche an Zierpflanzen desshalb [sic] vorgenommen wurden, um neue Farben-Varianten[16] zu erzielen,

---

[15] **Künstliche Befruchtungen an Zierpflanzen:** Bislang konnte nicht geklärt werden, auf welche künstlichen Befruchtungen Mendel sich hier bezogen hat (s. bspw. Corcos & Monaghan 1993, S. 60; Müller-Wille & Hall 2016). In früheren kritischen Textausgaben von Mendels Versuchen ist darauf hingewiesen worden, dass sich Mendel hier zum einen auf eigene Experimente bezogen haben mag (Mendel gelang die Züchtung einer schönen gefüllten Fuchsie) (Müller-Wille & Hall 2016), zum anderen, dass es sich hier auch um Kreuzungsversuche gehandelt hat, die Mendel bei den von ihm regelmäßig besuchten Brünner Gärtnern beobachtet haben kann (z. B. Weiling 1970a, S. 72; Cetl 1973). Der Brünner Gärtner Johann Nepomuk Twrdy wurde bspw. später international für seine Fuchsienzüchtungen bekannt (Weiling 1970a, S. 72; vgl. auch Kap. 1). In diesem Kontext muss auch der Augärtner Anton Schebanek (1819–1870) erwähnt werden, welcher sowohl in als auch in Wien (Vermail-Medaille), 1862 mit Preisen für *„neue, durch künstliche Befruchtung im Lande erzeugte Zierpflanzen (Hybriden) ohne Beschränkung des Pflanzengeschlechtes"* ausgezeichnet wurde (s. *Tagesbote* aus Brünn vom 28. April 1862). Schebanek wurde im Mai 1863 Mitglied im NfV in Brünn. Auch andere lokale Gärtner, wie Johann Molisch (1819 o. 1820–1870) und Jan Pátek arbeiteten in Brünn erfolgreich an der Kreierung neuer Hybridensorten von Zierpflanzen und waren mit Mendel wohlbekannt. J. Molisch dürfte dabei, schon wesentlich früher als bislang bekannt, mit Mendel in intensivem Kontakt gestanden haben. Davon zeugt eine kurze Zeitungsnotiz aus dem Jahr 1860, in welcher verschiedene *Azaleen-Sorten* vorgestellt wurden und in der festgehalten ist, dass Mendel eine ganz besondere Ehrung erfahren hat: *„Er [J. Molisch – d. Verf.] betheiligte sich an der Ausstellung mit einer reichen, auserlesenen Sammlung Azalea indica, deren Werth schon durch die vielen von ihm aus Sämlingen selbst gezogenen neuen Species ersichtlich gemacht wird. So finden wir darin die Species Erzherzog Carl Ferdinand, Erzherzogin Elisabeth, Baron Adalb. Widmann, <u>Professor Mendl</u>* [unterstrichen durch d. Verf. d. Edition], *Professor Zawadzki, Director Patek, Sophie Schrötter u. A."* (s. *Brünner Ztg.*, 3. Mai 1860, S. [1–2]). Müller-Wille & Hall (2016) haben zudem darauf hingewiesen, dass Mendel in seiner Ausgabe von C. F. Gärtners Werk in der Klosterbibliothek einen Abschnitt über *„Ziergewächse"* mit einem Stern versehen hat (vgl. Gärtner 1849, S. 639). Gärtner berichtet dort über die Nützlichkeit der Hybridisierung für die ästhetische Botanik (ebd.): *„Von noch ausgebreiteterem Nutzen ist die* Bastarderzeugung *für die ästhetische Botanik; für diese ist die künstliche Befruchtung ein weites Feld der Thätigkeit, des Genusses und des Gewinnes eröffnet* [sic]. *Dem Liebhaber von Ziergewächsen wird die Leichtigkeit, womit manche Hybriden erzeugt werden können, eine unerschöpfliche Quelle von Vergnügen und Nutzen werden."* Bemerkenswerter Weise ging Gärtner dort auch auf nützliche Verbindungen in einzelnen Merkmalen ein (ebd.): *„Er erkennt in den verschiedenen Arten jeder Gattung, dass er im Besitz von Materialien ist, mit welchen er sich beschäftigen kann, und er überlegt auf welche Art und Weise er sie am besten und nützlichsten verbinden kann; indem er auf die Eigenschaften achtet, worin jede Art sich auszeichnet; ob die Pracht der Farben der Blumen, die Feinheit ihrer Zeichnung, der Wohlgeruch, der Wuchs, die Form, die Menge der Blüthen, ob die Härte unser Clima auszuhalten bei dieser oder jener Verbindung in besondere Betrachtung zu ziehen ist […]"* (ebd.). Dabei gab Gärtner in einem abschließenden Satz einen direkten Anknüpfungspunkt für die statistischen Auswertungen Mendels, denn er schrieb: *„[…] er wird vorläufig <u>mit einiger Wahrscheinlichkeit</u> die mögliche <u>Ansicht der Hybride zu berechnen versuchen</u>; welche er zu erzeugen sich bemüht: er wird endlich überrascht werden eine Pflanze zu erhalten, welche in der Natur zuvor niemals existirt hatte."* [unterstrichen durch die Verf. d. vorl. Edition]. Mendel dürfte zudem bereits während seines Wiener Studienaufenthaltes mit dem Thema der künstlichen Befruchtung in Berührung gekommen sein (Mielewczik et al. 2017, S. 99). Dennoch, im Textkontext näherliegender scheint, dass Mendel sich hier primär auf die Versuche der Autoren bezogen hat, die er in den folgenden Sätzen der Einleitung kurz selbst erwähnt.

[16] **Farbvarianten:** Insb. C. F. v. Gärtner hat sich mit der Frage der Farbgebung bei Zierpflanzen umfassend auseinandergesetzt und ist auf den Einfluss von Kreuzungen auf mehr als 20 Seiten seines Standardwerkes eingegangen (Gärtner 1849, S. 299–321).

waren die Veranlassung zu den Versuchen, die[17] her [sic][18] besprochen werden sollen. Die auffallende Regelmässigkeit, mit welcher dieselben Hybridformen immer wiederkehrten, so oft die Befruchtung zwischen gleichen Arten geschah, gab die Anregung zu weiteren Experimenten, deren Aufgabe es war, die Entwicklung der Hybriden[19] in ihren Nachkommen zu verfolgen.

Dieser Aufgabe haben sorgfältige Beobachter, wie K ö l r e u t e r[20], G ä r t n e r[21], H e r b e r t[22], L e c o c q [s i c][23], W i c h u r a[24] u. a. einen Theil ihres Lebens mit un-

---

[17] Im Manuskript war „welch[e]" an Stelle von „die" angegeben (Müller-Wille & Hall 2016).

[18] Im Erstdruck (Mendel 1866a) „her" an Stelle von „hier"; vgl. *VNV* 49: 3–47. In den auf den Sonderdrucken von Mendel angebrachten Korrekturen war dies entsprechend korrigiert worden (s. ident. Müller-Wille & Hall 2016).

[19] Mendel verwendete die Begriffe Hybriden und Bastarde in seinen Veröffentlichungen synonym (Anonymous 2005/2006, S. 92).

[20] **Joseph Gottlieb Kölreuter (1733–1806)** war ein deutscher Botaniker und Professor für Naturgeschichte. Von 1748 bis 1755 studierte er Medizin an den Universitäten in Tübingen und Straßburg. Im Jahr 1755 promovierte er in Tübingen zum Thema „Käfer und seltene Pflanzen". Von 1755 bis 1761 war er als Adjunkt an der Russischen Kaiserlichen Akademie der Wissenschaften in Sankt Petersburg tätig (Mayr 1986). Nachdem diese 1759 eine Preisaufgabe zur Geschlechtlichkeit der Pflanzen gestellt hatte, begann Kölreuter mit Kreuzungen und künstliche Befruchtungen zwischen verschiedenen Pflanzenarten durchführte (Kölreuter 1761–1766 in: Pfeffer 1893). 1761 kehrte er nach Deutschland zurück, wo er seine Versuche in Berlin, Leipzig, Sulz, Calw und später Karlsruhe fortführte (Kugler 1980; Mayr 1986). In Karlsruhe diente er ab 1763 als Aufseher und Direktor der fürstl. Gärten, einem Posten, den er 1783 n. Streitigkeiten mit dem leitenden Gärtner aufgab (Mayr 1986). Zu seinen wichtigsten Erkenntnissen gehört, dass er die Bedeutung der Sexualität der Pflanzen erkannte und hierbei frühere Auffassungen von Camerarius (1665–1721) belegen konnte. Zudem konnte er zeigen, dass die Eigenschaften vom Vater auf die nächste Pflanzengeneration übergehen können. Seine Arbeiten enthalten viele wertvolle Erkenntnisse zur Blütenbiologie. So erkannte er bspw., dass es bei verschiedenen Pflanzen unterschiedliche Formen der Bestäubung geben kann, wobei er als erster die Relevanz der Bestäubung durch Insekten (Entomogamie) beschrieb (Kugler 1980; Mayr 1986, S. 141).

[21] **Carl Friedrich von Gärtner (1772–1850)** war ein deutscher Apotheker, Arzt und Botaniker, welcher ab 1824 die Hybridisierung von Pflanzen untersuchte. Seine ersten Arbeiten hierzu erschienen in fortgesetzten Nachrichten über Bastardgewächse in verschiedenen wissenschaftlichen Zeitschriften (Gärtner 1826, 1827, 1831, 1833, 1838/1844). Sein 1849 veröffentlichtes Buch *„Versuche und Beobachtungen über die* Bastarderzeugung *im Pflanzenreiche"* war ein Standardwerk seiner Zeit und beeinflusste sowohl Ch. Darwin als auch G. Mendel maßgeblich. Durch seine ausgiebigen Versuche (bereits seine ausgezeichnete Preisschrift aus dem Jahr 1838 basierte auf mehr als 6000 verschiedenen künstlichen Befruchtungen) konnte er dabei endgültig alle Zweifel an einer Sexualität der Pflanzen beseitigen (Jahn 1964).

[22] **William Herbert (1778–1847)** war ein engl. Botaniker, der sich schon vor Darwin umfassend mit der Speziesfrage auseinandergesetzt hat und selbst intensiv Hybriden und Hybridisierung erforschte (siehe z. B. Herbert 1822, 1837 und 1847).

[23] **Henri Lecoq (1802–1871)** war ein franz. Botaniker und Direktor des Botanischen Gartens sowie des naturhistorischen Museums in Clermont-Ferrand. In seinen Arbeiten beschäftigte er sich unter anderem eingehend mit Fragen zur Hybridisierung (siehe z. B. Lecoq 1845).

[24] **Max Ernst Wichura (1817–1866)** war ein Botaniker aus Breslau und ein Spezialist für Weidenhybriden. Sein Standardwerk zu diesem Thema war Mendel bekannt (s. z. B. Wichura 1865).

ermüdlicher Ausdauer geopfert.²⁵ Namentlich hat Gärtner in seinem Werke „Die Bastarderzeugung im Pflanzenreiche" sehr schätzbare Beobachtungen niedergelegt, und in neuester Zeit wurden von Wichura gründliche Untersuchungen über die Bastarde der Weiden

---

²⁵ **Von Mendel zitierte Arbeiten:** Mendel hat in seinen Publikationen nach heutigen Standards praktisch niemals korrekt und vollständig zitiert. In fast allen Fällen hat er lediglich die Autorennamen als Quellenangaben genutzt, während das Jahr der Veröffentlichung und der Titel der Publikation ungenannt blieben (ebenso Weiling 1970a, S. 72). Oftmals hat er sich auch auf weitere Werke gestützt, ohne seine Quellen überhaupt zu nennen. An dieser Stelle hat sich Mendel auf die folgenden Werke bezogen (Weiling 1970a, S. 72; Mielewczik et al. 2017; Sajner 1971a): Kölreuter, D.J.G. (1761–1766): Vorläufige Nachricht von einigen das Geschlecht der Pflanzen betreffenden Versuchen und Beobachtungen, nebst Fortsetzungen 1, 2 und 3. Gleditschischen Handlung, Leipzig; Gärtner, C. F. v. (1849): Versuche und Beobachtungen über die Bastarderzeugung im Pflanzenreich. K.F. Hering & Comp., Stuttgart. Siehe hierzu auch den daraus vorgenommen Sonderauszug aus dem selben Jahr: Methode der künstlichen Bastardbefruchtung der Gewächse u. Namensverzeichnis der Pflanzen, mit welchem von dem Verfasser Versuche angestellt wurden. K.F. Hering & Comp., Stuttgart; Herbert, W. (1837): On crosses and intermixtures in vegetables. Amarillidaceae. James Ridgway and Sons, London; (1822) On the production of hybrid vegetables; (1847) On hybridization amongst vegetables. Lecoq, H. (1845): De la fécondation naturelle et artificielle des végétaux et de l'hybridation, considérée dans ses rapports avec l'horticulture, l'agriculture et La sylviculture. Audot, Paris; deutsche Übersetzung von Ferdinand Freiherr von Biedenfeld: Von der natürlichen und künstlichen Befruchtung der Pflanzen und von der Hybridisation. 1. Aufl. Wismar 1846, 2. vermehrte Aufl. 1856; Wichura, M. (1853): Über künstlich erzeugte Weidenbastarde. *Jahr. Ber. Schles. Ges. Vaterl. Kultur* 31: 160–164 und *Flora* 12 (1854): 1–8. Für die franz. Übersetzung siehe „*Archives de Flore*" le Partie (1855) 5: 91–99; Wichura, M. (1865): Die Bastardbefruchtung im Pflanzenreich, erläutert an den Bastarden der Weiden. Verlag von E. Morgenstern, Breslau. Sehr wahrscheinlich haben nicht alle der genannten Arbeiten Mendel direkt vorgelegen. Die Arbeiten von Gärtner und Wichura hat Mendel wohl selbst gelesen (Sajner 1971, Weiling 1973a, S. 73). Hiervon zeugt z. B. ein Exemplar von Gärtners Werk aus der Altbrünner Klosterbibliothek, welches mit zahlreichen Anmerkungen und Markierungen durch Mendel selbst versehen ist (ebd.). Zudem hat Mendel in einem Brief an C. W. v. Nägeli darauf hingewiesen, dass er Gärtners Arbeit „*wiederholt und genau durchgesehen*" hat, „*um wo möglich eine Übereinstimmung mit dem […] gefundenen Entwicklungsgesetze nachzuweisen […]*" (Weiling 1970a, S. 73). Im Gegensatz dazu hat Mendel die Arbeiten von Herbert, Kölreuter und Lecoq vermutlich nicht vollständig gekannt und vorliegen gehabt und sich hier lediglich auf Auszüge und Erwähnungen in anderen Arbeiten bezogen (Sajner 1971, Weiling 1973a, S. 73). Alle drei Autoren wurden ausgiebig von Gärtner angeführt und diskutiert, nach welchem Mendel diese vermutlich meist zitiert hat. Dagegen finden sich die genannten Bücher weder in der ehemaligen Klosterbibliothek noch in der Universitäts-Bibliothek Brünn, in welche die Buchbestände der wissenschaftlichen Einrichtungen Brünns aus der damaligen Zeit übergegangen sind (ebd.). Auch in den frühen Übersichten der Buchbestände des NfV in Brünns sind die genannten Arbeiten von Herbert, Kölreuter und Lecoq nicht aufgeführt (siehe hierzu die Sitzungsberichte in den *VNV* in Brünn für die Jahre 1862–1865; Anonymous 1875). Die deutsche Übersetzung des Buches von Lecoq durch v. Biedenfeld könnte Mendel durch die Brünner Kunstgärtner (z. B. Twrdy) zugänglich gewesen sein (Weiling 1970a, S. 73). Es ist möglich, dass es in Gärtnerkreisen weiter verbreitet war, es aber nicht in die Buchbestände der wissenschaftlichen Institutionen Brünns aufgenommen worden ist (ebd.).

veröffentlicht. Wenn es noch nicht gelungen ist, ein allgemein giltiges[26] [sic] Gesetz[27] für die Bildung und Entwicklung[28] der Hybriden aufzustellen, so kann das Niemanden Wunder

---

Wichuras erstgenannte Arbeit befand sich in der Bibliothek des NfV, sodann in der Bibliothek des Franzens-Museums in Brünn, einer Institution der Ackerbaugesellschaft, deren Mitglied Mendel war (ebd.). Wichuras Buch ist in der Januar-Nummer der *Österreichischen Botanischen Zeitschrift* vom Jahre 1865 (Jhg. 15, S. 32; s. auch S. 97–99) vom Verlag als soeben erschienen angekündigt worden (ebd.). Auch diese Zeitschrift befand sich in der Bibliothek des Franzens-Museums. Es ist daher möglich, dass Mendel das Buch Wichuras bereits kannte, als er seinen Vortrag am 8. Februar 1865 hielt (Weiling 1970a, S. 73; Mielewczik et al. 2017). Entgegen früheren Annahmen (Corcos & Monaghan 1993, S. 61) ist es sicher zu belegen, dass es Mendel bei der Vorbereitung des Manuskriptes zum Druck vorgelegen haben muss (Mielewczik et al. 2017, S. 133, hier Anm. 194). In den erwähnten Brünner Bibliotheken ist es allerdings nicht nachweisbar und auch im Katalog der Bibliothek des NfV (Anonymous 1875) ist es nicht aufgeführt. Zuletzt haben Van Dijk & Ellis (2022, Anm. 15) darauf hingewiesen, dass die von Mendel hier gewählte Formulierung möglicherweise aus der deutschen Übersetzung von Darwins „Origin of Species" von 1863, bzw. C. W. Nägelis Mitschrift seines Vortrags von 1865. beruhen könnte (siehe Darwin 1863, Nägeli 1866, S. 398).

[26] Richtige bzw. heutige Schreibweise „*gültiges*", an Stelle von „*giltiges*". Im Deutschen gibt es einige Wort, wie z. B. Gebirge oder Hilfe, in denen auch eine Schreibweise mit ü an Stelle des i gebräuchlich war (also Gebürge / Hülfe). Das damalige Wörterbuch der Gebrüder Grimm vermerkt hierzu, dass die Schreibweise mit einem i zu bevorzugen sei. Das Wort giltig wurde hierbei als spezifisches Beispiel aufgeführt, da sich dieses schwerlich vom Substantiv Gülte ableiten lässt.

[27] **Gesetze zur Entwicklung von Hybriden:** Vor Mendels Versuchen war es in der Tat noch nicht klar, nach welchen insb. numerischen bzw. kombinatorischen Gesetzen die Entwicklung der Hybriden erfolgt. Der Aspekt von Entwicklungsgesetzen ist aber schon vor Mendel umfangreich in der botanischen Literatur diskutiert worden. Hierbei muss man allerdings zwischen solchen Beiträgen unterscheiden, bei denen es um eher morphologische Entwicklungsgesetze (u. a. auch bei Hybriden) ging, und solchen, die sich eher auf die Entwicklung von Hybriden über mehrere Generationen bezogen. Die Schwierigkeit in der Interpretation der älteren Hybriden-Literatur in Bezug auf den Terminus „*Entwicklungsgesetze*" liegt dabei darin, dass beide Definitionen durchaus miteinander verquickt sein konnten und hierbei zudem eigentlich fast immer um formalistisch beschreibende Entwicklungsgesetzte gemeint waren. Als Beispiel sei in diesem Kontext hier die Argumentation Gärtners aufgeführt, welche Mendel an dieser Stelle des Artikels evtl. zu berücksichtigen versuchte: „*Die allgemeinen Entwickelungsgesetze* [sic] *der Theile der Gewächse scheinen daher durch die hybride Zeugung keine, den Sinnen perceptible Aenderung zu erfahren; sondern alle Entwickelungen* [sic] *und Veränderungen des hybriden Pflanzenkörpers nach denselben Gesetzen zu erfolgen, wie bei den reinen Arten; die Zeugungsorgane und die materiellen Grundstoffe der Zeugung allein ausgenommen.*
Anders verhält sich dieses in der zweiten Generation und in den weiteren (auf- und absteigenden) Graden der Bastardzeugung, wo wegen der verschiedenen Natur der beiden Faktoren des Bastards in den fortgesetzten Zeugungen eine veränderte und wankende, variable Richtung der Typenbildung in den entstehenden Varietäten eintritt. […] [unterstrichen durch d. Verf. d. Edition]" (Gärtner 1849, S. 572). Schon Gärtner hat also eine Unterscheidung zwischen sichtbaren, und eben nicht sichtbaren Faktoren, vorgenommen.

[28] **Bildung und Entwicklung:** Die Verwendung dieser beiden Begriffe zeigt exemplarisch, wie vage Mendel manchmal in seinen Beschreibungen von Konzepten war, wodurch sich unterschiedliche Lesarten ergeben können. Müller-Wille & Hall (2016) haben bspw. dahingehend argumen-

nehmen, der den Umfang der Aufgabe kennt und die Schwierigkeiten zu würdigen weiss, mit denen Versuche dieser Art zu kämpfen haben. Eine endgiltige [sic] Entscheidung kann erst dann erfolgen, bis[29] [sic] D e t a i l - V e r s u c h e[30] aus den verschiedensten Pflanzen-Familien vorliegen. Wer die Ar-[4]beiten auf diesem Gebiete überblickt, wird zu der Ueberzeugung gelangen, dass unter den zahlreichen Versuchen keiner in dem Umfange und in

---

tiert, dass Mendel „*Entwicklung*" hier nur als Zusatz zum Konzept der „*Bildung*" genutzt hat und er bei der Verwendung des Terms lediglich an die spezifische Bildung des hybriden Embryos bei der Befruchtung gedacht hat. Dem kann man jedoch entgegenhalten, dass Mendel hier sehr wohl auch die Entwicklung von Hybriden aus Stammpflanzen über Generationen hinweg gemeint hat. Derartige Diskussionen auf den verschiedenen Betrachtungsebenen sind in der Mitte des 19. Jahrhunderts an verschiedenen Stellen zu finden (siehe z. B. auch die voranstehende Fußnote). Hinsichtlich des Begriffs „Bildung" muss man sicher zunächst auf die typische Verwendung der Botanik dieser Zeit, in Form von „*Formenbildung*", „*Blütenbildung*", „*Fruchtbildung*" aber auch auf einer anderen Betrachtungsebene, der „*Bildung von Mittelformen*", verweisen. Müller-Wille & Hall (2016) haben zudem darauf aufmerksam gemacht, dass der Begriff der Bildung für die zeitgenössischen Leser eine darüberhinausgehende Konnotation beinhaltete. Es war die Anlehnung an eines der Leitmotive der naturphilosophischen Konzepte der damaligen Zeit: dem sogenannten (organischen) „*Bildungstrieb*" (lat. *nisus formativus*). Dieses von Johann Friedrich Blumenbach (1752–1840) ausgehende Ideenkonstrukt war eine der naturphilosophischen Grundlagen, auf denen F. Unger, einer der Universitätslehrer Mendels, seine Evolutionstheorien aufgebaut hat (ebd.; Gliboff 1998, vgl. auch Orel 1996, S. 12). Mendel ist dieser Aspekt mit Sicherheit bekannt gewesen, insb. weil er spätestens seit den 1840er Jahren in Schulbüchern der Naturgeschichte, die er unterrichtete, vorgekommen ist (siehe z. B. Gistel 1848, S. 1, 55; vgl. hierzu auch Purkyně 1855, S. 54). Der Bildungstrieb in einem schulischen, generellen philosophischen Kontext muss innerhalb der Klostermauern im Übrigen auch über den rein naturphilosophischen Aspekt hinausgehend, intensiv diskutiert worden sein. Davon zeugen jedenfalls einzelne Abschnitte in anderen Werken von Mendels Klosterbrüdern (s. z. B. Klácel 1836, S. 52.). Das Fehlen jeglichen Verweises auf einen „*Bildungstrieb*" in Mendels Artikel ist jedoch auffällig (s. a. Olby 1971, S. 99) und präsentiert ihn deutlich emanzipiert von früheren Vorstellungen zur Hybridisierung in der Tierzucht, wie sie bspw. auch in Brünn schon um 1820 vor dem Hintergrund der Theorie eines Bildungstriebs diskutiert worden sind (s. z. B. André 1828, S. 409).

[29] Sowohl im Manuskript, als auch im Originaldruck steht „*bis*" anstelle von „*wenn*" (siehe ebenso Weiling 1970a, S. 73; Müller-Wille & Hall 2016).

[30] **Detail-Versuche:** Müller-Wille & Hall (2016) haben die Vermutung aufgestellt, dass es sich bei dem Begriff „*Detail-Versuche*" eventuell um einen Term handelt, der innerhalb der Wiener Physikergemeinschaft, bei denen Mendel studiert hat, informell genutzt worden ist. In diesem Kontext haben sie beispielhaft gezeigt, dass ähnliche Formulierungen in der von Andreas von Baumgartner und Andreas von Ettingshausen herausgegebenen *Zeitschrift für Physik und Mathematik* genutzt worden sind, und zwar u. a. um eine Einleitung f. eine Tabelle zu geben (a. a. O.; s. a. *Zeitschrift für Physik und Mathematik*, 1830, Bd. 7, S. 103): „*Das Detail dieser Versuche ist folgendes* […]". Diese Ansicht erscheint durchaus möglich. Vergleichbare Formulierungen finden sich auch an anderen Stellen in diesem Magazin, ebenso wie bspw. in verschiedenen Werken von Gustav Theodor Fechner (1801–1887). In einem zeitlichen Kontext etwas plausibler erscheint uns, dass auch F. Unger, welcher Gregor Mendel wohl sehr beeinflusst hat, ähnliche Formulierungen benutzt hat. In einem pflanzenphysiologischen Aufsatz schrieb er z. B., dass die „*näheren Umstände bei jedem einzelnen Versuche im Detail angegeben* […]" wurden (Unger 1853, S. 404).

der Weise durchgeführt ist, dass es möglich wäre, die Anzahl der verschiedenen Formen zu bestimmen, unter welchen die Nachkommen der Hybriden auftreten, dass man diese Formen mit Sicherheit in den einzelnen Generationen ordnen und die gegenseitigen numerischen Verhältnisse feststellen könnte.[31] Es gehört allerdings einiger Muth dazu, sich einer so weit reichenden Arbeit zu unterziehen; indessen scheint es der einzig richtige Weg zu sein, auf dem endlich die Lösung einer Frage erreicht werden kann, welche für die Entwicklungs-Geschichte der organischen Formen von nicht zu unterschätzender Bedeutung ist.

Die vorliegende Abhandlung bespricht die Probe eines solchen Detail-Versuches.[32] Derselbe wurde sachgemäss auf eine kleinere Pflanzengruppe beschränkt und ist nun nach Verlauf von acht Jahren im Wesentlichen abgeschlossen. Ob der Plan, nach welchem die einzelnen Experimente geordnet und durchgeführt wurden, der gestellten Aufgabe entspricht, darüber möge eine wohlwollende Beurtheilung entscheiden. [5]

Auswahl der Versuchspflanzen. Der Werth und die Geltung eines jeden Experimentes wird durch die Tauglichkeit der dazu benützten Hilfsmittel, sowie durch die zweckmässige Anwendung derselben bedingt. Auch in dem vorliegenden Falle kann es nicht gleichgiltig sein, welche Pflanzenarten als Träger der Versuche gewählt und in welcher Weise diese durchgeführt wurden.[33]

---

[31] Im Gegensatz zu anderen früheren Autoren, die ähnliche Untersuchungen vorgenommen haben, ist Mendels Arbeit „*statistisch*" orientiert (Weiling 1970a, S. 73–74). In seinen Briefen an C. W. v. Nägeli wies Mendel selbst darauf hin, dass er sich als Empiriker verstand.

[32] Klassisch hat man diesen Satz, insb. in der englischsprachigen Literatur, meist so gelesen, dass die Abhandlung die Resultate eines solchen Detailversuchs bespricht (Müller-Wille & Hall 2016). Vielleicht enger am Originaltext ist jedoch die Interpretation auf einer anderen Abstraktionsebene, nach der die Abhandlung, moderner formuliert, die Erprobung eines solchen Detailversuchs bespricht. Der Unterschied ist inhaltlich lediglich eine Nuance – Epistemologisch ergeben sich jedoch Konsequenzen dahingehend, welche Intention Mendel bei der Abfassung seiner Abhandlung gehabt haben mag.

[33] **Auswahl der passenden Versuchspflanzen:** Mendel unterstreicht hier, dass er der Auswahl der passenden Versuchspflanzen eine besondere Aufmerksamkeit geschenkt hat. Der Mendel-Biograph F. Weiling hat in seiner Kommentierung von Mendels Arbeit argumentiert, dass Mendel die gefundenen „*Gesetze*" auf dem Weg der Induktion erschlossen hat und dass seine Versuchspflanzen gewisse Voraussetzung zu erfüllen hatten, um eine Repräsentativität zu gewährleisten (Weiling 1970a, S. 74, Anm. 5). Dem setzte Weiling die Argumentation des Statistikers R. A. Fisher entgegen, dass Mendel zumindest teilweise schon bei Start einzelner Teilversuche erahnt haben mag, wie deren Ergebnisse aussehen würden.

Diese Darstellung ist durchaus plausibel in Hinsicht auf Mendels eigene Konzeptionen. Die Sitzungsprotokolle des NfV in Brünn belegen bspw., dass um die Zeit der Veröffentlichung durchaus interessiert über die Prinzipien von Deduktion und Induktion nachgedacht bzw. über diese diskutiert wurde. In diesem Rahmen wurden u. a. Deduktion und Induktion anhand der von Galileo, Kepler, Newton, und Tycho Brahe aufgefunden und abgeleiteten „*Gesetze physikalischer Erscheinungen*" besprochen (siehe Vortrag von Dr. C. Schwippel auf der Sitzung vom 13. März 1867 des NfV, *VNV* 4: S. 14–15). Der in den Sitzungsprotokollen vermittelte Diskussionsstrang ist jedoch nicht nur hinsichtlich der Definition von Deduktion und Induktion im Umkreis von Mendel

Die Auswahl der Pflanzengruppe, welche für Versuche dieser Art dienen soll, muss mit möglichster Vorsicht geschehen, wenn man nicht in Vorhinein allen Erfolg in Frage stellen will.

Die Versuchspflanzen müssen nothwendig

1. Constant differirende Merkmale besitzen.[34]

---

von Interesse, sondern auch hinsichtlich der Frage, in welcher Form Naturgesetze im Allgemeinen im Umfeld des Brünner NfV diskutiert worden sind: *„Nachdem der Redner den Begriff des ‚Naturgesetzes' festgestellt, bespricht er die Irrthümer, welche theils aus Mangel an Beobachtung, theils aus Vorurtheilen sich ergaben, die sowohl in der Meinung als auch in den Sinnen ihren Grund hatten. Zu Beispielen vernünftiger Beobachtung aus älterer und neuerer Zeit übergehend, unter welchen namentlich Galilei's Auffindung des Gesetzes der Schwere hervorgehoben wird, kommt Redner zur Besprechung der für die Wissenschaft so erfolgreich gewordenen Methode der Induction. Als Beispiel vollständig durchgeführter Induction wird Well's Theorie der Thaubildung gewählt und näher ausgeführt. Wo sich das Experiment nicht anwenden lässt, ist dann eine zweite Methode, nämlich jene der Deduction, mittelst welcher man zur Aufstellung von Naturgesetzen gelangt. Sie besteht aus drei Operationen: 1. aus einer directen, durch die Erfahrung erhaltenen Deduction; 2. Aus einer Schlussfolgerung (Syllogismus); 3. aus der Bestätigung. Dieser Methode verdankt der menschliche Geist seine rühmlichsten Triumphe in der Erforschung der Natur; Redner hebt insbesondere das Gravitationsgesetz hervor. Kepler inducirte, indem er auf Tycho's Beobachtungen fusste, Newton aber folgerte weiter und fand die Bestätigung seiner Folgerungen. Dort, wo wir die nächste Ursache einer Erscheinung aufzufinden nicht imstande sind, machen wir eine Voraussetzung, um Schlüsse daraus abzuleiten, die mit den beobachteten realen Thatsachen übereinstimmen; wir stellen eine Hypothese auf.*

Von vielen Regelmässigkeiten der Erscheinung sehen wir den Grund ihrer Existenz nicht ein, wir nennen die selben empirische Gesetze, wie es z. B. die localen Gesetze der Ebbe und Fluth sind, als Folgen einer gewissen Witterung auf gewisse Erscheinungen am Himmel u. dgl.

Als Gegensatz zum Gesetze betrachtet man den Zufall, doch sucht man diesen durch Wiederholung des Experimentes mit Zuhilfenahme der Mathematik möglichst zu eliminiren, es ist uebrigens gewiss, dass in der Welt Alles das Resultat von Gesetzen, die Wirkung von Ursachen ist, und diesen Gesetzen nachzuforschen, ist Aufgabe des denkenden Menschen." (ebd.).

[34] **Konstant differierende Merkmale:** Mendel adaptierte offensichtlich aus dem Inhaltsverzeichnis von Wichuras Buch über Weidenhybriden den Term *„constant differirende Merkmale"* (Mielewczik et al. 2017, S. 133, hier Anm. 194; vgl. Wichura 1865, S. IV). Das ist insofern bemerkenswert, als es sich hierbei um ein neues Konzept handelte, welches sich in dieser Formulierung nur bei Mendel und Wichura im 19. Jahrhundert findet. In der von Mendel genutzten Art (Wichura hat es gar nicht weiter definiert) unterscheidet es sich zum einen von der damals allgegenwärtig genutzten Definition der Konstanz, zum anderen hat es eine leicht andere Definition als der ähnlich lautende Term *„constant verschiedene Merkmale"*. Letzterer allein hätte schon ausgereicht, um eine Definition von korrespondierenden, aber sich unterscheidenden, Merkmalspaaren zu beschreiben (vgl. Müller-Wille & Hall 2016). Dementgegen beinhaltet das Adjektiv *„differieren"* eine, wenn auch nur sehr subtile, zeitliche Komponente hinsichtlich der Veränderlichkeit. Zusammen mit dem Adjektiv *„constant"*, welches ebenfalls eine zeitliche Konnotation besitzt, ergibt sich hierdurch eine terminologische Definition mit extrem hoher Plastizität, die durch den Antagonismus zwischen beiden genutzten Adjektiven noch verstärkt wird. Mendels Definition ist als Konzept somit nur sehr schwer greifbar.

2. Die Hybriden derselben müssen während der Blüthezeit vor der[35] Einwirkung jedes fremdartigen Pollens geschützt sein oder leicht geschützt werden können.
3. Dürfen die Hybriden und ihre Nachkommen in den aufeinander folgenden Generationen keine merkliche Störung in der Fruchtbarkeit erleiden.[36]

Fälschungen durch fremden Pollen, wenn solche im Verlaufe des Versuches vorkämen und nicht erkannt würden, müssten zu ganz irrigen Ansichten führen. Verminderte Fruchtbarkeit, oder gänzliche Sterilität einzelner Formen, wie sie unter den Nachkommen vieler Hybriden auftreten, würden die Versuche sehr erschweren oder ganz vereiteln. Um die Beziehungen zu erkennen, in welchen die Hybridformen zu einander selbst und zu ihren Stammarten stehen, erscheint es als nothwendig, dass die Glieder der Entwicklungsreihe[37] in jeder einzelnen Generation v o l l z ä h l i g der Beobachtung unterzogen werden.

---

[35] Im Originaltext war ein inkorrektes Trennzeichen zwischen „vor" und „der", welches hier ausgelassen wurde.

[36] Bateson hat in seinen Anmerkungen explizit hervorgehoben, dass diese drei Voraussetzungen konzeptionell den Schlüssel zu Mendels Erfolg darstellten. Vgl. d. fehlerhafte Nummerierung in den HUP Ausgaben.

[37] Das Konzept von **„Gliedern einer Entwicklungsreihe"** scheint auf den ersten Blick so speziell, dass sich hier unweigerlich die Frage stellt, ob Mendel seine Versuche auf eine bereits bestehende Denkschule bzw. Denkrichtung gestützt hat. Bei genauerer Betrachtung erscheint dies zwar durchaus wahrscheinlich, allerdings wurde diese Darstellung in der Mitte des 19. Jahrhunderts sehr weitläufig und im Zusammenhang mit verschiedenen Themenbereichen verwendet. So ist das grundlegende Konzept der Entwicklungsreihe schon in einem der klassischen Systematikwerke der Botanik enthalten. Im Inhaltsverzeichnis seines Standardwerks *„Handbuch der medicinisch-pharmaceutischen Botanik"* hat Matthias Jacob Schleiden (1804–1881) bspw. die Terminologie *„Entwicklungsstufe"* und *„Entwicklungsreihe"* verwendet, um verschiedene Pflanzenfamilien systematisch einzuordnen (Schleiden 1852, S. XVI–XVIII). Im Sinne dieser Definition, nach der Schleiden die Entwicklungsreihen der Dikotyledonen und Monokotyledonen unterschieden hat, wird jedoch schon deutlich, dass Mendel sich hierauf wohl kaum direkt bezogen haben kann. Mehrere Botaniker, insb. C. W. v. Nägeli und Alexander von Braun, Ehrenmitglied im NfV, haben Entwicklungsreihen als Terminus in Arbeiten zur Zellbildung verwendet.

Ergänzend muss herausgehoben werden, dass zu Mendels Zeit auch die Materialisten auf den Begriff *„Entwicklungsglieder"* zurückgegriffen haben, bspw. um zu verdeutlichen, dass Stärke, Gummi, Holz, Kork und Fett alle als *„Entwicklungsglieder in der Organisirung der Materie"* zu begreifen sind (Moleschott 1863, S. 214).

Zuletzt gab es zur Zeit Mendels eine weitere Denkschule, innerhalb der Mathematik, in welcher der Begriff *„Entwicklungsglieder"* innerhalb der Differentialgleichung und Formenlehre genutzt wurde (Petzval 1853, S. 303–305, 362 u. 394). Während seines Studiums in Wien kann Mendel durchaus mit diesen Ausführungen in Berührung gekommen sein, und der Begriff *„Glieder"* kam auch schon im Mathematik-Lehrbuch von Mendels Lehrer Johann Fux (1839) vor (Kap. 4).

Eine besondere Aufmerksamkeit wurde gleich anfangs den L e g u m i n o s e n wegen ihres eigenthümlichen Blüthenbaues zugewendet.[38] Versuche, welche mit mehreren Gliedern dieser Familie angestellt wurden, führten zu dem Resultate, dass das Genus P i s u m den gestellten [6] Anforderungen hinreichend entspreche. Einige ganz selbständige Formen aus diesem Geschlechte besitzen constante, leicht und sicher zu unterscheidende Merkmale, und geben bei gegenseitiger Kreuzung in ihren Hybriden vollkommen fruchtbare Nachkommen. Auch kann eine Störung durch fremde Pollen[39] nicht leicht eintreten, da die Befruchtungs-Organe vom Schiffchen enge umschlossen sind und die Antheren[40] schon in der Knospe platzen, wodurch die Narbe noch vor dem Aufblühen mit Pollen überdeckt wird.[41] Dieser Umstand ist von besonderer Wichtigkeit. Als weitere Vorzüge verdienen noch Erwähnung die leichte Cultur dieser Pflanze im freien Lande und in Töpfen, sowie die verhältnissmässig [sic] kurze Vegetationsdauer derselben. Die künstliche Befruchtung ist allerdings etwas umständlich, gelingt jedoch fast immer. Zu diesem Zwecke wird die noch nicht vollkommen entwickelte Knospe geöffnet, das Schiffchen entfernt und jeder Staubfaden mittelst einer Pinçette behutsam herausgenommen, worauf dann die Narbe sogleich mit den fremden Pollen belegt werden kann.[42]

---

[38] Die *Papilionoideae* und damit *Pisum* besitzen eine bilateral symmetrische, zygomorphe Blüte, welche Selbstbefruchtung bevorzugt, solange bestäubende Insekten keinen störenden Einfluss ausüben. Dieser Aspekt wird von Mendel auch auf der folgenden Seite der Abhandlung weiter ausgeführt.

[39] In späteren Nachdrucken der Arbeit ist „*durch fremde Pollen*" oft ersetzt durch „*durch fremden Pollen*" (s. bspw. *VNV* 49, S. 3–47).

[40] Das Staubblatt oder Stamen (lat., Mehrzahl Stamina) ist das Pollen produzierende Blütenorgan der männlichen, bedecktsamigen Pflanzen.

[41] Diese Stelle ist eine der ganz wenigen, bei der Mendel von anderen Wissenschaftlern schon vor 1900 wortwörtlich zitiert worden ist. Der Botaniker Hermann Hoffmann (1819–1891) hat sie dabei in seinem Werk „*Untersuchungen zur Bestimmung des Werthes von Species und Varietät*" unter Hinweisen zu *Pisum* aufgenommen (Hoffmann 1869, S. 136). Dabei war Hoffmann insb. an der Auswahl von Erbsen als Modellpflanze durch Mendel interessiert.

[42] Eine detailliertere Beschreibung findet sich z. B. bei Lecoq 1846, S. 54–64. In diesem Kontext ist darauf hinzuweisen, dass Erich Tschermak in der von ihm herausgegebenen kommentierten Neuauflage der Arbeit Mendels (1901) eine leicht abweichende Vorgehensweise beschrieben hat. Danach war es „*zweckmässiger, das Schiffchen längs der Naht mit Lancette aufzuschneiden, durch Erweitern des Knospengrundes mittelst einer Pincette die Staubgefässe vom Griffel zu entfernen, hierauf dieselben an den Staubfäden abzureissen und den Pollen mittelst Stahlschreibfedern auf die Narbe aufzutragen.*" Tschermak hat in seiner kommentierten Ausgabe zudem den praktischen Hinweis gegeben, dass das „*Platzen der Antheren und […] die Selbstbestäubung der Narbe vor dem Oeffnen der Corolle*" bei den Blüten der niedrigwachsenden Erbsensorten früher erfolgt als bei den Blüten der hochwachsenden Erbsensorten.

Aus mehreren Samenhandlungen wurden im Ganzen 34 mehr oder weniger verschiedene Erbsensorten bezogen und einer zweijährigen Probe unterworfen.[43] Bei einer Sorte wurden unter einer grösseren Anzahl gleicher Pflanzen einige bedeutend abweichende Formen bemerkt. Diese variirten jedoch im nächsten Jahre nicht und stimmten mit einer anderen, aus derselben Samenhandlung bezogenen Art vollständig überein; ohne Zweifel waren die Samen blos zufällig beigemengt. Alle anderen Sorten gaben durchaus gleiche und constante Nachkommen, in den beiden Probejahren wenigstens war eine wesentliche Abänderung nicht zu bemerken. Für die Befruchtung wurden 22 davon ausgewählt und jährlich während der ganzen Versuchsdauer angebaut.[44] Sie bewährten sich ohne alle Ausnahme.

Die systematische Einreihung derselben ist schwierig und unsicher. Wollte man die schärfste Bestimmung des Artbegriffes in Anwendung bringen, nach welcher zu einer Art nur jene Individuen gehören, die unter völlig gleichen Verhältnissen auch völlig gleiche Merkmale zeigen, so könnten nicht zwei davon zu einer Art gezählt werden.[45] Nach der Meinung der Fachgelehrten indessen gehört die Mehrzahl der Species Pisum sativum an, während die übrigen bald als Unterarten von P. sativum, bald als selbständige Arten

---

[43] **Samenhandlung:** Aus welcher Samenhandlung Mendel seine Erbsen bezogen hat, ist nicht bekannt. Von einem erhalten gebliebenen Bestellzettel ist z. B. ersichtlich, dass Mendel 1878 Samen bei Ernst Benary in Erfurt bestellt hat (Hasan 2005, S. 28; Taylor 2012). Vgl. auch die folgende Fußnote.

[44] **22 Erbsensorten:** Heute es nicht mehr möglich sicher zu sagen, mit welchen Erbsensorten Mendel im Einzelnen gearbeitet hat. Die von Mendel spezifisch angegebene Anzahl von 22 ausgewählten mag aber einen entscheidenden anderen Hinweis geben, der von den Wissenschaftshistorikern bislang nicht bemerkt worden ist. Im Jahr 1855, als Mendel gerade mit seinen Versuchen begann, wurde in Brünn eine Delegation mit der Beschickung der Pariser Industrie- und Agrikultur-Ausstellung mit mährischen Natur- und Landbauerzeugnissen beauftragt. Den Erbsenbau betreffend, ging es dabei um eben 22 Proben (siehe Kap. 1). Mendel beschreibt hier ansonsten einen Kontrollversuch.

[45] **Artbegriff:** Mendel verwendete hier einen sehr ungewöhnlichen Art-Begriff. Müller-Wille & Hall (2016) haben vermutet, dass sich Mendels Definition aus dem von Mendels Universitätslehrern S. Endlicher und F. Unger herausgegebenen Lehrbuch *„Grundzüge der Botanik"* abgeleitet hat (Endlicher & Unger 1843, S. 403–404). Letzteres scheint uns aber nicht ganz schlüssig zu sein. Eine bessere und exaktere Übereinstimmung findet sich vielmehr in dem von Matthias Jacob Schleiden verfassten Werk *„Grundzüge der wissenschaftlichen Botanik"* (Schleiden 1850, S. 516): *„Die schärfste Bestimmung des Artbegriffs wäre demnach folgende: ‚Zu einer Art gehören alle Individuen, die, abgesehen von Ort und Zeit, unter völlig gleichen Verhältnissen auch völlig gleiche Merkmale zeigen.'"* Eben die gleiche Definition fand sich zudem in einem von Friedrich Michelis (1815–1886), dem damaligen Direktor des Collegium Borromaeum (ein Konvikt zur Vorbereitung auf das Priesterseminar in Münster), verfassten und an Matthias Schleiden gerichteten Buchs *„Der kirchliche Standpunkt in der Naturforschung"* (Michelis 1855, S. 35).

angesehen und geschrieben[46] wurden, wie P. quadratum[47,48], P. saccharatum[49], P. umbellatum.[50] Uebrigens bleibt [7] die Rangordnung, welche man denselben im Systeme gibt, für die in Rede stehenden Versuche völlig gleichgiltig [sic]. So wenig man eine scharfe Unterscheidungslinie zwischen Species und Varietäten zu ziehen vermag, eben so wenig ist es bis jetzt gelungen, einen gründlichen Unterschied zwischen den Hybriden der Species und Varietäten aufzustellen.[51,52]

---

[46] Korrigiert: Im Originaltext „*geschrieben*" an Stelle von „*beschrieben*".

[47] *Pisum quadratum*, *P. saccharatum* und *P. umbellatum* werden heute nicht mehr als selbständige Formen, sondern als Varietäten von *Pisum sativum* (Eßerbse, Erbse) betrachtet (Weiling 1970a, S. 74). Auch von Mendel wurden diese Formen wie Varietäten behandelt. Mendels Auffassung, dass Art- und Varietätenbastarde keine grundlegenden Unterschiede aufweisen, hat sich bei seinen Erbsenversuchen als pragmatisch erwiesen und nicht negativ ausgewirkt. Bei Mendels späteren Versuchen mit Hieracium erwies sich diese Perspektive jedoch als limitiert (ebd.). Der exakte Status der drei Varietäten wird heute als nicht geklärt angesehen (The Plant List 2010). Müller-Wille & Hall (2016) haben darauf verwiesen, dass die botanischen Binomialnamen in dieser Form in Heinrich Gottlieb Ludwig Reichenbachs (1793–1879) „*Flora germanica excursoria ex affinitate regni vegetabilis naturali disposit*" (1830–1833, Bd. 2, S. 532–533) gemeinsam vorkommen und dass dieses Buch auch in Brünner Bibliotheken zur Zeit Mendels verfügbar war. Tatsächlich lässt sich aus der damaligen Zeitungsliteratur entnehmen, dass das langjährige NfV Mitglied G. v. Niessl den Reichenbach mitunter als Referenzwerk benutzt hat. Als weniger gesichert gelten muss aber, ob Mendel diesen für die taxonomische Einordnung wirklich konsultiert hat. Ipso facto finden sich die vier Binomialnamen in dieser Form auch im Petermann (1847, S. 668), welchen Mendel mit großer Sicherheit als Quelle genutzt haben muss (siehe hierzu die Kommentare in der vorl. Edition zu den Versuchen mit *Phaesolus* sp.).

[48] *Pisum quadratum* C. Bauhin, alias *Pisum quadratum* L., alias *P. sativum* L. var. *quadratum* L.: Lupinen-, Ecker-, Knacker-, Holländische-, Quadrat- oder Würfel-Erbse mit kantig runzligen, bzw. eingedrückten Samen. Mitunter auch Viereckige Erbsen oder Eckige Stabelerbsen genannt, weil sie beim Eintrocknen Flächen bekommen. Im Volksmund wurden sie auch als Maulwurfserbsen bezeichnet, da man behauptete mit ihnen Maulwürfe vertreiben zu können. Nach E. L. Sturtevant (1890, S. 146; 1919), findet sich in der historischen Literatur erstmals bei Tragus (alias Hieronymus Bock) 1552 ein Verweis auf Pisum quadratum.

[49] *Pisum saccharatum* L., alias *P. sativum* L. var. *saccharatum* L.: Zuckererbse, Kefe.

[50] *Pisum umbellatum* C. Bauhin, alias *Pisum umbellatum* L. (Dolden- bzw. Kronenerbse) wurde von Mendel in Bezug auf Erbsenpflanzen mit terminal endständigen Blüten verwendet. Das Genus ist in der Systematik nicht eindeutig vergeben und lediglich als Varietät von *Pisum sativum* zu verstehen (*Pisum sativum* L. var. *umbellatum* Mill.).

[51] Um 1860 begann sich die Ansicht durchzusetzen, dass es sich bei den bis dahin beschriebenen Erbsenarten zumeist lediglich um Varietäten und Formen handelt (siehe bspw. Alefeld 1860, S. 204–205; vgl. auch Alefeld 1866, S. 37–55).

[52] **Mendel und Darwin:** Diese Textstelle ist einer der direkten Belege, dass Mendel zu diesem Zeitpunkt bereits die Arbeiten von Ch. Darwin kannte, denn die Formulierung „*scharfe Unterscheidungs-Linie*" findet sich in dieser Form bereits in der deutschen Ausgabe in der Übersetzung von H. G. Bronn 1862/63, S. 301; vgl. Müller-Wille & Hall (2016).

Eintheilung und Ordnung der Versuche. Werden zwei Pflanzen, welche in einem oder mehreren Merkmalen constant verschieden sind, durch Befruchtung verbunden, so gehen, wie zahlreiche Versuche beweisen, die gemeinsamen Merkmale unverändert auf die Hybriden und ihre Nachkommen über; je zwei differirende hingegen vereinigen sich an der Hybride zu einem neuen Merkmale, welches gewöhnlich an den Nachkommen derselben Veränderungen unterworfen ist.[53] Diese Veränderungen für je zwei differirende Merkmale zu beobachten und das Gesetz zu ermitteln, nach welchem dieselben in den aufeinander folgenden Generationen eintreten, war die Aufgabe des Versuches. Derselbe zerfällt daher in ebenso viele einzelne Experimente, als constant differirende Merkmale an den Versuchspflanzen vorkommen.

Die verschiedenen, zur Befruchtung ausgewählten Erbsenformen zeigten Unterschiede in der Länge und Färbung des Stengels, in der Grösse und Gestalt der Blätter, in der Stellung, Farbe und Grösse der Blüthen, in der Länge der Blüthenstiele, in der Farbe, Gestalt und Grösse der Hülsen, in der Gestalt und Grösse der Samen, in der Färbung der Samenschale und des Albumens[54]. Ein Theil der angeführten Merkmale lässt jedoch eine sichere und scharfe Trennung nicht zu, indem der Unterschied auf einem oft schwierig zu bestimmenden „mehr oder weniger" beruht. Solche Merkmale waren für die Einzel-Versuche nicht verwendbar, diese konnten sich nur auf Charactere beschränken, die an den Pflanzen deutlich und entschieden hervortreten. Der Erfolg musste endlich zeigen, ob sie in hybrider Vereinigung sämmtlich ein übereinstimmendes Verhalten beobachten [sic], und ob daraus auch ein Urtheil über jene Merkmale möglich wird, welche eine untergeordnete typische Bedeutung haben.[55]

---

[53] Bereits Weiling (1970) hat darauf hingewiesen, dass es oftmals als der große Verdienst Mendels angesehen wurde, dass dieser das Gesamterscheinungsbild in Einzelmerkmale der Kreuzungspartner zerlegt hat, korrespondierende Merkmale einander zuordnete und Erbgänge getrennt verfolgte. Diese Methode, wurde in der klassischen Genetik unter den Bezeichnungen der *„biologischen Elementaranalyse", „biologischen Merkmalsanalyse"* bzw. der *„systematischen Merkmalsanalyse"* bekannt und direkt Mendel zugeschrieben (siehe bspw. E. v. Tschermak-Seysenegg 1907a, 1908, 1911; Dannemann 1913, S. 262).

[54] Mendel benutzte die Begriffe *„Albumen"* und *„Endosperm"* recht lose zur Benennung der Samenfarbe. Die Verwendung der Begriffe durch Mendel neigt aber dazu, Verwirrung hervorzurufen. Bereits die frühen Genetiker wie Bateson und Correns haben darauf hingewiesen, dass es sich hierbei um einen morphologischen *„Irrtum"* handelte, welcher *„auch damals nicht hätte vorkommen dürfen"* (Correns 1922, S. 623–631; Correns 1924, S. 1146–1161), da in Wirklichkeit die Färbung der Kotyledonen eine grüne bzw. gelbe Samenfarbe bedingt (Weiling 1970a, S. 76, Anm. 9). Auf Grund der sehr dünnen Samenschale bei manchen Erbsensorten scheint bei diesen die Farbe der Kotyledonen durch (ebd.). Dagegen gibt es andere Sorten, bei denen die Samenschale selbst undurchsichtig und gefärbt ist.

[55] **Auswahl von Merkmalspaaren:** Der von Mendel verwendete Satzkonstrukt ist an dieser Stelle nicht ganz einfach zu lesen. Dies liegt u. a. an der Verwendung des Verbs *„beobachten"* für die Merkmale, um die es hier geht, aber auch an der grammatikalischen Zeitform. Müller-Wille & Hall (2016) haben daraus ablesen wollen, dass Mendel seine Merkmalspaare retrospektiv, und erst nach Ende seines Experiments, für die Darstellung im Artikel ausgewählt hat. Das lässt sich aus

Die Merkmale[56], welche in die Versuche aufgenommen wurden, beziehen sich: [8]

1. Auf den Unterschied in der Gestalt der reifen Samen. Diese sind entweder kugelrund oder rundlich, die Einsenkungen, wenn welche an der Oberfläche vorkommen, immer nur seicht, oder sie sind unregelmässig kantig, tief runzelig (P. quadratum).[57,58]

---

dem Satz so aber nicht ganz sicher ableiten, denn eigentlich geht es hier nur um eine retrospektive Analyse des Verhaltens der Merkmale bei Vereinigung. Sicher scheint nur, dass untergeordnete Merkmale nach dem Abschluss des Versuchs retrospektiv betrachtet worden sind. Welche untergeordneten Merkmale damit gemeint sind, ist dabei gar nicht ganz klar. Zum einen sind damit wohl die in den vorangehenden beiden Sätzen angesprochenen, quantitativen Merkmale gemeint, zum anderen aber wohl auch solche Merkmale, welche den gefundenen Gesetzen bzw. Regel nicht folgen (siehe ident. Müller-Wille & Hall 2016). Aber hat Gregor Mendel seine Merkmalspaare für die Darstellung tatsächlich retrospektiv selektiert? Aus vorliegenden Informationen zu weiteren, späteren Versuchen mit *Geum* (siehe Kap. 3) scheint diese Lesart zumindest partiell plausibel. Andererseits kann es gar keinen Zweifel geben, dass einige besonders prominente Merkmale schon bei der Auswahl der Erbsensorten als wesentliche Merkmale definiert worden sein müssen (vgl. dazu auch die Angaben zu den ausgewählten Erbsensorten in Kap. 1).

[56] Für keines der 7 Merkmale kann heute mit absoluter Sicherheit angegeben werden, welches jeweilige Gen in den von Mendel untersuchten Pflanzen in seiner phänotypischen Ausprägung beobachtet wurde. Dies liegt daran, dass nicht sicher ist, an welchen Erbsenlinien Mendel genau gearbeitet hat (Bhattacharyya et al. 1990; Hellens et al. 2010). Pflanzenmaterial seiner Erbsenversuche ist (soweit uns bekannt) nicht erhalten geblieben. Ausgehend von den zu Mendels Zeit verfügbaren Erbsenlinien lassen sich allerdings zumindest sinnvoll erscheinende Rückschlüsse ziehen (Reid & Ross 2011). Praktisch unmöglich ist allerdings eine Identifizierung der genauen Art der Mutation, welche sich in Mendels Versuchspflanzen vorfand. Hier kann man nur vage mit den Mutationen vergleichen, die aus den modernen Erbsenlinien und Mutanten-Reihen bekannt sind.

[57] **Merkmal der Samenform:** In der klassischen Literatur der Genetik wurde dieses Merkmal durch die Bezeichnung Gen *R* (runde Samen) und *r* (kantig runzlige Samen) beschrieben (White 1917). Im Falle der kantig runzligen Erbsen geht man heute davon aus, dass dieses ebenso wie das mit der gelb/grünen Färbung der Hülse assoziierte Gen zur Genkopplungsgruppe V gehört (Ellis et al. 2011). Man nimmt an, dass es sich bei den runzligen Samen, die Mendel untersuchte, um natürliche Mutanten handelte, deren Stärkebiosynthese gestört war, was zu einer ausgeprägten Veränderung in der Entwicklung des Samens führte (Gregory 1903, Edwards et al. 1988, Matters & Boyer 1982, Smith 1988). Am wahrscheinlichsten ist, dass Mendel in Bezug auf dieses Merkmal mit Samen arbeitete, bei denen sich Unterschiede in einem auf dem R/r-Lokus kodierten „starch-branching"-Enzym zeigten (Bhattacharyya et al. 1990). Heute sind in den genetischen Erbsensammlungen mehrere Mutationen in diesem Gen bekannt (Rayner et al. 2017). Darüber hinaus kennt man einige weitere Erbsenlinien mit einem solchen Phänotyp, wobei zumindest in einigen Fällen die Ausprägung maternal determiniert sein mag (Rayner et al. 2017).

[58] Die Eigenschaften, die Mendel hier beschreibt, sind wesentliche Merkmale der Bestimmungsschlüssel für *Pisum* in der systematischen Literatur (Vgl. Müller-Wille & Hall 2016; s. auch Heinrich Gottlieb Ludwig Reichenbach, *„Flora germanica excursoria ex affinitate regni vegetabilis naturali disposit"* 1830–1832, Cnobloch, Leipzig, Bd. 2, S. 532–533; Schlosser 1843, S. 123).

2. Auf den Unterschied in der Färbung des Samen-Albumens (Endosperm's)⁵⁹. Das Albumen der reifen Samen ist entweder blassgelb, hellgelb und⁶⁰ orange gefärbt, oder es besitzt eine mehr oder weniger intensiv grüne Farbe. Dieser Farbenunterschied ist an den Samen deutlich zu erkennen, da ihre Schalen durchscheinend sind.⁶¹

3. Auf den Unterschied in der Färbung der Samenschale. Diese ist entweder weiss gefärbt, womit auch constant die weisse Blüthenfarbe verbunden ist, oder sie ist grau, graubraun, lederbraun mit oder ohne violetter Punctirung, dann erscheint die Farbe⁶²

---

⁵⁹ **Begriff „*Samen-Albumens (Endosperm)*":** Die Verwendung durch Mendel ist an dieser Stelle auf eine Fehleinschätzung der morphologischen Ursache der Färbung des reifen Samens zurückzuführen. Tatsächlich ist es die Färbung der Kotyledonen, welche die gelbe oder grüne Samenfarbe hervorruft (Weiling 1970a, S. 76, Anm. 9). Da die Schale der Samen bei einigen Erbsensorten sehr dünn ist, kann diese Farbe durchscheinen. Es gibt aber auch Sorten, bei denen die Samenschale selbst gefärbt und undurchsichtig ist (ebd.). Bei diesen muss die Testa entfernt werden, um die Farbe der Kotyledonen zu ermitteln.

⁶⁰ In früheren Reprint-Ausgaben, ausgehend von der von E. v. Tschermak-Seysenegg veröffentlichten Version, wurde dieses „*und*" oftmals durch „*oder*" ersetzt.

⁶¹ **Merkmal der Farbe des Samen-Albumens/Farbe der Kotyledonen:** In der klassischen Literatur der Genetik wurde dieses Merkmal durch die Bezeichnung Gen *I* (gelbe Samen/Kotyledonen) und *i* (grüne Samen/Kotyledonen) beschrieben (White 1917). Heute glaubt man, dass viele „Stay Green" Mutanten (*sgr*), die in einer ganzen Reihe von Arten gefunden wurden, dem von Mendel beobachteten rezessiven, grünen Phänotyp entsprechen (Reid & Ross 2011). Interessanterweise wurde dabei auch beobachtet, dass bei *sgr* Mutanten die grüne Färbung auch bei alternden und abgetrennten Blättern, welche im Dunkeln gelagert werden, erhalten bleibt (Reid & Ross 2011). Ausgegangen wird zudem davon, dass es sich bei *I*-Lokus und *sgr* Mutanten um homologe Allele und somit um ein klassisches Beispiel der Allelvariation handelt. Die grüne Färbung selbst ist auf einen reduzierten Chlorophyllabbau zurückzuführen (Sato et al. 2007). Die genaue molekulare Funktionsweise ist jedoch nach wie vor nicht vollständig aufgeklärt (Ellis et al. 2011). In einer der bekannten Erbsenmutanten konnte gezeigt werden, dass das *i*-Allel in diesem Fall durch eine Insertion von zwei Aminosäuren bzw. sechs Basenpaaren hervorgerufen wurde (Aubry et al. 2008). Als Lokus für das Allel wird typischerweise eine Zugehörigkeit zur Genkopplungsgruppe I angegeben (Reid & Ross 2011).

⁶² **Merkmal der Samenfarbe bzw. der Blütenfarbe:** In der klassischen Literatur der Genetik wurde dieses Merkmal durch das Gen-Symbol A (rosa Blüten) und a (weiße Blüten) beschrieben (Tschermak-Seysenegg 1912; White 1917). In rosa Blüten wird die Farbe durch Anthocyanpigmentierung hervorgerufen (Ellis et al. 2011). Unterschiedliche Schattierungen zwischen rot, violett und blau werden dabei durch pH-Werte in der Vakuole sowie die genaue chemische Komposition der Anthocyane bestimmt und eine Vielzahl von Erbsenvarianten und Mutanten mit unterschiedlichen Färbungen sind bekannt. In *a* Mutanten findet jedoch in keinem Teil der Pflanze eine Akkumulation von Anthocyanen statt (ebd.), weshalb die Blüte weiß gefärbt ist. Aus diesem Grund beschrieb Mendel, dass eine farbige Samenschale immer mit einer farbigen Blüte zu finden ist (Reid & Ross 2011). Biochemisch wird A für die Flavonoidproduktion in Pflanzen im Allgemeinen, sowie die Anthocyanbiosynthese im speziellen benötigt (Statham et al. 1972; Harker et al. 1990), wobei sich zeigte, dass die unterschiedlichen Allele einen regulatorische Genkontrollfunktion ausüben (Reid & Ross 2011). Neuere Forschungen haben gezeigt, dass A einen Helix-loop-helix-Transkriptionsfaktor (bHLH) kodiert (Hellens et al. 2010), welcher vermutlich Teil eines komplexeren Myb-bHLH-WD40 Transkriptionsfaktors und Komplexes ist, welches in allen bislang untersuchten Pflanzenarten für die Regulation der Flavonoidbiosynthese zuständig ist (Moreau et al. 2012).

der Fahne violett, die der Flügel purpurn und der Stengel an den Blattachseln röthlich gezeichnet. Die grauen Samenschalen werden in kochendem Wasser schwarzbraun.
4. Auf den U n t e r s c h i e d   i n   d e r   F o r m   d e r   r e i f e n   H ü l s e. Diese ist entweder einfach gewölbt, nie stellenweise verengt, oder sie ist zwischen den Samen tief eingeschnürt und mehr oder weniger runzlig (P. saccharatum).[63]
5. Auf den Unterschied in der F a r b e   d e r   u n r e i f e n   H ü l s e. Sie ist entweder licht- bis dunkelgrün oder lebhaft gelb gefärbt, an welcher Färbung auch Stengel, Blattrippen und Kelch theilnehmen.[64,65]
6. Auf den U n t e r s c h i e d   i n   d e r   S t e l l u n g   d e r   B l ü t h e n. Sie sind entweder axenständig, d. i. längs der Axe vertheilt, oder sie sind endständig, am Ende der

---

[63] **Merkmal der Form der reifen Hülse:** Mendel beschrieb Hülsen, die entweder einfach gewölbt oder eingeschnürt sind. Bei den eingeschnürten Hülsen fehlt eine Schicht lignifizierter Zellen (Sklerenchym) im Anschluss an die Epidermis der Hülsenwand (Ellis et al. 2011). Mendels Verweis auf *P. saccharatum* lässt vermuten, dass er mit der speziellen Form einer Zuckerschote (engl. sugar snap) gearbeitet hat (ebd.). Im Wildtyp der Erbse sind die Hülsen einfach gewölbt (Reid & Ross 2011). Es sind zwei Mutanten, die in jeweils einem einzigen Gen verändert sind, bekannt welche die Gensymbole *p* und *v* tragen. Im unreifen Zustand sind diese Hülsen essbar und allgemein als Zuckerschoten bekannt (Reid & Ross 2011). Die Hülsen von *P v* Pflanzen besitzen kleine Flecken von Sklerenchym im Endokarp, während *p V* Hülsen einen Streifen von Sklerenchym auf beiden Seiten der Naht besitzen (ebd.). Mit welcher Mutante Mendel in seinen Kreuzungen arbeitete, ist nicht sicher zu belegen. Die allgemeine Annahme ist, dass er in seinen Untersuchungen mit unterschiedlichen Allelen am *v*-Lokus arbeitete (Blixt 1975; Reid & Ross 2011). Nach mündlicher Überlieferung durch die Genetiker Ian C. Murfet und Herbert Lamprecht (1889–1969) sollen alle Zuckerschotenerbsen zur Zeit Mendels den Genotyp *P v* besessen haben.

[64] **Anmerkung nach Mendel (1866):** „*Eine Art besitzt eine schöne braunrothe Hülsenfarbe, welche gegen die Zeit der Reife hin in Violett und Blau übergeht. Der Versuch über dieses Merkmal wurde erst im verflossenen Jahre begonnen.*" Dazu ist anzumerken, dass soweit bekannt, zu diesen weiteren Untersuchungen durch Mendel keine weitere Veröffentlichung erfolgt ist. Correns hat aber später eigene Untersuchungen an dieser Varietät bzw. zu diesem Merkmal vorgenommen.

[65] **Merkmal der Farbe der unreifen Hülse:** Die Hülsenfarbe gehört auch heute noch zu den mendelschen Merkmalen, welche nicht vollständig charakterisiert ist (Reid & Ross 2011). In der klassischen Literatur der Genetik wurde dieses Merkmal erstmals durch das Gensymbol *GP* bzw. *gp* gekennzeichnet (White 1917). Im Gegensatz zu grünen Hülsen ist in gelben Hülsen der Chlorophyllgehalt stark reduziert, welcher lediglich 5 % des Wildtyps aufweist (Reid & Ross 2011). Zudem fehlt in der mutierten Form das Grana. Durch die Abwandlung der Chloroplastenstruktur kommt es in den gelben Hülsen zu einer Reduzierung der photosynthetischen Aktivität und somit auch einer reduzierten Aufnahme von CO_2 (Smith 1986; Price & Hedley 1988; Price et al. 1988; Reid & Ross 2011). Die genau molekulare Funktion des Gens am *GP* Lokus ist aber auch weiterhin nicht bekannt. Der Genlokus *GP* gehört zur Genkopplungsgruppe V.

Axe gehäuft und fast in eine kurze Trugdolde gestellt; dabei ist der obere Theil des Stengels im Querschnitte mehr oder weniger erweitert (P. umbellatum).[66,67]

---

[66] **Merkmal – Stellung der Blüten:** Bei diesem Merkmal wird allgemein angenommen, dass Mendel hier das Phänomen der Fasziation (Verbänderung) beschrieben hat, auch wenn er diesen Begriff selbst nicht benutzt hat. Er sprach lediglich davon, dass *„der obere Theil des Stengels im Querschnitte mehr oder weniger erweitert"* sei. Ausgehend von der im englischen Sprachraum am weitest verbreiteten Übersetzung durch W. Bateson ist daher immer davon ausgegangen worden, dass es hierbei um den Erbsentyp der sogenannten Mumienerbse (engl. Mummy Pea) handelt (Bateson 1909; Compton 1911; siehe ebenso Reid & Ross 2011). Bateson hat dabei in der von ihm veröffentlichten Übersetzung darauf hingewiesen, dass die ihm bekannte Form eine „weiße" Standardblüte mit lachsroten Flügeln besessen habe. In der klassischen Literatur der Genetik wurde dieses Merkmal durch das Gensymbol *Fa* bzw. *fa* gekennzeichnet (White 1917). Die Erbsenlinie JI 5 des *John Innes Center* wird heute üblicherweise als Typenlinie für das faszierte Mendelmerkmal angesehen, bei welchem man am ehesten vermutet, dass dieses dem von Mendel untersuchten Merkmal entspricht. Allerdings sind heute auch andere Gene (z. B. *FAS*/fas bekannt die bei Erbsen Fasziation verursachen, wobei auch Gene welche die Blütezeit beeinflussen, Auswirkungen auf das Merkmal der Fasziation haben können (Reid & Ross 2011; Sinjushin and Gostimskii 2008).

[67] **Mumien-Erbse:** Ob Mendel tatsächlich mit der Mumien-Erbse gearbeitet hat, ist keinesfalls so sicher zu belegen, wie dies von W. Bateson vermutet wurde (Bateson 1909, Reid & Ross 2011). Der traditionellen Darstellung nach sollen Samen dieser Erbsensorte in den 1830er Jahren in einem ägyptischen Mumiengrab in einer verschlossenen Vase gefunden worden sein. Im Jahr 1844 soll es gelungen sein, diese erfolgreich zum Keimen zu bringen. Sowohl in der englischsprachigen als auch deutschen und französischen Zeitungspresse ist diese Erzählung oft und weit verbreitet worden (siehe z. B. Anonymous 1845; 1854; 1855a, b). Allerdings haben schon zeitgenössische Botaniker große Zweifel an dieser Erzählung geäußert. So berichtete bspw. der deutsche Botaniker und Gärtner Karl Heinrich Emil Koch (1809–1879), dass die Erzählung *„von der Mumien-Erbse […] sehr unwahrscheinlich"* und *„vielleicht ganz und gar erdichtet ist, insofern er nicht auch einem Irrthum beruht"* (Koch 1860, S. 220). Laut Brugsch-Pascha (1827–1894) sollen überhaupt niemals Erbsensamen in ägyptischen Gräbern gefunden worden sein (Henslow 1912, S. 50).

Die Mumien-Erbse wurde bereits in den 1840er Jahren in den Handel gebracht und ist in der Folge auch schon kurz Zeit später in Deutschland zur Aussaat gekommen (Koch 1860, S. 220; Henderson 2005). Allerdings sind gerade in Deutschland auch in den 1850er Jahren andere Sorten mit diesem Namen belegt (Koch 1860). In späteren Zeiten haben ägyptische Einheimische wohl zudem Touristen oft einfache Erbsen als Mumienerbsen verkauft (Correvon 1926). Zudem sind in der Publikumsliteratur zahlreiche weitere Linien beschrieben, bei denen es sich um keimende Erbsen aus Mumiengräbern gehandelt haben soll (siehe bspw. Anonymous 1894; Philipson 1888). Schon vor 1900 wurden hierbei auch nicht faszierte Formen als Mumien-Erbsen bezeichnet (Anonymous 1894). Insofern kann es wohl auch kaum verblüffen, dass in der Erbsensammlung des *John Innes Centre* mindestens sechs als Mumienerbsen bezeichnete Formen aufgeführt sind (Reid & Ross 2011).

Genutzt haben kann Mendel aber eine als Mumien-Erbse bezeichnete Sorte prinzipiell schon. Auch in Brünn ist in den 1850er Jahren von der Mumien-Erbse berichtet worden (Anonymous 1856). Aus Berichten der 1850er Jahre lässt sich bspw. entnehmen, dass auch eine aus Erfurt stammende Mumienerbse vermarktet wurde, welche in Schlesien und Mähren erhältlich war. Da bekannt ist, dass Mendel aus Erfurt Pflanzensamen bezogen hat (bei den Erbsensamen wird dies nur vermutet), wäre dies durchaus plausibel. Allerdings muss darauf hingewiesen werden, dass trugdolden-förmige Erbsenpflanzen als *Pisum umbellatum* schon wesentlich früher bekannt und auch weit verbreitet waren und so bspw. auch schon in den „Kräuterbüchern" des 16. Jahrhunderts Erwähnung fanden (White 1948), wo sie als *„Tufted or Scottish Pease"* bezeichnet wurde (Gerarde 1597, S. 1045; Jackson 1876, S. 46).

7. **Auf den Unterschied in der Axenlänge.** Die Länge der Axe ist bei einzelnen Formen sehr verschieden, jedoch für jede insofern ein constantes Merkmal, als dieselbe bei gesunden Pflanzen, die in gleichem Boden gezogen werden, nur unbedeutenden Aenderungen unterliegt.[68] Bei den Versuchen über dieses Merkmal wurde der sicheren [9] Unterscheidung wegen stets die lange Axe von 6 bis 7′ mit der kurzen[69] von ¾ bis 1 ½′ verbunden.[70]

---

[68] Mendel verweist hier auf die strikteste Definition einer Art.

[69] **Wiener Fuß:** Das von Mendel verwendete Symbol entspricht vermutlich dem Wiener Fuß [1 Fuß = 0,316 m]. Diese Maßeinheit war bis 1871 bzw. 1872, als die Meterkonvention eingeführt wurde, verbreitet (vgl. Stern & Sherwood 1966, S. 7). Abweichend davon ist in dem Mendel Lesebogen von Velhagen & Klasing (1929) angenommen worden, dass es sich um Pariser Fuss handelte.

In der englischen Übersetzung von 1901 durch Druery (*R.H.S. Journal*, Vol. XXV, S. 54) war die Einheit inkorrekterweise als Zoll (engl. inch) angegeben. Der Fehler ist dabei daraus resultiert, dass in der ersten englischen Version die Blütenachse mit der Hauptachse der Pflanze interpretativ verwechselt wurde (Bateson 1902, S. 46–47). Dies ist bereits in der neu aufgelegten Auflage von Bateson im Jahr 1902 (a.a.O.) korrigiert worden. Laut der kritisch kommentierten Ausgabe von Weiling (1970a, S. 19) ist dieser Fehler wohl auch in einigen von E. Tschermak besorgten deutschen Auflagen aufgetaucht, ohne dass hierzu jedoch die Auflage angegeben wurde. Aus diesen beiden Darstellungen abgeleitet hat sich diesbezüglich in der letzten kritisch kommentierten englischen Version (Müller-Wille & Hall 2016; Müller-Wille et al. 2020, S. 105) ein Fehler eingeschlichen, denn in den deutschen Ausgaben von 1901 (und zwar sowohl in der von E. Tschermak besorgten Ausgabe, als auch der in der *Flora* erschienenen Version) ist dieser Setzfehler nicht zu finden. Auch in seiner Ausgabe von 1911 ist dieser Fehler nicht vorhanden.

[70] **Zwergwuchs und die Grüne Revolution:** In der klassischen Literatur zur Genetik wurde dieses Merkmal durch die Bezeichnung Gensymbol *LE* und *le* („Zwergwuchs") beschrieben (White 1917). Die allgemeine Annahme ist typischerweise, ausgehend von dem übereinstimmenden Phänotyp, dass es sich bei *LE*/le um das Gen handelt, dass auch von Mendel untersucht worden ist, da es keinen Beleg dafür gibt, dass zu Mendels Zeit andere Zwergmutanten verfügbar waren (Ellis et al. 2011; Reid & Ross 2011). Eine Analyse der Literatur des 19. Jahrhunderts zeigt allerdings, dass es zu diesem Zeitpunkt tatsächlich eine ganze Reihe von sog. Zwergerbsenlinien und Sorten gab, welche Mendel prinzipiell zur Verfügung gestanden haben können. So waren bspw. schon vor 1865 Bezeichnungen wie die frühe Zwergerbse, die Bretagner Zwergerbse, die holländische Zwergerbse, die dicke süße Zwergerbse und preußische grüne Zwergerbse und die gewöhnliche spanische Zwergerbse bekannt und verbreitet (vgl. Mayer 1832, S. 210; s. a. Anonymous 1873, S. 10). Auch bei den im deutschsprachigen Raum zu dieser Zeit vertriebenen Mumienerbsen hat es sich zumindest in einigen Fällen um solche mit Zwergwuchs gehandelt (Anonymous 1855a, 1855b).

Im Falle des *Le*-Gens handelt es sich um „mendelschen Gene", die „kloniert" werden konnten (Reid & Ross 2011; Lester et al. 1997; Martin et al. 1997). Dabei wird heute davon ausgegangen, dass LE die Biosynthese des Wachstumshormons Gibberellin (GA) beeinflusst und das Level bioaktiven Gibberellins reguliert, wobei *LE* eine GA_3-Oxidase ($GA_3\beta$-Hydroxylase) kodiert (Ellis et al. 2011; Reid & Ross 2011; Smýkal 2014). *LE* gehört ebenso wie V zur Genkopplungsgruppe III des Erbsengenoms (R) (Reid & Ross 2011; Ellis et al. 2011). Insofern hat sich schon früh die Frage gestellt, ob Mendel eine diesbezügliche Genkopplung bemerkte oder hätte bemerken müssen (Blixt 1975; Douglas & Novitski 1977; Ellis et al. 2011; Novitski & Blixt 1978; Rasmusson 1927,

In [sic]⁷¹ zwei von den angeführten differirenden Merkmalen wurden durch Befruchtung vereinigt.⁷² Für den

1.	Versuch	wurden	60	Befruchtungen an	15	Pflanzen	vorgenommen.
2.	"	"	58	"	10	"	"
3.	"	"	35	"	10	"	"
4.	"	"	40	"	10	"	"
5.	"	"	23	"	5	"	"
6.	"	"	34	"	10	"	"
7.	"	"	37	"	10	"	"

Weiling 1993b). Die Unsicherheit und Vielfalt der zu Mendels Zeit bereits verfügbaren genetischen Vielfalt an Zwergerbsen zeigt aber exemplarisch das Problem einer solchen Diskussion.

In der Pflanzenzucht des 20. Jahrhunderts hat der Zwergwuchs später eine herausragende Bedeutung und Rolle erlangt, und zwar in Form sogenannter *„dwarfing genes"*. Letztere spielten, neben dem massiven Ausbringen von Stickstoffdünger und besserem Management, eine wichtige und entscheidende Rolle für den Erfolg der „Grünen Revolution" (Semenov et al. 2012; vgl. auch Borlaug 2000 und Mielewczik et al. 2023.). Dabei waren es verschiedene Kulturpflanzenarten, bei den einerseits der Wuchs reduziert werden konnte, während gleichzeitig der Ertrag seit den 1950er, Jahren mitunter massiv gesteigert werden konnte. Beispiele für diesen Erfolg sind u. a. die *„dwarfing genes"* und Ertragssteigerungen bei Reis und Weizen (Borlaug 1968; Gale & Youssefian 1985, Peng et al. 1999; Milach & Federizzi 2001; Hedden 2003; Swaminathan 2009; Semenov et al. 2012). Heute weiß man, dass auch die *„dwarfing genes"* der „Grünen Revolution" mit dem Pflanzenhormon Gibberelllin und dessen Biosynthese und Regulation eng verknüpft sind (Peng et al. 2012). Gleichzeitig hat die Einführung von Weizen mit reduzierter Höhe aber auch dazu geführt, dass die Mineralstoffkonzentration (z. B. Eisen, Zink, Kupfer und Magnesium) im Weizen seit den 1960er Jahren rapide abgenommen hat (Fan et al. 2008).

⁷¹ In den früheren Nachdrucken ist „*In*" meist durch „*Je*" ersetzt (siehe z. B. Křženecký 1965b, S. 27 o. Křženecký – Němec 1965, S. 61). Diese Korrektur basierte auf den in den Sonderdrucken von Mendel vorgenommenen handschriftlichen Korrekturen (siehe ebenso Müller-Wille & Hall 2016). Ausgehend von der Beschreibung an dieser Stelle gibt es zwei Lesarten. Die klassische Interpretation war, dass es sich hierbei um monohybride Kreuzungen handelte, bei denen sich die Pflanzen tatsächlich in nur zwei Merkmalen unterschieden haben (s. a. Müller-Wille & Hall 2016). Eine andere Lesart ist, dass Mendel in Wirklichkeit Pflanzen gekreuzt hat, die sich in zwei oder mehr Merkmalen unterschieden haben (di- bzw. polyhybride Kreuzungen), und er die monohybriden Analysen danach lediglich retrospektiv anhand der individuellen Merkmale ausgeführt hat. Danach soll Mendel auch eine selektive Auswahl aus einer viel größeren Zahl von unterscheidenden Merkmalen vorgenommen haben (di Trocchio 1991, S. 485–519). Da dies argumentativ auch mit „Fälschungsvorwürfen" gegen Mendel (ebd.) verbunden worden ist, ist diese zweite Lesart heftig kritisiert worden (siehe z. B. Weiling 1993d).

⁷² Der Zeitrahmen, in welchem diese Versuche durchgeführt wurden, wird durch Mendels zweiten Brief an C. W. v. Nägeli genauer definiert. *„Die [...] besprochenen Versuche wurden vom Jahre 856 bis 863 durchgeführt"* (Weiling 1970a, S. 76, Anm. 12; Correns 1924, S. 1241).

Von einer grösseren Anzahl Pflanzen derselben Art wurden zur Befruchtung nur die kräftigsten ausgewählt. Schwache Exemplare geben immer unsichere Resultate, weil schon in der ersten Generation der Hybriden[73] und noch mehr in der folgenden manche Abkömmlinge entweder gar nicht zur Blüthe gelangen, oder doch wenige und schlechte Samen bilden.

Ferner wurde bei sämmtlichen Versuchen die wechselseitige Kreuzung durchgeführt, in der Weise nämlich, dass jene der beiden Arten, welche bei einer Anzahl

---

[73] **Erste Generation der Hybriden oder eine Schweindeldarstellung:** Mit der ersten „*Generation der Hybriden*" ist hier, und im weiteren, nach moderner Schreibweise die F2-Generation gemeint (Weiling 1970a, S. 80, Anm. 13). Ohne die modernere Einordnung bzw. Nomenklatur ist der Mendeltext bezüglich der verschiedenen Generationen in der Tat nicht ganz einfach zu lesen. Wieso es notwendig wurde, hierzu eine vereinheitlichte und vereinfachte Nomenklatur zu entwicklen, davon zeugt z. B. ein Brief an den „Wiederentdecker" der Mendelschen Regeln Erich Tschermak von seinem Bruder Armin vom 18. Februar 1901: „*Der gute Mendel hat uns wirklich durch seine unklare Schweindeldarstellung, besonders durch die sonderbare Bezeichnung ‚Erste Generation der Hybriden' statt ‚Erste Tochtergeneration' der Hybriden (erzeugt durch Selbstbefruchtung) schändlich in die Irre geführt. Lob und Preis und Dank sei Dir darum, dass Du uns noch in zwölfter Stunde vor einer argen Blamage gegenüber dem bissigen C.[orrens] gerettet hast! Ich bedauere sehr, dass ich durch die Einwurzelung des Irrthums in den Ferien und vorallem durch die Hetzarbeit zu Weihnachten an dieser fatalen Situation, aus der deine Dennert-artige Schlauheit eben noch den Ausweg gefunden, wesentlich mitschuldig bin. Doch daraus folgt die weise Lehre: in Zukunft eine solche Publikation nicht zu überstürzen, vor allem an negativ-kritischen Stellen! Ich rannte also spornstreichs um 3 Uhr nachmittags in die eben eröffnete Bibliothek [...] und fand mittelst des freundlichst geschwätzigen, fusel-duftenden Bibliotheksdieners die glücklich die Brünner Verhandlungen. [...] Wie Schuppen fiel es mir von den Augen: unglaublich, dass ich das in der Weihnachtshetze übersehen habe.*
Beweise: S. 11.: Der Ausdruck rezessiv ‚wurde gewählt, weil die damit bezeichneten Merkmale an den Hybriden zurücktreten oder ganz verschwinden, jedoch unter den Nachkommen derselben wieder unverändert zu Vorscheine kommen.' [...]" (aus den DIOSKURI, S. 53–54; Unterstreichungen folgen den Hervorhebungen im Originalbrief).

Ironischerweise zeigt auch ein Notizblatt des Wiederentdeckers C. Correns vom April 1896, als dieser gerade mit eigenen Kreuzungsversuchen an Erbsen begann, dass ihm die Darstellung Mendels hinsichtlich der Bezeichnung der Generationen der Hybriden Probleme in der Interpretation bereitet hat. Einerseits notierte er: „*Die dominirenden und recessiven Merkmale treten gleich bei der ersten Generation so hervor, dass die ersteren je 3, die letzteren* [sic] *je ein Individuum aufweist.*" (Rheinberger 2000, S. 192). Dem fügte er jedoch einen von ihm herausgelesenen Widerspruch an: „*Spaeter aber giebt Mendel z. B. an dass A (Samen rund, Cot. (S. 19) gelb) mit B (Samen kantig Cot. grün) bestäubt, lauter gelbe Samen gab, die rund waren.*" (ebd.). Inhaltlich hat Correns hier also Ergebnisse der F1 und F2 Generation miteinander vermischt. Der Wissenschaftshistoriker H.-J. Rheinberger hat daraus geschlossen, dass Correns Mendel zu diesem Zeitpunkt nur sehr „*kursorisch*" gelesen hat. Tatsächlich ergibt sich aus den Schwierigkeiten der „Wiederentdecker" in der Lesart von Mendels Text, die sowohl Correns als auch die Brüder Tschermak hatten, dass hier Mendels Text ohne zusätzliche Erläuterungen bei weitem nicht so klar war, wie man das aus der späteren Rezeption und Popularisierung hätte vermuten können.

Befruchtungen als Samenpflanze diente, bei der anderen als Pollenpflanze verwendet wurde.[74]

Die Pflanzen wurden auf Gartenbeeten, ein kleiner Theil in Töpfen gezogen, und mittelst Stäben, Baumzweigen und gespannten Schnüren in der natürlichen aufrechten Stellung erhalten. Für jeden Versuch wurde eine Anzahl Topfpflanzen während der Blüthezeit in ein Gewächshaus[75] gestellt; sie sollten für den Hauptversuch im Garten als Controle dienen bezüglich möglicher Störungen durch Insecten.[76] Unter jenen, welche die Erbsenpflanze besuchen, könnte die Käferspecies Bruchus pisi dem Versuche gefährlich werden, falls sie in grösserer Menge erscheint.[77] Das Weibchen dieser Art legt bekanntlich seine Eier in die Blüthe und öffnet dabei das Schiffchen; an den Tarsen eines Exemplars, welches in einer Blüthe gefangen wurde, konnten unter der Loupe deutlich einige Pollenzellen bemerkt werden. Es muss hier noch eines Umstandes Erwähnung geschehen, der möglicher Weise die Einmengung fremden Pollens veranlassen könnte. Es kommt nämlich in einzelnen seltenen Fällen vor, dass gewisse Theile der übrigens ganz

---

[74] Weiling (1970a) hat darauf hingewiesen, dass Mendel vermutlich auf die Notwendigkeit wechselseitiger (reziproker) Kreuzungen durch die Lektüre der Arbeit Gärtners aufmerksam gemacht worden ist. Siehe hierzu bspw. Gärtner 1849, S. 196 ff., S. 220 ff.

[75] Neben einem **Versuchsfeld** von 7×35 m stand Mendel auf dem Gelände des Klosters ein kleines Gewächshaus zur Verfügung (Orel 1975a). Dieses Gewächshaus wurde wohl im Jahre 1854–1855 errichtet und umfasste eine Grundfläche von $15{,}2 \times 4{,}5$ m. Zudem gab es ein temperiertes Treibhaus, welches im Jahre 1856 errichtet und nochmals im Jahre 1863 erneuert wurde. Außerdem existierte ein Gartenhaus, welches als Orangerie verwendet wurde. Prinzipiell könnten auch die letzten beiden Gebäude von Mendel, zumindest gelegentlich, genutzt worden sein. Ein erhalten gebliebenes Inventar des Treibhauses aus dem Sommer 1850 zeigt, wie umfangreich die Pflanzenkultur des Klosters bereits vor Beginn der Mendelschen Experimente gewesen ist und auch zahlreiche exotische Pflanzen beinhaltete. So zählt das Inventar unter Mendels Vorgänger František Matouš Klácel u. a. bspw. 36 große *Citrus australis,* 44 Fuchsien, je 74 Hortensien und Rhododendron, 22 Kamelien, ein Dutzend Azaleen, 144 Pelargonien und über dreißig Kakteen auf (ebd.).

[76] **Kontrollexperimente** waren im 19. Jahrhundert bereits weit verbreitet (Müller-Wille & Hall 2016; Boring 1954). Was in dieser Zeit jedoch noch nicht existierte, das war die Einbindung dieser Kontrollversuche innerhalb eines statistischen Verständnisses (ebd.).

[77] **Der Gemeine Erbsenkäfer** wird heute taxonomisch unter dem Binomialnamen *Bruchus pisorum* L. klassifiziert. Erstmals beschrieben wurde er in der frühen Phase der Kolonialisierung Nordamerikas. Schon bald darauf wurde er aber auch in Europa entdeckt. Heute ist er eine kosmopolitische Spezies. Mitte des 19. Jahrhunderts gab es vielerorts große Schäden an Erbsenplantagen, bspw. auch in der Umgebung von Brünn (s. a. Mielewczik 2017). In einer seiner ersten wissenschaftlichen Arbeiten hat sich Mendel mit dem durch ihn hervorgerufenen ökonomischen Schaden sowie einer knappen Beschreibung der Art und Lebensweise beschäftigt (Mendel 1854; s. auch den Nachdruck im hier vorl. Kap. 2.3).

normal entwickelten Blüthe verkümmern, wodurch eine teilweise Entblössung der [10] Befruchtungs-Organe herbeigeführt wird. So wurde eine mangelhafte Entwicklung des Schiffchens beobachtet, wobei Griffel und Antheren zum Theile unbedeckt blieben.[78] Auch geschieht es bisweilen, dass der Pollen nicht zur vollen Ausbildung gelangt. In diesem Falle findet während des Blühens eine allmälige Verlängerung des Griffels statt, bis die Narbe an der Spitze des Schiffchens hervortritt. Diese merkwürdige Erscheinung wurde auch an Hybriden von Phaseolus und Lathyrus beobachtet.[79]

Die Gefahr einer Fälschung durch fremden Pollen ist jedoch bei Pisum eine sehr geringe und vermag keineswegs das Resultat im grossen Ganzen zu stören. Unter mehr als 10,000 Pflanzen, welche genauer untersucht wurden, kam der Fall nur einige wenige Male vor, dass eine Einmengung nicht zu bezweifeln war.[80] Da im Gewächshaus niemals eine solche Störung beobachtet wurde, liegt wohl die Vermuthung nahe, dass Bruchus pisi und vielleicht auch die angeführten Abnormitäten im Blüthenbau die Schuld daran tragen.

Die Gestalt der Hybriden. Schon die Versuche, welche in früheren Jahren an Zierpflanzen vorgenommen wurden, lieferten den Beweis, dass die Hybriden[81] in der Regel nicht die genaue Mittelform zwischen den Stammarten darstellen. Bei einzelnen mehr in die Augen springenden Merkmalen, wie bei solchen, die sich auf die Gestalt und Grösse

---

[78] Bereits W. Bateson (1902, S. 48) berichtete in seiner kommentierten Ausgabe, dass ähnliches auch bei Platterbsen (engl. Sweet Peas) vorkommt.

[79] **Bohnen & Platterbsen**; Mendel hat Experimente, die er mit *Phaseolus nanus* und *P. vulgaris* durchgeführt hat, im weiteren Verlauf des Artikels beschrieben. Hinsichtlich der Platterbsen bezog sich Mendel vermutliche auf Versuche und Beschreibungen bei Gärtner 1849, S. 83–86.

[80] Nach der Wiederentdeckung ist er in dieser Ansicht von einer ganzen Reihe von Erbsenspezialisten bestätigt worden. Lock (1905, S. 305), Tedin (1906), Teräsvuori (1915, S. 38) und E. Tschermak (1900a) waren bspw. der Ansicht, dass die Selbstbestäubung bei *Pisum* die Regel ist und dementsprechend nebeneinander angebaute Linien praktisch rein verbleiben. Nach Gritton (1980) liegt die Rate der Kreuzbefruchtung bei modernen kommerziellen Erbsen-Sorten bei weniger als 1%. Diese kann sich jedoch je nach Genotypen und Umweltbedingungen erheblich unterscheiden (ebd.). Für transgene Marker wurden Auskreuzraten von 0.07 % in benachbarte Erbsensorten beschrieben (Polowick et al. 2002).

[81] Mendel verwendet in seinem Text die Bezeichnung „Hybriden" synonym mit dem Terminus „Bastarde". In der hier besprochenen Arbeit über die Kreuzungsexperimente mit *Pisum,* sowie auch in seinen ersten Briefen an C. W. v. Nägeli, nutzte Mendel ausschließlich den Begriff Hybriden (Weiling 1970a, S. 80, Anm. 15). Der Terminus „*Bastarde*" wird von ihm nur dort verwendet, wo er sich auf frühere Versuche anderer Wissenschaftler bezieht. In seiner späteren Arbeit zur Kreuzung von Habichtskräutern benutzte Mendel dagegen den Begriff „*Bastarde*" (Weiling 1970a, S. 80, hier Anm. 15).

der Blätter, auf die Behaarung der einzelnen Theile u. s. w. beziehen, wird in der That die Mittelbildung fast immer ersichtlich; in anderen Fällen hingegen besitzt das eine der beiden Stamm-Merkmale ein so grosses Uebergewicht, dass es schwierig oder ganz unmöglich ist, das andere an der Hybride aufzufinden.[82]

Eben so verhält es sich mit den Hybriden bei Pisum. Jedes von den 7 Hybriden-Merkmalen[83] gleicht dem einen der beiden Stamm-Merkmale entweder so vollkommen, dass das andere der Beobachtung entschwindet, oder ist demselben so ähnlich, dass eine sichere Unterscheidung nicht stattfinden kann.[84] Dieser Umstand ist von grosser Wichtigkeit für die Bestimmung und Einreihung der Formen, unter welchen die Nachkommen der Hybriden erscheinen. In der weiteren Besprechung [11] werden jene Merkmale, welche ganz oder fast unverändert in die Hybride-Verbindung übergehen, somit selbst die

---

[82] Mendel unterscheidet hier zwischen einem intermediären Erbgang, welcher zu Mittelformen führt, und einem alternativen Erbgang, der bei den untersuchten Merkmalen für Erbsenpflanzen Gültigkeit hat (Weiling 1970a, S. 81, hier Anm. 16). Im ersten Fall nehmen die Nachkommen der ersten Generation F1 für ein Merkmal eine Mittelstellung zwischen den beiden Elternpflanzen ein. Im alternativen Erbgang entspricht das Merkmal jedoch exakt dem einer Elternpflanze. Mendel bezeichnete solche Merkmale als „*dominirend*". In moderner Terminologie entspricht dies „*dominanten*" Merkmalen, denen die „*rezessiven*" korrespondierend gegenüberstehen.

[83] Im Manuskript sind die „*hybriden Merkmale*" vom Setzer in ein zusammengesetztes Substantiv abgewandelt worden (Müller-Wille & Hall 2016). Mendel wollte also eigentlich darlegen, dass die Merkmale selbst hybrid sind (ebd.).

[84] **1. Mendelsche Regel (Uniformitätsregel):** Mendel beschreibt hier praktisch das, was wir heute als erste Mendelsche Regel oder Uniformitätsregel verstehen. Werden zwei Individuen einer Art, die sich in einem Merkmal reinerbig unterscheiden gekreuzt, so sind ihre Nachkommen in der daraus hervorgehenden Generation (F1) hinsichtlich des beobachteten Merkmals untereinander gleich. Handelt es sich um einen dominant-rezessiven Erbgang, so bedeutetet dies, dass die Nachkommen in diesem Merkmal leidglich einem Elternteil entsprechen, bei welchem das dominante Merkmal ausgeprägt ist. Das rezessive Merkmal des anderen Elternteils taucht in der F1-Generation nicht auf. Bei einem intermediären Erbgang ist die F1-Generation ebenfalls uniform. In diesem Fall stehen die Nachkommen in der Merkmalsausprägung zwischen den beiden Eltern. Die uniforme Merkmalsausprägung bleibt auch bei reziproker Kreuzung, d. h. bei Tausch des Geschlechts der Eltern, erhalten. Deswegen spricht man bei Mendels Kreuzungen auch von einem autosomalen Erbgang.

Hybriden-Merkmale[85] repräsentiren, als d o m i n i r e n d e[86,87], und jene, welche in der

---

[85] Dito.

[86] **Dominanz I:** Wohl kein Begriff ist so eng mit Mendel verknüpft, wie der der Dominanz bzw. der der *„dominanten Merkmale"*, welche er selbst noch als *„dominirende Merkmale"* bezeichnet hat. Dabei ist der Begriff auch im Kontext der Hybridisierung bereits vor ihm verwendet worden. Erstmal benutzt wurde er vermutlich 1816 von dem florentiner Botaniker und Pomologen Giorgio Gallesio (1772–1839) in seinem Werk *„Teoria della reproduzione vegetale"* [Theorie zur pflanzlichen Reproduktion] (Martini 1961a, 1961b zit. n. Stubbe 1972, S. 106–107; 1981). Dort berichtete Gallesio von eigenen Kreuzungen und berichtete: *„Quindi la loro combinazione, non essendo naturale, riesce incostante nei suoi effeti, e questi portano, ora l'impronta di un principio, ora di un altro, in proporzione che ve ne è uno <u>dominante</u>."* [Daraus folgt, dass deren Kombination, welche nicht natürlich ist, variierende Effekte hervorbrachte, wobei mal die Ausprägung dem einen Prinzip folgte, mal dem anderen, in dem Verhältnis, zu welchem eines <u>dominant</u> war.] (Gallesio 1816, S. 79; vgl. auch Stubbe 1972, S. 108). Ob Mendel die Arbeit Gallesios selbst gekannt hat, lässt sich heute nicht mehr ermitteln (s. Stubbe 1972, S. 108). In einer bereits 1814 (!) angefertigten und in Wien gedruckten Übersetzung findet sich zwar der korrespondierende Absatz, nicht aber der entsprechende Verweis auf dominante Prinzipien (s. Jan 1814). Das Merkmal das Gallesio als dominant beschrieb war übrigens die rote Farbe bei Nelkenblüten (s. z. B. Stubbe 1981).
Gallesio ist zu seiner Zeit vor allem durch seine Arbeit zu den Kulturformen der Zitrusfrüchte *„Traité du Citrus"* bekannt geworden, die er im Jahr 1811 veröffentlicht hat. Dieses Buch war praktisch das Standardwerk zu diesem Thema und dementsprechend weit verbreitet (Stubbe 1972, S. 108) und mag so Mendel durchaus zur Verfügung gestanden haben. Als Vergleich mag hier auf Ch. Darwin verwiesen sein, der selbst eine Ausgabe des *Traité du Citrus* besessen hat, in denen er auch Notizen angebracht hat und dem auch die anderen Werke Gallesios bekannt waren (s. Charles Darwin's Library on the Biodiversity Heritage Library (BHL), sowie Darwin, Burkhardt & Smith 1988, S. 440, S. 465, S. 499). Auch in seinem Buch *The Variation of Animals and Plants under Domestication* hat Darwin wiederholt aus beiden genannten Werken zitiert (Stubbe 1972, S. 108). Der *„Traité du Citrus"* zeigt übrigens auch, dass der Begriff dominanter Merkmale auch in wesentlich allgemeinerer Form in einem generellen Sprachgebrauch schon lange vor Mendel genutzt worden ist. Gallesio berichtete dort, dass: *„[…] l'acidite est reellement le caractere dominant de toutes les espèces du citrus."* [Säure ist eigentlich das dominante Merkmal aller Zitrusfruchtarten].
Neben Gallesio haben auch noch andere Autoren vor Mendel den Begriff „dominant" im Kontext von Hybriden verwendet. Das auffälligste Beispiel für dessen Verwendung ist der Abschlusssatz von Alphonse de Candolle (1806–1893) in seinem Aufsatz zu pflanzlichen Monstrositäten (*Monstruosités végétaux*), indem er sich direkt auf die Vererbung bezog: *„L'hérédité est toujours une loi <u>dominante</u> des êtres organisés."* [Die Vererbung ist immer noch ein <u>dominierendes</u> Gesetz von organisierten Wesen.] (Candolle & Candolle 1841, S. 23). Letzteren Text kann Mendel durchaus gekannt haben. Er war in denselben Band der *Verhandlungen der Schweizer Naturforschenden Gesellschaft* eingebunden (und zwar direkt davor) in dem auch C. W. v. Nägelis Arbeit zu den Cirsien der Schweiz erschienen war (Nägeli 1841).

[87] **Dominanz II:** In der Genetik hat sich schnell gezeigt, dass Dominanz eher nicht als intrinsische Eigenschaft eines Gens selbst verstanden werden kann. Vielmehr sind im Laufe der Zeit verschiedene erweiternde Konzepte etabliert worden, um biologische Erklärungsansätze zu bieten. Ein Beispiel hierfür ist das Prinzip der Kodominanz. Man spricht von Kodominanz, wenn die beiden unterschiedlichen Allele eines einzigen Gens im heterozygoten Zustand gleich stark auf den Phänotyp einwirken. Der Phänotyp entsteht dabei nicht als Mischform der beiden Merkmale, wie beim intermediären Erbgang. Vielmehr werden Genprodukte beider Allele voll exprimiert und die zugehörigen Merkmale werden unabhängig voneinander ausgeprägt. Das AB-Blutgruppensystem

Verbindung latent werden, als r e c e s s i v e bezeichnet. Der Ausdruck „recessiv" wurde desshalb gewählt, weil die damit benannten Merkmale an den Hybriden zurücktreten oder ganz verschwinden, jedoch unter den Nachkommen derselben, wie später gezeigt wird, wieder unverändert zum Vorscheine kommen.

Es wurde ferner durch sämmtliche Versuche erwiesen, dass es völlig gleichgiltig ist, ob das dominirende Merkmal der Samen- oder Pollenpflanze[88] angehört; die Hybridform bleibt in beiden Fällen genau dieselbe. Diese interessante Erscheinung wird auch von G ä r t n e r hervorgehoben, mit dem Bemerken, dass selbst der geübteste Kenner nicht imstande ist, an einer Hybride zu unterscheiden, welche von den beiden verbundenen Arten die Samen- oder Pollenpflanze war.[89]

Von den differirenden Merkmalen, welche in die Versuche eingeführt wurden, sind nachfolgende dominirend:[90]

---

ist ein weit bekanntes Beispiel für die Kodominanz (siehe z. B. Bernstein 1925; Lenz 1959), wobei die Merkmale A und B jeweils selbst wieder dominant gegenüber der Blutgruppe 0 sind. Heute weiß man, dass das Prinzip der Dominanz viele Ausnahmen kennt, da es im Einzelnen immer auch den biochemischen, genetischen und regulatorischen Hintergrund ankommt, je nach dem wie ein Merkmal praktisch ausgeprägt wird. Ein gutes Beispiel hierfür ist die Komplexität der Entstehung von Merkmalen bei polyploiden Pflanzen, denn Polyploidie kann in der Praxis zu einer Pufferung der Dominanz von Merkmalen führen (Borrill et al. 2019), u. a. durch additive und nicht additive Dosiseffekte, aber auch durch eine funktionelle Redundanz (ebd.). Solche Puffereffekte sind für die Pflanzenzüchtung, bspw. beim Weizen, durchaus ein Problem, da es hierdurch zu einer versteckten Variation kommen kann, die eine direkte Zuchtauswahl ebenso wie das Auffinden von Kandidatengenen schwierig machen können.

[88] In seiner ersten Ausgabe des Nachdrucks von Mendels Versuchen (1901, S. 60) hob Tschermak in den Anmerkungen hervor, dass neuere Untersuchungen von ihm und Correns gezeigt hätten, dass das Geschlecht des Überträgers doch eine Rolle spielen kann. Tschermak verwies dabei insb. auf gewisse „Rassen" und gestand der Mutterform einen grösseren Einfluss zu. In späteren Ausgaben hat Tschermak die Anmerkungen umgearbeitet und den Sachverhalt wie folgt umgedeutet: „Die von Mendel verfolgten Merkmale der Farbe und Form des Speichergewebes bzw. der Cotyledonen bei Erbse zeigen eben selbstständige Vererbungsweise, hingegen jene der Samenschale als rein mütterlichen Produktes, aber auch der Dimensionen des Samens (allerdings nicht durchwegs, bei Bohnen sogar nach Rassen verschieden - E. v. Tschrmak!) abhängige, d. h. vom Mutterindividuum bestimmte Vererbungsweise, gleich den sonstigen (vegetativen) Merkmalen."

[89] Vgl. hierzu Gärtner 1849, S. 222–223, den Mendel hier fast wortgenau zitierte: „auch der geübteste Kenner einer hybriden Art nicht imstande ist, den Ursprung des Bastards nach dem Geschlecht der Eltern zu unterscheiden".

[90] **Samenmerkmale & Pflanzenmerkmale:** In den ersten beiden Versuchen untersuchte Mendel Samenmerkmale (Weiling 1970a, S. 82, hier Anm. 18). Hiervon zu unterscheiden sind die Pflanzenmerkmale, die Mendel in den Versuchen 3 bis 7 untersuchte. Die ersten beiden Merkmale sind dabei schon an den Samen der Elternpflanzen bzw. Generation erkennbar (ebd.).

2 Kritisch kommentierte Originaltexte von Gregor Mendel

1. Die runde oder rundliche Samenform mit oder ohne seichte Einsenkungen.
2. Die gelbe Färbung des Samen-Albumens.
3. Die graue, graubraune oder lederbraune Farbe der Samenschale, in Verbindung mit violett-rother Blüthe und röthlicher Mackel[91] in den Blattachseln.
4. Die einfach gewölbte Form der Hülse.
5. Die grüne Färbung der unreifen Hülse, in Verbindung mit der gleichen Farbe des Stengels, der Blattrippen und des Kelches.
6. Die Vertheilung der Blüthen längs des Stengels.
7. Das Längenmass der grösseren Axe.

Was das letzte Merkmal anbelangt, muss bemerkt werden, dass die längere der beiden Stamm-Axen von der Hybride gewöhnlich noch übertroffen wird,[92] was vielleicht nur der grossen Ueppigkeit zuzuschreiben ist, welche in allen Pflanzentheilen auftritt, wenn Axen von sehr verschiedener Länge verbunden sind. So z. B. gaben bei wiederholtem Versuche Axen von 1′ und 6′ Länge in hybrider Vereinigung ohne Ausnahme Axen, deren Länge zwischen 6 und 7 ½′ schwankte.[93] D i e H y b r i d e n d e r S a m e n s c h a l e sind öfter mehr punctirt, auch fliessen die Puncte bisweilen in kleinere bläulich-violette Flecke zusammen. Die [12] Punctirung erscheint häufig auch dann, wenn sie selbst dem Stamm-Merkmale fehlt.[94]

---

[91] Mackel, eigentlich meist Makel geschrieben, meint in der Regel einen Mangel oder eine fehlerhafte Eigenschaft. Meist ist einfach ein Schönheitsmakel gemeint.

[92] **Heterosis:** Mendel beschreibt hier das Phänomen der Heterosis, nachdem Hybriden der Elterngeneration gegenüber überlegen bzw. Merkmale bei den Hybriden deutlich ausgeprägter sein können. In der modernen Pflanzenzüchtung werden dabei häufig Merkmale wie Ernteertrag, Fertilität, Resistenzen, Wachstum oder Wachstumsraten beachtet. Gerade bei Getreidepflanzen wie Mais oder Roggen hat die Heterosis dank der Hybridzucht maßgeblich zur Ertragssteigerung sowie Steigerung des Ertragspotentials während der sog. grünen Revolution beigetragen (Tollenaar & Lee 2002; 2006).

[93] Tschermak (1901, S).

[94] Weiling (1970a, S. 81, Anm. 20) hat darauf verwiesen, dass es sich in diesem Fall um eine *„Bastadierungsneuheit"* handelt, bei der das Auftreten einer Punktierung der Samenschale in der F1-Generation, durch Kreuzung zweier Pflanzen, denen dieses Merkmal fehlt, zustande kommt. Er vermutete, dass dieses Verhalten durch die Wirkung von Komplementärgenen oder auch einen Koppelungsbruch erklärbar wäre. Inhaltlich knüpfte Weiling hierbei an die wesentlich umfangreicheren Kommentare in den von Erich Tschermak besorgten Textausgaben an. Tschermak hat diese aber, gerade diesen Aspekt betreffend, im Verlauf der Zeit angepasst. In der 1. Ausgabe im Verlag Engelmann vertrat Tschermak noch eine Theorie der Verstärkung elterlicher Merkmale, die er auch beim Purpurmerkmal bei der Kreuzung *„purpurproducirender und purpurloser Erbsen- und Bohnenrassen"* beobachtet haben wollte. In der 2. Auflage (1911) war eben diese Erläuterung bereits sehr umfassend modifiziert worden. Hier beschrieb Tschermak nun, dass es sich beim *„Auftreten von violetter Punktierung der Samenschale bei Bastardierung von Pisum arvense ohne Punktierung der braunen Samenschale mit P. sativum"* um ein *„dominierendes Novum"* handelt. Damit meinte er, dass sich das neue Merkmal bei allen *„Gliedern der 1. Generation"* zeigte und es in der 2. Generation zu einer Aufspaltung *„im Verhältnis von 9 : 3 (nicht punktiert braun) : 4 (nicht punktiert farblos)"* kam. Auch in der zweiten Auflage vertrat Tschermak noch die Idee einer

Die Hybridformen der S a m e n - G e s t a l t und des A l b u m e n s entwickeln sich unmittelbar nach der künstlichen Befruchtung durch die blosse Einwirkung des fremden Pollens. Sie können daher schon im ersten Versuchsjahre beobachtet werden, während alle übrigen selbstverständlich erst im folgenden Jahre an jenen Pflanzen hervortreten, welche aus den befruchteten Samen gezogen werden.[95]

Die erste Generation der Hybriden.[96] In dieser Generation treten n e b s t d e n d o m i n i r e n d e n Merkmalen auch die r e c e s s i v e n in ihrer vollen Eigenthümlichkeit wieder auf, und zwar in dem entschieden ausgesprochenen *Durchschnitts-Verhältnisse* 3:1, so dass unter je 4 Pflanzen aus dieser Generation 3 den dominirenden und eine den recessiven Character erhalten. Es gilt das ohne Ausnahme für alle Merkmale, welche in die Versuche aufgenommen waren. Die kantig runzlige Gestalt der Samen, die grüne Färbung des Albumens, die weisse Farbe der Samenschale und der Blüthe, die Einschnürungen an den Hülsen, die gelbe Farbe der unreifen Hülse, des Stengels, Kelches und der Blattrippen, der trugdoldenförmige Blüthenstand und die zwergartige Axe kommen in dem angeführten numerischen Verhältnisse wieder zum Vorscheine ohne irgendeiner wesentlichen Abänderung. U e b e r g a n g s f o r m e n[97] w u r d e n b e i k e i n e m V e r s u c h e b e o b a c h t e t.

Verstärkung elterlicher Merkmale, diese erläuterte nun ausführlicher anhand des „*Vorhandenseins, bzw. Zusammenwirkens von zwei bisher getrennten Faktoren.*" Tschermaks Kommentare zum Merkmal der violetten Punktierung basierten auf einer Reihe von ihm selbst durchgeführten Versuchen (siehe z. B. E. Tschermak 1904; E. v. Tschermak-Seysenegg 1912). Lamprecht (1942) hat später berichtet, dass es sich bei den gefundenen Abstufungen zwischen nicht punktierten, punktierten und stark punktierten Samenschalen um ein Phänomen handelt, welches durch multiple Allele bedingt werden kann.

[95] Mendel macht hier darauf aufmerksam, warum Samenmerkmale beim Versuchsdesign sehr interessant sind, denn sie erlauben teilweise schon eine Analyse an der Mutterpflanze.

[96] Mendels Definition der Hybridengenerationen unterscheidet sich von der modernen Nomenklatur der Genetik. Gemeint ist hier die F2-Generation. Mendel bezeichnete diese als „*erste Generation der Hybriden*", da es sich hierbei um die erste Generation handelte, die von hybriden Eltern abstammt (vgl. ident. Müller-Wille & Hall 2016).

[97] Mendel verstand unter den Übergangsformen solche, die eine Mittelform bilden und welche in der Literatur bereits ausgiebig besprochen worden waren (Weiling 1970a, S. 82, Anm. 21). Im heutigen Sprachgebrauch der Genetik entsprechen solche Mittelformen den Ergebnissen eines intermediären Erbganges (ebd.). Mendel orientiert sich an dieser Stelle allerdings an den Darstellungen von Gärtner, welcher auf Ergebnisse früherer Autoren verwies, welche bei verschiedenen Arten Übergangsformen bei im Freien entstandenen Bastarden vorgefunden hatten (Gärtner 1849, S. 236). Selbst hatte er aber festgestellt, dass er solche Übergangsformen bei den von ihm „künstlich erzeugten Bastarden nicht in der Art", wie dort angegeben, „*wahrgenommen*" habe (ebd.).

Da die Hybriden, welche aus wechselseitiger Kreuzung[98] hervorgingen, eine völlige Gestalt[99] besassen und auch in ihrer Weiterentwicklung keine bemerkenswerthe Abweichung ersichtlich wurde, konnten die beiderseitigen Resultate für jeden Versuch unter eine Rechnung gebracht werden. Die Verhältnisszahlen, welche für je zwei differirende Merkmale gewonnen wurden, sind folgende:

1. V e r s u c h. Gestalt der Samen. Von 253 Hybriden wurden im zweiten Versuchsjahre 7324 Samen erhalten. Darunter waren rund oder rundlich 5474, und kantig runzlig 1850 Samen. Daraus ergibt sich das Verhältniss 2,96:1.[100]
2. V e r s u c h. Färbung des Albumens. 258 Pflanzen gaben 8023 Samen, 6022 gelbe und 2001 grüne; daher stehen jene zu diesen im Verhältnisse 3,01:1.[101]

[13]Bei diesen beiden Versuchen erhält man gewöhnlich aus jeder Hülse beiderlei Samen. Bei gut ausgebildeten Hülsen, welche durchschnittlich 6 bis 9 Samen enthielten, kam es öfters vor, dass sämmtliche Samen rund (Versuch 1) oder sämmtliche gelb (Versuch 2) waren; hingegen wurden mehr als 5 kantige oder 5 grüne in einer Hülse niemals beobachtet. Es scheint keinen Unterschied zu machen, ob die Hülse sich früher oder später an der Hybride entwickelt, ob sie der Hauptaxe oder einer Nebenaxe angehört. An einigen wenigen Pflanzen kamen in den zuerst gebildeten Hülsen nur einzelne Samen zur Entwicklung, und diese besassen dann ausschliesslich das eine der beiden Merkmale; in den später gebildeten Hülsen blieb jedoch das Verhältniss normal. So wie in einzelnen

---

[98] Wechselseitige Kreuzungen bzw. **reziproke Kreuzungen** sind solche, bei denen die Samen- und Pollenpflanzen als Eltern systematisch ausgetauscht werden. Siehe ident. Müller-Wille & Hall 2016.

[99] Im Originaldruck war dies nur als *„völlige"* dargestellt. Im Sonderdruck hat Mendel dies von Hand zu *„völlig gleiche"* korrigiert (vgl. ident. Müller-Wille & Hall 2016). Die entsprechende Korrektur ist auch im Nachdruck von Mendels Artikel in der „Festschrift zum Andenken an Gregor Mendel", XLIX. Band der *VNV* (1911) vorgenommen worden, wobei die damalige Neuauflage dort nach dem handschriftlichen Manuskript vorgenommen worden ist.

[100] **2. Mendelsche Regel (Spaltungsregel):** Mendel beschreibt hier praktisch das, was wir heute als zweite Mendelsche Regel oder Spaltungsregel verstehen. Werden die Individuen der Tochtergeneration, also der F1-Generation untereinander gekreuzt, so treten in der F2-Generation wieder die Merkmale beider Eltern hervor, und zwar in festen Zahlenverhältnissen. Handelt es sich, wie hier bei Mendel um einen dominant-rezessiven Erbgang, so erscheint das dominante Merkmal gegenüber dem rezessiven im Phänotyp in einem Verhältnis von 3:1. Handelt es sich um einen intermediären Erbgang, so lautet das entsprechende Zahlenverhältnis 1:2:1 (dominant, Mittelform, rezessiv). Der dem zugrunde liegende Genotyp ist jedoch in beiden Fällen 1:2:1 (AA:Aa:aa).

[101] Wie bereits erwähnt, handelte es sich hierbei nicht um die Färbung des Albumens, sondern um die Färbung der Kotyledonen. Orland E. White (1885–1972) hat in den 1910er Jahren über 250 Sorten und Varietäten von Erbsen untersucht und darauf hingewiesen, dass es zwischen den beiden extremen Varianten dunkelgrün und gelb ein ganzes Farbspektrum an Abstufungen gibt (White 1916).

Hülsen, ebenso variirt die Vertheilung der Merkmale auch bei einzelnen Pflanzen. Zur Veranschaulichung mögen die ersten 10 Glieder[102] aus beiden Versuchsreihen dienen:

	1. Versuch		2. Versuch	
	Gestalt der Samen.		Färbung des Albumens.	
Pflanze	rund	kantig	gelb	grün
1	45	12	25	11
2	27	8	32	7
3	24	7	14	5
3	19	10	70	27
5	32	11	24	13
6	26	6	20	6
7	88	24	32	13
8	22	10	44	9
9	28	6	50	14
10	25	7	44	18

Als Extreme in der Vertheilung der beiden Samen-Merkmale an e i n e r Pflanze wurden beobachtet bei dem 1. Versuche 43 runde und nur 2 kantige, ferner 14 runde und 15 kantige Samen. Bei dem 2. Versuche 32 gelbe und nur 1 grüner Same, aber auch 20 gelbe und 19 grüne.[103]

Diese beiden Versuche sind wichtig für die Feststellung der mittleren Verhältnisszahlen, weil sie bei einer geringeren Anzahl von Versuchspflanzen sehr bedeutende Durchschnitte möglich machen. Bei der Abzählung der Samen wird jedoch, namentlich beim 2. Versuche, einige [14] Aufmerksamkeit erfordert, da bei einzelnen Samen mancher Pflanzen die grüne Färbung des Albumens weniger entwickelt wird und anfänglich leicht übersehen werden kann.[104] Die Ursache des theilweisen Verschwindens der grünen Färbung steht mit dem Hybriden-Character der Pflanzen in keinem Zusammenhange, indem

---

[102] Mit Gliedern sind in diesem Fall die einzelnen Pflanzen und ihre jeweiligen Nachkommen bzw. Samen mit den für sie typischen Merkmalen gemeint.

[103] Mendel legt hier dar, dass seine Ergebnisse beim ersten und zweiten Versuche sich auch im Spaltungsverhalten von Einzelpflanzen wiederspiegelte und er verwies im folgenden Absatz darauf, dass sich hierdurch „*sehr bedeutende Durchschnitte*" ergeben. In den frühen Neuauflagen von Mendels Artikel hat E. v. Tschermak-Seysenegg „*bedeutende*" durch „*verschiedene*" ersetzt, da er davon ausging, dass es sich hier um Versehen Mendels handelte (Weiling 1970a, S. 84, hier Anm. 23). Er hat hierbei allerdings den statistischen Ansatz und Gehalt von Mendels Aussage übersehen (ebd.).

[104] **Das Problem kontinuierlicher Varianz:** Mendel macht hier eine interessante Beobachtung, denn er beschreibt, dass die Ausprägung eines Merkmals im Entwicklungsverlauf erfolgen kann. Tatsächlich ist es so, dass gerade komplexe Merkmale wie der Ertrag einer Pflanze sich auch dadurch als so

dasselbe an der Stammpflanze ebenfalls vorkommt; auch beschränkt sich diese Eigenthümlichkeit nur auf das Individuum und vererbt[105] sich nicht auf die Nachkommen. An luxurirenden[106] Pflanzen wurde diese Erscheinung öfter beobachtet. Samen, welche während ihrer Entwicklung von Insecten beschädigt wurden, variiren oft in Farbe und Gestalt, jedoch sind bei einiger Uebung im Sortiren Fehler leicht zu vermeiden. Es ist fast überflüssig zu erwähnen, dass die Hülsen so lange an der Pflanze bleiben müssen, bis sie vollkommen ausgereift und trocken geworden sind, weil erst dann die Gestalt und Färbung der Samen vollständig entwickelt ist.

3. V e r s u c h.[107] Farbe der Samenschale. Unter 929 Pflanzen brachten 705 violettrothe Blüthen und graubraune Samenschalen; 224 hatten weisse Blüthen und weisse Samenschalen. Daraus ergibt sich das Verhältniss 3,15:1.

---

schwierig in der Analyse präsentieren, weil sie unter der Einwirkung von Umweltbedingungen über die gesamte Entwicklung der Pflanze hin ausgeprägt werden. Zwar gibt es für die Varianz des Ertrags noch viele andere Gründe, aber Mendel zeigt hier auf, dass es durchaus auch bei so spät erscheinenden Merkmalen, wie der Farbe seiner Erbsensamen, kategorische Unterschiede geben kann. Vor diesem Hintergrund ist es vielleicht zu sehen, dass sich der Biometriker W. F. R. Weldon in seiner 1902 und danach geäußerten Kritik eben auch auf die natürliche Varianz der Farbe der Erbsensamen gestützt hat (Weldon 1902; vgl. Radick 2015). Davon ausgehend ist auch die jüngste und vielleicht interessanteste Kritik an Mendels Arbeit zu verstehen (Radick 2015): War es in der Tat von Mendel richtig von lediglich zwei Kategorien bei seinen Merkmalen auszugehen? Man kann dem durchaus entgegenhalten, dass es eben dieser Reduktion Mendels zu verdanken ist, dass sich nach der „Wiederentdeckung" so leicht eine Verknüpfung mit der Reduktionsteilung und Chromosomentheorie herstellen ließ. Andererseits ist die Frage vor dem Hintergrund der immer stärker in den Vordergrund wissenschaftlicher Betrachtungen gelangenden Aspekte zu Ursachen der Variation vielleicht doch berechtigt, um dieses Problemfeld neu zu betrachten. Zwar ist es keineswegs so, dass sich nicht auch im deterministischen und kategorisierenden Verständnis der Mendelschen Genetik interessante neue Aspekte ergeben haben, bspw. in Hinsicht auf polygen ausgeprägte Merkmale oder multiple Allele, aber hinsichtlich der Varianz stellen sich durchaus darüber hinausgehende Probleme. Letzteres gilt gerade in Bezug auf die Betrachtung komplexer Merkmale wie Ertrag oder Samenform bei polyploiden Nutzpflanzen. Eine holistischere Betrachtung, welche sowohl QTLs, Genexpressionen und detaillierte phänotypische Analysen der Varianz zum Inhalt haben, verspricht hier durchaus interessante neue Ansätze.

[105] Unterstreichung durch d. Verf. d. vorl. Edition. Die Textstelle ist das einzige Mal in seiner Pisum-Arbeit, in der Mendel das Wort „*vererbt*" benutzt hat. Vgl. Weiling 1994b, S. 252.

[106] Unter **Luxurieren** (lat. *luxuriare*) versteht man heute insb. das Phänomen von solchen Hybriden, bei denen die betrachteten Merkmale die der beiden Stammeltern übertreffen können. Dieser Effekt wird heute typischerweise als **Heterosis** bezeichnet. Im 19. Jahrhundert wurde diese bildungssprachliche Ausdrucksweise aber zumeist allgemeiner genutzt und verwies auf eine üppige Entwicklung bzw. ein „*wucherndes*" Wachstum. Auch Mendel ist hier in diesem Sinne zu verstehen. Sowohl Mendels Universitätslehrer F. Unger, als auch Ch. Darwin und C. W. v. Nägeli, mit dem Mendel später ausgiebig korrespondierte, verwendeten die Beschreibung des „luxurirens" in ihren eigenen Arbeiten.

[107] Nach Müller-Wille & Hall 2016 ist hier im Manuskript von Mendel ein Doppelpunkt von Mendel verwendet worden, was jedoch nicht in den Druck aufgenommen worden ist. Auch in seinen handschriftlichen Korrekturen in Sonderdrucken hat Mendel dies nicht korrigiert (a.a.O.).

4. V e r s u c h.[108] Gestalt der Hülsen. Von 1181 Pflanzen hatten 882 einfach gewölbte, 299 eingeschnürte Hülsen. Daher das Verhältniss 2,95:1.
5. V e r s u c h.[109] Färbung der unreifen Hülse. Die Zahl der Versuchspflanzen betrug 580, wovon 428 grüne und 152 gelbe Hülsen besassen. Daher stehen jene zu diesen in dem Verhältnisse 2,82:1.
6. V e r s u c h.[110] Stellung der Blüthen. Unter 858 Fällen waren die Blüthen 651mal axenständig und 207mal endständig. Daraus das Verhältniss 3,14:1.
7. V e r s u c h.[111] Länge der Axe. Von 1064 Pflanzen hatten 787 die lange, 277 die kurze Axe. Daher das gegenseitige Verhältniss 2,84:1. Bei diesem Versuche wurden die zwergartigen Pflanzen behutsam ausgehoben und auf eigene Beete versetzt. Diese Vorsicht war nothwendig, weil sie sonst mitten unter ihren hochrankenden Geschwistern[112] hätten verkümmern müssen. Sie sind schon in der ersten Jugendzeit an dem gedrungenen Wuchse und den dunkelgrünen dicken Blättern leicht zu unterscheiden.

Werden die Resultate sämmtlicher Versuche zusammengefasst, so [15] ergibt sich zwischen der Anzahl der Formen mit dem dominirenden und recessiven Merkmale das Durchschnitts-Verhältniss 2,98:1 oder 3:1.[113]

Das dominirende Merkmal kann hier eine d o p p e l t e B e d e u t u n g haben, nämlich die des Stamm-Characters oder des Hybriden-Merkmales. In welcher von beiden Bedeutungen dasselbe in jedem einzelnen Falle vorkommt, darüber kann nur die nächste Generation entscheiden. Als Stamm-Merkmal muss dasselbe unverändert auf sämmtliche Nachkommen übergehen, als Hybrides-Merkmal hingegen ein gleiches Verhalten wie in der ersten Generation beobachten [sic].

---

[108] Ebd.

[109] Ebd.

[110] Ebd.

[111] Ebd.

[112] Müller-Wille & Hall 2016 haben hierzu angemerkt, dass die Verwendung des Verwandtschaftsbegriffs Geschwister normalerweise im Kontext von Pflanzen eher nicht genutzt wird und hierdurch Mendels Bestrebungen zur Erstellung von Genealogien in seinen Versuchen hervortritt. Vgl. hierzu aber auch Sachs 1874, S. 878.

[113] **Abweichungen:** Die Mendelschen Spaltungsverhältnisse sind oftmals nicht ideal und gerade bei künstlichen induzierten Mutationen sind oft Abweichungen beobachtet worden (Hertwig 1964; Weiling & Gottschalk W 1961; Weiling 1970a, S. 84, Anm. 24). Es mag viele Gründe für solche Abweichungen geben (Weiling 1970a, S. 84, Anm. 24). Im Einzelfall ist aber schwer zu ermitteln, worauf diese beruhen mögen (ebd.).

2 Kritisch kommentierte Originaltexte von Gregor Mendel

Die zweite Generation der Hybriden.[114] Jene Formen, welche in der ersten Generation den recessiven Character erhalten, variiren in der zweiten Generation in Bezug auf diesen Character nicht mehr, sie bleiben in ihren Nachkommen c o n s t a n t.

Anders verhält es sich mit jenen, welche in der ersten Generation das dominirende Merkmal besitzen. Von diesen geben z w e i Theile Nachkommen, welche in dem Verhältnisse 3 : 1 das dominirende und recessive Merkmal an sich tragen, somit genau dasselbe Verhalten zeigen wie die Hybridformen; nur ein Theil bleibt mit dem dominirenden Merkmale constant.

Die einzelnen Versuche lieferten nachfolgende Resultate:

1. V e r s u c h.[115] Unter 565 Pflanzen, welche aus runden Samen der ersten Generation gezogen wurden, brachten 193 wieder nur runde Samen und blieben demnach in diesem Merkmale constant; 372 aber gaben runde und kantige Samen zugleich, in dem Verhältnisse 3 : 1. Die Anzahl der Hybriden verhielt sich daher zu der Zahl der Constanten wie 1,93 : 1.
2. V e r s u c h.[116] Von 519 Pflanzen, welche aus Samen gezogen wurden, deren Albumen in der ersten Generation[117] die gelbe Färbung hatte, gaben 166 ausschliesslich gelbe, 353 aber gelbe und grüne Samen in dem Verhältnisse 3 : 1. Es erfolgte daher eine Theilung in hybride und constante Formen nach dem Verhältnisse 2,13 : 1.[118]

---

[114] In der modernen genetischen Nomenklatur entspricht dies der der F3-Generation (s. ident. Müller-Wille & Hall 2016).
[115] Mit der ersten Generation entspricht hier der F2-Generation nach neuerer Nomenklatur.
[116] Ebenso.
[117] Nach moderner Nomenklatur ist die F2-Generation gemeint.
[118] **Gleichheit und Ungleichheit als Regel:** Erbsenpflanzen mit reinerbigen (also homozygoten) Erbanlagen für ein bestimmtes Merkmal ergeben bei Kreuzungen immer uniforme Hybriden. Die F1-Generation erschien also untereinander gleich. Kreuzte er uniforme Hybriden untereinander so ging die Uniformität verloren. Bei einem dominant-rezessiven Erbgang erschien das dominante Merkmal dabei in der F2-Generation dreimal so häufig wie das rezessive (vgl. d. 1. und 2. Mendelsche Regel). Wurden diese rezessiven weiter gekreuzt, so stellte Mendel fest, dass bei den Hybriden Pflanzen keine weitere Aufspaltung erfolgt. Bei den Pflanzen mit dominantem Merkmal fand er jedoch, dass einige davon spalteten. Ipso facto konnten also nicht alle Pflanzen reinerbig bzw. homozygot sein. Aus den phänotypischen Merkmalen der F3-Generation konnte daher abgeleitet werden, dass nur von den Pflanzen in der F2-Generation nur ein Drittel homozygot war. Zwei Drittel waren dagegen mischerbig, also heterozygot. Hierdurch ergab sich das gefundene Verhältnis von 2:1. Die hier gewählte Darstellung folgt der Erläuterung in der Klett-Mendel-Ausgabe (1999, S. 34–35), da dies die klassische Erklärung für den Schulgebrauch ist, die im Unterricht vermittelt wurde.

[16] Für jeden einzelnen von den nachfolgenden Versuchen wurden 100 Pflanzen ausgewählt, welche in der ersten Generation[119] das dominirende Merkmal besassen, und um die Bedeutung[120] desselben zu prüfen, von jeder 10 Samen angebaut.[121]

3. V e r s u c h.[122] Die Nachkommen von 36 Pflanzen brachten ausschliesslich graubraune Samenschalen; von 64 Pflanzen wurden theils graubraune, theils weisse erhalten.
4. V e r s u c h.[123] Die Nachkommen von 29 Pflanzen hatten nur einfach gewölbte Hülsen, von 71 hingegen theils gewölbte, theils eingeschnürte.
5. V e r s u c h.[124] Die Nachkommen von 40 Pflanzen hatten blos grüne Hülsen, die von 60 Pflanzen theils grüne, theils gelbe.
6. V e r s u c h.[125] Die Nachkommen von 33 Pflanzen hatten blos axenständige Blüthen, bei 67 hingegen waren sie theils axenständig, theils endständig.
7. V e r s u c h.[126] Die Nachkommen von 28 Pflanzen erhielten die lange Axe, die von 72 Pflanzen theils die lange, theils die kurze.

Tatsächlich ist dieser Abschnitt aber der im Detail am schwierigsten zu verstehende Teil des gesamten Mendel-Artikels. Das hier gefundene Verhältnis von 2:1 in den hier geschilderten Versuchen war eines der von R. A. Fisher aufgeworfenen Kernargumente für den Vorwurf einer Datenverfälschung oder gar Fälschung in Mendels Versuchen (Fisher 1936). Fisher hat dabei damit argumentiert, dass die Ergebnisse an dieser Stelle zu gut sind, um wahr zu sein und zu nahe an den Erwartungswerten von 2:1 lagen. Hinsichtlich dieser Problematik gibt es eine umfangreiche Literatur von Versuchen die von Fisher gefundene „angebliche" Diskrepanz statistisch oder auch biologisch zu erklären. Daraus haben sich aber so viele mögliche Erklärungsansätze ergeben, dass eine genauere Erläuterung dieses Aspekts den Umfang jeder kritisch kommentierten Edition sprengen muss. Hier sei deshalb auf die mannigfaltige Spezialliteratur zu dieser Frage, die als Mendel-Fisher Kontroverse in die Wissenschaftsgeschichte Eingang gefunden hat, verwiesen, wie z. B. Fisher 1936, di Trocchio 1990, 1991; Orel 1968; Weiling 1986; Piegorsch 1981, 1982, 1986, 1990; Pilpel 2007; Pires & Branco 2010; Edwards 1986; Monaghan & Corcos 1985, 1986; Corcos & Monaghan 1986; Pilgrim 1984, 1986; Franklin et al. 2008 u. a..

[119] Die F2-Generation.

[120] Man kann dies durchaus so lesen, dass Mendel hier klar zwischen einem phänotypischen Merkmal und seiner genetischen Bedeutung oder Konstitution bzw. einem dem zugrundeliegenden kausalen Faktor unterschieden hat (siehe z. B. Müller-Wille & Hall 2016).

[121] Statistisch untersuchte Mendel hier die Nachkommenschaft der F2-Generation (F3), wobei er jeweils 10 Samen ausbrachte. Bei zu geringer Zahl von Replikationen kann es passieren, dass hierbei kein rezessives Merkmal herausspalten würde (Weiling 1970a, S. 84–85, Anm. 25). In diesen Versuchen hat Mendel also insgesamt 5.000 Pflanzen ($5 \times 100 \times 10$) in Kultur angebaut.

[122] Untersucht wurde hier also die F2-Generation.

[123] Ebenso.

[124] Ebenso.

[125] Ebenso.

[126] Ebenso.

Bei jedem dieser Versuche wird eine bestimmte Anzahl Pflanzen mit dem dominirenden Merkmal constant. Für die Beurtheilung des Verhältnisses, in welchem die Ausscheidung[127] der Formen mit dem constant bleibenden Merkmale erfolgt, sind die beiden ersten Versuche von besonderem Gewichte, weil bei diesen eine grössere Anzahl Pflanzen verglichen werden konnte. Die Verhältnisse 1,93 : 1 und 2,13 : 1 geben zusammen fast genau das Durchschnitts-Verhältniss 2 : 1.[128] Der 6. Versuch hat ein ganz übereinstimmendes Resultat, bei den anderen schwankt das Verhältniss mehr oder weniger, wie es bei der geringen Anzahl von 100 Versuchspflanzen nicht anders zu erwarten war. Der 5. Versuch, welcher die grösste Abweichung zeigte, wurde wiederholt, und dann, statt des Verhältnisses 60 : 40, das Verhältniss 65 : 35 erhalten. **D a s   D u r c h s c h n i t t s - V e r h ä l t n i s s   2 : 1   e r s c h e i n t   d e m n a c h   a l s   g e s i c h e r t.**[129] Es ist damit erwiesen, dass von jenen Formen, welche in der ersten Generation[130] das dominirende Merkmal besitzen, zwei Theile den hybriden Character an sich tragen, ein Theil aber mit dem dominirenden Merkmale constant bleibt.

Das Verhältniss 3 : 1, nach welchem die Vertheilung des dominirenden und recessiven Characters in der ersten Generation[131] erfolgt, löst sich demnach für alle Versuche in die Verhältnisse 2 : 1 : 1 auf[132], wenn [17] man zugleich das dominirende Merkmal in seiner Bedeutung als hybrides Merkmal und als Stamm-Character unterscheidet. Da die Glieder der ersten Generation unmittelbar aus den Samen der Hybriden hervorgehen, **w i r d   e s   n u n   e r s i c h t l i c h ,   d a s s   d i e   H y b r i d e n   j e   z w e i e r   d i f f e r i r e n d e r   M e r k m a l e   S a m e n   b i l d e n ,   v o n   d e n e n   d i e   e i n e   H ä l f t e   w i e d e r   d i e   H y b r i d f o r m   e n t w i c k e l t ,   w ä h r e n d   d i e   a n d e r e   P f l a n z e n**

---

[127] Der Begriff **Ausscheidung** ist in der Wissenschaft in verschiedenen Fachbereichen genutzt worden (Müller-Wille & Hall 2016). In der Physiologie konnte er bspw. für Exkretion stehen, innerhalb der Chemie Abscheidung meinen oder in der Geologie die Formierung von Mineralien aus einer flüssigen Phase beschreiben. Bei jeder dieser Konnotationen wird eine Substanz aus Lösung oder einem Gemisch befreit und führt so zu einer Aufreinigung (ebd.). In diesem Sinn ist auch Mendel hier zu verstehen. Bei einem ersten Lesen kann Ausscheidung aber durchaus zu Verwirrungen führen, denn es kann in seiner Bedeutung auch Eliminierung meinen. Im Kontext von Mendels Artikel macht das aber keinen Sinn.

[128] Exakt hat Mendel hier also die Proportion 2,03:1 ermittelt. Vgl. identisch Müller-Wille & Hall 2016.

[129] Mendel hat den Satz in Sperrschrift gesetzt, um hervorzuheben, dass er das Resultat als signifikant bewertete. Vgl. hierzu die **Mendel-Fisher-Kontroverse** (Fisher 1936; s. auch Franklin et al. 2008).

[130] Gemeint ist die F2-Generation.

[131] Dito.

[132] Im Manuskript ist der in Sperrschrift gesetzte Satzteil von Mendel von „demnach" bis „auf" zur Hervorhebung unterstrichen worden (s. Müller-Wille & Hall 2016). In den Druck ist dies aber nicht eingeflossen und der Text nicht gesperrt worden.

g i b t , w e l c h e c o n s t a n t b l e i b e n u n d z u g l e i c h e n T h e i l e n d e n d o m i n i r e n d e n u n d r e c e s s i v e n C h a r a c t e r e r h a l t e n.[133]

Die weiteren Generationen der Hybriden. Die Verhältnisse, nach welchen sich die Abkömmlinge der Hybriden in der ersten und zweiten Generation entwickeln und theilen, gelten wahrscheinlich für alle weiteren Geschlechter.[134] Der 1. und 2. Versuch sind nun schon durch 6 Generationen, der 3. und 7. durch 5, der 4., 5., 6. durch 4 Generationen durchgeführt, obwohl von der 3. Generation angefangen mit einer kleinen Anzahl Pflanzen, ohne dass irgendwelche Abweichung bemerkbar wäre. Die Nachkommen der Hybriden theilten sich in jeder Generation nach den Verhältnissen 2 : 1 : 1 in Hybride und constante Formen.

---

[133] **Spaltungsregel II:** Die deutschen und englischen Beschreibungen der Mendelschen Regeln (im engl. meist Gesetze bzw. Laws) unterscheiden sich etwas. In den englischen Diskussionen der Mendelschen Gesetze wird oft das **„Law of Segregation"** als das zweite Mendelsche Gesetz angesehen. Eine typische Definition dieses Gesetzes insb. im Englischen ist, dass in allen sexuell reproduzierenden Organismen während der Gametenbildung jedes Mitglied eines Allelpaares (eines Gens) sich von dem anderen Allel trennt, um so die genetische Konstitution einer individuellen Gamete zu bestimmen. Die zwei Allele eines Gens befinden sich dabei auf den homologen Chromosomen und während der Meiose kommt es zur Segregation. Ausgehen von der dabei entstehenden 1:2:1 Proportion ergibt sich, dass die eine Hälfte der Pflanzen, wie Mendel schreibt, *„die Hybridform entwickelt", „während die andere Pflanzen gibt, welche constant bleiben"*. Es gibt durchaus Diskussionen darüber, ob Mendel hier tatsächlich zugrundeliegende genetische Faktoren meinte, da er hier nur von *„constanten"* und *„hybrid"* Formen spricht (Müller-Wille & Hall 2016). Allerdings macht Mendels Beschreibungsform an dieser Stelle überhaupt nur Sinn, wenn man die durchschnittliche 1:2:1 Proportion im Kopf hat. Mit anderen Worten, bei vier Individuen findet man 3 unterschiedliche Genotypen, aber nur 2 Phänotypen, wobei sich bei einer steigenden Zahl von beobachteten Individuen, keine weiteren Genotypen und Phänotypen ergeben.

Die unterschiedlichen Ansichten an dieser Stelle mögen auch daher resultieren, dass die Mendelschen Regeln im Englischen und Deutschen in der Grunddefinition doch sehr unterschiedlich beschrieben werden. Die englische Form mit der Einbeziehung von Allelen ist in der Tat wesentlich schwerer in Mendels Text zu finden als die 2. Mendelsche Regel in der am weitesten verbreiteten deutschen Version. Dies erklärt auch vielleicht, warum Müller-Wille & Hall (2016) das Spaltungsgesetz an dieser Stelle des Textes annotiert und gefunden haben, während die deutschen Ausgaben meist bereits auf eine frühere Textstelle verweisen (siehe z. B. das Klett Mendel Leseheft von 1999). Ganz sicher ist aber, dass Mendel diesem Satz eine große und besondere Bedeutung beigemessen hat. Deswegen ist der vorherige Abschnitt auch geschlossen in Sperrschrift gesetzt. Mendel verwendet an dieser Stelle zwar nicht den Begriff Gesetz, wahrscheinlich bezog er sich aber genau hierauf in einer späteren Textstelle in dem er von einem Entwicklungsgesetz spricht (Mendel 1866a, S. 18 u. 23; vgl. auch Müller-Wille & Hall 2016).

[134] Mendel verwendete den Begriff *„Geschlechter"* hier wohl in seiner heute eher ungewöhnlichen Bedeutung von Generationen (Mielewczik et al. 2017, S. 129, hier Anm. 180). Vgl. identisch Müller-Wille & Hall 2016.

Bezeichnet *A* das eine der beiden constanten Merkmale, z. B. das dominirende, *a* das recessive, und *Aa* die Hybridform, in welcher beide vereinigt sind, so gibt der Ausdruck:[135]

$$A + 2\,Aa + a$$

die Entwicklungsreihe[136] für die Nachkommen der Hybriden je zweier differirender Merkmale.

Die von Gärtner, Kölreuter[137] und Anderen gemachte Wahrnehmung, dass Hybriden die Neigung besitzen zu den Stammarten zurückzukehren, ist auch durch die besprochenen Versuche bestätigt. Es lässt sich zeigen, dass die Zahl der Hybriden, welche aus einer Befruchtung stammen, gegen die Anzahl der constant gewordenen Formen und ihrer Nachkommen von Generation zu Generation um ein Bedeutendes zurückbleibt, ohne dass sie jedoch ganz verschwinden könnten. Nimmt man durchschnittlich für alle Pflanzen in allen Generationen eine gleich grosse Fruchtbarkeit an, erwägt man ferner, dass jede Hybride Samen [18] bildet, aus denen zur Hälfte wieder Hybriden hervorgehen, während die andere Hälfte mit beiden Merkmalen zu gleichen Theilen constant wird, so ergeben sich die Zahlenverhältnisse für die Nachkommen in jeder Generation aus folgender Zusammenstellung, wobei *A* und *a* wieder die beiden Stamm-Merkmale

---

[135] **Die von Mendel verwendete Schreibweise** wird heute in der Erbformel nicht mehr in dieser Form benutzt. Statt dem Merkmal Phänotyps wird heute der Zustand des Genotyps (*AA* + 2 *Aa* + *aa*) angegeben (Weiling 1970a, S. 85). Mendels Kennzeichnung der Hybriden (*Aa*) entspricht jedoch auch noch der heutigen gültigen Schreibweise, da er beide Merkmale berücksichtigte, die in der Hybridform *„vereinigt sind"* (ebd.). Auch Gameten (bei Mendel als *„Pollen"* und *„Keimzellen"*) kennzeichnete er mit jeweils einem Symbol (Buchstaben) je Merkmal bzw. Merkmalsanlage (ebd.).

[136] **Der Ursprung von Mendels mathematischer bzw. kombinatorischer Vorstellung einer Entwicklungsreihe** ist nicht sicher zu belegen. Müller-Wille & Hall (2016) haben darauf hingewiesen, dass Mendels Universitätslehrer Andreas von Ettingshausen in seinem Lehrbuch zur Kombinatorik von *„Entwickelung"* und *„entwickeln"* in einem kombinatorischen Kontext gesprochen hat. Eine alternative Quelle mag aber auch Mendels Lehrer in Olmütz Johann Jux gewesen sein. Auch in dessen Lehrbuch zur Mathematik finden sich im Rahmen binomischer Formeln und Potenzgesetze verweise auf *„Glieder"* (s. auch Abschn. 4.3).

[137] Vgl. Gärtner 1849, S. 582, S. 604–605. Weiling (1970a, S. 85–86) hat darauf verwiesen, dass Gärtner und Kölreuter das Verhalten von Artbastarden beschrieben, mit denen Mendel hier die Verhältnisse bei *Pisum* vergleicht, wobei Mendel hier Gedanken populationsgenetischer Art vorgetragen hat (siehe z. B. Gärtner 1849, S. 604–605). Tatsächlich findet sich an entsprechender Stelle bei Gärtner (1849, S. 582) bereits ein ähnlicher Ansatz, in welchem dieser die Unterschiede zwischen *„Varietätenbastarden"* und *„Bastarden der reinen Arten"* beschreibt und darauf hinweist, dass Varietätenbastarde *„eine viel größere Neigung durch Zeugung in der Fortpflanzung zur Urform zurückzukehren"* haben.

und Aa^{138} die Hybridform bezeichnet. Der Kürze wegen möge die Annahme gelten, dass jede Pflanze in jeder Generation nur 4 Samen bildet.

---

[138] **Mendels Buchstabensyntax**: Interessanterweise ist bislang in fast keiner Analyse des Textes von Mendel ausführlich darauf eingegangen worden, woher er die Idee einer symbolischen Beschreibung von Merkmalen mit Hilfe eines alphabetischen Systems hatte, bei der er Merkmale derselben Klasse mit Groß- und Kleinbuchstaben darstellte, während unterschiedliche Merkmale mit *A*, *B*, *C*, etc. gekennzeichnet wurden. Naheliegend ist sicher davon auszugehen, dass hierbei auch mathematische Werke zur Elementarmathematik und Kombinatorik Einfluss gehabt haben. Daneben gibt es aber auch noch eine mögliche botanische Tradition, auf die hier verwiesen werden kann. Bereits 1835 benutzte der Botaniker A. de Candolle ein einfaches Buchstabensystem, um eine Theorie zu beschreiben, nach der nahestehende Individuen Varietäten und Rassen bilden können (de Candolle 1835, S. 394; Bunge 1838, S. 272). Das Buchstabensystem diente dabei aber lediglich zur Veranschaulichung, wie neue Formen entstehen können und benutzte Großbuchstaben zur Darstellung von Variation. In der kurze Zeit später von Alexander von Bunge (1803–1890) herausgegebenen deutschen Übersetzung hieß es bspw: *„Stellen wir uns ganz verschiedene Arten A und B vor; sie werden mehr oder weniger leicht Bastarde bilden. Sie können zweierlei Bastarde bilden, indem A B befruchtet, (AB.) und umgekehrt (BA.). Einer von diesen Bastarden einmal gebildet, wird den Stammarten näher kommen, als diese unter einander standen. Alsdann werden sich leicht neue Mittel finden, entweder zwischen AB. und A, oder AB. und B, BA. und A, BA. und B, oder sogar zwischen BA. AB, oder AB. und BA. Diese sechs neuen Formen, die kaum von einander und von den Stammarten verschieden sind, werden sich mit der grössten Leichtigkeit gegenseitig befruchten […]"* (Bunge 1838, S. 272–273). Etwas später hat dann auch C. W. v. Nägeli in seinen Cirsien der Schweiz ein Buchstabensystem für Hybriden benutzt, wobei es ihm aber vorallem darum ging, den Einfluss der Umwelt auf die Urspezies A und B darzustellen (Nägeli 1841, S. 16, S. 24–25). Derartige theoretischen Konzepte zur botanischen Kombinatorik sind aber zunächst noch sehr oberflächlich geblieben. Zudem unterschieden sie sich in einem wesentlichen Aspekt von den Darstellungen Mendels: Buchstaben dienten hier zur Klassifikation von Unterarten und Variationen als Gesamtobjekte, während Mendel in seiner Arbeit Buchstaben zur Klassifizierung und Unterscheidung einzelner Merkmale benutzte. Diese Idee mag ihren Ursprung in den Problemen der Taxonomie in der systematischen Biologie hinsichtlich der Unterscheidung einzelner Pflanzen in einzelnen Merkmalen gehabt haben. Botaniker, aber auch Zoologen erkannten zunehmend kleinste Unterschiede anhand von einzelnen Merkmalen von einzelnen Pflanzen bzw. Tieren und es musste geklärt werden, wie diese Vielfalt von minimalen Variationen benannt werden sollten. Auf den ersten botanischen Kongressen Mitte des 19. Jahrhunderts war dies bspw. eines der Hauptthemen. In diesem Kontext hat es damals Vorschläge gegeben, alphabetische Systeme als Ergänzung zur Nomenklatur zu verwenden, bei welchen einzelne Buchstaben als Repräsentation von Einzelmerkmalen zu nutzen sind. Ein derartiges System ist im August 1860 auf einer Sitzung der Zoologisch-botanischen Gesellschaft in Wien, in welcher auch Mendel Mitglied war und Vorträge gehalten hat, von dem Botaniker Johann Nepomuk Bayer (1802–1870) am Beispiel von *Tilia* vorgestellt und später in einer Monographie umfassen benutzt worden (s. Protokoll in der *Oesterreichischen Botanischen Zeitung* 10, S. 302–303; Bayer 1862; vgl. Kap. 6). Bayer ging es dabei vor allem darum, anhand binärer Merkmale, ein systematisches Konstrukt zu erstellen, das möglichst die Gesamtheit der vorhandenen Variationen umfassen sollte (a.a.O., S. 11. Zur Rolle von J. N. Bayer in der zeitgenössischen Rezeption Mendels im 19. Jahrhundert s. a. Mielewczik et al. 2022a, 2022b & 2022c). In den 1860er Jahren haben dann auch C. W. v. Nägeli und Max E. Wichura (1817–1866) Buchstabensysteme genutzt und in ihren eigenen Abhandlungen zu

Generation	A	Aa	a	A	:	Aa	:	a
				in Verhältnisse gestellt:[139,140]				
1	1	2	1	1	:	2	:	1
2	6	4	6	3	:	2	:	3
3	28	8	28	7	:	2	:	7
4	120	16	120	15	:	2	:	15
5	496	32	496	31	:	2	:	31
n				2^n-1	:	2	:	2^n-1

Hybriden verwendet. Wichura setzte dabei ebenfalls umfangreich auf eine kombinatorische Darstellung von Buchstaben und Geschlechtsdarstellung, um die Vielzahl von möglichen Kombinationen bei Kreuzungen über viele Generationen darzustellen (Wichura 1865, S. 8–10), wobei er insb. auf die Bedeutung von Stammbäumen hinwies. Auch bei ihm war die Verwendung von Buchstabenformeln aber immer noch auf gesamte Pflanzenarten bzw. Varianten oder hybride Gesamtformen beschränkt. Für die Beschreibung einzelner Merkmale wurden sie nicht verwendet. Zumindest in Ansätzen nutzte Nägeli die Buchstabensyntax auch zur Darstellung von Merkmalen, wobei er erstmals abstrakte theoretische Verhältnisse verwendete (Nägeli 1865; 1866d, S. 214), welche sich jedoch deutlich von denen unterschieden, die Mendel praktisch zeitgleich präsentierte. Lediglich bei der Arbeit von Wichura ist sicher belegt, dass diese Mendel selbst vorgelegen hat, da er eben diese Arbeit indirekt zitierte. Im Falle von Nägelis Abhandlungen hat man dies lange ausgeschlossen. Zumindest vor Druck kann Mendel diese Ausführungen aber durchaus teilweise gekannt haben (Mielewczik et al. 2017), zwar entweder durch direkte Lektüre oder durch indirekte Berichterstattung. Vgl. abweichend Müller-Wille & Hall (2016), die davon ausgingen, dass Mendels Quelle vermutlich eher direkt aus mathematischen Publikationen abgeleitet war. Zudem haben sie darauf verwiesen, dass Buchstaben auch von Wichura (1865) und Nägeli (1866) bei der Beschreibung Hybriden genutzt worden, dass diese Mendel aber zeitlich nicht vorgelegen haben können. Wie auch an anderer Stelle in der vorl. Edition belegt, ist diese Ansicht aber zu verwerfen. Mendel hat Wichuras Buch sicher gekannt, *„der von Mendel benutzte Begriff constant differirende Merkmale"* stammt aus dem Inhaltsverzeichnis von Wichuras Buch (S. IV, siehe dort Paragraph 58–61) und kommt vor Mendel nur an dieser einen Stelle vor. Nägelis Arbeiten (siehe Kap. 6) haben dagegen alle schon bei Druck von Mendels Arbeit in Brünn im NfV vorgelegen.

[139] Die unten angegebene Formel 2^n-1:2: 2^n-1 hat Mendel zur Bestimmung der Verhältnisse in weiteren Generationen angegeben. Diese Formel hat aber auch für die vorherigen fünf Reihen Gültigkeit. Mendel hätte theoretisch auch die Formeln zur Ermittlung der absoluten Zahl von Individuen in den Spalten 2–4 angeben können ($2^{(2n-1)}$ -$2^{(n-1)}$, 2^n und $2^{(2n-1)}$-$2^{(n-1)}$) (Müller-Wille & Hall) 2016). Letzteres hätte aber der didaktischen Ausrichtung, der Mendel hier folgt, widersprochen.

[140] **Gregor Mendel** und **Carl Wilhelm von Nägeli:** Im Verhältnis dieser beiden Forscher ist man immer davon ausgegangen, dass zwischen beiden Forschern ein Kontakt bzw. Briefaustausch erst im Dezember 1866 begonnen hat, nachdem Mendel seine Abhandlung als Sonderdruck an Nägeli gesendet hat. An dieser Darstellung darf man aber durchaus ein paar Zweifel haben. Bereits im Laufe des Jahres 1866 sind im NfV verschiedene Schriften Nägelis eingegangen, so dass Mendel diese vor Drucklegung gekannt haben kann. Dabei gibt es in den Schriften eine Vielzahl kleinerer und größerer Überschneidungen, die man noch mit dem gleichen Thema, oder identischer Referenzliteratur abtun kann. Hinsichtlich der hier von Mendel erstellten Tabelle fällt es aber

In der 10. Generation z. B. ist $2^n - 1 = 1023$. Es gibt somit unter je 2048 Pflanzen, welche aus dieser Generation hervorgehen, 1023 mit dem constanten dominirenden, 1023 mit dem recessiven Merkmale und nur 2 Hybriden.

---

schwer zu verstehen, wie Mendels Tabelle und Nägelis Vortrag „*Ueber die abgeleiteten Pflanzenbastarde*" vom 13. Januar 1866 komplett voneinander unabhängig entstanden sein können (vgl. Mendel 1866 & Nägeli 1866a). Was Mendel hier als „*In Verhältnisse gestellt*" tituliert, findet sich bei Nägeli zwar nicht identisch aber doch in sehr ähnlicher Form in einer gedruckten Tabelle (a.a.O. S. 244–245), wobei Nägeli die Kombinatorikreihe als „*Erbschaftsformel*" titulierte und diese wie folgt ausdrückte: „*a+b; 3a+b, 7a+b; 15a+b; 31a+b; 63a+b; 127a+b*". Im Gegensatz zu Mendel gab Nägeli hier 7. Generationen an und die Kombinatorik entsprach nicht der von Mendel. Was jedoch übereinstimmte, waren die Zahlenangaben selbst und Nägeli hat dazu in einer Fußnote selbst angemerkt, dass die dort gemachte Angabe nicht komplett ist, da hierzu noch eine unbestimmte Funktion F aus den „*Grössen a und b, 3a und b, 7a und b u. s. w.*" benötigt würde, damit der „*richtige mathematische Ausdruck*" zu Stande kommen würde (ebd.). Genau eben eine solche Funktion wurde von Mendel in seiner Tabelle dargestellt, womit er praktisch Nägelis Frage zu dieser Problematik beantwortet hat, zumindest für den spezifischen Fall, in dem Mutter und Vater gleichermaßen Einfluss haben, wie dies von Mendel für die von ihm untersuchten Fälle vermutet und auch belegt worden ist. Nägeli versuchte dagegen eine allgemeinere Formel aufzustellen, bei der beide Eltern bzw. Stammpflanzen Eigenschaften in einen relativen Verhältnis weitergeben.

Dabei hat sich Nägeli in einer weiteren Bemerkung in der Fußnote über beide Fälle, nämlich den von Mendel untersuchten Spezialfall und den von Nägeli als interessanter beurteilten allgemeineren Fall, seinen recht komplizierten Gedankengang zu einer komplexen Erbformel, die sich deutlich von Mendels unterschied, ausgeleuchtet: „*Die andere Bemerkung betrifft die Coefficienten 3, 7, 15, 31, der Bastadirungsäquivalente in obigen Formeln. Wenn zwei Individuen der gleichen Varietät mit einander sich bastadiren, so wirken sie natürlich, abgesehen von individuellen Verschiedenheiten, in gleichem Maasse bei der Erzeugung des Bastards. Wenn dagegen zwei Individuen verschiedener systematischer Formen (A und B) sich verbinden, so verhalten sich die Antheile, die sie am Produkt haben, abgesehen von den individuellen Abweichungen, wie a:b. Der Bastard AB hat die Erbschaftsformel a+b, und in analoger Weise müssten wir einem Produkte von zwei Pflanzen der Form A die Abstammungsformel AA und die Erbschaftsformel a+a geben. Verbindet sich nun AB mit A oder, um eine vollkommene Analogie der Generation zu haben, mit AA (was natürlich dasselbe ist), so bedingt der Theil a des Bastards einen gleichen Theil a der reinen Pflanze A A und sein Theil b bedingt den ihm äquivalenten Theil a von A A. Die Erbschaftsformel von A-AB ist demnach 3a+b. In gleicher Weise werden die übrigen Formeln abgeleitet.*" Wie beide derart stark miteinander im Kontext stehenden Analysen in einem sehr ähnlichen Format gänzlich unabhängig entstanden sein sollen, ist eines der großen Rätsel in der Versuchsgeschichte von Mendels Artikel bzw. der Rezeption seines Artikels im 19. Jahrhundert. Man mag hier versucht sein, zu vermuten, dass Mendel diesen Text bereits kannte, als er seine Arbeit in Druck setzte. Andererseits ist, wenn auch weniger wahrscheinlich, nicht auszuschließen, dass Nägelis Versuchsergebnisse bereits kannte und Nägelis Darstellung ein Versuch war, Mendels Ideen zu verallgemeinern. Dabei muss man jedoch ins Auge fassen, dass Mendel und Nägeli hier auf einer unterschiedlichen Abstraktionsebene argumentiert haben. Mendel hinsichtlich der Betrachtung einzelner Merkmalspaare, Nägeli dagegen auf den Gesamthabitus Bezug nehmen.

Die Nachkommen der Hybriden, in welchen mehrere differirende Merkmale verbunden sind.

Für die eben besprochenen Versuche wurden Pflanzen verwendet, welche nur in einem wesentlichen[141] Merkmale[142] verschieden waren. Die nächste Aufgabe bestand darin, zu

---

[141] **Wesentliche Merkmale I:** In der genetischen Literatur hat Mendels Verwendung des Begriffes der *„wesentlichen Merkmale"* durchaus zu Verwirrungen geführt. Genetisch ist es jedenfalls sehr unwahrscheinlich, dass sich die Pflanzen tatsächlich nur in dem jeweils angegebenen Merkmal unterschieden haben (Weiling 1970a, S. 79, Anm 12; Bateson 1909; Fisher 1936). Geht man davon aus, dass sich die Pflanzen in der Tat in mehr als einem Merkmal unterschieden haben, so stellt sich die Frage, wie Mendel mit diesen zusätzlichen Daten umgegangen ist. Fisher (1936) hat hierzu zwei konzeptionelle Vorschläge gemacht: 1.) Mendel hat willkürlich ein Merkmal ausgewählt, dieses als wesentlich definiert und die Kreuzung als ein einzelnes Experiment betrachtet, wobei er die Spaltung anderer Merkmale bzw. Faktoren unbeachtet ließ. 2.) Er kann die Nachfahren aller Kreuzungen hinsichtlich aller Merkmale gemeinschaftlich ausgewertet und bonitiert haben und dann anschließend jeweils für ein einzelnes Merkmal hinsichtlich der Spaltungszahlen ausgewertet haben.

[142] **Wesentliche Merkmale II:** Die Verwendung des Begriffs der *„wesentlichen Merkmale"* findet sich wiederholt in der systematischen-botanischen Literatur des 19. Jahrhunderts und wurde von Mendel dementsprechend verwendet (siehe z. B. Michelis 1855 S. 34; Schleiden 1850 S. 222, 517, 524; Trummer 1861, S. 20–22). Im *„Lehrbuch der Logik"* von Eduard Trummer (1823–?) wurde diese Darstellung bspw. zur Bestimmung des Art- und Gattungsbegriffs genutzt, wobei sich bei einzelnen Individuen Unterschiede in Form charakteristischer Merkmale finden, wodurch sich *„specifische"* und *„individuelle"* Unterschiede ergeben (Trummer 1861, S. 20–22). Noch deutlicher, und vermutlich in diesem Sinne von Mendel gebraucht, äußerte sich Matthias Schleiden (1804–1881) welcher festhielt, dass *„[…] die constanten (wesentlichen) Merkmale, nach denen wir die Art bestimmen, […] nothwendig morphologischer Natur"* sind (Schleiden 1850, S. 517). Insofern eignet sich der Begriff der *„wesentlichen Merkmale"* leider nicht explizit, um die Rezeption von Mendels Artikel vor der „Wiederentdeckung" der Mendelschen Regeln im Jahr 1900 einzuordnen. Dies bedeutet allerdings nicht, dass es nicht Texte gibt, bei denen sich ausdrücklich die Frage stellt, ob deren Autoren Mendels Text kannten. Zwei Beispiele seien an dieser Stelle angeführt: 1.) In seinem Buch *„Kritische Beiträge zur Kategorienlehre Kants"* widmete Anton von Leclair (1848–1919) ein ganzes Kapitel der Frage zur *„Unterscheidung wesentlicher und unwesentlicher Merkmale"*, wobei letzterer bemerkenswerterweise die Leguminosen und Erbsen als Beispiel einer kategorischen Einordnung wählte und dies von einem Lehrer seinen Schülern erklären lässt (Leclair 1877, S. 108–109). 2.) Franz Ferdinand Schindler (1854–1937), Privatdozent an der k. k. Hochschule für Bodenkultur in Wien und später Professor an der DTH in Brünn, erhielt 1881 die *Venia legendi* mit seiner Schrift über den Quellprozess der Samen von Erbsen. Dort verwendete auch er in seiner Schrift den Begriff *„wesentliche Merkmale"*.

Es ist übrigens gerade in Hinsicht von Mendels Tätigkeit als Priester durchaus interessant darauf hinzuweisen, in welchem Kontext bspw. Friedrich Michelis 1855, also zu einem Zeitpunkt als Mendel mit seinen Experimenten gerade begann, in seinem Werk *„Der kirchliche Standpunkt in der Naturforschung"* den Begriff der *„wesentlichen Merkmale"* verwendet hat, um Kritik an M. Schleidens stofflich materialistischen Darstellungen zu artikulieren. Mit Verweis auf Alexander von Brauns *„Betrachtungen über die Erscheinungen der Verjüngung in der Natur"*, welches Michelis in diesem Punkte zitierte, schrieb er: „[…] *Die Realität lässt sich somit nirgends, auch nicht im kleinsten Kreise unmittelbar erfassen in der abgerissenen Erscheinung, sondern überall nur mittelbar in der Anerkennung des die Erscheinung in ihrem Zusammenhange wirkenden Wesens.*

untersuchen, ob das gefundene Entwicklungs-Gesetz[143] auch dann für je zwei differirende Merkmale gelte, wenn mehrere verschiedene Charactere durch Befruchtung in der Hybride vereinigt sind.[144]

Was die Gestalt der Hybriden in diesem Falle anbelangt, zeigten die Versuche übereinstimmend, dass dieselbe stets jener der beiden Stammpflanzen näher steht, welche die grössere Anzahl von dominirenden Merkmalen besitzt. Hat z. B. die Samenpflanze eine kurze Axe, endständige weisse Blüthen und einfach gewölbte Hülsen; die Pollenpflanze hingegen eine lange Axe, axenständige violett-rothe Blüthen und eingeschnürte Hülsen, so erinnert die Hybride nur durch die Hülsenform an die Samenpflanze, in den übrigen Merkmalen stimmt sie mit [19] der Pollenpflanze überein. Besitzt eine der beiden Stammarten nur dominirende Merkmale, dann ist die Hybride von derselben kaum oder gar nicht zu unterscheiden.

Mit einer grösseren Anzahl Pflanzen wurden zwei Versuche durchgeführt. Bei dem ersten Versuche waren die Stammpflanzen in der Gestalt der Samen und in der Färbung des Albumens verschieden; bei dem zweiten in der Gestalt der Samen, in der Färbung

---

Wie nun das Individuum sich realisirt durch eine zeitliche Succession von Bildungen und räumliche Theilung in untergeordnete Glieder, ebenso realisirt sich die Spezies in einer durch die Individuen dargestellten Gliederung höherer Ordnung etc. Doch ähnliches haben ja auch Sie in ihren Grundzügen aufgestellt, nur, wie mir nach meiner Auffassung scheint, in demselben Maße richtiger und vor Mißgriffen gesicherter, als Sie nicht von einem den Individuen inwohnenden Wesen, worunter ich mir nichts denken kann, sondern von einem die stofflichen Theile gestaltenden morphologischen Prinzipe ausgehen; […]" (Michelis 1855, S. 34; vgl. Braun 1851, S. 345). Dieser stofflich-materialistische Diskurs ist sicher eine der theoretischen Fragen der Zeit gewesen, mit denen sich auch Mendel auseinandergesetzt haben muss, insb. da seine Versuche von seinen Zeitgenossen nicht nur in einem darwinistischen, sondern auch in einem materialistischen Kontext diskutiert worden sind (Mielewczik et al. 2017; s. auch Abschn. 6.1.8).

[143] **Entwicklungsgesetz:** Auf welches Gesetz sich Mendel hier bezogen hat, ist in der Tat nicht ganz klar. Eine Möglichkeit ist, dass er den in Sperrschrift hervorgehobenen Absatz, in welchem er auch das 1:2:1 und 3:1 Verhältnis präsentierte (Mendel 1866a, S. 17). Ebenso plausibel erscheint aber, dass er hiermit lediglich die generalisierte Formel am Ende der zuvor präsentierten Tabelle meinte. Inwieweit Mendel tatsächlich die Gesetze gefunden hat, die ihm später zugeschrieben worden sind, ist in der wissenschaftshistorischen Literatur sehr ausführlich diskutiert worden (siehe z. B. Monaghan & Corcos 1990; Falk & Sarkar 1991).

[144] **3. Mendelsche Regel** (Unabhängigkeit- und Neukombinationsregel): In dem markierten Abschnitt und den folgenden Paragraphen beschreibt Mendel das, was nachfolgende Generationen von Genetikern als 3. Mendelsche Regel bezeichnet haben. Kernaussage dieser Regel ist, dass wenn zwei Individuen einer Art, die sich in mehr als einem Merkmal reinerbig unterscheiden, gekreuzt werden, es zu einer neuen Merkmalskombination kommt, da die Merkmalsträger bzw. Gene unabhängig voneinander verteilt werden. Bei Kreuzung solcher Pflanzen fand Mendel dabei, wie erwartet, Uniformität in der F1-Generation. In den folgenden Generationen ergaben sich jedoch ein Zahlenverhältnis von 9:3:3:1 und es traten bis dahin nicht beobachtete Kombinationen von Merkmalen auf.

des Albumens und in der Farbe der Samenschale. Versuche mit Samen-Merkmalen führen am einfachsten und sichersten zum Ziele.[145]

Um eine leichtere Uebersicht zu gewinnen, werden bei diesen Versuchen die differirenden Merkmale der Samenpflanze mit *A, B, C*, jene der Pollenpflanze mit *a, b, c* und die Hybridformen dieser Merkmale mit *Aa, Bb, Cc* bezeichnet.[146]

Erster Versuch:	*AB*	Samenpflanze,	*ab*	Pollenpflanze,
	A	Gestalt rund,	*a*	Gestalt kantig,
	B	Albumen gelb,	*b*	Albumen grün.

Die befruchteten Samen[147] erschienen rund und gelb, jenen der Samenpflanze ähnlich. Die daraus gezogenen Pflanzen[148] gaben Samen[149] von viererlei Art, welche oft gemeinschaftlich in einer Hülse lagen. Im Ganzen wurden von 15 Pflanzen 556 Samen erhalten, von diesen waren:

315 rund und gelb,
101 kantig und gelb,
108 rund und grün,
32 kantig und grün.

Alle wurden im nächsten Jahre angebaut. Von den runden gelben Samen gingen 11 nicht auf und 3 Pflanzen kamen nicht zur Fruchtbildung. Unter den übrigen Pflanzen hatten:

38 runde gelbe Samen	*AB*
65 runde gelbe und grüne Samen	*ABb*
60 runde gelbe und kantige gelbe Samen	*AaB*
138 runde gelbe und grüne, kantige gelbe und grüne Samen	*AaBb*

Von den kantigen gelben Samen kamen 96 Pflanzen zur Fruchtbildung, wovon

---

[145] **Versuche mit Samenmerkmalen:** Die von Mendel hier gewählte Formulierung ist durchaus interessant, denn sie stellt praktisch eine Einladung dar, seine Versuche praktisch zu replizieren. Dies widerspricht doch sehr der nicht selten geäußerten Vermutung, dass Mendel zu wenig getan haben mag, um seiner Versuche zu popularisieren.

[146] Buchstabensyntax **bei dihybridem Erbgang:** Die Definition die Mendel hier benutzte, ist eine spezielle Definition seines Buchstabensystems anhand von Merkmalen bei Pollen- und Samenpflanzen. Diese Darstellung korrespondiert jedoch auch mit anderen, moderneren Darstellungen eines dihybriden Erbgangs, da die Merkmale der Pollenpflanze in dem von ihm gewählten Merkmal eben die rezessiven sind.

[147] Gemeint sind die Samen, die an der Parentalpflanze wachsen. Die Samen selbst entsprechen der F1-Generation.

[148] Die Pflanzen der F1-Generation.

[149] Die Samen entsprechen hier der F2-Generation.

28 nur kantige gelbe Samen hatten	*aB*
68 kantige, gelbe und grüne Samen	*aBb*

Von 108 runden grünen Samen brachten 102 Pflanzen Früchte, davon hatten:

35 nur runde grüne Samen	*Ab*
67 runde und kantige grüne Samen	*Aab*
[20]Die kantigen grünen Samen gaben 30 Pflanzen mit durchaus gleichen Samen; sie blieben constant	*ab*

Die Nachkommen der Hybriden erscheinen demnach unter 9 verschiedenen Formen und zum Theile in sehr ungleicher Anzahl. Man erhält, wenn dieselben zusammengestellt und geordnet werden:

38	Pflanzen mit der Bezeichnung	*AB* .
35	" " "	*Ab* .
28	" " "	*aB* .
30	" " "	*ab* .
65	" " "	*ABb*.
68	" " "	*aBb* .
60	" " "	*AaB* .
67	" " "	*Aab* .
138	" " "	*AaBb*.

Sämmtliche Formen lassen sich in 3 wesentlich verschiedene Abtheilungen bringen. Die erste umfasst jene mit der Bezeichnung *AB, Ab, aB, a*b; sie besitzen nur constante Merkmale und ändern sich in den nächsten Generationen nicht mehr. Jede dieser Formen ist durchschnittlich 33mal vertreten. Die zweite Gruppe enthält die Formen *ABb, aBb, AaB, Aab*; diese sind in einem Merkmale constant, in dem anderen hybrid, und variiren in der nächsten Generation nur hinsichtlich des hybriden Merkmales.[150] Jede davon erscheint im Durchschnitte 65mal. Die Form *AaBb* kommt 138mal vor, ist in beiden Merkmalen hybrid, und verhält sich genau so, wie die Hybride, von der sie abstammt.

Vergleicht man die Anzahl, in welcher die Formen dieser Abtheilungen vorkommen, so sind die Durchschnitts-Verhältnisse 1 : 2 : 4 nicht zu verkennen. Die Zahlen 33, 65, 138 geben ganz günstige Annäherungswerthe an die Verhältnisszahlen 33, 66, 132.

---

[150] Man beachte hier die strenge Kategorisierung Mendels, bei der er die Hybriden danach bewertet, wie sich die Merkmale in den nachfolgenden Generationen verhalten, also ob sich die Merkmale aufspalten oder nicht (s. auch Müller-Wille & Hall 2016).

Die Entwicklungsreihe besteht demnach aus 9 Gliedern.[151] 4 davon kommen in derselben je einmal vor und sind in beiden Merkmalen constant; die Formen *AB, ab* gleichen den Stammarten, die beiden anderen stellen die ausserdem noch möglichen constanten Combinationen zwischen den verbundenen Merkmalen *A, a, B, b* vor. Vier Glieder kommen je zweimal vor und sind in einem Merkmale constant, in dem anderen hybrid. Ein Glied tritt viermal auf und ist in beiden Merkmalen hybrid. Daher entwickeln sich die Nachkommen der Hybriden, wenn in denselben zweierlei differirende Merkmale verbunden sind, nach dem Ausdrucke: [21]

$$AB + Ab + aB + ab + 2ABb + 2aBb + 2AaB + 2Aab + 4AaBb.$$

Diese Entwicklungsreihe ist unbestritten eine Combinationsreihe,[152] in welcher die beiden Entwicklungsreihen für die Merkmale *A* und *a, B* und *b* gliedweise verbunden sind. Man erhält die Glieder der Reihe vollzählig durch die Combinirung der Ausdrücke:

$$A + 2Aa + a$$
$$B + 2Bb + b$$

Z w e i t e r V e r s u c h:	*ABC*	Samenpflanze,	*abc*	Pollenpflanze.
	A	Gestalt rund,	*a*	Gestalt kantig.
	B	Albumen gelb,	*b*	Albumen grün.
	C	Schale graubraun,	*c*	Schale weiss.

Dieser Versuch wurde in ganz ähnlicher Weise wie der vorangehende durchgeführt. Er nahm unter allen Versuchen die meiste Zeit und Mühe in Anspruch. Von 24 Hybriden wurden im Ganzen 687 Samen erhalten, welche sämmtlich punctirt, graubraun oder graugrün gefärbt, rund oder kantig waren. Davon kamen im folgenden Jahre 639 Pflanzen[153] zur Fruchtbildung, und wie die weiteren Untersuchungen zeigten, befanden sich darunter:

---

[151] Die Darstellung als Glieder findet sich in verschiedener Literatur zur Kombinatorik in der Literatur des 19. Jahrhunderts. Bspw. bei Mendels Universitätslehrer Andreas von Ettingshausen (1826, S. 85; siehe ebenso Müller-Wille & Hall 2016).

[152] Der Ausdruck „**Combinationsreihe**" entspring klar der mathematischen Literatur zur Kombinatorik. Der Begriff ist daneben aber auch oft in Erläuterungen zu Entstehung von Formen genutzt worden. A. von Ettingshausen besprach z. B. den Ursprung von Kristallformen an Hand von Serien von Kristallen (Müller-Wille & Hall 2016; Matalová 1991). Zumindest erwähnenswert ist, da Mendel selbst Schachspieler war, dass der Begriff auch in der Schachliteratur gebraucht worden ist (Max Lange, *„Handbuch der Schachaufgaben"*, Leipzig: 1862, Verlag von Veit und Comp., S. 137, 166). In diesem speziellen Fall waren damit die 9 Glieder aus der vorangegangenen Tabelle gemeint.

[153] Mendel beschreibt hier die Auswertung, bei der 687 Samen 93 % Pflanzen hervorbrachten, die ausgewertet werden konnten (siehe ebenso Weiling 1970a, S. 86, hier Anm. 30). In diesem Fall hat Mendel allerdings sowohl Samenmerkmale, als auch Pflanzenmerkmale untersucht, weshalb es notwendig war, Samen aus zwei Generationen zu analysieren (Weiling 1970a, S. 86, hier Anm. 30). Dies erklärt auch, warum dieser Versuch *„die meiste Zeit und Mühe in Anspruch"* genommen

8	Pflanzen	ABC	22	Pflanzen	ABCc	45	Pflanzen	ABbCc
14	"	ABc	17	"	AbCc	36	"	aBbCc
9	"	AbC	25	"	aBCc	38	"	AaBCc
11	"	Abc	20	"	abCc	40	"	AabCc
8	"	aBC	15	"	ABbC	49	"	AaBbC
10	"	aBc	18	"	ABbc	48	"	AaBbc
10	"	abC	19	"	aBbC			
7	"	abc	24	"	aBbc			
			14	"	AaBC	78	"	AaBbCc
			18	"	AaBc			
			20	"	AabC			
			16	"	Aabc			

Die Entwicklungsreihe umfasst 27 Glieder. Davon sind 8 in allen Merkmalen constant, und jede kommt durchschnittlich 10mal vor; 12 sind in zwei Merkmalen constant, in dem dritten hybrid, jede[154] erscheint im Durchschnitte 19mal; 6 sind in einem Merkmale constant, in den beiden anderen hybrid, jede davon tritt durchschnittlich 43mal auf; [22] eine Form kommt 78mal vor und ist in sämmtlichen Merkmalen hybrid. Die Verhältnisse 10 : 19 : 43 : 78 kommen den Verhältnissen 10 : 20 : 40 : 80 oder 1 : 2 : 4 : 8 so nahe, dass letztere ohne Zweifel die richtigen Werthe darstellen.

Die Entwicklung der Hybriden, wenn ihre Stammarten in 3 Merkmalen verschieden sind, erfolgt daher nach dem Ausdrucke:

$$ABC + ABc + AbC + Abc + aBC + aBc + abC + abc + 2\,ABCc +$$
$$2\,AbCc + 2\,aBCc + 2\,abCc + 2\,ABbC + 2\,ABbc + 2\,aBbC + 2\,aBbc +$$
$$2\,AaBC + 2\,AaBc + 2\,AabC + 2\,Aabc + 4\,ABbCc + 4\,aBbCc +$$
$$4\,AaBCc + 4\,AabCc + 4\,AaBbC + 4\,AaBbc + 8\,AaBbCc.$$

Auch hier liegt eine Combinationsreihe vor, in welcher dieEntwicklungsreihe[155] für die Merkmale *A* und *a*, *B* und *b*, *C* und *c* miteinander verbunden sind. Die Ausdrücke:

---

hat. Da Mendel hierzu jedoch sowohl die F2- als auch F3-Generation berücksichtigen musste, ist die Detaildurchführung dieses Versuchs allerdings nicht ganz klar. Frühere kritisch kommentierte Neuausgaben von Mendels Versuchen haben darauf hingewiesen, dass Mendel auch hier 10 Samen je Nachkommenschaft berücksichtigen konnte (siehe hierzu Weiling 1970a, S. 86, Anm. 30 und Fisher 1965, S. 56 & 75).

[154] Weiling (1970, S. 86, Anm. 31) hat darauf hingewiesen, dass im Manuskript sowie im Erstdruck „*jede*" stand. Dies bezog er darauf, dass hier offensichtlich „*jede Form*" gemeint war. Auch das Subjekt des anschließenden Nachsatzes ist „*eine Form*" (ebd.).

[155] Im Manuskript und in den von Mendel vorgenommen Korrekturen in seinem Sonderdruck war dies zu „*Entwicklungsreihen*" korrigiert (Müller-Wille & Hall 2016).

$$A + 2Aa + a$$
$$B + 2Bb + b$$
$$C + 2Cc + c$$

geben sämmtliche Glieder der Reihe. Die constanten Verbindungen, welche in derselben vorkommen, entsprechen allen Combinationen, welche zwischen den Merkmalen *A, B, C, a, b, c* möglich sind; zwei davon, *ABC* und *abc* gleichen den beiden Stammpflanzen.

Ausserdem wurden noch mehrere Experimente mit einer geringeren Anzahl Versuchspflanzen durchgeführt, bei welchen die übrigen Merkmale zu zwei und drei hybrid verbunden waren; alle lieferten annähernd gleiche Resultate. Es unterliegt daher keinem Zweifel, dass für sämmtliche in die Versuche aufgenommenen Merkmale der Satz Giltigkeit habe: d i e N a c h k o m m e n d e r H y b r i d e n, i n w e l c h e n m e h r e r e w e s e n t l i c h v e r s c h i e d e n e M e r k m a l e v e r e i n i g t s i n d, s t e l l e n d i e G l i e d e r e i n e r C o m b i n a t i o n s r e i h e v o r, i n w e l c h e r d i e E n t w i c k l u n g s r e i h e n f ü r j e z w e i d i f f e r i r e n d e M e r k m a l e v e r b u n d e n s i n d. Damit ist zugleich erwiesen, dass d a s V e r h a l t e n j e z w e i e r d i f f e r i r e n d e r M e r k m a l e i n h y b r i d e r V e r b i n d u n g u n a b h ä n g i g i s t v o n d e n a n d e r w e i t i g e n U n t e r s c h i e d e n a n d e n b e i d e n S t a m m p f l a n z e n.[156,157]

---

[156] **Genkopplung**: Mendel schlussfolgerte hieraus, dass eine Unabhängigkeit bei der Weitergabe der Merkmale vorliegt. Diese gilt jedoch nur, wenn die differierenden Merkmale nicht der gleichen Genkopplungsgruppe angehören. Die die jeweiligen Merkmale kodierenden Gene können also nicht auf demselben Chromosom liegen. Verschiedene Autoren haben im Laufe der Zeit versucht, Genkarten für *Pisum* zu erstellen und sich darum bemüht, zu ermitteln, ob bei den von Mendel untersuchten Merkmalen eine Genkopplung vorgelegen haben kann, die er hätte bemerken können (Blixt 1975; Ellis et al. 2011; Lamprecht 1961). Grundlage für diese Analysen war dabei immer die Annahme, dass bei den von Mendel untersuchten Erbsensorten die gleiche Chromsomenstruktur vorlag (Weiling 1970a, S. 86–87, hier Anm. 32), aber auch dass die von Mendel untersuchten Merkmale tatsächlich auch mit den Genen auf der Genkarte korrespondieren. Im Laufe der Zeit sind die Genkarten für *Pisum* wiederholt angepasst worden. Nach den zuletzt präsentierten Konzepten besteht die Möglichkeit, dass bei je zwei mal zwei von Mendel untersuchten Merkmalen eine Kopplung vorgelegen haben könnte (Ellis et al. 2011). Zum einen liegen sowohl der Genlokus für das Merkmal der Pflanzenhöhe (*LE/le*), als auch eines der beiden Kandidatengene für die Hülsenform (*V/v*), auf demselben Chromosom und gehören somit zur Genkopplungsgruppe III (Ellis et al. 2011). Zum anderen lagen vermutlich auch die Genloki für das Merkmal der Samenform (*RR/rr*) sowie der Farbe der unreifen Hülse (*Gp/gp*) auf demselben Chromosom und gehören somit zur Genkopplungsgruppe V (Ellis et al. 2011). In zwei Fällen hätte Mendel also tatsächlich eine Genkopplung feststellen können. Hierbei muss aber darauf hingewiesen werden, dass die Kontinuität der Linien und Merkmale von Mendel bis hin zu den modernen Erbsenlinien alles andere als sicher sind. Im Falle der grünen bzw. gelben Hülsen (*Gp/gp*) hat schon White (1916) gezeigt, dass sich in den Erbsensorten eine sehr große Zahl von Varianten und Abstufungen findet. Im Fall des Gens *LE/le* auf der anderen Seite gilt, dass es innerhalb der verfügbaren Erbsensorten des 19. Jahrhunderts durchaus mehr Zwergvarianten gegeben haben mag, als man dies bislang vermutet hatte.

[157] Der Abschnitt ist die detaillierteste Darstellung der 3. Mendelschen Regel (Unabhängigkeitsregel) in Mendels Text und Mendel hat seine Ausführung hier explizit durch Sperrung die Bedeutung dieser Feststellung hervorgehoben.

Bezeichnet n die Anzahl der characteristischen Unterschiede an den beiden Stammpflanzen, so gibt 3^n die Gliederzahl der Combinationsreihe, 4^n die Anzahl der Individuen, welche in die Reihe gehören, und [23] 2^n die Zahl der Verbindungen, welche constant bleiben. So enthält z. B. die Reihe, wenn die Stammarten in 4 Merkmalen verschieden sind, $3^4 = 81$ Glieder, $4^4 = 256$ Individuen und $2^4 = 16$ constante Formen; oder, was dasselbe ist, unter je 256 Nachkommen der Hybriden gibt es 81 verschiedene Verbindungen, von denen 16 constant sind.

Alle constanten Verbindungen, welche bei Pisum durch Kombinierung der angeführten 7 characteristischen Merkmale möglich sind, wurden durch wiederholte Kreuzung auch wirklich erhalten. Ihre Zahl ist durch $2^7 = 128$ gegeben. Damit ist zugleich der factische Beweis geliefert, **dass constante Merkmale, welche an verschiedenen Formen einer Pflanzensippe vorkommen, auf dem Wege der wiederholten künstlichen Befruchtung in alle Verbindungen treten können, welche nach den Regeln der Combination möglich sind.**[158]

Ueber die Blüthezeit der Hybriden sind die Versuche noch nicht abgeschlossen.[159] So viel kann indessen schon angegeben werden, dass dieselbe fast genau in der Mitte

---

[158] Mendel formuliert hier noch einmal auf andere Weise die 3. Mendelsche Regel (Müller-Wille & Hall 2016). Er macht damit deutlich, wie essentiell und wichtig ihm diese Analyse ist. Vermutlich auch deshalb, weil er deren praktische Bedeutung erkannte (ebd.).

[159] **Das 8. Merkmal:** Die Versuche von Mendel zur Blütezeit der Hybriden sind nie von ihm selbst veröffentlicht worden und auch nur teilweise bekannt. Im Wesentlichen basieren die Informationen hierzu auf einem Brief von Mendel an C. W. v. Nägeli. In diesem berichtet Mendel davon, dass die Versuche zur Blütezeit noch bis 1865 fortgeführt wurden und er noch Samen der 1864iger Ernte besessen hat (Correns 1924, S. 203). Mendel selbst gibt aber nirgendwo Auskunft zum Inhalt der Versuche zu diesem 8. Merkmal. Aus den Briefen von Mendel ist lediglich bekannt, dass er hierzu Versuche mit mehreren kombinierten Merkmalen, die in *„2, 3 und 4 Differenzen verschmolzen waren"*, durchgeführt hat (Correns 1924, S. 203). Die „Wiederentdecker" der Mendelschen Regeln, E. v. Tschermak-Seysenegg und C. Correns, haben in ihren Publikationen basierend auf eigenen Experimenten darauf hingewiesen, dass es sich bei dem Merkmal der Blütezeit um einen intermediären, jedoch spaltenden Erbgang handelt (ebd.). Mendel selbst berichtete (Correns 1924, S. 203), dass der Versuch im Jahr 1865 *„wegen argen Verwüstungen durch den Erbsenkäfer Bruchus pisi aufgegeben werden musste"* und die Umgebung von Brünn überhaupt so stark von dem Käfer betroffen war, dass der Erbsenbau für mehrere Jahre ganz unterlassen wurde. Damit knüpfte Mendel interessanterweise auch an seine erste wissenschaftliche Arbeit an, in der in Wien über die Auswirkungen des Erbsenkäfers referiert worden war (Mendel 1854; siehe Kap. 2.3). Erst kürzlich ist in einer Arbeit zur entomologischen Tätigkeit von G. J. Mendel (Mielewczik 2017) darauf hingewiesen worden, dass Mendel bei seiner Beschreibung des des Pflanzenschädlings *Botys margaritalis* (Rübsaatpfeifer) den Vorschlag gemacht hat, dem durch Insektenbefall verursachten Schaden durch Veränderung des Aussaatdatums entgegenzutreten (Mendel 1853). Tatsächlich hat es zu diesem Thema in Mähren in diesem Zeitraum sogar ein großes Feldexperiment gegeben, welches sich mit dieser Frage beschäftigte (ebd.). Insofern ist es durchaus nachzuvollziehen, wieso Mendel gerade an diesem Merkmal ein besonderes, auch wirtschaftliches, Interesse gehabt haben könnte.

zwischen jener der Samen- und Pollenpflanze steht und die Entwicklung der Hybriden bezüglich dieses Merkmales wahrscheinlich in der nämlichen Weise erfolgt, wie es für die übrigen Merkmale der Fall ist. Die Formen, welche für Versuche dieser Art gewählt werden, müssen in der mittleren Blüthezeit wenigstens um 20 Tage verschieden sein; ferner ist nothwendig, dass die Samen beim Anbaue alle gleich tief in die Erde versenkt werden, um ein gleichzeitiges Keimen zu erzielen, dass ferner während der ganzen Blüthezeit grössere Schwankungen in der Temperatur und die dadurch bewirkte theilweise Beschleunigung oder Verzögerung des Aufblühens in Rechnung gezogen werden.[160] Man sieht, dass dieser Versuch mancherlei Schwierigkeiten zu überwinden hat und grosse Aufmerksamkeit erfordert.

Versuchen wir die gewonnenen Resultate kurz zusammenzufassen, so finden wir, dass jene differirenden Merkmale, welche an den Versuchspflanzen eine leichte und sichere Unterscheidung zulassen, in hybrider Vereinigung ein v ö l l i g   ü b e r e i n s t i m m e n d e s   V e r h a l t e n   b e o b a c h t e n. Die Nachkommen der Hybriden je zweier differirender Merkmale sind zur Hälfte wieder Hybriden, während die andere Hälfte zu gleichen Theilen mit dem Character der Samen- und Pollenpflanze constant wird. Sind mehrere differirende Merkmale durch Befruchtung [24] in einer Hybride vereinigt, so bilden die Nachkommen derselben die Glieder einer Combinationsreihe, in welcher die Entwicklungsreihen für je zwei differirende Merkmale vereinigt sind.

Die vollkommene Uebereinstimmung, welche sämmtliche, dem Versuche unterzogenen Charactere zeigen, erlaubt wohl und rechtfertigt die Annahme, dass auch ein gleiches Verhalten den übrigen Merkmalen zukomme, welche weniger scharf an den Pflanzen hervortreten, und desshalb in die Einzel-Versuche nicht aufgenommen werden konnten. Ein Experiment über Blüthenstiele von verschiedener Länge gab im Ganzen ein ziemlich befriedigendes Resultat, obgleich die Unterscheidung und Einreihung der Formen nicht mit jener Sicherheit erfolgen konnte, welche für correcte Versuche unerlässlich ist.

---

[160] **Umweltfaktoren:** In Mendels Arbeit zu Pflanzenhybriden ist dies einige der wenigen Stellen an der deutlich zu Tage tritt, dass sich Mendel des Einflusses von Umweltbedingungen wohl bewusst ist. Betrachtet man aber Mendels Gesamtwerk, so stellt man fest, dass diese Verknüpfung in der Beobachtung von Umweltfaktoren und biologischen Analysen ein wirkliches Leitmotiv ist, dass sich durch sein gesamtes Schaffen zieht (s. auch Kap. 5). Hinsichtlich des gleichzeitigen Keimens ist bereits früh vermutet worden, dass die damit verbundenen Schwierigkeiten dieses zu erreichen und gut auswertbare Ergebnisse zu erhalten, Mendel dazu veranlasst haben könnte, diese Versuche einzustellen (siehe z.B. Vogt 1927, S. 30). Zum durchaus komplexen Merkmal des Zeitpunkts der ersten Blüte im Kontext der Interaktion zwischen den Umweltfaktoren Temperatur und Photoperiode und verschiedenem genetischen Hintergrund siehe z.B. Murfet 2018.

Die Befruchtungs-Zellen der Hybriden.[161,162] Die Resultate, zu welchen die vorausgeschickten Versuche führten, veranlassten weitere Experimente, deren Erfolg geeignet erscheint, Aufschlüsse über die Beschaffenheit der Keim- und Pollenzellen der Hybriden zu geben.[163] Einen wichtigen Anhaltspunct bietet bei Pisum der Umstand, dass unter den Nachkommen der Hybriden constante Formen auftreten, und zwar in allen Combinirungen[164] der verbundenen Merkmale. Soweit die Erfahrung reicht, finden wir es überall bestätigt, dass constante Nachkommen nur dann gebildet werden können, wenn die Keimzellen und der befruchtende Pollen gleichartig, somit beide mit der Anlage ausgerüstet sind, völlig gleiche Individuen zu beleben,[165] wie das bei der normalen Befruchtung der reinen Arten der Fall ist. Wir müssen es daher als nothwendig erachten, dass auch bei Erzeugung der constanten Formen an der Hybridpflanze vollkommen gleiche Factoren zusammenwirken. Da die verschiedenen constanten Formen an e i n e r Pflanze, ja in e i n e r Blüthe derselben erzeugt werden, erscheint die Annahme folgerichtig,

---

[161] Es ist nicht ganz sicher, inwieweit einzelne Teile von Mendels Artikel mit den jeweiligen Vorträgen im NfV in Einklang zu bringen sind. Weiling (1970, S. 87, hier Anm. 34) hat darauf hingewiesen, dass es vom Text her nahelag, dass die bisher besprochenen Teile seiner Arbeit in der Sitzung vom 8. Februar 1865 vorgestellt worden waren, während der nun folgende Abschnitt eher dem Vortrag in der Sitzung vom 8. März 1865 zu entsprechen scheint. Ausgehend von den zu dieser Zeit bekannt gewordenen Zeitungsberichten ging Weiling jedoch davon aus, dass Mendel im ersten Vortrag einen eher allgemeinen Überblick über das Verhalten von Pflanzenhybriden gegeben hat. Dabei betonte er die Neigung, zu den Stammeltern zurückzukehren. Ausgehend von weiteren Zeitungsberichten aus dem Jahr 1865 (Mielewczik et al. 2017; s. auch Kap. 1.1.1) ist jedoch klar, dass Mendel im ersten Vortrag bereits auf numerische Zahlenverhältnisse eingegangen ist. Dementsprechend liegt es doch nahe zu vermuten, dass hier der zweite Teil seines Vortrags einsetzt.

[162] Nach Mendels Universitätslehrer F. Unger verstand man unter den Befruchtungszellen lediglich die männlichen Reproduktionszellen (Unger 1855, S. 387–388). Mendel ist davon ausgegangen, dass sowohl die männlichen, als auch die weiblichen Reproduktionszellen gleichermaßen am Befruchtungsvorgang mitwirken. Das ist zu Mitte des 19. Jahrhunderts keinesfalls als selbstverständlich anzusehen.

[163] In moderner Schreibweise entsprechen die *„Keimzellen"* der unbefruchteten Eizelle bzw. den *„weiblichen Gameten"* (Weiling 1970a, S. 87, Anm. 35). Demgegenüber bezieht sich der von Mendel genutzte Terminus der Pollenzellen auf die *„männlichen"* Gameten bzw. die aus dem Pollenkorn hervorgehenden *„generativen Zellen"*. Aus der Verschmelzung einer männlichen Gamete mit der Eizelle entsteht der Embryo. Durch die Verschmelzung einer zweiten Pollenzelle bzw. deren Kerns mit dem sekundären Embryosackkern bildet sich das Endosperm, welches bei der Erbse bereits vor der Samenreife vom Embryo resorbiert wird (ebd.).

[164] In Nachdrucken ist hier oftmals eine Korrektur eingefügt, bei der *„Combinirungen"* durch *„Kombinationen"* ersetzt wurde (vgl. Weiling 1970a, S. 88, Anm. 36).

[165] Die Beschreibung *„völlig gleiche Individuen zu beleben"* orientiert sich hier an Gärtner (1849, S. 66 u. 69 ff.), wonach die belebende Wirkung des Pollens darin besteht, die Frucht- und Samenbildung der weiblichen Organe der Pflanze anzuregen (Weiling 1970a, S. 88, hier Anm. 37).

dass in den Fruchtknoten der Hybriden so vielerlei Keimzellen (Keimbläschen)[166] und in den Antheren so vielerlei Pollenzellen gebildet werden, als c o n s t a n t e Combinationsformen[167] möglich sind, und dass diese Keim- und Pollenzellen ihrer inneren Beschaffenheit nach den einzelnen Formen entsprechen.

In der That lässt sich auf theoretischem Wege zeigen, dass diese Annahme vollständig ausreichen würde, um die Entwicklung der Hybri-[25]den in den einzelnen Generationen zu erklären, wenn man zugleich voraussetzen dürfte, dass die verschiedenen Arten von Keim- und Pollenzellen an der Hybride durchschnittlich in gleicher Anzahl gebildet werden.[168]

---

[166] **Keimbläschen:** Schon die „Wiederentdecker" der Mendelschen Regeln C. Correns (1900) und E. Tschermak (1901) haben Mendels Verwendung des Wortes „*Keimzelle*" und „*Keimbläschen*" kommentiert. Hierzu merkten sie an, dass man diese nur durch die Begriffe „*Eizelle*" bzw. „*Eizellkern*" ersetzen müsste, um sie mit den damals neuesten biologischen Erkenntnissen und Nomenklatur in Einklang zu bringen (Correns 1900a, S. 158; Mendel [& Tschermak] 1901a; 1911, S. 65, Anm. 18). In der erweiterten Kommentierung der deutschen Mendelausgabe von 1911 hat E. v. Tschermak-Seysenegg zudem darauf hingewiesen, dass „[…] *bei Verallgemeinerung auf Pflanzen mit echtem Endosperm dessen Herkunft aus dem gesondert befruchteten Embryosack zu berücksichtigen*" sei (a.a.O.). Hinsichtlich dieser frühen Kommentierungen muss auf deren anachronistische Darstellung hingewiesen werden, denn beide Autoren lassen dabei den historischen Kontext der Verwendung des Begriffs „*Keimbläschen*" komplett außer Acht. Müller-Wille & Hall (2016) haben diesbezüglich darauf aufmerksam gemacht, dass Mendels Universitätslehrer F. Unger in seinem Lehrbuch „*Grundlinien der Anatomie und Physiologie der Pflanzen*" schon zur Zeit der Drucklegung von Mendels Artikel (1866) die Begriffe „*Keimbläschen*" und „*Eizelle*" synonym verwendet hat (Unger 1866, S. 154). In einem botanisch-entwicklungsbiologischen Kontext ist eine solche Darstellung aber in Brünn sogar noch früher zu finden, und zwar im „*Programm der selbständigen Communal-Unter-Realschule in Brünn*" für das Schuljahr 1861/62. Dort berichtete Friedrich Mareck, Professor und Lehrer für Chemie an der Realschule, von „*einem grossen Pflanzenanatomen*" und dessen Entdeckung, „[…] *dass bei der Befruchtung der Phanerogamen […] der das Keimbläschen berührende Teil des Pollenschlauches von diesem abgeschnürt wird – und von dieser Stelle aus sich zur embryonalen Grundlage eines neuen Individuums entwickelt*" (Mareck 1862, S. 4).

Tatsächlich ist die Verwendung des Begriffs „*Keimbläschen*" innerhalb der Botanik bzw. Pflanzenphysiologie auch schon damals als eher unüblich anzusehen. Regelmäßige Verwendung gefunden hat er jedoch in der Zoologie, nachdem Johann Evangelista Purkyně (1787–1869) 1825 die Präsenz eines Keimbläschens erstmals am Hühnerei aufgefunden hatte (Purkinje 1825; 1830). Von vielen Biologen der Zeit ist dies auch als Purkyněs wichtigste Entdeckung angesehen worden, weshalb das „*vesicula germinativa*" damals, auf Vorschlag von Karl Ernst von Baer (1792–1876) und Jan Victor Coste (1807–1873), auch nach Purkyně benannt worden ist (Purkinje'sches Bläschen) (Judaš & Sedmak 2011). Purkyně ist die naheliegende Quelle in diesem Kontext bei Mendel, denn beide kannten sich womöglich, da Purkyně bei Besuchen in Brünn wiederholt im Kloster zu Gast war. Im NfV hat Mendel nach Purkyněs Tod (1869) sogar den Nekrolog auf der Monatsversammlung gehalten.

[167] Im Manuskript von Mendel findet sich die Angabe „*Kombinations-Formen*" (Müller-Wille & Hall 2016).

[168] Weiling (1970a, S. 88, hier Anm. 38) hat in diesem Kontext dargelegt, dass der Absatz durchaus darauf hindeuten könnte, dass Mendel schon mit einer Vorüberlegung und Vermutung zu numerischen Verhältnissen beim Beginn seiner Experimente gestartet haben kann, und diese also wie

Um diese Voraussetzungen auf experimentellem Wege einer Prüfung zu unterziehen, wurden folgende Versuche ausgewählt:[169] Zwei Formen, welche in der Gestalt der Samen und in der Färbung des Albumens constant[170] verschieden waren, wurden durch Befruchtung verbunden.

Werden die differirenden Merkmale wieder mit *A*, *B*, *a*, *b* bezeichnet, so war:

AB	Samenpflanze,	*ab*	Pollenpflanze.
A	Gestalt rund,	*a*	Gestalt kantig.
B	Albumen gelb,	*b*	Albumen grün.

Die künstlich befruchteten Samen wurden sammt mehreren Samen der beiden Stammpflanzen angebaut, und davon die kräftigsten Exemplare für die wechselseitige Kreuzung bestimmt. Befruchtet wurde:

---

der Statistiker R. A. Fisher (1936) vermutete, auf einem induktiven Versuchsaufbau Mendels beruhten. Weiling (1970a, a.a.O.) hat dagegen geschlossen, dass Mendel erst im Verlauf der hier vorliegenden Untersuchungen zur Erkenntnis gelangte, dass die geschilderten Annahmen in diesem Kontext eine hinreichende Erklärung für die gemachten Beobachtungen liefern würden. Dementsprechend wäre Mendels Vorgehensweise eher deduktiv gewesen.

Grundsätzlich unterscheidet sich Mendels biologische Analyse natürlich sehr deutlich von modernen genetischen Interpretationen. Von allen Aspekten der Mendelschen Arbeit ist gerade dieser Absatz weitreichenden Interpretationen ausgesetzt gewesen, da Mendel viele der modernen biologischen Komponenten der Befruchtung, Vererbung und Chromosomentheorie nicht kennen konnte. Dementsprechend haben alle späteren Genetiker in diesem Kontext Mendel auch unterschiedlich und frei interpretiert. Ein besonders deutliches Beispiel dieser retrospektiven Betrachtung gibt schon der Genetiker und „Wiederentdecker" der Mendelschen Regeln C. Correns im Jahr 1900, der darauf verwies, dass Mendel *„natürlich nicht von Kernen, sondern von ‚Keimzellen' und ‚Pollenzellen'"* gesprochen hat (Correns 1900a, S. 163, 166–167), wobei eben auch Correns Analyse zu diesem Zeitpunkt nicht korrekt war. In diesem Beispiel ging Correns noch davon aus, dass sich bei der Kreuzung von Pflanzen, die sich in drei Merkmalspaaren verschieden zeigten, achterlei kombinierte *„Sexualkerne"* bilden, die in gleichen Verhältnissen auftreten. Bezeichnenderweise war genau dies der Aspekt, den Correns zunächst als *„Mendel'sche Regel"* beschrieben hat (ebd.).

[169] Mendel war darum bemüht, seine Deutung durch eine experimentelle Rückkreuzung zu bestätigen, wobei der entstandene Bastard mit einer der beiden Stammformen gekreuzt wurde (Weiling 1970a, S. 89, Anm. 39). Dies ist von Mendel überdies auch reziprok durchgeführt worden, so dass er zeigen konnte, dass die von ihm untersuchten Merkmale unabhängig vererbt wurden. Die reziproken Rückkreuzungen erlaubten ihm aber auch zu prüfen, ob die männlichen und weiblichen Gameten bei diesen Kreuzungen in Bezug auf die untersuchten Merkmale gleichwertig waren (ebd.).

[170] Was genau Mendel unter *„constanten"* Formen verstanden hat, erlaubt einen gewissen Spielraum für Interpretationen. Die vermutlich am weitesten verbreitete Auffassung ist, dass Mendel Formen dann als *„constant"* bezeichnete, wenn sie in Bezug auf ein Merkmal nicht mehr die zwei unterschiedlichen Anlagen besaßen (Correns 1900a, S. 166).

1.	Die Hybride	mit dem Pollen von	*AB*.
2.	Die Hybride	" " " "	*ab*.
3.	*AB*	" " " der	Hybride.
4.	*ab*	" " " der	Hybride.

Für jeden von diesen 4 Versuchen wurden an 3 Pflanzen sämmtliche Blüthen befruchtet. War die obige Annahme richtig, so mussten sich an den Hybriden Keim- und Pollenzellen von den Formen *AB, Ab, aB, ab* entwickeln, und es wurden verbunden[171]:

1.	Die Keimzellen	*AB, Ab, aB, ab*	mit den Pollenzellen	*AB*.
2.	"	*AB, Ab, aB, ab*	"	*ab*.
3.	"	*AB*	"	*AB, Ab, aB, ab*.
4.	"	*ab*	"	*AB, Ab, aB, ab*.

Aus jedem von diesen Versuchen konnten dann nur folgende Formen hervorgehen:[172]

1. *AB, ABb. AaB. AaBb.*
2. *AaBb, Aab, aBb, ab.*
3. *AB, ABb, AaB, AaBb.*
4. *AaBb, Aab, aBb, ab.*

[26] Wurden ferner die einzelnen Formen der Keim- und Pollenzellen von der Hybride durchschnittlich in gleicher Anzahl gebildet, so mussten bei jedem Versuche die angeführten 4 Verbindungen in numerischer Beziehung gleich stehen. Eine vollkommene Uebereinstimmung der Zahlenverhältnisse war indessen nicht zu erwarten, da bei jeder Befruchtung, auch bei der normalen, einzelne Keimzellen unentwickelt bleiben oder später verkümmern, und selbst manche von den gut ausgebildeten Samen nach dem Anbau nicht zum Keimen gelangen. Auch beschränkt sich die gemachte Voraussetzung darauf, dass bei der Bildung der verschiedenartigen Keim- und Pollenzellen die gleiche Anzahl angestrebt werde, ohne dass diese an jeder einzelnen Hybride mit mathematischer Genauigkeit erreicht werden müsste.

---

[171] Mendel verbindet hier die zuvor gemachten makroskopischen Beobachtungen mit den mikroskopischen (Müller-Wille & Hall 2016). Dies ist besonders deutlich, weil er hierzu die selbe Notierung bzw. Symbole benutzte (ebd.).

[172] Die Verschmelzung einer männlichen mit einer weiblichen Gamete erzeugt die Zygote (Weiling 1970a, S. 89–90, hier Anm. 40). Haben sich in Bezug auf ein Merkmal gleichveranlagte Gameten vereinigt, so ist die Zygote bzw. die daraus entstehende Pflanze bzw. Organismus für dieses Merkmal homozygot und man spricht von Homozygotie (ebd.). Bei der Verschmelzung von unterschiedlich veranlagten Gameten in Bezug auf ein spezifisches Merkmal spricht man dagegen von Heterozygotie und das entstandene Verschmelzungsprodukt ist heterozygot (ebd.).

Der e r s t e und z w e i t e Versuch hatten vorzugsweise den Zweck, die Beschaffenheit der hybriden Keimzellen zu prüfen, sowie der d r i t t e und v i e r t e Versuch über die Pollenzellen zu entscheiden hatte. Wie aus der obigen Zusammenstellung hervorgeht, mussten der erste und dritte Versuch, ebenso der zweite und vierte ganz gleiche Verbindungen liefern, auch sollte der Erfolg schon im zweiten Jahre an der Gestalt und Färbung der künstlich befruchteten Samen theilweise ersichtlich sein. Bei dem ersten und dritten Versuche kommen die dominirenden Merkmale der Gestalt und Farbe A und B in jeder Verbindung vor, und zwar zum Theile constant, zum Theile in hybrider Vereinigung mit den recessiven Characteren a und b, weshalb sie sämmtlichen Samen ihre Eigenthümlichkeit aufprägen müssen. Alle Samen sollten daher, wenn die Voraussetzung eine richtige war, rund und gelb erscheinen. Bei dem zweiten und vierten Versuche hingegen ist eine Verbindung hybrid in Gestalt und Farbe, daher sind die Samen rund und gelb; eine andere ist hybrid in der Gestalt und constant in dem recessiven Merkmale der Farbe, daher die Samen rund und grün; die dritte ist constant in dem recessiven Merkmale der Gestalt und hybrid in der Farbe, daher die Samen kantig und gelb; die vierte ist constant in beiden recessiven Merkmalen, daher die Samen kantig und grün. Bei diesen beiden Versuchen waren daher viererlei Samen zu erwarten, nämlich runde gelbe, runde grüne, kantige gelbe, kantige grüne.

Die Ernte entsprach den gestellten Anforderungen vollkommen.

Es wurden erhalten bei dem

1.	Versuche	98	ausschliesslich	runde	gelbe	Samen;
3.	"	94	"	"	"	"

[27] 2. Versuche 31 runde gelbe, 26 runde grüne, 27 kantige gelbe, 26 kantige grüne Samen;

4. Versuche 24 runde gelbe, 25 runde grüne, 22 kantige gelbe, 27 kantige grüne Samen.

An einem günstigen Erfolge war nun kaum mehr zu zweifeln, die nächste Generation müsste die endgiltige Entscheidung bringen. Von den angebauten Samen kamen im folgenden Jahre bei dem ersten Versuche 90, bei dem dritten 87 Pflanzen zur Fruchtbildung; von diesen brachten bei dem

V e r s u c h e		
1.	3.	
20	25	runde gelbe Samen . . . . *AB*.
23	19	runde gelbe und grüne Samen . . . . *ABb*.
25	22	runde und kantige gelbe Samen . . . . *AaB*.
22	21	runde und kantige, gelbe und grüne Samen . . . . *AaBb*.

Bei dem zweiten und vierten Versuche gaben die runden und gelben Samen Pflanzen mit runden und kantigen, gelben und grünen Samen . . . . *AaBb*.

Von den runden grünen Samen wurden Pflanzen erhalten mit runden und kantigen grünen Samen . . . . *Aab*.

Die kantigen gelben Samen gaben Pflanzen mit kantigen gelben und grünen Samen . . . . *aBb*.

Aus den kantigen grünen Samen wurden Pflanzen gezogen, die wieder nur kantige grüne Samen brachten . . . . *ab*.

Obwohl auch bei diesen beiden Versuchen einige Samen nicht keimten,[173] konnte dadurch in den schon im vorhergehenden Jahre gefundenen Zahlen nichts geändert werden, da jede Samenart Pflanzen gab, die in Bezug auf die Samen unter sich gleich und von den anderen verschieden waren. Es brachten daher:

2. Versuch.	4. Versuch.		
31	24	Pflanzen Samen von der Form	*AaBb*.
26	25	" " " " "	*Aab*.
27	22	" " " " "	*aBb*.
26	27	" " " " "	*ab*.

Bei allen Versuchen erschienen daher sämmtliche Formen, welche die gemachte Voraussetzung verlangte, und zwar in nahezu gleicher Anzahl.

[28] Bei einer weiteren Probe wurden die Merkmale der B l ü t h e n f a r b e u n d A x e n l ä n g e in die Versuche aufgenommen, und die Auswahl so getroffen, dass im dritten Versuchsjahre jedes Merkmal an der H ä l f t e sämmtlicher Pflanzen hervortreten musste, falls die obige Annahme ihre Richtigkeit hatte. *A, B, a, b* dienen wieder zur Bezeichnung der verschiedenen Merkmale.

A Blüthen violett-roth,	*a* Blüthen weiss.
B Axe lang,	*b* Axe kurz.

Die Form *Ab* wurde befruchtet mit *ab,* woraus die Hybride *Aab* hervorging. Ferner wurde befruchtet *aB* gleichfalls mit ab, daraus die Hybride *aBb*. Im zweiten Jahre wurde

---

[173] Das Mendel hier auf die Keimfähigkeit der Samen eingeht ist interessant und mag an seinen generellen Erfahrungen zur Keimfähigkeit runder und kantiger Samen gelegen haben. Heute ist lange bekannt, dass kantige Erbsen im Frühjahr weniger erfolgreich keimen als runde Erbsen (Kooistra 1962). Vor allem in feuchten kalten Boden verrotten kantige Erbsen deutlich leichter (ebd.). Letzteres mag auch daran liegen, dass kantige Erbsen mehr Wasser aufnehmen können als runde (ebd.). Die vermutete Ursache hierfür ist, dass die kantigen Erbsen zwar einen geringeren Stärkeanteil haben, dafür aber der Gehalt an löslichen Zuckern und Amylose, sowohl in reifen als auch unreifen Samen, höher ist (ebd.).

für die weitere Befruchtung die Hybride *Aab* als Samenpflanze, die andere *aBb* als Pollenpflanze verwendet.

Samenpflanze *Aab*,	Pollenpflanze *aBb*.
Mögliche Keimzellen *Ab, ab*,	Pollenzellen *aB, ab*.

Aus der Befruchtung zwischen den möglichen Keim- und Pollenzellen mussten 4 Verbindungen hervorgehen, nämlich:

$$AaBb + aBb + Aab + ab.$$

Daraus wird ersichtlich, dass nach obiger Voraussetzung im dritten Versuchsjahre von sämmtlichen Pflanzen

die Hälfte	violett-rothe Blüthen haben sollte (*Aa*).........	Glieder:	1·3
"	weisse Blüthe (*a*).........	"	2·4
"	eine lange Axe (*Bb*).........	"	1·2
"	eine kurze Axe (*b*).........	"	3·4

Aus 45 Befruchtungen des zweiten Jahres wurden 187 Samen erhalten, wovon im dritten Jahre 166 Pflanzen zur Blüthe gelangten. Darunter erschienen die einzelnen Glieder in folgender Anzahl:

Glied:	Blüthenfarbe:	Axe:	
1	violett-roth	lang....	47 mal
2	weiss	lang....	40 "
3	violett-roth	kurz....	38 "
4	weiss	kurz....	41 "

Es kam daher die	violett-rothe	Blüthenfarbe	(*Aa*)	an 85 Pflanzen vor
"	weisse	"	(*a*)	" 81 " "
"	lange	Axe	(*Bb*)	" 87 " "
"	kurze	"	(*b*)	" 79 " "

[29] Die aufgestellte Ansicht findet auch in diesem Versuche eine ausreichende Bestätigung.

Für die Merkmale der Hülsenform, Hülsenfarbe und Blüthenstellung wurden ebenfalls Versuche im Kleinen angestellt und ganz gleichstimmende Resultate erhalten. Alle Verbindungen, welche durch die Vereinigung der verschiedenen Merkmale möglich wurden, erschienen pünctlich[174] und in nahezu gleicher Anzahl.

Es ist daher auch auf experimentellem Wege die Annahme gerechtfertigt, **d a s s   d i e   E r b s e n - H y b r i d e n   K e i m -   u n d   P o l l e n z e l l e n   b i l d e n ,   w e l c h e   i h r e r   B e s c h a f f e n h e i t   n a c h   i n   g l e i c h e r   A n z a h l   a l l e n   c o n s t a n t e n   F o r m e n   e n t s p r e c h e n ,   w e l c h e   a u s   d e r   C o m b i n i r u n g   d e r   d u r c h   B e f r u c h t u n g   v e r e i n i g t e n   M e r k m a l e   h e r v o r g e h e n .**

Die Verschiedenheit der Formen unter den Nachkommen der Hybriden, sowie die Zahlenverhältnisse, in welchen dieselben beobachtet werden, finden in dem eben erwiesenen Satze eine hinreichende Erklärung. Den einfachsten Fall bietet die Entwicklungsreihe für *j e   z w e i   d i f f e r i r e n d e   M e r k m a l e*. Diese Reihe wird bekanntlich[175] durch den Ausdruck: $A + 2Aa + a$ bezeichnet, wobei A und a die Formen mit den constant differirenden Merkmalen und Aa die Hybrid-Gestalt beider bedeuten. Sie enthält unter 3 verschiedenen Gliedern 4 Individuen. Bei der Bildung derselben werden Pollen- und Keimzellen von der Form A und a durchschnittlich zu gleichen Theilen in die Befruchtung treten, daher jede Form zweimal, da 4 Individuen gebildet werden. Es nehmen demnach an der Befruchtung theil:

---

[174] Das von Mendel hier verwendete „*pünctlich*" lässt einigen Spielraum für Interpretationen. Dies zeigt sich schon an den verschiedenen englischen Übersetzungen (Müller-Wille & Hall 2016). Eine mögliche altertümliche Lesart ist hier im Sinne von akkurat. Eine Alternative ist jedoch, dass Mendel hier in der Tat an einen zeitlichen Aspekt gedacht hat. Müller-Wille und Hall (2016) haben in diesem Kontext darauf verwiesen, dass in diesem Sinne die verschiedenen Generationen gemeint sein konnten. Was beide Interpretationen allerdings auslassen, ist der weitere wissenschaftliche Hintergrund Mendels. In Brünn ist im Rahmen von meteorologischen Studien sehr umfangreich an Temperaturmessungen, aber auch Blütezeitpunkten geforscht worden (Kap. 5). Dieses Netzwerk hat Mendel zumindest für eine Zeit in den frühen 1860er Jahren im Raum Mähren sogar geleitet, auch wenn er selbst hierzu nur wenig selbst publiziert hat. Teil dieser Beobachtungen war allerdings das Erstellen von Blüte– und Naturkalendern. Bedenkt man dies, dann kann Mendel hier durchaus gemeint haben, dass die Merkmale zum erwarteten Zeitpunkt erschienen sind.

[175] **Mendels Verwendung des Adjektivs „*bekanntlich*"** ist hier sehr merkwürdig. Warum spricht er hier von „*bekanntlich*", wo dies doch etwas ist, dass er gerade erst herausgefunden hat? Müller-Wille & Hall (2016) haben hierzu vermutet, dass es sich hierbei lediglich um eine Floskel gehandelt hat, um Autorität zu unterstreichen. Es gibt aber noch eine andere Möglichkeit, die näher zu liegen scheint: Die Formulierung mag hier einfach davon ausgegangen sein, dass eben diese Aspekte in Mendels ersten Vortrag vorgekommen und von ihm deshalb schon als bekannt vorausgesetzt worden sind. Darüber hinaus muss man aber auch festhalten, dass Mendel seine Vorträge vor einem relativ intimen Publikum vorgetragen hat, das wohl vorwiegend aus Mitgliedern des NfV und insb. dessen Vorstand und Ausschüssen bestanden hat. In deren Runde könnten Einzelaspekte, wie eben diese Formel durchaus schon vor Mendels Vorträgen so intensiv besprochen worden sein, dass Mendel vorausgesetzt hat, dass zumindest diese Formel im Auditorium nicht ganz neu war.

die Pollenzellen	$A + A + a + a$
die Keimzellen	$A + A + a + a$

Es bleibt ganz dem Zufalle überlassen, welche von den beiden Pollenarten sich mit jeder einzelnen Keimzelle verbindet. Indessen wird es nach den Regeln der Wahrscheinlichkeit im Durchschnitte vieler Fälle immer geschehen, dass sich jede Pollenform A und a gleich oft mit jeder Keimzellform A und a vereinigt; es wird daher eine von den beiden Pollenzellen A mit einer Keimzelle A, die andere mit einer Keimzelle a bei der Befruchtung zusammentreffen, und eben so eine Pollenzelle a mit einer Keimzelle A, die andere mit a verbunden werden. [30]

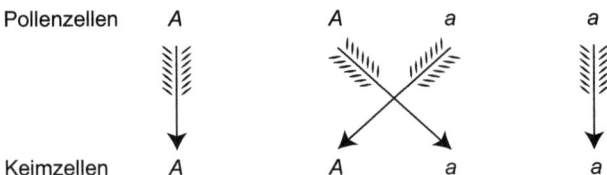

Das Ergebniss der Befruchtung lässt sich dadurch anschaulich machen, dass die Bezeichnungen für die verbundenen Keim- und Pollenzellen in Bruchform angesetzt werden, und zwar für die Pollenzellen über, für die Keimzellen unter dem Striche. Man erhält in dem vorliegenden Falle:

$$\frac{A}{A} + \frac{A}{a} + \frac{a}{A} + \frac{a}{a}$$

[176]Bei dem ersten und vierten Gliede sind Keim- und Pollenzellen gleichartig, daher müssen die Producte ihrer Verbindung constant sein, nämlich A und a; bei dem zweiten und dritten hingegen erfolgt abermals eine Vereinigung der beiden differirenden Stamm-Merkmale, daher auch die aus diesen Befruchtungen hervorgehenden Formen mit der Hybride, von welcher sie abstammen, ganz identisch sind. E s   f i n d e t   d e m n a c h   e i n e   w i e d e r h o l t e   H y b r i d i s i r u n g   s t a t t . Daraus erklärt sich die auffallende Erscheinung, dass die Hybriden imstande sind, nebst den beiden Stammformen auch Nachkommen zu erzeugen, die ihnen selbst gleich sind; $\frac{A}{a}$ und $\frac{a}{A}$ geben beide dieselbe Verbindung Aa, da es, wie schon früher angeführt wurde, für den Erfolg der Befruchtung keinen Unterschied macht, welches von den beiden Merkmalen der Pollen- oder Keimzelle angehört. Es ist daher

---

[176] Die hier und im folgenden verwendeten Diagramme sollten wohl kaum als echte mathematische Operationen verstanden werden. Vielmehr dienten sie Mendel lediglich als Hilfsmittel der Darstellung der verschiedenen Typen (Müller-Wille & Hall 2016).

Das Gesetz der Combinirung der differirenden Merkmale, nach welchem die Entwicklung der Hybriden erfolgt, findet demnach seine Begründung und Erklärung in dem erwiesenen Satze, dass die Hybriden Keim- und Pollenzellen erzeugen, welche in gleicher Anzahl allen constanten Formen entsprechen, die aus der Combinirung der durch Befruchtung vereinigter Merkmale hervorgehen.

Versuche über die Hybriden anderer Pflanzenarten. Es wird die Aufgabe weiterer Versuche sein, zu ermitteln, ob das für Pisum gefundene Entwicklungsgesetz auch bei den Hybriden anderer Pflanzen Geltung habe. Zu diesem Zwecke wurden in der letzten Zeit mehrere Versuche eingeleitet.[181] Beendet sind zwei kleinere Experimente mit Phaseolus-Arten, welche hier Erwähnung finden mögen.[182]

Ein Versuch mit Phaseolus vulgaris und Phaseolus nanus L. gab ein ganz übereinstimmendes Resultat. Ph. nanus hatte nebst der zwergartigen Axe grüne einfach gewölbte Hülsen, Ph. vulgaris hingegen eine 10–12′ hohe Axe und gelb gefärbte, zur Zeit der Reife eingeschnürte Hülsen. Die Zahlenverhältnisse, in welchen die verschiedenen Formen in den einzelnen Generationen vorkamen, waren dieselben wie bei Pisum. Auch die Entwicklung der constanten Verbindungen erfolgte nach dem Gesetze der einfachen

---

[181] Mendel hat Versuche an einer ganzen Reihe von Pflanzenarten durchgeführt. In den meisten Fällen ist jedoch nicht wirklich klar, wann diese Experimente stattfanden. Neben Erbsen (*Pisum* sp.) und Habichtskraut (*Hieracium*) führte Mendel auch mit Akelei (*Aquilegia*), Bohnen (*Phaseolus*), Glockenblume (*Campanula*), Kapuzinerkresse (*Tropaeolum*), Königskerze (*Verbascum*), Kratzdistel (*Cirsium*), Kürbis (*Cucurbita*), Leinkraut (*Linaria*), Lichtnelken (*Silene* bzw. *Lychnis/Melandrium*), Levkoje (*Matthiola*), Löwenmaul (*Antirrhinum*), Mais (*Zea*), Mauerpfeffer (*Sedum*), Nelke (*Dianthus*), Nelkenwurz (*Geum*), Platterbse (*Lathyrus*), Pantoffelblume (*Calceolaria*), Winde (*Ipomoea*), Wunderblume (*Mirabilis*) Kreuzungsversuche durch (Iltis 1924, S. 103; vgl. auch Correns 1906, S. 191 sowie Cetl 2002/2003). Versuche an anderen Arten, wie z. B. Ehrenpreis (*Veronica*), Fingerkraut (*Potentilla*), Riedgras (*Carex*) und Veilchen (*Viola*), waren im Jahr Frühjahr 1867 von Mendel zumindest angedacht (vgl. Correns 1906, S. 210). Auch an der Obstbaumzucht, bspw. bei Apfel und Birne sowie mit Marillen, zeigte Mendel Interesse (Iltis 1924, S. 103; Vávra & Orel 1971). In einigen dieser Versuche fand Mendel, dass sich die untersuchten Bastarde genauso wie jene von *Pisum* verhielten (Correns 1906, Iltis 1924). Bei anderen, insb. *Hieracium*, fand er dagegen abweichende Resultate (Mendel 1870; Correns 1906). Siehe hierzu auch Kap. 3.

[182] Die Versuche zu Kreuzungen von *Phaseolus vulgaris* x *Ph. nanus* erfolgten vermutlich im Zeitraum von 1861 bis 1864, wobei die F1, F2 und F3-Generationen der Hybriden von 1862 bis 1864 untersucht wurden (Cetl 2002/2003, S. 7). Die Kreuzungen von *Ph. nanus* x *Ph. multiflorus* sollen dagegen im Jahr 1860 begonnen worden sein, wobei die Filialgenerationen dann ebenfalls bis 1864 untersucht und beobachtet wurden (ebd.). Abweichend davon ist Weiling 1970a, S. 91–92 davon ausgegangen, dass die Bohnen-Versuche spätestens in den Jahrern 1859 bzw. 1860 begonnen wurden. Dabei sind die Jahre von beiden von 1865 ausgehend von der angenommenen Zahl an Generationen zurückgerechnet.

Combinirung der Merkmale, genau so, wie es bei Pisum der Fall ist. Es wurden erhalten:[183]

Constante Verbindung:	Axe:	Farbe der unreifen Hülse:	Form der reifen Hülse:
1	lang	grün	gewölbt
2	"	"	eingeschnürt
3	"	gelb	gewölbt
4	"	"	eingeschnürt
5	kurz	grün	gewölbt
6	"	"	eingeschnürt
7	"	gelb	gewölbt
8	"	"	eingeschnürt.

[33] Die grüne Hülsenfarbe, die gewölbte Form der Hülse und die hohe Axe waren, wie bei Pisum, dominirende Merkmale.

Ein anderer Versuch mit zwei sehr verschiedenen Phaseolus-Arten hatte nur einen theilweisen Erfolg. Als S a m e n p f l a n z e diente Ph. nanus L.[184], eine ganz constante Art mit weissen Blüthen in kurzen Trauben und kleinen weissen Samen in geraden, gewölbten und glatten Hülsen; als P o l l e n p f l a n z e Ph. multiflorus W.[185] mit hohem windenden Stengel, purpurrothen Blüthen in sehr langen Trauben, rauhen sichel-

---

[183] Mendel bespricht hier eine Kombination, die auf der Beobachtung eines trihybriden Erbgangs beruhte (s. ebenso Cetl 2002/2003). Allerdings hat Mendel in diesem Fall darauf verzichtet, detaillierte Ergebnisse der Zahlenverhältnisse oder auch nur den Umfang dieses Experiments zu vermerken (ebd.). Aus diesem Grund ist schon die Vermutung aufgestellt worden, dass Mendel für diesen Versuch nicht genügend Pflanzen der F2-Generation zur Verfügung hatte um daraus überzeugende Verhältnisse zu berechnen (Cetl 2002/2003).

[184] *Phaseolus nanus* L., die **Buschbohne**, wird heute allgemein als Synonym bzw. als Variation der **Gartenbohne** (*Phaseolus vulgaris*) angesehen. Zur Zeit Mendels wurden die beiden Varietäten mit hoher bzw. kurzer Achse jedoch als eigene Arten betrachtet (s. ebenso Lamprecht 1935), auch wenn es damals bereits Autoren gab, die das anders sahen (s. Müller-Wille & Hall 2016). Es ist aber durchaus interessant anzumerken, dass Mendel hier bewusst Pflanzen verschiedener Arten benutzt hat, von denen man damals schon annahm, dass sie auf verschiedenen Kontinenten entstanden sind.

[185] **Feuerbohne** (*Phaseolus multiflorus* W.) = *Phaseolus coccineus* L. Müller-Wille und Hall (2016) haben angenommen, dass Mendel systematische Namen meist aus Heinrich Gottlieb Ludwig Reichenbach „*Flora germanica excursoria ex affinitate regni vegetabilis naturali disposit*", Cnobloch, Leipzig (1830–1833), Bd. 2 entnommen hat. Dort wird in der Tat Carl Ludwig Willdenow (1765–1812) als Erstbeschreiber der Feuerbohne angegeben (s. a.a.O. S. 539).

förmig gekrümmten Hülsen und grossen Samen, welche auf pfirsichblüthrothem Grunde schwarz gefleckt und geflammt sind.[186]

Die Hybride hatte mit der Pollenpflanze die grösste Aehnlichkeit, nur die Blüthen erschienen weniger intensiv gefärbt. Ihre Fruchtbarkeit war eine sehr beschränkte, von 17 Pflanzen, die zusammen viele hundert Blüthen entwickelten, wurden im Ganzen nur 49 Samen geerntet. Diese waren von mittlerer Grösse und besassen eine ähnliche Zeichnung wie Ph. multiflorus; auch die Grundfarbe war nicht wesentlich verschieden. Im nächsten Jahre wurden davon 44 Pflanzen erhalten, von denen nur 31 zur Blüthe gelangten. Die Merkmale von Ph. nanus, welche in der Hybride sämmtlich latent wurden, kamen in verschiedenen Combinirungen wieder zum Vorscheine, das Verhältniss derselben zu den dominirenden musste jedoch bei der geringen Anzahl von Versuchspflanzen sehr schwankend bleiben; bei einzelnen Merkmalen, wie bei jenen der Axe und der Hülsenform, war dasselbe indessen wie bei Pisum fast genau 1:3.

So gering auch der Erfolg dieses Versuches für die Feststellung der Zahlenverhältnisse sein mag, in welchen die verschiedenen Formen vorkamen, so bietet er doch andererseits den Fall einer m e r k w ü r d i g e n F a r b e n w a n d l u n g an den Blüthen und Samen der Hybriden dar. Bei Pisum treten bekanntlich die Merkmale der Blüthen- und Samenfarbe in der ersten und den weiteren Generationen unverändert hervor und die Nachkommen der Hybriden tragen ausschliesslich das eine oder das andere der

---

[186] **Von Mendel genutztes systematisches Referenzwerk:** Das Farbadjektiv „*pfirsichblüthroth*" bzw. „*pfirsichblüthenroth*" ist in der Literatur der Botanik und Mineralogie vor 1900 begrenzt verbreitet gewesen (vgl. Müller-Wille & Hall 2016). Zu finden ist es bspw. in der „*Flora von Wien*" von August Neilreich (1846), mit welchem Mendel im Rahmen der Zoologisch-botanischen Gesellschaft in Wien selbst bekannt war. Sehr wahrscheinlich gibt das hier verwendete Adjektiv aber tatsächlich eines der Referenzwerke preis, auf die sich Mendel bei der taxonomischen Benennung, der von ihm erforschten Arten, gestützt hat, denn es ist in dieser Form, unseres Wissens, nur von Wilhelm Ludwig Petermann (1806–1855) zur Beschreibung der Art *Phaseolus multiflorus* genutzt worden: „*Vielblumige B[ohne]. (Ph. multiflorus Lam.): in Gestalt ganz der Vorigen gleichend, aber Blüthen und Samen viel größer; Stengel windend; Blätter 3zählig; Blättchen eirund, zugespitzt; Trauben gestielt, länger als das Blatt; Blättchen ei-länglich, an den Kelch angedrückt; Blüthen gestielt, Oberlippe des Kelches fast ganz, kaum bemerklich ausgerandet; Blumen scharlachroth (Phaseolus multiflorus α coccineus Lam., Phaseolus vulgaris β coccineus L.), oder die Fahne weiß und die Flügel scharlachroth (Phaseolus multiflorus bicolor) oder die Blume ganz weiß (Phaseolus multiflorus β albus); Flügel rundlich, sehr groß, breiter als lang, noch einmal so breit als die halbe Fahne und die Fahne weit überragend; Hülsen an ihren Rändern und an den Seiten knotig-rauh; Samen grösser, <u>pfirsichblüthenroth</u> und schwarz marmoriert, oder weiß bei (bei weißen Blumen). Ist in Südamerika einheimisch, wird bei uns häufig cultivirt, blüht im Juli bis Septbr. [sic] und ist 1jährig. – Die dickfleischigen, noch unreifen, grünen Hülsen werden als wohlschmeckendes häufig gegessen; die reifen Samen werden aber nur selten gegessen*"(Petermann 1847, S. 672; 1857, S. 672). Die Identifizierung eines von Mendels benutzten Bestimmungsbuchs ist insofern relevant, als es erstmalig einen direkten Rückschluss dazu erlaubt, welche „wesentlichen" Merkmale sich aus den von Mendel genutzten Werken zur botanisch-systematischen Bestimmung bei den von ihm beobachteten Spezies ergeben.

beiden Stamm-Merkmale an sich. Anders verhält sich die Sache bei dem vorliegenden Versuche. Die weisse Blumen- und Samenfarbe von Ph. nanus erschien allerdings gleich in der ersten Generation an einem ziemlich fruchtbaren Exemplare, allein die übrigen 30 Pflanzen entwickelten Blütenfarben, die verschiedene Abstufungen von [34] Purpurroth bis Blassviolett darstellten. Die Färbung der Samenschale war nicht minder verschieden als die der Blüthe. Keine Pflanze konnte als vollkommen fruchtbar gelten, manche setzten gar keine Früchte an; bei anderen entwickelten sich dieselben erst aus den letzten Blüthen und kamen nicht mehr zur Reife, nur von 15 Pflanzen wurden gut ausgebildete Samen geerntet. Die meiste Neigung zur Unfruchtbarkeit zeigten die Formen mit vorherrschend rother Blüthe, indem von 16 Pflanzen nur 4 reife Samen gaben. Drei davon hatten eine ähnliche Samenzeichnung wie Ph. multiflorus, jedoch eine mehr oder weniger blasse Grundfarbe, die vierte Pflanze brachte nur einen Samen von einfach brauner Färbung. Die Formen mit überwiegend violetter Blüthenfarbe hatten dunkelbraune, schwarzbraune und ganz schwarze Samen.

Der Versuch wurde noch durch zwei Generationen unter gleich ungünstigen Verhältnissen fortgeführt[187], da selbst unter den Nachkommen ziemlich fruchtbarer Pflanzen wieder ein Teil wenig fruchtbar oder ganz steril wurde. Andere Blüthen- und Samenfarben als die angeführten kamen weiter nicht vor. Die Formen, welche in der ersten Generation eines oder mehrere von den recessiven Merkmalen erhielten, blieben in Bezug auf diese ohne Ausnahme constant. Auch von jenen Pflanzen, welche violette Blüthen und braune oder schwarze Samen besassen, änderten einzelne in den nächsten Generationen die Blumen- und Samenfarbe nicht mehr, die Mehrzahl jedoch erzeugte nebst ganz gleichen Nachkommen auch solche, welche weisse Blüthen und ebenso gefärbte Samenschalen erhielten. Die roth blühenden Pflanzen blieben so wenig fruchtbar, dass sich über ihre Weiterentwicklung nichts mit Bestimmtheit sagen lässt.

Ungeachtet der vielen Störungen, mit welchen die Beobachtung zu kämpfen hatte, geht doch so viel aus diesem Versuche hervor, dass die Entwicklung der Hybriden in Bezug auf jene Merkmale, welche die Gestalt der Pflanze betreffen, nach demselben Gesetze wie bei Pisum erfolgt. Rücksichtlich der Farbenmerkmale scheint es allerdings schwierig zu sein, eine genügende Uebereinstimmung aufzufinden. Abgesehen davon, dass aus der Verbindung einer weissen und purpurrothen Färbung eine ganze Reihe von Farben hervorgeht, von Purpur bis Blassviolett und Weiss, muss auch der Umstand auffallen, dass unter 31 blühenden Pflanzen nur eine den recessiven Charakter der weissen Fär-[35]bung erhielt, während das bei Pisum durchschnittlich schon an jeder vierten Pflanze der Fall ist.

Aber auch diese räthselhaften Erscheinungen würden sich wahrscheinlich nach dem für Pisum geltenden Gesetze erklären lassen, wenn man voraussetzen dürfte, dass die

---

[187] Nach Weiling (1970a, S. 92, hier Anm. 43) muss die Artkreuzung bis spätestens 1859 durchgeführt worden sein, da sie bis zur F4 verfolgt wurde. Nach Cetl (2002/2003, S. 7) erfolgte die Analyse der F1 bis F4-Generationen von 1861–1864.

Blumen- und Samenfarbe des Ph. multiflorus aus zwei oder mehreren ganz selbständigen Farben zusammengesetzt sei, die sich einzeln ebenso verhalten, wie jedes andere constante Merkmal an der Pflanze.[188] Wäre die Blüthenfarbe A zusammengesetzt aus den selbständigen Merkmalen $A_1 + A_2 + \ldots$, welche den Gesammt-Eindruck der purpurrothen Färbung hervorrufen, so müssten durch Befruchtung mit dem differirenden Merkmale der weissen Farbe a die hybriden Verbindungen $A_1 a + A_2 a + \ldots$ gebildet werden, und ähnlich würde es sich mit der correspondirenden Färbung der Samenschale verhalten. Nach der obigen Voraussetzung wäre jede von diesen hybriden Farbenverbindungen selbständig und würde sich demnach ganz unabhängig von den übrigen entwickeln. Man sieht dann leicht ein, dass aus der Combinirung der einzelnen Entwicklungsreihen eine vollständige Farbenreihe hervorgehen müsste. Wäre z. B. $A = A_1 + A_2$, so entsprechen den Hybriden $A_1 a$ und $A_2 a$ die Entwicklungsreihen

$$A_1 + 2 A_1 a + a$$
$$A_2 + 2 A_2 a + a.$$

Die Glieder dieser Reihen können in 9 verschiedene Verbindungen treten, und jede davon stellt die Bezeichnung für eine andere Farbe vor:

$$\begin{array}{lll} 1\ A_1\ A_2 & 2\ A_1 a\ A_2 & 1\ A_2\ \ a, \\ 2\ A_1\ A_2 a & 4\ A_1 a\ A_2 a & 2\ A_2 a\ a, \\ 1\ A_1\ a & 2\ A_1 a\ a & 1\ a\ \ a \end{array}$$

Die den einzelnen Verbindungen vorausgesetzten Zahlen geben zugleich an, wie viele Pflanzen mit der entsprechenden Färbung in die Reihe gehören. Da die Summe derselben 16 beträgt, so sind sämmtliche Farben im Durchschnitte auf je 16 Pflanzen vertheilt, jedoch wie die Reihe selbst zeigt, in ungleichen Verhältnissen.

Würde die Farbenentwicklung wirklich in dieser Weise erfolgen, so könnte auch der oben angeführte Fall eine Erklärung finden, dass nämlich die weisse Blüten- und Hülsenfarbe unter 31 Pflanzen der ersten Generation nur einmal vorkam. Diese Färbung ist in der Reihe [36] nur einmal enthalten und könnte daher auch nur im Durchschnitte unter je 16, bei drei Farbenmerkmalen sogar nur unter 64 Pflanzen einmal entwickelt werden.

Es darf jedoch nicht vergessen werden, dass die hier versuchte Erklärung auf einer blossen Vermuthung beruht, die weiter nichts für sich hat, als das sehr unvollständige Resultat des eben besprochenen Versuches. Es wäre übrigens eine lohnende Arbeit, die Farbentwicklung der Hybriden durch ähnliche Versuche weiter zu verfolgen, da es wahrscheinlich ist, dass wir auf diesem Wege die ausserordentliche Mannigfaltigkeit in der F a r b u n g   u n s e r e r   Z i e r b l u m e n begreifen lernen.

---

[188] Mendel ging wohl davon aus, dass die verschiedenen Farbabstufungen auf die Wirkung von zwei oder mehr Faktoren zurückzuführen sind. Dieser Vorstellung folgend besteht die Möglichkeit, dass die Kombination von beteiligten Genen die abgestuften Grade der Farbsättigung und Intensität in Form einer „quantitativen Genwirkung" bedingen (Weiling 1970a, S. 92, hier Anm. 44).

Bis jetzt ist mit Sicherheit kaum mehr bekannt, als dass die Blüthenfarbe bei den meisten Zierpflanzen ein äusserst veränderliches Merkmal ist.[189] Man hat häufig die Meinung ausgesprochen, dass die Stabilität der Arten durch die Cultur in hohem Grade erschüttert oder ganz gebrochen werde, und ist sehr geneigt, die Entwicklung der Culturformen als eine regellose und zufällige hinzustellen; dabei wird gewöhnlich auf die Färbung der Zierpflanzen als Muster aller Unbeständigkeit, hingewiesen. Es ist jedoch nicht einzusehen, warum das blosse Versetzen in den Gartengrund eine so durchgreifende und nachhaltige Revolution im Pflanzen-Organismus zur Folge haben müsse. Niemand wird im Ernste behaupten wollen, dass die Entwicklung der Pflanze im freien Lande durch andere Gesetze geleitet wird, als am Gartenbeete. Hier wie dort müssen typische Abänderungen auftreten, wenn die Lebensbedingungen für eine Art geändert werden und diese die Fähigkeit besitzt, sich den neuen Verhältnissen anzupassen. Es wird gerne zugegeben, dass durch die Cultur die Entstehung neuer Varietäten begünstigt und durch die Hand des Menschen manche Abänderung erhalten wird, welche im freien Zustande unterliegen müsste, allein nichts berechtigt uns zu der Annahme, dass die Neigung zur Varietätenbildung so ausserordentlich gesteigert werde, dass die Arten bald alle Selbständigkeit verlieren und ihre Nachkommen in einer endlosen Reihe höchst

---

[189] Bereits in der Einleitung seines Textes hat Mendel darauf hingewiesen, dass vor allem die Erzeugung von Farb-Varianten ein Ausgangspunkt seiner Kreuzungsversuche gewesen ist. Die Vererbung der Farben ist jedoch ein Thema, dass Mendel durchaus wiederholt beschäftigt hat (Weiling 1970a, S. 92, hier Anm. 45). Geäußert hat Mendel sich hierzu bspw. in einem Brief an C. W. v. Nägeli vom 3. Juli 1870, in welchem er sich mit der Färbung von Matthiola-Blüten auseinandersetzte: *„Der Farbenversuch mit Matthiola dauert nun schon ins 6te Jahr und wird sich vermuthlich noch durch einige Jahre hinausziehen. Nach den bereits erlangten Daten hoffe ich der Sache endlich doch auf den Grund zu kommen. Der Mangel einer verlässlichen Farbenskala war den Versuchen sehr hinderlich. Ich hatte zwar ein Sortiment von Matthiola annua in 36 benannten Farben von Erfurt kommen lassen, dasselbe erwies sich jedoch für meine Zwecke als unzureichend. Diesem Versuche habe ich meine ganz besondere Zuneigung geschenkt, und will mir nun erlauben einiges darüber zu mitzutheilen, sobald nur die Musterung meiner 1500 Zöglinge aus der heurigen Cultur vorüber ist"* (siehe Correns 1906; Weiling 1970a, S. 92, hier Anm. 45). Weiter ausgeführt hat Mendel diese Versuche noch in einem weiteren Brief vom 27. September 1870: *„Die Farbenversuche mit Matthiola annua haben auch im heurigen Jahre trotz der grossen Anzahl von Versuchspflanzen nur geringe Fortschritte gemacht. Nach den bisherigen Erfahrungen ist eine Uebereinstimmung mit Pisum wahrscheinlich. Schwierigkeiten verursachen gewissen Erscheinungen, welche sich auf die Intensität der Färbungen beziehen. Oefter erscheint statt der erwarteten Farbenstuffe [sic] eine, wenn ich mich so ausdrücken darf, höhere oder tiefere Farben-Octav, oder beide zugleich, und zwar nicht von einem oder dem anderen, sondern an einer ganzen Reihe von Exemplaren. Dadurch wird das Sortieren sehr unsicher, weil es leicht geschieht, dass dabei das Zusammengehörige getrennt, oder der umgekehrte Fehler begangen wird. Man erhält dann für die verschiedenen Farben-Varianten Zahlen, welche für die Ableitung einer Entwicklungsformel unbrauchbar sind. Es wurde heuer neue Versuchspflanzen aufgenommen, vielleicht gelingt es, mit diesen einfachere Reihen zu erhalten"* (Correns 1906, S. 241).

veränderlicher Formen auseinandergehen.[190] Wäre die Aenderung in den Vegetations-Bedingungen die alleinige Ursache der Variabilität, so dürfte man erwarten, dass jene Culturpflanzen, welche Jahrhunderte hindurch unter fast gleichen Verhältnissen angebaut wurden, wieder an Selbständigkeit gewonnen hätten. Das ist bekanntlich nicht der Fall, da gerade unter diesen nicht [37] blos die verschiedensten, sondern auch die veränderlichsten Formen gefunden werden. Nur die Leguminosen, wie Pisum, Phaseolus, Lens, deren Befruchtungs-Organe durch das Schiffchen geschützt sind, machen davon eine bemerkenswerthe Ausnahme. Auch da sind während einer mehr als 1000jährigen Cultur unter den mannigfaltigsten Verhältnissen zahlreiche Varietäten entstanden, diese behaupten jedoch unter gleich bleibenden Lebensbedingungen eine Selbständigkeit, wie sie wildwachsenden Arten zukommt.

Es bleibt mehr als wahrscheinlich, dass für die Veränderlichkeit der Culturgewächse[191] ein Factor thätig ist, dem bisher wenig Aufmerksamkeit zugewendet wurde. Verschiedene Erfahrungen drängen zu der Ansicht, dass unsere Culturpflanzen mit wenigen Ausnahmen G l i e d e r   v e r s c h i e d e n e r   H y b r i d r e i h e n sind, deren gesetzmässige Weiterentwicklung durch häufige Zwischenkreuzungen abgeändert und aufgehalten wird. Es ist der Umstand nicht zu übersehen, dass die cultivierten Gewächse meistens in grösserer Anzahl nebeneinander gezogen werden, wodurch für die wechselseitige Befruchtung zwischen den vorhandenen Varietäten und mit den Arten selbst die günstigste Gelegenheit geboten wird. Die Wahrscheinlichkeit dieser Ansicht wird durch die Thatsache unterstützt, dass unter dem grossen Heere veränderlicher Formen immer einzelne gefunden werden, welche in dem einen oder anderen Merkmale constant bleiben, wenn nur jeder fremde Einfluss sorgfältig abgehalten wird. Diese Formen entwickeln sich genau ebenso, wie gewisse Glieder der zusammengesetzten Hybridreihen. Auch bei dem empfindlichsten aller Merkmale, bei jenem der Farbe, kann es der aufmerksamen Beobachtung nicht entgehen, dass an den einzelnen Formen die Neigung zur Veränderlichkeit in sehr verschiedenem Grade vorkommt. Unter Pflanzen, die aus e i n e r spontanen Befruchtung stammen, gibt es oft solche, deren Nachkommen in Beschaffenheit und Anordnung der Farben weit auseinandergehen, während andere wenig abweichende Formen liefern, und unter einer grösseren Anzahl einzelne getroffen

---

[190] Mendels Argumentation hier ist interessant, insofern er deutlich macht, dass auch Umweltbedingungen einen Einfluss auf die Variabilität haben (Weiling 1970a, S. 93, hier Anm. 46). In Hinsicht auf die Veränderlichkeit einer Art sieht Mendel aber eine besondere Bedeutung in der Bastardierung (ebd.).

[191] Es scheint durchaus angebracht, darauf hinzuweisen, dass der Begriff der „*Veränderlichkeit der Kulturgewächse*" vor der „Wiederentdeckung" der Mendelschen Regeln im Jahr 1900 auch von einigen anderen Pflanzenzüchtern aus dem Brünner Raum, welche einen Bezug zu Mendel hatten (vgl. Mielewczik et al. 2017), verwendet worden ist. Vgl. hierzu Proskowetz 1889 & 1893; Schindler 1893 & 1896, S. 337–339; Remy 1900, S. 62. Dort wurde der Begriff jedoch im Rahmen von korrelativen kontinuierlichen Merkmalen genutzt.

werden, welche ihre Blumenfarbe unverändert auf die Nachkommen übertragen. Die cultivirten Dianthus-Arten geben dafür einen lehrreichen Beleg. Ein weiss blühendes Exemplar von Dianthus Caryophyllus[192], welches selbst von einer weissblumigen Varietät abstammte, wurde während der Blüthezeit in einem Glashause abgesperrt; die zahlreich davon gewonnenen Samen gaben Pflanzen mit durchaus gleicher weisser [38] Blüthenfarbe. Ein ähnliches Resultat wurde von einer rothen, etwas ins Violette schimmernden und einer weissen roth gestreiften Abart erhalten. Viele andere hingegen, welche auf dieselbe Weise geschützt wurden, gaben mehr oder weniger verschieden gefärbte und gezeichnete Nachkommen.

Wer die Färbungen, welche bei Zierpflanzen aus gleicher Befruchtung hervorgehen, überblickt, wird sich nicht leicht der Ueberzeugung verschliessen können, dass auch hier die Entwicklung nach einem bestimmten Gesetze erfolgt, welches möglicherweise seinen Ausdruck in der C o m b i n i r u n g   m e h r e r e r   s e l b s t ä n d i g e r   F a r b e n m e r k m a l e findet.

Schluss-Bemerkungen. Es dürfte nicht ohne Interesse sein, die bei Pisum gemachten Beobachtungen mit den Resultaten zu vergleichen, zu welchen die beiden Autoritäten in diesem Fache, K ö l r e u t e r[193] und G ä r t n e r, bei ihren Forschungen gelangt sind.[194] Nach der übereinstimmenden Ansicht beider halten die Hybriden der äusseren Erscheinung nach entweder die Mittelform zwischen den Stammarten, oder sie sind dem Typus der einen oder der anderen nähergerückt, manchmal von denselben kaum zu unterscheiden. Aus den Samen derselben gehen gewöhnlich, wenn die Befruchtung durch den eigenen Pollen geschah, verschiedene von dem normalen Typus abweichende Formen hervor. In der Regel behält die Mehrzahl der Individuen aus einer Befruchtung

---

[192] *Dianthus caryophyllus* L. ist die **Landnelke, Felsennägeli, Nägeli** bzw., in Brünn gebräuchlicher, die **Gartennelke**, welche dort, zu Mendels Zeiten, etwa Ende Juni, zur Blüte kam. Hiervon zeugt ein kurzer Wetterbericht und Naturkalender im *Mährischer Correspondent* (25. Juni 1862, S. 7), der sich relativ sicher Mendels Mentor Alexander Zawadzki zuordnen lässt: „[…] *Die allbekannte, sehr beliebte Gartennelke, Dianthus caryophyllus L., deren Vaterland nicht genau bekannt ist, blüht in vielen Farben, welche die Cultur geschaffen und verbreitet ihren würzigen Duft durch die Gärten. Man glaubt, die in der Schweiz viel verbreitete Waldnelke, Dianthus sylvestris L. sei die Stammmutter der vielen Hundert Arten, die wir kennen.* […]."

Die Nelke war ein beliebtes Studienobjekt für Kreuzungsversuche und künstliche Befruchtungen (Lorenz 1837). Neben Gärtner u. Kölreuter hat z. B. auch Ch. Darwin (1877) Kreuzungsexperimente mit selbstbefruchteten Gartennelken durchgeführt, wobei er quantitativ u.a. die Pflanzenhöhe und die Fruchtbarkeit der Pflanzen über mehrere Generationen auswertete (ebd., S. 124ff., 240ff., 300, 307ff., 316). Zudem war Darwin in diesem Kontext am Blütezeitpunkt als Merkmal interessiert (ebd., S. 285). Das Mendel Versuche mit *Dianthus* durchgeführt hat ergibt sich aus einem weiteren Zeitungsartikel im *Mährischer Correspondent* (s. Kap. 1; vgl. a. Kap. 3).

[193] Im Manuskript findet sich nach Müller-Wille et al. 2020 die Schreibweise „*Köhlreuter*", die erst während des Drucks ausgetauscht wurde.

[194] Siehe bspw. Gärtner 1849, S. 277 ff., 285 ff., 419 ff.

die Form der Hybride bei, während andere wenige der Samenpflanze ähnlicher werden und ein oder das andere Individuum der Pollenpflanze nahekommt. Das gilt jedoch nicht von allen Hybriden ohne Ausnahme. Bei einzelnen sind die Nachkommen theils der einen, theils der anderen Stammpflanze nähergerückt, oder sie neigen sich sämmtlich mehr nach der einen oder der anderen Seite hin; bei einigen aber b l e i b e n   s i e   d e r H y b r i d e   v o l l k o m m e n   g l e i c h und pflanzen sich unverändert fort. Die Hybriden der Varietäten verhalten sich wie die Species-Hybriden, nur besitzen sie eine noch grössere Veränderlichkeit der Gestalten und eine mehr ausgesprochene Neigung, zu den Stammformen zurückzukehren.

In Bezug auf die G e s t a l t der Hybriden und ihre in der Regel erfolgende E n t w i c k l u n g ist eine Uebereinstimmung mit den bei Pisum gemachten Beobachtungen nicht zu verkennen. Anders verhält es [39] sich mit den erwähnten Ausnahms-Fällen. Gärtner gesteht selbst[195], dass die genaue Bestimmung, ob eine Form mehr der einen oder der anderen von den beiden Stammarten ähnlich sei, öfter grosse Schwierigkeiten habe, indem dabei sehr viel auf die subjective Anschauung des Beobachters ankommt.[196] Es konnte jedoch auch ein anderer Umstand dazu beitragen, dass die Resultate trotz der sorgfältigsten Beobachtung und Unterscheidung schwankend und unsicher wurden. Für die Versuche dienten grösstentheils Pflanzen, welche als gute Arten[197] gelten und in einer grösseren Anzahl von Merkmalen verschieden sind. Nebst den scharf hervortretenden Characteren müssen da, wo es sich im Allgemeinen um eine grössere oder geringere Aehnlichkeit handelt, auch jene Merkmale eingerechnet werden, welche oft schwer mit Worten zu fassen sind, aber dennoch hinreichen, wie jeder Pflanzenkenner weiss, um den Formen ein fremdartiges Aussehen zu geben. Wird angenommen, dass die Entwicklung der Hybriden nach dem für Pisum geltenden Gesetze erfolgte, so musste die Reihe bei jedem einzelnen Versuche sehr viele Formen umfassen, da die Gliederzahl bekanntlich mit der Anzahl der differirenden Merkmale nach den Potenzen von 3 zunimmt. Bei einer verhältnismässig kleinen Anzahl von Versuchspflanzen konnte dann das Resultat nur annähernd richtig sein und in einzelnen Fällen

---

[195] Der Text verweist hier auf C. F. v. Gärtners Standardwerk der experimentellen Bastarderzeugung im Pflanzenreich (vgl. Gärtner 1849, S. 277).

[196] Gärtner 1849, S. 252.

[197] **Gute Arten und schlechte Arten:** Mendel präsentierte hier nicht nur seine Einschätzung von guten Arten. Aus dem reinen Textkontext ist es leider nahezu unmöglich und in jedem Fall immer äußerst subjektiv, was Mendel hierunter verstanden hat. Auch im 19. Jahrhundert gab es keine allgemein akzeptierte Definition einer „*guten Art*" bzw. einer „*schlechten Art*", auch wenn diese Begriffe vielfältig und oft genutzt worden sind. Eine in Österreich umfassend geführte Diskussion zur Zeit der Mendelschen Versuche beleuchtete das Problem. In der *Österreichische Botanische Zeitschrift* hatte sich dort Anton Kerner von Marilaun (1831–1898) ausführlichst über die Problematik in der Unterscheidung ausgelassen (Kerner 1865a, S. 6–8; Kerner 1865b–h; 1866a–c; Krasan 1865).

nicht unbedeutend abweichen. Wären z. B. die beiden Stammarten in 7 Merkmalen verschieden und würden aus den Samen ihrer Hybriden zur Beurtheilung des Verwandtschafts-Grades der Nachkommen 100 bis 200 Pflanzen gezogen, so sehen wir leicht ein, wie unsicher das Urtheil ausfallen müsste, da für 7 differirende Merkmale die Entwicklungsreihe 16,384 Individuen unter 2187 verschiedenen Formen enthält. Es könnte sich bald die eine, bald die andere Verwandtschaft mehr geltend machen, je nachdem der Zufall dem Beobachter diese oder jene Formen in grösserer Anzahl in die Hand spielt.

Kommen ferner unter den differirenden Merkmalen zugleich d o m i n i r e n d e vor, welche ganz oder fast unverändert auf die Hybride übergehen, dann muss an den Gliedern der Entwicklungsreihe immer jene der beiden Stammarten mehr hervortreten, welche die grössere Anzahl der dominirenden Merkmale besitzt. In dem früher bei Pisum für dreierlei differirende Merkmale angeführten Versuche gehörten die dominirenden Charactere sämmtlich der Samenpflanze an. Obwohl die Glieder der Reihe sich ihrer inneren Beschaffenheit nach gleichmässig [40] zu beiden Stammpflanzen hinneigen, erhielt doch bei diesem Versuche der Typus der Samenpflanze ein so bedeutendes Uebergewicht, dass unter je 64 Pflanzen der ersten Generation 54 derselben ganz gleich kamen, oder nur in einem Merkmale verschieden waren. Man sieht, wie gewagt es unter Umständen sein kann, bei Hybriden aus der äusseren Uebereinstimmung Schlüsse auf ihre innere Verwandtschaft zu ziehen.

Gärtner erwähnt, dass in jenen Fällen, wo die Entwicklung eine regelmässige war, unter den Nachkommen der Hybriden nicht die beiden Stammarten selbst erhalten wurden, sondern nur einzelne ihnen näher verwandte Individuen.[198] Bei[199] sehr ausgedehnten Entwicklungsreihen konnte es in der That nicht anders eintreffen. Für 7 differirende Merkmale z. B. kommen unter mehr als 16,000 Nachkommen der Hybride die beiden Stammformen nur je einmal vor. Es ist demnach nicht leicht möglich, dass dieselben schon unter einer geringen Anzahl von Versuchspflanzen erhalten werden; mit einiger Wahrscheinlichkeit darf man jedoch auf das Erscheinen einzelner Formen rechnen, die demselben[200] [sic] in der Reihe nahe stehen.

Einer w e s e n t l i c h e n V e r s c h i e d e n h e i t begegnen wir bei jenen Hybriden, welche in ihren Nachkommen constant bleiben und sich ebenso wie die

---

[198] Es ist nicht ganz sicher, auf welchen Abschnitt bei Gärtner (1849) Mendel sich hier bezogen hat. Vgl. auch Gärtner 1849 (S. 422 nach Weiling 1970a, S. 94, hier Anm. 50).

[199] In dem von E. Tschermak 1901 erstellten Neuabdruck in Ostwalds Klassikern ist an dieser Stelle ein „*nicht*" eingefügt gewesen. Weiling (1970, S. 94, hier Anm. 51) hat argumentiert, dass dieser Einschub inkorrekt war. Aus dem gesamten Absatz, insbesondere dem letzten Satz, ergibt sich jedoch, dass dieses „*nicht*" wohl in der Tat fehlte.

[200] Gemeint war hier wohl „*denselben*" (s. auch identische Korrektur in Weiling 1970a, S. 58).

reinen Arten fortpflanzen. Nach Gärtner gehören hierher die a u s g e z e i c h n e t   f r u c h t b a r e n Hybriden: Aquilegia atropurpurea-canadensis[201], Lavatera pseudolbia-thuringiaca, Geum urbano-rivale und einige Dianthus-Hybriden[202]; nach Wichura die Hybriden der Weidenarten.[203] Für die Entwicklungsgeschichte der Pflanzen ist dieser Umstand von besonderer Wichtigkeit, weil constante Hybriden die Bedeutung n e u e r   A r t e n erlangen.[204] Die Richtigkeit des Sachverhaltes ist durch vorzügliche Be-

---

[201] **Der Genus *Aquilegia*:** Dieses Genus bezeichnet Blumen, welche im deutschen Volksmund als Akelei bekannt sind. Die Art *Aquilegia atropurpurea* WILLD. wird heute typischerweise als Variation der Grünblütigen Akelei, *Aquilegia viridiflora* PALL. var. *atropurpurea* (WILLD.) TREVIR., angesehen (vgl. Müller-Wille & Hall 2016). Sie ist eine winterharte, perennierende Pflanze mit lila Blüten und grünen Sepalen, welche ursprünglich in Sibirien, der Mongolei und China vorkommt. Es gibt aber auch Ansichten, dass es sich bei dem im 19. Jahrhundert im Handel befindlichen Pflanzenmaterial mitunter lediglich um Farbvarianten der Gewöhnlichen Akelei (*A. vulgaris* L.) gehandelt haben kann. *Aquilegia canadensis* L. ist auch heute noch ein gültiger Artname für die aus Nordamerika stammende Rote Akelei (vgl. Müller-Wille & Hall 2016). Aus Mendels Briefwechsel weiß man, dass Mendel auch selbst Kreuzungsversuche mit *A. atropurpurea* (WILLD.), *A. canadensis* L., *A. vulgaris* L. und *A. Wittmaniana*, welche von Cetl (1973) begrenzt auf die Jahre 1866–1867 datiert worden sind (s. a. Kap. 3).

[202] Vgl. Gärtner 1849, S. 421-422, S. 700. Vgl. insb. S. 463 mit den Versuchen Gaertners zur künstlichen Umwandlung dieser Hybriden mit dem väterlichen Pollen über mehrere Generationen.

[203] Der Text verweist hier auf Wichuras Buch zur Bastardbefruchtung im Pflanzenreich am Beispiel der Weidenhybriden (Wichura 1865). Die entsprechende Zusammenstellung besonders fruchtbarer Hybriden der genannten Arten findet sich mit Bezug auf Gaertner auch bei Wichura, S. 38; vgl. a. S. 35. Wichura, sprach dort vom Pollen als Ursache für die Abnahme der Fruchtbarkeit über mehrere Generationen.

[204] Vgl. Gaertner 1849, S. 421-422. Der Aspekt, den Mendel hier anspricht, berührte in sehr vielfältiger Weise die zum damaligen Zeitpunkt geführten Diskussionen zum Entstehen neuer Arten auf der einen, und der Konstanz einer Art, auf der anderen Seite. Anton Kerner von Marrilaun, dem Mendel auch einen Sonderdruck seines Artikels geschickt hatte, wies diesen dialektischen Widerspruch einige Jahre später in einer Festschrift für die 43. Versammlung Deutscher Naturforscher und Ärzte besonders deutlich hin (Kerner 1869): *„Zum Schlusse möchten wir endlich hier noch dem Vorwurfe begegnen: dass eine Inconsequenz [sic] darin liegt, wenn man einerseits die Variabilität der Arten anerkennt und zugibt, dass in ihr der Keim zur Differenzirung in neue Arten liegt und andererseits dennoch an dem Artbegriffe festhält und sich bemüht, die vorhandenen Spezies als etwas Konstantes festzuhalten.*

Wenn überhaupt der Vorwurf der Inkonsequenz hier gemacht werden könnte, so würde dieser die Natur und nicht diejenigen treffen, welche die Natur interpretieren; <u>*denn wir rechnen nur mit den Ergebnissen der Erfahrung, wenn wir die Arten variabel und in demselben Athemzuge auch wieder konstant nennen.*</u> *Sie sind eben beides, nur mit der Einschränkung, dass die Fähigkeit, sich in neue Arten aufzulösen, keine unbeschränkte ist und die Konstanz nur eine zeitweilige ist. – Einen* <u>*genetischen*</u> *Zusammenhang der gegenwärtigen Pflanzenwelt mit jener der Vorwelt wird niemand läugnen [sic] wollen. Sobald wir aber an diesem festhalten, kommen wir auch nothwendig dazu, die organischen Formen nicht als einen unabänderlichen für ewige Zeiten unwandelbaren, sondern als einen in stetem Werden begriffenen Complex von Arten anzusehen. Agassiz sagt: ‚Zu*

obachter verbürgt und kann nicht in Zweifel gezogen werden. Gärtner hatte Gelegenheit, den Dianthus Armeria-deltoides bis in die 10. Generation zu verfolgen, da sich derselbe regelmässig im Garten von selbst fortpflanzte.[205]

Bei Pisum wurde es durch Versuche erwiesen, dass die Hybriden v e r s c h i e d e n a r t i g e Keim- und Pollenzellen bilden, und dass hierin der Grund für die Veränderlichkeit ihrer Nachkommen liegt. Auch bei anderen Hybriden, deren Nachkommen sich ähnlich verhalten, dürfen wir eine gleiche Ursache voraussetzen; für jene hingegen, welche constant bleiben, scheint die Annahme zulässig, dass ihre Befruchtungszellen gleichartig sind und mit der Hybriden-Grundzelle übereinstimmen. Nach der Ansicht berühmter Physiologen vereinigen sich bei den [41] Phanerogamen zu dem Zwecke der Fortpflanzung je eine Keim- und Pollenzelle zu einer einzigen Zelle[206], welche sich durch Stoffaufnahme und Bildung neuer Zellen zu einem selbständigen Organismus weiter zu entwickeln vermag. Diese Entwicklung erfolgt nach einem constanten Gesetze, welches in der materiellen Beschaffenheit und Anordnung der Elemente begründet ist, die in der Zelle zur lebensfähigen Vereinigung gelangten. Sind die Fortpflanzungszellen gleichartig und stimmen dieselben mit der Grundzelle der Mutterpflanze überein, dann wird die Entwicklung des neuen Individuums durch dasselbe Gesetz geleitet, welches für die Mutterpflanze gilt. Gelingt es, eine Keimzelle mit einer u n g l e i c h a r t i g e n Pollenzelle zu verbinden, so müssen wir annehmen, dass zwischen jenen Elementen beider Zellen, welche die gegenseitigen Unterschiede bedingen, irgendeine Ausgleichung stattfindet.

---

einer Art gehört Alles, was sich durch <u>*Merkmale charakterisirt*</u>*, die dem Menschen für eine gewisse längere Zeit unveränderlich erscheinen.' Und so ist es auch. Die Arten, die uns gegenübertreten, sind nur Stadien und haben als solche zwar für eine gewisse Zeit Konstanz, können sich aber früher oder später in anders geformte Arten auflösen. [...] Die Pflanzenwelt schwankt demnach zwischen Konstanz und Variabilität. Die eine schützt vor einer unbegrenzten Zersplitterung in ein Artenchaos, die andere vor der Monotonie einer aus wenigen herrschenden Gewächsen gebildeten Pflanzendecke. [...]".* Unterstreichung durch d. Verf. der vorl. Edition.

[205] Vgl. Gärtner 1849, S. 553–554.

[206] **Ursprüngliche Anmerkung nach Mendel (1866):** *„Bei Pisum ist es wohl ausser Zweifel gestellt, dass zur Bildung des neuen Embryo eine vollständige Vereinigung der Elemente beider Befruchtungszellen stattfinden müsse. Wie wollte man es sonst erklären, dass unter den Nachkommen der Hybriden beide Stammformen in gleicher Anzahl und mit allen ihren Eigenthümlichkeiten wieder hervortreten? Wäre der Einfluss des Keimsackes auf die Pollenzelle nur ein äusserer, wäre demselben blos die Rolle einer Amme zugetheilt, dann könnte der Erfolg einer jeden künstlichen Befruchtung kein anderer sein, als dass die entwickelte Hybride ausschliesslich der Pollenpflanze gleich käme, oder ihr doch sehr nahe stände. Das haben die bisherigen Versuche in keinerlei Weise bestätigt. Ein gründlicher Beweis für die vollkommene Vereinigung des Inhaltes beider Zellen liegt wohl in der allseitig bestätigten Erfahrung, dass es für die Gestalt der Hybride gleichgiltig ist, welche von den beiden Stammformen die Samen- oder Pollenpflanze war."*

Die daraus hervorgehende Vermittlungszelle wird zur Grundlage des Hybriden-Organismus, dessen Entwicklung nothwendig nach einem anderen Gesetze erfolgt, als bei jeder der beiden Stammarten. Wird die Ausgleichung als eine vollständige angenommen, in dem Sinne nämlich, dass der hybride Embryo aus gleichartigen Zellen gebildet wird, in welchen die Differenzen g ä n z l i c h u n d b l e i b e n d v e r m i t t e l t sind, so würde sich als weitere Folgerung ergeben, dass die Hybride, wie jede andere selbständige Pflanzenart, in ihren Nachkommen constant bleiben werde. Die Fortpflanzungszellen, welche in dem Fruchtknoten und den Antheren derselben gebildet werden, sind gleichartig und stimmen mit der zu Grunde liegenden Vermittlungszelle überein.

[42] Bezüglich jener Hybriden, deren Nachkommen v e r ä n d e r l i c h[207] sind, dürfte man vielleicht annehmen, dass zwischen den differirenden Elementen der Keim- und Pollenzelle wohl insofern eine Vermittlung stattfindet, dass noch die Bildung einer Zelle als Grundlage der Hybride möglich wird, dass jedoch die Ausgleichung der widerstrebenden Elemente nur eine vorübergehende sei und nicht über das Leben der Hybridpflanze hinausreiche. Da in dem Habitus derselben während der ganzen Vegetationsdauer keine Aenderungen wahrnehmbar sind, müssten wir weiter folgern, dass es den differirenden Elementen erst bei der Entwicklung der Befruchtungszellen[208] gelinge, aus der erzwungenen Verbindung herauszutreten. Bei der Bildung dieser Zellen betheiligen sich alle vorhandenen Elemente in völlig freier und gleichmässiger Anordnung, wobei nur die differirenden sich gegenseitig ausschliessen. Auf diese Weise würde die Entstehung so vielerlei Keim- und Pollenzellen ermöglicht, als die bildungsfähigen Elemente Combinationen zulassen.

Die hier versuchte Zurückführung des wesentlichen Unterschiedes in der Entwicklung der Hybriden auf eine d a u e r n d e o d e r v o r ü b e r g e h e n d e V e r b i n d u n g

---

[207] Der Absatz beinhaltet einen direkten Bezug Mendels auf Ch. Darwin, denn schon in der ersten deutschen Auflage seiner „*Über die Entstehung der Arten*" von 1860 findet sich der Satz: „*Folglich: was immer für ein Theil der Organisation des gemeinsamen Stamm-Vaters oder seiner ersten Nachkommen veränderlich geworden, so werden höchst wahrscheinlich Abänderungen dieser Theile durch Natürliche und Geschlechtliche Zuechtung begünstigt worden seyn, um die verschiedenen Arten verschiedenen Stellen im Haushalte der Natur anzupassen [...]*" (Darwin 1860, S. 168).

[208] Rosalie Wunderlich (1982, S. 230) hat in ihrer Diskussion über die Entstehung des Embryos in der Bütenpflanze darauf hingewiesen, dass dieser Begriff damals recht ungewöhnlich war und sie ihn alleine in den Arbeiten von Mendels Universitätslehrer Franz Unger gefunden hat, wobei letzterer den Begriff im Gegensatz zu Mendel nur für die Pollenpflanze verwendete. Diese Darstellung muss heute zumindest geringfügig korrigiert werden, denn tatsächlich ist dieser Begriff in den 1850er Jahren vermehrt von verschiedenen Autoren verwendet worden (s. z. B. Braun 1849/50, 1851, S. 154; Karsten 1857; Regel 1853, S. 222-247). Vgl. Unger 1855, S. 381-392.

der differirenden Zellelemente kann selbstverständlich nur den Werth einer Hypothese ansprechen, für welche bei dem Mangel an sicheren Daten noch ein weiterer Spielraum offen stände. Einige Berechtigung für die ausgesprochene Ansicht liegt in dem für Pisum geführten Beweise, dass das Verhalten je zweier differirender Merkmale in hybrider Vereinigung unabhängig ist von den anderweitigen Unterschieden zwischen den beiden Stammpflanzen, und ferner, dass die Hybride so vielerlei Keim- und Pollenzellen erzeugt, als constante Combinationsformen möglich sind. Die unterscheidenden Merkmale zweier Pflanzen können zuletzt doch nur auf Differenzen in der Beschaffenheit und Gruppirung der Elemente beruhen, welche in den Grundzellen derselben in lebendiger Wechselwirkung stehen.

Die Geltung der für Pisum aufgestellten Sätze bedarf allerdings selbst noch der Bestätigung[209], und es wäre deshalb eine Wiederholung wenigstens der wichtigeren Versuche wünschenswerth, z. B. jener über die Beschaffenheit der hybriden Befruchtungszellen. Dem einzelnen Beobachter kann leicht ein Differentiale entgehen, welches, wenn es auch anfangs unbedeutend scheint, doch so anwachsen kann, dass es für das Gesammt-Resultat nicht vernachlässigt werden darf. Ob die veränderlichen Hybriden anderer Pflanzenarten ein ganz übereinstimmendes Ver-[43]halten beobachten [sic][210], muss gleichfalls erst durch Versuche entschieden werden; indessen dürfte man vermuthen, dass in wichtigen Puncten eine principielle Verschiedenheit nicht vorkommen könne[211], da die E i n h e i t im Entwicklungsplane des organischen Lebens ausser Frage steht.[212]

---

[209] Wie bereits erwähnt, hat Mendel versucht, die von ihm gefundenen Regeln und Formeln auch bei anderen Arten zu bestätigen. Publiziert wurden davon aber nur ein Bruchteil, z.B. in Form abweichender Ergebnisse bei Hieracien (Mendel 1870). Von anderen Pflanzenversuchen ist fast nichts bekannt, und umfangreichere Informationen finden sich lediglich in den von Mendel posthum publizierten Briefen (s. Kap. 3).

[210] Gemeint ist hier „*aufweisen*" anstelle von „*beobachten*".

[211] In den englischen Übersetzungen findet sich typischerweise eine nuanciert unterschiedliche Darstellung. Sprach Mendel noch ausdrücklich davon, dass „*eine principielle Verschiedenheit nicht vorkommt*", so findet sich in den englischen Ausgaben typischerweise der Satz „*can scarcely occur*" (vgl. Bateson 1913, S. 375).

[212] **Entwicklungsplan:** Dieser Satz ist eine der Schlüsselstellen zum Textverständnis, um Mendels Arbeit im historischen Diskurs einordnen zu können. Tatsächlich bezieht sich der Text hier auf einen Diskussionsstrang der Materialisten, mit dem diese an die Theorien Darwins anzuknüpfen versuchten. Der hier erwähnte „*Entwicklungsplan*" greift dabei ein Argument von Albert Kölliker (1817–1905) auf, nachdem „*der Entstehung der gesammten organisirten Welt ein grosser Entwicklungsplan zu Grunde liegt, der die einfacheren Formen zu immer mannichfaltigeren Entfaltungen treibt*" (Kölliker 1864a, S. 13; 1864b, S. 184). Mit seiner Wortwahl Einheit (besonders hervorgehoben im Text) im Entwicklungsplane stellt sich Mendel klar auf die Seite Köllikers. Es bleibt jedoch unklar, ob Mendel die ursprüngliche Argumentation überhaupt genau kannte. Köllikers Darstellung ist durch verschiedene Zeitungsartikel und Rezensionen regional verbreitet worden (z.B. in dem *Naturwissenschaftlichen Beobachter* in Frankfurt a.M. oder im *Morgenblatt der*

Zum Schlusse verdienen noch eine besondere Erwähnung die von Kölreuter, Gärtner u. a. durchgeführten Versuche über die **Umwandlung einer Art in eine andere durch künstliche Befruchtung**.[213] Diesen Experimenten wurde eine besondere Wichtigkeit beigelegt, Gärtner rechnet dieselben zu den „allerschwierigsten in der Bastarderzeugung."[214]

Sollte eine Art *A* in eine andere *B* verwandelt werden, so wurden beide durch Befruchtung verbunden und die erhaltenen Hybriden abermals mit dem Pollen von *B* befruchtet; dann wurde aus den verschiedenen Abkömmlingen derselben jene Form ausgewählt, welche der Art *B* am nächsten stand, und wiederholt mit dieser befruchtet und sofort [sic], bis man endlich eine Form erhielt, welche der *B* gleichkam und in ihren Nachkommen constant blieb. Damit war die Art *A* in die andere Art *B* umgewandelt. Gärtner allein hat 30 derartige Versuche mit Pflanzen aus den Geschlechtern: Aquilegia, Dianthus, Geum, Lavatera, Lychnis, Malva, Nicotiana und Oenothera durchgeführt.[215] Die Umwandlungsdauer war nicht für alle Arten eine gleiche. Während bei einzelnen eine 3malige Befruchtung hinreichte, musste diese bei anderen 5- bis 6mal wiederholt werden; auch für die nämlichen Arten wurden bei verschiedenen Versuchen Schwankungen beobachtet. Gärtner schreibt diese Verschiedenheit dem Umstande zu, dass „die typische Kraft, womit eine Art bei der Zeugung zur Veränderung und Umbildung des mütterlichen Typus wirkt, bei den verschiedenen Gewächsen sehr verschieden ist, und dass folglich die Perioden, innerhalb welcher und die Anzahl von Generationen, durch welche die eine Art in die andere umgewandelt wird, auch verschieden sein müssen, und die Umwandlung bei manchen Arten durch mehr, bei anderen aber durch weniger Generationen vollbracht wird." Ferner bemerkt derselbe Beobachter, „dass es auch bei dem Umwandlungsgeschäfte darauf ankommt, welcher Typus und welches Individuum zu der weiteren Umwandlung gewählt wird."[216]

Bayerischen Zeitung). Auf diese dürfte Mendel aber selbst wohl keinen Zugriff gehabt haben. Die Wahl des Adjektivs „*organischen*" statt „*organisirten*" lässt stattdessen vermuten, dass sich Mendel hier direkt auf die Schriften der Materialisten gestützt hat, welche Kölliker paraphrasierten und diskutierten (siehe z. B. Büchner 1868, S. 153). Diese Interpretation ist auch insofern plausibel, da mittlerweile bekannt ist, dass Mendels Artikel bereits kurz nach Erscheinen nicht nur im Kontext von Darwin, sondern auch in Hinsicht des Materialismus lokal in Brünn diskutiert wurde (Mielewczik et al. 2017).

[213] Mendels Darstellung der Entstehung bzw. Umwandlung einer Art in eine andere muss natürlich im historischen Kontext gesehen werden. Mit dem modernen Verständnis der Entstehung von Arten hat diese Argumentation nur bedingt Gültigkeit, und zwar in Hinsicht der Kombination von bestehenden Merkmalen. Andere Aspekte, wie bspw. das Entstehen neuer Merkmale oder durch Mutation wird dadurch nicht berücksichtigt. Dennoch hat Mendels Argumentationsstrang auch heute noch Relevanz wie z. B. beim Transfer von Merkmalen aus einer Wildart auf eine Kulturart (Weiling 1970a, S. 96, hier Anm. 57).

[214] Vgl. Gärtner 1849, S. 475–476.

[215] Ebd., S. 463 ff.

[216] Ebd., S. 463. Mendel zitierte hier nicht ganz wörtlich.

Dürfte man voraussetzen, dass bei diesen Versuchen die Entwicklung der Formen auf eine ähnliche Weise wie bei Pisum erfolgte, so [44] würde der ganze Umwandlungsprocess eine ziemlich einfache Erklärung finden. Die Hybride bildet so vielerlei Keimzellen, als die in ihr vereinigten Merkmale constante Combinationen zulassen, und eine davon ist immer gleichartig mit den befruchtenden Pollenzellen. Demnach ist für alle derartigen Versuche die Möglichkeit vorhanden, dass schon aus der zweiten Befruchtung eine constante Form gewonnen wird, welche der Pollenpflanze gleichkommt. Ob dieselbe aber wirklich erhalten wird, hängt in jedem einzelnen Falle von der Zahl der Versuchspflanzen ab, sowie von der Anzahl der differirenden Merkmale, welche durch die Befruchtung vereinigt wurden. Nehmen wir z. B. an, die für den Versuch bestimmten Pflanzen wären in 3 Merkmalen verschieden und es sollte die Art ABC in die andere abc durch wiederholte Befruchtung mit dem Pollen derselben umgewandelt werden. Die aus der ersten Befruchtung hervorgehende Hybride bildet 8 verschiedene Arten von Keimzellen, nämlich:

$$ABC, ABc, AbC, aBC, Abc, aBc, abC, abc.$$

Diese werden im zweiten Versuchsjahre abermals mit den Pollenzellen abc verbunden, und man erhält die Reihe:

$$AaBbCc + AaBbc + AabCc + aBbCc + Aabc + aBbc + abCc + abc.$$

Da die Form abc in der 8gliedrigen Reihe einmal vorkommt, so ist es wenig wahrscheinlich, dass sie unter den Versuchspflanzen fehlen könnte, wenn diese auch nur in einer geringeren Anzahl gezogen würden, und die Umwandlung wäre schon nach zweimaliger Befruchtung vollendet. Sollte sie zufällig nicht erhalten werden, so müsste die Befruchtung an einer der nächstverwandten Verbindungen $Aabc, aBbc, abCc$ wiederholt werden. Es wird ersichtlich, dass sich ein derartiges Experiment desto länger hinausziehen müsse, je kleiner die Anzahl der Versuchspflanzen und je grösser die Zahl der differirenden Merkmale an den beiden Stammarten ist, dass ferner bei den nämlichen Arten leicht eine Verschiebung um eine, selbst um zwei Generationen vorkommen könne, wie es Gärtner beobachtet hat.[217] Die Umwandlung weit abstehender Arten kann immerhin erst im 5. oder 6. Versuchsjahre beendet sein, indem die Anzahl der verschiedenen Keimzellen, welche an der Hybride gebildet werden, mit den differirenden Merkmalen nach den Potenzen von 2 zunimmt.

[45] Gärtner fand durch wiederholte Versuche, dass die w e c h s e l s e i t i g e Umwandlungsdauer für manche Arten verschieden ist, so dass öfter eine Art A in eine andere B um eine Generation früher verwandelt werden kann, als die Art B in die andere A. Er leitet daraus zugleich den Beweis ab, dass die Ansicht Kölreuter's doch nicht ganz stichhältig sei, nach welcher „die beiden Naturen bei den Bastarden einander das

---

[217] Vgl. Gärtner 1849, S. 462 ff., 465 ff., 472.

vollkommenste Gleichgewicht halten."[218] Es scheint jedoch, dass Kölreuter diesen Tadel nicht verdient, dass vielmehr Gärtner dabei ein wichtiges Moment übersehen hat, auf welches er an einer anderen Stelle selbst aufmerksam macht, dass es nämlich „darauf ankommt, welches Individuum zur weiteren Umwandlung gewählt wird." Versuche, welche in dieser Beziehung mit zwei Pisum-Arten angestellt wurden, weisen darauf hin, dass es für die Auswahl der tauglichsten[219] Individuen zu dem Zwecke der weiteren Befruchtung einen grossen Unterschied machen könne, welche von zwei Arten in die andere umgewandelt wird. Die beiden Versuchspflanzen waren in 5 Merkmalen verschieden, zugleich besass die Art A sämmtliche dominirende, die andere B sämmtliche recessive Merkmale. Für die wechselseitige Umwandlung wurde A mit dem Pollen von B und umgekehrt B mit jenem von A befruchtet, dann dasselbe an den beiderlei Hybriden im nächsten Jahre wiederholt. Bei dem ersten Versuche $\frac{B}{A}$ waren im 3. Versuchsjahse [sic][220] für die Auswahl der Individuen zur weiteren Befruchtung 87 Pflanzen vorhanden, und zwar in den möglichen; für den zweiten Versuch $\frac{A}{B}$ wurden 73 Pflanzen erhalten, welche in ihrem Habitus durchgehends mit der Pollenpflanze übereinstimmten, jedoch ihrer inneren Beschaffenheit nach ebenso verschieden sein mussten, wie die Formen des anderen Versuches. Eine berechnete Auswahl war daher blos bei dem ersten Versuche möglich, bei dem zweiten mussten auf den blossen Zufall hin, einige Pflanzen ausgeschieden werden. Von den letzteren wurde nur ein Theil der Blüthen mit dem Pollen von A befruchtet, der andere hingegen der Selbstbefruchtung überlassen. Unter je 5 Pflanzen, welche für die beiden Versuche zur Befruchtung verwendet waren, stimmten, wie der nächstjährige Anbau zeigte, mit der Pollenpflanze überein: [46].

Erster Versuch	Zweiter Versuch	
2 Pflanzen	–	in allen Merkmalen
3 "	–	" 4 "
–	2 Pflanzen	" 3 "
–	2 "	" 2 "
–	1 Pflanze	" 1 Merkmal.

---

[218] Siehe hierzu Gärtner 1849, S. 268; vgl. auch Kölreuter 1761, S. 107.
[219] Nach Müller-Wille et al. 2020 ist das Wort „tauglichsten im handschriftlichen Manuskript Mendels nachträglich angebracht worden.
[220] Gemeint war „*Versuchsjahre*". Der Druckfehler ist auch in den Sonderdrucken aus dem Jahr 1866 enthalten und dort nicht handschriftlich korrigiert worden.

Für den ersten Versuch war damit die Umwandlung beendet, bei dem zweiten, der nicht weiter fortgesetzt wurde, hätte wahrscheinlich noch eine zweimalige Befruchtung stattfinden müssen.

Wenn auch der Fall nicht häufig vorkommen dürfte, dass die dominirenden Merkmale ausschliesslich der einen oder der anderen Stammpflanze angehören, so wird es doch immer einen Unterschied machen, w e l c h e von beiden die grössere Anzahl besitzt. Kommt die Mehrzahl der dominirenden Merkmale der Pollenpflanze zu, dann wird die Auswahl der Formen für die weitere Befruchtung einen geringeren Grad von Sicherheit gewähren, als in dem umgekehrten Falle, was eine Verzögerung in der Umwandlungsdauer zur Folge haben muss, vorausgesetzt, dass man den Versuch erst dann als beendet ansieht, wenn eine Form erhalten wird, die nicht nur in ihrer Gestalt der Pollenpflanze gleichkommt, sondern auch wie diese in den Nachkommen constant bleibt.

Durch den Erfolg der Umwandlungs-Versuche wurde Gärtner bewogen, sich gegen die Meinung derjenigen Naturforscher zu kehren, welche die Stabilität der Pflanzenspecies bestreiten und eine stäte Fortbildung der Gewächsarten annehmen.[221] Es [sic][222] sieht in der vollendeten Umwandlung einer Art in die andere den unzweideutigen Beweis, dass der Species feste Grenzen gesteckt sind, über welche hinaus sie sich nicht zu ändern vermag.[223] Wenn auch dieser Ansicht eine bedingungslose Geltung nicht zuerkannt werden kann, so findet sich doch anderseits in den von Gärtner angestellten

---

[221] Bereits Weiling (1970a, S. 97, hier Anm. 64) hat darauf hingewiesen, dass Mendel den Relativsatz wörtlich von Gärtner (1849, S. 475) übernommen hat. Gärtner schrieb: „[…], *welche die Stabilität der Pflanzenspecies bestreiten* [unterstrichen durch d. Verf. d. Edition], *und eine stäte Fortbildung der Gewächsarten annehmen* [unterstrichen durch d. Verf. d. Edition] […]". Auch andere Abschnitte des Textabsatzes beziehen sich hierauf. Insofern ist klar, auf welchen Text sich Mendel hier genau bezogen hat. Hinsichtlich der erwähnten Naturforscher hat Gärtner diese am angegebenen Ort nicht erwähnt. An anderen Stellen ist dies bei Gärtner allerdings aufgelöst. So verwies er u. a. auf Franz J. Schelver (1778–1832), welcher „*die Beständigkeit der Pflanzenspecies*" bestritten hatte (Gärtner 1849, S. 154) und Gottfried Reinhold Treviranus (1776–1837) und dessen Ausführung, „[…] *dass daher auch die Organisation der Thier- und Pflanzenkörper sich verändere, und ganze Arten untergehen und neue an ihrer Stelle entstehen*" (ebd.).

[222] In späteren Ausgaben ist dieses „*Es*" meist durch „*Er*" ersetzt worden (siehe z. B. *VNV* 49, S. 46). Die entsprechende Korrektur wurde bereits von Mendel in einigen von ihm handschriftlich korrigierten Sonderdrucken angebracht. Siehe hierzu den Wiener und Tübinger Sonderdruck (vgl. Weiling 1984). Vgl. hiervon abweichend der Sonderdruck No. 11 in Weiling 1984.

[223] Vgl. hierzu Gärtner 1849, S. 475, den Mendel hier teilweise wörtlich zitiert, ohne dies durch Anführungszeichen auszuweisen: „[…] *in der* wirklichen *Umwandlung* einer *Pflanzenart in eine andere den unzweideutigen Beweis, dass der Pflanzenspecies feste Grenzen gesetzt sind, über welche sie sich nicht verändern kann* […]" [unterstrichen durch d. Verf. d. Edition] (vgl. auch Müller-Wille & Hall 2016). Mendel selbst hat in der Ausgabe von Gärtners Buch in der Klosterbibliothek eben diesen Satz unterstrichen (Müller-Wille & Hall 2016; 2020, S. 145).

Versuchen eine beachtenswerthe Bestätigung der früher über die Veränderlichkeit der Culturpflanzen ausgesprochenen Vermuthung.[224]

[47] Unter den Versuchsarten kommen cultivirte Gewächse vor, wie Aquilegia atropurpurea und canadensis, Dianthus Caryophyllus, chinensis[225] und japonicus[226], Nicotiana rustica und paniculata[227], und auch diese hatten nach einer 4- bis 5maligen hybriden Verbindung nichts von ihrer Selbständigkeit verloren.[228]

---

[224] Es ist durchaus interessant darauf hinzuweisen, dass Mendel hier eines der Kernargumente von Gärtner auslässt. Gärtner hat die Ansichten früherer Naturforscher ausführlich diskutiert und sich insb. mit der Hypothese auseinandergesetzt, dass die *„Vervielfältigung und unendliche Mannigfaltigkeit der vegetabilischen Formen und Arten durch hybride Zeugung hervorgebracht worden sein [...]"* (Gärtner 1849, S. 152). Gärtner hat sich in dieser Hinsicht dabei u.a. auf den Agronomen Marc-Antoine Puvis de Chavannes (1776–1851), den sächsischen Botaniker und Zoologen Heinrich Gottlieb Ludwig Reichenbach, Christian Gottfried Daniel Nees von Esenbeck (1776–1858) und den Mathematiker Johann Heinrich Voigt (1751–1823) bezogen. Gärtner hat dem jedoch skeptisch gegenübergestanden und auf die Problematik verringerter Fruchtbarkeit bei vielen Hybriden hingewiesen (Gärtner 1849, S. 152–153). Der Artenreichtum in *„Pflanzengattungen wie Verbascum, Calceolaria, Fuchsia, Erica, Pelargonium, Mesembryanthemum usw."* war für Gärtner durch Hybridisierung alleine jedenfalls nicht erklärbar.

[225] *Dianthus chinensis* L. (syn. *D. sinensis* & *Caryophyllus sinensis*) ist die **Chinesische Nelke** die zur Zeit Mendels auch in Brünn im dortigen Augarten angebaut worden ist. Auch die populäre Kultursorte „Heddewigii" mit ihren größeren Blüten ist dort bereits ausgestellt gewesen. Gärtner hat mit *D. chinensis* verschiedene Kreuzungsversuche durchgeführt. *D. chinensis* ist wohl erstmals 1702 nach Europa gebracht worden, als der französische Botaniker Joseph Pitton de Tournefourt (1656–1708) vom Abbe Jean-Paul Bignon (1662–1743), dem Bibliothekar Louis XIV., Samen aus China vermittelt bekommen hat und feststellte, dass deren Nachkommen aus Pflanzen mit verschiedenen Blütenfarben bestanden (Anonymous 1859a, Bretschneider 1881,1898; Langen et al. 1984). Zur Problematik des unterschiedlichen Samenmaterials im damaligen Handel s. insb. Anonymous 1859a.

[226] *Dianthus japonicus* THUNB. ist die **Japanische Nelke**. Entsprechend den zeitgenössischen Berichten eine Art mit in dichten Endbüscheln stehenden, dunkelroten Blüten. In Brünn damals wohl nicht kultiviert. In seinen Versuchen hat Gärtner u.a. versucht, *D. barbatus* mit *D. japonicus* bzw. *D. chinensis* zu kreuzen, wobei er eine Verminderung der Keimfähigkeit entsprechend der Zahl der erzeugten keimungsfähigen Samen feststellte. S. hierzu d. Vortrag Gärtners in der botanischen Sektion der zwölften Versammlung deutscher Aerzte und Naturforscher in Stuttgart, in: Flora 1835, No. 2, S. 23-25. Dabei stellte er jedoch fest, dass durch sechs Generationen deren Fruchtbarkeit mit jeder Generation abnahm.

[227] *Nicotiana rustica* L. ist der **Bauern-Tabak**, welcher ursprünglich aus dem Amazonasgebiet stammt, und in Deutschland und Europa seit dem Dreissigjährigen Krieg als Nutzpflanze angebaut wird. *N. paniculata* (L.) RUIZ & PAV. ist der **Rispentabak**, bzw. **Jungferntabak**. Der Verweis auf die beiden Tabakarten war von Mendel dabei nicht zufällig gewählt, denn dabei handelte es sich um die erste Kreuzung zweier Arten durch künstliche Befruchtung, welche 1760 von Kölreuter durchgeführt worden war (Vgl. hierzu Focke 1881 & Molisch 1930, S. 341).

[228] Vgl. Gärtner 1849, S. 70, S. 228, S. 253, S. 415, S. 452, S. 463, S. 515, S. 685.

2.5 Über das Gewitter in Brünn am 7. August 1857[229]

von Gregor Mendel

Die k. k. Central-Anstalt für Meteorologie verdankt dem Herrn Stiftscapitular Gregor Mendel den folgenden Bericht über das in Brünn am 7. d. M. zum Ausbruch gelangte Gewitter, welcher durch die Vergleichung mit den bereits bekannt gewordenen Nachrichten ein ganz besonderes Interesse gewinnt:

Freitag am 7. d. M. Mittags war allem Anzeichen nach ein baldiger Niederschlag zu erwarten. Schon um 2 U. vesp. stand ein schweres Gewitter am nördlichen Himmel, ohne sich jedoch der Stadt über eine Meile zu nähern. Um dieselbe Zeit wurde notirt am Barometer: 326,70 Paris. L.[230] (Minim.), Thermometer: +26,0 R, dunstdruck: 6,91 Par. L., Feuchtigkeit: 43,0 %, Wolken: FH_o aus WSW., Wind: WSW_4.

Um 3 U. 30 M. vesp.[231] erhob sich eine tiefschwarze Gewitterwolke, von hochgethürmten Haufenwolken umgeben, über dem westlichen Horizont und näherte sich

---

[229] **Ein unbekannter Artikel Mendels:** Dieser Artikel Mendels war bislang auch Mendelspezialisten unbekannt (vgl. die Arbeiten von Iltis, Weiling, Richter). Auch in den einschlägigen Bibliographien zu Mendel, wie der *Bibliographia Mendeliana*, ist er nicht aufgeführt. Abgedruckt war die hier wiedergegebene Version des Artikels in der *Brünner Ztg.* vom 18. August 1857, Nr. 186, S. 1343. Verantwortlicher Redakteur der Ausgabe war Alois Isidor Jeitteles (1794–1858), welcher heute vor allem noch als Dichter eines von Beethoven vertonten Liederzyklus bekannt ist. Gedruckt wurde die *Brünner Ztg.* in der Druckerei Gastl, damals noch unter der Leitung von Franz Gastl, in welcher 1866 dann auch der Sonderdruck von Mendels Artikel zu Pflanzenhybriden erscheinen sollte. Mit kleinen typographischen Abweichungen ist der Bericht auch im Anhang der *Sitzungsberichte der Mathematisch-Naturwissenschaftlichen Classe der kaiserlichen Akademie der Wissenschaften* in Wien (1858, 27. Bd., Jahrgang 1857, Heft 1 und 2, Anhang S. IV) als Abschnitt unter dem Obertitel „*Verlauf der Witterung im August 1857*" abgedruckt worden. Ein stichwortartiger, indirekter Verweis fand sich bislang lediglich in einer Auflistung der Nennungen Gregor Mendels in zeitgenössischen Zeitungen aus dem 19. Jahrhundert, welche *insbesondere* in Wien erschienen sind (siehe Vollmann & Matalová 2016a, S. 18, vgl. auch Vollmann & Matalová 2016b). Dort wurde auf eine Erwähnung Mendels in einem Artikel vom 12. August 1857 in *Die Presse* (S. 6) zu einem Gewitter verwiesen. Letzterer Artikel zitierte aus einen ausführlicheren Bericht Mendels zu einem Gewitter am 7. August an die k. k. Centralanstalt für Meteorologie und Erdmagnetismus. Der abgedruckte Teil dieses Berichts ist jedoch nur wenig Zeilen lang und gab keinen Hinweis auf das Vorhandensein eines später erfolgten Bericht in der *Brünner Ztg*. Zum neu aufgefundenen Artikel siehe auch Mielewczik et al. 2022d. Für eine englische Übersetzung siehe den dortigen Anhang.

[230] **Pariser Linien** sind ein altes Längenmaß, welches bspw. in der historischen Meteorologie verwendet wurde. In diesem Sinne wurde es hier auch von Mendel zum Ablesen am Barometer (aber auch am Thermometer) verwendet. Eine Linie entsprach dabei 2,256 mm.

[231] 15 Uhr 30. Die Abkürzungen „*U.*" (Uhr), „*M.*" (Minuten) und „*vesp.*" und die vielen anderen im Text gebrauchten Abkürzungen verdeutlichen, dass Mendel den Text in einem Protokoll oder Telegrammstil kurz und prägnant verfasst hat. Das aus dem Lateinischen stammende „*vesp.*" stand dabei für Vesper und bezeichnete damals die Zeit gegen Abend, worunter der größte Teil des Nachmittags fiel.

ziemlich schnell. Wenige Minuten vor 4 U. kamen die ersten Tropfen und darauf fiel durch 10 Min. ein mäßiger von Donner begleiteter Regen bei fast vollkommener Windstille. Plötzlich erfolgte ein orkanartiger Stoß aus Westen, dem rasch nacheinander ähnliche Stöße aus allen Himmelsgegenden nachfolgten, sodass man die Windfahne in ununterbrochenem Tanze sich drehen sah; nach etwa 40 Secunden kam sie zur Ruhe und war dabei von Osten her gerichtet. Gleichzeitig ließen die Wolken wahre Fluthen von Wasser herabstürzen. (Der Schreiber erinnert sich nicht, jemals etwas Aehnliches gesehen zu haben.) – Mit dem Aufhören des Sturmes ging der wolkenbruchartige Guß in einen dichten, aber ruhigen Gewitterregen über, der nach 20 min abermals durch einen Wirbelorkan unterbrochen wurde, welcher sammt dem furchtbaren Regengusse, der ihn wieder begleitete, bei 25 Secunden anhielt. Die Windfahne kam abermals von Osten her gerichtet zur Ruhe und behielt diese Richtung fast gänzlicher Windstille während des ganzen Gewitterzuges, der erst um 6 Uhr 15 min beendet war.

Schon in der ersten halben Stunde waren die niedrig gelegenen Gassen der Vorstädte überschwemmt, besonders die am Fuße des Spielberges liegenden. Mehr als 30 Häuser mußten von den Wohnparteien geräumt werden und sind zum Theile so beschädigt, daß ihre Demolirung nothwendig wird. Die Verheerungen in Gärten, auf Feldern etc. sind sehr bedeutend; auch ein Menschenleben ging verloren. Die während 2 ¼ Stunden gefallene Regenmenge erreichte die gewiß seltene Höhe von 40,35 Par. Lin. – Um 7 U. 30 M. kam von Westen her ein neuer Gewitterzug an, der auch zum Theile die Stadt berührte und bis 11 U. 30 M. anhielt. Die gesammelte Regenmenge betrug während dieser Zeit 2,12 Par. L. Der Gesammtniederschlag dieses einen Tages gibt demnach die Summe von 42,47 Par. L., also genauso viel, als die vorhergehenden 105 Tage (vom 25. April, dem schneereichen Markustage, angefangen) zusammengenommen aufweisen. – Trotz der beträchtlichen Abkühlung hatten wir am 8. (10 U. man.) abermals ein Gewitter, jedoch mit geringem Niederschlage (0,62"). Wolkenzug aus W., Windrichtung aus SO.

Gestern am 9. Wolkenzug und Windrichtung aus O. Um 10 U. 15 M. man. ein heftiges Gewitter, das in den an der Nordseite des Spielbergs gelegenen Vorstadtgassen nicht minder große Verheerungen anrichtete, als es am 7. der Fall war. Das Wetter entlud sich über dem nahen gelben Berge mit solcher Gewalt, daß die herabstürzenden Fluthen im ersten Anpralle Zäune und Mauern niederwarfen und dann mit schrecklichem Getöse in die Häuser eindrangen. Gleichzeitig fuhr ein Blitzstrahl in das Dach des Blinden-Institutes, ohne zu zünden. Um 2 U. und 7 U. 30 M. vesp. abermals Gewitter, letzteres mit starkem Platzregen. Bei allen diesen Gewittern zogen die Wolken auffallend niedrig.

Heute am 10. mauerartige Haufenwolken aus O., Windrichtung SO. Wieder Neigung zur Gewitterbildung; die Wolken jedoch höher.

Um Laurenzi, sagt der Volksspruch, ziehen die Gewitter nach Hause. Es scheint etwas Wahres daran zu sein, sie ziehen jedenfalls, und gewiß stehen die Vorgänge um Brünn nicht vereinzelt da."[232]

---

[232] In der in den *Sitzungsberichten der Mathematisch-Naturwissenschaftlichen Classe der kaiserlichen Akademie der Wissenschaften* abgedruckten Version ist dieser Satz nicht enthalten. Sperrung dem Original folgend.

Von der k.k. Central-Anstalt für Meteorologie und Erdmagnetismus.
Wien, am 12. August 1857. (Abdbl. [sic][233] d. W.Z.)

2.6 Ueber einige aus künstlicher Befruchtung gewonnenen Hieracium-Bastarde[234]

von Gregor Mendel

(Mitgetheilt in der Sitzung vom 9. Juni 1869.)[235]

Wiewohl ich schon mehrfache Befruchtungsversuche zwischen verschiedenen Arten aus dem Genus Hieracium[236] vorgenommen habe, ist es mir bis jetzt doch nur gelungen, folgende 6 Bastarde[237] und diese bloss in einem bis drei Exemplaren zu erhalten:

---

[233] Gemeint war vermutlich Abhdl., d. h. Abhandlung.

[234] Zur Durchführung von Versuchen mit *Hieracium* wird oft behauptet, dass Mendel hierdurch direkt durch C. W. v. Nägeli angeregt worden sei (Weiling 1970c). Letzteres stimmt jedoch nur bedingt, da Mendel bereits vor dem Erhalt des Briefes derartige Aufgaben projektiert hatte. Siehe hierzu den Brief v. C. W. v. Nägeli and Mendel vom 25. Februar 1867 (zit. n. Iltis 1924, S. 130): „[…] *besonders erwünscht wäre es, wenn es ihnen gelänge, hybride Befruchtungen bei Hiracien auszuführen, da das in kurzer Zeit diejenige Gattung sein dürfte, welche in Betreff der Mittelformen am besten bekannt sein wird.*" Vgl. hierzu den Brief Mendel an C. W. von Nägeli vom 31. Dezember 1866 mit der Information von geplanten *Hieracium*-Kreuzungen (Correns 1906, S. 194–198).

[235] Den Inhalt seiner *Hieracium*-Versuche hat Mendel auf eben dieser Monatssitzung des NfV vorgestellt. Dabei besprach er nicht nur seine Versuchsergebnisse, sondern präsentierte den Anwesenden auch zwei von ihm gezogene Hybriden von *Hieracium Auricula* und *H. aurantiacum* (s. *Brünner Morgenpost*, 10. Juli 1869, S. 640). Aus dem Sitzungs-Ber. lassen sich nur wenige Rückschlüsse auf die weiteren beim Vortrag anwesenden ziehen. Da der Sekretär Gustav v. Niessl verhindert war, hatte Franz Czermak das Protokoll der Sitzung übernommen während Alexander Makowsky gegen Ende der Sitzung einige Petrefakten aus einem damals neu eröffneten Steinbruch von Alt-Raußnitz in Mähren präsentierte. Durch die Sitzung führte damals Mendel als damaliger Vize-Präsident des Vereins selbst (siehe *VNV*, Bd. 8, Sitz.-Ber. S. 34).

[236] Sowohl der Gattungsname *Hieracium*, als auch die deutsche Bezeichnung der Habichtskräuter, geht wohl auf eine antike griechische Legende zurück. Der Sage nach soll der Habicht durch den Saft der Pflanze seine Augen geschärft haben. Siehe dazu die Darstellung von Anton Perger (1809–1876), den Mendel im Rahmen des Zool.-bot.-Vereins in Wien selbst kennengelernt haben dürfte (Perger 1858, S. 235).

[237] Mendel selbst hat lediglich die hier vorgestellten 6 Bastarde von *Hieracium* veröffentlicht (vgl. hierzu auch Peter 1884a, S. 212). Neben F. Schulz war Mendel damals der Einzige, der Hieracien künstlich gekreuzt und mehrere Jahre hindurch beobachtet hat (ebd.) Die 6 aus den Kreuzungen hervorgegangenen Bastarde hat Mendel an C. W. von Nägeli gesendet und sind dann bis in die 1880er Jahre in Münchener botanischen Garten angebaut worden (Peter 1884a). Weitere Informationen zu weiteren *Hieracium*-Hybrdien finden sich u. a. bei Peter 1884a, 1884b, 1885 und Nägeli & Peter 1885. Nach Weiling 1970c sind Herbarbelege von vielen von Mendels *Hieracium*-Hybriden in den europäischen Herbarien erhalten geblieben. Dazu zählen 5 Stammpflanzen, 23 Bastardtypen in 9 Bastardkombinationen (Weiling 1968a; 1970c). Für eine Liste siehe Weiling 1970c. Siehe hierzu auch Van Dijk & Elllis 2016.

H. Auricula + H. aurantiacum[238,239]
H. Auricula + H. Pilosella,[240]
H. Auricula + H. pratense,[241]
H. echioides[242] + H. aurantiacum,[243]
H. praealtum + H. flagellare Rchb,[244]
H. praealtum + H. aurantiacum[245,246]

---

[238] Ursprüngliche mit *) annotierte Fußnote von G. Mendel: Durch diese Bezeichnung wird angedeutet, dass der Bastard aus der Befruchtung des H. Auricula mit dem Pollen des H. aurantiacum erhalten wurde.

[239] Siehe hierzu auch Peter 1884b, S. 459. Der so erhaltene Hybride wurde demnach als *H. pyrrhantes* bezeichnet. Daneben gab es aus selbiger Verbindung auch noch weitere Bastarde hervorgegangen, die Mendel in den Jahren 1868, 1869 und 1873 nach München geschickt hatte, jedoch im weiteren Verlauf zu Grunde gegangen sind. Die so erhaltenen Pflanzen zeigten eine morphologische Stellung zwischen den Eltern (ebd.).

[240] Nach Peter 1884, S. 212–213 wurde diese Hybride in München als *Hieracium Mendelii* geführt. Nach Nägeli & Peter (1885, S. 65), handelte es sich bei *H. Mendelii* um eine Kreuzung aus H. bruennense + H. Auricula.

[241] Nachkommen die Hybriden wurden auch von Mendel an C. W. v. Nägeli gesendet, gingen in München jedoch zu Grunde (Peter 1884, S. 213).

[242] Ursprüngliche mit **) annotierte Fußnote von G. Mendel: Diese Versuchspflanze ist nicht genau das typische H. echioides. Sie scheint der Uebergangsreihe zu H. praealtum anzugehören, steht jedoch dem H. echioides näher, weshalb sie auch den Formenkreis des letzteren eingestellt wurde.

[243] Nach Peter 1884, S. 213 trug dieser Bastard den Namen *H. monasteriale*. Nach Nägeli & Peter (1885, S. 501) handelte es sich bei *H. monasteriale* um einen von Mendel künstlich erzeugten Bastard von *H. setigerum α. genuinum 2. angustum* ♂ und *H. aurantiacum normale* ♀, die Mendel die Mendel in seinen Kreuzungsversuchen in Brünn erzielt hatte. Mendel soll seine Stammart *H. aurantiacum* im Klostergarten verwildert gefunden haben, *H. setigerum* dagegen auf der Gartenmauer (ebd.). Die Erwähnung von *H. monasteriale* bei Nägeli & Peter ist übrigens schon deswegen interessant, da sie zeigt, dass Nägeli Mendels Idee von festen Verhältnissen eben nicht einfach ignoriert hat. So findet dort (a.a.O.) auch der folgende kurze Hinweis: „*H. monasteriale ist dem H. setigerum viel ähnlicher als dem H. aurantiacum und hat dem letzteren nur die Blüthenfarbe, die grüne Blattunterseite, die Blattform und die dunkle Behaarung der Caulome zu danken, so dass seine Formel sich etwa so ausdrücken lässt: 1/5 aurantiacum, 1/5 Pilosella, 3/5 echioides.*" Der wesentliche Unterschied liegt jedoch darin, dass diese Verhältnisse hier eine Abschätzung des gesamten Phänotyps darstellten. Die von Mendel so gewonnene künstliche Hybride zeigt übrigens, dass Mendels Versuche nicht vollständig gescheitert sind. Die Hybride war vielmehr ein Beispiel für einen Bastard, der zwischen seinen Eltern eben nicht genau die Mitte hielt (siehe Nägeli & Peter 1885, S. 501).

[244] Nach Peter 1884, S. 213 trug dieser Bastard den Namen *H. inops*.

[245] Nach Peter 1884, S. 213 trug dieser Bastard den Namen *H. calomastix*.

[246] Weitere Informationen zu seinen *Hieracium*-Kreuzungen finden sich im Bericht von Albert Peter (1853–1937) „*Über spontane und künstliche Gartenbastarde der Gattung Hieracium sect. Piloselloida*" (Peter 1884a, 1884b & 1885). Erwähnung findet dort auch eine von Mendel erstellte Dreifachhybride mit der Bezeichnung *H. trigenes* (Peter 1885, S. 122). Diese hatte Mendel durch eine Kreuzung zwischen *H. calomastix* mit *H. bruennense* ♂ erhalten. Dabei war schon *H.*

Die Schwierigkeit, Bastarde in einer grösseren Anzahl zu gewinnen, liegt in dem Umstande, dass es bei der Kleinheit der Blüthen und dem eigenthümlichen Baue derselben nur selten gelingt, die Antheren aus der zu befruchtenden Blüthe zu entfernen, ohne dass der eigene Pollen auf die Narbe gelangt, oder der Griffel verletzt wird und abstirbt.[247] Bekanntlich sind die Antheren in ein Röhrchen verwachsen, welches den Griffel enge umschliesst. Sobald die Blüthe sich öffnet, tritt die Narbe schon mit Pollen überdeckt aus dem Röhrchen hervor.

Um die Selbstbefruchtung zu verhüthen, muss desshalb [sic] das Antheren-Röhrchen noch vor dem Aufblühen entfernt und zu diesem Zwecke die Knospe mittelst einer feinen Nadel aufgeschlitzt werden.[248] Wird diese Operation zu einer Zeit vorgenommen,

---

calomastix eine Kreuzung aus H. *aurantiacum* und H. *magyaricum* ♀ (ebd.). Zu den Merkmalen von *H. trigens* berichtete Peter, dass *„10,5 Proc. Gemeinsam, 24,5 Proc. intermediär, 12,3 Proc. Überschreitend; 28,4 Proc sind mehr von H. bruennense als von H. calomastix übertragen."* Der Habitus entsprach weitestgehend *H. bruennense*. An die Variante *magyaricum* erinnerten Stolonen und Blätter. Der Bastard *trigenes* wurde 1870 von Mendel nach München gesendet und seitdem dort erfolgreich angebaut und ausgesät und blieb im Weiteren in München in Kultur. Der Bastard *H. calomastix* (*H. aurantiacum* + *H. magyaricum* ♀) wurde von Mendel 1869 nach München geschickt und seitdem dort angebaut (Peter 1885, S. 121). 1870 konnte durch eine Aussaat eine zweite Generation erzielt werden (ebd.). Bis in die 1880er Jahre wurde *H. calomastix* weiter in München Kultur gehalten (ebd.). In den Merkmalen war *H. calomastix* durchweg intermediär (ebd.). Besonders viele verschiedene Bastarde erhielt Mendel von *H. canum*, wobei es sich um eine Kreuzung von *H. bruennense* + *H. cymigerum* ♀ handelte. Erst in der Kultur in München stellte sich *„heraus, dass in einigen der erhaltenen Sätze nur eine einzige Form vorhanden war, in anderen dagegen trotz Mendel´s Angabe 2 bis 4 verschiedene Formen [...]"* (zit. n. Peter 1884b, S. 481). Nach Nägeli & Peter (1885, S. 428–429) handelte es sich *H. canum* um eine Kreuzung zwischen *H. cymnosum* + *H. Pilosella*. Die entsprechende Beschreibung (a.a.O.) ist deswegen besonders interessant, da sie zeigt, dass C. W. v. Nägeli Mendels Versuche eben sehr wohl in seine eigenen Überlegungen zur Pangenesis verarbeitet hat. Hierzu berichtete er (zit. n. Nägeli & Peter 1885, S. 429): *„Diese Formen stammen alle von den gleichen Eltern ab, zeigen also in gleicher Weise wie H. pyrrhanthes, dass das Resultat der nämlichen Kreuzungscombination nach der jeweiligen Beschaffenheit der sich vereinigenden Idioplasmen ein verschiedenes sein kann."* Vgl. hierzu auch Nägeli 1884, in dem dieser die Hypothese das Idioplasma als hypothetischen Sitz der Erbsubstanz vorstellte. Hervorzuheben ist hierbei jedoch, dass Nägeli auch von einer Vererbung erworbener Eigenschaften ausging mit dem Idioplasma als vermittelndem Träger ausging, welches durch äußere Einflüsse verändert werden konnte (siehe z. B. Nägeli 1884, S. 54).

[247] Tatsächlich hat sich Mendel bei diesen Arbeiten später ein Augenleiden zugezogen. Da ihm das zerstreute Tageslicht nicht für solche Arbeiten ausreichte nahm er einen Beleuchtungsapparat (Spiegel mit Sammellinse). Siehe hierzu den Brief Mendels an C. W. v. Nägeli v. 3. Juli 1870 in Correns 1906, S. 229. Wie Mendel dort selbst berichtete, war er damals durch diese *„Unvorsichtigkeit"* in *„ernstlicher Gefahr, die Bastardierungsversuche ganz aufgeben zu müssen"*, da er nicht geahnt hatte *„welches Unglück"* er hierdurch hätte hervorrufen können (zit. n. Correns 1906, a.a.O.).

[248] Siehe hierzu auch den letzten Brief Mendels an C. W. v. Nägeli (zit n. Correns 1906, S. 246): *„[...] Wie ich mich oft zu überzeugen Gelegenheit hatte, öffnen sich bei Hieracium die Antheren schon in der Knospe und theilen den Pollen der von ihnen enge umschlossenen Narbe mit, sodass dann letztere während des Aufblühens schon mit Pollen bedeckt aus dem Röhrchen hervortritt.*

wo der Pollen schon Befruchtungsfähigkeit erlangt hat, was zwei bis drei Tage vor dem Aufblühen der Fall ist, so gelingt es nur selten, die Selbstbefruchtung zu hindern, da es bei aller Aufmerksamkeit nicht leicht möglich ist, zu verhüthen, dass bei dem Aufschlitzen des Röhrchens einzelne Pollenkörner ausgestreut und der Narbe mitgetheilt werden. Keinen besseren Erfolg gewährte bis jetzt die Entfernung der Antheren in einem früheren Entwicklungsstadium. Vor dem Eintritte der Pollenreife sind nämlich die noch sehr zarten Griffel und Narben gegen Druck und Verletzungen äusserst empfindlich, und wenn sie auch nicht beschädigt wurden, welken und trocknen sie doch gewöhnlich nach kurzer Zeit ab, sobald sie ihrer schützenden Hüllen beraubt sind. Dem letzteren Uebelstande hoffe ich dadurch abzuhelfen, dass die Pflanze nach der Operation durch 2 bis 3 Tage der feuchten Atmosphäre des Warmhauses ausgesetzt wird. Ein Versuch, der vor Kurzem mit H. Auricula in dieser Weise angestellt wurde, lieferte ein gutes Resultat.

Um den Zweck anzudeuten, zu welchem die Befruchtungsversuche unternommen wurden, erlaube ich mir einige Bemerkungen über das Genus Hieracium vorauszuschicken. Dieses Genus besitzt einen so ausserordentlichen Reichthum an selbstständigen Formen, wie ihn kein anderes Pflanzengeschlecht aufweisen kann. Einzelne davon sind durch besondere Eigentümlichkeiten ausgezeichnet und werden als Hauptformen oder Arten betrachtet, während alle übrigen sich als Mittelbildungen oder Uebergangsformen darstellen, durch welche die Hauptformen mit einander zusammenhängen. Die Schwierigkeit in der Gliederung und Abgrenzung dieser Formen hat die Aufmerksamkeit der Fachgelehrten immer in Anspruch genommen. Ueber keine andere Gattung ist so viel geschrieben, sind so viele und heftige Kämpfe geführt worden, ohne dass es bis jetzt zu einem Abschlusse gekommen wäre. Es ist vorauszusehen, dass eine Verständigung nicht zu erzielen sein wird, so lange nicht der Werth und die Bedeutung der Zwischen- oder Uebergangsformen erkannt ist.

Bezüglich der Frage, ob und in welchem Umfange die Bastardbildung an dem Formenreichthum des genannten Geschlechtes Antheil nimmt, begegnen wir unter den ersten Pflanzenkennern sehr abweichenden, sogar widersprechenden Ansichten. Während einige derselben einen weit reichenden Einfluss zugestehen, wollen andere, z. B. Fries, bei Hieracien von Bastarden überhaupt nichts wissen.[249] Noch andere nehmen eine vermittelnde Stellung ein und geben zu, dass Bastarde unter den wildwachsenden

---

Vielmal [sic] habe ich an H. aurantiacum, H. murorum u. a. einen vollen Tag vor dem Aufblühen das Antheren-Röhrchen am Grunde behutsam abgelöst und über den Griffel weggezogen, ohne dasselbe auf der Seite aufzuschlitzen, auch sonst alle mögliche Vorsicht angewendet, dann die Narbe mit dem fremden zur Befruchtung bestimmten Pollen wiederholt belegt, und dennoch aus den erhaltenen Samen niemals etwas anderes gezogen, als H. aurantiacum, H. murorum […]".

[249] Mendel bezog sich hier wohl auf die folgenden Arbeiten von Elias Magnus Fries (1794–1878)): „*Symbolae ad Historiam Hieraciorum*" Upsala, *Nova Acta Soc. Sci.* (1847) 13: 383–416; Stockholm, Öfversigt (1848) 5: 218–232; „*Epicrisis generis Hieraciorum*", Upsala, Årsskrift (Math.) 1862. Vgl. Weiling 1970a, S. 100, Anm. 67 und Fussnote 135; sowie Peter (1884).

Arten nicht selten gebildet werden, behaupten jedoch, dass denselben eine wichtigere Bedeutung aus dem Grunde nicht beizumessen sei, weil sie immer nur von kurzem Bestande sind. Die Ursache davon liege theils in der geringen Fruchtbarkeit oder gänzlichen Sterilität derselben, theils aber in der durch Versuche erwiesenen Erfahrung, dass bei Bastarden die Selbstbefruchtung immer ausgeschlossen werde, wenn der Pollen der Stammarten auf die Narben derselben gelangt. Es sei demnach undenkbar, dass Hieracien-Bastarde sich in der Nähe ihrer Stammeltern zu vollkommen fruchtbaren und constanten Formen herausbilden und behaupten könnten.

Die Frage über den Ursprung der zahlreichen constanten Zwischenformen hat in neuester Zeit nicht wenig an Interessee [sic][250] gewonnen, seitdem ein berühmter Hieracien-Kenner[251] im Geiste der Darwin`schen Lehre die Ansicht vertrat, dass dieselben aus der Transmutation untergegangener oder noch bestehender Arten herzuleiten seien.[252]

Es liegt in der Natur der Sache, um die es sich hier handelt, dass eine genaue Kenntniss [sic][253] der Bastarde in Bezug auf ihre Gestalt und Fruchtbarkeit, sowie auf das Verhalten ihrer Nachkommen durch mehrere Generationen unerlässlich ist, wenn man es unternehmen will, den Einfluss zu beurtheilen, den möglicherweise die Bastardbildung auf die Mannigfaltigkeit der Zwischenformen bei Hieracium ausübt. Das Verhalten der Hieracium-Bastarde in dem augedeuteten [sic] Umfange muss nothwendig durch Versuche ermittelt werden, da wir eine abgeschlossene Theorie der Bastardbildung nicht besitzen, und es zu irrigen Anschauungen führen könnte, wenn man die

---

[250] Hierbei handelt es sich um einen Druckfehler. Korrekt wäre „*Interesse*".

[251] Gemeint ist hier offensichtlich C. W. v. Nägeli. Spezifischer bezieht Mendel sich hier wahrscheinlich auf die von Nägeli 1866 veröffentlichte „*Theorie der Bastardbildung*". Nägeli führte dort aus: „*Schon Darwin suchte die Erscheinung, welche die Bastarde darbieten, zu verallgemeinern. Er knüpfte dabei an die Schwächung der Geschlechtsorgane an, welche in seiner Transmutationslehre überhaupt eine grosse Rolle spielt.* […]". Zit. n. d. *Sitzungs-Berichte königl. bayer. Akad. Wiss. München*, Jg. 1866 Bd. 1 (1866), S. 93–127, s. S. 93 ff. Siehe ebenso Weiling 1970a, S. 100.

[252] Diese Stelle ist das einzige Mal, dass Mendel in seinen Arbeiten Darwin direkt erwähnt. Tatsächlich hat Mendel Darwin auch noch wiederholt in Briefen an C. W. Nägeli erwähnt. Wie wichtig Mendel selbst die Arbeiten Darwins erschienen sind zeigt besonders ein kurzer Abschnitt, in seinem Brief an C. W. v. Nägeli v. 3. Juli 187 (zit. n. Correns 1906, S: 235): „*Anderweitige Bastardirungs-Versuche konnte ich im vorigen Jahre wegen meines Augenleidens nicht beginnen. Nur ein Experiment schien mir so wichtig, dass ich mich nicht entschliessen konnte, dasselbe auf eine spätere Zeit zu verschieben. Es betrifft die Ansicht Naudin's) und Darwin's), dass zur genügenden Befruchtung eines Ovulum, ein einziges Pollenkorn nicht ausreichend sei. Als Versuchspflanze benützte ich, wie es auch Naudin that, Mirabilis Jalappa; das Resultat meines Versuches ist jedoch ein völlig anderes. Ich erhielt aus der Befruchtung mit einem einzigen Pollenkorn 18 gut entwickelte Samen und davon ebenso viele Pflanzen, von denen bereits 10 in Blüthe stehen. Die Mehrzahl dieser Pflanzen ist ebenso üppig ausgebildet, als die aus freier Selbstbefruchtung stammenden.*" Vgl. hierzu auch Kap. 3.

[253] Hierbei handelt es sich um einen Druckfehler. Korrekt wäre „*Kenntnis*".

aus der Beobachtung einiger anderer Bastarde abgeleiteten Regeln schon für Gesetze der Bastardbildung ansehen und ohne weitere Kritik auf Hieracium ausdehnen wollte. Gelingt es auf dem Wege des Experimentes eine genügende Einsicht in die Bastardbildung der Hieracien zu erlangen, dann wird mit Zuhilfenahme der Erfahrungen, welche über die Vegetationsverhältnisse der verschiedenen wild wachsenden Formen gesammelt wurden, ein competentes Urtheil in dieser Frage möglich werden.

Damit ist zugleich der Zweck ausgesprochen, den die in Rede stehenden Versuche anstreben. Ich erlaube mir nun mit Berücksichtigung dieses Zweckes die bisherigen noch sehr geringen Ergebnisse kurz zusammen zu fassen.

1. Bezüglich der Gestalt der Bastarde haben wir die auffallende Erscheinung zu registriren, dass die bis jetzt aus gleicher Befruchtung erhaltenen Formen nicht identisch sind. Die Bastarde H. praealtum + H. aurantiacum und H. Auricula + H. aurantiacum sind durch je zwei, H. Auricula + H. pratense ist durch drei Exemplare vertreten, während von den übrigen bisher nur je eines erhalten wurde. Wenn wir die einzelnen Merkmale dieser Bastarde mit den correspondirenden Charakteren der beiden Stammeltern vergleichen, so finden wir, dass dieselben theils Mittelbildungen darstellen, theils aber dem einen der beiden Stammmerkmale so nahe stehen, dass das andere weit zurücktritt oder fast der Beobachtung entschwindet. So z. B. sehen wir an der einen der beiden Formen von H. Auricula + H. aurantiacum rein gelbe Scheibenblüthen, nur die Ligeln der Bandblümchen sind an der Aussenseite kaum merklich roth angehaucht; bei der anderen hingegen kommt die Blüthenfarbe jener des H. aurantiacum sehr nahe, nur gegen die Mitte der Scheibe hin geht das Orangeroth in ein sattes Goldgelb über. Dieser Unterschied ist beachtenswerth, da die Blüthenfarbe bei Hieracien die Geltung eines constanten Merkmales besitzt. Andere ähnliche Fälle finden sich an den Blättern, Blüthenständen u. s. w.

Vergleicht man die Bastarde mit den Stammeltern nach der Gesammtheit ihrer Merkmale, dann stellen die beiden Formen des H. praealtum + H. aurantiacum nahezu Mittelformen dar. die jedoch in einzelnen Merkmalen nicht übereinstimmen. Dagegen sehen wir bei H. Auricula + H. aurantiacum und H. Auricula + H. pratense die Formen weit auseinandergehen, so zwar, dass eine davon sich der einen, die andere der zweiten Stammpflanze nahe stellt, während bei dem zuletzt genannten Bastarde noch eine dritte vorhanden ist, welche zwischen beiden fast die Mitte hält.[254]

Es drängt sich von selbst die Vermuthung auf, dass wir hier nur einzelne Glieder aus noch unbekannten Reihen vor uns haben, welche durch die unmittelbare Einwirkung des Pollens der einen Art auf die Keimzellen einer anderen gebildet werden.

---

[254] In seinem Artikel konnte Mendel nur wenige einzelne Pflanzen dieser Hybriden erwähnen. Seine Briefe an C. W. Nägeli (Correns 1906, S. 230 & 238) belegen jedoch, dass Mendel im Jahr 1870 84 blühende Pflanzen der Hybride erhalten konnte. Die F1-Pflanzen waren jedoch nicht uniform, sondern zeigten eine große Variabilität. Was Mendel damals nicht wissen konnte, ist, dass es sich bei der Pollenpflanze *H. aurantiacum* um eine hochgradig heterozygote Hybride handelt, die genetisch dank apomiktischer Reproduktion fixiert ist und somit eine reinerbige Art vortäuscht (Nogler 2006).

2. Die besprochenen Bastarde bilden, mit Ausnahme eines einzigen, keimfähige Samen. Als vollkommen fruchtbar ist zu bezeichnen: H. echioides+H. aurantiacum, als fruchtbar H. praealtum+H. flagellare, als theil weise fruchtbar H. praealtum+aurantiacum und H. Auricula+H. pratense, als wenig fruchtbar H. Auricula+H. Pilosella, als unfruchtbar H. Auricula+H. aurantiacum. Von den beiden Formen des zuletzt genannten Bastardes war die roth blühende ganz steril, von der gelb blühenden wurde ein einziger gut ausgebildeter Same erhalten. Ferner kann nicht unerwähnt bleiben, dass unter den Sämlingen des theil weise fruchtbaren Bastardes H. praealtum+H. aurantiacum eine Pflanze die vollkommene Fruchtbarkeit erlangt hat.[255]

3.[256] Die aus Selbstbefruchtung hervorgegangenen Nachkommen der Bastarde haben bis jezt [sic][257] nicht variirt, sie stimmen in inren [sic][258] Merkmalen unter einander und mit der Bastardpflanze, von welcher sie abstammen, überein. Von H. praealtum+H. flagellare sind bis jetzt zwei Generationen, von H. echioides+H. aurantiacum, H. praealtum+H. aurantiacum, H. Auricula+H. Pilosella je eine Generation in 14 bis 112 Exemplaren zur Blüthe gelangt.

4. Es ist die Thatsache zu constatiren, dass bei dem vollkommen fruchtbaren Bastarde H. echioides+H. aurantiacum der Pollen der Stammeltern nicht im Stande war, die Selbstbefruchtung zu hindern, obwohl derselbe den Narben, während sie beim Aufblühen der Antherenröhrchen hervortraten, in grosser Menge mitgetheilt wurde.[259]

---

[255] E. Tschermak hat in seiner kommentierten Ausgabe (1901, S. 62; 1933, S. 68) darauf hingewiesen, dass Kerner eine besondere Beschränkung der Fruchtbarkeit der Bastarde überhaupt bestritten hat. Tschermak selbst verwies darauf, dass die Möglichkeit besteht, dass eine zu Anfang verminderte Fruchtbarkeit in späteren Generationen gesteigert werden kann. In diesem Sinn hat Tschermak zunächst auch die hier gemachte Beobachtung Mendels verstanden. Dabei verwies er zudem darauf, dass er selbst und v. Wettstein bei Bastarden von *Phaseolus vulgaris* x *multiflorus* bzw. *Sempervivum alpinum* x *arachnoideum* analoge Beobachtungen gemacht hatten. In der 6. Auflage seiner kommentierten Edition hatte Tschermak dann noch hinzugefügt, dass er dieses auch bei Getreide-Bastarden (*Aegelotricum*, *Haynaldtricum*) beobachtet hatte (Ders. 1940, S. 71). Diesbezüglich stellte er zudem fest, dass seiner Ansicht nach „*ein solches Fortschreiten oder Ausbalancieren der Fruchtbarkeit in F2 und F3 [...] überhaupt bei (nicht spaltenden) Additionsbastarden häufig zu sein*" scheint.

[256] Die Zahl 3. Ist im Erstdruck nicht vorhanden.

[257] Hierbei handelt es sich um einen Druckfehler. Korrekt wäre „*jetzt*".

[258] Hierbei handelt es sich um einen Druckfehler. Korrekt wäre „*inneren*".

[259] Weiling (1970a) hat hierzu angemerkt, dass, je nach Stärke der Neigung zur Apomixis unterschiedliche Beobachtungen bei der Bestäubung gemacht werden können. Danach ist mitunter die Fremdbestäubung ganz wirkungslos oder es werden mitunter sogar mehr Samen als üblich gebildet. Mendel hat hier also möglicherweise beide Beobachtungen gemacht (ebd.). Nach Weiling (1970a) sprechen verschiedene Umstände, retrospektiv betrachtet, für das Vorkommen von apomiktischen Verhältnissen bei Mendels *Hieracium*-Arten: 1.) Die Stammeltern der Bastarde erwiesen sich in den Anbauversuchen als formbeständig, während die aus gelungenen Artkreuzungen hervorgegangenen Bastarde unterschiedliche Formen ergaben. Die aus Selbstbestäubung hervorgegangenen Bastard-Nachkommen zeigten dagegen keine Variation, sondern ein gleiches Verhalten wie die Bastardpflanzen (ebd.)

Aus zwei auf diese Weise behandelten Blüthenköpfchen wurden durchaus mit der Bastardpflanze übereinstimmende Sämlinge erhalten. Ein ganz ähnlicher Versuch, der schon im heurigen Sommer an dem theilweise fruchtbaren Bastarde H. praealtum + H. aurantiacum vorgenommen wurde, hat zu dem Ergebnisse geführt, dass jene Blüthenköpfchen, an welchen die Narben mit dem Pollen der Stammeltern oder anderer Arten belegt wurden, eine merklich grössere Anzahl guter Samen entwickelten, als jene, welche der Selbstbefruchtung überlassen blieben. Die Erklärung dieser Erscheinung dürfte bei dem Umstände, dass ein grosser Theil der Pollenkörner des Bastardes unter dem Mikroskope eine mangelhafte Ausbildung zeigt, wohl nur darin zu suchen sein, dass bei dem natürlichen Verlaufe der Selbstbefruchtung ein Theil der conceptionsfähigen Eichen wegen schlechter Beschaffenheit des eigenen Pollens nicht befruchtet wird.

Auch bei wild wachsenden ganz fruchtbaren Arten kommt es nicht selten vor, dass in einzelnen Blüthenköpfchen die Pollenbildung fehlschlägt und in mancher Anthere auch nicht ein einziges gutes Körnchen entwickelt wird. Wenn in solchen Fällen dennoch Samen gebildet werden, so muss die Befruchtung durch fremde Pollen erfolgt sein. Dabei können leicht Bastarde entstehen, indem mancherlei Insecten, namentlich geschäftige Hymenopteren, die Hieracium-Blüthen mit grosser Vorliebe besuchen und sicherlich dafür Sorge tragen, dass der an ihrem haarigen Körper leicht anhängende Pollen benachbarter Pflanzen auf die Narben gelangt.

Aus dem Wenigen, das ich hier mittheilen kann, wird ersichtlich, dass die Arbeit noch kaum über ihre ersten Anfänge hinausreicht. Ich musste wohl Bedenken tragen, an diesem Orte eben erst begonnene Versuche zu besprechen. Nur die Ueberzeugung, dass die Durchführung der projectirten Experimente[260] noch eine Reihe von Jahren in Anspruch nehmen müsse, und die Ungewissheit, ob es mir vergönnt sein wird, dieselben zu Ende zu führen, konnten mich zu der heutigen Mittheilung bestimmen. Durch die Güte des Herrn Directors Dr. Nägeli in München, welcher mir fehlende Arten, namentlich aus den Alpen freundlichst zugesendet hat, bin ich nun in den Stand gesetzt, eine grössere Anzahl von Formen in den Kreis der Versuche zu ziehen, und darf hoffen, schon im kommenden Jahre Einiges zur Ergänzung und Sicherstellung der heutigen Angaben nachholen zu können.[261]

---

[260] Vgl. hierzu auch den Brief Mendels and C. W. v. Nägeli vom 31. Dezember 1866 in: Correns 1906, S. 198. Mendel berichtete dort über die von ihm „*projectirten Versuchen mit Cirsium- und Hieracium-Arten*". Siehe hierzu auch die Darstellung in Kap. 3 im hier vorliegenden Band.

[261] **Austausch von Pflanzenmaterial:** In seinem Brief an C. W. v. Nägeli vom 9. Februar 1868 bat Mendel diesen um Zusendung einiger Hieracien-Arten (Correns 1906, S. 219). Dabei bat Mendel im speziellen um die Zusendung von *H. cymnosum* (genuinum), *H. alpinum**, *H. amplexicaule**, *H. glanduliferum*, *H. piliferum*, *H. villosum**, *H. glaucum**, *H. porrifolium*, *H. humile**, *H. tridentatum**, *H. prenanthoides**, *H. albidum**. Auch an den alpinen Arten *H. glaciale*, *H. alpicola* und *H. staticifolium* zeigte Mendel ein deutliches Interesse (siehe ebd.). Samen für mit * versehenen Arten erhielt Mendel dann mit einem kurzem Brief C. W. v. Nägelis vom 28. April 1868. Nägeli berichtete darin von einem Unfall, der ihn Anfang März 1868 ereilt hatte, als ihm kochender

Wenn wir schliesslich die besprochenen, allerdings noch sehr unsicheren, Resultate mit jenen vergleichen, welche aus Kreuzungen zwischen verschiedenen Pisum-Formen erhalten wurden, und welche ich im Jahre 1865 hier mitzutheilen die Ehre hatte[262], so begegnen wir einer sehr wesentlichen Verschiedenheit. Bei Pisum haben die Bastarde, welche unmittelbar aus der Kreuzung zweier Formen gewonnen werden, in allen Fällen den gleichen Typus, ihre Nachkommen dagegen sind veränderlich und variiren nach einem bestimmten Gesetze.[263] Bei Hieracium scheint sich nach den bisherigen Versuchen das gerade Gegentheil davon herausstellen zu wollen. Schon bei Besprechung der Pisum-Versuche wurde darauf hingewiesen, dass es auch Bastarde gibt, deren Nachkommen nicht variiren, dass z. B. nach Wichura die Bastarde von Salix sich unverändert wie reine Arten fortpflanzen. Wir hätten demnach bei Hieracium einen analogen Fall. Ob man bei diesem Umstande die Vermuthung aussprechen dürfe, dass die Polymorphie der Gattungen Salix und Hieracium mit dem eigentlichen Verhalten ihrer Bastarde in

---

Spiritus ins Auge gespritzt war, so dass die Ärzte bei einer ersten Untersuchung befürchteten, dass das Auge nicht zu retten war (Correns 1906, S. 219; vgl. auch Nägeli selbst in d. *Sitzungsber. d. k. bayer. Akad. D. Wissenschaften* 1868). Nägeli versprach Mendel jedoch in diesem Brief später nicht nur Samen, sondern auch noch Pflanzen zu versenden (Correns 1906, a.a.O.). Für den Eingang der Samen hat Mendel sich dann in seinem Brief an Nägeli vom 4. Mai 1868 bedankt (ebd.). Mit einer Sendung von 11. Mai erhielt Mendel lebende Hieracien. Hierzu gehörten *H. flagellare* Rchb., *H. acutifolium, H. auriculaeforme, H. stoloniflorum* Wk, *H. neglectum, H. fuscum, H. aurantiacum bicolor, H. pratense, H. cymnosum, H. alpinum, H. hispidum, H. ochroleucum, H. albidum, H. prenanthoides, H. gothicum, H. Sendtneri, H. laevigatum, H. pulmonaroides* und *H. Jacquini* (siehe Correns 1906, S. 221). Auch für den Empfang dieses Materials hat sich Mendel in einem Brief vom 12. Juni 1868 bedankt, wobei er Nägeli nun als „*Hochverehrter Freund*" adressierte *(siehe Correns 1906)*. Der Sendung war ein kleines Schema beigelegt, um Übergangsformen und Bastarde zu annotieren (ebd.). Die Sendung der Hieracien erfolgt am 11. Mai 1868 und ist von Mendel schon einen Tag später erhalten worden. In seiner Empfangsbestätigung musste Mendel Nägeli jedoch mitteilen, dass es hierbei zu einem Problem gekommen war, da Mendel mehrere Tage abwesend war und sein Gärtner gutmeinend die Pflanzen ertränkt hatte, so dass viele Exemplare eingegangen sind. Dennoch hoffte er, dass von den meisten Arten Exemplare gerettet werden konnten. Vgl. hierzu die stark verkürzte Darstellung in der kritisch kommentierten Ausgabe von Weiling 1970a, S. 103, Anm. 73.

[262] Ursprüngliche mit *) annotierte Fussnote von G. Mendel: Verhandlungen des naturforschenden Vereines in Brünn, IV. Band. Abhandlungen p. 3.

[263] Vgl. hierzu auch den Brief von Mendel an C. W. v. Nägeli vom 3. Juli 1870 in Correns (S. 234): *„Ich kann bei dieser Gelegenheit die Bemerkung nicht unterdrücken, wie sehr es auffallen muss, dass die Bastarde von Hieracium im Vergleich mit jenen von Pisum ein geradezu entgegengesetztes Verhalten beobachten. Wir haben es hier offenbar nur mit einzelnen Erscheinungen zu tun, die der Ausfluss eines höheren Gesetzes sind."*

Zusammenhang stehe, das ist bis jest[264] [sic] noch eine Frage, die sich wohl anregen, nicht aber beantworten lässt.[265]

2.7 Mendel als Imker I (1872) – Ein interessanter Fall einer Bienenräuberei.[266]

„*Der V o r s t a n d s - S t e l l v e r t r e t e r, Hr. inflrt.*[267] *Prälat Mendl [sic] erzählte einen ebenso seltenen als i n t e r e s s a n t e n F a l l e i n e r B i e n e n r ä u b e r e i, die während des Eingestelltseins im Einwinterungskelier [sic] stattgefunden hat. Er hatte nämlich in einem vollkommen dunklen, eigens zur Ueberwinterung der Bienen gebauten Keller seine Standvölker in Vereins-Ständern untergebracht [sic] und auf mehrere derselben wurden besetzte Zuchtstöckchen gestellt. Der Keller blieb vom Herbst bis zum Frühjahre geschlossen. Als nun jetzt die Bienen auf den Sommerstand geschafft werden sollten, wurde ein Zuchtstöckchen, welches, ein krainer Völkchen*[268] *enthaltend,*

---

[264] Druckfehler. Gemeint war „*jetzt*".

[265] In der Brünner Morgenpost befindet sich ein kurzer zeitgenössischer Sitzungs-Ber., der auf Mendels ursprünglichen *Hieracium*-Vortrag einging (a.a.O., 10. Juli 1869, S. 640). Der Bericht ist insofern interessant, als er den Zusammenfassenden Teil von Mendels Artikel in einer leichten Abwandlung präsentierte. Einerseits verwies Mendel im Vortrag ursprünglich nicht nur auf *Hieracium* und *Salix* als Gattungen, sondern auch auf *Cirsium* und *Rumex* etc. Andererseits war auch die Schlussfolgerung leicht abweichend, denn statt von der „*Polymorphie der Gattungen Salix und Hieracium*" berichtete Mendel berichtete er ursprünglich davon, dass „[…] *in gewissen Gattungen, z. B. Hieracium, Salix, Cirsium, Rumex etc., noch vielfach eine geringere Divergenz der Arten herrsche, so daß die, namentlich durch Insecten herbeigeführte Kreuzung leicht neue Formen entstehen läßt, welche constant bleiben und die Artenzahl der betreffenden Gattungen fortwährend vermehren.*"

[266] Mendel G. (1872a): [Interessanter Fall einer Bienenräuberei], in: *Die Honigbiene von Brünn – Organ der Bienenfreunde Mährens* 6 (4): 50–52 (dort S. 52 als Teil des Berichtes über die Monatsversammlung vom 7. März). S. a. die tsch. Version dieses Berichtes in: *Včela Brněnská* 6(4): 50–52.

[267] Unter einem infulierten Prälaten versteht man einen Welt- oder Ordenspriester, der, ohne ein Bischofsamt zu bekleiden, das Privileg hat, beim Gottesdienst das bischöfliche Gewand mit den Pontifikalien zu tragen. Also die Mitra mit Infuln, Stab, Ring und die Pektorale.

[268] *Apis mellifera carnica* POLLMANN 1879, zu Lebzeiten Mendels noch als *Apis mellifica carnica* bezeichnet, ist die Krainer oder Kärntner Biene. Sie ist eine Unterart der Europäischen Biene. Ihr ursprüngliches Verbreitungsgebiet waren die Südostalpen und der nördliche Balkan (Moosbeckhofer 2007, S. 25–27). Nach Živanský (1873) trat der Mährische Bienenzucht-Verein im Jahre 1868 an Baron Röschütz in Korrespondenz, nachdem Libor Morbitzer, der Pfarrer in Raubanin bei Gewitsch eine frühere Nachricht zur Krainer Biene des Baron aus dem Jahr 1857 in Erinnerung gebracht hatte. In der Folge gründete der Baron 1868 einen Krainer-Handelsbienenstand, welcher bald durch einen Handelsbienenstand von Langer in Poganitz ergänzt wurde. In den Jahren 1869 bis 1873 versendeten beide Stände massenhaft Bienen nach ganz Europa und auch in andere Weltteile.

*auf einem Ständer mit einem Italiener*²⁶⁹ *stand, leer gefunden. Die Königin war nebst zahlreichen Bienen todt, und der Honig aus den Waben weg, dafür waren den Italienern im Standstocke krainer Bienen beigemischt. Ein im Keller eingestellt gewesenes Thermometer zeigte, daß die höchste Wärme darin auf 5 Grad Reaumur*²⁷⁰ *gestiegen war. – Wie lange diese Wärmehöhe angedauert haben mag, zeigte das Instrument nicht. – Die Raubgeschichte läßt sich fachlich folgenderweise erklären: Die Königin in dem Zuchtstöckchen dürfte zur Zeit des höheren Wärmegrades aus unbekannter Ursache verstorben sein. Das weisellose Völkchen betrauerte sie mit dem üblichen Braußegeräusche [sic]. Die darunter stehenden Italiener, welche der Wärme wegen den Winterknäul aufgelöst hatten und wahrscheinlich in ihrem Haushalt schon geschäftig waren, vernahmen dieses braußen [sic], wußten es richtig zu deuten, gingen auf Entdeckungen aus und fanden, was sie suchten, das weisellose Stöckchen. Sie machten sich über die Honigvorräthe her und trugen sie in ihre Behausung. Die angegriffenen Krainer machten mit ihnen gemeinschaftliche Sache, halfen die Vorräthe mit übertragen und verliehen dann ihren heimischen Herd, um sich mit ihren Plünderern zu verbrüdern."*

2.8   Mendel als Imker II (1872) – Eine kleine Notiz²⁷¹

Im Rahmen der Versammlung ist damals das *„Befinden der Bienen zur Besprechung"* gekommen. In diesem Kontext findet sich hier auch eine kurze Notiz Mendels zu den eigenen Erfahrungen:

„H. infl. P r ä l a t G. M e n d l *theilte mit, daß ihm ein krainer Volk anfangs März verweiselt sei und sich noch vor Ablauf des Monates eine neue Königin erbrütet habe. Dieselbe sei, wie nicht anders möglich, noch unbefruchtet; daß ihr Befruchtetwerden jedoch wahrscheinlich bleibt, selbst wenn sie darauf bis in den Mai hinein warten müßte. – Es gilt als Grundsatz, daß eine Königin von ihrer Geburt an – durch 28 – 30 Tage befruchtungsfähig bleibt; doch werden einzelne Ausnahmsfälle erzählt, in denen die Empfänglichkeit viel länger gedauert haben soll."*

---

²⁶⁹ *Apis mellifera ligustica* SPINOLA 1806, zu Lebzeiten Mendels noch als *Apis mellifica ligustica* bezeichnet, ist die italienische Biene. Sie ist eine Unterart der Westlichen Biene, Natürliches Verbreitungsgebiet ist Italien. In Deutschland ist sie erstmals 1843 eingeführt worden (Pollmann 1879, S. 6).

²⁷⁰ Die **Réaumur-Skala** in Grad Réaumur ist eine alte Einheit zur Messung der Temperatur. Die Messung erfolgt in °Ré. Eingeführt wurde sie von dem französischen Naturforscher René-Antoine Ferchault de Réaumur (1683–1757). Vor 1900 ist sie in Deutschland und Frankreich weit verbreitet gewesen, unter anderem auch in Mendels Spezialgebiet Meteorologie. Nach der amtlichen Umstellung 1901 kam die Einheit jedoch praktisch nicht mehr zum Einsatz.

²⁷¹ Mendel G. (1872b): [Kleine Notiz], in: *Die Honigbiene von Brünn – Organ der Bienenfreunde Mährens* 6 (5), S. 65–67 (dort S. 66 als Teil des Berichtes über die Monatsversammlung am 4. April 1872). S. a. die tsch. Version dieses Berichtes in: *Včela Brněnská* 6(5): 66–67.

2.9 Mendel als Imker III (1872) – Eine Anekdote aus Mendels Bienenstand[272]

Der Bericht der Monatsversammlung zitierte dort indirekt einen Report Mendels:
„*Der Vorstand-Stellvertreter Herr inf. P r ä l a t M e n d l [sic] erzählte einen interessanten Fall, welcher sich am 4. Juni l. Z. auf seinem Bienenstande ereignete. Er wechselte einem Krainer Volke die Königin aus. Die zuzusetzende Königin, ein schönes Exemplar, schon im heurigen Jahre auf dem eigenen Stande erzogen und befruchtet, wurde am Tage der Entfernung der zu kassirenden Mutterbiene im Weiselhäuschen zugesetzt. Sie blieb volle 10 Tage in der Gefangenschaft, bis wohin voraussichtlich alle Arbeiterbrut in dem betreffenden Stocke bedeckelt sein mußte. Nach diesem Termine wurde sie freigegeben und willig angenommen.* <u>*Die Witterung war zur Zeit trüb, regnerisch, stürmisch und gestattete nur weilen-weise unvollkommenen Flug.*</u>[273]

Vier Tage nach der Freilassung der zugesetzten Königin schwärmte das Volk früh vor 10 Uhr bei ziemlich ungünstigem Wetter aus! Der Schwarm führte aber nebst der zugesetzten (genau erkennbaren) Königin noch drei andere selbst erbrütete mit. – Die zugesetzte wurde am Flugbrette abgefangen, der Schwarm von der Anlegestelle abgenommen, und nachdem die jungen Königinnen entfernt und im Schwarmstocke noch mehrere Weiselzellen zerstört worden sind, zurückgegeben und die gefangene Königin neuerdings zugesetzt. Sie wurde angenommen und schlägt reichlich Brut ein.

Eine genaue Untersuchung des Stockes zeigte, daß die zugesetzt gewesene Königin bis zum Ausschwärmen (4 Tage) keine Eier legte.

An diesem höchst interessanten Falle ist merkwürdig, daß die Bienen die zugesetzte Königin nicht anfeindeten und dennoch aus der eigenen Brut Weiselzellen anlegten; dieselbe jedoch, aus dem Weiselhäuschen befreit, nicht zur Eierlage kommen ließen. Zweifelsohne hing ihr nur ein kleiner Theil des Volkes an, der andere aber verlangte nach einer neuen selbst zu erziehenden!"

---

[272] Mendel G. (1872c): [Eine Anekdote aus Mendels Bienenstand], in: *Die Honigbiene von Brünn – Organ der Bienenfreunde Mährens* 6 (7), S. 100–101 (dort S. 101 als Teil des Berichtes über die Monatsversammlung vom 6. Juni 1872). S. a. die tsch. Version dieses Berichtes in: Včela Brněnská 6(7): 100–101.
[273] Unterstreichung durch d. Verf. d. vorl. Edition. Die Textstelle zeigt Mendel als guten Beobachter. Sie verdeutlicht aber auch, wie Mendel typischerweise versucht hat, sein meteorologisches Wissen mit seinen anderen Beobachtungen zu kombinieren.

2.10 Mendel als Imker IV (1875) – Überwinterungsversuche[274]

In der Monatsversammlung des Brünner Bienenvereins vom März 1875 wurde allgemein über die Erfahrung bei der Überwinterung von Bienen gesprochen. In diesem Rahmen hat Mendel dann auch die Ergebnisse seiner eigenen Versuche vorgetragen. Die Resultate sind dann auch als indirekt wiedergegebener Bericht im Sitzungsprotokoll abgedruckt worden:

„*7. Hierauf theilte der hochwürdigste Herr Prälat Gregor Mendel die Resultate seiner Uiberwinterungsversuche* [sic] *mit. In früheren Wintern pflegte er seine Bienen in einen eigens dazu gebauten trockenen Keller zu geben. Er fand jedesmal im Frühjahre den Bau naß und verschimmelt. In Folge dessen ließ er in späteren Jahren die Bienen lieber im Freien. Voriges Jahr gab er ein sehr schwaches Volk auf eine längere Zeit in den Keller, um es später mit einem anderen zu vereinigen. Wegen anderer Geschäfte konnte er aber dazu nicht kommen, und so blieb der Stock den ganzen Winter darin. Zufällig jedoch befand sich derselbe nicht in aufrechter Stellung sondern in einer mehr als über die Hälfte geneigten Lage, sodass er mit dem Boden einen Winkel von 30° bildete. In diesem Zustande blieben die Bienen durch 91 Tage bis zum Reinigungsausfluge. Wie groß war das Erstaunen des Herrn Prälaten, als er nach einer so langen Zeit das schwache Volk im Keller in einem vollkommen gesunden Zustande fand! Von Nässe oder Schimmel war im Stocke keine Spur, und dieses elende Volk war es, welches im folgenden Frühjahr den ersten Schwarm abstieß.*

Dadurch veranlaßt machte der hochw. Herr Prälat im heurigen Winter weitere Versuche. Er gab dießmal 4 Königinzuchtstöcke (auf 10 Vereinswaben eingerichtet), 2 mittelstarke und 2 sehr starke Völker, alle in der angegebenen Neigung, in den Keller. Um Weihnachten schaute er nach und fand im Keller eine Temperatur von + 7° R. Die Zuchtstöckchen, so wie die mittelstarken (auf 7 Waben gestellten) Völker, waren vollkommen ruhig; die starken (auf 10 Waben gestellten) brausten jedoch und jammerten, denn sie hatten die Ruhr.[275] *Für diese war es offenbar in dem Keller zu warm. In Folge*

---

[274] Mendel G. (1875a) [Überwinterungsversuche], in: *Die Honigbiene von Brünn – Organ der Bienenfreunde Mährens* 9 (3), S. 33–37 (dort S. 35–36 als Teil des Berichtes über die Monatsversammlung am 11. März 1875). Die Monats-Versammlung selbst fand am 11. März um 3 Uhr nachmittags im Saal der k. k. Ackerbaugesellschaft statt. S. a. die tsch. Version dieses Berichtes in: *Včela Brněnská* 9(3): 33–37.

[275] Unter der **Bienenruhr** versteht man allgemein eine Durchfallerkrankung bei Bienen, die heute auf den Erreger *Nosema apis*, ein Mikrosporidium, zurückgeführt wird (Fantham & Porter 1914). Es ist bekannt, dass infizierte Bienenkolonien nach der Überwinterung im Frühjahr Probleme zeigen können. Zur Zeit Mendels war der Erreger natürlich noch nicht bekannt. Interessanterweise geht die Erstbeschreibung des Genus Nosema auf Mendels späteren Brieffreund C. W. v. Nägeli zurück, welcher 1857 mit *N. bombycis* den Erreger der Nosemose beim Seidenspinner (*Bombyx mori*) entdeckte (Nägeli 1859). Vgl. hierzu die Darstellung in: *Amtlicher Bericht ueber die Drei und Dreissigste Versammlung Deutscher Naturforscher und Ärzte* zu Bonn im September 1857, gedr. 1859, S. 133.

dessen gelangten sie nicht zu der für die Winterruhe nothwendigen Abkühlung, zehrten sehr stark (jedes Volk fast 30 Pfd.) und das Resultat konnte nichts Anderes als Ruhr sein. Für die schwächeren, welche nicht soviel Wärme selbst erzeugten, war die im Keller herrschende Temperatur gerade recht, sie zehrten sehr wenig und befinden sich bis heute ganz wohl. – Die Bienen am freien Stande überwinterten alle recht gut. – Daraus könnte man vielleicht schon jetzt den Schluß ziehen, daß es für die starken Völker besser ist, wenn sie im Freien gelassen werden, für die schwächeren aber vortheilhafter, wenn sie in einen geschlossenen Raum gegeben werden. Nur müßte man durch die besagte Neigung der Stöcke die Lufterneuerung erleichtern, damit keine Nässe und Schimmel darin entstehen. Statt eines Kellers kann auch jede kühle Kammer zu der Einstellung der Bienen gebraucht werden. Nur müßte man dieselbe öfters im Winter durch Öffnung eines Fensters lüften. (Der Bienenkeller des Herrn Prälaten hat eine eigene Ventilationsvorrichtung zu diesem Zwecke.) Damit die Bienen aus den Stöcken nicht herausgehen, ist es gut, denselben durch ein vor das Flugloch befestigtes Drahtnetz den Ausgang zu verwehren."

Zum Abschluss der Versammlung hielt das Protokoll der genannten Sitzung auch noch einen Ratschlag fest, mit welchem Gregor Mendel die Anwesenden verabschiedete (a.a.O., S. 37):

„Herr Prälat [bemerkte], es sei wichtig, daß jeder Bienenzüchter Etwas versuche, was die Bienenzucht betrifft; denn nur auf diesem Wege sei es möglich, zu ersprießlichen Resultaten zu gelangen."

2.11 Mendel als Imker V (1875) – Mendels Bienenstock[276]

In der Monatsversammlung des Brünner Bienenvereins vom Juli 1875 wurde über ein in vielen Gegenden schlechtes Honigjahr diskutiert. Im zugehörigen Bericht der Monatsversammlung findet sich kurzer indirekt und ungefähr protokollierter über einen Beitrag Mendels zu dieser Sitzung, in welchem dieser von seinem Bienenstock berichtete:

„Der hochw. Herr Prälat von Altbrünn Gregor Mendl äußert sich jedoch über seinen Bienenstand ungefähr also: ‚Ich bin mit meinem Stande zufrieden. Der Jahrgang wäre vielleicht sehr gut zu nennen, wenn die Lindentracht besser gewesen wäre; so aber kann ich ihn nur unter die guten rechnen. Man kann aber von einem Stande auf den andern nicht urtheilen. Andere Localverhältnisse bewirken auch ein anderes Resultat. So war für die Bienen in Altbrünn die Obstblüthe gerade heuer ganz vorzüglich; besonders spendeten die Kirschenplantagen am Rothen Berge viel Honig. Während der Kirschenblüthe roch es bei meinem Stande, wie nach frischgebackenem Brode [sic], so daß man

---

[276] Mendel G. (1875b): [Mendels Bienenstand], in: *Die Honigbiene von Brünn – Organ der Bienenfreunde Mährens* 9 (9), S. 129–132 (dort S. 130 als Teil des Berichtes über die am 29. Juli 1875 abgehaltene Monatsversammlung). S. a. die tsch. Version dieses Berichtes in: *Včela Brněnská* 9(9): 129–132.

fast Kopfschmerzen spürte. Ausgezeichnet war auch die Esparsette und die Akazie; nur die Linde hielt sich schlecht.[277] *– Die Gesundheit und Stärke meiner Stöcke läßt Nichts zu wünschen übrig.'"*

2.12 Mendel als Imker VI (1875) – Zur Annahme von Nachschwärmen[278]

Auf der Monatsversammlung war zudem festgestellt worden, dass es im Jahre 1875 im Allgemeinen nur sehr wenige Schwärme gab. In diesem Kontext sind dann auch Nachschwärme diskutiert worden, wozu in den Bericht eine kurze Erwiderung Mendels aufgenommen wurde. Danach hob er die diesbezügliche Problematik hervor:

„*In der Stadt dürfe man es nicht wagen, Nachschwärme anzunehmen, den sie werden ohne starke Nachhilfe nicht winterständig. Erstschwärme seien anzunehmen, wenn sie v o r der Haupttracht [sic] kommen, sonst auch nicht. Unsere Hauptsorge sollte vielmehr sein, die Völker in S t ä r k e zu erhalten: nur starke Völker machen einem Züchter Freude, den mit der Volkszahl wächst auch die Arbeitslust und Eintragsfähigkeit. Bei ihm selbst habe heuer ein starkes Volk in der Zeit vom 19/5 – 8/6 58 Pfd.* Honig erübrigt und am letzgenannten [sic] *Tage noch einen Schwarm gegeben. An einem guten Trachttage hat es sogar um 11 ½ Pfd. zugenommen.*

Um nur starke Völker zu haben hat der Herr Prälat auch die Erstschwärme alle kassirt, und die Waben zur Erneuerung des Baues in anderen Stöcken benützt. Er entnahm Ende Juli den zu kassirenden Völkern die Königinnen, theilte nach 9 Tagen (nachdem

---

[277] Mit der Esparsette meinte Mendel wohl primär die **Futter-Esparsette** *Onobrychis sativa* LAM., eine perennierende Fabaceae, welche in dieser Zeit vom Brünner Bienenzuchtverein wegen ihres Honigreichtums beworben wurde. Danach sollte dieser von keinem einheimischen Gewächs übertroffen werden. In der Folge wurden im Verein Samen der Esparsette an die Mitglieder verteilt. Eine kurze Notiz in der Honigbiene von Brünn (a.a.O., S. 190) belegt zudem, dass Mendel bereits im Jahr 1872 eine französische zweischürige Esparsette zum Versuch angebaut hat, die bereits im ersten Jahr zur Blüte gelangte.

Im folgenden Jahr berichtete Mendel auf der Monatsverhandlung am 6. Juli 1876 dann auch von seinen Erfahrungen mit dem in seinem Garten seit vielen Jahren ohne Anbau wachsenden Löwenschwanz (*Leonorus cardiaca* L.) als Bienenweide, wobei er ein Exemplar dieser Pflanze als Anschauungsexemplar mitbrachte. Nach Mendel füllte dieser für die Bienen die Lücke zwischen Fichte und Linde. Der Löwenschanz blühte seit Anfang Juni den ganzen Monat und bot auch in den beiden folgenden Monaten noch genügend Futter. Mendel berichtete weiter, dass die Pflanze erst ab dem zweiten Jahr blüht, dafür aber von Jahr zu Jahr üppiger. Nach Mendel erfolgt die Fortpflanzung des Samens mit dem Samen und er hoffte, dass diese an vielen öden Stellen ausgebracht werden könnten. Diesbezüglich brachte Mendel auch die Hoffnung zum Ausdruck, dass ähnlich dem Flachs, auch die Fasern des Löwenschwanzes genutzt werden könnten. Mendel kündigte an, diesbezügliche Versuche zu unternehmen. Siehe hierzu den uns vorl. tschechischen Bericht in der *Včela Brněnská* 10(7): 97–99 (1876; s. a. Kap. 5).

[278] Mendel G. (1875c): [Zur Annahme von Nachschwärmen], in: *Die* Honig*biene von Brünn – Organ der Bienenfreunde Mährens* 9(9), S. 129–132 (dort S. 131 als Teil des Berichtes über die am 29. Juli 1875 abgehaltene Monatsversamlung).

alle Brut bedeckelt war) die Brutwaben andern Völkern zu, verstellte die Stöcke (ohne Honig), damit die alten Bienen wegfliegen und sich bei andern einbetteln, und vereinigt die übriggebliebenen jungen Bienen mit einem beliebigen Stocke.

Herr Seide aus Mödritz[279] beklagte sich, er habe einen Zweitschwarm mit einem Erstschwarm vereinigen wollen, die Bienen seien aber abgestochen worden. – Der Herr Prälat pflegt in solchen Fällen die Bienen nach der Entweiselung zwei Tage im Keller heulen zu lassen, besprengt sie dann mit Zuckerwasser (nicht mit Honig), sowie auch den Boden des Stockes, in welchen er sie einlaufen läßt. -- "

2.13 Mendel als Imker VII (1875) – Versuche mit einer neuen Bienenrasse[280]

In der gleichen Monatsversammlung bzw. Sitzung machte Mendel dann auch noch auf eigene Versuche mit einer neuen Bienenrasse aufmerksam. Auch hierzu enthielt der Bericht der Monatsversammlung einen kurzen Report Mendels:

„In dieser Sitzung machte der hochwürdigste Herr Prälat auch die interessante Mittheilung, daß er vor Kurzem Versuche mit einer neuen B i e n e n r a ç e und zwar mit cyprischen[281] zu machen anfieng [sic]. In der Eichstädter Zeitung[282] waren über diese Raçe mehrere dieselbe sehr lobende Artikel von Kori[283] enthalten. Herr Graf

---

[279] Zu dieser Person sind leider keine weiteren Informationen bekannt. Mödritz/Modřice liegt ca. 8 km vom Stadtzentrum Brünns entfernt.

[280] Mendel G. (1875d): [Versuche mit einer neuen Bienenrasse], in: *Die Honigbiene von Brünn – Organ der Bienenfreunde Mährens* 9 (9), S. 129–132 (dort S. 131–132 als Teil des Berichtes über die am 29. Juli 1875 abgehaltene Monatsversammlung). S. a. die tsch. Version dieses Berichtes in: Včela Brněnská 9(3): 129–132.

[281] *Apis mellifera cypria* POLLMANN 1879. Sie ist eine Unterart der Biene, die ursprünglich aus Zypern kommt. Die Cyprische Biene wurde erstmals, allerdings wenig erfolgreich, 1866 nach Böhmen eingeführt (Buttel-Reepen 1915; vgl. Mielewczik 2017).

[282] Gemeint ist die *Eichstädter Bienen-Zeitung*.

[283] **Eduard Cori (1812–1889)** war Rentmeister und später Kanzleidirektor der Stadt Brüx/Most in Böhmen. Er wurde ein bekannter Bienenzüchter, der auch internationale Beachtung gefunden hat. Seine Abhandlung zur zyprischen Biene ist z. B. von Frank Benton (1852–1919) unter dem Titel *„The Bees of the Island of Cyprus"* ins Englische übersetzt worden (Cori 1876). Bei den Artikeln, die Mendel hier erwähnt, handelt es sich wohl um Coris Miscellen zu edlen Bienenrassen und deren Veredelung. Siehe hierzu die *Eichstädter Bienen-Zeitung* 1875, Bd. 31, S. 39–43, 65–70, 95–102, 111–114. Auch im *Bienenvater aus Böhmen* und der *Deutschen Bienenzeitung* waren Artikel dazu erschienen. Auf der Weltausstellung 1867 in Paris ist den Bienen durchaus viel Aufmerksamkeit geschenkt worden. Es konnten aber nur wenige Rassen bzw. Arten lebend vorgestellt werden. In den Beiwerken zur Weltausstellung in Paris ist aber sehr umfangreich auch auf andere Arten eingegangen worden, wobei es mehrere Beiträge von Cori zu von ihm erstmals eingeführten Bienenarten gab. So führte er 1863 die Ungarische Biene aus den Liptauer Alpen ein; 1865 *„acclimatisirte"* er die Dalmatiner Biene (Cori 1868a, 1868b). Die hier erwähnte Cyprische Biene *„acclimatisirte"* er im Jahr 1866 (ebd.).

Kolowrat[284] *hat sich solche Bienen von der Insel Cypern bringen lassen, hat sie mit andern zugleich gezüchtet und durch Vergleichungen sich die Überzeugung verschafft, daß sie vor anderen den Vorzug verdienen. Sie scheinen also besonders gut zu sein für Eintragung des Honigs; vielleicht haben sie einen längeren Rüssel, einen stärkeren Brustkasten und dergl.* [sic] *Seit der Zeit hat er auf seinem Gute bei Tabor in Böhmen nur cyprische Bienen in Züchtung, alle andern hat er abgeschafft.*

Für Geld und gute Worte hat der Herr Prälat von dort eine Königin mit etwa 50–60 Begleitbienen erhalten. Sie ist ein sehr schönes Thier, die Hinterleibsringelchen sind schwarz, sonst ist sie dunkelgoldgelb gefärbt und ganz wie mit Mehl bestaubt. Die Bienen scheinen etwas klein zu sein und ihr Leib ist, wenn sie am Fenster laufen, ganz durchscheinend. Die Drohnen sind am Bauche vollgelb, über dem Rücken sind es nur die Segmente. – Zwischen der cyprischen und der ägyptischen Raçe[285] *ist eine Ähnlichkeit, obwohl sie wieder weit von einander abweichen. Bei beiden ist auch der Halsschild gelb, was bei andern Raçen nicht der Fall ist. – Die Königin zeigte gleich nach ihrer Ankunft einen großen Muth. Aus dem Weiselhäuschen hat sie sich nämlich selbst befreit, indem sie das Wachsblättchen, mit dem die Spundöffnung zugestopft war, binnen 5 min zerbiß.*

---

[284] **Rudolph Kolowrat-Krakowsky (1830–1903)** war ein böhmischer Adeliger und Naturforscher. Er half Cori in den Jahren 1872 und 1874 weitere Importe der Cyprischen Biene zu organisieren (Buttel-Reepen 1915, S. 23; Mielewczik 2017, hier Anm. 5). Dementsprechend war G. Mendel zu diesem Zeitpunkt tatsächlich wohl einer der allerersten, dem die Forschung mit dieser Art möglich war (Mielewczik 2017, hier Anm. 5). Im Jahr 1880 ließ sich der US-Amerikanische Entomologe Frank Benton, welcher zuvor schon Coris Arbeiten übersetzt hatte, in Zypern nieder und vertrieb die Bienenart weltweit (Buttel-Reepen 1915, S. 23). Zum internationalen Handel mit Bienen in dieser Zeit vgl. auch Mielewczik et al. 2019. Möglicherweise sind Gregor Mendel und Graf Kolowrat schon länger miteinander bekannt gewesen. In der Liste der Passagiere der Reise zur Weltausstellung 1862 in London mit einem Vergnügungszug tauchen sowohl die Namen Gregor Mendel als auch Graf Kolowrat auf (vgl. die von Van Dijk & Ellis 2020 publizierte Passagierliste).

[285] *Apis mellifera fasciata* POLLMANN [syn. *Apis mellifica fasciata*]. Auf die Versuche Mendels mit der Ägyptischen Biene hat bereits Iltis 1924 hingewiesen. Interessant ist, dass Mendel, als Teil seiner persönlichen Privatbibliothek, eine Ausgabe von Friedrich Wilhelm Vogels Broschüre über die Einführung der ägyptischen Biene durch den Akklimatisations-Verein in Berlin besaß (Matalová 1988; s. Vogel 1865). Auch Vogels Buch über die rationelle Bienenzucht in der Ausgabe von 1867 war im Besitz Mendels (Matalová 1988; s. Vogel 1867). In diesem Kontext ist darauf hinzuweisen, dass F. W. Vogel auf der 14. Wanderversammlung der deutschen Bienenwirthe am 11. September 1865, den Leitvortrag über die Ägyptische Biene gehalten hat. Diese Versammlung fand in Brünn unter dem Vorsitz d. damaligen Versammlungs-Präsidenten Cyrill Napp, dem Prälaten des Königinkloster statt. Vogel berichtete in seinem Vortrag u.a. von Hybridisierungen von Bienen und der Färbung der Königin, wobei er auch eine Merkmalsspaltung festgestellt hatte (Zit. n. Dathe 1866, S. 5: „*Die Unechtheit erkennt man erst in der dritten Generation und waren dann 3/4 der Bienen schwarz und 1/4 italienisch.*" Auf das Auffinden eines 3:1 Verhältnisses durch F.W. Vogel hat in der historischen Mendel-Forschung erstmals Lauprecht (1966) aufmerksam gemacht.

Nur ist zu besorgen, daß auch ihre Nachkommen eine ähnliche Überfülle von Muth haben und sehr stechlustig sein dürften. – Der hochw. Herr Prälat wird mit dieser Biene Versuche anstellen und bei Gelegenheit darüber Mittheilungen machen."[286]

2.14 Mendel als Imker VIII (1875) – Zur Faulbrut[287]

Ebenfalls im Bericht zu derselben Monatsversammlung befindet sich an deren Ende noch ein kleiner, indirekt zitierter Bericht Mendels mit praktischen Hinweisen zur Ausrottung der Faulbrut:

„*Schließlich trug der hochw. Herr Prälat aus Anlaß dessen, daß ein anwesendes Mitglied in einem Bienenstocke Anzeichen von Faulbrut fand, eine Bitte vor. Er ersucht im Interesse aller Bienenzüchter, in einem solchen Falle, wo die ächte Faulbrut sich zeigt, nicht erst Heilungsversuche anzustellen, sondern das Volk unbarmherzig durch Schwefel zu vernichten. Es blutet zwar Einem daß [sic] Herz dabei, aber wir sind nur so imstande dieses Übels einmal los zu werden. Das Volk ist so wie so verloren, die anderen laufen Gefahr angesteckt zu werden, und die Krankheit kann sich leicht durch Näscher auf benachbarte Stände verpflanzen; darum nur schnell nach Verstopfung des Flugloches ein Stückchen Schwefel auf einer Scherbe unten im Stocke anzünden, den Stock zumachen, und die Bienen sind binnen ½ Minute [sic] todt. Der Honig ist auf heißem Wege auszulassen; dadurch wird der Krankheitsstoff getödtet. Den Stock reibe man mit einer Lösung von Kochsalz tüchtig aus; die chemische Verbindung, die sich aus dem Schwefel und dem Kochsalz bildet, zerstört jenen Stoff. Der Herr Prälat hat vor 3 Jahren seinen ganzen Stand vernichten müssen bis auf 2 Völker, die nur wenig infizirt waren; aber auch die mußten später kassirt werden. Seit der Zeit hat er Ruhe.*

Es ist jedoch zu merken, daß nicht jedes Faulwerden der Brut schon die ächte, bösartige, ansteckende Faulbrut erzeugt. Es geschieht manchmal, daß eine bedeutende Menge von Brut in Fäulniß übergeht, (z. B. wenn der Stock durch Verstellung viele Bienen verloren hat, und es tritt auf einmal ein sehr kaltes Wetter ein), ohne daß dadurch die von den Bienen noch besetzte Brut leidet. Von dieser wird höchstens hie und da eine Zelle infizirt, während es bei der ächten Faulbrut ganze Reihen zu sein pflegen; nebstdem erkennt man die ansteckende Faulbrut an dem pestienzialischen [sic] Geruche. In dem Falle der bloßen Verkühlung nimmt man die verdorbene Brut heraus und gibt in den

---

[286] Nach Hugo Iltis (1924, S. 148) besass Mendel zeitweise mehr als 50 Bienenvölker. In seiner Biographie führte Iltis eine Reihe von Bienenrassen auf. Danach hielt Gregor Mendel neben den heimischen Bienen auch Heidebienen, Italienische, Krainer, Ägyptische und zyprische Bienen.

[287] Mendel G. (1875e): [Zur Faulbrut], in: *Die Honigbiene von Brünn – Organ der Bienenfreunde Mährens* 9 (9), S. 129–132 (dort S. 132 als Teil des Berichtes über die am 29. Juli 1875 abgehaltene Monatsversammlung). S. a. die tsch. Version dieses Berichtes in: *Včela Brněnská* 9(9): 129–132.

Stock einen Fingerhut voll Terpentinöhl, welches man früher einige Stunden den Sonnenstrahlen ausgesetzt hatte. Durch das Sonnenlicht entwickelt sich im Terpentinöhl Ozon, welcher bekanntlich die Eigenschaft hat zu desinfiziren; der Geruch davon ist stark, trotzdem schadet er den Bienen nicht, wie sich der Herr Prälat schon überzeugt hat."

2.15 Mendel als Imker IX (1875) – Mitteilungen des Prälaten Mendels zur cyprischen Biene und dem Versand von Königinnen und Begleitbienen[288]

„Besonders interessant gestaltete sich auch diese Sitzung durch die Mittheilungen des hochwst. Herrn Prälaten von Altbrünn, Gregor Mendl. – Vorerst zeigte er den Versammelten, wie praktisch neuestens lebende Königinnen sammt Begleitbienen verpackt und auf weite Strecken versendet werden. Wie aus dem Berichte über die vorhergehende Monatssitzung bekannt ist, erhielt der hochwst. Herr Prälat im heurigen Jahre von der gräfl. Kolowrat´schen Gutsverwaltung bei Tabor in Böhmen Sendungen von cyprischen Königinnen. Dieselben kamen sammt den Begleitbienen ganz gesund und unversehrt an, bis aus eine Biene, die zerquetscht war, und eine, die eines natürlichen Todes gestorben ist. Dieses günstige Resultat ist der praktischen Verpackung zuzuschreiben, welche hier in Kurzem angedeutet werden soll: Ein Kistchen, etwas größer, als die, in welchen die Krainer Königinnen den Vereinsmitgliedern zugeschickt zu werden pflegen, seitwärts mit Luftöffnungen und oben mit einem auf allen 4 Seiten etwas vorspringenden Deckel versehen, bildet die Wohnung der versendeten Bienen. Der Honig befindet sich (im flüssigen Zustande) in einem unter dem Deckel angeleimten länglichen Kästchen, dessen Boden aus festgespannter dichter Leinwand besteht; er wird durch eine im Deckel gebohrte kleine Oeffnung eingegossen; damit er aber nicht durchträufeln kann, wird jene Oeffnung alsogleich luftdicht verstopft und versiegelt. Unten an dem Honig-Kästchen ist in einem kleinen Rämchen [sic] eine l e e r e Wabe befestigt, woran die Bienen während der Reise sitzen, sich ihre Nahrung von dem stets honigfeuchten Leinwandlappen holen und den allfälligen Ueberschuß in die Zellen ablagern. Herr Prälat ließ, am Auspacken verhindert, eine der Königinnen sogar 3 Wochen in der kleinen Wohnung, und sie blieb dennoch gesund.[289]

Hierauf erzählt der hochwdste [sic] Herr von einer höchst merkwürdigen Entwickelung eines schwachen Volkes auf seinem Bienenstande. Er pflegt nämlich Reserve-

---

[288] Mendel G. (1875 f.): [Mittheilungen des Prälaten Mendels zur cyprischen Biene und dem Versand von Königinnen und Begleitbienen], in: *Die Honigbiene von Brünn – Organ der Bienenfreunde Mährens* 9(12), S. 178–182 (dort S. 180–182 als Teil des Berichtes über die am 25. November 1875 abgehaltene Monatsversammlung).

[289] Anm. d. Redaktion im Original: Entsprechend verändert könnten ähnliche Kästchen ganz leicht und vortheilhaft zur Fütterung der Bienen von oben benützt werden.

königinnen im Keller zu überwintern, und zwar in Kästchen, welche 10 Vereinswaben in einer Etage fassen. Die Völkchen überwintern darin sehr gut und werden gewöhnlich im Frühjahre behufs Erziehung neuer Königinnen in je zwei Königinnen-Zuchtstöckcheu [sic], *wie sie bei dem Vereine zu bekommen sind, vertheilt. Für zwei solche Völkchen hatte Herr Prälat heuer keine Verwendung, weil er Königinnen schon genug besaß; darum ließ er sie so am Stande fliegen. Weil sonst in einem ähnlichen Falle dergleichen Völkchen im Juni einen Schwarm zu geben pflegten, so war Herr Prälat, um dieß* [sic] *zu verhindern, bei Zeiten darauf bedacht, sie in eineu* [sic] *größeren Stock zu übersiedeln. Er erinnerte sich an die in vielen Gegenden jetzt noch üblichen ‚Pudelmützen' oder Stülpkörbe, deren Raum, wenn das Volk stärker wird, durch nach und nach untergesetzte Strohkränze erweitert wird; überdieß* [sic] *schwebte ihm der Christ'schen Magazin-Stock vor. Diese Idee benützend, ließ er sich zwei theilbare Kastenständer anfertigen; jeder bestand aus 4 Kästchen (für je 10 Waben), einem Deckel mit Ventilationsvorrichtung, und einem mit einem Flugloch versehenen Bodenraum, analog dem beim Vereinsständer. Das Ganze schaut aus wie ein in die einzelnen Etagen und den Bodenraum zerschnittener Vereinsständer. Nur ist das Flugloch unten und in der breiten Seite angebracht, sodass k a l t e r Bau entsteht; übrigens sind die Kästchen, weil nur für den Sommer bestimmt, bloß aus 1' Zoll starken Brettern verfertigt und werden, damit sie desto luftiger bleiben, nicht angestrichen.*

An den oberen Kanten von drei Seiten angenagelte Seitenleisten befördern das genaue Anpassen und bedecken zugleich die Fugen. Der Bodenraum ist von hinten zugänglich behufs Fütterung, Reinigung, Nachsehen u. s. w.

In diese Wohnungen wurden nun die beiden Schwächlinge Ende April übersiedelt. Das schwächere Volk verlor dabei durch einen Zufall die Königin, und weil es sich erst eine neue erziehen mußte, leistete es verhältnißmäßig nur Weniges: am 11. Juni hatte es 10 ½ Pfd. Honig und 10 neugebaute Waben. *Das zweite etwas stärkere, aber dennoch so schwache, daß es Ende März nur 4 Waben besetzt hielt, entwickelte sich in der neuen Wohnung ungemein rasch. Ihm wurden nm* [sic]²⁹⁰ *den Drohnenwachsbau zu verhüten (es hatte eine vorjährige Königin) nicht Anfänge, sondern Mittelwände in die untergesetzten Kästchen gehängt. Schon am 20. Mai nachten* [sic] *die Bienen Anstalten, in den Bodenraum hineinzubauen; deshalb wurde das obere Kästchen vom Bodenraum gehoben und ein zweites Kästchen (wie gesagt, mit Mittelwänden) unten angesetzt. Am 10. Juni wurde aus ebendemselben Grunde ein drittes und abermals nach 3 Wochen, am 30. Juni, ein viertes Kästchen nothwendig. Der Stock hatte also jetzt den Raum, wie ein Vereinsständer, nämlich für 40 Waben. Anfangs Juli flog das Volk, wie das stärkste am Stande, die Bienen drängten sich nur im Flugloche, – und wie klein war der Anfang! Ein Volk, welches Ende März bloß* [sic] *4 Waben besetzt, halten wir sonst gar nicht für lebensfähig !; – Als die Linde (die hier übrigens Nichts geliefert hat) verblüht war, wurde*

---

²⁹⁰ Gemeint war um. Dieser und ähnliche Fehler dürften auf die hastige Umsetzung in der Druckerei zurückzuführen sein.

der Stock geöffnet (es gieng [sic] ganz leicht, ebenso ließen sich die Waben mit Hilfe eines Stemmeisens bequem herausziehen, die Verkittung war eine unbedeutende), und es zeigte sich zum Erstaunen aller Augenzeugen folgendes Resultat: Oben im Haupte 10 schöne ganz bedeckelte Waben, im zweiten fast eben so schweren Kästchen zu beiden Seiten je 2 ganz bedeckelte, dann der Mitte zu je 2 halb offene Honigwaben und in der Mitte zwei bedeckelte Bruttafeln (welch schöne Symmetrie!); in der dritten Etage durchaus Brut, in der vierten Brut und leeres Arbeiterwachs. Nur eine einzige Tafel die zufällig verbogen war, enthielt etwas Drohnenbau. Im Ganzen waren in dem Stock 34½ Pfd. Honig und 17 Bruttafeln nebst dem leeren Bau.

Es ist dieß [sic] gewiß etwas sehr Auffälliges, besonders in dem heurigen ungünstigen Bienenjahr. Die wahre Ursache dieser Erscheinung kann der Herr Prälat vorläufig noch nicht angeben. Ist es der kalte Bau, wie ihn die Bienen, wenn sie die Wahl haben, meistens zu führen pflegen, oder ist es die luftige Wohnung, oder sind es die Mittelwände, die den Bienen viel Arbeit ersparen und die Drohnenbrut meistens verhüten, oder die Vorzüglichkeit der kroatischen Bienenraçe[291], zu der jene Bienen gehörten, oder war es ein Zufall, der sich nicht sobald wiederholen wird, – wer kann das nach jenem einmaligen Versuche sagen?[292] Jedenfalls aber ist die Sache weiterer Versuche Werth, und deßhalb [sic] will Herr Prälat aufs Jahr das Experiment mit drei Völkern von verschiedenen Raçen veranstalten. Ebenso forderte er auch Andere zu ähnlichen Versuchen auf, wozu man schwache Völkchen, die sich im Frühjahre auf jedem Bienenstande befinden und die sonst zu Nichts mehr taugen, benützen kann."

In einem etwas später folgenden Absatz bzw. als Vortrag auf der Versammlung hat Mendel dann auch noch einen Bericht über den Ertrag seiner eigenen Honigernte gegeben, wobei er wie auch schon in früheren Ausführung erneut klimatische Einflüsse angesprochen hat:

„*Herr Prälat ist mit der Honigernte so ziemlich zufrieden: Die Stöcke haben Vorräthe im Überfluß und haben nebstdem noch 60 schöne Waben geliefert. Er schreibt dieß [sic], wie schon im vorigen Berichte erwähnt wurde, den Kirschenplantagen am Rothen Berge und der sonst günstigen Lage seines Bienenstandes zu. – Auf andern hiesigen Ständen*

---

[291] *Apis mellifera carnica* POLLMANN 1879, auch Krainer Biene.

[292] Anm. der Red. im Original: Es dürften alle diese Umstände zusammen zu dem günstigen Resultate beigetragen haben; jedoch haben unserer Ansicht nach den größten Antheil daran die Mittelwände. – Wir machen hiermit die P. T. Vereinsmitglieder auf ein vorzügliches Hilfsmittel der rationellen Bienenzucht aufmerksam. Diejenigen, welche wir in Gebrauch haben, sind ein ausgezeichnetes Erzeugniß! des Vereinshonigverschleißers Herrn Emil Krones, Kaufmanns hier (Eichhorngasse Nr. 28). Dieselben werden unserer Erfahrung gemäß von den Bienen in kürzester Zeit und meistens zu schönen Arbeiterbrut- oder Honigwaben ausgebaut. Das Befestigen derselben in die Vereinsrähmchen ist sehr einfach. – Uebrigens versprach Herr Krones über die Vortheile der Mittelwände und die Art und Weise ihrer Anwendung seinerzeit einen Aufsatz in der „*Honigbiene*" zu veröffentlichen.

war der Ertrag weniger bedeutend, und dürfte der Honigvorrath bei den Wenigsten den Bedarf der Bienen übersteigen.

Bei der Herbstrevision, welche Mitte September geschah, waren die Bienen zwar alle gesund, aber nicht so stark, wie andere Jahre. Die Ursache hievon ist in der ungünstigen Witterung zu suchen, welche Ende August eintrat und den ganzen September u. Oktober andauerte. Besonders der 21. August war nach der Beobachtung des hochwürdigsten Herrn ein für die Bienen mörderischer Tag. In der Nacht vorher war nämlich ein Gewitter; es honigten deßhalb [sic] alle Blüthen reichlich und lockten die Bienen in Massen aus den Stöcken heraus. Gegen Mittag jedoch entstand ein heftiger, in manchen Momenten sogar sturmartiger Wind, welcher unzählige Bienen mit ihrer Last unterwegs zur Erde warf, wo sie meistens in der kühlen Nacht zu Grunde gingen. Abends hat man in solchen Stöcken, wo sich früher die Bienen zu häufen pflegten, hinten Alles leer gesehen. In Folge dessen hat auch der Brutansatz aufgehört, so daß Mitte September nur in 2 Stöcken Etwas bedeckelte Brut gefunden wurde. Deßhalb [sic] gingen die Bienen heuer zwar winterungsfähig, aber bei Weitem schwächer als sonst, in den Winter. – Auch die Pollenvorräthe sind dießmal [sic] viel geringer."

2.16 Mendel als Imker X (1877) – Der Einfluss lokaler Wetterbedingungen auf Bienenstock und Honigertrag[293]

Der Imker Kaibl von Morbes berichtete auf der Monats-Versammlung von den schlechten Witterungsverhältnissen in diesem Jahr und davon, dass die Akazienblüte erfroren sei, Lindenbäume nur vereinzelt blühten und auch Wicken-, Pflaumen- und Birnbäume als Quelle für „*Honigthau*" und „*Blatthonig*" wenig ergiebig waren. Daran schloss ein länglicher Einschub mit einem direkt zitierten Bericht Mendels an, in welchem er seine eigenen Erfahrungen schilderte, wobei er auch auf sein meteorologisches Hintergrundwissen zurückgriff:

---

[293] Mendel G. (1877): [Über den Einfluss lokaler Wetterbedingungen auf den Bienenstock und den Honigertrag.] In: Bericht über die Monatsversammlung des mähr. Bienenzuchtvereines abgehalten am 12. Juli 1877 im Museumsgebäude in Brünn. *Die Honigbiene von Brünn – Organ der Bienenfreunde Mährens* 11 (8), S. 113–119 (dort S. 116–118). S. a. die tsch. Version dieses Berichtes in: *Včela Brněnská* 11(7): 100–105. In der *Honigbiene* von 1877 (S. 59) findet sich zudem den Bericht des Steuer-Inspektors a. D. und Vereins-Distriktsleiters Ferdinand Stieber, mit einem Bericht eines Besuchs in Mendels Bienengarten (a.a.O. S. 56ff.). Bei diesem Besuch präsentierte Mendel seinem Gast seine Bienenstände von innen und außen persönlich, wobei er auch seine cyprischen und ägyptischen Bienen ausführlich besprach. Nach Stieber bestand Mendels Bienenstand aus 36 Völkern, wobei ein großer Teil in mit Fluglöchern versehenen Doppelkästen untergebracht war. In Stiebers Bericht ist zudem festgehalten, dass Mendel zu diese Zeit Dzierzonkästchen zur Königin-Züchtung verwendete, welche für den Fortschritt wissenschaftlicher Erkenntnisse zu gewinnende Resultate dienten. Hervorzuheben ist, dass in diesem Report davon berichtet wird, dass in Mendels Bienengarten mehrere Grundparzellen zur Kultur honigender Gewächse genutzt wurden.

„Es ist schon oft darauf hingewiesen worden, daß bei den Bienenständen, die kaum 10 min voneinander entfernt sich befinden, die Verhältnisse sehr ungleich sein können.

Was meinen Bienenstand anbelangt, so kann ich damit zufrieden sein. Ich kann das heurige Jahr nicht gerade ein Vorzügliches nennen, aber dennoch steht ein ziemlich guter Ertrag in Aussicht.

Bis zum 7. Juni, dem Tage unserer letzten Sitzung waren die Verhältnisse so elend, wie wir sie fast noch nie gesehen haben. Vom 7. bis zum 13. Juni seit der Zeit hat es sich nicht viel schlechter gestaltet, so zwar, daß wir hoffentlich nicht nur den für den Winter unöthigen Vorrath hereinbringen, sondern auch, wie sonst in minder günstigen Jahren etwas Honig für eine oder die andere Tafel erübrigen werden.

Wir sind hier von dem Ungewitter, welches die Gegend von Morbes und Leskau heimgesucht hatte, ziemlich verschont geblieben und bekommen leider noch jetzt Schwärme, ein Beweis, daß den Bienen die Wohnungen zu eng werden, und daß die Verhältnisse, wie sie sich in der zweiten Woche des vorigen Monates zeigten, noch fortdauern. Im Ganzen kann ich daher mit dem Stande meiner Bienen zufrieden sein, und wenn ich mir erlaube, auch auf die Zukunft zu blicken, so glaube ich, daß der Juli im weiteren Verlaufe auch nicht minder günstig sein wird.[294] Es ist hinreichende Bodenfeuchtigkeit vorhanden und auch die Luft ist nicht trocken, weshalb die Blüthen gut honigen. An zu heißen Tagen verdickt sich der Nektar und die Bienen kennen [sic] ihn nicht wegnehmen, wenn auch die Pflanzen hinreichend honigen. Wie ich beobachte, tragen bei mir die Bienen vorzüglich, und war namentlich gestern eine volle Tracht. Heute ist dieselbe gut, trotzdem der Himmel nicht rein ist.

In den Jahren 1874 und 1875 ist sich der Verlauf des Juni beiläufig gleich geblieben. Ich zähle nämlich seit einer Reihe von Jahren täglich 2mal an dem stärksten Volke, das ich besitze, die Bienen, die in 1 min nach Hause kommen, und zwar um 10 Uhr Vormittags und um 3 Uhr Nachmittags. Gestern habe ich Vormittags in der Minute 102 Bienen gezählt und Nachmittags 107. Jedenfalls in der Minute sehr viel und es ist das eine volle Tracht. Das Wetter, wie es sich jetzt gestaltet, gewährt uns die Aussicht, daß die Bienen in solchen Stöcken, welche nicht geschwärmt haben, noch lange Honig in gleichem Maße zutragen werden.

Die höchste Zahl, die ich seit 4 Jahren einmal constatirt habe, war vor 2 Jahren, während der Esparsett-Tracht. Da kamen bei einem Volke in einem Vereinsständer, welcher 2 Fluglöcher, eins in dem Brut-, das andere in dem Honig-Raume hat, in einer Minute 130 Bienen nach Hause.

---

[294] **Vorhersagen:** Das G. Mendel hier Vorhersagen zur Entwicklung des Wetters macht, ist ganz bezeichnend für diese Periode seines Lebens. Meteorologie wurde für ihn immer wichtiger und er schrieb u. a. auch Gutachten zu den Wetterprognosen für das Meteorologische Institut hinsichtlich der Frage, ob Wettervorhersagen sinnvoll sind und diese auch an die Bauern verbreitet werden sollen.

Ich habe nämlich von dem Resultate mehrerer Minuten während der besten Tageszeit von 10 Uhr Vormittags bis 3 Uhr Nachmittags den Durchschnitt genommen und dadurch die obige Zahl in einer Minute aus- und eingeflogener Bienen constatirt.

Den Ständer habe ich sodann um 7 Uhr Abends an einer Schnellwage nachwägen lassen und an diesem Tage eine Zunahme von 11 ¼ Pfund wahrgenommen. Wenn man, wie apistische Werke[295] es angeben, annimmt, daß die Biene bei der Volltracht 1 Gran Honig in der Blase hat, so macht dies in 60 min oder einer Stunde eine außerordentliche Menge aus, denn 240 Gran machen 1 Loth und 60 geht in 240 – 4 mal.

Man braucht daher die Zahl der in einer Minute eingeflogener Bienen nur durch 4 zu dividiren, um die Anzahl von Loth in einer Stunde zu erhalten. Bei mir sind 130 Bienen in der Minute nach Hause gekommen, durch 4 dividirt gibt 32 ½ Loth also etwas über 1 Pfund in einer Stunde, bei der Voraussetzung, daß die Honigblase einer jeden Biene mit 1 Gran gefüllt war.

Vergleichen wir das nun mit der Honigzunahme pr. 11¼ Pfund in einem Tage, wie ich sie wahrgenommen. Nachdem die Bienen in jeder Stunde 1 Pfund und ½ Loth Honig nach Hause brachten, so hätten sie, um in einem Tage 11 ¼ Pfund Honig zu sammeln, ungefähr 11 h fliegen müssen. Dies ist nun auch die wahrscheinliche Arbeitsdauer der Bienen in einem Tage.[296] Es geht also die Berechnung so ziemlich zusammen, wenn man auch erwägt, daß die Bienen einen großen Theil von dem Honige selbst verbrauchen. Es scheint also, daß es, wie apistische Werke es zeigen, seine Richtigkeit hat, daß eine Biene

---

[295] **Apistische Werke:** Nach A. Matalová (1988) sind im Mendelianum insg. 132 Bände vorhanden, die als Gregor Mendels Bibliothek annotiert sind. Zu den apistischen Werken gehörten hierzu die Arbeiten von Oettl 1857; Wallbrecht 1860; Dzierzon 1861; Strohal 1861; Assmuss 1864 & 1865; Vogel 1865 & 1867; Menzel 1869 und Ziwansky 1873. Desweiteren waren die Jahres-Berichte der Bienenzucht-Sektion der k. k. mähr. schles. Gesellschaft zur Beförderung des Ackerbaues, der Natur- und Landeskunde für das Bienenwirtschafts-Jahr 1862 und 1865, ebenso wie die Vorträge über vernunftgemässe Bienenzucht. Brünn, Bienenzucht-Verein 1869 Teil seiner Bibliothek (ebd.). Zudem konnte er weitere Zeitschriften und Bücher zur Bienenkunde in den Beständen des NfV und des Brünner-Bienenzucht-Vereines einsehen. Allein der Katalog des Mährischen Bienenzucht-Vereines listete 1871 bereits mehr als 230 verschiedene Bücher und Einzelbände auf, wobei einzelne Jahresbände von Zeitschriften noch hinzukamen. Besonders beliebt waren im Verein u.a. wohl die Bücher von Kleine (1864), Schmid & Kleine (1865), Dzierzon (1861), Berlepsch (1860 & 1868) und Oettl (1862), welche alle in vielfacher Kopie in der Bibliothek vorhanden waren. Mendel war hier also nicht nur wissenstechnisch gut bestückt und ausgerüstet, sondern konnte aus den Vollen schöpfen. Zu den hier spezifisch ohne Angaben zitierten apistischen Werken siehe die folgenden Fußnoten.

[296] **Mathematik, Verhaltensbiologie und Ökonomie:** Es ist hervorzuheben, dass Mendel hier versuchte, biologische Beobachtungen mathematisch auszuwerten. Er erklärte auch im Detail, wie er dabei vorgegangen ist. Vielleicht bedeutender ist aber zu sehen, dass Mendel hier auf der einen Seite verhaltensbiologische Untersuchungen anstellte, wobei es ihm aber insb. um einen ökonomischen Aspekt der Bienenwirtschaft, den Honigertrag, ging.

während der Volltracht beiläufig 1 Gran[297] *Honig in der Blase nach Hause bringt. Es ist daher nicht gleichgiltig, ob die Bienen mehr oder weniger einfliegen. Denn, wenn nur 4 Bienen in einer Minute mehr einfliegen, so gibt dieß nach obiger Berechnung durch 4 dividirt in der Stunde schon 1 Loth*[298] *Honig; so bedeutend ist der Unterschied. Weil ich seit 4 Jahren die Anzahl der einfliegenden Bienen zähle, um annäherungsweise die* Durchschnittsziffer *beurtheilen zu können, so kann ich den Herren den Prospect darüber liefern.*

Im Jahre 1874 habe ich gefunden, daß im Monate Juni in den besten Tagesstunden bei einem Volke, welches das beste am Stande und der Honigraum.

Mit Bienen vollgefüllt war			69 Bienen
	im Jahre	1875	74 Bienen
	im Jahre	1876	85 Bienen
		und heuer	70 Bienen

---

[297] Das **Gran** (lat. granum "/ dt. Korn) is ein altes Gewichtsmass, das regional in den verschiedenen Ländern sehr unterschiedlich definiert sein konnte. Mendels verwendeter Literaturverweis lässt vermuten, dass sich seine Quelle auf das Gran als Apothekergewicht bezog. Bei den apistischen Werken, auf die Mendel sich hier bezog, dürfte er insb. auf das Bienenhandbuch von **August Berlepsch (1815–1877)** (welches damals schon von dessen Frau **Lina von Berlepsch** weitergeführt wurde) verwiesen haben. Dort findet sich jedenfalls der korrespondierende Verweis, dass eine Biene 1 Gran Honig in der Blase hat, zusammen mit einer Umrechnung von 7680 Gran = 1 Pfund (Berlepsch 1873, S. 245). Ob Mendel dieses Buch direkt als Quelle diente ist jedoch nicht ganz klar. Möglicherweise übernahm er die Werte auch indirekt aus einem Standardwerk zu Faulbrut, indem es als Teil typischer Gewichtsangaben bei Bienen erwähnt wurde (siehe Fischer 1871, S. 16-19). 1 Gran (gr.) entsprach demnach 61,35 mg (Fischer 1871). Beide Autoren (Berlepsch 1873 & Fischer 1871) verweisen im Übrigen auf die Versuche des niederrheinischen Imkers **Eduard Dönhoff (1820–1884)** (siehe Dönhoff 1860, S. 9). Der kurze unvollständige Literaturverweis Mendels auf die apistische Literatur ist durchaus interessant, da er einen kleinen Einblick in die von ihm konsultierte Literatur gibt und verdeutlicht, dass Mendel sich in dieser gut auskannte. Interessant ist, dass Mendel möglicherweise die Arbeiten Dönhoffs kannte. Dies ist insofern bemerkenswert, als Dönhoff 1855 (neben Langstroth 1852) als einer der ersten von erfolgreichen Versuchen mit der künstlichen Befruchtung bzw. Insemination berichtete, wobei er eine Arbeiterlarve von einem künstlich befruchteten Drohnenei aufgezogen haben wollte (siehe hierzu Crane 1999, S. 466; Langstroth 1866, S. 41-42).

Eduard Dönhoffs umfangreichen Berichte über Bienen, Bienenphysiologie gerieten nach seinem Tod weitestgehend in Vergessenheit. Sie erlebten in den 1920er Jahren jedoch ein begrenztes neuaufflammendes Interesse, u.a. weil Dönhoff eine zu Dzierzon alternative Theorie der Befruchtung bei Bienen postuliert hatte, mit welcher er das Auftreten von Bienenzwittern zu erklären versuchte. Zu den frühen Versuchen zur künstlichen Befruchtung bei Bienen in den 1860er und 1870er Jahren siehe auch Mielewczik et al. 2019.

[298] Beim **Loth** handelt es sich ein altes Gewichtsmass, das von Region zu Region unterschiedlich definiert sein konnte. Ausgehend von der vorausgehenden Fußnote dürfte es sich hierbei um das rheinische Loth gehandelt haben. Entsprechend den Angaben bei Fischer (1871, S. 18) entsprach ein Loth also ca. 14.6 g. Der Wert entspricht damit ungefähr dem Wert (14,606), welcher

in der Minute durchschnittlich eingeflogen sind.

Es ist also zu sehen, daß die Trachtverhältnisse von 1875 und 1877 ähnlich waren.

Es sind demnach die heuerigen Verhältnisse mittlerer Natur, zwar nicht so gut, wie im vorigen Jahre, aber der Monat Juli läßt sich auch gut an und mit Schluß des gestrigen Tages entfallen 80 eingeflogene Bienen auf die Minute, während im vorigen Jahre auf den ganzen Juli 81 Bienen entfielen.

Es waren nämlich im Monate Juli.

Im Jahre	1874 eingeflogen	70 Bienen
Im Jahre	1875 aber nur	59 Bienen
Im vorigen Jahre eben		81 Bienen
Und heuer incl. gestern		80 Bienen

Wenn man diese Verhältnisse den Vergleichungen zu Grunde legen will, so können dieselben annäherungsweise als richtig gelten. Ich kann zwar nicht an jedem Tage zählen, weil ich nicht immer zu Hause bin, aber einmal des Tages thue ich es doch und kann dadurch Anhaltspunkte gewinnen.

Es wäre gut, wenn auch jemand von den Herren eine gleiche Beobachtung und Zählung vornehmen würde.

Ich kann, wie gesagt, mein Urtheil dahin abgeben, daß wir mit den heurigen Trachtverhältnissen im Allgemeinen zufrieden sein, und daß wir erwarten können, daß die Biene den nöthigen Vorrath für den ganzen Winter eingebracht und uns auch noch etwas zum Naschen eingetragen haben. Freilich ist zu beklagen, daß heuer die Obstblüthe mißlungen ist, das die Akazienblüthe ganz und auch die Kirschblüthe zum Theile erfroren ist, weshalb die Bienen nur auf die Esparsette und Lindenblüthe angewiesen waren. – Ungemein günstig war jedoch die Zeit vom 6. bis incl. 13. Juni d. J. in welcher Volltracht war.

Weiters erwähnt der Redner noch der cyprischen Biene und ihrer Vorzüge und erwähnt, daß bezüglich dieser arbeitsamen Biene in einer der nächsten Sitzungen ausführliche Berichte folgen werden."

In den weiteren Ausführungen dieses Berichtes findet sich auch noch ein zweiter kurzer Report Mendels, in welchem dieser folgendes berichtete:

---

vor dem Mai 1856 in Preußen üblich war. Mit Gesetz vom 27. Mai 1856 waren die Gewichtseinheiten eigentlich für den deutschen Zollverein neu geregelt worden. Ein Loth entsprach seitdem 16.666 g. Diese Standarisierung hatte sich damals aber noch überall durchgesetzt. Grund für die unterschiedlichen regionalen Gewichte eines Loths (z.B. 17,5 g in Österreich; 17,6 g in Bayern) war,dass sich das Loth aus den regional unterschiedlichen Gewichten eines Pfundes ergab, wobei ein Loth allgemein als 1/32 Teil eines Pfundes entsprach. Mit dem neuen Preußischen Gewichtsmass änderte sich dies auf ein 1/30 Teil eines Pfundes, wobei dieses 500 g entsprach. In den Bienenzeitungen der damaligen Zeit scheint die Standarisierung aber noch nicht berücksichtigt worden zu sein

"*Es ist mir bekannt, daß meine Bienen den* Honig *häufig vom rothen Berge, vom Schreibwald und noch weiterher holen; sie fliegen sehr weit, sogar bis an die Kaiserstraße und es ist immerhin interessant zu constatiren, daß eine cyprische Drohne von Altbrünn aus eine Königin aus Leskau, mit der sie unterwegs zusammenkam, befruchtet hat. Auch habe ich wiederholt die Erfahrung gemacht, daß über 25 Tage alte Königinnen noch befruchtet wurden.*

Dieselbe Erfahrung hat Herr Vorstandstellvertreter Herr Bachmann gemacht, indem eine seiner Königinnen im verflossenen Jahre durch ungünstiges Wetter am Befruchtungsausfluge verhindert blieb, und erst im Monate Oktober befruchtet wurde. Dreimal wurde sie von den Bienen abgewiesen, bis es ihr gelang in den Stock einzulaufen."

2.17 Mendel als Imker XI (1878) – Überwinterung von Bienen in Nothstöcken[299]

Der Vorstand des mähr. Bienenzuchtvereines berichtete in diesem Report, dass die günstige Witterung im Gegensatz zum Vorjahr auf viele Bienenschwärme hoffen ließ, indessen Folge es zu einer Knappheit regulärer Bienenstöcke kommen könnte. Der Vorsitzende machte diesbezüglich den Vorschlag, aus dicken Brettern Notkästen zu zimmern. Dabei wurde auch darauf hingewiesen, dass der Vorstand bereits Erfahrung damit gehabt hat, dass solche Notstöcke auch ohne Gefahr überwintert werden können. Dem angeschlossen war ein kurzer indirekt widergebener Bericht von Gregor Mendel, welcher dieses unterstreichen sollte:

"Der hochwürdigste Prälat Mendel bestätigt, dass Bienen in einfachen Stöcken, sogar im Freien, gut überwintern. Er hat auf seinem Bienenstande ein Volk in einem einfachen Stocke im Freien überwintert, die Bienen sind ganz gesund in das Frühjahr gekommen und ist dieser Stock jetzt einer der volkreichsten.

Ueber Aufforderung des Herrn Vorsitzenden, Mittheilungen über das Befinden der Bienen zu machen, constatirt der hochw. Herr Prälat Mendel, dass in der Sitzung am 7. Juni des vorigen Jahres vielfach Klagen der Mitglieder über den Stand der Bienen laut wurden.

Heuer sind dieselben in der Lage, günstige Resultate mitzutheilen.

Der hochw. Herr erwähnt, dass im verflossenen Winter auf seinem Bienenstande die Mäuse beträchtlichen Schaden anrichteten, welcher jedoch schon wieder gut gemacht ist. Die Bienenweide ist eine ausgiebige, besonders war der 29. Mai und einige Vormittage ausgezeichnete Honigtage [sic]. Die Akazie ist sehr reichblüthig und honigt sehr

---

[299] Mendel G. (1878), [Überwinterung von Bienen in Nothstöcken], in: *Die* Honigbiene von Brünn – Organ der Bienenfreunde Mährens 12, 1878, S. 105 (hier als Teil des Berichtes über die am 6. Juni 1878 abgehaltene Monatsversammlung). S. a. die tsch. Version dieses Berichtes in: *Včela Brněnská* 12: 105.

stark, ebenso die Esparsette, wozu die seit den letzten 8 Tagen eingetretene feuchtwarme Witterung viel beitrug. Auch wurde am 1. Juni Blatthonig von den Linden geholt, daher kommt es, dass selbst mittelstarke Völker ihrem Bau mit Honig *füllen konnten.*

Der hochw. Herr zählt heute bereits vier Schwärme; drei davon wurden glücklich eingefaßt, bei dem vierten wurden zufällig die Königinnen zertreten, und heute sitzen noch einige Bienen an der Unglückstelle und bewachen deren Leiche.

Der hochw. Herr gibt der Hoffnung Raum, dass die Honigquellen bis Ende August, wo dann das Hauptwerk der Bienen vollbracht sein wird, nicht versiegen und dass das heurige Jahr zu den besten Honigjahren *gezählt werden dürfte."*

2.18   1. Ein Schwarm der amerikanischen Bienenart *Trigona lineata* Lep. lebend in Europa (1879)[300]

von Prof. A. Tomaschek[301] in Brünn.

Es dürfte sich kaum noch ereignet haben, dass ein Schwarm der genannten Bienenart sammt seiner Königin nach Europa gelangte und daselbst dahin gebracht wurde, seinen allerdings unterwegs zerstörten Bau wieder herzustellen [sic].

---

[300] Tomaschek A. (1879): *„Ein Schwarm der amerikanischen Bienenart Trigona lineata* Lep. *lebend in Europa."* Zoologischer Anzeiger 2: 582–587. [Mit Informationen zu Mendels Versuchen mit tropischen Bienen].

[301] **Anton Tomaschek (1826–1891)** war ein aus dem mährischen Iglau/Jihlava stammender Naturforscher, Botaniker und Lehrer. Nach dem Ende seiner Schulzeit absolvierte er zunächst juridisch-politische Studien an der Universität Olmütz/Olomouc. Ab Oktober 1849 arbeitete er für ein Jahr als Rechtspraktikant am Bezirksgericht in Brünn, danach für zwei Jahre als supplierender Gymnasiallehrer an das k. k. Staatsgymnasium in Preßburg/Bratislava. Im Jahr 1852 begann er mit einem Studium an der Wiener Universität in,, wo er Aufnahme im von Andreas v. Ettingshausen geleiteten physikalischen Institut fand. An der Universität hatte er in dieser Zeit die Gelegenheit Vorträge von E. Fenzl und F. Unger zu hören sowie an den mikroskopischen Demonstrationen unter der Leitung Ungers teilzunehmen. Im Jahr 1853 erlangte Tomaschek dann die Lehrbefähigung für Naturgeschichte an Ober- und Unter-Gymnasien. Von 1854 bis 1856 unterrichtete er am k. k. Gymnasium in Cilli/Celje Geographie, Mathematik, Naturgeschichte, Naturwissenschaften und Physik. Bis 1863 war er dann Lehrer am Gymnasium in Lemberg/Lwiw. Als 1863 der Direktor der Wiener k. k. Centralanstalt für Meteorologie und Erdmagnetismus (Kreil) starb, entsandte das Kultusministerium ihn an dieses, um dort auszuhelfen. Im Jahr 1865 kehrte Tomaschek dann nach Lemberg zurück, bevor er 1870 die Stelle eines Professors am Gymnasium in Brünn annahm. Dort erwarb er sich schnell einen guten Ruf und so wurde er schon bald vom Kaiser zum a.o. Professor der Zoologie, Botanik und Warenkunde an der dortigen DTH ernannt. Im Jahr 1889 wurde er zum ordentlichen Professor erhoben. In seiner Karriere verfasste Tomaschek viele naturwissenschaftliche Studien und Berichte. Er war Mitglied des NfV. Zudem war er für das politische System wichtig, da er als erster die Stenographie nach dem System Gabelsberger einführte und mit deren Hilfe er bspw. die Verhandlungen des ersten mährischen Landtages sowie öffentliche Reden aufnahm. Daraus abgeleitet ist es übrigens gar nicht unwahrscheinlich, dass Anton Tomaschek

In der That ein merkwürdiges Schicksal versetzte einen solchen Schwarm nach Europa.[302]

Am 28. Juli l. J.[303] erhielt der Berichterstatter von befreundeter Seite die Nachricht, es habe sich in der Fabrik[304] des Herrn Schwartz hierorts in einem Blauholzscheite ein Bienenschwarm vorgefunden.[305] Es war die höchste Zeit den Schwarm in Sicherheit zu bringen. Eine Anzahl neugieriger Arbeiter umstanden einen, über einen Meter langen gespaltenen Blauholzklotz, in dessen Höhlung eine immer noch ansehnliche (etwa 300 bis 400) Anzahl dieser kleinen Honigbienen zusammengedrängt beisammen sassen. Der Honigvorrath war bereits von den Umstehenden aufgekostet, der Bau überhaupt zerstört. Man wühlte unter den Bienen, um die Königin zu finden, und so war Gefahr vorhanden, dass letztere verletzt und die Bienen zerstreut wurden. Herr Schwartz, der in anerkennenswerther Achtung vor der Wissenschaft dem Berichterstatter den merkwürdigen Fund zu weiterer Beobachtung überliess, berichtete, bemerkt zu haben, dass die Bienen bereits

---

ebenfalls zu den Besuchern von Mendels erstem Vortrag zu Pflanzenhybriden gehört hat, denn am Folgetag, dem 9. Februar 1865, hielt der Brünner Gabelsberger Stenographenverein im Prüfungssaal der Oberrealschule seine Generalversammlung ab (*Brünner Ztg.* vom 30. Januar 1865, S. 94.) Wie Mendel war auch Tomaschek Mitglied des Zool.-Bot. Vereins in Wien (ab 1853) und des NfV (ab 1871). Ab 1870 wirkte Tomaschek in Brünn als Lehrer am Brünner Gymnasium und ab 1873 als Dozent an der DTH, wo er ab dem zweiten Semester 1876 beurlaubt war und Karl Fritsch als Assistent an der k. k. Centralanstalt für Meteorologie und Erdmagnetismus in Wien zugeteilt war. Zu seinen wichtigsten wissenschaftlichen Arbeiten gehörten seine Untersuchungen zum Einfluss von Mitteltemperaturen auf das Pflanzenwachstum und die Pflanzenentwicklung (siehe z. B. Tomaschek 1873 a, 1873c, 1876a & 1876b). Biogr. Ang. n. PdkkGC 1856, S. 18–23; *Tagesbote aus Mähren und Schlesien* vom 23. Februar 1891, S. 4; *Österreichische Botanische Ztg.* 1876, S. 96. Schram 1889; Svojtka 2015. S. a. Kapitel 5.

[302] **Mendels tropische Bienenart:** Es ist nicht ganz klar welcher Art der Bericht Tomascheks über *Trigona lineata* [*nec lineata* LEPELETIER 1836] heute zugeordnet werden soll. Bereits der Zoologe Hugo von Buttel-Reepen (1860–1933) hat in seiner Besprechung des Artikels den Artnamen im Titel mit einem Fragezeichen versehen (Ders. 1903, S. 47). Zum Problem der Einordnung und Bestimmung der Melipona und stachellosen Bienen siehe auch Schwarz 1932. Eine mögliche Zuordnung ist nach Camargo & Moure (1994, S, 46) der Artname *Paratrigona opaca* (COCKERELL, 1917), *sensu* Schwarz 1948.

[303] Gemeint war das laufende Jahr (l. J.) 1879. Vgl. das abweichende Datum [28. Juli 1879] in Tomaschek 1885, zit. n. Alpatov & Orel 1979, S. 239.

[304] Nach Hugo Iltis (1924, S. 148) handelte es sich um die damalige Farbstofffabrik am Dornich. Nach Iltis waren dort einmal Amerikaner in einer Sendung von Fermambukholz aufgefunden worden, die man an A. Makowsky sendete, welcher diese an Mendel weiterleitete.

[305] **Überseeische Einwanderer:** Die importierten Blauholzscheite scheinen überhaupt in dieser Zeit immer wieder Quelle für interessante zool. Entdeckungen gewesen zu sein. Die *Brünner Ztg.* (26. Sept. 1881, S. 3) berichtete bspw., dass in der Holzschneidemühle von Josef Stark bei Neutitschein ein brasilianischer Leuchtkäfer (*Pyrophorus noctilucus*) sowie ein 15 cm langer Tausendfüssler (*Scolopendra indica* [*morsitans*]) gefunden wurden.

versucht hätten, von der nahen Resedapflanzung Blüthenstaub einzusammeln. Der Berichterstatter, dem vor Allem daran gelegen war, den Schwarm so schnell als möglich vortheilhaft unterzubringen, übergab denselben einem bewährten Bienenzüchter, Herrn Mendl, Prälaten in Altbrünn, zur weiteren Behandlung, der zum Glück bereits mit allen zur Bienenzucht geeigneten Apparaten versehen war.

Unverweilt wurde nun zur Uebertragung des Schwarmes in ein zur Königinnenzüchtung bestimmtes Kästchen geschritten. Die fremde Königin, deren Hinterleib anscheinend mit Eiern erfüllt war, zuerst übertragen, die Arbeiter sodann mittels einer Vogelfeder sorgfältig aufgesammelt. Schliesslich wurde noch ein ansehnliches Bruchstück einer Brutwabe, aus deren Zellen man junge Bienen auskriechen sah, sowie der noch vorhandene Vorrath an Blüthenstaub und noch vorhandene Wachsstückchen hinzugefügt. Es muss bemerkt werden, dass die Wände der Höhlung (diese etwa 70 cm lang und 10 cm breit) mit veraltetem Wachs allenthalben belegt war, so dass man voraussetzen kann, es habe der Schwärm schon lange in dieser Höhlung gewohnt, ja es sei möglich, dass schon mehrere Schwärme nach einander darin gelebt haben dürften.

Der vorhandene Blüthenstaub zeigte sich bei vorgenommener mikroskopischer Besichtigung vorherrschend einer Art angehörig und es ist zu vermuthen, dass derselbe hauptsächlich von *Haematoxylon campechianum* L.[306] herrühre, worüber übrigens ein directer Vergleich mit dem Blüthenstaub dieses Baumes Klarheit bringen wird.

Nicht ohne Grund kann angenommen werden, dass der betreffende Schwarm sich bereits in den noch lebenden Baum angesiedelt habe, immerhin muss man über die Zähigkeit und die Ausdauer staunen, mit welcher der Schwarm trotz der mannigfaltigen Unbilden und Störungen, die er vor und während seiner weiten Reise erlitten haben mag, dennoch den Platz behauptete. Das Holz gehört zur Sorte »spanisches Blauholz (Laguna Campeche)« und wurde daher mit demselben seinerzeit auch der sog. spanische Schnitt vorgenommen, d. h. es wurde mit einem Beil behauen, da nur das Kernholz zur Versendung kommt. Der Klotz war vollkommen ausgetrocknet und musste längere Zeit vor der Einschiffung und Aufnahme als Balast in einem Lastschiff im Vorrathe gelegen haben. Das Campecheholz gelangt aus der Campechebay[307] über Jamaica nach Europa (Hamburg). Es lässt sich überhaupt schwer bestimmen wie lange diese Proceduren gedauert haben mögen. Die Annahme eines Jahres hierfür ist gewiss keine übertriebene. Die ganze Zeit seiner unfreiwilligen Uebersiedelung mussten die Honig und Blüthenstaubvorräthe das Völklein erhalten.

Das bezeichnete Bienenstöckchen, in welches der Schwarm gebracht worden war, stand vor einem südseitigen Fenster, vor welchem sich ein Garten befindet.

Gleich nach geschehener Uebertragung in das bezeichnete Bienenstöckchen beruhigten sich die Bienen vollständig, vereinigten sich, die Königin in ihre Mitte nehmend,

---

[306] D. h. der Blutholzbaum oder Blauholzbaum.

[307] Gemeint war *Bahía de Campeche*, eine Bucht im Golf von Mexiko.

in grossen Haufen und erregten so die Hoffnung, sie würden sich bald in ihrer neuen Wohnung zurecht finden.

Diese kleinen amerikanischen Fremdlinge scheinen ihren berühmten einheimischen Verwandten an geistiger Befähigung durchaus nicht nachzustehen, obgleich sie sich in manchen Einrichtungen ihres Haushaltes von denselben zum Theil wesentlich unterscheiden.

Durch Gleichmuth und ruhige besonnene Haltung übertreffen sie die Honigbiene. Scharfes Gedächtnis, hervorragenden Ortssinn, Sinn für Reinlichkeit, Arbeitskraft und Fleiss, rasche Entschlossenheit traten bei ihrem geschäftlichen Thun und Treiben bald zu Tage.

Während die einzelnen Bienen, so lange der Schwarm sich noch in dem Farbholzklotze befand, immer an jene Stelle desselben zurückkehrten, von der sie gerade ausflogen, treffen die zurückkehrenden Bienen durch das Flugloch anstandslos in ihre neue Wohnung.

Nur wenn sie auf ungewöhnliche Weise aus dem Stock genommen und sodann in die Luft gelassen werden, schwanken sie im Fluge und brauchen längere Zeit bis sie ihre Behausung wiederfinden. Da sich anfangs August das Wetter günstig gestaltete, schwärmten sie an warmen Tagen munter aus und ein, holten Blüthenstaub am meisten von dem nahen wilden Wein, später von *Veronica speciosa* CUNNINGH.,[308] an deren Blüthen man sie auch emsig herumkriechen sieht. Beim Ausfliegen aus dem Stocke tragen sie in den Kiefern allerhand überflüssige Gegenstände mit sich fort, welche sie bald fallen lassen, um ihre Wohnung zu reinigen. Auch auf ihre Sicherheit sind sie wohl bedacht, indem sie das für ihre geringe Körpergrösse allzuweite Flugloch bis auf eine kleine ovale Oeffnung mit Wachs verkleben und zur Nachtzeit ganz verschliessen.

Wie sieht es nun im Innern des Stockes aus?

Die Raschheit, mit welcher sie ihren zerstörten Bau wieder herzustellen [sic] bemüht sind, erregt geradezu Bewunderung. Bis jetzt (am 24. August) haben sie bereits einen Thurm, bestehend aus sechs horizontal über einander liegenden Brutwaben, errichtet, welche nach oben an Grösse zunehmen und durch Stützen an einander und zwar sehr eng – so dass nur die Biene im Zwischenraum sich bewegen kann – befestigt erscheinen. Die oberste Wabe dürfte 2 ½" im Durchmesser haben und der Bau 3 Zoll Höhe erreichen. Von aussen wird dieser Wabenthurm und zwar von unten auf von einer gemeinsamen Aussenhülle ummauert, wie dies bei manchen Wespenarten gebräuchlich ist, nur mit

---

[308] Synonym für *Hebe speciosa* (R. CUNN. ex A. CUNN.) J. C. ANDERSON, die Strauchveronika, eine schönblühende Blütenpflanze aus Neuseeland. Die Pflanze mit ihren spektakulären magentafarbenen Blüten war ab spätestens 1851 in den Glashäusern des Botanischen Gartens in Wien ausgestellt. Entsprechend einem bereits im Kontext der Klostergewächshäuser erwähnten Lieferzettel vom 20. August 1850 hat man im Brünner Kloster bereits zu diesem Zeitpunkt eine *V. speciosa* (sowie eine *V. Lindneana*) geliefert bekommen (siehe das Inventar in Orel 1975a, S. 206). Vgl. auch Tomaschek 1885 zit. n. Alpatov & Orel 1979, S. 239.

dem Unterschiede, dass hier in dieser Umhüllung zahlreiche Eingangsöffnungen gelassen werden, während bei dem bezeichneten Wespenneste gewöhnlich nur ein Haupteingang oben angebracht wird.

Das Fundament des Brutthurmes ist von labyrinthischen Gängen durchsetzt, welche den Arbeitern als Schlafstelle zu dienen scheinen oder auch zugleich in dieser Weise zur Erwärmung der Brut dienen mögen. Die Einrichtung des Bienenkästchens gestattet die genaue Beobachtung des Innenraumes, da an der Rückseite desselben unter einem abnehmbaren Wandstücke eine Glastafel angebracht ist. Auch diese Bienenart verträgt keineswegs die Beleuchtung des inneren Schauplatzes ihrer Thätigkeit. Bei längerem Offenhalten eilen Bienen herbei und beginnen alsbald die Glastafel mit Wachs zu belegen. Hierbei beobachtete der Berichterstatter wie eine Arbeitsbiene, welche eben ein Wachsstückchen an die Glastafel geklebt hatte, einer anderen in der Nähe weilenden Biene Blüthenstaub unmittelbar von den Schienen (Höschen) abnahm und begierig verzehrte. So greift auch hier eine Einzelnthätigkeit [sic] in die andere, ein Act verknüpft sich kettenartig in den anderen und so ist die schnelle Vollendung des Kunstbaues und überhaupt die Eigenthümlichkeit des Gesammtlebens begreiflich. Der Anblick der bis jetzt vollendeten Arbeit macht durchaus nicht den Eindruck, als sei der Bau hastig unternommen und verworren, im Gegentheil ist alles bestimmt und sicher geplant und strebt nach vollkommener Vollendung und Abrundung.

An der obersten, noch vollkommen frei liegenden, unvollendeten Wabe sieht man die Königin bedächtig herumwandern, die neugebauten Zellen prüfend. Das Ei lässt sie in die neugebaute Zelle herabfallen. Gleich nach dem Ablegen des Eies taucht eine Arbeiterbiene in das Innere der Zelle, bringt Nahrungsstoff hinein und nun beginnt alsbald die Verschliessung der Zelle.[309] Obwohl die Königin bis jetzt viele Hunderte von Zellen mit Eiern belegte, hat der ungewöhnliche Umfang ihres Hinterleibes (er übertrifft an Grösse den Hinterleib der Arbeiterbiene etwa um das 3- oder 4 fache) noch immer nicht merklich abgenommen, was offenbar auf eine grosse Fruchtbarkeit der Königinnen dieser Bienenart hindeutet.

In dieser Versorgung der mit Eiern belegten Zellen mit Nahrungsvorrath für die auskriechende Larve, die also nicht, wie bei unserer einheimischen Bienenart, gefüttert

---

[309] Der Zoologe Hugo Buttel-Reepen hat schon sehr früh angemerkt, dass hier seiner Meinung nach (Buttel-Reepen 1903, S. 48): „[…] *ein Beobachtungsfehler vorliegt. Erstens wäre es einzig dastehend, wenn die Königin das Ei ʹherabfallenʹ ließe, anstatt es vorsichtig zu deponieren, zweitens ist es sehr unwahrscheinlich, dass der kompakte Futterbrei über das Ei gebracht wird und drittens widerspricht diese Beobachtung allen anderen bis jetzt gemachten. Entweder handelt es sich bei dieser Beobachtung um Eier, welche die Königin im Legedrange hat fallen lassen, wie das auch dem Apis mellifica Weibchen passiert, (sie hat die Eier nicht mehr ʹhalten könnenʹ) oder es hat seitens des Beobachters eine Verwechslung der Zellen stattgefunden, insofern als es sehr schwierig sein dürfte, bei der seitlichen Beschauung durch das Glasfenster des Beobachtungskastens und bei den sehr kleinen eng beieinanderstehenden Zellen, zu entscheiden, ob der Nahrungsvorrat in die Zelle gebracht wird, in die vermeintlich eben ein Ei gelegt wurde oder in die danebenstehende, in die erst ein Ei gelegt werden soll.*"

wird, besteht bekanntlich eine auffallende Abweichung der amerikanischen Bienengattungen *Melipona*[310] und *Trigona*.

Ungeachtet der weiteren Unterschiede bezüglich des Haushaltes der letztgenannten Bienenarten, die wir weiter noch entwickeln werden, stimmen dieselben, der Mehrzahl der Arten nach, und zwar wesentlich mit unseren Hausbienen darin überein, dass sie ihren gesammten und zwar jedenfalls kunstvollen Bau aus einem von ihnen selbst erzeugten, wachsähnlichen Stoff aufbauen und keinesfalls hierzu, wie die Wespen, fremdartiges angesammeltes Material benutzen. Indessen wäre eine chemische Untersuchung ihres eigenthümlichen Baumaterials wünschenswerth, da es sich vom gewöhnlichen Bienenwachs schon durch seine dunkelbraune Färbung sichtlich unterscheidet, doch zeigt es wachsartige Plasticität und wird mittels der Kiefer von der Biene verarbeitet. Der nach oben zu verbreitete Bau dieses Brutwabenthurmes schwebte, da er offenbar auf zu schmaler Basis ruhte, in der Gefahr, bei etwaiger Erweichung des wachsartigen Baumaterials, in Folge zunehmender Wärme, umzusinken. Diese Gefahr schwand, als die Bienen denselben auch und zwar nachträglich durch zierliche, zweckmässig angebrachte, seitliche Stützen an die Seitenwände des Bienenkästchens zweckgemäss befestigten. Merkwürdiger Weise wurde auch jener Brutwabenrest, welcher, wie oben erwähnt, mit den Bienen zugleich in die neue Wohnung übertragen wurde, mittels eines rechtwinkelig gebogenen Wachsstieles an die Seitenwand befestigt, als ob die Bienen den Verlust oder doch die ungünstige Verschiebung desselben gefürchtet hätten. Sobald jedoch alle jungen Bienen aus dieser Wabe ausgekrochen waren, wurden die Wachsstücke in ökonomischer Weise zum weiteren Neubau verwendet. Die aus sechskantigen Zellen bestehenden Waben der gewöhnlichen Honigbiene werden bekanntlich nicht nur zur Aufnahme der Brut, sondern auch zur Verwahrung der Honig und Blüthenstaubvorräthe benutzt, wodurch der Gesammtbau eine grosse architektonische Einfachheit erlangt.

Woran es nun liegt, weshalb bei der besprochenen Bienenart Honig und Blütenstaub nicht in gleichartig gebaute Waben untergebracht werden, lässt sich eben nicht recht bestimmt ermitteln; wenn nicht schon die Kleinheit der Zelle, die dem geringeren Volum [sic] der Biene entspricht, überhaupt dazu Veranlassung gibt, den Honigvorrath in grössere besonders geformte Zellen unterzubringen. Genug, es ist Thatsache, dass unsere Biene behufs Ansammlung des Honigs ganz eigenthümliche krug- oder fassähnliche weit grössere Behälter (etwa ½" hoch und ¼" breit) aufbaut, welche mit den ebenfalls sechskantigen Zellen der Brutwaben in Form und Grösse wenig übereinstimmen. Es ist darin

---

[310] *Melipona* ist eine Gattung der Stachellosen Bienen, welche in weiten Teilen Amerikas vorkommt. Bis etwa 1970 unterschied man in der Tat fast nur die beiden Großgattungen *Trigona* und *Melipona*.

eine weitere Eigenthümlichkeit im Haushalte der *Trigona,* wodurch sie sich erheblich von der *Apis mellifica*[311] unterscheidet, zu suchen. Diese Eigenthümlichkeit scheint jedoch keineswegs in einer geringeren architektonischen Befähigung unserer *Trigona* zu liegen, sondern die Folge der eigenthümlichen Verhältnisse zu sein, unter denen diese Biene lebt und baut. Dass die Zellen nur einseitig und zwar nach oben an der Wabenwand angebracht sind, hängt offenbar mit der horizontalen Lage der letzteren zusammen.

Beinahe gleichzeitig mit der Anlage des Brutthurmes und zwar abseits von demselben, jedoch mittels brückenartiger Wachsstäbe zierlich verbunden, entstand ebenso rasch ein zweiter Bau, bestehend aus ziemlich unregelmässig an einander gefügten, rundlichen mit einem kurzen Halse versehenen grösseren honigerfüllten Krügen, welche schliesslich verschlossen wurden. Die Zahl dieser Honigbehälter ist bis jetzt schon eine bedeutende und lässt sich die Zählung der einzelnen Krüge nicht mehr recht vornehmen. Dieser Reichthum des angesammelten Honigs lässt sich jedoch nur aus der vorsorglichen Pflege ihres Wirthes erklären, der ihnen frischen, etwas gewässerten, Honig in einer an der tiefsten Stelle des Stockes befindlichen Schublade zur Disposition stellte, den sie auch willig und begierig aufnahmen. Ohne diese Vorsichtsmassregel wären sie wohl, bei der geringen Anzahl der Geretteten und in ihrer fremdartigen Lage, nicht imstande gewesen, in dieser kurzen Zeit eine derartige Honigmenge zu versorgen. Die Schublade reichte nicht bis an die Hinterwand, es blieb also hinter derselben ein Zwischenraum, den die Bienen ebenfalls mit Honigkrügen besetzt haben. Drohnen konnten bis jetzt nicht aufgefunden werden, die Befruchtung der fortwährend Eier legenden Königin musste schon lange vorher stattgefunden haben und es ist daher vorauszusetzen, dass auch diese Art der Bienenköniginnen mit einem Receptaculum seminis versehen sei, welches die nur einmalige Befruchtung derselben voraussetzen lässt, wodurch sie die Fähigkeit erlangt, immer von Neuem Eier legen zu können.

Die sorgfältige Pflege, welche diesen merkwürdigen Ankömmlingen von Seite ihres eminent sachkundigen Wirthes zu Theil wird, lässt hoffen, dass es gelingen dürfte, sie noch lange genug lebend zu erhalten, um Gelegenheit zu finden, ihre Lebensweise und ihren Haushalt nach allen Richtungen zu erforschen. Sollte dies gelingen, wird der Berichterstatter nicht ermangeln, Ihrem geschätzten Blatte weitere Mittheilungen zukommen zu lassen, für welche derselbe, bei Ihrem weiten Leserkreise, gewiss lebhaftes Interesse voraussetzen kann.

---

[311] Synonym für die Honigbiene *Apis mellifera* L.

2.19   2. Ein Schwarm der amerikanischen Bienenart *Trigona lineata* Lep. lebend in Europa (1880).[312]

von Prof. A. Tomaschek in Brünn.
II.

Bis zum 30. November wurden im Ganzen 19 Waben gebaut, wodurch der ihnen dargebotene Raum verwendet erscheint, da die letzte Wabe ziemlich an die Decke des Kästchens reicht. Die Honigtöpfe wurden jedoch mehr in der Tiefe des Stockes versorgt, so dass die Gesammtheit derselben sich kaum bis zur Mitte des Kästchens erhebt. Von der 9. Wabe an, deren Bau am 5. September begonnen wurde, haben die folgenden Waben immer kleinere Durchmesser, so dass der Brutthurm der Form eines Doppelkegels nahe kommt, dessen Spitzen nach oben und unten gerichtet sind. Die früher erwähnte äußere Umhüllung des Wabenthurmes wurde nicht weiter fortgesetzt, ja stellenweise wieder abgetragen, so dass nunmehr nur einzelne Rudimente derselben vorhanden sind. Die Waben können gut übersehen werden und der Bau muss als unbedeckt bezeichnet werden.

Da die Bauthätigkeit bereits 122 Tage anhielt, kommen durchschnittlich 6 ½ Tage auf die Errichtung einer Wabe. Hierbei hat offenbar die jedesmalige Temperatur einen wesentlichen Einfluss auf die Geschwindigkeit der Ausführung geübt.[313] Anfänglich wurden zwei Waben in 3 Tagen vollendet, später fallen 4 Tage auf die Errichtung einer Brutscheibe. Vom 5. September bis 4. October wurden 5 Waben erbaut, unter denen sich die mittleren, somit größten, befinden, zu deren Errichtung also etwa 6 Tage notwendig waren. Auf die Vollendung der letzten 5 Brutscheiben fallen 57 Tage; da in dieser Zeit die Arbeit öfters unterbrochen wurde, kann die Geschwindigkeit, mit welcher sie die einzelnen Waben erbauten, nicht mehr durchschnittlich bestimmt werden.[314]

Die Energie dieser Bauthätigkeit, noch mehr aber die sexuelle Kraft der weiblichen *Trigona*, die in diesem Zeiträume gewiss an 4000 Eier ablegte, verdienen unsere Bewunderung um so mehr als ihr Bau im Monate Juli zerstört wurde und sie daher verhältnismäßig spät zur Errichtung ihres Neubaues gelangten. Alle Fugen des Kästchens sind beinahe hermetisch verschlossen, da sie überall mit Stopfwachs sorgfältig verklebt sind, offenbar ist hierdurch die Gefahr der Eintrocknung des Honigs vermindert. Das Auskriechen der jungen Bienen begann am 20. September. Da die ersten Eier am 2. August gelegt wurden, verflossen seit dieser Zeit 49 Tage. Da jedoch die 9. Wabe

---

[312] Tomaschek A. (1880): „*Ein Schwarm der amerikanischen Bienenart Trigona lineata Lep. lebend in Europa*", in: *Zoologischer Anzeiger* 3, 1880, S. 60–65. [einschl. Informationen zu Mendels Versuchen mit tropischen Bienen].

[313] Hier tritt erneut ein Leitmotiv in Mendels gesamter wissenschaftlicher Arbeit hervor, welches klimatische bzw. meteorologische Daten mit biologischen Beobachtungen verknüpft und mit diesen kontextualisiert.

[314] Der Textabschnitt ist insofern interessant als er zeigt, dass Mendel und Tomaschek in dieser Zeit die Idee einer quantitativen Analyse weiterverfolgt haben.

erst am 15. November von jungen Bienen geleert erschien, dürften die späteren Entwickelungen, bei allerdings niedrigeren Temperaturen als anfänglich herrschten, den Zeitraum von 7 Wochen nicht unerheblich überschritten haben.[315] Wenn also auch, nach den vorliegenden Beobachtungen, der Zeitraum von 7 Wochen nicht geradezu als die feststehende Entwickelungszeit für die Arbeitsbiene aus dem Ei, bezeichnet werden kann, da die jedesmalige Temperatur hierbei einen wesentlichen Einfluss übt, so steht doch wenigstens fest, dass die Entwickelungsdauer bei *Trigona lineata* eine längere sein müsse als bei unserer Hausbiene. Diese kürzere Entwickelungszeit unserer *Apis mellifica*, offenbar durch die Fütterung der Made erzielt, ist somit nebst anderen Einrichtungen im Haushalte derselben als Anpassung an die kürzere Trachtzeit im gemäßigten Klima anzusehen. Schon die horizontale Lage der einschichtigen Brutwaben[316], so wie die Dislocation der Futtervorräthe bei *Trigona* sind als Einrichtungen zu bezeichnen, welche für unser Klima nicht passend erscheinen und bei der Nothwendigkeit der Erwärmung während des Winters dem Principe der Zusammendrängung und Raumbenutzung zuwiderlaufen.

Von diesem Gesichtspuncte aus erscheint die beiderseitige Anordnung der Zellen an den senkrecht gestellten Waben so wie die Verwendung der ersteren sowohl zur Verwahrung des Honigs als zur Bergung der Brut als eine bewunderungswürdige Einrichtung im Haushalte der *Apis mellifica*, da sie die Möglichkeit des Aufenthaltes der bezeichneten Bienenart in Gegenden mit strengem Winter zur Folge haben. Die wahre Bedeutung der bezeichneten Eigenthümlichkeiten tritt somit insbesondere durch den Vergleich mit den Baueinrichtungen der wärmere Gebiete bewohnenden *Trigona* hervor.

Keineswegs kann aber aus dieser beiderseitigen Verschiedenheit der Einrichtungen eine niedere Befähigung oder geringere Entwickelungsstufe der *Trigona* gegenüber der *Apis mellifica* erschlossen werden. Vielmehr muss es als das wichtigste Ergebnis der bis jetzt an *Trigona lineata* gemachten Beobachtungen hervorgehoben werden, dass aus ihrer Bauweise und den sonstigen Einrichtungen eine sehr hohe Begabung der letzteren und zugleich eine nahe Beziehung derselben zu *Apis mellifica* resultirt. Gleichzeitig wird

---

[315] Der Einfluss von Temperatur auf Wachstum und Entwicklung ist einer der Kernaspekte der phänologischen Beobachtungen in der Mitte des 19. Jahrhunderts gewesen (vgl. Kap. 5). In Wien und Brünn sind daraus umfangreiche Aufzeichnungen zu phäno-klimatischen Auswirkungen entwickelt worden. Mendel und Tomaschek machten hier auf einen ähnlichen Effekt innerhalb der Entomologie aufmerksam, wobei dies im folgenden Satz auch noch mit Akklimatisierungsaspekten verbunden wurde.

[316] Anmerkung von Tomaschek (1880) im Original (S. 62, Anm. 1): *„Auch der Umstand, dass die Zellen der Trigona-Waben nach oben geöffnet sind, erscheint als eine vortheilhafte Einrichtung mit Rücksicht auf die Schwerfälligkeit der dickleibigen Königin, da das Legen der Eier nach oben zu, wie es bei nach unten geöffneten Zellen nothwendig wäre, mehr Arbeitskraft in Anspruch nehmen müsste.*

Bemerkenswerth erscheint es, dass bei Trigona carbonaria die Öffnungen der Zellen nach unten gekehrt sind (Smith, Proceed. entom. Soc. of London, 1863, p. 181). Der Sinn dieser Abweichung, auch bei Wespenarten vorkommend, kann erst im Zusammenhange mit anderen Einrichtungen ersichtlich werden."

klar, dass die Verschiedenheiten beider nur aus der Anpassung an verschiedene Verhältnisse hervorgehen: eine Behauptung, der auch Pekolt[317] bei *T. ruficus*[318] (Americ. Naturalist, I. p. 364 – 378) zustimmt, von Anderen (Bate's Naturforscher am Amazonenstrom; Claus, Zoolog. 1876, p. 740) aber in Frage gestellt wird.

Allerdings gilt diese Behauptung nicht gleichmäßig von allen Trigonen und Meliponen, bei denen Übergänge zu den Wespen und Hummeln unverkennbar sind. Die Gewohnheit, ihren Bau nicht aus fremden Stoffen: Holz etc., sondern aus Wachs, also aus einem Secrete ihres eigenen Organismus zu errichten, kommt nebst den *Apis*-Arten den meisten Meliponen und Trigonen allein zu, kann höchstens auf einen Brauch einer Maskenbiene [*Prosopis*], ihre Bruthöhle mit Schleim auszukleiden, der zu einer Zelle erhärtet, zurückgeführt werden. Immerhin haben die Bienen ihre architektonische Befähigung von den bereits hinreichend baukundigen Wespen ererbt[319] und so steht *Apis mellifica* ungeachtet ihrer geographischen Isulirtheit rücksichtlich ihrer Lebensweise durchaus nicht unvermittelt da.

Brasilien und überhaupt Südamerica beherbergt bekanntlich viele Meliponen und Trigonen (von Peletier de St. Fargeau werden 35 Arten beschrieben); doch sind die Trigonen auch über andere Welttheile verbreitet. E. Drory[320], ein rationeller Bienenzüchter in

---

[317] Gemeint war der deutsche Apotheker, Botaniker und Naturforscher *Theodor Peckolt (1822–1912)*. Nach Studium d. Pharmazie in Rostock und Göttingen gelang es ihm mit Hilfe eines Empfehlungsschreibens von Reichenbach eine Anstellung im Botanischen Garten in Hamburg zu finden. 1847 wanderte Peckolt nach Brasilien aus, wo er zunächst in einer Apotheke in Rio de Janeiro arbeitete. Schon bald unternahm er zahlreichen Exkursionen und Reisen in Brasilien, auf denen er zahlreiches botanisches Material sammelte. Biogr. Ang. n. Hering (1912).

[318] Fehlerhafte Angabe. Gemeint war *Trigona ruficrus* Lat. 1804 (syn.: *Trigona spinipes* Fab.), eine eusoziale stachellose Bienenart.

[319] Dieser Satz muss inhaltlich hervorgehoben werden, denn hier geht Tomaschek nicht nur, wie schon in den vorherigen Zeilen, auf einen evolutionsbiologischen Aspekt ein. Mit dem Wort „ererbt" wird auch klargemacht, dass Mendel und Tomaschek die Rolle der Vererbung hinsichtlich der Weitergabe von Merkmalen in evolutionsbiologischen Zeiträumen erkannt und verstanden haben.

[320] **Eduard Drory (1844-1904)** war ein in Berlin geborener engl.-deutscher Ingenieur und Bienenzüchter, der von etwa 1862 bis 1876 in Bordeaux lebte. Dort lernte er seine Frau Marie kennen und gründete die Société d'apiculture de la Gironde und die Zeitschrift *Le Rucher du Sud-Ouest*. E. Drory konnte dort als einer der ersten verschiedene Arten von Meliponen und Trigonen, die er sich hatte anliefern lassen, untersuchen. 1876 zog er nach Wien. Dort versuchte er noch ein weiteres Jahr seine tropischen Bienen zu überwintern, was jedoch fehlschlug. Die Nester wurden dann an das Naturhistorische Museum in Wien übergeben. Seine apistische Bibliothek von ca. 2400 Bänden, die sich heute im Museum für Naturkunde in Berlin befindet, soll zu den umfangreichsten der Welt gehört haben (Herrmann 2019). In späteren Jahren sorgte Drory mit der Einführung beheizbarer Bienenhäuser für Aufsehen. Wie sein Vater und seine Brüder war E. Drory zeitlebens eng mit der Imp. Cont. Gaz-Association verbunden. Ab etwa 1895 war er in Berlin tätig, wo er als Ingenieur und Direktor des Berliner Zweiges der genannten engl. Gaswerke u.a. das seinerzeit in Berlin grösste und modernste Gaswerk in Mariendorf erbauen liess.

Bordeaux, hatte zunächst Gelegenheit die *M. scutellaris* Latr. [*abelha urussu*][321] näher zu beobachten (Eichstädt. Bienenzeit. 1872, No. 13 – 18).[322]

Rücksichtlich ihres Baues und der Lebensweise stimmt diese Melipone nach den von Drory gemachten Beobachtungen sehr mit der von uns beobachteten *Trigona lineata* überein.[323] Die Brutscheiben liegen im Baue der *M. scutellaris* horizontal über einander; die Zellenöffnungen nach oben gerichtet, werden sie von unten nach oben über einander geschichtet, die Vorrathskammern (Krüge) sind ebenfalls vom Brutthurme getrennt, welcher letztere übrigens von einer dichten blättrigen Hülle umgeben wird. Auch diese Melipone, welche die einzige sein soll, die in ihrem Heimatslande gepflegt und gezüchtet wird, ist zunächst auf ihre Sicherheit wohl bedacht, stellt an dem verengten Flugloche gleich unserer *Trigona* Wachen auf und baut von hier aus einen engen Gang in das Innere der Wohnung.[324] Interessant ist die Mittheilung, auf welche Weise sie ungeachtet ihrer Stachellosigkeit sich einer in ihren Bau eingedrungenen Wespe zu entledigen wusste. Sie klebte nämlich besagter Wespe ein Stückchen Klebwachs an den Kopf. Je mehr nun die Wespe mit den Beinen am Kopfe arbeitete, um die unwillkommene Bescherung los zu werden, desto mehr klebte sie sich fest, zuletzt klebten sogar die Hinterbeine, die Flügel, die Spitze des Abdomens an, so dass die unglückliche Wespe zuletzt nur mehr einer Kugel glich. Sie soll jedoch ihre Excremente in einer Ecke der Wohnung niederlegen, wo auch die zerstückelten Leichname, Wabenreste etc. angehäuft werden, in Folge dessen sich ein eigenthümlicher penetranter Geruch im Stocke verbreitet. In Bezug auf Reinlichkeit würde sie also unserer *Trigona lineata* bedeutend nachstehen, welche bis jetzt sorgfältig alle abgestorbenen Bienen und alles nicht in den Stock gehörige entfernte, wenn es nicht wahrscheinlich erschiene, dass diese Erscheinung bei dem Drory'schen Bienenschwarm die Folge der abnehmenden Energie desselben war, da dieser bald zu Grunde ging, denn schon am 26. December waren bis auf die Königin alle Bienen abgestorben.[325] Die Königin wurde in Spiritus gethan und an Prof. v. Siebold[326]

---

[321] *Melipona scutellaris* LATREILLE ist eine stachellose Biene aus Brasilien, wo sie eine der ersten Arten war, die von Einheimischen kultiviert worden ist.

[322] Vgl. hierzu auch die *Eichstädter Bienen-Zeitung* 30 (23) vom 15. Dezember 1874, S. 281.

[323] Die Anm. von Tomaschek (1880) im Original heisst: „*Ob überhaupt ein wesentlicher Unterschied zwischen den Gattungen Trigona und Melipona besteht, ist zweifelhaft" (F. Smith, Transact. Entom. Soc. of London, 3. Ser. I., p. 497–512). Der Hinterleib der lebenden Trigona ist nach oben rückwärts abgerundet und nur im getrockneten Zustande nimmt er die eigenthümliche dreieckige Form an.*"

[324] Anmerkung von Tomaschek (1880) im Original: „*Dieser röhrenförmige Gang dürfte auch bei T. lineata vorhanden sein, kann jedoch bei der Einrichtung des Kästchens, in dem sie verwahrt sind, nicht wahrgenommen werden.*"

[325] Vgl. hierzu die entsprechende Darstellung in der *Eichstädter Bienenzeitung* vom Dezember 1874, op. cit.; vgl. auch Tomaschek 1885 in Alpatov & Orel 1979, S. 239.

[326] **Carl Theodor Ernst von Siebold (1804–1885)** war ein deutscher Mediziner und Zoologe und seit 1853 Ordinarius für vergleichende Anatomie und Zoologie an der Ludwig-Maximilians-Universität in München.

gesendet. Im Sommer 1873 erhielt Drory 21 neue Bienenvölker aus America in 11 Arten. Drei Völker gehörten einer unbekannten Art, *M. inhati mirini* an. Darunter befanden sich *Trigona cilipes, flaveola, angustulata, crassipes*. Unter diesen stimmt *T. angulata* [sic] rücksichtlich der Einrichtung ihres Baues am meisten mit der von uns geschilderten *T. lineata* überein. Es ist nicht ohne Bedeutung, dass gerade die kleinste Art, nämlich *M. inhati mirim,* sich am längsten lebend erhielt, während die anderen bald zu Grunde gingen. Die Kleinheit des Körpers vermindert in hohem Grade die Wärmeausstrahlung, ein Umstand, der auf die längere Erhaltung nicht ohne Einfluss gewesen sein mag. Drory hat auch auf der 19. Wanderversammlung der deutschen und österreichischen Bienenwirthe (16.–18. September 1874) in Halle einen Kasten mit *M. scutellaris* zur Schau sufgestellt [sic] (Eichstädter Bienenzeitung, 1874).

Im Monate September wurde unseren Bienen noch öfters das Fenster geöffnet. Sie flogen zwar noch, aus, brachten aber selten mehr Höschen nach Hause. In dieser Zeit, unmittelbar vor dem Beginn des Auskriechens der Brut, trat eine große Sterblichkeit unter ihnen ein. So wie auch bei unserer einheimischen Honigbiene stürzten sich die sterbensmatten Thierchen selbst aus dem Stocke, fielen bald zu Boden, von wo aus sie sich nicht mehr weiter erheben konnten und daselbst endlich zu Grunde gingen. Da diese Sterblichkeit nach einiger Zeit wieder aufhörte, muss angenommen werden, dass sie nur jene älteren Bienen betraf, welche bis jetzt den Schwarm bildeten und die offenbar durch die bereits geleistete Arbeit ihre Lebenskraft gänzlich erschöpft hatten. Da sie einen so mächtigen Bau errichteten, haben sie gewiss das ihrige geleistet.

Im Monate October wurde das Stöckchen in ein anderes Zimmer übertragen, dessen Mitteltemperatur nahezu 14° C. betrug. Hingegen wurde in das Innere des Kästchens ein passendes Gefäß aus Zinkblech eingefügt, welches täglich zweimal mit Wasser von etwa 40° C. gefüllt dazu bestimmt war, die Temperatur im Innern zu steigern. Diese Vorsichtsmaßregel erschien um so nothwendiger, als eben jetzt das Auskriechen der Brut den Höhepunct erreichte. Eben so sorgfältig wurde die Fütterung vorgenommen, indem in der am Boden des Kästchens angebrachten Lade theils mit Honig oder Blüthenstaub gefüllte Wabenstückchen der Honigbiene eingebracht, theils aber mehr oder weniger concentrirte Rohrzuckerlösung eingegossen wurde. Die Bienen nahmen die ihnen dargebotene Labung mit lange andauerndem lautem freudigen Gesumme auf und versorgten sie bald in ihren Krügen, auch pflegten sie die dargereichten Vorräthe im Futterkästchen, welche sie nicht mehr bewältigen konnten, mit einer Wachsschicht zu bedecken, welchen Verschluss sie jedoch alsbald wieder aufbrachen, sobald es nothwendig erschien, den inzwischen verbrauchten Vorrath wieder zu ergänzen. Bei der mit der Einbringung des Futters unvermeidlich verbundenen Störung bewahrten die Bienen ihre Sanftmuth und zeigten sich durchaus nicht ungestüm oder nur aufgeregt. Viele saßen an den geleerten Wabenstückchen und flogen auch dann nicht von denselben ab, nachdem diese inzwischen außerhalb des Stockes niedergelegt wurden, ließen sich später leicht abstreifen und wieder in den Stock zurückbringen.

Bald nachdem die jungen Bienen aus den untersten Wabenetagen ausgekrochen waren, wurden die letzteren alsbald abgetragen und das so gewonnene Baumaterial beim Weiterbau des Wabenthurms oder zum Neubau von Honigkrügen, sowie zum Bedeckeln der Futtervorräthe wieder verwendet. Hierbei wurden zunächst die Zellenwände zuerst zerstört und abgetragen, so dass der Zellenboden noch längere Zeit erhalten blieb. Vielleicht erscheint dieser Theil der Waben durch die Excremente der Larve am meisten verunreinigt und findet daher spätere Verwendung zu anderen Zwecken als das Material der reiner gebliebenen Seitenwände. Solche Bodenreste fand ich auch in der Höhlung des Farbholzklotzes und es wurden einige Stückchen derselben aufbewahrt.[327] Da endlich auch diese Bodenreste weggeräumt wurden, schwebte nunmehr der Rest des Brutthurmes in der Luft und ist somit gegenwärtig an den zu diesem Zwecke vermehrten Seitenstützen aufgehängt. Die Zahl der Bienen hat sich bis jetzt (30. Nov.) bedeutend vermehrt. Ihre Zahl wird an Tausend geschätzt, da sie in allen Räumen des Stockes zahlreich angetroffen werden. Bemerkenswerth erscheint es, dass die Bienen den Stock nicht verlassen, ungeachtet das Flugloch stets offen steht, höchstens wird eine oder die andere todte Biene aus dem Stocke herausgeworfen. Jedenfalls muss es als ein Übelstand bezeichnet werden, dass die Brut in Folge der Zerstörung des Baues im Sommer erst jetzt während des Winters auskriecht. Obwohl nicht unwahrscheinlich ist, dass die jungen Bienen sich bis zur nächsten Flugzeit lebend erhalten dürften, so ist doch zu befürchten, dass sie in der neu beginnenden Arbeitsperiode nicht mehr mit voller Jugendkraft eingreifen werden, wenn überhaupt nunmehr eine Ruheperiode folgen würde. Jedenfalls ist die Erhaltung dieser wunderbaren Ansiedelung bis zur wärmeren Jahreszeit um so wünschenswerther, als eben in dieser Zeit sich die beste Gelegenheit zur Beobachtung derselben ergeben würde. Insbesondere sind Beobachtungen über die Vermehrung und Neubildung von Stöcken erwünscht, da bisher, wie ich glaube, das Schwärmen bei diesen Bienenarten nicht wahrgenommen wurde. Sollte das gewiss schwierige Problem der Erhaltung durch den Winter glücklich gelöst werden, so werde ich nicht ermangeln, weitere Berichte einzusenden.[328] Auch über die durch die Güte des Directors des k. k. zoolog. Museums[329] in Wien vorgenommene Bestimmung

---

[327] Der Text unterscheidet nicht immer klar, wer welche Beobachtungen gemacht hat. In der Tat werden die meisten wohl von Mendel selbst gestammt haben. Die vorliegende Stelle bezieht sich aber recht klar auf eine Beobachtung von A. Tomaschek.
[328] Zu den weiteren Berichten siehe die Fußnote 329.
[329] Ab 1876 kam es zu einer gänzlichen Umgestaltung der drei Hofkabinette, welche unter der Leitung von Ferdinand von Hofstetter im k. k. Naturhistorischen Hofmuseum vereinigt wurden. Der Neubau am Ring nahm jedoch Zeit in Anspruch. Direktor des zoologischen Museums bzw. k.k. zoologischen Hof-Kabinets war nach dem Tode von Ludwig Redtenbacher der Zoologe Franz Steindachner (1834-1919). Wie Mendel hat Steindachner in den 1850er Jahren bei Unger, Fenzl, Kner an der Wiener Universität Naturwissenschaften studiert (vgl. Kap. 4) Steindachners Spezialgebiet war jedoch die Ichthyologie. Zur. Biogr. v. F. Steindachner siehe Riedl-Dorn 2013 bzw. ausführlicher Kähsbauer 1959 sowie.

unserer Biene, so wie über die specielle Litteratur [sic] derselben werden Mittheilungen erfolgen[330].

---

[330] Trotz der Ankündigung erschienen im gleichen Journal keine weiteren Berichte zu Mendels Versuchen mit tropischen Bienen und die Darstellung der Beobachtungen enden somit im November 1879 (vgl. ident. Alpatov & Orel 1979). Es existiert jedoch eine kurze Ergänzung in Form eines Sitzungsberichtes der Bienensektion der Moskauer Akklimatisierungs Gesellschaft vom 18.November 1882 (Alpatov & Orel 1979, S. 239), die hier kurz besprochen sein soll. Die 16 Mitglieder dieser damals gerade neu gegründeten Sektion trafen sich auf dieser Sitzung zum ersten Mal (ebd.). Zu den Anwesenden gehörten u. a. Nikolai Jurjewitsch Sograf (1851–1919) [auch N. I. Zograf], der Chemiker Ivan Kablukov (1857–1942), Nikolas Victorowitsch Nassonov (1855–1939) und Alexander Tichomirov (1850–1931) (vgl. Alpatov & Orel 1979). Auf eben dieser Zusammenkunft erwähnte Sograf die wenig erfolgreichen Bestrebungen der Entomologischen Gesellschaft und der Pariser Akklimatisationsgesellschaft und lenkte das Augenmerk auf die Akklimatisationsversuche in Mähren (Tomaschek 1885, zit. n. Alpatov & Orel 1979). Zu den darin zusätzlich gemachten Angaben gehört, dass Mendel seine tropischen Bienen wohl bis Februar 1880 am Leben erhalten konnte (ebd.). Desweiteren, dass Mendel den Stamm durch Beheizung am Leben zu halten versuchte. Basierend darauf ist zunächst vermutet worden, dass A. Tomaschek mit N. I. Sograf in brieflichem Austausch stand (ebd.). Letzteres scheint uns durchaus möglich, denn im Jahr 1880 war Anton Tomaschek einer der beiden Vize-Präsidenten des NfV, welcher mit der naturforschenden Gesellschaft in Moskau im Austausch stand.

Erst später wurde bekannt, dass es neben diesem Bericht noch eine weitere Beschreibung von Mendels Versuchen mit tropischen Bienen gab. 1988 berichteten Vladimir Beranek und V. Orel, dass sie einen Artikel von Franz Kühne (1845–1908) aus dem Jahr 1881 in der Ungarischen Biene gefunden hatten, welches auf einem bis dahin noch unbekannten Brief Mendels an Kühne basierte (Beranek & Orel 1988; Kühne 1881). Aus diesem Artikel geht hervor, dass F. Kühne im Jahr 1879 den Kongress der deutschen und österreichischen Bienenzüchter besuchte, der damals vom 7 bis 11 September in Prag stattfand. Auf diesem Kongress wurde Kühnes Aufmerksamkeit auf den damals weitbekannten Bienenzüchter Gregor Mendel gezogen. Auf der Heimreise nach Temeschvar, wo Kühne damals als Buchdrucker arbeitete, besuchte er Mendel in Brünn. Mendel bereitete ihm wohl einen sehr freundlichen Empfang und zeigte Kühne seinen außerordentlichen Bienenstand. Nach Kühne bestand dieser u.a. aus vielen Bienenständen aus Stroh. Kühne berichtete explizit, dass Mendel mehrere Bienenrassen aus verschiedenen Quellen erhalten hatte und dass die besten Rassen solche wären, die den höchsten Ertrag lieferten. Nach Mendels Einschätzung gaben importierte Bienenrassen unter den lokalen klimatischen Bedingungen bestenfalls durchschnittliche Erträge während die niedrigen Wintertemperaturen nachteilige Auswirkungen auf diese hätten.

Schon Iltis hat in seiner Biographie darauf hingewiesen, dass Mendel für seine Befruchtungsversuche einen Befruchtungsapparat entwickelt hatte. Seine Informationen dazu waren jedoch auf die Zeichnungen beschränkt, die Mendel einem Zimmermann zur Anfertigung dieses und anderer Einrichtungen für die Bienenzucht übergeben hatte. Von diesem Apparat berichtet auch F. Kühne (zit. n. Beranek & Orel 1988). Danach hatte Mendel einen offenen Raum von 15 bis 20 Kubikmetern mit transparenter Gaze abgetrennt, die auf einem Holzrahmen aufgezogen war. Dieser Raum war so aufgestellt, dass darin ein Bienenstock am Rande des Bienengartes platziert war. Der für die Experimente ausgewählte Bienenstock war länglicher mit einem Rahmen. Darauf war ein Anbau aus zwei Halbrahmen angebracht. Eine Öffnung am Boden war dabei mit dem Eingang des

Bienenstockes abgeglichen worden, so dass die Erweiterung durch die Wärme des darunter befindlichen Bienenstockes beheizt wurde.

An diesem Anbau befand sich ein Kasten aus einem feinen Netz. In diesen Kasten hatte Mendel zwei Waben gehängt und der Kasten war so weit von den Wänden des entfernt aufgestellt worden, dass die Bienen aus dem Stock darunter nach oben gelangen konnten. Die Waben könnten also nur durch das Netz hindurch besetzt werden. Gleichzeitig erlaubte die Konstruktion, dass die Bienen in ihren Netzraum gefüttert werden konnten. Ansonsten war jedoch kein näherer Kontakt möglich. Der Hauptstock selbst hatte einen normalen Eingang ins Freie, vom Anbau aus führte er jedoch in Netzgehege.

Zu Beginn von Mendels Versuch war der Hauptstock mutterlos, und nach acht Tagen waren alle Königinnenzellen abgedeckt. Die Bienenvölker hatten so keine Möglichkeit mehr, eine neue Königin hervorzubringen. Die beiden Waben, die im Anbau hingen, enthielten etwas Honig aber keinen Fötus. Eine Königin aus einer Kaste wurde beim Schwärmen auf einem Landebrett gefangen und mit einigen Drohnen zusammen gebracht. Die junge Königin war durch ein Netz von der mutterlosen Kolonie wurde als Herrscherin anerkannt und zusammen mit ihren Gefährten im Bienenstock regelmäßig gefüttert. Sie und die Drohnen flogen in den transparenten Käfig. Aber trotz der scharfen Beobachtungen von Herrn Mendel konnte er keine einzige Paarung oder auch nur eine innige Annäherung beobachten, die ihn auf eine Paarung hätte hoffen lassen. Nach vergeblichem Warten fand Mendel dann die tote Königin zusammen mit den meisten Drohnen im Anbau und im Bienenstock darunter eine kräftige junge Königin, die gerade mit der Eiablage begonnen hatte.

Die Tatsache, dass im darunter liegenden Bienenstock eine eierlegende Königin auftauchte, führte Herr Mendel auf die Tatsache zurück, dass das Experiment während des Schwärmens stattfand und es möglich war, dass eine überzählige Königin dem Tod entkommen war – und in einem Bienenstock Zuflucht gesucht hatte, in dem dies geschehen war. Mendel teilte Franz Kühne dann mit, dass er beabsichtige, das Experiment dieses Jahr mit Drohnen zu wiederholen, die gerade die Zellen verlassen hatten, und hoffe, dass ihm so etwas gelingen würde. Über diese Frage hat sich Franz Kühne dann mit Mendel in briefliche Korrespondenz getreten. In einem Brief antwortete Mendel dann das er auch in diesem Jahr mit der Befruchtung der Königin keinen Erfolg gehabt hatte. Er hoffte aber immer noch, dass das Experiment irgendwann gelingen würde. Zudem berichtete Mendel, dass er im Jahr 1881 den versuch wiederholen wollte und dabei den Apparat weiter anzupassen gedachte. Hierfür wollte Mendel eine Königin verwenden, welche den Stock noch nicht verlassen hatte.

Durchführung der Versuche mit Pflanzen-Hybriden

3

Michael Mielewczik, Michal V. Simunek, Janine Moll-Mielewczik und Uwe Hoßfeld

Seine Versuche an Erbsen führte G. J. Mendel von 1854 bis 1863 durch.[1] Bereits im Jahre 1863 war die experimentelle Hauptarbeit abgeschlossen. Anschließend arbeitete Mendel weiter an deren Auswertung.[2]

Dies bedeutet aber nicht, dass es ab diesem Zeitraum keine weitere intellektuelle und forscherische Auseinandersetzung seitens Mendels mit dem Spaltungsverhalten der Pflanzen und der Hybridisierung gegeben hat. Allgemein bekannt sind seine Kreuzungsarbeiten bei *Hieracium*-Arten, über die er drei Jahre später am 9. Juni 1869 im NfV

---

[1] **Abweichende Rekonstruktion von R. A. Fisher und V. Orel:** Fisher hat ausgehend von der Anzahl an Generationen, die Mendel in seiner Arbeit zu Pflanzenhybriden angegeben hat, angenommen, dass Mendel seine Versuche 1857 begonnen hat. Orel hat später darauf hingewiesen, dass dies im Widerspruch zu Mendels zweitem Brief an C. W. v. Nägeli steht, in welchem Mendel explizit berichtete, dass die beschriebenen Versuche im Zeitraum von 1856 bis 1863 durchgeführt worden sind.

[2] Weiling 1970, S. 283; Matalová 2008, S. 107, hier Anm. 1.

M. Mielewczik (✉)
Adlikon bei Regensdorf, Schweiz
E-Mail: michaelmielewczik77@gmail.com

M. V. Simunek
Institut für Zeitgeschichte, Akademie der Wissenschaften der Tschechischen Republik, Prag 6, Tschechische Republik
E-Mail: simunekm@centrum.cz

J. Moll-Mielewczik
Adlikon bei Regensdorf, Schweiz

U. Hoßfeld
AG Biologiedidaktik, Universität Jena, Jena, Deutschland
E-Mail: uwe.hossfeld@uni-jena.de

vortrug und die unter dem Titel *„Ueber einige aus künstlicher Befruchtung gewonnenen [sic] Hieracium-Bastarde"* veröffentlicht wurden.[3] Man kann davon ausgehen, dass Mendels Bestrebungen, eine geeignete Pflanze für die Wiederholung und Bestätigung der Ergebnisse der Erbsenversuche zu finden, zu Kreuzungen zwischen mindestens 34 Arten von 14 verschiedenen Pflanzengattungen geführt haben.[4] Eine wesentlich spätere Beschäftigung mit den Spaltungsverhältnissen belegt auch das sog. genetische Notizblatt aus dem Jahr 1880, in dem er sich noch 14 Jahre nach der Veröffentlichung der Versuche mit der möglichen Bestimmung der Testafärbung der Erbsen durch zwei interaktive Erbanlagen beschäftigt hatte.[5]

3.1 Versuche mit Erbsen und Bohnen

Praktisch alle Rezensenten der Geschichte der Biologie und Genetik sind sich in einem Punkt einig gewesen: dass die Wahl von Erbsen (*Pisum* sp.) durch Mendel als Versuchsobjekt eine sehr glückliche gewesen ist.[6] Zum einen, da sie als Modellpflanze viele experimentelle Vorteile bietet, zum anderen retrospektiv, weil sie sich für Mendel als perfektes Modell erwiesen hat, an dem er das Auftauchen numerischer, bestimmten Regeln folgenden, Zahlenverhältnisse erkennen konnte.

Zu den praktischen Vorteilen von *Pisum* gehört, dass es sich bei ihr um eine annuelle Pflanze handelt. Aussagekräftige Ergebnisse von Kreuzungsexperimenten lassen sich so schneller erhalten, als dies beispielsweise bei perennierenden Pflanzen und spezielleren Obstbäumen der Fall ist. Dies war auch der Hauptgrund warum Thomas Andrew Knight[7],

---

[3] Mendel 1870.

[4] Cetl 1983.

[5] Cetl 1983, S. 289–290.

[6] Siehe z. B. Correns 1900b; Knippers 2012; Timofeeff-Ressovsky 1981, S. 234.

[7] **Thomas Andrew Knight** (1759–1838) war ein engl. Botaniker, Hortologe, Pomologe sowie Pflanzenphysiologe. Nach dem Studium am Balliol College in Oxford (1778 o. 1779) begann er mit gärtnerischen Studien auf seinem Landgut im Kirchspiel Elton in Herefordshire, wobei er sich insb. mit der Zucht von Obstbäumen, Erdbeeren, Erbsen und verschiedenen anderen Gemüse- und Obstsorten beschäftigte (Mylechreest 1995). Von 1811 bis zu seinem Tod war Knight Präsident der London Horticultural Society, die er selbst mitbegründete und welche 1864 auf Basis eines königlichen Patentes zur Royal Horticultural Society umbenannt werden sollte (Mylechreest 1995). Zudem war er gründendes Mitglied der Hereford Agricultural Society (1797) und der Ludlow Natural History Society (1833) (Mylechreest 2010). Für seine Pionierarbeit auf dem Gebiet des Gravitropismus an Bohnensämlingen wurde ihm 1806 von der Royal Society die Copley Gold Medaille verliehen (ebd.).

3 Durchführung der Versuche mit Pflanzen-Hybriden

der eigentlich an der Verbesserung von Apfelbäumen interessiert war, im Jahr 1787 als erster mit Kreuzungsstudien von *Pisum* sp. begann.[8]

Diesen allgemeinen Vorteil hätten aber auch viele andere Pflanzenarten geboten. Die Entscheidung Knights für *Pisum* als spezielle Versuchspflanze lag aber an einigen weiteren pragmatischen und experimentellen Vorteilen von Erbsenpflanzen, denen sich schon Knight bewusst war. So war es schon damals leicht möglich, eine Vielzahl von Varianten bzw. Sorten zu erhalten, welche sich in ihren Formen, Größen und Farben voneinander unterschieden,[9] wobei sich wesentliche Merkmale leicht voneinander unterscheiden lassen.[10] Zudem hob er die Form der Blüte hervor, welche das unabsichtliche Einbringen von Pollen, sei es nun durch Insekten oder durch zufällige Bestäubung, erschwert. In diesem Kontext war Knight auch der Meinung, dass hierdurch Varietäten besonders „*permanent*" bzw. konstant wären.[11]

Tatsächlich kann man davon sprechen, dass sich die Erbse in den 1820er Jahren zu einer Art Modellpflanze bzw. Modellorganismus für Kreuzungsexperimente entwickelte. Im Jahr 1822 berichteten sowohl John Goss (1787–1833) als auch Alexander Seton (1810–1835) in der Londoner Horticultural Society über Kreuzungsversuche mit Erbsen (Goss, 1824). Goss berichtete hierbei von Kreuzungen zwischen Pflanzen mit grünblauen und gelblich-weißen Samen, wobei er feststellte, dass deren direkte Nachkommen alle Hülsen mit gelblich-weißen Samen wie die Vaterpflanze aufwiesen. Im Weiteren stellte er dann fest, dass die so erhaltenen weißen Samen teils weißsamige, teils grünsamige, teils weiß- und grünsamige Pflanzen ergaben. Im folgenden beobachtete Goss, dass sich aus den so erhaltenen grünen und weißen Samen jeweils wieder nur grüne und weisse Samen erhalten liessen. Wesentliche Beobachtungen Mendels sind also schon

---

[8] Knight 1799. Vgl. auch Shull & Stanfield 1939.

[9] Knight 1799, S. 196.

[10] Vgl. Mendel 1866.

[11] Knight 1799. Siehe auch (Shull & Stanfield 1939). Im Kontext der Mendelschen Regeln ist es interessant festzustellen, dass Knight in den von ihm durchgeführten Erbsenkreuzungen bereits einige essenzielle genetische Beobachtungen machte, die sich später auch bei Mendel fanden. Im Detail stellte Knight z. B. fest, dass er beim Kreuzen einer Erbsenvarietät mit grauen Samen mit einer weißen Erbsenvarietät ausschließlich dunkelgraue Samen erhielt. Kreuzte er jedoch diese erneut mit einer weißen Varietät, so ergaben sich daraus Nachkommen bzw. Varietäten mit neuen Eigenschaften, welche noch dazu ein äußerst luxurierendes Wachstum zeigten (Knight 1799). In gewisser Weise hat Knight also schon dominante und rezessive Merkmale sowie Heterosis beobachtet bzw. beschrieben (Shull & Stanfield 1939; Mylechreest 2010). Gleichzeitig hat er damit auch die Uniformitätsregel der F1- Generation festgehalten. Auf die Ähnlichkeit der von Mendel erzielten Ergebnisse mit jenen von Knight ist im Übrigen schon 1869 aufmerksam gemacht worden (Hoffmann 1869; s. a. Zirkle 1951). Knight hat allerdings im Gegensatz zu Mendel keinerlei quantitativ-statistische Auswertungen vorgenommen. Die Ermittlung von Zahlenverhältnissen und mathematischen Regeln war somit Knight nicht möglich (s. ebenso: Roberts 1929; Smykal 2014).

vor ihm an Erbsen gemacht worden, freilich ohne eine genauere mathematisch-statistische Auswertung, wie sie dann von Mendel vorgenommen wurde.

Die Frage, ob Mendel die Erbsenversuche von Knight bekannt waren, ist in der wissenschaftlichen Literatur wiederholt aufgeworfen worden.[12] Dabei ist darauf hingewiesen worden, dass Knights Arbeiten in Kontinentaleuropa, Deutschland und auch Österreich schon sehr bald eine weitere Verbreitung gefunden haben. Knights Publikation von 1799 ist z. B. schon im Jahr 1800 in Leipzig in deutscher Übersetzung in der Zeitschrift die *Oekonomischen Hefte* erschienen, wobei auch Knights Versuche an Erbsen Erwähnung gefunden hatten.[13]

Sicher belegbar ist, dass Mendel die Arbeiten von Goss und Seton bekannt waren. In seiner eigenen Ausgabe von Gärtners Buch hat er die Erwähnung von Goss und Seton auf Seite 85 mit der handschriftlichen Anmerkung *„Frauendor Zeitg 1837, S. 213"*[14] versehen (Orel 1971a, S. 54). An dieser Stelle findet sich unter dem Autorenkürzel „G." in der Tat ein Bericht über die Beobachtungen der beiden englischen Autoren, welche Gärtner als Bestätigung seiner eigenen Erbsenversuche gewertet hatte. Es ist zudem die gleiche Referenz, mit der Gärtner auf die Arbeiten Knights (1824b) verwiesen hat. Zugehörig zum Artikel von Seton findet sich im Anschluss an den Artikel übrigens auch noch eine farbige Darstellung einer Hülse mit zwei grünen und drei weißen Erbsen. Der Artikel von Knight (1824b) war im Wesentlichen ein Kommentar zu den Arbeiten von Goss & Seton, wobei Knight die Prinzipien von Dominanz und Segregation beschrieb. Übersehen wurde von Orel (1971a) übrigens, dass es im selben Band der Transaction noch einen vierten Artikel zu Erbsen gegeben hat (Knight 1824a). Primärer Fokus dieses Berichts war jedoch der Anbau von früher tragenden Erbsen[15].

In jedem Fall sind Erbsen, wie schon Iltis beschrieben hat, in der Folge immer wieder die Modellpflanze für Kreuzungsversuche gewesen. Beispielsweise in den Arbeiten von Laxton (1866) und Darwin. Spätestens mit der Wiederentdeckung hatte sich Pisum als klassische Modellpflanze durchgesetzt. Einige der frühen Vorteile als Modellorganismus

---

[12] Shull & Stanfield 1939; Kingsbury 2009, S. 90; Mylechreest 2010, S. 19.

[13] Mylechreest 2010, S. 19. Siehe auch Knight 1800. Der Übersetzer der Arbeit Knights ins Deutsche ist nicht bekannt. Herausgeber der *Oekonomischen Hefte* war M. J. C. Hoffmann, welcher seit 1799 Inspektor der Salzwerke in Kötschau war.

[14] Zur Annotierung in Mendels eigener Ausgabe von Gärtners Buch siehe Orel 1971, S. 54. Gärtner zitierte Knights 1799 veröffentlichte Arbeit in seinem Literaturverzeichnis (S. 733) unter dem Eintrag (56) für Kapitel III. als *„Philos. Transact. Vol. XL. P. II. p. 105. Oekonom. Hefte Leipzig 1800. B. XV. p. 322–338."* Knights Artikel von 1824 zitierte Gärtner unter dem Eintrag (57) als *„Transact of the horticult. Soc. of London. Vol. V. Fürst Frauendorf. Allg. Gartenzeit. 1834. Nr. 27. p. 213"*.

[15] Zu den Versuchen von Goss, Knight und Seton als Vorläufer Mendels siehe auch Roberts 1929; Orel 1971a. Es ist übrigens interessant anzumerken, dass auch Ch. Darwin die entsprechende Literaturliste in seiner Ausgabe von Gärtner handschriftlich markiert und als besonders wichtig hervorgehoben hat.

waren die fast freie Kombinierbarkeit von Sorten und deren generelle Stabilität und Fruchtbarkeit. Letzteres dürfte auch daran gelegen haben, dass es sich bei *Pisum* um eine einfache diploide Pflanze (2n = 14) handelt.

Erst im Laufe der weiteren Jahrzehnte haben dann andere Modellorganismen wie Mais und später auch *Arabidopsis* eine immer grössere Rolle eingenommen. Eine der besonderen Schwierigkeiten von *Pisum*, die sich in der modernen Genetik herauskristallisiert hat, ist die Tatsache, dass es sich bei Pisum um eine Leguminose mit einem relativ großen repetitiven Genom handelt. Die dadurch hervorgerufenen Herausforderungen bei der Sequenzierung haben dafür gesorgt, dass die Erbsen-Genetik lange hinterhergehinkt hat (Smýkal et al. 2012; Smýkal 2014). Vermehrt sind daher andere Leguminosen in den Vordergrund gerückt und als Modellorganismen benutzt worden

In der modernen Biologie und Genetik wird heute zunehmend die Leguminosen Familie bzw. im spezielleren die Gruppe der Papillonaceen (Fabaceen) als solche als Modellgruppe betrachtet. Dies liegt vor allem an der ökonomischen und ernährungstechnischen Bedeutung der Leguminosen, denn innerhalb dieser Gruppe gibt es mindestens vier Dutzend domestizierter oder teilweise domestizierter Arten von Nahrungs- und Futterpflanzen, von welchen die meisten den Papillonaceen zuzurechnen sind.[16] Dies hat dazu geführt, dass es besondere Anstrengungen gegeben hat, das gesamte Genom verschiedener Leguminosen-Arten zu sequenzieren. Schon heute liegen die Genome der Sojabohne *(Glycine max* WILLD.*)*[17], der Kichererbse *(Cicer arietinum L.)*[18], der Straucherbse *(Cajanus cajanus L.)*[19], des Gewöhnlichen Hornklees *(Lotus japonicus L.)*[20], des Schneckenklees *(Medicago truncatula* GAERTN.*)*[21] sowie von *Arachis duranensis* und *Arachis ipaensis*[22], den potenziellen Vorfahren der kultivierten Erdnuss, weitestgehend sequenziert vor.

Von all diesen Entwicklungen hat Mendel natürlich nichts wissen können. Seine Erbsenversuche, dies ist aus seinen Briefen an C. W. v. Nägeli ersichtlich, hat er in jedem Fall in den Jahren 1856 bis 1863 durchgeführt. Bereits im Herbst jeden Jahres dürfte er die Samenmerkmale ausgewertet haben. Alleine in seinen monohybrid Versuchen dürfte Mendel im genannten Zeitraum, der Rekonstruktion Orels (1971) folgend, etwa 14000 Pflanzen ausgewertet haben. Ganz sicher kann die Zahl der Pflanzen und auch die der künstlichen Befruchtungen nicht bestimmt werden, da Mendel deren Anzahl für die weiteren Versuche mit dem dritten bis siebten Merkmal nicht angegeben hat (ebd.). Seine Untersuchungen zu dihybriden und trihybriden Erbgängen dürfte Mendel mit ziemlicher

---

[16] Cannon et al. 2009.
[17] Schmutz et al. 2010.
[18] Jain et al. 2013; Varshney et al. 2013.
[19] Singh et al. 2012; Varshney et al. 2012.
[20] Sato et al. 2008.
[21] Young et al. 2011.
[22] Bertioli et al. 2016.

Sicherheit in den Jahren 1858 bis 1863 durchgeführt haben (ebd.; Weiling 1970a, S. 78). Der grösste Arbeitsaufwand dürfte sich hierbei im Jahr 1861 ergeben haben. Seine Versuche zu den Keimzellen der Hybriden hat Mendel dann mit ziemlicher Sicherheit im Zeitraum 1862 bis 1863 durchgeführt (ebd.)

Auch seine Experimente mit *Phaseolus* hat Mendel in seinen „*Versuche über Pflanzen-Hybriden*" beschrieben (s. Kap. 2). Die Bohnen-Versuche dürften etwa zwischen 1859 und 1860 eröffnet und dann über drei bis vier Generationen bis 1864 weiterverfolgt worden sein (Cetl 1973). In seinen Briefen an C. W. v. Nägeli finden sich keine Angaben zu Phaseolus.

In der Literatur wird üblicherweise immer angenommen, dass Mendel seine Versuche mit Erbsen bedauerlicherweise nicht selbst fortgeführt hat und es wird impliziert, dass diese auch von niemandem fortgeführt worden sind. Tatsächlich ist aber genau der letzte Punkt gar nicht so sicher belegbar und im Gegenteil spricht viel dafür, dass es durchaus weiter ein Interesse an den Versuchen mit Erbsen und Bohnen in Brünn gab. Als Mendel seinen Artikel an Erbsen eingereicht hatte war er zunächst immer noch an dem nur angestreiften 8. Merkmal zum Blütezeitpunkt der Erbse verblieben, mit dem er bei der Auswertung Schwierigkeiten gehabt hat. Innerhalb der Obst-, Wein- und Gartenbau-Sekzion der k.k. mähr.-schles. Gesellschaft für Ackerbau, Natur- und Landeskunde, in der Mendel damals aktiv mitgewirkt hat, wurden in den Jahren 1870 und 1871 dann Anbauversuche mit Laxton supreme und Laxton prolific angestellt, die bei den Gebrüdern Born in Erfurt bestellt worden waren. Über diese missglückten Anbauversuche, ebenso wie Anbauversuche mit Frühkartoffeln, berichtete der Gärtner Vinzenz Spačil in den Monats-Berichten der Sekzion (1871, S. 41-43): „*Die Laxton supreme Erbse kam nicht recht fort, kränkelte und ging endlich zu Grunde, bei genauer Untersuchung fand ich faßt* [sic] *sämmtliche Pflanzen am Fuße zernagt. Die Frauendorfer Blätter sagen zwar über,* [sic] *diese angerühmte Prahlerbse, daß sie 3 1/2 Fuß hoch werde, uns sich durch ihre frühe Reife, besonders aber durch ihre riesigen Schotten* [sic], *welche jenen* [sic] *von Laxton prolific an Größe beinahe übertreffen, auszeichen* [sic]; *ferner sehr fruchtbar sei und wegen ihrer frühen Reife noch im Sommer gebaut werden könne, wo sie dann noch zu einer Jahreszeit ein grünes Gemüse liefert, in welcher es daran fehlt. Da jedoch dieser Anbau-Versuch hier, wie bemerkt, aus Ursachen, welche nicht genauer konstatirt werden konnten, mißglückte, während jede von Laxton prolific ein so befriedigendes Resultat ergaben, so könnten noch nur neuerliche Versuche mit dieser Erbsensorte zeigen, ob und welche dieser angerühmten Eigenschaften dieselbe wirklich besitze, und die eigentliche Ursache des Mißlingens obigen Versuches sei. Dagegen bewährte sich die Laxton prolific-Erbse glänzend, ungefähr 2 1/2´ hoch zeigte diese Sorte einen schönen gedrängten Wuchs und war mit großen langen krenreichen Schotten* [sic], *im echten Sinne des Wortes überladen.*" Dass diese Versuche unabhängig von Mendel durchgeführt wurden, darf man auf Grund seiner Stellung in der Gartenbau-Sekzion kaum vermuten. Schon die Formulierung „*bewährte sich* [...] *glänzend*" erinnert stark an die Einleitung von Mendels Artikel zu seinen eigenen Versuchen (siehe Kap. 2.4). Mehr noch ist aber bereits aus Iltis

3 Durchführung der Versuche mit Pflanzen-Hybriden

Biographie bekannt gewesen, dass Mendel in eben diesem Jahr eng mit V. Spačil für die jährlichen Prüfungen der Sekzion zusammengearbeitet hat. Der Anbauversuch ist im Übrigen aus mehreren Gründen interessant. Erstens, da es direkt auf das Merkmal abzielte, für das Mendel noch nicht genügend Ergebnisse hatte sammeln können. Zweitens, da es sich hier explizit um ein Problem der Sortenreinheit handelte. Die Erbsen-Versuche sollten dann auch noch einmal im Jahr 1871 fortgesetzt werden brachten jedoch keine weiteren uns bekannten Ergebnisse hervor. Schon ab dem Jahr 1871 legte die Sekzion unter dem Handelsgärtner Twrdy einen verstärkten Fokus auf die Akklimatisation ungewöhnlicher fremdländischer Zierpflanzen (Twrdy 1871a) während er gleichzeitig auch die Idee der künstlichen Befruchtung as Züchtungsmethode bewarb (Twrdy 1871b). Vielleicht am überraschendsten ist jedoch, dass auch an Bohnen in Brünn weiterhin ein Interesse bestand. Anbau- und Akklimatisationsversuche sind hierzu dort in großem Umfang von Anton Tomaschek durchgeführt worden. Letzteres ist vor allem auch deswegen bemerkenswert, als das Tomaschek in den 1870er Jahren ein häufiger Gast im Kloster war (Orel 1981) und seine wissenschaftliche Tätigkeit oft Kooperationen mit Gregor Mendel umfasst haben (siehe Kap. 5). Diesbezüglich scheint es also durchaus eine berechtigte Frage zu sein, ob diese Anbauversuche (zumindest im Kontext von Akklimatisierungsversuchen) nicht als direkte Fortführung von Mendels Versuchen zu verstehen sind.

3.2 Kreuzungen von *Verbascum*

Mendel führte auch Kreuzungen an *Verbascum*-Arten durch, deren zeitlicher Ablauf 1971 von dem Genetiker Ivo Cetl (1924–2008) rekonstruiert worden ist. Für die Beobachtung der F1-Generation einer Kreuzung von *Verbascum phoeniceum* x *V. blattaria* wurde lediglich das Jahr 1865 angegeben.[23] Diese Rekonstruktion basierte vermutlich auf einer kurzen Notiz zu dieser Kreuzung durch Mendel in den Sitzungsberichten des NfV aus dem Juni 1865 und den Briefen Mendel an Nägeli.[24] Im Fall von *Verbascum* hat Cetl jedoch keine weiteren Informationen in seiner Rekonstruktion präsentiert. Aus den Briefen Mendels an Nägeli und der historischen Literatur lässt sich dieser Versuch aber weiter und partiell detaillierter rekonstruieren.[25]

---

[23] Cetl 1973.
[24] Sitzungsbericht vom 14. Juni 1865, in: *VNV* 3, 1865, S. 52: *„Herr Prof. G. Mendel zeigte im frischen Zustande zwei von ihm gezogene Bastarde, nämlich Verbascum phoeniceum mit weissblühendem Verbascum Blattaria gekreuzt, und Campanula media-pyramidalis."*
[25] Vgl. hierzu den Brief Mendels Nägeli vom 6. November 1867 in Correns 1906; 1924. Mendel schrieb dort: *„Im Jahre [1]864 hatte ich Befruchtungen zwischen mehreren Verbascum-Arten vorgenommen."*

Sicher ist, dass Mendel im Jahr 1864 Kreuzungen zwischen mehreren *Verbascum*-Arten vorgenommen hat.[26] Die somit erhaltenen und im Garten großgezogenen Hybriden waren jedoch allesamt steril.[27] Durch Zufall hat Mendel jedoch eine einzelne aus der Kreuzung von *Verbascum phoeniceum* mit *V. blattaria* hervorgegangene Hybride in der Aussaatschale vergessen, welche er dann erst später im Garten zu den anderen Pflanzen versetzt hat.[28] Diese Pflanze, ebenso wie alle anderen, wurde dann überwintert (Winter 1865/1866).[29] Die anderen *Verbascum*-Pflanzen sind im Sommer 1866 nach der Blüte eingegangen.[30] Die zuvor vereinzelte Pflanze gelangte jedoch in diesem Sommer nicht zur Blüte und Mendel überwinterte sie für ein weiteres Jahr (Winter 1866/1867), bevor sie im Sommer 1867 kontinuierlich von Juni bis September erblühte und schließlich 100 gut ausgebildete Samen hervorbrachte.[31] Mendel erhoffte sich aus diesen Samen Erkenntnisse zu den Blütenmerkmalen der Nachkommen, wobei ihn vermutlich insbesondere die Blütenfarbe interessiert hat.[32] Die Ergebnisse der Merkmalsanalyse sind jedoch nicht erhalten geblieben. Für Mendel dürfte dieser Versuch aber insbesondere in Hinsicht von *Verbascum* als mehrjährige Versuchspflanze von Interesse gewesen sein. In eben diesem Kontext sind Kreuzungsversuche an *Verbascum* auch schon vor Mendel, beispielsweise von Christoph Girtanner[33] und J. G. Kölreuter durchgeführt worden.[34]

Überhaupt muss man erwähnen, dass das Genus *Verbascum* eine der Modellpflanzen für frühe Hybridisierungsversuche gewesen ist, wobei Mendel die Ergebnisse früherer Ver-

---

[26] Vgl. hierzu den Brief Mendels an Nägeli vom 6. November 1867 in Correns 1906; 1924.

[27] Ebd.

[28] Ebd.

[29] Ebd.

[30] Ebd.

[31] Ebd.

[32] Ebd.

[33] **Christoph Girtanner (1760–1800)** war ein Schweizer Arzt, Chemiker und Botaniker, der in Lausanne, Straßburg und Göttingen studiert hat. Nach der Promotion in Göttingen (1782) arbeitete er für kurze Zeit als niedergelassener Arzt in St. Gallen, bevor er in den 1780er Jahren mehrere Forschungsreisen durch Europa unternahm. Sie führten ihn unter anderem nach London, Paris und Edinburgh. Als Chemiker hatte er wesentlichen Anteil daran, dass die althergebrachte Phlogistonlehre durch eine Oxidationstheorie abgelöst wurde. Seine wichtigste biologische Arbeit war der Nachweis, dass venöses Blut nach der Aufnahme von Sauerstoff hellrot wird. Ab 1787 wirkte Girtanner dann bis zu seinem Tod fast durchgehend in Göttingen. In dieser Zeit verfasste er neben mehreren chemischen Werken und einer neuen chemische Nomenklatur u. a. auch eine Abhandlung über Kinderkrankheiten, sowie eine *„Ausführliche Darstellung des Darwinschen Systemes der praktischen Heilkunde, nebst einer Kritik desselben"* (1799). Die hier im weiteren erwähnten Kreuzungsversuche stammten aus seinem Werk *„Ueber das Kantische Prinzip für die Naturgeschichte"* aus dem Jahr 1796. Girtanner war zudem der Urheber einer letztendlich 17 Bände umfassenden Betrachtung der Französischen Revolution (1793–1803). Alle Angaben nach Wegelin 1964, S. 411f.

[34] Siehe hierzu Girtanner 1796, S. 408–409.

suche sehr wahrscheinlich gekannt hat. Ch. Girtanner hatte beispielsweise festgehalten, dass es bei der Kreuzung von Verbascum-Arten typischerweise zur Bildung von „Blendlingen" kommt, wobei er wie auch Mendel, eine Kreuzung von *Verbascum phoeniceum* mit *V. blattaria* durchführte. Girtanner hatte dabei festgestellt, dass es bei *Verbascum phoeniceum* nicht möglich war, Pflanzen dieser Art mit dem eigenen Samenstaube zu befruchten. Daraus folgerte er, dass die *„meisten Zwitterblumen nur durch den Saamenstaub eines anderen Individuums ihrer Rasse befruchtet werden können."* (Zit. n. Girtanner 1796, S. 408-409). Ähnliches war auch von dem Botaniker Arend Joachim Friedrich Wiegmann (1770–1853) beobachtet worden. Das Jahr 1864 als Beginn der *Verbascum*-Kreuzungen ist im Übrigen als spätestes mögliches Datum zu betrachten. Es kann nicht ausgeschlossen werden, dass Mendel schon in den vorausgegangenen Jahren Kreuzungen von *Verbascum* beobachtet hat. Erwähnenswert ist, dass es in den frühen 1860er Jahren, insbesondere in Wien, einige Betrachtungen zu *Verbascum*-Spezies und deren Hybriden gegeben hat. Dies mag auch durchaus der Ausgangspunkt für Mendel gewesen sein, dieses Genus genauer zu betrachten. Dies gilt insbesondere für eine 1861 durch Heinrich Wilhelm Reichardt[35] in Wien erfolgte Beschreibung eines aufgefundenen Bastards von *Verbascum blattaria* L. und *Verbascum phoeniceum* L. (*Verbascum pseudo-phoeniceum*).[36]

Unklar bleibt jedoch, mit welchen weiteren *Verbascum*-Arten Mendel Kreuzungsversuche durchgeführt hat. Sicher ist lediglich, dass es mehrere gewesen sein müssen, denn in seinem Brief an C. W. v. Nägeli vom 6. November 1867 berichtete Mendel, dass es mehrere waren. Es ist wohl relativ sicher davon auszugehen, dass Mendel sich bei diesem Versuch auf verbreitete Wildarten stützte. Einen möglichen Hinweis auf die von Mendel verwendeten *Verbascum*-Arten gibt daher die von A. Makowsky verfasste und im NfV erschienene Flora des Brünner Kreises.[37,38] Dort wurden als Teil der lokalen

---

[35] **Heinrich Wilhelm Reichardt (1835–1885)** war ein im mährischen Iglau/Jihlava geborener Botaniker und Schüler von Alois Pokorny. Nach dem Studium der Medizin und Botanik in Wien (1854–1859) arbeitete Reichardt als Kustos am k. k. botanischen Hofkabinett in Wien. Ab 1860 war er Privatdozent für Morphologie und Systematik der Sporenpflanzen an der Wiener Universität. Im Jahr 1873 erfolgte schließlich eine Berufung als außerordentlicher Professor für Botanik. Besondere Bedeutung erlangte Reichardt u. a. als Bearbeiter der botanischen Ausbeute der Expedition der Fregatte „Novara" sowie als Mitarbeiter der von Martius erstellten „*Flora Brasiliensis*". Alle Angaben nach Frahm & Eggers, S. 397–398.

[36] Reichardt 1861, S. 403–404.

[37] Makowsky 1862.

[38] ***Verbascum***: Im Brünner Raum und Mähren waren für die Königskerze auch die Namen Himmelbrand, Wollkraut bzw. Divizna verbreitet (s. z. B. Makowsky 1860, S. XVI; Steiger 1881, S. 30). Meist wurden diese nicht für eine spezielle Art genutzt, sondern für alle Arten innerhalb dieser Gattung. Andere bekannte deutsche Trivialnamen sind bspw. Bärenkraut, Fackelblumen, Fackelkraut, Himmelskerze, Feld-Kerze, Oster-Kerze, Unholden-Kerze und St-Johannis-Kerze (Berchtold & Pfund 1840, S. 23).

Etymologisch stammen die Namen Himmelbrand und Königskerze wohl von der Tatsache ab, dass die Wolle der Pflanze früher leicht zu Lichterdochten, Lunten und Zunder verarbeitet werden

mährischen Flora u. a. *Verbascum thapsus* L.[39], *Verbascum phlomoides* L.[40], *Verbascum Lychnitis* L.[41], *Verbascum nigrum* L., *Verbascum orientale* M. Bieb., *Verbascum blattaria* L. und *Verbascum phoeniceum* L. aufgelistet.[42] Genannt wurden auch Vorkommen von den Hybriden *Verbascum Thapsiformi-nigrum* Koch und *Verbascum phlomoidi-orientale* Neil.

Erwähnenswert sind zudem zwei weitere Hybriden *(Verbascum phlomoides X orientale* und *Verbascum Thapsus X orientale)*, welche von G. v. Niessl in der Sitzung des NfV vom 12. Dezember 1866 im Rahmen von botanischen Mitteilungen beschrieben wurden.[43]

---

konnte (vgl. Berchtold & Pfund 1840, S. 59). Außerdem wurde behauptet, dass der Stengel mit Pech überzogen gut als Fackel genutzt werden konnte (a. a. O. S. 59–60). Im 19. Jahrhundert ist *Verbascum* oft als pflanzliches Arzneimittel, insb. als Tee mit der Bezeichnung „Himmelbrand", genutzt worden. In Brünn ist auf diesen Tee bspw. in Naturkalendern im *Mährischer Correspondent,* vermutlich durch Mendels Versuchspartner und Mentor in der Meteorologie, Paul Olexik, möglicherweise aber auch durch Mendel selbst, aufmerksam gemacht worden (s. Ausgabe vom 17. Juli 1863, S. 7–8). In den 1860er Jahren ist dieser Tee in Brünn im Übrigen auch als Basis für die Erstellung eines alkoholischen, rheumatischen Elixiers bzw. Likörs genutzt worden (s. Marcus 1863, S. 383).

[39] *Verbascum Thapsus* **L.**: In dieser Schreibweise gemeint war vermutlich die Große bzw. Gemeine Königskerze oder Wahre Wollblume. Ganz sicher ist dies aber nicht, da es bei Makowsky (1862) keinen Bestimmungsschlüssel gibt. Zu den Verwendungen der Artnamen *Verbascum Thapsus* L., *Verbascum thapsiforme* Schrader, *Verbascum Thapsus* Schrader und *Verbascum Schraderi* Meyer im 19. Jahrhundert siehe Mohr 1854, S. 415 sowie *„Die Medicinal-Pflanzen der österreichischen Pharmakopöe"* von Stephan Endlicher 1842, S. 356. In der Umgebung von Brünn kam die Art zu Lebzeiten von Mendel wohl ubiquitär, insb. an Flussufern, Waldrändern und in trockenen Wäldern, meist jedoch solitär, vor (Makowsky 1862, S. 136; Makowsky 1863, S. 93).

[40] *Verbascum phlomoides* **L.**: Die Windblumenähnliche Königskerze. Zweijährige Pflanze.

[41] *Verbascum lychnitis* **L**: Die Lampen- bzw. Mehlige Königskerze, in Brünn auch als Lichtblumenartige Königskerze bezeichnet, typisch mit gelber Krone, seltener weiß und dunkel punktiert. Zu Lebzeiten Mendels in Brünn auf dem Lateiner Berge/Stránská skála und Hadiberge/Hády u Brna oberhalb Malomierschitz/Maloměřice zu finden (Makowsky 1863, S. 93).

[42] *Verbascum phoeniceum* **L.**: Die Violette Königskerze ist eine zwei- oder mehrjährige krautige Pflanze. Siehe Makowsky 1862, S. 136–137; Makowsky 1863, S. 93–94, S. 156. Makowsky (1862, S. 199) hat *Verbascum phoeniceum* in der Nähe von Brünn nicht finden können während Niessl in der Nähe von Brünn Vorkommen zwischen Kritschen und Schlappanitz lokalisiert hatte (Ebd., S. 137 & S. 199). Bei der Identifizierung dürften Makowsky, Mendel und Niessl vermutlich auf den Bestimmungsschlüssel von Schlosser (1843, S. 255) zurückgegriffen haben.

[43] Siehe hierzu das Sitzungsprotokoll der Sitzung d. NfV vom 12. Dezember 1866, in: *VNV 5,* 1867, S. 64.

3.3   Kreuzungen von *Aquilegia*

Aus den Briefen von Mendel an Nägeli wissen wir auch von drei Kreuzungsexperimenten, die Mendel mit Pflanzen des Genus *Aquilegia* aus der Familie der Ranunculaceen unternommen hat[44], wobei insgesamt vier Arten von ihm miteinander worden gekreuzt sind: *Aquilegia canadensis* L.[45], *A. vulgaris* L.[46], *A. atropurpurea*[47] WILLD. und *A. wittmaniana*. Zu diesen Versuchen Mendels ist bislang wenig bekannt und man weiss lediglich, dass er hierzu berichtete, hat, dass seine *„Herbst-Sämlinge[n] der Hybriden Aquilegia canadensis+vulgaris, A. canadensis+A. atropurpurea u. A. canadensis+A. Wittmaniana"* den Winter im Freien gut überstanden hatten.[48] Mendel hatte wohl geplant, auch zu *Aquilegia* weitere Kreuzungsversuche durchzuführen, allerdings fehlte ihm hierzu zu diesem Zeitpunkt wohl der notwendige Raum, weshalb er sich auf Probe-Versuche mit *Veronica*, Viola, *Potentilla* und *Carex* beschränken musste.[49]

Interessante Fragen wirft allerdings die von Mendel verwendete Art *A. Wittmaniana* auf. Dabei handelt es sich um ein Synonym für die kaukasische Akelei (*A. olympica* BOISS. 1841).[50] Sicher scheint, dass es sich hierbei zur Zeit Mendels um eine noch recht neu eingeführte Art gehandelt hat, welche als besonders schöne Spezies angepriesen wurde.[51] Merkwürdig ist aber die von Mendel gewählte Schreibweise als *„A. wittmaniana* mit einem fehlenden *„n"*. In dieser Form ist sie nur in zwei anderen Werken des 19. Jahrhunderts zu finden. Zum einen in der in Paris erschienenen *„Encyclopédie*

---

[44] Siehe Cetl 1973.

[45] *Aquilegia canadensis* L.: Die aus Nordamerika stammende Rote Akelei. Soweit ersichtlich, war Mendel wohl der Erste, der diese in Brünn bzw. Mähren angepflanzt hat. In Europa ansonsten bereits zuvor im 18. und 19. Jahrhundert in vielen botanischen Gärten angebaut und auch als Zimmerpflanze genutzt worden.

[46] *Aquilegia vulgaris* L.: Die gewöhnliche Akelei wurde in Brünn auch als „Violett-blaue Akelei" bzw. als „Unechte Glockenblume" bezeichnet (s. z. B. den Naturkalender in *Die Presse* vom 23.5.1857, S. 4). In Brünn zur Zeit Mendels kam *A. vulgaris* dort wild vor (Makowsky 1862, S. 115, Nr. 879). Daneben ist sie von Anton Schebanek, ebenso wie *A. Skinnerii*, auch im Augarten in Brünn angepflanzt worden.

[47] *Aquilegia atropurpurea* WILLD.: Wird heute meist als synonym zu *A. viridiflora* bzw. als eine Variation dieser verstanden (Müller-Wille & Hall 2016). Blütezeitpunkt ist typischerweise im Mai und Juni.

[48] Siehe hierzu den Brief Mendels vom 18. April 1867; Correns 1906, S. 209–210.

[49] Ebd.

[50] Siehe hierzu Takhtajan 2012, Tom. 3(2), S. 62. mit Verweis auf *A. wittmanniana* STEVEN EX. FISCH., C. A. MEY. ET AVE-LALL. 1846, Index Sem. Hort. Bot. Petropol. 11, suppl.: 15. Weitere dort gegebene Synonyme: *A. vulgaris* L. var. *caucasica* LEDEB. 1842, *A. caucasica* BIEB., *A. vulgaris* var. *olympica* (BOISS.) BAKER und *A. vulgaris* auct. non L.: BIEB.

[51] Siehe hierzu bspw. Thompson 1855, S. 105: *„The A. Wittmanniana is a very beautiful species of rather recent introduction. It grows about eighteen inches high, and produces, in June, large flowers of a fine porcelain blue."*

pratique de l'agriculteur" aus dem Jahr 1859[52], zum anderen im Katalog einer Pflanzenausstellung aus dem Jahr 1855 im belgischen Gand.[53] Ausgehend davon, dass Mendels Erbsen sehr wahrscheinlich schon auf der Weltausstellung 1855 in Paris präsentiert worden sind (siehe Kap. 1), ist es sicherlich eine interessante und berechtigte Frage, ob Mendel aus diesem Kontext auch Pflanzenmaterial von *A. Wittmaniana* bezogen hat. Beantworten lässt sich dies leider nicht.

Inhaltlich ist es bei den *Aquilegia*-Versuchen leider nicht ganz klar, welche Merkmale Mendel untersucht hat. Aus dem Kontext scheint es am wahrscheinlichsten, dass es ihm primär wohl vermutlich um die „*Farben-Entwicklung an den Blüthen der Hybriden*" gegangen ist. Zudem wird auch die Fruchtbarkeit der Hybriden ein Aspekt der Betrachtung gewesen sein. Mendel selbst ist jedenfalls davon ausgegangen, dass sich die oben genannten drei *Aquilegia*-Bastarde gut für Versuche eignen. Von Problemen hinsichtlich der Fruchtbarkeit hat Mendel, anders als bei der dort an selber Stelle angeführten Hybride von *Tropaeolum majus + T. minus,* keine Probleme beschrieben. Sicher scheint aber, dass er bei diesen Versuchen nur eine sehr kleine Zahl von Pflanzen beobachtet haben dürfte. Interessant ist aber in jedem Fall, dass er hier klar als Arten abgegrenzte und von unterschiedlichen Kontinenten (Nordamerika, Europa und Asien) stammende Spezies miteinander gekreuzt hat.

Auf Grund der fehlenden weiteren Informationen in Mendels eigenen Schriften lassen sich Vorstellungen zu seinen *Aquilegia*-Versuchen nur aus den Darstellungen von Versuchen an diesen Pflanzen bei anderen Autoren ableiten. Zu den frühen Arbeiten solcher Kreuzungen zählt beispielsweise ein kurzer Bericht von Christoph Girtanner, in welchem dieser berichtete, dass die Befruchtung von *Aquilegia vulgaris* mit der amerikanischen Akelei *A. canadensis* einen „*halbschlächtigen, sehr fruchtbaren, Blendling*" ergeben hat, woraus er ableitete, dass beide „*verschiedene Rassen*" eines Stammes sind.[54]

Kreuzungen von *A. vulgaris* x *A. canadensis* bzw. *A. canadensis* x *A. vulgaris* sind im Übrigen auch schon von Kölreuter beschrieben worden, welcher hieraus einfache Bastarde erziehen konnte. Mendel (1866, S. 40) hat in seinem Hauptwerk auf die Aquilegium Kreuzungen Gärtners verwiesen, der für Aquilegia atropurpurea-canadensis festgestellt hatte, dass diese zu den ausgezeichnet fruchtbaren Hybriden zu zählen war. Mendel konstatierte hierzu, dass sich eben diese Hybriden durch eine „*wesentliche Verschiedenheit*" auszeichnen, „*in ihren Nachkommen constant bleiben und sich ebenso wie die reinen Arten fortpflanzen.*"

---

[52] Siehe dort Tom. 2, S. 76.

[53] Siehe „*Expositions publiques de la Société d'Agriculture et de Botanique de Gand. 102.e Exposition de Plantes. Les 4, 5 et 6 Mars 1855*". Eug. Vanderhaeghen, Imprimeur de la Société. Gand. Dort die Nummer 1252 von Mr Fréd. de Connick *(„Horticulteur, frabourg de la porte de Bruges")*, S. 21.

[54] Girtanner 1796, S. 413.

In seiner Rekonstruktion der Hybridationsversuche Mendels hat Ivo Cetl (1973b) angegeben, dass die Versuche mit Aquilegia in den Jahren 1866 und 1867 stattgefunden haben und bis zur F1-Generation fortgeführt worden sind. Der Beleg hierfür war der einzige Brief Mendels an C. W. v. Nägeli aus dem Frühjahr 1867 in dem Mendel auf seine Aquilegia-Kreuzungen eingegangen ist.

3.4 Kreuzungen von *Geum*

Aus den Briefen von Mendel an Nägeli wissen wir auch von Kreuzungsexperimenten mit Pflanzen des Genus *Geum*. Die Kreuzungen von *Geum urbanum x G. rivale* scheinen für Mendel selbst eine relativ wichtige Beobachtung und Bedeutung hinsichtlich des Erlangens konstanter Hybriden dargestellt zu haben.[55] In seinen Versuchen mit *Geum* ging Mendel zunächst von den Aussagen Gärtners aus, dass die Hybride *Geum urbano rivale* zu den hochgradig fertilen Hybriden gehörten, deren Nachkommen konstant blieben und sich wie reine Linien verbreiten würden.[56]

Auf diesen Versuch Gärtners ist Mendel dabei schon in seiner wichtigsten Arbeit „*Versuche über Pflanzen-Hybriden*" kurz eingegangen. Nähere Ausführungen hierzu finden sich jedoch in seinen Briefen an Nägeli. Hinsichtlich von Versuchen an *Geum* schrieb Mendel dort bereits am 31. Dezember 1866: „*Diese Pflanze gehört nach Gärtner zu den wenigen bisher bekannten Hybriden, welche in ihren Nachkommen unverändert bleiben, wenn die Befruchtung durch den eignen Pollen geschieht.*"[57] Aus diesem Grunde kündigte Mendel auch an, dass eben diesem Bastard *Geum urbanum + rivale* in weitere Versuchen eine „*grössere Aufmerksamkeit*" zugedacht war.[58]

Bereits in einer ersten inhaltlichen Iteration hat sich Mendel dabei kritisch mit den Ergebnissen Gärtners auseinandergesetzt. Diesbezüglich schrieb er:

„*Es scheint mir übrigens nicht ganz sicher zu sein, ob die von Gärtner erhaltene Hybride wirklich das G. intermedium Ehrh. war. Gärtner nennt seine Pflanze einen Mittel-Typus, als welchen man G. intermedium doch nicht in allen Stücken bezeichnen kann. Bei der Umwandlung des G. urbanum in rivale bemerkt Gärtner ausdrücklich, dass durch die Befruchtung der Hybride mit dem Pollen von rivale lauter gleiche dem väterlichen Typus entschieden näher gerückte Individuen erhalten wurden. Wir erfahren jedoch nicht, worin diese Annäherung bestand, bis zu welchem Grade durch jede einzelne von den aufeinanderfolgenden Befruchtungen die Charaktere des G. urbanum verdrängt wurden, bis endlich der reine Typus des rivale hervortrat.*"[59]

---

[55] Cetl 1973, S. 17.
[56] Stansfield 2009, S. 3.
[57] Siehe Mendels Brief an Nägeli vom 31. Dezember 1866, abgedr. in Correns 1906, S. 196–197.
[58] Ebd., S. 196.
[59] Ebd.

Inhaltlich kritisierte Mendel also, dass Gärtner explizit nicht einzelne Merkmale untersucht hat. Kontextuell kommt dieser Textstelle aber auch darüber hinaus eine Schlüsselrolle zum Verständnis von Mendels Werk und Briefen zu, da er hier auch eine Hypothese zur Bedeutung von Gesetzen hinsichtlich der Umwandlung einer Art in eine andere zum Ausdruck brachte: *„Es ist wohl nicht zu bezweifeln, dass die successive Umbildung nach einem bestimmten Gesetze erfolgt, welches, falls es gelingen sollte, dasselbe aufzufinden, auch Aufschlüsse über das Verhalten anderer Hybriden dieser Art geben könnte. Ich hoffe den aus künstlichen Befruchtungen erhaltenden Bastard im kommenden Sommer zur Blüthe zu bringen."*[60]

Derartige Befruchtungen hat Mendel dann tatsächlich vorgenommen. Die dafür notwendigen Ausgangspflanzen hat er selbst gesammelt.[61] *Geum urbanum* stammte dabei aus dem Stadtraum von Brünn.[62] Seine Ausgangspopulation von *Geum rivale* hatte ihren Ursprung auf einer nassen Gebirgswiese.[63] Hinsichtlich letzterer ist Mendel davon ausgegangen, dass es sich um eine reine Population gehandelt hat, da *Geum urbanum* an dieser Stelle nicht vorkam.[64] Von der aus Befruchtung stammenden Hybriden überwinterte Mendel mehrere Exemplare in seinem Kalthaus.[65] Bereits im Frühjahr 1867 konnte er konstatieren, dass davon drei in Blüte standen und die weiteren bald nachfolgen würden.[66] Im Detail war Mendel bei seinen *Geum*-Kreuzungen dabei insbesondere an der Beobachtung mehrerer Merkmale interessiert. Im Einzelnen waren dies: 1) die Größe der Blüten bzw. Blütenblätter, 2) die Farbe der Blüten, 3) der Zeitpunkt der Blüte, 4) die Fruchtbarkeit, 5) die Verzweigung des Blütenstandes, 6) die Ausrichtung der Blüten und 7) die Behaarung und Form der Nebenblätter.[67]

In seiner vorläufigen Analyse der erhaltenen Hybride im April 1867 hat sich Mendel wieder kritisch mit den Befunden Gärtners auseinandergesetzt. Die Ergebnisse seiner eigenen Kreuzungen beschrieb er dabei wie folgt:[68]

„[…] Der Pollen ist ziemlich gut ausgebildet und die Pflanzen dürften, wie auch Gärtner anführt, furchtbar sein. Es will mir merkwürdig scheinen, dass die bis jetzt blühenden Pflanzen den von Gärtner angeführten Ausnahms-Typus besitzen. Pag. 302 heisst er bei Gärtner: ‚Geum urbano-rivale in der Mehrzahl mit grossen dem rivale nahe kommenden, und nur ein paar Exemplare mit kleinen dem urbanum näher gebliebenen

---

[60] Ebd.

[61] Ebd., siehe Mendels Brief an Nägeli vom 18. April 1867, Correns 1906, S. 208.

[62] Ebd.

[63] Ebd.

[64] Ebd.

[65] Ebd.

[66] Ebd.

[67] Ebd. sowie den Auszug aus dem Sitzungsprotokoll der Monats-Versammlung des NfV in Brünn am 8. Mai 1867, in: *Brünner Ztg.*, 16. Mai 1867, S. 683 (Abdruck).

[68] Siehe Mendels Brief an Nägeli vom 18. April 1867, abgedr. in Correns 1906, S. 208.

3 Durchführung der Versuche mit Pflanzen-Hybriden

gelben Blumen'. An meinen Pflanzen sind die Blüthen in der That gelb und gelb-orangefarbig und etwa halb so gross, als die des G. rivale; die übrigen Charaktere entsprechen, so weit es sich bis jetzt beurtheilen lässt, dem G. intermedium Ehrh. Sollte etwa dem Ausnahmetypus eine frühere Blüthezeit zukommen? Den Knospen nach versprechen aber auch die übrigen Pflanzen keine grössere Blüthen. Oder sollte hier die Ausnahme zur Regel werden können?"

Davon leicht abweichend hat Mendel später im Jahr 1867 berichtet, dass „*Geum urbanum + G. rivale*" mit *G. intermedium* EHRH. übereinstimmt.[69] Zudem führte er weiter erläuternd aus, dass er in seinem Versuch keine Hybriden bzw. „*Varietäten mit rot-gelben Blumen und jene mit um die Hälfte kleineren Blüthen*" gefunden hatte und dass nicht alle davon „*eine gleiche Fruchtbarkeit*" aufwiesen, jedoch keine „*ganz steril*" war.[70] Darauf aufbauend hat Mendel im Sommer 1867 dann seine *Geum*-Versuche fortgeführt, wobei er *G. urbanum* und *G. rivale* jeweils mit der Hybride, sowie die Hybride jeweils mit *G. urbanum* und *G. rivale* befruchtete.[71] Zudem erhielt Mendel aus Selbstbefruchtung der Hybride weitere davon abstammende Pflanzen.[72] All diese hat er dann im August 1867 im Garten ausgesetzt.[73]

Die unterschiedlichen Darstellungen Mendels hinsichtlich der Mittelform der Hybride gegenüber Nägeli erschließt sich übrigens nur unter weitergehender Berücksichtigung der Sitzungsprotokolle des NfV, denn die von Mendel untersuchte *Geum*-Hybride hat A. Makowsky am 8. Mai 1867 auf dessen Monats-Versammlung vorgestellt. Ein in der *Brünner Zeitung* aufgefundener Auszug aus dem Sitzungsprotokoll hat diese Episode etwas ausführlicher festgehalten, als dies später in den *VNV* niedergelegt worden ist:

„[…] *besprach Herr Professor A. Makowsky einen von dem Herrn Professor Mendel durch Kreuzung von Geum rivale und Geum urbanum erzogenen Bastard, welcher mit dem wildwachsenden Geum intermedium Ehrh völlig übereinstimmt. Er hat den verzweigten Blüthenstand des Geum urbanum, die hängenden Blüthen von Geum rivale, und steht in der Behaarung, Form der Nebenblätter, so wie in der Grösse der Blumenblätter genau in der Mitte zwischen beiden* [sic] *Die Blüthen waren anfänglich gelb, später mit rothem Anfluge.*"[74]

---

[69] Ebd., siehe Mendels Brief an Nägeli vom 6. November 1867, S. 216.

[70] Ebd.

[71] Ebd.

[72] Ebd.

[73] Ebd.

[74] Siehe den Auszug aus dem Sitzungsprotokoll der Monats-Versammlung des NfV in Brünn am 8. Mai 1867, op. cit.; vgl. dazu die Darstellung im 6. Bd. der *VNV*, Sitzungsprotokoll, S. 35: „*Herr Makowsky zeigt ein von dem Herrn Prof. G. Mendel durch künstliche Befruchtung erzogenes Exemplar von Geum urbano-rivale (intermedium Ehrh.), welches mit der Beschreibung der wildwachsenden Pflanze vollkommen übereinstimmt. Es besitzt den gabelig verzweigten Blüthenstand, des G. urbanum; die unteren Nebenblätter sind getheilt, die oberen ungetheilt; die Behaarung hält die Mitte zwischen jener der beiden Eltern; dasselbe gilt auch von der Grösse der Blumenblätter. Die Blüthen sind überbogen, erst gelb, dann, sowie die Kelche, mit röthlichem Anfluge.*"

Interessant ist die daraus gezogene und von Makowsky berichtete Schlussfolgerung: „[…] *beiden Varietäten, welche die Botaniker unterscheiden, nämlich mit gelben und rothgelben Blüthen, stellen also möglicherweise nur Entwicklungsstadien einer und derselben Pflanze dar.*"[75]

Seine Versuche mit *Geum* hat Mendel übrigens bis ins Jahr 1869 durchgeführt.

Mendel hat den *Geum*-Versuchen, verglichen mit ihrem Ausmaß, in seinen Berichten und Briefen verhältnismäßig viel Platz eingeräumt. Einer der Gründe dürfte wohl gewesen sein, dass er gehofft hat, hieraus Gesetze abzuleiten, welche die Entstehung von Mittelformen erklären. Hierbei hat er auch die Idee gehabt, dass dies möglicherweise die Entstehung verschiedener Phänotypen bei *Hieracium* erklären könnten. Tatsächlich war dies auch eine von Mendels Ausgangsüberlegungen, warum er seine Experimente mit Hieracien begann. Dass *Geum intermedium* bereits als einer der natürlich vorkommenden und spontan entstehenden Hybriden mit Mittelbildung bekannt war, darf man wohl als einen weiteren Betrachtungspunkt ansehen, den Mendel hinsichtlich der Entstehung von Arten im Hinterkopf hatte. Letzteres ergibt sich eigentlich schon aus seinen eigenen Ausführungen zur Konstanz von Formen bei *Geum*-Kreuzungen.

Darüber hinaus geben Mendels Angaben und Ausführungen zu seinen Versuchen mit *Geum* aber auch interessante Einblicke in seine Vorgehensweise, welche sich nicht direkt aus seinem Hauptwerk ergeben und in der Tat zu einigen Diskussionen geführt haben. Zudem belegen sie, dass man unter *„wesentlichen Merkmalen"* wohl direkt den Bezug zu für die Taxonomie entscheidenden, klassifizierenden Merkmalen sehen muss. Hierzu gehört ganz klar die Blütezeit, denn Blütenkalender gehörten insbesondere in Brünn und Wien in dieser Zeit zum Standardrepertoire systematischer Zusammenstellungen. Aus den Berichten lässt sich aber auch entnehmen, dass die Auswahl von Merkmalen nicht unbedingt direkt am Anfang von Mendels Experimenten gestanden haben muss. Im Fall von *Geum* ist der gesamte Satz der betrachteten Merkmale erst nach und nach entwickelt worden, woraus sich die durchaus widersprüchlichen Angaben in Mendels Briefen und den verschiedenen Darstellungen in den Sitzungsprotokollen ergeben und erklären.

Die besondere Aufmerksamkeit, die Mendel *Geum* geschenkt hat, hat übrigens dazu geführt, dass schon früh verschiedene Wissenschaftler versucht haben mit *Geum* mendelsche Kreuzungen durchzuführen. Hierzu gehörten beispielsweise auch C. Correns und wohl auch H. de Vries.[76]

---

[75] Ebd.

[76] Siehe hierzu Correns 1906, S. 196–197, hier Anm. 2, siehe auch Marsden-Jones 1930. Aus letzterer ergibt sich schon, dass die Kreuzungsergebnisse bei *Geum* deutlich komplizierter sein konnten, als dies wohl von Mendel gehofft worden war.

3.5 Versuche mit *Mirabilis* sp. (1867–1870)

Einen der interessantesten Versuche an anderen Pflanzenarten als Erbsen und Hieracien, hat Gregor Mendel im Jahr 1869 mit *Mirabilis jalapa*[77] durchgeführt. Der Versuch ist deshalb außerordentlich bemerkenswert, weil er mit diesem feststellen wollte, ob die damals von Charles Darwin und Charles Naudin vertretene Ansicht, dass ein einzelnes Pollenkorn für die genügende Befruchtung des Ovulums nicht ausreicht, richtig sei.[78] Über die Ergebnisse seiner Befruchtungsversuche mit *Mirabilis* hat Mendel dann ausführlich in einem Brief an C. W. von Nägeli im Sommer 1870 berichtet. In diesem führte er aus, dass seine Experimente Darwins und Naudins Vermutungen zumindest teilweise widerlegt hätten:

„[…] *das Resultat meines Versuches ist jedoch ein völlig anderes. Ich erhielt aus der Befruchtung mit einem einzigen Pollenkorn 18 gut entwickelte Samen und davon ebensoviele Pflanzen, von denen bereits 10 in Blüthe stehen. Die Mehrzahl dieser Pflanzen ist ebenso üppig ausgebildet, als die aus freier Selbstbefruchtung stammenden. Einige wenige Exemplare sind bis jetzt allerdings im Wachsthume etwas zurückgeblieben, allein nach dem Erfolge, den die übrigen aufweisen, kann die Ursache davon nur darin zu suchen sein, dass nicht alle Pollenkörner eine gleiche Befruchtungstüchtigkeit besitzen, und dass ferner bei dem in Rede stehenden Versuche die Mitbewerbung anderer Pollenkörner ausgeschlossen war. Wo mehrere concurriren, da dürfen wir annehmen, dass es immer nur dem kräftigsten gelingen wird, die Befruchtung zu vollziehen.*"[79]

In seinem Brief berichtete Mendel auch davon, dass er plante, den beschriebenen Versuch zu wiederholen. Durch ein direktes Experiment hoffte er dabei nachweisen zu können, „*ob bei Mirabilis zwei oder mehr Pollenkörner an der Befruchtung eines Eichens theilnehmen können.*"[80] In seinem Brief machte Mendel übrigens selbst deutlich, für wie wichtig er gerade dieses Experiment hielt, denn auf Grund eines Augenleidens hatte er im Jahr 1869 darauf verzichtet, andere neue Experimente zu beginnen. Die einzige Ausnahme davon war sein Versuch mit *Mirabilis*-Pollen. Dieses erschien ihm „*so wichtig*", dass er sich nicht dazu „*entschliessen konnte, dasselbe auf einen späteren Zeitpunkt zu verschieben.*"[81]

Neben dem besprochenen Experiment hat Mendel mit *Mirabilis* auch noch einen Kreuzungs- bzw. Hybridisierungsversuch im eigentlichen Sinne durchgeführt, durch den

---

[77] *Mirabilis jalapa* L., die **Wunderblume**.
[78] Siehe hierzu den Brief Gregor Mendels an Carl Wilhelm von Nägeli vom 3. Juli 1870, in: Correns 1924, S. 228–237; Naudin 1865, S. 34–35; Darwin 1868, Bd. 2, S. 478–479.
[79] Ebd.
[80] Ebd.
[81] Ebd.

er einen „*Mirabilis Jalappa + M. longiflora*"[82] Hybriden erhalten hatte, der[83] Samen produzierte.[84] Versuche mit Kreuzungen von *Mirabilis*-Varietäten hat Mendel insgesamt über mehrere Jahre von 1866 bis 1870 durchgeführt. Das besondere Interesse Mendels an Kreuzungen von *Mirabilis jalapa* zeigt sich dabei auch an einigen Seiten, die er in seiner deutschen Ausgabe des ersten Bandes von Charles Darwins Werk „*Das Variieren der Thiere und Pflanzen im Zustande der Domestication*" (1868) gesondert markiert hatte und die sich mit der besonderen Variabilität der Blütenfarbebei *Mirabilis* beschäftigten.[85] Darwin besprach dort frühere Versuche von Henri Lecoq, welcher festgestellt hatte, „*daß bei den Sämlingen die Farben sich selten verbinden, sondern distinkte Streifen bilden, oder daß die Hälfte der Blüten von der einen Farbe, die andere Hälfte von einer verschiedenen Farbe ist. Einige Varietäten tragen regelmäßig mit gelb, weiß und rot gestreifte Blüten; aber Pflanzen von solchen Varietäten produzieren gelegentlich auf derselben Wurzel Zweige mit gleichförmig gefärbten Blüten aller drei Färbungen und andere Zweige mit halb und halb gefärbten Blüten und wieder andere mit marmorierten Blüten.*"[86]

In der Geschichte der Genetik hat *Mirabilis jalapa* später in sehr verschiedener[87] Hinsicht eine wichtige Rolle gespielt. Dies lag u. a. daran, dass sie der „Wiederentdecker" Carl Correns als Modellpflanze benutzte, an welcher er unter anderem Beispiele nichtmendelscher Vererbung untersuchte. In seinen Kreuzungsversuchen mit rot und weiß blühenden *Mirabilis* präsentierte er das Beispiel eines intermediären Erbgangs, bei dem in der ersten Filialgeneration zwar uniforme Individuen gefunden wurden, welche jedoch mit rosa Blüten einen mittleren Typ aufwiesen.[88]

---

[82] *Mirabilis longiflora* L. ist die aus Mexiko stammende **Wilde Wunderblume** bzw. **Langblühende Wunderblume.** Neben Mendel haben sich auch eine Reihe anderer Botaniker dieser Zeit mit eben dieser Kreuzung auseinandergesetzt. Naudins bspw. hat eben diese Kreuzung durchgeführt, durch welche er eine einzige, jedoch üppig wachsende Pflanze erhielt, welche jedoch im Weiteren nahezu unfruchtbar war. Eine im Garten zufällig vorkommende Hybride zwischen beiden Arten ist zudem schon von Lepelletier beschrieben worden, der davon berichtete, dass sich diese aus Samen stets rein fortpflanzte. Von eben diesen Versuchen ist auch in der deutschsprachigen Literatur wiederholt berichtet worden. Siehe hierzu z.B. in die *Illustrirte Garten-Zeitung* (1866, S. 82). „*Von der Erzeugung und Bestimmung (Fixation) der Varietäten unter den Ziergewächsen.*"

[83] Für eine umfangreiche Zusammenfassung der Mirabilis-Versuche bei Kölreuter, Gärtner, Naudin und Lecoq siehe Correns 1902.

[84] Siehe hierzu den Brief Gregor Mendels an Carl Wilhelm von Nägeli vom 15. April 1870, in: Correns 1924, S. 227.

[85] Darwin 1868, Bd. 1, siehe dort S. 489–505.

[86] Darwin 1868, Bd. 1, S. 505. Auf die Textstelle ist erstmals von O. Richter aufmerksam gemacht worden Siehe z. B. Richter 1943, S. 185.

[87] Hinsichtlich der Kreuzungen von *Mirabilis* siehe insb. auch die Ergebnisse von Correns eigenen Versuchen (Correns 1902), bei denen er neben den Farbmerkmalen auch Merkmalspaare zum Wuchs der Pflanze und dem Chlorophyllgehalt der Laubblätter untersucht hat.

[88] Siehe hierzu bspw. Correns 1905a und Correns 1924, S. 474.

In der Ausprägung der Merkmale zeigte sich also keine vollständige Dominanz[89], weshalb das beobachtete Phänomen in Genetik-Lehrbüchern nicht selten mit dem Prinzip der Kodominanz erklärt wird. Das Beispiel des *Mirabilis*-Typs der Vererbung mit seinen intermediären Blüten in der ersten Filialgeneration gehört seit dieser Zeit zu den am häufigsten visualisierten Regeln der Vererbung, welches als entsprechende Grafik in unzähligen Schul- und Lehrbüchern reproduziert worden ist.[90]

Noch bedeutsamer war die Rolle von *Mirabilis jalapa* bei der Entdeckung der plastidären (und auch maternalen) Vererbung, welche von Correns zunächst am Beispiel von vielfarbigen *Mirabilis* Varietäten beschrieben worden ist. In diesen Varietäten fanden sich weiße Stellen, denen das Chlorophyll fehlte und deren Charakteristik sich nur vererbte, wenn die Mutterpflanze diese Eigenschaft besessen hatte. Durch Studien des Genetikers Erwin Baur (1875–1933) an *Pelargonium*, die parallel zu den Entdeckungen Correns im selben Journal publiziert worden sind, wurde die Theorie der plastidären Vererbung begründet, welche davon ausgeht, dass einzelne Erbinformationen über Organellen wie den Chloroplasten vererbt werden können.[91]

3.6 Versuche mit Kratzdisteln (*Cirsium* sp.)

Mendel hat in den Jahren von 1866 bis 1870 Kreuzungsexperimente mit Kratzdisteln durchgeführt. Der wichtigste Beleg hierfür ist der erste Brief, den Gregor Mendel im Dezember 1866 an C. W. von Nägeli geschrieben hat. Darin berichtete Mendel davon, dass „[…] *die Manipulation bei der künstlichen Befruchtung* […]" bei *Cirsium* (ebenso wie bei *Hieracium*) *„wegen der Kleinheit und dem eigenthümlichen Baue der Blüthen sehr schwierig und unsicher"* ist.[92] Hinsichtlich seiner ersten Versuche mit den Kratzdisteln beschrieb Mendel dann, dass er bei den Cirsien zunächst *„das zweihäusig blühende [Cirsium] arvense*[93] mit

---

[89] Siehe auch Matalová & Cetl 2005.

[90] Siehe hierzu z. B. Czihak, Langer & Ziegler 1981, S. 205; Denffer et al. 1971, S. 313; Fitting et al. 1923, S. 280; Graw 2010, S. 471; Hirsch-Kauffmann, Schweiger & Schweiger 2009, S. 137.

[91] Baur 1909. Zur Geschichte und den Details der Entdeckung der plastidären Vererbung siehe z. B. Hagemann 2010; Kuroiwa 2010.

[92] Siehe den Brief Gregor Mendels v. 31. Dezember 1866 an C. W. v. Nägeli, in: Correns 1906, S. 198; Correns 1924, S. 196.

[93] *Cirsium arvense* (L.) SCOP. ist die violett-blühende und am Feldrand häufig vorkommende **Ackerkratzdistel** (vgl. Makowsky 1863, S. 71). Schon zur Zeit Mendels war die Ackerkratzdistel ein typisches Unkraut, dass auch in Brünn weit verbreitet war und von Juli bis Oktober blühte. Nach der Flora des Brünner Kreises kam *Cirsium arvense* in Brünn dabei in drei verschiedenen Formen vor, und zwar in den Varianten *C. arvense* var. *spinosissimum*, *C. arvense* var. *mite* und *C. arvense discolor* NEIL. (ebd.).

dem [C.] oleraceum[94] *und [C.] canum*[95] *befruchtet [...]"* hatte. Der von Mendel dort beschriebene Versuch ist zunächst hinsichtlich der verwendeten Technik interessant. Er erläuterte in seinem Brief, dass er die Blüten der Cirsien mit einem Florstoff gegen den Besuch von Insekten schützte. Dabei ging er davon aus, dass es sich für die Cirsien hierbei um eine völlig hinreichende Methode handelte. In weiteren Kreuzungen testete er im Folgenden die Befruchtung von *C. canum* und *C. lanceolatum*[96] mit *C. oleraceum* durch einfache Übertragung des Pollens, wobei er darauf verzichtete *„die Antheren aus den Blüthen der ersteren zu entfernen [...]".*[97]

Mendels Versuche mit *Cirsium* standen aber unter keinem guten Stern. Schon kurze Zeit später berichtete er in einem Brief an Nägeli über die Probleme mit diesen Versuchen[98]: *„Die aus der Herbst-Aussaat stammenden Hybriden von Cirsium arvense + C. oleraceum sind über den Winter im Garten eingegangen, von C. Arvense + C. canum blieb eine Pflanze erhalten. Hoffentlich werden die Frühjahrs-Sämlinge glücklicher sein. Sehr gut haben dagegen zwei andere Cirsium-Hybriden im Kalthause überwintert. Ich hatte im verflossenen Sommer an einer im Garten blühenden Pflanze von C. praemorsum M. (olerac. + rivulare)*[99] *die Beobachtung gemacht, dass an den Blüthenköpfen, welche an den Stengeln zuerst und zuletzt entwickelt wurden, der Pollen nicht zur Ausbildung kam, weshalb sie auch ganz steril blieben; an den übrigen, etwa der Hälfte wurde etwas Pollen und auch guter Samen erzeugt. An zwei zuletzt entwickelten Blüthenköpfen wur-*

---

[94] *Cirsium oleraceum* (L.) Scop. ist die **Kohldistel**, die auch zur Zeit Mendels in Brünn weit verbreitet war und von Juli bis Oktober blassgelb blühte und vor allem auf sumpfigen Wiesen vorgekommen sein soll (vgl. Makowsky 1863, a.a.O.).

[95] *Cirsium canum* M. Bieb. ist die **Graue Kratzdistel**. In der Umgebung von Brünn kam sie zur Zeit Mendels insb. Auf nassen Wiesen und im nördlichen Gebiet vor, wo sie typischerweise im Juli und August blühte (Makowsky 1863, S. 71).

[96] *Cirsium lanceolatum* Scop. ist die **Gewöhnliche Kratzdistel**. In der Umgebung von Brünn war sie zur Zeit Mendels u. a. auf Raigen und Wegen sowie Gebirgswaldungen zu finden und blühte Juli und August (Makowsky 1863, S. 71).

[97] Siehe den Brief Gregor Mendels v. 31. Dezember 1866 in: Correns 1906, S. 198; Correns 1924, S. 196.

[98] Siehe den Brief Gregor Mendels v. 18. April 1867 in: Correns 1906, S. 208–209.

[99] Möglicherweise gab es bereits in den frühen 1860er Jahren Versuche von Mendel an *Cirsium*. Am 18. Februar 1862 berichtete die *Brünner Ztg.* sehr ausführlich über eine Sitzung des NfV. Dort referierte u. a. der Apotheker und Botaniker Theimer über die Bastardbildung bei Pflanzen und präsentierte eine für Mähren ganz neue Form *Cirsium* praemorsum Michl. (*C. oleraceo rivulare* D.C.), den er als einen Bastard zwischen *C. oleraceum* und *C. rivulare* im Adamsthal aufgefunden hatte. Neben einem weiteren Bastard von *Cirsium*, den Theimer auf dieser Sitzung besprach, berichtete er auch davon, dass *„die Fruchtbarkeit (welche den Bastarden lange Zeit abgesprochen wurde), bei vielen derselben durch Experimente nachgewiesen worden ist."* Der entsprechende Beitrag legt nahe, dass Mendels Versuche also bereits auf den ersten Sitzungen des NfV zumindest grundsätzlich bekannt waren. Von Theimer sind im NfV übrigens auch noch eine Reihe anderer *Cirsium*-Hybriden beschrieben worden (s. Makowsky 1863).

den Befruchtungs-Versuche angestellt, auf den einen der Pollen von C. palustre[100]*, auf den anderen von C. canum übertragen. In beiden Fällen wurden keimfähige Samen erhalten, wovon die Pflanzen, die den Winter über im Kalthause blieben, schon so weit entwickelt sind, dass die gelungene Hybridisirung ersichtlich ist."*

3.7 Versuche mit *Matthiola*

Besonders viel Mühe hat sich Gregor Mendel mit Farbenversuchen im Genus *Matthiola* gegeben, welche er über einen Zeitraum von mindestens sechs Jahren verfolgt hat und von denen er 1870 noch annahm, dass sie noch über einige Jahre weitergeführt werden müssten.[101] Aus diesen Versuchen hoffte Mendel zu ermitteln, nach welchen Regeln bzw. Gesetzen die Vererbung von Faktoren verläuft, welche die Farbe der Blüten bestimmen. Um diesem Problem auf den Grund zu gehen, hatte er sich „*ein Sortiment von Matthiola annua*[102] *in 36 benannten Farben von Erfurt*[103] *kommen lassen.*" In der Folge hatte sich dieses Sortiment jedoch für die von Mendel angedachten Versuche als unzureichend erwiesen. Eine genaue Beschreibung der Schwierigkeiten mit diesem Sortiment hat er nicht hinterlassen. In einem Brief an C. W. v. Nägeli hat Mendel jedoch angedeutet, dass sich der Mangel an einer verlässlichen Farbenskala als großes Hindernis erwiesen hat. Mendel, der selbst berichtet, dass er dieser Kultur seine „ganz besondere Zuneigung geschenkt" hatte, hat im Jahr 1870 nicht weniger als 1500 *Matthiola*-Pflanzen als Zöglinge kultiviert, die er plante, in den folgenden Monaten auszuwerten. Das Ergebnis dieser Musterung versprach er in einem Brief an Nägeli diesem später zukommen zu lassen.[104]

---

[100] *Cirsium praemorsum* Scop., die **Sumpf-Kratzdistel**. Zur Zeit Mendels kam sie an Waldrändern, Gebirgsbächen, auf sumpfigen Wiesen und Auen recht häufig vor, wobei die Blüte typischerweise zwischen Juli und Oktober lag (Makowsky 1863, S. 71).

[101] Siehe Correns 1906.

[102] Zur Zeit Mendels unterschied man in Brünn zwischen der Sommerlevkoje (*Matthiola* annua R. Br.), die in Brünn auch Veigel genannt wurde und in vielen unterschiedlichen Farben erhältlich war, und die Winterlevkoje (*Matthiola* incana). Details zu dieser Unterscheidung liefert ein zweiteiliger, 1859 in der *Brünner Ztg.* abgedruckter Naturkalender, der, basierend auf dem vorangestellten Kürzel „Z-i", von Mendels Mentor Alexander Zawadzki geschrieben worden sein dürfte. Der Autor beschrieb dort, dass *Matthiola annua* sich dadurch auszeichnete, dass sie bereits im ersten Jahre blüht, während *Matthiola incana* erst im zweiten Jahr Blüten treibt, weshalb sie vor dem Einbruch des Winters zum Schutz ins Glashaus gebracht werden musste. Schon der Autor des Naturkalenders hat davon berichtet, dass man durch künstliche Befruchtung zwischen beiden Arten „*schöne gefüllte Bastarde erzeugt*" hat.

[103] Vermutlich handelte es sich bei der Quelle um die Samenhandlung Benary. Allerdings gab es Brünn auch noch andere Erfurter Samenhandlungen, die in den Brünner Zeitungen Anzeigen geschaltet hatten.

[104] Siehe hierzu den Brief Mendels an C. W. v. Nägeli vom 3. Juli 1870 in: Correns 1906, S. 229–237.

Dieses Versprechen erfüllte Mendel dann auch tatsächlich in seinem nächsten Brief. Dort heißt es:

„Die Farben-Versuche mit Matthiola annua haben auch im heurigen Jahre trotz der grossen Anzahl von Versuchspflanzen nur geringe Fortschritt gemacht. Nach den bisherigen Erfahrungen ist eine Übereinstimmung mit Pisum wahrscheinlich. Schwierigkeiten verursachen gewisse Erscheinungen, welche sich auch die Intensität der Färbungen beziehen. Oefter erscheint statt der erwarteten Farbenstufe eine, wenn ich mich so ausdrücken darf, höhere oder tiefere Farben-Oktav, oder beide zugleich, und zwar nicht an einem oder dem anderen, sondern an einer ganzen Reihe von Exemplaren. Dadurch wird das Sortieren sehr unsicher, weil es leicht geschieht, dass dabei das Zusammengehörige getrennt oder der umgekehrte Fehler begangen wird. Man erhält dann für die verschiedenen Farben-Varianten Zahlen, welche für die Ableitung einer Entwicklungsformel unbrauchbar sind. Es wurden heuer neue Versuchspflanzen aufgenommen, vielleicht gelingt es, mit diesen einfachere Reihen zu erhalten."[105]

Mit dem von Mendel beschriebenen Problem der Farbnuancen dürfte wohl jeder Forscher mitfühlen, der selbst schon einmal, z. B. in der automatisierten bildbasierten Phänotypisierung, Farbsegmentierungen oder Klassifikationen verschiedener Farben bei Pflanzenmaterial vorgenommen hat. Selbst mit modernen Algorithmen und bei Einsatz von speziell darauf angepassten Farbräumen und Modellen (z. B. der HSI Farbraum mit Farbwert/engl. **h**ue; Farbsättigung/engl. **s**aturation; Intensität/engl. **i**ntensity) stellt dies auch heute noch eine Herausforderung dar, wobei die Schwierigkeit und Komplexität mit der Anzahl der zu unterscheidenden Farbgruppen und unterschiedlichen Lichtverhältnissen noch zu nimmt.

Für Mendel sind die Versuche an *Matthiola* wohl auch deswegen von besonderem Interesse gewesen, da sich zu derartigen Kreuzungen auch in den Werken von Charles Darwin Informationen finden, wobei auch Darwin in dem Kontext von Zahlenverhältnissen berichten konnte. Bereits im ersten Band seines Buchs *„Das Variiren der Thiere und Pflanzen im Zustande der Domestication"*[106] schrieb Darwin: *„Wenden wir uns nun zur Gattung Matthiola. Der Pollen der einen Sorte von Levkoj afficirt zuweilen die Farbe der Samen einer anderen Sorte, die als Mutterpflanze benutzt wird. Ich führe den folgenden Fall um so lieber an, als Gärtner ähnliche Angaben, die in Bezug auf den Levkoj von anderen Beobachtern gemacht worden waren, bezweifelte. Ein sehr bekannter Gartenzüchter, Major Trevor Clarke*[107], *theilt mir mit, dass die Samen der rothblüthigen*

---

[105] Siehe hierzu den Brief Mendels an C. W. v. Nägeli vom 27. September 1870 in: Correns 1906, S. 238–242.

[106] Zit. n. d. ins Deutsche übersetzten Ausgabe: Darwin 1868, Bd. 1, S. 513.

[107] **Richard Trevor Clarke (1813–1897)** war ein britischer Armeeoffizier und Pflanzenzüchter. Er war Major in der Northampton and Rutland Infantry Militia. Neben der Züchtung von vieler Varianten von Begonien interessierte er sich vor allem an der Hybridisierung von Baumwolle womit er hoffte deren Kultivierung in Indien verbessern zu können. R.T. Clarke war Mitglied der Royal Horticultural Society.

3 Durchführung der Versuche mit Pflanzen-Hybriden

zweijährigen Levkoj (M. annua, Cocardeau der Franzosen) hellbraun sind und die des purpurnen verzweigten Levkoj ‚Queen' (M. incana) violett-schwarz sind. Nun fand er, dass wenn Blüthen des rothen Levkoj's mit Pollen des purpurnen befruchtet wurden, sie ungefähr fünfzig Procent schwarzen Samen ergaben. Er schickte mir vier Schoten von einer rothblühenden Pflanze, von denen zwei mit ihrem eigenen Pollen befruchtet worden waren, und diese enthielten blass braune Samen, und zwei, welche mit dem Pollen von der purpurnen Sorte gekreuzt worden waren. Diese letzteren Samen ergaben purpurblühende Pflanzen wie ihr Vater; während die blass braunen Samen normale rothblühende Pflanzen ergaben." Darwin schloss daraus, dass hiermit ein Beweis für *„die direkte Einwirkung des Pollens einer Species auf die Färbung der Samen einer anderen Species"* gefunden worden war.[108]

Es ist des Weiteren anzumerken, dass sich nicht nur, wie oben beschrieben, Gregor Mendel, sondern auch Charles Darwin in ganz ähnlicher Weise ein umfangreiches Sortiment von verschiedenfarbigen Matthiola-Samen beschafft hat. Darwin schrieb hierzu: *„Blumen überliefern ihre Farben rein oder im hohen Grade capriciös. Viele einjährige kommen rein; so kaufte ich deutschen Samen von vier und dreissig benannten Untervaritäten einer Rasse des zehnwöchentlichen Levkoj (Matthiola annua) und erzog einhundertundvierzig Pflanzen, von denen alle, mit Ausnahme einer einzigen, echt kamen. Wenn ich dies hier anführe, muss ich indess bemerken, dass ich nur zwanzig Sorten unter den vierunddreissig benannten Untervarietäten unterscheiden konnte. Auch entsprach die Färbung der Blumen nicht immer dem auf das Paquet geschriebenen Namen. Ich sage aber, dass sie echt kamen, weil in jeder der sechsunddreissig kurzen Reihen alle Pflanzen absolut gleich waren mit der erwähnten einzigen Ausnahme."*[109]

Das Mendel eben diese Versuche Darwins gekannt hat, darf man sicher voraussetzen. In der deutschen Ausgabe von Darwins Buch aus dem Besitz Mendels hat man später festgestellt, dass dort von Mendel selbst eine Seite markiert worden ist, auf der es um weitere Informationen zu den *Matthiola*-Experimenten von R. T. Clarke ging. Darwin berichtete dort:

„Major Trevor Clarke kreuzte den kleinen glattblättrigen einjährigen Levkoj (Matthiola) mit den Pollen einer großen rotblühenden rauhblättrigen zweijährigen Rasse, die die Franzosen Corcardeau nennen, und das Resultat war, daß die Hälfte der Sämlinge glatte, die andere Hälfte rauhe Blätter hatte; aber keine hatten Blätter in einem intermediären Zustande. Daß die glatten Sämlinge das Produkt der rauhblättrigen Varietät und nicht zufällig das Resultat der Befruchtung mit dem eigenen Pollen der Mutter waren, zeigte sich durch ihr hohes und kräftiges Wachstumsvermögen. In den folgenden Generationen, die aus den rauhblättrigen gekreuzten Sämlingen erzogen wurden, erschienen einige glatte Pflanzen zum Zeichen, daß der glatte Charakter), wenn er auch

---

[108] Zit. n. d. ins Deutsche übersetzten Ausgabe: Darwin 1868, Bd. 1, S. 514.
[109] Zit. n. d. ins Deutsche übersetzten Ausgabe: Darwin 1868, Bd. 2, S. 26–27. Siehe auch Clarke 1866.

unfähig war, sich mit den rauhen Blättern zu verbinden oder diese zu modifizieren, doch die ganze Zeit in dieser Pflanzenfamilie latent vorhanden war."[110]

3.8 Versuche mit *Linaria* und anderen Blütenpflanzen

Am wenigsten Informationen existieren zu Mendels anderen Experimenten mit Blütenpflanzen. Aus seinen Briefen an C. W. Nägeli kann man beispielsweise entnehmen, dass Mendel in den Jahren 1866 und 1867 Kreuzungen an mehreren Varietäten von *Ipomoea purpurea*[111], *Cheiranthus annuus* und *Antirrhinum majus* durchgeführt hat. Zudem gab es weitere Interspezies-Kreuzungen an weiteren Arten:[112]

- *Linaria vulgaris*[113] + *L. purpurea*[114]
- *Calceolaria salicifolia*[115] + *C. rugosa*[116]

---

[110] Zitiert n. Richter 1943, S. 199. Siehe auch Clarke 1866 und Darwin 1868.
[111] *Ipomoea purpurea* L. ist die **Purpurne Prunkwinde**.
[112] Siehe hierzu den Brief Mendels an C. W. Nägeli vom 18. April 1867, in: Correns 1906, S. 209–210.
[113] *Linaria vulgaris* MILL. ist das **Echte Leinkraut** bzw. **Frauenflachs**. In der Umgebung von Brünn kam es zu Zeiten Mendels an Ufern, Wegen, Rainen und Dämmen vor und blühte von Juni bis Oktober (Makowsky 1863, S. 95).
[114] *Linaria purperea* MILL. ist das **Purpurrote Leinkraut**. In Brünn war dieses nicht heimisch. Mendel muss es somit vermutlich aus einer Samenhandlung oder anderweitig bezogen haben. In der zeitgenössischen Brünner Literatur haben wir bislang keinen Hinweis auf *L. purpurea* gefunden. Die wahrscheinlichste Quelle ist vermutlich die k. k. Gartenbaugesellschaft gewesen, da *L. purpurea* dort bereits Anfang der 1850er Jahre angebaut wurde.
[115] *Calceolaria salicifolia* RUIZ & PAV. ist die aus Peru stammende **Weidenblättrige Pantoffelblume**
[116] *Calceolaria rugosa* (Syn. *Calceolaria integrifolia*) MURRAY ist die Garten-Pantoffelblume, eine beliebte, aus Chile stammende und in unzähligen Sorten erhältliche immergrüne Zierpflanze mit meist kleinen leuchtend gelben Blüten. In Brünn züchtete insb. d. Kunstgärtner Molisch Hybriden von *Calceolaria* (s. *Brünner Ztg.* v. 14. Oktober 1857, S. 1711). Mehrere Varietäten solcher *Calceolaria hybrida* waren im Jahr 1863 auch im damaligen Glashaus des Brünner Augartens ausgestellt (siehe d. *Brünner Ztg.* v. 10. Mai 1863, S. 878). Mitte der 1850er Jahre wurden *C. hybrida rugosa* durch die Blumensämerei der Gebrüder Born aus Erfurt in Brünner Zeitungen beworben. Das Interesse an den Pantoffelblumen-Kreuzungen in Brünn und Wien in dieser Zeit lag wohl daran, dass sich die hybriden Sämlinge leicht durch künstliche Befruchtung erzielen ließen. Die hybriden Calceolaria sind damals übrigens als Beispiel einer Modellpflanze diskutiert worden, bei welcher die Bastarde nach einer Kreuzung mit einer Elternpflanze wieder näher an diese heranrückten.

3 Durchführung der Versuche mit Pflanzen-Hybriden

- *Tropaeolum majus + T. minus*[117]

Des Weiteren hat Mendel auch an *Campanula* noch Untersuchungen durchgeführt. Zudem plante er Probeversuche mit *Veronica, Viola, Potentilla* und *Carex*.[118]

Besonders an den Versuchen mit *Linaria* scheint Mendel aber ein größeres Interesse gehabt zu haben, da er festgestellt hatte, dass sich *Linaria vulgaris* leicht mit Pollen anderer *Linaria*-Arten befruchten ließ.[119] Mendel hat hierzu angegeben, dass er im Sommer 1867 von fünf vorgenommenen Kreuzungen vier als erfolgreich vermelden konnte. Dazu gehörten u. a. die Kreuzung von *L. vulgaris* mit Pollen von *L. genistifolia*.[120] Eine Befruchtung mit Pollen von *L. triphylla* war dagegen nicht erfolgreich. Die Kreuzungsexperimente an *Linaria* sind dabei insbesondere auch deshalb interessant, da Mendel in diesem Fall einige der charakteristischen Merkmale sehr genau weiter ausgeführt hat. Mendel berichtete dazu: *„Die Hybride Linaria vulgaris + L. striata kam schon im ersten Jahre zur Blüthe. Letztere Pflanze erhielt ich unter der Benennung ‚Linaria purpurea (Antirrhinum striatum L.)'; sie ist wohl nichts anderes als Linaria striata DC. Die Hybride steht in Bezug auf Blatt- und Blüthenstellung, Grösse und Gestalt der Blüthen in der Mitte zwischen den beiden Stammarten; die Früchte hingegen stimmen mit denen von L. striata überein, die aufgeblasenen runzlige Kapselform der L. vulgaris ist bei denselben nicht angedeutet. Eigenthümlich ist die Blüthenfarbe und Samengestalt. Die bläulich-violette Streifung namentlich an der Oberlippe, gehört der L. striata*[121] *an,*

---

[117] *Tropaeolum majus* L. ist die **Große Kapuzinerkresse** und *T. minor* L. die **Kleine Kapuzinerkresse**. Verschiedene Varietäten wurden in den 1860er Jahren auch im Augarten durch dessen Gärtner Anton Schebanek angezogen. In Brünn hatte man auch deswegen Interesse an der Kapuzinerkresse, da Elisabeth Linné (1743–1782), die Tochter von Carl v. Linné (1707–1778), beschrieben hatte, dass sie bei deren Blüten in einer schwülen Gewitternacht ein elektrisches Leuchten bzw. Blitzen in der Dämmerung beobachtet hatte. Dieses „angebliche" Phänomen, dass auch schon Goethe fasziniert hat, ist in Brünn unter anderem durch Mendels Mentor Alexander Zawadzki ausführlich besprochen worden. Sehr wahrscheinlich dürfte es auch ein spezielles Thema auf Vorträgen für Damen gewesen sein, an denen sich Zawadzki zu dieser Zeit betätigt hat. In jedem Fall hat Zawadzki hierüber im Jahr 1853 einen Vortrag in der naturwissenschaftlichen Sektion der Ackerbaugesellschaft gehalten. Vgl. hierzu auch Netolička 1855, S. 113.

[118] Siehe hierzu den Briefe Mendels an C. W. von Nägeli in: Correns 1906, S. 209–210.

[119] Für die grundlegenden Angaben zu seinen Kreuzungen von Linaria-Arten siehe insb. d. Brief von G. J. Mendel an C. W. von Nägeli vom 6. November 1867, abgedr. in Correns 1906, dort S. 216–217. Vgl. auch Correns 1950, S. 13–14.

[120] *Linaria* genistifolia MILL., das **Ginster-Leinkraut**. In der Umgebung Brünns kam sie zur Zeit Mendels auf sonnigen und buschigen Hügeln vor und blühte im Juli und August (Makowsky 1863, S. 94).

[121] In seiner kommentierten Ausgabe der Briefe Mendels wies C. Correns mit Verweis auf Koch (Synopsis, Bd. II., S. 601, Ed. II.) darauf hin, dass die Blütenfarbe von *Linaria striata* variabel ist. Nach Correns (1906, S. 216, Anm. 2) deutete er Mendels Beschreibung im Übrigen so, dass das von Mendel zu Bestäubung verwendete Exemplar offenbar nicht rein war. Bastarde zwischen *L.*

der orangefarbene Gaumenfleck der L. vulgaris; die Grundfarbe der Blüthen war bei 33 unter 55 Pflanzen blassgelb, bei 21 blassviolett, und eine brachte beiderlei Färbungen, jedoch getrennt auf verschiedenen Stengeln. […] Die Samen von L. vulgaris sind bekanntlich flach-linsenförmig, an der Oberfläche rauh, mit einem kreisrunden breiten Flügelrande versehen; die der L. striata eiförmig, scharf dreikantig, an den Flächen runzlig und punctirt, flügellos. Die Samen der Hybride zeigen nicht unbedeutende Abweichungen. Während einzelne jenen der L. striata sehr ähnlich sehen, entschieden dreikantig sind und keinen Flügelansatz haben, erscheint bei der Mehrzahl die Zwischenbildung dadurch vermittelt, dass eine von drei Samenflächen erweitert ist, während die gegenüberliegende Kante abgestumpft oder nur angedeutet wird, ja bei einzelnen Samen ganz verschwindet. […]."[122]

Was Mendels Interesse an *Linaria* als Versuchsobjekt ausgelöst hat, ist nicht bekannt. Es ist aber naheliegend, dass dieses durch die Untersuchungen des französischen Botanikers Charles Victor Naudin (1815–1899), der später oft als ein direkter Vorgänger Mendels beschrieben wurde, initiiert worden ist.[123] Naudins damals preisgekrönte Arbeit beschäftigte sich mit der Frage, ob sich Artbastarde und Varietätenbastarde unterscheiden ließen. Zudem untersuchte Naudin, ebenso wie auch Mendel, das Problem der Rückkehr von Nachkommen der Bastardgenerationen zu den Stammformen der Eltern in den folgenden Generationen.[124] Wie schon Cetl (1973a, b) festgestellt hat, lässt sich aus den Briefen Mendels sicher ableiten, dass in den Jahren 1866 bis 1868 Versuche mit *Linaria*-Kreuzungen durchgeführt wurden, wobei bei der *L. vulgaris* x *L. striata* auch Rückkreuzungen

---

vulgaris und *L. striata* sind auch von anderen Forschern gemacht worden. Bereits Correns (1906, S. 216, Anm. 2) verwies bspw. in seinen kommentierten Briefen Mendels auf dementsprechende Versuche Godrons, in welchen dieser „*vollständig einförmige*" Exemplare erhielt. Ein direktes Zitat bzw. Quelle hierzu fehlt bei Correns (1906), gemeint ist aber offenbar ein Artikel des franz. Naturwissenschaftlers Dominique Alexandre Godron (1807–1880) zu Pflanzen-Hybriden, welcher bereits drei Jahre vor Mendels Hauptwerk publiziert worden ist (Siehe Godron 1863). Die *Linaria*-Kreuzungen Godrons sind in Kurzform auch von Focke (1881, S, 311) besprochen worden, wobei der erzielte Bastard als „*intermediär und gleichförmig*" beschrieben wurde.

[122] Zit. n. Correns 1906, S. 216–217 (Brief von G. J. Mendel an C. W. v. Nägeli vom 6. November 1867).

[123] Ob Mendel die Arbeiten Godrons kannte, kann nur vermutet werden. Robert Cook (1937), der frühere Editor des *Journal of Heredity*, argumentierte diesbezüglich bspw. damit, dass die preisgekrönte Arbeit Godrons und Naudins in wissenschaftlichen Kreisen weit genug bekannt gewesen sind. Die *Annales des Sciences naturelles*, in denen Naudins Artikel erschienen ist war jedenfalls auch in Brünn prinzipiell verfügbar. Dies belegt eine der *Brünner Ztg.* (30. Dezember 1857) beigefügt Liste der in der Buchhandlung Carl Winiker in französischer Sprache verfügbaren Zeitschriften-Abonnements.

[124] Charles Naudins Untersuchungen haben zur Zeit Mendels auch international Beachtung gefunden und sind verschiedentlich, teils gekürzt, abgedruckt worden. Auch in der Frühphase der Genetik haben Naudins Experimente die Diskussionen mitbestimmt, bspw. bei der Etablierung des Begriffs des genetischen Mosaiks. Aus diesem Grund sei hier ein kurzer Auszug des Texts in der

angestellt worden sind. Entsprechend der Briefe Mendels fanden die Kreuzungen von *L. vulgaris* mit *L. genistaefolia* und *L. triphylla* im Jahr 1867-1868 bzw. 1867 statt. Im Frühjahr 1869 konnte Mendel seinem Brieffreund C. W. Nägeli jedenfalls auch noch Hybriden-Pflanzen von *Linaria*-Bastarden zusenden, welcher er aus künstlicher Befruchtung gewonnen hatte. Ohne den Bastard genau anzugeben berichtete Mendel in seinem Brief vom 15. April 1869 an C. W. Nägeli von den dabei gefundenen Verhältnissen: *„Aus gleicher Befruchtung wurden der Blumenfarbe noch zweierlei Hybriden erhalten. 33 Hybriden hatten eine mehr gelbliche, 21 eine mehr violette Färbung und eine Pflanze brachte beiderlei Farben. Die Fruchtbarkeit ist gering, die Nachkommen variiren."* Ob nach 1868 noch weitere Versuch mit *Linaria* von Mendel durchgeführt wurden ist nicht sicher belegt. Richter (1925, 1943) vermutete bspw., dass ein aufgefundener handschriftlicher Notizzettel Mendels belegen könnte, dass dieser auch noch nach seiner Wahl zum Abt 1868 Versuche mit *Linaria* weitergeführt hat. Möglicherweise sogar bis ins Jahr 1874 ohne diese freilich zu publizieren. Richter ging in seiner Analyse des Notizblattes so weit, dass er auf dieser Basis vermutete, Mendel könnte bereits auf die Faktorenkopplung gestossen sein. Die zeitliche und inhaltliche Zuordnung des Notizenblattes ist in der Tat aber schwierig.

---

zeitgenössischen engl. Übersetzung hinsichtlich seiner Bezüge auf *Linaria* kurz vorgestellt (Naudin 1863b, S. 229–230; Vgl. auch Naudin 1863a & 1865): *„In every hybrid which I have examined, the second generation presented changes of aspect, and a manifest tendency to return to the forms of the producing species, and that under such conditions that it was impossible for the pollen of those species to have concurred in bringing them back. [...] Among many of these hybrids, from the second generation, a complete return to one or other, or even both, of the two parent species has been seen, and approaching them in different degrees; among many also we have observed forms continuing intermediate, whilst simultaneously other specimens of the very same production have effected the return of which I am about to speak. Further, we have stated in some cases (Linaria purpureo-vulgaris) that, in the third and fourth generation, true retrogression towards the hybrid form takes place; and sometimes even we have seen individuals of a plant to all appearance wholly returned to one of the two species, which seemed to revert almost entirely into the opposite species. All these facts are naturally explained by the disjunction of the two specific essences in the pollen and ovules of the hybrid. A hybrid is an individual in which two different essences are found united, each having its particular mode of vegetation and finality, which are mutually opposed, and are constantly striving to disengage themselves from one another. Are these two essences intimately blended? Do they reciprocally penetrate every part, so that each particle of the hybrid plant, however minute or divided, contains equal portions of both? It maybe so in the embryo and first stages of the development of the hybrid; but it seems to me more probable that this last, at least in the adult state, is an aggregation of particles, both homogeneous and unspecific when taken separately, but distributed more or less equally between the two species, and mixed in different proportions in the organs of the plant. The hybrid, according to this hypothesis, would be a living mosaic, the discordant elements of which, so long as they remained mixed, would be undistinguishable to the eye; but if, in consequence of their affinities, the elements of the same species approached each other and agglomerated themselves in small masses, parts and sometimes entire organs, would then be visible, as we have seen in Cytisus Adami, and the bizarre group of the orange and citron hybrids, &c. It is this tendency of two specific essences to disengage themselves from their combination, which has induced some hybridologists to say, that hybrids resemble the mother by their leaves and the father by their flowers."*

3.9 Versuche mit Maispflanzen (*Zea mays*)

Wenig bekannt ist heute die Tatsache, dass Mendel auch mit Maispflanzen Kreuzungsversuche unternommen hat. Kenntnisse über diese Versuche haben sich bislang aber nur durch zwei Briefe Mendels an C. W. v. Nägeli ergeben. Der erste dieser beiden Briefe datierte vom 18. April 1867.[125] In diesem beschrieb Mendel, dass er *Zea mays major* mit dunkelroten Samen mit *Z. mays minor* mit gelben Samen sowie *Z. mays major* mit dunkelroten Samen mit *Z. mays* var. *Cuzko* mit weißen Samen gekreuzt hat. Bezüglich dieser Kreuzungsexperimente ist Cetl (1971, 2002/2003) davon ausgegangen, dass die eigentlichen Kreuzungen der Elterngeneration im Jahr 1866 durchgeführt worden sind und Mendel die Hybriden für *Z. mays major* x *Z. mays minor* im Sommer 1867 ausgewertet hat. Nach Cetl sollen die Beobachtungen von *Z. mays major* x *Z. mays* var. *Cuzko* Hybriden dagegen bis zur F3-Generation im Sommer 1869 erfolgt sein.[126] Mendel beschrieb in seinem Brief an Nägeli, dass er die Samen der Cuzko-Variante aus einer Samenhandlung unter diesem Namen erhalten hatte und nicht beurteilen könne, ob es sich dabei um eine *„eigene Species"* handelte. Lediglich, dass es sich um eine *„sehr abweichende Form"* handelte, dessen war sich Mendel sehr gewiss. Es ist im Übrigen keineswegs sicher, dass Mendel keine weiteren Versuche mit Mais durchgeführt hat. Entsprechendes Material war in Brünn nämlich durchaus vorhanden und schon bei der Sammlung von Samenmaterial für die Weltausstellung 1855 in Paris (vgl. Kap. 1) waren dort 40 Arten von Maiskolben aufgeführt worden, die sich *„durch Form, Färbung und Körnerbildung charakteristisch voneinander unterschieden"*.[127] Aufgelistet wurden für die Ausstellung beispielsweise explizit, neben den damals üblichen Varianten, auch seltenere Formen wie *„Perl-, Zapfen-, Paskorn-, durchsichtiger, Tuscavora-, Glanz-, Pack-, Zucker-, Papagei-, Everly-, canadischer, Sternkorn-, virginischer Riesenmais, Bonum compactum."*[128] Ein ähnlich kontinuierliches Kreuzungsprogramm wie bei Erbsen hat es durch Mendel an Mais aber wohl nicht gegeben. Sehr wahrscheinlich ist jedoch, dass Mendel schon etwas früher als bislang gedacht Anbauversuche mit verschiedenen Maisarten durchgeführt hat. Dafür spricht insbesondere ein kurzer Bericht zur Sitzung der Gartenbau-Sektion der k. k. Mähr.-Schles. Gesellschaft zur Beförderung des Ackerbaues, der Natur- und Landeskunde vom 4. Oktober 1861.[129] Dort wurde berichtet, dass der da-

---

[125] Siehe hierzu die Briefe Mendels an C. W. v. Nägeli in: Correns 1906, S. 209–210.; In der modernen Mais-Genetik werden die Ursprünge von Mais als Modellorganismus mitunter auf die Versuche Mendels im Jahr 1869 zurückgeführt (siehe z. B. Rhoades 1984; Coe 2001; Strable & Scanlon 2010).

[126] Cetl 2003.

[127] Lauer 1855.

[128] Ebd.

[129] Siehe die *Brünner Ztg.* vom 5. Oktober 1861, S. 1873.

malige Prälat Cyrill Napp, neben einer großen, köstlichen, italienischen Zwetschge, auch mehrere Maiskolben vom frühreifenden Typ *Cinquantino* mitgebracht hatte, welche im Sitzungsprotokoll wie folgt beschrieben wurden: *„die Kolben sind nicht einfach wie bei dem gewöhnlichen Mais, sondern es stehen ihrer 4 bis 6 auf einem gemeinschaftlichen Stiele."*[130] Letztere Variante, die damals recht weit verbreitet in Italien und Ungarn war, könnte also explizit die von Mendel verwendete *Z. mays minor* Variante gewesen sein, mit der er sein Mais-Kreuzungsexperiment durchgeführt hat. *Z. mays* selbst ist damals vor allem im südmährischen Raum bereits verbreitet und flächig angebaut worden. Schwieriger ist die Bestimmung um welche Variante von *Zea Cuzko* es sich bei Mendels Versuch gehandelt hat. Correns (1906) hatte in seinen Kommentaren zu Mendels Briefen an Nägeli darauf hingewiesen, dass es sich kaum um den echten Cuzko-Mais gehandelt haben kann, da dieser in Europa nirgends ausreifte, wobei er sich auf den 2. Band des *„Handbuch des Getreidebaues"* berief.[131] Dort findet sich zwar in der Tat die entsprechende Information die unter Varietät *Zea mais macrosperma* [sic] als sehr spätreif eingeordnet wurde, allerdings wird durch die Details der Beschreibung sehr klar, dass es sich dabei durchaus um Pflanzen aus sehr unterschiedlichen Provenienzen gehandelt haben kann, was zumindest in der damaligen Nomenklatur einige widersprüchliche Angaben zur Folge hatte. Im Detail gab es wohl insgesamt zwischen 1851 und 1872 mehrere Akklimatisationsversuche und Importe des aus Peru stammenden Weißen Cuzco-Mais nach Europa. Friedrich August Körnicke und Hugo Werner (1839–1912), die Autoren des *„Handbuch des Getreidebaues"* hatten beispielsweise im Jahr 1872 Originalfrüchte vom Konsul Reinecke aus Cuzko erhalten.[132] Mit Samen aus letzterer Provenienz kann Mendel also gar nicht gearbeitet haben. Umgekehrt stammten die ersten Früchte des Cuzko-Maises in Europa von einer Sitzung der Naturforschenden Freunde zu Berlin am 19. August 1851, wo die Maissorte von Dr. Johann Friedrich Klotzsch (1805–1860) vorgestellt worden war. Klotzsch hatte das Pflanzenmaterial durch Alexander von Humboldt erhalten und für diese Variation eben den Namen *Zea macrosperma* vorgeschlagen. Als Ursprungsort war auf dieser Sitzung jedoch nicht „Cuzko" sondern „Puzko" angegeben. Insgesamt wurde zwar mehrfach versucht, Cuzko-Mais in Europa und Nordafrika anzubauen, dies scheint jedoch wiederholt fehlgeschlagen zu sein. Correns hat genau deswegen vermutet, dass Mendel eine andere Sorte weißen Mais genutzt haben muss und es sich hierbei nicht um echten Cuzko-Mais gehandelt haben kann. Es gibt aber hier durchaus eine andere Möglichkeit, denn scheinbar hat man sich auch in Frankreich Mitte der 1860er Jahre darum bemüht, den Cuzko-Mais zu akklimatisieren. Dabei ist es dann letztendlich zu einer Kooperation zwischen dem Gärtner-Unternehmen

---

[130] Ebd.
[131] Correns 1906, S. 209; Vgl. Körnicke & Werner 1885, S. 773.
[132] Körnicke & Werner 1885, S. 773. Vermittelt wurde der Kontakt mit dem Konsul durch den Diplomaten Theodor von Bunsen (1832–1892).

Vilmorin und der Société d'acclimatation gekommen. In eigenen Versuchen bemühte sich das Haus Vilmorin dabei darum, den Cuzko-Mais in Ägypten in einem wärmeren Klima anzuziehen. Obwohl man auch dort auf ähnlich Probleme stieß wie zuvor, so gelang es letztendlich durch einen kleinen Trick im Anbauverfahren, positive erste Ergebnisse zu erzielen, deren Ausgang in einem kurzen Brief vom Mai 1864 an die Société d'acclimatation mitgeteilt worden sind.[133] Gerade auf Grund der zeitlichen Nähe mag es also durchaus sein, dass die von Mendel erworbenen Cuzko-Samen indirekt von der Produktion von Vilmorin abgestammt haben könnten.[134]

Soweit uns bekannt, sind Mendels Ergebnisse zu den Versuchen mit Mais niemals publiziert worden. Erwähnt hat Mendel es nur noch einmal in einem weiteren Brief an C. W. v. Nägeli vom 3. Juli 1870. In diesem berichtete Mendel, dass seine Versuche mit *Zea* im vorigen Jahr abgeschlossen worden waren und das die Mais-Bastarde zu denen gehörten, die sich wie *Pisum* verhalten. Sein Kreuzungsexperiment zwischen *Z. mays major* und *Z. mays minor* ist interessanterweise aber fast 40 Jahre zuvor schon einmal durch C. F. Gärtner (1827) in leichter Abwandlung durchgeführt worden, wobei er ein Aufspaltungsverhältnis festgestellt hatte. Gärtner schrieb damals[135]: „[…] *Ich pflanze seit vielen Jahren Zea mays nana und habe sie nie andere als gelbe Samen tragen sehen; im vorigen Jahre pflanzte ich unter der nöthigen Vorsicht 13 Stöcke in Töpfen, ihre Griffel wurden mit dem Pollen von Zea mays major von verschiedenen Farben der Saamen befruchtet; nur ein einziger Kolbe, welche mit dem Pollen von einem Stock mit rothgestreiften Saamen befruchtet war, setzte 5 Saamen an ihrer Spitze an; diese Saamen waren in nichts von dem gewöhnlichen Saamen der Zea mays minor verschieden, auch war nicht die mindeste Färbung an derselben zu bemerken; sondern sie hatten die reine*

---

[133] Siehe hierzu den Brief von Jules Guichard (1827–1896), einem leitenden Mitarbeiter der Companie du Canal de Suez in der Domaine de l´Ouady, vom 17. Mai 1864 aus Tell-el-Kebir, abgedr. im *Bulletin de la Société impériale zoologique d'acclimatation* 2. Série – Tome 1, S. 482–483.

[134] Für die Abschrift des Briefs s. Correns 1906, S. 236–237. Vgl. auch Iltis 1924, S. 103.

[135] Der hier wiedergegebene Beitrag Gärtners stammt wohl aus einem von ihm verfassten Brief an die Regensburger Botanische Gesellschaft und war von dieser in der *Flora oder Botanische Zeitung* vom 7. Februar 1827 abgedruckt worden. Dieser Korrespondenz vorangestellt war ein Original-Beitrag des Botanikers **Christian Ferdinand Friedrich Hochstetter (1787–1860)**, welcher im Zeitraum zwischen 1816 und 1824 als Pfarrer und Schulinspektor in der evangelischen Gemeinde in Brünn gearbeitet hatte. Die Verbindung der Familie Hochstetter nach Brünn ist auch nach dem Wegzug der Familie nach Esslingen nie ganz eingeschlafen. Insb. der älteste Sohn aus erster Ehe, **Carl Christian Hochstetter (1818–1880)**, hat diese Beziehung später wieder aufleben lassen. Selbst Botaniker und Forschungsreisender, der im Auftrag seines Vaters die Azoren besuchte und deren Flora studierte, betätigte sich Carl C. Hochstetter ab 1843 in Brünn und ab 1851 in Hruschau/Hrušov in Österreichisch-Schlesien zunehmend als Unternehmer und gründete dort eine Familie, bevor er 1866 nach Wien übersiedelte.

Farbe der mütterlichen Pflanze unverändert beibehalten. Diese 5 Saamen gaben nun in dem eben verflossenen Sommer – in Scherben verpflanzt – 5 gesunde Pflanzen, worunter jedoch eine bloss männliche Rispen trieb; die vier anderen aber trugen jede eine fruchtbare Kolbe, wovon 2 lauter gelbe, aber etwas grössere Saamen als die der Mutterpflanze trugen; von den zwei anderen aber hatten die eine Kolbe unter 288 Saamen 64 mehr oder weniger röthliche und graue, die andere von 143 aber 39 Saamen – mehr oder weniger wie die vorigen gefärbt."

3.10 Versuche mit Hieracien

Den versuchstechnisch größten Umfang unter Mendels Kreuzungsexperimenten mit anderen Pflanzenarten als Erbsen nahmen seine Versuche an *Hieracien* ein. Da Mendel hierzu einen eigenen Artikel veröffentlicht hat (Mendel 1869; s.a. Kap. 5) und er über diese Versuche immer wieder in seinen Briefen mit C. W. Nägeli berichtete, sind die Kenntnisse über diese Experimente verhältnismäßig umfassend. Wie schon Cetl (2002/2003) festgestellt hat, sind diese Experimente aber nicht von denen mit anderen ornamentalen Pflanzen zu trennen und bildeten sozusagen eine gemeinsame Versuchseinheit. Von den Versuchen mit Erbsen unterschieden sich seine Arbeiten dabei in einem wichtigen Punkt: Kann man bei den Erbsenkreuzungen noch damit argumentieren, dass es sich dabei primär um intraspezifische Kreuzungen gehandelt hat, so war dies bei den *Hieracien* anders, denn hierbei handelte es sich praktisch primär und ausschließlich um interspezifische Kreuzungen.[136] Insgesamt gab es 22 Kreuzungsversuche von denen 19 sich mit dem Subgenus *Pilosella* beschäftigten und zwei mit dem Subgenus *Euhieracien* befassten.[137] In einem letzten Versuch hat Gregor Mendel eine Kreuzung aus beiden Gruppen ausprobiert. Nach der Rekonstruktion Cetls fanden diese Versuche von 1866 bis 1872 statt, wobei die Arbeiten in den Jahren 1868 bis 1870 ihre größte Ausdehnung erfuhren. Die ersten fünf *Hieracium* Kreuzungen nahm Mendel im Sommer 1866 vor. Dabei kreuzte er zunächst *Hieracium pilosella*[138] mit anderen Hieracienarten (*H. pratense*[139], *H.*

---

[136] Cetl 2002/2003.
[137] Ebd.
[138] *Hieracium* L. *pilosella* L., das **Kleine Habichtskraut** oder Mausohr-Habichtskraut, kam in Brünn auf Wiesen, Hügeln, trockenen Triften und Hügeln häufig vor und blühte typischerweise von Mai bis Herbst (Makowsky 1863, S. 76).
[139] *Hieracium pratense* TAUSCH, das **Wiesen-Habichtskraut**, ist ein Synonym für *Pilosella caespitosa* bzw. *Hieracium caspitosum*. Nach Makowsky (1863, S. 76) kam es um Brünn selbst nur selten vor und blühte von Mai bis Juli.

praealtum[140] u. *H. auricula*[141]) sowie *H. murorum*[142] mit *H. umbellatum*[143] und *H. pratense*. Die Wahl der Arten hat sich dabei zunächst wohl primär nach dem in Brünn einfach erhältlichen Arten orientiert. Mendel war sich dabei wohl bewusst, dass er für seine weiteren Versuche einen schwierigen Modellorganismus ausgewählt hatte. In seinem ersten Brief an Nägeli schrieb er, dass „[…] *die Manipulation bei der künstlichen Befruchtung wegen der Kleinheit und dem eigenthümlichen Baue der Blüthen sehr unsicher und schwierig* […]" sei.[144] In seinen ersten Versuchen mit *Hieracium* gelang es Mendel auch, aus den durchgeführten Kreuzungen keimfähige Samen zu erhalten, allerdings vermutete er auf Grund des Aussehens der Pflanzen, dass es trotz aller Vorsicht zu einer Selbstbefruchtung gekommen war. Mendel dachte damals, dass sich die Hybriden der Hieracien ähnlich verhalten wie die von *Geum*, was einer der Gründe war, warum er auch mit letzteren umfangreiche Versuche angestellt hat. Eines der Merkmale, auf die er explizit einging, war die Gabelung des Stängels. Während Mendel diese bei den Pilosellen als typisches Beispiel einer „*Zwischenbildung*" ansah, beobachtete er 1866 bei Sämlingen von *H. stoloniflorum*[145], dass dieses auch als vollkommen konstantes Merkmal auftreten konnte. Diese ersten Versuche waren auch der Grund für Mendel sich an Nägeli zu wenden. In seinem ersten Brief an diesen schrieb er: „*Durch die projectirten Versuche mit Cirsium- und Hieracium-Arten betrete ich ein Gebiet, auf welchem Ew. Wohlgeboren die ausgedehnteste Kenntnis besitzen, wie ich sie nur durch jahrelangen Eifer, durch Beobachtung und Vergleichung der so mannigfaltigen formen dieser Gattung auf Ihren Standorten selbst erworben werden kann. Mir fehlt diese Erfahrung grossen Theils; durch anstrengenden*

---

[140] *Hieracium praealtum* VILL., das **Trugdoldige Habichtskraut,** kam in der Umgebung Brünns recht häufig auf Wiesen, Trift, Hügeln und an Reinen vor, wobei zwei durch August Neilreich beschriebene Formen (eflagelle & flagellare) bekannt waren (Makowsky 1863, S. 76). Blütezeit war von Mai bis September. Die Kreuzung von *H. pilosella* mit *H. praealtum* war für Gregor Mendel insofern naheliegend, weil Neilreich bereits die Existenz eines solchen Hybriden bestätigt und Makowsky in seiner Flora von Brünn das natürliche Vorkommen dieser Hybride in den südlichen Gebieten bis Brünn beschrieben hatte (ebd.). Ein spezifischer Aspekt, der hierbei das Interesse Mendels erweckt haben könnte, ist die Tatsache, dass Makowsky für die Hybride einen früheren Blütezeitpunkt (Mai bis Juli angegeben hatte).

[141] *Hieracium auricula* L., das **Geöhrte Habichtskraut** in Brünn gemein auf feuchten Wiesen und Waldwiesen vor und blühte von Mai bis Juli (Makowsky 1863, S. 76).

[142] *Hieracium murorum* L., das **Waldhabichtskraut** (Syn.: *Hieracium sylvaticum*) war ein in der Umgebung von Brünn recht häufig gefundenes Habichtskraut, das von Juli bis September blühte (Makowsky 1863, S. 76–77). Zur Zeit von Mendel unterschied man zwei von August Neilreich definierte Varianten (sylvaticum und glaucescens) von denen nur die erste in Brünn gefunden worden war (ebd.).

[143] *Hieracium umbellatum* L., das **Doldige Habichtskraut** war in Brünn an Wegen, Rainen und Weibergen recht häufig und blühte von August bis September (Makowsky 1863).

[144] Siehe Correns 1906, S. 196.

[145] *Hieracium stoloniflorum*, das **Läuferblütige Habichtskraut.** Dessen genaue Definition war zur Zeit Mendels und Nägelis durchaus umstritten.

Schuldienst bin ich gehindert, öfter ins Freie zu kommen, und während der Ferienzeit ist es für vieles schon zu spät. Ich besorge, dass ich im Verlaufe der Versuche, namentlich bei Hieracium, auf manche Schwierigkeiten stossen könne, deshalb wende ich mich vertrauensvoll an Ew. Wohlgeboren mit der Bitte, mir Ihre hochgeschätzte Theilname nicht zu versagen, wenn ich in irgend einem Falle des Rathes bedürftig bin."[146]

Nägeli hat diesen Wunsch Mendels erfüllt, übersandte ihm mehrere seiner eigenen Arbeiten zu Hybriden, verwies aber darauf, dass dessen Formeln für Erbsen aber wohl nur *„empirische"* und nicht *„rationelle"* waren, und dass *„die konstanten Formen noch weiter zu prüfen"* seien.[147] Zudem versprach Nägeli selbst Versuche mit Mendels Erbsensamen zu machen und empfahl ihm, verschiedene aufgelistete *Hieracium*-Arten zu verwenden.[148] In seinem nächsten Brief an Nägeli hat Mendel dann beschrieben, dass er in den Jahren 1863 u. 1864 Vorversuche und recht viele Befruchtungen durchgeführt und dabei festgestellt hat, dass es nicht einfach ist andere als Versuchspflanzen geeignete Arten zu finden.[149] Hinsichtlich der Kritik Nägelis an seinen Erbsenversuchen bemerkte Mendel, dass er *„als Empiriker unter Constantbleiben nichts anderes verstehen konnte, als das Beibehalten der Charaktere während der Beobachtungszeit. [...] Angaben, dass unter den Nachkommen der Hybriden ein Theil constant bleibt, können sich daher nur auf jene Generationen erstrecken, für welche Beobachtungen vorliegen, und nicht darüber hinaus."*[150] Bezüglich der *Hieracien* stellte Mendel in seinem zweiten Brief an Nägeli fest, dass er die von diesem empfohlenen *Hieracien*-Arten hinsichtlich der Piloselloiden alle besitzen würde.[151] Zudem gab er an mit *Hieracium murorum* und *H. vulgatum* auch zwei Arten aus der Gruppe der Archieracien an. Mendel bedauerte in seinem Brief auch, dass ihm andere Arten, wie *H. glaucum*[152], *H. alpinum*[153], *H. amplexicaule*[154], *H. prenanthoides* und *H. tridentatum* nicht zur Verfügung standen, da diese nicht in der Nähe von Brünn vorkamen.[155] Er hoffte wohl, dass er durch Nägeli weitere Samen erhalten konnte. Dafür konnte Mendel von anderen Wildfunden von *Hieracien* in Brünn berichten, die er teilweise bei eigenen Exkursionen gesammelt und auch

---

[146] Zit. n. d. Brief von G. Mendel an C. W. v. Nägeli vom 31. Dezember 1866, nach dem Transkript

[147] Zit. n. d. Zusammenfassung des Briefes von C. W. v. Nägeli an G. J. Mendel vom 24. Februar 1867 in Correns 1906, S 198.

[148] Ebd.

[149] Zit. n. dem Brief von G. Mendel an C. W. v. Nägeli vom 18. April 1867, in: Correns 1906, S. 199.

[150] Ebenso, S. 200 a.a.O.

[151] Gemeint waren *Hieracium pilosella, H. auricula, H. praealtum, H. pratense, Hieracium auarantiacum* und *H. cymnosum*. Zit. n. Correns 1906, S. 207.

[152] *Hieracium glaucum*, das **Blaugrüne Habichtskraut**.

[153] *Hieracium alpinum* L., das **Alpen-Habichtskraut**.

[154] Hieracium *amplexicaule* L., das **Stängelumfassen Habichtskraut**.

[155] Siehe hierzu die Briefe Mendels an C. W. v. Nägeli in: Correns 1906, S. 207.

selbst angebaut hat. Seine Versuche an *Hieracien* hat er in den darauffolgenden Jahren erheblich ausgeweitet und hierzu auch Material mit Nägeli ausgetauscht. Die Ergebnisse waren für ihn letztendlich jedoch nicht befriedigend. Zwar gelang es ihm, durch künstliche Befruchtung einige Hybriden zu erzielen, ähnliche Gesetze wie bei Erbsen konnte er jedoch nicht finden. Publiziert worden sind von Mendel nur seine ersten vorläufigen Ergebnisse bei *Hieracium* (Mendel 1870). Für die weiteren Details zu Mendels *Hieracium*-Experimenten sei an dieser Stelle auf die Sammlung seiner Briefe an Carl Wilhelm v. Nägeli verwiesen (Correns 1906). Einer der Gründe für den Fehlschlag von Mendels Experimenten an *Hieracium* war die später festgestellte Tatsache, dass fakultativ apomiktische Vermehrung bei *Hieracium* eine sehr große Rolle spielt.[156]

Ab dem Jahr 1871 hat Gregor Mendel dann zunehmend keine Zeit mehr für seine Kreuzungsexperimente an *Hieracien* aber auch anderen Blütenpflanzen gefunden, da er von anderen administrativen Aufgaben in Anspruch genommen worden ist. Im November 1873 schrieb er schließlich deprimiert an Nägeli, dass er seine zuvor gemachte Zusage aus dem Frühjahr, zu seinem Bedauern, nicht hatte einhalten können und er berichtete: *„Die Hieracien sind auch heuer wieder verblüht, ohne dass ich ihnen mehr, als einen oder den anderen flüchtigen Besuch schenken konnte. Ich fühle mich wahrhaft unglücklich, dass ich meine Pflanzen und Bienen so gänzlich vernachlässigen muss."*

In den Arbeiten von Peter (1884a, 1884b & 1885) finden sich zudem viele weitere Informationen zu anderen von Mendel erzeugten Hybriden (siehe Kap. 2.5).

3.11 Anbauversuche, Akklimatisierungsexperimente und Kreuzungsversuche mit anderen Pflanzenarten

Aus den Zeitungschriften der 1850er bis 1880er Jahre lässt sich im Übrigen erschließen, dass Gregor Mendel auch Anbauversuche mit einer ganzen Reihe anderer Versuchspflanzen angestellt hat. In den meisten Fällen ist es leider gar nicht mehr zu ermitteln, ob es sich bei den jeweiligen um reine Anbauversuche oder auch um Kreuzungs- bzw. Akklimatisierungsversuche gehandelt hat.

So lässt sich z. B. feststellen, dass er im Jahr 1859 für die Blumen-, Pflanzen-, Obst- und Gemüseausstellung des mähr.-schles. Obst- und Gartenbauvereines Topinambur-Knollen[157]

---

[156] Siehe Correns 1906; Ostenfeld 1904, 1910; Ostenfeld & Rosenberg 1906; Bicknell et al. 2016.

[157] *Helianthus tuberosus* L., die **Topinambur** ist eine mehrjährige krautige Nutzpflanze und Wurzelgemüse aus Mexiko, welches bereits 1610 nach Europa gebracht worden ist. In Brünn war sie auch unter dem Namen Erdbirne bekannt. In den 1860er Jahren gab es in Brünn verschiedene Bestrebungen, den Anbau von Topinambur zu fördern. Ab 1860 vertrieb bspw. die Kwassitzer Zuckerfabrik von Emanuel Proskowetz (1818–1909) Topinambour-Knollen. Im Jahr 1869 verteilte zudem Anton Schebanek, der Gärtner des Brünner Augartens, neben vielen anderen Setzlingen auch *„1000 Stück starke Wurzelknollen der weißen Topinambour"* (*Brünner Ztg.* vom 15. September 1869, S. 1321).

3 Durchführung der Versuche mit Pflanzen-Hybriden

eingesandt hatte.[158] Ob Mendel hierzu weitergehende Versuche angestellt hat, war nicht zu ermitteln. Die *Brünner Zeitung* hatte jedoch etwa ein Jahr zuvor auf einen Artikel im *Pesther Lloyd* hingewiesen, welcher die Topinambur-Knolle als alternative Futterpflanze beworben hatte und in dem darauf hingewiesen worden war, dass es in Deutschland und Ungarn bereits sehr erfolgreiche Anbauversuche gegeben hatte.[159] Sicher ist jedenfalls, dass ab 1860 in Mähren Topinambur von der Kwassitzer Zuckerfabrik vertrieben worden sind.[160]

---

[158] Siehe hierzu den Bericht „*Die dreizehnte Blumen-, Pflanzen-, Obst- und Gemüse-Ausstellung des m. schl. Obst- und Gartenbau-Vereines*" in der *Brünner Ztg.* vom 24. Mai 1859, S. 939–940.
v. 24. Mai 1859, S. 939–940: „[...] *Die vom Hrn. Mendl in Brünn eingesandten Topinambour-Knollen erhielten ebenfalls Beachtung.*" Weitere Informationen zum Anbau von Topinambur mit direktem Bezug auf Mendel konnten nicht lokalisiert werden. Im *Mährischer Correspondent* (18. Oktober 1862, S. 7) findet sich jedoch ein kurzer „*Naturkalender*" mit Wetterbericht: „[...] *Die knollige Sonnenblume, Helianthus tuberosus. L., den Landwirthen unter dem Namen Topinambour bekannt; weil diese ehemalige Culturpflanze aus Frankreich in Deutschland eingeführt wurde, hat ihre gelben Vereinsblumen auf bis 6 Fuss hohen Stengeln entwickelt. Sie spielte zu Anfang dieses Jahrhundertes, ihrer eßbaren Knollen wegen, den Kartoffeln ähnlich, in der Landwirthschaft eine große Rolle, deren Glorie aber bald durch nützlichere Rübengewächse getrübt und endlich vernichtet wurde. Man läßt sie als Unkraut in manchen Gärten wuchern und bringt die Knollen im Spätherbst und Winter als nicht zu verwerfendes Gemüse aus den Markt. [...]*" Im *Mährischer Correspondent* findet sich übrigens auch im Folgejahr (16. Oktober 1863) ein kurzer Naturkalender bzw. Wetterbericht mit dem die Informationen zu Topinambour aus dem Vorjahr ergänzt wurden: „[...] *Seit den ersten Tagen dieses Monats blüht die Knollentragende Sonnenblume, Helianthus tuberosus L. von den Landwirthen oft gezogen und unter dem Namen Erdbirne oder Topinambur werden ihre wenig mehligen Knollen zur Viehfütterung verwendet, indem man sie roh und geschnitten unter das Trockenfutter mengt. Auch in der Küche werden sie zur Suppe und als Gemüse gebraucht, obgleich ihre fadesüßlichen und ihre aussen röthlichen, innen weißen Knollen dem Winterfrost in der Erde widerstehen. Die ursprüngliche Heimat der Pflanze soll Brasilien und Chile sein. [...]*" Zwar geht der Name der Topinambur etymologisch in der Tat auf den Namen eines Amazonasvolkes zurück, was dem Verfasser damals aber nicht bekannt war ist, dass die Topinambur tatsächlich aus Nordamerika stammt (Bock et al. 2013). Auf Grund der weiteren Wetterangaben inkl. Barometerangaben, Windmessungen sowie Ozonmessungen in anderen Naturkalendern derselben Zeitung dieser Zeit ist es durchaus naheliegend, dass diese durch G. Mendel verfasst worden sind. Sollte dies der Fall sein könnte der Begriff „*Vereinsblumen*" darauf hindeuten, dass der Anbau von Topinambur im Rahmen des NfV bzw. der Gartenbausektion der Ackerbaugesellschaft erfolgte und über mehrere Jahre fortgesetzt wurde. Zeitlich fallen beide Naturkalender aber eben in die Zeit von zwei anderen Artikeln im *Mährischer Correspondent*, welche eindeutig belegen, dass Mendel zu dieser Zeit mit verschiedenen Pflanzen Akklimatisierungs-Versuche durchgeführt hat (siehe Kap. 1).

[159] Siehe hierzu den Bericht „*Der Topinambourbau in Ungarn*" in der *Brünner Ztg.* v. 28. April 1858.

[160] Siehe hierzu Zeitungsanzeigen in der *Brünner Ztg.* Inhaber der Kwassitzer Zuckerfabrik war Emanuel Proskowetz. Die Topinambur wurde in Mähren übrigens schon deutlich länger angebaut. Aus den älteren Ausgaben der *Mittheilungen* der Ackerbaugesellschaft lässt sich ableiten, dass diese dort spätestens ab 1825 als Futterpflanze, aber auch für die Branntweinproduktion, angebaut worden ist (Diebl 1825, 1836). Ein Vorteil der Pflanze war dabei, dass sowohl ihr hoch

Bislang unbekannt war unseres Wissens auch, dass Gregor Mendel Anbau- und Akklimatisierungsversuche mit Wildreis (*Zizania aquatica*)[161] durchgeführt hat, welche jedoch fehlgeschlagen sind. Im Frühjahr des Jahres 1870 hatte das k. k. Ackerbauministerium eine kleine Sammlung von Samen des Wasserreis erhalten, welche in den USA durch das General-Konsulat in New York organisiert und versendet worden war. Beim versuchten Anbau zeigte sich jedoch, dass die Samen durchweg ihre Keimfähigkeit verloren hatten.[162]

Zu den hier aufzählenden Akklimatisierungsversuchen mit Pflanzen aus Übersee, die Mendel durchgeführt hat zählen zuletzt auch dessen Versuche mit neuseeländischem Spinat (s. Kap. 1).

Eine weitere archivalische Quelle, welche Hinweise auf weitere Anbauversuche Mendels gibt, sind die Inhalte erhalten gebliebener Bestellzettel. Im Verlauf der Jahre muss Mendel dabei viele Bestellungen aufgegeben haben. Bekannt geworden sind u. a. zwei

---

aufgeschossenes Kraut als auch die Knollen als Futtermittel genutzt werden konnte. Der Fokus des lokalen Interesses lag dabei auf dem Einsatz der Topinambur als frühem Notfuttermittel in Zeiten des Mangels. Disput gab es jedoch hinsichtlich der Frage, ob der Anbau im Rahmen der Fruchtfolge möglich sei. Auf Grund des Verbleibs von Rückständen im Boden wurde damals eingewendet, dass nach der Topinambur kein Getreide, sondern Erbsen oder Wicken angebaut werden sollten. Siehe hierzu insb. d. zeitgenössischen Darstellung im Bericht zur 17. Generalversammlung der k. k. patriotisch-ökonomischen Gesellschaft in d. Prager *Staatsbürger-Zeitung* v. 21. Mai 1853, S. 329.

[161] *Zizania aquatica* L. ist als **Wasserreis** bekannt und eine Pflanze aus der Familie der *Poaceae*. Die Bezeichnung Wasserreis ist jedoch irreführend, da es sich bei *Zizania* nicht um eine Variante des echten Reis der Gattung *Oryza* handelt. Zuchtformen firmieren heute als *Zizania palustris*. Zur Zeit Mendels wurden diese jedoch noch der Art *Zizania aquatica* zugerechnet. Bei den Stämmen der Anishinabe wurde der Wasserreis schon traditionell als Grundnahrungsmittel genutzt. Daher wird der Reis mitunter auch als Kanada-Reis oder Indianerreis genannt. Heute ist er auf Grund seines Geschmacks vor allem als Delikatesse geschätzt. Als Beleg für das Interesse Mendels an Wasserreis als Kulturpflanze siehe die folgende Fußnote mit Verweis auf den damaligen Prälaten in Alt-Brünn.

[162] Siehe hierzu die Anmerkung von Ritter von Baratta in den *Mittheilungen der k. k. Mähr.-Schles. Gesellschaft zur Beförderung des Ackerbaues, der Natur- und Landeskunde* vom 19. Februar 1871, S. 58: *„Die Cicania Aquatica [sic] war in so beschädigtem Zustande, daß aus dem erhaltenen Quantum von 12 Loth nur 132 ganze Körner heraussortiert wurden. Da der hochwürdige Herr Prälat zu Alt-Brünn in seiner Betheilung [sic] nicht ein einziges unbeschädigtes Korn hatte, gab ich demselben 32 Körner, baute die 100 am 12. Mai in zwei Truhen von gutem Boden, 2–3´ vom Wasser gedeckt und die halben und sonst beschädigten Körner an zwei separaten Stellen. Bis zum Eintritt der Fröste war nicht eine einzige Pflanze zum Vorschein gekommen, und Gleiches theilt mir der hochwürdige Herr Prälat mit. Der Same scheint die Keimfähigkeit verloren zu haben, was schon der zerbrochene Zustand des weit größten Theiles der erhaltenen Samen besorgen ließ."*

Zur Rolle des k. k. Ackerbauministeriums siehe z. B. die *Landwirthschaftliche Zeitung von und für Oberösterreich* vom 1. April 1870, S. 56 sowie die *Mittheilungen der k. k. Mährisch-Schlesischen Gesellschaft für Ackerbau, Natur- und Landeskunde* Nro. 19, 8. Mai 1870, S. 148.

3 Durchführung der Versuche mit Pflanzen-Hybriden

Bestellzettel, mit denen er Samen und Blumenzwiebeln bei der Samenhandlung Benary in Erfurt geordert hat.[163] Die erste dieser beiden handschriftlichen Notizen soll aus dem Jahr 1856 stammen.[164] Mit diesem wurden u. a. Samen für „*Blumenkohl*", „*Glaskohlrabi engl früh weiss*", „*Cannabis gigantea*"[165], „*Echinops Ritro*", „*Echium criteum*", verschiedene Arten von Mauerpfeffer (*Sedum Aizoon*[166], *S. anglicum*[167], *S. Eversi*,[168] *S. caeruleum*,[169] *S. hybridum*[170]) und „*Malva moschata*" „*Cinerararia hybrida*", „*Melianths major*" und „*Primula chinensis*" bestellt.[171] Der zweite Bestellzettel soll aus dem

---

[163] Siehe die beiden Faksimiles zweier Bestellzettel aus dem Bestand des Brünner Augustinerklosters in Taylor 2014, S. 9. Hinsichtlich der Datierung des Zettels besteht Unklarheit, da auf der Vorderseite keine Jahreszahl angegeben ist. Die Angabe zur **Datierung des Bestellzettels** auf das Jahr 1856 kann jedoch unmöglich korrekt sein. Auf dem Bestellzettel angebracht ist ein Stempel von Benary mit der Nummer 07983. Ein weiterer Bestellzettel Mendels, der sicher auf den 21. September 1873 datiert werden kann, ist mit der Stempelnummer 08274 versehen. Vgl. die Faksimile in Matalová & Matalová 2022, S. 254 & S.

[164] Ebd. Eine Datierung auf dem Faksimile fehlt.

[165] *Cannabis gigantea*, auf Deutsch **Riesenhanf** oder auch Lo-Ma. Das Binomial stammt aus dem 19. Jahrhundert und verweist auf eine aus China stammende Hanfvarietät, welche sich vom herkömmlichen Hanf deutlich unterschieden haben soll. Erste Anbauversuche sollen in Frankreich (bereits vor 1800) stattgefunden haben, und zwar u. a. zur Bastgewinnung (Löbe 1868, S. 191). Praktisch hat es bei der damaligen Akklimatisierung allerdings Schwierigkeiten gegeben, da die Samen vielerorts nicht zur Reife gelangten (ebd.). In Brünn wurde Saatmaterial des Riesenhanfs seit spätestens 1860 via Annoncen (u. a. in der *Brünner Ztg.*) durch die Kwassitzer Zuckerfabrik beworben und verkauft. Erstmalig sind durch die mährisch-schlesische Ackerbaugesellschaft aber wohl bereits 1840 Samen für Anbauversuche verteilt. Hierüber berichtete schon Franz Diebl (1840), bei dem Gregor Mendel Landwirtschaft studiert hatte. Der Vertrieb von Samen bei Benary ist vermutlich indirekt durch erste erfolgreiche Akklimatisierung und Anbauversuche des Riesenhanf in Frankreich in den Jahren 1849 und 1850 ermöglicht worden, nachdem der französische Konsul von Schanghai und Ningpo Saatgut nach Frankreich geschickt hatte (siehe das *Jahrbuch d. Landwirthschaft und der landwirthschaftlichen Statistik für das Jahr 1852*, S. 46).

[166] *Sedum aizoon* L., auch **Immergrünes Sedum**. Hierbei handelt es sich um eine aus China, der Mongolei und Sibirien stammende sukkulente Pflanze, welche seit spätestens 1757 in Kultur bzw. als Zierpflanze in Europa angebaut wird und meist Wuchshöhen von 30 bis 40 cm erreicht. Die radiärsymmetrischen Blüten blühen von Juli bis August und haben gelbe, bei einigen Sorten rote, Kronblätter. Siehe z. B. Blamey & Grey-Wilson 1989, S. 164.

[167] *Sedum anglicum* L., auch die **Englische Fetthenne** oder der Englische Mauerpfeffer.

[168] *Sedum ewersii* L., auch **Himalaya-Fettblatt** genannt ist eine zwergförmige Staude mit blaugrünen Blättern.

[169] *Sedum caeruleum* L., auch die **Himmelblaue Fetthenne** genannt. Sie stammt aus dem westlichen Mittelmeerraum und Nordafrika. Sie hebt sich besonders durch die blaue Blütenfärbung hervor. Vgl. Hart & Eggli 2003, S. 41.

[170] *Sedum hybridum* L., nach Linné auch **Unechtes Sedum** genannt (1780, 6. Theil, S. 632).

[171] *Malva moschata* L., auch die **Moschus-Malve**, Bisam-Malve oder Bisamduftende Malve genannt, ist in Zentraleuropa beheimatet und heute als Neophyt auch an der nordamerikanischen Ostküste wild anzutreffen. Eingeführt wurde sie dort vermutlich bereits während des 19. Jahrhunderts.

Jahr 1878 stammen. Mendel orderte dabei bei Benary eine Sammlung gefüllter[172] und einfacher Hyacinthen sowie einige Tulpen und Primeln.[173]

Welchen Zweck Gregor Mendel mit seinen beiden Bestellungen verfolgt hat, ist bislang nicht bekannt. Sein Interesse an Riesenhanf könnte aber beispielsweise in engem Zusammenhang mit einem Anbauversuch von einer anderen Art chinesischen Hanfs in Mähren gestanden haben, der wohl ab 1853 im mährischen Ober-Maschkowitz stattgefunden haben soll.[174] Schon die Bestellung von fünf verschiedenen Arten von *Sedum* lässt vermuten, dass diese für Kreuzungsversuche gedacht waren. Tatsächlich bestätigt der Bestellzettel damit eine von Mendels Gärtner Josef Maresch gemachte und später von Hugo Iltis publizierte Aussage,[175] dass Mendel weitere umfangreiche Kreuzungsversuche mit Kürbissen[176] und *Sedum* unternommen hat. J. Maresch hatte gegenüber Iltis behauptet, selbst noch Notizen von Mendel zu besitzen, welche Iltis jedoch nicht

---

Hinsichtlich der Blütenfarbe existieren zwei diskret voneinander unterscheidbare Formen und zwar eine mit pinken und eine mit weißen Blüten (var. *alba*). Neuere Studien haben gezeigt, dass sich zwischen den beiden Formen auch andere Merkmale unterschieden werden können. Pflanzen mit pinken Blüten besitzen demnach beispielsweise auch mehr Antheren pro Blüte sowie eine grössere Blattfläche (Frey, Dunton & Garland 2011). In Versuchen mit Hummeln und Bienen konnte dabei gezeigt werden, dass letztere hinsichtlich der Blütenfarbe keine Präferenz zu haben scheinen, während Hummeln die pinken Morphe der Malve bevorzugen (ebd.). Sie das Faksimile des Bestellzettels bei Matalová & Matalová 2022, S. 257.

[172] **Zur Bestellung gefüllter Hyazinthen durch Mendel:** „*Nro 4*", „*Bouquet tendre*", „*5 Stück*"; „*Nro 33*", „*Laurenz Coster*", „*5 Stück*"; „*Nro 60*", „*Latour d'Auvergne*", „*5 Stück*". Bei der Nr. 33 handelte es sich wohl um eine aus den Niederlanden stammende Variante, die nach Laurens Janszoon Coster (ca. 1370–1440) aus Haarlem benannt war, welcher in den Niederlanden lange als Erfinder des Buchdrucks galt. Nach Taylor 2014, S. 9 stammte dieser Bestellzettel aus dem Jahr 1878 und war an Benary in Erfurt gerichtet. Siehe hierzu auch die hochauflösenden Faksimile der Bestellscheins in Matalová & Matalová 2022, S. 255. Tatsächlich kann dieser Zettel wohl nicht klar datiert werden, und es fehlt ein direkter Hinweis auf Benary.

[173] In der erst kürzlich von Matalová & Matalová 2022 veröffentlichten Sammlung von Primärquellen finden sich auch eine ganze Reihe von weiteren Bestellzetteln für Tulpen und Hyancinthen. Siehe hierzu bspw. die Rechnungen für Blumenzwiebeln bei Ferdinand Molisch v. 16. September 1880, dem 10. September 1881 und dem 20. September 1882. Siehe dort zudem die beiden Lieferlisten für eine Bestellung von Blumenzwiebeln von C. Alkemade in Noordwijk-Binnen nahe Haarlem die von P. Olexik am 9. Oktober 1876 in Empfang genommen wurde.

[174] Siehe hierzu das *Jahrbuch der Landwirtschaft und der landwirtschaftlichen Statistik für das Jahr 1852*, Bd. 6, S. 45.

[175] Iltis 1924.

[176] Zu etwaigen **Versuchen mit Kürbissen** (*Cucurbita* sp.) durch Mendel ist nichts bekannt. In den *Monatsberichten der Obst-, Wein- u. Gartenbau-Sekzion* vom September 1870 findet sich aber eine Zusammenfassung einer Diskussion, in der es um den Anbau von essbaren Kürbissen ging, wobei auf den damals bereits recht umfangreichen Anbau von Kürbissen in Ungarn verwiesen wurde (a.a.O. S. 130). Auf der Sitzung waren drei testweise angebaute Kürbisvarianten (eine länglich grüne mit weißen Streifen, eine rundlich gelbe mit dem Namen Zombolo, sowie ein weisser Spargelkürbis in länglicher Gurkenform) vorgestellt worden. Zudem gab es eine Diskussion zum

3 Durchführung der Versuche mit Pflanzen-Hybriden

erhalten und die er später auch im Nachlass Mareschs nicht finden konnte. Die erst kürzlich von Matalová & Matalová 2022 (S. 257) faksimilierter Rückseite des Bestellzettels lässt vermuten, dass das Programm der *Sedum*-Kreuzungen Mendels sogar noch viel umfangreicher gewesen ist. Nicht weniger als zehn weitere *Sedum*-Arten und Varianten wurden danach von Mendel mit dieser Bestellung in Auftrag gegeben. Hierzu gehörten *Sedum ibericum, S. Maximowiczii* (eine Variante von *Sedum aizoon*), *S. oppositifolium, S. pallidum* (die Bleiche Fetthenne), *S. purpurascens* (die Große Fetthenne), *S. reflexum* (der Felsen-Mauerpfeffer), *S. rupestre, S. sieboldi* (die Siebold-Fetthenne), *S. spurium* (die Kaukasus-Fetthenne auch in den Varianten *album* und *coccineum*) und *S. Wallichianum*. Viele der bestellten Arten sind heute in die Gattung Phedimus eingereiht. Bei der bestellten *Malva moschata* könnte es sich möglicherweise ebenfalls um eine Bestellung für ein Kreuzungsexperiment mit der Wilden Malve *(Malva sylvestris)* gehandelt haben.

Bei seinen Bestellungen zu Hyazinthen und Tulpen ging es Mendel wohl vorrangig um den Anbau von Zierpflanzen, wobei es durchaus wahrscheinlich ist, dass er hierzu auch mögliche Hybridisierungen angedacht hatte. Inspiration waren dabei womöglich die Sammlungen schöner Haarlemer Hyacinthen, die Mendels langjähriger Versuchspartner bei meteorologischen Messungen, Paul Olexik, 1876 auf einer Brünner Blumenausstellung präsentiert hatte.[177]

Zuletzt gibt es noch einige weitere Pflanzenarten mit denen Mendel arbeitete, von denen jedoch zumeist nur fragmentarische Informationen erhalten geblieben sind. Am detailliertesten sind hierbei noch seine Versuche an Bohnen beschrieben, welche Mendel parallel zu seinen Versuchen durchgeführt hat. Als Einschub sind diese in seinem Artikel über seine Erbsenversuchen mitbesprochen worden (siehe Kap. 2.4).

Aus dem bereits besprochenen Artikel im *Mährischer Correspondent* (s. Kap. 1) geht hervor, dass Mendel, zumindest zeitweise, seine Versuche unter dem Aspekt der Akklimatisierung verstanden hat. In diesem Zusammenhang explizit erwähnt wurden Versuche mit Neuseeländischem Spinat, Gurken aber auch Kartoffeln. Letztere schlugen jedoch durch das Auftauchen der Kartoffelfäule fehl. Aus derselben Quelle erfährt man, dass Mendel während der Versuche mit Erbsen auch mehrere 100 Töpfe mit Fuchsien und Nelken angebaut hat (s. Kap. 1). Primäres Interesse war dabei wohl die Betrachtung von Farb- und Blütenvarianten. Zuletzt findet sich in Mendel (1866) ein kurzer Verweis auf Platterbsen (*Lathyrus*), welchen Cetl (1973) dahingehend interpretierte, dass Mendel auch mit diesen Kreuzungsversuche durchgeführt hat. Hierzu fehlen jedoch weitergehende Informationen und möglicherweise hat Mendel sich hier auch einfach auf einen früheren Versuch Gärtners bezogen (siehe Kap. 2.4).

---

guten Geschmack des Kürbisses. Mendel hat zu dieser Diskussion beigetragen und mitgeteilt, dass er selbst Versuche veranlasst hatte, um festzustellen, ob geschälte Kürbisschnitten besser gesalzen oder ungesalzen eingelegt werden sollten.

[177] Zu den Hyacinthen von Paul Olexik siehe den Bericht zur XXIX. Blumen-, Pflanzen-, Obst- und Gemüse-Ausstellung der Gartenbau-Section der k. k. mähr.-schles. Gesellschaft zur Beförderung des Ackerbaues, der Natur- und Landeskunde in der *Brünner Ztg.* vom 1. Mai 1876, S. 397.

Einige weitere Hinweise zum Umfang von Anbauversuchen Mendels finden sich in lokalen Exkursionsbüchern und Anbauplänen in denen zwar nicht auf Mendel selbst, wohl aber auf den Klostergarten bzw. Stiftsgarten verwiesen wurde. Im Rahmen der Obst- Wein- und Gartenbau-Sekzion wurden beispielsweise während der 1870er Jahre mehr als hundert verschiedene Arten von fremdländische Pflanzen akklimatisiert. Hierzu gehörten u. a. auch verschiedene in den Anlagen Brünns gepflanzte und den Winter überdauernde Bäume und Sträucher, die von Mendels Freund und Versuchspartner Anton Tomaschek (vgl. Kap. 5) in mehreren Artikeln protokolliert wurden (Tomaschek 1879c & 1879d). Den Brünner Klostergarten betreffend finden sich dort die Hinweise, dass in diesem ein möglicherweise aus Sibirien stammender Sadebaum bzw-Gift-Wacholder *(Juniperus sabina* L.), ein aus Nordamerika stammender Gemeiner Gewürzstrauch (*Calycanthus floridus* L.), Magnolien, ein Gemeiner Bohnenbaum aus Südeuropa (*Cytisus laburnum* L.), Purpurblütiger Geisklee (*Cytisus purpureus* Scop.), ein Alpenbohnenstrauch (*Cytisus alpinus* Mill.), sowie ein aus Nordchina oder dem südlchen Sibirien stammender Pflaumenblättriger Apfelbaum angepflanzt waren. Auch ein gefüllter Brombeerstrauch unbekannter Herkunft (*Rubus bellidiflorus*), Mondsamenpflanzen (*Menispermum canadense*), ein Christdorn (*Paliurus australis* Gaertn.), ein kaukasischer Zwergiger Spindelbaum (*Evonymus nana* Bieb.), eine Blaue Doppelfrucht (*Lonicera coerulea* L.), ein gelbblühender Jasmin aus Nordchina (*Jasminum nudiflorum* Lindl.), ein Blauglockenbaum (*Paulownia imperialis* S. et Z. fl. japon.) gehörten zu den fremdländischen Arten, die dort scheinbar akklimatisiert worden sind. Zuletzt findet sich im Exkursionsbuch von Franz Haslinger (1880, S. 213) ein Hinweis, dass Mendel im Klostergarten auch einen kaukasischen Zwerg-Spindelbaum (*Evonymus nana* M.) angepflanzt hatte. Welchen Zweck die Anpflanzungen hatten lässt sich heute wohl kaum noch sicher ermitteln. Sehr wahrscheinlich dürften die meisten lediglich als Ziersträucher verwendet worden sein. Interessant ist aber doch zu bemerken, dass vor allem auf den Papilionaceae doch ein besonderer Fokus gelegen zu haben scheint. Einige wenige Arten, wie die Mondsamenpflanze, dürften im übrigens sogar schon vor der Zeit Mendels im Kloster angepflanzt worden sein.

3.12 Hybridisierungsversuche mit Obstbäumen und Wein

Mit der Obstbaumzucht ist Gregor Mendel schon in frühester Kindheit in Kontakt gekommen. Bereits sein Vater hatte sich mit der Veredelung von Obstbäumen beschäftigt.[178] Laut seiner Autobiographie besuchte Gregor Mendel im Jahr 1846 Vorlesungen an der Brünner Philosophischen Lehranstalt zu Ökonomie, Obstbaumzucht und Weinbau.[179] Letztendlich waren es aber wohl die Bedürfnisse des Klosters selbst, die

---

[178] Siehe hierzu Iltis 1924, S. 10. Vgl. Kap. 4.
[179] Siehe Mendel (1850) in: Iltis 1954; sowie Iltis 1924, S. 34.

3 Durchführung der Versuche mit Pflanzen-Hybriden

Mendel dazu brachten, sich intensiver mit der Obstbaumzucht zu beschäftigen, denn dieses war ein Projekt, welches speziell durch den Abt des Klosters, Cyrill Napp, aktiv gefördert worden ist. Schon in den 1830er und 1840er Jahren hatte Napp die Weinberge auf mehreren Klostergütern aufgelöst und dort stattdessen Obstbäume anpflanzen lassen.[180]

In den 1860er Jahren hat Napp als Direktor bzw. Stellvertreter des Vorstandes der Obst-, Wein- und Gartenbausektion in der Ackerbaugesellschaft die Forderung gestellt, dass der Unterricht in der Obstbaumzucht ausgeweitet werden müsse. Um dies zu unterstützen, hatte er sich um finanzielle Förderung bemüht, und so konnte er im Oktober 1864 mitteilen, dass der mähr. Landtag eine entsprechende Dotation für Lehrer als Remuneration bewilligt hatte und er selbst unterstützte den Vorschlag, dass Kinder, die sich besonders in der Obstbaumzucht auszeichneten, als Belohnung *„Edelstämmchen"* erhalten sollten.[181] In der diesbezüglichen Sektionssitzung wurde damals die Frage aufgeworfen, wie denn die Veredelung der Obstsorten vorangetrieben werden könnte. Der Handelsgärtner J. Twrdy verwies darauf, dass es neben den herkömmlichen *„natürlichen"* Veredelungsverfahren auch vielversprechende *„künstliche"* Methoden gebe, zu denen er auch die *„künstliche Befruchtung"* zählte, die seiner Meinung nach damals noch viel zu selten zur Anwendung gebracht wurde.[182]

An solchen Bestrebungen hat sich Gregor Mendel dann vermutlich bereits seit den 1860er Jahren auch selbst aktiv beteiligt.[183] Mendels Gärtner Josef Maresch hat beispielsweise berichtet, dass neben den Pfropfungen auch die Kreuzungen von Obstbaumsorten einen großen Teil von Mendels Zeit in Anspruch genommen haben.[184] Nach Mareschs Ausführungen soll Mendel allein 500 bis 600 Kreuzungen bei Äpfeln, Birnen und Marillen selbst ausgeführt haben. Die so entstandenen Setzlinge sind dann sorgfältig aufgezogen und mitunter auch auf ältere Bäume aufgepfropft worden. Über den Ausgang dieser Untersuchungen zeugt ein kurzer Nekrolog auf Mendel in der Festschrift zur Ge-

---

[180] Siehe Zlamal 1991/1992, S. 92.

[181] Siehe hierzu den Sitzungsbericht der Generalversammlung vom 10. Oktober 1864 im *„Jahres-Bericht der Obst-, Wein- und Gartenbau-Sektion der k. k. mähr.-schles. Gesellschaft zur Beförderung des Ackerbaues, der Natur- und Landeskunde für das Jahr 1864"*, S. 32. Mendel hat als Kommissär der Sektion in den 1870er Jahren diesen Gedanken Napps aufgegriffen und dort viele Jahre als Prüfer den in jährlichen Prüfungen der Sektion nach Lehrvorträgen beigewohnt. Dabei folgte Mendel Napp auch insofern, als er es den Prüflingen überließ, in welcher der Landessprachen sie befragt werden wollten.

[182] Ebd., S. 33. Diese Meinung teilten jedoch nicht alle Mitglieder der Sektion. Den Ansichten Twrdys wurde z. B. entgegengestellt, dass man auch mit dem Aufpfropfen auf ältere Stämme Erfolge erzielen könnte. Bemerkenswerterweise ist die damals aufkeimende Debatte zur besten Methode zur Veredelung des Obstes durch C. Napp abgebrochen worden, der darauf verwies, dass *„dies noch mehr eine Frage der Wissenschaft als der Praxis"* wäre und *„daher die Debatte, als für die Praxis von geringem Nutze*n", abgebrochen werden sollte (ebd.).

[183] Für detailliertere Angaben zu den bekannten Details aus Mendels Hybridisierungsversuchen siehe z. B. Hambidge 1940; Orel & Vávra 1968; Vávra & Orel 1971.

[184] Iltis 1924, S. 141–142.

schichte des Brünner Gartenbauvereines anlässlich des 50jährigen Thronjubiläums Kaiser Franz Josephs I aus dem Jahr 1898: *„1884: P. Gregor Joh. Mendel, insul. Abt und Prälat des Augustiner-Stiftes in Altbrünn, für Pomologie und Blumenzucht besonders eingenommen zu dem Zwecke, um durch künstliche Befruchtung neue Spielarten zu erzielen, was ihm bei einigen Kernobstarten und Fuchsien theilweise gelungen ist; auch fand die Section in ihm stets den wärmsten Förderer ihrer Bestrebungen bei allen Blumen- und Obst-Ausstellungen, bei welchen er wiederholt als Obmann der betreffenden Comité's* [sic] *mitwirkte."*[185]

Über den eigentlichen Versuchsplan von Mendels Versuchen zur Hybridisierung von Obstbäumen ist kaum etwas bekannt. Er selbst hat hierzu keine Arbeiten veröffentlicht. Die frühere Bibliothek des Königinklosters umfasste allerdings auch eine grössere Sammlung von Werken, die sich mit der Pomologie befassten. In einigen dieser Bücher sind von Mendel handschriftliche Anmerkungen, Marginalien und Kommentare erhalten geblieben, aus denen sich zumindest einige Detailinformationen entnehmen lassen. Am umfassendsten sind die handschriftlichen Notizen in seiner Ausgabe von Jahn, Lucas & Oberdiecks *„Illustrirtes Handbuch der Obstkunde"*.[186] Hieraus konnten Orel & Vávra (1968) ableiten, dass Mendel bei der Hybridisierung von Apfelbäumen mindestens 12 Varianten als Mutterpflanzen und mindestens 17 als Pollenpflanzen genutzt hat, wobei 30 verschiedene Kreuzungskombinationen für Apfelbäume in Mendels Hybridisierungsproramm rekonstruiert wurden. Auf einige Sorten hat Mendel demnach ein besonderes Augenmerk gelegt. Von den 30 Kombinationen[187] beschäftigten sich acht mit der Hybridisierung der Sorte Süsser Holaart (7mal als Mutterpflanze; 1mal als Pollenpflanze).[188] Dieses besondere Interesse mag darauf zurückzuführen sein, dass diese süsse Sorte später blüht und sich deshalb auch eher für den Anbau in kälteren und raueren klimatischen Bedingungen eignet und zudem auch geringere Anforderungen an die Qualität des Bodens stellt.[189] Die einzige Verwendung der Sorte Süsser Holaart als Pollenpflanze erfolgte zur Befruchtung der Grauen Französischen Reinette, welche Mendel ebenfalls in acht Kombinationen getestet hat.[190] Die beiden Sorten stellten im Hybridisierungsplan Mendels für Apfelbäume also sozusagen komplementäre Gegenkonzepte dar. Die Graue

---

[185] Křiwanek 1898, S. 251.
[186] Siehe Orel 1966b, S. 322. Siehe auch Jahn, Lucas & Oberdieck 1865.
[187] Für eine Übersicht aller Kombinationen siehe Orel & Vávra 1968.
[188] Vgl. Orel & Vávra 1968. Als Mutterpflanze verwendete Mendel die Sorte Süßer Holaart in der Verbindung mit der Champagner Reinette, Großer Kasseler Reinette, Roter Stettiner, Weißer Winter Taffetapfel, Borsdorfer, Weißer Winter-Kalvill und Roter Oster-Kalvill (ebd.).
[189] Orel & Vávra 1968. Der Verweis auf die bessere Eignung für rauere Lagen findet sich schon in den handschriftlichen Notizen Mendels a.a.O.
[190] Vgl. Orel & Vávra 1968. Als Mutterpflanze verwendete Mendel die Sorte Graue französische Reinette in der Verbindung mit Süßer Holaart, Roter Stettiner, Großer Kasseler Reinette, der Sorte *„Der Köstlichste aus Bozen"*, Weißer Winter-Kalvill, Borsdorfer, Roter Winter-Taubenapfel und dem Alantapfel (ebd.).

3 Durchführung der Versuche mit Pflanzen-Hybriden

Französische Reinette repräsentierte dabei eine wohlschmeckende süsse Sorte, die sich am besten im warmen Klima und auf guten Böden anziehen lässt, während der Anbau auf ärmeren Böden und unter schlechteren klimatischen Bedingungen vergleichsweise geschmacklos ist und auch unter vermehrtem Krebsbefall litten.[191] Dementgegen war die Sorte Süsser Hollart robuster, wies jedoch eine Süsse geringerer Geschmacksqualität auf.[192] Ziel der Kreuzungen war dementsprechend die besten bzw. gewünschten Eigenschaften beider Stammeltern zu verbinden. Inwieweit die einzelnen Experimente aus Mendels Kreuzungsplan für Apfelbäume tatsächlich zum Einsatz kamen, ist unbekannt.

In seiner Ausgabe des *„Illustrirtes Handbuch der Obstkunde"* hat Gregor Mendel auch handschriftliche Notizen zu Hybridisierungen von Birnbäumen hinterlassen, die Rückschlüsse auf die Merkmale erlauben, an denen er besonders interessiert war. So hat er neben der Varietät „Herzogin von Angoulême" vermerkt: *„Auch mit einiger Röthe auf der Sonnenseite"*. Ein expliziter Kreuzungsplan bei Birnen lässt sich aus den wenigen handschriftlichen Notizzetteln im Falle von Birnbäumen jedoch nicht ermitteln.

Zuletzt ist noch zu erwähnen, dass Gregor Mendel auch ein gewisses Interesse an der Hybridisierung und Veredelung von Weinstöcken gezeigt hat. Innerhalb der Obst-, Wein- u. Gartenbau-Sektion nahm er beispielsweise im Winter 1870 an Diskussionen über die Vermehrung des Weinstocks durch Schnittreben teil, wobei er besonders ein Interesse an den verschiedenen Techniken zeigte.[193] Der entsprechende Sektionsbericht ist aber vor allem deshalb von Interesse, weil er eine Zusammenfassung eines kurzen Referats Mendels enthält. In diesem unterzog Mendel die damaligen winterlichen Witterungsverhältnisse und deren potenziellen Einfluss auf das Pflanzenwachstum im nachfolgenden Sommer einer genaueren Betrachtung, wobei er einen positiven Einfluss der isolierenden Schneedecke auf die sommerliche Vegetation vermutete. Diesbezüglich berichtete Mendel, *„daß die Schneedecke dort, wo weder Zu- noch Abwehen des Schnee's stattfanden, eine Höhe von 18 Zoll zeigte, daß nur dort, wo besonders auf Anhöhen der*

---

[191] Orel & Vávra 1968.

[192] Ebd.

[193] Sie hierzu die *Monatsberichten der Obst-, Wein- u. Gartenbau-Sekzion* vom Januar 1871, S. 4. An diesen Diskussionen beteiligten sich neben Mendel auch der Handelsgärtner Johann Twrdy sowie der Gartendirektor **Ferdinand Krozcak (1812–1882)**. Durch ihre öffentlichen Aufgaben dürften Mendel und Krozcak gut miteinander bekannt gewesen sein. Krozcak war im Juli 1850 zusammen mit Johann Pátek, zu einem Gartendirektor der Gartenbausektion der Ackerbaugesellschaft ernannt worden. Den Vorsitz über diese Sektion führte seither Freiherr von Widmann, der durch Cyrill Napp, den Vorgänger Mendels als Prälat des Klosters, vertreten wurde. Krozcak war zudem von 1856 bis 1862 und wieder von 1865 bis 1868, also in der Zeit als Mendel seine Versuche ausführte, Sekretär der Sektion (d´Elvert 1870). Das von von Strohal, Wildt & Kroczak (1859) herausgegebene Werk *„Der landwirthschaftliche Gartenbau"* war das damals lokal für den Obstabau maßgebliche Unterrichtswerk, das u. a. für Landwirtschaftskurse genutzt wurde, in die sich Schüler aus dem Brünner Gymnasium und der Brünner Oberrealschule einschreiben konnten. Kroszcak hielt wiederholt auch in der Brünner Oberrealschule Vorträge. Mendel selbst wurde am 2. April 1863 als Mitglied der Gartenbau Sektion gewählt.

Schnee abgeweht wurde, die Erde eine schwache Frostkruste habe; sonst die Erde unter dem Schnee nicht gefroren sei, daher die Vegetazion in einem gewissen Grade fortdauere; auch die Aufsaugung der Winterfeuchtigkeit durch die Erde gebe sich durch die Vermehrung des Grundwassers kund, indem nach periodisch wiederholten Messungen des Wassers in den Brunnen, dasselbe stets ein Steigen zeigte."[194] Das Referat ist insofern ein weiterer Beleg dafür, dass Mendel sich intellektuell intensiv mit dem Einfluss klimatischer Bedingungen auf das Pflanzenwachstum auseinandergesetzt und hierbei auch Rückschlüsse aus meteorologischen Beobachtung (hier seine Grundwasserstandsmessungen) gezogen hat (siehe Kap. 5).

---

[194] Ebd. S. 5.

Gregor Mendel – eine kurze Biographie

Michael Mielewczik, Michal V. Simunek, Janine Moll-Mielewczik und Uwe Hoßfeld

Gregor (Johann) Mendel wurde am Magdalenentag, also dem 22. Juli des Jahres 1822[1], in Heinzendorf/Hynčice[2] als Sohn des Kleinbauern Anton Mendel[3] und dessen Frau

---

[1] Nach dem Taufregister bzw. dem Kirchenbuch von Groß Petersburg/Dolní Vražné, zu dessen Pfarrei Heinzendorf gehörte, am 20. Juli 1822 (siehe hierzu Correns 1924, S. 1147; Iltis 1924, S. 9; Weiling 1970a, S. 5; Matalová 1981). Mendel selbst hat jedoch immer den 22. Juli 1822 als Geburtstag angegeben (ebd.). S. a. Matálova 2012 & Sekerák 2022. Für ein Faksimile der relevanten Seite des Kirchenbuchs siehe Sekerák & Pončíková 2022, S. 14.

[2] Hynčice liegt heute im Norden der Tschechischen Republik.

[3] **Anton Mendel [d. J.] (1789–1857)**, der Vater von Gregor Johann Mendel, war ein Bauer in Heinzendorf, wo er die Wirtschaft auf Nr. 58 mit einem bescheidenen Einkommen betrieb (ASGr, S. 83). Biografisch ist von ihm wenig bekannt. Vor seiner Heirat und der Geburt seiner Kinder diente er acht Jahre lang als Soldat, der wohl auch noch die letzten Kriege der napoleonischen Periode miterlebt hat (ASGr, S. 83; vgl. auch Klein & Klein 2013, S. 105–106). Möglicherweise war er im Stab

M. Mielewczik (✉) · J. Moll-Mielewczik
Adlikon bei Regensdorf, Schweiz
E-Mail: michaelmielewczik77@gmail.com

J. Moll-Mielewczik
E-Mail: mollj@bluewin.ch

M. V. Simunek
Institut für Zeitgeschichte, Akademie der Wissenschaften der Tschechischen Republik, Prag 6, Tschechische Republik
E-Mail: simunekm@centrum.cz

U. Hoßfeld
AG Biologiedidaktik, Universität Jena, Jena, Deutschland
E-Mail: uwe.hossfeld@uni-jena.de

Rosine Mendel[4] im sogenannten Kuhländchen geboren.[5,6] In der Gemeindekirche St. Peter und Paul im Nachbardorf wurde er vom katholischen Dorfpfarrer Schreiber auf den Namen Johann getauft.[7] Den Namen Gregor hat Mendel erst später bei seinem Eintritt in

---

eines Infanterieregiments zuletzt Regimentsadjutant im Range eines Oberleutnants. Im Jahr 1816 kehrte er frühzeitig entlassen aus dem Militärdienst zurück. Am 6. Oktober 1818 heiratete er dann Rosine Schwirtlich, Gregor Mendels Mutter (TLOGJM, S. 47). Die Heirat fand am selben Tag statt, wie die seines Bruders Johann Mendel, welcher Rosinas Schwester Judita, ehelichte. Laut familiärer Tradierung war Anton Mendel ein sparsamer, ernster Mann, von dem Mendel seine kleine Statur geerbt haben soll (TLOGJM, S. 54). Zu seiner Arbeit gehörte, neben der Bewirtschaftung des eigenen Grundes, auch die wöchentlich drei Tage zu leistende *„Robot"* (ASGr, S. 83; Vgl. Klein & Klein 2013, S. 83–84). Letztere war eine Art Zwangsdienst, bei welchem die Bauern für die lokale Herrschaft zumeist Feldarbeit (z. B. das Heumachen und Einbringen der Ernte im Sommer, Pflügen im Herbst und die Aussaat im Frühjahr) zu erbringen hatten (Klein & Klein 2013, S. 83–84). Im Winter und Spätherbst standen vielerorts zudem Waldarbeiten an, wobei Stämme und Holzklötze aus dem Wald bewegt werden mussten (ASGr, S. 83). Bei einer dieser „Roboten" kam es zu einem Unfall. Ein Holzstamm rollte A. Mendel über die Brust. Infolge dieses Unfalls wurde er kränklich und zog sich *„frühzeitig aufs Ausgedinge zurück"* (ASGr, S. 83; Padtberg 1908/1909).

[4] **Rosine Mendel (1794–1862; née Schwirtlich)** war Gregor Mendels Mutter. Zu ihr ist praktisch nichts bekannt.

[5] **Das Kuhländchen (tsch. Kravařsko)** war ein kleines, historisch vorwiegend deutschsprachig besiedeltes Gebiet in Österreichisch-Schlesien (s. z. B. Weiling 1970a, S. 5; Klein & Klein 2013), das von verschiedenen Autoren, auch schon zur Zeit Mendels, recht unterschiedlich in seiner Ausdehnung definiert worden ist (s. z. B. Giernoth 1917, S. 162). In der deutsch-tschechischen Mendelrezeption hat die Definition des Kuhländchens als Heimat Gregor Mendels immer eine besondere Aufmerksamkeit erfahren, was vor allem vor den Hintergründen der historischen Entwicklung selbsterklärend ist: 1.) die Entwicklung eines tschechischen Nationalbewusstseins seit dem 19. Jahrhundert, welches 1918 schließlich Herauslösung der Tschechoslowakei aus dem österreichisch-ungarischen Kaiserreich führte, 2.) dem Einmarsch der Nationalsozialisten in die Tschechoslowakei sowie die dort vorausgegangene Annexion der deutschsprachigen Gebiete, 3.) die Enteignung und Aussiedlung/Vertreibung der deutschsprachigen Bevölkerung nach dem Zweiten Weltkrieg. In der deutsch-tschechischen Mendel-Rezeption in der zweiten Hälfte des 20. Jahrhunderts hat dies durchaus noch eine wichtige Rolle gespielt, woraus sich ableitet, dass Mendel in der weiteren Literatur mal als deutscher, mal als tschechischer, mal als österreichischer und seltener auch als schlesischer bzw. mährischer Wissenschaftler deklariert wurde. Es wäre aber falsch dies ausschließlich unter dem Aspekt der Vereinnahmung zu sehen. In der Retrospektive war die Erhebung von G. Mendel als Identifikationsfigur auf beiden Seiten des Eisernen Vorhangs eher eine den Dialog und die Verständigung fördernde, denn Konflikte befeuernde Entwicklung. Heute ist die Bevölkerung des Kuhländchens vorwiegend tschechisch (Klein & Klein 2013).

[6] Kříženecký 1965b; George 1983, S. 279. Siehe auch die *„Autobiographie"* Mendels (1850) in: Kříženecký 1965, S. 74–77.

[7] Gregor bzw. Johann Mendels Taufe erfolgte kurz nach dessen Geburt in Anwesenheit der Taufpaten Karl Kuntscher und Juliana Walzel, die wie Mendels Eltern in Heinzendorf als Bauern lebten (Iltis 1924, S.9; ders. 1932 u. 1966, S. 30; Pas 1972, S. 6; Matalová 2007/2008). Zur Taufe Mendels siehe insb. auch das Transkript der Abschrift des von Johann Schreiber ausgestellten Taufscheins, in: Matalová 2007/2008; S. 10; vgl. auch die Covington Mendel Collection unter der Archiveinheit Nr. 1, sowie das Faksimile der Abschrift vom 12. September 1834 in Sekerák & Pončíková 2022, S. 15.

4 Gregor Mendel – eine kurze Biographie

den Augustinerorden angenommen und ab dann durchgehend verwendet.[8] Mendels Geburtsort, in dem auch sein Onkel und seine Tante sowie viele andere Verwandten wohnten, war um 1820 eine kleine, für die Region typische, bäuerlich geprägte Ortschaft. In etwa 70 Gebäuden lebten an die 100 Familien und 500 Einwohner.[9] Es gab eine Schule, die von den Bewohnern 1795 selbst errichtet worden war und welche seitdem die Kinder des Ortes besuchten.[10] Das markanteste Bauwerk des Dorfes war ein hölzerner Turm, auf welchem eine etwa 100 Pfund schwere Glocke aufgehängt war, die morgens, mittags und abends für die katholische Dorfbevölkerung zum Gebet läutete.[11] Das direkte Umland Heinzendorfs bestand aus etwa 650 Joch mittelmäßigen Ackerlandes und 150 Joch Wiesen. Der Straße in Richtung der Städte Odrau/Odry und Fulnek/Fulnek, und des Odertals nach Nordosten folgend kam man nach Klein- und Groß-Petersdorf, in das Heinzendorf damals eingepfarrt war und wo sich auch die Gemeindekirche befand. Nach Norden gelangte man schnell in die kleinen Orte Wessiedel und Emaus und westlich in das nahe Neudek/Nejdek. Südlich schloss sich die Straße nach Bölten an, entlang derer, dem Volksmund nach, einst das *„Eiserne Tor"* gestanden haben soll – einer großen Pforte als Reste einer legendären Siedlung, die sich hier einst ausgebreitet haben soll.[12] Zuletzt, gegen Osten, lag jenseits der Felder der Ort Grafendorf/Hrabětice am Rande eines kleinen Wäldchens, indem es eine Schanze und eine lange Vertiefung gab, die man allgemein als *„Ungarngraben"* bezeichnete. Von dieser erzählte man sich, dass dort einst die *„Ungarnhorden"* lagerten und deren Hauptmann an diesem Ort ebendort in einem Gefecht umgekommen wäre.[13]

Vorwiegend wurde in Heinzendorf Ackerbau betrieben, wobei Gerste, Weizen, Roggen, Hafer, aber auch Erbsen, Linsen, Kartoffeln und möglicherweise auch Rüben angebaut worden sein dürften.[14] Daneben hielt man aber auch etwa 40 Pferde und 100 Kühe, die Milch produzierten, aus der man vor Ort auch die Butter gewann.[15] Hinsichtlich letzterer hatten sich einzelne Bauern darauf spezialisiert, diese zu sieden und daraus Butterschmalz herzustellen.[16] Zucht oder Veredelung des Viehs spielte prakti-

---

[8] Weiling 1970a, S. 5.
[9] Aus dem handschriftlichen Werk von Felix Jaschke: *„Beschreibung ganz sicherer und ungezweifelter oder im engeren Verstande gehörender Ortschaften zu dem sogenannten Kühlandel nach der Meinung des mährischen Wanderers"*, mitgeteilt in Ullrich 1922, *„Heinzendorf 1817"*, S. 66–68.
[10] Ebd.
[11] Ebd.
[12] Ullrich 1925, S. 78, mit einer Sage aus der Erzählung von dem, ebenfalls aus Heinzendorf stammenden, Neffen Gregor Mendels, Ferdinand Schindler. Vgl. auch Květ 1996/1997.
[13] Ullrich 1925, S. 79.
[14] Siehe hierzu im Detail Klein & Klein 2013, S. 120–121.
[15] Aus dem handschriftlichen Werk von Felix Jaschke, op. cit.
[16] Ebd.

sche keine Rolle, da für viele Bewohner das Fuhrwerken und das Verfrachten von Kaufmannsgütern im Vordergrund stand.[17] Durch den Ort selbst floss ein kleiner Wasserlauf, den man einfach den Roßbach nannte.[18] An seinem Ufer stand eine zweigängige Wassermühle, die sog. Holzmühle. Zudem gab es in Heinzendorf eine Kalkbrennerei, deren Produkte auch in die umliegenden Städte und Dörfer vertrieben wurden.[19] Die meisten Heinzendorfer waren als Bauern tätig. Es gab aber auch einige Handwerker, darunter 6 Schuster, 4 Schneider, 1 Grobschmied, sowie 4 Maurer und 3 Zimmerleute.[20]

In seinem Heimatdorf lebte Mendel zusammen mit seinen Eltern und Schwestern[21] in dem Haus mit der Nr. 58, welches gleichzeitig auch sein Geburtshaus war.[22] Letzteres war zu jener Zeit ein mit Schiefer gedecktes, einstöckiges Gebäude, das Mendels Vater aus festem Material neu errichtete, nachdem ein älteres, hölzernes Wohngebäude komplett abgerissen worden war.[23] Der Hof war Teil eines etwa 30 Joch großen Bauerngrundes, der schon von Mendels Urgroßvater[24] und Großvater erworben bzw. übernommen worden war.[25] Zu diesem Grund gehörten bewirtschaftetes Ackerland und ein sehr großer Garten.[26] Ein Obstgarten, den Mendels Vater mit aus dem Troppauer und Olmützer Umland stammenden Propfreisern angelegt hat, soll später reichen Ertrag geliefert haben.[27] Der Familienlegende nach soll Gregor Mendel dort als Kind erstmals von seinem Vater mit der Gartenpflege und Obstbaumzucht vertraut gemacht worden sein.[28] Dabei hatte er die Möglichkeit seinem Vater beim *„Okulieren und Propfen"* zuzuschauen

---

[17] Ebd.

[18] Ebd.

[19] Ebd.

[20] Ebd.

[21] Gregor Mendel hatte insgesamt vier Schwestern, von denen jedoch zwei, beide auf den Namen Rosina getauft, schon als Kleinkinder verstarben (1825–1828 u. 1831–1831). Mendels beide anderen Schwestern, mit denen er zusammen aufgewachsen ist, waren Veronika (1820–1882) und Theresia Mendel (1829–1908). In der frühen Kindheit haben vermutlich auch noch die Großeltern Mendels väterlicherseits, Valentin und Elisabeth Mendel dort gewohnt (s. Klein & Klein 2013, S. 137; vgl. auch den Brief von Mendels Neffen Alois Schindler an William Bateson vom 26. Januar 1923 in TLOGJM, S. 61).

[22] ASGr, S. 82, hier Anm. 7.

[23] ASGr, S. 82, hier Anm. 7 & ASGr, S. 3, hier Anm. 9. Vgl. Klein & Klein 2013, S. 106–107.

[24] **Anton Mendel [d. Ä.] (geb. 1725)**, Mendels Urgroßvater in väterlicher Linie, 1748 verheiratet mit Elisabeth Weiss, bewirtschaftete in Heinzendorf einen etwas größeren Gärtlergrund (Nr. 26), wobei er so erfolgreich war, dass er nach einigen Jahren auch den Bauerngrund Nr. 58 dazu erwerben konnte und diesen dann seinem zweitgeborenem Sohn Valentin Mendel, Mendels Großvater, vermacht hat.

[25] ASGr, S. 82, hier Anm. 7.

[26] Ebd.

[27] Ebd., S. 83.

[28] Ebd.

und diesem zur Hand zu gehen.[29] Auch eine kleine Bienenzucht mit Klotzbeuten, großen für die Bienenzucht ausgehöhlten Baumstämmen, soll es im Garten von Mendel und Mendels Vater gegeben haben.[30]

4.1 Schulbesuch in Heinzendorf und Leipnik (1828–1834)

In Heinzendorf besuchte Mendel die dortige Dorfschule. Typisch für die damalige Zeit bestand diese nur aus einem einzelnen Klassenzimmer, welches sich Mendel mit bis zu 80 anderen Kindern gleichzeitig teilen musste.[31] Laut dem Mendel-Biographen H. Iltis sollen die Dorfkinder dort bereits im Obstbau und in der Bienenzucht unterrichtet worden sein, so dass Mendel erstmals in Kontakt mit naturkundlichen Themen gekommen ist.[32] Gefördert durch den Gemeinde-Pfarrer Johann Schreiber[33] und den Heinzendorfer

---

[29] Ebd., S. 83–84. Siehe auch Padtberg 1908/1909 & Melcher 1922.

[30] Iltis 1924, S. 6–7.

[31] Klein & Klein 2013, S. 115.

[32] Iltis 1924.

[33] **Johann Andreas Edmond Schreiber [Johann Amos E.] (1769–1850)**, ord. 1793, war seit 1802 der Priester von Groß-Petersdorf, der Gemeinde in welcher Mendel aufgewachsen ist. In der Mendelliteratur ist viel darüber spekuliert worden, dass Schreiber, der sich sehr um den Obstbau bemüht hat, möglicherweise ein erstes Saatkorn gelegt hat, um Mendels Interesse an der Naturkunde zu wecken (Schindler 1922; Iltis 1924; Marvanová 1971; Orel & Vávra 1979). In seiner Jugend war J.A.E. Schreiber der erste Lehrer an dem von der Gräfin Maria Walpurga Truchsess-Waldburg-Zeil (1762–1828) in Kunewald/Kunín gegründeten Stiftsschule (gegr. 1788) (Schindler 1922, S. 64). Seine Erfahrungen und Tätigkeit dort dürften Schreiber nachhaltig als Lehrer und Pfarrer beeinflusst haben: Die Gräfin, von ihrem Mann getrennt lebend, gründete nach dem Tod mehrerer eigener Kinder 1792 in ihrem Schloss ein Erziehungsinstitut (aufgel. 1814), welches vermutlich zu diesem Zeitpunkt die modernste schulische Einrichtung in ganz Mitteleuropa war (Angetter 2015). Kinder aller Bevölkerungsschichten und Konfessionen, und zwar deutsche und tschechische, durften dort lernen. Zudem erlaubte die Gräfin in den Dorfschulen ihres Herrschaftsgebiets den Unterricht von Naturgeschichte und Naturlehre (Schindler 1922, S. 64; Marvanová 1971). Dazu gehörte wohl auch, skandalös für die Zeit, der Unterricht der Befruchtung bei Tieren. Die Gräfin selbst hatte eine besondere Vorliebe für die Obstveredelung und zu diesem Zweck extra Reiser aus Frankreich importieren lassen. Sie förderte die Viehzucht, und zwar insb. Die Züchtung des Kuhländer Rinds. Sie war auch die Erste, die die Impfung gegen Blattern im Kuhländchen einführen ließ (ebd.). Das Wirken der Gräfin und auch Schreibers traf aber nicht nur auf Zustimmung. Zum eigentlichen Lebensweg Schreibers ist ansonsten nicht viel bekannt. Laut Ferdinand Schindler, einem Neffen Mendels, war Pfarrer Schreiber sehr darum bemüht, *„die Grund- und Gartenbesitzer in Kirchsprengel Groß-Petersdorf für die Aufpropfung der Bäume mit Edelreisern zu gewinnen"* (Schindler 1922, S. 64; vgl. Marvanová 1971). Mendel selbst hat Pfarrer Schreiber jedenfalls in seinen Jugend- und Studienjahren vermutlich noch wiederholt besucht (ebd.). Dass es in der Tat eine engere Verbindung zwischen dem Priester Schreiber und Mendel gab ist durch Mendels Briefe an seine Familie belegt, in welchen Mendel ihm Grüße ausrichten ließ (Marvanová 1971).

Lehrer Thomas Makitta[34], wechselte Mendel 1833 nach zwei Klassen Volksschule mit 11 Jahren zunächst versuchsweise in die dritte Klasse des Piaristenkollegium in Leipnik/Lipník nad Bečvou, wo zu dieser Zeit etwa 400 bis 450 Schüler unterrichtet wurden.[35] Unter dem Rektor Peter Knechtl[36] und dem Klassenlehrer Julius Baigar[37] bewies sich Gregor Mendel schon bald als sehr guter Schüler („Erster Vorzüglicher"), der dort erfolgreich die III. und IV. Klasse absolvierte.[38]

4.2 Besuch des Gymnasiums in Troppau (1834–1840)

Da er sich gut anstellte, sollte der Knabe Mendel weiter zu Schule gehen. Johann Schreiber, der Pfarrer seines Heimatdorfes erstellte ihm eine beglaubigte Abschrift seines Taufscheins.[39] Nach dem die Formalitäten erledigt waren, konnte Mendel dann im

---

[34] **Thomas Makitta (1774–?)** war der erste Lehrer in der neuen Schule in Heinzendorf, welche auf Drängen der Bewohner eingerichtet worden war. Zuvor hatte es mit Anton Schwirtlich, dem Großonkel von Mendel, lediglich einen Dorflehrer gegeben, welcher in einem Privathaus täglich 15 bis 20 Kinder in Elementargegenständen unterrichtete (Rolleder 1903, S. 523). Nach dem im Dorf im Jahr 1794 das Schulhaus erbaut worden war, unterrichtete Makitta seit dem Jahr 1795 bzw. 1796 dann die Heinzendorfer Kinder (Rolleder 1903, S. 523; Klein & Klein 2013, S. 115). In Heinzendorf ist Thomas Makitta bis 1836 tätig gewesen (Klein & Klein 2013, S. 115). Zu T. Makitta s. a. den Brief v. F. Schindler and W. Bateson v. 6. September 1902, TLOGJM, S. 25–26 mit Verweis auf eine einklassige Volksschule, in der Lesen Rechnen und Schreiben gelehrt wurde. Siehe zudem den Brief von Mendels Neffen A. Schindler and H. Iltis vom 22. Dezember 1922 (TLOGJM, S. 53-55) zum guten Lernerfolg Mendels und seiner Schwester.

[35] Ullrich 1907; Wisnar 1909; Weiling 1993a; siehe auch Wanitschek 1837, S. 434.

[36] **Peter Knechtl (1780–?)** aus Kremsier/Kroměříž war ein 1803 ordinierter Piarist, der in seiner Laufbahn an verschiedenen Piaristenschulen (u. a. in Freiberg/Příbor, Kremsier, Leipnik/Lipník nad Bečvou) unterrichtete. Seine ersten Unterrichtsversuche unternahm er u. a. 1802 an der Piaristenschule in Freiberg. Von 1828 bis 1833 war er der letzte von den Piaristen gestellte Bibliothekar an der fürsterzbischöflichen Bibliothek in Kremsier. Diesem Posten musste er vermutlich aufgeben, nachdem der damalige Erzbischof Ferdinand Maria Chotek (1781–1836) seinen Unmut hinsichtlich Unregelmäßigkeiten im Dienst festgestellt hatte (siehe *Mährisches Tagblatt* v. 17. August 1894, S. 1–3).

[37] **Julius Joannes Baigar (1807–?)** war ein aus dem mährischen Keltsch/Kelč stammendes, 1832 ordiniertes Mitglied des Piaristenordens und Lehrer der Grammatikal- und Humanitätsklassen. In seiner Karriere unterrichtete er vorwiegend die Fächer Griechisch und Latein, später auch Italienisch. Um etwa 1832 lehrte er zunächst am Piaristenkollegium in Mährisch Trübau/Moravská Třebová. Von 1836 bis mindestens 1857 war er dann am Piaristengymnasium in Leitomischl/Litomyšl Lehrer. In den 1860er Jahren kehrte er nach Lipnik ans Piaristenkollegium zurück, wo er wohl auch nach seiner Pensionierung bis zur Auflösung des Piaristenkollegiums verblieb.

[38] Wisnar 1909, S. 23. Es ist nicht ganz klar, inwieweit Mendel dort ein oder zwei Schuljahre absolviert hat. Die Piaristenschule in Leipnik war in dieser Zeit wohl vierklassig.

[39] Siehe hierzu die Abschrift des Taufscheins in der *Covington Mendel Collection*, Archiveinheit Nr. 1. Ursprünglich angefertigt durch Johann Schreiber am 12. September 1834, basierend auf einer Abschrift des Taufbuchs der Pfarre Groß-Petersburg (Tom. IV, Fol. 6). Siehe auch das Faksimile der Abschrift in Sekerák & Pončíková 2022, S. 15.

4 Gregor Mendel – eine kurze Biographie

Dezember 1834 an das Gymnasium in Troppau/Opava wechseln. Dort wurde er in die erste *„Grammatical-Classe"* aufgenommen.[40] Entsprechend dem damaligen System war das Gymnasium auf sechs Schuljahre ausgelegt.[41] Diese unterteilten sich in die vier Grammatikalklassen, welche Mendel unter seinem Klassenlehrer Thomas Zauhaur absolvierte.[42] Daran anschließend folgten zwei Humanitätsklassen mit dem Klassenlehrer Martin Beck.[43,44] Zum Unterricht im Gymnasium gehörten sowohl das Sprachstudium in Latein und Griechisch[45], als auch Religion, Arithmetik und Geographie sowie die Lehre der römischen Altertümer.[46] Zudem gab es Noten für Sitten und Benehmen. Das Naturstudium war freigestellt.[47] Im Gegensatz zur heutigen Schule erfolgte der Unterricht nicht an jedem Wochentag. Die Dienstag-Nachmittage und die Donnerstage waren als wöchentliche Ferien frei.[48] Die jährlichen bzw. Herbstferien waren typischerweise in

---

[40] Richter 1943, S. 80; Iltis 1924, S. 12. Zum Hintergrund des Schulwechsels von Mendel ist nichts bekannt. Möglicherweise stand dieser aber damit in Zusammenhang, dass die Zahl der Schüler am Gymnasium in Troppau im Jahr 1834 rapide abgenommen hatte (Anonymous 1871, S. 27). Ursache war eine strengere Sichtung bei der Aufnahme und in der Klassifikation der Schüler, die Wiedereinführung eines Schulgeldes, eine Umstellung der Währung sowie eine allgemein schlechte wirtschaftliche Situation (ebd.). Laut späteren Berichten sorgte dies dafür, dass viele Eltern zu der Ansicht gelangten, dass es besser sei *„ihre Söhne gar nicht studieren zu lassen"* (ebd.). Möglicherweise hat Mendel hiervon profitiert, da besonders begabte Schüler zu einem Schulwechsel motiviert worden sein dürften, um dieser Tendenz entgegenzusteuern.

[41] S. hierzu Kreuzinger 1862, S. 225; vgl. auch Ullrich 1907; Wisnar 1909; Weiling 1993a.

[42] Nach Iltis 1924 war Thomas Zenker Mendels Klassenlehrer in den vier Grammatikalklassen in Troppau/Opava. Hier handelt es sich aber wohl um eine falsche Lesart. Entsprechend Mendels Abschlusszeugnis vom 7. August 1840 (Faksimile in Sekerák & Pončíková 2022, S. 20) war Thomas Zauhar Mendels Klassenlehrer in den vier Grammatikalklassen. Vgl. auch die Lesart in Klein & Klein 2013 und Matalová & Matalová 2022, S. 28. **Thomas Zauhar (gest. 1854)** arbeitete ab 1842 im Olmützer Gymnasium und veröffentlichte 1846 ein *„Handbuch der praktischen Arithmetik"*. Mendels Religionslehrer in Troppau war Prof. **Ludovicus Tidl (1806–1869)**, ein 1829 ord. Pfarrer und später Olmützer Fürsterzbischöflicher Titular-Consistorialrath, Domvikar der Olmützer Metropolitan Kirche und Ehrendomherr des Brünner königl. Domkapitels. Von 1839 bis 1840 arbeitete er als Supplent.

[43] Ebd.

[44] **Martin Beck (?–1849)** war Lehrer. Im Juni 1827 war er im Gymnasium in Iglau/Jihlava erstmals zum weltlichen Supplenten für die Humanitätsklasse bestellt worden. Bereits 1828 musste er diese für eine Supplentenstelle in Vinkovce aufgeben. Aus *„Gesundheitsrücksichten"* wechselte er dann 1830 nach Troppau/Opava ans Gymnasium, wo er bis 1849 tätig war. Er war unter anderem für *„seine vielseitigen und gründlichen Kenntnisse, insbesondere auf dem Gebiete der klassischen Literatur und der Mathematik"*, sowie seine etwas biedere Art bekannt (zit. nach KTvM, S. VI; EPdkkkSOV 1854; PdkkOGzT 1871, S. 26).

[45] Siehe hierzu Kreuzinger 1862, S. 225.

[46] Ebd.

[47] Ebd.; Weiling 1993a, S. 38.

[48] Siehe hierzu Kreuzinger 1862, S. 225.

den Zeitraum vom 7. September bis zum 1. November, wobei das Schuljahr immer mit einem feierlichen Gottesdienst begonnen bzw. beschlossen wurde.

Angegliedert und mit dem Gymnasium verbunden war eine exzellente Bibliothek und das 1814 gegründete Naturhistorische Museum (heute Schlesisches Landesmuseum), welches sich speziell an die studierende Jugend richtete.[49] Mendel kam dort wohl auch zum ersten Mal in direkten Kontakt mit den Augustinern. Ferdinand Schaumann[50], Präfekt und Religionslehrer der Anstalt, war zugleich Ordenspriester und Mitglied des Augustinerkonvents in Altbrünn.[51] Bei Faustin Ens[52], dem Kustos des Museums, mag Mendel erste naturkundliche Kenntnisse erlangt haben.[53]

Mendels Schullaufbahn verlief zunächst sehr erfolgreich. Er hatte gute Schulnoten und in seiner Klasse gehörte er praktisch immer zu den Besten des Jahrgangs.[54] Im Quartier bezog Mendel als Studiosus „halbe Kost".[55] Von seinen Eltern wurde Mendel in dieser Zeit durch regelmäßige Lebensmittelpakete in Form von Brot und Butter unterstützt.[56]

Im Jahr 1838 kam es jedoch zu Schwierigkeiten. In seiner Autobiographie schrieb Mendel, dass auf Grund von Unfällen seiner Eltern diese bald das notwendige Schulgeld nicht mehr aufbringen konnten.[57] Insbesondere ein Unfall bei Waldarbeiten, bei dem Mendels Vater ein Baumstamm über die Brust gerollt war, hat diesem schwer zu schaffen gemacht.[58] Um die finanziellen Schwierigkeiten zu mildern, begann Mendel damit,

---

[49] Siehe hierzu Ens 1835.

[50] **Ferdinand Schaumann (1791–1846)** war Augustiner und zunächst als Humanitätslehrer und zweiter Vorsteher des Celesta'schen Konviktes in Teschen/Těšín tätig. Im Jahr 1828 übernahm er als neu ernannter Präfekt die Leitung des Gymnasiums in Troppau. Dort war er bis zu seinem Lebensende als Priester des Augustinerordens und Gymnasial-Präfekt tätig.

[51] Iltis 1924, S. 12; Weiling 1993a, S. 38; s. a. Weiling 1984d.

[52] **Faustin Ens [Johann Baptist Faustinus] (1782–1858)** war ein aus dem Breisgau stammender deutscher Gymnasiallehrer. Nach Studium der Rechtswissenschaften und der Philosophie in Freiburg begann er 1807 eine Karriere als Lehrer. Anfangs arbeitet er als Privatlehrer einer Adelsfamilie in Troppau/Opava. Ab 1813 wirkte er dann als Lehrer am dortigen deutschen Gymnasium, wo er bis zu seiner Pensionierung (1844), zeitweilig auch Naturgeschichte, unterrichtete. Im Jahr 1814 gründete er das k. k. schlesische Landesmuseum mit. Im Jahr 1821 wird er dort auch Kustos der großen naturwissenschaftlichen Sammlung des Museums und ab 1827 führte er auch regelmäßige meteorologische Messungen für das meteorologische Institut in Wien und in Troppau/Opava durch. Seinen Lebensabend verbachte er ins Konstanz und Bregenz. Biogr. Ang. n. Otokar Kirsch, https://biography.hiu.cas.cz/Personal/index.php/ENS_Faustin_15.2.1782-5.3.1858

[53] Weiling 1993a.

[54] Ullrich 1907; Wisnar 1909; Iltis 1924, S. 12; Richter 1943, S. 82. Siehe auch Weiling 1993a.

[55] Wisnar 1909, S. 24.

[56] Ebd. und Weiling 1993a.

[57] Siehe hierzu Iltis 1954 und auch Matalová 1981.

[58] Wisnar 1909.

Nachhilfeunterricht zu erteilen.[59] Die hierzu notwendige Genehmigung erwarb er in einem Privatlehrerkurs.[60] Daneben hat sich Mendel im Februar 1838 vom Groß-Petersdorfer Pfarrer Schreiber bzw. dem Arzt Joseph Lang eine Bescheinigung der erfolgten Kuhpockenimpfung ausstellen lassen. Sie besagte, dass er am 11. Juli 1823, also schon als Kleinkind, mit dem Kuhpockenimpfstoff geimpft worden ist und die *„echten Kuhpocken ordentlich überstanden"* hatte.[61] Der Hintergrund dieses Zeugnisses ist bis heute nicht ganz klar. Möglicherweise stand dies damit im Zusammenhang, dass ohne ein solches Zertifikat kein Stipendium erlangt werden konnte bzw. man auch nicht in ein öffentliches unentgeltliches Erziehungsinstitut aufgenommen werden konnte.[62]

Im folgenden Jahr erkrankte Mendel jedoch ernsthaft, eventuell auch durch die damaligen Entbehrungen.[63] Um sich zu erholen und zu genesen, verbrachte er daher die Zeit von Pfingsten bis September 1839 im Haus seiner Eltern in Heinzendorf.[64] Danach konnte er die Schulausbildung am Gymnasium 1840 erfolgreich zu Ende bringen.[65]

4.3 Studium in Olmütz (1841–1843)

Trotz der finanziellen Schwierigkeiten studierte Mendel ab 1840 im Philosophischen Institut in Olmütz/Olomouc, um eine geistliche Laufbahn einschlagen zu können.[66] Der zweijährige Philosophiekurs, den er dort absolvierte, beinhaltete neben Philosophie, Unterricht in lateinischer und griechischer Philologie, Mathematik, Physik und Religion. Fakultativ wurden zudem die Fächer Natur- und Weltgeschichte gelehrt.[67] Finanzielle Sorgen plagten Mendel in dieser Zeit jedoch erheblich. Neu in Olmütz eingetroffen,

---

[59] Weiling 1993a.

[60] Ebd.

[61] Ebd.

[62] **Kuhpocken-Impfung:** Derartige Gesetze hinsichtlich einer effektiven Impfpflicht gab es im Habsburger Kaiserreich bereits seit 1808. In Mähren dürfte dieser Regelung spätestens mit Zirkular-Erlass vom 22. März 1817 an gegolten haben. Siehe hierzu das *„Handbuch der provinziellen Gesetzkunde von Mähren und Schlesien"* von 1848, S. 495: *„Der Gesundheits-Polizei gehören auch die Maßregeln an gegen das Umsichgreifen von ansteckenden Krankheiten. […] Hierher gehört die Kuhpocken-Impfung als Maßregel gegen die Blatterseuche. […] Ungeblatterte, die nicht ein Zertifikat über die Kuhpocken-Impfung beibringen, sind eben so von Erlangung eines Stipendiums wie von der Aufnahme in ein öffentliches unentgeltliches Erziehungs-Institut ausgeschlossen. (Zirkular 22. März 1817. Auch dürfen Individuen, die ihre Kinder nicht vacciniren lassen, aus Armeninstituten nicht betheiliget werden. (Zirkular vom 19. März 1819)."*

[63] Iltis 1924; Weiling 1993a.

[64] Ebd.

[65] Wisnar 1909, S. 23–24.

[66] Weiling 1993a; siehe auch Orel 1996, S. 41–44.

[67] Ebd.

konnte er keine Arbeit als Nachhilfelehrer finden, um sich so den Lebensunterhalt zu verdienen.[68] Am Ende des ersten Semesters bestand er trotz dieser Schwierigkeiten die Abschlussprüfungen in Mathematik und lateinischer Philologie.[69] Danach erkrankte Mendel jedoch erneut, wodurch er das Studienjahr ebenso wie das ihm bis dahin gewährte Freistudium verlor.[70] Das Frühjahr und den Sommer 1841 verbrachte er daraufhin in seinem Elternhaus, um sich dort zu erholen.[71] Der Hof von Mendels Vater wurde, bald nach der Hochzeit von Mendels Schwester Veronika mit Alois Sturm, im August 1841 auf dessen Schwiegersohn übertragen.[72] Mit dem Kauf verbunden war auch die Auflage, Gregor Mendel finanziell mit jährlich 10 Gulden in Konventionsmünze unterstützen zu müssen, solange dieser studierte.[73] Zudem sollte Mendel mit 100 Gulden ausgezahlt werden, sobald er sich selbstständig versorgen konnte. Zu seiner Absicherung wurde Folgendes festgelegt: Sollte Mendel am Studium scheitern oder durch einen Unfall daran gehindert werden, den Priesterstand zu erlangen, konnte er das „*Ausgedingezimmer*" im Elternhaus sowie einige Metzen Ackerland einfordern.[74] In der Folge konnte Mendel aber nur durch die Hilfe seiner jüngeren Schwester Theresia, die ihm einen Teil ihrer Erbschaft bzw. Mitgift zur Verfügung stellte, weiter studieren.[75] Mendel hat sich dafür später sehr dankbar gezeigt und die Kosten des Studiums für Theresias drei Söhne Alois, Ferdinand und Johann übernommen.[76]

Im Jahr 1842 nahm er, als nun zahlender Student, das Philosophiestudium wieder auf, welches er dann auch erfolgreich zu Ende führen konnte.[77] In seinem Abschlusszeugnis erhielt Mendel nur die besten Noten (e = eminent). In der theoretischen und praktischen Philosophie war er weniger erfolgreich und bekam ein immer noch sehr gutes „*prima classis*".[78] Inhaltlicher Kern von Mendels Studium in jener Zeit waren die Fächer Physik und Mathematik.[79] Der Physik waren im ersten Semester sieben Wochenstunden des Studiums gewidmet.[80] Geleitet wurde der Unterricht damals durch den Prämonst-

---

[68] Ebd.
[69] Ebd.
[70] Ebd.
[71] Ebd.
[72] Wisnar 1909, S. 24.
[73] Iltis 1924, S. 16.
[74] Ebd.
[75] Weiling 1993a.
[76] Wisnar 1909, S. 24.
[77] Weiling 1993a.
[78] Ebd.
[79] Ebd.
[80] Ebd.

4 Gregor Mendel – eine kurze Biographie

ratenser und Professor Friedrich Franz.[81,82] Dieser bescheinigte Mendel nach Abschluss nicht nur einen *„soliden Charakter"*, sondern auch, dass er ihn in der Physik *„fast den ausgezeichnetsten"* bezeichnen könne.[83] Im zweiten Semester wurde Mathematik mit 8 Wochenstunden unterrichtet. Mendels Lehrer in diesem Fach war Professor Johann Fux.[84] Zu Fux´ Arbeiten gehörte auch ein von ihm verfasstes Lehrbuch mit dem Titel *„Vorlesungen über reine Mathematik"*.[85] Dieses in drei Abteilungen gegliederte Werk beschäftige sich inhaltlich mit der Arithmetik und niederen Algebra, der Planimetrie und Trigonometrie sowie der Stereometrie. Wenn man sich nach den mathematischen Kenntnissen Mendels als Hintergrund für den von ihm später verfassten Artikel zu Versuchen zu Pflanzenhybriden fragt, so muss man Fux Lehrbuch durchaus einen hohen Stellenwert einräumen, denn es gehörte in dieser Zeit sicher zu den besten derartigen Werken.[86]

---

[81] **Friedrich Franz (1796–1860)** war ein Professor für Physik und angewandte Mathematik. Im Jahr 1831 wurde er in Prag zum Doktor der Philosophie und Freien Künste promoviert. Im Jahr 1842 wurde er als Professor nach Olmütz berufen. Bereits zuvor war er 19 Jahre lang am Philosophikum in Brünn tätig gewesen. In dieser Zeit wohnte Franz im dortigen Augustinerkonvent. Im Jahr 1844 wurde Franz dann Dekan der Philosophischen Fakultät. Bekannt ist Franz heute vor allem als Pionier der frühen Photographie. Bereits 1839 beschäftigte er sich mit dem Verfahren der Daguerreotypie, welches Franz als Erster in Mähren einführte. In diesem Kontext wird Franz allgemein eine berühmte Photographie mit dem Namen *„Corpus Christie"* zugeschrieben, die im Juni 1841 in Brünn entstanden sein soll. Biogr. Ang. n. Weiling 1983; Iltis 1924.

[82] Weiling 1993a.

[83] Iltis 1924; Weiling 1993a.

[84] **Johann Fux (1786–1848)** war Doktor der Philosophie und Freien Künste. Er war korrespondierendes Mitglied der Ackerbaugesellschaft und am Philosophischen Institut zeitweilig Dekan und Prämonstratenser. Fux war in späteren Jahren der Abt in Neureisch/Nová Říše (Weiling 1993a; s.a. Ders. 1984e).

[85] Johann Fux: *„Vorlesungen über reine Mathematik"*. Olmütz, 1839. Das Werk ist wohl in der Zeit zwischen 1826 und 1859 in verschiedenen Ausstattungen und Zusammenstellungen, aber auch als Einzeldruck der jeweiligen Abteilungen immer wieder nachgedruckt worden.

[86] **Binomium und Potenzgesetze:** Einen Abschnitt, den man beispielhaft hervorheben kann, beschäftigte sich mit den Potenzgesetzen und „binomischen" Regeln, wodurch sich durchaus ein indirekter Bezug zu Mendels später genutzten mathematischen Auswertungen bei Entwicklungsreihen ergibt: *„Wenn ein Binomium, d. i. eine zweiteilige Größe, z. B. a+b nach und nach in die 2te, 3te, 4te, 5te u. s. w. Potenz erhoben wird, so ist: $(a+b)^2 = a^2 + 2ab + b^2$; $(a+b)^3 = a^3 + 3a^2b + 3ab^2 + b^3$; [...]. Vergleicht man alle diese Potenzen aufmerksam miteinander, so wird man bald ein allgemeines Gesetz bemerken, nach welchem dieselben ohne unmittelbare Multiplication gebildet werden können.* [...] (siehe im Detail Fux 1839, S. 44–51). Vgl. abweichend zu dieser Darstellung von F. Weiling (1971b), der noch davon ausging, dass derartige mathematische Grundlagen und Terminologien, wie *„Entwicklungsreihen"* bzw. *„Kombinationsreihen"* Mendel zu diesem Zeitpunkt noch nicht bekannt gewesen sein konnten. Mit der hier explizit ausgewiesenen Textpassage in der Ausgabe aus Mendels Studienzeit darf dies wohl als zumindest teilweise widerlegt gelten. Siehe hierzu aber auch die Diskussionsbeiträge Franz Weiling in *FM* 6, 1970, S. 143–144 & S. 148, sowie Weiling 1971c.

4.4 Novizenzeit und theologischen Studien (1843–1847)

Im Jahr 1843 trat Mendel als Novize in den Augustinerorden in der Abtei St. Thomas in Altbrünn/Staré Brno ein und nahm ab 1844 das Theologiestudium in Brünn auf.[87] In dieser Zeit freundete sich Mendel auch mit dem gleichaltrigen Wilhelm Rösner (1822–1888), später „Nestor der mährischen Mittelschulprofessoren" sowie seinem späteren Nachfolger als Prälat, P. Anselm Rambousek an, welche beide zusammen mit ihm im September 1843 in den Augustinerorden eingetreten waren.[88] Diese Beziehungen sind wohl auch Zeitlebens intensiv gepflegt worden.[89]

Während seiner theologischen Studien besuchte Mendel an der Philosophischen Lehranstalt in Brünn zudem zwei Semester Vorlesungen zur Landwirtschaftslehre sowie zum Obst- und Weinbau (1845–1846).[90] Dort hörte er auch die Vorträge von Franz Diebl, welcher einen besonderen Schwerpunkt auf[91] die Obstzucht gelegt und mehrere Bücher[92] zu diesem Thema verfasst hatte.[93] In seinen Arbeiten berichtete Diebl auch vom Nutzen der künstlichen Befruchtung zur Erzeugung neuer Obstbaumsorten.[94] Für Mendel bildeten die Vorlesungen Diebls eine solide Grundlage für seine eigenen späteren Studien. Dies insbesondere auch deshalb, weil Diebl ein äußerst weites Feld landwirtschaftlicher Studien besprach. So berichtete dieser bereits 1840 von ersten in Mähren ausgeführten Akklimatisationsverfahren von Peruanischem Reis. Diebl selbst hatte zudem ein großes Interesse an dem Nutzen fremdländischer Kulturpflanzen. In eigenen Arbeiten besprach er beispielsweise die Möglichkeiten des Anbaus von Topinambur als Futterpflanze oder Riesenhanf als Faserpflanze. Auf dieses lokale Wissen konnte Mendel also in den 1850er und 1860er Jahren bei seinen wenig bekannten Versuchen mit anderen Kulturpflanzen zurückgreifen (siehe Kap. 3).

---

[87] Nach Miksch (1969) hatten sich neben Mendel 13 andere Bewerber gemeldet, so dass ein Auswahlverfahren nötig war. Demnach kamen von den Kandidaten aber nur vier in eine nähere Auswahl. Ausschlaggebend für die Aufnahme war letztendlich eine Probepredigt in Gegenwart aller Patres (ebd.).

[88] Siehe hierzu den Nekrolog auf W. Rösner im *Znaimer Wochenblatt*, 7. Juli 1888, S. 5–6.

[89] Ebd.

[90] Weiling 1970a, S. 7.

[91] Mielewczik et al. 2023a.

[92] Siehe bspw. Diebl 1835; Diebl 1844.

[93] Vávra & Orel 1971.

[94] Orel 1973.

4.5 Priesterweihe, Studium und Unterricht

4.5.1 Priesterweihe & das Revolutionsjahr 1848

Die letzten Monate des Vormärz sowie das eigentlich Revolutionsjahr 1848 waren das prägende Ereignis der Zeitgeschichte dieser Generation und sie sind auch für Gregor Mendel eine in vielerlei Hinsicht prägende Zeit gewesen. An den Ereignissen der Revolution hatte Mendel, wie später noch näher erläutert, nur einen sehr kleinen Anteil. Erzählt man die Geschichte dieser Monate jedoch aus der Sicht des Brünner Augustinerstiftes und unter gemeinsamer Betrachtung der dortigen Klosterbrüder eingebettet in die wichtigsten Ereignisse der damaligen Zeitgeschichte, so ergibt sich daraus nicht nur ein interessanter Einblick zum Jahr 1848, sondern auch eine Vielzahl von Anknüpfungspunkten für die weitere Biographie Mendels. Für Gregor Mendel begann eben diese Zeit mit seiner Weihe zum Priester. Im Sommer 1847 war Mendel dafür eigentlich noch zu jung, denn eine der Mindestanforderungen war ein Mindestalter von 25 Jahren. Zudem hatte er zu diesem Zeitpunkt auch sein Theologiestudium noch nicht abgeschlossen, da ihm in seinem Curriculum das Studienfach der Pastoraltheologie fehlte. Das Kloster und seinen Prälaten Cyrill Napp plagten damals jedoch große Sorgen, da das Augustinerkloster zu dieser Zeit aus einer ganzen Reihe von Gründen unterbesetzt war. Daher setzte sich Napp dafür ein, Mendels Weihe zum Priester sowie die dazu notwendigen Schritte vorzuziehen. Mitte Juli 1847 wandte sich Napp daher schriftlich an den Bischof der Brünner Diözese, Anton Ernst Graf von Schaaffgotsch (1804-1870), um die nötige Zustimmung zu ersuchen, wobei er auf die Probleme des Stifts und die exzellenten Studienleistungen Gregor Mendels verwies. Zudem schrieb der Prälat an das Brünner Landespräsidium, welches diesem Schritt ebenfalls zustimmen musste. Nachdem der Prälat tatsächlich, innerhalb weniger Tage, die Erlaubnis erhalten hatte, ging es rasend schnell. Am 22. Juli, dem Jahrestag, an dem Mendel in späteren Jahren immer seinen Geburtstag gefeiert hat, wurde Mendel zunächst vom Bischof in einer Vorstufe zum Priesteramt zum Subdiakon ordiniert. Schon am 4. August 1848 erfolgte die Ordinierung zum Diakon und nur zwei Tage später die eigentliche feierliche in der heiligen Messe vollzogene Ordination und Einkleidung zum Priester in der Dominikanerkirche St. Michael in Brünn. Wenige Tage später konnte Gregor Mendel an gleicher Stelle seine erste eigene Messe, die sog. Primiz, lesen.[95]

Bemerkenswert ist angesichts dieser Eile, dass Mendels Klosterbruder Tomáš Bratránek schon direkt nach der feierlichen Priesterweihe Mendels im August 1847 auf eine Reise durch die deutschen Staaten aufbrach. Die Tatsache, dass Bratránek, der schon zum damaligen Zeitpunkt ein vorzüglicher Kenner der Literatur des Vormärz und des Jungen Deutschland war, wiederholt solche Reisen unternommen hat, war seinen Bio-

---

[95] 15. August 1847.

graphen bereits lange bekannt.[96] Ein direkter Verweis auf das Jahr 1847 fehlte darin jedoch bislang. Aus lokalen Zeitungen und den darin abgedruckten Fremden-Blättern lässt sich nun, zumindest partiell, die Reiseroute Bratráneks, die ihn unter anderem nach Wien (10. bis 12. August), Linz, Salzburg und Regensburg führte, rekonstruieren[97]. Am 11. September 1847 berichtete das *Bamberger-Tagblatt* schließlich, dass ein gewisser *„Dr. Butrauck, Prof. v. Brünn"* im Hotel Deutsches Haus in Bamberg eingekehrt war. Eine weitere Fremden-Anzeige im *Fränkischen Merkur* beweist, dass es sich hierbei in der Tat um Tomáš Bratránek gehandelt hat[98]. Welchem Zweck die Reise Bratráneks letztendlich gedient hat, liess sich nicht ermitteln. In Bamberg wird Bratránek aber sicher mehr zu den Ereignissen erfahren haben, die sich dort nur wenige Wochen zuvor im Juni 1847 abgespielt hatten. Damals war Lola Montez (1821–1861), die zu dieser Zeit berüchtigte und in der Bevölkerung verhasste Geliebte des Bayrischen Königs Ludwig I., in Bamberg angekommen, wo sie im lokalen Bamberger Hof einkehren wollte. Bereits am Bahnhof war sie jedoch von einer aufgebrachten Menschenmenge empfangen worden,[99] die sie einkreiste und so bedrängte, dass sich Lola Montez, die vom König in den Stand der Gräfin von Landsfeld erhoben worden war, dazu genötigt sah, der Menge mit Pistolen zu drohen.[100] Diese etwas bizarre Episode war praktisch eine der ersten bewaffneten Auseinandersetzungen im Rahmen des folgenden Revolutionsjahres und die Geschichten um Lola Montez, bei der es sich eigentlich um eine irische Tänzerin mit dem Namen Elisabeth R. Gilbert handelte, waren damals das Stadtgespräch von dem zweifelsohne auch Bratránek bei seinem Aufenthalt in Bamberg näheres erfahren haben dürfte. Wie Bratráneks Reise generell zu werten ist, dürfte sicher noch weiterer Inhalt von Diskussionen und Studien sein, wobei es sicherlich eine grundsätzliche Frage ist, welche Bedeutung man der Anwesenheit des Barons v. Wiesenhütten, dem damaligen großherzoglichen hessischen Kammerherrn, sowie das Auftauchen der Namen Blum und Knies in den Fremden-Anzeigen beimessen will. Sicher ausgehen darf man wohl davon, dass Bratránek bei seiner Rückkehr nach Brünn im Oktober 1847 bereits ausführlich von den zunehmenden Spannungen in den deutschen Staaten berichten konnte. Im Verlauf des Hungerwinters 1847/48 dürften sich diese dann noch verstärkt haben und auch die

---

[96] Loužil 1983, 1972; Klin & Loužil 1987.
[97] Siehe hierzu die Angaben im: 1.) *Fremden-Blatt* v. 10. August 1847, Nr. 41, S. 1: *„Thomas Bratranek, Professor, von Brünn"* wurde hier als Gast im Hotel „Heilige Dreifaltigkeit" geführt; 2.) *Fremden-Blatt* v. 12. August 1847 mit einer Liste der Personen, die von Wien abgereist waren: *„Herr Franz Bratranek, Dr. d. Philosophie, nach Linz.";* 3.) Besucherteil der *Salzburger Zeitung* für den 14. August abgedr. in d. Ausg. vom 17. August 1847, S. 648: *„Hr. Dr. Bratranek, Prof. der Philos., von Wien";* 4.) *Regensburger Tagblatt* v. 14. September 1847, S. 1074: *„Dr. Bratenek v. Brünn".* Für den Zeitraum von Mitte August bis Mitte Oktober ließen sich keine weiteren Angaben ermitteln.
[98] Siehe hierzu den *Fränkischer Merkur* vom 12. September 1847, S. 300:
[99] Montez 1851.
[100] Panzer 2014.

massive Zensur im Jahr 1847 trug zu einer wachsenden Unzufriedenheit bei. In Brünn und Wien verliefen die Wintermonate jedoch noch relativ ruhig. Zu dieser Zeit herrschte in der Habsburger-Monarchie noch Ferdinand I., dessen Regierungsgeschäfte im Wesentlichen durch die Geheime Staatskonferenz ausgeübt wurden, die aus seinem Bruder Erzherzog Franz Karl von Österreich (1802–1878), dem Staatskanzler Fürst Metternich (1773–1859) und Staatsminister Franz Anton Graf von Kolowrat-Liebsteinsky (1778–1861) bestand.[101] Am 2. Februar 1848 kam es zunächst zur gründenden Sitzung der österreichischen k. k. Akademie der Wissenschaften, deren Einrichtung über viele Jahre von Fürst Metternich hintertrieben worden war. Hintergründe zu dieser Sitzung geben unter anderem mehrere Briefe, die der böhmische Historiker František Palacký (1798–1876) an seine Frau Therese geschrieben hat.[102] Demnach reiste Palacký, der bereits 1847 vom Kaiser als gründendes Mitglied der Akademie ernannt worden war, Ende Januar 1848 zusammen mit Pavel Jozef Šafařík (1795–1861) als böhmische Vertreter der Akademie mit dem Zug von Prag nach Wien. Auf Grund des eisigen Wetters muss die Fahrt damals eine Tortur gewesen sein. Alleine die Fahrt von Prag zum Zwischenhalt in Olmütz dauerte mehr als 24 h und auch die Weiterfahrt nach Wien gestaltete sich kaum weniger zeitraubend und anstrengend. In Wien hoffte Palacký vermittelnd tätig zu werden und vor allem im Bereich der Wissenschaft eine Verbesserung herbeizuführen. Bereits im Vorfeld der Gründungsversammlung der Akademie traf sich Palacky daher mit in Wien ansässigen Tschechen und böhmischen Aristokraten und zuletzt führte er P. J. Šafařík beim Vizepräsidenten der Obersten Hofkanzlei, Franz von Pillersdorf (1786–1862), ein. Zuletzt erhielt Palacký sowie alle anderen Prager Mitglieder der Akademie am 30. Januar 1848 eine Audienz bei Erzherzog Johann und dem Staatsminister Kolowrat. Bereits zu diesem Zeitpunkt zeichneten sich jedoch weitere Spannungen ab. In einem Brief aus Prag teilte Karel Havlíček (1821–1856) Palacký mit, dass die Prager Polizei Missfallen an einigen Artikeln der *Pražské Noviny* geäußert hatte und Havlíček hoffte auf Vermittlung bei den entsprechenden österreichischen Stellen, damit er nicht seines Redaktionspostens bei der Zeitung enthoben würde. Insgesamt verliefen die Ereignisse um die Gründungsversammlung herum für Palacký doch eher unbefriedigend. Zwar konnte er einige Zugeständnisse erreichen, zu denen beispielsweise auch gehörte, dass man um Zusendung von in Tschechisch verfassten Beiträgen für die Akademie bat. Insgesamt war der Einfluss der böhmischen Delegation in Wien doch wohl eher gering. Die politische Situation veränderte sich dann grundlegend, nachdem Palacký nach Prag zurückgekehrt war. In den ersten Märztagen erhielt man in Prag und Wien Nachricht von den Ereignissen der Februarrevolution in Paris, durch welche die Herrschaft des Königs der Franzosen Louis-Philippe I. (1773–1850) beendet worden war. Nachdem es in Wien in den ersten Märztagen schon erste Protestkundgebungen gegeben hatte, gehörte Palacký zu den Ersten, die bereits zu diesem Zeitpunkt vermuteten, dass Mitteleuropa

---

[101] Palmer 1972.
[102] Siehe hierzu und auch im folgenden Kořalka 2007.

große Erschütterungen bevorständen. An seine Frau schrieb er (zit. n. Kořalka 2007, S. 257): *„Hier betrachtet man einennahen Krieg zwischen Sardinien und Österreich als unvermeidlich, und ich muß leiderhinzufügen, daß an der ganzen Haltung unseres Militärs keine freudigen Siegeshoffnungen zu bemerken sind. In Wien soll die Erzherzogin Sophie selbst, im Verein mit Erzherzog Johann und Kolowrat, auf Konzessionen für die Völker gedrungen haben, jedoch vergebens. Man sagt, der von der Majorität der Regierung gefaßte Beschluß, nicht ein Haarbreit nachzugeben, sey unerschütterlich – daher ein unsägliches Blutvergießen in Aussicht."* Am 13. März brach dann zuletzt auch in Wien die Revolution aus, in dessen direkter Folge Fürst Metternich zurücktreten und aus Wien fliehen musste.[103] Zwei Tage später, am 15. März 1848, verkündete Ferdinand I. via Proklamation weiterreichende Zugeständnisse. Hierzu gehörte die Zusage einer Verfassung, mit welcher der Staat in eine konstitutionelle Monarchie umgewandelt werden sollte. Ebenfalls proklamiert wurde die Aufhebung der Zensur. Am selben Tag richteten die Studenten in Prag eine Petition an den Kaiser, in welcher die Einführung von Tschechisch als zweite Unterrichtssprache an der Universität gefordert wurde. Eine Woche später kam es dann auch zu einer ersten Restrukturierung im Unterrichtswesen und die bis dahin zuständige k. k. Studienhofkommission wurde durch ein Ministerium für Cultus und Unterricht ersetzt.[104] Die Verkündung der Pressefreiheit sorgte in Brünn jedenfalls für großen Jubel und von Mendels Klosterbruder František Matouš Klácel und einigen anderen mährischen Bürgern wurde eine Dankesadresse an den Kaiser verfasst, welche in der *Moravia* (25. März 1848) abgedruckt und zwecks weiterer Unterschriften ausgelegt wurde. Die Kunde von gewaltsamen Ereignissen lösten in Brünn aber auch Bestürzung aus. In der Folge wurde am 18. März 1848 in einer Gedenkfeier an die Gefallenen des Wiener Aufstandes gedacht.[105] In einer von Brünner Studenten organisierten und von Cyrill Napp abgehaltenen Gedenkmesse führte Pavel Křížkovský unter großer öffentlicher Beteiligung Cherubinis Requiem auf.[106] Teil der Messe war auch eine kurze Predigt František Matouš Klácels, der die Einsetzung einer Verfassung begrüßte und hoffte, dass sich die Situation der Tschechischen Nation und Arbeiterklasse durch einen utopischen Sozialismus verbessern lassen würde.[107] Am Abend desselben Tages marschierte Křížkovský zusammen mit den anderen Mitgliedern des gerade gegründeten Brünner Männergesangsverein, dem 12. Bataillon der Füsiliere sowie der einberufenen Nationalgarde zum Platz an der Residenz des Mährischen Vize-Gouverneurs.[108] Unter dessen Fenstern wurden dort Revolutionslieder angestimmt. Unter anderem gehörte hierzu eine von Křížkovský vertonte Version von Ludwig August Frankls Gedicht *„Die*

---

[103] Vgl. Palmer 1972; Orel 1996.

[104] Schwippel 1878.

[105] Beresnevičiūtė-Nosálová 2018, S. 217; *Moravia* vom 21. März 1848. Vgl. Orel 1996, S. 54ff.

[106] Ebd.

[107] Ebd.

[108] Ebd.

Universität". Letzteres war von Frankl, einem Mitglied der Akademischen Legion in Wien und vormaligen Studienkollegen Klácels in Leitomischl, beim Wachstehen während des Märzaufstandes verfasst worden und hatte es als erstes zensurfreies Flugblatt der Habsburger Monarchie zu enormer Popularität gebracht.[109] Es war innerhalb weniger Tage in einer Auflage von mehreren 10.000 Stück sowohl in Wien, Prag als auch Brünn verteilt worden, während sein Verfasser Frankl in den Sonntagsblättern den Ablauf der Revolution in Wien protokollierte.[110] Wenige Tage später erschien in der *Týdeník*, der ersten tschechischen Zeitung Mährens, eine von deren Redakteur Klácel besorgte tschechische Übersetzung.[111] In Brünn wurden die Ereignisse in Wien auch von den Studenten aktiv verfolgt und sobald die erste Kunde von diesen Ereignissen Brünn erreichten, versammelten sich die Studierenden der philosophischen Lehranstalt und verlangten die Bewaffnung nach dem Vorbild der Wiener Studierenden, um auch in Brünn ein Frei-Corps aufzustellen.[112] Ihre diesbezüglichen Forderungen waren die Studierenden dabei auch gewillt, beim damals stellvertretenden Gouverneur (ein amtierender Gouverneur war nicht bestellt worden) Lažanský *„in corpore"* vorzubringen.[113] Der damalige Professor Beda Dudik (1815–1890), der in späteren Jahren den Kaiser Franz Joseph I. als Reisekaplan begleitete, konnte die Anwesenden jedoch beruhigen und dafür sorgen, dass der Landwirtschafts-Professor Diebl die entsprechenden Forderungen überbrachte.[114] Als die Antwort jedoch nicht wie gewünscht ausfiel, begann eine kleine Delegation der Studenten mit Lažanský direkt zu verhandeln, was letztendlich dazu führte, dass auch in Brünn ein Frei-Corps bewilligt wurde.[115] Als Kommandant wurde Kuttichs, als Unterkommandant der damals als Assistenten der Landwirtschaft wirkende Jan Pátek bestimmt.[116] Wenige Tage später kam es zu einer Amnestie und Entlassung der in Brünn inhaftierten polnischen Revolutionäre, deren Anführer dort seit 1845 inhaftiert waren. Letzteres war ein Schritt, der von Mendels Klosterbruder Klácel auch öffentlich befürwortet worden ist.[117] Ende März tagte dann der Mährische Landtag, der mit dem 30.

---

[109] Frankl 1848a, 1848b; Petrbok 2016, S. 105.

[110] Ebd.

[111] Petrbok 2016; *Týdeník* v. 23. März 1848.

[112] Moravia vom 25. März 1848, Nr. 37, S. 147.

[113] Ebd.; **Graf Leopold Lažanský von Bukowa (1808-1860)** war ein in Lemberg geborener Verwaltungsbeamter. Nach Studium an den Universitäten in Wien und Prag begann Lažanský als Konzeptspraktikant beim galiz. Gubernium. Ab 1835 wirkte er als Gubernialrat in Galizien, ab 1842 als Kreishptm. in Olmütz. 1844 wurde er zum Vizepräsidenten des galiz. Guberniums und 1847 zum Vizepräsidenten mähr.-schles. Guberniums. 1849 wurde er Statthalter von Mähren. Biogr. Ang. n. ÖBL 1815-1950, Bd. 5 (Lfg. 21, 1970), S. 56.

[114] Ebd.

[115] Ebd.

[116] Ebd.

[117] Orel & Verbik 1984.

März 1848 begann und auf dem auch der Prälat des Königinkloster Cyrill Napp als Redner auftrat. Der am heftigsten diskutierte Verhandlungspunkt auf den Landtagssitzungen, die bei offener Tür stattfanden, war dabei die Frage zur Emanzipation des Bauernstandes und dessen Zulassung zu den Landtagen. Gerade die Haltung Napps wurde dabei als feindselig gegenüber der Stellung des Bürgerstandes angesehen, was zu lautstarken Protesten führte, die sich am folgenden Tage entluden. Die *Moravia* vom 4. April 1848 berichtete hierzu (S. 164): *„Es wurden Drohungen laut, die sich am 31. März Abends, wie man sagt veranlaßt durch bezahlte Ruhestörer, in einem Excesse endigten, in Folge dessen eine zahlreich versammelte, schreiende Menge die erreichbaren Fenster des Augustiner Stiftes einwarf. Weitere Excesse wurden durch das thätige Einschreiten der Nationalgarde verhindert. Es wäre sehr traurig um die Freiheit des Wortes bestellt, wenn statt Eines Censors, nun eine blinde, durch Böswillige, oder wenn auch dieß nicht, durch Unvernünftige verleitete Menge solche Nachcensur führen sollte. Die königl. Städte-Deputirten fanden sich veranlasst, dieses Verfahren öffentlich zu mißbilligen [...]."* Freilich konnte auch letzteres nicht verhindern, dass es am 1. April 1848 in Brünn zu weiteren Unruhen kam (ebd.): *„Es durchkreuzten sich nämlich Gerüchte der drohendsten Art in der Stadt, deren Bezweiflung der gestern stattgehabte Tumult am Königskloster hinderte. Sämmtliche National-Garden wurden auf bestimmte Allarmplätze* [sic] *gewiesen, und schon um 7 Uhr besetzte eine starke Colonne das Landhaus, während die erste Compagnie des Studenten-Freicorps sich an der Brandstätte, knapp vor dem Kreisamte aufstellte. Bis 8 Uhr schien Alles ruhig zu sein, obwohl schon damals die zweite Compagnie des Studenten-Freicorps nach Altbrünn beordert war, denn es hieß, die Arbeiter wollen an die Fabrik der Herrn Gebr. Popper. Und wirklich war die Ugarte-Straße voll von Menschen, die damit beschäftigt waren, alle Fenster im und um das Fabrikshaus zu zertrümmern. Durch Aufmarschiren in der ganzen Fronte und Schwenkungen nach dem Punkte, wo sich die Menge concentrirte, gelang es, das Eindringen in das Innere des Hauses zu verhindern. Die Massen, leider durch eine große Menge Neugieriger verstärkt, waren so groß, daß sie nur dem gefällten Bajonnett wichen. Endlich kamen gegen 9 Uhr National- Garden von allen Punkten im Sturmschritte herangerückt und sperrten alle Gassen. Der k. k. Gubernial-Vice-Präsident, der Oberkommandant der Nationalgarde, der commandirende General erschienen am Platze, und als über Aufforderung des Grafen Lazansky sich zu zerstreuen, nur Hohngelächter und einzelne Steinwürfe erfolgten, wurde Befehl gegeben, daß die Husaren die in der linksführenden Straße aufgehäufte Menge auseinander sprengen sollten. Da sich aber der Pöbel widersetzte, so mußten sie mit der flachen Klinge einhauen. In der Ugarte-Straße, wo sich Herr Graf Lazansky und der commandirende General befanden, stieg inzwischen der Lärmen* [sic] *und von Neuem flogen Steine in die Fenster der Fabrik. Da erhielt die erste Studenten-Compagnie Befehl, im Sturmschritte vorzurücken, und drängte glücklich durch eine Abtheilung des umiformirten Bürgercorps verstärkt, die Menge bis gegen das Altbrünner Rathhaus, wo sogleich die Straße gesperrt wurde. Es wurden viele, die sich widersetzten, eingefangen, mehre Verwundungen fielen vor. Gegen 2 Uhr ward die Nationalgarde von dem aus der Stadt heranrückenden Militär abgelöst, die Menge verlief sich aber."* Zwar beruhigte sich die Lage in den folgenden Tagen, aber der Prälat des Augustinerklosters Napp, der bis dahin ehrenamtlich als Gymnasial-Studiendirektor in Mähren und Schlesien fungiert hatte, zu dessen Aufgabe die Inspektion der Gymnasien gehörte, legte in der Folge sein Amt nieder, was schließlich durch ministerielle Erlasse vom 6. April und 12. April bestätigt wurde.[118] Im Brünner Gymnasium sollte nun stattdessen der Lehrkörper selbst die Verwaltung der Anstalt übernehmen.[119] Gleichzeitig übernahm Napp jedoch einen von sieben Sitzen in einem Dringlichkeitskomitee, das bis zur Konstituierung des Vierten Standes anfallende Gegenstände von Fall zu Fall entscheiden sollte.[120] Währenddessen hatten in Frankfurt/Main Ende März und Anfang April 1848 das dortige Vorparlament und der Bundestag des Deutschen Bundes ein Bundeswahlgesetz verabschiedet, mit dem das Deutsche Volk, organisiert von den Einzelstaaten, eine Nationalversammlung wählen sollte. Die Beschlüsse der Nationalversammlung waren dann die Grundlage für ein neues Konfliktfeld, bei dem es im Kern darum ging, wie nichtdeutsche Nationalitäten beim Beitritt gewahrt und sichergestellt werden konnten. In Prag war man dabei schnell zu der Ansicht gelangt, dass ein Beitritt zum Deutschen Bund die tschechischen Nationalbestrebungen gefährden würde. In der direkten Folge wurde daher Anfang April in Prag die Ausschreibung für den Slawischen Kongress ausgerufen, der beginnend am 1. Mai in der böhmischen Hauptstadt tagen sollte. Zugleich wurde Mendels Klosterbruder František Matouš Klácel zum Delegierten berufen. In diesem Kontext plante eine Delegation Tschechen aus Prag, mit dem Zug nach Brünn zu fahren und Werbung für die eigene Sache zu machen, während sich in Brünn das Gerücht verbreitete, dass die Delegation anstrebte, für die Einvernahme Mährens zu Böhmen zu werben und dass die Kapitularen des Augustinerstiftes an dem geplanten festlichen Empfang der Delegation während der Planung Teil genommen hatte.[121] Letzteres war wohl insbesondere auf die damalige Aktivität Klácels in Prag zurückzuführen. Jedenfalls sah sich das Augustinerstift in Brünn nach den vorherigen Ereignissen dazu gezwungen, eine öffentliche Stellungnahme abzudrucken, in welcher sie sich klar von derartigen Aktivitäten distanzierte.[122] Auch in Wien wurde diese nationale Frage im Wahlkomitee für die Nationalversammlung diskutiert, dass dort am 17. April 1848 tagte. Zur tschechischen Frage meldeten sich dort sowohl Mendels Klosterbruder Tomáš Bratránek als auch der aus Mähren stammende und später berühmt gewordene Hans Kudlich (1823–1917) zu Wort, wobei sie den Standpunkt vertraten, dass *„wohl eine starke Partei, nämlich die Städte und die Stände bereits für den Anschluss seyen, das Volk aber sich gar noch nicht aussprechen konnte [...]"* (*Wiener Abendzeitung* v. 19. April 1848). Aus Prag trat damals Prof. Wessely hervor und bestätigte, dass es diesbezüglich wohl tatsächlich in Prag einen

---

[118] Schwippel 1878; Peter 1888.
[119] Schwippel 1878.
[120] *Moravia* v. 6. u. 8. April 1848.
[121] *Moravia* vom 13. April 1848.
[122] Ebd.

Konflikt gäbe, welchen er jedoch herunterspielte, da dieser möglichweise nur auf einem Missverständnisse beruhen würde. Der Punkt wurde jedoch nicht abschließend geklärt, denn stattdessen begann eine davon ablenkende Diskussion um die Frage, ob denn nun „*Bundesstaaten*" oder ein „*Staatenbund*" angestrebt werden sollte. Diesbezüglich endete die Sitzung des Wahlkomitees damit, dass man zur Abstimmung schritt und sich mit großer Mehrheit für den Staatenbund aussprach. In Österreich und Wien war man letztendlich dann aber gewillt, hier einen Sonderweg zu gehen und Tatsachen zu schaffen, welche schließlich darin bestanden, dass der Kaiser am 25. April 1848 die sog. Pillerdorfsche Verfassung in Kraft setzte, welche zwar erstmals eine konstitutionelle Monarchie implementierte, jedoch aus anderen Gründen auf massiven Widerstand stieß, welche letztendlich in weitere Politisierungen und Radikalisierungen endete. Etwa um diese Zeit schrieb Klácel aus Prag an Anselm Rambousek im Brünner Kloster, dass er den kleinen Garten im Kloster „*ihrem Bruder Gregor*" anvertraute.[123] Noch bestand Hoffnung, dass sich auch die Tschechen davon überzeugen lassen würden, an der Wahl an der Nationalversammlung teilzunehmen. Zu eben diesem Zweck reiste Tomáš Bratránek zu Beginn des Mai 1848 nach Prag, um dort Klácel für seine Sachen zu gewinnen.[124] Während dessen kam es in Wien aus Protesten gegen die Pillerdorfsche Verfassung zu erneuten Unruhen. Um diesem zu begegnen, wurde eine vorläufige Wahlordnung für das erste kaiserliche Parlament erlassen, welches als ein Kammersystem tagen sollte.[125] Nach den Ereignissen im Mai 1848 in Wien und der Flucht des Kaisers nach Tirol bekundete der in Prag tagende Nationalausschuss in einer von Palacký moderierten Adresse an den Kaiser seine Entrüstung über das Geschehene und die generelle Unterstützung für den Monarchen und das Herrscherhaus. Nach Berichten in verschiedenen Zeitungen dieser Zeit waren es Fürst Rohan,[126] ein Herr Ruppert und M. Klácel, welche vom Nationalausschuss dazu auserkoren wurden, eben diese Adresse zu überbringen.[127] Auch von der Prager Studentenschaft wurde in ihrer Vollversammlung, ebenso wie von der Nationalgarde beschlossen, dem Kaiser Deputierte nachzusenden.[128] Praktisch gleichzeitig erfolgte die Wahl zum Deutschen Nationalparlament in Frankfurt am 20. Mai 1848, bei der zahlreiche Wahlbezirke mit tschechischer Bevölkerung die Wahl bewusst boykottierten. In Brünn standen aber wohl einige Kreise der Nationalversammlung deutlich aufgeschlossener gegenüber. Jan Ohéral (1810–1868), der mit Klácel damals gemeinsam als Redakteur die *Týdeník* herausgab, soll sich beispielsweise als Wahlmann aufgestellt und

---

[123] Dvořáková 1976; Peaslee & Orel 2007.

[124] Loužil 1972.

[125] Orel & Verbik 1984.

[126] **Kamil Josef Idesbald Filip Rohan (1800–1892)** war ein adliger Philanthrop und Mäzen und Förderer des Gartenbaus in Prag. Er selbst lebte auf Schloss Sychrov/Sichrow sowie dem Palais Rohan auf der Prager Kleinseite.

[127] Siehe d. *Pressburger Ztg.* vom 24. Mai 1848.

[128] Ebd.

auch die Deputierten mitgewählt haben.[129] Bratráneks Versuch Klácel in Prag für seine Sache gewinnen zu können scheint letztendlich fehlgeschlagen zu sein. Der unter Vorsitz von Palacký tagende Slawenkongress im Juni 1848 konnte jedenfalls keine Lösung hinsichtlich der boykottierten Wahl zur Nationalversammlung finden. Stattdessen wurden sowohl Bratránek als auch Klácel Zeugen des blutig niedergeschlagenen Prager Pfingstaufstandes. Zu den bemerkenswertesten Auftritten der Klosterbrüder im Revolutionsjahr 1848 dürfte der von Tomáš Bratránek vor dem Wiener revolutionären Sicherheitsausschuss im Juni 1848 zählen, wo er als Augenzeuge von dem brutalen Vorgehen des Alfred C. F. Windisch-Graetz (1787–1862) gegen die Bevölkerung während des Prager Pflingstaufstandes Zeugnis ablegte.[130] Auch von Klácel ist ähnliche Kritik überliefert. Am 22. Juli 1848 konstituierte sich dann der österreichische Reichstag mit seinen 383 Mitgliedern.[131] Zu Beginn des Monats August 1848 muss Klácel nach Brünn zurückgekehrt sein. Hiervon zeugt eine in den 1950er Jahren wiederaufgefundene Petition an den Reichstag von sechs der Brünner Klosterbrüder, zu denen neben Klácel auch Gregor Mendel sowie Benedikt Fogler, Joseph Lindenthal, Philipp Gabriel und Chrystomus Cygánek gehörten.[132] In dieser von Klácel verfassten und von Mendel in Schönschrift ausgefertigten Petition forderten die Mönche die Bürgerrechte sowie die Möglichkeit als Lehrer im Kaiserstaat tätig zu sein.[133] Das bemerkenswerte Dokument lässt an Deutlichkeit nicht zu wünschen übrig und es vermittelt einen Eindruck der politischen Ansichten, welche zumindest diese sechs Konventualen teilten. Schon in der Einleitung wiesen sie darauf hin, dass *„eine ganze, nicht unbedeutende Klasse von Menschen in den österreichischen Staaten von den Errungenschaften des März und Mai ganz ausgeschloßen, in den Freihheitsjubel der Völker nur wehmüthig einstimmen kann"* (zit. n. Orel & Verbik 1984). Noch deutlicher werden trugen sie dann vor, dass nach *„dem österreichischen bürgerlichen Gesetzbuche steht hinter dem Verbrecher, dessen Bürgerrecht bloss suspendirt ist, der Ordensgeistliche als bürgerlich rechtsloses Wesen; ihm ist das österreichische Staatsbürgerrecht entzogen (...)"* (ebd.). Ihre finale Forderung fomulierten die sechs Mönche in der *„Bitte um Zuerkennung des constitutionellen Staatsbürgerrechtes (...) mit dem Gesuche, daß es ihnen gestattet sein möge, ihre gesamte geistige Kraft nach dem Maße ihrer Befähigung und dem bis jetzt erworbenen Verdienste, ganz dem öffentlichen Lehramte, ganz dem freien, einigen und ungetheilten Bürgerthume zu widmen. Die Förderung der Wissenschaft und Humanitaet, entsprechend dem Geiste des constitutionellen Fortschrittes, setzen sie sich mit ehrenfester Gesinnung zu ihrer Lebensaufgabe"* (ebd.). Aus einer Aktennotiz geht hervor, dass diese Petition auch von einer Kommission des Reichstages zur Erarbeitung einer neuen Verfassung vorgelegt werden sollte. Nach

---

[129] Siehe d. *Pressburger Ztg.* vom 24. Mai 1848.
[130] Loužil 1972; Klin & Loužil 1987, S. 15. Siehe auch die *Deutsche Zeitung* v. 30. Juni 1848.
[131] Orel & Verbik 1984.
[132] Orel & Verbik 1984; Weiling 1998/1999.
[133] Weiling 1998/1999.

erneuten Unruhen im August 1848 in Wien fällte der Reichstag dort am 7. September seine historisch wichtigste Entscheidung, als er die Aufhebung des Feudalwesens und der Robot beschloss, wodurch die bis dahin unfreien Bauern Landbesitzer mit vollen Bürgerrechten wurden.[134] Am 26. September 1848 wurde dann in Prag auf der Plenarversammlung der Studenten beschlossen, dass vom Ministerium Berufungen slawischer Professoren gefordert werden sollte.[135] Hierbei wurde explizit der Vorschlag gemacht, neben J. E. Purkyně und F. L. Čelakovský auch Mendels Klosterbruder F. M. Klácel zum Professor nach Prag zu berufen. Am 6. Oktober kam es dann zu den bekannten Oktoberaufständen in Wien, bei denen Arbeiter, Studenten und aufständische Truppen den Abmarsch kaiserlicher Einheiten gegen das revoltierende Ungarn verhindern wollten und bei denen eine aufgebrachte Volkmenge schließlich den Kriegsminister Graf Baillet von Latour (1780–1848) lynchte. Am 7. Oktober tagte die Volksversammlung in Brünn nachdem mit dem Zug die ersten Gerüchte über die blutigen Geschehnisse in Wien Brünn erreicht hatten. Auf der Versammlung sprachen der Vize-Gouverneur Graf Lažanský, der Brünner Akademiker Klement und aus Brünn stammende Carl Theimer, der zu dieser Zeit Mitglied der akademischen Legion in Wien war. Auf Grund der unsicheren Lage beschloss man, eine 18 Mann starke Deputation der Nationalgarde nach Wien an das Reichtags-Präsidium zu entsenden. Zu dieser Delegation gehörten auch nicht namentlich genannte Akademiker und zwei Mitglieder des Brünner Sicherheits-Ausschusses. Vermutlich war auch Carl Theimer Mitglied dieser Delegation. In den folgenden Tagen konnte diese Delegation berichten, dass der Kaiser abgereist, in Wien alles recht ruhig war und der Reichstag weiter tagte.[136] Weitere Neuigkeiten, festgehalten in der *Moravia* vom 10. Oktober 1848, gelangten nach Brünn, als einige Tage später der Brünner Reichstagsdeputierte und damalige Unterstaats-Sekretär C. Mayer auf Urlaub vom Reichstag zurückkehrte. Dieser wusste in einer Ansprache auf dem Platze vor der Hauptwache der Nationalgarde von dem Aufstand des Volkes in Wien zu berichten, welches *„sich von verhassten Ministern zu befreien"* versuchte sowie vom Ende des *„greisen Latour"* am Galgen an einer Laterne. Die recht einseitige Darstellung ist in Brünn allerdings nicht besonders freundlich aufgenommen worden. Liest man die *Moravia* von diesem Tag, so scheint es fast, dass der leitende Redakteur Bartholomäus Rudolf Leitner (1811–1875) zu diesem Zeitpunkt davon ausgegangen ist, dass das Land kurz vor einem offenen Bürgerkrieg gestanden hat. Tatsächlich berichtete die *Moravia* unter dem Kürzel „L." damals nicht nur davon, dass das *„Ende des greisen Latour"* ja nicht unverschuldet gewesen war, und dass der Vortrag eben *„nicht alle Parteien"* befriedigte, sondern gar, dass man in der Ansprache eben den *„wahren Hauch des Freiheitsgenius"* vermisste und es auch die Ansicht gäbe, dass man ja nur *„durch Nacht und Blut zum gold`nen Lichte gelange"* um die *„Freiheit des Volkes und seines angebeteten Kaisers"* zu erreichen. In

---

[134] Orel & Verbik 1984.
[135] *Salzburger Constitutionelle Zeitung* vom 4. Oktober 1848; *Ost-Deutsche Post* 4. Oktober 1848.
[136] *Moravia* vom 10. Oktober 1848.

der Folge, so berichtete Leitner, wurde dann in der Nacht ein *„mehr als reaktionäres, ein aufrührerisches Placat"* in beiden Landessprachen verbreitet, das nicht vollständig unterdrückt werden konnte. Die Konsequenz dieser Ereignisse war jedenfalls, dass Fürst Windisch-Graetz am 15. Oktober 1848 zum Feldmarschall und Oberkommandanten aller ausserhalb Italiens stationierten Truppen ernannt wurde. Eine Woche später war Wien belagert, der Reichstag von Wien nach Kremsier/Kroměříž verlegt. Nach einigen Tagen Verhandlungen begann Windisch-Graetz am 26. Oktober damit, Wien unter Beschuss zu nehmen. Die Gefechte um die österreichische Hauptstadt und deren wiederholter Beschuss dauerten mehrere Tage an, bis am 31. Oktober Wien und auch deren Innenstadt wieder in der Hand der kaiserlichen Truppen war. Die führenden Revolutionäre, unter Ihnen Robert Blum (1807–1848) und Alfred Julius Becher (1803–1848), wurden verhaftet und hingerichtet. Im Dezember 1848 war die Revolution praktisch am Ende. Die Macht des Habsburger Kaiserhauses war in Wien mit Waffengewalt wiederhergestellt worden und insofern hatte sich der Druck auf den Kaiser so weit erhöht, dass auch in seiner eignen Familie sein Rückzug vom Amt gefordert wurde, um die Monarchie wieder zu stabilisieren. Ferdinand trat schließlich am 2. Dezember 1848 von den Regierungsgeschäften offiziell zurück und der damals 18-jährige Franz Joseph wurde im Thronsaal der fürstbischöflichen Residenz in Olmütz zum Kaiser gekrönt, womit eine Phase des Neoabsolutismus eingeläutet wurde. Die *Týdeník* wurde im Januar 1849 eingestellt und kurze Zeit später wurde der österreichische Reichstag aufgelöst, da der Kaiser kein Interesse daran hatte, dass dieser eine antiabsolutistische Verfassung vorlegte.[137] Damit war dann auch die Petition der sechs Brünner Mönche obsolet geworden. Klácel gehörte zunächst noch zu einer Gruppe von Personen, die Lažanský für die Besetzung des Mährischen Schulrats vorgeschlagen hatte (*Constitutionelles Blatt aus Böhmen* vom 15. Dezember 1848). Schließlich übernahmen aber zwei andere Klosterbrüder diese Aufgabe. Klácel übernahm stattdessen die Redaktion der neu gegründeten ersten tschechischen Tageszeitung in Mähren, der *Moravské Noviny* [Mährische Zeitung], die in Brünn bei Karl Winiker erschien und auf Beschluss des Mährischen Landtags zunächst auf Landeskosten finanziert wurde. Auch Tomáš Bratránek war von der Stärkung der Konterrevolution nicht begeistert und so berichtete er in einem Brief an einen Freund kurz vor Weihnachten 1848 sarkastisch: *„Gott segne die Reaktion und ihre Studien, denn wenn auch nicht heute und morgen, also nicht mehr zu Gunsten meiner Erlebnisse, wird die Revolution heftiger als je aus dieser hintangehaltenen Gährung hervorbrechen. Pereant!"*[138] Mendel selbst beendete im Jahr 1848 seine theologischen Studien und war im Kloster zum Seelsorgedienst eingeteilt.[139] Vom bischöflichen Konsistorium wurde er im Juli 1848 zum Kooperator der Stiftspfarre des Altbrünner Klosters ernannt, wodurch er

---

[137] Orel & Verbik 1984.

[138] Zit. n. Klin & Loužil 1987, S. 16 mit Verweis auf den Brief von Tomáš Bratránek an Jan Hanuš vom 21. Dezember 1848.

[139] Sajner 1984.

auch für die seelsorgerische Betreuung des in der Gemeinde liegenden Krankenhauses zuständig wurde.[140] Mit den Anforderungen war Mendel jedoch nicht nur körperlich sondern auch psychisch überfordert.[141] In einem Brief aus dieser Zeit an den Brünner Bischof berichtete Napp, dass Mendel beim „*Anblicke der Kranken und Leidenden von einer unüberwindlichen Scheu*" erfasst wurde und hiervon selbst krank wurde.[142] Für den jungen Priester hatte sich jedoch bereits ein neues Tätigkeitsfeld ergeben – der Schuldienst.

4.5.2 Lehramt in Znaim

Im Jahr 1849 war das Gymnasium in Znaim/Znojmo darum bemüht, eine neue siebte Klasse einzurichten. Man stellte daher ein Gesuch an das k. k. Kultusministerium mit der Bitte um eine entsprechende Bewilligung, welche auch erteilt wurde.[143] Diese umfasste die Erlaubnis zur Einrichtung einer siebten Klasse und somit zur Umwandlung in ein höheres Gymnasium. Die Voraussetzung war, dass die Gemeinde Znaim für die Auslagen und Kosten selbst aufkommen müsste.[144] Als der Gemeindeausschuss diesen Bedingungen zugestimmt hatte, wurde eine neue Lehrkraft benötigt.[145] Deswegen stellte man beim Landespräsidium in Brünn ein Gesuch zur Zuweisung eines entsprechenden Supplenten, welcher in der 7. Klasse die „*wichtigeren Gegenstände*" unterrichten sollte.[146] Gleichzeitig sandte der Gemeindeausschuss einen Brief an Napp, welcher als Prälat des Altbrünner Klosters auch Oberdirektor für gymnasiale Studien in Mähren war.[147] In diesem bat man den Abt um Unterstützung für das Ansinnen und um Zuteilungen eines „*tauglichen Supplenten*".[148]

---

[140] Siehe hierzu die Bischof Antonius Ernestus Schaaffgotsche verfasste Ernennungsurkunde, als Faksimile abgedruckt in Mataová & Matalová 2022, S. 3–4.

[141] Ebd. Ferdinand Schindler, Mendels Neffe, berichtete in einem Brief v. 6. September 1902 an William Bateson, dass „*Mendel diesbezüglich auch oft aus Interesse Sezierungen im Krankhaus beigewohnt hat*" (TLOGJM, S. 23–24).

[142] Zit. n. Sajner 1973, S. 30.

[143] Siehe hierzu die Gymnasialkorrespondenz des Gymnasiums in Znaim in den Darstellungen nach Siegel 1909, Wisnar 1909 und Sajner 1984. Nach Siegel und Wisnar erfolgte die Bewilligung bzw. Ermächtigung der Stadtgemeinde durch Erlass Z. 5626 des Ministeriums für Cultus und Unterricht vom 29. August 1849. Nach Sajner trug der entsprechende Erlass die Nr. Z. 3626.

[144] Ebd. Vgl auch Iltis 1924 und Richter 1943.

[145] Ebd.

[146] Zit. n. Sajner 1984, S. 118.

[147] Sajner 1984, S. 118–119.

[148] Ebd.

4 Gregor Mendel – eine kurze Biographie

Diese Anfrage hat Napp offenbar positiv beantwortet und sich dazu entschlossen, Mendel als Supplenten nach Znaim zu entsenden. In dem bereits erwähnten Brief wurde Mendel daher des seelsorgerischen Dienstes enthoben und stattdessen zur Meldung als Supplent für die Stelle im Znaimer Gymnasium beim Landespräsidium benannt.[149] Im September 1849 erhielt Mendel dann den Bescheid, dass er die Stelle unverzüglich anzutreten hat und in Znaim die 5. Klasse in lateinischer, griechischer und deutscher Literatur unterrichten soll.[150] Zudem erfuhr er, dass er in der 5. und 6. Klasse Mathematik vortragen sollte. Bereits am 7. Oktober 1849 konnte er die Stelle als supplierender Professor antreten (Abb. 4.1).[151] Unterrichtet hat Mendel dort dann aber nur Arithmetik und Griechisch in den ersten vier bzw. der dritten und vierten Klasse.[152] Aus amtlichen Gutachten dieser Zeit geht hervor, dass Mendel sich durch *„einen stets gleich glühenden Eifer und Ausdauer"* auszeichnete und so positiv auf die *„reine Moralität und Religiosität seiner Schüler"* auswirkte.[153] Ferner berichtet das Gutachten, dass er *„die vorteilhaftesten Eigenschaften eines beispielvollen und gründlichen Jugendlehrers"* hatte.[154] Besonders gelobt wurden seine Lehrvorträge, welche als *„lichtvoll und vollkommen anschaulich"* beschrieben wurden.[155] Dementsprechend war man im Znaimer Gymnasium auch darum bemüht, Mendel nach Abschluss des Schuljahres zu halten. Dafür bedurfte es jedoch die Staatsprüfung für die Lehramtsbefähigung vor der Lehramtsprüfungskommission an der Wiener Universität abzulegen.[156]

---

[149] Ebd.

[150] Siehe hierzu den Brief *Lažanskýs* an Mendel vom 28. September 1849, als Transkript abgedr. in Iltis 1924, S. 30 und Sajner 1967, S. 683. Vgl. auch Iltis 1966, S. 57. Für ein Faksimile des Briefes siehe Matalová & Matalová 2022, S. 14.

[151] Sajner 1984. S. a. den Brief von Napp an Bischof Schaaffgotsche vom 4. Oktober 1849, in dem er diesen über die Einladung Mendels zum Supplenten in Znaim informierte (faksimiliert in Matalová & Matalová 2022, S. 15).

[152] Siehe hierzu Sajner 1984, S. 119 mit Verweis auf d. Stadtarchiv Znaim [Městský archiv Znojmo] Nr. Z/A 1015. Danach bestanden die vier Klassen, die damals u. a. von Mendel unterrichtet wurden, aus jeweils 25, 36, 26 und 17 Schülern. Das Wochenpensum Mendels betrug 20 Unterrichtsstunden. Vgl. die abw. Angaben zu den unterrichteten Fächern und Klassen in Iltis 1924 sowie die ebenfalls abweichende Angabe nach d. 2. Conferenz-Protokoll des k. k. Gymnasiums in Znaim v. 8. Oktober 1849 in Richter 1943, S. 75-76.

[153] Sajner 1984.

[154] Ebd.

[155] Siehe hierzu Sajner 1984, S. 121. Vgl. hierzu auch Sajner 1967 und Matalová & Matalová 2022 (S. 20) mit einem Faksimile des Gutachtens.

[156] Ebd.

Abb. 4.1 Titelseite und Auszug des Personalstandes der Brünner Diözese, mit G. J. Mendel als supplierender Professor am Gymnasium in Znaim (Znojmo) war, 1849/1850.

4 Gregor Mendel – eine kurze Biographie

Im April 1850 ersuchte die Direktion des Gymnasiums in Znaim sowie Mendel selbst, die k. k. Gymnasialprüfungskommission in Wien um Zulassung Mendels zur Gymnasiallehrerprüfung in Naturgeschichte für das ganze Gymnasium und Physik für die Unterstufe, wofür damals zunächst zwei schriftliche Hausarbeiten zu beantworten waren.[157] Die Fragen für diese Hausarbeiten hat Mendel im Mai 1850 erhalten. Nach Orel et al. (1983) waren die zu beantwortenden Fragen zur Naturgeschichte vom Paläontologen und Zoologen Rudolf Kner (1810–1869) abgefasst worden und stellten Mendel die Aufgabe, die Hauptunterschiede von solchen Gesteinen zu erläutern, die entweder von Feuer oder von Wasser geformt worden waren. Zudem sollte er die Hauptformationen der neptunischen Strata in ihrer zeitlichen Abfolge ihres erdgeschichtlichen Alters aufführen. Die Frage zur Hausarbeit in Physik stammte vom Physiker Andreas von Baumgartner (1793–1865) und stellte Mendel die Aufgabe, die physikalischen und chemischen Eigenschaften der atmosphärischen Luft zu beschreiben und hieraus abzuleiten, wie dies zur Entstehung von Winden führt. Für die Beantwortung dieser Fragen standen Mendel sechs bis acht Wochen zur Verfügung. Seine schriftlichen Antworten hat er dann im Juli desselben Jahres verfasst und in Wien eingereicht.[158] Seine Arbeit zur Naturgeschichte und Entstehung der Erde ist von Orel et al. 1983 kommentiert, neu abgedruckt und kontextuell in die damaligen Kenntnisse zur Geologie des 19. Jahrhunderts eingeordnet worden. Besonders die Einleitung aus Mendels Hausarbeit liest sich heute noch bemerkenswert, insbesondere hinsichtlich ihrer evolutionären Ansätze und des naturhistorischen Weltverständnisses. Mendel beschrieb dort (hier im Auszug wiedergegeben): „[...] *Dieser Theorie zu Folge war die Erde ursprünglich ein ungeheurer Gasball, in welchem ihre gegenwärtigen Bestandtheile in indifferenter Mengung schwebten. Die anfangs sehr hohe Temperatur der gasförmigen Maße wurde durch allmähliche Ausstrahlung der Wärme vermindert und dadurch zugleich eine Verdichtung derselben eingeleitet. Zuerst waren es die streng flüßigsten metallischen Stoffe, welche verdichtet gegen das Centrum sanken und diesen folgten die übrigen in successiver Ordnung. Kräftig trat das Spiel der chemischen Affinitäten hervor; Sauerstoff, Wasserstoff und andere meist nicht metallische Stoffe bedingten das Entstehen zahlreicher chemischer Verbindungen, welche den geschmolzenen Metallkern als glühend flüßige Kugelschale einhüllten. Die Abkühlung schritt indeßen vorwärts. Die peripherische Oberfläche mußte rascher erkalten als die tiefer liegenden Schichten, weil dort die Wärmestrahlung freier erfolgen konnte. Unmeßbare Zeiträume gingen wohl vorüber, ehe die Temperatur der Oberfläche unter den Schmelzpunct der tropfbar flüßigen Massen sank und diese zu einer festen Kruste er-*

---

[157] Orel, Czihak & Wieseneder 1983; Sajner 1983, S. 32. Gregor Mendel hat seinem Gesuch an die Universität damals 12 Beilagen beigefügt (Sajner 1984). Dieses enthielt neben Führungszeugnissen auch Mendels Autobiographie, die seit der „Wiederentdeckung" mehrmals abgedruckt worden ist (siehe Kap. 5). Zum zeitlichen Ablauf der Lehramtsprüfungen siehe Salvini-Plawen 2001.
[158] Ebd.

starrten [...]." Auch über die Periode der Entstehung und Entwicklung organischen Lebens äußerte sich Mendel in seiner Hausarbeit. Dazu schrieb er: „*Als die Erde im Verlaufe der Zeit die für die Bildung und Erhaltung des organischen Lebens erforderliche Tüchtigkeit erlangt hatte, traten zuerst Pflanzen und Thiere aus den niedrigsten Arten auf. Die Bildungsperiode des Organischen wurde nicht selten von Katastrophen unterbrochen, die dem Leben der Organismen gefährlich wurden und theilweise ihren Untergang herbeiführten. Der durch fortdauernde Abkühlung und Zusammenziehen der Oberfläche immer mehr eingepreßte flüßige Kern hob und durchbrach die Erdrinde zu wiederholten Malen. Geschmolzene Maßen stiegen aus der Tiefe empor und versetzten durch den nach aufwärts gerichteten Druck die anliegenden horizontalen Anschwemmungsschichten in eine aufgerichtete Stellung. Dadurch wurden ganze Meeresstrecken trocken gelegt und ihre Bewohner vernichtet, da die durch solche Ausbrüche gesteigerte Hitze und die ausströmenden schädlichen Gase in der Nähe der Erruptionsstellen auf die organischen Geschöpfe immer tödlich einwirken mußten. Ihre Uiberreste wurden von neu abgesetzten Schichten eingehüllt und sind heute noch redende Zeugen jener stürmischen Umwälzungen. Die zerstörende und schaffende Thätigkeit der Gewäßer dauerte fort und aus den Verwitterungsproducten der Feuergebilde wurden Schichten von neu abgesetzten Schichten von oft sehr bedeutender Mächtigkeit geschaffen Das vegetabilische und animalische Leben entfaltete sich immer reicher; seine ältesten Formen verschwanden zum Theile, um neuen vollkommeneren Platz zu machen [...]. Die vulkanischen und neptunischen Bildungen haben ihr Ende noch nicht errricht, die Schöpfungskraft der Erde ist noch immer thätig. Solange ihre Feuer brennen und ihre Atmosphäre wogt, solange hat sie ihre Schöpfungsgeschichte nicht geschloßen [...].*" Diese Ausführung wurde in einem späteren Kapitel zur Diluvialbildung von Gregor Mendel noch ergänzt. Mendel stellte dort fest: „*[...] Die Bildungen des Diluviums unterscheiden sich von den Alluvialbildungen hauptsächlich durch größere Mächtigkeit, durch ihr Entstehen in vorgeschichtlicher Zeit und durch Versteinerungen von Thierresten, die theilweise bereits ausgestorbenen Gattungen angehören. Ihre ganze Bildung weist darauf hin, daß sie aus ungeheuren Fluthen abgelagert wurden. [...] Versteinerte Thier und Pflanzenreste sind in großer Anzahl vorhanden, nicht nur von jetzt noch lebenden Arten, sondern auch von solchen die bereits ausgestorben sind. Besonders sind es die Gebeine großer Land-Säugethiere, welche diese Formation charakterisierten. Das Mammut, Megatherium, – der Höhlenbär, untergegangene Rhinozeros-, Pferde-, Ochsen- und Hirscharten gehören hierher [...].*" Schon Orel et al. (1983) haben darauf hingewiesen, dass Mendels Hausarbeit durchaus eine Verknüpfung von Schöpfungsgeschichte und der damals gängigen Theorie er Entstehung der Erdgeschichte darstellte. Mendel hat am Ende seiner naturgeschichtlichen Hausarbeit selbst auf einige Werke hingewiesen, welche von ihm als Quellen genutzt worden sind. Hierzu zählten Alexander von Humboldts (1769–1859) „*Der Kosmos*", „*Die Geschichte der Schöpfung*" von Hermann Burmeister (1807–1892), „*Die populäre Geologie*" von Karl Cäsar von Leonhard (1779–1862) und

4 Gregor Mendel – eine kurze Biographie

„*Das Mineralreich*" von Traugott Bromme (1802–1865). Mendels zweite Hausarbeit[159] beschäftigte sich mit einem Thema aus der Physik. Die Aufgabe hierzu hatte Andreas von Baumgartner am 8. Mai 1850 wie folgt gestellt (Munzar 1971): „*Es sind die mechanischen und chemischen Eigenschaften der atmosphärischen Luft nachzuweisen und das Entstehen der Winde zu erklären.*" In der historischen Betrachtung und Rekonstruktion hat letztere Arbeit weniger Interesse gefunden, als seine frühen Ausführungen zur Erdgeschichte und Evolution. Allerdings finden sich auch in dieser Hausarbeit interessante Aspekte. Nach Munzar (1971) beschrieb Mendel bspw., dass die Entstehung der Winde vor allem durch die Erwärmung einzelner Luftmassen zu erklären ist. Zudem erläuterte er eine Reihe weiterer Prinzipien, wie beispielsweise Passatwinde, Monsun, die allgemeine Zirkulation der Atmosphäre, den Einfluss der Erdrotation auf die Umdrehungsrichtung des Windes, wobei die Arbeit mit der West- und Südwestwinde in Westeuropa endete. An das Ende seines Aufsatzes setzte Mendel eine Liste der Werke, die er beim Abfassen seiner meteorologischen Hausarbeit als Quelle genutzt hatte, wobei er allerdings lediglich die einzelnen Autorennamen aufzählte. In späteren Analysen haben J. Munzar (1971) und der Wissenschaftshistoriker F. Weiling die meisten der von Mendel aufgelisteten Bücher identifizieren können. Dabei handelte es sich im Einzelnen um das „*Handbuch der Physik*" von J. Ferdinand Hessler (1803–1865), welches dieser von 1842 bis 1850 in fünf Heften veröffentlicht hatte, „*Die Naturlehre nach ihrem gegenwärtigen Zustande mit Rücksicht auf mathematische Begründung*" von Andreas von Baumgartner und Andreas von Ettingshausen (1842), „*Die populäre Physik*" von Josef Hofer (1850) sowie zwei meteorologische Lehrbücher von August Kunzek (1847 & 1850).[160] Lediglich die Autorenangabe Poillet aus Mendels Literaturverweisen konnte bislang nicht ermittelt werden.[161] Die Erklärung hierzu ist jedoch relativ einfach, da es sich um einen

---

[159] Munzar 1971. Siehe hierzu auch das Faksimile der Hausarbeit in der Physik in Matalová & Matalová 2022, S. 45–59. Dieses Faksimile war der erste vollständige Abdruck der Arbeit. Leider ist die Qualität des Faksimiles im PDF so schlecht, dass ein Lesen nicht möglich ist.

[160] **August Edler von Lichton Kunzek (1795-1865)** war ein in Königsberg geborener Physiker. Nach Studium in Olmütz/Olomouc und Wien war er von 1824 bis 1847 als Professor für Physik an der Universität in Lemberg/Lviv tätig. Seine Nachfolge der Lehrkanzel für Physik übernahm Mendels späterer Mentor Alexander Zawadzki. Ab 1848 wirkte A. Kunzek dann als Professor für Physik an der Universität in Wien. Ob Mendel in Wien Vorträge von Kunzek außerhalb des Lehrplans gehört hat, ist unklar. In seiner eigenen Ausgabe des *„Lehrbuch der Meteorologie"* (1850) hat Mendel jedenfalls zahlreiche Randbemerkungen und Markierungen angebracht, die sich bislang nicht datieren ließen (Weiling 1967). Neuere Studien lassen jedoch vermuten, dass Mendel diese zumindest teilweise während seines Studiums in Wien angefertigt hat (Mielewczik et al. 2023b).
Auf der Titelseite von Mendels Exemplar findet sich zudem ein kurzes Motto, dass dieser handschriftlich hinterlassen hat: *„Wer nicht einsam sein kann, ist auch nicht versöhnt mit sich."* Zit. n. Matalová & Matalová 2022, S. 186. Vgl. Orel 1996, S. 2 und Weiling 1967, S. 265–266. Für biogr. Ang. zu A. Kunzek s. a. BLKÖ, Bd. 13, S. 390ff.

[161] Vgl. Munzar 1971; Klein & Klein 2013, S. 375, Anm. 69; Czihak 1984, S. 60–61.

damals international bekannten Physiker und Meteorologen gehandelt hat, nämlich Claude Servais Mathias Poillet (1790–1868), dessen Lehrbücher zur Meteorologie in den 1840er Jahren von Johann Heinrich Jacob Müller (1809–1875), einem Schüler Liebigs und Realschullehrer aus Giessen, frei ins Deutsche übersetzt worden sind (Müller & Poillet 1843a & 1843b). Mendels Hausarbeit zur Physik ist vom Prüfer Andreas von Baumgartner positiv bewertet worden. In seiner Bewertung schrieb er nach Iltis (1924, S. 36): *„Das abgelieferte Elaborat verdient bei dem Umstande, daß der Kandidat nur die Lehrbefähigung für das Untergymnasium anspricht, alle Anerkennung. Es sind die Verhältnisse der atmosphärischen Luft klar und mit Anführung der sie berührenden Versuche besprochen, deren Verhältnisse auseinandergerückt und völlig richtig und vollständig zur Erklärung der Winde angewendet. Dabei herrscht im Ganzen eine sehr reine, ungeschmückte und deutliche Sprache, gute, lichtvolle Ordnung und eine sehr übersichtliche Darstellungsweise. Wenn die Resultate der ferneren Prüfungen der vorliegenden Leistung das Gleichgewicht halten, verdient der Kandidat ein sehr günstiges Zeugnis."* Wesentlich negativer fiel das Urteil des Wiener-Universitäts-Professors Rudolf Kner aus (Iltis 1924, S. 36): *„Schon aus dem weiten Umfange dieser Frage erhellt, daß vorzüglich dabei beabsichtigt wurde, eine präcise aber klare, übersichtliche Darstellung, ein Hervorheben des wahrhaft Charakteristischen zu liefern, wodurch eben der Kandidat das Maß und die Genauigkeit seines Wissens hätte ins schärfste Licht stellen können. Demselben ist aber die. Beantwortung weder in dieser Weise, noch überhaupt in hinlänglich befriedigender Art gelungen. Er faßte sich über vieles zwar oft kurz – aber nicht bündig und klar, verfehlte häufig das punctum saliens ganz, seine Charakteristiken sind nicht weniger als scharf und irrige Angaben kommen nicht selten vor. Bei Schilderung der neptunischen Formationen wird der mineralogischen Beschreibung der Gesteine zu viel Raum gegeben, während doch dem Kandidaten bekannt sein dürfte, daß hier Gesteinsverschiedenheiten von geringer und meist nur lokaler Bedeutung sind. Die Darstellung der verschiedenen Schichten ist daher auch trocken, unklar und verschwimmend und zwar um so mehr, als gerade die charakteristischen Petrefakten, die sogenannten Leitmuscheln fast nirgend oder zum Teil irrig angegeben sind. Die Sprache ist zwar meist genügend, obwohl übertriebene und unpassende Ausdrücke sie oft nicht gewählt zu nennen erlauben."* Obwohl damit die allgemeine Bewertung von Mendels Hausarbeit negativ ausgefallen war, wurde er für die eigentlichen Prüfungen in Wien zugelassen. Im August 1850 hat er dann Klausurarbeiten und die mündliche Prüfung an der Universität in Wien abgelegt.[162] Mendel bestand die Lehramtsprüfung mit ihren Klausuren jedoch nicht.[163] Iltis berichtete hierzu, dass ihm in der Physik zunächst die folgenden Fragen bei einer schriftlichen Prüfung vorgelegt worden waren: *„Durch welche Mittel kann dem Stahl dauernder Magnetismus erteilt werden und nach welchen Gesetzen ist dieser in*

---

[162] Ebd.
[163] Kříženecký 1963; Iltis 1924.

einem Stahlstabe verteilt?" Schon diese Frage beantwortete Mendel nicht zufriedenstellend, obwohl ihm der Prüfer Baumgartner offensichtlich durchaus wohlgesonnen war. Baumgartner konstatierte diesbezüglich in seinem Gutachten zur Prüfung, dass die Arbeit *„nur im ersten Teil zu einiger Zufriedenheit gelöst, in ihrem zweiten Teile aber so gut wie unbeantwortet gelassen worden war [...] Indeß ist das Vorgetragene deutlich und bestimmt, sowie gut geordnet, die Sprache korrekt und einfach, wie sie für Anfänger in der Wissenschaft notwendig ist. Dieses Elaborat liefert den Beweis, daß Candidat wohl formell gebildet, jedoch in der physikalischen Wissenschaft noch nicht über die Elemente hinausgekommen ist"* (Iltis 1924, S. 39). Noch negativer verlief für ihn die Prüfung zur Naturgeschichte, in der er unter anderem eine Klassifizierung der Säugetiere vornehmen musste. Seine Antwort auf diese Frage zeigt jedenfalls sehr deutlich, dass Mendel sich auf diese Prüfung nicht ausreichend genug vorbereitet hatte. Der Prüfer Kner bewertete diese Klausur jedenfalls als nicht befriedigend (op. cit., S. 40–41): *„Die Ordnungen wurden nach einem wenig gangbaren System aufgezählt, das zwar einfach aussieht, aber umso konfuser ist und mir überhaupt nicht empfehlenswert scheint. Die gegebenen Charakteristiken sind keineswegs gelungen, und weder das, was sie sein wollen, noch auch anschauliche Beschreibungen. Der Teil der Frage über die durch Benützbarkeit sich auszeichnenden und Handels- oder Arzneistoffe liefernden Tiere wurde geradezu schülerhaft beantwortet; über Fleisch und Haut erhebt sich der Kandidat fast nirgends, von einer Kunstsprache macht er keinen Gebrauch, indem er alle Tiere bloß mit dem deutschen Familiennamen bezeichnet, ohne irgendeiner systematischen Nomenklatur sich zu bedienen. Die ganze magere Aufzählung geschieht überdies in einem Style, der für ein Gymnasium schlecht passen möchte."* Trotz dieser durchaus harten Kritik empfahl aber auch Kner, Mendel zur folgenden mündlichen Prüfung zuzulassen, in der Hoffnung, dass diese *„vielleicht en günstigeres Resultat geben"* würde (ebd.). Zuletzt fiel aber auch die mündliche Prüfung alles andere als erfolgreich aus. Daher konnte er die Lehrtätigkeit in Znaim/Znojmo nicht weiter fortsetzen. Für Mendel bedeutete dies jedoch nicht das Ende seiner Bemühungen, Lehrer zu werden. Im Frühjahr 1851 bot sich ihm die nächste Gelegenheit, als ein Ersatz für den erkrankten Lehrer für Naturgeschichte Jan Helcelet (1812–1878) an der Brünner Technischen Lehranstalt gesucht wurde. Auf Vorschlag des Professors Friedrich Kolenatý wurde dort Mendel als möglicher Kandidat ins Gespräch gebracht, wobei Kolenatý darauf verwies, dass er mit Mendels naturforschenden Arbeiten vertraut war.[164] Der Vorschlag wurde angenommen und Mendel konnte so erneut von April bis Juni 1851 und der Genesung Helcelets nun in Brünn als Lehrer arbeiten.[165] Hinsichtlich seiner Lehrtätigkeit hat er sich damals einen guten Ruf als Lehrer erworben. In einem Empfehlungsschreiben an die Brünner an die k. k. mähr. Statthalterei schrieb

---

[164] Richter 1943.
[165] Iltis 1924, Richter 1943.

der damalige Direktor der Technischen Lehranstalt Florian Schindler:[166] *„über dessen Befähigung in wissenschaftlicher und didaktischer Beziehung der Lehrkörper sowohl als auch die gehorsamst unterzeichnete Direction beruhigt (!!) sein zu können glaubten, nachdem mehrere Professoren, besonders der Prof. Kolenaty die naturhistorischen Studien des genannten Capitularen bezeugten, und derselbe auch Gymnasiallehramtskandidat war [...]".*[167]

4.5.3 Studium in Wien

Der Misserfolg war für Mendel aber noch kein Grund, seinen Wunsch als Lehrer tätig zu werden, aufzugeben. Mit der Unterstützung durch seinen Prälaten im Augustinerstift und auf Anraten des Direktors der Prüfungskommission begann Mendel in den Jahren 1851/52 und 1852/1853 mit einem Studium an der Universität Wien.[168] Dort schrieb er sich für vier Semester als außerordentlicher Hörer ein.[169] Zu Mendels Leben in Wien ist wenig bekannt. Nach Iltis reiste Mendel am 27. Oktober 1851 mit dem Nachtzug nach Wien ab. Von Napp war er mit mehreren Referenzschreiben ausgestattet, mit denen er zunächst beim Minister Baumgartner vorstellig wurde. In einem an diesen adressierten Schreiben, das Mendel persönlich übergab, führte Napp aus, dass er den jungen Stiftspriester Gregor Mendel für seine höhere wissenschaftliche Ausbildung nach Wien geschickt hatte. Napp wollte für dessen Unterstützung und die Förderung dieser Ausbildung keine Auslagen scheuen und bat um das Wohlwollen Baumgartners für dessen Schützling. Mit einem weiteren Schreiben bat Napp den Prior der Barmherzigen Brüder Auremundus Jahn in Wien darum Mendel ein Zimmer im Konvent und Beköstigung zu gewähren, für das Napp aufkommen wollte. Dies musste der Prior jedoch ablehnen, da

---

[166] **Florian Schindler (1809-1885)** stammte aus Neu-Lublitz/Nové Lublice bei Troppau/Opava. Nach Studium der Theologie an der Universität in Olmütz absolvierte er die technischen Studien am Wiener Polytechnikum. An der Grazer Universität promovierte Schindler zum Doktor der Philosophie. Bereits zuvor hatte er am dortigen Joanneum die Lehrkanzel für Mathematik inne. 1844 wurde F. Schindler Direktor der technischen Lehranstalt in Lemberg/Lviv. Vom Bombardement der Stadt im Revolutionsjahr 1848 wurde er, ebenso wie die Lehranstalt selbst, schwer getroffen und er verlor seinen gesamten Besitz. Schindler wurde in der Folge in die Centrale der Unterrichts-Verwaltung berufen, wo er als Regierungs-Commissär auf Einladung Lažanský die Errichtung der technischen Lehranstalt in Brünn leitete. Diese übernahm er dann auch als Direktor zusammen mit der Lehrkanzel für Technologie. 1867 erfolgte seine Pensionierung und Übersiedlung nach Wien. Biogr. Ang. n. dem Nekrolog im *Mähr.-schles. Correspondent* v. 25. Februar 1885, S. [3]. Vgl. auch Domoradzki 2011.

[167] Zit. n. Richter 1943, S. 65.

[168] Iltis 1913; Ders. 1924; Kříženecký 1963; Weiling 1967.

[169] Ebd.

zu wenige Zimmer zur Verfügung standen. Mendel musste sich als selbst um eine Unterkunft kümmern, die er in der damaligen Landstrasse 358 fand. Vermutlich handelte es sich dabei um ein kleines Zimmer innerhalb des Elisabethinnerinnen-Konvents bzw. dem dazugehörigen Spital.

Während dieser Zeit besuchte Mendel in Wien unter anderem Vorlesungen von Christian Doppler (1803–1853), dem Entdecker des nach ihm benannten Doppler-Effekts, zur Experimentalphysik, von Andreas von Ettingshausen (1896–1878) zum Gebrauch physikalischer Apparate sowie höherer Mathematik, von Josef Redtenbacher (1810–1870) zur Chemie, von Rudolf Kner (1810–1869) zur Zoologie.[170] Im physikalischem Institut hat Mendel zudem wohl einige Zeit auch als Aushilfsassistent gearbeitet. Besonders beeinflusst haben dürften Mendel aber die Vorlesungen zur Botanik bei Eduard Fenzl[171] und Franz Unger (1800–1870) sowie zur Paläontologie bei Zekeli[172]. Aus Mendels Studienunterlagen (nach Iltis 1924 und Weiling 1967) geht dabei hervor, dass er im Wintersemester 1852/53 bei F. Unger sowohl die viereinhalb stündige Vorlesung *„Anatomie und Physiologie der Pflanzen"* als auch die zweistündige unentgeltliche Veranstaltung *„Praktische Übungen im Gebrauche des Mikroskopes und Anstellung physiologischer Versuche"* besuchte. Bereits im Sommersemester 1852 hatte er bei E. Fenzl an der fünfstündigen Vorlesung *„Morphologie und Systematik der phanerogamen Pflanzen und einschlägige Medizinal-Botanik"* sowie dem sechsstündigen unentgeltlichen Praktikumskurs *„Übungen im Untersuchen und Beschreiben der Pflanzen"* teilgenommen. Während

---

[170] Ebd.

[171] **Eduard Fenzl (1808–1879)** war ein österreichischer Botaniker und Zeit seines Lebens in Wien tätig, wo er zunächst unter Joseph Franz von Jacquin (1766–1839) als dessen Assistent arbeitete. Seit 1849 war Fenzl Direktor des Botanischen Gartens der Wiener Universität, wo er von 1849 bis 1878 auch den Lehrstuhl der Botanik innehatte. Zu den Eigentümlichkeiten der „Wiederentdeckung" zählt die Tatsache, dass Fenzl nicht nur Universitätslehrer Mendels, sondern auch der Großvater der „Wiederentdecker" Armin und E. von Tschermak-Seysenegg war.

[172] **Lukas Friedrich Zekeli (1823–1881)** war ein aus dem siebenbürgischen Schäßburg stammender evangelischer Priester und Paläontologe. Nach Abschluss des Gymnasiums studierte er ab 1841 in Halle an der Saale Theologie. Daneben besuchte er aber auch verschiedene naturw. Vorträge, die sein Interesse an Paläontologie weckten. 1843 ging er deshalb nach Wien, wo er ein Jahr lang seine Kenntnisse in Geologie und Paläontologie vertiefte. Im Sommer 1844 kehrte er nach Schäßburg zurück um eine Anstellung als Lehrer anzutreten. Seine akademische Karriere begann nach Ende des ungarischen Bürgerkrieges 1849, als sich Zekeli entschloss sich der Paläontologie zu widmen. Im September 1850 erhielt er zunächst als Hilfsgeologe eine Anstellung an der neu gegründete k. k. Geologischen Reichsanstalt. Dort wirkt Zekeli als Dozent und untersucht vor allem Fossilien von Gastropoden und hält bis 1859 verschiedene Vorlesungen. Eben zwei solche Vorlesungen, „Allgemeine Paläontologie (4 St.)" und „Leitmuscheln (2. St,)" besuchte Mendel wohl bei Zekeli (Iltis 1924, Richter 1943, S. 77, Weiling 1967), wofür er sich per Nachinskription einschrieb (Czihak 1984, S. 48). Da gerade erst habilitiert, erschienen die Vorlesungen von Zekeli nicht im damaligen Vorlesungsverzeichnis der Universität in Wien (ebd.). Für detaillierte biogr. Ang. zu Zekeli siehe Grunert 2006. Vgl. auch Seidl 2021.

seiner Zeit an der Wiener Universität wurde Mendel Mitglied[173] des damals noch jungen Zool.-Bot. Vereins in Wien, in deren Vereinszeitschrift[174] auch seine ersten beiden kleineren wissenschaftlichen Arbeiten zu Pflanzenschädlingen erschienen (Kap. 2).[175]

Nach Iltis kehrte Mendel während seines Wiener Studiums wiederholt nach Brünn zurück. So verbrachte er die Weihnachtstage des ersten Semesters im Kloster, kehrte aber schon am 2. Januar nach Wien zurück. Ebenso verhielt es sich während der zwölftägigen Osterferien und den vom 31. Juli bis 30. September dauernden Sommerferien. Im Oktober reiste er kurzzeitig zum Start des Semesters nach Wien. Dort blieb er jedoch nur kurz. Stattdessen reiste er nach Heinzendorf um am 12. Oktober 1852 der Heirat seiner Schwester Theresia mit Leopold Schindler (1827–1902) beizuwohnen. Die Trauung vollzog der Groß-Petersdorfer Pfarrer Franz Kahlig (geb. 1804), ein guter Freund Mendels.

Einen kleine Einblick in seine Wiener Zeit gewärt ein Brief, den Mendel am Gründonnerstag 1853 an seine Eltern geschrieben hat (zit. n. Iltis 1924 S. 49: *„Schon in der vergangenen Woche kam ich nach Brünn, um die Osterfeiertage im Stift zu verleben. Die Rückreise nach Wien ist auf den 10. April festgesetzt. Ihr erhaltet daher dieses Schreiben sowie jenes, das ich Euch zu Weihnachten schickte, von Brünn. In meinem Befinden hat sich nichts geändert. Ich bin ununterbrochen gesund und studiere fleißig. Das Weitere, so hoffe ich, wird sich finden. Von dem Mordanfalle auf den Kaiser und der glücklichen Abwendung der Gefahr werdet Ihr gehört haben. Vor meiner Abreise von Wien habe ich den Kaiser, schon wieder vollkommen hergestellt, gesehen.*

Der Mörder heißt Libesny und wurde schon am 26. des vorigen Monats mit dem Strange hingerichtet. Den Glückwunsch zu meinem Namensfeste habe ich am 12. erhalten und sage dafür meinen innigsten Dank. Ich habe dabei zugleich erfahren, daß Ihr Euch recht wohl befindet und das junge Ehepaar sich in dem neuen Stand gut zu finden weiß. Das freut mich recht herzlich und ich wünsche nur, daß es immer so bleibe. Wie geht es der Schwester Veronica? Ist sie gesund? Viele aufrichtige Grüße an Euch, liebe Eltern, die beiden Schwestern und Schwäger, den kleinen Alois, die Schwiegereltern der Schwester schicket und wünschet die besten Feiertage -"

---

[173] G. Mendel wurde in der Sitzung vom 5. Jänner 1853, auf Vorschlag des Zoologen G. Frauenfeld und seines Studienfreundes **Carl Mösslang (1826–1888)**, zum Mitglied des Zool.-Bot. Vereins in Wien gewählt. Vgl. hierzu auch Iltis 1924, S. 47-49 mit der fehlerhaften Schreibweise Mösslaug. C. Mösslaug studierte damals Naturwissenschaften und besuchte die gleichen Vorlesungen wie Mendel (Iltis 1924). Später studierte er Jus und wurde in Wien Notar.

[174] **Der Zoologisch-botanische (Zool.-bot.) Verein** wurde 1851 in Wien gegründet. Die Vereinsschrift erschien seit 1852 zunächst unter dem Titel *Verhandlungen des zoologisch-botanischen Vereins in Wien*. Ab 1858 durfte der Verein auf Erlass des hohen Ministeriums des Inneren und auf Entschluss des Kaisers (Erlass Z. 13163 vom 27. Mai 1858) den Titel kaiserlich königliche zoologisch-botanische Gesellschaft führen. Ab dem Jahresband 1858 erschienen die Jahresbände daher mit dem k. k. Zusatz unter dem Titel Verhandlungen der kaiserlich-königlichen zoologisch-botanischen Gesellschaft in Wien.

[175] Siehe Mendel 1853 und Mendel 1854 in den Verhandlungen des Zoologisch-Botanischen Vereins in Wien, in Bd. 3 und Bd. 4.

Wenig ist zu Mendels persönlichem Wandel und Bekanntschaften aus der Zeit seines Studiums bekannt. Nach Iltis gehörten Carl Schwippel, der spätere Mineraloge Josef Sapetza (1829–1868), und Johann Nave zu Mendels Studienkollegen. Zu Carl Mösslang soll Mendel ein besonderes herzliches Verhältnis gehabt haben. Flüchtige Bekannte Mendels in dieser Zeit waren wohl der Piarist und Lehrer Karl Feyerfeil (1822–1879), Gotthard Hofstaedter (1826–1864), der Brünner Rockner und der Sekretär der Olmützer Handels- und Gewerbekammer, auch bekannt als Schachgenie, Konrad Bayer (1828–1897) (vgl. Iltis 1924, S. 48). Auch Anton Tomaschek dürfte damals zu Mendels Wiener Studienkollegen gehört haben (siehe Kap. 5).

4.5.4 Lehrer an der Oberrealschule (1853–1868)

Zurück im Kloster Brünn konnte er seit dem Schuljahr 1853/1854 und für die folgenden 14 Jahre als Lehrer an der deutschen Staatsoberrealschule arbeiten. Seine Stelle an der Oberrealschule trat er dabei als Ersatz für den scheidenden Lehrer Jan Pátek (1828–1872) an, welcher zum Direktor der Normalschule in Brünn ernannt worden war.[176] In dieser Tätigkeit wirkte Mendel zunächst als Aushilfslehrer und unterrichtete so z. B. Naturgeschichte und Physik in den ersten beiden Unterrealklassen, aber auch Mineralogie in der 3. Oberrealklasse. Zudem betätigte er sich als Kustos in der Bibliothek der Oberrealschule, diente in mehreren Klassen auch als Klassenlehrer und beteiligte sich ferner am Unterricht der Lehramtskandidaten.[177]

Mendel war bei seinen Schülern sehr beliebt und aus einigen späteren Erinnerungen von seinen Schülern geht hervor, dass er im Naturkundeunterricht auch von seinen Versuchen erzählt haben muss bzw. dass er die Ergebnisse seiner Versuche möglicherweise auch in seinen Unterricht eingebunden hat.[178] Um seine Qualifikation als Dozent zu verbessern, versuchte er die Lehramtsprüfung am 3. August 1856 in Wien zu absolvieren, erlitt aber wegen den Anstrengungen und Nervosität einen Nervenzusammenbruch und gab auf.[179] Zum Ablauf der zweiten nicht bestandenen Lehramtsprüfung, war lange Zeit wenig bekannt. Näheren Aufschluss brachte schließlich die Abschrift eines auf Tschechisch verfassten Briefes von Matouš Klácel an den damals in Krakau wirkenden Tomáš Bratránek vom 8. Mai 1856 (zit. n. Kříženecký 1963, S. 308): *„Zu diesen Feiertagen kann ich nicht kommen, viele Hindernisse kamen dazwischen. […] Schon in der vorigen Woche traten Bedenken auf: P. Gregor war nämlich zur Prüfung nach Wien berufen; er ist verreist und es war keine Aussicht, daß er zu den Feiertagen zurückkommen würde,*

---

[176] Siehe hierzu das PdkkORiB 1854 (Auspitz 1854, S. 23).
[177] Siehe hierzu das Programm der k. k. Ober-Realschule in Brünn 1855 (S. 16; Jhg. 1856 nicht erschienen), 1857 (S. 23–24), 1858 (S. 19–20).
[178] Iltis 1924.
[179] Iltis 1924; Sajner 1983.

weshalb ich wegen Mangel im Dienste zu Hause bleiben musste. P. Gregor war unglücklich: bei der Ablegung der Klausurprüfung, obwohl er glücklicherweise leichte Klausurfragen erhielt, erkrankte er nach der ersten, so daß es ihm unmöglich war zu schreiben. Er scheint überhaupt an den Nerven leidend zu sein, überstand schon mehrere solche heimtückischen Krankheiten und litt, wie man erzählt, in der Jugend an Fallsucht; der Tag verging und umsonst; man hat ihn bedauert, da die eingesandten Arbeiten u.s.w. als ausgezeichnet anerkannt waren; aber Form ist Form, für diesmal konnte man nicht mehr weiter gehen; er selbst, weitere solche Anfälle fürchtend, kehrte heim, ohne etwas ausgerichtet zu haben. Er tut mir sehr leid, er ist ohnedies unzufrieden und wird sich selbst noch mehr verzehren." Er kehrte nach Brünn zurück und widmete sich wieder seinen Experimenten und entschloss sich aber wohl, nicht nochmals zur Prüfung anzutreten. In den folgenden Jahren beschäftigte er sich im Kloster mit Meteorologie, Pflanzen- und Bienenzucht und es war ihm weiterhin möglich, als Lehrer an der Oberrealschule zu arbeiten. Die Kreuzungsversuche mit Erbsen startete Mendel im Jahre 1855 oder 1856 nach bereits vorausgehenden zweijährigen Vorarbeiten (siehe Kap. 1, 2 und 3). Im Jahre 1862 besuchte Mendel die Weltausstellung in London. Dabei führte ihn seine Reise mit einem Vergnügungszug über Wien, Salzburg, München, Stuttgart, Karlsruhe und Paris an sein Ziel, wobei er in Paris und London einige Tage Aufenthalt hatte.[180] In Paris übernachtete die 174 Personen umfassende Reisegruppe im Grand Hotel und in einem insgesamt sechstägigen Aufenthalt bestand die Chance, Versailles, den Bois des Boulogne, St. Cloud, Napoleons Grab und die Tuilerien mit ihren Kunstsammlungen zu besuchen.[181] Von Paris ging es am 6. August 1862 weiter nach Boulone-Sur-Mer, von wo aus die Gruppe am nächsten Morgen bei stürmischer See mit der „Prince Eugene" nach Folkestone übersetzte, nachdem zunächst die Koffer der Reisenden auf ein falsches Schiff verladen worden waren und die Reisegruppe fast geschlossen, wegen des hohen Wellengangs und starken Wellengangs, mit der Seekrankheit zu kämpfen hatte.[182] In London angekommen schlug die Reisegruppe ihr Lager im Zentrum auf, wobei dafür gesorgt war, dass die Gruppe gemeinsam das Frühstück einnehmen konnte. Kern des Besuchs in London war der Besuch der Weltausstellung, für die im Programm Eintrittskarten für zwei Tage bereitgestellt wurden.[183] Daneben war aber auch hier ein umfangreiches touristisches Programm eingeplant, welches es der Reisegruppe u. a. erlaubte die Bank of England, die Börse, Guildhall, St Paul's Cathedral, Hyde Park, Houses of Parliament, Westminster Abbey, British Museum und den Zoologischen Garten sowie das königliche Observatorium in Greenwich zu besuchen.[184] Nach insgesamt sechs Tagen Aufenthalt ging es mit Dampfschiff und Eisenbahn zurück nach Brünn. Dabei machte

---

[180] Van Dijk & Ellis 2020; vgl. Richter 1943.
[181] Ebd.
[182] Ebd.
[183] Ebd.
[184] Ebd.

die Reisegruppe einen eintägigen Halt in Stuttgart, wo man eine Veranstaltung der dortigen Handelskammer besuchte.[185] Der genaue Grund für Mendels Reise ist nicht überliefert. Vermutet wurde, dass Mendel Teil der offiziellen Handelsdelegation war bzw. dass er. Lernmaterial in Form von Schultafeln zur Kristallographie in London präsentieren sollte.[186] Vermutlich handelte es sich aber um eine vorwiegend private Entspannungsfahrt, derer Mendel nach einem schweren persönlichen Schicksalsschlag bedurfte. Letzteres würde auch erklären, warum er für die durchaus sehr teure Fahrt selbst aufgekommen ist.[187] Bereits im Januar 1862 hatte Mendels Mutter einen Oberschenkelhalsbruch erlitten, was Mendel sehr erschüttert hat.[188] Er unterstützte seine Mutter mit finanziellen Mitteln, damit es ihr möglichst schnell besser ging,[189] doch letztendlich verstarb seine Mutter bereits kurze Zeit später im März 1862. Die Reise nach London dürfte Mendel jedenfalls nachhaltig beeinflusst haben und auch seine Neffen berichteten später, dass er ihnen oft von England berichtet hat. Eine ähnliche organisierte Reise mit einem Vergnügungszug hat Mendel dann auch noch einmal im folgenden Jahr nach Italien unternommen, wobei neben Rom auch Neapel, Venedig, Mailand und Florenz auf dem Programm standen.[190] Höhepunkt der Reise war eine kurze Audienz bei Papst Pius IX (1792–1878), an welcher auch Mendel teilgenommen haben soll.[191] Am 8. Februar und am 8. März 1865 präsentierte Gregor Mendel schließlich die Resultate seiner Kreuzungsversuche auf zwei Sitzungen des NfV (Kap. 1). Vom 12. bis 14. September fand dann in Brünn die 14. Wanderversammlung der deutschen Bienenwirte in Brünn statt. Prälat Napp, der damals Direktor der Ackerbaugesellschaft war, wurde zum Präsidenten dieser Veranstaltung gewählt. Zu Gast waren die bekanntesten Bienenzüchter der Zeit, wie z.B. der Pfarrer Dzierzon, Friedrich Wilhelm Vogel und G. Dathe, welche damals zusammen mit anderen Gästen im Kloster untergebracht waren. Besonderes Aufsehen erregte dabei der Leitvortrag des Imkers Friedrich Wilhelm Vogel, in welchem dieser über die 1865 vom Berliner Akklimatisations Verein eingeführte ägyptische Biene berichtete. Teil dieses Vortrags war auch die Vorstellung von Mischlingen der ägyptischen und heimischen Biene. In einer gleichzeitig stattfindenden Ausstellung waren Exemplare dieser Hybriden sowie Vogels Buch (1865) zu sehen. Es bleibt jedoch unklar, ob G. Mendel selbst auch an dieser Veranstaltung war. Das vorgestellte Buch Vogels war jedenfalls Teil von Mendels Privatversuch und Mendel selbst hat einige Jahre später selbst Versuche mit ägyptischen Bienen durchgeführt (siehe Kap. 2). Für Mendel wären die Vorträge jedenfalls absolut von Interesse gewesen. Nicht zuletzt deswegen, weil Vogel über Hybridisierung

---

[185] Ebd.
[186] Van Dijk & Ellis 2020; vgl. Richter 1943.
[187] Vgl. Van Dijk 2020.
[188] Kříženecký 1965b.
[189] Siehe d. Brief Mendels an seinen Schwager Leopold Schindler in Kříženecký 1965b, S. 119.
[190] Van Dijk 2020.
[191] Ebd.

und Färbung der Königin von einer Merkmalsaufspaltung berichtete: *„Die Unechtheit erkennt man erst in der dritten Generation und waren dann 3/4 der Bienen schwarz und 1/4 italienisch."*[192]

Im Jahre 1866 zog der Deutsch-Österreichische Krieg auch in Mähren und im Kloster in Brünn ein: das Kloster wurde durch die Preußen besetzt und die Verpflegung der zusätzlichen Personen führte zu Engpässen.[193] Zudem schleppten die Preußen auch die Cholera nach Brünn und ins Kloster ein, an welcher dort viele Bürger und Klosterbewohner erkrankten. Der Krieg beschäftigte und bedrückte Mendel sehr und in einem Brief an seinen Schwager Leopold Schindler vom 31. August 1866 hat der einen Zeitzeugenbericht der damaligen Ereignisse hinterlassen (Kříženecký 1965b, S. 121f.): *„[...] Am 12. Juli rückten die Preußen in Brünn ein und besetzten die Stadt mit 50000 Mann. Auch der König kam mit und blieb durch 5 Tage hier. Die Einquartierung war eine sehr drückende; unser Haus allein erhielt 94 Pferde sammt der dazu gehörenden Mannschaft und 16 Offiziere. Das dauerte allerdings nur 2 Tage; durch die nächsten 3 Wochen schwankte die Zahl zwischen 40 und 50 Mann, die sämmtlich vom Stifte aus unentgeltlich verpflegt werden mußten. Erst in der letzten Zeit verkösstigten sich die Soldaten selbst und auch die Einquartierung ist geringer, unser Haus ist gegenwärtig nur von 10 Mann und 4 Offizieren besetzt. Bis nächsten Dinstag [sic] hoffen wir die Plage ganz los zu werden [...]."* Mendel berichtete zudem davon, dass in Brünn bereits 1.000 Personen an der Cholera verstorben waren. Auch im Kloster waren mehrere Personen erkrankt und die Mutter von Anselm Rambousek, die im Kloster gewohnt hatte, war verstorben. All dies sowie die Knappheit an Nahrungsmitteln sorgte dafür, dass im Sommer 1866 zunächst keine Sitzungen des NfV stattfinden konnten. Erst nach Abzug der Preußen begann das Leben in Brünn wieder in seine normalen Bahnen zurückzukehren. Als schließlich wieder Vereinssitzungen stattfanden, konnte dann auch Mendels Vortrag als Abhandlung im 4. Band der *VNV* im Druck erscheinen. In den Reihen des NfV hatte die Cholera jedenfalls schwer gewütet und viele Mitglieder waren verstorben.[194] Hierzu zählten wohl auch eine Reihe derer, die Mendels Vortrag im Jahr zuvor selbst miterlebt hatten.[195]

---

[192] Zur 14. Wanderversammlung der deutschen Bienenwirthe siehe insb. Weiling 1968b & Lauprecht 1966. Siehe zudem die zeitgenössischen, teils umfangreichen, Berichte von Schmid 1865 und Dathe 1866. Insgesamt besuchten mehr als 300 Teilnehmer die Versammlung in Brünn. Darunter waren auch, für die damalige Zeit höchst ungewöhnlich, 7 Damen (vgl. Mielewczik et al. 2019). F. W. Vogel wurde für seine Präsentation eines ägyptischen Volks mit einem Preis von 3 Dukaten geehrt. Pfarrer J. Dzierzon wurde auf den offenen Diskussionen wiederholt frenetisch gefeiert und ebenfalls für seine vorgestellten Italienischen Bienen ausgezeichnet. Auf das 3:1 Verhältnis im Vortrag F. W. Vogels hat erstmals Lauprecht (1966) hingewiesen. Zit. n. Dathe 1866, S. 5.

[193] Kříženecký 1965b.

[194] Siehe hierzu d. Sitzungsberichte im 4. Bd. der *VNV* sowie die Todesanzeigen in den lokalen Brünner Zeitungen.

[195] Siehe hierzu den Sitzungsber. d. Monats-Versammlung und die der Jahres-Versammlung des *NfV* in Brünn vom 21. Dezember 1866 in d. *Brünner Ztg.* v. 29. Dezember 1866, S. 1810 & *Brünner Ztg.* v. 7. Nov. 1866). Zu den im Jahr 1866 verschiedenen Mitgliedern zählten das der Mi-

Auch mit der Gesundheit des Prälaten des Brünner Augustiner-Stiftes, ging es in Folge eines unheilbaren Magenleidens, zunehmend bergab. Freunde, und Wegegefährten machten ihm im Sommer 1867 die letzte Aufwartung, bevor Cyrill Napp am 22. Juli 1867 starb. Seine letzten Worte an seinen Mitstreiter und Widersacher in der Ackerbaugesellschaft Graf Egbert Belcredi fassten die damals durchweg trübe Stimmung in Brünn und im Kloster treffend zusammen: *Wo man hinblickt in unserer Zeit, man sieht nur Moder und Verwesung."*[196]

4.6 Wahl zum Abt und Wirken als Prälat (1868–1884)

Zwei Jahre nach der Veröffentlichung der *„Versuche über Pflanzen-Hybriden"* änderte sich Mendels Stellung grundsätzlich. Nach dem Ableben des Abtes F. C. Napp im Juli 1867 wurde er im Alter von 45 Jahren am 30. März 1868 zum neuen Abt und Prälaten des Klosters in Alt-Brünn gewählt (Abb. 4.2).[197] Bei einer unter der Aufsicht von zwei durch den Bischoff von Brünn bestimmten Ordenskommissären durchgeführten Probewahl am Vortag zeigte sich schon, dass Gregor Mendel mit sechs von zwölf Stimmen die Wahl anführte.[198] In einer ersten Abstimmungsrunde am 30. März erhielt er demnach dann fünf von zwölf Stimmen, während auf T. Bratránek vier Stimmen und M. Klácel und B. Fogler und P. Gabriel je eine Stimme entfielen. Im zweiten finalen Wahl-

---

nisterialrath und Ehrenmitglied des NfV Marian Koller (1792–1866), der Handelskammersekretär Robert Heym, der Cassier Hubert Gläser aus Adamsthal, der Fabrikant Rudolph Haidinger aus Ellbogen, der Entomologe und Landtafel-Adjunct Franz Wildner, der Sudmeister Franz Heissler, der. k. k. Bauingenieur Anton Prerowsky (1826–1866), der Brünner Hauptschullehrer Anton Pavlicek (gest. 1866), Carl Nechay (gest. 1865), der Hauptschullehrer Franz Mucha aus Seelowitz (gest. 1866)

[196] Zit. n. d. Tagebüchern des Grafen Belcredi, Eintrag vom 21. Oktober 1882, in: Höbelt, Kalwoda, Malíř 2016, S. 643.

[197] Zlámal 1991/1992, S. 67–101; Matalová 1991/1992, S. 5–8; Czihak & Sladek 1991/1992, S. 31–66.

[198] Meijer 1984; Zu den **Ordinariats-Kommissären** gehörten der damalige Domdechant **Andreas Hammermüller (1799–1876)** und der Domkapitular **Augustin Kiowsky (1816–1887)**, welche am 29. März 1868, zusammen mit dem Ordinariats-Sekretär Jakob Kapusta als bestellter Notar, das Augustiner-Stift St. Thomas in Altbrünn aufsuchten. Über das Verfahren berichtet ein in Abschrift erhaltener Brief des ersten Ordinariats-Commissars A. Hammermüller vom 7. April 1868 an den damaligen Bischof Anton Ernst Graf Schaaffgotsch, welcher 1975 vom Augustiner-Historiker Ferdinand Leopold Miksch veröffentlicht wurde. A. Kiowsky war sowohl im mährischen Bienenzucht-Verein, als auch in dessen Vorgänger-Institution, der Bienenzucht-Sektion der k. k. mähr.-schles. Ackerbaugesellschaft, Ehrenmitglied. In letzterer gehörten sowohl A. Hammermüller als auch A. Kiowsky, ebenso wie Gregor Mendel, zu den wirklichen Mitgliedern. Zur Abstimmung selbst siehe auch den Notiz-Zettel mit den damals notierten Wahlergebnissen, faksimiliert in Marvanová 1968; Matalová & Matalová 2022, S. 11).

Abb. 4.2 Originalsiegel von G. J. Mendel als Abt, 1870er Jahre.

gang wurde Mendel fast einstimmig, mit elf von zwölf Stimmen gewählt.[199] Der Überlieferung nach soll Mendels Stimme an Matouš Klácel gegangen sein. Der Grund bestand nicht zuletzt darin, dass er – neben seiner konzilianten Persönlichkeit – sicher auch imstande war, die wissenschaftlichen Vorhaben seines Vorläufers fortzusetzen.[200] Darüber hinaus spiegelten sich in der Wahl aber auch politische Konflikte wieder, denn es war relative offensichtlich, dass ein deutschsprachiger Kandidat gewählt werden sollte, wobei Mendel sich hierbei sozusagen eher als liberaler Kompromisskandidat herauskristallisiert

---

[199] Siehe hierzu auch den Brief Gregor Mendels an seinen Schwager Leopold Schindler vom 26. März 1868. Mendel berichtete darin von der bevorstehenden Wahl zum Prälaten des Klosters (zit. n. Iltis,1924, S. 166: „[...] *Wir sind nur 12 Wähler, da einer von den Geistlichen, der Pater Fulgenz, an Nervenfieber schwer erkrankt ist. Wer von uns der Glückliche sein wird, das ist noch ganz ungewiß. Sollte die Wahl auf mich fallen, was ich übrigens kaum zu hoffen wage, so erhaltet Ihr Montag Nachmittags eine telegraphische Depesche. Kommt diese nicht an, so ist ein anderer gewählt. Am Sonntage ist die Probewahl. Sonst nichts Neues.*" Das eigentliche Protokoll der Wahl listete dann in der Tat alle 13 damals wahlberechtigten Pater auf. Bei dem erkrankten Klosterbruder handelte es sich um Fulgentius Menzel (gest. 1879) (Meijer 1984; siehe auch das Faksimile des Wahlprotokoll in Matalová & Matalová 2022).

[200] Orel 1975b, S. 20–28; Orel 2003, S. 114.

hatte.[201] Die Wahl Mendels ist in Brünn wohl weitestgehend positiv ausgefallen und auch gefeiert worden. Bischof Schaaffgotsch erteilte Mendel am Ostermontag die Benediktion[202], wobei die Feierlichkeiten durch den Tod von Mendels Klosterbruder Alipius Winkelmayer überschattet worden sind. Wie aus einem Brief an seinen Schwager L. Schindler zu entnehmen ist, hätte es Mendel im Voraus nicht zu glauben gewagt, dass er gewählt werden würde.[203] Mendel freute sich über die neue Herausforderung, auch deswegen, weil er so im Stande war seine Verwandten besser zu unterstützen. In der ersten Zeit nach der Wahl zum Abt schrieb er in einem Brief an C. von Nägeli, dass die neue Stellung viele Herausforderungen mit sich bringt und er noch viel lernen muss.[204] Zudem berichtete er dort auch davon, dass er plante, seine Hybridisierungsexperimente weiterzuführen und diesen gerne mehr Aufmerksamkeit schenken würde.[205] Mit der neuen Stellung entstanden für Mendel aber zusätzliche neue Pflichten und für die Fortführung seiner Experimente blieb ihm leider nicht so viel Zeit, wie er es gerne gehabt hätte. Auch die Lehrtätigkeit, welche er besonders schätzte, fiel dem neuen Amt zum Opfer.[206] Als Abschiedsgeschenk für seine Schüler der Realschule, spendete er seinen letzten Monatslohn an drei begabte, arme Schüler.[207] Den Kontakt zu seinen Schülern und auch die finanzielle Unterstützung von bedürftigen Schülern, hat er jedoch auch in dem neuen Amt aufrechterhalten. Für Mendel war der persönliche Kontakt zu seinen Mitbrüdern und auch den Novizen sehr wichtig. Er förderte das Gemeinschaftliche im Kloster und im Gegensatz zu seinem Vorgänger F. C. Napp, kommunizierte er direkt mit seinen Mitbrüdern.[208] Jedoch konnte er auch streng sein, wenn sich Personen dem gemeinschaftlichen Leben nicht widmeten: in diesem Falle ließ er ihnen die Wahl, sich der klösterlichen Disziplin zu unterstellen oder das Kloster zu verlassen. Für das letztere haben sich dann auch zwei Klosterbrüder entschieden: P. Matouš Klácel und P. Philipp

---

[201] Miksch 1969.
[202] Meijer 1984.
[203] Meijer 1984.
[204] Correns 1924.
[205] Kurz nach seiner Wahl zum Abt schrieb Gregor Mendel an C. W. v. Nägeli. In seinem Brief vom 4. Mai 1868 berichtete er diesem (zit. n. Correns 1906, S. 34-35): „*In meinen Verhältnissen ist in der letzten Zeit ganz unvermuthet eine vollständige Aenderung eingetreten, meine Wenigkeit wurde nämlich am 30. März von dem Kapitel des Stiftes, dessen Mitglied ich bin, zum lebenslänglichen Vorstande gewählt. Aus meiner bisherigen ganz bescheidenen Stellung als Lehrer der Experimentalphysik sehe ich mich mit einem Male in eine Sphäre versetzt, in welcher mir so manches fremd erscheint und es wird wohl noch einige Zeit und Mühe kosten, bis ich mich darin heimisch fühlen kann. Das soll mich indessen nicht davon abhalten, die mir so lieb gewordenen Bastardierungs-Versuche fortzusetzen, ich hoffe sogar, denselben mehr Zeit und Aufmerksamkeit zuwenden zu können, bis ich nur in meine neue Stellung eingearbeitet bin.*
[206] Iltis 1924; Sajner 1983.
[207] Iltis 1924.
[208] Meijer 1984.

Gabriel.[209] Nebst diesen zwei Ausnahmen scheint Mendel aber sehr beliebt gewesen zu sein. Durch die neue Stelle wurden ihm auch mehrere Ehrungen und Ehrenämter, wie bspw. in der Ackerbaugesellschaft von Mähren und Schlesien und der Meteorologischen Gesellschaft in Wien, zuteil. Manche dieser Ämter ergänzten seine Interessen gut, wie z. B. die meteorologischen Untersuchungen, andere musste er zwar übernehmen, kosteten ihn aber nur viel Zeit und Energie, erlaubten ihm aber seine wohltätige Ader zu entfalten.[210] Trotz dieser vielfältigen Aufgaben fand er immer noch Zeit, um kirchliche Pflichten auszuführen, wie z. B. Messen zu halten, wie aus Notizen zu den Predigten zu entnehmen ist.[211] Auch seinen Kreuzungen von Pflanzen und Arbeiten mit Bienen konnte er sich in einem kleineren Pensum weiter widmen (s. Kap. 2 u. 3). Im Jahr 1870 wurde er von dem K. u. k. Finanzministerium in die Landeskommission zur Regelung der Grundsteuer in Mähren berufen. Es war dann auch die Steuerfrage, die ihn zum langen Streit um die Stellung der Kirche gegenüber der Staatsmacht bzw. politischen Auseinandersetzungen auf der Landesebene führte. Sehr bitter war seine Abwehr gegen die neue Kirchensteuer bzw. Beitragspflicht zum Religionsfonde nach 1874, die ihn persönlich sehr belastete. Mendel fühlte sich verpflichtet, sich für das Kloster und dessen Vermögen einzusetzen und Einspruch gegen diese Steuer zu erheben. Dabei focht er die Rechtsgültigkeit des Gesetzes an, obwohl es als Verfassungsrecht in Kraft trat. Während andere Klöster erfolgreicher waren und eine Senkung der Steuer zu erlangen, beharrte Mendel darauf, gar keine Steuer zu zahlen.[212] Seine Position war dabei rechtlich unhaltbar, was 1876 u. a. zur Zwangsverwaltung über einen Teil des Klostereigentums führte, was Mendel bis zu seinem Tod nicht überwinden konnte.[213] Da Mendel sich nicht umstimmen ließ, sein Ansehen bei den Behörden aber wieder steigen sollte, fand J. Auspitz die Lösung, Mendel als stellvertretenden Direktor der neugegründeten Brünner Hypotheken-Bank einzusetzen, in der dieser dann auch von 1876 bis 1883 tätig war.[214]

---

[209] Meijer 1984.

[210] Für Mendels Mitgliedschaft in wissenschaftlichen Vereinen siehe Sajner 1971b. Daneben war Mendel nach seiner Wahl zum Abt aber auch in mehr als 20 nicht-wissenschaftlichen, kulturellen und gemeinnützigen Gesellschaften und Vereinen tätig. Hierzu gehörten z.B. der Bauverein für die Brünner Jakobskirche (1875), der Brünner Musikverein, der Schiller Veren, der Prager Dombauverein etc. Für eine detaillierte Übersicht siehe Sajner 1971c.

[211] Zumkeller 1971.

[212] Sajner 1983.

[213] Orel 2003, S. 118; Vybral 1971, S. 231–239. Siehe auch Miksch 1969.

[214] Vybral 1968: S. 21–35, 1971; siehe auch Orel, Marvanová & Sajner 1965, S. 98–100 und Sajner 1983. Nach Miksch 1969 waren es die beiden Freunde Mendels J. Auspitz und Johann Chlumecký (1834–1924), der damalige Minister für Ackerbau und Handel. Die Ernennung Mendels zum stellvertretenden Bankdirektor sollte demnach auch dazu dienen, Mendel eine teilweise Entschädigung für die zu leistende Religionsfondsteuer zu verschaffen (ebd.).

Viele Zeitungsberichte aus Brünn belegen, wie tief Mendel in jener Zeit verankert und selbst Teil der Brünner Elite war. Ein besonderes Erlebnis dürften dabei auch für Mendel die Kaisertage im Sommer 1880 gewesen sein, als Kaiser Franz Josef I. durch Mähren reiste und dessen Hauptstadt Brünn besuchte. Dort wurde dem Monarchen ein großer Empfang bereitet, Mensch jubelten ihm beim Gang durch die Stadt allerorts zu und der Kaiser nutzte den Tag, um die wichtigsten Einrichtungen Brünns seine Aufwartung zu machen. Den Abschluss dieses Tages bildete ein im Hoflager stattfindende Hofdiner, zu dem eben auch Gregor Mendel als Prälat des Altbrünner Augustiner-Stiftes geladen war. Die Liste der Teilnehmer dieses Abendessens liest sich wie das Who is Who der Brünner und Mährischen Elite. Auch am nächsten Morgen, bei der Verabschiedung des Kaisers auf dem Bahnhof, wo dessen Salonwagen wartete, gehörte Mendel zur kleinen Delegation, die den Monarchen und seine Entourage verabschiedeten.

Im Oktober 1881 wurde Mendel dann zum Direktor der Hypothekenbank gewählt. Für Mendel verschaffte diese Wahl eine besondere persönliche Befriedigung. In einem Brief (vom 23. November 1881) an seinen Freund Anton Hauber (1820–1900), den damaligen Abt des Prämonstratenserstifts schrieb Mendel (zit. n. Marvanová 1967, S. 40): *„In dem Umstande, dass ich überhaupt gewählt wurde, glaube ich einige Genugthuung für die unverdienten Kränkungen finden zu dürfen, denen ich in Folge des ablehnenden Verhaltens in der Religionsfondfrage ausgesetzt war. Hätte ich mir wirklich, wie mir vorgeworfen wurde, eine offene Auflehnung gegen eine gesetzliche Verpflichtung zu Schulden kommen lassen, dann hätte mir der Landtag ganz unmöglich ein öffentliches Vertrauens Votum geben und mich einstimmig wählen können und dürfen.*[215]

4.7 Weitere literarische und wissenschaftliche Tätigkeit

Abseits der Hybridisierung von Obstbäumen endeten Mendels Versuche zu Kreuzungen an Pflanzenhybriden in den frühen 1870er Jahren. Zwar kam es noch einige Male zu einer Korrespondenz mit C. W. v. Nägeli, aber aus Mendels Briefen an diesen wird bereits ersichtlich, dass er für diese immer weniger Zeit gefunden hat. In den 1870er Jahren widmete sich Mendel vorwiegend dem Studium der neuesten Fachliteratur im Bereich der Landwirtschaft, wovon eine große Zahl von Rezensionen (s. Kap. 5), die von ihm verfasst worden sind, Zeugnis ablegen.[216] Praktisch war Mendel besonders an der Gemüse- und Obstzüchtung interessiert. In diesem Sinne wirkte er u. a. weiter in der Acker-

---

[215] Für eine detaillierte Darstellung der Kaisertage in Brünn sei auf die Leitartikel und Berichte im *Mährisch-schlesischer Correspondent* und d. *Brünner Ztg.* im Zeitraum von 12. bis zum 15. Juni 1880. Für Mendels Teilnahme am Hofdiner s. den *Mährisch-schlesischer Correspondent* v. 15. Juni 1880, S. 2.

[216] Orel 1971c, S. 213–227.

baugesellschaft, und zwar in der Sektion des mährischen Obst-, Wein- und Gartenbau-Vereines. In eben diesem war Mendel hochangesehen und diente wiederholt als Obmann für verschiedene Komitees des Vereins.[217] Zu den wichtigsten Aufgaben Mendels innerhalb der Ackerbaugesellschaft gehörte in den frühen 1870er Jahren die Koordinierung von landwirtschaftlichen Subventionsanträgen, deren Ausgang von ihm schließlich auch auf den Sitzungen der Gesellschaft bekanntgegeben worden sind. Als die Gesellschaft im Juni 1871 eines neuen Vorstandes bedurfte – der vorherige Vorstand Adalbert von Widmann, Adalbert von (1804–1888) musste das Ehrenamt nach 21 Jahren aus Zeitgründen niederlegen – wurde Prälat Mendel von eben diesem als sein Nachfolger vorgeschlagen.[218] Letzteres lehnte Mendel jedoch ab, da ihn vermutlich andere Tätigkeiten zu sehr in Anspruch nahmen.[219]

Nach seiner Wahl zum Abt übernahm Gregor Mendel, dem Vorbild seines Vorgängers C. Napp folgend, vermehrt ehrenamtliche Aufgaben in Vereinen. Hierzu gehört auch die Mitarbeit innerhalb des Mährischen Bienenzuchtvereins, die Mendel ein besonderes Vergnügen bereitete. Auf der Monatssitzung Ende Dezember 1870 wurde Mendel zunächst neben dem k. k. Major-Auditor Anton Steininger (1821–1881), dem Kurator der ersten mähr. Sparcassa Vincenz Wittik (1808–1888), dem Stadtrat des inneren Bezirks Johann Steiner (1811–1879), dem mähr. Landesbuchhalter Johann Koch (1808–1872) und dem Hausbesitzer Friedrich Habernek (1815–1907) in den Verwaltungsrat des Vereins gewählt. Im Februar 1871 erfolgte dann die Wahl Mendels zum stellvertretenden Vorsitzenden des Vereins sowie im Verlauf des Jahres der Bau des heute noch zum Kloster gehörenden Bienenhauses. Zu seinen ersten Amtshandlungen im Vorstand gehörte im September 1871 eine Reise zur 17. Wanderversammlung der deutschen Bienenwirte in Kiel, die er zusammen mit dem Vorstandsvorsitzenden und Gründer des Mährischen Bienenzucht-Vereines Dr. Franz Žiwansky (1817–1873) besuchte (Lauprecht 1966; Dittmar 1972; Richter 1943). Die Reise ging über Prag, Dresden, Leipzig, Hannover, Magdeburg und Hamburg und umfasste einen Abstecher und Besuch bei dem damals bekannten deutschen Imker Gustav Dathe (1813–1880) in Eystrup (ebd.). In Kiel angekommen traf die Brünner Delegation dann auf viele der damals bekanntesten Imker, zu denen u.a. Dzierzon, G. Dathe, A. Pollmann und F. W. Vogel zählten. Zudem machte man viele neue persönliche Bekanntschaften. Auf der Versammlung wurden in der Folge viele Fachfragen diskutiert und besprochen. Über die Reise ist von Žiwansky ausführlich in der Honigbiene von Brünn referiert worden. Nach seiner Rückkehr hat Gregor Mendel sich zunehmend aktiv in die Sitzungen des Brünner-Bienenzuchtvereins eingebracht. Auf den Monatsversammlungen berichtete und referierte er dabei über Anekdoten aus seinem eigenen Bienenstand im Kloster, seine Überwinterungsversuche und Erfahrungen mit verschiedenen Bienenrassen, die er zu akklimatisieren versuchte, über das damals

---

[217] Křiwanek & Suchanek 1898, S. 251.
[218] Ebd., S. 155.
[219] Ebd.

4 Gregor Mendel – eine kurze Biographie

heiss diskutierte Problem der Faulbrut, und nicht zuletzt auch über den Einfluss lokaler Witterungsbedingungen auf die Bienen (siehe Kap. 2).

In den Jahren 1878 und 1882 versuchte Mendel desweiteren, auch eine neue („synthetische") Bienenrasse heranzuzüchten.[220] Sein Bienenhaus ist erhalten geblieben und wurde 1932 und 1975 renoviert.[221]

Kontinuierlich führte Mendel seit 1857 die meteorologischen Beobachtungen, die die größte Pünktlichkeit und Genauigkeit erforderten.[222] In 1878 wurde die Beobachtungsstelle für Brünn ins Kloster überführt und Mendel selbst hat sie bis November 1883 notiert bzw. nach Wien geschickt.[223] Neben den eigenen Beobachtungen führte Mendel auch Ozonmessungen und Grundwasserstandsmessungen im Kloster durch.[224]

---

[220] Orel 2003, S. 126–127; Beránek & Orel 1988, S. 15. Siehe ebenfalls Mielewczik 2017.
[221] Matalová & Kabelka 1982, S. 210, S. 211.
[222] Weiling 1984b, S. 235–240; Orel 1980, S. 215–234.
[223] Orel 2003, S. 131; Weiling 1970b, S. 25–39; Weiling & Orel 1967, S. 17–23.
[224] Zu den **Ozonmessungen** Mendels siehe z. B. Edelson 1999, S. 62. Die Konzentration des Ozons ermittelte Mendel mit Hilfe einer in Zehnerschritten eingeteilten Skala, mit welcher er den auftretenden Farbwechsel von mit Jodkalium und Stärkemehl imprägniertem Ozonpapier nach Schönbein untersuchte. Die Methode ist sehr knapp damals übrigens auch im „*Lehrbuch der Chemie für Oberrealschulen*" (Quadrát 1866, S. 11) beschrieben worden (vgl. Kap. 1). Ozonmessungen wurden von Mendel in seinen meteorologischen Publikationen ab 1864 mitgeteilt (Mendel 1864). Mit seinen monatlichen Mittelwerten der Messungen konnte Mendel zeigen, dass die Ozonkonzentration in Brünn einen saisonalen Verlauf aufwies, bei dem die geringsten Werte im Winter und Spätherbst auftraten, während die höchsten Werte im Sommer vorkamen. Die Methode von Schönbein ist später oft kritisiert worden, und auch Mendel selbst hat daran Kritik geäußert und darauf hingewiesen, dass diese nur eine beschränkte Geltung haben könnte (Mendel 1864, S. 120). Es ist übrigens interessant darauf hinzuweisen, dass meteorologische Beobachtungen einschließlich Ozonwerten immer wieder in kurzen anonymen Tabellen in der *Brünner Ztg.* dieser Zeit zu finden sind (s. z. B. d. Ausg. v. 5. November 1858 sowie v. 11. August 1862). Aus deren Zusammenstellung ist offensichtlich, dass diese auf den Daten der Messstation des NfV beruhen, welche in dieser Zeit primär durch P. Olexik durchgeführt wurden. Die Ozonmessungen werden jedoch klassisch Mendel zugeschrieben (Iltis 1924; Edelson 1999). Insgesamt sind in der *Brünner Ztg.* mehr als 450 solcher tabellarischen Wetterberichte enthalten. Davon ausgehend kann also vermutet werden, dass Mendel von 1858 bis 1869 Ozonmessungen durchgeführt hat, also eben dem Zeitraum, in dem auch seine meteorologischen Publikationen im Rahmen der *VNV* fallen.

4.8 Krankheit und Tod

Mendel litt über viele Jahre an zu hohem Puls und Übergewicht.[225] Zudem war er ein starker Zigarrenraucher.[226] In seinen letzten Lebensjahren ist Mendel dann zunehmend von Krankheiten betroffen gewesen. Bereits am 23. November 1881, wenige Wochen nach seiner Wahl zum Direktor der Hypotheken-Bank, schrieb Mendel an seinen Freund Anton Hauber, den damaligen Abt des Prämonstratenserstifts in Neureich, dass ein „ebenso schmerzliches, als *langwieriges Leiden* [...] *Schuld daran* [...]" trug, dass er einen bereits vor Wochen eingetroffenen Brief nicht beantwortet hatte (zit. n. Marvanová 1967, S. 40). Mendel berichtete in diesem Brief weiter, dass er am 15. Oktober *„von einer Entzündung des Schenkelnervens (Ischias) am rechten Fuße befallen* [war],

---

[225] **Mendels Herzleiden:** Kenntnisse zu den Details von Mendels Herzleiden beruhen primär vor allem auf einem Brief seines Neffen Alois Schindler an Hugo Iltis (Brief vom 9. Januar 1923, abgedr. in TLOGJM, S. 58–59). Schindler berichtete dort, dass er Mendel zu Ostern 1881 als *„neugebackener Mediziner"* besucht hatte und Mendel ihn damals darum bat, seinen Puls zu messen. Alois Schindler stellte dann einen Ruhepuls von 120 Schlägen pro Minute fest, über den er sehr besorgt gewesen sei. Mendel soll ihm dann lächelnd geantwortet haben: *„Diesen schnellen Puls habe ich konstant schon mehrere Jahre; es muss mit meinem Herzen etwas nicht in Ordnung sein."* Vgl. auch Iltis, S. 195. Während des Medizinstudiums von A. Schindler erkundigte sich Mendel bei diesem auch, wie dessen Universitätslehrer Heinrich von Bamberger (1822–1888) Herz- und Nierenleiden behandelte, da die harntreibenden Medikamente der Brünner Ärzte bei ihm zunehmend weniger Wirkung zeigten (siehe d. Brief von A. Schindler and H. Iltis vom 13. Dezember 1922, abgedr. in TLOGJM, S. 56–57). Alois Schindler hat über Mendels Herzleiden und Mendels Tod auch noch in einigen weiteren Briefen berichtet, die Alois Schindler 1928 an den damaligen Prokurator des Augustinerstifts in Brünn geschrieben hat (s. hierzu Kříženecký 1965b, S. 101–105).

[226] **Mendel als Raucher:** Mendel soll, insb. in seiner Prälatenzeit, bis zu 20 Zigarren täglich geraucht haben. Dies entsprach durchaus dem Zeitgeist, denn das Rauchen fand damals eine rasch zunehmende Verbreitung, wobei Zigarren deutlich beliebter waren als Zigaretten. Nach Mendels Neffen A. Schindler handelte es sich vorwiegend um die *„leichten Britannika"* und manchmal auch um kubanische Zigarren (s. d. Brief von A. Schindler an H. Iltis vom 9. Januar 1923, abgedr. in TLOGJM, S. 58–59). Den Rat seines Neffen, das Rauchen einzustellen, wollte Mendel jedoch nicht befolgen (ebd.). Die gleiche Darstellung ist dann auch in die Mendel-Biographie von Hugo Iltis eingeflossen (Iltis 1924, S. 194–195). In letzterer war jedoch der Satz ergänzt worden, dass Mendel *„wegen seiner Wohlbeleibtheit das Tabakrauchen ärztlicherseits empfohlen worden war."* Entgegen ihren Handelsnamen dürften Mendels Zigarren, auf Grund des Tabakmonopols, wohl primär aus der heimischen mährischen Produktion gestammt haben. Brünn war damals ein Zentrum der europäischen industriellen Zigarrenproduktion und aus den Statistiken der Brünner Handelskammer kann man entnehmen, dass Mitte der 1870er Jahre jährlich fast 200 Millionen Zigarren in den mähr. Fabriken in Göding/Hodonín, Iglau/Jihlava und Zwittau/Svitavy produziert wurden, wobei der Rohstoffbedarf an Tabakblättern jeweils zur Hälfte aus einheimischem und ausländischem Anbau (Amerika, Asien u. Europa) gedeckt wurde. Beschäftigt waren in den Zigarrenfabriken damals überwiegend Frauen, welche mehr als 90 % der über 4.000 Arbeiter in den mährischen Fabriken ausmachten. Der Tageslohn betrug oftmals weniger als 50 Kreuzer.

4 Gregor Mendel – eine kurze Biographie

welche bald so hochgradig wurde, daß ich die unbarmherzigsten Qualen zu erdulden hatte. Jetzt nach 5 Wochen ist das Uibel wenigstens in so weit behoben, daß ich meinen gewöhnlichen Beschäftigungen wieder aufzunehmen im Stande bin." Während des Frühjahres 1883 erkrankte er zunächst an einer „*Verkühlung*". Laut Iltis zog er sich diese bei einer Fahrt nach Groß-Raigern/Rajhrad zu.[227] Mendel wurde in der Folge bettlägerig und zog sich von seinen Verpflichtungen zurück.[228] So konnte er krankheitsbedingt auch den Versammlungen des Obst-, Wein – und Gartenbauvereins nicht mehr beiwohnen.[229] Dennoch wurden aus Mendels Zucht Sämlinge von Apfel- und Birnbäumen auf den Ausstellungen der Sektion präsentiert.[230]

Behandelt wurde er durch Hans Kudler vom Konvent der barmherzigen Brüder in Brünn.[231] Zur Behandlung wurden Mendel wiederholt Rezepte ausgestellt, welche unter anderem Digitalis-Pulver, *Kalium aceticum* und Scilla enthielten und welche zu jener Zeit häufig als Diuretikum zum Einsatz kamen.[232]

---

[227] Groß-Raigern/Rajhrad ist eine Kleinstadt ca. 15 km südlich von Brünn. Dort zu finden ist ein altes Benediktinerkloster, das 1048 n. Chr gegründet wurde (Sajner 1963). Vgl. Iltis 1924, S. 195.

[228] Iltis 1924, S. 195. **Rücktritt als Direktor der Mährischen Landes-Hypothekenbank:** Im Oktober 1883 teilte Mendel dem Landeshauptmann mit, dass er aus gesundheitlichen Gründen auf seinen Posten als Direktor der Mährischen Landes-Hypothekenbank verzichten müsse (s. hierzu den Verweis auf die telegraphische Mitteilung in der *Neue Freie Presse* Nr. 6874 vom 16. Oktober 1883, S. 7). Zwei Tage später musste im mährischen Landtag die Neuigkeit präsentiert werden, dass auch Mendels Stellvertreter, der Landtagsabgeordnete JUDr. Moriz Illek (1828–1884) aus gesundheitlichen Gründen seinen Posten nicht weiter ausfüllen konnte (s. hierzu d. *Brünner Ztg.* vom 18. Oktober 1883). Ende Oktober besuchten der damalige Rechtssekretär der Bank, Karl Kandler (1841–1913) und der Bankbuchhalter Gustav Placky den bettlägrigen Gregor Mendel, um diesen aufzumuntern und ihm Besserungswünsche von der ganzen Belegschaft, die vor dem Kloster wartete, zu bestellen (s. hierzu die *Brünner Ztg.* vom 30. Oktober 1883, S. [2]). Bei dieser Gelegenheit wurde Mendel ein photographisches Gruppenbild aller Bankbeamter in einem prachtvoll geschnitzten Rahmen als Geschenk überreicht (ebd.). Anschließend besuchten K. Kandler, G. Placky und die gesamte Belegschaft den kranken Illek, den sie gleichermassen beschenkten. Im Zeitraum von 1876 bis 1883, also in der Zeit, in der Mendel dort aktiv war, hatte die Bank nach eigenen öffentlichen Angaben mehr als 3.000 Hypotheken im Wert von nahezu 12 Mio. Gulden belehnt (entspr. heutiger Kaufkraft etwa 155 Mio. Euro) (s. *Wiener Allgemeine Ztg.* vom 20. Juli 1883, S. 7). JUDr. Karl Reissig sen. (1832–1908) übernahm als gewählter Direktor die direkte Nachfolge von Gregor Mendel (ebd.). Karl Kandler gehörte viele Jahre später, als zweiter stellvertretender Bürgermeister, zum Brünner Lokalkommitee, welches sich um die Errichtung des Denkmals für Gregor Mendel bemühte und das 1910 schließlich feierlich eingeweiht wurde (siehe Iltis 1911b, S. 344).

[229] Křiwanek & Suchanek 1898, S. 242.

[230] Ebd., S. 246.

[231] Kříženecký 1965b, S. 195; Sajner 1963, S. 377.

[232] Für Details zur weiteren medikamentösen Behandlung Gregor Mendels siehe insb. Sajner (1963), welcher 20 einzelne, für Mendel ausgestellte Rezepte, untersucht hat. Danach scheinen die als Diuretikum verordneten Arzneimittel zunehmend weniger Wirkung gezeigt zu haben. Mitte Dezember 1883 wurde Mendel deshalb *Cremor tartari (Kalium Hydrotartaricum)* als Diuretikum

Mendels Zustand verschlechterte sich jedoch zunehmend. Am 30. Juni stellte Primarius Dr. Brenner ein ärztliches Zeugnis aus, „[…] *daß er den Prälaten Mendel an einem organischen Herzleiden und allgemeiner Wassersucht behandele und unbedingte Ruhe erforderlich und jede Gemütsbewegung zu vermeiden sei […]*".[233]

Vermutlich im August weilte Mendel dann zur Kur im mährischen Rosenau/ Rožnov pod Radhoštěm, wo ihn auch seine Neffen Alois und Ferdinand Schindler besuchten. Der Überlieferung nach soll die Reise, die er zusammen mit seinem Klosterbruder Karl Ondráček angetreten hatte, Mendel gut getan haben, aber schon kurz danach verschlechterte sich sein Zustand wieder.

Am 13. September 1883 berichtete der Prokurator des Stiftes P. Ambros Poye, dass Mendel schwer krank sei und ihm deswegen neue Zahlungsaufträge nicht zugestellt werden könnten.[234] Im Oktober wurde seine Medikation geändert und da Mendel über Schlaflosigkeit und Unruhe klagte, wurde er durch Zugabe von Morphin ruhig gestellt.[235]

Kurz vor seinem Tod verfasste Gregor Mendel noch einen Abschiedsbrief an seinen Neffen Alois Schindler (1859–1930) sowie eine humorvolle Verabschiedung an seinen ehemaligen Schüler und späteren Freund Josef Liznar (1852–1932).[236]

Am 6. Januar 1884 gegen halb zwei Uhr nachts starb Gregor Mendel 62-jährig vermutlich in Folge eines Herz-/Nieren-Leidens.[237] Sein Arzt H. Kudler konnte nur noch seinen Tod feststellen.[238] Mendels Leichnam wurde auf eigenen Wunsch seziert und am

---

und *Eleosacharum foeniculi* möglicherweise als Expectorans gegen eine sich entwickelnde Lungenstasis verschrieben (ebd.). Zudem erhielt Mendel Mittel gegen Diarrhöen und ein starkes Wacholderpräparat (ebd.). Zur Behandlung Mendels siehe auch die Faksimile zweier Rezepte in Pardy Fialová & Doubek (2022).

[233] Iltis 1924, S. 188; Kříženecký 1965b, S. 195; Sajner 1983, S. 86.

[234] Ebd.

[235] Sajner 1963.

[236] Kříženecký 1965b, S. 127 & 195. S. a. Iltis 1924, S. 194; Vávra 1972. Zur Beziehung zwischen Liznar und Mendel siehe auch Kap. 5. Liznar berichtete dem Mendel-Biographen Hugo Iltis später, dass er „*das Glück gehabt*" hatte, „*zu seinen Lehrern auch Gregor Mendel […] zählen zu dürfen*", der bei ihm auch „die Lust und Liebe zur Naturwissenschaft geweckt hatte" (Ebd., S. 55). Von Liznar stammt auch eine der wenigen Beschreibungen zum Unterricht Mendels. Liznar berichtete, dass Mendel die Angewohnheit hatte, einen Schüler zum Aufseher in der Pause zu bestimmen. Gab es Klage, so musste dieser darüber Bericht erstatten.

[237] Sajner 1963; Kříženecký 1965b, S. 195. Laut Sterbeurkunde wurden *Morbus Brightii* (Brightsche Krankheit) und Wasserödem als Todesursachen angegeben, wobei heute eine Nephritis als Grunderkrankung angenommen wird, die letztendlich zu einem Herzversagen führte. Siehe hierzu auch die *Covington Mendel Collection*, Archiveinheit Nr. 44 mit einer Abschrift der „*Todten-Besichtigungs-Anzeige*" vom 7. Jänner 1884, ausgestellt und besiegelt durch das Todtenbeschreibamt der Stadt Brünn [„Dr. Wagner m/p; Concordat cum originali"].

[238] Ebd.

9. Januar 1884 auf dem Brünner Zentralfriedhof in der Konventsgruft beigesetzt.[239] Leoš Janáček[240], später als Komponist bekannt geworden, dirigierte als Chorleiter das in der Kirche zu Ehren Mendels aufgeführte Requiem.[241]

Auf dem deutschen Gedenkblatt wurden zwei Zitate aus der Bibel ausgeführt: *„Justorum animae in manu Dei sunt"*[242] und *„Tribulatio patientiam operatur, patientia autem probationem, probatio vero spem, spes autem non confudit"*.

Mendel Todesanzeigen

Die Bedeutung, die Mendel schon zu Lebzeiten hatte, reflektieren auch die vielfältigen Todesanzeigen in den lokalen Zeitungen in Brünn, Mähren und Österreich.[243] Die Olmützer Zeitung *Die Neue Zeit* berichtete gar davon, dass der Mährische Landtag *„in einer äußerst schmeichelhaften Weise sein gemeinnütziges Wirken anerkannt"* hat und dass sich Mendel in seiner Zeit als Professor der Physik and Naturkunde an der Staatsoberrealschule *„Hunderte Studenten zu Freunden gemacht"* habe.[244] Das *Neutitscheiner Wochenblatt für Stadt und Land* würdigte Mendel mit besonders lobenden Worten, darauf verweisend, dass an dem Verblichenen *„die Armuth einen großen Wohlthäter und*

---

[239] Křiženecký 1965b, S. 195–196.

[240] **Leoš Janáček (1854–1928)** war ein mährischer Komponist und Schüler des Augustinermönchs, Kirchenmusikers und Musiklehrers Pavel Křížkovský, dessen musikalische Aktivitäten im Kloster Mendel aktiv unterstützt hatte (Corcos & Monaghan 1993, S. 35). Janáček lebte von 1865 bis 1869 als Chorknabe im Augustinerstift in Brünn, wobei ein Stipendium des Klosters finanziell für Kost und Logis sorgte. Als Schüler besuchte er in dieser Zeit die Deutsche Realschule. Nach einem Studium am Leipziger Konservatorium sowie in Wien kehrte er nach Brünn zurück. Dort dirigiert er im Dezember die Aufführung von Smetanas Stück „Moldau/Vltava". Im Herbst 1881 wurde er zum Direktor der neuen Orgelschule in Brünn ernannt, welche im folgenden Jahr eröffnet wurde. Den Posten des Direktors füllte er bis zu seiner Pensionierung im Jahre 1920 aus. Aus der Orgelschule war damals bereits das Brünner Konservatorium hervorgegangen. Zu den heute noch bekanntesten Werken Janáčeks gehören seine Opern sowie seine Sinfonietta, welche er anlässlich der Unabhängigkeitserklärung der Tschechoslowakei komponierte. In seinen persönlichen Erinnerungen konnte er sich noch gut an seine Zeit im Königinkloster und das dort geführte strenge Regime für die Chorknaben erinnern. Hierzu gehörte auch eine Episode, in welcher Janáček und einige andere Jugendliche sich daran machten, die Äpfel des Klostergartens zu plündern und hierfür von Pavel Křížkovský in allen Tonlagen gezüchtigt worden sind. Biogr. Ang. n. Vogel 1981; S. a. BLBL 1979, Bd.2, Lfg.1, S. 19.

[241] Křiženecký 1965b, S. 196. Vgl. Matalová 1984.

[242] Vgl. Das Buch der Weisheit, Kap. 3.1.

[243] Siehe die Todesanzeigen in *Deutsche Stimmen aus Mähren – Politische Wochenschrift* 2, vom 13. Januar 1884, S. 2; *Olmützer Ztg. – Organ für konservative Interessen* 10, Nr. 790, S. 2; *Mährisches Tagblatt* 5, vom 8. Januar 1884, S. 4; *Neutitscheiner Wochenblatt für Stadt und Land* 11, vom 12. Januar 1884, S. 4.; *Weisskirchen-Leipniker Local-Anzeiger* 7, vom 13. Januar 1884, S. 4; *Troppauer Ztg.* 99, vom 9. Januar 1884, S. 4; *Brünner Ztg.* 34, vom 7. Januar 1884, S. 3; *Mährischschlesischer Correspondent* 24, vom 7. Januar 1884, S. 4.

[244] Siehe die Todesanzeige zu Mendels Ableben in *Die Neue Zeit* 37, vom 8. Januar 1884, S. 3.

die Menschheit einen der edelsten Charaktere, einen warmen Freund und Förderer der Naturwissenschaften und einen mustergiltigen Priester" verloren habe.[245]

Seine naturwissenschaftlichen, aber auch ökonomischen Bestrebungen wurden überhaupt in einer ganzen Reihe von Nekrologen besonders hervorgehoben. So berichtete beispielsweise die *Troppauer Zeitung*, dass viele Vereine ihn zum Ehrenmitglied ernannten und dass seine *„rege Theilnahme an volkswirthschaftlichen Vereinen, besonders seine Verdienste um die Pomologie und Bienenzucht"* ihm *„ein ehrendes Denkmal im Herzen Aller, die den würdevollen und doch so bescheidenen Mann kannten, auch über das Grab hinaus sichern"* werde.[246] Die *Brünner Zeitung* berichtete ähnlich und hielt fest, dass seine *„Untersuchungen über Pflanzen-Bastarde"* besonders *„hervorzuheben sind"*.[247] Der Obst-, Wein- und Gartenbau Verein erinnerte daran, dass der insulierte Abt besonders von der *„Pomologie und Blumenzucht"* eingenommen war, *„zu dem Zwecke, um durch künstliche Befruchtung neue Spielarten zu erzielen, was ihm bei einigen Kernobstarten und Fuchsien theilweise gelungen ist."*[248]

Um an das Andenken und die Verdienste des Abtes und Prälaten Mendel zu erinnern, wurde in Brünn schließlich schon während des Jahres 1884 beschlossen, ihm ein eigenes Grabdenkmal zu widmen. Die entsprechenden Skizzen wurden von Germano Wanderley[249] entworfen, das Denkmal selbst im Atelier des Bildhauers und Steinmetzmeisters Johann E. Tomola ausgeführt.[250] Allerdings dürften diese Bestrebungen nicht nur Mendel zu Ehren erfolgt sein. Vermutlich waren sie eher auch eine Reaktion auf die zu dieser Zeit bereits seit mehreren Jahren anhaltend geäußerte Kritik am Zustand des Altbrünner Friedhofs sowie den Gräbern von mehreren damals bekannten Augustinern.[251]

---

[245] Siehe *Neutitscheiner Wochenblatt für Stadt und Land* 11, vom 12. Januar 1884, S. 4.

[246] *Troppauer Ztg.* 99, vom 9. Januar 1884, S. 4.

[247] *Brünner Ztg.* 34, vom 7. Januar 1884, S. 3.

[248] Ebd.

[249] **Germano Wanderley** (1845–1904) war ein deutsch-brasilianischer Architekt und Hochschullehrer, der u. a. an der Berliner Bauakademie studiert hat. Von 1864 bis 1875 lehrte er an der Baugewerkschule Eckernförde. Von 1875 bis 1904 war er Professor an der Staats-Gewerbeschule bzw. an der Technischen Hochschule in Brünn (Galeta 2018). Als Architekt spezialisierte sich Germano Wanderley auch auf landwirtschaftliche Gebäude und gelegentlich sind Pläne von Landhäusern in Brünn in den 1880er Jahren in den Schaufenstern der k. k. Hofbuchhandlung Carl Winiker ausgestellt worden (siehe z. B. den *Tagesbote aus Mähren und Schlesien* vom 22. März 1883).

[250] *Brünner Morgenpost* 19, vom 13. Mai 1884, S. 2 sowie der Ausgabe Nr. 169 vom 24. Juli 1884, S. 3.

[251] Siehe hierzu bspw. der *Mährisch-schlesischer Correspondent* 19, vom 25. September 1879, S. 4: *„Im Gegensatze zu den prachtvollen Anlagen und prächtigen Grabmonumenten, die der Besucher auf dem hiesigen städtischen Friedhofe findet, läßt der Altbrünner Friedhof in Bezug auf die Anordnung und Instandhaltung sehr viel zu wünschen übrig. Und doch ruhen auf diesem Gottesacker die Prälaten des Augustinerstiftes, die Conventualen des Barmherzigen-Klosters und Männer von Auszeichnung […]. Vielleicht bewirkt diese Anregung, daß von berufener Seite für die Ausschmückung des Altbrünner Friedhofes etwas unternommen wird."*

4 Gregor Mendel – eine kurze Biographie

Nach seinem Tod sollte sein Nachlass zum größten Teil, wie es bei den Ordensmitgliedern üblich war, vernichtet werden.[252] Abweichend beschrieb Mendels Neffe A. Schindler nach der „Wiederentdeckung", dass Mendel seinen schriftlichen Nachlass möglicherweise auch selbst vernichtet haben könnte. Sicher ist, dass Gregor Mendel bei seinem Ableben ein beachtliches Barvermögen von 5.200 Gulden sowie wertvolle Objekte und desweiteren andere Gegenstände in Silber besessen hat.[253]

Das einzige offizielle „*Prälatbild*" wurde von Alois Zenker (1845–1903) erst nach seinem Tod fertiggestellt.[254]

---

[252] Orel 2003, S. 144.

[253] **Mendeliana**: Die obigen Angaben basieren auf der Beschreibung einer Versteigerung bei Christies (Lot 143) im Jahr 2005, bei welcher eine Sammlung verschiedener Mendel Dokumente unter den Hammer kam. Dazu gehörten zwei Inventarlisten zu Mendels Besitz bei seinem Tod. Daneben enthielt diese Kollektion zwei Briefe von Matouš Klácel (vom 8. August 1867) und Václav Šembera (vom 30. August 1867) in welchen diese die Klosterbibliothek besprachen und deren Wert schätzten (4500 fl. bzw. 1800 fl.). Vgl. https://www.christies.com/lotfinder/Lot/mendel-gregor-1822-1884-a-collection-of-documents-4601857-details.aspx (zuletzt aufgerufen am 8. Mai 2019).

[254] Šebela & Obermajer 1991/92, S. 15.

Publikationsverzeichnis von Gregor Mendel

5

Michael Mielewczik, Michal V. Simunek und Uwe Hoßfeld

5.1 Wissenschaftliche Publikationen

Gregor J. Mendel gehört zu den bedeutenden Wissenschaftlern, die in ihrer Karriere nur relativ spärlich publiziert haben. Seine wichtigste Arbeit war dabei ohne Frage der Artikel *„Versuche über Pflanzen-Hybriden"*, welche durch eine, einige Jahre später erschienene Veröffentlichung zu Kreuzungen und künstlicher Befruchtung bei Hieracien ergänzt wurde (Mendel 1869). Diese beiden Artikel waren jedoch nicht die einzigen wissenschaftlichen Publikationen Mendels.

Bereits kurz nach seinem Studium in Wien in den 1850er Jahren verfasste er zwei kurze Berichte zu den Pflanzenschädlingen *Bruchus pisi* (Gemeiner Erbsenkäfer) und *Botys margaritalis* (Rübsaatpfeifer) (siehe Kap. 2). Zum wissenschaftlichen Hintergrund dieser beiden Arbeiten (Mendel 1853 u. Mendel 1854) ist bislang, abseits ihres eigentlichen Inhaltes, nicht viel bekannt. Der erste dieser beiden kleinen entomologischen Arbeiten beschäftigte sich mit dem Lebenszyklus des Rübsaatpfeifers (Mendel 1853). Der kleine Artikel macht dabei deutlich, dass Mendel an diesem Schädling vor allem aus

M. Mielewczik (✉)
Adlikon bei Regensdorf, Schweiz
E-Mail: michaelmielewczik77@gmail.com

M. V. Simunek
Institut für Zeitgeschichte, Akademie der Wissenschaften der Tschechischen Republik, Prag 6, Tschechische Republik
E-Mail: simunekm@centrum.cz

U. Hoßfeld
AG Biologiedidaktik, Universität Jena, Jena, Deutschland
E-Mail: uwe.hossfeld@uni-jena.de

© Springer-Verlag GmbH Deutschland, ein Teil von Springer Nature 2024
M. Mielewczik et al. (Hrsg.), *Gregor Mendel*, Klassische Texte der Wissenschaft,
https://doi.org/10.1007/978-3-662-57976-3_5

ökonomischen Gründen ein Interesse hatte (vgl. Kap. 1). Er vertrat dort die Idee, dass man durch Veränderung des Aussaatzeitpunkts möglicherweise das Risiko eines Schädlingsbefalls vermindern kann. Sehr wahrscheinlich ist Mendel durch den kurz zuvor nach Brünn gekommenen Alexander Zawadzki beeinflusst worden. Dieser hatte schon zuvor in Lemberg/Lwiw umfangreiche phänologische Studien bei Insekten und Pflanzen durchgeführt, welche er in der Folge auch in Brünn fortgesetzt hat, wobei seine jahreszeitlichen Beobachtungen in den 1850er und 1860er Jahren oftmals in Form kurzer Naturkalender in der *Brünner Ztg.* abgedruckt worden sind. Hierbei kam ihm zugute, dass nach 1848 die *Brünner Ztg.* als Landesorgan vom mährischen Landtag finanziell unterstützt wurde, wobei explizit eine halbe Seite für naturwissenschaftliche Themen angedacht war. Zawadzki war auch nicht der Einzige in Brünn, der sich an der Bearbeitung solcher Naturkalender beteiligte. Die überwiegende Mehrheit dieser Artikel ist anonym verfasst und oftmals auch durch meteorologische Messdaten ergänzt, weshalb man wohl davon ausgehen darf, dass einige dieser Artikel auch von dem Brünner Arzt Paul Olexik sowie Gregor Mendel verfasst worden sein dürften, ohne dass dort heute eine genaue Zuordnung und Attributierung möglich ist. Im Kontext der Studien von Pflanzenschädlingen war Zawadzkis Einfluss auf Mendel vermutlich aber noch direkter, denn Zawadzki hat in der ersten Hälfte der 1850er Jahre damit begonnen, eine Sammlung von Pflanzenschädlingen zusammenzustellen. Davon zeugt heute noch ein bei Carl Winiker gedruckter und in der Brünner Landesbibliothek erhalten gebliebener „*Katalog der Kunst- und Producten-Ausstellung der k. k. mähr. schles. Gesellschaft für Ackerbau, Natur- und Landeskunde*" aus dem Jahr 1854 (siehe S. 11, d. Exponate 329–333 mit schädlichen Insekten). Mendels Interesse an pflanzenpathologischen Themen und Fragestellungen in Zusammenhang mit Ökonomie und Meteorologie ist übrigens schon in dieser Zeit auch anderweitig belegbar. So berichtete er in einem vermutlich aus dem Dezember des Jahres 1852 stammenden Brief an seine Eltern zu der durch *Phytophthora infestans* hervorgerufenen Knollenfäule, die damals Europa heimsuchte:

„*Mit Schrecken habe ich vernommen, daß auch bei Euch die Erdäpfelfaulniß um sich greife. Fast im ganzen nördlichen und mittleren Europa hat diese Seuche auf dem Felde und in Kellern viel Schaden angerichtet. Jedenfalls tragen die vorhergegangenen nassen Jahre die Schuld. Die Noth steigt unter der ärmeren Volksklasse von Tag zu Tag, da bei fortwährend hohen Getreidepreisen auch die Anschaffung der Erdäpfel (der Metzen kostet in Brünn noch über 3 Gulden) fast unmöglich wird. Mittel gegen die Fäule werden Euch schon auf obrigkeitlichem Wege bekannt gemacht worden sein. Das Beste ist, die gesunden von den angefaulten zu trennen, erstere gut zu trocknen und dann in trockenen Orten aufzubewahren, letztere aber, um die weitere Fäulniß zu verhindern, zu überdörren, um sie wenigstens als Viehfutter verwenden zu können […]*" (Kříženecký 1965b, S. 113–114).

Aus eben solchen praktischen Betrachtungen ist vermutlich auch seine zweite wissenschaftliche Arbeit zum Erbsenkäfer entstanden (Mendel 1854). Letztere Publikation bildet dann auch die Überleitung zu Mendels Kreuzungsexperimenten, deren Ergebnisse er schließlich 1866 publizierte (Mendel 1866; siehe Kap. 1 & 2), denn in den Jahren 1854 bis 1855 wurden hierfür die ersten Vorversuche an Erbsen durchgeführt. Ein

Briefwechsel mit dem Botaniker Carl Wilhelm von Nägeli hat u. a. dazu geführt, dass Mendel seine weiteren Studien und Kreuzungsversuche auf eigenen Vorschlag hin insbesondere an Hieracien durchgeführt hat (siehe Kap. 3 u. 6). Dazu beigetragen hat wohl auch die Ansicht Nägelis, dass die statistischen Ergebnisse bei Erbsen alleine nicht ausreichen würden, um daraus allgemein gültige Regeln abzuleiten. Tatsächlich hat Mendel seine an Erbsen gewonnen Erkenntnisse zu numerischen Gesetzen der Vererbung bei Hieracium nicht replizieren können (Mendel 1869; siehe Kap. 3). Nach der „Wiederentdeckung" wurde dies schon bald damit erklärt, dass sich die Mehrheit der Hieracien insbesondere im Subgenus *Pilosella* vorwiegend nicht sexuell, sondern ungeschlechtlich bzw. apomiktisch vermehren[1]. Der Briefwechsel mit C. W. von Nägeli war allerdings nicht der einzige Grund, warum Mendel seine Kreuzungsexperimente mit Erbsen aufgegeben hat. Hierfür gab es zwei weitere Gründe. Zum einen geht aus Mendels Briefen an Nägeli hervor, dass eine zunehmende Verbreitung des Erbsenkäfers *Bruchus pisi* L. in Brünn die weitere Arbeit mit Erbsen für Mendel zumindest deutlich erschwerte. Zum anderen war es wohl auch ein Mangel an Arbeitskräften, welche die aufwendigen Kreuzungsexperimente zunehmend schwieriger machten. Zunächst hatte Mendel zwar noch gehofft, dass er als Abt nun hierfür mehr Zeit aufwenden könnte, allerdings zeigte sich im Kloster schon sehr bald nach der Abtwahl Mendels ein deutlicher Priestermangel (siehe Kap. 4). All dies hat dazu beigetragen, dass es nach 1869 keine weiteren Publikationen zu Kreuzungsexperimenten gegeben hat. Aus Briefen Mendels und anderen historischen Quellen lassen sich jedoch fragmentarische Informationen zu weiteren Kreuzungs- und Anbauversuchen Mendels gewinnen (siehe Kap. 3).

Neben diesen vorwiegend biologischen Studien beschäftigte sich Mendel vor allem mit der Meteorologie, an der er seit einer universitären Hausarbeit im Jahr 1850 (siehe Kap. 4) kontinuierlich Interesse gezeigt hatte. Die Ergebnisse seiner meteorologischen Beobachtungen und Studien hat Gregor Mendel in insgesamt 10 eigenen Artikeln unterschiedlicher Länge in den Jahren 1857 bis 1882 niedergeschrieben. Inhaltlich beschäftigten sich diese Studien primär mit den lokalen klimatischen Verhältnissen von Brünn und Mähren. Eine detaillierte Betrachtung von Mendels umfassender meteorologischen Arbeiten ist nicht Ziel der vorliegenden textkritischen Ausgabe. Auf einige Punkte, welche ökologische Aspekte aber auch die Publikationstätigkeit Mendels betreffen, sei an dieser Stelle jedoch kurz hingewiesen. Interessant ist zunächst, dass Mendels Veröffentlichungen zur Meteorologie eine explizite Vorgeschichte gehabt haben. In den 1850er Jahren war es dabei zunächst zur Gründung der k. k. Centralanstalt für Meteorologie und Erdmagnetismus in Wien gekommen, die von Karl Kreil (1798–1862) geleitet wurde. Praktisch parallel dazu erschienen die ersten beiden von Karl Kreil herausgegebenen Jahresberichte, die am 23. Juli 1851 in allerhöchster Entschließung durch Kaiser Franz Joseph I. bewilligt worden und in denen auch eine Geschichte der meteorologischen Messungen, u. a. in anderen österreichischen Kronländern, enthalten war. Das Ziel der neu gegründeten Anstalt war dabei von Anfang an ein die gesamte Mo-

---

[1] Ostenfeld 1904, 1910; Ostenfeld & Rosenberg 1906.

narchie umfassendes Beobachtungsnetzwerk von standardisierten Messstationen zu etablieren. Kreils Intentionen gingen darüber aber noch weit hinaus. Sein Adjunkt, der aus Prag stammende Karl Fritsch (1812–1879), initiierte schon 1852, dass umfangreiche Beobachtungsreihen zur Phänologie, also der Lehre von den periodisch wiederkehrenden Wachstums- und Entwicklungserscheinungen in der belebten Umwelt, ebenfalls vom Stationsnetzwerk erhoben werden sollten. Diese Bestrebungen darf man wohl als das flächendeckend umfangreichste, staatlich koordinierte Forschungsvorhaben des 19. Jahrhundert betrachten, dessen enorme Fläche heute noch daran ersichtlich ist, dass die daraus hervorgehenden Beobachtungsstationen zum jetzigen Zeitpunkt im Staatsgebiet von nicht weniger als 10 europäischen Ländern (Österreich, Italien, Kroatien, Polen, Rumänien, Slowakei, Slowenien, Tschechien, Ukraine, Ungarn) liegen. Den Ansinnen K. Kreils und K. Fritschs war man in Brünn und Mähren jedenfalls sehr positiv gegenüber aufgestellt, wodurch es letztendlich zu einer Kooperation mit der Ackerbaugesellschaft in Brünn gekommen ist. In einem ersten Schritt, im Winter (1855–1856), veröffentlichte zunächst der Finanzrat, Historiker und spätere Bürgermeister Brünns Christian d'Elvert im damals erst kurz zuvor gegründeten *Notizenblatt der historisch-statistischen Section der kais. Königl. Mähr. Schles. Gesellschaft zur Beförderung des Ackerbaues, der Natur- und Landeskunde* eine Schriftenreihe zur Geschichte der ältesten meteorologischen Messungen in Mähren und Schlesien. Zudem wurde in der Brünner Ackerbaugesellschaft zu Beginn des Jahres 1857 die Gründung einer landwirtschaftlichen agrikulturchemischen Versuchsstation diskutiert, in welcher zum einen Düngerversuche, zum anderen aber auch meteorologische Beobachtungen durchgeführt werden sollten.[2] Eine derartige Versuchsstation ist dann auch tatsächlich kurze Zeit später in Raitz/Rájec nad Svitavo gegründet worden,[3] hat jedoch nur wenige Jahre Bestand gehabt. Mendels erste, bislang unbekannte, meteorologische Publikation, die von uns identifiziert werden konnte, war ein 1857 erschienener Artikel über ein schweres Gewitter in Brünn, welchen Mendel als Bericht an die k. k. Central-Anstalt für Meteorologie und Erdmagnetismus gesendet hatte und welcher dann vollumfänglich in der *Brünner Ztg.* abgedruckt worden ist (Mendel 1857, siehe Kap. 2). Direkter Auslöser dafür war vermutlich ein kurz zuvor erschienener Artikel von Karl Schwippel, in welchem er im Namen der naturwissenschaftlichen Sektion der Brünner Ackerbaugesellschaft „*alle Freunde der Naturwissenschaft*" dazu aufforderte der Sektion Mitteilungen über „*besondere Naturerscheinungen*" zu machen. Hierbei hatte er insbesondere die Beobachtungen zu Erscheinungen in der Atmosphäre, „*wie z. B. Gewitter von besonderer Heftigkeit*", sowie Beobachtungen „*über oft plötzlich eintretende schädliche Einwirkung der Atmosphäre auf die Vegetation u.s.w., so wie Erscheinungen von verheerenden Insektenschwärmen, oder von zahlreichen Feldmäusen u. dgl.*" im Sinn (Schwippel 1857d). Ein eben solch heftiges Gewitter hat Mendel zwei Monate später in einem kurzen meteorologischen

---

[2] Wels 1857.
[3] Belcredi 1857.

Artikel in der *Brünner Ztg.* beschrieben, wobei er auch auf die Verwüstungen in Gärten und Feldern kurz einging (siehe Kapitel 2.3; Mendel 1857). Bereits bekannt war, dass Mendel in seinen letzten Lebensjahren in der *Zeitschrift der österreichischen Gesellschaft für Meteorologie* in zwei sehr kurzen Texten noch einmal über von ihm beobachtete Gewitter publiziert hat (Mendel 1879, 1882). Auch Mendels wohl bekanntester meteorologischer Artikel, eine Beschreibung eines von ihm in Brünn im Jahr 1870 beobachteten Tornados (Windhose), behandelte ein derartiges Thema (Mendel 1871). Mendel beschrieb darin einen seltenen, sich im Uhrzeigersinn drehenden Sturm, der am 13. Oktober 1870 nachmittags wütete, besagte Windhose ausbildete und in Brünn schwere Verwüstungen anrichtete. Mendel beobachtete damals, dass sich plötzlich gegen 2 Uhr nachmittags der Himmel stark verdunkelte und als der Sturm genau über das Kloster hinweg zog, alle Wände wackelten, Glasscheiben klirrten und Ziegel herunterfielen. Als er wenig später die Windhose selbst sehen konnte, stellte er fest, dass man in der Wolke an deren oberen Basis in kurzen Intervallen immer wieder elektrische Blitze erkennen konnte. Der angerichtete Schaden war im Übrigen sehr groß und vielfältig. Bäume waren entwurzelt, Dächer teilweise oder vollständig abgedeckt, und viele tausende Fensterscheiben in Brünn waren durch die Heftigkeit des tobenden Sturms und herumfliegende Gegenstände zerborsten. Alleine in der Altbrünner Stiftskirche zählte man damals nicht weniger als 1300 zerbrochene Scheiben und ähnlich viele auch an den Stiftsgebäuden. In dem Bericht zur Windhose wird übrigens auch das oben bereits erwähnte Gewitter vom 7. August 1857 erwähnt. Allen diesen Artikeln gemein ist, dass sie sich durch eine sehr genaue Beobachtungsgabe Mendels auszeichnen. Mitunter bediente sich Mendel dabei einer sehr lebhaften Erzählform. Tatsächlich ist es äußerst unwahrscheinlich, dass es sich bei diesen vier Artikeln um die einzigen Texte Mendels zu Wetterbeobachtungen handelt. In den lokalen Brünner Zeitungen sind in den 1850er bis 1870er Jahren immer wieder ähnliche Berichte publiziert worden. Allerdings sind diese oft anonym abgedruckt worden, so dass eine explizite Zuordnung kaum möglich ist. Mendel taucht dort unseres Wissens nirgendwo als Autor direkt auf. Sicher ist allerdings, dass er ab spätestens Dezember 1857 eine wesentlich aktivere Rolle innerhalb der meteorologischen Tätigkeiten der k. k. mähr.-schlesischen Ackerbaugesellschaft übernommen hat. Hierzu gehörte beispielsweise eine Zusammenarbeit mit Carl Schwippel, der damals als neues Mitglied die Aufgabe übernommen hatte, die mehrjährigen meteorologischen Aufzeichnungen von Paul Olexik zu bearbeiten[4]. Teil dieser Kooperation war, dass Mendel sich vermutlich auch wegen seiner schönen und sicheren Handschrift, dazu bereit erklärte, die Kurven für die Messungen Olexik für das Jahr 1856 zu erstellen[5]. Mendels weitere meteorologischen Publikationen hatten primär einen lokalen bzw. regionalen Bezug. Letzteres ist vermutlich auch der Grund, warum diese in der wissenschaftlich historischen Literatur zwar als interessant befunden worden sind, praktisch jedoch bis auf einzelne Ausnahmen

---

[4] Schwippel 1858.
[5] Schwippel 1857c.

kaum Beachtung gefunden haben. Letzteres zu Unrecht, denn auch diese Publikationen sind durchaus innovativ und behandeln mitunter Aspekte, die auch heute noch von Relevanz sind. Allgemein beschäftigten sich Mendels Arbeiten dabei mit der Kompilation von klimatischen Messungen zu Temperatur, Windrichtung, Luftfeuchtigkeit im Verlauf der Jahreszeiten und in Abhängigkeit der regionalen Varianz an unterschiedlichen Standorten, sowie mit der Messung von Ozonwerten. Bemerkenswert ist hierbei, dass man die statistische Auswertung und Zusammenfassung Mendels von Messungen verschiedener Stationen und Wissenschaftler durchaus als sehr frühe quantitative Meta-Analyse verstehen darf. Mendels erst in den *VNV* abgedruckte Abhandlung zum Klima Brünns zeichnet sich zudem durch einige bemerkenswerte Beobachtungen und Erkenntnisse aus (siehe Mendel 1863). So hat beispielsweise bereits Munzar (1994) darauf hingewiesen, dass Mendel in dieser Abhandlung bereits das Phänomen von städtischen Wärmeinseln beschrieben hat und er somit in Österreich der erste Meteorologe war, der sich mit diesem stadtklimatischen Phänomen auseinandergesetzt hat. Möglich war dies, weil ihm sowohl innerstädtische als auch Messungen von weiter außerhalb liegenden Regionen zur Verfügung standen. Er berichtete zum Phänomen der städtische Wärmeinseln:

„Die Temperatur der Luft wurde auf der grossen Bäckergasse mit zweckmässig aufgestellten Instrumenten von Kapeller, beobachtet. Versuche, die in den letzten Jahren gleichzeitig in der inneren Stadt und an der Linie einer Vorstadt angestellt wurden, haben es ausser Zweifel gestellt, dass das Jahresmittel der Luftwärme gegen das Centrum der Stadt hin merklich zunehme. Der beobachtete Temperaturunterschied erscheint im Sommer und Winter grösser, als im Frühjahre und Herbste, und tritt namentlich an Tagen mit ruhiger Luft und unbedecktem Himmel sehr deutlich hervor" (Mendel 1863, S. 246).

Beachtenswert ist dabei auch, dass Mendel diese differentiellen Unterschiede auf anthropogene Ursachen zurückführte (ebenso Munzar 1994). So berichtete er, dass

„an heiteren Sommertagen Strassenpflaster, Mauern, Stein- und Ziegeldächer von der Sonne erhitzt, eine ausgiebige Wärmesteigerung in den anliegenden Luftschichten veranlasse; im Winter aber die aus Thüren und Fenstern entweichende warme Luft, die aus Schornsteinen aufsteigenden heissen Rauchsäulen, nebst dem über die Stadt gespannten Rauchnebel viel zur Milderung der Temperatur beitragen."

In seinen weiteren meteorologischen Publikationen aus den Jahren 1864, 1865, 1866, 1867 und 1870 hat Gregor Mendel dann die klimatischen Beobachtungen für Mähren und Schlesien jährlich zusammengefasst. Damit folgte seine Arbeit praktisch direkt den Forderungen der k. k. Centralanstalt für Meteorologie und Erdmagnetismus das Beobachtungsnetzwerk auf Mähren und Schlesien auszuweiten. Es ist darauf hinzuweisen, dass durch diese Neuaufstellung des zeitlichen Ablaufs der Publikationstätigkeit Mendels klar wird, dass seine beiden Großprojekte, nämlich seine langjährigen Kreuzungsversuche und auch seine meteorologischen Kompilationen und später dann auch eigenen meteorologischen Messungen, in dem relativ kurzen Zeitraum von 1856 bis 1857 ihren Anfang genommen haben. Für seine Kreuzungsversuche mag gerade die Diskussion um den Aufbau einer agrikulturchemischen Versuchsanstalt, auch wenn er an deren Aufbau nicht selbst beteiligt war, eine sehr wichtige Inspirationsquelle gewesen sein, denn eben diese Diskussion stellt einen wichtigen Verknüpfungspunkt zur Darstellung von Mendels Versuchen als Akklimatisationsexperimenten in den 1860er Jahren dar (siehe Kap. 1). Tatsächlich war es nämlich so, dass bei der Versuchsstation nicht nur dem Erheben meteorologische Daten Bedeutung beigemessen wurde, sondern auch das Problem des Selbstversorgungsgrades als nationalökonomisches Problem in Zentrum der Betrachtungen gestellt wurde.[6]

Diese oben genannten und unten aufgelisteten Publikationen bilden das Kerngerüst von Mendels wissenschaftlichem Schaffen. Als „echte" Publikationen sind sie in dieser Form praktisch in allen autoritativen Publikationsverzeichnissen zu den Arbeiten Mendels aufgeführt. Lediglich der meteorologische Bericht zu einem Unwetter (Mendel 1857) fehlt in früheren Auflistungen:

1. **Mendel G (1853)** Ueber Verwüstung am Gartenrettig durch Raupen *(Botys margaritalis)*. *Verhandl. d. zool.-bot. Vereins in Wien* 3: 116–118.
2. **Mendel G (1854)** Ueber , mitgeteilt von V. Kollar. *Verhandl. d. zool.-bot. Vereins in Wien* 4: 27–28.
3. **Mendel G (1857)** Ueber das Gewitter in Brünn am 7. August. *Brünner Zeitung*, 18. August 1857 (No. 186): 1.[7]
4. **Mendel G (1863)** Bemerkungen zu der graphisch-tabellarischen Uebersicht der meteorologischen Verhältnisse von Brünn. Mit einer Tafel. *VNV* 1: 246–249.
5. **Mendel G (1864)** Meteorologische Beobachtungen aus Mähren und Schlesien für das Jahr 1863. *VNV* 2: 99–121.
6. **Mendel G (1865)** Meteorologische Beobachtungen aus Mähren und Schlesien für das Jahr 1864. *VNV* 3: 209–220.
7. **Mendel G (1866a)** Versuche über Pflanzen-Hybriden. *VNV* 4: 3–47.
8. **Mendel G (1866b)** Meteorologische Beobachtungen aus Mähren und Schlesien für das Jahr 1865. *VNV* 4: 318–330.
9. **Mendel G (1867)** Meteorologische Beobachtungen aus Mähren und Schlesien für das Jahr 1866. *VNV* 5: 160–172.

---

[6] Weeber 1857

[7] **Über das Gewitter in Brünn am 7. August 1857:** Der Artikel ist in den autoritativen Publikationslisten zu Mendel nicht enthalten, obwohl der Bericht durch mehrere Zeitungen komplett, aber teilweise auch nur im Auszug, nachgedruckt wurde (Vgl. hierzu: Kříženecký 1965b; die *Bibliographia Mendeliana* in Jakubíček & Kubíček 1965; Jakubíček 1970, 1976; Weiling 1970a; Dubec & Orel 1980, S. S. 242; Czihak 1984, S. 62–63; Orel 1984 im Anhang [o. S.]; Nunez 2000). In seinem Bericht beschreibt Mendel ein besonders schweres Gewitter mit erheblichen Niederschlagsmengen. Siehe hierzu auch den Nachdruck im vorl. Band (Kap. 2).

10. **Mendel G (1870a)** Ueber einige aus künstlicher Befruchtung gewonnenen Hieracium-Bastarde. *VNV* 8: 26–31.
11. **Mendel G (1870b)** Meteorologische Beobachtungen aus Mähren und Schlesien im Jahre 1869. *VNV* 8: 131–143.
12. **Mendel G (1871)** Die Windhose vom 13. Oktober 1870. *VNV* 9: 229–246.
13. **Mendel G (1879)** Regenfall und Gewitter zu Brünn im Juni 1879. *Z. d. österr. Ges. für Meteorologie* 14: 315–316.
14. **Mendel G (1882)** Gewitter in Brünn und Blansko am 15. *Z. d. österr. Ges. für Meteorologie* 17: 407–408.

5.1.1 Berichte ohne Titel

In gewisser Weise ist diese Liste aber auch darüber hinaus als unvollständig anzusehen, denn daneben kennt man noch eine Reihe weiterer Berichte Mendels. Sie entstanden im Rahmen der Sitzungsprotokolle des Bienenzüchtervereins in Brünn, in dem er mitwirkte. Insbesondere in der *Honigbiene von Brünn* finden sich eine ganze Reihe solcher mal kürzerer, mal längerer Berichte zu seiner Tätigkeit als Imker. Diese wurden mal als direktes Zitat, mal als indirekte Zitierung in die Protokolle aufgenommen. Meist handelte es sich um Standpunkte, die Mendel in Diskussionsrunden während dieser Sitzungen vertreten hat. Mitunter mag es sich aber auch um echte Vorträge Mendels auf diesen Versammlungen gehandelt haben. In diesen Artikeln berichtete er beispielsweise über den *„Interessanten Fall einer Bienenräuberei"*, seine eigenen *„Überwinterungsversuche"*, über den Zustand von *„Mendels Bienenstock"*, von dem Problem der *„Annahme von Nachschwärmern"*, seine *„Versuche mit einer neuen Bienenrasse"* oder seinen Ansichten *„Zur Faulbrut"*.

Gemein ist all diesen Berichten letztendlich nur, dass sie nicht in Form echter Artikel und damit auch ohne eigenen Publikationstitel gedruckt worden sind. Dies dürfte auch der Hauptgrund sein, warum sie in den bisherigen Publikationslisten Mendels nicht aufgeführt wurden, auch wenn sie bekannt und für die wichtigsten Biographien genutzt worden sind.

Dabei sind es gerade diese Berichte, die besonders eindrücklich ein Bild von Mendels Tätigkeit und dem Enthusiasmus für seine naturwissenschaftliche Arbeit geben. Sie zeugen davon, dass Mendel leidenschaftlich argumentierte und dass er eine durchaus anekdotische Erzählweise nutzte, um seine Erfahrungen mitzuteilen. Desweiteren vermitteln sie am Beispiel der Bienenzucht, dass er ein großes Interesse an technischen Neuerungen hatte, soweit sich dieses als praktisch und nützlich erwies. Vor allem zeigen sie aber auch Mendels Ansichten zur Akklimatisierung nicht nur im Rahmen seiner *Versuche über Pflanzen-Hybriden* (vgl. Abschn. 1.1.1), sondern auch bei späteren wissenschaftlichen Beobachtungen (siehe auch die kritisch kommentierten Transkripte in der vorliegenden Ausgabe).

15. **Mendel G (1872a)** [Interessanter Fall einer Bienenräuberei]/Bericht über die Monatsversammlung vom 7. März. *Die Honigbiene von Brünn – Organ der Bienenfreunde Mährens* 6 (4): 50–52 (dort S. 52).[8]
16. **Mendel G (1872b)** [Kleine Notiz]/Ueber die Monatsversammlung am 4. April. *Die Honigbiene von Brünn – Organ der Bienenfreunde Mährens* 6 (6): 65–67 (dort S. 66).[9]
17. **Mendel G (1872c)** [Eine Anekdote aus Mendels Bienenstand]/Bericht über die Monatsversammlung vom 6. Juni 1872. *Die Honigbiene von Brünn – Organ der Bienenfreunde Mährens* 6 (7): 100–101 (dort S. 101).[10]
18. **Mendel G (1875a)** [Überwinterungsversuche]/Bericht über die Monatsversammlung am 11. März. *Die Honigbiene von Brünn – Organ der Bienenfreunde Mährens* 9 (3), S. 33–37 (dort S. 35–36).[11]
19. **Mendel G (1875b)** [Mendels Bienenstand]/Bericht über die am 29. Juli 1875 abgehaltene Monatsversammlung. *Die Honigbiene von Brünn – Organ der Bienenfreunde Mährens* 9 (9): 129–132 (dort S. 130).[12]
20. **Mendel G (1875c)** [Zur Annahme von Nachschwärmen]/Bericht über die am 29. Juli 1875 abgehaltene Monatsversammlung. *Die Honigbiene von Brünn – Organ der Bienenfreunde Mährens* 9 (9): 129–132 (dort S. 131).[13]
21. **Mendel G (1875d)** [Versuche mit einer neuen Bienenrasse]/Bericht über die am 29. Juli 1875 abgehaltene Monatsversammlung. *Die Honigbiene von Brünn – Organ der Bienenfreunde Mährens* 9 (9): 129–132 (dort S. 131–132).[14]
22. **Mendel G (1875e)** [Zur Faulbrut]/Bericht über die am 29. Juli 1875 abgehaltene Monatsversammlung. *Die Honigbiene von Brünn – Organ der Bienenfreunde Mährens* 9 (9): 129–132 (dort S. 132).[15]
23. **Mendel G (1875 f)** [Mittheilungen des Prälaten Mendels zur cyprischen Biene und dem Versand von Königinnen und Begleitbienen]/Bericht über die am 25. November 1875 abgehaltene Monatsversammlung. *Die Honigbiene von Brünn – Organ der Bienenfreunde Mährens* 9 (12): 178–182 (dort S. 180–182).[16]
24. **Mendel G (1876a)** [Mitthelungen Mendels über die Überwinterung von Bienen nach frühem Frost, dem Ausschwärmen der Bienen im Frühjahr und zu den Fortschritten mit seinen cypriotischen Hybriden. Bericht über die am 27. April

---

[8] Siehe hierzu auch den Nachdruck im hier vorl. Band (Kap. 2).
[9] Ebenso.
[10] Ebenso.
[11] Ebenso.
[12] Ebenso.
[13] Ebenso.
[14] Ebenso.
[15] Ebenso.
[16] Ebenso.

1876 abgehaltene Monatsversammlung]. *Včela Brněnská* 10(5): 65–68 (dort S. 66–68).

25. **Mendel G (1876b)** [Über ein schlimmes Bienenjahr und den kältesten Mai seit 100 Jahren. Bericht über die am 1. Juni 1876 abgehaltene Monatsversammlung]. *Včela Brněnská* 10(6): 82–85 (dort S. 82–83).

26. **Mendel G (1876c)** [Über das Füttern der Bienen Anfang Juni, den Überfluss weniger Tage später, sowie den Löwenschwanz als Futterpflanze für die Biene. Bericht über die am 1. Juni 1876 abgehaltene Monatsversammlung]. *Včela Brněnská* 10(7):97–99 (dort S. 98–99).

27. **Mendel G (1877)** [Über den Einfluss lokaler Wetterbedingungen auf den Bienenstock und den Honigertrag]/Bericht über die Monatsversammlung des mähr. Bienenzuchtvereines abgehalten am 12. Juli 1877 im Museumsgebäude in Brünn. *Die Honigbiene von Brünn – Organ der Bienenfreunde Mährens* 11 (8): 113–119 (dort S. 116–118).[17]

28. **Mendel G (1878)** [Überwinterung von Bienen in Nothstöcken]/Bericht über die am 6. Juni I. J. abgehaltene Monatsversammlung des mähr. Bienenzuchtvereines. *Die Honigbiene von Brünn – Organ der Bienenfreunde Mährens* 12: 105.[18]

5.1.2 Wissenschaftliche Arbeiten Mendels in Publikationen anderer Autoren

Einige Detailaspekte zu wissenschaftlichen Beobachtungen Mendels sind nicht in dessen eigenen wissenschaftlichen Publikationen zu finden. Sie verstecken sich, manchmal nur in Form sehr kurzer Einschübe, in den Schriften anderer Autoren. Dies gilt insbesondere für Mendels frühe phänologische Beobachtungen. Sehr interessant sind aber einige umfangreichere Beschreibungen der von Mendel durchgeführten Akklimatisationsversuche an tropischen Bienen. Diese sind gerade nicht in der bereits besprochenen *Honigbiene von Brünn* zu finden. Publiziert wurden sie vielmehr in mehreren Schriften zweier Autoren (Anton Tomaschek und F. Kühne), die mit Mendel kooperiert bzw. korrespondiert haben. Da deren diesbezügliche Artikel jedoch in Leipzig, Moskau und im ungarischen Temesvar erschienen sind, hat man hiervon sehr lange keine Kenntnis gehabt (siehe auch die kritisch kommentierten Transkripte in der vorliegenden Ausgabe in Kap. 2). Ein weiteres Tätigkeitsfeld in der wissenschaftlichen Arbeit Gregor Mendels, welches kaum bekannt sein dürfte, waren dessen durch den Münchner Chemiker Max von Pettenkofer (1818–1901) angeregten und von Mendel selbst über mehrere Jahre durchgeführten

---

[17] Siehe hierzu auch den Nachdruck im vorliegenden Band (Kap. 2).
[18] Dito (siehe Kap. 2.).

Messungen des Grundwasserspiegels.[19] Pettenkofer vermutete damals einen Zusammenhang zwischen den unregelmäßig wiederkehrenden Choleraepidemien und dem Steigen und Fallen des Grundwasserspiegels. Er führte deshalb zwischen 1856 und 1862 alle 14 Tage Messungen an fünf verschiedenen Brunnen in München durch. Zur besseren Untermauerung der dabei ermittelten Ergebnisse hatte Pettenkofer vorgeschlagen, dass gleichartige Messungen auch an anderen Orten durchgeführt werden sollten.[20] Mendel hat von dieser Aufforderung aus einer Zeitungsanzeige in der Tagespresse erfahren und dann von 1865 bis 1880 eigene Grundwasserstandsmessungen in einem Brunnen im Kloster durchgeführt, welche er in einem heute wohl verlorenen Beobachtungsheft handschriftlich niedergeschrieben hat.[21] Mit welcher Intention Mendel die Beobachtungsreihe 1865 gestartet hat, ist nicht überliefert. Es ist durchaus möglich, dass er diese schlichtweg als weitere meteorologische Kontrollmessung verstanden hat, von denen er annahm, dass sie ihm weitere Erkenntnisse zu phänologischen Beobachtungen erlauben würden, insbesondere da wohl damals auf ein andauerndes Absinken der Grundwasserstände hingewiesen worden war. Eine alternative Möglichkeit ist, dass ein 1865 im Mährischen Gewerbeverein gehaltener Vortrag zur Projektierung von Wasserleitungen in Brünn und Wien sowie etwaige diesem vorausgegangene Diskussionen ihm direkte Anregungen zu diesen Grundwasserstandsmessungen gegeben haben. Insofern verfolgte Mendel mit seinen Beobachtungen möglicherweise ähnliche Vorstellungen und Ideen wie Pettenkofer, freilich ohne, dass Mendels Messungen Rückschlüsse auf ein größeres Stadtgebiet erlaubt hätten. Mendel hat seine Grundwasserstandmessungen selbst nicht publiziert. Allerdings hat er sein Beobachtungsheft mit meteorologischen Daten in seinen letzten Lebensjahren an seinen Schüler Josef Liznar (1852–1932) vermacht, welcher dann 1902 Mendels Grundwasserdaten posthum in einer Festschrift zum 50jährigen Bestehen der Staats-Oberrealschule in Brünn veröffentlichte. Dort enthalten ist neben den Daten der eigentlichen Messreihe auch eine kurze Notiz Mendels zum Hintergrund seiner Grundwasserstandsmessungen:

„*Die Veranlassung zu diesen Messungen gab eine Zeitungsnotiz von Pettenkofer aus dem Herbst 1864, in welcher auf das andauernde Sinken des Grundwassers hingewiesen wurde. Die Stände desselben waren in der Tat auch in Brünn während der Jahre 1865 und 1866 ganz ungewöhnlich tief. Der niedrigste durchschnittliche Stand entfiel auf den Winter 1865/66, das absolute Minimum wurde in der ersten Oktoberwoche 1865 erreicht. (Austrocknen des Neusiedler-Sees – Cholera 1866) [...]*" (Liznar 1902, S. 226).

Fest steht, dass Max von Pettenkofer erreichte, dass in München ein Nominalfach Hygiene eingerichtet wurde. In den folgenden Jahren setzte er sich erfolgreich für eine Verbesserung der Trinkwasserversorgung in München ein. Einen direkten Kontakt zwischen Pettenkofer und Mendel hat es nach bisherigem Kenntnisstand nie ge-

---

[19] Weiling 1975
[20] Ebd.; siehe auch Pettenkofer 1862
[21] Weiling 1975

geben. Gregor Mendel hat im Übrigen ab spätestens 1856 auch immer wieder eigene meteorologische Messungen durchgeführt, wobei genaue Informationen und direkte Aufzeichnungen zu seinen frühesten Messungen nicht erhalten geblieben sind. Ganz sicher belegt ist jedoch, dass er in dieser Periode bis 1878 immer wieder die Aufzeichnungen der offiziellen meteorologischen Station in Brünn übernommen hat, wenn deren Leiter Paul Olexik abwesend war (Liznar 1886). Nach dem Tod von P. Olexik im Jahr 1878 hat Gregor Mendel die Aufzeichnungen der meteorologischen Station in Brünn offiziell übernommen und auch noch bis kurz vor seinem Tod weitergeführt. Auch diese Daten sind dann später durch seinen Schüler Liznar publiziert worden, wobei dieser auch ausführlich auf notwendige Korrekturen eingegangen ist (Liznar 1886). Erwähnenswert ist in diesem Kontext auch, dass Mendel zumindest in der frühesten Zeit die monatlichen Wetterdaten von Paul Olexik graphisch zusammengefasst hat und diese dann den monatlichen Tabellen beigegeben worden sind. Hieraus leitet sich eine sehr interessante Frage ab, nämlich die, warum Mendel damals eben nicht versucht hat, aus diesen ihm gesammelt vorliegenden Wetterdaten und den phänologischen Beobachtungen aus Brünn numerische Gesetze abzuleiten, denn dies war eigentlich das Kernstück des phänologischen Beobachtungsnetzwerks. Insbesondere die Auswirkung der Temperatur auf das Pflanzenwachstum und den Blütezeitpunkt war damals ein international durchaus heiß diskutiertes Thema. Eine mögliche Antwort auf diese Frage ist, dass dies schlicht daran lag, dass es eine weitere bislang unbekannte Kooperation gegeben hat, in welcher die meteorologischen Daten Mendels für eben diesen Zweck genutzt worden sind.[22] Weitere Hinweise hierauf geben mehrere Publikationen Anton Tomascheks (1873a, 1873c, 1876a, 1876b, 1878), welcher damals versuchte, Mitteltemperaturen als thermische Vegetationskonstanten zu ermitteln, die das Wachstum und die Entwicklung der Pflanzen beschreiben. In einer dieser Publikationen Tomascheks (1878) wurde explizit auf Wärmebeobachtungen Mendels verwiesen, aus denen Ersterer dann Wärmesummen und Konstanten für Kirschbäume (*Prunus avium*), Traubenkirschen (*Prunus Padus*), Rosskastanien (*Aesculus Hippocastanum*) und Robinien (*Robinia Pseud' Acacia*) ableitete. In diesem Kontext besonders interessant erscheint ein in den *VNV* erschienener Artikel Tomascheks (1873a) in welchem dieser das Konzept der Mitteltemperaturen in Hinsicht auf den Darwinismus erörterte und in dem man durchaus auch indirekte Bezüge zu Mendel herauszulesen vermag. Schon die Einleitung dieses Texts ist sehr hilfreich, um zu verstehen, wie in der damaligen Diskussion neuerer pflanzenphysiologischer Erkenntnisse mit älteren naturphilosophischen Ansichten, den Anschauungen der Materialisten, und den Theorien Darwins zusammengebracht werden konnten. Tomaschek schrieb hierzu:

„Den Gegenstand der nachfolgenden Auseinandersetzung soll insbesondere die Frage bilden, ob unter Voraussetzung der Variabilität des pflanzlichen Organismus, bei Annahme der Unbeständigkeit der Arten, zur Bestimmung der Phasenfolge von den

---

[22] Siehe hierzu Tomaschek 1878, S. 30.

Temperatur-Verhältnissen constante Werthe erlangt werden können. Wir setzen in der Pflanze eine Reihe physiologischer Vorgänge voraus, welche in ihrer bestimmten Aufeinanderfolge und in ihrem wechselseitigen Inneinandergreifen, allerdings von äusseren Agentien beeinflusst, die Individualität des pflanzlichen Organismus ausmachen. Indem der Pflanzenkörper sich aus dem ihm zu Gebote stehenden Materiale, nach der ihm innewohnenden Gesetzmässigkeit, unter Benützung der ihn umgebenden Verhältnisse, selbst aufbaut, ist derselbe durchaus nicht einer Maschine, die von aussen getrieben wird zu vergleichen. Dieser im Innern der Pflanze waltende individualisirte Bildungs- und Gestaltungsprozess ist nicht einfach Produkt der jeweilig sie umgebenden Kräfte. Er hat vielmehr in Folge des generationsweisen Zusammenhanges der Individuen, in allen Einzelnheiten seine Geschichte. So kann ein Individuum, zu Folge der besonderen Einflüsse, denen es unterliegt, sich neue Befähigungen erwerben oder bereits ihm zugekommene verlieren. Beides aber, die Erwerbung und der Verlust können nach dem anerkannten Gesetze der Erblichkeit auf neue Individuen übergehend, diesen entweder zur Sicherung ihrer Existenz nach Umständen überwiegende Kräfte gegenüber den anderen Individuen gewähren, oder in anderen Fällen ihren Untergang veranlassen. […]" (Tomaschek 1873a, S. 111).

Beim Verweis auf die allgemein anerkannten Gesetze der Erblichkeit darf man in diesem speziellen Fall übrigens durchaus vermuten, dass hiermit auch die Arbeit Mendels gemeint war, denn schon aus den Versuchen Mendels mit tropischen Bienen geht hervor, dass Anton Tomaschek und Gregor Mendel (möglicherweise seit Studienzeiten) miteinander befreundet waren. Sicher belegt werden kann in diesem Zusammenhang, dass sich Anton Tomaschek nach seinem Umzug nach Brünn aktiv um die aus Brünn stammenden älteren phänologischen Beobachtungen bemüht hat, er diese jedoch nicht hat erhalten können (s. Tomaschek 1873b). Ganz allgemein ist Tomascheks Verständnis von Umwelteinflüssen auf das Pflanzenwachstum in vielen Detailaspekten erstaunlich modern. So berichtete er in dem bereits erwähnten Artikel beispielsweise von einer damals neu erschienenen Studie Franz Krasans (1840–1907), welche davon zeugte, dass sich

"das Wechselverhältniss der wichtigsten Faktoren Feuchtigkeit, Licht, Nährstoffe und Wärme […] im Wachsthumsprocesse nicht blos wie Faktoren verhalten, sondern sich auch nach einem bestimmten Verhältnisse gegenseitig in Wirksamkeit versetzen, während die Ueberschüsse unbenutzt bleiben oder zu anderen Funktionen genutzt werden. […] Es ist begreiflich, dass auch diese Methode nur dann eine sichere Begründung erlangen kann, wenn durch passende Beobachtungen bestimmte Werthe numerisch festgestellt werden. […]" (Tomaschek 1873a, S. 113).

Tomascheks durchaus mathematische Betrachtung von Umweltfaktoren und deren Interaktionen und Liebigs Gesetz des Minimums ist durchaus bemerkenswert, denn mit diesen Überlegungen gelangte er an die Grenzen moderner System-Modellierungen. Zwar war Tomaschek bei weitem nicht der einzige und erste Forscher der solche Überlegungen zum mathematischen Einfluss u. a. von der Temperatur auf pflanzenphysiologische Prozesse anstellte (er selbst verwies z. B. auf Vorarbeiten von Alexander von Humboldt (1769–1859) und Jean-Baptiste Boussingault (1801–1887)), sie bilden jedoch einen Teil der Vorgeschichte der Entwicklung eines modernen, multifaktoriellen Versuchsdesigns, welches, knapp 50 Jahre später, insbesondere durch den Statistiker R. A. Fisher in seinen Arbeiten zu Langzeitversuchen in Rothamsted vorangetrieben und geprägt worden ist.[23] Tomascheks Ansicht zur Nützlichkeit von Temperaturkonstanten hat sich im Nachhinein übrigens bestätigt. In der modernen Wissenschaft haben sich hierbei zwar im Detail recht verschiedene mathematische Formulierungen zur Temperaturabhängigkeit der Pflanzenentwicklung etabliert (u. a. degree days, growing degree days etc.), mit denen sich das heute als „*Thermal-Time*" bekannte Konzept im Rahmen von Pflanzenstudien, der Modellierung des Pflanzenwachstums, sowie bei Systemmodellierung nutzen lässt.[24] In ihrem Kern ist die grundlegende Vorstellung Tomascheks zur Temperaturabhängigkeit auch heute noch grundsätzlich akzeptiert. Allerdings existieren auch heute noch viele offene Fragen hinsichtlich der Interaktion verschiedener Umweltbedingungen auf Pflanzenwachstum und Entwicklung, z. B. in Hinsicht auf den Einfluss der Luftfeuchtigkeit (Dampfdruckdefizit) oder des möglichen Einflusses genetischer Variabilität.[25] Bibliographische Angaben zum Werk Anton Tomascheks lassen übrigens vermuten, dass auch er weitere Versuche mit Leguminosen durchgeführt hat, deren genauer Inhalt jedoch nicht ermittelt werden konnte, da der entsprechende Artikel verschollen ist.[26] Ein in den Monatsberichten der Obst, Wein- und Gartenbau-Sektion erhalten gebliebener Sitzungsbericht (1880, S. 50–51) gibt über solche Versuche jedoch zumindest einige Anhaltspunkte. Dort hieß es, dass eine

„*Collection Sämereien verschiedener Getreidegattungen und Hülsenfrüchte, welche Herr Dr. Max Ritter von Proskowetz von seiner Orientreise 1880 mitbrachte und behufs Culturversuchen dem Herrn Vorstand Stellvertreter freundlichst zusandte, unter die zahlreich anwesenden Hrn. Sections-Mitglieder zur Vertheilung*" gelangte. „*Zu diesen orientalischen Sämereien bemerkte Herr Professor A. Tomaschek, daß sich darunter auch Proben der egyptischen roth-fleischigen Linse befinden, welche die Beachtung der Oeconomen im hohen Grade verdient. Die genannte Linsenvarietät war auf den Weltausstellungen in Wien und Paris in großen Massen vertreten, scheint aber in Deutschland*

---

[23] Siehe Fisher 1935; Hall Box 1978, 1980.

[24] Siehe z. B. Parent, Millet & Tardieu 2019; s. z. B. auch Coleman et al. 2017; Giannitsopoulos et al. 2021; Robertson et al. 2002.

[25] Ebd.

[26] A. Tomaschek, *Steirischer Landbote*, 1878, Nr. 15, zit. n. Schram 1889.

und Oesterreich noch nirgends gebaut zu werden. […] [27]*Schon Versuche, welche Herr Prof. Tomaschek im technischen Garten anstellte, ließen günstige Erfolge rücksichtlich der Acclimatisirungsfähigkeit dieser* Linsenart *in unseren Gegenden erwarten."*

Die dort erwähnte Weltausstellung in Wien hatte Tomaschek schon 1873 dazu veranlasst, sich direkt an das K. u. k. Ackerbauministerium zu wenden (Sitz.-Ber. d. NfV v. 14. Oktober 1874 in d. *VNV* Bd. 12, S. 49f.). Dort war er mit der Bitte vorstellig geworden, dass das Ministerium vermittelnd tätig werde, um ihm Sämereien von wichtigen Kulturpflanzen von der Weltausstellung *„zum Behufe von Akklimatisierungsexperimenten"* zukommen zu lassen. Über die daraus entstandenen ersten und vorläufigen einjährigen Versuche hat Anton Tomaschek dann im NfV referiert, wovon der kurze Absatz an gleicher Stelle zeugt, in dem Tomaschek von seinen eigenen Versuchen mit Erbsen, Bohnen und anderen Kulturpflanzen berichtete. Diesbezüglich konstatierte er:

„Ein grosser Vortheil für den Ackerbau südlicher Länder entspringt bekanntlich daraus, dass dort derselbe Acker in demselben Jahre mehrere Früchte nacheinander erzeugen kann. Bedenkt man nun, dass die Mai-Isothermen von 14° bis 16° R. den grössten Theil des Mittelmeergebietes umfassen, die Juli-Isothermen von entsprechender Temperatur unser Gebiet berühren, so ist es begreiflich, dass viele Samen aus jenen Gebieten bei uns im Sommer zur Reife gelangen können. So kam es, dass viele Getreidearten und Hülsenfrüchte aus Griechenland und der Türkei, aus Spanien und Italien im Garten der Technik zur vollen Samenreife gelangten. Es zeigte sich hiebei [sic], dass, wenn es sich um Varietäten der auch bei uns cultivirten Gewächse handelt, diese umso isochroner mit einheimischen oder nördlicheren Standpunkten entstammenden Individuen sich entwickelten, je mehr sie in naturhistorischer Beziehung mit einander übereinstimmten. So war es interessant zu beobachten, wie eine kleinfrüchtige Erbse aus Russland mit einer ebenfalls kleinfrüchtigen (mit olivengrünem Samen) aus Egypten beinahe gleichzeitig zum Blühen und Fruchten gelangte. Wenn einzelne Varietäten nur unvollständig zur Reife kommen, nur wenige Samen die Keimfähigkeit erlangen, so ist zu erwarten, dass diese wenigen Samen im nächsten Jahre gesäet, einen reichlicheren Samenausfall geben dürf-

---

[27] Entsprechend der im Weiteren noch besprochenen Samenliste Tomascheks (siehe den Monats-Bericht der Obst- Wein- und Gartenbau-Sekzion der k. k. mähr.-schl. Gesellschaft für Ackerbau, Natur- und Landeskunde, No. 11, November 1878, S. 168-171) hat er die ägyptischen rotfleischigen Linsen 1873 auf der Wiener Weltausstellung erhalten und 4 mal reproduciert. Nach Tomaschek (a.a.o., S. 169) gaben diese ein rosenrotes Mehl und wurden damals auch häufig in Dalmatien kultiviert. Tomaschek hat die Linsen unter *Lens esculenta* zusammengefasst (Syn. *Lens culinaris* (MEDIK.) subsp. *esculenta* (MOENCH)). Von der Pariser Weltausstellung 1878 erhielt Tomschek dann auch noch Samen einer rotfleischigen Linse aus Marokko, sowie Blau marmorierter Linsen (aus Oran, Algerien), Grau marmorierter Linsen (aus Algier) und Großen, flache Linsen (aus Oran, Algerien). Die Liste von Tomascheks Linsensamen umfasste zudem aus Südeuropa stammende Samen der Linsen-Wicke *Vicia ervilia* (L.) WILLD., die er unter dem Synonym Ervsensamen (*Erveni Ervilia*) aufführte und wohl auch selbst reproduziert hat.

ten; so dass also die Akklimatisirung erst allmählig gelingen könnte. So gaben Phaseolus Mungo [28,29]*(Türkei), Ph. radiatus (Ostindien), Ph. hispidus*[30] *nur wenig reife Samen. [...] Cajanus (bicolor?) entwickelte sich auch in anderen Gärten, z. B. in dem des Herrn Lindenthal merkwürdig rasch [...]."*

[28] Hierbei handelte es sich um die Urdbohne *Phaseolus mungo* L. (syn. *Vigna mungo*), die in China und Indien ein wichtiges Grundnahrungsmittel darstellt. Allerdings ist die Angabe insofern unklar, als sie auf die Türkei als Quelle der Samen verwies und für diese, in seiner noch Erwähnung findenden Samenliste, auch den deutschen Begriff Mungo-Bohne (eigentlich *Ph. radiatus*) nutzte. Als Heimat wurde aber schon damals typischerweise Indien angesehen, wobei man auch Anbaugebiete im ägyptischen Niltal und in Südeuropa kannte. Tomaschek (a.a.O.) zählte die „Mungo-Bohne" zu den Weißen Bohnen als Varianten von *Phaseolus vulgaris* und hat dort die Quelle der Samen von der Weltausstellung 1873 weggelassen und darauf hingewiesen, dass er diese selbst nur teilweise reproduzieren konnte. Auf der Pariser Weltausstellung 1878 hat Tomaschek dann noch Samen einer Mungo-Bohne aus China erworben. Zu den Weißen Bohnen in seiner Sammlung zählten im Übrigen auch Samen einer Rundbohne aus Russland, einer Großen nierenförmigen Bohne aus China sowie eine Mittlere flache Bohne aus dem algerischen Oran. Eine Gewöhnliche Weiße Speisebohne aus Spanien hatte Tomaschek bereits 1873 auf der Weltausstellung in Wien erhalten und reproduziert. Neben den Weißen Bohnenvarianten hat Tomaschek in Paris auch noch Samen von farbigen Bohnen aus China, Japan und Venezuela besessen. Desweiteren eine Rundbohne aus Spanien, die er auf der Weltausstellung 1873 in Wien erhalten und als Stangebohne selbst 5 mal reproduziert hatte.

[29] Gemeint war hier die Mungbohne *Phaseolus radiatus* L. (syn. *Vigna radiata* (L.) WILCZEK), die mit der Urdbohne *Ph. mungo* L. nahe verwandt ist. Die Mungbohne ist die Quelle der Mungssprossen, die in Deutschland irrtümlich als „Sojasprossen" bezeichnet werden. In der später besprochenen Samenliste Tomascheks taucht das Binomial jedoch nicht auf. Hier wurde generell *Ph. Mungo* als Verweis auf eine Weisse Bohne genutzt. Die Ortsbezeichnung Ostindien ist ebenfalls nicht komplett klar, denn während der Artikel hier von Ostindien berichtete sprach ein paralleler Bericht in Form eines Zeitungsartikels von Ostindien, China und Java als Herkunftsland der Samen (siehe d. *Brünner Morgenpost* v. 9. November 1874, S. 1027).

[30] *Phaseolus hispidus* OKEN ist ein altes Synonym der Sojabohne (*Glycine max* L.). In der im Weiteren besprochenen Samenliste Tomascheks taucht das Binomial nicht auf. Verstanden werden muss es daher wohl als Synonym für seine Samenkategorisierung „Soja Oelbohne". Samen der Sojapflanze hat Tomaschek erstmals im Rahmen der Wiener Weltausstellung 1873 erhalten, wobei er zunächst Samen einer gelblichen Sojabohne aus Japan erhielt, die er bis 1878 5 mal reproduzierte. Im Jahr 1878 wurden diese von Tomaschek am 5. April ausgesät und Ende September geerntet. Damit gehört Tomaschek zu den ersten Pionieren des Sojaanbaus im deutschsprachigen Raum. Seine Sammlung von Sojabohnen hat er im Laufe der Jahre dann schnell erheblich ausgeweitet. Von der Pariser Weltausstellung 1878 erhielt er aus China stammende Samen einer Schwarzen, einer Immergrünen, einer Kleinen rötlichen sowie eine Rothbraun weissfleckigen Sojabohne. Zudem bezog er Samen einer Kaffebraune Sojabohne aus China über den Samenhändler Weyringer in Wien (1877/1878). Zuletzt arbeitete er des Weiteren mit Gelbliche Sojabohnen, wobei er Samen von einer Reihe von Versuchsstationen erhielt (Wien*, Marburg, Balangos*, Groß-Becskerek, Arad, Sulz, Agram, Glatteneg*, Eibenschitz* und Brünn*), wovon mit * markierte Samen bei Tomaschek zur Reife gelangten. Die Samen der Stationen erhielt Tomaschek von Prof. Friedrich Haberlandt (1826–1878), der sich ab 1875 intensiv darum bemühte die Sojabohne in Österreich als kommerziell erfolgreiche Feldfrucht einzuführen. Die Ergebnisse seiner

Bei dem letztgenannten Herrn Lindenthal handelt es sich vermutlich um Mendels Klosterbruder. Dies ist schon deshalb zu vermuten, da auf eben dieser Sitzung auch Thomas Bratanek anwesend war und der Bibliothek des NfV eine komplette Goethe-Ausgabe zum Geschenk überreichte.[31] Der oben genannte Verweis auf die Weltausstellungen sowie Akklimatisierungsversuche schlägt diesbezüglich einen interessanten Bogen zum Beginn von Mendels Versuchen (s. Kap. 1; vgl. auch Kap. 3). Darüberhinausgehend führt die Kooperation Mendels und Tomascheks zu tropischen Bienen und phänologischen Analysen sowie die Überlappung zwischen den Arbeiten beider Wissenschaftler hinsichtlich von Akklimatisierungsversuchen unweigerlich zu der Frage, wie eng die Zusammenarbeit zwischen beiden Forschern in den 1870er Jahren im Einzelnen wirklich gewesen ist. Letzteres gilt umso mehr, als es noch einen weiteren Schnittpunkt zwischen den wissenschaftlichen Arbeiten beider Forscher gab. Nachdem sich schon Mendel in seiner Arbeit von 1866 mit dem Befruchtungsvorgang und der Rolle der Pollenzellen (wenn

---

Bestrebungen und des Versuchsanbaus an einer Vielzahl von Stationen hat Haberlandt (1878) in seinem Buch „*Die Sojabohne. Ergebnisse der Studien und Versuche über die Anbauwürdigkeit dieser neu einzuführenden Culturpflanze*" niedergelegt. Zuletzt sei noch auf das ältere Synonym *Dolichos soja* L. nach Jacq. hingewiesen, denn auch aus dieser Gattung, die bei ihm unter der Kategorie „*Dolichos Phaseol, Heilbohnen*" firmierte, besaß Tomaschek von mehreren weiteren Arten Samen (s. dort Nummern 44 bis 50). Zumindest zu zweien von diesen, der Reisbohne (*Dolichos myoides*) und der Schmalen Heilbohne (*D. Catjang*) hat Tomaschek selbst Anbauversuche durchgeführt.

[31] Über den eigentlichen Ablauf bzw. die Ergebnisse der Akklimatisierungsexperimente Tomascheks haben wir bislang keine detaillierteren Informationen finden könnten. Die Monats-Berichte der Obst-, Wein- u. Gartenbausekzion der Ackerbaugesellschaft in Brünn aus dem Jahr 1879 geben jedoch eine tabellarische Übersicht über den Umfang der von ihm untersuchten Samen. Bei den Erbsen klassifizierte Tomaschek diese nach der Samenfarbe als grüne, gelbe, und braune Erbsen. Zu den grünen Erbsen gehörten dabei eine aus Ägypten stammende, grünbleibende Folger von 1 m Höhe, die Tomaschek 1873 über die Wiener Weltausstellung erworben und seitdem bereits 5 mal reproduziert hatte. Von der Weltausstellung 1878 in Paris hatte er vier weitere Arten grüner Erbsen mitgebracht. Hierzu zählten eine aus Holland stammende Sorte, eine Sorte mit der Bezeichnung „*Constantine*" aus Afrika, Futtererbsen aus Algier und Russland sowie zuletzt ein Gemisch aus Erfurt mit gelben, roten und riesenschottigen Erbsen. Zu den gelben Erbsen gehörte eine Futtererbse aus Russland, die Tomaschek 1873 von der Wiener Weltausstellung mitgebracht und bereits 5 mal reproduziert hatte. Von der Pariser Weltausstellung bezog er zudem aus China stammende Golderbsen und Schwarznabelige Erbsen als gelbe Vertreter. Tomascheks Sammlung brauner Erbsen bestand aus einer von der Wiener Weltausstellung erhaltenen Schwedischen Erbse, einer aus Brünn stammenden Golderbse (1878) sowie einer Quadrat-Erbse aus Pommern, die er als Geschenk von Dr. Schur 1876 erhalten und schon 3 mal reproduziert hatte. Insgesamt umfasste die Samensammlung Tomascheks, die er für Akklimatisierungsversuche nutzte, 68 Nummern, zu denen neben Erbsen auch Kichererbsen, Platterbsen, Linsen, Lupinen, Wicken, Bohnen, Helmbohnen und Sojabohnen als Vertreter der Leguminosen gehörten. Desweiteren umfasste die Sammlung Samen einer kleinen Zahl verschiedener anderer fremdländischer Pflanzenarten, zu denen Hirse (Russland und Turkestan), Senf (Portugal), Pflücksalat (Portugal), Buchweizen (Japan), Bockshorn-Klee, und Spanischer Tragant gehörten.

auch oberflächlich) auseinandergesetzt hatte, war dies dann auch in einigen der ersten Forschungsarbeiten von Tomaschek in Brünn das Thema eingehenderer Untersuchungen (siehe Tomaschek 1872). Der Zusammenhang mit Mendels Experimenten wird dabei deutlich, wenn man sich die finalen Sätze von Tomascheks diesbezüglichen Aufsatzes zum Anlegen von Pollenschlauchkulturen durchliest. Tomaschek berichtete dort von seinen Beobachtungen (a. a. O., S 131):

„[…] *Der Grund dieser Beschränkung scheint mir in dem Mangel eines deutlichen Zellenkerns innerhalb der Pollenzelle zu liegen. Mit Recht wird dem Plasma die Fähigkeit der Akkomodation an die Aussenwelt und die Ernährung zugesprochen, während der Zellenkern, der Träger der Erblichkeit, bei der Neubildung von Zellen als wesentlich betrachtet wird. Diese Fähigkeit der ausgesprochenen Neubildung von Zellen kommt dem Pflanzenkern erst durch die Zusammanwirkung* [sic] *der Pollenzelle und des Keimbläschen zu, in welchem letzteren auch entschieden der Zellenkern auftritt und durch seine chasakteristische* [sic] *Theilung entschieden Neubildung von Zellen einleitet.*"

Gerade ausgehend vom Umfang der Samensammlung und der Akklimatisierungsversuche Tomascheks eröffnet sich hierdurch auch die Frage, ob diese nicht als direkte Fortführung der Akklimatisierungsversuche Mendels mit Leguminosen verstanden werden können. Wann sich Gregor Mendel und Anton Tomaschek kennengelernt haben, ist nicht überliefert. Da Tomaschek jedoch bekannterweise das Gabelsberger stenographische System im ersten mährischen Landtag eingeführt hat, ist es durchaus nicht unwahrscheinlich, dass sich beide Männer schon während der Revolutionszeit 1848/1849 in Brünn kennengelernt hatten. Möglicherweise erfolgte eine erste Bekanntschaft aber auch erst in der Zeit, als beide in Wien an der Universität bei Franz Unger Vorlesungen besuchten. Ganz sicher belegbar ist jedoch, dass sowohl Mendel als auch Tomaschek in den späten 1850er bzw. frühen 1860er Jahren unabhängig voneinander bei einem weiteren Projekt mitgewirkt haben, und zwar innerhalb des schon zuvor erwähnten von Karl Fritsch aufgebauten phänotypischen Beobachtungsnetzwerks[32]. A. Tomaschek und Mendel (zus. mit Josef Otto) waren zu dieser Zeit die Berichterstatter in Lemberg und Brünn. In den phänologischen Tabellen Fritschs finden sich dort dementsprechend die Daten der beiden Forscher zur ersten Blüte unzähliger Gefässpflanzen sowie dem ersten Erscheinen verschiedener Insektenarten. Neben den bislang aufgeführten Arbeiten hat Mendel sich im Übrigen noch mit einer ganzen Reihe anderer Forschungsprojekte beschäftigt, die er wohl nicht veröffentlicht hat. Schon 1924 berichtete sein Biograph Hugo Iltis beispielsweise, dass Gregor Mendel ein Fernrohr besessen hat, mit dem er längere Zeit Studien und Beobachtungen von Sonnenflecken vornahm, von welchen er annahm, dass sie das Wetter (auch regional) beeinflussten. Seine Aufzeichnungen, die sich insbesondere auf die Grösse der Sonnenflecken im Zeitverlauf bezogen haben, hat Mendel in einem Iltis vorliegenden Beobachtungsheft eingetragen. Die von Mendel angefertigten Bilder von Sonnenflecken wurden posthum in der Bio-

---

[32] s. Fritsch 1862a; vgl. Fritsch 1862b, 1862c.

graphie von Hugo Iltis abgedruckt. Das Beobachtungsheft gilt heute unseres Wissens als verschollen. Mendel hat zudem mehrere Mikroskope besessen, welche er gerne und oft benutzt hat. Hierzu gehörten u. a. ein Modell von Plössl aus Wien sowie eines von Reichert aus dem Jahr 1877, deren technische Details von L. Procházka (1985) analysiert worden sind. Ergebnisse seiner mikroskopischen Studien hat Mendel nie veröffentlicht. Der Fokus seines Interesses ist jedoch durch eine Sammlung von 168 meist unbeschrifteten Objektträgern bekannt geworden, deren Inhalte von P. F. Milovidov (1935, 1968, 1971) und Orel & Čunderlik (1985) genauer untersucht und besprochen worden sind. Neben einer Handvoll mineralogischer und petrographischer Präparate sowie etwa 20 Objektträgern mit zoologischen Proben (enthalten sind beispielsweise Libellenflügel und ein Schnitt von der Leber eines Hundes), waren demnach die meisten untersuchten Präparate botanischer Natur. Hierzu zählten beispielsweise Proben verschiedener Algen, Moose und Farne, Holzschnitte von verschiedenen Koniferen und Laubbäumen sowie einige histologische Gewebeschnitte höherer Pflanzen. Das Gros der von Mendel untersuchten Proben zeichnet sich dadurch aus, dass sie leicht zu beschaffen und präparieren waren. Interessanterweise war Milovidov bei seiner Analyse von Mendels mikroskopischen Arbeiten in der Lage, einige weitere Bücher aus Mendels Handbibliothek zu identifizieren, welche sich mit mikroskopischen Techniken beschäftigten. Hierzu gehörten das von Gustav Jäger verfasste Werk „*Die Wunder der unsichtbaren Welt enthüllt durch das Mikroskop*" (1867), Julius Vogels „*Das Mikroskop*" (1867), Friedrich Merkels „*Das Mikroskop und seine Anwendung*" (1875), sowie Moritz Willkomms „*Die Wunder des Mikroskops*" (1878). Mendels Interesse an Algen sowie der Mikroskopie im Allgemeinen mag dabei durch seinen Freund, den Algen-Spezialisten Johann Nave, initiiert und unterstützt worden sein. Zuletzt muss noch darauf hingewiesen werden, dass Gregor Mendel auch mit vielen anderen Pflanzenarten Kreuzungs-, Akklimatisierungs-, Anbau- und Hybridisierungsversuche durchgeführt hat (siehe Kap. 3). Zu den wichtigsten Arbeiten anderer Autoren, in denen Daten und Beobachtungen Mendels veröffentlicht worden sind, gehören im Einzelnen:[33]

29. Makowsky A (1863) *Die Flora des Brünner Kreises. Nach pflanzengeographischen Principien. Mit einer meteorologischen Tabelle v.* **G. Mendel** (Sep. Abdr. a. d. 1. Jahresheft des naturforschenden Vereines in Brünn). Brünn.

Beobachtungen von tropischen Bienen

30. Tomaschek A (1879) Ein Schwarm der amerikanischen Bienenart *Trigona lineata* Lep. lebend in Europa. *Zoologischer Anzeiger* 2: 582–587 [mit Informationen zu **Mendels** Versuchen mit tropischen Bienen].

---

[33] Beránek & Orel 1988.

31. Tomaschek A (1880) Ein Schwarm der amerikanischen Bienenart *Trigona lineata* Lep. lebend in Europa. *Zoologischer Anzeiger* 3: 60–65 [mit Informationen zu **Mendels** Versuchen mit tropischen Bienen].
32. Tomaschek A (1885) —. N.I. Zograf in Moskau, *Zoologitscheskii sad i akklimatisatsiya* 2: 12, 14 [mit Informationen zu **Mendels** Versuchen mit tropischen Bienen].[34]
33. Kühne F (1881) *Miscellen. Ungarische Biene.* Temesvar: 2–8, 12–22, 25–26 [mit Auszügen aus einem Brief **Mendels** zu Versuchen mit tropischen Bienen].

Meteorologische Beobachtungen
34. Liznar J (1886) Ueber das Klima von Brünn. *VNV* 24: 3–70.
35. Bericht der meteorologischen Commission des naturforschenden Vereines in Brünn über die Ergebnisse der meteorologischen Beobachtungen im Jahre 1882. Druck von W. Burkart. Verlag d. Vereins. Brünn.

Grundwasserstandsmessungen und phänologische Beobachtungen
36. Liznar J (1881) Über die periodische Änderung des Grundwasserstandes. Ein Beitrag zur Quellentheorie. *Gaea. Natur und Leben* 17: 330–336.
37. Liznar J (1882) Die periodische Aenderung des Grundwasserstandes. *Zeitschrift der Österreichischen Gesellschaft für Meteorologie* 17: 368–371.
38. Liznar J (1902) Über die Änderungen des Grundwasserstandes nach den vom Prälaten Mendel in den Jahren 1865–1880 in Mähren ausgeführten Messungen. In: Festschrift zur Erinnerung an die Feier des 50jährigen Bestandes der Deutschen Staatsrealschule in Brünn. Brünn: S. 225–233.
39. Fritsch K (1862a) Nachricht von den in Oesterreich im Laufe des Jahres 1859 angestellten phänologischen Beobachtungen. *Verhandlungen der kaiserlich-königlichen zoologisch-botanischen Gesellschaft* 12: 221–244.
40. Tomaschek A (1878) Herr Prof. Tomaschek macht einige Mittheilungen über die Charaktere meteorologisch-phänologischer Epochen. *VNV* 16: 29–30. [In den Sitzungsberichten] [teilw. basierend auf Wärme-Beobachtungen von **Gregor Mendel**]

Künstliche Befruchtungen von Hieracien:
41. Peter A (1884a) Über spontane und künstliche Gartenbastarde der Gattung Hieracium sect. Piloselloide. *Botanische Jahrbücher für Systematik* 5: 203–239. [Enthält weitere Angaben zu von **Mendel** durch künstliche Befruchtung erzielte Hieracium-Hybriden.]
42. Peter A (1884b) Über spontane und künstliche Gartenbastarde der Gattung Hieracium sect. Piloselloide. *Botanische Jahrbücher für Systematik* 5: 448–496.[Enthält

---

[34] Zit. n. Beránek & Orel 1988; vgl. Alpatov & Orel 1979.

weitere Angaben zu von **Mendel** durch künstliche Befruchtung erzielte Hieracium-Hybriden.]
43. Peter A (1885) Über spontane und künstliche Gartenbastarde der Gattung Hieracium sect. Piloselloide. *Botanische Jahrbücher für Systematik* 6: 111–136. [Enthält weitere Angaben zu von **Mendel** durch künstliche Befruchtung erzielte Hieracium-Hybriden.]
44. Nägeli C v. & Peter A (1885) Die Hieracien Mittel-Europas. Monographische Bearbeitung der Piloselloiden mit besonderer Berücksichtigungen der mitteleuropäischen Sippen. Druck und Verlag v. R. Oldenbourg. München.

5.2   Von Mendel verfasste Rezensionen und Berichte

Lange übersehen wurde, dass Gregor J. Mendel auch eine Reihe kleinerer Rezensionen verfasst hat, die er in den *Mittheilungen der Ackerbaugesellschaft* veröffentlichte. Erst 1971 war V. Orel in der Lage nachzuweisen, dass Mendel diese Berichte unter den Kürzeln „m.", „M." sowie „G.M." verfasst hat.[35] Der sichere Nachweis gelang Orel dabei durch einen erhaltenen Brief Mendels, der sich textlich mit einer dieser Rezensionen deckte sowie einer Reihe weiterer Belege und ergänzender Indizien.[36] Der Abdruck dieser erweiterten bzw. ergänzenden Publikationsliste hat jedoch, wenn überhaupt, nur in einer Betrachtung als Marginalie stattgefunden. In seiner Analyse dieser Funde verwies Orel beispielsweise darauf, dass Mendel insbesondere Werke zur Forstwirtschaft, der allgemeinen Landwirtschaft, Tierzucht und Hortikultur besprochen hat. Ein kleinerer Teil der Rezensionen Mendels beschäftigte sich mit den jährlichen Berichten landwirtschaftlicher Schulen, der Bienenkunde, der Serikultur und Insekten. Zudem war auch eine Rezension zweier Werke zur Vererbungskunde zu finden. Immer wieder tauchen in den Rezensionen Betrachtungen zur Statistik auf.

Man kann diese Berichte aber auch anders lesen, denn Mendel hat in seinen wissenschaftlichen Arbeiten fast nie Literatur zitiert und wenn, nur indirekt ohne genaue Titeldaten. Insofern kennt man den Umfang seiner Bibliothek bzw. der von ihm benutzten Literatur nur durch indirekte Erschließung sowie durch einige wenige bekannte handschriftliche Notizen in Büchern, die in der Klosterbibliothek zu finden waren. In diesem Sinne gibt die Liste der von ihm verfassten Rezensionen heute einen unerwarteten Einblick in die Fachliteratur, die Mendel nach dem Verfassen seiner beiden Artikel zu Pflanzenhybriden gelesen hat. In den meisten Fällen sind die Rezensionen selbst relativ oberflächlich gehalten. Dennoch sind diese Rezensionen aussagekräftig, z. B. im Bezug auf Mendels Ansicht zu den Theorien Ch. Darwins. Zwei Aufsätze, die sich direkt mit Darwins Theorien auseinandersetzen und diese ausdrücklich positiv beschreiben und

---

[35] Orel 1971c, 1971d.
[36] Orel 1971c.

lediglich in Detailfragen Kritik äußerten, sind von Mendel 1871 bei seiner Sammelrezension der *Georgika*, ausdrücklich hervorgehoben und zur Lektüre nahegelegt worden. (Siehe Anonymous 1871e).

Bei dem ersten der beiden Aufsätze, die von Mendel dort rezensiert wurden, handelt es sich um einen Artikel mit dem Titel *„Der Krieg im Pflanzenreiche"*, welchen Mendel mit den Worten *„eine physiologische Studie von belehrendem Gehalte"* bewertete.[37] Verfasser des Essays war Hermann Hoffmann, der Direktor des Botanischen Gartens in Gießen. Allein dies an sich ist schon interessant, da Hoffmann (siehe Kap. 6) einer der wenigen Wissenschaftler war, der Mendels Arbeit zu Pflanzenhybriden vor 1900 zitiert hat. Bislang war jedoch nicht nachweisbar, dass auch Mendel die Arbeiten Hoffmanns kannte bzw. sogar, wenn auch erst nach Veröffentlichung seiner Versuche zu Pflanzenhybriden, rezensiert hat.

Hoffmanns Artikel ist einer der frühesten ökologischen Beschreibungen, die das Konzept der Erstbesiedelung untersuchten. Dabei überließ er ein früheres Versuchsfeld sich selbst und stellte bald fest, dass die dort ursprünglich kultivierte Flora bald durch andere Pflanzenarten verdrängt wurden. Interessanterweise ging Hoffmann aber noch einen Schritt darüber hinaus und beschrieb sehr detailliert die Einschleppung fremder Pflanzen- und Tierarten durch Akklimatisierungsgesellschaften und Landwirte. Am Beispiel der Insel St. Helena erläuterte er, dass die ursprüngliche holzige Flora dort nach und nach verschwand, unter anderem durch Einführung von Ziegen, so dass bereits 1810 mindestens 100 Pflanzenarten ausgestorben gewesen seien und schon damals nur noch 44 Pflanzenarten der ursprünglichen Flora übriggeblieben waren, während zahlreiche eingeschleppte Arten den Charakter der Flora veränderten. Ähnliche Beispiele gab Hoffmann für Neuseeland sowie in Bezug auf in Deutschland eingeschleppte Arten, wie die Wasserpest *(Elodea canadensis)*. Den Abschluss dieser Betrachtung Hoffmanns zu Neophyten bildete der Verweis auf Ch. Darwin. Hoffmann resümierte dabei:

„Kurz, wir stehen hier vor jenem großen, von Charles Darwin mit so viel Geschick ausgedeuteten Naturgesetze, das Alles, was lebt, um seine Existenz kämpft, und dass, was relativ stärker ist und unter den stets sich ändernden Verhältnissen irgend welche Vorzüge besitzt, zuletzt das Alte verdrängt und allein übrig bleibt: „struggle for life and survival of the fittest."[38]

Auch der darauffolgende Abschnitt, in dem sich Hoffmann mit Darwins Hypothese im Kontext exponentieller Wachstumsgesetze und Abänderungen auf dem Weg der Variation in Nachkommen beschäftigte, dürfte wohl Mendels Interesse geweckt haben. Insbesondere deswegen, weil Hoffmann didaktisch sehr geschickt verdeutlichte, dass es neben exponentiellen Wachstumsgesetzen eben auch evolutionäre und Populationen limitierende Faktoren geben muss. Insofern liefert Mendels Rezension von Hoffmanns

---

[37] Hoffmann, H. (1871), Der Krieg im Pflanzenreiche, in: *Georgika – Zeitschrift für Landwirtschaft und einschlagende Wissenschaft* 2, S. 30–72.

[38] Ebd., S. 13.

Arbeit hierbei einen klaren Beleg dafür, dass er den Arbeiten Darwins sehr positiv gegenüberstand.

Beim zweiten von Mendel an dieser Stelle rezensierten Aufsatz handelt es sich um den Artikel *„Ueber die Zeugung"* von Professor Pflug[39], bei dem es sich über weite Strecken um eine zoologische Sexualkunde handelt. Mendel hat auch diesen positiv bewertet und als *„interessanter Artikel"* rezensiert, wobei er sich wohl auf Grund des Inhalts, davon ein wenig distanzierte: *„für den gebildeten Oekonomen von besonderem Werthe"*.[40] Inhaltlich setzt sich Pflug dabei mit der Urzeugung auseinander und argumentierte mit dem zu dieser Zeit sehr populären materialistischen Argument, dass eine Neuzeugung bzw. Neuschöpfung nicht stattfindet, und das stattdessen gälte: *„omne vivum ex ovo – Alles was Leben hat kann sich nur aus einem Ei entwickeln!"* bzw. dass auf Dauer nur *„durch eine geschlechtliche Zeugung [...] auf Dauer auch die Art erhalten werden kann."*[41] Im Weiteren argumentierte aber auch Pflug darwinistisch und ergänzte, dass das *„Ableugnen jeglicher Urzeugung"* nicht *„mit der Bildung neuer Formen und Arten"* verwechselt werden sollte.[42] Besonderes Interesse gehabt haben dürfte Mendel auch an Pflugs Darstellungen zu Vererbung, welche dieser wie folgt darstellte: *„Die allmählige Umbildung der Formen im Laufe der Generationen wird ermöglicht ‚durch Variabilität und Vererbung.'"*[43] Ergänzt wurde dies noch durch eine direkte Bezugnahme auf Darwin:

„Er [Darwin] *ist der Meinung, daß aus der einfachsten Form (der Zelle) im Verlaufe von Jahrtausenden durch die Fähigkeit der Körper: „Bestehendes zu erhalten (Erblichkeit)" und die Neigung der Körper: „Neues den herrschenden Einflüssen Entsprechendes zu bilden (Variabilität)" allmählig die verschiedensten organischen Formen sich entwickelt haben, bis hinauf zum höchst organisirtesten Wesen: dem Menschen."*[44]

Mendels Einschub einer leichten Distanzierung in der von ihm verfassten Rezension, *„[...] für den gebildeten Oekonomen von besonderem Werthe"* mag im Übrigen zweierlei Gründe gehabt haben.[45] Zum einen, weil der Text explizit darauf hinwies, dass diese Darstellung nicht mit der biblischen Schöpfungsgeschichte harmonisierte, wobei letzteres im Text selbst schon relativiert wurde. Zum anderen könnte dies an einigen relativ expliziten Absätzen zur künstlichen Besamung bei Haustieren, aber auch Frauen gelegen haben sowie der Beschreibung von Kopulationsvorgängen, die in dem Artikel be-

---

[39] Pflug (1871), Ueber die Zeugung. Vom Standpunkt der landwirthschaftlichen Thierzucht. *Georgika – Zeitschrift für Landwirtschaft und einschlagende Wissenschaft* 2, S. 1–21.
[40] Ebd.
[41] Ebd.
[42] Ebd., S. 34.
[43] Ebd., S. 35.
[44] Ebd.
[45] Ebd.

schrieben werden. Für einen Priester hätte sich die Rezension dieses Artikels jedenfalls kaum geziemt.

Da es bislang keine vollständige Bibliographie Mendels gab, wurden von uns auch die Buchrezensionen in die hier vorliegende Übersicht aufgenommen. Diese Liste richtet sich dabei primär nach der von V. Orel vorgelegten Bibliographie zu Mendels kleineren Schriften. Inhaltlich ist diese jedoch um einige Einträge erweitert worden, die dort übergangen wurden. Enthalten ist z. B. auch eine von Mendel 1877 unter dem Titel *„Gegen den Kommunismus und Sozialismus"* verfasste Rezension, die bei Orel auf Grund der Umstände des herrschenden kommunistischen Regimes in der Tschechoslowakei aus zeitgeschichtlichen Gründen nicht aufgeführt werden konnte. Auch eine weitere Rezension Mendels zu Verarbeitung von Zuckerrüben aus dem gleichen Jahr hat in der Auflistung Orels gefehlt. Im letzteren Fall scheint es sich dabei jedoch nur um ein Versehen gehandelt zu haben. Mendels wohl interessantester Bericht, der in Orels ursprünglicher Auflistung von Mendels Rezensionen fehlte, ist sein auf drei Seiten abgedrucktes Referat über *„Die Grundlagen der Wetterprognosen"* (1879f), in welchem er erläuterte, warum ein ausgedehntes Wetterbeobachtungssystem auch für die lokale Landwirtschaft einen großen Nutzen haben kann und zukünftig Wetterprognosen genauer sein könnten. Auf diesen Artikel wurde erstmals durch Dubec & Orel 1980 aufmerksam gemacht. Vorsichtig zu erwähnen ist, dass in der lokalen Brünner Zeitungsliteratur vermutlich eine Vielzahl weiterer, von Mendel anonym verfasster Artikel zu finden sein könnten. Auf diese Möglichkeit, die auch schon der Mendel-Biograph Franz Weiling angedeutet hat, ist bislang praktisch nicht eingegangen worden. Dies dürfte vor allem deswegen der Fall gewesen sein, da z. B. in der *Brünner Zeitung* die überwiegende Mehrzahl naturkundlicher Artikel nicht namentlich gekennzeichnet worden sind und auch Kürzel nur vereinzelt genutzt worden sind. Da es beispielsweise redaktionelle Überlappungen zwischen der Brünner Zeitung und den *Mittheilungen der k. k. Mährisch-Schlesischen Gesellschaft für Ackerbau, Natur- und Landeskunde* gab, wäre das Auffinden solcher Artikel wenig überraschend (vgl. Kap. 1). Die folgende Liste umfasst alle uns bekannten Rezensionen Mendels:

45. Anonymous (1869) [Kürzel m. alias **G. Mendel**]: „Immerwährender Jagd-Kalender für Jäger und Jagdfreunde. Von Dr. J. N. Enders." Neutitschein. *Mittheilungen der k. k. Mährisch-Schlesischen Gesellschaft für Ackerbau, Natur- und Landeskunde* Nro. 13, 28. März 1870: 102.

„Die gefällig ausgestattete Druckschrift *bietet mehr als der Titel besagt und darf mit vollem Rechte allen Waidmännern von Beruf, wie allen Jagdfreunden empfohlen werden. m."*

46. Anonymous (1870a) [Kürzel **M.** alias **G. Mendel**]: „Mährisch-schlesische Forstschule zu Eulenburg, Kursus 1868/9. Berichte und Abhandlungen." Wien und Olmütz. *Mittheilungen der k. k. Mährisch-Schlesischen Gesellschaft für Ackerbau, Natur- und Landeskunde* Nro. 3, 16. Jänner 1870: 22.

47. Anonymous (1870b) [Kürzel m. alias **G. Mendel**]: „Eilfter [sic] Jahresbericht des österr.-schlesischen Seidenbauvereines." Troppau 1870. *Mittheilungen der k. k. Mährisch-Schlesischen Gesellschaft für Ackerbau, Natur- und Landeskunde* Nro. 32, 7. August 1870: 256.
48. Anonymous (1870c) [Kürzel m. alias **G. Mendel**]: „Georgika. Sammlung von Abhandlungen und Vorträgen für Landwirthe. Herausgegeben unter Mitwirkung von fachgelehrten Praktikern: von Prof. Dr. Karl Birnbaum.[46]" Leipzig, 1870. I. Bandes fünftes Heft. *Mittheilungen der k. k. Mährisch-Schlesischen Gesellschaft für Ackerbau, Natur- und Landeskunde* Nro. 42, 16. Oktober 1870: 331.
49. Anonymous (1870d) [Kürzel m. alias **G. Mendel**]: „Der gewerbliche Gemüsebau auf Landgütern und in Dorfgemeinden. Vom Hofgärtner H. Jäger." Leipzig 1870. *Mittheilungen der k. k. Mährisch-Schlesischen Gesellschaft für Ackerbau, Natur- und Landeskunde* Nro. 42, 16. Oktober 1870: 331.
50. Anonymous (1870e) [Kürzel m. alias **G. Mendel**]: „Verhandlungen der Forstwirthe von Mähren und Schlesien. Erstes Heft für 1870. Der ganzen Folge 79. Heft. – Brünn 1870." *Mittheilungen der k. k. Mährisch-Schlesischen Gesellschaft für Ackerbau, Natur- und Landeskunde* Nro. 1, 2. Jänner 1870: 5.
51. Anonymous (1871a) [Kürzel m. alias **G. Mendel**]: „Die Unkräuter als Bestimmungsmittel der Bodenarten. Von Professor Dr. Senft. Leipzig 1870." *Mittheilungen der k. k. Mährisch-Schlesischen Gesellschaft für Ackerbau, Natur- und Landeskunde* Nro. 2, 8. Jänner 1871: 15.

„Diese sechs Druckbogen fassende Broschure bildet das 6. Heft des mehrfach in diesen Blättern nach seinem Vorschreiten besprochenen landw. Sammelwerkes „Georgica" herausgegeben von Prof. Dr. Birnbaum in Leipzig.

---

[46] **Karl Joseph Eugen Birnbaum (1829–1907)** war ein deutscher Agrarwissenschaftler. Geboren im belgischen Löwen/Leuven studierte er von 1848 bis 1850 in Gießen. Sein Vater, der aus Bamberg stammende Rechtswissenschaftler Johann Michael Franz Birnbaum (1792–1877) war zu dieser Zeit aktiv als Rektor und Kanzler der Universität Gießen sowie als Mitglied des Frankfurter Vorparlaments in die Geschehnisse der Revolution von 1848 involviert. Karl Birnbaum war nach seinem Studium zunächst drei Jahre als Landwirt tätig, bevor er sich von 1853 bis 1856 dem theoretischen Studium der Landwirtschaft in Gießen und Jena zuwandte, welchem eine Habilitation als Privatdozent in Gießen folgte. In den 1860er war Karl Birnbaum zunächst in der Nähe von Frankfurt als Oberverwalter und Leiter einer Anstalt für die Erziehung landwirtschaftlicher Arbeiter tätig. In Gießen gründete er in dieser Zeit zudem eine Privatlehranstalt für Landwirte. Zudem verfasste er ein dreibändiges Lehrbuch führ Landwirte. 1866 übernahm er die landwirtschaftliche Lehranstalt Plagwitz-Leipzig. 1869, nach Aufhebung des Privatinstituts, wurde er zum Professor an der Universität ernannt. Wie sein Vater war auch Karl Birnbaum aktiv politisch tätig und Mitglied der Nationalliberalen Partei. Von 1871 bis 1873 war er Mitglied des deutschen Reichstags. Biogr. Ang. n. Wilhelm Haan, Sächsisches Schriftsteller-Lexicon, Leipzig, S. 24 f.

Der Verfasser (Professor in Eisenach*) ist dem forst- und landw. Publikum schon durch frühere Werke (Botanik, Geognosie, Zoologie) bekannt und so wird es genügen, hier zu bemerken, dass er seinen obigen Vorwurf unter folgenden Gesichtspunkten sachgemäß und gemeinverständlich behandelt:*

1. *Von den Unkräutern im Allgemeinen;*
2. *nähere Betrachtungen der Bodencharakterpflanzen;*
3. *Rückblick auf die Beobachtungen über die Bodencharakterpflanzen.*

Papier und Druck sind gut. m."

52. Anonymous (1871b) [Kürzel m. alias **G. Mendel**]: „Die zweckmäßigste Ernährung des Rindviehes, vom wissenschaftlichen und praktischen Gesichtspunkte. Von Dr. J. Kühn, Prof. und Direktor des landw. Institutes der Universität Halle." Dresden 1871. *Mittheilungen der k. k. Mährisch-Schlesischen Gesellschaft für Ackerbau, Natur- und Landeskunde* Nro. 14, 2. April 1871: 110.

„Ein Buch, das binnen 8 Jahren fünf wirkliche, d. h. jedesmal verbesserte und vermehrte Auflagen erlebte, bedarf keiner Darlegung seines instruktiven Gehaltes, sondern eben nur der Anzeige seines neuen Erscheinens in 5. Auflage. Der Verfasser bringt ad oculos, was er an die Spitze seines Vorwortes gestellt: „Ein rationeller Betrieb der Viehzucht ist die Grundlage für das Gedeihen des Ackerbaues und der Rentabilität des gesammten Wirthschaftsbetriebes." – Unsere landw. Vereine wären vor Allem berufen, dem vortrefflichen, mit 61 Holzschnitten geziertem und gut ausgestatteten Werke, die wünschenswerthe Verbreitung in den Kreisen der Landwirthe zu verschaffen, denn gerade dieser Punkt ist der wundeste bei unserem Groß- und Klein-Grundbesitze. m."

53. Anonymous (1871c) [Kürzel **m.** alias **G. Mendel**]: „Die mährisch-schlesische Forstschule in Eulenberg, Kursus 1869/70." Olmütz 1870. *Mittheilungen der k. k. Mährisch-Schlesischen Gesellschaft für Ackerbau, Natur- und Landeskunde* Nro. 20, 14. Mai 1871: 156.

„Diese 70 Seiten fassende Denkschrift enthält 1. Mittheilungen über diese Anstalt insbesondere; 2. eine Reflexion über „die Mathematik an unserer Schule"; 3. ein Ersuchen betreffend die Einsendungen von Insekten und deren Fraßstücken; 4. den Bericht über eine forstliche Studienreise; 5. Betriebs- und Ertragsresultate der Plumenauer Bretsäge; 6. forststatistische Untersuchungen über Fichtensamenertrag, Gülich's Kartoffelbau in Waldfeldbau, Kubirungsresultate von Fichte, Rindemasse von Laub- und Nadelhölzern, Bestandesmasse nach verschiedenen Methoden, Holzhauereibetrieb, Einfluß des lichteren oder dichteren Standes auf die Holzproduktion.

Mit Vergnügen ist von diesen Ergebnissen wissenschaftlicher Arbeiten des Lehrkörpers beifälliger Akt zu nehmen und namentlich müssen die Mittheilungen über diese vaterländische Schule willkommen genannt werden. m."

54. Anonymous (1871d) [Kürzel **m.** alias **G. Mendel**]: „Der Landwirthschaftliche Fortschritt. Von Dr. W. Löbe." Leipzig 1871. *Mittheilungen der k. k. Mährisch-Schlesischen Gesellschaft für Ackerbau, Natur- und Landeskunde* Nro. 24, 11. Juni 1871: 190.
55. Anonymous (1871e) [Kürzel **m.** alias **G. Mendel**]: „Georgika. Monatsschrift fuer Landwirthschaft und einschlagende Wissenschaften. Herausgegeben von Prof. Dr. Birnbaum." Leipzig 1871. – Preis pr. Jahrgang 4 Thaler. *Mittheilungen der k. k. Mährisch-Schlesischen Gesellschaft für Ackerbau, Natur- und Landeskunde* Nro. 24, 11. Juni 1871: 190.

„Der erste Jahrgang dieser Monatsschrift hat in d. Bl. 1870 fortlaufend seine Besprechung gefunden; das dem Ref. vorliegende 1. Heft 1871 (Januarheft) ist 100 Seiten stark und bringt folgende Artikeln: <u>Der Krieg im Pflanzenreiche – eine physiologische Studie von belehrendem Gehalte;</u> Das Scheinfelder Vieh – Mittheilungen über den unter dieser Benennung bekannten Rindviehschlag in Unterfranken in Baiern; <u>Ueber die Zeugung – interessanter Artikel, für den gebildeten Oekonomen von besonderem Werthe;</u> [...] m." [Hervorgehoben durch die Verf. d. vorl. Edition].

56. Anonymous (1872a) [Kürzel **m.** alias **G. Mendel**]: „Tharand'er forstliches Jahrbuch." 22. B. 2. Heft. Dresden 1872. *Mittheilungen der k. k. Mährisch-Schlesischen Gesellschaft für Ackerbau, Natur- und Landeskunde* Nro. 25, 23. Juni 1872: 198.
57. Anonymous (1872b) [Kürzel **m.** alias **G. Mendel**]: „Die wichtigsten Formeln der Zins- und Rentenrechnung, für das Bedürfniß des Forstwirthes zusammengestellt von Oberförster Kunze." Dresden 1872. *Mittheilungen der k. k. Mährisch-Schlesischen Gesellschaft für Ackerbau, Natur- und Landeskunde* Nro. 25, 23. Juni 1872: 198.
58. Anonymous (1872c) [Kürzel **m.** alias **G. Mendel**]: „Das Holz der Koniferen. Von Dr. Schröder." Mit 11 Holzschnitten. Dresden 1872. *Mittheilungen der k. k. Mährisch-Schlesischen Gesellschaft für Ackerbau, Natur- und Landeskunde* Nro. 25, 23. Juni 1872: 198.
59. Anonymous (1872d) [Kürzel **m.** alias **G. Mendel**]: „Verhandlungen der Forstwirthe von Mähren und Schlesien. Viertes Heft 1872, der ganzen Folge 90. Heft." Brünn 1872. *Mittheilungen der k. k. Mährisch-Schlesischen Gesellschaft für Ackerbau, Natur- und Landeskunde* Nro. 26, 30. Juni 1872: 208.
60. Anonymous (1872e) [Kürzel **m.** alias **G. Mendel**]: „Bericht über die internationale Mähemaschinen-Konkurrenz zu Hostiwitz bei Prag am 31. Juli bis 2. August 1872." Prag 1872. *Mittheilungen der k. k. Mährisch-Schlesischen Gesellschaft für Ackerbau, Natur- und Landeskunde* Nro. 51, 22. Dezember 1872: 406–407.
61. Anonymous (1873a) [Kürzel **M.** alias **G. Mendel**]: „Vilmorin's illustrirte Blumengärtnerei." Berlin 1872. *Mittheilungen der k. k. Mährisch-Schlesischen Gesellschaft für Ackerbau, Natur- und Landeskunde* Nr. 1, 5. Jänner 1873: 7.

"Dr. Grönland an der Versuchsstation Dahme und Rümpler, Generalsekretär des Gartenbauvereines in Erfurt, sind die Herausgeber, Wiegandt und Hempel in Berlin die Verleger dieses in seiner Anlage großartigen Unternehmens, das laut Programm circa 15 Hefte mit 1300 Holzschnitten fassen soll. Das erste dem Ref. vorliegende Heft, 80 Seiten stark, in handlichem 8°-Format, mit instruktiver Einleitung und die Pflanzenspezies von Abobra bis Amaryllis enthaltend, durch seine Xylographien illustriert – ist vielversprechend; [...] M."

62. Anonymous (1873b) [Kürzel **m.** alias **G. Mendel**]: „Verhandlungen der Weinbau-Enquete in Wien 1873. Nach den stenograph. Protokollen zusammengestellt im k. k. Ackerbauministerium." Wien 1873. *Mittheilungen der k. k. Mährisch-Schlesischen Gesellschaft für Ackerbau, Natur- und Landeskunde* Nr. 45, 9. November 1873: 355.

63. Anonymous (1873c) [Kürzel **m.** alias **G. Mendel**]: „Ueber die Einrichtung der Forststatistik. Von Dr. O. V. Leo." Leipzig 1873. *Mittheilungen der k. k. Mährisch-Schlesischen Gesellschaft für Ackerbau, Natur- und Landeskunde* Nr. 45, 9. November 1873: 355.

„Der Verf. entwirft auf 12 pag. in Quart einen Plan zur Beschaffung der Statistik des Forstwesens im deutschen Reiche [...]. Wie es gewöhnlich bei statistischen Plänen geschieht, geht auch dieser Plan soweit, daß das Ganze an der Fülle des Verlangten und vielen [sic] Ueberflüssigen scheitern wird, wenn dieser Plan überhaupt adaptirt werden wollte.

Bekanntlich hat die Forstsektion der k. k. mähr.-schles. Gesellschaft schon vor 20 Jahren, also zu einer Zeit, wo die Statistik noch ein Embryo war, eine Forst-Statistik Mährens und Schlesiens in Angriff genommen. [...] Die in den 94. Heften der Forstsektion bisher veröffentlichten Tableaux und Details haben das praktische [...] Material [...] bereits beschafft und dürften diese Arbeiten nicht nur den übrigen Ländern Österreichs, sondern auch des deutschen Reiches – als Muster dienen können! m."

64. Anonymous (1873d) [Kürzel **m.** alias **G. Mendel**]: „Georgika. Deutsche Monatsschrift für Landwirthschaft und einschlagende Wissenschaften. Herausgegeben von Dr. K. Birnbaum." – Zehntes Heft für 1873. Leipzig. *Mittheilungen der k. k. Mährisch-Schlesischen Gesellschaft für Ackerbau, Natur- und Landeskunde* Nr. 51, 21. Dezember 1873: 407.

65. Anonymous (1873e) [Kürzel **m.** alias **G. Mendel**]: „Forstwissenschaftliches Schriftsteller-Lexikon. Von Dr. Ratzeburg.[47] Zweite Hälfte." Berlin 1873. *Mittheilungen der k. k. Mährisch-Schlesischen Gesellschaft für Ackerbau, Natur- und Landeskunde* Nr. 51: 21. Dezember 1873: 407.

---

[47] Ratzeburg, Julius Theodor Christian (1801–1871) war ein deutscher Fortwissenschaftler und Entmologe und Begründer der Forstentmologie.

66. Anonymous (1873f) [Kürzel **M.** alias **G. Mendel**]: „Deutscher Forst- und Jagdkalender auf das Jahr 1874. Herausgegeben von Oberforstrath Judeich in Tharand." Berlin 1873. *Mittheilungen der k. k. Mährisch-Schlesischen Gesellschaft für Ackerbau, Natur- und Landeskunde* Nr. 48, 30. November 1873: 383–384.
67. Anonymous (1874a) [Kürzel **M.** alias **G. Mendel**]: „Monats-Berichte der Obst-, Wein- und Gartenbau-Sektion der k. k. mähr.-schles. Ges. etc." Brünn 1873. *Mittheilungen der k. k. Mährisch-Schlesischen Gesellschaft für Ackerbau, Natur- und Landeskunde* Nr. 7, 15. Februar 1874: 55.
68. Anonymous (1874b) [Kürzel **M.** alias **G. Mendel**]: Der landwirthschaftliche Fortschritt. Eine Darstellung der belangreichsten Erfahrungen, Verbesserungen und Erfindungen in Acker- und Wiesenbau, Viehzucht, Thierheilkunde, Obst-, Gemüse- und Weinbau, Betriebslehre und Baukunde. Von Dr. W. Löbe. 4. Band, das J. 1873 umfassend." Leipzig 1874. *Mittheilungen der k. k. Mährisch-Schlesischen Gesellschaft für Ackerbau, Natur- und Landeskunde* Nr. 15, 12. April 1874: 119.
69. Anonymous (1875a) [Kürzel **m.** alias **G. Mendel**]: „Das kostenersparende Feldbausystem. Ein Leitfaden für Landwirthe beim Einrichten von Gutswirthschaften. Von J. Clement, landw. Kommisär in Erfurt." Halle 1875. *Mittheilungen der k. k. Mährisch-Schlesischen Gesellschaft für Ackerbau, Natur- und Landeskunde* Nr. 13, 28. März 1875: 100.
70. Anonymous (1874c) [Kürzel **G.M.** alias **G. Mendel**]: „Der Waidmann. Blätter für Jager und Jagdfreunde." Leipzig 1874. *Mittheilungen der k. k. Mährisch-Schlesischen Gesellschaft für Ackerbau, Natur- und Landeskunde* Nr. 16: 19. April 1874: 124.
71. Anonymous (1875b) [Kürzel **M.** alias **G. Mendel**]: „Forstliche Kubirungstafeln nach metrischem Masse, zum Gebrauche beim Forst-, Ingenieur- und Bauwesen. Vierte Auflage." *Mittheilungen der k. k. Mährisch-Schlesischen Gesellschaft für Ackerbau, Natur- und Landeskunde* Nr. 26, 27. Juni 1875: 206.
72. Anonymous (1875c) [Kürzel **M.** alias **G. Mendel**]: „Pretzler's metrischer Rechenknecht für Oesterreich-Ungarn, zur Uebersetzung von Maß und Gewicht und Preis und Arbeit aus dem Alten in's Neue und umgekehrt, für Schule und Haus, Komptoir und Werkstatt, Wald und Feld. Mit Fingerzeigen zum Praktikum des Ingenieur-Meßknecht. Zweite berichtigte Ausgabe. Prag 1875." *Mittheilungen der k. k. Mährisch-Schlesischen Gesellschaft für Ackerbau, Natur- und Landeskunde* Nr. 39, 26. Spetember 1875: 310.
73. Anonymous (1875d) [Kürzel **M.** alias **G. Mendel**]: „Achter Jahresbericht der ökonom. Lehranstalt zugleich Weinbauschule in Znaim für 1874/5. Zusammengestellt von Direktor J. Roth." Znaim 1875. *Mittheilungen der k. k. Mährisch-Schlesischen Gesellschaft für Ackerbau, Natur- und Landeskunde* Nr. 40, 3. Oktober 1875: 319.
74. Anonymous (1875e) [Kürzel **M.** alias **G. Mendel**]: „Gegen die Blutlaus." *Mittheilungen der k. k. Mährisch-Schlesischen Gesellschaft für Ackerbau, Natur- und Landeskunde* Nr. 26, 27. Juni 1875: 208.

„Nachdem ein von der l. k. k. Bezirkshauptmannschaft Römerstadt anher gesendetes Insekt richtig als Blutlaus konstatirt worden, bringen wir folgende Notiz unseren Lesern in Erinnerung:
Das eingelangte Insekt gehört in die Familie der Phytophtiren und ist Schizoneura laningera, die sogenannte Blutlaus.
Die weiblichen Insekten erscheinen im Spätherbste, sind geflügelt, legen die Eier an die Wurzeln der Bäume, die Jungen kriechen am Stamme der Bäume immer höher, und sind während dieser Zeit, im Frühjahr und Sommers-Anfang, am bequemsten mittelst einer scharfen Bürste am Stamme selbst abzutödten. Sie halten sich am liebsten an Aepfel- und Birnbäumen auf. M"

75. Anonymous (1876a) [Kürzel **M.** alias **G. Mendel**]: „Der Kuhstall. Von W. Moritz-Eichborn." Breslau 1876 bei W.G. Korn. *Mittheilungen der k. k. Mährisch-Schlesischen Gesellschaft für Ackerbau, Natur- und Landeskunde* Nr. 39, 24. September 1876: 310.

76. Anonymous (1876b) [Kürzel **m.** alias **G. Mendel**]: „Naturgeschichte des in Deutschland vorkommenden Wildes mit Angabe der Schießzeiten, Jagdarten, waidmännischen Ausdrücken und Fährten. Ein Handbuch für Jaeger und Jagdliebhaber von R. von Meyerinck, Vice-Oberjägermeister." Leipzig 1876 bei H. Schmidt und C. Günther. *Mittheilungen der k. k. Mährisch-Schlesischen Gesellschaft für Ackerbau, Natur- und Landeskunde* Nr. 38, 17. September 1876: 302–303.

77. Anonymous (1877a) [Kürzel **M.** alias **G. Mendel**] Gegen den Kommunismus und Sozialismus. *Mittheilungen der k. k. Mährisch-Schlesischen Gesellschaft für Ackerbau, Natur- und Landeskunde* Nr. 1, 7. Jänner 1877: 6–8.

„M., muss doch auch die Landwirthschaft dem Titelgegenstand ernst ins Auge sehen, um seinen möglichen Vorschriften in kluger Weise entgegen zu treten oder vorzubeugen.
Die Kardinalfrage: „In welcher Weise halten wir von unseren ländlichen Arbeitern Lehren des Kommunismus und des Sozialismus fern?" behandelt die „Lüneburgische landwirthsch. Zeitung" in folgender beachtenswerter Weise:[…]"

78. Anonymous (1877b) [Kürzel **m.** alias **G. Mendel**]: „Verhandlungen der Forstwirthe von Mähren und Schlesien. 1. Heft für 1877 oder 107. Heft ganzer Folge." Brünn. *Mittheilungen der k. k. Mährisch-Schlesischen Gesellschaft für Ackerbau, Natur- und Landeskunde* Nr. 2, 14. Jänner 1877: 16.

79. Anonymous (1877c) [Kürzel **M.** alias **G. Mendel**]: Neues zur Zuckerrüben-Kultur. *Mittheilungen der k. k. Mährisch-Schlesischen Gesellschaft für Ackerbau, Natur- und Landeskunde* Nr. 21, 27. Mai 1877: 161–163.

80. Anonymous (1877d) [Kürzel **M.** alias **G. Mendel**]: „Der Kolorado-Käfer (Ch. deceml.) in seinen Entwicklungs-Stadien." Dresden bei Meinhold und Söhne. *Mittheilungen der k. k. Mährisch-Schlesischen Gesellschaft für Ackerbau, Natur- und Landeskunde* Nr. 37, 16. September 1877: 294.

Der Kolorado-Käfer: Bei dem rezensierten Artikel handelte es sich um einen Umschlag mit einer schwarzen Zeichnung vom Kartoffelkraut, sowie einem im Umschlag befindlichen grossformatigen Plakat-Schaubogen der Eier, Larven, Puppen und Käfer in 12facher Vergrösserung. Der Rezensent (M.) empfahl dieses kolorierte Plakat zur allgemeinsten Verbreitung an Schulen. Das Plakat war unter der wissenschaftlichen Leitung von Johannes Brümmer (1851–1895), einem damaligen Assistent and des landw. Instituts and der Universität Leipzig von J. Foedisch nach der Natur auf Stein gezeichnet, angefertigt. Die Beschreibung des mehrfarbig lithographischen Verfahrens macht deutlich, wie aufwendig es damals war, derartige Schultafeln zu erstellen.

81. Anonymous (1877e) [Kürzel **M.** alias **G. Mendel**]: „Die Berufsbildung des Forstmannes unter spezieller Berücksichtigung der Forst-Schule am eidgenöss. Polytechnikum in Zürich. Von Oberförster H. Riniker in Aargau." Verlag von Orell, Füßli und Comp. in Zürich. *Mittheilungen der k. k. Mährisch-Schlesischen Gesellschaft für Ackerbau, Natur- und Landeskunde* Nr. 38, 23. September 1877: 304.

82. Anonymous (1878a) [Kürzel **m.** alias **G. Mendel**]: „Der Hausgarten auf dem Lande. Von Obergärtner F. Göschke am königl. Institute in Proskau." Leipzig, Verlag von H. Voigt. *Mittheilungen der k. k. Mährisch-Schlesischen Gesellschaft für Ackerbau, Natur- und Landeskunde* Nr. 19, 12. Mai 1878: 128.

83. Anonymous (1878b) [Kürzel **M.** alias **G. Mendel**]: „Die landwirthschaftliche doppelte Buchführung. Von A. Klapka." Wien 1878 bei Faesy und Frick. 2. Auflage. *Mittheilungen der k. k. Mährisch-Schlesischen Gesellschaft für Ackerbau, Natur- und Landeskunde* Nr. 23, 9. Juni 1878: 159.

84. Anonymous (1878c) [alias **G. Mendel**]: Die Wetter-Prognosen. *Mittheilungen der k. k. Mährisch-Schlesischen Gesellschaft für Ackerbau, Natur- und Landeskunde* Nr. 8, 24. Februar 1878: 49–50.

85. Anonymous (1878d) [Kürzel **M.** alias **G. Mendel**]: „Katechismus der Landwirthschaft. Von C. v. Josa von Nagybania, k. k. Kämmerer etc. Mit 67 Illustrationen." Verlag von A. Hartleben in Wien, Pest und Leipzig. *Mittheilungen der k. k. Mährisch-Schlesischen Gesellschaft für Ackerbau, Natur- und Landeskunde* Nr. 49, 7. Dezember 1879: 332.

86. Anonymous (1879a) [Kürzel **m.** alias **G. Mendel**]: „Die Ursachen der Vererbungskraft. Versuch zur Klärung thierzüchterischer Streitfragen. Von Dr. F. Werner." Leipzig 1879 bei Fr. Thiel. *Mittheilungen der k. k. Mährisch-Schlesischen Gesellschaft für Ackerbau, Natur- und Landeskunde* Nr. 27, 6. Juli 1879: 172.

87. Anonymous (1879b) [Kürzel **m.** alias **G. Mendel**]: „Jahres-Bericht der landw. Landes-Mittelschule zu Neutitschein für das Schuljahr 1878/79." *Mittheilungen der k. k. Mährisch-Schlesischen Gesellschaft für Ackerbau, Natur- und Landeskunde* Nr. 40, 5. Oktober 1879: 264.

88. Anonymous (1879c) [Kürzel **M.** alias **G. Mendel**]: „Forstliche Zuwachs-, Ertrags-und Bonitierungstafeln mit Regeln und Beispielen für Forsttaxatoren, Forstverwalter und Besitzer." Von Prof. Pressler. Tharand und Leipzig 1878. *Forst-, Taschen- und Jagd-Buch sammt Kalender für das Jahr 1879*: 92.

89. Anonymous (1880a) [Kürzel **m.** alias **G. Mendel**]: „Die Gesetze zur Abwehr und Tilgung ansteckender Thierkrankheiten und der Rinderpest. Von Dr. J. Lechner, k. k. Prof. am Wiener Thierarznei-Institute. Verlag der Manz'schen k. k. Hof-Verlags- und Universitäts-Buchhandlung in Wien." *Mittheilungen der k. k. Mährisch-Schlesischen Gesellschaft für Ackerbau, Natur- und Landeskunde* Nr. 37, 12. September 1880: 255.
90. Anonymous (1880b) [Kürzel **M.** alias **G. Mendel**]: „Das Holz und seine Destillations-Produkte. Von Dr. G. Thentus. Hartleben's Verlag in Wien, Pest und Leipzig 1880." *Mittheilungen der k. k. Mährisch-Schlesischen Gesellschaft für Ackerbau, Natur- und Landeskunde* Nr. 24, 13. Juni 1880: 163.
91. Anonymous (1880c) [Kürzel **M.** alias **G. Mendel**]: „Verhandlungen der Forstwirthe in Mähren und Schlesien. 3. Heft für 1880, der ganzen Folge 121. Heft. Mit einigen Xylographien. Brünn, 1880." *Mittheilungen der k. k. Mährisch-Schlesischen Gesellschaft für Ackerbau, Natur- und Landeskunde* Nr. 25, 20. Juni 1880: 172.
92. Anonymous (1880c) [Kürzel **M.** alias **G. Mendel**]: „Verhandlungen der Forstwirthe in Mähren und Schlesien. 4. Heft für 1880, der ganzen Folge 122. Heft." Brünn 1880. *Mittheilungen der k. k. Mährisch-Schlesischen Gesellschaft für Ackerbau, Natur- und Landeskunde* Nr. 39, 26. September 1880: 271–272.
93. Anonymous (1880d) [Kürzel **M.** alias **G. Mendel**]: „Taschen-Kalender für die österr. Haus- und Landwirthe f. d. J. 1881. Von K. Fischer und Dr. W. Löbe, 23. Jahrgang. Leipzig, Reichenbach's Verlagshandlung." *Mittheilungen der k. k. Mährisch-Schlesischen Gesellschaft für Ackerbau, Natur- und Landeskunde* Nr. 46, 14. November 1880: 320.
94. Anonymous (1881) [Kürzel **M.** alias **G. Mendel**]: „Ueber die Verbindungen von Schmuck- und Nähr-Pflanzen in unseren modernen Gärten. Von H. Jaeger, Hofgarten-Inspector in Eisenach." Berlin 1881 bei Fr. Sensenhauser. *Mittheilungen der k. k. Mährisch-Schlesischen Gesellschaft für Ackerbau, Natur- und Landeskunde* Nr. 30, 24. Juli 1881: 208.
95. Anonymous (1882) [Kürzel **M.** alias **G. Mendel**]: „Aus der rumänischen Gesellschaft. Von G. Allan. Leipzig 1882 bei Fr. Thiel." *Mittheilungen der k. k. Mährisch-Schlesischen Gesellschaft für Ackerbau, Natur- und Landeskunde* Nr. 3, 15. Jänner 1882: 20.
96. Anonymous (1883) [Kürzel **M.** alias **G. Mendel**] „A. v. Berlepsch' Bienenzucht nach ihrem jetzigen rationellen Standpunkte. 2. Auflage, umgearbeitet von W. Vogel. Berlin bei Parey 1883." *Mittheilungen der k. k. Mährisch-Schlesischen Gesellschaft für Ackerbau, Natur- und Landeskunde:* 331.

Ernteberichte

97. Anonymous (1872f) [Kürzel **M.** alias **G. Mendel**]: „Ernte-Berichte aus der Gegen von Göding." *Mittheilungen der k. k. Mährisch-Schlesischen Gesellschaft für Ackerbau, Natur- und Landeskunde:* 382.

98. Anonymous (1875f) [Kürzel **M.** alias **G. Mendel**]: „Zur Ernte-Erhebung des Ger.-Bez. Schildberg." *Mittheilungen der k. k. Mährisch-Schlesischen Gesellschaft für Ackerbau, Natur- und Landeskunde:* 405.
99. Anonymous (1875g) [Kürzel **M.** alias **G. Mendel**]: „Zur Ernte-Erhebung des Ger.-Bez. Iglau." *Mittheilungen der k. k. Mährisch-Schlesischen Gesellschaft für Ackerbau, Natur- und Landeskunde:* 407.
100. Anonymous (1877f) [Kürzel **M.** alias **G. Mendel**]: „Die Ernte in den Bezirken Ung.-Brod. und Wall.-Klabouk." *Mittheilungen der k. k. Mährisch-Schlesischen Gesellschaft für Ackerbau, Natur- und Landeskunde:* 376.
101. Anonymous (1877g) [Kürzel **M.** alias **G. Mendel**]: „Die Ernte in den Bez. Kromau und Hrottowitz." *Mittheilungen der k. k. Mährisch-Schlesischen Gesellschaft für Ackerbau, Natur- und Landeskunde:* 398.
102. Anonymous (1877h) [Kürzel **M.** alias **G. Mendel**]: „Die Ernte im Bezirk Mähr.-Neustadt." *Mittheilungen der k. k. Mährisch-Schlesischen Gesellschaft für Ackerbau, Natur- und Landeskunde:* 398.
103. Anonymous (1878e) [Kürzel **M.** alias **G. Mendel**]: „Ernte-Bericht aus den Bezirken Ung.-Brod. und Wall.-Klobouk." *Mittheilungen der k. k. Mährisch-Schlesischen Gesellschaft für Ackerbau, Natur- und Landeskunde:* 323.
104. Anonymous (1879d) [Kürzel **M.** alias **G. Mendel**]: „Die Ernte 1879 in den Bezirken Ung.-Brod. und Wall.-Klobouk." *Mittheilungen der k. k. Mährisch-Schlesischen Gesellschaft für Ackerbau, Natur- und Landeskunde* Nr. 48, 30. November 1879: 326–327.
105. Anonymous (1879e) [Kürzel **M.** alias **G. Mendel**]: „Die Ernte 1879 im Ger.-Bez. Fulnek." *Mittheilungen der k. k. Mährisch-Schlesischen Gesellschaft für Ackerbau, Natur- und Landeskunde:* 336.
106. Anonymous (1880e) [Kürzel **M.** alias **G. Mendel**]: „Die Ernte im Ger.-Bez. Fulnek." *Mittheilungen der k. k. Mährisch-Schlesischen Gesellschaft für Ackerbau, Natur- und Landeskunde* Nr. 50, 12. Dezember 1880: 347.
107. Anonymous (1880f) [Kürzel **M.** alias **G. Mendel**]: „Die Ernte im Ger.-Bez. Namiest und Treibitsch." *Mittheilungen der k. k. Mährisch-Schlesischen Gesellschaft für Ackerbau, Natur- und Landeskunde* Nr. 51, 19. Dezember 1880: 355.

Sonstige Referate und Berichte
108. Mendel, Gr. (1875): Die Prüfungen aus dem Obst-, Wein und Gemüsebau. *Mittheilungen der k. k. Mährisch-Schlesischen Gesellschaft für Ackerbau, Natur- und Landeskunde* Nr. 29, 18. Juli 1875: 231.
109. Anonymous (1879f) [Kürzel **M.** alias **G. Mendel**]: Die Grundlagen der Wetter-Prognosen. *Mittheilungen der k. k. Mährisch-Schlesischen Gesellschaft für Ackerbau, Natur- und Landeskunde* Nr. 51, 19. Dezember 1880: 355.

5.3 Posthume Publikationen

- Dubec K & Orel V (1980) **Gregor Mendel's** scientific activity in Meteorology. *FM* 15: 215–242. [Mit einem Nachdruck von Mendels Referat zu Wetterprognosen]
- Eine Sammlung von Abschriften von 26 Briefen aus der privaten Korrespondenz **Gregor Mendels** u. a. an seine Eltern, in: Kříženecký 1965b, S. 113–133.
- **Gregor Mendels** Briefe an Carl Nägeli. 1866–1873. Herausgegeben von C. Correns. *Abhandl. Math.-Phys. Kl. königl. Sächs. Ges. Wiss.* 29 (1906), S. 189–265. Erneut veröffentlicht in Carl Correns 1924, S. 1233–1297. In englischer Übersetzung durch Leonie Kellen Piternick und George Piternick in *Genetics* 35(5), Part 2, (1950), S. 1-29, sowie neu abgedr. in Stern & Sherwood 1966, S. 56–102. Veröffentlicht in kommentierter, französischer Übersetzung aus dem Deutschen durch J. R. Armogathe in Orel & Armogathe (1985): 123–169.
- **Gregor Mendels** Brief an Carl Nägeli vom 25. Februar 1867. Faksimile-Abdruck, in: Hoppe (1971): Die Beziehung zwischen J. G. Mendel und C. W. Nägeli auf Grund neuer Dokumente. *FM* 6: 123–138.
- **Gregor Mendels** Brief an Carl W. von Nägeli vom 9. Februar 1868 mit handschriftlichen Notizen C. W. Nägeli. Faksimile-Abdruck, in: Witte (1971), Vergleichende Untersuchung der in den *Abhandlungen der königlich sächsischen Gesellschaft der Wissenschaften* abgedruckten, von C. Correns herausgegebenen „Gregor Mendels Briefe an Carl Nägeli 1866–1873". Mit einer Photokopie im Originale. *FM* 6: 117–138.
- Klacel FM, Gabriel P, Lindenthal J, Fogler B, **Mendel G**, Cyganek IC, Hohe Reichsversammlung. Petition 1848, publiziert und faksimiliert in: Orel & Verbik (1984), Mendel's involvement in the plea for freedom of teaching in the revolutionary year of 1848. *FM* 19: 223–233.
- Marvanová L (1966) **Mendels** dichterische Versuche aus seinen Studentenjahren. *FM* 1: 15–19, inkl. zweier Faksimile der beiden Seiten der Handschrift. Siehe auch Iltis 1924, S. 14–15.
- Marvanová L (1967) Ein bisher unbekannter Brief Mendels [an den Abt des Prämonstratenserstifts Anton Hauber]. FM 2: 39–40.
- **Mendel G** (1850) Beantwortung der Prüfungsfrage aus der Naturgeschichte. Abgedruckt zusammen mit einem Faksimile der handschriftlich angefertigten Hausarbeit in: *FM* (1983) 18: 236–272. Siehe hierzu auch die beigegebene kritische Kommentierung des Textes durch Orel, Czihak & Wieseneder (1983).
- **Mendel G** (1965), Gregorii Mendel autobiographia juvenilis ad centisimum doctrinae geneticae anniversarium. Brno Pp. [20]. Auszüge aus Mendels kurzer Autobiographie erschienen zuerst in Iltis 1924. Ein vollständige deutschsprachige Transkription von Gregor Mendels handschriftlicher Selbstbiographie wurde erstmal in Iltis 1926 abgedruckt. In engl. Übersetzung durch Annie Iltis (1954).

- Heimans J (1969), Ein Notizblatt aus dem Nachlass **Gregor Mendels** mit Analysen eines seiner Kreuzungsversuche. *FM* 4: 5–36.
- **Mendel G** (1877), Mendels Gutachten zu Wetterprognosen zu Landwirthschaftszwecken In: Orel V (1969b): Abbot Mendel's expert opinion on the first weather forecasts for agriculture. *FM* 4: 37–40. (Faksimile der originalen Briefe sowie eines Transkripts).
- Zumkeller A (1971), Recently discovered sermon sketches of **Gregor Mendel.** *FM* 6: 247–256. (Faksimile der handschriftlichen Predigtentwürfe sowie Transkript zweier Predigten inkl. einer engl. Übersetzung durch Arnulf Hartmann. Erneut abgedruckt mit Kommentierungen in Sajner 1983, S. 98–111.)

Die Mendel-Rezeption im historischen Kontext des 19. Jahrhunderts

Michael Mielewczik, Michal V. Simunek und Uwe Hoßfeld

6.1 Die Rezeption von Mendels Versuchen vor 1900

Folgt man der traditionellen Auffassung zur Bedeutung von Mendels Pflanzen-Experimenten, so wurden seine Arbeiten zunächst verkannt, ignoriert, und sie gerieten für Jahrzehnte in Vergessenheit, bevor sie im Jahr 1900 von Carl Correns, Hugo de Vries, Erich von Tschermak-Seysenegg bzw. William Bateson „wiederentdeckt"[1] und erstmals erneut abgedruckt wurden.[2] Dies ist zumindest das, was von denjenigen, die Mendel „wieder-

---

[1] Für die „Wiederentdecker" selbst bestand die „Wiederentdeckung" im Auffinden der Mendelschen Regeln durch ihre eigenen Experimente und nicht in der „Wiederentdeckung" des von Mendel publizierten Artikels an sich. Im Laufe der Zeit ist der Begriff jedoch in der Nutzung aufgeweicht worden, so dass damit beide historischen Vorgänge gemeint sein können. Zur Geschichte der „Wiederentdeckung" selbst siehe Kap. 7 sowie z. B. Simunek et al. 2011a, 2011b, 2011c sowie die Beiträge Hoßfeld & Simunek 2011; Hoßfeld et al. 2017; Simunek et al. 2017; Harwood 2000; Jahn 1958, 1965; Rheinberger 1995, 2000, 2003, 2015; Stomps 1954; E. v. Tschermak Seysenegg 1951a, 1951b, 1958 und Zirkle 1968.

[2] Vgl. hierzu die Jakubíček & Kubíček 1965 sowie Jakubíček 1970, 1976).

M. Mielewczik (✉)
Adlikon bei Regensdorf, Schweiz
E-Mail: michaelmielewczik77@gmail.com

M. V. Simunek
Institut für Zeitgeschichte, Akademie der Wissenschaften der Tschechischen Republik, Prag 6, Czech Republic
E-Mail: simunekm@centrum.cz

U. Hoßfeld
AG Biologiedidaktik, Universität Jena, Jena, Deutschland
E-Mail: uwe.hossfeld@uni-jena.de

© Springer-Verlag GmbH Deutschland, ein Teil von Springer Nature 2024
M. Mielewczik et al. (Hrsg.), *Gregor Mendel,* Klassische Texte der Wissenschaft,
https://doi.org/10.1007/978-3-662-57976-3_6

entdeckten" und seine Arbeiten nachdruckten, übersetzten und popularisierten, angenommen wurde.

In die englischsprachige Fachliteratur ist diese Vernachlässigung der Experimente Mendels im 19. Jahrhundert unter der Bezeichnung „The Great Neglect"[3] bekannt geworden und hat sich im Laufe der Zeit, zusammen mit der geradezu romanhaften, mehrfachen, unabhängigen und gleichzeitigen „Wiederentdeckung" der Mendelschen-Regeln, zu einem Gründungsmythos der modernen Genetik entwickelt. So sprach man z. B. schon in der ersten Hochphase der Genetik vom „*Dornröschenschlaf*"[4], aus dem Mendels Erkenntnisse erweckt werden mussten, vom „*stillen Gelehrten, der für seine Entdeckungen nicht genug Reklame zu machen verstand*"[5], und davon, dass „*die verstaubten Bändchen Mendels erst wieder aus den* Bibliotheken *hervorgeholt*" werden mussten[6], damit eine „*ganze neue Forschungsrichtung* [...] *wie der Phoenix aus der Asche*" entstehen konnte.[7]

Den Höhepunkt dieser idealisierten Darstellungswelle bildete die Veröffentlichung der ersten umfassenden und teilweise fast schon hagiographischen Mendel-Biographie (Iltis 1924). Hier wurde die „Wiederentdeckung" unter nicht weniger als einem Kapitel mit dem Titel „*Auferstehung*" abgehandelt und Mendel als tragisch verkannter Gestalt der Wissenschaft ein episches Denkmal gesetzt.[8] Die Etablierung dieser Darstellung spielte eine enorm wichtige Rolle, um das sich zunehmend eigenständig entwickelnde Fach der Genetik zu popularisieren.

Tatsächlich waren bis vor kurzem nur eine kleine Zahl von Verweisen auf Mendels Hybridexperimente an Erbsen aus der Literatur des 19. Jahrhunderts bekannt. Eine von uns durchgeführte, detaillierte Literaturrecherche hat jedoch gezeigt, dass Mendels Arbeiten vor 1900 eine deutlich breitere und positivere (und teilweise auch negativere) Anerkennung erfahren haben, als dies bislang angenommen wurde. Bisher war beispielsweise völlig unbekannt, dass bereits im Jahr 1867 erstmals ein (wenn auch gekürzter) Nachdruck seiner Arbeiten zu Pflanzenhybriden erschienen ist. Dieser Nachdruck erfolgte als zweiteilige Serie in einer monatlichen Beilage zur *Wochenschrift des Gewerbevereins in Bamberg*, welches sich zu dieser Zeit zu einem Zentrum der Samenproduktion

---

[3] Siehe bspw. Zirkle 1964; Posner & Skutil 1968; Sapp 1990.
[4] Becker 1922, S. 163; Goldschmidt 1922, S. 631.
[5] Fischer 1912, S. 97.
[6] Anonymous 1923, S. 140. Siehe auch Iltis 1924, S. 121.
[7] A. v. Tschermak-Seysenegg 1923.
[8] Zu der Darstellung einer „*Auferstehung*" s.a. auch den Artikel von Renner O. (1924), „Die Botanik vor Mendels Auferstehung", in: *Die Naturwissenschaften* 12, S. 752–757. Später wurde der Gedanke der Auferstehung Mendels auch vom Nobelpreisträger Hermann J. Muller in seiner Laudatio zum 100. Jubiläum von Mendels Vorträgen im Jahr 1965 noch einmal aufgegriffen. Dabei sprach H. J. Muller davon, dass Mendel zweimal wiederauferstanden sei (engl.: „*Mendel has been resurrected twice...*", wobei er insb. die Wiederbelebung des Mendelismus nach dem Zweiten Weltkrieg im Sinn hatte (Muller 1965).

entwickelt hatte (siehe Abschn. 1.2.) Unglücklicherweise sind vom unbekannten Redakteur dieses Nachdrucks nahezu alle statistischen und analytischen Details aus der Originalarbeit entfernt worden. Den durchaus zahlreichen Lesern mag hierdurch die Bedeutung der Entdeckungen von Mendels Experimenten entgangen sein.

Auch zeigt sich, dass Mendels Artikel weitaus früher in gedruckten internationalen Bibliographien aufgeführt wurde als bislang angenommen. Bereits während seiner mündlichen Vorträge wurde die Möglichkeit zur Erstellung nummerischer Gesetze der Vererbungslehre diskutiert. Zudem fanden seine Hybridarbeiten auch in einem weiterreichenden Zusammenhang Erwähnung und wurden dann schon zu einem sehr frühen Zeitpunkt nicht nur in einem darwinistischen und anti-darwinistischen Kontext, sondern auch in Bezug auf materialistische Weltanschauungen besprochen.

6.1.1 Der „Great Neglect" im zeitgenössischen Kontext

Von einem modernen Betrachtungswinkel aus gesehen, hat die Legende des „*Great Neglect*" zunächst einen durchaus reizvollen und überzeugenden Charme, denn bereits kurz nach der „Wiederentdeckung" im Jahr 1900 nahm die Zahl der Zitierungen und Verweise auf Mendels Experimente zunächst exponentiell zu.[9] Sicherlich hat es sich bei Mendels Artikel über Pflanzenhybriden zu seinen Lebzeiten nicht um einen hochzitierten Artikel gehandelt, und es ist zu vermuten, dass Mendels Artikel erst nach der „Wiederentdeckung", sei es nun durch neue Erkenntnisse oder durch Bestätigung seiner Ergebnisse, die volle Wirkungsmacht entfalten konnte. Insofern ist es sicherlich auch konsequent und richtig, wenn der verzögerte Einfluss von wissenschaftlichen Artikeln heute mitunter als „Mendel-Syndrom" bezeichnet wird.[10]

Bei genauerer Betrachtung der Idee des „*Great Neglect*" während des 19. Jahrhunderts wird jedoch deutlich, dass die Legende selbst in ihrem Kern wenig überzeugend ist. Zum einen kann die große Zahl an aufkommenden Zitierungen von Mendel zu Beginn des 20. Jahrhunderts allein wohl kaum die Behauptung rechtfertigen, dass es vorher im 19. Jahrhundert zu einer Vernachlässigung der Arbeit Mendels gekommen war. Zum anderen muss darauf hingewiesen werden, dass der Grundstein für den Mythos bereits im Jahr der „Wiederentdeckung" der Mendelschen Regeln von den „Wiederentdeckern" selbst gelegt wurde – und damit lange bevor Mendels Arbeit zu einem Zitat-Klassiker werden konnte. Treibender Faktor scheint dabei gewesen zu sein, dass den „Wiederentdeckern" zu dieser Zeit selbst nur eine Arbeit aus dem 19. Jahrhundert bekannt war, welche auf Mendels Hybridisierungsartikel Bezug nahm. So schrieb C. Correns beispielsweise:

---

[9] Siehe Mielewczik et al. 2017; vgl. hierzu auch die Darstellungen zu Beginn des 20. Jahrhunderts bei Goldschmidt 1922.
[10] Garfield 1979; Costas et al. 2011.

> *„Diese Arbeit Mendels, die in Fockes ‚Pflanzenmischlingen' zwar erwähnt, aber nicht gebührend gewürdigt ist, und die sonst kaum Beachtung gefunden hat, gehört zu dem Besten, was jemals über Hybride geschrieben wurde* […]."[11]

Noch Mitte des 20. Jahrhunderts wurde die Ansicht vertreten, dass mit *„Kerner, Nägeli, Hoffmann und Focke die Zahl derer erschöpft ist, die Mendel bis zur Jahrhundertwende überhaupt gekannt bzw. zitiert haben"*.[12] Im Laufe der Jahrzehnte haben sich immer wieder Wissenschaftler über diese und andere Merkwürdigkeiten gewundert. Es wurde die Frage gestellt, ob Mendels Arbeiten im 19. Jahrhundert wirklich überhaupt keinen Nachhall gefunden haben bzw. seine Veröffentlichungen somit tatsächlich ignoriert und für 34 Jahre in Vergessenheit gerieten sowie unverstanden blieben.[13] Dabei gelang es Genetikern, Botanikern und Wissenschaftshistorikern Stück für Stück weitere bis dahin unbekannte frühe Zitate und Verweise auf Mendels Kreuzungsexperimente zusammenzutragen.[14] Dennoch ist bislang nur eine relativ kleine Zahl an Arbeiten bekannt geworden, die Mendels Artikel von 1866 vor 1900 regulär zitierten. Insbesondere für den Zeitraum der ersten fünf Jahre nach der Veröffentlichung sind lediglich eine Handvoll Referenzen aufgefunden worden, bei denen es sich entweder um reine bibliographische Aufstellungen[15] oder um einfache Zitierungen im Kontext der klassischen Hybridisierungen[16] handelte.

6.1.2 Gregor Mendel und der Ursprung bibliographischer Literaturdatenbanken

In einer überraschenden Wendung der Geschichte nahm der „Great Neglect" mehr als 60 Jahre nach der „Wiederentdeckung" der Mendelschen Gesetze erneut eine prominente Rolle ein, um einem sich entfaltenden neuen Wissenschaftszweig zur Popularität zu ver-

---

[11] Zit. n. Correns 1900a, S. 158–159. Ähnlich auch bei den anderen „Wiederentdeckern" – vgl. z. B. Bateson 1902, S. 36–37; WBBNoM 1909, S. 314; E. v. Tschermak-Seysenegg 1937, 1942. Zu de Vries siehe insb. Olby & Gautrey 1968. Auch in den Arbeiten anderer Genetiker findet sich diese Darstellung oft. So schrieb bspw. der britischer Genetiker Arthur Dukinfield Darbishire (1911, S. 189) in Hinsicht auf die Veröffentlichung von Mendels Artikel im Jahr 1866, dass man damals *„Perlen vor die Säue"* geworfen hat.

[12] Zit. n. Stubbe 1963. Siehe ident. Sturtevant 1965, S. 2 5. Vgl. bereits die Korrektur in Stubbe 1972.

[13] Brannigan 1979, 1981; Kessel 2002; MacRoberts 1985; Monaghan & Corcos 1987.

[14] Siehe hierzu z. B. WBBNoM 1909, S. 314; Edwardson 1962; Gaissinovitch 1966; Gustafsson; 1969; Larsson 1915; MacRoberts 1984; Monaghan & Corcos 1987; Olby & Gautrey 1968; Orel 1966, 1996, S. 278; Philiptchenko 1925; Punnett 1925; Roberts 1929; Weiling 1966, 1969, 1971a, 1973; Weinstein 1977; White 1917. Vgl. hierzu auch die Darstellung in Brannigan 1981, S. 92–93.

[15] Siehe beispielsweise Anonymous 1867c.

[16] Siehe z. B. Hoffmann 1869.

helfen. Bis in die 1960er Jahre (und auch noch weit darüber hinaus) spielten gedruckte, manuell zusammengestellte Bibliographien eine herausragende und tragende Rolle, indem sie Wissenschaftlern ermöglichten, Artikel und Bücher zu einem Themengebiet zu lokalisieren. Inspiriert von einem Gedankengang des Science-Fiction-Autors Isaac Asimov (1920–1992), begann Eugene Garfield (1925–2017) die experimentellen Konzepte von Zitierungsnetzwerken und „Citation Indices" zu entwickeln, um die Wissenschaftsgeschichte an Hand eines Computerprogramms zu erfassen.[17,18] Asimov hatte nämlich darauf verwiesen, dass Zitate und die Weitergabe von Informationen in der genetischen Literatur die Entwicklung von Ideen in ähnlicher Form beschreiben, wie die Weitergabe genetischer Informationen durch genetische Prozesse an sich.[19]

Garfield verwendete in seiner wohl einflussreichsten und bekanntesten Arbeit[20] die Legende des „Great Neglect" und der „Wiederentdeckung" von Mendels Artikel, um beispielhaft zu visualisieren, wie Zitierungsnetzwerke die Entwicklung von Ideen veranschaulichen können. Ironischerweise kann der Einfluss von Garfields Artikeln (einige sind heute längst selbst Zitat-Klassiker) eben nicht nur an der Zahl ihrer Zitierungen gemessen werden. Vielmehr legten seine experimentellen frühen Zitat-Datenbanken den Grundstein für die Entwicklung des „Science Citation Index", welcher heute weiträumig verwendet wird, um u. a. den Einfluss gegenwärtiger Wissenschaftler zu bewerten. Darüber hinaus bildeten eben diese Experimente aber auch das Saatkorn für unsere heutigen elektronischen Literaturdatenbanken, welche aus dem Wissenschaftsalltag nicht mehr wegzudenken sind. Tatsächlich sind heute in Bezug auf das 19. Jahrhundert die meisten publizierten Arbeiten online verfügbar, und in den meisten Fällen können sogar die Volltextbestände direkt durchsucht werden.

Auch wenn diese historischen Literaturdatenbanken und ihre zugehörigen Recherche-Tools immer noch weit davon entfernt sind, zuverlässig[21], vollständig und einfach zu bedienen zu sein, so ist es doch möglich, weitere Facetten zur Rezeption von Mendels Experimenten während des 19. Jahrhundert und vor ihrer „Wiederentdeckung" ausfindig zu machen.

---

[17] Garfield et al. 1964.
[18] In den 1960er und 1970er Jahren begann sich zunehmend die Erkenntnis einzustellen, dass es selbst für die fleißigsten Leser nicht mehr möglich war, mit dem immer zunehmenden Schwall erscheinender Literatur mitzuhalten. Schon im Kontext dieser Diskussion ist Mendel wiederholt als Beispiel für übersehene Literatur angeführt worden, z. B. um auf die Bedeutung von Abstract-Sammlungen, wie z. B. den *Biological Abstracts*, den *Genetics Abstracts* oder dem *Genetic Citation Index* hinzuweisen (siehe hierzu auch Jones 1971, S. 206). Vgl. auch Fußnote 21.
[19] Asimov 1963.
[20] Garfield 1970.
[21] Drazen 2015.

6.1.3 Veröffentlichung in einem „obskuren" Journal

Im Verlauf der Jahre haben viele Autoren argumentiert, dass ein möglicher Grund für die verzögerte Aufnahme von Mendels Ergebnissen auch darauf zurückzuführen ist, dass er seinen Artikel in einem kleinen, „*obskuren*" bzw. „*nicht bekannten*" Journal eines lokalen naturwissenschaftlichen Vereins in Mitteleuropa publizierte.[22] Daneben wurde auf die geringe Auflage bzw. Verbreitung der Verhandlungen verwiesen.[23]

Auch wenn zahlreiche Autoren schon seit langem darauf hingewiesen haben, dass es sich bei den *Verhandlungen des naturfoschenden Vereines* in Brünn (*VNV*) wohl kaum um ein „*obskures Journal*" gehandelt hat,[24] erfreut sich dieser Teil der Mendel-Legende sowohl unter Akademikern als auch Lehrern immer noch einer großen Beliebtheit.[25] Tatsächlich scheint diese Sichtweise aber nach wie vor durch eine begrenzte Kenntnis der wissenschaftlichen Publikationsstrukturen des 19. Jahrhunderts in Europa getrübt zu sein. Wissenschaftliche Magazine/Journale wurden zu dieser Zeit im Wesentlichen noch nicht durch große kommerzielle Verlage organisiert. Stattdessen bildeten lokale naturforschende Gesellschaften das eigentliche Rückgrat der Publikationskultur. Als solche erscheint der NfV in Brünn, als einer der effektivsten Vereine des 19. Jahrhunderts, tat-

---

[22] Allard 1999, S. 24; Blackman 1902; Dobzhansky 1965, S. 205; Gruenberg 1948; Kellogg 1923; Mees 1946, S. 159; Moore 2001; Rhoades 1984; Roberts 1902, S. 137; Stomps 1954; Torrey 1926, S. 111; Vorzimmer; 1968, Windle 1912, S. 152; Wolfe 1915. **Das anekdotenhafte Beispiel des „*obskuren Journals*"**, in dem Mendel seine Arbeiten publizierte, hat übrigens auch schon früh in wissenschaftspolitische Diskurse Einzug gehalten. So verwendete es der Genetiker und Herausgeber der *Biological Abstracts* Albert Blakeslee in einer Stellungahme an den Unterausschuss des U.S. Kongresses im Jahr 1945, hinsichtlich der Frage, wie sich die nationalen Ressourcen der USA besser nutzen ließen als Argument in seiner Einleitung unter dem Punkt „*Wissenschaft Gesetzgebung*" [engl. Science Legislation] (Blakeslee 1945, S. 1189 ff.). Das Beispiel von Mendel wurde dabei angeführt, um zu verdeutlichen, dass einer modernen Infrastruktur zur Verbreitung von wissenschaftlichen Informationen und Forschungsergebnissen eine große Bedeutung beizumessen sei. Dabei wurde auch davon berichtet, dass schon zum damaligen Zeitpunkt der Umfang bzw. die Zahl biologischer Publikationen derart angewachsen war, dass es einem Forscher ohne die besten Hilfsmittel selbst in seinem eigenen Fachgebiet kaum noch möglich wäre, den Fortschritten in seinem eigenen Feld zu folgen. Die „Wiederentdeckung" Mendels, aber auch die Beispiele von Penizillin und DDT, wurden dabei als klassische Beispiele für ein spezielles Problem der Wissenschaften herangezogen. Das Hauptproblem war die Verspätung von der Entdeckung eines „*fundamentalen Konzeptes*" und einer „*praktischen Anwendung*". Der Einsatz von wissenschaftlichen Indizierungs- und Informationsdiensten, z. B. das Erstellen von Sammlungen von Kurzfassungen und Übersetzungen fremdsprachiger Fachartikel (z. B. aus dem Russischen) wurden in diesem Kontext als möglich Lösungen bzw. Verbesserungen angepriesen. Sie konnte zudem den Zugang zu fremdsprachigen Veröffentlichungen verbessern, gleichzeitig aber auch Interdisziplinarität an sich fördern (ebd.).

[23] A. v. Tschermak-Seysenegg.

[24] Fisher 1932; Sandler & Sandler 1986; Sekerák 2006; Drazen 2015.

[25] McComas 2012; Tanghe 2015; Walsh 2014.

sächlich herauszustechen. Bereits 1866 hatte der Verein Kontakt mit mindestens 130 anderen inländischen und internationalen Institutionen aufgenommen. Diese Zahl erscheint umso beeindruckender, wenn man berücksichtigt, dass der Verein zu diesem Zeitpunkt gerade einmal fünf Jahre bestand.[26] Bis zum Jahr 1900, d. h. dem Jahr der „Wiederentdeckung", sollte die Bedeutung des Vereins sogar noch weiter anwachsen, und schließlich einen Kontakt mit mehr als 200 anderen wissenschaftlichen Organisationen umfassen.

Bereits bekannt war, dass mehr als 100 Kopien des 4. Bandes der *VNV*, welcher Mendels Artikel enthielt, im Rahmen eines Schriftaustauschs, an inländische sowie internationale Kooperationspartner verschickt wurden. Die Bedeutung dieses Schriftenaustauschs zeigt sich auch schon darin, dass praktisch alle Zitierungen von Mendels Artikel während des 19. Jahrhunderts an Orten erfolgten, in denen Institutionen mit dem NfV im Kontakt standen.

6.1.4 Unbekannte Partner des Schriftenaustauschs

Eine Neuauswertung der Sitzungsprotokolle des NfV in Brünn für das Jahr 1866 und 1867 hat nun ergeben, dass mehr als ein Dutzend weitere internationale Naturforschende Vereine und Institutionen, von denen, die zuvor nicht bekannt waren,[27] ebenfalls den 4. Band der *VNV* direkt nach Veröffentlichung im Schrifttausch erhalten haben.[28] Hierzu

---

[26] Die Effizienz in der Etablierung des Schriftenaustauschs sowie das rege Vereinsleben des NfV in Brünn sind übrigens auch schon Zeitgenossen des 19. Jahrhunderts früh aufgefallen und positiv bewertet worden. So rezensiert z. B. ein anonymer Autor schon 1869 den 6. Band der *VNV* wie folgt: „*Ein ansehnlicher und nett ausgestatteter Band mit werthvollen Abhandlungen aus verschiedenen Zweigen der Naturwissenschaften gibt Zeugniss von dem regen Leben des gedachten Vereins, der über 300 Mitglieder zählt und mit etwa 150 Vereinen und Institutionen im In- und Ausland in Verbindung steht.*" (Verh. d. k. k. geol. Bundesanstalt 1868, S. 408).

[27] Vgl. Dorsey 1944; Posner & Skutil 1968; Sekerák 2006.

[28] In später veröffentlichten Zusammenstellungen, welche die Institutionen, mit denen der NfV Verein in Brünn 1866 im Schriftverkehr stand, namentlich auswerteten und auflisteten (Posner & Skutil 1968; Sekerák 2006), sind die hier erwähnten nicht aufgeführt. Dies scheint darauf zurückzuführen zu sein, dass die Sitzungsprotokolle im 4. Band der *VNV* ausgewertet wurden. Der NfV Brünn hat sich aber gerade im Jahr 1866 explizit darum bemüht, seine wissenschaftlichen Kontakte nach Frankreich zu verbessern. Beispielsweise ist hier die Aufnahme des Schriftenaustausches mit den naturforschenden Gesellschaften in Bordeaux und Angers zu nennen. Diese neu hinzugekommenen Vereine, die auch den 4. Band der *VNV* erhielten, werden erst in den 1867 veröffentlichten Sitzungsprotokollen des Brünner NfV für das Jahr 1866 erwähnt. Im Falle von Bordeaux und Auxerre wird dieser Austausch sogar erst in den 1868 veröffentlichten Sitzungsprotokollen des Brünner Vereins aufgeführt, da der Eingang der französischen Gegenlieferung erst zu Beginn des Jahres 1867 erfolgte.

zählen die Academy of Sciences in Chicago (USA)[29], die königliche Universität in Christiania (Norwegen), Société des sciences historique et naturelles de L'Yonne in Auxerre (Frankreich)[30], Société des sciences physiques et naturelles in Bordeaux (Frankreich), Société helvétique de sciences naturelles in Genf (Schweiz)[31], Gesellschaft der Wissenschaften in Haarlem (Niederlande), Fürstlich Jablonowskische Gesellschaft in Leipzig (Sachsen)[32], Naturwissenschaftliche Verein in Bremen[33], Société de sciences naturelles in Luxembourg[34], Société d'histoire naturelle de département de la Moselle in Metz (Frankreich), Société Linnéenne de département de Maine et Loire in Angers (Frankreich)[35], Geologische Gesellschaft für Ungarn in Pest (Ungarn), Kaiserliche Gesellschaft für die gesammte Mineralogie sowie die Russische entomologische Gesell-

---

[29] Der Eingang des 4. Bandes der *VNV* auf der Gegenseite in Chicago ist nicht direkt belegbar. Die durch zwei Brände verzögerte Notausgabe des ersten Bandes der *Transactions of the Chicago Academy of Sciences* von 1867 enthält keine Übersicht zum Schriftenaustausch mit anderen Gesellschaften. Zudem sind durch einen weiteren Brand 1871 in Chicago, der auch das „feuerfeste" Museumsgebäude der Gesellschaft in Chicago erfasste, alle frühen Belege der Academy sowie deren gesamte Bibliothek zerstört worden. Zum Vergleich siehe auch das Fehlen in der Auflistung von Dorsey 1944.

[30] Belegt ist die Aufnahme des Schriftverkehrs (siehe *Bulletin de la Société des sciences historique et naturelles de L'Yonne*,. 21, 1867, S. XCII). Eingang des 4. Bandes der *VNV* in Auxerre ist nicht explizit nachweisbar.

[31] Der Eingang des 4. Bandes der *VNV* aus Brünn in Genf lässt sich nicht belegen. Aus den Genfer Vereinsschriften (*Mémoires de la Société de physique et d'histoire naturelle de Genève*. 18, 1865, S. XIII, 448) geht allerdings hervor, dass bereits vor 1866 ein Schriftaustausch mit dem Brünner NfV stattgefunden hat, in dessen Rahmen die ersten drei Bände der *VNV* bereitgestellt wurden.

[32] Der Eingang des 4. Bandes der *VNV* aus Brünn in Leipzig ist nicht direkt belegt, da die Gesellschaft – soweit bekannt – kein Protokoll ihres Schriftenaustauschs publizierte. Der Versand von Mendels Versuchen zu Pflanzenhybriden mit ihren mathematischen Auswertungen an eine Gesellschaft, die zu dieser Zeit Preisfragen zu mathematischen Rätseln auslobte, sei als Kuriosum angemerkt.

[33] Der Eingang des 4. Bandes der *VNV* in Bremen ist in den dortigen Vereinspublikationen belegt (Zweiter Jahresbericht des naturwissenschaftlichen Vereins zu Bremen für das Gesellschaftsjahr 1. April 1866 bis Ende März 1867, S. 5, 23).

[34] Schriftenaustausch ist bereits für das Jahr 1866 nachgewiesen und der Eingang des 4. Bandes der Verhandlungen aus Brünn dort explizit belegt (*Société des Sciences Naturelles du Grand-Duché de Luxembourg* 9, 1866, S. 298, 301).

[35] Der Eingang des 4. Bandes der *VNV* aus Brünn kann nicht direkt belegt werden, da in den Vereinsschriften in Angers kein Protokoll des Schriftverkehrs veröffentlicht wurde. Die Vereinsschriften (*Annales de la Société Linnéenne de département de Maine et Loire* 10, 1868) belegen jedoch, dass der Zool.-bot. Verein in Wien bei der Vermittlung von Partnern für den Schriftverkehr für den NfV Verein in Brünn zu dieser Zeit eine wichtige Rolle einnahm: Mit den Wiener Botanikern E. Fenzl und Georg von Frauenfeld (1807–1873) werden in Angers im Jahr 1866 bzw. 1867 zwei Gründungsmitglieder des Zool.-bot. Vereins in Wien zu korrespondierenden Mitgliedern ernannt.

schaft in St. Petersburg (Russland), Académie Impériale des sciences in Rouen (Frankreich)[36] und die Académie Impériale des sciences in Toulouse (Frankreich).[37]

Damit ist die Zahl der Exemplare der *VNV*, die in Bibliotheken im nicht deutschsprachigen Ausland einsehbar waren, nahezu doppelt so groß, wie bislang gedacht. Verwirrend ist dabei insbesondere die Zahl an französischen naturforschenden Vereinen, in denen Mitglieder potentiell Zugriff auf Mendels Artikel zu Pflanzenhybriden hatten. Waren bislang lediglich zwei französische Institutionen in der Sekundärliteratur zur Rezeption von Mendel bekannt, mit denen der NfV 1867 im Schrifttausch stand,[38] so ist diese Zahl nunmehr auf acht angewachsen. Weitere Bibliotheken, u. a. in den USA, haben noch vor 1900 auf indirektem Wege ebenfalls die *VNV* (einschließlich des 4. Bandes) erworben und in ihre Bestände aufgenommen.[39] Darüber hinaus waren alle 298 Mitglieder und 31 Ehrenmitglieder des NfV in Brünn dazu berechtigt, eine Ausgabe des Bandes zu erhalten. Insgesamt betrug die Auflage des vierten Bandes der *VNV* 500 Exemplare.[40] Diese Zahl mag unter einem modernen Betrachtungswinkel klein erscheinen, allerdings muss hierbei wohl auch berücksichtigt werden, dass die Auflagen im 19. Jahrhundert generell deutlich kleiner als heute waren. Noch im Jahr 1880 betrug beispielsweise die Auflage der größten Tageszeitung in Brünn nicht mehr als 1.000 Exemplare, und selbst die erste englische Auflage von Darwins „*On the Origin of Species*" umfasste nicht mehr als 1.250 Kopien.[41] Auch im Vergleich zu anderen naturwissenschaftlichen Zeitschriften des 19. Jahrhunderts war die Auflage nicht besonders gering, sondern entsprach etwa dem damals üblichen.[42]

Es ist in diesem Kontext zudem darauf hinzuweisen, dass die Etablierung eines Austausches von Schriften kein Selbstläufer war, sondern dass dafür eben auch eine Korrespondenz mit dem jeweiligen Verein aufgenommen werden musste, welche typischerweise damit begann, dass man diesem seine eigenen Werke zusendete. Wie dies praktisch ablief, dies lässt sich am Beispiel eines Protokolls einer Sitzung des NfV aus dem Jahr 1869 verdeutlichen. In dieser Sitzung, welche Mendel als Vizepräsident des Vereins

---

[36] Der Eingang der *VNV* aus Brünn in Rouen 1867 ist belegt (*Précis Analytique des Travaux de L'Académie Impériale des sciences belles-lettres et arts de Rouen* 1866, S. 430; ebd., 1869, S. 397). Unter ersterem Eintrag fehlt jedoch der Verweis auf den entsprechenden Band, wobei hier vermutlich der 4. Band gemeint ist.

[37] Der Eingang des 4. Bandes der *VNV* aus Brünn in Toulouse ist belegt (*Mémoires de l'Académie impériale des sciences, inscriptions et belles-lettres de Toulouse* Ser. VI, Tom. V, 1867, S. 482).

[38] Vgl. hierzu Posner & Skutil 1968; Sekerák 2006.

[39] Dorsey 1944.

[40] Weiling 1969a, 1984a. Ein kleiner Teil der Auflage scheint nicht direkt ausgegeben worden zu sein und konnte scheinbar auch noch später zu einem kleinen Betrag nachgeordert werden (Weiling 1969a).

[41] Hoßfeld & Olsson 2014, S. 182.

[42] Vorzimmer 1968.

eröffnete, berichtete der Sekretär des NfV G. v. Niessl über den Austausch mit Partnerinstitutionen in Nordamerika. Er beschrieb dort: *„Die Departments für Kriegswesen und Ackerbau der Vereinigten Staaten von Nordamerika dankten auf das Wärmste für die ihnen, nach ihrem Wunsch überlassene Serien der Vereinsschriften und kündigten die fernere Zusendung der von Ihnen herausgegebenen Berichte an."*[43]

6.1.5 Das Schicksal von 40 Sonderdrucken vor 1900

Neben den offiziell gebundenen Kopien des Jahresbandes der *VNV* wurden im Jahr 1866 auch noch 40 Separatdrucke zusätzlich in einer lokalen Druckerei in Brünn bestellt.[44] Zumindest einige von diesen Sonderdrucken wurden von Mendel selbst an bekannte Wissenschaftler seiner Zeit verschickt.[45] Auch wenn zumindest 13 Separatdrucke im Laufe der Zeit in verschiedenen Museen, Archiven und privaten Sammlungen wiedergefunden werden konnten[46], ist das Schicksal der meisten dieser Drucke bislang praktisch unbekannt geblieben. Nur einige wenige Empfänger der Sonderdrucke konnten identifiziert werden. Bekannt ist, dass C. W. v. Nägeli von Mendel selbst einen Sonderdruck erhalten hat, den Mendel am Silvestertag des Jahres 1866 aus Brünn abgeschickt hatte.[47] Ein weiterer Sonderdruck ging zusammen mit einem Brief Mendels an den Botaniker Anton Kerner (1831–1898),[48] welcher Mendel als Spezialist von Hybriden unter natürlichen Bedingungen und bekannt war.[49]

---

[43] *„Monatsversammlung des naturforschenden Vereines in Brünn am 13. Oct. 1869 – (Auszug aus dem Sitzungsprotokolle)"*, in: *Brünner Ztg.* vom 23. Oktober 1869, S. 1532. Im Sitzungsbericht, welches in den *VNV* für diesen Termin eingebunden ist, ist dieser Vermerk nicht aufgenommen worden.

[44] Posner & Skutil 1968; Weiling 1969a.

[45] Ebd.; Zum Aufkommen der Idee des „Great Neglect" mag auch ein Brief von Mendels Neffen Ferdinand Schindler v. 6. September 1902 an W. Bateson beigetragen haben (s. TLOGJM, S. 25–27). Schindler berichtete dort: *„Abt Mendel war stets ein bescheidener Mann, deshalb mag er nie Copien seiner Abhandlungen an Gelehrte verschickt haben."* Diese Fehleinschätzung ist erst später korrigiert worden (siehe z. B. Correns 1906, 1924; Kronfeld 1908; Gustafsson 1969).

[46] Weiling 1984a.

[47] Es wird angenommen, dass Nägelis Sonderdruck später in den Besitz des Zytologen Boveri gelangte, der ihn dann an das Max-Planck-Institut in Tübingen vermachte (Křženecký 1965, Weiling 1970a, S. 16; Posner & Skutil 1968, Pas 1976, Weiling 1984a).

[48] Kronfeld 1908, S. 299. Das Original des Briefes war lange Zeit verschollen und befindet sich heute in der Sammlung Dörfler in Uppsala (Schweden) (Gustafsson 1969, Lack & von Sydow 1984). Im Wortlaut (Mendel an Kerner): *„Hochgeehrter Herr! Die anerkannten Verdienste, welche Ew. Wohlgeboren um die Bestimmung und Einreihung wild wachsender Pflanzenbastarte erworben haben, machen es mir zur angenehmen Pflicht, die Beschreibung einiger Versuche über künstliche Befruchtung an Pflanzen zur gütigen Kenntnisnahme vorzulegen."*

[49] Posner & Skutil 1968.

Drei weitere Wissenschaftler, die möglicherweise Exemplare der Sonderdrucke besaßen, waren Theodor Boveri (1862–1915), Matthias Jacob Schleiden und Mendels Lehrer F. Unger.[50] Es ist zudem bekannt, dass H. de Vries, einer der „Wiederentdecker" der Mendelschen Regeln, ebenfalls einen Sonderdruck besaß, den ihm der niederländische Biologe Martinus Beijerinck (1851–1931) leihweise überlassen hatte[51].

Weiteres ist über die Existenz der restlichen Sonderdrucke während des 19. Jahrhunderts nicht bekannt. Lediglich der Verbleib eines Sonderdrucks, der später im Kloster in Alt-Brünn wiedergefunden wurde, ist vollständig nachvollziehbar.[52] Es ist auch nicht überliefert, ob neben Nägeli einer der ursprünglichen Empfänger jemals auf Mendels Schreiben antwortete. Zumindest im Fall von Kerner ist jedoch davon auszugehen, da auf Mendels Brief an Kerner das Datum 5. März 1867 annotiert ist.[53] Zudem ist es bekannt, dass Kerner Mendel später um Unterstützung in Form von *Hieracium*-Pflanzen bat.[54] Ob Kerner Mendels Artikel gekannt hat, ist nicht bekannt. Dem entgegen steht die Ansicht E. v. Tschermak-Seyseneggs, der in einer persönlichen Mitteilung davon berichtet hat, dass Kerners Forschungsassistent August Ginzberger (1873–1940) nach dem Tod Kerners in dessen Besitz eine unaufgeschnittene Ausgabe von Mendels Essay gefunden hatte.[55]

6.1.5.1 Weitere Hinweise auf Sonderdrucke vor 1900

Bei der Durchsicht der Fachliteratur des 19. Jahrhunderts konnten einige, kleinere Hinweise auf den Verbleib der Sonderdrucke entdeckt werden. So sind zumindest zwei Sonderdrucke in antiquarischen Spezialkatalogen bereits vor der „Wiederentdeckung" aufgeführt. Der erste tauchte im Jahr 1883 in Berlin auf und war im Lager-Catalog von R. Friedlaender & Sohn gelistet[56]. Kurz vor der „Wiederentdeckung" im Jahr 1900 wurde ein weiteres Exemplar im Katalog des Antiquariats von Oswald Weigel (1812–1882) in Leipzig erwähnt.[57] Besonders der zweite Fund ist dabei hervorzuheben, da diese ausführliche Bibliographie als Supplement zusammen mit den „Beiheften" des *Botanischen Centralblatts* ausgeliefert wurde und somit eine weite Verbreitung der Werbe-

---

[50] Henig 2001. Der Erhalt eines Sonderdrucks durch Unger ist von Weiling 1984a angezweifelt worden.
[51] Stomps 1954, Jahn 1958, 1965.
[52] Vgl. Weiling 1984a.
[53] Gustafsson 1969, S. 244. Das Antwortschreiben ist, soweit bekannt, nicht erhalten geblieben (ebd.).
[54] Gustafsson 1969, S. 244; Iltis 1924, S. 205.
[55] Stubbe 1972, S. 156. Vgl. auch E. v. Tschermak-Seysenegg 1951, S. 28.
[56] Anonymous 1883
[57] Anonymous 1898.

broschüre sicherstellte.[58] Es erscheint als zufälliges Kuriosum, dass in eben diesem Magazin kurze Zeit später einer der Artikel eines der „Wiederentdecker" der Mendelschen Regeln erscheinen sollte.[59] Aus den begrenzten Informationen der beiden Antiquariatskataloge ist es unmöglich, mit absoluter Sicherheit darauf zu schließen, wer die ursprünglichen Empfänger der Sonderdrucke waren. Allerdings erscheint es zumindest denkbar, dass Mendel jeweils einen Sonderdruck seines Artikels auch an Wissenschaftler in Berlin und Leipzig versandt haben könnte. Als mögliche Empfänger in Berlin bieten sich insbesondere der Physiker Heinrich Wilhelm Dove[60], der Botaniker Alexander Braun[61] sowie der Pathologe und Mediziner Rudolf Virchow[62] an. Alle drei Wissenschaftler waren im Jahr 1866 Ehrenmitglieder des NfVs in Brünn.[63] In diesen Fällen gibt es plausible Argumente, warum Mendel ein potentielles thematisches Interesse an seinem Artikel durch die Empfänger vorausgesetzt haben könnte. Es ist allerdings dar-

---

[58] Beide Kataloge listen Mendels Artikel als separate Publikation ohne Verweis auf die *VNV* auf und verweisen stattdessen nur auf das Oktav-Format der Publikation hin. Es erscheint daher plausibel, dass die beiden Kataloge auf die Sonderdrucke von Mendels Artikel verweisen.

[59] Correns 1900c.

[60] **Heinrich Wilhelm Dove (1803–1879)**, ein Spezialist in der Meteorologie, war sicherlich Mendel, der selbst ausgebildeter Meteorologe war, wohl bekannt. Es ist sicher, dass Dove mit dem NfV in Brünn in enger Verbindung stand und dort Ehrenmitglied war. Dem Verein in Brünn überließ er bei mehreren Gelegenheiten verschiedene Bücher als Geschenk. Zudem zeichnete ihn ein besonderes Interesse am Einfluss des Klimas auf die Vegetation aus, ein Interesse das auch Mendel mit ihm teilte. Am 30. November 1853 erhielt Dove (für seine Arbeit zur Verteilung von Wärme über die Erdoberfläche), zusammen mit Charles Darwin (für dessen Arbeiten zur Naturgeschichte und Geologie), in London die von der Royal Society vergebene Royal Medal (siehe *The Standard* vom 1. Dezember 1853, S. 3).

[61] **Alexander Braun (1805–1877)** mag als ein primärer Vertreter der idealistischen vergleichenden Pflanzenmorphologie und Direktor des Botanischen Gartens in Berlin als potentieller Empfänger eines Sonderdrucks ebenfalls in Frage kommen. Insbesondere sein Buch „*Das Individuum der Pflanze in seinem Verhältniss zur Species*" (Braun 1853) dürfte für Mendel durchaus als ein interessanter Anknüpfungspunkt seiner eignen Experimente erschienen sein.

[62] **Rudolf Virchow (1821–1902)**, war bereits 1863 Ehrenmitglied des Vereins geworden, und ebenso wie Schleiden (von dem ebenfalls angenommen wird, dass er einen Sonderdruck von Mendel erhalten hat) war Virchow ein wichtiger Unterstützer der „Zell-Theorie". Darüber hinaus hatte Virchow aber auch selbst ein Interesse an Erbgängen gezeigt und im Jahr 1863 einen Artikel über eben diese veröffentlicht, welcher Mendel möglicherweise bekannt gewesen sein könnte (Virchow 1863). Virchow stellt in diesem Artikel u. a. die Frage: „*Bezieht sich die Erblichkeit immer auf dieselbe Summe von Eigenschaften und Merkmalen, oder ändert sich diese Summe?*" (ebd., 1863, S. 346). Mendels Experimente lieferten auf diese Frage sicherlich weitergehende Einsichten. Da der wissenschaftliche Nachlass Virchows allerdings zu den am besten untersuchten überhaupt gehört und unserem Wissen nach bislang keine weiteren Kenntnisse zu einer direkten Verbindung zwischen Virchow und Mendel vorliegen, erscheint uns Virchow als möglicher Empfänger eines Sonderdrucks eher unwahrscheinlich.

[63] Weitere Mitglieder des NfV aus Berlin sind nicht bekannt.

auf zu verweisen, dass Ehrenmitglieder des Vereins eine Ausgabe des Gesamtbandes der *VNV* erhalten haben dürften. Ein Zusenden von Sonderdrucken hätte also nur Sinn gemacht, wenn Mendel an einer persönlichen Kontaktaufnahme gelegen war.[64] Plausibler erscheint, dass der Antiquar Julius Friedlaender (1827–1882) über den Umweg von Mendels Universitätslehrer Eduard Fenzl in den Besitz des Sonderdrucks gelangte. Von Fenzl ist bekannt, dass zu seinen Steckenpferden der Aufbau der von ihm verwalteten botanischen Museumsbibliothek in Wien gehörte, die schon bald überregionale Bekanntheit erlangte.[65] In dieser Tätigkeit, die Fenzl wohl eine ganz besondere Herzensangelegenheit war,[66] bemühte er sich durch Ankäufe, Schenkungen und eigene Geschenke kontinuierlich darum, die Sammlung durch Monographien und Separatabdrucke zu erweitern.[67] Vermutlich in diesem Rahmen ist Fenzl mit dem Berliner Antiquar J. Friedlaender, welcher von Fenzl insbesondere für seine wissenschaftlich *„wertvoll gewordenen"* naturwissenschaftlichen antiquarischen Kataloge geschätzt wurde, in persönlichen Kontakt gekommen.[68] Auf diesem Weg ist er dann schließlich von Fenzl im Oktober 1865 zum Mitglied des Zoologisch-botanischen Vereins in Wien, in dem auch G. J. Mendel tätig war, ernannt worden. Ob Mendel selbst einen Sonderdruck an Fenzl versandt hat, lässt sich heute nicht mehr belegen. Allerdings liegt es durchaus nahe, denn Fenzl war zum einen Ehrenmitglied des NfV und zum anderen weitläufig dafür bekannt, dass er insbesondere auch Sonderdrucke sammelte, um sie seiner Museumsbibliothek einzuverleiben.[69]

Im Leipziger Fall[70] ist es noch schwieriger über einen möglichen direkten Empfänger eines Sonderdrucks des Mendel-Artikels zu spekulieren, da auf Grund der sehr langen Zeitspanne seit dem Erscheinen auch die Wahrscheinlichkeit größer ist, dass der Sonderdruck auf indirektem Wege dorthin gelangt sein könnte. Dies insbesondere auch deswegen, weil bei einem derart großen Antiquariat, wie dem von Weigel, sicherlich mitunter auch überregional Ankäufe durchgeführt wurden. Des Weiteren gab es bislang keine Erkenntnisse über Kontakte Mendels oder des NfV in Brünn in die Region Leipzig vor dem Jahr 1868. Im Jahr 1866 stammte kein Mitglied des Vereins aus Leipzig und

---

[64] Vgl. Weiling 1984a.

[65] **Georg August Pritzel (1815–1874)**, der im 19. Jahrhundert die bis dahin umfangreichsten botanischen Bibliographien erstellte, schrieb bereits 1851: *„Bibliotheca in Horto Endlicheri et Fenzlii auspiciis orta nunc fere omnium ditissima facta est."* (Zit. n. Haynald 1885.)

[66] Nach Ludwig (Lajos) Haynald (1816–1891) 1885 liebte es Fenzl, *„bei jeder Gelegenheit den Reichtum der Bibliothek"* und ihren *„hohen Wert"* auf Grund seltener Werke und Schenkungen hervorzuheben.

[67] Haynald 1885.

[68] Ebd.

[69] Ebd.

[70] Antiquariatskatalog (Anonymous 1898).

auch ein direkter Schriftentausch mit dort ansässigen Vereinen ist nicht belegt.[71] Berücksichtigt man allerdings auch das Mitgliederverzeichnis der Zoologisch-botanischen Gesellschaft in Wien, in welcher Mendel zu dieser Zeit ebenfalls Mitglied war, sowie sein erweitertes wissenschaftliches Umfeld, so kann man doch zwei mögliche Empfänger in Leipzig anführen: Georg Heinrich Mettenius,[72] obwohl bereits im Sommer 1866 als Opfer der grassierenden Choleraepeidemie verstorben, kommt als möglicher Empfänger in Betracht, auch wenn ihn der Druck selbst nicht mehr erreichen konnte.[73] Die Annahme einer Korrespondenz Mendels mit Mettenius wäre zumindest insofern plausibel, als Mendel bekanntermaßen auch nach München und Wien Material für Herbarien lieferte.[74] Von den wenigen Leipziger Mitgliedern der Wiener Zoologisch-botanischen Gesellschaft kommt überhaupt nur ein Empfänger eines Sonderdrucks in Frage: Julius Victor Carus.[75]

Mendel hat darüber hinaus möglicherweise auch Ausgaben seiner Arbeit an auswärtige theologische Kollegen versandt. So konnte beispielsweise recherchiert werden, dass sowohl sein Hybridisierungsartikel zu Erbsen[76] als auch die Hieracien-Studie[77] in einer in Spanien gedruckten Bibliographie des Augustinerordens aufgeführt wurden.[78] Die aufgeführte Arbeit mag sich dabei ebenfalls auf einen Sonderdruck beziehen.[79] In jedem Fall ist Mendels Artikel in dieser Bibliographie unter einem alternativen lateinischen Titel als *„Opus botanicum de plantarum hybridis"* gelistet. Die Klassifikation von Mendels Artikel als Opus mag man hier durchaus als Beifallsbekundung eines Augustinerbruders verstehen. Unter den Verweisen des 19. Jahrhunderts ist eine Er-

---

[71] In den Sitzungsprotokollen verzeichnet ist lediglich eine Schenkung von Büchern an die Vereinsbibliothek durch den Leipziger Universitätssekretär Dr. Böttger. Zudem ist der NfV in Brünn, wie bereits erwähnt, im Jahr 1867 in Kontakt mit der Jablonowskischen Gesellschaft getreten. Auch nach 1867 sind keine weiteren Kontakte von Mendel persönlich nach Leipzig bekannt. Vgl. hierzu Sajner 1974 und Matalová 1978.

[72] **Georg Heinrich Mettenius (1823–1866)** war Botaniker, Direktor des Botanischen Gartens der Universität Leipzig sowie der Schwiegersohn von Alexander Braun, welcher Ehrenmitglied des Brünner NfV war.

[73] Mendels Universitätslehrer E. Fenzl hat z. B. erst im Dezember 1866 einen amerikanischen Freund und Kollegen via Brief über das Ableben von Mettenius informiert (siehe Fenzls Briefe in der Sammlung Engelmann).

[74] Siehe hierzu Weiling 1968a, 1969.

[75] **Julius Victor Carus (1823–1903)** war in Leipzig Direktor des Zoologischen Instituts der Universität Leipzig sowie seit 1856 Mitglied der Leopoldina in Halle/Saale. Besondere anhaltende Bekanntheit erlangte er als Übersetzer der Werke von Ch. Darwin.

[76] Mendel 1866a.

[77] Mendel 1870.

[78] Hutter 1888.

[79] Die Bibliographie erscheint in diesem Kontext nicht eindeutig. Der Eintrag selbst verweist nicht auf die *VNV*, allerdings lässt ein Druckfehler an dieser Stelle offen, ob der Verweis auf die *VNV* nur versehentlich ausgelassen wurde.

wähnung in einer Bibliographie mit spanischem Druckort deswegen ungewöhnlich, da es sich bislang um den einzigen Fall handelt, bei dem weder an den Erscheinungsort noch an den Heimatort des Autors eine Ausgabe der *VNV* durch den Schrifttausch versandt worden ist. Dies erklärt sich allerdings aus dem Umstand, dass der Verfasser Clemens Hutter (1829–1892) als Bibliothekar und Archivar einer der größten Augustinerbibliotheken im bayerischen Münnerstadt tätig war und mit dem Augustinerstift in Brünn einen direkten Austausch betrieb.

6.1.6 Die Korrespondenz zwischen Gregor Mendel und Carl Wilhelm von Nägeli

Die detailliertesten Berichte über die zeitgenössische Aufnahme von Mendels Experimenten mit Pflanzenhybriden stammen sicherlich aus der ausführlichen Korrespondenz zwischen Mendel und Nägeli. Diese Korrespondenz begann im Januar 1867 und wurde bis mindestens 1873 fortgeführt. Die von Mendel verfassten Briefe wurden später vollständig vom „Wiederentdecker" C. Correns veröffentlicht (Correns 1924). Sie lieferten zahlreiche zusätzliche Details zu Mendels Experimenten, welche sich nicht in seinem Originalaufsatz finden. Auch gaben sie Aufschluss zu weiteren Versuchen, die Mendel mit anderen Pflanzenarten durchgeführt hat. Des Weiteren trugen die erhaltenen Auszüge aus den Antwortschreiben Nägelis maßgeblich zur Annahme bei, dass der Wert der Experimente Mendels zu seiner Zeit nicht genügend geschätzt und auch nicht voll verstanden wurde und dass diese, aus eben diesem Grund, bei Seite geschoben wurden. Eine Reihe früherer Genetiker war beispielsweise überrascht, dass Nägeli in seinen späteren Werken Mendels Artikel nicht zitierte.

Bemerkenswerterweise ist bislang nicht ausführlich diskutiert worden, ob Mendel und Nägeli schon vor der Veröffentlichung von Mendels Artikel über Hybridisierungen von Gartenerbsen und der Aufnahme ihres Briefwechsels in direktem und indirektem Kontakt gestanden haben können. Es scheint, bei allen vorhandenen Unterschieden, nur sehr schwer vorstellbar, dass Mendels Artikel und drei von Nägelis Artikeln zur Hybridisierung vollständig unabhängig und ohne Kenntnis voneinander entstanden sind.[80] Nägeli beschreibt in seinen beiden Vorträgen vom Januar und Februar 1866 beispielsweise die theoretische Möglichkeit verschiedener numerischer Verhältnisse in der Nachkommenschaft von Hybriden, wobei er unter anderem auch schon das heute berühmte 3:1 Verhältnis erwähnt.[81] Die Möglichkeit eines solch frühen Austauschs wurde bislang deswegen verneint, weil Mendel sich in einem Brief an Nägeli für die Zusendung mehrerer Artikel zu Pflanzenhybriden bedankte, wobei eben auch die beiden genannten Artikel

---

[80] Nägeli 1866a, b, c.
[81] Nägeli 1866b, S. 78.

mit eingeschlossen waren.[82] Aus diesem Vorgang alleine könnte man sicher annehmen, dass Mendel auf diesem Weg, eben erst nach Veröffentlichung seiner eigenen Experimente, von Nägelis Vorträgen Kenntnis erhielt. Anhand der Sitzungsprotokolle des NfV in Brünn lässt sich jedoch belegen, dass Mendel schon vor einer finalen Drucklegung theoretisch Zugang zu beiden Artikeln gehabt hat. So ist bereits am 26. Juni 1866 der Eingang des Bandes der *Sitzungsberichte der Königlichen Bayerischen Akademie der Wissenschaften* in München, welcher eben jene Artikel beinhaltet, in Brünn vermerkt. Nägelis Aufsatz „*Entstehung und Begriff der naturhistorischen Art*" ist im NfV sogar schon auf der Dezembersitzung 1865 als eingegangen vermerkt worden.

Da Mendels Artikel erst im Dezember 1866 in Druck ging, ist es somit also nicht ausgeschlossen, dass er bereits vor der finalen Fertigstellung seines Artikels von Nägelis Vorträgen und Ausführungen wissen konnte.[83] In seinen Artikel sind die Ansichten Nägelis aber wohl nicht eingeflossen. So schrieb er in seinem zweiten Brief an Nägeli: „*Die überreichte Abhandlung ist der umgeänderte Abdruck des Conceptes für den erwähnten Vortrag [...].*"[84]

Umgekehrt kann aber auch die Möglichkeit nicht ausgeschlossen werden, dass Nägeli seinerseits bereits vor dem Jahr 1867 Kenntnisse von Mendels Experimenten gehabt haben mag. Sicher scheint, dass Nägeli die beiden Vorträge Mendels in Brünn im Jahr 1865 nicht selbst besucht hat und, da Mendels Artikel erst im Dezember 1866 erschien, er dessen Ergebnisse nicht im vollen Detail gekannt haben konnte. Eine Person, von der Nägeli aber in dieser Zeit Kenntnis erhalten haben könnte, ist der Botaniker E. Fenzl.

Von Fenzl und Nägeli ist bekannt, dass sie in den 1850er und 1860er Jahren in regelmäßigem brieflichem Kontakt miteinander standen, wobei auch Fragen der Hybridisierung diskutiert wurden.[85] Zudem hat Nägeli Fenzl mindestens einmal in Wien besucht.[86] Im Oktober 1865 wurde Nägeli von Fenzl auch zum Mitglied des Zool.-bot. Vereins in Wien vorgeschlagen und ernannt. Die Idee, dass Fenzl vor 1867 Kenntnis von Mendels Experimenten gehabt hat oder diese darüber hinaus sogar beeinflusst haben könnte, scheint zunächst einmal im scharfen Kontrast zu der bisherigen Mendel-Literatur zu stehen. Klein und Klein (2013) heben in ihrer Mendel-Biographie hervor, dass der Einfluss von Fenzl auf seinen Schüler Mendel „*nur gering*" war.[87]

---

[82] Siehe auch Correns 1924, S. 194, 198–199.
[83] Weiling 1966.
[84] Correns 1924, S. 200.
[85] Deschka 1958, S. 482.
[86] Ebd.
[87] Klein & Klein 2013, S. 350. Siehe auch Corcos & Monaghan 1993, S. 24–25. Darüber hinaus gibt es die Vermutung, dass Fenzl die Lehramtsprüfung leitete, bei der Mendel scheiterte (Hagemann 2008; Wunderlich 1982). Ein expliziter Beleg für diese Annahme ist bislang allerdings nicht erbracht worden.

6 Mendel und Mendel-Rezeption im historischen Kontext

In der historischen wissenschaftlichen Literatur findet sich allerdings ein kleiner Hinweis, der anderes vermuten lassen könnte: Im Januar 1852 hielt August Neilreich[88] in Wien einen Vortrag „*Über hybride Pflanzen der Wiener Flora*", in welchem er die Wichtigkeit hervorhob, Experimente mit künstlicher Befruchtung durchzuführen, um die Hybridisierung von Pflanzen zu untersuchen.[89] Was bislang allerdings übersehen worden zu sein scheint – möglicherweise, weil es in den offiziellen Sitzungsberichten der Zool.-bot. Gesellschaft in Wien nicht erwähnt wurde – ist die Tatsache, dass Fenzl diesen Vortrag und experimentellen Aspekt im Anschluss an die Sitzung öffentlich kommentierte.

Dabei wies Fenzl explizit darauf hin, dass zu diesem Zeitpunkt „*nicht einmal die Fruchtgesetze der Vegetabilien noch entscheidend festgestellt seien*" und ergänzte noch, dass es „*ein Mass [sic] geben werde, wo die hybride Form als selbstständig bestehe, und als neue Art fortlebe*".[90] Hiermit sowie mit seiner Aussage „*Wenn es uns geglückt sein würde, gewisse Formenreihen der Vegetabilien aufzustellen, dann könnten wir vielleicht einen sicheren Blick in die Vergangenheit und in die Zukunft werfen [...]*"[91] ist Fenzl schon kurz vor Beginn von Mendels Experimenten sehr nahe bei den Ideen, die für Mendel die Grundlage seiner Versuche gebildet haben müssen. Es erscheint nicht unwahrscheinlich, dass Mendel, welcher ein Jahr später Mitglied der Gesellschaft werden sollte[92], bereits diesem Vortrag beiwohnte.[93]

Fenzls Ansichten zu dieser Zeit sind durchaus überraschend und stehen im Widerspruch zur bislang vielfach vertretenen Darstellung Fenzls als Vertreter extrem konservativer Ansichten, der eine Veränderlichkeit der Arten strikt ablehnte.[94] In der Literatur ist bereits oft auf F. Unger als zweiten, für Mendel prägenden Botaniker während sei-

---

[88] **August Neilreich (1801–1871)** war ein österreichischer Botaniker, welcher sich insbesondere mit der systematischen Erfassung der Flora in Niederösterreich und Wien beschäftigte.

[89] Neilreich 1852.

[90] Anonymous 1852.

[91] Ebd.

[92] Sajner 1971b. Der Zool.-Bot. Verein in Wien war auch der Ort, an dem im Juni 1853 und April 1854 Mendels erste wissenschaftliche bzw. entomologische Arbeiten zu Ungeziefer von Erbsen präsentiert wurden.

[93] Klein & Klein 2013, S. 356 verweisen darauf, dass Mendel ab dem Sommer 1852 auf Betreiben Fenzls Vorlesungen des Vereins besuchte. Es spricht unseres Wissens aber nichts dagegen, dass Mendel schon früher Vorträge des Vereins besucht hat. Sicher belegbar ist aus seinen Reisedokumenten, dass sich Mendel im Januar 1852 in Wien aufgehalten hat (The Bishop Howard–Thomas More College Mendel Collection–Document #21). Vgl. hierzu Ward 2009.

[94] Corcos & Monaghan 1993, S. 24–25: „*Dr. Fenzl's views would have pointed his students to the concept that species of plants were essentially stable and that many if not most of them had existed virtually unchanged since the beginning of time.*" Ebenso in Kronfeld 1908, S. 9: „*Fenzl, ein Botaniker der alten Schule, zeichnete sich durch eine größte Gewissenhaftigkeit, Schärfe der Beobachtung, umfassendes bibliographisches Wissen und Beherrschung der vielgestaltigen Pflanzenwelt aus, hat aber der Wissenschaft, trotz seines langen Wirkens an der Wiener Universität (1848–1878), keine prinzipiell neuen Ideen zugebracht.*"

ner Wiener Universitätszeit hingewiesen worden.[95] Ungers im Winter 1851/1852 bereits vor Darwin veröffentlichtes und zu diesem alternatives „Evolutions-Konzept" wird dabei häufig als Inspirationsquelle für Mendel aufgeführt.[96] Unklar geblieben ist allerdings bislang auf Grund nicht existenter direkter Quellen, wie es von diesen grundlegenden Ideen zum konzeptuellen Entwurf der Versuchsanordnung Mendels gekommen ist. Die wiedergefundene Miszelle aus dem Prager Lotos-Verein füllt diese Lücke nun in erster Näherung.[97]

Tatsächlich zeigen die Veröffentlichungen der Zoologisch-botanischen Gesellschaft in Wien aber noch mehr. Fenzls Ansichten wurden dort nicht nur wiederholt besprochen, so dass sie auch Mendel bekannt sein mussten, sondern sie spezifizierten auch, was man sich in den 1850er Jahren im Wiener Raum überhaupt unter den noch nicht geklärten Gesetzen im Detail vorstellte.

Danach handelte es sich bei den besprochenen Gesetzen, um die von Carl Friedrich von Gärtner und anderen Botanikern aufgestellten und bereits von Nägeli anerkannten folgenden Feststellungen:

- „*Bastardbildungen finden nur zwischen nahe verwandten Arten statt.*"
- „*Halten die Bastarde eine Mittelbildung, die in den Nutritions-Organen der Mutter, in den Reproductions-Organen dem Vater näher kommt.*"
- „*Müssen die Aeltern in der Regel sich auf derselben Localität finden.*"
- „*Die Stammältern müssen zur gleichen Zeit blühen.*"
- „*Dürfen die Hybriden nur in verhältnismäßig geringer Zahl vorhanden sein.*"[98]

An dieser Stelle lässt sich auch erfahren, dass Fenzl etwa zu der Zeit, als Mendel seine Kreuzungsexperimente begann, andere Wissenschaftler dazu animierte, „*künstliche Kreuzungsexperimente*" durchzuführen. Das Ziel war, die „*Richtigkeit der bisher über Bastardbildungen aufgestellten Gesetze*" zu überprüfen.[99]

In diesem Kontext erscheint es wichtig, darauf hinzuweisen, dass auch Nägeli, kurz nachdem Mendel ihm einen Sonderdruck seines Artikels zugesendet hat, Zweifel an den eigenen Vorstellungen gekommen zu sein scheinen. In einem Brief an Fenzl aus dem

---

[95] Dröscher 2015; Gliboff 1999; Orel & Kuptsov 1983; Weiling 1967; Wunderlich 1982.
[96] Unger 1852.
[97] Anonymous 1852.
[98] Ortmann 1857, S. 106. Aufgestellt wurden diese Gesetze in dieser Zusammenstellung erstmals durch Nägeli, vgl. Nägeli 1841, S. 24–36). Offensichtlich wurden in Wien zu dieser Zeit aber bereits die Gesetze wohl in einer von Eduard August Regel überarbeiteten Version diskutiert (Regel 1851, 1855, S. 405–417).
[99] Ortmann 1857, S. 110.

Jahr 1867 bemühte er sich offenbar darum, seine eigenen Ansichten noch einmal darzulegen und Fenzl zu einer Erwiderung und Kritik zu veranlassen.[100]

Die Frage nach der Systematik und Einordnung von Bastardpflanzen findet sich im Übrigen bei Fenzl durchaus als wiederkehrendes Motiv, so auch beispielsweise in seinen Betrachtungen zur Gattung *Cyperus* in welcher er sich über „*Differential-Charaktere*" in der Diagnose und die Eskalation in der Beschreibung von Variationen als neue Arten ausließ:

„*Das genaue Unterscheiden verschiedener und mitunter ganz eigenthümlicher, durch den ganzen <u>Complex ihrer Merkmale</u> übrigens als <u>Glieder</u> eines und desselben <u>Gestaltungstypus charakterisirter Formen</u>, involvirt meines Erachtens nämlich noch lange nicht die Nöthigung einer eigenen Namensverleihung an dieselben unter der Firma von besonderen Arten.* […].

Masse und Zahlenverhältnisse spielen in der organischen wie in der anorganischen Schöpfung, sobald es sich um die Bestimmung einer Gestalt handelt, die erste Rolle, und es gilt hierbei ganz gleich, ob die gegebene Gestalt sich als <u>unveränderliche</u> oder <u>veränderliche</u> erweist. So lange wir die <u>Gesetze, welchen ihr Bildung gehorcht, nicht kennen</u>, sind wir auch nicht im Stande, über den Werth oder Unwerth der Ziffer, welche eine <u>Messung der Gestalt</u> gibt, zu entscheiden. Wir können vor der Hand nichts anderes mit ihnen anfangen, als Behufs der Charakteristik des Einzelnen sie mit der Angabe der Zeit, des Ortes und der Lebensverhältnisse, in welcher und unter welchen wir sie zu untersuchen Gelegenheit haben, genau zu verzeichnen und vergleichend mit anderen gehörig zusammenstellen."[101]

Es ist also bemerkenswert, wie viele Leitmotive aus Mendels Aufsatz zu den Versuchen sich auch schon in dieser kurzen Darstellung, wenn auch in einem ganz anderen, systematischen Kontext, wiederfinden. Dem aufmerksamen Leser wird dabei aber mit Sicherheit bereits aufgefallen sein, dass zumindest zwei weitere Leitmotive Mendels in dieser Kontextualisierung fehlen: die bereits zuvor angesprochenen künstlichen Befruchtungen und Kreuzungsversuche. Versteht man den Hintergrund aber als intellektuelle Wiener Schule, der Mendel partiell gefolgt ist, so findet man hier einen weiteren sehr interessanten Schnittpunkt zu Mendels wissenschaftlichen Arbeiten und zwar in Form der Angabe der „*Zeit, des Ortes und der Lebensverhältnisse*". Letzteres ist nichts anderes als die Forderung nach phänologischen Studien, also genau jenem Aspekt, welchem sich Mendel, aber auch darüber hinaus sein ganzes wissenschaftliches Umfeld, in jener Zeit intensiv gewidmet hat. Zudem findet sich in diesem Gedankengang auch die interdisziplinäre Verknüpfung, warum Mendel seine Pflanzenversuche zunächst im Kontext eines Akklimatisationsversuchs verstanden hat (siehe Kap. 1). Es ist stark davon auszugehen,

---

[100] Deschka 1958, S. 482.
[101] Fenzl 1854, S. 48. Unterstreichungen der Leitmotive durch die Verf. d. vorl. Edition. Die Sperrung folgt dem Original.

dass die Mehrzahl seiner Samen aus anderen Ländern stammte, welche über Pflanzengenerationen an die neuen Anbauverhältnisse angepasst werden sollten. Zumindest indirekt ergibt sich dabei aus dieser Analyse wieder ein Bezug zu den Hybridisierungsversuchen von Mendel, denn in dieser Zeit hat man solche Experimente auch als Abkürzung bei der Akklimatisierung verstanden.

6.1.7 Weitere frühe bibliographische Erwähnungen

Wie bereits zu Beginn dieses Kapitels hervorgehoben, kam den Bibliographien im 19. Jahrhundert eine enorme Bedeutung zu. Sie erlaubten es, unbekannte Artikel zu speziellen Themen, aber auch ausländische Autoren aufzufinden. Der Bamberger Nachdruck und die Bibliographie in der *Flora* waren nicht die einzigen Erwähnungen von Mendels Experimenten während der Jahre 1867 und 1868. In kürzlicher erfolgten Recherchen konnte gezeigt werden, dass verschiedene internationale Bibliographien in Frankreich,[102] den Niederlanden[103] und in Sachsen-Lauenburg[104] ebenfalls auf Mendel und seinen Artikel inklusive einer Titelangabe direkt verwiesen. Bei den beiden Erstgenannten handelt es sich um die frühesten Erwähnungen von Mendel und seinen Experimenten außerhalb des deutschsprachigen Raums. Alle drei Erwähnungen erfolgten durch Naturforschende Vereine und Institutionen, mit denen der NfV in Brünn im Schriftaustausch stand. Das Erwähnen einzelner Artikel aus eingegangenen Schriften anderer naturforschenden Vereine in dieser Zeit ist relativ ungewöhnlich. Meist wurden von den Vereinen in dieser Zeit nur die Zeitschriftentitel und Nummern angegeben.

Auch in zwei lokalen Brünner Bibliographien aus dem Jahr 1868 wird Mendels Artikel zu seinen Hybridisierungsversuchen an Erbsen aufgelistet.[105]

Die frühe Referenz in Frankreich im Jahresband der naturforschenden Gesellschaft in Bordeaux (*Mémoires de la Société des Sciences physiques et naturelles de Bordeaux*) erscheint wissenschaftshistorisch besonders erwähnenswert. Bislang konnte man als gesichert annehmen, dass in Frankreich vor 1900 keine Kenntnis von Mendels Experimenten vorhanden war.[106] Dies muss nun zumindest mit einer kleinen Einschränkung

---

[102] Anonymous 1866, S. 118. Jahresband der naturforschenden Gesellschaft in Bordeaux (*Mémoires de la Société des Sciences physiques et naturelles de Bordeaux*) für das Jahr 1866. Führt Mendels Artikel unter dem französischen Titel „*Essai sur les hybrides végétaux*" auf. Trotz der Jahresangabe 1866 kann 1867 als Druckjahr sicher angenommen werden.

[103] Anonymous 1868a, S. 145.

[104] Anonymous 1867d, S. 99 in den *Mittheilungen des Vereins nördlich der Elbe zur Verbreitung naturwissenschaftlicher Kenntnisse*.

[105] D'Elvert 1868a, S. 312 und Ders. 1868b, S. 311.

[106] Bonneuil 2006; Burian et al. 1988; Gayon & Zallen 1998; Johannsen 1926, S. 607; Marza & Cerchez 1967; Paul 1996, S. 82.

versehen werden und bedarf insbesondere für den Raum Bordeaux einer genaueren Verifizierung.

6.1.8 Ein unbekannter Nachdruck und andere frühe Rezeptionen (1867–1868) von Mendels Artikel

Für mehr als ein Jahrhundert seit der „Wiederentdeckung" Mendels ist das Paradigma erhalten geblieben, dass nach der Veröffentlichung von Mendels Forschungsergebnissen, zumindest in den ersten zwei Jahren nach Erscheinen, praktisch niemand ein Interesse an seinen Resultaten zeigte.[107] Für lange Zeit war die einzige bekannte Ausnahme der Briefwechsel von Nägeli mit Mendel, wobei die Rezeption Nägelis auf Mendels Erbsenexperimente im Speziellen lediglich in seinem kritischen Antwortbrief bestand. Er suchte Mendel hauptsächlich dazu zu ermutigen, weitere Forschungen mit Hieracien, an Stelle von Erbsen, durchzuführen. Aus den ersten zwei Jahren nach der Veröffentlichung von Mendels Artikel war bislang ansonsten keine einzige echte Zitierung von Mendels Artikel bekannt. F. Weiling konnte allerdings zeigen, dass Mendels Arbeit zumindest in einem bibliographischen Repertorium in der ältesten deutschen botanischen Zeitschrift *Flora* aus dem Jahr 1867[108] aufgeführt worden ist.[109]

6.1.8.1 Ein unbekannter Nachdruck von Mendels Erbsenartikel
Bisher völlig unbekannt war, dass bereits 1867 erstmals ein (wenn auch gekürzter) Nachdruck von Mendels Arbeiten zu Pflanzenhybriden erschienen ist. Dieser Nachdruck[110] erschien als Serie in einer naturwissenschaftlichen Beilage zur *Wochenschrift des Gewerbevereins in Bamberg*, welches sich zu dieser Zeit zu einem Zentrum der Samenproduktion entwickelt hatte.[111] Unglücklicherweise sind vom unbekannten Redakteur[112]

---

[107] Gasking 1959; Drazen 2015.
[108] Anonymous 1867c.
[109] Weiling 1969a.
[110] Mielewczik et al. 2017.
[111] Anonymous 1867a, 1867b.
[112] Auch wenn der Autor bzw. Redakteur dieses Artikels nicht einwandfrei ermittelt werden kann. Es scheint uns durchaus naheliegend, dass der Bamberger Lehrer, Naturforscher und Pfarrer **Andreas Haupt (1813–1893)** hierbei eine Rolle gespielt haben mag. Haupt hat in den 1850er Jahren ebenso wie Mendel umfangreiche Kulturversuche an Bohnen (von Martens 1860, S. IV; Haupt 1854) sowie anderen Nutzpflanzen durchgeführt, wovon vermutlich aber nur ein kleiner Teil auszugweise publiziert wurde. Seine ausgiebige Korrespondenz zu dem Thema sowie eine sehr umfangreiche Samensammlung hat er stattdessen dem Stuttgarter Naturforscher Georg von Martens (1788–1872) zur Verfügung gestellt, der diese für seine Monographie zur Gartenbohne nutzte (von Martens 1860, S. IV). Seine Veröffentlichungen und auch Vorträge erfolgten typischer-

dieses Nachdrucks nahezu alle statistischen und analytischen Details aus der Originalarbeit entfernt worden. Den durchaus zahlreichen Lesern mag hierdurch die Bedeutung der Entdeckungen von Mendels Experimenten hinsichtlich der Mechanismen der Vererbung leicht entgangen sein. Numerische Verhältnisse werden im Artikel dennoch erwähnt. Der Nachdruck erscheint aus verschiedenen Gründen überraschend. Zum einen zeigt er, dass Mendels Arbeit nicht auf ein grundsätzliches Desinteresse gestoßen ist, denn zumindest der Redakteur des Bamberger Nachdrucks fand Mendels Arbeit grundlegend interessant genug, um diese einem allgemeineren Laienpublikum vorzustellen.[113] Zum anderen ist die Zielsetzung der Publikation selbst erstaunlich: Die Zeitschrift des

---

weise im Naturforschenden Vereine zu Bamberg sowie dem in Regensburg. In den 1860er Jahren wurde dort auch ein Schrifttausch mit dem NfV in Brünn etabliert. Haupt war selbst nicht Mitglied des Gewerbevereins in Bamberg. Der enge Kontakt kann aber aus verschiedenen Gründen angenommen werden. Zum einen war der damalige Direktor der Gewerbeschule bei der Organisation der Vortragsabende des Naturforschenden Vereins in Bamberg behilflich. Im Gegenzug wurden Vorträge des Naturforschenden Vereins in der naturwissenschaftlichen Beilage des Gewerbevereins mehrfach abgedruckt. Auch mit den *„Oekonomen der Umgegend"* pflegte Haupt Kontakt und stellte diesen beispielsweise *„Original- und Nachzuchtsamen"* verschiedener Bohnen-, Kichern- und Linsensorten zur Verfügung (Haupt 1866, S. 49). Das Haupt zu dieser Zeit nicht nur an kulturtechnischen Fragestellungen, sondern insbesondere auch an der Züchtung interessiert war, belegt die von ihm vorgenommene Übersetzung eines Artikels zur Zucht der wilden Seidenraupe in Japan (Haupt 1864) sowie seine Tätigkeit als Lehrer am Bamberger Lyzeum. Hier dozierte er im Jahr 1867/1868 zur *„Landwirthschaftlichen Thierzucht"* (Anonymous 1868b, S. 5). Bemerkenswert ist, dass Haupt genau zu dieser Zeit auch nachhaltig darum bemüht war, sich für die Gründung und Finanzierung einer landwirtschaftlichen Versuchsstation in Bamberg einzusetzen (Haupt 1866, S. 49). Genau vor diesem zeitlichen und sachlichen Hintergrund macht auch der Nachdruck von Mendels Versuchen (Anonymous 1867a, b) Sinn. Sollte Haupt tatsächlich der Redakteur der Artikelserie gewesen sein, so muss sogar vermutet werden, dass er hierüber in einem weiteren Vortrag referiert hat. Es ergibt sich aus den zeitgenössischen Bamberger Publikationen, dass er am 11. März 1867 einen Vortrag über *„den Garten in ethischer Beziehung"* hielt (Anonymous 1867e). Auf dieser Sitzung wurden auch die neuesten Erscheinungen des *„Blumen-, Obst- und Gemüsebau's"* besprochen.

[113] Die lokalen Mitglieder des Gewerbe-Vereins in Bamberg waren sicherlich das vornehmliche Zielpublikum der Vereinsschrift. Daneben gab es aber auch eine kleine Zahl namhafter akademischer Ehrenmitglieder. Dazu gehörten u. a. die Chemiker Robert Wilhelm Bunsen (1811–1899) in Heidelberg, Hermann Christian Fehling (1811–1885) in Stuttgart, Kajetan Georg von Kaiser (1803–1871) in München, Georg Christian Wittstein (1810–1887) in München und Friedrich Wöhler (1800–1882) in Göttingen, der Agrikulturchemiker August Vogel (1817–1889) in München, der Mathematiker Johann Benedict Listing (1808–1882) in Göttingen, der Technologe Karl Karmarsch (1803–1879) in Hannover, der Techniker Julius Ambrosius Hülse (1812–1876) in Dresden, der Mathematiker Moritz Rühlmann (1811–1896) in Hannover, der Physiker und Geologe Karl Emil von Schafhäutl (1803–1890) in München sowie der Physiker Karl Werner Maximilian Wiebel (1808–1888) in Hamburg. Den Ehrenmitgliedern wurde zu dieser Zeit üblicherweise eine Ausgabe der Wochenschrift zugesandt, wobei dies typischerweise gebündelt halbjährlich oder am Jahresende erfolgt sein dürfte. Zu Bunsen ist zudem anzumerken, dass er auch im NfV in Brünn Ehrenmitglied war.

6 Mendel und Mendel-Rezeption im historischen Kontext

„Gewerbe-Vereins" richtete sich in erster Linie an Gewerbetreibende aus Bamberg. Zum Start der *Naturwissenschaftlichen Beilage* im Jahr 1861 scheint die Intention der Herausgeber gewesen zu sein, die Mitglieder über neue Entdeckungen und technologische Fortschritte zu informieren, welche von „*praktischem Nutzen*" sein konnten. Zweck der Beilage war ausdrücklich nicht, Mitglieder zu eigenen wissenschaftlichen Arbeiten anzuregen, um „*als Naturforscher Zeit und Geld zu opfern*".[114] Eigentlicher Zweck war „*lediglich allein aus den wissenschaftlichen Forschungen das bereits vorhandene Material der Naturwissenschaft nützlich für uns zu verwenden*" und das Theoretische, was „*unbestrittene Geltung erlangt hat, praktisch zu verwenden*".[115]

Als Grundlage mag dies auch beim Nachdruck des Mendel-Artikels gegolten haben, denn Bamberg war zu dieser Zeit ein wichtiges und alteingesessenes Zentrum der Samenproduktion sowie des Gemüsehandels.[116] Die lokale Stadtlegende berichtet, dass Bamberg mit seinen 49.000 Einwohnern zu jener Zeit über eine Zunft von 500–600 Gärtnern verfügte – mehr als in jeder anderen Stadt der Welt.[117]

Die genaue Größe der Druckauflage der *Wochenschrift des Gewerbe-Vereins in Bamberg* ist nicht überliefert. Bekannt ist allerdings, dass alle Mitglieder des Vereins dazu berechtigt waren, eine Kopie der Zeitschrift zu erhalten. Darüber hinaus wurde die Zeitschrift an eine kleinere Zahl gelehrter und akademischer Gesellschaften versandt. Insgesamt kann daher als gesichert angenommen werden, dass die Auflagenzahl etwa 400 Exemplare umfasste. Damit war auch die Verbreitung von Mendels Artikel im 19. Jahrhundert deutlich größer, als dies bislang angenommen wurde.[118]

Durch den Bamberger Nachdruck stellt sich im Übrigen wohl auch die Frage nach dem Ursprung des Mendel-Sonderdrucks aus dem Nachlass des in Bamberg geborenen und aufgewachsenen Th. Boveri, dem Begründer der „Chromosomentheorie" der Vererbung, neu. Früher hatte man vermutet, dass es sich hierbei um den Sonderdruck handelte, den Mendel an Nägeli geschickt hatte.[119] Ebenso gut möglich scheint heute ein Ursprung aus einer Bamberger Provenienz.[120]

---

[114] Anonymous 1861, S. 4.
[115] Ebd.
[116] Koch 1873.
[117] Anonymous 1872b, S. 18.
[118] Vgl. Weiling 1984.
[119] Kříženecký 1965a, S. 19–22; Pas 1976; Weiling 1984. Nach Kříženecký in der *Fundamenta Genetica* ist zum Tübinger Sonderdruck lediglich sicher, festzustellen, dass dieser aus dem Nachlass von Boveri stammt. Einen Beleg, dass er ihn von Nägeli erhalten hat, gab es nicht. Kříženecký hat damals gehofft, dass sich noch jemand finden würde, der etwas zum Verbleib von Nägelis Bibliothek wusste.
[120] Zu Beginn der 1860er Jahre war Boveris Vater zusammen mit dem Naturforscher Andreas Haupt im Bamberger Gartenbauverein tätig, wobei sie verschiedene Ausstellungen organisierten. Theodor Boveri Sen. war zu dieser Zeit 2. Vorsitzender des Vereins (Anonymous 1862a). Da zu den Ausstellungen des Gartenbauvereins auch die Präsentation einer der größten Bohnen- und Erb-

6.1.9 Echte Zitate und Erwähnungen von Mendels Erbsenartikel (1868–1881)

Neben den bereits erwähnten bibliographischen Erwähnungen ist Mendel auch in verschiedenen wissenschaftlichen Arbeiten des 19. Jahrhunderts regulär zitiert worden. Der Zeitpunkt der Veröffentlichung von Mendels Aufsatz zu den *Versuchen* fiel dabei einerseits in die erste Hochphase des Darwinismus. Andererseits lag in der Mitte der 1860er Jahre auch der Zenit der klassischen Forschung zur Systematik von Hybriden.[121] Dementsprechend kann es kaum verwundern, dass Mendels Hybridenexperimente zunächst auch in eben diesem Kontext besprochen und verstanden worden sind.

6.1.9.1 Hermann Hoffmann und Mendel (1869)

Die früheste, bis vor kurzem bekannte reguläre Zitierung von Mendels Hauptwerk, stammt aus dem Jahr 1869.[122] In seinem auf die zeitgenössische Darwin-Kritik eingehendem Buch „*Untersuchungen zur Bestimmung des Werthes von Species und Varietät*", in welchem er sich um eine experimentelle Überprüfung von Darwins Theorien bemühte,[123] zitiert der Botaniker Hermann Hoffmann[124] Mendel an insgesamt fünf

---

sen-Sammlungen ihrer Zeit gehörte, ist es wohl ebenso möglich, dass der Mendel-Sonderdruck aus dem Nachlass von Boveris Vater entstammt. Letzteres scheint uns auch schon deswegen möglich, weil es sehr enge Verbindungen zwischen dem Gewerbeverein, dem Lyzeum, dem Gartenbau-Verein, und der Familie Boveri in Bamberg gab. So gingen zum Beispiel sowohl Boveris Vater als auch sein Bruder Wlather Boveri im Lyzeum zur Schule, an dem A. Haupt unterrichtete, während sowohl A. Haupt als auch Boveri sen. Mitte deer 1860er Jahree Ausschuss des Gartenbauvereins tätig waren. A. Haupts Verbindungen zum Gewerbeverein waren eh äuerßt eng und er wurde später zum Ehrenmitglied des Vereins ernannt.

[121] Dies zeigt sich nicht nur in der Mode, eine große Anzahl von hybriden Pflanzentypen in der Systematik zu beschreiben und zu klassifizieren, sondern insbesondere auch darin, dass in der Mitte 18. Jahrhunderts einige der wichtigsten Arbeiten zu Pflanzenhybriden erschienen sind. Dazu zählte neben den Arbeiten von G. J. Mendel auch die Untersuchungen von Ch. V. Naudin, welche dieser zwischen 1852 und 1854 begann (Naudin 1865), sowie die von Mendel auch selbst zitierten Werke von Gärtner, Lecoq und Wichura.

[122] Gustafsson 1969; Jahn 1958; Olby & Gautrey 1968; Punnett 1925; E. v. Tschermak-Seysenegg 1951a, S. 28, 30; Weiling 1966; Mielewczik et al. 2017. Vgl. auch Keynes 2002, S. 576–577 & 2004.

[123] Junker 2011, S. 82 ff.

[124] **Hermann Hoffmann (1819–1891)** war seit 1853 Professor für Botanik in Gießen sowie Direktor des dortigen Botanischen Gartens. Zu seinen Forschungsgebieten gehörten u. a. Untersuchungen und Versuche zur Variabilität und Artbildung. Zudem war er Begründer der Pflanzenphänologie (Jahn 1958). Hoffmann gehörte zu den deutschen Forschern, die direkt mit Ch. Darwin korrespondierten. In Darwins Ausgaben von Hoffmans Büchern finden sich heute noch umfangreiche Kommentierungen in der Hand Darwins.

6 Mendel und Mendel-Rezeption im historischen Kontext

Stellen[125] und zwar im Kontext von Kreuzungen von Phaseolus, Pisum, Aquilegia, Lavatera und Geum.[126] In einem etwa halbseitigen Absatz[127] ging Hoffmann auf Mendels sechsjährige Kreuzungsversuche mit Erbsen ein, verblieb mit seiner Analyse allerdings insbesondere bei technischen Aspekten der künstlichen Befruchtung, welche für ihn von größerem Interesse schienen.[128] Auch die mögliche Störung von Versuchen durch Insekten, beispielsweise durch den von Mendel erforschten Erbsenkäfer *Bruchus pisi*, war in diesem Kontext für Hoffmann von Interesse.[129] Die Ergebnisse von Mendels Erbsenversuchen handelte Hoffmann dagegen mit einem einzigen Satz ab: „*Hybride besitzen die Neigung, in den folgenden Generationen in die Stammarten zurückzuschlagen.*"[130]

Hoffmanns Ausführungen zu Mendel bezeugen, dass er dessen Artikel durchaus gründlich gelesen hat. Dass Mendels Ergebnisse dagegen nur derart kurzgefasst erwähnt wurden, mag verschiedene Ursachen haben. Zum einen ist es offensichtlich dem Konzept des Kapitels geschuldet, denn Hoffmann, der ebenso wie Mendel seit 1855 mehrjährige Versuche an Erbsen und Bohnen durchgeführt hat, verwendete Mendels Methodik lediglich als Einleitung, um seine eigenen Ergebnisse zu präsentieren. Zum anderen ist das Werk insgesamt darauf ausgelegt, ein kompaktes Kompendium der zu diesem Zeitpunkt bereits angestellten Hybridenversuche zu liefern.[131] Als eben solches ist Hoffmanns Werk dann auch genutzt worden.[132] Wohl zu Recht ist aber von verschiedenen Autoren darauf hingewiesen worden, dass Hoffmanns Referenz keinesfalls aufzeigt, dass er die Bedeutung von Mendels Artikel und Experimenten wirklich verstanden hatte.[133] Argumentiert worden ist auch, dass Hoffmann Mendel in der Kreuzungstechnik selbst weit unterlegen war, da er als Versuchseinheit den einzelnen Samen bzw. eine ganze Sorte verwendete, während Mendel die Samen für Einzelpflanzen separierte.[134] Diese retrospektive Betrachtungsweise dürfte aber im zeitgemäßen Kontext kaum eine Rolle gespielt haben, denn für Hoffmann standen die Veränderlichkeit der Arten sowie Fragen

---

[125] Weiling 1966; Gustafsson 1969.
[126] Hoffmann 1869, S. 52, 86, 112, 119, 136. Siehe insbesondere auch die Analyse von Olby & Gautrey 1968. Zitiert wurden von Hoffmann im speziellen die Seiten 6 und 33 aus Mendels Arbeit (vgl. Mendel 1866a).
[127] Hoffmann 1869, S. 136.
[128] Gustafsson 1969; Jahn 1958; Punnett 1925; Weiling 1966.
[129] Hoffmann 1869, S. 136.
[130] Ebd.; Jahn 1958.
[131] Vorzimmer 1968.
[132] Ebd.
[133] Beer 1964; Dodson 1955; Junker 2011 S. 85; Sclater 2003; Weiling 1966.
[134] Weiling 1966.

zur Artkonstanz im Vordergrund seines Interesses.[135] Die spezialisierten Untersuchungen von Mendel mögen ihm dabei eher als Detailfrage erschienen sein. Hoffmann hat, obwohl er insgesamt fast 30 Jahre Variationsversuche durchführte und diese auch weiter umfangreich veröffentlichte,[136] Mendel nicht wieder zitiert.[137]

Nicht sicher überliefert ist, auf welchem Weg Mendels Artikel Hoffmann zur Kenntnis gelangt ist. Zu den bislang geäußerten Vermutungen zählt, dass Hoffmann von Mendel direkt einen Sonderdruck seines Artikels erhalten hat[138], bzw. er durch die Erwähnung im bereits zuvor besprochenen Literatur-Repertorium der Zeitschrift *Flora* auf Mendel aufmerksam wurde.[139] Ebenso in Erwägung gezogen wurde, dass Hoffmann durch Kerner, mit dem er insbesondere 1869 im regen Briefkontakt stand,[140] auf Mendel aufmerksam geworden ist. In jedem Fall hat Hoffmann über die Oberhessische Gesellschaft für Natur- und Heilkunde in Gießen direkt Zugriff auf die *VNV* gehabt.

Die jetzt aufgefundenen frühen Verweise auf Mendels Artikel u. a. in Bamberg und Bordeaux zeigen jedoch, dass auch andere Rezeptionswege möglich waren. Dass Hoffmann über das Literatur-Repertorium aus Bordeaux auf Mendel gestoßen ist, erscheint zumindest möglich. Auffallenderweise werden dort nicht nur mehrere Artikel von Mendel, sondern auch von Hoffmann sowie Wilhelm Olbers Focke (1834–1922), welcher bald ebenfalls Mendel zitieren sollte, zusammen aufgeführt.[141]

Nahezu unbekannt geblieben scheint übrigens die Tatsache, dass nicht nur Hoffmann Mendel zitiert hat, sondern dass Mendel später auch noch einmal eine Arbeit H. Hoffmanns rezensiert hat (siehe Kap. 6).

Vor diesem Hintergrund ist es interessant sich noch einmal das gesamte wissenschaftliche Schaffen H. Hoffmanns anzuschauen. Seit den 1840er Jahren hatte er, zunächst noch in seinem Garten, damit begonnen, phänologische Beobachtungen durchzuführen und mit meteorologischen Daten abzugleichen. Damit gab es also eine deutliche Parallele zu Brünn, wo Mendel die meteorologischen Daten mehrerer Stationen im mährischen Raum zusammenfasste und bearbeitete, während Paul Olexik, Anton Zawadzki und andere phänologische Beobachtungen anfertigten (siehe Kap. 5). Die phänologischen Beobachtungen H. Hoffmanns wurden im Laufe der Jahre immer umfangreicher und dauerten bis weit in die 1880er Jahre. Dabei versuchte er auch Vergleiche mit anderen internationalen Versuchsstationen vorzunehmen. Inhaltlich dehnte Hoffmann seine Beobachtungen jedoch immer weiter aus, so dass seine phänologischen Beobachtungen letztendlich mehr als 250 Pflanzenarten umfassten. H. Hoffmann führte

---

[135] Junker 2011, S. 82 ff.

[136] Ebd.

[137] Vgl. hierzu ebenso Weiling 1966.

[138] Němec 1966.

[139] Weiling 1969a.

[140] Vgl. hierzu Kronfeld 1908, S. 305–308.

[141] Anonymous 1866.

jedoch nicht nur eigene Beobachtungen durch. Wirkungsmacht entfaltete er vor allem dadurch, dass er ähnlich wie Fritsch in Wien, weitere Beobachter an verschiedenen Standorten zu gewinnen versuchte. Ab 1879 hat Hoffmann dann explizit Lehrer aufgefordert sich an den phänologisch-klimatologischen Beobachtungen zu beteiligen.

Die Phänologischen Beobachtungen hat Hoffmann übrigens praktisch jährlich veröffentlicht. Vor diesem gemeinsamen Interesse mag es durch aus plausibel erscheinen, dass es tatsächlich einen direkten Austausch zwischen Mendel und Hoffmann gegeben haben könnte. Wahrscheinlich ist es indes nicht. Hierfür sind vor allem zwei Gründe anzuführen. Zum einen ist hierbei auf das Werk „*Die Geschichte der pflanzenphänologischen Beobachtungen in Europa nebst Verzeichnis der Schriften, in welchen dieselben niedergelegt sind*" zu verweisen. Egon Ihne (1859–1943) hatte darin, noch in Auftrag von H. Hoffmann, die gesamte bis dahin erschienene Literatur der Phänologie aufgearbeitet. Erwähnung findet dort auch die *VNV*, allerdings scheint dieser wenig Beachtung geschenkt worden zu sein. Da Mendels meteorologische Arbeiten sich nicht primär mit der Phänologie beschäftigten, finden diese darin keine Erwähnung

6.1.9.2 Mendel, Darwin und der Materialismus

Bislang nicht bekannt war, dass Mendel auch schon vor Hoffmann regulär in einer Prager Publikation aus dem Jahr 1868 zitiert worden ist.[142] Mendels Arbeit wird dort von Mathias Prochazka/Matěj Procházka in einem tschechisch-sprachigen Aufsatz, als Teil einer mehr als 10 Artikel umfassenden Serie zum Thema Materialismus, Darwinismus und Glaube, erwähnt. In diesem Aufsatz, in dem sich Prochazka kritisch mit Darwins Ansichten zur Evolution auseinandersetzt, wird Mendels Arbeit besprochen und erörtert. Nach Prochazka stellen Mendels Versuche, sowie die ebenfalls erwähnten Arbeiten von Joseph Gottlieb Kölreuter, Carl Friedrich von Gärtner, William Herbert, Henri Lecoq und Max Ernst Wichura, einen klaren Beweis gegen die Evolution dar. Dabei weist er darauf hin, dass „*Mischlinge in der Regel bereits in der ersten sowie zweiten Generation unfruchtbar sind*" und dass jede Art eine gegebene Grenze innehat, die nicht zu überschreiten ist.[143]

Aus den Ausführungen Prochazkas wird dabei deutlich, dass er nur ein sehr oberflächliches Verständnis von Mendels Experimenten im Speziellen hatte. Dennoch ist die Rezension aufschlussreich, erweist sie sich doch neben den von Nägelis Briefen an Mendel erhaltenen Fragmenten als die früheste zeitgenössische Rezeption von Mendels Artikel. Sie verdeutlicht dabei, wie man zu dieser Zeit Mendel auch in einem Darwin kritischen Kontext rezipieren konnte. Darüber hinaus geben Prochazkas Artikel einen neuen Ansatzpunkt, um zu verstehen, in welchem Zusammenhang Mendels Arbeiten

---

[142] Prochazka 1868, S. 101–102.
[143] Ebd.

im Brünner Kloster besprochen worden sein können. Prochazka selbst war in Brünn als Lehrer und Pater tätig.[144]

Der Bezug zum Materialismus ist dabei wichtig festzuhalten, insbesondere hinsichtlich auf die möglichen frühen Zielsetzungen Mendels zu der Zeit, als er seine Experimente begonnen hat. Während Mendels Bezüge zu Unger und Darwin schon vielfältig diskutiert worden sind, wurde der Aspekt Materialismus in diesem Kontext bislang vernachlässigt, obwohl gerade im Spezialfall des deutschen Sprachraums die Darwinrezeption ohne diesen kaum zu verstehen ist: Bereits Mitte der 1850er Jahre war es zum offenen Konflikt zwischen theologischen und neuen „naturwissenschaftlich begründeten" Weltanschauungen gekommen. Insbesondere vom Triumvirat des wissenschaftlichen Materialismus, bestehend aus Jakob Moleschott (1822–1893), Ludwig Büchner (1824–1899) und Carl Vogt (1817–1895), wurde das Konzept der unzertrennlichen Einheit von „*Kraft und Stoff*" maximal konfrontativ vertreten. Propagiert wurde dabei, dass „*keine Kraft ohne Stoff – kein Stoff ohne Kraft*" existieren könne.[145] Man wagte gar, durch den Energieerhaltungssatz untermauert, atheistisch zu propagieren, dass aus dem Nichts „*die Welt kann nicht geschaffen sein*" und eine Schöpferkraft ausgeschlossen sei.[146]

Dabei präsentierten die Materialisten ihre Ansichten als einzig mögliche Konsequenz empirischer Forschung und gingen davon aus, dass sich alle physiologischen Lebenserscheinungen durch chemische und physikalische Prozesse allein erklären ließen. Der offene Bruch mit Kirche und althergebrachten Ansichten sowie der folgende Entrüstungssturm wurden dabei nicht nur in Kauf genommen, sondern waren schon bei den ersten großen Veröffentlichungen von Büchner und Moleschott eingeplant und beabsichtigt.[147] Der Materialismusstreit war geboren – eine Fundamentalkonfrontation, in

---

[144] **Matthias Prochazka/Matěj Procházka (1811–1889)** war ein mährischer Geistlicher und Schriftsteller. Seit 1835 war er als „Kooperator" in St. Thomas in Alt-Brünn tätig. Im Jahr 1850 wurde Matthias Prochazka zunächst als Katechet an das Deutsche Gymnasium in Brünn berufen wo er Religion, Tschechisch und Propädeutik unterrichtete. Im Jahr 1857 erfolgte dort dann auch die Ernennung zum Gymnasiallehrer. Bereits seit den 1840er beteiligte sich Prochazka an den frühen tschechischen Nationalbestrebungen in Mähren um František Sušil (1804–1868), wobei er sich hier vor allem schriftstellerisch betätigte. Sušil und Matthias Prochazka waren enge Freunde und in einer frühen Biographie wurde Matthias Prochzka gar als Sušils „*zweites Ich*" bezeichnet (Kinter 1868). Bereits 1849 hatte Prochazka die Redaktion des Kirchenblattes *Hlas jednoty katolické* [Stimme des katholischen Verbandes] übernommen. Daneben erfolgten zahlreiche Veröffentlichungen in den Zeitschriften *Cyrill a Method* [Kyrill und Method], dem *Světozor* [Weltumschau] sowie der *Časopis katolického duchovenstva* [Zeitschrift der katholischen Priester]. Seit 1852 war Procházka Mitglied der historisch-statistischen Section der Ackerbaugesellschaft. Im Jahr 1878 wurde er Ehrendomherr des Brünner Domkapitels und 1884, zu Ehren seines 50jährigen Priesterjubiläums, vom Papst zum päpstlichen Kämmerer ernannt. Biogr. Ang. n. Welzl 1890.

[145] Büchner 1855, S. 2.

[146] Ebd., S. 6.

[147] Siehe Büchner 1855, S. XVI.

dem der akademische Dissens wie wohl in keinem anderen Fall in der Öffentlichkeit, mit unzähligen Tiefschlägen von beiden Seiten, ausgefochten wurde. Den Publikationen der Materialisten war dieser Disput jedoch nur nützlich. Erstmals erreichten mit den Werken von Moleschott und Büchner populärwissenschaftliche Bücher aus der Naturwissenschaft Auflagen in bis dahin ungekannte Höhe.[148]

Mit der Veröffentlichung von Darwins „*On the Origin of Species*" gab es zudem umfassende Bestrebungen der Materialisten unter Federführung von Vogt und Moleschott, die Evolutionstheorie für die eigenen Belange einzuspannen. Dies hat dazu geführt, dass in der Literatur der 1850er und 1860er Jahre oftmals nicht mehr scharf zwischen Materialismus und Darwins Evolutionstheorie unterschieden wurde. Prochazkas Artikel stellen hierbei ein klassisches Beispiel dar. Der heftige Disput, den die Materialisten hervorgerufen haben, ist dabei auch an Brünn nicht vorbeigegangen und dort bereits wohl sehr früh geführt worden. Das vielleicht interessanteste Beispiel hierfür stellt ein kurzes Gedicht dar, dass wahrscheinlich als Motto des NfV in Brünn bei dessen Gründung im Jahr 1861 vorgetragen wurde:[149]

> *„Wir wollen nur den Stoff und seine Kraft ergründen,*
> *Die Metaphysik bleibt ganz aus dem Spiel;*
> *Die Regeln fuer den Stoff und seinen Wechsel künden,*
> *Das ist das ernst uns vorgesteckte Ziel."*

Der klare Bezug zum wissenschaftlichen Materialismus und der Vorsatz, dessen metaphysischen Aspekte auszuklammern, dürften insbesondere Mendel wichtig gewesen sein. Sie zeugen davon, dass schon sehr früh in Brünn darüber diskutiert und die Bücher der Materialisten gelesen wurden. Das belegt beispielsweise auch die Klosterbibliothek, denn auch dort[150] sowie in der Bibliothek des NfV waren Bücher von Büchner und Vogt vorhanden.[151]

---

[148] Büchners „*Kraft und Stoff*" befand sich 1867 bereits in der 9. Auflage. Bis zum Beginn des Ersten Weltkriegs sollten noch zwölf weitere Ausgaben folgen. Hinzu kamen Übersetzungen ins Englische, Russische, Französische sowie weitere Sprachen.

[149] Nach Sekerák 2006.

[150] Iltis 1924, S. 67.

[151] Siehe hierzu die Sitzungsberichte des NfV in Brünn: *VNV* 1863, S. 50; 1864, S. 17; 1865, S. 8–9. In der Vereinsbibliothek enthalten waren beispielsweise die von C. Vogt aus dem Englischen übersetzte „*Natürliche Geschichte der Schöpfung des Weltalls*" (1851), in der eine deistische Evolution propagiert wurde, J. Moleschotts „*Der Kreislauf des Lebens*", Vogts „*Zoologische Briefe*" (1851) und „*Vorlesungen über den Menschen*" (1863) sowie auch Büchners „*Kraft und Stoff*". Vgl. auch die Einträge im Katalog der Bibliothek des NfV (Anonymous 1875, S. 25, 94, 149). Zum nachhaltigen kulturhistorischen Einfluss der Materialisten im 19. Jahrhundert vgl. auch Mielewczik & Moll 2019.

6.1.9.3 Mendel-Rezeption in Russland und Schweden

Ein weiterer Autor des 19. Jahrhunderts, der Mendel in seinen eigenen Veröffentlichungen gewürdigt hat, war der russische Botaniker Iwan Fjodorowitsch [Johannes Theodor] Schmalhausen (1849–1894):[152] Im Rahmen seiner eigenen Magister-Dissertation zu Pflanzenbastarden[153] reflektierte er die Ergebnisse von G. J. Mendel ausgiebig und stellte deren herausragende Bedeutung hervor.[154] Schon Schmalhausens Einleitung verdeutlicht, welchen Wert er der Arbeit Mendels beimaß. So schrieb er: *„Die Arbeit Mendels […] lernte ich erst kennen, nachdem meine Arbeit schon in Druck gegeben war. Doch halte ich es für nötig, auf diese Arbeit hinzuweisen; denn die Methode des Autors und die Weise, in der er die Ergebnisse seiner Arbeit formelmäßig darstellt verdienen volle Aufmerksamkeit und sollten (zwecks Erzielung voll fertiler Hybriden) weiterentwickelt werden."*[155] Schmalhausen hat den Druck seiner Dissertation also noch einmal zurückgezogen, um extra auf Mendel hinzuweisen. Herauszustellen ist schon hierbei, der Grund warum Schmalhausen Mendel als wichtig erachtete, wofür er gleich zwei Betrachtungsweisen anführte: Zum einen die von Mendel verwendete Methodik und formelmäßige Darstellung in dessen Arbeit. Zum anderen die Zielsetzung, deren Zweck es sein sollte, fruchtbare Bastarde heranzuziehen. Diese Darstellung Schmalhausens ist dabei sehr hilfreich zu verstehen, in welchem Kontext Mendels zeitgenössisch verstanden werden konnte.

Mendels Arbeit ist im Übrigen auch noch in einer weiteren Dissertation erwähnt worden. In Uppsala in Schweden hatte der Student Karl Albert Blomberg (1844–1922) Mendels Versuche in seiner Arbeit[156] zur Bastardbildung bei Phanerogamen erwähnt.[157]

6.1.9.4 Mendel und W. O. Focke (1881)

Wiederholt erwähnt und zitiert wurden Mendels Arbeiten im Buch über *„Die Pflanzen-Mischlinge"* von Wilhelm Olbers Focke (1881), in welchem dieser das Wissen seiner Zeit zur Hybridisierung umfassend zusammengestellt hat.[158] Im systematischen Teil des Buches wird dabei sowohl unter den Einträgen zu *„Hieracium"*, *„Pisum"*, *„Phaseolus"* Mendel kurz aufgeführt.[159] Insbesondere für Erbsen war Focke jedoch skeptisch hin-

---

[152] Auf das entsprechende Mendelzitat haben erstmals Philiptchenko 1925 und Gaissinovitsch 1935, 1 966, 1973, 1980 hingewiesen. Vgl. auch die diesbezüglichen Beiträge von Olby & Gautrey 1968; Orel 1966, 1996; Posner & Skutil 1968; Weiling 1966. S. a. auch Vollmann & Grausgruber 2017.

[153] Schmalhausen 1874.

[154] Weiling 1966.

[155] Zit. nach Weiling 1966.

[156] Blomberg 1872.

[157] Gustafsson 1969; Larsson 1915; Orel 1973c, 1996, S. 277.

[158] Jahn 1958, 1965; Weiling 1966.

[159] Focke 1881, S. 108–110, 111, 215–220.

6 Mendel und Mendel-Rezeption im historischen Kontext

sichtlich der von Mendel gezogenen Schlussfolgerungen: *„Mendel's zahlreiche Kreuzungen ergaben Resultate, die den Knight'schen ganz ähnlich waren, doch glaubte Mendel constante Zahlenverhältnisse zwischen den Typen der Mischlinge zu finden."*[160] Daneben hat Focke an weiteren Stellen, in denen er auf die Benennungen von Bastarden, mehrjährige Hybridisierungen sowie die Unterscheidungen von künstlichen und natürlichen Hybriden eingeht, auf Mendel verwiesen.[161] Ein besonderes Gewicht scheint Focke Mendels Arbeit allerdings nicht beigemessen zu haben. Besondere Bedeutung hat Fockes Buch für das 20. Jahrhundert vor allem deshalb erlangt, weil hierdurch entweder direkt oder indirekt alle „Wiederentdecker" der Mendelschen Gesetze auf Mendels Artikel aufmerksam geworden sind.[162]

Nicht genau überliefert ist, auf welchem Weg Focke auf den Artikel von Mendel gestoßen ist. Nach der „Wiederentdeckung" danach befragt, konnte er sich daran nicht mehr genau erinnern und gab lediglich an, dass er auf diesen in der Literatur der 1870er Jahre gestoßen sei. Daraus ist mehrfach abgeleitet worden, dass Focke durch die bereits erwähnte Abhandlung von Hoffmann auf Mendel aufmerksam gemacht wurde.[163] Die vielfältigen im vorliegenden Kapitel aufgeführten Referenzen auf Mendel vor 1881 zeigen jedoch, dass sich das Zitationsnetzwerk zu Mendel alleine aus diesen praktisch nicht mehr absolut sicher rekonstruieren lässt. Tatsächlich existiert jedoch eine weitere, bislang ebenfalls unbekannte Zitierung von Mendels Artikel aus dem Jahr 1866 von der man durchaus annehmen darf, dass es eben sie war, die Fockes Aufmerksamkeit auf diesen gelenkt hat. Zu finden ist diese Zitierung in einem 1869 von Johann-Nepomuk Bayer (1802–1870) veröffentlichten Werk mit dem Titel *„Botanisches Excursionsbuch für das Erzherzogthum Oesterreich ob und unter der Enns"*.[164] Unter dem Kapitel „*Rubus L. Brombeere.*" auf Seite 293 findet sich dort ein explizites Beispiel für eine extrem kritische Lesart von Mendels Arbeit aus dem 19. Jahrhundert. Bayer schrieb dort: *„Das grösste Misstrauen verdienen Jene, welche an einer Hybride sogar die dominirenden Samen- od. Pollenpflanze unterscheiden wollen, od. an einem Herbarexemplare zu erkennen glauben (Gr. Mendel, in den Verhndlgen des naturf. Vereins in Brünn, 1865, IV. Bd.)."* Da Wilhelm Olbers Focke ein absoluter Spezialist für Brombeeren war, darf wohl sicher geschlossen werden, dass er das Werk von Bayer gekannt hat. Darüber hinaus ist die Zitierung Mendels, trotz der Kürze, besonders aufschlussreich, da es sich dabei um die einzige direkte zeitgenössische Kritik der Arbeit Gregor Mendels aus seinem direkten Brünner und Wiener Umfeld handelt, welche explizit einem Bota-

---

[160] Ebd., S. 110.
[161] Ebd., S. 459, 483 und 492.
[162] Siehe hierzu die autobiographischen Angaben der „Wiederentdecker": Correns 1922, E. v. Tschermak-Seysenegg 1937, 1942a, 1960. Zu de Vries siehe insb. Olby & Gautrey 1968 und Zevenhuizen 2008.
[163] Punnett 1925; E. v. Tschermak-Seysenegg 1951a, 1960; Weiling 1966.
[164] Siehe auch Mielewczik et al. 2022a, 2022b, 2022c.

niker zugeordnet werden kann. Vor diesem Hintergrund scheint es durchaus angebracht zu sein, einige Worte zur Biographie Bayers zu verlieren, insbesondere da sich Bayer und Mendel wohl mehr als 20 Jahre lang persönlich gekannt haben und seine Arbeiten heute selbst den meisten Spezialisten kaum mehr bekannt sein dürften: Johann Nepomuk Bayer war ein österreichisch-schlesischer Botaniker, der mehrere Jahrzehnte lang als Eisenbahnbeamter tätig war. Seine botanischen Exkursionen und Arbeiten fokussierten sich daher besonders auf Orte entlang der Strecken der Staatseisenbahn. In den 1840er Jahren war Bayer zunächst als Eisenbahn-Expeditor am Brünner Nordbahnhof tätig. Ab spätestens 1847 war er Hauptexpedits-Direktor der ausschließlich privilegierten Kaiser Ferdinand Nordbahn in Prag sowie korrespondierendes Mitglied der *Botanischen Gesellschaft* in Regensburg. 1851 gründete Bayer als Redakteur die Vereinszeitung des „*Lotos*" im gleichnamigen Verein in Prag, zu dessen Gründungsmitgliedern Mendels Klosterbruder Klácel und Mendels Mentor Kolenatý gehörten. Diese Tätigkeit hatte Bayer jedoch nur kurz inne. Ab 1852 arbeitete er als Sekretär im Handelsministerium unter dem Handels- und Finanzminister Andreas von Baumgartner. Bereits zuvor, in den 1840er Jahren, gehörte Bayer zu einer Reihe anderer lokaler Brünner Forscher, welche die lokale Flora untersuchten. Als solcher fand Bayer auch schon in Alexander Makowskys „*Die Flora des Brünner Kreises*" (1863), für welches Mendel eine meteorologische Tabelle erstellt hatte, Erwähnung. Mendels und Bayers Arbeiten stehen dabei in sehr engem Verhältnis, denn in seiner Monographie über *Tilia* zeigte Bayer (1862) einen mit Buchstaben beschrifteten Stammbaum auf.[165] Dass Bayers Zitierung der wichtigsten Arbeit Mendels auch absoluten Spezialisten zur Biographie Mendels, wie beispielsweise Franz Weiling verborgen geblieben zu sein scheint, ist übrigens durchaus überraschend, angesichts der Tatsache, dass Mendels und Bayers Arbeiten schon 1908, also kurz nach der „Wiederentdeckung" gemeinsam erwähnt wurden. Zu finden ist diese Besprechung in der von Ernst Moriz Kronfeld verfassten Biographie des Botanikers Anton Kerner. In dieser wurde erstmals ein kurzer Brief Gregor Mendels im Transkript abgedruckt, den Mendel gemeinsam mit einem Sonderdruck an Anton Kerner direkt versendet hatte. Auf der direkt folgenden Seite fand sich dann auch ein kurzer Brief von Bayer an Kerner vom Dezember 1867, in welchem Bayer bereits auf sein Exkursionsbuch bei Braumüller verwies. Eben dort erwähnte Bayer auch, dass er noch viel mehr geschrieben hatte, aber nicht wusste, ob er dies publizieren werden würde. Insofern war Bayers im „*Excursionsbuch*" abgedruckte Kritik Mendels möglicherweise nur eine sehr grobe Skizze der Kritik an Mendels Versuchen. Mendel dürfte jedenfalls Bayers Kritik gekannt haben. Dies insbesondere schon deshalb, weil er dem NfV eine Ausgabe seines „*Excursionsbuch*" überlassen hat. Bayer ist jedoch kurze Zeit später verstorben und dies mag auch der Grund sein, warum es 1869 diesbezüglich nicht zu einer ausführlicheren Diskussion der Problematik gekommen ist. Innerhalb des NfV war Bayer jedenfalls hochangesehen. Hiervon

---

[165] Mielewczik et al. 2022c.

zeugt auch ein kurzer dreifacher Nekrolog von Gustav von Niessl in den *VNV* in denen dieser das Dahinscheiden von Johann-Neopmuk Bayer, Franz Unger und Carl Theimer bedauerte.[166] Bayers Buchstabennotation als mögliche Inspirationsquelle für Mendels „*Versuche über Pflanzen-Hybriden*" ist übrigens bereits von Jan Janko (2009, S. 36) erstmals erwähnt worden. Allerdings war Janko weder die enge persönliche Verknüpfung zwischen Johann-Nepomuk Bayer und verschiedenen Mitgliedern des NfV, noch die frühe Zitierung von Mendels Artikel aus dem Jahr 1866 durch Bayer bekannt.

6.1.10 Weitere kleinere Verweise in deutschsprachigen Publikationen

Darüber hinaus sind noch einige kleinere Verweise auf Mendels Hybridenversuche bekannt. So hat 1872 Anton Besnard (1814–1885) sowohl Mendels *Hieracium*-Kreuzungen, als auch überraschend, da an dieser Stelle eine Fehlzitierung, dessen wichtigere Erbsenarbeit in einer Literaturübersicht[167] zum Genus *Hieracium* aufgeführt.[168] Diese ist ein Jahr später auch noch einmal in der Zeitschrift *Neues Archiv für Pharmacie* nachgedruckt worden.[169]

An Mendels Artikel ist Besnard vermutlich auf Grund seines eigenen, speziellen Fokus auf die Speziesfrage interessiert gewesen. Schon 1835 hatte Besnard eine preisgekrönte Dissertation zum Unterschied zwischen genus (Geschlecht), species (Art) und varietas (Abart) sowie deren Ursachen verfasst.[170] Es war eine Arbeit, die er nach Erscheinen von Darwins „*On the Origin of Species*" noch einmal überarbeitete.[171] Durch dieses Interesse ist er vermutlich in München auch mit Nägeli bekannt und so auf die Hiracien aufmerksam geworden. Zumindest erwähnenswert scheint, dass Besnard auch im *Bamberger Gewerbe-Verein* als Mitglied geführt wurde, in welchem der bereits diskutierte Nachdruck von Mendels Arbeit erschienen war.

Vergessen war Mendel zu dieser Zeit auch nicht in Wien. Dort wurde von A. Neilreich (1871) zumindest dessen *Hieracium*-Arbeit in einer kritisch systematischen Zusammenstellung der bereits beobachteten *Hieracium*-Formen[172] erwähnt.[173] Überhaupt wird diese noch in einer ganzen Reihe von Arbeiten vor 1900 genannt, so z. B. in einem

---

[166] *VNV* Sitzungsprotokolle 1870, S. 30.
[167] Besnard 1872.
[168] Weiling 1971a; Weinstein 1977.
[169] Besnard 1873.
[170] Besnard 1835.
[171] Ders. 1864.
[172] Focke 1885: „*Sammelreferat über die Arbeiten Peters sowie Nägelis und Peters*", mit anerkennender Erwähnung der Hieracium-Arbeit Mendels. Zit. nach Weiling 1971a.
[173] Weiling 1971a.

Sammelreferat von W. O. Focke (1885) sowie bei A. Gremli (1890), K. A. Henniger (1879) und Gustav Schneider (1888/1895).[174] Zudem wurden Mendels künstliche Kreuzungen von *Hieracium*-Formen umfangreich in weiteren systematischen Zusammenstellungen der Zeit gewürdigt.[175]

Auch Nägeli hat Mendel noch zweimal zitiert. Es war in „*Die Hieracien Mittel-Europas*" (Nägeli & Peter 1885) sowie in einem Vorwort zu Elisabeth Widmers (1862–1952) „*Die europäischen Arten der Gattung Primula*" (1891) verweist er auf Mendels *Hieracium*-Kreuzungen.[176] Daneben sind Mendels Arbeiten auch in Brünn noch wiederholt in den Bibliographien des dortigen lokalen NfV erwähnt worden.[177]

6.1.11 Weitere kleinere Verweise in englischsprachigen Publikationen vor 1900

Auch in einigen englischsprachigen Publikationen vor 1900 sind bereits Verweise auf die Hybridisierungsartikel von Mendel zu finden. So wurde er namentlich von George Romanes (1848–1894) schon in der 9. Auflage der *Encyclopædia Britannica* erwähnt.[178] Mendel wurde dort zusammen mit einigen der bekanntesten Hybridenforschern seiner Zeit unter dem Eintrag „Hybridism" aufgeführt.[179] Romanes hat Mendels Artikel allerdings nicht selbst gelesen. Sein Eintrag basiert vielmehr auf den Ausführungen in Fockes Werk über Pflanzen-Mischlinge.[180] Ironischerweise hat wohl noch Ch. Darwin den Eintrag mitinitiiert, in dem er Romanes das entsprechende Buch ausgeliehen hat.[181]

Ebenso in einer der umfangreichsten botanischen Bibliographien des 19. Jahrhundert, dem „*Guide to the Literature of Botany* von Benjamin Daydon Jackson (1846–1927)[182] aus dem Jahr 1881, ist Mendels Artikel aufgelistet.[183] Obwohl die Angabe lediglich aus einem kurzen einzeiligen Verweis besteht, ist dieser Fund durchaus relevant, denn Jack-

---

[174] Schneider 1888–1895: „*Die Hieracien der Westsudeten, Das Riesengebirge in Wort und Bild*". Bd. 8–15. Mehrere Folgen. Hinweis auf die Hieracium-Kreuzungen. Zit. nach Weiling 1971a.

[175] Peter 1884a, S. 204, 207, 212, 214, 228, 243, 246, 254, 257, 276 und 285; Peter 1884b, S. 451–454, 459, 460, 463, 481, 488 und 492 sowie Peter 1885, S. 121–122. Auf die dortigen Erwähnungen hat erstmals Bateson 1909 aufmerksam gemacht, ohne jedoch auf deren Umfang in Bezug auf Mendel hinzuweisen. Vgl. hierzu auch Weiling 1968a, 1971a.

[176] Weiling 1971a.

[177] Anonymous 1872a, 1886.

[178] Edwardson 1962.

[179] Ebd.; Olby & Gautrey 1968.

[180] Edwardson 1962.

[181] Weinstein 1977.

[182] **Benjamin Daydon Jackson (1846–1927)** war ein Botaniker und Sekretär der Linnean Society.

[183] Jackson 1881, S. 100; vgl. Weinstein 1977.

sons mehr als 6.000 botanische Titel umfassende Bibliographie zählte zu den wichtigsten Referenzwerken seiner Zeit, so dass es sogar noch bis in die 1960er Jahre genutzt und neu aufgelegt wurde.[184]

Ein weiterer bekannter kurzer Verweis auf Mendels Hybridarbeiten findet sich im „*Royal Society Catalogue of Scientific Papers*" von 1879 (Erbsen und *Hieracium*).[185] Eine weitere Erwähnung von Mendels Erbsen- und *Hieracium*-Kreuzungen erfolgte 1892 durch Liberty Hyde Bailey (1858–1954) in einer beiliegenden Bibliographie zu „Cross-Breeding and Hybridization".[186] Diese Erwähnung stellt dabei den frühesten nachgewiesenen Beleg eines Mendels-Verweises außerhalb Europas dar.[187] In Baileys Buch „*Plant-breeding*" (1895) sind zudem noch einmal kurz unter „*Borrowed Opinions*" die *Hieracium*-Experimente Mendels erwähnt, ohne dass diese jedoch explizit zitiert wurden.[188]

Ein letzter Verweis vor der „Wiederentdeckung" erfolgte auf der im Juli 1899 stattfindenden Internationalen Hybrid-Konferenz in London (*International Conference of Hybridization*). Allen Rolfe (1855–1921) erwähnte dort Mendel kurz im Zusammenhang mit seinen *Hieracium*-Experimenten.[189] Rolfe war im Übrigen nicht der Einzige der etwa 120 Teilnehmer dieser Konferenz, der zumindest indirekt schon mit Mendels Artikel zu dessen Versuchen in Berührung gekommen war – ebenfalls anwesend war L. H. Bailey, der, wie bereits erwähnt, Mendel schon vor 1900 zitiert hatten.[190]

---

[184] Weinstein 1977. Weinstein hat in seinem Referat umfänglich zu begründen versucht, warum Jackson Mendels Artikel selbst gesehen (und möglicherweise auch gelesen) haben muss. Sein stärkstes Argument hierbei war die Anführung des 8vo-Formats für Mendels Artikel (Weinstein 1977). Die neugefundenen Belege von Mendel in antiquarischen Katalogen lassen Weinsteins Lesart jedoch als unwahrscheinlicher erscheinen. Vermutlich hat Jackson seinen Eintrag aus einem antiquarischen Spezial-Katalog der Botanik übernommen. Dies erscheint insofern plausibel, als dies insb. nicht nur den Oktav-Vermerk, sondern auch das Fehlen der Angabe der Verhandlungen des NfV in Brünn erklären würde (vgl. in gleicher Form in Anonymous 1883). Es ist nicht ausgeschlossen, dass der dort aufgeführte Mendel-Beleg auch schon in früheren Katalogen in gleicher Form erwähnt wurde.
[185] Anonymous 1879, S. 378. Siehe auch Weiling 1971a.
[186] Bailey 1892, S. 32 & 34.
[187] MacRoberts 1984; White 1917; Zirkle 1968.
[188] Bailey 1895, S. 239; vgl. Zirkle 1968.
[189] Rolfe 1900, S. 187; Orel 1996.
[190] W. O. Focke, der Mendels Arbeit in seinem Buch „*Pflanzenmischlinge*" zitiert hatte, war ursprünglich als Präsident der Konferenz vorgesehen, hatte jedoch auf dieser aus unbekannten Gründen nicht erscheinen können.

Die „Wiederentdecker" de Vries und Bateson, welche in London ebenfalls Vorträge hielten, kannten Mendel dagegen zu diesem Zeitpunkt noch nicht.[191]

6.1.12 Gregor J. Mendel und die Pflanzenzüchter des 19. Jahrhunderts

Das Auffinden eines derart frühen Nachdrucks[192] von Mendels Artikel in Bamberg – einem internationalen Zentrum der Samenproduktion – gestattet sicherlich auch, die Frage aufzuwerfen, ob abseits aller Zitierungen und bibliographischen Referenzen, Mendels Arbeit bei akademischen und kommerziellen Sämereien- und Pflanzenzüchtern des 19. Jahrhunderts weiter bekannt gewesen sein kann. Interessanterweise finden sich verstreut in der Literatur eine Reihe von Hinweisen und Indizien. So berichtete z. B. der amerikanische Gärtner Carl W. Eichling (geb. 1856) in seiner Erinnerung, dass er als junger Vertreter des französischen Samenhändlers Louis Römpler im Jahr 1878 auch den Prälaten Mendel in Brünn besuchte.[193] In dieser Reminiszenz wies Eichling insbesondere darauf hin, dass ebenso der Nestor des europäischen Samenhandels Ernst Benary (1819–1893) in Erfurt offensichtlich Kenntnis von Mendels Erbsenexperimenten gehabt habe. Sicher belegt ist, dass Mendel bei E. Benary verschiedene Samen bezog.[194] Wie bereits hinsichtlich der Sonderdrucke erwähnt, hatte auch der niederländische Bo-

---

[191] Schwartz 2008, S. 84. Im Fall von de Vries ist dies nicht ganz sicher, da es zwei überlieferte Versionen gibt, wie de Vries auf Mendels Artikel gestoßen ist. Nach der ersten Version, die auf einem Brief von de Vries selbst beruht, ist er durch Baileys *„Crossbreeding and Hybridization"* aus dem Jahr 1892 auf Mendels Artikel gestoßen (Bailey 1915, S. 155; Olby und Gautrey 1968). De Vries dankte in seinem Brief Bailey später dafür: *„I hope that it will interest you to know that it was by means of your bibliography therein that I learnt some years afterwards of the existence of Mendel's papers, which are now coming to so high credit."* (zit. nach Olby & Gautrey 1968, S. 17). Nach der zweiten Version, die bereits erwähnt wurde, hat de Vries zu Beginn des Jahres 1900 einen Sonderdruck von Mendels Artikel von M.W. Beijerinck erhalten (Jahn 1958, 1965; Weiling 1966). Beijerinck hatte diesen, zusammen mit einem beiliegenden kurzen Brief, an de Vries gesandt: *„I know, that you are studying hybrids, so perhaps the enclosed reprint of the year 1865 by a certain Mendel which I happen to possess, is still of some interest to you."* (Stomps 1954, S. 294.). Siehe hierzu auch Kap. 7.

[192] Anonymous 1867a, 1867b.

[193] Eichling 1942. Vgl. hierzu auch die kurze Darstellung zum Entstehen dieses Berichtes als Folge der Suche nach einer *„raren"* Biographie Mendels durch die Howard-Tilton-Memorial Library der Tulane University auf Betreiben Eichlings im *Rocky Mount Telegram* (Rocky Mount, North Carolina), 24. Juli 1942, S. 5 unter dem Titel *„Biography of Mendel presented to Tulane"*.

[194] Dies ist bspw. durch einen Bestellzettel aus dem Jahr 1878 belegt (Hasan 2005, S. 28; Schwarzbach et al. 2014). Vgl. auch den Abdruck des Faksimiles der Bestellzettel in Matalová & Matalová 2022.

6 Mendel und Mendel-Rezeption im historischen Kontext

taniker Beijerinck, der von 1876 bis 1885 selbst experimentelle Pflanzenzüchtungen durchführte, bereits vor 1900 Kenntnis der Mendelschen Experimente.[195]

In seiner Heimat Brünn war Mendel als Mitglied des NfV sowie der regionalen Ackerbaugesellschaft in die Gemeinschaft der Pflanzenzüchter und in pflanzenbauliche Tätigkeiten eingebunden. Schon 1884, in einem Nachruf zum Tod Mendels, wurde dort an seine Experimente nicht nur erinnert, sondern diese in geradezu verblüffender Weise hervorgehoben:

„[…] *Epochemachend waren seine Untersuchungen über Pflanzen-Bastarde.*"[196]

Dementsprechend mag es weniger verwunderlich erscheinen, dass im NfV in Brünn von G. von Niessl kurz nach der „Wiederentdeckung" explizit darauf verwiesen wurde, dass Mendels Ergebnisse *„keineswegs unbekannt und verborgen geblieben sind"*.[197]

Diese Sichtweise wird auch durch weitere zeitgenössische Berichte unterstrichen und gestützt. In einer in der Mendelliteratur bislang nicht erwähnten Fußnote zur Geschichte des Königin-Klosters wurde hervorgehoben, dass *„der nunmehrige Prälat Gregor Mendl, als tüchtiger Botaniker wohl bekannt"* sei.[198] Von der späteren Darstellung Mendels als missachtetem Forscher findet sich in der zeitgenössischen Literatur jedenfalls kein Anhaltspunkt. Ganz im Gegenteil. Als es im Mai 1873 darum ging, die Südseite des Spielbergs/Špilberk in Brünn neu zu bepflanzen und sich Mendel als Prälat der Sache annahm, würdigte ihn eine kurze Rezension als *„eifriger Hortolog und Pomolog in weiteren Kreisen bekannt"*.[199] An anderer Stelle wurde er als *„hoch wissenschaftlich gebildet, charakterfest, tadelloser Priester und Patriot"* beschrieben.[200]

Unter den mährischen Pflanzenzüchtern, die bereits vor 1900 wohl Kenntnisse von Mendels Experimenten gehabt haben dürften, muss mit Sicherheit Emanuel Proskowetz

---

[195] Weiling 1966.

[196] Nekrolog aus der *Tagesbote aus Mähren und Schlesien (Morgenblatt)* vom 7. Jänner 1884, S. 2, sowie der Nekrolog der Obst-, Wein- und Gartenbau-Sektion der Mähr.-Schles. Ackerbaugesellschaft; letzteres nach Weiling 1984 (siehe auch Weiling 1993c, S. 379; Weiling 1994b, S. 251–252). Nach Weiling handelte es sich bei dem Verfasser möglicherweise um J. Auspitz, den ehemaligen Direktor der Oberrealschule, an welcher Mendel als Lehrer unterrichtet hatte. Offen bleibt die Frage, in welcher Hinsicht ein Zeitgenosse Mendels seine Experimente bereits als „*epochemachend*" bezeichnen konnte. Weiling hat hierzu argumentiert, dass der Mathematiker Auspitz sich hierbei auf eine sich verändernde methodischen Herangehensweise zur *„Bearbeitung biologischer Fragestellungen"* und nicht etwa auf hereditäre oder gar genetische Aspekte von Mendels Arbeit bezogen haben kann. Dies würde allerdings nicht den im Begriff *„epochemachend"* enthaltenen Rezeptionsgedanken selbst erklären.

[197] Anonymous 1906, S. 7–8. Niessl verwies hier explizit darauf, dass *„die nun hin und wieder gebrauchte Redewendung, die Publikationen Mendels seien erst jetzt gleichsam neu entdecken worden'"* ihm als *„nicht zutreffend erscheint"*.

[198] Fayfar 1876, S. 46, dort Anm. 1.

[199] *Gemeinde-Zeitung*, 27. Mai 1873, S. 5.

[200] Vgl. Artikel in der *Tagespost* Graz, 27. Januar 1872, S. 3.

von Proskow und Marstorff der Jüngere (1849–1944) besonders hervorgehoben werden. Durch ihn (sowie G. von Niessl) ist das Mendel-Zitat überliefert worden:

„Soviel sehe ich schon, daß es auf diesem Weg die Natur im Species machen nicht weiterbringt; da muß noch irgend etwas mehr dabei sein!"[201]

Darüber hinaus lässt sich im Fall von Proskowetz aber auch zeigen, dass Mendels Ergebnisse zumindest in Mähren bzw. Österreich auch ohne Zitierungen durchaus eine praktische Verwendung gefunden haben könnten (vgl. auch Kap. 3). So berichtete im Jahr 1887 der später bekannt gewordene Pflanzenzüchter C. Fruwirth (1862–1930) in einem Artikel zur Erbsenzüchtung über gemeinsam mit Proskowetz durchgeführte Anbauversuche von verschiedenen Erbsenvarietäten. Dort führt er nicht nur die Vorteile der Erbse als Versuchspflanze auf, die teilweise auch schon von Mendel in seiner Einleitung erwähnt wurden, sondern sortierte auch verschiedene erhältliche Erbsenvarietäten in einer Kreuztabelle an Hand verschiedener Charakteristika.[202] Sie sind eben ein Teil jener Merkmale, die auch schon Mendel für seine Versuchskreuzungen nutzte.[203] Im Übrigen ist schon von Weiling (1973) sehr detailliert darauf hingewiesen worden, dass bei vielen Pflanzenzüchtern des 19. Jahrhunderts, und im Besonderen bei denen, die selbst in den 1860er Jahren umfangreiche Erbsenexperimente begonnen hatten, gar nicht so sicher gesagt werden kann, ob sie von Mendels Experimenten Kenntnis hatten. Bei einigen, wie beispielsweise Eduard August von Regel (1815–1892) und Friedrich August Körnicke (1828–1908), gibt es durchaus Indizien, die darauf hindeuten könnten.[204] Ein besonders merkwürdiger Umstand, und auf diesen Anachronismus haben zuvor schon Corcos & Monaghan (1993/1994) hingewiesen, ist die Tatsache, dass auch Hugo Iltis in seiner Mendel-Biographie berichtet hat, dass ihm Mendels Artikel zu „*Versuche über Pflanzen-Hybriden*" schon vor der „Wiederentdeckung" im Jahr 1899 als jungem Hochschulstudent in der öffentlichen Bibliothek in Brünn in die Hände gefallen ist und er diese sogar mit einem Lehrer diskutierte. Eben diese Darstellung hat, nach einem Brief Alexander Weinsteins an den Genetiker und späteren Nobelpreisträger Hermann Joseph Muller, Hugo Iltis auch noch einmal auf einem ihm zu Ehren gegebenen Dinner an der Columbia Universität im Jahre 1939 mündlich wiederholt[205]. Der bei diesem Dinner ebenfalls anwesende Genetiker und Eugeniker Charles Davenport (1866–1944) soll darauf hin berichtet haben, dass auch er Mendels Artikel kurz vor der „Wiederentdeckung" im Jahr 1900 bereits gesehen hatte. Davenport erzählte hierbei, dass ihm der Titel in einem Antiquariatskatalog aufgefallen war und er diesen erworben hatte, freilich ohne, dass er von ihm bis zur „Wiederentdeckung" gelesen worden war. Später war der Genetiker und Wissenschaftshistoriker Elof Axel Carlson (geb. 1931) dann, unter Mithilfe

---

[201] Proskowetz 1902; siehe auch Kříženecký 1965b, S. 110 und Orel & Peaslee 2008, S. 264.
[202] Fruwirth 1887.
[203] Ebd.
[204] Weiling 1973.
[205] Siehe Carlson 1973.

der späteren Nobelpreisträgerin Barbara McClintock (1902–1992), in der Lage, eben diese Ausgabe im Nachlass von Davenport zu lokalisieren. Dabei stellte sich heraus, dass Davenport in der Tat einen der ursprünglich bei Georg Gastl gedruckten Sonderdrucke besessen hat, welcher auch von Mendel vorgenommene Korrekturen enthielt. Der Ursprung dieses Sonderdrucks wirft natürlich auch noch einmal die Frage auf, ob Mendels Text in Amerika möglicherweise bekannt war. Bislang konnte man lediglich nur davon ausgehen, dass Mendels 1869 nach Amerika ausgewanderte Klosterbruder Mathias Klácel dort von Mendels Experimenten Kenntnis gehabt hat. Mielewczik, Jowett & Moll (2019) haben desweiteren kürzlich vermutet, dass es einen kleinen Kreis von amerikanischen Bienenzüchtern, u. a. Ellen S. Tupper (1822–1888), mit exzellenten Beziehungen zum Smithsonian-Institution gab, der möglicherweise Zugriff auf den 4. Bd der *VNV* gehabt haben könnte. Unabhängig von diesem Befund konnte nun festgestellt werden, dass es zwischen beiden Sachverhalten noch eine weitere Verknüpfung gibt. Zwar war bereits bekannt, dass Klácel zunächst nach Iowa ausgewandert war, bislang ist es aber scheinbar nicht bekannt gewesen, dass er dort auch an der Übersetzung von Auswanderungsbroschüren sowie einer sich darauf beziehende Inaugural-Rede des Gouvernours Carpenters ins Tschechische mitgewirkt hat.[206] Letzteres ist vor allem deswegen bemerkenswert, weil Ellen S. Tupper, die zu diesem Zeitpunkt ähnlich wie Mendel verschiedene Bienenrassen (auch unter Berücksichtigung von Einzelmerkmalen wie der Bienenfarbe) kreuzte, damals in Des Moines, Iowa wohnte und dort mit Annie N. Savery (1831–1891) die *American Bee Company* gegründet hatte, welche aus Europa importierte Bienenköniginnen gewinnbringend in den USA zu vertreiben versuchte.[207] Saverys Ehemann James C. Savery war zu jener Zeit einer der Inhaber der „American Emigrant Company", deren Ziel es war europäische Auswanderer nach Amerika zu locken (ebd.). Insofern wäre es durchaus möglich und wenig überraschend, wenn es hierbei zu einem intensiveren Austausch zwischen Klácel, der sich in den USA nun Ladimir nannte, und Savery gekommen ist, denn von Klácel ist bekannt, dass er seit den frühen 1850er Jahren versuchte Auswanderer in die USA zu unterstützen bzw. diese sogar aktiv zu diesem Schritt überredet hat. Das Haus der Savery's sowie ein von Ihnen geführtes Hotel waren in jener Zeit jedenfalls wichtige gesellschaftliche Treffpunkte, in denen wiederholt Sitzungen und politische Entscheidungen diskutiert worden sind und es wäre diesbezüglich durchaus möglich, dass es dort in den frühen 1870er Jahre zu einem Treffen mit Klácel gekommen ist.[208] Letzteres gilt vor allem auch deswegen, weil sowohl Ellen S. Tupper und Annie N. Savery während der Parlamentssitzungen im Kapitol in

---

[206] Siehe hierzu bspw. das *Journal of the House of Representatives of the Fourteenth General Assembly of the State of Iowa*, 1872.

[207] Mielewczik, Jowett & Moll 2019.

[208] Ebd.

Des Moines als Suffragetten aktiv geworden sind.[209] Insofern ist durchaus darauf hinzuweisen, dass es in Des Moines und Brünn eine weitere parallele Entwicklung gegeben hat, denn während Ellen S. Tupper sich in Iowa darum bemühte, Frauen für die Bienenzucht zu interessieren und als Mitglieder bienenkundlicher Vereine zu werben, wurde in Brünn Julie von Salis-Zister, die zweite Frau des Präsidenten des NfV Wladimir Mittrowsky Mitglied im Mährischen Bienenzucht-Verein.[210]

Dass das Fehlen von Zitierungen noch lange nicht mit der Nichtkenntnis der Werke anderer Autoren gleichgesetzt werden darf, lässt sich schon im Falle von Mendel selbst gut zeigen. So ist man schon seit der Anfangszeit des Mendelismus davon ausgegangen (und es ist dem auch später nicht ausdrücklich widersprochen worden), dass Mendel von internationalen frühen Pionieren der Individualzucht, wie Louis Vilmorin (1816–1860) und Frederic Hallett (1831–1901), keine Kenntnis gehabt hat.[211] Indes ist diese Darstellung mit allergrößter Wahrscheinlichkeit inkorrekt. Im Sommer 1862 reiste Mendel als Delegierter der österreichisch-habsburgischen Gesandtschaft über Paris zur Internationalen Industrieausstellung nach London.[212] In der landwirtschaftlichen Sektion dieser Ausstellung präsentierten sowohl Hallett als auch Vilmorin auf eigenen Ständen die Ergebnisse ihrer Unternehmungen. Im Falle von Hallett bestand die Präsantation explizit und wohl ausschließlich in der Darstellung seines Pedigree-Weizens, bei dem er in jedem Jahr die Pflanzen mit den größten Ähren für die weitere Anzucht auswählte, wodurch sich so über mehrere Generationen größere Ähren erzielen ließen.

Dass ausgerechnet Mendel diese beiden Stände, welche von allen Besuchern, die später darüber Bericht erstattet haben, explizit herausgehoben und mit teilweise überschwänglichem Lob bedacht worden sind, nicht bemerkt haben soll – erscheint wenig plausibel.[213] Mehr noch: Es muss darauf hingewiesen werden, dass schon Iltis' Hauptargument, warum Mendel die Arbeiten Vilmorins nicht gekannt haben kann[214], schlichtweg falsch ist, denn dessen Arbeiten wurden nicht 1886, sondern bereits in den 1850er Jahren veröffentlicht.[215] Dabei wurde das Verfahren Vilmorins, Zuckerrüben mit einem höheren Zuckergehalt durch individuelle Auslese zu erhalten, spätestens seit 1857 auch

---

[209] Ebd.
[210] *Brünner Ztg.* vom 27. April 1869.
[211] East 1923, S. 228; Iltis 1924, S. 202; E. v. Tschermak-Seysenegg 1960, S. 16.
[212] Richter 1931a, 1943.
[213] Buchenau 1863, S. 22–23 u. 26–27; Johnson 1863, S. 111; Zichy 1863, S. 97–99.
[214] Iltis 1924, S. 202: *„Freilich hat Mendel davon keine Kunde haben können. Denn die Prinzipien, die Vilmorin 1856 in der Société industrielle d'Angers mitgeteilt hat, sind damals nicht in die weitere Öffentlichkeit gedrungen und wurden erst viel später (1886) publiziert."* Vgl. hierzu auch die Darstellung bei Fruwirth 1910, aus der Iltis seine Einordnung vermutlich abgeleitet hat.
[215] Vilmorin 1856, 1859. Individualzucht-Experimente Vilmorins mit Weizen gehen wohl sogar bis in die frühen 1840er Jahre zurück.

in deutschsprachigen Publikationen wiederholt besprochen, erwähnt und sogar übersetzt.[216]

Tatsächlich ist es gar nicht so unwahrscheinlich, dass Mendel schon vor Beginn seiner Versuche von den Arbeiten Vilmorins erfahren hat. Josef Arenstein (1816–1892), der auch zur Delegation der Reise Mendels zur Londoner Industrieausstellung gehört hat (s. Kap. 4) und dazu auch einen offiziellen und umfassenden Report verfasste, publizierte schon im Jahr 1855 einen Bericht zur Samenhandlung Vilmorin in Paris. In diesem Bericht ist er auch auf Vilmorins Bestrebungen zur Verbesserung der Zuckerrübe eingegangen. Als Chefredakteur des Publikationsorgans der k. k. Landwirthschafts-Gesellschaft in Wien berichtete er von Eindrücken der Welt- und Gartenausstellung in Paris im Jahre 1855, bei deren Gelegenheit er zusammen mit einer Delegation auch die ausgedehnten Versuchsfelder von Vilmorin besucht hatte:

„[…] Er stellte sich z. B. vor mehreren Jahren die Frage, ob es nicht möglich sei, den Zuckergehalt der Rüben behufs eines besseren Ertrages bei der Zucker-Fabrikation durch Inzucht allein zu vergrößern. Er baute zu diesem Zwecke auf seinem Gute in Verriers die besten Sorten Rüben, und nahm von jeder dieser Gattungen vor, während und nach der Zeit der völligen Reife mehrere Exemplare aus dem Boden, um sie auf ihren Zuckergehalt zu prüfen und zugleich zu sehen, in welcher Vegetationsperiode der relative Zuckergehalt der größte sei. Er konnte auf diese Art dann sagen, welche diejenige Rübe sei, welche den meisten Zuckerstoff enthalte, und in welcher Periode der Vegetation dieses Statt [sic] finde.“[217]

Nach einem umfangreichen Exkurs zur Zuckerbestimmung und praktischen Vorgehensweise Vilmorins hinsichtlich der Auswahl von Samen, aus denen Rüben mit höherem Zuckergehalt hervorgehen, ergänzte Arenstein dann noch: *„Es ist auf diese Weise Herrn Vilmorin gelungen, Rübensamen zu erzielen, aus denen die gewonnenen Rüben um 1 bis 1 ½ Proc. mehr Zuckerstoff enthalten, als irgend eine Gattung. Natürlich wurde dieses Verfahren durch mehrere Jahre fortgesetzt, und aus dem Samenertrage der besten Rübe des ersten Jahres wieder die beste ausgewählt u. s. f.“*

Der Besuch Arensteins bzw. der Delegation hat dann auch praktische Konsequenzen gehabt. Vilmorin hat in dieser Zeit der k. k. Landwirthschafts-Gesellschaft in Wien Samen zum Geschenk gemacht, welche die Gesellschaft an ihre Mitglieder verteilte.[218] Letzteres geschah unter der Auflage, dass über mit den Samen angestellte Versuche an die Gesellschaft Mitteilung zu machen sei.

Die Verfahren der 1850er Jahre zur Individualzucht konnten Mendel also schon zu Beginn und während seiner Kreuzungsversuche sehr wohl auch in Detailfragen bekannt sein.

---

[216] Vilmorin 1857a, 1857b; Fühling 1860; Knauer 1872, S. 64 und 84.
[217] Arenstein 1855.
[218] Siehe dazu die *Allgemeine land- und forstwirthschaftliche Ztg.*, 2. Februar 1856, S. 6.

6.1.13 Resümee zur Rezeption Mendels vor 1900

Die Rezeption von Gregor Mendels „*Versuche über Pflanzen-Hybriden*" während des 19. Jahrhunderts ist deutlich umfangreicher und komplizierter, als dies bislang angenommen wurde. Hatten die „Wiederentdecker" zunächst noch geglaubt, dass lediglich ein Autor, wenn auch in einem Standardwerk, Mendels Versuche rezipiert hat, so sind im Laufe des letzten Jahrhunderts immer weitere Zitate und Verweise bekannt geworden, welche durch die vorliegende bibliographische Analyse noch einmal umfangreich ergänzt werden konnten. Besonders bemerkenswert ist, dass es bereits im Jahr 1867 einen ersten bislang unbekannten Nachdruck von Mendels Veröffentlichung in Bamberg gegeben hat. Dies ist umso verblüffender, als Bamberg (zumindest in Deutschland) einer der wenigen Orte war, an dem es bereits in den 1850er und 1860er Jahren systematische Bestrebungen zur Verbesserung von Gemüsesorten gegeben hat.[219] Herauszustellen ist auch, dass die *VNV* eine deutlich größere geographische und internationale Verbreitung hatten, als dies bislang aus früheren Aufstellungen ersichtlich war. Dies gilt insbesondere für den französischen Raum. In mindestens acht französischen naturforschenden Vereinen hatten Mitglieder – zumindest prinzipiell – die Möglichkeit, Mendels Artikel kennenzulernen. Schon kurz nach Veröffentlichung wurde Mendels Artikel auch in französischen und niederländischen Bibliographien aufgeführt. Der Fund zweier weiterer früher Zitierungen von Mendels Versuchen in Prag und Wien aus den Jahren 1868 und 1869 gibt zudem einen interessanten neuen Einblick in die zeitgenössischen Fragen und Diskussionen, in deren Rahmen Mendels Versuche innerhalb der Mauern des Augustinerstifts, aber auch im Brünner NfV sowie in der Brünner Gemeinde diskutiert worden sind. Lag der Fokus der Wissenschaftsgeschichte hier bislang ausschließlich auf dem Diskurs im Rahmen von Darwins Evolutionstheorie, so zeigt sich nun, dass Mendels Forschung von Zeitgenossen auch im Kontext des Materialismusstreites erörtert wurde. Zudem gibt es nun erstmals einen direkten Beleg für die seit langem existierende Theorie dass, die Arbeiten Mendels bewusst ignoriert worden sind, weil sie nicht in eigene Beobachtungen zur Abgrenzung von Hybriden passten.

---

[219] Siehe hierzu Anonymous 1862b, S. 393: „*Und so […] engen die besseren Verkehrsmittel, der zunehmende Aufschwung städtischer Gärtnereien mit Treibereien und Kunstdüngern, dann die Einführung neuerer, auch theilweise besserer Sorten von Gemüsen […] den alten Betrieb […] etwas ein. Nur ein Versuch, diesen Uebeln der Stagnation entgegenzuwirken, ist jedoch mit schwachen Mitteln, wenn auch mit bestem Eifer, zu Bamberg von Dr. Haupt, Professor der Landwirthschaft am Lyceum, gemacht worden. Das Risico mit dem Verkauf neuer, noch unbekannter Samenpflanzen im Großen […] schreckt zu sehr von Versuchen ab, zu denen überhaupt kein Geld übrig ist.*"

Popularisierung Mendels ab 1900

Michael Mielewczik, Michal V. Simunek und Uwe Hoßfeld

7.1 „Annus mirabilis" – zur „Wiederentdeckung" von Mendels Arbeit

Bereits vor dem Jahr 1900 hatten C. Correns, H. de Vries und E. Tschermak eigene Kreuzungsexperimente begonnen, welche mehr oder weniger unabhängig voneinander zur experimentellen „Wiederentdeckung" der Mendelschen Regeln führten (Abb. 7.1).

Die Ergebnisse dieser Experimente wurden in mehreren Artikeln während der Zeitspanne 1899–1901 veröffentlicht, und alle drei Autoren erkannten – mehr oder minder – die Wichtigkeit und Qualität der 34 Jahre zuvor von G. J. Mendel veröffentlichten Experimente.[1]

---

[1] De Vries 1900a, 1900b, 1900c; Correns 1900a, 1900b, 1900c; Tschermak 1900a, 1900b, 1900c. Vgl. hierzu auch de Vries 1900d. Dort wird Mendel zwar nicht erwähnt, jedoch ist durch die verwendete Terminologie „rezessiv" klar ersichtlich, dass de Vries Mendels Arbeit bekannt war. Von Zirkle (1968) ist zudem darauf hingewiesen worden, dass auch ein weiterer Artikel von de Vries aus dem Jahr 1900 auf die Kenntnis von Mendels Arbeit hinweisen mag (vgl. de Vries 1900e), da

---

M. Mielewczik (✉)
Adlikon bei Regensdorf, Schweiz
E-Mail: michaelmielewczik77@gmail.com

M. V. Simunek
Institut für Zeitgeschichte, Akademie der Wissenschaften der Tschechische Republik, Prag 6, Czech Republic
E-Mail: simunekm@centrum.cz

U. Hoßfeld
AG Biologiedidaktik, Universität Jena, Jena, Deutschland
E-Mail: uwe.hossfeld@uni-jena.de

© Springer-Verlag GmbH Deutschland, ein Teil von Springer Nature 2024
M. Mielewczik et al. (Hrsg.), *Gregor Mendel,* Klassische Texte der Wissenschaft, https://doi.org/10.1007/978-3-662-57976-3_7

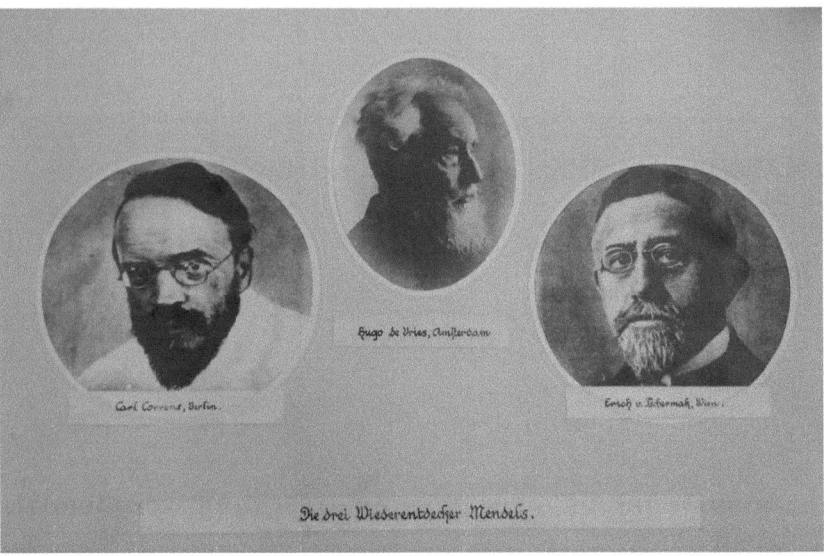

Abb. 7.1 Zeitgenössische Präsentation „Die drei Wiederentdecker Mendels", vor 1914.

Die klassische Darstellung der „Wiederentdeckung" zählt zu den Gründungsmythen der modernen Biologie. Zu dessen besonderen Kennzeichen gehörte dabei die Präsentation, dass die Mendelschen Regeln von drei Forschern gleichzeitig und unabhängig voneinander (und auch von der Arbeit Gregor Mendels) „wiederentdeckt" worden waren. Hinsichtlich der „Wiederentdeckung" gibt es eine große Zahl von im Detail unterschiedlichen Beschreibungen, zu denen nicht zuletzt auch die autobiographischen Erinnerungen der drei Forscher zählen, welche in eigenen Kreuzungsversuchen ähnliche Regelmäßigkeiten entdeckten wie vor ihnen schon Gregor Mendel. Geht man von der Erinnerung von C. Correns aus, so beschrieb dieser in seiner Autobiographie, dass ihm in „*einer schlaflosen Novembernacht*" des Jahres 1899 auf einmal die Erklärung für die von ihm gemachten „*Beobachtungen an Pisum und Zea*" gekommen ist.[2] Nach dieser Darstellung ist er bei einer systematischen Literaturrecherche dann durch einen Verweis in Fockes Buch „*Pflanzenmischlingen*" auf die Arbeit von Mendel gestoßen.[3] Wie er selbst schrieb, stellte er bei der Lektüre fest, dass „*Mendel das alles schon vor 35 Jahren gefunden und publiziert hatte*".[4] Sehr ähnlich findet sich diese Beschreibung auch in

---

de Vries dort von einem 3:1 Kreuzungsergebnis spricht, obwohl ein 99:54 Verhältnis vorlag. Zirkle schloss hieraus, dass hier für den ursprünglich bereits am 11. Juli 1899 gehaltenen Vortrag, der dem Artikel zu Grunde lag, nachträglich eine Änderung vorgenommen wurde.

[2] Rheinberger 2000, S. 192–193. Siehe auch Stein 1950, S. 458.

[3] Ebd.; vgl. Focke 1881.

[4] Ebd.

einem nach Anfrage verfassten Brief Correns an den Botaniker Herbert Fuller Roberts.[5] Hier gab er an, dass er im Herbst 1899 die Erklärungen für seine Versuche gefunden habe und diese wie „*ein Blitz*" über ihn gekommen sei.[6] An das genaue Datum konnte er sich aber nicht erinnern, da er von derartigen Dingen keine Notizen anfertigte.[7] Allerdings wusste Correns in diesem Brief zu berichten, dass er Mendels Bericht erst ein paar Wochen später das erste Mal gelesen haben kann.[8]

An dieser klassischen Darstellung ist praktisch jahrzehntelang nicht gezweifelt worden. Erst in den 1980er Jahren haben einzelne Autoren, allerdings ohne direkte Belege, die Frage aufgeworfen, ob C. Correns nicht schon vor 1899/1900 von Mendel und Mendels Arbeit in den *VNV* Kenntnis gehabt hat.[9] Insbesondere durch Correns Beziehung zu seinem Doktorvater C. W. v. Nägeli, der mit Mendel im Briefverkehr gestanden hat, schien dies eine durchaus mögliche Erwägung, die jedoch, ohne weitere Belege, mit den von Correns gemachten autobiographischen Angaben im Widerspruch stand. In den 1990er Jahren konnte dann der Wissenschaftshistoriker Hans-Jörg Rheinberger (geb. 1946) im Nachlass von C. Correns ermitteln, dass dieser bereits deutlich früher von Mendels Artikel direkte Kenntnis gehabt haben muss.[10] In einer handschriftlichen Notiz vom 16. April 1896 erwähnte Correns die Arbeit Mendels unter dem Eintrag

---

[5] **Herbert Fuller Roberts (1870–1937)** war seit 1901 Professor für Botanik am Kansas State Agricultural College (K-State), wo er unter anderem an der Züchtung von neuen Weizensorten arbeitete. Zu seinen wichtigsten Erfolgen gehörte dort die Etablierung einer winterharten und partiell gegen Rost resistenten roten Weizensorte mit dem Namen *Kanred*, die er 1906 durch Einzelselektion aus einer von der Krim stammenden Variante erhielt, die das United States Department of Agriculture 1900 aus Russland eingeführt hatte (Clark 1921, S. 3). Diese Linie war zunächst nur eine von insgesamt 554 Einzelselektionen, erwies sich jedoch schnell als vielversprechend. Ab 1910 wurden von dieser Sorte dann reine Linien weiter getestet. Nachdem man 1916 festgestellt hatte, dass die Sorte winterhart und besonders resistent war, wurde ab 1917 damit begonnen, diese weiträumig in Regionen mit trocknerem Klima im mittleren Westen anzubauen (ebd.). Im Jahr 1919 ist *Kanred* dann schon von mehr als 1500 Farmern in den USA angebaut worden, wobei die Anbaufläche in den 1920er Jahren sehr schnell auf mehr als 2.000.000 Morgen Land angewachsen ist. H. F. Roberts dagegen wurde 1919 Assistenz-Professor und Leiter des Instituts für Botanik an der University of Manitoba im kanadischen Winnipeg. Etwa um diese Zeit begann er sich mit der Geschichte der Pflanzenzüchtung von Aristoteles bis zur „Wiederentdeckung" der Mendelschen Regeln zu beschäftigen und diese in Form kurzer wissenschaftshistorischer Artikel niederzulegen (Roberts 1919a, 1919b, 1919c, 1919d). Sein Magnus Opus *„Plant hybridization before Mendel"* zu diesem Thema, das er schließlich 1929 als Monographie publizierte, stellt auch heute noch eine der klassischen Übersichten zu Geschichte der Pflanzenzüchtung dar.

[6] Siehe hierzu die Übersetzung eines Briefes von Carl Correns an H. F. Roberts vom 23. Januar 1925, (Roberts 1929, S. 335) sowie Rheinberger 2000, S. 192–193.

[7] Ebd.

[8] Ebd.

[9] Siehe hierzu z. B. Meijer 1985.

[10] Rheinberger 1995; s. a. ders. 2000.

„*Mendel (66) unterscheidet*" und listete dort 4 von Mendels 7 dominierenden und rezessiven Merkmalen auf.[11] Zudem enthielt die Notiz einen Verweis auf das von Mendel gefundene 3:1 Verhältnis.[12] Die volle Bedeutung von Mendels Arbeit scheint Correns zu dieser Zeit jedoch noch nicht bewusst gewesen zu sein. Sein Interesse war damals vor allem auf Xenien bei Mais gerichtet.[13] Insofern ist auch die folgende, kurze Bemerkung in dieser Notiz einzuordnen: „*Hybridform von Samengestalt und Kotyledonen entwickelt sich unmittelbar direct dch* [sic] *die Befruchtg* [sic]."[14] Tatsächlich war Correns wohl unter den drei „Wiederentdeckern" derjenige, der als Erster in einem Artikel auf die Arbeit Mendels aufmerksam gemacht hat. Bereits im Abschlusssatz seiner vorläufigen Mittteilung zu Xenien schrieb er im Jahresband der Deutschen Botanischen Gesellschaft für das Jahr 1899: „*Es ist im Wesentlichen das gleiche Verhalten, wie bei der Bastadirung gelb- und grünsamiger Erbsen-Rassen, das schon* DARWIN *und* MENDEL *richtig deuteten.*"[15] Basierend auf den Angaben im Originaldruck ist dieser Artikel bereits am 22. Dezember 1899 bei der Deutschen Botanischen Gesellschaft eingegangen.[16] In den folgenden Monaten begann Correns dann damit, seine Arbeit zu Erbsenkreuzungen vorzubereiten, die zwar keine Lösung für das Xenien-Problem gebracht hatten, dafür aber erste Gesetzmäßigkeiten bei der Vererbung lieferten.[17]

Am Morgen des 21. April 1900 erhielt Correns dann einen Sonderdruck von H. de Vries Artikel „*Sur la loi de disjonction des hybrides*", der am 26. März 1900 in *Comptes rendus de l'Academie des sciences de Paris* veröffentlicht worden war.[18] Hier erwähnte de Vries die Zahlenverhältnisse bei Kreuzungen und rezessive Merkmale, ohne jedoch direkt auf die Arbeit Mendels zu verweisen. Er machte vor allem Hinweise auf seine

---

[11] Zit. n. Rheinberger 2000, S. 192. Vgl. auch Rheinberger 1995 & 2003. Die von Hand geschriebene Notiz stammte demnach aus dem *Pisum*-Ordner Correns zu dessen Kreuzungsversuchen mit Erbsen in den Jahren 1896–1900. Die behandelten Merkmalspaare betrafen für Correns relevante Fälle und umfasste Merkmalspaare für Samenform, Samenschale („Albumen'), Kotyledonen und Frucht für welche Beispiele dominierende und rezessive Merkmale angegeben waren.

[12] Ebd.

[13] Ebd.

[14] Zit. n. Rheinberger 2000, S. 192.

[15] Correns 1899, S. 417. Weitere Angaben zu Mendel und den Mendelschen Gesetzen sind neben diesem Satz nicht genannt worden.

[16] **Zur Priorität der Wiederentdeckung:** Siehe hierzu die Eingangsinformationen auf der ersten Seite des Artikels bei Correns 1899, mit Angabe des Datums des 22. Dezember 1899 (vgl. hierzu ebenso Jahn 1965, S. 19). Aufmerksame Leser werden feststellen, dass dies mit der klassischen Darstellung der Zeitfolge der „Wiederentdeckung" in den allermeisten Publikationen nicht übereinstimmt. Die meisten Autoren, inklusive E. v. Tschermak-Seysenegg, sind generell davon ausgegangen, dass es in der Tat de Vries war, der zuerst auf die Mendelschen Regeln eingegangen ist. Eine detailliertere Analyse Mendels durch Correns erschien in der Tat erst später.

[17] Vgl. hierzu auch Stein 1950.

[18] De Vries 1900a. Zum Eingang des Artikels von Hugo de Vries bei Carl Correns siehe Meijer 1985.

eigene Arbeit über intracellulare Pangenesis aus dem Jahr 1889 (de Vries 1889).[19] Durch diese Veröffentlichung wurde Correns dazu bewegt, seine Arbeit fertigzustellen und in Form einer Kurzmitteilung einzureichen. Bereits am Abend des folgenden Tages, dem 22. April 1900, sandte Correns dann seinen eigenen Artikel *„G. Mendels Regel über das Verhalten der Nachkommenschaft der Rassenbastarde"*, welcher am 24. April 1900 bei der Deutschen Botanischen Gesellschaft einging. In seinem Artikel kritisierte Correns dabei de Vries massiv dahingehend, dass Mendel bereits vor de Vries derartige Gesetze gefunden hatte.[20] Er berichtete auch davon, dass man bei Bastardpflanzen Merkmale als „dominierende" und „recessive" unterscheiden kann und dem fügte er sarkastisch bei, dass dies durch *„einen merkwuerdigen Zufall"* auch von de Vries getan wurde, ohne dass dieser in seinem Vortrag Mendel erwähnte.[21]

Correns Kritik an de Vries ist in diesem Kontext überraschend hart und insofern auch wohl unberechtigt gewesen, als de Vries zu diesem Zeitpunkt bereits weitere Artikel eingereicht hatte, in denen er sehr wohl klar und deutlich auf Mendel verwies (s. in chronologischer Übersicht Tab. 7.1).

Ein ausführlicher Bericht von Correns zu G. J. Mendel und seinen Versuchen erschien dann im Heft Nr. 15 der *Botanischen Zeitung* vom 1. August 1900. Dort gab Correns erstmals einen ganz kurzen biographischen Abriss zu Mendel, dessen Angaben er mit Hilfe von *„Prof. Dr. von Schanz"* erstellt hatte.[22] Den Bericht selbst leitete Correns

---

[19] Lenay 2000, S. 1053–1054.

[20] Ebd.

[21] Ebd.

[22] **Die erste Biographie zu Gregor Mendel:** Siehe hierzu Correns 1900b, S. 229: *„Da einige biographische Daten über diesen verdienstvollen Forscher von Interesse sein dürften, habe ich sie mir mit der freundlichen Hülfe von Herrn Prof. Dr. v. Schanz verschafft. Gregor Johann Mendel, geboren am 22. Juli 1822 in Heinzendorf bei Odrau (österr. Schlesien) als Sohn wohlhabender Bauersleute, trat 1843 als Novize in das Augustinerstift »Königinkloster« in Altbrünn, wurde 1847 zum Priester geweiht, studirte 1851–1853 in Wien Physik und Naturwissenschaften, war, in sein Kloster zurückgekehrt, Lehrer an der Realschule in Brunn, dann Abt, und starb am 6. Januar 1884. — Die Versuche, über die hier berichtet wird, wurden im Stiftsgarten ausgeführt."* Diese Minibiographie ist in der Folge auch in Amerika und England wiederholt genutzt worden, u. a. beim Erstellen der ersten engl. Übersetzungen von Mendels Artikeln. Biogr. Ang. zur Gewährsperson, auf die sich C. Correns damals berufen hat, lagen der Mendelforschung bislang nicht vor. Als der Mendel-Biograph Josef Sajner sich 1967 darum bemühte, Informationen zu diesem Prof. Dr. v. Schanz zu bekommen, konnte er schon keine Person dieses Namens mehr ermitteln, die Mendel gut genug gekannt haben mag (Sajner 1967; vgl. auch Křiženecký 1965b, S. 96). Da C. Correns im Jahr 1900 in Tübingen lebte und arbeitete ist es jedoch klar, dass es sich bei der gesuchten Person um den eben dort wirkenden katholischen Theologen **Paul von Schanz (1841–1905)**, den damaligen Rektor der Eberhard-Karls-Universität, gehandelt haben muss. Schanz unterrichtete in Rottweil zunächst Mathematik und Naturwissenschaften, wurde aber 1876 als Professor für neutestamentliche Exegese an die Universität Tübingen berufen. Seine Lehrkanzel wurde dann in der Folge in einen Lehrstuhl für Dogmatik und Apologetik umgewandelt. In seiner Karriere hat sich P. v. Schanz wiederholt mit der theologischen Schöpfungsgeschichte und den Evolutionstheorien auseinandergesetzt. Unter anderem im ersten Teil seines dreibändigen wiederholt aufgelegten Hauptwerks zur *„Apologie des Christentums – Erster Theil Gott und die Natur"* (Schanz 1895). Gekannt hat Paul Schanz Gregor Mendel vermutlich selbst nicht. Die Angaben zu Mendel stammten schlicht aus den Übersichten zur Brünner Diozöse.

Tab. 7.1 Übersicht der publizierten „Wiederentdeckung"-Arbeiten, 1899–1901

Eingangsdatum in Redaktion/ Datum der Ausgabe/Datum der Sitzung/Datum der Notiz	Autor	Titel der Arbeit	Zeitschrift/Journal
4. Dezember 1899*	H. de Vries	Sur la fécondation hybride de l'albumen	*Comptes rendus hebdomadaires des séances de l'Académie des sciences* 129: 973–975.
22. Dezember 1899ˣ 29. Dezember 1899*	C. Correns	Untersuchungen über die Xenien bei *Zea Mays*. (Vorläufige Mittheilung.)	*Berichte der Deutschen Botanischen Gesellschaft* 17: 410–417.
17. Januar 1900ʸ	E. Tschermak	[Eingereichte Habilitationsschrift, die erst im Sommer schriftlich und abgeändert gedruckt worden ist]	– nicht publizierte Ausgabe
14. März 1900ˣ 25. April 1900*	H. de Vries	Das Spaltungsgesetz der Bastarde.	*Berichte der Deutschen Botanischen Gesellschaft* 18: 83–90
26. März 1900⁺ᵃ	H. de Vries	Sur la loi de disjonction des hybrides.	*Comptes rendus hebdomadaires des séances de l'Académie des sciences* 130: 845–847.
? 1900	H. de Vries	Hybridizing Monstrosities.	*Journal of the Royal Horticultural Society* 24: 69–75.
24. April 1900ᵛ/Ausgegeben am 23. Mai 1900/mit Nachtrag vom 16. Mai 1900	C. Correns	G. Mendel's Regel über das Verhalten der Nachkommenschaft der Rassenbastarde.	*Berichte der Deutschen Botanischen Gesellschaft* 18: 158–168.
02. Juni 1900ˣ/Ausgegeben am 24 Juli 1900	E. Tschermak	Ueber künstliche Kreuzung bei *Pisum sativum*.	*Berichte der Deutschen Botanischen Gesellschaft* 18: 232–239.
15. September 1900	E. Tschermak	Ueber künstliche Kreuzung bei *Pisum sativum*.	*Biologisches Centralblatt* 20: 593–595.
1900	H. de Vries	Sur la fécondation hybride de l'endosperme chez le Maïs.	*La Revue Générale de Botanique* 12: 129–130.
19. März 1900ˣ/15. Juli 1900*	H. de Vries	Sur les unités des caractéres spécifiques et leur application à l'étude des hybrides.	*La Revue Générale de Botanique* 12: 237–271.
1. August 1900*	C. Correns	Gregor Mendel's „Versuche über Pflanzen-Hybriden" und die Bestätigung ihrer Ergebnisse durch die neuesten Untersuchungen.	*Botanische Zeitung* 58: 229–238.

(Fortsetzung)

Tab. 7.1 (Fortsetzung)

Eingangsdatum in Redaktion/ Datum der Ausgabe/Datum der Sitzung/Datum der Notiz	Autor	Titel der Arbeit	Zeitschrift/Journal
1900	E. Tschermak	Ueber künstliche Kreuzung bei Pisum sativum.	*Zeitschrift für das landwirthschaftliche Versuchswesen in Oesterreich* 3: 465–555.
1900	E. Tschermak	Über künstliche Kreuzung bei Pisum sativum.	*Jahresbericht über die Fortschritte auf dem Gesamtgebiet der Agrikultur-Chemie* 3: 345–347.
1. März 1900	H. de Vries	Sur la fécondation hybride de l'albumen	*Biologisches Centralblatt*
21. November 1900[x]	H. de Vries	Ueber erbungleiche Kreuzungen. Vorläufige Mittheilung.	*Berichte der Deutschen Botanischen Gesellschaft* 18: 435–443.
1. August 1900[*]	C. Correns	[Referat über de Vries' und seine eigenen Beobachtungen über Mais-Xenien.]	*Botanische Zeitung* 58: 235–238.
? 1901	E. Tschermak	Weitere Beiträge über Verschiedenwerthigkeit der Merkmale bei Kreuzung von Erbsen und Bohnen. Vorläufige Mittheilung.	*Zeitschrift für das landwirthschaftliche Versuchswesen in Oesterreich* 4: 641–731
19. Januar 1901[x] 3/1901[*]	E. Tschermak	Weitere Beiträge über Verschiedenwerthigkeit der Merkmale bei Kreuzung von Erbsen und Bohnen.	*Berichte der Deutschen Botanischen Gesellschaft* 19: 35–51
26. März 1901[x]	C. Correns	Ueber Bastarde zwischen Rassen von Zea Mays, nebst einer Bemerkung über die „faux hybrides" Millardet's und die „unechten Bastarde" de Vries'.	*Berichte der Deutschen Botanischen Gesellschaft* 19: 211–220
? 1901	C. Correns	Bastarde zwischen Maisrassen, mit besonderer Berücksichtigung der Xenien.	*Bibliotheca botanica*, H. 53

[*]Datum der Ausgabe; [v] Datiert war der Brief auf den 22. April 1900 (a.a.O.); [+]Datum der Sitzung; [x]Eingangsdatum in der Redaktion; [y]Eingangsdatum im Rektorat der Universität Wien (Angabe n. E. v. Tschermak-Seysenegg); [z]Absendedatum des Berichts entsprechend der Datierung in gedruckter Ausgabe; [a]Verweis auf rezessive und dominante Merkmale und das 3:1 Spaltungsverhältnis jedoch ohne direkten Verweis auf die Arbeit Gregor Mendels.

mit der Bemerkung ein, dass „*Mendel's ‚Versuche über Pflanzen-Hybriden' vom Jahre 1866 [...] zu dem Wichtigsten, was seit Koelreuter's Untersuchungen über Bastarde veröffentlicht worden ist [..]*" gehören, diese jedoch bis zu diesem Zeitpunkt „*[...] fast ganz unbeachtet [...]*" geblieben sind.[23] Im Weiteren hat Correns dann zwei Hauptresultate aus Mendels Versuchen vorgestellt. Zum einen die Uniformität in der F1-Generation, zum anderen das 3:1 Verhältnis, von Correns hier als 75 % und 25 % ausgewiesen in der nachfolgenden F2-Generation.[24] Dabei folgte Correns der von Mendel genutzten Terminologie von rezessiven und dominanten Merkmalen, hinzufügend stellte er jedoch einige Bemerkungen, die retrospektiv das damalige Verständnis der Mendelschen Regeln darlegten. So ging Correns bereits in diesem Artikel davon aus, dass es keine neue Erkenntnis war, dass ein Merkmal dominieren kann.[25] Vielmehr konstatierte er, dass das „*wesentlich Neue*" an Mendels Erkenntnis darin lag, 1) „*dass dasselbe Merkmal in allen Fällen und bei allen Rassen, die es besitzen, dominirt*", und 2) „*dass sich nach Mendel die Erbsenrassen durch lauter Merkmalspaare mit einem dominirenden Paarling unterscheiden.*"[26] Daraus leitete Correns dann die erste Mendelsche Regel ab, welche er als „*Prävalenz-Regel*" bezeichnete. Nach ihm sollte aus dieser Regel folgen, „*[...] dass alle Individuen eines bestimmten Bastardes in der ersten Generation unter sich gleich sind.*[27] *Besitzt die eine Stammsippe lauter dominirende, die andere lauter recessive Merkmale, so sieht der Bastard natürlich wie die erste aus (faux hybrides?).*"[28] Bemerkenswert war an Correns Analyse aber vor allem, dass er bereits im Jahr 1900 die Querverbindung zwischen den Versuchsergebnissen Mendels und zytogenetischen Aspekten, wie der Reduktionsteilung, gesehen hat. Diesbezüglich schrieb er, dass „*beiderlei Sexualzellen in gleicher Zahl entstehen, legt, wie Ref. ausführte, die Annahme nahe, dass die Trennung der zwei Anlagen bei der Kerntheilung erfolge, bei einer qualitativen Reductions-Theilung.*"[29]

Unter den drei „Wiederentdeckern" war mit Mendels Heimat Mähren/Niederösterreich nicht nur geographisch, sondern auch durch das gemeinsame Milieu der Jüngste von ihnen, E. von Tschermak-Seysenegg, am engsten verbunden. Bei ihm kamen dabei auch andere Aspekte ins Spiel, nämlich die Bestrebungen nach einer akademischen Karriere und gesellschaftlicher Anerkennung. Wohl auch aus diesem Grund hat die „Wiederentdeckung" für ihn immer einen extrem hohen persönlichen Stellenwert gehabt, deren

---

[23] Correns 1900b.
[24] Ebd.
[25] Ebd.
[26] Ebd.
[27] Ebd.
[28] Ebd.
[29] Correns 1900b, S. 234. Sperrung dem Original folgend.

7 Popularisierung Mendels ab 1900

Bedeutung er in vielen eigenen Artikeln, ebenso wie seine eigene Rolle darin, immer wieder hervorgehoben hat.[30]

Nach dem Besuch der Schule begann er eine Karriere in der Landwirtschaft. Dabei sammelte er nicht nur Erfahrungen an der Universität und der landwirtschaftlichen Hochschule in Wien, sondern auch in einem praktischen Jahr auf einem landwirtschaftlichen Gutshof.[31] Seine ersten akademischen Schritte machte er in Halle, wo er 1895 zunächst ein landwirtschaftliches Diplom und im folgenden Jahr einen Doktortitel in Botanik erwarb.[32] Tschermaks eigentliches Interesse verlagerte sich jedoch schon früh auf die Pflanzenzüchtung und so kam es, dass er zwei Jahre lang Erfahrung in verschiedenen Zuchtbetrieben sammeln konnte und auch mit berühmten deutschen Züchtern, wie Kurt von Rümker (1859–1940) und Arnold Diedrich Wilhelm Rimpau (1842–1903) Bekanntschaft machte.[33] Von letzterem wurde er auch in die praktischen Techniken der künstlichen Hybridisierung eingeführt.[34] E. Tschermak ist dann 1898 in das belgische Gent gezogen und hat dort im Frühjahr desselben Jahres mit eigenen Erbsenkreuzungsversuchen begonnen.[35] Deren Ziel war, laut seinen eigenen Beschreibungen, „*die von Darwin an Erbsen gemachten Versuche über den Effekt der Selbst- und Fremdbestäubung auf die Entwicklung und Veränderung der Früchte (Xenien) und das Wachstum der Pflanzen nachzuprüfen*".[36] Während seiner Zeit in Gent besuchte er 1898 auch H. de Vries, der zu dieser Zeit selbst Hybridisierungsversuche durchführte.[37] Zu einem Austausch hinsichtlich Mendels Artikels und Mendels Versuchen ist es aber zu dieser Zeit nicht

---

[30] E. v. Tschermak-Seysenegg selbst hat sich – ganz im Unterschied zu H. de Vries und C. Correns – im Laufe der Zeit zu den Ereignissen des Jahres 1900 wiederholt detailliert in eigenen Schriften geäußert (Simunek, Hoßfeld & Mielewczik 2017). Allein die „Geschichte der Wiederentdeckung" beschrieb er in mindestens fünf separaten Aufsätzen sowie in seinen Erinnerungen (E. v. Tschermak-Seyssenegg 1937, 1951a & b, 1956, 1958, 1960). Vgl. auch den weniger bekannten Nekrolog auf Carl Correns (E. v. Tschermak-Seyssenegg 1933).
[31] Harwood 2000, E. v. Tschermak-Seyssenegg 1958, S. 27–28.
[32] Harwood 2000, 2015; E. v. Tschermak-Seyssenegg 1958, S. 29–40.
[33] Ebd.
[34] Harwood 2000.
[35] Harwood 2000; Simunek 2011a; E. v. Tschermak-Seyssenegg 1937; ders. 1958, S. 45–47. Die Abreise nach Gent erfolgte Ende März 1899. Vgl. hierzu auch den kurz vor seiner Abreise verfassten Brief von Armin Tschermak an seinen Bruder Erich, v. 13. März 1898 (DIOSKURI, 39–40).
[36] Zit. n. E. v. Tschermak-Seysenegg 1937.
[37] Monaghan & Corcos 1986; Roberts 1929. Details zum Besuch E. Tschermaks bei H. de Vries finden sich auf Basis autobiographischer Angaben E. v. Tschermak-Seyseneggs bei Fröschel 1961. Mit Holland verband Erich von Tschermak-Seysenegg dabei „*schöne Jugenderinnerungen*". Dem „Botanischen Pabst" de Vries will er damals aber nicht davon berichtet haben, dass er sich selbst mit Kreuzungsversuchen bei Erbsen beschäftigte. Letzteres sah er als Glück an, da er wohl sonst nicht zum Wiederentdecker geworden wäre (ebd.). Vgl. auch E. v. Tschermak-Seyssenegg 1958, S. 47–48.

gekommen, vermutlich weil weder de Vries noch E. Tschermak zu diesem Zeitpunkt von Mendel und seinen Versuchen Kenntnis gehabt hatten.[38] Aus dem Besuch entstand jedoch eine weitergehende Korrespondenz zwischen de Vries und E. Tschermak, die letzterer zeitlebens sehr geschätzt hat.[39] Im Juli 1898 hat E. Tschermak dann Gent verlassen, um nach Wien zurückzukehren, wo er damals hoffte, eine Assistenzstelle in Aussicht gestellt zu bekommen.[40] Die Ergebnisse seiner Erbsenkreuzungen hat er daher nicht selbst ernten können. Ein Gärtner war so freundlich ihm dies abzunehmen und hat ihm später die daraus resultierenden Erbsensamen (seine F1-Generation) nach Wien nachgesendet. Letztere sind dann im Frühjahr 1899 in dem Privatgarten eines Wiener Bankiers in Esslingen nahe Wien ausgesät worden.[41] An einigen der daraus hervorgehenden Pflanzen hat E. Tschermak dann Studien zur Selbstbefruchtung sowie auch einige Rückkreuzungen vorgenommen. Die hervorgehenden Samen untersuchte er auf das Auftreten einzelner Merkmale in den verschiedenen Generationen. Dabei ist er nach eigenen Aussagen unter anderem im Herbst 1899 auch unabhängig auf das 3:1 *„Spaltungsverhältnis"* in der zweiten Samengeneration gestoßen.[42] Bei der Rückkreuzung mit der Elterngeneration fand er ein 1:1 Verhältnis.[43] Zu den Merkmalen, die er dabei beobachtet hat, gehörten unter anderem die Verteilung von glatten und runzligen bzw. grünen und gelben Samen.[44]

Im Herbst 1899 hat E. Tschermak wohl auch zum ersten Mal die Arbeit von Mendel zu Kreuzungsversuchen mit Erbsen gelesen. So berichtete er später in seinen Lebenserinnerungen, dass er beim *„Niederschreiben"* seiner *„Versuchsresultate"* im Buch von Focke auf das Zitat von Mendel gestoßen ist.[45] Den Band der *VNV* des NfV in Brünn

---

[38] Vgl. hierzu Fröschel 1961; Tschermak-Seysenegg 1937, 1951a & b, 1956, 1958, 1960.

[39] E. v. Tschermak-Seysenegg berichtete an seinem Lebensende, dass er alle Briefe von Hugo de Vries aufgehoben hatte (Fröschel 1961). Der früheste Brief von H. de Vries datiert vom 31. Oktober 1898 (ebd.). De Vries bedankte sich dort für die Zusendung einer von E. Tschermak verfassten Abhandlung, die de Vries mit Interesse gelesen hatte, insb. da auch de Vries Besuche bei Gärtnern in Erfurt gemacht hat (ebd.). Aus eben diesem Brief geht auch hervor, dass sich ersterer und E. Tschermak 1898 sehr wohl über Kreuzungsversuche ausgetauscht haben müssen. De Vries forderte nämlich E. Tschermak explizit auf, ihm *„gelegentlich Nachricht"* über seine *„Bastardierungsversuche"* zu machen (ebd.). Diesbezüglich hat de Vries damals E. Tschermak auch angeboten, ihm eventuelle Fragen soweit möglich zu beantworten (ebd.).

[40] E. v. Tschermak-Seysenegg 1937, 1951a, 1951b, 1958, S. 52. Er hoffte damals eine Assistenzstelle an der landw. Universität in Wien bei Adolf von Liebenberg (1851–1920) zu erhalten (Simunek et al. 2011a). Vgl. hierzu ach d. Brief v. Armin Tschermak an seinen Bruder Erich vom 13. März 1899 (DIOSKURI, 39–40).

[41] E. v. Tschermak-Seysenegg 1951a, 1951b, 1958, S. 53. Vgl. auch Roberts 1929.

[42] E. v. Tschermak-Seysenegg 1937, 1951a, 1951b, 1958, S.53.

[43] E. v. Tschermak-Seysenegg 1937, 1958, S. 53. Vgl. Simunek et al. 2011.

[44] E. v. Tschermak-Seysenegg 1951a, 1951b, 1958, S. 53–54. Vgl. auch Gliboff 2015 & Simunek et al. 2011a.

[45] Ebd.; siehe auch Focke 1881. Zum Mendelzitat bei Focke siehe Kap. 6 in der vorl. Edition.

organisierte er sich in der Universitätsbibliothek in Wien.[46] Dort fand er, zu seinem *„großen Erstaunen, daß Mendel solche Versuche mit Erbsen bereits in viel größerem Umfange"* ausgeführt hatte, und auch *„dieselben Gesetzmäßigkeiten festgestellt und auch die Erklärung des Spaltungsverhältnisses 3:1 bereits gegeben hatte."*[47] Die Ergebnisse seiner bis dahin ausgeführten Versuche hat E. Tschermak dann in seiner Habilitationsschrift verarbeitet, welche er am 17. Januar 1900 im Rektorat der Hochschule eingereicht hat.[48] Im März 1900 erhielt er dann sowohl von H. de Vries als auch C. Correns die in der *Compte rendus* erschienene Arbeit von H. de Vries, in welcher dieser die Begriffe *„recessive"* und *„dominante"* verwendete.[49] In der Folge, so beschrieb es der dritte „Wiederentdecker" später, eilte er *„noch am selben Tage in das Rektorat"*, um die bereits benotete Habilitationsschrift für eine schnelle Drucklegung zurückzubekommen.[50] Auf Grund der vielen in der Schrift enthaltenen Tabellen war es jedoch wohl schwierig, wohl auch wegen des Umfangs des Schriftwerks, einen geeigneten Platz für die Publikation zu finden. Wilhelm Bersch[51], ein Freund E. Tschermaks, half ihm dann dabei, die Arbeit in der *Zeitschrift für landwirthschaftliche Versuchswesen in Oesterreich* unterzubringen, wo

---

[46] E. v. Tschermak-Seysenegg 1951a, 1951b, 1958, S. 54. Vgl. auch Robert 1929; Gliboff 2015.

[47] Zit. n. E. v. Tschermak-Seysenegg 1951a, S. 33. Vgl. die Darstellung in Tschermak-Seysenegg 1958, S. 54

[48] Ders., 1937, 1951a, S. 33, 1958, S. 54.

[49] Ders., 1951a, 1951b. E. v. Tschermak-Seysenegg berichtete dort, dass ihm im März des Jahres 1900 klar geworden war, dass H. de Vries Mendels Artikel gelesen haben musste. Aus dem Briefwechsel der Brüder Tschermak geht jedoch hervor, dass zumindest einer der beiden Brüder zu diesem Zeitpunkt noch davon ausgegangen ist, dass H. de Vries die Arbeit Mendels nicht kannte. Etwas hämisch schrieb Armin Tschermak in einem Brief am 4. April 1900: *„Bei der Mischsaat hat de Vries gewiss keine runzelig-zuckerhalt. Erbsen gewöhnl. Mais trotz facktischeingetretener Bastardirung gefunden. Sonst hätte er diesen Fall auch erwähnt. Er kennt aber eben Mendel's Lehre nicht!! Ha! Ha!! Bitte ihn aber nicht auf die Zehen zu treten: Er wird es eben von Dir lernen!"* DIOSKURI, S. 44–45. Den Brüdern Tschermak war also bereits vor dem Erscheinen von Correns erstem Artikel am 21. April Mendels Arbeit bekannt. Bemerkenswert ist, dass Armin Tschermak bereits in diesem ersten erhaltenen Brief an seinen Bruder zu Mendel schrieb: *„Bitte ein neues Blatt in den Ruhmeskranz des braven Mendel, der durch seine Unterscheidung der Merkmalswerthigkeit als wahrer Lichtträger fungirt, einzupflechten."* Letzteres scheint darauf hinzudeuten, dass Mendel zumindest in den Kreisen Tschermaks schon eine gewisse Berühmtheit erlangt hatte bevor die ersten Arbeiten Correns auf diesen hinwiesen.

[50] Zit n. E. v. Tschermak-Seysenegg 1951a, 1951b.

[51] **Wilhelm J. K. Bersch (1868–1918)** war ein aus dem Wiener Umland stammender Agrarwissenschaftler und Chemiker. Ab 1888 studierte er an der Universität in Leipzig, wo er im II. chemischen Laboratorium von Wilhelm Ostwald tätig war. Sein Studium schloss er 1891 mit der Promotion ab, danach arbeitete er von 1891 bis 1894 als Assistent an der Versuchsanstalt für die Zuckerindustrie in Wien. Ab 1894 wirkte Bersch als Assistent an der K. und k. Landwirtschaftlich-chemischen Versuchsstation in Wien, wo er im Laufe der Zeit verschiedene Projekte betreute und auch leitete. Ab 1908 war er Honorardozent an der K. u. k. Hochschule für Bodenkultur, 1915

Bersch zu dieser Zeit Redakteur war.[52] Es dauerte jedoch bis Juni, bis die entsprechende Arbeit endlich gedruckt vorlag.[53] E. Tschermak hat dann Exemplare seiner Arbeit direkt an de Vries[54], den Pflanzenzüchter Emanuel Ritter von Proskowetz (1818–1909), den Agronomen Carl Fruwirth und seinen Bruder, der ihn zeitlebens intensiv in seinen wissenschaftlichen Untersuchungen und Publikationen unterstützt hat, weitergeleitet.[55] Parallel zur Habilitationsschrift, die auch als Separatdruck erschienen ist, publizierte er im Jahr 1900 auch noch einige kürzere Auszüge, in denen ebenfalls auf Mendels Versuche eingegangen wurde. Bereits am 2. Juni 1900 ging so eine Kurzmitteilung in der

---

bekam er den Titel eines außerordentlichen Professors verliehen. Bereits aus dem Staatsdienst ausgeschieden verstarb Bersch 1918 an den Folgen der Grippe sowie einer Lungenentzündung. Bersch war in seiner Tätigkeit als Agronom auch Redakteur verschiedener Zeitschriften. Hierzu zählten zum Beispiel die *Zeitschrift für das landwirthschaftliche Versuchswesen in Oesterreich* und die *Mittheilungen des Vereins zur Verbreitung landwirtschaftlicher Kenntnisse*. Bersch war vermutlich einer der ersten Wissenschaftler, der selbst eine Schreibmaschine verwendete. Dementsprechend umfangreich ist auch sein hinterlassenes Schriftwerk. Ausgehend von seiner Beziehung zum Laboratorium von W. Ostwald, ist es zudem sehr wahrscheinlich, dass er auch eine wichtige Rolle dabei gespielt hat, Mendels Arbeit in Ostwalds Klassikern abzudrucken (vgl. Kap. 1 in der vorl. Edition). Biogr. Ang. n. *Wiener Landwirtschaftliche Ztg.* vom 16. Oktober 1918, S. 3; Bersch 1891.

[52] E. v. Tschermak-Seysenegg 1951a, 1951b.

[53] Tschermak 1900a.

[54] Ein Brief von H. de Vries an E. Tschermak vom 18. Juni 1900 belegt, dass H. de Vries die Habilitationsschrift bereits erhalten und auch gelesen und mit *„Interesse studiert"* hatte (Fröschel 1961). Seine Bewertung von Tschermaks Arbeit war dabei durchaus wohlwollend formuliert. Bemerkenswert sind seine Ansichten zur „Wiederentdeckung", die H. de Vries dort niedergelegt hat: *„Es ist sehr merkwürdig, dass die solange gänzlich vergessene und unrichtig gewürdigte Arbeit Gregor Mendel jetzt gleichzeitig von so vielen verschiedenen Seiten in den Vordergrund der Forschung gestellt wird, und es ist mir eine grosse Freude zu sehen, dass die verschiedenen Meinungen und Forschungen auf dasselbe Ziel hinausgehen"* (Fröschel 1961, S. 204). Schon in diesem ersten Schreiben mit Bezug auf Mendel hat de Vries vermutet, dass hieraus eine gänzlich neue Forschungsrichtung entstehen würde, deren Schwerpunkt er jedoch damals noch in der wissenschaftlichen Bastardierung und Variabilität gesehen hat (ebd.).

[55] Fröschel 1961. Siehe zudem den Brief A. Tschermaks an den Bruder Erich vom 23. Juni 1900, in welchem dieser zum Abdruck der Habilitationsschrift gratulierte und auf die bislang positiven Bewertungen verwies: *„Lieber Erich, herzlichen Dank für Deine trefflichen Nachrichten. Ich beglückwünsche Dich von Herzen zu der wohlverdienten Anerkennung des wirklich gelungenen Opus. Proskowetz ist praktisch, de Vries theoretisch wichtig – das Urteil beider hocherfreulich. – Ich beeile mich zunächst die Bemerkung seitens Fruhwirth [sic] zu beantworten. […]"* (DIOSKURI 2011, S. 49). Zur Biographie Armin v. Tschermak-Seyseneggs siehe die DIOSKURI 2011, sowie Simunek, Mielewczik et al. 2017.

7 Popularisierung Mendels ab 1900

Redaktionsleitung der Deutschen Botanischen Gesellschaft ein, welche kurz darauf in den *Berichten der Deutschen Botanischen Gesellschaft* abgedruckt wurde.[56]

Bis weit in die 1950er Jahre hat es an der Rolle von E. v. Tschermak-Seysenegg als „Wiederentdecker" praktisch keinen Zweifel gegeben.[57] Kritik wurde dabei zunächst dahingehend geäußert, dass in den zwei Jahren, die ihm bis 1900 für seine Versuche lediglich zur Verfügung gestanden hatten, kaum genug Zeit geblieben sein kann, selbst völlig unabhängig auf die Mendelschen Regeln gestoßen zu sein.[58] In der zeitlichen weiteren Folge sind verschiedene Autoren zudem der Meinung gewesen, dass E. v. Tschermak-Seysenegg Mendels Versuche nicht verstanden und sehr lange prämendelistischen Vorstellungen angehangen hat.[59] Stern & Sherwood waren sogar der Meinung, dass E. v. Tschermak-Seysenegg daher der Rang eines „Wiederentdeckers" abzusprechen sei. Das Problem an solchen Interpretationen ist jedoch, dass hierfür nur ein sehr kleiner Teil des gesamten Schriftwerks E. v. Tschermak-Seysenegg zu Rate gezogen wurde. Zudem lassen sich ähnliche Kritiken mit unterschiedlichen Betrachtungswinkeln bei praktisch allen drei „Wiederentdeckern" konstruieren. Eine angemessenere Interpretation ist wohl vielmehr, dass die „Wiederentdecker" mehr oder weniger eigene Denkschulen etabliert haben, die ab 1900 sehr wirkungsmächtig weitere Generationen von Forschern beeinflusst haben. In den Augen von C. Correns ging es beispielsweise oft darum, Vererbungsgänge zu finden und interpretieren, welche den Mendelschen Ergebnissen widersprochen haben. H. de Vries war dagegen praktisch weniger an den Bastardierungen an sich interessiert, sondern sein Fokus lag ab 1900 fast ausschließlich auf Betrachtungen im Rahmen seiner Mutationstheorie. Im Gegensatz dazu gehörte E. v. Tschermak-Seysenegg zu den Wissenschaftlern, die Mendel vor dem Hintergrund einer angewandten Pflanzenzucht zu popularisieren bemüht waren. Was sowohl die Kritiker E. v. Tschermak-Seyseneggs hinsichtlich seiner Bedeutung zudem in ihren Betrachtungen gänzlich außer Acht gelassen haben, ist dessen Einfluss auf die Popularisierung Mendels zwischen 1900 und 1950. Interessante neue Erkenntnisse haben sich dabei in den letzten Jahren diesbezüglich insbesondere durch eine Auswertung des Verhältnisses von E. v. Tschermak-Seysenegg zu seinem Bruder Armin ergeben.

Im Jahre 2010 wurden von einem der Autoren der vorliegenden Edition[60] Teile der Privatkorrespondenz zwischen den Brüdern, dem später vorwiegend in Prag tätigen Physiologen Armin von Tschermak-Seysenegg und dem Pflanzenzüchter Erich von Tschermak-Seysenegg aus dem Zeitraum von 1898 bis 1951 aufgefunden.[61] Mithilfe

---

[56] Tschermak 1900c.
[57] Siehe hierzu z. B. Simunek, Hoßfeld & Breidbach 2012; Simunek et al. 2011
[58] Platt 1959.
[59] Monaghan & Corcos 1987; zu weiteren Kritiken an den Arbeiten Tschermaks siehe auch Stern & Sherwood 1966; Olby 1985; Monaghan & Corcos 1986.
[60] M. V. Simunek.
[61] Hoßfeld, Simunek & Mielewczik 2017, S. 145.

dieser neuen Dokumente (85 Briefe, Postkarten, Telegramme) wurde es möglich, präzisere Aussagen zur Geschichte der „Wiederentdeckung" zu treffen.[62] Zu den Neueinordnungen gehört dabei, dass der Austausch gegenseitiger Forschungsergebnisse zwischen den drei „Wiederentdeckern", und insbesondere zwischen H. de Vries und E. Tschermak im Zeitraum 1898 bis 1901 umfangreicher war, als zuvor bekannt, wobei es auch zum Austausch von Material gekommen ist.[63] Aus den Briefen Armin Tschermak ergibt sich aber auch klar, dass es zumindest zu diesem Zeitpunkt (in späteren Jahren hat Tschermak sehr ehrfurchtsvoll von Correns gesprochen) eine deutliche Animosität zwischen Correns und den Gebrüdern Tschermak gegeben hat, in welcher Correns beispielsweise auch als *„Streithansel"* tituliert wurde.[64] Ganz klar wird an der Korrespondenz, dass Armin und Erich von Tschermak während der „Wiederentdeckung" ihre Auffassungen zu Mendel wiederholt korrigieren bzw. modifizieren mussten![65] Gerade das Streben von Erich Tschermak nach wissenschaftlicher Anerkennung, in Form einer Habilitation, war dabei ein entscheidender und treibender Faktor.[66] Einige der gemachten Modifikationen waren dabei so entscheidend, beispielsweise die zu den Einordnungen der verschiedenen Generationen der Hybriden, dass Armin Tschermak seinen Bruder sogar entschieden dazu angehalten hat, in Schriften noch während der Drucklegungen Änderungen zu veranlassen.[67] Daneben zeigt der Briefwechsel der beiden Brüder aber auch eindrucksvoll, welchen großen Einfluss Armin von Tschermak auf seinen Bruder hinsichtlich statistischer Auswertungen, Interpretationen und Verwertung der Experimente gehabt hat.[68] Er war dabei offensichtlich ein wichtiger unterstützender Faktor in der initialen Phase der „Wiederentdeckung", der später auch wiederholt selbst dabei mithalf, die Idee einer dreifachen, unabhängigen und parallelen „Wiederentdeckung" durch C. Correns, H. de Vries und E. Tschermak zu verbreiten und popularisieren.[69]

7.1.1 Zum Einfluss von William Bateson

Eine herausragende Rolle in der Rezeption Mendels im englischen Sprachraum (und darüber hinaus) nehmen die Arbeiten und Publikationen des Biologen und Genetikers

---

[62] Hoßfeld und Simunek 2011, Dioskuri 2011; Simunek et al. 2011a; Hoßfeld, Simunek & Mielewczik 2017.

[63] Hoßfeld, Simunek & Mielewczik 2017.

[64] Hoßfeld, Simunek & Mielewczik 2017. Siehe auch den Brief von Armin an Erich Tschermak in den Dioskuri, S. 51 vom 23. Juni 1900.

[65] Ebd.

[66] Ebd.

[67] Hoßfeld, Simunek & Mielewczik 2017. Siehe auch den Brief von Armin an Erich Tschermak in den Dioskuri 2011, S. 53–55 vom 18. Februar 1901.

[68] Hoßfeld, Simunek & Mielewczik 2017.

[69] Ebd.

7 Popularisierung Mendels ab 1900

William Bateson ein. Bereits vor 1900 hatte Bateson zu Fragen der Variation geforscht, in welcher er den Schlüssel zum Verständnis evolutionärer Vorgänge gesehen hat. Dabei entwickelte Bateson bereits in den 1880er und 1890er Jahren saltationistische Vorstellungen zur Evolution und Variation. Diesbezüglich vertrat er die Ansicht, dass es sowohl kontinuierliche als auch diskontinuierliche Merkmale gibt. Die letzteren sollten insbesondere dazu geeignet sein, die Evolution abseits gradueller, gerichteter Selektion zu erklären. Im Jahr 1900 ist dann W. Bateson, ebenso wie die drei „Wiederentdecker" auf die Arbeit von Mendel und die Mendelschen Regeln gestoßen. Der genaue zeitliche Ablauf dieser „Entdeckung" hat sich dabei bis heute nicht genau rekonstruieren lassen. Fest steht nur, dass Bateson auf Grund seiner Arbeiten zur Variation bereits vor 1900 Kontakte zur Royal Horticultural Society hatte. Als im Juli 1899 die erste Konferenz zur Hybridisierung in London stattfand, war Bateson einer der Hauptreferenten auf dieser Veranstaltung.[70] Thema seines Vortrags war dabei die Hybridisierung und Kreuzung als Mittel wissenschaftlicher Untersuchungen.[71] Kernanliegen war dabei, die Aufklärung der Evolution sowie Speziesfrage, wobei er inhaltlich vorschlug, Kreuzungen statistisch zu untersuchen. Mendels Arbeit ist Bateson zu diesem Zeitpunkt noch nicht bekannt gewesen. Zu den absoluten Merkwürdigkeiten und Absonderlichkeiten der „Wiederentdeckung" gehört, dass Mendel im Rahmen dieser Konferenz wohl schon erwähnt worden ist, wenn auch nur bezüglich der von ihm künstlich erzeugten *Hieracium*-Hybriden.[72] Allerdings fand er in H. de Vries, der auf dieser Konferenz ebenfalls einen Vortrag hielt, einen wertvollen Mitstreiter für seine Theorie einer diskontinuierlichen Vererbung. Zudem sollte sich die Konferenz in der Folge insofern als bedeutend erweisen, als diese den organisationellen Ausgangspunkt für die ersten Genetikkonferenzen im 20. Jahrhundert bildete.[73]

---

[70] Siehe hierzu auch Olby 1987.
[71] Bateson 1899, S. 63.
[72] Siehe hierzu den Vortrag *„Hybridisation viewed from the standpoint of Systematic Botany"* von A. Rolfe 1900, S. 187.
[73] **Teilnehmer der Hybrid-Konferenz im Jahr 1899:** Zu den Teilnehmern, gehörten zahlreiche Gäste, die direkt oder indirekt für die Rezeption Mendels eine große Bedeutung erlangen sollten. Dazu zählten u. a. Reverend Wilks, der Sekretär der Royal Horticultural Society, welcher im folgenden Jahr die erste englische Mendelübersetzung in Auftrag geben sollte. Weiter waren es: Thomas Druery, der Übersetzer eben dieser ersten englischen Mendelausgabe, William Bateson, der diese Übersetzung in überarbeiteter Form in seine eigenen Bücher übernommen hat, H. de Vries, der spätere „Wiederentdecker", Paul Chappellier (1822–1919), Direktor der *Société d'acclimatation* und Großvater von Albert Chappellier (1873–1949), der 1907 die erste französische Übersetzung von Mendels Versuchen anfertigen sollte und W. O. Focke, dessen Buch „*Pflanzenmischlinge*" zumindest die „Wiederentdecker" Correns und E. v. Tschermak-Seysenegg direkt auf die Spur Mendels gebracht hatte, sollte die Konferenz ursprünglich leiten konnte jedoch nicht erscheinen. Auch der Hybridforscher Charles V. Naudin, der kurz zuvor in hohem Alter verstorben war, konnte der Einladung des Organisationskomitees nicht Folge leisten.

7.1.2 Weitere Verbreitung im Jahr 1900

Der Inhalt der Artikel der Wiederentdecker und die Mendelschen Regeln sind im selben Jahr dann auch noch in einer ganzen Reihe anderer wissenschaftlicher Publikationen, in Form von kurzen Auszügen auf Deutsch[74], Ungarisch[75] und Englisch[76] weiterverbreitet worden und sicherten den „Wiederentdeckern" so eine größere Aufmerksamkeit. Auch andere Autoren begannen nun, sich auf die Mendelschen Regeln zu beziehen.[77] Bereits ein Jahr später wurden die beiden originalen Artikel Mendels in voller Länge nachgedruckt[78] und erstmals auch explizit als Beibibliothek für Lehrer der Naturwissenschaften in Berlin eingeführt.[79] Nahezu gleichzeitig nahm C. Fruwirth die Mendelschen Regeln in eines der ersten Lehrbücher der Pflanzenzüchtung auf.[80] Zudem wurde 1901 die erste englische Übersetzung veröffentlicht (siehe Kap. 1).

Die Genetik hat sich in den folgenden Jahrzehnten rasant und schnell weiterentwickelt und innerhalb der Biologie erheblich an Bedeutung gewonnen. Dies zeigt sich vielleicht nirgendwo so deutlich, wie in einer multinationalen Umfrage aus dem Jahr 1930, hinsichtlich der Forschungstraditionen und Trends der Biologie, bei der Berichterstatter in verschiedenen Ländern nach den bedeutendsten Biologen in ihrer Heimat befragt worden sind.[81] In dieser Zusammenstellung machten dann auch Genetiker bzw. Forscher in verwandten Forschungsfeldern einen großen Anteil aus.[82] Im Kontext dieser nationalen Paradigmen wurde hervorgehoben, dass insbesondere E. von Tschermak-Seysenegg in Österreich mit der „Wiederentdeckung" einen großen Anteil daran hatte, die experimentelle hereditäre und genetische Forschung voranzutreiben.[83] Als wichtigster Forscher Österreichs wurde G. Mendel selbst genannt.[84] Sehr repräsentativ ist die erste Generation der Genetiker und Pflanzenzüchter aus verschiedenen Ländern weiter auch in dem Fotoalbum vertreten, das anlässlich des 65. Geburtstages E. von Tschermak-Seysenegg gewidmet wurde.[85]

Es wurde deutlich, dass die Popularisierung der Genetik einerseits ein globales Phänomen gewesen, andererseits aber durchaus nationalen, sehr eigenen Traditionen

---

[74] Anonymous 1900a; Ginzberger 1900; Pilger 1902; Tschermak 1900d.
[75] Schilberszky 1900.
[76] Anonymous 1900b, 1900c.
[77] Siehe bspw. Klebs 1900.
[78] Mendel 1901a, 1901b.
[79] Siehe Rehwitsch 1901, S. 37.
[80] Siehe Fruwirth 1901, S. 108, 110, 118, 120, 261.
[81] Menge 1930a & 1930b.
[82] Ebd.
[83] Menge 1930a, S. 104–105.
[84] Ebd.
[85] Simunek, Hoßfeld & Ruckenbauer 2015.

und Paradigmen gefolgt ist. Die oben erwähnte nicht repräsentative Umfrage zeigt interessanterweise aber auch, dass längst nicht alle Biologen über diese Entwicklung glücklich waren und die Darstellung der „Wiederentdeckung" als durchaus pathetischen Selbstzweck wahrgenommen haben.[86] So berichtete der norwegische Biologe Hjalmar Broch (1882–1969), dass die Fokussierung auf bestimmte Bereiche der Biologie ein „Mode"-Phänomen sei. Speziell in Bezug auf die Vererbungsforschung bezogen berichtete er: „[…] *Dann brachen sich Studien zur Heredität ihren Weg nordwärts und sind zur Zeit ‚à la mode' bis zu einem Grade, da heute jeder Student der Biologie es als seine Pflicht empfindet, ein Tüpfelchen hiervon auf seinem Thema hinzuzufügen […]. In vielen Fällen lässt sich diese Mania zu dem Aufstieg bestimmter Führer geringer Originalität zurückverfolgen, die sich bemühten ‚à la mode' zu entsprechen, ganz als ob sie sich so einen Platz unter den wahren Größen ihrer Epoche zu erlangen hoffen.*"[87]

Anhand verschiedener Traditionen soll nun beispielhaft skizziert werden, wie die Popularisierungen – aber eben auch der Missbrauch vom mendelistischen Gedankengut – in der ersten Hälfte des 20. Jahrhunderts von statten gegangen ist.

7.2 Frühe Popularisierung von Mendel in Wien, Brünn/Mähren und Prag

Mit den ersten Kurzbiographien zu Mendel in Tageszeitungen aus Wien und der Brünner Umgebung beginnt auch die populärwissenschaftliche Aufarbeitung von Mendels Experimenten nach der „Wiederentdeckung".[88] Praktisch gleichzeitig erfolgten die ersten englischen Übersetzungen und öffentliche Vorträge zum Leben und Wirken Mendels sowie den Mendelschen Regeln, welche oft auch in Schulen erfolgten.[89] Gerade letzteres dürfte dann auch dazu beigetragen haben, die Mendelschen Regeln in den Schulunterricht aufzunehmen.

Waren vielleicht zunächst unterschiedliche Ansichten im 19. Jahrhundert noch mitverantwortlich für die begrenzte Rezeption von Mendels Forschungsergebnissen, so trat nun das Gegenteil ein. Der Konflikt zwischen Mendelianern einerseits, die diskontinuierliche Evolutionsvorstellungen vertraten, und Biometrikern andererseits, die von einer

---

[86] Menge 1930a, S. 24.
[87] Menge 1930a, S. 24; Menge 1930b, S. 349; Übersetzung aus dem Englischen durch die Herausgeber der vorl. Edition. Im Original: „Then studies of heredity made their way northward, and are at present à la mode to a degree that every student of biology finds it his duty to bestow a tinge of this on his theme, however far the latter in reality may be apart from the field of heredity investigations. In many cases we can trace this mania backward to the rise of certain leaders of little originality who wish to be à la mode, so as to get a place among the real leaders of the epoch. [Unterstreichung durch die Hrsg. d. vorliegenden Ed.]."
[88] Siehe z. B. Wiesner 1901, 1910a, 1910b; Proskowetz 1902; Schindler 1902; Ullrich 1907.
[89] Bateson 1902; Weldon 1902; Mendel & Bateson 1901.

kontinuierlichen Evolution ausgingen, sorgte dafür, dass Mendels Arbeiten und die aus ihnen abgeleiteten Gesetze nun auch international an vorderster Front in einem theoretischen Schlüsseldisput Aufmerksamkeit erregten und verhandelt wurden.[90]

Folgt man diesem Gedankengang, dann haben frühere kritisch kommentierte Ausgaben von Mendels Werk diesbezüglich möglicherweise zu kurz gegriffen. Seine Rezeption und Popularisierung, d. h. in biologisch nicht primär geschulten Kreisen, während des 20. Jahrhunderts hat, wenn überhaupt, damals nur eine sehr untergeordnete Rolle gespielt. Dieser Mangel ist durchaus bedauerlich, denn ebenso spannend und vielseitig wie Mendels geniale Forschungen und seine statistischen Analysen ist die Geschichte der Popularisierung seiner Person und seiner Arbeit zu Versuchen an Pflanzenhybriden im Verlauf des 20. Jahrhunderts. Vereinfacht und verallgemeinernd lassen sich die Phasen der Popularisierung und Repopularisierung in folgende grobe zeitliche Perioden unterteilen, welche zum Teil fließend ineinander übergegangen sind.

- 1866–1868   Erste vergebliche Bemühungen Mendels Ergebnisse zu popularisieren. 1867 wird Mendels Text erstmals in stark gekürzter Form neu abgedruckt.

- 1900–1901   Die Wiederentdeckung und Repopularisierung sowie Erstellung erster Neuauflagen von Mendels „*Versuche über Pflanzen-Hybriden*" auch im Kontext eines Prioritätsstreits zwischen den „Wiederentdeckern" H. de Vries, C. Correns und E. Tschermak.

- 1901–1905   Erste englische Übersetzungen und Editionen u. a. im Kontext des Biometriker-Streits.

- 1905–1925   Erste Versuche, Mendelsche Regeln im Schulunterricht zu etablieren.

- 1905–1925   Popularisierung Mendels und seiner Arbeit im Kontext der Etablierung des Fachs „Klassische Genetik", verschiedener Subdisziplinen (z. B. der Zytogenetik, Populationsgenetik) sowie in Popularisierung der Tier- und Pflanzenzüchtung; wiederholte Neuabdrucke in Lehrbüchern und als Rezeptionen und Abhandlungen in Schulbüchern.

- 1920–1945   Der Höhepunkt der Rezeption im Kontext des Eugenik-Diskurses und später auch des Rassismus bzw. der nationalsozialistischen „Rassenforschung".

- ab ca. 1933   Flächendeckende Einführung Mendels in der deutschen Schulbuchliteratur.

---

[90] Bateson 2002; Farrall 1975; Fisher 1952; Olby 1989; Punnett 1952; Simunek et al. 2012.

- ca. 1935–1969   Etablierung der „Morgan-Mendelschen" Genetik als wissenschaftliches Feindbild, zuerst in der UdSSR und nach 1945 auch in den Ländern des Ostblocks im Rahmen des Lyssenkoismus.

- ca. 1944–1969   Popularisierung Mendels im Rahmen einer positivistischen Darstellung der Genetik im Speziellen, aber auch der Wissenschaft im Allgemeinen als Gegenkonzept zum Lyssenkoismus im Westen, u. a. zum goldenen Jubiläum der Genetik (1950) sowie dem 100jährigen Jubiläum von Mendels Vorlesungen. Aus letzterem sind auch mehrere Neuauflagen und Übersetzungen entstanden. Die Popularisierung ist dabei auch in den Dienst der „Grünen Revolution" getreten.

- 1964–1965   Repopularisierung Mendels in den Staaten des Ostblocks, u. a. im Rahmen des 100jährigen Jubiläums der Vorlesungen Mendels im Jahr 1965.

- ab 1950   Beginn der „modernen" Rezeption Mendels als Vater der Genetik in Schul- und Lehrbüchern.

7.2.1 Wien

In Wien waren es vor allem die Botanik-Professoren Julius von Wiesner[91] und dessen Schule, Richard von Wettstein[92] sowie der „Wiederentdecker" E. von Tschermak-Seysenegg selbst, welche Mendel und die Mendelschen Regeln in Vorträgen und

---

[91] **Julius von Wiesner (1838–1916)** war ein wichtiger österreichischer Botaniker, der aus Brünn stammte. In Brünn hat Wiesner auch die Oberrealschule besucht, an welcher G. J. Mendel zu dieser Zeit unterrichtet hat. Er war allerdings kein direkter Schüler von ihm, doch nach der „Wiederentdeckung" konnte er sich noch gut an Gregor Mendel erinnern. So berichtete Wiesner in einem Brief vom 6. Juli 1906 an Hugo Iltis: *„Auch hatte ich ja das Glück, ihn persönlich kennen zu lernen. Ich war damals Student in Brünn. Ich habe ihn lebhaft vor Augen mit seinen blonden Haaren und seinen gütigen blauen Augen."* Genetische Abteilung/Genetické oddělení MZM Brno, Box 52 – Hugo Iltis). An der Oberrealschule in Brünn verfasste Julius Wiesner noch als Schüler auch seine erste botanische Arbeit zur Flora von Brünn (Wiesner 1854). Wiesner studierte dann in Wien und Jena. Im Jahr 1868 wurde Wiesner zum außerordentlichen Professor am Wiener Polytechnischen Institut und im Jahr 1870 ordentlicher Professor an der Forstakademie Mariabrunn. Von 1873 bis 1909 war er der ordentliche Professor für Anatomie und Physiologie der Pflanzen an der Universität Wien. Im Jahr 1898/1899 war er dort auch Rektor der Universität. Wiesner war neben vielen anderen Tätigkeiten auch Mitarbeiter der *Oesterreichischen Wochenschrift für Wissenschaft, Kunst und öffentliches Leben*, einer Beilage zur *Wiener Zeitung*, zu deren weiteren Mitarbeitern auch eine Reihe von Kapazitäten der Naturwissenschaften wie z.B. Friedrich von Hochstetter, Anton Kerner, Oscar Schmidt und Gustav Tschermak, aber auch Mendels Klosterbruder Tomáš Bratránek gehörten.

[92] **Richard Wettstein (Ritter von Westersheim) (1863–1931)** war ein österr. Botaniker. Von 1881 bis 1884 studierte er an der Philosophischen Fakultät der Universität Wien. Nach abgeschlossenem Absolutorium reichte er die Dissertation ein, welche er bei J. von Wiesner angefertigt hatte,

populärwissenschaftlichen Texten in Zeitungen und Magazinen ab 1900 vorzustellen begannen.[93]

Ausgangspunkt dieser Bestrebungen war dabei in erster Iteration die „Wiederentdeckung" der Mendelschen Regeln. Noch im Jahr 1900 waren dabei von E. Tschermak in Wien, wie bereits erwähnt, erste Artikel zur „Wiederentdeckung" und den Mendelschen Regeln bzw. Gesetzen entstanden.[94] Erste Auszüge hiervon hat er in der von ihm besorgten Neuauflage zu Mendels „*Versuche über Pflanzen-Hybriden*" in Ostwalds Klassikern (siehe Kap. 1) im Jahr 1901 publiziert. In deren Vorbereitung hatte er zunächst die Vereinsleitung des NfV in Brünn kontaktiert und dort um eine Genehmigung für den Nachdruck ersucht.[95]

Schon sehr früh präsentierte E. Tschermak die Mendelschen Regeln in eigenen Vorträgen, in denen er auch auf seine Rolle als Wiederentdecker einging. Zu den frühen Vorträgen E. Tschermaks zu Mendel in dieser Zeit gehörte bspw. eine Vorlesung im Rahmen der Wiener Botanischen Abende am 6. März 1901. Unter dem Titel „*Assistenzstelle von der Verschiedenwerthigkeit der Merkmale für die Vererbung*" berichtete der Wiederentdecker dort vom Wiederauffinden der „*hochwichtigen Abhandlungen von Gregor Mendel*" und über „*das gesetzmässige Verhalten gewisser elterlicher Merkmale für die Vererbung*" (siehe die *Oesterreichische Botanische Zeitung* 1901, V. 51, S. 176–178). Bemerkenswerterweise wollte Tschermak diesen Gesetzmäßigkeiten, auf Grund des noch geringen Versuchsmaterials, damals noch keine Allgemeingültigkeit zugestehen, weshalb er seine Darstellung auf eine „*phänomenologische Darstellung der Resultate*"

(Janchen 1933, S. 17). Diese wurde von J. von Wieser und Anton Kerner von Marilaun (1831–1898) approbiert. Nach weiteren Prüfungen in Botanik (Hauptfach), Physik (Nebenfach) sowie Philosophie wurde Wettstein zum Doktor der Philosophie promoviert. Obwohl ihm J. von Wiesner eine Assistentenstelle offeriert hatte, blieb Wettstein im Institut von A. Kerner, wo er bereits Demonstrator war und ab 1885 eine Assistenzstelle übernahm. Im Jahr 1886 habilitierte er sich in Wien für systematische Botanik und begann eigene Vorlesungen zu halten. Im Mai 1890 vermählte er sich mit Adele, der Tochter seines Mentors und Lehrers Kerner, wodurch er noch enger an dessen Lehrstuhl gebunden wurde. Ab 1892 war er Professor für Botanik an der deutschen Karl-Ferdinands Universität in Prag (ebd., S. 20). Im Jahr 1899 erfolgte dann der Ruf zum ordentlichen Professor für systematische Botanik an der Universität Wien, wodurch er auch Direktor des Wiener Botanischen Gartens wurde. Schwerpunkt der wissenschaftlichen Tätigkeit von R. Wettstein war vor allem die systematische Botanik.

[93] Siehe E. Tschermak 1907b, 1908; Wiesner 1901; Wettstein 1925.

[94] Ders. 1900a, 1900b, 1900c, 1900d.

[95] Siehe hierzu das Sitzungsprotokoll des NfV vom 13. November 1901, S. 55: „*Der Secretär Prof. G. v. Niessl theilt mit, dass die Vereinsleitung vor einiger Zeit von dem Privatdocenten an der Hochschule für Bodenkultur in Wien, Herrn Phil. Dr. Erich Tschermak, um die Zustimmung zu dem von ihm beabsichtigten Abdruck der beiden Abhandlungen des vor vielen Jahren verstorbenen Mitgliedes, Prälaten Gregor Mendel ‚Ueber Pflanzenhybriden', welche in den Jahrgängen 1865 und 1869 der Verhandlungen des naturforschenden Vereines erschienen sind, angegangen wurde. Die Neuherausgabe sollte in Ostwalds ‚Klassikern der exacten Wissenschaften' erfolgen.*"

beschränkte. Hierbei leitete er seine recht eigenwillige Version der Mendelschen Gesetze ab, welche er damals wie folgt definierte (ebd.):

„1. *Gewisse elterliche Merkmale kommen nur alternierend an den Hybriden zur Ausprägung* (**Satz von der gesetzmässigen Maasswerthigkeit der Merkmale**).
2. *Die Zahlen der Träger des dominierenden und des excessiven [sic] Merkmales liefern ein für jede Generation bestimmtes Verhältnis* (**Satz von der gesetzmässigen Mengenwerthigkeit der Merkmale**).
3. *Die Träger des excessiven [sic] Merkmales stellen durchwegs, jene des dominierenden Merkmales nur in einem bestimmten Percentsatze samenbeständige Formen dar, es tritt also eine gewisse Spaltung der Mischung ein* (**Satz von der gesetzmässigen Vererbungswerthigkeit oder Spaltung der Merkmale**)."

In Wien war neben E. Tschermak Julius von Wiesner (1901) der Erste, der im November 1901 auf die Arbeiten Mendels und seiner Person in einem Zeitungsartikel in der *Wiener Abendpost* öffentlichkeitswirksam aufmerksam gemacht hat.[96] Letzteres war ein Sachverhalt auf den Wiesner in späteren Jahren immer wieder gerne in Schriften hingewiesen hat. Neuere Untersuchungen haben jedoch gezeigt, dass hierfür wohl doch einige Überzeugungsarbeit von Seiten der Gebrüder Tschermak nötig gewesen ist. In einem Brief an seinen Bruder schrieb Armin Tschermak beispielsweise am 19. Oktober 1901 zunächst noch (DIOSKURI, S. 62–65): *„Die Wiesneriade wird besorgt. – Wiesner scheint wirklich etwas schwer von Begriff zu sein, vielleicht fördert ihn der Antagonismus gegen Wettstein im Verständnis!"* Fünf Tage später wurde Armin Tschermak in einem weiteren Brief an seinen Bruder noch deutlicher (a.a.O.): *„Die Wiesneriade zeugt von ebensolcher Bequemlichkeit als Capierschwäche. Ich schlage Dir daher eine Mendeldarstellung für Kinder vor, wie ich sie auf ein paar Ergänzungsblättern versucht habe. Sie wird dadurch etwas länger, aber wer es darin nicht capiert, dem ist eben nicht zu helfen. Wiesner kann ja nach gewonnener Einsicht etwas kürzen. Auch für Wettstein und Deine Schüler könntest Du diese Notiz aufbewahren."* Auf einem weiteren der Wiener Botanischen Abende konnte E. Tschermak dann am 12. Februar 1902, neben J. Wiesner, noch einmal auf die *„gesetzmässige Gestaltungsweise der Mischlinge"* eingehen, wobei er nun die freie Rekombinierbarkeit von Merkmalen in den Fokus des Interesses rückte (siehe die *Oesterreichische Botanische Zeitung*, 52, S. 209–210.). An den Bemühungen zur Popularisierung Mendels und der Mendelschen Regeln wirkten in der Folge bald auch verschiedene

---

[96] In diesen Texten verwies Wiesner zum einen auf das Genie Mendels, zum anderen auf dessen Eigenschaft als *„mathematischer Kopf"*. Letzteres nutzte Wiesner dafür, um aufzuzeigen, dass nun auch in der Biologie die Mathematik eine immer größere Rolle einnehmen müsste. Diesbezüglich sah er Mendel nicht nur als Pionier, sondern auch als Vorbild und *„hinsichtlich seiner Auffassung biologischer Probleme eine Leuchte ersten Ranges [...]"*. S. hierzu auch Weiling 1994b. Auf die frühe Popularisierung Mendels durch Wiesner hat im englischen Raum erstmals knapp auch schon Bateson 1909, S. 309, hingewiesen.

Schüler J. Wiesners und R. Wettsteins mit. In Wien hielt beispielsweise Josef Stadlmann (1881–1964), ein Schüler des Botanikers R. Wettstein, am 29. Oktober sowie 5. November 1907 einige der ersten solcher Vorträge, wobei auch die Popularisierung der „Wiederentdeckung" im Fokus der Betrachtung stand.[97] Auch ein weiterer Schüler von Wettstein, der spätere Professor für systematische Botanik, Wolfgang Himmelbaur (1886–1937), welcher von 1905 bis 1909 Naturwissenschaften in Wien studiert hatte, beteiligte sich in diesen frühen Jahren an den Bestrebungen zur Popularisierung von Mendel und den Mendelschen Regeln.[98]

Nachdem im ersten Jahrzehnt des 20. Jahrhunderts klar geworden war, dass die Mendelschen Regeln prinzipiell nicht nur bei Pflanzen und Tieren Gültigkeit besaßen, sondern auch beim Menschen anwendbar waren, steigerte sich auch das Interesse bei den Medizinern. Es erfolgten durch sie erste öffentliche Vorträge zu den Mendelschen Regeln.[99] Insbesondere die Tatsache, dass auch verschiedene humane Krankheitsbilder vererbbar waren und den Mendelschen Regeln folgten, war dabei ein Fokus des speziellen Interesses.[100] So setzte sich z. B. der mährische Arzt Victor Hammerschlag[101] in Wien für die Popularisierung Mendels ein, unter anderem auch in

---

[97] Stadlmann 1908. Es waren zwei Vorträge, gehalten von J. Stadlmann am 29. Oktober und 5. November 1907. Josef Stadlmann promovierte 1907 mit einer systematischen Arbeit zu einigen Scropulariaceae, welche von den Wiener Botanikern und Universitätsprofessoren Richard Wettstein und Julius Wiesner als „vorzüglich" bewertet wurde. Während seiner Dissertation arbeitete Stadlmann u. a. im Sommer 1906 als Assistent an der Hochschule für Bodenkultur bei Erich Tschermak dessen Vorlesungen er schon während seines Studiums besucht hatte. Stadlmann war ab 1910 wirklicher Professor und arbeitete ab 1932 als Direktor des Wiener Staatsgymnasiums, bevor er 1938 durch die Nationalsozialisten zwangspensioniert und erst 1945 wieder eingesetzt wurde. Für detaillierte biogr. Ang. zu J. Stadlmann s. Speta 2007.

[98] Himmelbaur 1910.

[99] Für den deutschsprachigen Raum vor 1914 im vgl. Früh 1997.

[100] Zu den bereits bis etwa 1910 als bekannt angesehenen, vererbbaren Krankheitsbildern gehörte bspw. die Brachydaktylie (trivial Kurzfingrigkeit) (z. B. Doncaster 1910). Tatsächlich haben sich sicher viele in der Anfangszeit der klassischen Genetik untersuchte Krankheitsbilder als genetisch deutlich komplexer herausgestellt. Schon bei den ersten klassischen Beispielen stellte sich schnell heraus, dass einige Krankheiten weder autosomal dominant noch autosomal rezessiv erfolgen, sondern geschlechtsgebunden sind. Das führte zur Entdeckung der X-chromosomaler rezessiver (z. B. Rot-Grün Sehschwäche oder Bluterkrankheit) und X-chromosomaler rezessiver dominanter Erbgänge.

[101] **Victor Hammerschlag (1870–1943)** war ein Hals-Nasen-Ohren Arzt am Wilhelminspital und Professor an der Universität Wien jüdischer Herkunft. Bereits 1909 hielt er wissenschaftliche Vorträge über die *„hereditäre degenerative Taubheit und ihre Vererbungsgesetze"* (Simunek & Hossfeld 2013). In den 1930er Jahren veröffentlichte er zudem eine *„Einführung in die Kenntnis einfacherer Mendelistischer Vorgänge"* (1934). Im Jahr 1942 wurde er zusammen mit seiner Frau ins Ghetto Theresienstadt deportiert, wo beide gestorben sind.

Schulvorträgen.[102] Zudem begannen einzelne Mediziner damit, Zeitungsleser in Umfragen, um die Zusendung von Abstammungslisten mit Merkmalen wie Augen- und Haarfarbe, aber auch Krankheitsmerkmalen wie Farbenblindheit zu bitten.[103]

7.2.2 Brünn/Mähren

Ausgehend von den ersten Popularisierungsbestrebungen in Wien, waren es in Mendels engerer Heimat Brünn und Heinzendorf/Hyčnice bald vor allem die Angehörigen von Mendel, wie seine Neffen Alois (1859–1930) und Ferdinand Schindler (1864–1940), welche die Popularisierung vorantrieben. Sie attestierten die Fakten aus Mendels Leben und standen z. B. auch H. Iltis als Zeitzeugen zur Verfügung, als er damit begann die erste umfassende Mendel-Biographie zu verfassen.[104] Weitere Bestrebungen, die sich um die Popularisierung von Mendel und den Mendelschen Regeln bemühten und auch eng mit Wiener Kreisen verbunden waren, gab es seitens des NfV.

Der erste Akt zur Kreierung einer lokalen Gedenktradition war im Sommer 1902 die Anbringung einer Gedenktafel für Mendel in seinem Heimatort Heinzendorf.[105] Anlass hierzu gab das 20-jährige Jubiläum der freiwilligen Feuerwehr Heinzendorf. Am Zeughaus wurde die Ehrung angebracht, deren Gründung im Jahr 1882 mit Hilfe einer großzügige Spende von 1500 Gulden von Mendel möglich gemacht worden war.[106] Die Veranstaltung entwickelte sich zu einem großen Volksfest, welches damit begann, dass der Dankbrief Gregor Mendels vorgelesen wurde, welchen dieser anlässlich seiner Ernennung zum Ehrenbürger der Gemeinde verfasst hatte.[107] Im Anschluss daran trug Marie Schindler aus Botenwald einen Prolog vor, welchem ein Vortrag von Mendels Neffen A. Schindler folgte. Er legte die wissenschaftliche Bedeutung Mendels dar und trug auch eine kurze Biographie Mendels vor. Den Abschluss der Veranstaltung bildete

---

[102] Vgl. Hammerschlag, Victor: *„Gregor Mendel – Ein Priester und Forscher"* in der Wiener Neustadt (8. Juni 1908); ders.: *„Gregor Mendel und seine Vererbungsgesetze"*, Vortrag am 5. Mai 1914, 8 Uhr abends, Freie Schule Leopoldstadt, Café Fetzer.

[103] Hammer 1911.

[104] Vgl. Simunek et al. 2011.

[105] Siehe hierzu den von Marie Schindler verfassten Beitrag *„Gedenktafel für den Abt Mendel in Heinzendorf"*, in: *Brünner Ztg.* vom 10. August 1902, S. 4. Die aus schwedischem Marmor im Atelier des Hof-Steinmetzmeister Förster gefertigte Gedenktafel selbst enthielt die Aufschrift: *„Zum Andenken an den hervorragenden Naturforscher und Classiker der Botanik Prälat Gregor Johann Mendel, geboren Heinzendorf 22. Juli 1822 in Nr. 58. Ehrenbürger und Stifter der Feuerwehr seines Heimatortes, gestorben Brünn 6. Jänner 1884, errichtet 1902."* (Siehe ebd. & Anonymous 1902 mit abweichenden Beschriftungstexten).

[106] Ebd.

[107] Ebd.

eine kurze Danksagung des Vertreters des Augustinerklosters in Alt-Brünn (Pater Karl Ondráček).

In Brünn erfolgte hingegen die erste Annäherung der Mendelschen Regeln an den Schulunterricht, in dem z. B. Vorträge im Jahr 1899 gegründeten Lehrerklub für Naturkunde erfolgten, welcher später eine Allianz mit dem NfV einging.[108] Belegbar ist beispielsweise ein erster Vortrag, der im Jahr 1905 vom Lehrer Karl Iltis (1885–1942), d. h. dem Bruder von H. Iltis gehalten wurde.[109]

Gleichsam sind in Brünn und Mähren G. Mendel und der Mendelismus auch als Stoff für Redeübungen von Schülern am Gymnasium eingesetzt worden.[110] J. Wisnar, Direktor des Gymnasiums in Znaim/Znojmo, an welchem Mendel früher selbst für eine kurze Zeit als Lehrer unterrichtet hat, veröffentlichte ein Gedenkblatt mit einer längeren Mendel-Biographie und Abhandlung zum Mendelismus, welches im Jahresbericht der Schule für das Jahr 1908/1909 abgedruckt wurde.[111]

In Brünn war es vor allem H. Iltis, der sich ab 1906 insbesondere in der schulischen Bildung darum bemühte, Mendel in Vorträgen und Vorlesungen zu popularisieren. Bereits zu dieser Zeit war Iltis einer der am engagiertesten Mendelianer hinsichtlich der Erinnerung an Mendel als Mensch und Forscher.[112] So hielt er seit 1906 eine große Zahl von Vorträgen zum Thema Gregor Mendel und den Mendelismus, die wiederum auch in den lokalen Zeitungen besprochen wurden.[113] Dabei hielt er auch schon sehr früh Vorträge, die sich speziell an ein schulisch orientiertes Publikum richteten.[114] Erwähnenswert ist in diesem Kontext der von ihm gehaltene zweiteilige Vortrag zum *„Wesen der Vererbungstheorie und ihre Beeinflussung durch Gregor Mendel"*, den er am 18. und 25. März 1906 im Festsaale der Altbrünner Volksschule für den Deutsch-mährischen

---

[108] **Der Lehrerklub für Naturkunde** war eine Sektion des Brünner Lehrervereins und besaß im Berichtsjahr 1906/1907 116 Mitglieder. Der Vortrag von K. Iltis zu G. Mendel war einer von vielen, die auf den 20 Sitzungen in diesem Zeitraum gehalten worden sind.

[109] Siehe hierzu Pädagogisches Jahrbuch der Wiener Pädagogischen Gesellschaft 1906, S. 186.

[110] **Mendel als schulische Redeübung:** Siehe hierzu z. B. die im Jahresbericht des Staatsgymnasiums mit deutscher Unterrichtssprache in Brünn für das Schuljahr 1910/1911, S. 27 dort erwähnte Redeübung von Fink: *„Über Gregor Mendel und den Mendelismus."* Die Übung dürfte sehr wahrscheinlich im Rahmen der Enthüllung des Mendeldenkmals erfolgt sein. Möglicherweise wurde sie vom Mendel-Biographen H. Iltis, der hierzu die Festrede hielt, angeregt. Auch in Lundenburg/Břeclav sind zu dieser Zeit solche Redeübung abgehalten worden (siehe *XIII. Jahresbericht des k. k. Kaiserin Elisabeth-Staats-Ober-Gymnasiums in Lundenburg für das Schuljahr 1911/1912*, S. 46 und die dort erwähnten Redeübungen von Friedrich Zimmermann und Matthias Schultes in der VII. Klasse zu: *„Johann Gregor Mendel"*).

[111] Wisnar 1909.

[112] S. hierzu bspw. der *Tagesbote aus Mähren und Schlesien* vom 30. März 1906, S. 3.

[113] Vgl. z. B. die Vorträge: *„Deszendenz und Vererbung"* gehalten auf der Vollversammlung des NfV vor dem Arbeiterbildungsausschuß, *„Gregor Mendel und die Vererbungslehre"*, 24. Mai 1924.

[114] Siehe hierzu die Zeitung *Tagesbote aus Mähren und Schlesien* vom 30. März 1906, S. 3.

7 Popularisierung Mendels ab 1900

Volksbildungsverein hielt.[115] Im ersten Teil seiner Vorlesung referierte er „*über das Wesen der Vererbungstheorie und ihre Beeinflussung durch Gregor Mendel [...]*", wobei er auch auf den damals aktuellen Stand der Wissenschaft einging.[116] Neben Mendel und den von diesem beobachteten Vererbungserscheinungen berichtete Iltis weiter auch über die „*[...] Befruchtung und Fortpflanzung bei vielzelligen Tieren [...]*", „*der Lehre Spencers von den Bildungskräften im befruchteten Ei*", der „*Theorie vom Gedächtnis der Keimsubstanz*" sowie der Keimplasmatheorie von August Weismann.[117] Den Abschluss von Iltis erstem Vortrag bildete dann die „*Besprechung der Lehre von den Determinanten*".[118] Im zweiten Teil seiner Vorlesung erörterte H. Iltis die Vorstellungen von August Weissmann zur „*Variation des Keimplasmas*" sowie damit einhergehend der durch „*Vermischung der Determinanten bei der Befruchtung*" hervorgerufenen „*Variation des Individuums*".[119] Dabei referierte er über die Vorstellung einer „*Steigerung der individuellen Variationen, infolge natürlicher Zuchtwahl*" durch welche es zur „*Bildung neuer Arten kommt*".[120] Dem entgegen stellte er die „*Mutationstheorie*" des „*Wiederentdeckers*" H. de Vries. Iltis merkte an, dass dessen „*Lehre auf den Bastardierungsversuchen Gregor Mendels*", des „*berühmten Brünner Gelehrten, dessen Namen [sic] nach seinem Tode nur allzu rasch der Vergessenheit anheimfiel [sic]*", basierte.[121] Weiter auf die Versuche Bezug nehmend, referierte er deren Resultate, in dem er darauf verwies, dass „*das Bild der Art mosaikartig aus den einzelnen, getrennt vererbbaren Merkmalen zusammengesetzt*" ist.[122] Den Abschluss von Iltis Vorlesung bildete die Präsentation eines Lebensbildes von Mendel. Er stellte es mit dem Wunsche vor, dass der „*Verdienst dieses berühmten Mannes auch endlich in Brünn, der Stätte seiner wissenschaftlichen Tätigkeit, die verdiente Würdigung finden möge.*"[123] Dieser Vortrag war jedoch nur einer von vielen, die Iltis in den folgenden Jahren in Brünn halten sollte.

Ab 1906 engagiert sich Hugo Iltis dann aktiv im lokalen Brünner Mendel-Denkmalkomitee, wo er unter anderem als Schriftführer fungierte.[124] Dessen Ziel war es, in Zusammenarbeit mit einem ebenfalls existierenden internationalen Mendel-Denkmalkomitee,

---

[115] Ebd.
[116] Ebd.
[117] Ebd.
[118] Ebd.
[119] Ebd.
[120] Ebd.
[121] Ebd.
[122] Ebd.
[123] Ebd.
[124] Siehe hierzu den Artikel „*Mendel-Denkmal*" im *Tagesbote aus Mähren und Schlesien* vom 25. November 1907, S. 3. Zu den Mitgliedern des lokalen Denkmalkomitees in Brünn gehörten zu diesem Zeitpunkt u. a. der Vorsitzende des Komitees und Mendels Kollege A. Makowsky.

genügend Spenden für die Errichtung eines Denkmals zu Ehren von Mendel in Brünn aufzutreiben.[125] Eine von Iltis zu diesem Zeitpunkt verfasste Kurzbiographie zu Mendel, die im Verlage des Komitees erschienen war, sollte dabei vom Lokalkomitee zur „*Propaganda*" genutzt werden, um auf diese Art weitere Spenden aus allen Kreisen der Bevölkerung zu generieren.[126] In dieser Zeit ist Iltis auch in Kontakt mit Carl Correns getreten. Nachdem letzterer 1906 erstmals die Briefe Mendels an C. W. v. Nägeli publiziert hatte, konnte ihm Hugo Iltis berichten, dass er in Brünn auch noch Briefe Nägelis an Mendel (bzw. Fragmente davon) aufgefunden hatte. Correns war von dieser Mitteilung überrascht, da er gar nicht damit gerechnet hatte, „*dass noch etwas von Mendel im Kloster vorhanden sein würde, nachdem mir Mr. Bateson, der extra in Brünn gewesen, mitteilte, dass einige verfallene Bienenstoecke das einzige Erinnerungszeichen an Mendels Wirken seien (...)*" (Zit. n. Correns 1907). Vor diesem Hintergrund war dann auch Correns gerne bereit das Brünner Komitee zu unterstützen. Bereits im November 1907 konnte sich das Komitee eines relativ großen Erfolges rühmen, denn zu diesem Zeitpunkt waren bereits einige Großspenden von mehreren tausend Kronen beim Komitee eingegangen.[127] Die freigiebigsten Spender waren dabei das Alt-Brünner Klosterstift, Julius Ritter von Gomperz (1824–1909), Stefan Viktor Haupt von Buchenrode (1869–1954), Friedrich Wannieck (1838–1919) und der regierende Fürst Johann II von und zu Liechtenstein (1840–1929), der auf seinem Gut in Eisgrub/Lednice auch eine Versuchsstation (Mendeleum) errichten ließ; das Mendel-Denkmal wurde letztendlich 1910 unter großen Feierlichkeiten enthüllt (Abb. 7.2).[128]

Für seine Vorträge zu Mendel benutzte H. Iltis von Anfang an große Wandtafeln, um den vorgetragenen Stoff leichter didaktisch vermitteln zu können.[129] Iltis war zudem auch maßgeblich an der Errichtung des Mendel-Denkmals im Jahr 1910 beteiligt und er war es auch, der die Feier zu Mendels 100. Geburtstag im Jahr 1922 organisierte und zahlreiche bekannte Genetiker versammeln konnte. Nach dem Ersten Weltkrieg war es eine der ersten Ereignisse im Bereich der Naturwissenschaften, an der die Wissenschaftler aus den früher verfeindeten Staaten teilnahmen.[130] Für dieses Ereignis gab er auch die zugehörige Festschrift heraus.[131] Zudem hatte Iltis auch das private Museum Mendelianum im Gebäude der Deutschen Volkshochschule gegründet, in welchem einige Originaldokumente zum und aus dem Leben von Mendel präsentiert wurden. In

---

[125] Siehe hierzu den Artikel „*Mendel-Denkmal*" im *Tagesbote aus Mähren und Schlesien* vom 25. November 1907, S. 3.

[126] Ebd.

[127] Ebd.

[128] Ebd.

[129] Ebd.

[130] Simunek & Hoßfeld 2018.

[131] Iltis 1923; für die Übersicht zum Verlauf der Gedenkfeier s. ebd. S. 389–414. Vgl. auch Růžička 1925.

Abb. 7.2 Mendel-Denkmal in Brünn von Theodor Charlemont nach der Enthüllung, 1911.

den 1920er Jahren hat Iltis dann vermehrt auch auf „*Lichtbildervorträge*" gesetzt.[132] Gekrönt wurde seine Tätigkeit durch die von ihm verfasste erste umfassende Biographie.[133] Neben ihr verfasste Iltis zahlreiche, weitere kleinere Beiträge zu Mendel, die sich oft auch an ein allgemeines Publikum richteten.[134]

7.2.3 Prag

Neben Wien und Brünn hat sich zudem mit Prag noch ein drittes frühes Zentrum des Mendelismus im damaligen Mitteleuropa gebildet. So war dort A. von Tschermak-Seysenegg, der Bruder von E. von Tschermak-Seysenegg, tätig, welcher letzteren in Diskussionen unterstützte und auch selbst Kreuzungsexperimente durchgeführt hat. Darüber hinaus hat es eine weitere Keimzelle gegeben, die von den Mendel-Historikern weitestgehend außer Acht gelassen wurde – der Kreis um den Pflanzenphysiologen Hans

---

[132] Siehe hierzu bspw. den Vortrag „*Gregor Mendel und die ‚Vererbungslehre'*" vom Samstag, den 24. Mai 1924 vor dem Arbeiterbildungsausschuss (*Volkswille* vom 16. Mai 1924, S. 7; 23. Mai 1924, S. 7).
[133] Iltis 1924.
[134] Vgl. z. B. Iltis 1934a, 1934b.

Molisch.[135] Als gebürtiger Brünner und Sohn eines Gärtners lernte er dort als 9-jähriger, also eben in dem Jahr, indem Mendel seine Vorträge hielt, diesen persönlich auf einem Fest zur Weinernte kennen.[136]

H. Molisch gehörte zu den ersten, die ihren Beitritt zum Internationalen Komitee für die Errichtung des Mendel-Denkmals erklärten.[137] In dieser Tätigkeit beteiligte er sich nicht nur an der Spendensammlung, sondern hielt 1907 zur Unterstützung des Mendel-Fonds auch einen Demonstrationsvortrag über *„Leuchtende Pflanzen"*, in dessen Einleitung er über die Bedeutung Mendels für die moderne Wissenschaft berichtete.[138] H. Iltis hat in einer Beschreibung der Feierlichkeit explizit darauf hingewiesen, dass dieser Vortrag nicht nur deshalb wichtig war, weil er 400 Kronen in den Denkmalsfond spülte, sondern auch, weil er viele der hunderten Zuhörer erstmals auf den Wert der Entdeckung Mendels aufmerksam gemacht hat.[139] Demzufolge überrascht es kaum, das es letztendlich H. Molisch war, der den Toast auf die Stadt Brünn bei der Enthüllung des Mendel-Denkmals hielt.[140] Darin zollte er der mährischen Hauptstadt Tribut für die Errichtung eines Denkmals für einen Wissenschaftler, was auch in dieser Zeit eher unüblich war.[141]

---

[135] **Hans Molisch (1856–1937)** war ein bedeutender österr. Biologe und Botaniker. Im Jahr 1875 kam Molisch als Student nach Wien, wo J. von Wiesner sein Lehrer und Mentor wurde (Höfler 1937). Nach der Promotion zum Doktor der Philosophie wurde Molisch Assistent bei Wiesner. Im Jahr 1885 erfolgte die Habilitation an der Universität Wien in Anatomie und Physiologie der Pflanzen. Im Jahr 1889 erfolgte dann ein Ruf als a. o. Professor in Graz. Fünf Jahre später bescherte ihm das Jahr 1894 zwei Berufungen als Ordinarius an die K. u. k. Hochschule für Bodenkultur in Wien sowie an die deutsche Karl-Ferdinands Universität in Prag, wobei er sich für den letzteren Weg entschied. In Prag blieb Molisch dann bis 1908. Danach kehrte er als Wiesners Nachfolger nach Wien zurück. Als Direktor des Pflanzenphysiologischen Instituts wirkte Molisch erfolgreich und verfasste eine Vielzahl von wissenschaftlichen Beiträgen und Büchern. Von 1922 bis 1923 war Molisch Dekan der philosophischen Fakultät. Nach einstimmiger Wahl wurde er zudem 1926/27 als Rektor der Hochschule gewählt.

[136] Seine persönliche Begegnung mit Mendel gehörte zu Erinnerungen, die Hans Molisch besonders geschätzt hat, und die er auch in seinen Büchern und Vorträgen immer wieder erwähnt hat. Siehe hierzu Molisch 1934; Richter 1943, S. 42. Vgl. auch Gest 1991.

[137] Iltis 1911b.

[138] Der Vortrag fand am 15. März 1907 im großen Festsaale des Deutschen Hauses in Brünn statt (Iltis 1911b). Der Mendel Biograph H. Iltis hob diesen *„leuchtenden Vortrag"* des für seine Redekunst bekannten H. Molisch ausdrücklich in seiner Bedeutung für die Popularisierung Mendels hervor (ebd.).

[139] Ebd.

[140] Ebd., S. 360.

[141] Ebd.

7 Popularisierung Mendels ab 1900

In Prag erfolgte der erste Versuch, Mendel und die Mendelschen Regeln im Schulumfeld zu vermitteln, durch Ernst Mitschka.[142] Er referierte zu diesem Thema im dortigen Deutschen Pädagogischen Verein.[143] Zur gleichen Zeit hat Molisch Mitschka auch als ordentliches Mitglied der Deutschen Botanischen Gesellschaft vorgeschlagen. Sein kurzer Vortrag ist rückblickend aus verschiedenen Gründen bemerkenswert: 1.) Bislang hat die Mendel-historiographische Literatur immer den Eindruck vermittelt, als wenn es J. von Wiesner als Erster abseits der sog. „Wiederentdecker" in Angriff genommen hat, Mendel einer größeren Öffentlichkeit bekannt zu machen.[144] Mitschkas Vortrag erfolgte jedoch bereits am 18. November 1901; Wiesners Beitrag erschien erst vier Tage später als Naturkundebeilage in der *Wiener Abendpost*.[145] 2.) Zu einem der immer noch offen und intensiv diskutierten Probleme seit der „Wiederentdeckung" gehörte die Frage, warum Mendel nicht bereits vor 1900 entsprechend in seiner Bedeutung erkannt worden ist. Mitschkas Vortrag, als Beispiel der Wahrnehmung im Inneren der Arbeitsgruppe von H. Molisch in der Frühphase des Mendelismus, gibt hierzu einen unerwarteten Hinweis zu den möglichen Gründen. Er sprach nämlich explizit davon, dass *„sich mit Züchtungsversuchen bislang nur Practiker beschäftigten, die aus Geschäftsgründen ihre Erfahrungen verheimlichten."*[146] Mitschka hat dazu weiter ausgeführt, dass daraus die Ansicht entstand, *„dass bei der Hybridisierung der Pflanzen ein bestimmtes Gesetz nicht zu erkennen sei, vielmehr vollständige Unabhängigkeit herrsche."*[147] Andere kürzlich gefundene Beiträge vervollständigen hierbei ein mögliches Szenario, in dem Mendel seine Versuche auch auf Grund ihrer ökonomischen Bedeutung begonnen haben könnte[148], seine Experimente lokal bereits in den 1860er Jahren aus ökonomischen Gründen kritisiert wurden, dennoch auch außerhalb von Brünn ein Interesse in gewerbeorientierten Kreisen gefunden haben.[149] Die Idee, dass

---

[142] **Ernst Mitschka (1854–?)** wurde in Frankstadt/Frenštát pod Radhoštěm, nicht so weit vom Kuhländchen in Nordmähren geboren. Sein Vater war dort Vorsitzende des Bezirksgerichtes (1869–1877). Von 1895 bis 1899 studierte Ernst Mitschka an der deutschen Philosophischen Fakultät der Karls-Ferdinands-Universität in Prag. Danach hat er im Institut für Pflanzenphysiologie bei H. Molisch gearbeitet. Zur Zeit des Vortrages wirkte er als Direktor des Waisenhauses in Prag II. Sein späterer Werdegang ist nicht bekannt.

[143] Siehe bspw. die Zeitschrift *Deutsche Arbeit* 1901, S. 340 und *Pädagogisches Jahrbuch der Wiener Pädagogischen Gesellschaft* 1902, S. 190; ausführlicher besprochen im *Prager Tagblatt* vom 20. November 1901, S. 7–8.

[144] Wiesner 1901.

[145] Die *Wiener Abendpost* war eine Beilage der *Wiener Zeitung*.

[146] Siehe bspw. die Zeitschrift *Deutsche Arbeit* 1901, S. 340 und *Pädagogisches Jahrbuch der Wiener Pädagogischen Gesellschaft* 1902, S. 190; ausführlicher besprochen im *Prager Tagblatt* vom 20. November 1901, S. 7–8.

[147] Ebd.

[148] Siehe hierzu Mielewczik 2017.

[149] Mielewczik et al. 2017.

Mendel aber eben auch aus ökonomischen Gründen nicht die nötige Aufmerksamkeit erfahren hat, fügt jedoch eine weitere interessante Facette hinzu. Tatsächlich muss man dieser Ansicht auch gerade wegen des besonderen Umfeldes von H. Molisch eine besondere Bedeutung beimessen: Molisch kannte nicht nur Mendel persönlich und war dessen Schüler, sondern sein Vater war selbst Gärtner in Brünn gewesen und hatte die größte Gärtnerei in Mähren besessen. Wenn jemand einen näheren Einblick hatte, dann sicherlich Molisch.

Die Bedeutung Molischs für die frühe Mendel-Popularisierung ergibt sich jedoch insbesondere durch seine Schüler. Ebenfalls zur Molisch-Schule direkt zuzurechnen ist z. B. der bereits wiederholt erwähnte Hugo Iltis.[150] Er hatte zunächst in Brünn, Zürich und Prag Botanik studiert. An letzterem Ort wurde er im Jahre 1903 bei H. Molisch promoviert.[151] Von 1905 bis 1938 arbeitete Iltis als Lehrer am Brünner Deutschen Gymnasium und war Privatdozent für Botanik und Genetik an der DTH in Brünn. Wie bereits erwähnt, war Iltis gerade in Brünn unermüdlich darum bemüht, Mendel in einer Vielzahl an populärwissenschaftlichen Vorträgen zu popularisieren sowie Archivmaterialien und Zeitzeugenberichte für seine Mendelbiographie aufzuspüren und zu sichten.

Als letzter Vertreter der Molisch-Schule trat schließlich Oswald Richter auf.[152] Auch er folgte der von Iltis begründeten Tradition, Archivalien zu Mendel aufzuspüren und biographisch zu verarbeiten. Oft war es aber auch so, dass einige antisemitische Ressentiments eine Rolle gespielt haben. Seit den 1920er Jahren hat er eine ganze Reihe von Artikeln zu Mendel verfasst und diese auch immer wieder in Vorträgen

---

[150] Iltis 1924.

[151] Dunn 1953.

[152] **Oswald Richter (1878–1955)** war ein aus Prag stammender Botaniker und Sohn des Direktors einer deutschen Schule in Prag. Im Jahr 1903 schloss er das Lehramtsstudium der Naturgeschichte, Mathematik und Physik mit der Staatsprüfung erfolgreich ab und im November wurde er *sub auspicis Imperatoris* zum Doktor der Philosophie promoviert. Danach unterrichtete er in einem Probejahr am Staatsgymnasium in Weinberge. Im Jahr 1910 wurde Richter Assistent für Pflanzenphysiologie an der Universität Wien, wo er im November 1912 zum außerordentlichen Professor für Pflanzenanatomie und Physiologie befördert wurde. Im Jahr 1920 wurde Richter zum ordentlichen Professor an der DTH in Brünn ernannt, wo er u. a. Botanik, Mykologie, Pflanzenphysiologie, Mikrochemie, Bakteriologie und Photochemie lehrte. Im Studienjahr 1925/1926 war er dort als Dekan, 1927/1928 als Rektor der DTH tätig. Im Jahr 1948 zog Richter nach Hannover, wo er als Gastprofessor lehrte und auch noch nach seiner Pensionierung bis zu seinem Tod Vorlesungen hielt. Biogr. Ang. Daten n. Pohl et al. 2004, S. 169–173; Stafleu & Cohen 1983, Vol. IV, Second Edition, S. 778–779.

7 Popularisierung Mendels ab 1900

präsentiert.[153] Im Jahr 1942/1943 publizierte er in den *VNV* dann auch selbst seine umfangreiche Biographie zu G. J. Mendel.[154] Sie ergänzte umfassend die von H. Iltis, widersprach ihr aber auch in zahlreichen Punkten. Insofern scheint es durchaus passend, dass O. Richter am 13. Januar 1938 nicht nur die Gedenkrede auf der Totenfeier von H. Molisch im kleinen Festsaal des Deutschen Hauses in Brünn bestritt[155], sondern am Vorabend zu dieser Feier in der Vortragsreihe „*Unser Wissen von der Vererbung*" auch einen Lichtbildvortrag zu Mendel in der Knabenschule hielt.[156]

Es zeigt sich also, dass es vorallem die Schule der beiden Brünner Botaniker von Wiesner und Molisch war, die entscheidende Impulse in der Popularisierung von Mendels Erbe gegeben hat. Von den Personen, die sich in dem ersten Jahrzehnt nach der „Wiederentdeckung" der Mendelschen Regeln um deren Popularisierung bemühten, bauten viele enge Kontakte zum NfV in Brünn auf. So verwundert es denn auch kaum, dass bereits 1911 W. Bateson, H. Molisch, E. von Tschermak-Seysenegg, J. Wiesner und R. Wettstein als Ehrenmitglieder im NfV aufgeführt wurden.[157] H. Iltis, der Biograph, war zum Sekretär des NfV aufgestiegen.

In den tschechischen wissenschaftlichen Kreisen in Prag wurde Mendel und der Mendelismus vor dem Ersten Weltkrieg besonders aktiv von A. Brožek popularisiert.[158] Er war auch in der frühen eugenischen Bewegung tätig bzw. an der Anwendung des genetischen Gedankengutes in der Medizin interessiert.[159]

---

[153] Siehe z. B. Oswald Richters Vorträge „*Über den Ursprung des Lebens und der Arten und über Gregor Mendel*" im Rahmen der 2. Willmannwoche vom 2. bis 10. Juli 1924 in Eger durch den „Willmannbund", dem Reichsverein der christlich-deutschen Lehrerschaft in der Tschechoslowakei (*Wochenschrift für katholische Lehrerinnen* 1924, S. 300); „*Mendel und seine Heimat*" anlässlich der 7. Schlesischen Kulturwoche am 5. Juli 1931 im Deutschen Vereinshause in Neutitschein/Nový Jičín (zitiert nach Richter 1943, S. 13); „*75 Jahre seit Mendels Großtat und Mendels Stellungnahme zu Darwins Werken auf Grund seiner Entdeckungen*" im NfV am 15. Februar 1940 (zit. n. Richter 1943, S. 13). Siehe auch den Vortrag von Richter am 19. Februar 1927 als neu gewählter Rektor der DTH in Brünn für die Schülerinnen der V. Klasse des Städtischen Mädchen Lyzeums in den Räumen der Hochschule zu pflanzenphysiologischen Schulversuchen, in welchem er auch Mendelschen Regeln besprach (*Jahres-Bericht des städtischen Mädchen-Lyzeums* in Brünn für das Schuljahr 1927/1928, S. 4). Hinsichtlich früher Veröffentlichungen von Oswald Richter zu Gregor Mendel siehe z. B. Richter 1924, 1931a, 1931b, 1931c.

[154] Richter 1943.

[155] Richter 1937.

[156] Vgl. „Gregor Mendl, Mann und Werk", in: *Tagesbote*, 11. Januar 1938, Nr. 14 (Morgenblatt) S. 5. O. Richter hatte bereits zuvor auch die Festreden zum 60. und 70. Geburtstag von H. Molisch gehalten (Richter 1917, 1926). Eine letztmalige Elegie auf H. Molisch hielt er dann nach dem Krieg in einer letzten Kurzbiographie fest (Richter 1947).

[157] Siehe hierzu das Verzeichnis der Mitglieder des NfV nach dem Stande am 31. Dezember 1911, in: *VNV* 50, 1911, S. XXIII ff.

[158] Brožek 1909.

[159] Vgl. Simunek 2015.

Kurze beschreibende Texte zu Mendel und den von ihm gefundenen Vererbungsgesetzen fanden sich so schon bald nicht nur in wissenschaftlichen Publikationen und Lehrbüchern, sondern auch in publikumsorientierten Zeitschriften und Familienblättern im Deutschen Reich.[160]

7.3 Weitere Popularisierung in der Zwischenkriegszeit

In den 1910er und 1920er Jahren dürften Mendel und die mendelschen Regeln bereits in grösserem Maß auch als Schulstoff, zumindest von einzelnen Lehrern, behandelt worden sein. Eine genauere Auswertung der deutschen Schulbücher aus dieser Zeit fehlt bislang. Aus der pädagogischen Literatur dieses Zeitraums wird deutlich, dass die Mendelschen Regeln damals, wenn auch relativ selten, durchaus schon vielfältig von Lehrern diskutiert worden sind. Dies scheint dabei besonders im Umfeld der katholischen Lehrervereine der Fall gewesen zu sein. So finden sich beispielsweise in den *Monatsblättern für den katholischen Religionsunterricht an höheren Lehranstalten,* der *Pädagogischen Post (Katholische Zeitschrift für Erziehung und Bildung)* und *Pharus (Katholische Monatsschrift für Orientierungen in der gesamten Pädagogik)* Erwähnungen von und zu Mendel oder gar umfassende Rezeptionen der wiederaufgefundenen Mendelschen Regeln.[161] Diese katholische Bewegung war dabei mit Sicherheit auch durch die romantisierende Mendel-Historiographie sowie das 100-jährige Jubiläum im Jahr 1922 begünstigt. Daneben muss aber auch der Hintergrund der Anfänge einer katholisch geprägten Eugenik-Politik berücksichtigt werden.[162] In diesem Kontext sind die zahlreichen medizinischen Artikel aus dieser Zeit, die Mendel und die fortschreitenden Kenntnisse der Vererbungsgesetze als „notwendige Grundlage" für soziale Hygieniker und Eugeniker propagierten und somit auch für eigene Zwecke nutzten, erwähnenswert.[163] Umfangreiche Besprechungen zu Mendel hat es in diesem Zeitraum im Übrigen auch in der schweizerischen pädagogischen Literatur gegeben.

Für die Popularisierung von Mendel wurden in den 1920er Jahren auch neue Medien eingesetzt. So gab es die ersten öffentlichen Radiosendungen, in denen sein Leben

---

[160] Siehe bspw. Angaben in *Blätter für den Familientisch* (Düsseldorf), 17. März 1907; *Düsseldorfer Sonntagsblatt,* 20. November 1910, S. 373, 376; Hammer 1911, S. 188–192; Ortlepp 1909.

[161] Siehe bspw. Ebel 1922, 1923; Reitler 1913; Schoeneberger 1915. Siehe ebenso Anonymous 1912.

[162] Richter 2001; Burkard 2009. Für die Präsenz solcher Themen in der populärwissenschaftlichen Presse in Deutschland bis 1914 vgl. Früh 1997.

[163] Boruttau 1922. Siehe auch Strohmayer 1920; Fischer 1930.

und Werk im Rahmen eines Bildungsprogramms besprochen wurden.[164] Ganz nebenbei wurden Vorträge zu G. J. Mendel, den Mendelschen Regeln und Vererbungsfragen auch wiederholt als Artikel in den Radiozeitungen dieser Zeit abgedruckt bzw. als Beilage beigefügt. Ein Beispiel hierfür ist der Vortrag „*Vererbungsfragen*" des Mediziners Julius Bauer,[165] welcher in der *Stunde der Volksgesundheit,* einer Beilage von *Radio-Wien* im November 1927 abgedruckt wurde.[166]

Auch in den folgenden 1930er Jahren war Mendel dann noch ein beliebtes Thema im Rundfunk. Nach der Machtergreifung der Nationalsozialisten bildete der 50. Todestag Mendels (1934) hierfür einen besonderen Anlass. Im Zeitfunk des *Deutschlandsenders* moderierte Dr. K. Dürre z. B. die zwanzigminütige Sendung „*Gregor Mendel, dem Entdecker der Erbgesetze, zum fünfzigsten Todestage*" im Abendprogramm am 6. Januar 1934.[167]

---

[164] **Frühe Popularisierung von Gregor Mendel im Radio:** Siehe hierzu z. B. *Radio Wien* vom Montag dem 6. September 1929, S. XXIV für die Station Brünn (2,4 KW; Wellenlänge 342 m; 878 KH). Dort wurde um 17 Uhr 45 die Sendung „*Gregor Mendel als Mensch und Forscher*" unter der Moderation von F. Frimml [sic] ausgestrahlt. Gemeint war wohl Franz Frimmel von Traisenau (1888–1968), der frühere Assistent von E. v. Tschermak-Seysenegg und Leiter des Mendeleums im südmährischen Eisgrub/Lednice (Lužný 1968).

Siehe ebenso die Sendung „*Gregor Mendl und seine Lehren*" am 6. Oktober 1926 (Vortrag von H. Iltis um 18 Uhr 45 auf Welle 372 (*Pilsner Tagblatt* vom 6. Oktober 1926, S. 4). Desweiteren die Sendung „*J.G. Mendels Versuche über Vererbung*" am Freitag, den 8. Februar 1929 moderiert durch H. Iltis (*Das Kleine Blatt* vom 7. Februar 1929, S. 14). Ebenso am 28. November 1926 die Sendung „*Gregor Mendel als Imker und Bienenforscher*" von Dr. Koch auf *Münster Radio* (Wellenlänge 241,9) (*Radio Wien: Das Europäische Sende-Programm* vom 26. November 1926). Ebenso der 1929 von O. Richter in Brünn gehaltene Radio-Vortrag „*P. Gregor Mendel der Reiseprälat*" (zitiert n. Richter 1943, S. 13; s. a. Richter 1931).

[165] **Julius Bauer (1887–1979)** war ein aus Österreich stammender Mediziner und Internist. Er hatte sich 1919 im Fach innere Medizin habilitiert und war 1926 zum außerordentlichen Professor an der Wiener Universität ernannt worden. Seit 1928 hatte er dann die Leitung der Medizinischen Abteilung der Allgemeinen Poliklinik in Wien. J. Bauer war einer der Mediziner, die vor dem Missbrauch der Vererbungslehre durch den Nationalsozialismus warnte. Am bekanntesten wurde dabei sein Artikel „*Gefährliche Schlagworte auf dem Gebiete der Erbbiologie*" in der *Schweizer Medizinischen Wochenschrift* im Jahr 1935, für den er aus der Deutschen Gesellschaft für Innere Medizin ausgeschlossen wurde. Nach dem Anschluss von Österreich an das Deutsche Reich musste er nach Amerika emigrieren. Für detaillierte Angaben zu Julius Bauer siehe https://ub.meduniwien.ac.at/blog/?p=596.

[166] Ein weiteres Beispiel für derartige, in den Radiozeitungen abgedruckte Vorträge, ist der Beitrag „*Die elementaren Vererbungsgesetze bei Tier und Pflanze*" von Fritz Drahorad (1891–1972), Vortrag gehalten am 1. April 1927. Drahorad, ein Schüler E. v. Tschermak-Seyseneggs, war zu dieser Zeit Adjunkt der Bundesanstalt für Pflanzenschutz und Samenprüfung.

[167] S. Programmvorschau in *Radio Wien* vom 29. Dezember 1933, H. 14, S. 35; 18 Uhr 25.

Bereits im Nachmittagsprogramm desselben Tages hatte der Mitteldeutsche Rundfunk unter Moderation von Dr. Höfling bereits in den Nachmittagsstunden eine zwanzigminütige Sendung mit dem Titel *„Joh. Gregor Mendel zum Gedächtnis"* ausgestrahlt.[168]

Auch Radio Berlin hatte mit *„Zum 15. Todestage des Erbforschers Gregor Mendel* [sic]" eine kurze Sendung im Programm.[169] Vereinzelt sind dann auch während des Krieges noch Radioprogramme zu Mendel ausgestrahlt worden, beispielsweise *„Die Entdeckung der Vererbungsgesetze zum 120. Geburtstag von Gregor Mendel"* auf dem Reichssender München von Fritz Krökel.[170]

---

[168] Ebd.; 15 Uhr 40.
[169] Ebd., H. 14, S. 33; 18 Uhr.
[170] Gesendet am 22. Juli 1942; 11:40.

8. Skizzen zum wissenschaftspolitischem Missbrauch des Mendelismus und der Einführung der Mendelschen Regeln im Schulunterricht nach dem Ende des Zweiten Weltkriegs

Michael Mielewczik, Karl Porges, Michal V. Simunek und Uwe Hoßfeld

8.1 Nationalsozialismus

Die Zeit nach der Machtübernahme durch die Nationalsozialisten in Deutschland wurde zur Epoche, in der sich Wissenschaft, Gesellschaft und Politik am weitesten auf die Ideologie der rassistischen begründeten Biologisierung eingelassen haben. Die NS-Ideologie berief sich auf die Wissenschaft und diese beteiligte sich teilweise wieder an der Umsetzung der politischen Zielsetzungen des Regimes. Dieser Zusammenhang war ein treibendes Moment der Verwirklichung der Visionen einer *„reinen Rasse"*, einer *„Rasse ohne Fremdkörper"* oder eines medizinisch definierten *„erbgesunden Volkes"*. Eine der größten Perversionen bestand in der Verquickung von „Rasse" und Kultur – also in der Tendenz, ein Volk bzw. eine Nation nicht nur kulturell, sondern auch genetisch auszugrenzen und für „fremd" und „abartig" bzw. „minderwertig" zu halten.[1]

---

[1] Hoßfeld 2015.

M. Mielewczik (✉)
Adlikon bei Regensdorf, Schweiz
E-Mail: michaelmielewczik77@gmail.com

M. V. Simunek
Institut für Zeitgeschichte, Akademie der Wissenschaften der Tschechischen Republik, Prag 6, Tschechische Republik
E-Mail: simunekm@centrum.cz

K. Porges · U. Hoßfeld
AG Biologiedidaktik, Universität Jena, Jena, Deutschland
E-Mail: karl.porges@uni-jena.de

U. Hoßfeld
E-Mail: uwe.hossfeld@uni-jena.de

© Springer-Verlag GmbH Deutschland, ein Teil von Springer Nature 2024
M. Mielewczik et al. (Hrsg.), *Gregor Mendel*, Klassische Texte der Wissenschaft,
https://doi.org/10.1007/978-3-662-57976-3_8

Die neuen Erkenntnisse der mendelistischen Vererbungsforschung sollten sowohl in die Anthropologie als auch Medizin integriert werden.[2] In der biologischen Anthropologie wurden die Erbgänge von sekundären morphologischen Merkmalen sowie Kreuzungen von verschiedenen systematischen *„Rassen"* verfolgt. Aufgrund dieser Anwendung hatte kurz nach 1900 der deutsche Anthropologe Eugen Fischer (1874–1967) das Fach der sogenannten Rassenbiologie definiert, die in der NS-Zeit zum eingeständigen Universitätsfach avancierte.[3]

Parallel dazu entwickelte sich in Deutschland (und auch anderen europäischen Ländern wie z. B. Österreich, Schweden, Norwegen oder der Schweiz) das Fach der Erb- bzw. Rassenhygiene, also eine eigene Variante der Eugenik.[4] Sollte die englische Version der Eugenik ursprünglich zur erblichen, d. h. durch selektionistische Eingriffe durchgeführten Veränderungen der lebenden Organismen dienen, konzentrierte sich die deutsche Rassenhygiene auf eine *„vitale Rasse"*, d. h. einer *„sich erhaltenden und ersetzenden Lebenseinheit einer Population"*, die von Anfang an mit der klaren rassistischen Hierarchie und Überlegenheit der *„nordischen Rasse"* eng verbunden war.[5] Neben Ärzten wie Wilhelm Schallmayer (1857–1919), Alfred Ploetz (1860–1940) oder Fritz Lenz (1887–1976), waren besonders Psychiater wie August Forel oder Ernst Rüdin (1874–1952) an der neuen Entwicklung sehr interessiert. So wurde z. B. von E. Rüdin, der später zum medizinischen Berater der NS-„Euthanasie" avancierte, aufgrund von mendelistischen Erbgängen die sog. empirische Erbprognose formuliert und innerhalb der psychiatrischen Forschung angewandt.[6] Die von Ploetz am 22. Juni 1905 in Berlin gegründete Deutsche Gesellschaft für Rassenhygiene und die ab 1904 im J. F. Lehmann Verlag in München erscheinende Zeitschrift *Archiv für Rassen- und Gesellschaftsbiologie* waren innerhalb der deutschen Entwicklung wichtig in ihrem Bestreben, den wissenschaftlichen Boden für diese Fächer an Universitäten und Hochschulen vorzubereiten. Dabei verliefen die innerwissenschaftlichen Diskussionen in den ersten zwei Dezennien des 20. Jahrhunderts über die eigentlichen Mendelismus-Inhalte sowie über das Wesen, die Natur und das Funktionieren der Erbeinheiten (Erbfaktoren) äußerst turbulent und waren auf keinen Fall eindeutig.[7] Erst in den 1930er Jahren verbreitete sich ein Konsens über die mechanistisch-materialistische (stoffliche) Erklärung, d. h. die Existenz einzelner Gene in den Chromosomen, ihre Stabilität oder Mutabilität usw.[8]

---

[2] Weingart et al. 1992; Weindling 1989; Proctor 1988; Kevles 1985.
[3] Fischer 1933; ders. 1942.
[4] Broberg & Roll-Hansen 2005; Baader et al. 2007.
[5] Weingart et al. 1992, S. 79–87.
[6] Roelcke 2007.
[7] Früh 1997.
[8] Falk 2009; Garland 2002, S. 11–41.

8 Skizzen zum wissenschaftspolitischen Missbrauch des Mendelismus   455

Unter dem NS-Regime kam es zu einer Verbindung von Rassenhygiene und politischem Rassismus in seiner speziellen antisemitischen Variante, die auf der grundlegenden These von der genetisch bedingten *„natürlichen Ungleichheit"*, d. h. eingeborenen und unveränderlichen Ungleichheit der Menschen sowohl im normalen als auch pathologischen Sinne, beruhte. So bemerkte z. B. der später umstrittene Anthropologe, der Berliner Ordinarius für Rassenhygiene und Doktorvater des berüchtigten Josef Mengele (1911–1979), Otmar Freiherr von Verschuer (1896–1969) zu dieser Verbindung 1944, anlässlich des zehnjährigen Jubiläums des Rassenpolitischen Amtes der NSDAP, folgendes: *„Die Rassenpolitik gilt mit Recht als Kernstück des Nationalsozialismus [...] Der Nationalsozialismus dagegen hat den Menschen selbst mit den in ihm enthaltenen rassischen und erblichen Anlagen und die dem einzelnen Menschen übergeordnete Gesamterscheinungsform von Volk und Rasse in den Mittelpunkt seiner Politik gerückt [...] Die Vorschläge einzelner Wissenschaftler, Programme wissenschaftlicher Gesellschaften wären aber niemals zur Durchführung gekommen, wenn nicht der Nationalsozialismus die Rassenpolitik als Panier erhoben hätte"*.[9]

Die Vererbungsforschung wurde in Deutschland (und später auch Österreich bzw. in anderen besetzten Ländern Europas) eng mit den zwei offiziellen Doktrinen des NS-Staates, d. h. der *„Rassen-"* und *„Erbgesundheitspflege"* verknüpft und somit Bestandteil der neuen Politik und institutionellen Infrastruktur, die im gesundheitspolitischen sowie klinischen Bereich geschaffen wurde bzw. werden sollte. Der ideologisch bevorzugte Aufschwung an *„rassenkundlichen"* und *„rassenhygienischen"* Fragestellungen spiegelte sich also auch in den Bereichen der Human- und Biowissenschaften, wie z. B. Universitäten, Kaiser-Wilhelm-Instituten wider.[10] Am Anfang stand dabei die Umsetzung des Gesetzes zur Verhütung erbkranken Nachwuchses vom 14. Juli 1933, mit dem der Weg zu den Ausgrenzungsstrategien durch exzessive „Unfruchtbarkeitsmachungen", d. h. Sterilisationen und Kastrationen, bereitet wurde.[11]

Unter diesen Bedingungen wurde Mendel zu einer zentralen Propagandafigur. Sie sollte auf einer Seite die Tradition und quasi einzigartige Leistung der *„deutschen Biologie"* belegen, auf der anderen Seite wurde er unhistorisch als ein direkter Vorreiter der NS-Erbgesundheitspflege interpretiert. Seine Leistung auf dem Gebiet der Hybridisierung wurde zum Grundkanon der Lehrbücher, die u. a. der Familien- und Ahnenkunde den Weg vorbereiteten.[12] In der stark idealisierten Form wurde diese Fassung auch Bestandteil heroisierender Darstellungen.[13] Im Jahr 1944 wurde diese Version sogar, für

---

[9] Verschuer 1944, S. 54.
[10] Schmuhl 2003.
[11] Weindling 1989, S. 505–534.
[12] Z. B. Steche 1933, S. 21–34; Kruse & Wiedow 1942, S. 119–123.
[13] Siehe bspw. Heinen 1941/1945.

damalige Verhältnisse höchstmodern, durch einen farbigen und in Prag (Prag-Film) produzierten Dokumentarfilm „*Johann Gregor Mendel*" kolportiert.[14]

In seinem Wirkungsort Brünn, das unter der deutschen Besatzung im sog. Protektorat Böhmen und Mähren lag, wurden diese Tendenzen deutlich. Mendel wurde zuerst als ein sudetendeutscher Forscher dargestellt. Dabei spielten wieder die Brüder von Tschermak-Seyseneggs die Hauptrolle, denn die Tätigkeit und Leistung Mendels wurde in erster Linie in den Zusammenhang mit der Entwicklung in Wien, d. h. in den breiteren österreichischen Kontext gesetzt.[15] Dadurch sollte auch die historische Rolle der österreichischen Pflanzenzüchtung hervorgehoben werden.

Auf der praktischen Ebene sollte diese Traditionslinie zum Ausbau des neuen Forschungszentrums in Brünn, des sog. Gregor-Mendel-Institut, in der Ostmark nützlich gemacht werden. In der neuen Institution, die ein Vorhaben der DTH und der NSDAP Dienststellen in dem Gau Niederdonau war, sollten sowohl die historisch relevanten Unterlagen einschließlich der Dokumente aus dem Besitz des NfV zusammengefasst, als auch praktische Kreuzungsversuche durchgeführt werden.[16]

8.2 Aufstieg und Fall des Lyssenkoismus

Mit dem Sieg der UdSSR im Zweiten Weltkrieg und ihrem machtpolitischen Aufstieg in der ersten Hälfte der 1950er Jahre wurden in der DDR und anderen europäischen Ostblockstaaten die pseudowissenschaftlichen Theorien des sowjetischen Agronomen und Mitschurinisten Trofim D. Lyssenko[17] im Biologieunterricht der allgemeinbildenden Schulen und auch im Hochschulwesen protegiert.[18] Insbesondere die Genetiker in der DDR gerieten damals in den schier unlösbaren Konflikt von Politik und Wissenschaft. Die von der SED gestützte Lehre verschwand zwar langsam ab 1955 aus dem Lehrplan, wurde aber in den Folgejahren nie umfassend und öffentlich kritisiert. Diese abwartende

---

[14] Rupli 1944.

[15] E. v. Tschermak-Seysenegg 1941a, 1942b; Zankl 1942.

[16] Balcárek & Paleček 2001.

[17] **Trofim Denissowitsch Lyssenko (1898–1976)** wurde in Karlowka bei Poltawa in der Ukraine geboren, besuchte nach dem Schulabschluss eine Gartenbau-Schule und nahm 1921 in Belozersk die Arbeit an einer Selektionsstation auf. Anschließend studierte er bis 1925 Landwirtschaftswissenschaften in Kiel, arbeitete von 1925 bis 1929 an einer Selektionsstation in Aserbaidschan und war schließlich von 1929 bis 1938 als Spezialist, wissenschaftlicher Leiter und Direktor am Allunionsinstitut für Genetik und Zuchtverfahren in Odessa tätig. Bereits seit Mitte der 1930er Jahre genoss Lyssenko die Unterstützung J. Stalins, wurde 1938 zum Präsidenten der Lenin-Akademie für Landwirtschaftswissenschaften (VASKhNIL) ernannt und 1940 Direktor des Instituts für Genetik der Akademie der Wissenschaften (Vgl. Arosevskij 1994; Kolchinsky 1999; Rossianov 1993).

[18] Kolchinsky et al. 2017; Porges et al. 2016; Porges & Hoßfeld 2017.

Haltung hielt sich sogar bis 1988, als Daniil Granin (1919–2017) seinen Roman über den Genetiker Nikolai V. Timoféeff-Ressovsky (1900–1981), publizierte, d. h. ein Roman über ein Opfer des Lyssenkoismus.[19] Dieser Roman erschien zunächst in der BRD bei Pahl-Rugenstein (Köln), mit einem halben Jahr Verspätung dann im Verlag Volk und Wissen in Berlin-Ost.[20]

T. D. Lyssenko wurde Anfang der 1930er Jahre durch Forschungen zum Verfahren der sog. Jarowisation (d. h. Kältebehandlung von angekeimten Samen) bekannt. Durch diese Vorbehandlung war es möglich, Wintergetreide prinzipiell erst im Frühjahr statt im Herbst auszusäen. Theoretisch konnte man damit eine Auswinterung vermeiden und die Anbaugebiete in den kalten Norden der Sowjetunion verlagern. Auf diesen Gedanken aufbauend, entwickelte Lyssenko in den darauffolgenden Jahrzehnten nun ein „Ideengebäude", dass in vollständigem Gegensatz zu allen gesicherten genetischen Erkenntnissen der damaligen Zeit stand. Seine antigenetischen Theorien wurden unter dem Namen der sog. Mitschurin-Biologie, später auch als „schöpferischer Darwinismus" bekannt.[21] Die wichtigsten Thesen des Lyssenkoismus lauteten:

1. Die Vererbung ist eine Eigenschaft des gesamten Organismus, es existieren keine Gene;
2. Die klassische Genetik (schlagwortartig als Mendelismus-Morganismus-Weismannismus genannt) ist mit den Prinzipien des dialektisch-historischen Materialismus unvereinbar;
3. Durch veränderte Umwelt- und Lebensbedingungen können neue Eigenschaften erworben und anschließend vererbt werden, Kältebehandlung kann bspw. von Sommer- zu Winterformen führen;
4. Bei Pflanzen und z. T. auch bei Tieren können durch vegetative Hybridisation (Propfung) analog zur sexuellen Kreuzung gezielte Veränderungen induziert werden.

Vor dem Hintergrund der politischen Moskauer Schauprozesse und wegen der Unterstützung Lyssenkos in der Partei scheuten die sowjetischen Genetiker 1936 und 1939 auf großen Tagungen in Moskau eine scharfe öffentliche Auseinandersetzung mit Lyssenkos Theorien. Nach der Konferenz des VASKhNIL, vom 31. Juli bis 7. August 1948, wurde schließlich das Gedankengut der klassischen Genetik in der Sowjetunion völlig unterdrückt. Es brachen Zeiten von Repressionen, Denunziationen und Emigrationen an. Der klassischen Genetik wurde in jenen Jahren ein großer nicht wiedergutzumachender

---

[19] Siehe Granin 1987 S. 19–95; ders. Teil 2, S. 7–92; ders. 1988a; ders. 1988b.
[20] Vgl. Hoßfeld 1999, S. 30–44; Hoßfeld 2001, S. 335–367; Hoßfeld & Olsson 2002, S. 1646–1647; Kaasch, Kaasch & Hoßfeld 2006, S. 333–427; Levit & Hoßfeld 2009, 2010.
[21] **Iwan Wladimirowitsch Mitschurin (1855–1935)** war ein russischer Pflanzenzüchter und Praktiker. An die von ihm begründeten Methoden der vegetativen Hybridisation und die so genannte Mentor-Methode knüpfte T. D. Lyssenko an.

wissenschaftlicher Schaden zugefügt – zumal die sowjetische Genetik jener Jahre Weltniveau hatte (I. I. Agol, S. S. Cetverikov, T. Dobzhansky, G. F. Gauze, G. D. Karpecenko, M. L. Levin, S. G. Levit, N. V. Timoféeff-Ressovsky usw.). Die sowjetische und z. T. auch die DDR-Genetik gerieten damit ins internationale Hintertreffen.[22]

Nach 1945 wurde die sog. Mitschurin-Biologie in allen Ländern, die unter dem Einfluss der UdSSR standen, propagiert. In der DDR z. B. begannen die Diskussionen in der Parteipresse zum Ende der 1940er Jahre. Obwohl zahlreiche Wissenschaftler die Thesen Lyssenkos (und Isai I. Prezents) kritisch hinterfragten, teilweise sogar ablehnten, entschloss sich die SED die Mitschurin-Biologie zu unterstützen. Ein Beispiel dafür war der verordnete Feiertag in landwirtschaftlichen Schulen zum 15. Jahrestag von Mitschurins Tod, am 7. Juli 1950.

Auf der II. Parteikonferenz der SED 1952 wurde schließlich die Relevanz dieser Art von Biologie betont, eine Umsetzung in den Schulen und Hochschulen gefordert sowie ebenso eine Kollektivierung der Landwirtschaft beschlossen. Zahlreiche Bücher mit mitschurinschem Gedankengut wurden übersetzt und fanden so Eingang in die Lehrpläne. Andererseits wurden auch die ehemals privaten Saatzuchtbetriebe in die Deutsche Saatgutgesellschaft zusammengefasst und neue Züchtungsinstitute gegründet (Groß-Lüsewitz, Bernburg usw.).

An den DDR-Universitäten erhielten loyale SED-Mitglieder Lehraufträge für *„Abstammungslehre und schöpferischen Darwinismus"*, so in Leipzig Friedrich Bergmann, in Halle Gerhard Müller oder in Ostberlin Rudolph Gottschalk (1901–1971). *„Professoren mit Lehrauftrag"* – eine höhere akademische Stufe – wurden hingegen Werner Rothmaler (1908–1962) in Halle, Georg Schneider (1909–1970) in Jena und Clemens Fritz C. Werner (1898–1975) in Leipzig. Die Mehrheit der maßgebenden Biologen in der DDR standen aber gegen Lyssenko. Der Lyssenkoismus konnte kaum Fuß fassen, obwohl mit Jena und dem hier lehrenden Schaxel-Schüler G. Schneider eine unrühmliche Ausnahme zu konstatieren ist.[23]

Lyssenkos Ideen fanden, wie bereits erwähnt, Eingang in Schul- und Hochschulbücher sowie Lehrpläne, man versuchte sogar die Vorstellungen von Lyssenko auf die menschliche Entwicklung zu übertragen. Nach dem Tod von Stalin 1953 kam es zu einer vorübergehenden Schwächung Lyssenkos, dennoch konnten er und seine Anhänger sich mit Hilfe von Nikita Chruschtchows (1894–1971) bis zu dessen Sturz im Oktober 1964 behaupten. Hier ist auch das parallele und tragikomische Wirken von Olga Borisovna Lepeshinskaya (1871–1963) auf dem Gebiet der Medizin – im Gegensatz zu Lyssenkos Aktivitäten in den Biowissenschaften – zu beachten.[24]

---

[22] Roll-Hansen 2005; de Jong-Lambert & Krementsov 2016–2017.
[23] Schneider 1950; vgl. weiterführend Hoßfeld 2007 sowie Reiß et al. 2009, S. 3–51.
[24] Ausführliche Darstellungen dazu finden sich ferner bspw. bei Regelmann 1980, S. 27–35; Eichler 1992; Graham 1993; Hagemann 1985; Joravsky 1970; Böhme 1999; Shumeiko 2000; Hagemann 2002; Höxtermann 2000 etc.

Nach einer Bildungsreise einer Delegation aus Politikern und Wissenschaftlern der DDR in die UdSSR im Jahr 1951 wurde schließlich die Deutsche Akademie der Landwirtschaftswissenschaften gegründet, begleitet durch Lobgesänge auf die sog. Mitschurin-Biologie.[25] Der Genetiker Hans Stubbe (1902–1989) wurde, trotz kritischer Bemerkungen zur sog. Mitschurin-Biologie, zu ihrem Präsidenten gewählt. Es war in Deutschland ein maßgebliches Verdienst von Stubbe und seinen Mitarbeitern, die Thesen des Lyssenkoismus wissenschaftlich widerlegt zu haben.[26]

Sie konnten nachweisen, dass Lyssenko und seine Anhänger oftmals mit unsauberem Material gearbeitet, unkritische, leichtfertige und fahrlässige Versuchsdurchführungen verwendet, die Terminologie des dialektisch-historischen Materialismus missbräuchlich angewendet, gezielt Fälschungen von Versuchsergebnissen im Sinne der Auffassungen Lyssenkos durchgeführt, sowie ihre wissenschaftlichen Gegner bewusst diskriminiert hatten. Die einflussreichste Publikation dürfte der Artikel *„Über die Umwandlung von Winterweizen in Sommerweizen"* von Stubbe 1955 in der Zeitschrift *Der Züchter*[27] gewesen sein.[28]

Die wissenschaftliche Diskussion um die Mitschurin Biologie war in der DDR sowie in anderen sozialistischen Ländern, wie z. B. der Tschechoslowakei, Ende der 1950er Jahre mehr oder minder beendet.

8.2.1 Mendel in Abwehr gegen Lyssenkoismus

Nach dem Ende des Zweiten Weltkriegs stand die Genetik, wie auch viele andere Wissenschaftszweige, vor der schwierigen Aufgabe, sich in der Nachkriegsgesellschaft neu zu positionieren, aber auch zu modernisieren und somit zumindest partiell neu zu definieren.[29] Im Vordergrund standen dabei auch schnell Sorgen um das Ansehen der Genetik in der Öffentlichkeit. Zum einen galt es nach dem Krieg immer noch die tragischen Verbindungen zwischen Eugenik, Rassenhygiene und Genetik in Deutschland unter den Nationalsozialisten und die Verantwortung einzelner Wissenschaftler aufzuarbeiten. Zum anderen fürchteten einige Genetiker auch negative Auswirkungen in der Darstellung des Fachgebiets durch öffentliche Diskussionen zu genetischen Effekten radioaktiver

---

[25] „*Das Wesentliche der Lehren Mitschurins und Lyssenkos besteht darin, dass ihre Theorien und Methoden kein Dogma, kein starres System darstellen, sondern im Gegenteil eine Weiterentwicklung geradezu fordern* […]. *Sie stellen heute in der Biologie das Fortschrittlichste dar* […]. *Somit ist die Lehre Mitschurins und Lyssenkos die Weiterentwicklung der naturwissenschaftlichen Seite des Marxismus* […]. *Wenden wir also mutig die Theorien und Methoden Mitschurins und Lyssenkos an!"* Zit. nach Schneider 1951, S. 113–114.
[26] Käding 1999. Vgl. auch Stubbe 1963.
[27] Heute *Theoretical and Applied Genetics*.
[28] Stubbe 1955.
[29] Vgl. bspw. Wolfe 2012.

Strahlung, welche von der Presse „misrepräsentiert" werden könnten.[30] Der Lyssenkoismus rückte also primär in das Zentrum des Problembewusstseins der involvierten Wissenschaftler.[31]

Einerseits wollten sich viele westliche Wissenschaftler und im speziellen Genetiker der feindlich gesinnten marxistisch-stalinistischen Ideologie Lyssenkos offen kritisch gegenüberstellen. Andererseits gab es starke Bestrebungen innerhalb der Wissenschaftselite, eine zunehmend zu beobachtende Politisierung der Wissenschaft auch in den USA zu verhindern, welche mit Repressalien gegenüber einzelnen Wissenschaftlern einherging. Beides waren Positionen, die sich nicht ohne Konflikte miteinander verbinden ließen. Primärer Austragungsort dieser Konflikte waren in den späten 1940er und 1950er Jahren die Leitungsgremien der Genetic Society of America (GSA).[32] In den dort stattfindenden Diskussionen ging es darum, wie man auf den Lyssenkoismus in der UdSSR reagieren sollte, wie der freie Meinungsaustausch in der Wissenschaft gesichert werden könnte aber auch darum, institutionelle Allianzen mit anderen Wissenschaftsorganisationen zu schmieden.[33]

Ein kritisches Schlüsseljahr für diese Diskussion des Lyssenkoismus markiert das Jahr 1948. In diesem hielt T. D. Lyssenko die Leitrede auf der berüchtigten Augustsitzung der Sowjetischen Akademie für Landwirtschaftswissenschaften (VASKhNIL). Wie bereits angedeutet, wurde der sog. Lyssenkoismus praktisch zur sowjetwissenschaftlichen Staatsdoktrin erklärt, die Mendel-Weismann-Morgan-Genetik de facto verbannt und gebrandmarkt. Ausgehend davon gaben viele westliche Wissenschaftler und insbesondere Genetiker ihre abwartende und vorsichtige Haltung auf und begannen Lyssenko und die von diesem propagierten und oft unhaltbaren und pseudo-wissenschaftlichen Thesen sowie die stalinistische Repressionspolitik offen und auch publikumswirksam zu kritisieren. Die „Lyssenko-Affäre" rückte damit zunehmend in den Blickpunkt der Öffentlichkeit und es gab eine wachsende Zahl an Artikeln, welche diese in Zeitungsartikeln und wissenschaftlichen Magazinen besprachen.[34] Ende November 1948 kam es dann zu einem ersten großen Showdown. In London organisierte die BBC ein 35 minütiges Radiosymposium, welches das Thema Lyssenko thematisierte und dessen Teilnehmerrunde mit vier Mitgliedern der Royal Society bzw. Genetikern ersten Ranges

---

[30] Siehe hierzu bspw. die Darstellung zu den Ansichten des Genetikers Tracy Sonneborn in Selya 2012, S. 421.

[31] Selya 2012; Wolfe 2012; DeJong-Lambert 2017a.

[32] Selya 2012; Wolfe 2012.

[33] Wolfe 2012.

[34] Für eine Übersicht zur Rezeption Lyssenkos und sowjetischer Wissenschaftskonzeptionen in Amerika und Großbritannien bis zum Frühjahr 1948 siehe z. B. Harman 2003; Krementsov 1996; Paul 1983.

besetzt war: R. A. Fisher, Cyril Darlington[35], Sydney Cross Harland[36] und John B. S. Haldane.[37,38]

---

[35] **Cyril Dean Darlington (1903–1981)** war ein engl. Botaniker und Genetiker. Er war einer der Entdecker des Crossing-Over der Chromosomen, wobei er wichtige Beobachtungen zur Meiose machte. In seinen frühen Jahren arbeitete er unter anderem an der John Innes Horticultural Institution. Dort wurde er dann im Laufe der Jahre erst Direktor der zytologischen Abteilung und 1939 deren Direktor. Von 1953 bis 1971 hatte er dann den Sherardian Lehrstuhl für Botanik in Oxford inne. Im zeitlichen Kontext der Lyssenko Affäre gründete er zusammen mit R. A. Fisher 1947 das Journal *Heredity. An International Journal of Genetics* (Lewis 1983). Zum Zeitpunkt des BBC Interviews war Darlington der Direktor des John Innes Centre.

[36] **Sydney Cross Harland (1891–1982)** war ein engl. Botaniker, der sich vorwiegend mit dem Anbau von Baumwolle beschäftigte. Von 1926 bis 1935 war er Direktor der Baumwoll Forschungsstation in Trinidad. Ab 1940 diente er dann als Direktor des Institute of Genetics innerhalb der National Agricultural Society of Peru. 1949 kehrte er nach England zurück und hielt Vorlesungen zur Genetik. Ab 1950 bis zu seiner Emeritierung 1958 hatte er dann an der University of Manchester eine Professur für Botanik inne. Biogr. Ang. n. Hutchinson 1984.

[37] **John Burdon Sanderson Haldane (1892–1964)** war ein Genetiker und einer der bedeutendsten theoretischen Biologen des 20. Jahrhunderts. Nach Schulbesuch in Eton und Studium der Natur- und Geisteswissenschaften in Oxford wurde er während des Ersten Weltkriegs in die britische Armee einberufen. Dort wurde er wiederholt verwundet, bevor er schließlich nach Oxford zurückkehren konnte, um seine früheren Forschungen fortzusetzen. Von 1922 bis 1930 war Haldane Lektor für Biochemie an der Universität von Cambridge. In dieser Zeit begann er auch populärwissenschaftliche Artikel zu naturwissenschaftlichen Themen zu verfassen. Zwischen 1930 und 1933 war er Professor für Physiologie an der Royal Institution in London, von 1933 bis 1937 Professor für Genetik am University College London (UCL). Dort hatte er ab 1937 dann auch den Lehrstuhl für Biometrie inne, auf welchem er bis 1957 lehrte. Seine letzte Wirkungsstätte war Indien, wohin er 1957 ausgewandert war. Zusammen mit R. A. Fisher und Sewall Wright gilt er heute allgemein als einer der Begründer der Populationsgenetik in den 1920er Jahren. Sein berühmtes 1932 erschienenes Buch „*The Causes of Evolution*" wird als das erste Hauptwerk der Synthetischen Evolutionstheorie angesehen. Zusammen mit George Edward Briggs (1893–1985) verfasste er richtungsweisende Arbeiten zur mathematischen Beschreibung von Enzymkinetik. Er gilt als „Entdecker" des Haldane-Prinzips. Zu seiner nachhaltigen Bedeutung in der wissenschaftlichen Rezeption haben aber auch seine sehr vielseitigen Visionen und Ansichten einer möglichen Zukunft beigetragen. Als Genetiker hat sich Haldane wiederholt mit Mendel und dem Mendelismus beschäftigt, wobei er wichtige Artikel zur Genkopplung beim Menschen und Tier verfasste. Zu den vielen bekannten Anekdoten aus Haldanes Leben zählt auch jene, nach der er seine wissenschaftliche Karriere 1901 als achtjähriger Knabe mit einer Vorlesung zu den Mendelschen Regeln von Darbishire begann, die er zusammen mit seinem Vater besucht hatte. Mendel erscheint im Gesamtwerk Haldanes als ein immer wiederkehrender Topos. Z. B. in Form kurzer Erwähnungen in Haldanes Zukunftsroman „*Daedalus*" (Haldane 1923). Biogr. Ang. n. Clark 1969; Crow 1992; Dronamraju 2010; Pirie 1966.

[38] Siehe hierzu das „*Script of Contributions to the BBC Third Programme 'The Lysenko Controversy'*": Wellcome Library Digital Archive, The Haldane Papers, UCL Special Collection, HALDANE/5/1/2/8/35.

Der Inhalt der Sendung kam dann einer öffentlichkeitswirksamen wissenschaftlichen Beseitigung von Lyssenko in der westlichen Öffentlichkeit gleich, wie es sie in der modernen Wissenschaft wohl kein zweites Mal gegeben hat und in welcher sich auch deutlich der Zorn der britischen Genetiker über das tragische Schicksal vieler ihrer russischen Kollegen entlud. Den Anfang machte dabei Harland, der mit einer Lobpreisung des genialen russischen Wissenschaftlers N. I. Vavilolv begann und der dann fortfuhr von einem Besuch bei Lyssenko in Odessa im Jahr 1933 zu berichten.[39] Harland beschrieb Lyssenko als einen Mann, *„der gegenüber den elementaren Prinzipien der Genetik und Pflanzenphysiologie komplett ignorant"* war und er warf diesem vor, eine *„Pseudowissenschaft zu vertreten, die Wunder verspricht"* und der seine *„pseudowissenschaftliche Doktrin mit großer Bösartigkeit und fanatischer Grausamkeit"* verbreitete.[40] Der Kanonenschuss seines Vortrags war jedoch der an Lyssenko gerichtete insinuierte und erstmals in einer breiten Öffentlichkeit vorgetragene Vorwurf zu dessen Schuld am Tod eines gebrochenen Vavilovs unter ungeklärten Umständen, einem der in Harlingtons Augen *„größten Wissenschaftler aller Zeiten."*[41] Ähnlich hart ging auch Cyril Darlington mit Lyssenko ins Gericht, wobei sein Fokus beginnend, eher auf den von Lyssenko proklamierten wissenschaftlichen Großtaten lag. So berichtete Darlington, dass Lyssenko immer neue Behauptungen aufstellte, welche sich aber nie bestätigten und er beschrieb *„laufend erscheinende"* neue *„Wunderkreuzungen"*, die zumindest *„im Druck"* zu *„unglaublicher Fruchtbarkeit"* führen sollten und dass sich nach Lyssenko, zumindest in dessen *„Vorlesungssaal"* eine *„Art in eine andere umwandeln"* würde.[42] Ähnlich wie Harland kolportierte dann auch Darlington von dem Schicksal vieler führender, sowjetischer Wissenschaftler, die *„verhaftet und getötet worden waren"* und davon, dass 1941 die wichtigsten verbliebenen sowjetischen Pflanzenzüchter *„liquidiert"* worden seien und Anhänger Lyssenkos deren Positionen eingenommen hatten.[43] Zuletzt beschrieb er, dass die kommunistische Partei nun Lyssenko und dessen Lehre zur Staatsdoktrin erklärt

---

Desw. die Ankündigung der Sendung im Programm von BBC 3 unter dem Titel „The Lysenko Controversy", welches am 30. November 1948 von 18:50 bis 19:25 Uhr zur besten Sendezeit ausgestrahlt wurde: Wellcome Library Digital Archive, The Haldane Papers, UCL Special Collection, HALDANE/5/1/2/8/34. Produzent der Sendung war der englische Historiker Peter Laslett (1915–2001).

[39] Siehe hierzu das *„Script of Contributions to the BBC Third Programme 'The Lysenko Controversy'"*: *Wellcome Library Digital Archive,* The Haldane Papers, UCL Special Collection, HALDANE/5/1/2/8/35. Siehe hierzu vergleichend auch die Berichterstattung in Zeitungsartikeln, z. B. The Manchester Guardian 1. Dezember 1948, S. 8: *„For and against the theories of Lysenko – Professor Haldane's qualified support"*.

[40] Ebd.; Übersetzung aus d. Englischen durch d. Verf. d. vorl. Editon.

[41] Ebd.; dito.

[42] Ebd.; dito.

[43] Ebd.; dito.

hätten und dass Genetik und verwandte Wissensgebiete in der UdSSR verbannt worden wären.⁴⁴ Erwähnung fand zudem die damals gerade erschienene englische Übersetzung von Lyssenkos Buch, das von Darlington als „*Märchengeschichte*" tituliert wurde.⁴⁵ Den Abschluss der Generalattacke auf Lyssenko in diesem Radiovortrag kam dann R. A. Fisher zu, welcher zu diesem Zeitpunkt bereits der bekannteste Statistiker und Mathematiker der Welt war. Er beschäftigte sich in seiner Analyse mit der Frage, was für ein Mensch Lyssenko eigentlich sei.⁴⁶ In der Kernaussage verwies Fisher aber vor allem darauf, dass Lyssenkos Vorgehen von Stalin persönlich unterstützt wurde und, dass in seinen Augen, die „*Belohnung von Lyssenkos triumphaler Karriere*" nicht im „*Fortschritt wissenschaftlicher Erkenntnisgewinns*" oder in der Erringung von „*Wohlstand für arme Bauern*", sondern in der „*Gier nach Macht*" lag.⁴⁷ Einer „Macht" für Lyssenko selbst, die nach Fisher, lediglich dazu diente, andere „*zu bedrohen*", „*zu foltern*" und „*zu töten*".⁴⁸ In dem Radiosymposium fiel dann J. B. S. Haldane, ein offen bekennender Kommunist und Mitglied der Kommunistischen Partei in Großbritannien, die undankbare Aufgabe zu, die Standpunkte Lyssenkos zu verteidigen. Seine Rolle in diesem Interview hat Haldane, sowohl durch Zeitgenossen als auch von Seiten der Wissenschaftsgeschichte, viel Kritik eingebracht und tatsächlich kann man seinen Auftritt durchaus als mediales Fiasko bewerten.⁴⁹ Dies hat zum einen sicher daran gelegen, dass Haldane hier einfach, obwohl er die damalige Parteilinie sogar eklatant überschritten hat, die schlechteren Argumente in der Darstellung hatte. Wohl wichtiger ist aber, dass es hierbei eigentlich in diesem Format nicht mehr um eine wissenschaftliche Auseinandersetzung, sondern primär um eine wissenschafts-politische Darstellung gegenüber der Öffentlichkeit ging. Zudem war das Format so angelegt, dass die Beiträge der einzelnen Teilnehmer unabhängig aufgenommen wurden, eine Diskussion also gar nicht stattfinden konnte. Interessant ist aber, dass Haldane in Bezug auf die Popularisierung Mendels in seiner Verteidigungslinie Lyssenko in den späten 1940er Jahren einen kleinen, zumindest rhetorischen Punktgewinn verbuchen konnte. Er wies darauf hin, dass Lyssenkos Kritik einer Idealisierung Mendels ja durch noch einen heftigeren Vorwurf Fishers an Mendel hinsichtlich von Datenfälschungen in Mendels Experimenten übertroffen worden ist.⁵⁰ Ob Haldanes Ansicht in diesem Punkt innerhalb der westlichen Genetik eine breitere Rezeption erfahren hat, kann man an dieser Stelle durchaus dahingestellt sein lassen.⁵¹

---

⁴⁴ Ebd.
⁴⁵ Ebd.
⁴⁶ Ebd.
⁴⁷ Ebd.; Übersetzung aus d. Englischen durch d. Verf. d. vorl. Editon.
⁴⁸ Ebd.; dito.
⁴⁹ DeJong-Lambert 2017b.
⁵⁰ Siehe bspw. Tredoux 2018.
⁵¹ Da über den Schlagabtausch im B.B.C. Radio auch durch internationale Presseagenturen berichtet wurde, ist dieser auch in Amerika, bis hinunter in verschiedene Lokalzeitungen kolportiert worden. Die Besprechungen waren aber meist nur kurze Rezeptionen. Der Radiodisput selbst hat bei weitem nicht so viel Resonanz hervorgerufen, wie die eigentlichen Vorgänge in der UdSSR im Jahre 1948.

Sicher ist aber, dass man auch in der amerikanischen Genetik diese Bruchstelle in der ideologisierten Darstellung Mendels in West und Ost sowie der Lyssenko-Kontroverse im Allgemeineren wahrgenommen hat.

8.3 Mendel in der Schule während den Diktaturen

Die „Wiederentdeckung" der Mendelschen Regeln im Jahr 1900 markierte nicht nur einen Wendepunkt in der Geschichte der quantitativ exakten Biologie, sondern sie bildete auch die Grundlage für einen Siegeszug der neuen Vererbungslehre als wichtigen Teil der biologischen Unterrichtstradition des 20. Jahrhunderts. Getragen von der kombinatorischen Eleganz der Mendelschen Versuche, die sich ideal auch im praktischen Unterrichtsmaterial vermitteln ließ. Aus diesem Grund floss sie wenig überraschend nachhaltig über die Lehrbücher und das Unterrichtsmaterial des Faches Biologie in die Schul- und Unterrichtstradition einzelner Länder und verschiedener politischer Regime, einschließlich der deutschen Diktaturen, ein.

8.3.1 Mendel in der Schule der NS-Zeit

Wirklich flächendeckend dürften die mendelschen Regeln erst im Laufe der 1930er Jahre in Deutschland unterrichtet worden sein, und zwar im Rahmen der schulischen Implementierung der Vererbungslehre sowie völkischen Rassenkunde. Wie genau Mendel und die Mendelschen Regeln im Detail dabei im Unterricht der NS-Zeit verankert waren und welche Bedeutung sie dabei für die Didaktik sowie Verbreitung und Propaganda zum „Rassenwahn" während der NS-Diktatur genau hatten, ist auch heute, zumindest im Detail, in vielerlei Hinsicht noch nicht vollkommen bekannt.[52]

Eine entscheidende Rolle spielte hierbei in jedem Fall die Gleichschaltung, welche nach der Machtergreifung auch an den Schulen Einzug hielt. Die Vorreiterrolle übernahmen hierbei NS-Kultusminister Bernhard Rust[53] und dessen Staatssekretär Wilhelm

---

[52] Im Allgemeinen vgl. Bäumer-Schleienkofer 1992.

[53] **Bernhard Rust (1883–1945)** wurde in Hannover geboren. Er studierte mehrere Fächer und wurde 1911 der Schulrat am Gymnasium. Nach dem Ersten Weltkrieg wandte er sich der völkischen Bewegung zu und wurde politisch aktiv. Er wurde ein überzeugter Nationalsozialist. Von Februar 1933 bis 1934 leitete er das preußische Kultusministerium, dann wurde er Reichsminister für Wissenschaft, Erziehung und Volksbildung. Er war einer der Hauptverantwortlichen für die Gleichschaltung des Schulwesens nicht nur in Deutschland, sondern auch in den besetzten Gebieten. Ebenso war er für die Etablierung des nationalsozialistischen Gedankengutes in den deutschen Schulen verantwortlich. Bei Kriegsende beging er Selbstmord.

Stuckart[54] im preußischen Ministerium für Wissenschaft, Kunst und Volksbildung. Diese wurden dort bereits im September 1933, nach Stuckarts Ernennung, aktiv und setzten den Erlass „*Vererbungslehre und Rassenkunde in den Schulen*" in Kraft.[55] Mit diesem wurden „*Vererbungslehre, Rassenkunde, Rassenhygiene, Familienkunde und Bevölkerungspolitik*" in den Lehrplan aufgenommen und es wurde explizit festgelegt, dass „*[…] in den Abschlussklassen sämtlicher Schulen – an den neunklassigen höheren Lehranstalten auch in U II – […] unverzüglich die Erarbeitung dieser Stoffe in Angriff zu nehmen […]*" war.[56] Die Bekanntmachung hielt dabei ausdrücklich fest, dass „*Die Kenntnis der biologischen Grundtatsachen und ihrer Anwendung auf Einzelmensch und Gemeinschaft […] für die Erneuerung unseres Volkes unerläßliche Voraussetzung*" wäre. In den Schulen sollten diesen Erlass vor allem die Lehrer der Biologie ausführen. Dazu wurde dem Schulfach Biologie „*eine ausreichende Stundenzahl*" zur Verfügung gestellt, welche, „*nötigenfalls auf Kosten der Mathematik und Fremdsprachen, sofort einzuräumen*" war.[57] Daneben sollten sich aber auch die übrigen Fächer, insbesondere Deutsch, Geschichte und Erdkunde, „*in den Dienst dieser Aufgabe*" stellen, da „*biologisches Denken in allen Fächern Unterrichtsgrundsatz*" zu werden habe.[58]

Desweiteren wurde festgesetzt, dass diese Stoffe, in „*[…] sämtlichen Abschlussprüfungen pflichtmäßiges Prüfungsgebiet*" seien und „*hiervon niemand befreit werden*" durfte.[59] Der Oberpräsident der Abteilung für höheres Schulwesen bei Berlin (Schulabteilung), sowie die Regierungspräsidenten wurden vom Erlass persönlich ersucht, zum Ende des Schuljahres „*ausführliche Berichte über die Ausführung dieses Erlasses von den einzelnen Anstalten einzufordern*" und das Ministerium „*[…] darüber und über

---

[54] **Wilhelm Stuckart (1902–1953)** wurde in Wiesbaden geboren. Von 1922 bis 1928 studierte er Jura und Nationalökonomie an den Universitäten in München und Frankfurt/Main. Im Jahr 1922 trat er der NSDAP bei und wurde 1933–1935 Staatssekretär unter B. Rust. Danach wechselte er ins Reichsministerium des Innern, in dem er für die Vorbereitung einer Reihe von Vorschriften und Gesetzen des NS-Unrechtsstaates verantwortlich war. Später nahm er auch an der Vorbereitung der NS-Massentötungen und Genozid teil: Im August 1939 beteiligte er sich an der „Freigabe der Vernichtung lebensunwerten Lebens", d. h. der NS-„Euthanasie" im Falle von schwer behinderten Säuglinge, Kinder und Adolescenten (sog. Reichsauschussverfahren) und am 20. Januar 1942 nahm er im Namen des Reichsministers des Innern auch an der berüchtigten Wannseekonferenz in Berlin teil. In der letzten Reichsregierung von Dönitz wurde er zum Reichsinnenminister ernannt. Im Jahr 1949 wurde er als Hauptkriegsverbrecher durch den Internationalen Militärhof der Alliierten in Nürnberg angeklagt und verurteilt. Zur Biographie Stuckarts siehe u.a. Jasch 2012.

[55] Vgl. Erlass U II C 6767, in: *Zentralblatt für die Gesamte Unterrichtsverwaltung in Preußen* 75, 1933, S. 244.

[56] Ebd.

[57] Ebd.

[58] Ebd.

[59] Vgl. Erlass U II C 21080, in: *Zentralblatt für die Gesamte Unterrichtsverwaltung in Preußen* 76, 1934, S. 98.

die Prüfungserfahrungen im Verlauf des darauffolgenden Monats zu berichten."[60] Um die neuen „Lehrinhalte" nachdrücklich auch gegen eventuelle Widerstände durchzusetzen, verwies der Verfasser des Erlasses explizit darauf, dass er es sich vorbehalte, sich durch „[…] *besondere Beauftragte bei den Reifeprüfungen von geleisteten Arbeit und dem Prüfungsergebnis zu überzeugen und bei unzureichendem Ergebnis nötigenfalls die Prüfung dieser Gebiete wiederholen zu lassen."*[61] Unterzeichnet war der Erlass stellvertretend durch W. Stuckart und trat in Kraft durch die Verfügung am 1. Oktober 1933. Sie sollte bis zur endgültigen Regelung der Lehraufgaben gelten. Diese Regelung ist dann von Stuckart mit einem Kurzerlass noch einmal für das folgende Schuljahr verlängert worden.

In einem weiteren Runderlass mit dem Titel „*Lehrgänge in Vererbungslehre, Rassenkunde usw."* verkündete der preußische Kultusminister (Rust) zudem am 15. Dezember 1933 den dringenden Wunsch, „*daß die Lehrkräfte aller Schulen sich in Lehrgängen und Arbeitsgemeinschaften über die Grundlagen der Vererbungslehre, Rassenkunde, Rassenhygiene, Familienkunde und Bevölkerungspolitik sowie über deren Anwendungen auf die verschiedenen Erziehungs- und Unterrichtsgebiete klar werden".*[62] Der Sinn dieser Maßnahme war jedoch weniger fachlicher Natur, sondern diente wohl vorrangig Zielen der Gleichschaltung, denn der Erlass hielt besonders fest, dass „*bei der Wahl der Vortragenden und Schulungsleiter mit großer Sorgfalt darauf Bedacht zu nehmen"* sei, dass eben „*nur solche herangezogen werden [sollten], die nicht nur die rein biologischen Tatsachen beherrschen, sondern auch befähigt und gewillt sind, die weltanschaulichen Folgerungen im Sinne der nationalsozialistischen Bewegung zu ziehen."*[63] Damit dies auch unter keinen Umständen missverstanden werden konnte, machte der Erlass dies sogar noch einmal deutlich, indem er klarmachte, dass deshalb als Leiter „*nur nationalsozialistisch bewährte Erzieher in Frage"* kamen.[64] Die Auswahl sollte zudem im Einvernehmen mit der zuständigen Gauleitung erfolgen. Bei der Erstellung der Arbeitspläne sollte zudem das Zentralinstitut für Erziehung und Unterricht in Berlin, sowie das Aufklärungsamt für Bevölkerungspolitik ebendort, behilflich sein. Stattfinden sollten die Lehrgänge dann möglichst in Volkshochschulheimen, Schullandheimen, Jugendherbergen und ähnlichen Gebäuden, um eine „*gemeinschaftserzieherische Wirkung"* auszuüben (vgl. Abb. 8.1).[65]

---

[60] Ebd.

[61] Ebd.

[62] Vgl. Erlass U II B 2. 2549. 1., in: *Zentralblatt für die Gesamte Unterrichtsverwaltung in Preußen* 76, 1934, S. 52.

[63] Ebd.

[64] Ebd.

[65] Ebd.

8 Skizzen zum wissenschaftspolitischen Missbrauch des Mendelismus

a

b
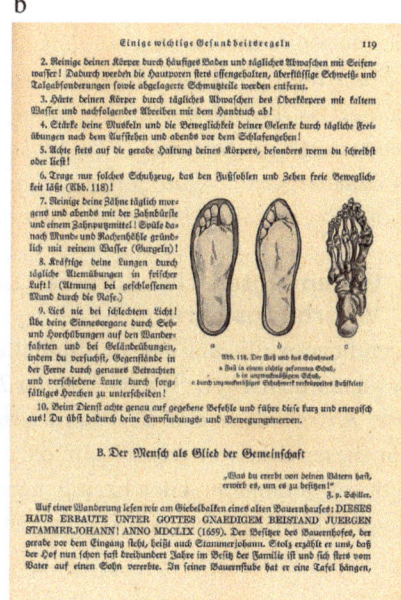

Abb. 8.1 Das Lehrbuch Lebenskunde 1 mit dem Teil „Der Mensch als Glied der Gemeinschaft", 1940.

Genauere Ausführungen hierzu erschienen dann zunächst mit Erlass vom 13. Januar 1934 zur „*Verwendung von Lichtbildmaterial über Rassenkunde, Eugenik und Erblehre im Unterricht*".[66] Er wurde durch Gustav Zunkel[67] unterzeichnet und dazu benutzt, bereits zuvor verwendetes älteres Unterrichtsmaterial auszumerzen. Begründet wurde dies damit, dass eine vom „*Zentralinstitut für Erziehung und Unterricht in Berlin vorgenommene Prüfung des über Rassenkunde, Eugenik und Erblehre vorhandenen*

---

[66] Vgl. Erlass U II C 20290/33, in: *Zentralblatt für die Gesamte Unterrichtsverwaltung in Preußen* 76, 1934, S. 27–28.

[67] **Gustav Zunkel (1886–1934)** wurde in Ollendorf geboren. Er studierte Geschichte und Philologie an den Universitäten in Jena und Berlin. Bereits in den 1920er Jahren trat er der NSDAP bei. Er hatte bereits von 1930 bis 1931 als ehrenamtlicher Fachberater für höhere Schulen im thüringischen Volksbildungsministerium unter Wilhelm Frick (1877–1946) gearbeitet. Nach dem Röhm-Putsch kehrte er 1933 jedoch nach als oberster SA-Führer nach Thüringen zurück. Zugleich war er seit 1933 Leiter der Schulabteilung im Preußischen Kultusministerium.

Lichtbildmaterials (Dia-Bilder, Epi-Bilder[68]*, Bildbänder)"* ergeben habe, dass *„ein Theil der Bilder unrichtig ist oder so erhebliche technische Mängel"* aufwies, *„dass das Material für Unterrichtszwecke in den Schulen unbrauchbar"* wäre.[69] Der Erlass ordnete deswegen an, *„dass im Unterricht über die durch die Staatserneuerung besonders wichtig gewordenen Unterrichtsgebiete – Rassenkunde, Eugenik, Erblehre,, Geschichte der nationalen Erhebung usw. – nur solches Bildmaterial verwendet werden darf, das von mir geprüft und als einwandfrei bezeichnet worden ist."*[70]

8.3.1.1 Genehmigte Lichtbildreihen und Lehrmittel zur Vererbungslehre

Eine eigentliche Auflistung der Lehrmittel erfolgte dann jedoch erst am 18. April 1934 als Erlass unter dem Titel *„Verzeichnis der Lehrmittel über Vererbungslehre, Erbgesundheitslehre, Rassenkunde und Bevölkerungspolitik"*.[71] Auch im Bereich der Vererbungslehre war dieser Erlass in erster Linie dazu gedacht, die NS-Erb- und Rassenpolitik im Unterricht zu verankern. Gleichzeitig generierte und garantierte dieses System auch Rassenhygienikern, die dem NS-Regime nahestanden, zusätzliche Einnahmen.

---

[68] **Epi-Bilder:** Der Begriff „Epi-Bilder" bezog sich auf Lichtbildmaterial für Episkope bzw. Epidiaskop. Beim Episkop handelte es sich dabei um einen Auflichtprojektor, mit dem ein Objekt beleuchtet und mit Hilfe eines Spiegels und reflektierten Licht auf eine Projektionsfläche dargestellt werden konnte. Die Besonderheit dieser Systeme war, dass auch undurchsichtige Vorlagen projiziert werden konnten. Epidiaskope waren eine spezielle Abwandlung, bei welchem das Vorführgerät sowohl als Auflicht- aber auch als Durchlichtprojektor, vergleichbar mit einem Dia-Projektor, genutzt werden konnte.

[69] Ebd.

[70] Ebd.

[71] Vgl. Erlass U II C 21194/34, in: *Zentralblatt für die Gesamte Unterrichtsverwaltung in Preußen* 76, 1934, S. 144–146.

Zu den genehmigten Lichtbildreihen gehörten dann in diesem Sinne die Diakästen von Hermann Römpp[72], Hermann Boehm[73] und Curt Schlüter (1891–1944), welche jeweils unter dem Titel „*Vererbungslehre*" vermarktet wurden.[74]

Da die Lehrmittel zur Vererbungslehre getrennt von denen zur Erbgesundheitslehre und Rassenkunde aufgelistet wurden, beinhalteten die Lehrmittel zur Vererbungslehre in erster Linie Anschauungsmaterial zur klassischen Mendelschen Genetik aber auch Zelllehre und Chromosomentheorie.[75] Der Inhalt eines typischen solchen Lichtbildvortrags

---

[72] **Hermann Römpp (1901–1964)** war ein deutscher Chemiker. Nach dem Studium der Naturwissenschaften in Tübingen von 1922 bis 1926 und abgeschlossener Promotion legte er sein Staatsexamen für das Lehramt ab. Bekannt ist er heute vor allem noch durch das von ihm begründete „*Chemie-Lexikon*", welches 1947 in 1. Auflage erschien und bis zur 5. Auflage von ihm als alleinigem Autor erstellt wurde. Erste Vorbereitungen zu diesem Werk hatten dabei schon während des Krieges stattgefunden. Im Verlauf seines Lebens hat Römpp zahlreiche populärwissenschaftliche Bücher, insb. im Kosmos Verlag, veröffentlicht. In der Zeit des Nationalsozialismus war Römpp bis 1945 an Ludwigsburger Oberschulen und Gymnasien als Chemielehrer tätig; zunächst als Studienassessor und ab 1941 als Studienrat. Zu seinen ersten Veröffentlichungen gehörte auch ein 1933 veröffentlichtes Biologie-Lehrbuch, dass in der Frankh'schen Verlagshandlung erschienen ist (Römpp 1933). Dieses Buch war als Schulbuch für die höheren Schulen und zum Selbststudium gedacht. Laut den Entnazifizierungsakten (und somit den Angaben von H. Römpp selbst), ist dieses nach der Machtergreifung der Nationalsozialisten im Sinne NS-Ideologie überarbeitet worden, damit es überhaupt als Lehrbuch in den Schulen zum Einsatz kommen konnte (Belser 2016, S. 12–14, S. 99).

[73] **Hermann Alois Boehm (1884–1962)** war ein deutscher Arzt und später Professor für Rassenhygiene. Nach Schule und Studium in München arbeitete er zunächst als pathologischer Anatom. Im Jahr 1923 trat er der NSDAP bei und beteiligte sich am Hitlerputsch. Von 1931 bis 1933 war Boehm Referent für Rassenhygiene im Nationalsozialistischen Deutschen Ärztebund (NSDÄB). In dieser Funktion gestaltete er auch die Inhalte der Schulungen zu Rassenhygiene in NSDÄB. Nach der Machtergreifung leitete er dann bis Juli 1934 die Abteilung „Rassenhygiene" im Reichsausschuß für den Volksgesundheitsdienst. Im Jahr 1934 erfolgte dann die Ernennung zum Honorarprofessor für „Rassenpflege" an der Universität Leipzig. Vom 1. August 1934 bis März 1937 hatte Boehm zudem die Leitung des Pathologischen Institutes am Dresdener „Rudolf-Hess"-Krankenhaus.

[74] „*Vererbungslehre*" von Dr. H. Römpp. Es umfasste einen Satz von 30 Dias, welche im Photokosmos bei der Franckh'schen Verlagshandlung in Stuttgart für 37,50 RM bezogen werden konnten; „*Vererbungslehre*" von H. Boehm, 59 Bilder, welche vom Volksausschuß für Volksgesundheit für 60 RM bezogen werden konnten. Zusätzlich erhältlich war ein Vortragsheft; „*Vererbungslehre*" von C. Schlüter, 40 Bilder, welches von Dr. Schlüter und Dr. Maß aus Halle a. S. für 48 RM bezogen werden konnte.

[75] Daneben gab der Erlass eine bereits 1934 sehr umfassende Liste von genehmigten Lehrmitteln für die „*Rassenkunde*" und „*Bevölkerungspolitik und Erbgesundheitslehre*". Von dem Erlass genehmigt wurden u.a. Lichtbildreihen von Egon Freiherr von Eickstedt (1892–1965); „*Rassenkunde des Deutschen Volkes*"), Hermann Römpp („*Rassenkunde und Rassenpflege*"), Michael Hesch (1893–1979; „*Deutsche Rassenkunde*"), Rudolf Frercks (1908–1985; „*Erbnot und Volksausartung*").

Tab. 8.1 Inhalt der Dias des Lichtbildvortrags „Vererbungslehre" von Curt Schlüter aus dem Jahr 1934

Zelle	Zellteilung	Ei- und Samenzelle
Befruchtung der Eizelle	Samenreifung	5a. Eireifung
Eireifung	6a. Eireifung	Innere Befruchtung
Chromosomensatz	Äquations- und Reduktionsteilung	9a. Größenvariationen einer Population
9b. Die reine Linie	9c. Größenvariationen dreier Bohnenrassen	9d. Wirkung guter und schlechter Bedingungen auf die Variation
9e. Zahlenmäßiger Verlauf der Vererbung	Mutation	Mirabilistypus (Jalapenblüte)
11a. Mirabilistypus (Löwenmaulblüte)	Mirabilistypus (Mosaikbastard)	Pisumtypus (Gartenschnecke)
Pisumtypus (menschliches Auge)	Dihybride Kreuzung (Hainschnecke)	15a. Dihybride Kreuzung (Löwenmaulblüte)
15b. Dihybride Kreuzung (Meerschweinchen)	Dihybride Kreuzung (Erblichkeitstafel)	Dihybride Kreuzung (graue und braune Maus)
Dihybride Kreuzung (graue und albinotische Maus)	Dihybride Kreuzung (Maisrassen)	Rückkreuzung (Gartenschnecke)
Rückkreuzung (menschliches Auge)	Polyhybride Kreuzung (Bistonarten)	Gregor Mendel
Vererbungsschema einer Eigenschaft	Vererbungsschema (Chromosomenspiel)	Vererbungsschema (Erblichkeitstabelle)
Geschlechtsbegrenzte Vererbung	Bluterkrankheit	Nichterbliche Temperaturabänderungen
Erbliche Temperaturabänderungen		

lässt sich beispielhaft am Inhalt der *„Vererbungslehre"* von C. Schlüter, welcher auch eine Reproduktion eines Fotos von G. J. Mendel beinhaltete, illustrieren (siehe Tab. 8.1).

Daneben gehörten zu den zugelassenen Lehrmitteln zur Vererbungslehre auch zwei Sammlungen von Epikarten[76], die von Ludwig A. Schlösser und Johannes

---

[76] *„Grundlagen der Vererbungsforschung"* von Ludwig A. Schlösser, 29 Epikarten; *„Die Vererbung des Menschen mit besonderer Berücksichtigung der körperlichen und geistigen Gebrechen"* von Johannes Schottky, 29 Epikarten. Beide Sammlungen konnten beim Verlag J. F. Lehmann für je 2 RM bezogen werden.

Schottky[77] herausgegeben worden waren. Sie orientierten sich schon sehr viel expliziter an ideologischen Vorgaben zur Rassenpolitik und Eugenik im Rahmen der zu vermittelnden nationalsozialistischen Ideologie und bezogen sich insbesondere *„die Berücksichtigung der körperlichen und geistigen Gebrechen"* im Kontext der Vererbung beim Menschen. Auch eine Lichtbildreihe von Otmar von Verschuer (1896–1969) mit dem Titel *„Erblehre des Menschen"* ist in diesem Kontext zu sehen, die für den Unterricht im Rahmen der Vererbungslehre zugelassen wurde.[78]

Gleichzeitig spielten auch Museums-Konzepte und Ausstellungen eine immer grösser werdende bildungspolitische Rolle. So wurde z. B. in Österreich im Juni 1934, anlässlich des fünfzigsten Todestages von G. J. Mendel, eine Gedächtnisausstellung im Wiener Naturhistorischen Museum eröffnet.[79] Auch das Deutsche Hygiene-Museum (DHM) in Dresden hatte die Vererbung gezielt zum Topo seiner ganzen Reihe ideologisierter Ausstellungen (z. B. Lebenswunder) gemacht.[80]

8.3.2 Fachdisziplin Genetik und Mendel in den Lehr- und Lernmaterialien der SBZ/DDR

Nach dem Ende des Zweiten Weltkrieges mussten in der sowjetischen Besatzungszone (SBZ) zunächst sehr schnell neue, von der Ideologie des Nationalsozialismus gesäuberte Lehrbücher verfasst werden[81]. Für etwa 1,5 Mio. Schüler sollten umgehend

---

[77] **Johannes Schottky (1902–1992)** war ein deutscher Rassenhygieniker, Psychiater und SS-Führer. Von 1930 bis 1933 war er am Kaiser-Wilhelm-Institut für Psychiatrie in der Psychiatrischen Abteilung im Krankenhaus Schwabing, heute München, Assistenzarzt. Im Jahr 1933 wurde er zum Abteilungsleiter im Stabsamt des Reichsbauernführers (R. W. Darré) in der Abteilung Erbpflege und Gesundheitsführung ernannt. Im Jahr 1936 wurde Schottky Direktor der Landesheilanstalt Hildburghausen, in welcher vor allem Schizophrene, aber auch Epileptiker und „Schwachsinnige" Patienten waren, von denen eine große Zahl der „Aktion T4" zum Opfer fielen. Zusammen mit O. von Verschuer hat Schottky zudem die Zeitschrift *Fortschritte der Erbpathologie, Rassenhygiene und ihrer Grenzgebiete,* welche von 1937 bis 1944 erschien, herausgegeben. Nach 1945 arbeitete Schottky als Nervenarzt in Herford, Rheinland-Westfalen.

[78] *„Erblehre des Menschen"* von Prof. Freiherr von Verschuer mit 49 Bildern, erhältlich vom Nationalen Werbedienst für 55 RM.

[79] Baensch, Kratz-Kessemeier & Wimmer 2016, S. 179.

[80] Vogel 2003.

[81] Porges et al. 2016; Vgl. hierzu die Berichterstattung in der damaligen Tagespresse. Die *Berliner Ztg.* v. 15. August 1946 (2. Jg, Nr. 189, S. [2]) berichtete bspw. von der Pressekonferenz der Zentralverwaltung für Volksbildung in d. SBZ. Ein Vertreter des Verlages „Volk und Wissen" trug dort vor, dass im Schuljahr 1945/56 fünf Millionen Schulbücher hergestellt worden waren. Für das Schuljahr 1946/47 wurde die Produktion von 15 Millionen Schulbüchern angekündigt. Insgesamt sollten 150 Titel bereitgestellt werden, welche sämtliche Fächer aller Schularten abdecken und den neuen Richtlinien der Schulreform entsprechen.

entsprechende Schulbücher erstellt und verbreitet werden, wobei auch die Bücher der Naturwissenschaften bzw. der Naturkunde/Lebenskunde im Allgemeinen und in der Biologie im Speziellen zu edieren waren.[82]

Nach dieser ersten Welle der Überarbeitungen ging es dann darum, eine eigene, sowjetisch assoziierte Wissenschaftstradition im Schulwesen zu etablieren. In der Biologie fokussierte sich dieses Unterfangen bald in Bemühungen, der sog. mendelschen/morganschen (kapitalistischen) Genetik mit den lamarckistischen Ideen Lyssenkos ein sowjetstalinistisches Alternativkonzept entgegenzustellen und in den ostdeutschen Lehrplänen zu verankern.[83] Diese Bestrebungen wurden einflussreich und umfassend durch eine entsprechende wiederkehrende Berichterstattung in der Staatspresse des neuen „Arbeiter- und Bauernstaates" flankiert und forciert. Die mendelsche Genetik sowie die Chromosomentheorie wurde als „*überholt*", veraltet, „*falsch*", „*reaktionär-idealistisch*" diffamiert und imperialistisch-ideologisch geprägt. Dagegen wurden die Thesen Lyssenkos weitestgehend unkritisch übernommen.[84] Diese Bemühungen den Lyssenkoismus in der SBZ und später in der DDR zu etablieren, waren jedoch vergleichsweise beschränkt und erreichten zu keinem Zeitpunkt das Ausmaß einer strukturellen Säuberung, wie früher in der stalinistischen Sowjetunion selbst oder parallel in anderen Ostblockstaaten (z. B. der Tschechoslowakei).

Bis in die erste Hälfte der 1960er Jahre verhinderte der Einfluss des „schöpferischen Darwinismus" dennoch die Integration der klassischen Genetik in die Lehr- und Lernmaterialien der allgemeinbildenden Schule der DDR. Betrachtungen zur Chromosomentheorie in den Lehr- und Lernmaterialien lassen eine Entwicklung von einer strikten Ablehnung und Diffamierung als „*pseudowissenschaftliche Grundlage der menschenfeindlichen Rassendiskriminierung*" hin zu einer zweifelsfreien Anerkennung entsprechender Forschungsergebnisse erkennen.[85]

Ein Blick in verschiedene Lehrbücher zeigt, dass auch wissenschaftsgeschichtliche bzw. biologiehistorische Darstellungen und Lebensbeschreibungen großer Biologen

---

[82] Porges et al. 2016; Siehe hierzu z.B. d. *Berliner Ztg.* v. 4. Oktober 1945 (1. Jg, Nr. 122, S. [3]: Danach sollten die neuen Lehrbücher „*Statt Nazipropaganda - sachliche Wissenschaft*" enthalten. In der Geographie sollten Lehrbücher ohne „*imperialistische Tendenzen*" verfasst werden. Überhaupt „*wimmelte*" es in den Lehrbüchern der „*Nazipädagogen*" von „*Kriegserzählungen*" und Lobpreisungen des militaristischen Preußentums, „*angefangen mit Fredericus Anekdoten für die Jüngeren bis zu umfangreicheren Auszügen aus Hitlers, Rosenbergs und Goebbels´ Ergüssen für die älteren Schüler.*" In die Lehrbücher der Physik und Chemie sollten auch die neuesten Erkenntnisse aus der Elektrizitäts- und Wellenlehre sowie der Atomforschung aufgenommen werden. Nicht zuletzt sollte die Biologie von einer „*'völkischen Rassen- und Lebenslehre' nazistischer Prägung in eine sachliche Wissenschaft umgeformt werden*".

[83] Porges et al. 2016; Porges & Hoßfeld 2017.

[84] Vgl. hierzu die Darstellung in der damaligen Tagespresse (z. B. Anonymous 1948, Galfert 1950, Mathias 1949).

[85] MfV 1956, S. 13.

wie G. J. Mendel und A. Weismann, in der Staatspresse oftmals als die *„bürgerlichen Biologen"* dargestellt[86], diese Entwicklung widerspiegelten.[87,88] Ferner prägten Modifikationen in der Terminologie zu bestimmten Zeiten die Materialien. Mit den Begriffen Erblehre, Vererbungslehre, Vererbung und Genetik kennzeichneten die Verfasser die Stoffeinheiten in den Lehrplänen und die Kapitel in den Lehrbüchern. Mitte der 1960er Jahre – im Zuge der sog. Überwindung des „schöpferischen Darwinismus" – änderte sich auch der biologische Begriff der Mendelschen Regeln zunehmend in Mendelsche Gesetze.[89]

Integrierten die zuständigen Autoren/Autorinnen in den Lehr- und Lernmaterialien genetische Inhalte anfangs in züchtungsbiologischen und/oder evolutionsbiologischen Stoffeinheiten, vollzogen sie Ende der 1960er Jahre eine klare Trennung der Disziplinen.[90,91]

Die Genetik hielt in der DDR generell verspätet Einzug in den Unterricht. Die mit Blick auf Mendel hier untersuchten Schullehrbücher – als die *„konkreteste Kodifizierung des in den Lehrplänen fixierten Inhalts"*[92] – verfassten in der Mehrzahl der Fälle ausgewiesene Fachwissenschaftler.

Die Verlags-GmbH Volk und Wissen, die bereits 1945 in Berlin und Leipzig ihre Arbeit aufnahm und 1951 volkseigen wurde, gab der zentralistischen Ausrichtung des Staates entsprechend die Schullehrbücher und Lehrpläne für das gesamte Gebiet der SBZ/DDR heraus.

---

[86] Anonymous 1948.

[87] Siehe u. a. Gruner et al. 1953; Bemmann et al. 1956.

[88] Insb. die Nichtberücksichtigung von Mendel und Weismann dominierten in den Lehrbüchern der 1950er Jahre. Daneben fanden sich aber auch ablehnende Kommentare. Beispielsweise zitierten Gruner et al. (1953, S. 89) E. Haeckel, der die Weismannsche Theorie ablehnte, „die [...] zur ‚Irrlehre der Präformation und zur vitalistischen Teleologie' zurück[führt]." Vgl. hierzu auch die Darstellung in der Staatspresse (Anonymous 1948).

[89] Diese Entwicklung bettet sich stark in den allgemeinen Wandel der Begriffe im Zeitverlauf ein, der sehr dynamisch war. Ähnliches spiegelte sich für die 1960er Jahre auch quantitativ im gesamtdeutschen Textkorpus wider. Heute wird in der (Schul-)Literatur die Bezeichnung der Mendelschen Regeln bevorzugt. Auch in der Formulierung der Mendelschen Regeln selbst ergaben sich im Verlauf der Zeit und ausgehend von verschiedenen Autoren und Traditionen Veränderungen.

[90] Porges 2015.

[91] Eine Ausnahme bildeten die Rahmenlehrpläne von 1946.

[92] Neuner 1989, S. 411.

Die Aufsicht über den Verlag und die Lehr- und Lerninhalte lag beim Ministerium für Volksbildung (MfV), das 1950 aus der Deutschen Zentralverwaltung für Volksbildung (DZfV bzw. DVV) hervorging.[93]

8.3.2.1 Stellung der Genetik in den Lehrplänen und Lehrbüchern der SBZ/DDR

Klasse 8

Die ersten Rahmenlehrpläne aus dem Jahr 1946 für die neugegründeten Grund- und Oberschulen forderten bereits die Vermittlung der Vererbungslehre in Klasse 8. So verlangte der Lehrplan, *„bei der Durchnahme von Pflanzen, Tier und Mensch […] in passenden Fällen […] Erbkunde […] zu behandeln* [und] *an passender Stelle […] Belehrungen über das Wirken bedeutender Biologen einzuflechten"*.[94] Konkret forderte der Lehrplan für die Klasse 8 jedoch nur im mathematisch-naturwissenschaftlichen Zweig eine *Einführung in die Vererbungslehre* mit 10 Stunden.[95] Auch das erste Schullehrbuch für diese Klassenstufe aus dem Jahr 1946 präsentierte ein Kapitel *Einführung in die Vererbungslehre* und in diesem Abschnitt Leben und Werk von G. J. Mendel. In der zweiten Auflage der Rahmenlehrpläne von 1947 verzichteten die Autoren jedoch auf genetische Inhalte.

Mit Beginn der 1950er Jahre fand der schöpferische Darwinismus verstärkt Eingang in die Lehr- und Lernmaterialien. Darstellungen zur Vererbungslehre und zu Mendel wurden dagegen nicht mehr aufgenommen. Die Lehrpläne für Grundschulen von 1951 bis 1953 und die Direktive von 1955 forderten allgemein, das Thema *„Leben und Werk fortschrittlicher Biologen"* zu behandeln.

Im Vordergrund evolutionsbiologischer bzw. züchtungsbiologischer Kapitel standen wenig überraschend I. W. Mitschurin und T. D. Lyssenko. Eingebettet im Kapitel *„Veränderlichkeit der Lebewesen – erbliche und nichterbliche Veränderungen"* spiegelten

---

[93] Mit dem Befehl Nr. 17 der Sowjetischen Militäradministration in Deutschland (SMAD) forderte Georgi K. Schukow (1896–1974) am 27. Juli 1945 die Einrichtung der DZfV und setzte Paul Wandel (1905–1995) als ersten Präsidenten ein. Der SMAD-Befehl Nr. 70 vom 25. September 1945 regelte die Organisation des Verlages für die Unterrichts- und pädagogische Literatur für die deutsche Bevölkerung der SBZ.

[94] DZfV in der SBZ 1946, S. 4.

[95] Charakteristikum der Oberschule war ein Kurssystem, das bereits in den Klassen 7 und 8 in Kern- und Kursunterricht differenzierte (Geißler et al. 1996). Es gliederte sich in einen neusprachlichen, altsprachlichen und mathematisch-naturwissenschaftlichen Zweig (Köhler 2008). Die Schüler der Klasse 8 erhielten in den Sprachkursen keinen Biologieunterricht. Die Schüler der mathematisch-naturwissenschaftlichen Kurse erhielten wahlweise zwei Stunden Biologie oder Chemie (DVV in der SBZ 1947).

sich zunehmend die Auswirkungen des politisch forcierten „schöpferischen Darwinismus" in den Unterrichtsmaterialien wider.[96]

Dieser Entwicklung folgten auch die Lehrbücher von 1951, 1953 und 1957. Erst die Einführung der zehnklassigen allgemeinbildenden Polytechnischen Oberschule (POS) und die ab 1959 schrittweise durchgeführte Hebung des Abschlussniveaus von acht auf zehn Jahre, bedingte eine inhaltliche Neubestimmung. Ausgewählte Themen aus der Fachdisziplin Humanbiologie bestimmten fortan den Unterricht in Klasse 8.[97]

Klasse 10
Die Lehrpläne und Direktiven für die Klassen 10 der Oberschulen forderten zwischen 1946 und 1956 zoologische Betrachtungen.[98] Der Lehrplan von 1946 formulierte für alle Kurse *„Lebensbeschreibungen und Werke großer Biologen: Gregor Mendel schafft die Grundlagen rationeller Tierzucht"*. Auch im mathematisch-naturwissenschaftlichen Kurs der Klasse 9 forderte der Lehrplan im Themenfeld Botanik, bereits *„Das Leben und die Werke einiger großer Biologen"* im Unterricht aufzunehmen. Mendel wurde dabei explizit genannt. Die Installation von Zehnjahrschulen im Jahre 1951 bedingte die Ausgabe adäquater Lehrpläne. Innerhalb züchtungsbiologischer Stoffeinheiten fand der „schöpferische Darwinismus" Eingang in Klasse 10. Da Schulbücher nicht zur Verfügung standen, mussten die Lehrkräfte auf Sekundärliteratur zurückgreifen. Der Lehrplan für die Mittelschulen von 1956 formulierte das Kapitel *„Zur Entwicklung der Vererbungslehre – Die Chromosomentheorie der Vererbung"*. Die Autoren nahmen die „Wiederentdeckung" der Mendelschen Regeln durch C. Correns, H. de Vries sowie E. v. Tschermak-Seysenegg in den Stoffplan mit auf. Wie bei den Zehnjahrschulen von 1951 erhielten auch die Mittelschulen keine eigenen Lehrbücher. Hier verwies der Lehrplan jedoch auf Lehrbücher der Oberschule sowie Sekundärliteratur. Genannt wurde u. a. der Titel *„Grundlagen der Züchtung landwirtschaftlicher Nutztiere"*.[99] Rein genetische Fachbücher fehlten in den Literaturempfehlungen.

Der Lehrplan von 1959 für die POS forderte dann einen züchtungsbiologischen Unterricht. Im Kapitel *„Züchtung von Pflanzen und Tieren, Grundlagen der Züchtung"* sollten die Mendelschen Regeln, ihre Bedeutung und die Grenzen ihrer Anwendbarkeit behandelt werden. Im Jahr 1966 erschien ein Nachdruck dieses Lehrplans. Der entsprechende Stoffplan enthielt die Themen *„Grundlagen der Vererbungslehre"* und *„Die Züchtung von Pflanzen und Tieren"*. Unter dem Titel *„Entwicklung der Organismen"*

---

[96] Mit dem „schöpferischen Darwinismus" stellten die Lehrbuchautoren auch die Mitschurin-Biologie vor. In den 1950er Jahren prägten vermehrt Artikel über die Mitschurin-Biologie die für Lehrer konzipierte Zeitschrift *Biologie in der Schule*. Die Tagespresse forderte, *„die Mitschurin-Biologie bis ins letzte Dorf zu tragen"* (Anonymous 1951, S. 5).
[97] MfV 1959; MfV 1968.
[98] Porges 2015.
[99] Nowikow 1953.

stand ab 1960 ein Lehrbuch für die Vermittlung evolutionsbiologischer Lehrplaninhalte zur Verfügung. Es war thematisch mit der Intention umgrenzt, eine Unabhängigkeit von Lehrplanänderungen zu erreichen sowie den Schülern eine engere Beziehung zum Lehrbuch zu ermöglichen.[100] Bereits mit seinem Erscheinen wurden dem Lehrbuch Schwächen attestiert, die sich aus der Eile der Entwicklung, dem Mangel an praktischer Überprüfung sowie neuen Erkenntnissen ergaben (Pädagogisches Institut Mühlhausen und Abteilung des volkseigenen Verlages Volk und Wissen 1960). Unter der redaktionellen Federführung von Manfred Gemeinhardt und Gertrud Kummer[101] legte der Verlag Volk und Wissen 1965 ein neues Lehrbuch auf. Dieses enthielt nun ein spezielles Kapitel über die „*Grundlagen der Vererbung*".

Zwischen 1967 und 1981 entstanden für die Jahrgänge 9 und 10 Vorbereitungsklassen, in denen Schüler für den Besuch der zu Beginn vierjährigen Erweiterten Oberschule (EOS) zusammengefasst wurden. Im Lehrplan betonten die Autoren, dass „*durch die Behandlung der materiellen Grundlagen der Vererbung […] die Schüler erkennen [sollen], daß Vererbung und Veränderung materiell bedingt sind und ohne jegliches geistiges Prinzip ablaufen*".[102]

Ferner sollten „*sie […] verstehen, daß der Mensch in der Lage ist, lenkend und verändernd in die Lebensprozesse einzugreifen. Dabei ist besonders auf die Verantwortung des Wissenschaftlers und der Gesellschaft für die Anwendung der Erkenntnisse zum Nutzen der Menschheit einzugehen (z. B. […] falsche Auslegung und Mißbrauch der Mendelschen Gesetze)*".[103] Ein passendes Schülerbuch gab der Verlag Volk und Wissen 1968 heraus. Ein Jahr später veröffentlichte das MfV auch für die Klasse 10 der POS ein neues Lehrplanwerk, das 1971 in Kraft trat.[104] Der Verlag *Volk und Wissen* publizierte im selben Jahr ein entsprechendes Lehrbuch. Diese Lehr- und Lernmaterialien für die Vorbereitungsklassen und den Jahrgang 10 der POS enthielten erstmals eine klar abgegrenzte Stoffeinheit Genetik, für die im Stoffplan 19 Unterrichtsstunden vorgesehen waren (Abb. 8.2).

Fast zwei Jahrzehnte später, einem Modernisierungsdruck folgend, erschienen 1988 ein Lehrplan und ein Lehrbuch für die Klasse 10 als neue und letzte Grundlage des Erziehungs- und Bildungsprozesses in der DDR. Ausführliche Stoffangaben

---

[100] Anonymous 1960.

[101] **Gertrud Kummer (1929–2018)** unterrichtete seit 1950 als Lehrerin der Biologie in den Klassen 5 bis 12 (Kummer 2017). Danach arbeitete sie ab 1960 beim Verlag Volk und Wissen (Kummer 2017; Porges 2018, S. 13). Zwischen 1962 und 1989 verantwortete sie dort als Abteilungsleiterin der Buchredaktion die Sektion Biologie. Diese war nicht nur für die Herausgabe von Lehrbüchern zur Biologie für alle Klassenstufen, sondern auch für lehrplanbezogene Literatur mit fachwissenschaftlichen und didaktische-methodischen Inhalten zuständig (ebd.).

[102] MfV 1967a, S. 43.

[103] Ebd.

[104] MfV 1969.

8 Skizzen zum wissenschaftspolitischen Missbrauch des Mendelismus

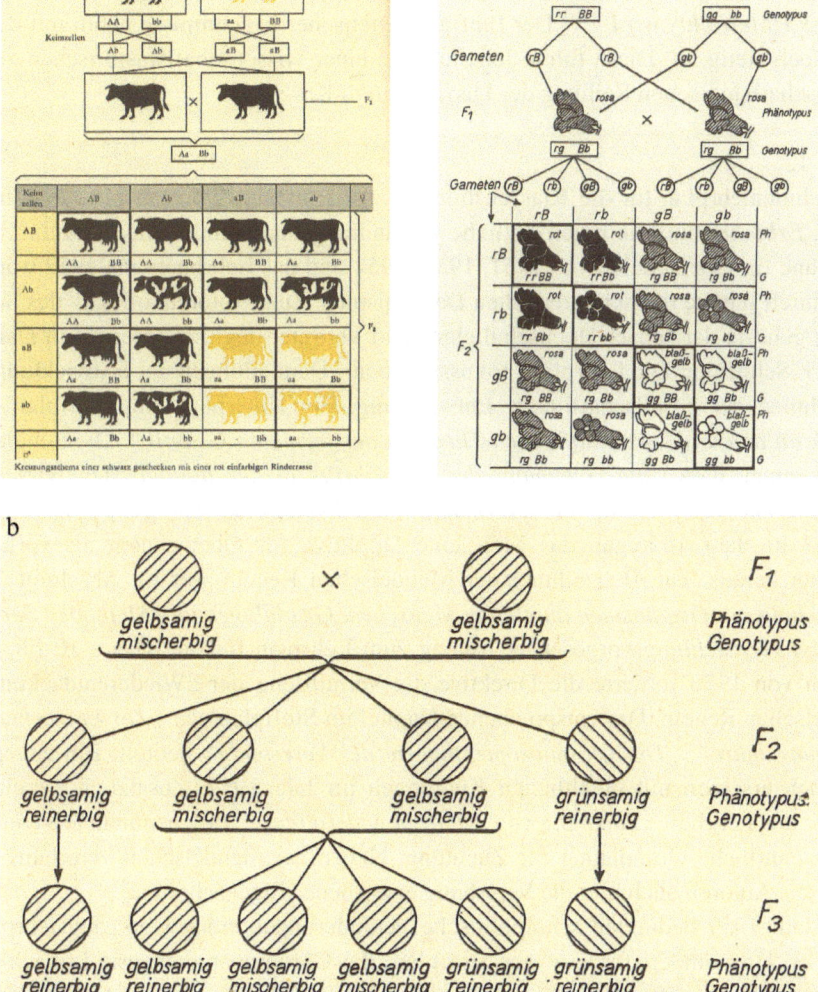

Abb. 8.2 Schematische Darstellungen der Erbgänge nach Mendel in dem DDR-Biologie-Lehrbuch für Klasse 10, 1985.

kennzeichneten den Lehrplan. Das Kapitel *Vererbung* mit 24 Unterrichtsstunden forderte auch die Vermittlung der Mendelschen Regeln. Die Schüler sollten erfahren, dass Mendel *„Gesetze von universeller Gültigkeit fand"*.[105]

Der Ausarbeitung des Lehrplans ging eine öffentliche Diskussion in der Zeitschrift *Biologie in der Schule* voraus. Ziel war es, das inhaltlich bewährte Konzept zu

---

[105] MfV 1988, S. 24.

erhalten.[106] Methodisch bestand bereits seit den 1950er Jahren die Forderung, dass der Biologieunterricht so strukturiert sein muss, *„daß die Entwicklungslehre zur Grundlage des Unterrichts wird".*[107] Der Einfluss genetischer Erkenntnisse nahm mit den Jahren jedoch stetig zu. Diese führte letztlich von einer wissenschaftshistorischen zu einer wissenschaftslogischen Reihung der Disziplinen in Klasse 10.

Klasse 12
Der Rahmenlehrplan für die Klassenstufe 12 aus dem Jahr 1946 sah für alle Kurse das Thema *Erblehre* und die unterrichtliche Behandlung der Mendelschen Regeln vor. Die Lehrpläne für Oberschulen von 1951, 1953, 1954 und das Lehrbuch von 1952 waren geprägt durch Inhalte des schöpferischen Darwinismus. Zum Autorenkollektiv des Schülerbuches gehörte der Jenaer Hochschullehrer und Vertreter des „schöpferischen Darwinismus" G. Schneider. Die Lehrpläne fokussierten auf Darstellungen der Entwicklungslehre im Rahmen der gesellschaftlichen Entwicklung. Ein Unterpunkt im Stoffplan lautete *„Kritik an den unwissenschaftlichen Theorien der formalen Genetik".* Die Schüler sollten erkennen, dass *„die Hemmung des Fortschritts in der biologischen Wissenschaft durch die Theorien der starren Vererbung, der Keimbahn und der Gene"* hervorgerufen wird.[108] Im Jahr 1956 gab das MfV eine Direktive für Oberschulen als vorläufigen Lehrplan heraus. Die Behandlung der Mendelschen Regeln war im Abschnitt *Weiterentwicklung der Organismen durch den Menschen, Grundlagen und Methoden der Pflanzen- und Tierzüchtung* vorgesehen. Analog zum Lehrplan für die Klasse 10 für Mittelschulen von 1956 forderte die Direktive die Vermittlung der „Wiederentdeckung" der Mendelschen Regeln. Das entsprechende Kapitel im Stoffplan war *„Zur Entwicklung der Vererbungslehre", „Die Chromosomentheorie der Vererbung"* betitelt. Ein angepasstes Lehrbuch erschien mit inhaltlichen Kürzungen im Jahr 1957. Zusätzlich erhielten die Schüler das Lehrheft *„Züchtung von Pflanzen und Tieren".*[109] Es beinhaltete Vererbungswissenschaftliche Grundlagen der Züchtung. Neben der mendelschen Vererbung postulierten die Autoren auch hier die Vererbung erworbener Eigenschaften.

Im Jahr 1959 bedingten schulpolitische Veränderungen einen Übergangslehrplan für die EOS. Unverändert forderte der Stoffplan, die Chromosomentheorie kritisch zu betrachten. Ferner stufte dieser *„die Theorien des ‚Neodarwinismus' als pseudowissenschaftliche Grundlagen der Rassendiskriminierung"* ein. Das Kapitel lautete *„Grundlagen der Züchtung, Ergebnisse der Genetik".* Im Fokus der Kritik standen Mendel, Weismann und Morgan. Im Jahr 1963 erfolgte dann die Einführung eines neuen Lehrplanes für die Klasse 12. Weiterhin sollte im Unterricht *„die Behandlung der genetischen*

---

[106] Horn & Kaiser 1986; Horn 1987.
[107] Gottschalk 1954, S. 268.
[108] MfV 1953, S. 26.
[109] Kress & Wiesner 1957.

Grundlagen der Tier- und Pflanzenzüchtung [...] mit einer kritischen Bewertung der klassischen Genetik." verbunden werden. Das Kapitel „*Weiterentwicklung der Organismen durch den Menschen, Biologische Grundlagen der Züchtung*" des Stoffplans forderte dazu eine „*kurze Erläuterung der Mendelschen Regeln*".[110]

Mit Verweis auf „*die Entwicklung der biologischen Wissenschaft in den letzten Jahren*" erschien 1967 eine *Anweisung zur Korrektur des Lehrplans Biologie der Erweiterten Oberschule.*[111] Diese entsprach „*im wesentlichen dem bereits seit 1965 gültigen Lehrbuch Biologie IV*".[112] Im Kapitel „*Genetik, Evolution und Züchtung, Grundlagen der Vererbungslehre*" des Stoffplans nutzten die Autoren den Wortlaut aus dem Lehrplan für Vorbereitungsklassen von 1967. So hieß es auch hier, „*daß Vererbung und Veränderung materiell bedingt sind*".[113] Als Autor für das Lehrbuch war Martin Zacharias, der bereits am Lehrbuch von 1965 mitgearbeitet hatte, für die Themen Genetik, Evolution und Züchtung verantwortlich.[114] Auch die folgenden Lehrpläne von 1968 und 1985 sowie das Lehrbuch von 1981 verdeutlichten die Abkehr vom schöpferischen Darwinismus. Mit 19 bzw. 22 Unterrichtsstunden für das Thema Genetik zeigte sich allgemein in der Oberstufe ein Bedeutungszugewinn für diese Fachdisziplin.

8.3.2.2 Persönlichkeit G. J. Mendel – Wissenschaftsgeschichte im Schulbuch

Das Schulbuch für die Klasse 8 von 1946 skizzierte Mendels Biographie nur kurz. Unerwähnt ließen die Autoren seine Herkunft, die Gründe für den Eintritt ins Kloster, seine Ausbildung und beruflichen Tätigkeiten. Zwar stand im Text, dass Mendel „*als Mönch und später als Abt des Augustinerklosters in Brünn [...] Versuche an Erbsen und Bohnen*" durchführte, weitere wissenschaftshistorische Aussagen blieben jedoch unkonkret.[115] Insgesamt umfassten diese Informationen und die folgende Darstellung der Mendelschen Regeln acht Seiten und zwölf Abbildungen. Die folgenden Lehrbuchausgaben der 1950er Jahre fokussierten innerhalb züchtungsbiologischer bzw. evolutionsbiologischer Kapitel auf den „schöpferischen Darwinismus". Kapitel zur Vererbungslehre/Genetik und wissenschaftshistorische Darstellungen zu G. J. Mendel entfielen.

---

[110] Porges et al. 2016.
[111] MfV 1967b, S. 1.
[112] Ebd.
[113] MfV 1967b, S. 7.
[114] **Martin Zacharias (1927–1988)** war ein deutscher Genetiker, der an der Universität in Halle/Saale studierte. Er war Schüler von H. Stubbe. Später arbeitete er am Institut für Kulturpflanzenforschung in Gatersleben in der Abteilung Genetik und Cytologie und nahm schnell eine Spitzenposition innerhalb des Instituts ein. Wissenschaftlich widmete er sich u. a. den Mutationsversuchen an der Sojabohne. Vgl. Müntz & Wobus 2013, S. 27 & Porges 2018, S. 118.
[115] Löbel & Maschke 1948, S. 181.

Auch im Schulbuch für die Klasse 10 blieben wissenschaftshistorische Darstellungen zu seiner Person eher Randbemerkungen. Die Autoren berichteten, dass die „*Gesetzmäßigkeiten der Vererbung [...] vor etwa 100 Jahren erstmals in Versuchen an Erbsen und anderen Pflanzenarten von dem in Brünn [...] lebenden Augustinermönch [...] erkannt wurden*".[116]

Mendels Herkunft, die Gründe für den Eintritt ins Kloster, seine Ausbildung und beruflichen Tätigkeiten blieben unbeachtet. Erwähnung fand, dass die „Wiederentdeckung der Mendelschen Erbgesetze" eine „*bewußte praktische Anwendung [...] seit Beginn des 20. Jahrhunderts*" bedingte.[117] Mendels wissenschaftliche Vorgehensweise skizzierten die Verfasser mit den Worten, dass er „*bei seinen Versuchen von einzelnen bestimmten Merkmalen aus*[ging]".[118] Noch vom „schöpferischen Darwinismus" geprägt, grenzten Bach et al. (1967) die Gültigkeit der Mendelschen Regeln ein. Die Lebensumstände Mendels und sein Motiv für den Eintritt ins Kloster sprachen Bach et al. auch im Lehrbuch für die Klasse 10 von 1971 an. Wie bereits in der Ausgabe für Vorbereitungsklassen kamen das Studium der Naturwissenschaften und die Lehrertätigkeit in Brünn zur Sprache.

Das Schulbuch für die POS von 1988 zeichnete sich dann durch einige Veränderungen aus. Es war durchgehend farbig und inhaltlich modifiziert. Photographien zeigten Mendel als Augustinerabt, den Klostergarten in Brünn und ein Versuchsprotokoll. Aus wissenschaftshistorischer Sicht stellten diese Photographien eine Bereicherung für den Unterricht dar. Im Text verzichteten die Autoren auf Aussagen zu Mendels wirtschaftlichen Gründen für seinen Eintritt ins Kloster. Ausführlicher als in den vorhergehenden Ausgaben stellten Kummer et al. Mendels Ausbildung, seine beruflichen Tätigkeiten und Grundlagen seiner Kreuzungsexperimente vor. Die folgende Beschreibung der Mendelschen Regeln fokussierte auf die Uniformitäts- und die Spaltungsregel.

Im Schulbuch für die Klasse 12 von 1965 würdigen die Autoren Mendels Leistungen, der „*durch seine genial einfach angelegten [...] Kreuzungsversuche mit Erbsen [...] als erster Klarheit in die verwirrende Vielfalt solcher Nachkommenschaften von Bastarden gebracht*" hat.[119] Wissenschaftshistorische Aussagen begrenzten sich auf seine siebenjährige Versuchsarbeit im Klostergarten in Brünn, die Veröffentlichung seiner Ergebnisse 1866 und die mangelnde Beachtung (auch durch Darwin) sowie die „Wiederentdeckung". Eine Abbildung Mendels stand nicht zur Verfügung. Im Verlauf der Erläuterungen der Mendelschen Regeln wurde die Arbeit Correns mit *Mirabilis jalapa* herausgestellt. Insgesamt umfassten die Darstellungen acht Seiten und fünf

---

[116] Bach et al. 1967, S. 112.
[117] Ebd.
[118] Ebd.
[119] Bach et al. 1965, S. 149.

Abbildungen bzw. Tabellen. Die Lehrbuchausgabe für die Klasse 12 von 1981 stellte insofern eine Ausnahme dar, da Mendel lediglich zwei Mal namentlich im Text genannt wurde. Wissenschaftshistorische Aussagen waren stark reduziert und einem höheren Abstraktionsgrad gewichen. Eine Photographie stand auch hier nicht zur Verfügung. Ausser den Lebensdaten nannten die Autoren das Jahr 1865 und sein Wirken als Augustinermönch in Brünn. Die Auseinandersetzung mit den Mendelschen Regeln erfolgte auf fünf Seiten und vier Abbildungen.

Abb. 8.3 Philatelie und Ehrungen Gregor Mendels zum Mendeljahr 1984: **a** Österreichische Briefmarke mit G. J. Mendel, 1984; **b** Vatikanische Briefmarke mit G. J. Mendel, 1984.

8.3.3 Abschliessende Bemerkungen

Auf Grund eines ideologischen Grundsatzstreits, eingeleitet durch sowjetische Forscher wie T. D. Lyssenko u. a., war die Fachrezeption der Genetik in den Schulbüchern der ehemaligen SBZ und DDR vielschichtig und veränderte sich im Laufe der Zeit sehr dynamisch.

Nach 1945 ging es im Fach Biologie zunächst noch darum, zügig und pragmatisch von den Ideologien des NS-Regimes gesäuberte Biologie-Lehrbücher für den Unterricht bereitzustellen. Schon kurze Zeit später wurde der Konflikt zwischen der Genetik der Vertreter des sog. Mendelismus/Morganismus auf einer und den Anhängern Lyssenkos/Mitschurins auf der anderen Seite auch in den ostdeutschen Lehrbüchern ausgetragen.

Mit der Überwindung bzw. Ablehnung des „schöpferischen Darwinismus" in den 1960er Jahren wurde eine erneute Anpassung notwendig, mit der auch die Mendelsche Genetik wieder in den Lehrplan aufgenommen wurde. Auch die Besonderheiten von Mendels Forschung, wie die mathematische Auswertung und die Untersuchung einzelner Probleme, die Umstände seiner Veröffentlichung und die „Wiederentdeckung" um 1900 fanden Eingang in die Materialien. Trotz aller zeit- und jahrgangstypischen Veränderungen, stellte die Wissenschaftsgeschichte der Mendelschen Genetik per se seit 1965 in den Schulmaterialien der DDR eine Konstante dar (Abb. 8.3).

Zeittafeln

Michael Mielewczik, Michal V. Simunek und Uwe Hoßfeld

9.1 Zeittafel zu G. J. Mendel

1822	Johann Mendel wird am 22. Juli in Heinzendorf/Hynčice (Österreichisch-Schlesien, heute Tschechische Republik) geboren.
1833–1834	Besuch der Piaristenschule in Leipnik/Lipník nad Bečvou.
1834–1840	Besuch des Gymnasiums in Troppau/Opava.
1840–1842	Studium am Institut für philosophische Studien in Olmütz/Olomouc.
1843	Aufnahme als Stiftnovize bei den Augustinern in Alt-Brünn/Staré Brno (9. November), Mendel nimmt den Namen Gregor an.
1845–1849	Studium an der theologischen Lehranstalt in Brünn/Brno.
1849	Mendel wird Supplent am Gymnasium in Znaim/Znojmo, dort lehrt er im Schuljahr 1849/1850 Griechisch und Elementarmathematik.
1851–1853	Mendel beginnt ein viersemestriges Studium der Mathematik und physikalischen Naturwissenschaft an der Wiener Universität.
1853	Mendel veröffentlicht seine Studien zu *Botys margaritalis*.
1854	Mendel veröffentlicht seine Studien zu *Bruchus pisi*

M. Mielewczik (✉)
Adlikon bei Regensdorf, Schweiz
E-Mail: michaelmielewczik77@gmail.com

M. V. Simunek
Institut für Zeitgeschichte, Akademie der Wissenschaften der Tschechischen Republik, Prag 6, Tschechische Republik
E-Mail: simunekm@centrum.cz

U. Hoßfeld
AG Biologiedidaktik, Universität Jena, Jena, Deutschland
E-Mail: uwe.hossfeld@uni-jena.de

© Springer-Verlag GmbH Deutschland, ein Teil von Springer Nature 2024
M. Mielewczik et al. (Hrsg.), *Gregor Mendel*, Klassische Texte der Wissenschaft,
https://doi.org/10.1007/978-3-662-57976-3_9

1854–1868	Mittelschulprofessor an der deutschen Oberrealschule in Brünn.
1856–1871	Durchführung wissenschaftlicher Kreuzungsversuche mit Erbsen und anderen Pflanzenarten im Garten des Augustinerklosters in Alt-Brünn (die Experimente mit Erbsen werden im Jahr 1863 abgeschlossen).
1862	30. Juli bis 16. August: Mendel reist mit einem Vergnügungs-Zug zur Weltausstellung in London.
1863	2. April: Wahl von Mendel zum Mitglied der Obst-, Wein- und Gartbenbau-Sekzion der mähr.-schles. Ackerbaugesellschaft.
1865	8. Februar: Mendel hält seinen ersten Vortrag zu Pflanzen-Hybriden im NfV in Brünn.
1865	8. März: Mendel hält seinen zweiten Vortrag zu Pflanzen-Hybriden im NfV in Brünn.
1866	Druck des 4. Jahresbandes des NfV in Brünn, in welchem die Ergebnisse von Mendels Kreuzungsversuchen an Erbsen erstmals abgedruckt werden.
1868	30. März: Wahl zum Abt als Nachfolger von C. Napp.
1869/1870	9. Juni 1869: Mendel hält in der Monatssitzung des NfV einen Vortrag über seine Versuche mit künstliche Befruchtungen bei *Hieracium*. Der Vortrag erscheint schließlich als 1870 als Artikel im VIII. Bd. der *VNV*.
1870	13. Oktober: Eine Windohose verwüstet Brünn. Mendel beirchtet über dieses Ereignis ausführlich in den *VNV* (1871).
1873	7. August: Mendel besucht mit seinem Neffen J. Schindler die Weltausstellung in Wien.
1876	6. April: Mendel wird zum stellvertretenden Direktor der Hypothekenbank der Markgrafschaft Mähren gewählt.
1881	12. Oktober: Mendel wird vom Mährischen Landtag mit 71 Stimmen zum Direktor der Hypothekenbank gewählt.
1883	Oktober: Mendel muss aus gesundheitlichen Gründen von seinem Posten als Direktor der Hypothekenbank zurücktreten.
1884	6. Januar: Gregor Mendel stirbt nach längerer Krankheit.
1900	„Wiederentdeckung" von Mendel und seiner Arbeit durch Hugo de Vries, Carl Erich Correns und Erich von Tschermak-Seysenegg unter Mitwirkung von Armin von Tschermak-Seysenegg und William Bateson.

9.2 Zeittafel zur Entwicklung der Genetik

1859	Charles Darwin veröffentlicht sein Werk „*On the Origin of Species.*"
1866	Gregor J. Mendel veröffentlicht seine experimentellen Arbeiten zu den Regeln der Vererbung bei Erbsen.
1871	Erste Beschreibung der Nukleinsäuren durch Friedrich Miescher (1844–1895).
1882	Druck der vermutlich ersten Darstellung menschlicher Chromosomen mit Zellteilungsstadien.

9 Zeittafeln

1885 A. Weismann erkannte, dass die Weitergabe von Informationen in der Vererbung lediglich über die Keimzellen erfolgt.
1889 Veröffentlichung seines Buchs „Intracellulare Pangenesis" durch H. de Vries.
1900 „Wiederentdeckung" von Mendel und seiner Arbeit (s.o.) sowie erste Beschreibung der Mendelschen Regeln.
1902 Zellforscher erkannten den Zusammenhang zwischen den Mendelschen Regeln und den Eigenschaften der Chromosomen. Daraus erwächst die Annahme, dass hereditäre Information auf den Chromosomen liegt.
1905 Der Begriff Genetik zur Bezeichnung des Fachs der Vererbungslehre wurde vorgeschlagen.
Entdeckung der ersten Geschlechtschromosomen in Schmetterlingen und Käfern.
1908 Formulierung des Hardy-Weinberg-Gleichgewichts und Beginn der Populationsgenetik auf Basis der Frequenz von Allelen und Genen in einer Population.
1909 In der genetischen Literatur wurden die Begriffe Gen, Genotyp und Phänotyp durch W. Johannsen eingeführt.
1910 Erster Beleg für geschlechtschromasomal vererbte Eigenschaften.
1912 Beleg für die Genkopplung, mit dessen Hilfe von nun an erste Genkarten erstellt werden konnten.
1913 Studien der Genkopplung führen zur Theorie des Crossing-Over.
Erstellung der ersten Genkarte.
1927 Erste Herstellung künstlich induzierter Mutationen mit Röntgenstrahlen durch Hermann Joseph Muller (1890–1967).
1928 Entdeckung der Transformation in Bakterien.
1931 Beleg des Crossing-Overs auf Basis der Beobachtung von Chromosomenbrüchen.
1937 Beleg der Genkopplung im Menschen.
1940 Entdeckung des Rhesusfaktors.
1941 Veröffentlichung der „Ein Gen – ein Enzym-Hypothese".
1944 Entdeckung springender Gene (Transposons), welche ihre Position innerhalb und über Chromosomen hinweg verändern und zudem auch die Aktivität benachbarter Gene beeinflussen können.
1946 Beschreibung der sexuellen Vermehrung in Bakterien.
1949 Entdeckung der Barr-Körperchen.
1950 „Goldenes Jubiläum" der Genetik (50. Jahre nach der „Wiederentdeckung").
1953 F. Crick und J. Watson (unter Mitwirkung von R. Franklin und M. Wilkins) beschreiben die Doppelhelixstruktur der DNS.
1956 Korrekte Bestimmung der Zahl menschlicher Chromosomen.
1961 Entdeckung des Triplett-Codes.
Entdeckung erster Mechanismen zur Genexpression.

1969 Isolierung des ersten Gens.
1970 Herstellung des ersten künstlichen Gens.
1978 Erstmals ist die Herstellung von Insulin durch Bakterien möglich.
Entwicklung der ersten DNS Sequenzierungstechniken.
Sequenzierung des ersten vollständigen Genoms eines Organismus (Virus phiX174).
1981 Sequenzierung der menschlichen mitochondrialen DNS.
1983 Erstmals konnte ein Gen für eine Erbkrankheit *(Chorea Huntington)* einem spezifischem Chromosom zugeordnet werden.
Entwicklung der Polymerase-Kettenreaktion (PCR), einer Technik zur Amplifizierung von DNS.
1984 Erster genetischer Fingerbadruck.
1990 Start des Human Genome Projects, einem Forschungsprojekt in öffentlicher Hand, welches eine Karte des menschlichen Erbguts erstellen will.
1995 Sequenzierung des ersten Bakterien-Genoms *(Haemophilus influenza)*.
1996 Entschlüsselung des Genoms der Hefe *(Saccharomyces cerevisiae)*.
Geburt des Klonschafs Dolly.
1998 Erbgut des Fadenwurms *(C. elegans)* wurde entschlüsselt. Es ist das erste vielzellige Tier, für das der Gen-Code ermittelt werden kann.
2000 Dekodierung des Erbguts der Fruchtfliege *(Drosophila melanogaster)*.

Erratum zu: Gregor Mendel

Michael Mielewczik, Michal Simunek und Uwe Hoßfeld

Erratum zu: M. Mielewczik et al. (Hrsg.), *Gregor Mendel*, Klassische Texte der Wissenschaft, https://doi.org/10.1007/978-3-662-57976-3

Dieses Buch wurde versehentlich vor Ausführung aller Korrekturen veröffentlicht. Es wurde deshalb nachträglich aktualisiert. Grundlegende Inhalte waren nicht betroffen.

Die aktualisierte Version dieses Buchs finden Sie unter https://doi.org/10.1007/978-3-662-57976-3

Epilog und abschließende Betrachtungen

Gregor Johann Mendel (1822–1884), der Abt des Königinklosters in Alt-Brünn (Staré Brno) in Mähren und im Grunde genommen ein Privatgelehrter, dem keine Infrastruktur der damals bereits weit institutionalisierten wissenschaftlichen Forschung (z. B. an Universitäten oder Akademien) zur Verfügung stand, gilt heute als „Gründervater" der neuen Vererbungsforschung/Genetik.

Erst mit einem Abstand von 16 Jahren nach seinem Tod, wurde er – besonders in der volkstümlichen und populären Literatur – zu einem der großen Helden der Naturwissenschaft des 19. Jahrhunderts. Im 20. Jahrhundert wurde eine auf Mendels Erkenntnisse aufbauende Lehre, die Genetik bzw. der sog. Mendelismus, zu einem der Grundpfeiler der modernen Biologie.

Ursächlich hierfür waren die Resultate seiner umfangreichen, mehrjährigen und kontinuierlich durchgeführten Experimente zur Kreuzung und Hybridbildung verschiedener Sorten von Gartenerbsen *(Pisum sativum, P. sacharatum* und *P. quadratum)*. Diese stellte er erstmals im Februar und März 1865 in zwei Vorträgen der Öffentlichkeit vor. Etwas mehr als ein Jahr später wurden seine Versuche in den *Verhandlungen des Naturforschenden Vereins* in Brünn publiziert. Der Druck erfolgte auf Basis einer Reinschrift des Vortrags, welche Mendel selbst angefertigt hatte und die bis heute erhalten geblieben ist. Zu Lebzeiten Mendels wurde die Veröffentlichung nie wieder vollständig publiziert, ergänzt oder aktualisiert. Die Arbeit in der Urfassung enthält also sowohl die Fragestellung, Darstellung der experimentellen Arbeitsweise, die Resultate, Argumentation und Schlussfolgerungen mit Stand von 1866. Dabei ist die genaue Zahl der in der ersten Auflage in den *Verhandlungen des Naturforschenden Vereines* erschienenen Exemplare von Mendels Arbeit nicht bekannt. Man kann aber von einer Auflage von 500 Exemplaren ausgehen. Dazu wurden noch 40 Sonderdrucke bestellt und gedruckt.

Es ist davon auszugehen, dass Mendel seine *Versuche über Pflanzen-Hybriden,* in der Anfangszeit, wohl primär als Akklimatisierungsversuche verstanden hat und dass es ihm bei seinen Erbsen zunächst möglicherweise vor allem um eine Optimierung des Blütezeitpunkts gegangen sein mag. Die wissenschaftlichen Untersuchungen an Pflanzen waren aber nicht nur Bestrebungen eines einzelnen Privatgelehrten. Sie waren vielmehr Teil eines umfassenden Forschungsnetzwerkes und Forschungsverbundes, an dem sich lokal in Brünn zunächst vor allem der Mährische Gewerbeverein sowie die k. k. mähr.-schles. Gesellschaft zur Beförderung des Ackerbaues, der Natur- und Landeskunde beteiligten. Mitglieder dieser beiden Einrichtungen kooperierten immer wieder mit der k. k. Centralanstalt für Meteorologie und Erdmagnetismus, dem österreichischen Handelsministerium sowie anderen überregionalen Institutionen, unter anderem um Samen aus anderen Region Europas und aus Übersee für Akklimatisierungsversuche zu erhalten, welche dann oftmals an einzelne, ausgesuchte Mitglieder der genannten Ackerbaugesellschaft verteilt wurden. Hieraus entstand Mitte der 1850er Jahre auch eine umfangreiche Samensammlung, zu denen auch 22 Erbsensorten gehörten, welche, ebenso wie die Samen anderer Pflanzenarten, auf der Weltausstellung in Paris 1855 von einer mährischen Landesdelegation vorgestellt worden sind. Letzteres waren vermutlich eben die 22 Erbsensorten, von denen Mendel in seinem Artikel geschrieben hat, dass er sie in 2-jährigen Vorarbeiten aus einer größeren Sammlung von 34 Sorten ausgewählt und für seine Versuche benutzt hat. Auch in späteren Jahren hat Gregor Mendel immer wieder Anbau- bzw. Akklimatisierungsversuche mit derartig bereitgestelltem Saatgut durchgeführt, beispielsweise mit Wasserreis oder Neuseeländischem Spinat.

Tatsächlich waren einige der Forschungsprojekte, an denen Mendel als einer von vielen aktiven Forschern beteiligt war, zumindest teilweise noch wesentlich umfassender und ambitionierter. So beteiligte sich die genannte Ackerbaugesellschaft ab Mitte der 1850er Jahre auch sehr aktiv am Aufbau eines meteorologischen und phänologischen Netzwerks, aus dem viele wichtige Publikationen und Einzelprojekte hervorgegangen sind. Es ist deutlich hervorzuheben, dass dieses meteorologische und phänologische Netzwerk im 19. Jahrhundert in seiner Dimension wohl einzigartig war und das größte naturwissenschaftliche Kooperationsprojekt seiner Zeit darstellte, welches sich in seinem räumlichen Ausmaß großflächig über weite Teile Mittel- und Osteuropas erstreckt hat. Ausgangspunkt für Gregor Mendels meteorologische und phänologische Tätigkeit innerhalb der naturwissenschaftlichen Sektion der Ackerbaugesellschaft waren die Bestrebungen der Centralanstalt für Meteorologie und Erdmagnetismus durch deren Direktor Karl Kreil und dessen Stellvertreter Karl Fritsch, welche dieses Netzwerk zunächst initiiert hatten. Diese hatten das vorrangige Ziel derartige Beobachtung auszuweiten, zu standardisieren und dieses Netzwerk von Wien aus zu koordinieren. In der modernen Betrachtung wird dieses Netzwerk, das mit längeren Unterbrechungen und Einschränkungen übrigens auch heute noch aktiv ist als eines der ersten Beispiele für ein Citizen-Science Projekt in den Naturwissenschaften angesehen.

Im mährisch-schlesischen Raum konnte man dabei bereits auf bestehende Beobachtungsstationen zurückgreifen. Deren regionale Koordination und Auswertung hat Mendel ab 1857 zumindest zeitweise betreut und geleitet.

Aus teilweise auch politischen Streitigkeiten und Auseinandersetzungen innerhalb der Ackerbaugesellschaft entstand zu Beginn der 1860er Jahre der Naturforschende Verein in Brünn, in welchem Mendel die meisten seiner wissenschaftlichen Arbeiten, einschließlich seiner Kreuzungsversuche an Erbsen, publizierte. Die gemeinschaftlichen phänologischen Beobachtungsreihen erscheinen deshalb als wichtige Inspirationsquelle und wissenschaftlicher Hintergrund für seine Experimente. Hierfür sprechen insb. auch verschiedene spätere Kooperationen zwischen Gregor Mendel und dem Biologen Anton Tomaschek u. a. hinsichtlich der Akklimatisierung tropischer Bienen, phänologischen Beobachtungen oder bei der Erstellung von thermischen Vegetationskonstanten.

Der bekannte Statistiker R. A. Fisher hat in einem Artikel zu Gregor Mendels Versuchen einmal die Position vertreten, dass vermutlich jede Generation von Wissenschaftlern in Mendels Artikel immer nur das vorgefunden hat, was man bereits erwartet hatte, zu finden.[1] In der ersten zeitlichen Periode ging es dabei um eine Bestätigung eigener Hybridisierungsversuche, später dann um die logischen Probleme in der Zusammenführung einer diskreten Vererbung mit kontinuierlichen Evolutionsvorstellungen.[2] Von einem modernen Blickwinkel kann man dieses Argument durchaus fortsetzen, denn in der weiteren zeitlichen Folge hat sich die Popularisierung von Mendels Versuchen als Vehikel bewährt, um die Genetik in ihrer Neuausrichtung nach dem Zweiten Weltkrieg wieder in ein positives Licht zu rücken, wobei Mendels Artikel auch als Propagandamittel verstanden wurde. In der weiteren historischen Diskussion verschob sich dieser Aspekt zunehmend auf die Rolle der Mendelschen Ideen und der Genetik selbst als wichtigen Grundlagen zur Lösung des Welternährungsproblems. Vor diesem Hintergrund ist es verständlich, dass dies auch zu einer Diskussion unter Wissenschaftshistorikern geführt hat, ob man Mendel selbst denn tatsächlich als Genetiker (oder Mendelianer) verstehen darf. Letztere Frage kann man sicher kontrovers diskutieren und es ist richtig, Mendel und seine Arbeiten im Natur- und Wissenschaftsverständnis seiner Zeit einzuordnen. Die klassische Hybridisierung von Kulturpflanzen, ältere insb. in Brünn entwickelte Vorstellung zur Vererbung u. a. bei Schafen, naturphilosophische Vorstellungen im Sinne Goethes, damals neu aufkommende Betrachtungsweise zur Pflanzenphysiologie, dem Befruchtungsvorgang und Materialismus, sowie die Einführung von statistischen Methoden in Naturwissenschaft und Nationalökonomie sind hier nur einige ausgewählte Beispiele für die wissenschaftshistorischen Hintergründe zu Mendels Versuchen, die man in diesem Kontext anführen kann. Letztendlich war Mendels Unterscheidung in innere Faktoren und äußere Merkmale aber das Konzept, dass zur Begründung der Genetik einen entscheidenden Impuls gegeben hat.

All dies verdeckt allerdings die Tatsache, dass man Gregor Mendel auch als Pionier der quantitativen Phänetik sowie visuellen Phänotypisierung verstehen kann und er somit einer der direkten Vorgänger der heutigen modernen bildbasierten Methoden der Phänotypisierung ist. In diesem Kontext ist es wenig verwunderlich, dass sich Mendel bereits mit Problemen beschäftigt hat, welche auch heute noch bei der Entwicklung moderner Verfahren und Algorithmen zur Bildsegmentierung und Klassifikation von Pflanzenmaterial eine fundamentale Rolle spielen. In seinen Briefen an den Botaniker Carl Wilhelm von Nägeli berichtete Mendel beispielsweise von weiteren Kreuzungen von einer Sammlung von Levkojen, die er hinsichtlich der Gültigkeit der von ihm gefundenen Regeln zur Vererbung des Merkmals der Blütenfarbe untersucht hat. Dabei stellte Mendel

---
[1]Fisher 1936.
[2]Ebd.

fest, dass die ihm zur Verfügung stehenden linearen Farbskalen für diese Zwecke praktisch unbrauchbar waren, da sie die von ihm vorgefundenen Nuancen nur unzureichend beschrieben und vor allem die (Farb)-Intensität nicht hinreichend abbildete. Damit war Mendel vermutlich der Erste, der festgestellt hat, dass man zur Klassifikation unterschiedlicher Farben von Pflanzen eine andere Farbdefinition benötigt. Eine ebensolche wird heute tatsächlich sehr vielfältig in bildbasierten Algorithmen zur Bildsegmentierung (Unterscheidung von Pflanzen vom Hintergrund) oder Klassifikation verwendet. Solche Algorithmen basieren heute alle auf der Verwendung eines spezifizierten Farbraums, wobei bei Pflanzenmaterial häufig der HSI-Farbraum (engl. hue, saturation, intensity) oder Derivate davon zum Einsatz kommen.

Dass man Gregor Mendels Experimente vor allem im Kontext der Genetik diskutiert hat, ist übrigens nicht nur ein wissenschaftshistorisches Problem, sondern hat auch Auswirkungen auf moderne wissenschaftliche Betrachtungen. Bei allen Erfolgen und Errungenschaften der Genetik, für die Agrarwissenschaft und Agrarindustrie ist es letztendlich immer noch der Phänotyp, dem die maßgebliche agronomische Bedeutung zukommt.[3]

Während der Durchsatz von genetischen und molekularbiologischen Analysen und Genomsequenzierungen durch technische Innovation stetig erhöht worden ist, wurde die Hochskalierung der Phänotypisierung auf höheren Durchsatz und eine höhere Detailstufe in der Analyse lange stiefmütterlich behandelt. Die extreme Fokussierung auf den genetischen Blickwinkel sowie die technischen Limitierungen bei der Phänotypisierung haben dazu geführt, dass heute immer noch eine sehr deutliche Lücke im Detailverständnis zwischen genomischen Eigenschaften (Genotyp) einerseits und der Ausprägung pflanzenphysiologischen und agrarwissenschaftlichen Merkmalen (Phänotyp) andererseits gibt, welche man zunehmend durch moderne Phenomics Ansätze zu schließen versucht.[4] In den letzten zwei Jahrzehnten ist es daher zu einer wahren Explosion von neuen insbesondere bildbasierten und nichtinvasiven Methoden der Phänotypisierung gekommen, wobei auch immer wieder neue Fragestellungen in den Fokus der Betrachtungen gerückt sind.[5] Letztendlich geht es bei allen diesen Entwicklungen nicht nur um den Phänotyp alleine, sondern um die kombinierte Betrachtung von Merkmalen unter verschiedenen Umweltbedingungen und vor verschiedenen genetischen Hintergründen. Insbesondere die Interaktion zwischen verschiedenen Umweltbedingungen und der Ausprägung des Phänotyps landwirtschaftlich relevanter Kulturpflanzen ist in diesem Kontext in vielerlei Hinsicht immer noch eine große Herausforderung. Letzteres gilt umso

---

[3]Pieruschka & Poorter 2012. Vgl. auch Walter, Liebisch & Hund 2015.
[4]Fiorani & Schurr 2013; Furbank 2009; Großkinsky et al. 2015; Kumar et al. 2015. Siehe auch Pieruschka & Schurr 2019.
[5]Siehe z. B. Costa et al. 2019. Für verschiedene wissenschaftliche Methoden zu bildbasierten Phänotypisierung u. a. im Hochdurchsatz siehe bspw. Fiorani & Schurr 2013; Tardieu et al. 2017; Walter, Liebisch & Hund 2015; Yang et al. 2020.

mehr als es einen signifikanten Unterschied zwischen dem Anbau von Pflanzen im Gewächshaus und dem Anbau auf dem Feld gibt. Insofern sind solche Entwicklungen auch elementare Grundlagen, um „Precision Farming" mit Hilfe von Sensoren und lokalen Analysen weiter voranzubringen. Auch heute noch, mit modernsten Techniken zur Automatisierung und Bildverarbeitungsmethoden, stellt die visuelle Aufzeichnung und Auswertung komplexer Phänotypen, zumindest in Bezug auf den zeitlichen und technischen Aufwand den Flaschenhals bei der pflanzlichen Phänotypisierung dar.[6] Die Etablierung derartiger Methoden ist dabei gerade auch für die Pflanzenzüchtung von erheblicher Bedeutung. Soll beispielsweise sichergestellt werden, dass der zukünftige Ertrag von Kulturpflanzen mit Bevölkerungswachstum und Klimawandel Schritt hält, so ist es nötig, sowohl Genom- und Phenom-Informationen zugleich nutzbar zu machen.[7] Mit Hilfe Genomweiter Assoziationsstudien lassen sich beispielsweise Marker im Genom mit komplexen Merkmalen des Phänotyps, wie Ertrag und Wachstum, statistisch in Zusammenhang setzen und auch hinsichtlich ihrer Abhängigkeit von Umweltbedingungen analysieren.[8]

Derartige Betrachtungen gehen selbstverständlich von einem modernen Blickwinkel aus. Will man dagegen Gregor Mendel selbst historisch korrekt als Forscher klassifizieren, so muss man ihn wohl vor allem als hochgradig innovativen und interdisziplinär forschenden Meteorologen und Pflanzenzüchter bezeichnen. Darüber hinaus, und dieser Betrachtungswinkel ist in der Vergangenheit ebenfalls viel zu wenig berücksichtigt worden, war Gregor Mendel vor allem ein absoluter Spezialist für Langzeitbeobachtungen verschiedenster Art – sei es nun bei seinen Langezeitversuchen zur Hybridisierung von verschiedenen Pflanzenarten und Sorten, seinem Mitwirken am Aufbau und Betrieb eines meteorlogischen und phänologischen Langzeit-Beobachtungsnetzwerks oder seinen eigenen Langzeitmessungen des Grundwasserstands bzw. des Klimas von Brünn. Auch diesbezüglich darf man durchaus anmerken das Mendels Versuche noch heute von Interesse sind, nicht nur weil sie auch R. A. Fisher Inspiration bei der Definition eines modernen multifaktoriellen Versuchsdesigns nach statistischen Kriterien (auch am Beispiel der Langzeitexperimente) gegeben haben, sondern auch weil gerade das Beispiel von Mendels Versuchen absolut deutlich macht, wie wichtig eine gesicherte funktionierende Infrastruktur zur Dokumentation von Versuchen von Langzeitexperimenten ist. Eine offene Frage bleibt indessen, wie eng die Zusammenarbeit zwischen Mendel, Anton Tomaschek und dem meteorologischen Beobachtungsnetz von Karl Kreil und Karl Fritsch letztendlich wirklich war. Nimmt man die Gesamtheit aller Publikationen aus diesem Kontext zusammen, so kann man durchaus den Eindruck gewinnen, dass es sich hierbei um einen ersten Versuch einer Systemmodellierung gehandelt hat, in dem verschiedene Aspekte bereits mathematisch ausformuliert worden sind.

---

[6]Vgl. Furbank & Tester 2011; Tardieu et al. 2017.
[7]Tardieu et al. 2017.
[8]Siehe z. B. Hund et al. 2011; Kronenberg et al. 2021.

An sein eigenes Versuchsdesign und Versuchsmaterial in seinen Kreuzungsexperimenten hat Gregor Mendel jedenfalls große Ansprüche gestellt: *„Die Auswahl der Pflanzengruppe, welche für Versuche dieser Art dienen soll, muss mit möglichster Vorsicht geschehen, wenn man nicht in Vorhinein allen Erfolg in Frage stellen will. Die Versuchspflanzen müssen nothwendig 1. Constant differirende Merkmale besitzen. 2. Die Hybriden derselben müssen während der Blüthezeit vorder Einwirkung jedes fremdartigen Pollens geschützt sein oder leicht geschützt werden können. 3. Dürfen die Hybriden und ihre Nachkommen in den aufeinanderfolgenden Generationen keine merkliche Störung in der Fruchtbarkeit erleiden."*[9] Als Ergebnis seiner Untersuchungen stehen die bis heute gültigen drei (Mendelschen) Gesetze/Regeln (**Uniformitätsregel, Spaltungsregel, Unabhängigkeitsregel**). Mit diesen Gesetzen/Regeln war Mendel nunmehr seinen Zeitgenossen weit voraus: er erreichte mit der Darstellung dieser statischen Verhältnisse nicht nur eine Quantifizierung und Visualisierung der Merkmalsgenetik, sondern begründete hier auch schon eine frühe Faktorengenetik. Resümierend notierte er: *„Die Geltung der für Pisum aufgestellten Sätze bedarf selbst noch der Bestätigung, und es wäre deshalb eine Wiederholung wenigstens der wichtigeren Versuche wünschenswerth, z. B. jener über die Beschaffenheit der hybriden Befruchtungszellen."*[10] Besondere Bedeutung muss man der durchdachten Versuchsanordnung Mendels beimessen. Insbesondere die Unterscheidung in einzelne unterscheidbare Merkmalspaare war ein entscheidendes Element seiner Versuche, welche zu deren großem Erfolg beigetragen haben. Ein weit verbreiteter Irrtum, der sich schon bei vielen der ersten klassischen Genetiker findet, ist, dass einzelne Gene für spezifische Merkmale im Phänotyp verantwortlich sind. Die Genialität an Mendels Versuchsdesign liegt aber u. a, darin, dass er durch die untersuchten und ausgewählte Merkmalspaare zeigen konnte, dass Unterschiede in einzelnen Anlagen Unterschiede in einem einzelnen Merkmal verursachen können. Dies erklärt auch, warum einige der Gene, welche die von Mendel bei Erbsen aufgefundenen Unterschiede in den charakteristischen Eigenschaften im Phänotyp hervorrufen, durchaus sehr spezifische Funktionen im Metabolismus besitzen. Im Laufe von 120 Jahren hat die Biologie und Genetik große Fortschritte gemacht, die erklären, wie aus DNS letztendlich ein Phänotyp entstehen kann. Sei es nun durch Mechanismen wie Transkription und Translation, die (auch gewebespezifische) Steuerung der Genexpression, die Regulation entwicklungsbiologischer Vorgänge oder auch des Wachstums oder der Steuerung metabolischer Stoffwechselprozesse und Kreisläufe.[11] Die Frage wie sich die genetische Varianz einer Population auf die Varianz einzelner Merkmale des Phänotyps unter den Einwirkungen verschiedener Umweltbedingungen übersetzt, bleibt jedoch nach wie vor ein Enigma der modernen Biologie, das nicht vollständig aufgeklärt ist.

---

[9]Mendel 1866; Siehe auch Kap. 2.
[10]Ebd.
[11]Vgl. Walter, Liebisch & Hund 2015.

Epilog und abschließende Betrachtungen

Zu Lebzeiten Gregor Mendels wurde seinen Versuchen nur vergleichsweise wenig Aufmerksamkeit zuteil. Dies lag allerdings nicht daran, wie man es lange dargestellt hat, dass Mendel seine Experimente in einem „obskuren" Journal veröffentlicht hat. Entscheidender war wohl eher, dass keiner seiner Zeitgenossen die umfassende Bedeutung seiner Versuche erkannt hat. Eine Neuauswertung der Zitierungen der Arbeiten von Gregor Mendel im 19. Jahrhundert zeigt beispielsweise, dass seine Arbeit durchaus weiteren Kreisen bekannt war und in gekürzter Form sogar schon 1867 erneut abgedruckt worden ist. Verschiedene Forscher haben seinen Arbeiten aber durchaus kritisch gegenübergestanden und dies auch in Rezensionen kundgetan.

Gänzlich ignoriert worden sind Mendels Arbeiten aber wohl keineswegs. Gerade in Brünn haben wohl insbesondere verschiedene Gärtner Interesse an Mendels Experimenten gehabt. Einen überregionalen Einfluss hat Mendel, zu Lebzeiten, wenn überhaupt, aber nur sehr begrenzt entfalten können.

Die „Wiederentdeckung" der Mendelschen Regeln im Jahr 1900 markierte dann einen Wendepunkt in der Geschichte der quantitativ exakten Forschung. Den Ausgangspunkt für eine solche Entwicklung bildeten die Arbeiten von drei bzw. vier Wissenschaftlern, welche die Ergebnisse Mendels erstmals bestätigten. Es waren dies der deutsche Botaniker und spätere erste Direktor des Kaiser-Wilhelm-Institutes für Biologie in Berlin, Carl Correns, der niederländische Botaniker und Begründer der Mutationstheorie, Hugo de Vries sowie der österreichische Pflanzenzüchter Erich von Tschermak-Seysenegg, der von seinem älteren Bruder Armin unterstützt wurde. In diesem Kontext sei auch daran erinnert, dass Erich und Armin von Tschermak-Seysenegg seit 1900 wiederholt Aussagen veröffentlichten, aus denen hervorgeht, dass die „Wiederentdeckung" völlig unabhängig und parallel, ausschließlich von den besagten drei Wissenschaftlern (Tripelentdeckung) getätigt, verlief. Dadurch ist diese Interpretation der Geschichte der Genetik bzw. Wissenschaftsgeschichte – neben dem „Great Neglect" der Arbeit Mendels – sehr vital geworden. Archivmaterial und Briefwechsel aus der Zeit der Wiederentdeckung belegen, dass die „Wiederentdeckung" bei Weitem nicht so unabhängig erfolgt ist, wie dies immer wieder kolportiert worden ist. Tatsächlich kam es in der Zeit um 1900 immer wieder zum inhaltlichen Austausch und auch zum Austausch von Material zwischen den Forschern. Mendels Arbeit „*Versuche über Pflanzen-Hybriden*" ist keineswegs so unbekannt gewesen, wie man dies nach 1900 immer wieder postulierte. Tatsächlich wurde seine Arbeit bereits 1867 ein erstes Mal, wenn auch gekürzt, in Bamberg nachgedruckt, wobei der Herausgeber alle mathematisch-kombinatorischen Detailbeschreibungen ausgelassen hat. Überhaupt ist es wohl so, dass man vor der Zeit der Wiederentdeckung der Mendelschen-Versuche deren Bedeutung vielfach nicht voll erkannt hat. Hiervon zeugt insbesondere auch eine neu aufgefundene kritische Kommentierung aus Wien, deren Autor Mendel vermutlich sehr gut gekannt haben muss. Zumindest in Brünn hat Mendels Werk aber bereits vor 1900 durchaus Beachtung gefunden.

In den Zeitraum nach 1900 fallen dann die ersten vollständigen Neuauflagen von Mendels Artikel „*Versuche über Pflanzen-Hybriden*". Sie sollten nicht nur das zumindest international bisher weitgehend unbekannte Werk von G. J. Mendel bekannt machen, sondern auch die Darstellung einer parallelen und gegenseitig unabhängigen Entdeckungsleistung der drei Wissenschaftler bestätigen und somit einer langfristigen Mendel-Tradition helfen. Die zentrale Rolle sollte dabei wieder E. v. Tschermak-Seysenegg zukommen, der auch die meisten deutschen Editionen vorbereitete. Bei den späteren kritischen Editionen und ergänzenden Studien kam noch der biographische oder wissenschaftsgeschichtliche Aspekt hinzu. Die Fragestellungen betrafen hier bspw. die Genese der wissenschaftlichen Entdeckung bzw. ihre Ignorierung sowie die wissenschaftliche und intellektuelle Leistung Mendels. Zugleich führte die Lektüre von Mendels wissenschaftlicher Arbeit und die Prüfung der dargestellten Versuchsdaten vereinzelt auch zu einer Relativierung der Mendelschen Leistung. Einige Forscher haben beispielsweise auf einen wissenschaftsmythologischen Aspekt der „Wiederentdeckung" hingewiesen. Eine andere revisionistische Darstellung, die von einer Reihe von Autoren vertreten wurde, zielte und zielt darauf ab, dass Mendel mit seiner Arbeit eigentlich nicht an Fragen der Vererbung, sondern an der Rolle von Hybriden bei der Entstehung neuer Arten interessiert war. Vermutlich am kontroversesten war aber der Vorwurf bzw. die Unterstellung, dass die Mendels Arbeit zu Grunde liegenden Daten auf einer Datenfälschung basieren, da diese zu genau waren. Wiederholte diesbezügliche statistische Neuauswertungen der Versuche Mendels lassen diese sehr speziellen Ansicht heute durchaus fragwürdig erscheinen – nicht zuletzt auch deswegen, weil hierbei grundsätzliche Fragen zur Übersetzung genotypischer Varianz in phänotypische Varianz immer noch ungeklärt sind.

Es kann jedoch festgestellt werden, dass die Arbeit Mendels für alle Generationen von Genetikern, obwohl inzwischen durch neue theoretische Ansätze wie z. B. die Gentheorie überholt, immer von symbolischem Wert war und bleibt.

Soweit bekannt, erschien die Abhandlung *„Versuche über Pflanzen-Hybriden"* in verschiedener editorischer Qualität von 1867 bis 2006 mindestens 29 mal in einem deutschen Nachdruck. Zusammen mit internationalen Ausgaben und Übersetzungen in eine Vielzahl von Sprachen gab es insgesamt wohl mehr als 100 Neuausgaben von Mendels wichtigstem Artikel.

Die Entwicklung nach 1900 bildete hierbei auch die Grundlage für einen Siegeszug der neuen Vererbungslehre als wichtigen Teil der biologischen Unterrichtstradition des 20. Jahrhunderts.

Getragen von der kombinatorischen Eleganz der ursprünglichen Mendelschen Versuche, die sich ideal auch im praktischen Unterrichtsmaterial vermitteln ließ, floss diese Thematik wenig überraschend, nachhaltig über die Lehrbücher und das Unterrichtsmaterial des Faches Biologie in die Schul- und Unterrichtstradition einzelner Länder ein und gehört auch heute noch zu den bekanntesten naturwissenschaftlichen Texten überhaupt. Diese schulische Tradition der Mendel-Rezeption existiert dabei praktisch schon seit den Tagen der „Wiederentdeckung".

Kurz nach 1900 wurde Mendels Wirkungsort auch biographisch-symbolisch thematisiert. Die Stadt Brünn wurde so zum lokalen sowie internationalen Gedächtnisort, der als symbolisches Bindeglied zwischen der neuen Vererbungswissenschaft und der *„Wiege* *der Genetik"*, d. h. der früheren Arbeitsstätte Mendels, eine wichtige Rolle spielte und ins Bewusstsein der Genetiker zurückkehrte. Da vieles von Mendels Nachlass vernichtet bzw. verschenkt worden war oder als verschollen gilt, waren seine publizierten Arbeiten auch für die spätere historische und biographische Forschung umso wichtiger. Aus diesen Gründen trat – und tritt bis heute – daher immer wieder Mendels wichtigstes publiziertes Werk, seine *„Versuche über Pflanzen-Hybriden"*, in den Vordergrund der Betrachtungen bzw. den damit eng verbundenen Fragen zu dessen Verbreitung und Rezeption vor und nach 1900.

Der in diesem Band vorliegende Text orientierte sich daher im Druck und in der Schreibweise bewusst an der Originalausgabe, die in den *Verhandlungen des naturforschenden Vereines* in Brünn im 4. Band für das Jahr 1865 erschienen ist. Mendel publizierte seine Versuchsergebnisse in der ersten Phase des Darwinismus, als es heftige Diskussionen über die Entstehung der Arten gab und sich die Evolutionstheorie schließlich gegen die Konstanz der Arten und Schöpfungsglauben durchsetzte. Seine Versuchsanordnung war dabei neuartig und entsprach in etwa den Leitlinien, die bis heute gute experimentelle Methodik auszeichnen. Auch wurde ihm 1865 nach seinen Vorträgen im NfV von kirchlicher Seite vorgeworfen, dass er Darwinist und Freidenker sei.[12] Mendel war aber keineswegs ein unkritischer Anhänger von Darwin. So lehnte er beispielsweise dessen lamarckistische Ideen ab, wie seine handschriftlichen Randbemerkungen in Darwins „Variationen" zeigen. Die Erkenntnisse der klassischen Genetik haben auch die Evolutionstheorie auf eine neue Basis gestellt und der Selektionstheorie in den 1930er und 1940er Jahren zum Durchbruch verholfen. Dieses Ergebnis war aber für die frühen Vertreter des Mendelismus nicht absehbar, im Gegenteil, sie glaubten, dass die neue Vererbungstheorie der Genetik die Selektionstheorie überflüssig machen würde, und postulierten stattdessen sprunghafte Veränderungen (Mutationen), wobei sie oftmals selbst lamarckistische Auffassungen zur Vererbung erworbener Eigenschaften vertraten.

Ein schwarzes Kapitel in Bezug auf Mendels Erkenntnisse bildete die Zeit nach der Machtübernahme durch Nationalsozialisten in Deutschland, in der sich Wissenschaft, Gesellschaft und Politik am weitesten auf die Ideologie der rassistischen begründeten Biologisierung eingelassen haben. Die NS-Ideologie berief sich auf die Wissenschaft und diese beteiligte sich teilweise wieder an der Umsetzung der politischen Zielsetzungen des Regimes. Dieser Zusammenhang war ein treibendes Moment der Verwirklichung der Visionen einer „reinen Rasse", einer „Rasse ohne Fremdkörper" oder eines medizinisch definierten „erbgesunden Volkes". In diesem Zusammenhang wurden auch die Erkenntnisse Mendels für die Propaganda von sogenannter „Rassenbiologie" und „Rassenhygiene" verwendet. Auch Mendel als Person wurde als Vertreter dieser

---

[12]Darwin 1868. Die deutsche Ausgabe des zweibändigen Werks erschien 1868 im selben Jahr wie das englischsprachige Original, welches unter dem Titel *"The Variation of Animals and Plants under Domestication"* erschienen war. Mendels Ausgabe von Darwins Werk liegt heute in der Klosterbibliothek in Brünn (Berry & Browne 2022).

Ideologie missbraucht, wie es bspw. in einem Dokumentarfilm „*Johann Gregor Mendel*" von 1944 ersichtlich ist. Nach dem Zweiten Weltkrieg bildete sich in der Sowjetunion und den Ländern des Warschauer Paktes mit Lyssenko eine Gegenbewegung, bei welcher die Erkenntnisse von Mendel, Morgan und Weismann negiert wurden. Durch seinen großen Einfluss in der Politik hielten sich sowjetische Genetiker davor zurück, an Lyssenkos Ansichten Kritik zu üben. Obwohl sich die sowjetische klassische Genetik zu dieser Zeit auf einem weltweit sehr hohen Niveau befand, wurde diese durch die Politik unterdrückt, was auf diesem Forschungsgebiet lange Nachwirkungen zur Folge hatte und die sowjetische- und DDR-Genetik weit zurückwarf. In Ostdeutschland fassten die Ansichten Lyssenkos aber kaum Fuß. Erst in den 1950er und 1960er Jahren konnte der Lyssenkoismus endgültig verdrängt werden, in dem nachgewiesen wurde, dass Lyssenko mit unsauberen Mitteln gearbeitet und leichtfertige und fahrlässige Versuche durchgeführt hatte. Es brauchte viel Aufarbeitung und eine Neuausrichtung, um die Genetik wieder in ein besseres Licht zu rücken.

Wie die „Jenaer Erklärung" aus dem Jahr 2019 zeigt, trägt die Genetik auch fast 160 Jahre nach Mendels epochemachender Schrift weiterhin eine große wissenschaftliche und gesellschaftliche Verantwortung.[13] So ist der Haupttenor der „Jenaer Erklärung", Rassismus macht Rassen, nicht Rassen führen zu Rassismus.

Wir gehen heute davon aus, dass es tatsächlich keine biologische Grundlage für einen Rassebegriff mehr gibt. Die Entschlüsselung des menschlichen und des Schimpansen-Genoms zu Beginn des 21. Jahrhunderts zeigte, dass zwischen beiden Genomen nur ca. 1.2 % DNS-Sequenzunterschiede bestehen, d. h., Menschen sind in fast 99 % ihrer DNS identisch mit der des Schimpansen, zwei Menschen weisen wiederum nur ca. 0.1 % DNS-Sequenzunterschiede auf.[14] Die aktuelle Genforschung hat nun ferner mit Analysen an altem Skelettmaterial (auch als Archäogenetik bezeichnet) den Schwachpunkt „rassistischer" Überzeugungen aufgedeckt und gezeigt, dass zwischen menschlichen „Gruppen" im Laufe der Zeit ein immerwährender Genaustausch stattgefunden hat und sich die genetischen Unterschiede in den Populationen eines Gebietes verringert haben.[15]

So zeigen die heutigen Einwohner Westeurasiens bspw. nur halb so viele genetische Unterschiede wie die Menschen, die dort noch vor 10.000 Jahren lebten. Gruppen, Völker oder Rassen sind beim Menschen somit nicht existent. Es handelt sich hier um Gradienten, die beweisen, dass es keine scharfen Grenzen/Abgrenzungen innerhalb der menschlichen Entwicklung zwischen benachbarten Weltregionen gibt. Sie existieren nicht, sondern sind nur Konstrukte. Des Weiteren deuten aktuelle Forschungen darauf hin, dass der moderne Mensch erst vor ca. 200.000 Jahren in Afrika entstand und sich vor relativ kurzer Zeit in die bewohnbaren Gebiete der Erde ausbreitete und sich

---

[13]Fischer et al. 2019, 2020, 2021. Siehe auch Porges et al. 2020, 2021.
[14]Fischer et al. 2021.
[15]Lazaridis et al. 2016. S. a. Fischer et al. 2020.

während dieses Prozesses an die unterschiedlichen Umweltbedingungen (Klima etc.) anpassen musste. Menschen wandern, vermischen sich und das schon immer, wie nicht nur die „Out of Africa-Hypothese"[16] eindrucksvoll belegt. Vor ca. 50.000–60.000 Jahren existierten mindestens drei oder gar vier Menschenlinien auf der Erde, von denen nur noch eine übrig ist. Zeitgleich mit dem frühen *Homo sapiens* in Afrika lebten in Europa der Neandertaler, der Denisova-Mensch in Sibirien/im Altai-Gebirge und der *Homo naledi* in Südafrika bzw. der *Homo floresiensis* in Indonesien.[17]

Ferner konnte gezeigt werden, dass heute im Osten und Süden Asiens lebende Menschen deutliche Spuren des Denisova-Erbguts in sich tragen.[18] So finden sich in Ostasiaten ca. 0.4 % Denisovaner-Gene und in den Ureinwohnern Papua-Neuguineas und Australiens ca. 5 % Denisovaner-DNA.[19] Die Denisovaner und die frühen Vorfahren der heutigen Süd- und Ost-Asiaten müssen sich also getroffen und gemeinsame Kinder gehabt haben.[20] Dazu aber muss zumindest eine der beteiligten Menschengruppen über Tausende von Kilometern unterwegs gewesen sein. Ganz ähnlich finden sich im Erbgut aller Menschen außerhalb Afrikas ca. 2 % Neandertaler-Gene wieder.[21] Das gilt für Europäer, Asiaten, die Ureinwohner Australiens und die indigene Bevölkerung Amerikas. Der Neandertaler war alles andere als primitiv. Wie die aktuelle Forschung ebenso belegt, verfügten Neandertaler bereits über hochwertige Technologien und stellten vielfältige Werkzeuge her. Aus genetischer Sicht lässt sich derzeit ganz klar sagen: Alle Menschen der Welt sind Afrikaner und mehr als 95 % ihrer Gene haben erst vor wenigen tausend Jahren Ostafrika verlassen.[22] Die Menschen außerhalb Afrikas sind näher verwandt mit Menschen aus Ostafrika als diese mit Menschen aus Westafrika oder dem Süden Afrikas.[23] Die Auftrennung der Menschen in „Kontinentalpopulationen" macht aus stammesgeschichtlicher Sicht keinen Sinn, denn die Menschen außerhalb Afrikas sind nur ein kleiner Zweig eben jenes Stammbaumes, der in Afrika nicht nur seine Wurzeln sondern dort auch seine Hauptverzweigungen gefunden hat.[24]

Insofern gilt es also aktiv dafür Sorge zu tragen, dass nie wieder mit scheinbar biologischen Begründungen Menschen diskriminiert werden und es gilt, dass wir uns und andere daran erinnern sollten, dass es der Rassismus ist, der Rassen geschaffen hat und

---

[24]Ebd.
[23]Ebd.
[22]Fischer et al. 2020.
[21]Green et al. 2010.
[20]Fischer 2021.
[19]Ebd.
[18]Reich et al. 2010.
[17]Siehe z. B. Berger et al. 2015; Bergh et al. 2016; Brown et al. 2004; Gómez-Robles 2016; Krings 2000; Morwood et al. 2004; Reich et al. 2010, 2011.
[16]Stringer 1988.

die Genetik/Zoologie/Anthropologie/Medizin sich unrühmlich an vermeintlich biologischen Begründungen beteiligt haben. *„Der Nichtgebrauch des Begriffes Rasse sollte heute und zukünftig zur wissenschaftlichen Redlichkeit gehören".*[25]

---

[25] Fischer et al. 2019, 2020, 2021; Porges et al. 2019, 2020.

Verwendete Literatur-Datenbanken, Suchmaschinen und Bibliographien

Eine Arbeit wie die vorliegende wäre ohne das Multiversum verschiedener Literaturdatenbanken, Digitalisierungsprojekte und Suchmaschinen undenkbar. Zu den wichtigsten von uns genutzten Suchmaschinen und digitalen Sammlungen gehörten:

Springer Link; die digitale e-rara Sammlung der ETH Zürich (www.e-rara.ch); „Google Scholar"; „Google Books"; „HathiTrust"; das „Internet-Archiv" (www.archive.org); www.newspapers.com; „Chronicling America"; das heute weitestgehend dysfunktionale „Google News Archive"; ABO – Austrian Books Online; ANNO – AustriaN Newspapers Online; die „Biodiversity Heritage Library"; die „JSTOR Collections"; das „Web of Science"; „Science Direct"; „PubMed"; die digitale Bibliothek des Münchener Digitalisierungszentrum (MDZ) (www.digitale-sammlungen.de); die digitale Sammlung der Bayrischen Staatsbibliothek; die digitale Sammlung der tschechischen Nationalbibliothek (Národní digitální knihovna / Digitální knihovna Kramerius) (www.ndk.cz); die digitale Sammlung der Mährischen Landesbibliothek in Brünn (Moravská zemská knihovna v Brně) (www.digitalniknihovna.cz/mzk); die digitale Sammlung Digitales Forum Mittel- und Osteuropa (DIFMOE); die digitale Sammlung der Universitäts- und Landesbibliothek Düsseldorf; Kalliope, der Verbunds-Katalog für die Erschließung von Archiv- und archivähnlichen Beständen; ZOBODAT (Zoologisch-Botanische Datenbank) (www.zobodat.at); die digitalen Sammlungen der ZBMed (https://digital.zbmed.de/zbmed); die Bibliothèque National de France (Gallica Digital); der „British Library Main Catalogue", das „British Newspaper Archive"; die Europeana (https://www.europeana.eu); die Landesbibliothek Dr. Friedrich Tessmann (Tessmann Digital); die „Wellcome Library – Digital Collection"; das Zeitungsportal NRW zeit.punkt NRW; E-Periodica (Schweizer Zeitungen online / Revues suisses en ligne / Swiss Journals Online); das Zeitungsportal DDR Presse der Staatsbibliothek zu Berlin (https://zefys.staatsbibliothek-berlin.de/ddr-presse/).

Glossar

Abstammungslehre Synonym für die von Ch. Darwin und A. R. Wallace begründete Deszendenztheorie.

Allele bezeichnen die verschiedenen Zustandsformen bzw. Varianten eines Gens an einem definierten Genlokus auf den Chromosomen. Manchmal können unterschiedliche Allele eines Gens zu unterschiedlichen phänotypischen Merkmalen führen. Ein typisches Beispiel hierfür sind die von G. J. Mendel beobachteten Phänotypen der Blüten von Erbsenformen oder die von ihm beobachteten unterschiedlichen Samenformen (rund vs. kantig). Bereits durch geringfügige Unterschiede in der Gensequenz, die beispielsweise durch natürliche Mutationen entstehen können, kann es dazu kommen, dass sich die Allele auf homologen Chromosomen unterscheiden. Sind die beiden Allele auf den homologen Chromosomen identisch, so spricht man davon, dass ein Organismus bezüglich dieses Gens homozygot ist. Sind die beiden Allele dagegen verschieden, so bezeichnet man diesen Organismus als heterozygot.

Antheren Synonym für Staubbeutel. Die Antheren sind die männlichen Geschlechtsteile einer Pflanze. In den Antheren bildet sich der Pollen, welcher gereift freigesetzt wird. Durch Wind, Insekten oder auf anderem Weg kann dieser dann je nach Pflanzenart zur Bestäubung auf dem weiblichen Stempel transportiert werden.

Augustinerorden Der Orden der Augustiner-Eremiten *(Ordo Eremitarum Sancti Augustini)* war neben den Franziskanern, Dominikanern und Karmeliten einer der vier grossen im Spätmittelalter gegründeten Bettelorden. Gegründet wurde er im Jahr 1256 durch den Zusammenschluss mehrerer älterer Ordensgemeinschaften. Seinen Namen erhielt der Orden von dem Kirchenvater und Ordenspatron Augustinus von Hippo (354–430), nach dessen Regeln sich die Ordensgemeinschaft ausrichtete. Erst 1963 unter Papst Johannes XXIII. wurde der Namenszusatz Eremiten aus dem Titel der Ordensgemeinschaft gestrichen. Das Merkmal des eremitischen Lebens war allerdings schon fast seit der Gründung des Ordens irreführend, denn die Mönche des Ordens siedelten sich typischerweise als Klostergemeinschaften in den Städten an. Zu den von ihnen dort wahrgenommenen Aufgaben gehörte neben der Seelsorge und dem

Abhalten von Predigten in späteren Jahrhunderten auch ein Fokus auf Bildung und Missionierung.

Atheismus (atheistisch) Gottesleugnung (Gott verleugnend).

Bastardierung Kreuzung zwischen verschiedenen Rassen oder Arten.

Bestäubung Die Übertragung von Pollenkörnern auf die Empfängnisstelle der Samenanlagen.

Biologischer Artbegriff Arten sind Gruppen sich untereinander fortpflanzender natürlicher Populationen, die reproduktiv von anderen solchen Gruppen isoliert sind.

Chromosom/Chromosomen Biologische Struktur, auf denen die Gene linear angeordnet sind. Sie werden bei Beobachtung im Licht-Mikroskop während der Mitose und Meiose sichtbar.

Chromosomenbruch ist eine durch exogene Einflüsse entstehende Abtrennung von Chromosomenabschnitten, welche spontan ist und nur selten stattfindet.

Darwinismus Theorien, die von einer natürlichen Entstehung der Arten ausgehen und sie durch die Prinzipien gemeinsame Abstammung, (graduelle) Evolution und natürliche Auslese erklären. Die Selektion muss dabei der wichtigste, aber nicht der ausschließliche Evolutionsfaktor sein, der zur Anpassung führt.

Deismus Anschauung, der zufolge Gott nach der Schöpfung keinen Einfluss mehr auf die Welt genommen hat.

Domestikation Vorgang der Überführung von Wildtieren in den Haustierstand.

Entomogamie Bestäubung durch Insekten.

Gameten Bezeichnung für haploide Geschlechtszellen.

Gen Genetische Einheit, die die Teilinformation zur Ausbildung eines spezifischen Merkmals besitzt.

Genasthenie War eine von Armin v. Tschermak-Seysenegg aufgestellte Theorie, nach welcher Genen zusätzlich zu ihren qualitativen Eigenschaften quantitative Merkmale zugeschrieben wurden. Diese Funktionsvalenz sollte im heterozygoten oder fremden Plasma dafür sorgen, dass die Funktion von Genen eingeschränkt sein kann.

Genetik Synonym für die Vererbungslehre.

Genkopplung Bei der Genkopplung werden die auf einem Chromosom liegenden Gene gemeinsam (gekoppelt) weitergegeben und vererbt. Hierdurch kann es nicht zur freien Rekombination kommen. Man spricht in diesem Fall davon, dass die Gene zu einer Kopplungsgruppe gehören.

Genom Die Gesamtheit der Gene in einem Chromosomensatz.

Genotyp Gesamtheit aller Gene eines Organismus; Gegensatz ist Phänotypus.

Genpool Gesamtheit der Gene in einer Population.

heterozygot Vorhandensein verschiedener Allele eines Gens im Erbgut diploider Organismen.

homozygot Vorhandensein gleicher Allele eines Gens im Erbgut diploider Organismen.

Intermediärer Erbgang Liegt ein heterozygotes Allelpaar vor, so ist die Wirkung beider Allele erkennbar. Der Phänotyp der Heterozygoten liegt in diesem Fall zwischen dem der beiden homozygoten Eltern.

Kotyledonen Synonym für die Keimblätter, bei denen es sich um die ersten Blätter einer keimenden Pflanze handelt, welche sich schon morphologisch deutlich von später angelegten Blättern unterscheiden.

Lamarckismus ist die Bezeichnung für eine frühe Evolutionstheorie, nach der Organismen Eigenschaften erwerben und an ihre Nachkommen weitergeben können.

Lyssenkoismus bezeichnet eine vom sowjetischen Agrarwissenschaftler T. D. Lyssenko begründete und propagierte pseudowissenschaftliche Theorie, welche auf den bereits überholten Anschauungen Lamarcks aufbaute. Das zentrale Dogma des Lyssenkoismus postulierte, dass die Eigenschaften von Kulturpflanzen und anderen Organismen nicht durch die Gene, sondern allein durch Umweltbedingungen bestimmt würden.

Meiose Ist die Reifeteilung, bei welcher der diploide Chromosomensatz zu einem haploiden Satz reduziert wird.

Mitose Ist die Kernteilung, welche Interphase, Prophase, Metaphase, Anaphase und Telophase durchläuft.

Mutation Sprunghafte Veränderung des Genotypus bzw. eines Gens.

Mutabilität Eigenschaft von Genen durch Mutation veränderbar zu sein.

Neo-Darwinismus Darwinsche Evolutionstheorie, jedoch bei Ablehnung der Vererbung erworbener Eigenschaften.

Phänologie (phänologisch) Wissenschaft, welche den Einfluss des Klimas auf Lebewesen und ihre Entwicklung untersucht.

Phänotyp bezeichnet in der Genetik die Gesamtmenge aller Merkmale eines Organismus. Der Phänotyp steht somit synonym für das Erscheinungsbild. Durch den Begriff abgedeckt werden allerdings nicht nur morphologische, sondern auch physiologische Eigenschaften und Verhaltensmerkmale. Die Ausprägung des Phänotyps wird dabei durch das Zusammenwirken Erbanlage und Umweltbedingungen bestimmt.

Population Gesamtheit von Individuen mit einem gemeinsamen Genpool.

Präfekt Katholischer Geistlicher mit besonderen Aufgaben in einer leitenden Position.

Prälat(en) Der Prälat ist ein Würdenträger in der katholischen Kirche, welcher Leitungsbefugnis besitzt. In der katholischen Kirche kann dies beispielsweise ein Bischof oder, wie im Fall von Mendel, ein Abt sein.

Propädeutik Vorbereitungsunterricht.

Sexualität Die Fortpflanzung von Organismen, wenn sie durch die Vereinigung zweier haploider Gameten erfolgt.

Systematik Die klassische Systematik befasst sich mit Einteilung (Taxonomie), Benennung (Nomenklatur) und Identifizierung von Lebewesen.

Taxonomie Theorie und Praxis des Klassifizierens von Organismen.

Teleologie Lehre von der Zielgerichtetheit oder Zweckorientierung natürlicher Phänomene.

Transposon ist die wissenschaftliche Bezeichnung für ein springendes Gen. Beschrieben wird dadurch ein DNS-Abschnitt einer definierten Länge im Genom, welcher seine Position im Genom bzw. auch auf einem Chromosom verändern kann (Transposition).

Vererbung erworbener Eigenschaften Theorie, dass Veränderungen des Phänotypus eines Organismus das genetische Material modifizieren können und auf die Nachkommen übertragen werden.

Literatur[1]

Abbott S & Fairbanks DJ (2016) Experiments on Plant Hybrids by Gregor Mendel. *Genetics* 204: 407–422.
Albrecht U (2018) Bilder aus dem Tierleben – Phillip Leopold Martin (1815–1885) und die Popularisierung der Naturkunde im 19. Jahrhundert. Tectum Wissenschaftsverlag. Baden-Baden.
Alefeld F (1860) Ueber Pisum. *Botanische Zeitung* 18: 204–205.
Alefeld F (1866) Landwirthschaftliche Flora oder die nutzbaren kultivirten Garten- und Feldgewächse Mitteleuropa's in allen ihren wilden und Kulturvarietäten für Landwirthe, Gärtner, Gartenfreunde und Botaniker insbesondere für landwirthschaftliche Lehranstalten. In Commission bei Wiegandt und Hempel. Berlin.
Allard RW (1999) Principles of Plant Breeding. Second edition. John Wiley & Sons, Inc. New York – Chichster – Weinheim – Brisbane – Singapore – Toronto.
Allchin D (2000) Mending Mendelism. *The American Biology Teacher* 62: 633–640.
Allchin D (2002) Dissolving Dominance. In: Lisa Parker and Rachel Ankeny (eds.), Mutating Concepts, Evolving Disciplines: Genetics, Medicine, and Society. Dordrecht: Kluwer: 43–61.
Allchin D (2003) Scientific myth-conceptions. *Science Education* 87: 329–351.
Alpatov V & Orel V (1979) An 1885 Moscow report on Mendel´s research into acclimatization of tropical bees. *FM* 14: 237–242.
Alvey M (2021) Weatherman Gregor Mendel. Plant hybrizing was something of a sideline for the polymathic priest. *Natural History* 129(4) 32–37.
[André CC] (1809) Uiber der Veredelung der Hausthiere. *Belehrung und Unterhaltung für die Bewohner des österreichischen Staates. Zeitschrift vom Herausgeber des Patriotischen Tageblatts* 1: 94–113.
André CC (Hrsg.) (1828) Pferdezucht Correspondenz. Auszug eines Schreibens aus Württemberg an den Major S. v. Tennecker. *Oekonomische Neuigkeiten und Verhandlungen* 1828, Nr. 52: 409–410.
Angetter D (2015) Truchsess-Waldburg-Zeil. In: *ÖBL* 1815–1950, Bd. 14 (Lfg. 66, 2015): 476.
Anonymous (1845) Growth of a mummy pea 2000 or 3000 years old. *American Penny Magazine, and Family Newspaper* 1: 495.
Anonymous (1846) Die Gastl'sche Buchhandlung in Brünn. *Moravia ein Blatt zur Unterhaltung, zur Kunde des Vaterlandes, des gesellschaftlichen und industriellen Fortschrittes* 9: 262–263.
Anonymous (1852) Miscellen. *Lotos* 2: 72.

---

[1]Einschübe in [] entsprechen Ergänzungen zum Titel und Organ für die jeweiligen Publikationen durch die Verf. d. vorl. Edition.

Anonymous (1854) Die Mumien-Erbse. *Didaskalia. Blätter für Geist, Gemüth und Publicität* No. 184: [o. S.] (3. August).

Anonymous (1855a) Die Mumienerbse. *Wschr. d. Gerwerbevereines in Bamberg* 4(18): 81–82.

Anonymous (1855b) Die Mumienerbse. *Vereinigte Frauendorfer Blätter. Allgemeine deutsche Gartenzeitung, Obstbaumfreund, Bürger- und Bauernzeitung* No. 12 (24. März 1855): 90–91.

Anonymous (1856) Die Mumien-Erbse. *Jurende's illustrirter vaterländischer Pilger. Geschäfts- und Unterhaltungsbuch für alle Kronländer des österreichischen Kaiserstaates* 43. Jg./Neue Folge 1. Jg.: 245.

Anonymous (1859a) Die Chineser-Nelke (Dianthus chinensis und Heddewigii). *Wochenschrift für Gärtnerei und Pflanzenkunde* No. 40, v. 6. Oktober 1859: 313–316.

Anonymous (1859b) Zur mähr. schles. Biographie. XIX. Franz Diebl. *Notizen-Blatt der historisch-statistischen Section der kais. kön. Mähr. schles. Gesellschaft zu Beförderung des Ackerbaues, der Natur- und Landeskunde* Nr. 8. Beilage der Mittheilungen 1858: 67–71.

Anonymous (1861) Einleitung zur naturwissenschaftlichen Technik. *Erster Jahrgang der naturwissenschaftlichen Beilage. Wschr. d. Gewerbe-Vereins der Stadt Bamberg* 10: 1–4.

Anonymous (1862a) Bamberg. *Neue Münchener Zeitung (Bayerische Zeitung)* 57(114): 684.

Anonymous (1862b) Die Landwirthschaft in Bayern – Denkschrift zur Feier des fünfzigjährigen Bestandes des landwirthschaftlichen Vereins in Bayern. Zweite Auflage. M. Pössenbacher'schen Buchdruckerei. München.

Anonymous (1865a) Monats–Versammlung des Naturforschenden Vereins in Brünn am 8. Februar 1864. *Brünner Morgenpost* 53: 211 (6. März 1865).

Anonymous (1865b) Sitzung des Naturforschenden Vereins. *Neuigkeiten* 15(39) (9. Februar).

Anonymous (1865c) Sitzung des Naturforschenden Vereins. *Neuigkeiten* 15(40) (10. Februar).

Anonymous (1865d) Sitzung des Naturforschenden Vereins. *Neuigkeiten* 15(68) (10. März).

Anonymous (1865e) Monats-Versammlung des Naturforschenden Vereins in Brünn am 8. März 1865. *Brünner Zeitung* 55: 362 (20. März).

Anonymous (1866) Bulletin des Publications Scientifiques. *Mémoires de la Société des Sciences Physiques et Naturelles de Bordeaux* 4: 113–128.

Anonymous (1867a) Ueber Pflanzen-Hybriden. *Siebenter Jahrgang der naturwissenschaftlichen Beilage* in: Wschr. d. Gewerbe-Vereins der Stadt Bamberg 16: 5–8.

Anonymous (1867b) Ueber Pflanzen-Hybriden. *Siebenter Jahrgang der naturwissenschaftlichen Beilage* in: Wschr. d. Gewerbe-Vereins der Stadt Bamberg 16: 9–12.

Anonymous (1867c) *Flora* 50 (25) *Repertorium der periodischen botanischen Literatur* 14 (Nr. 354): 26.

Anonymous (1867d) Verzeichniß der für den Verein eingegangenen Geschenke. *Mittheilungen des Vereins nördlich der Elbe für die Verbreitung naturwissenschaftlicher Kenntnisse* 8: 90–102.

Anonymous (1867e) Gartenbau-Verein Bamberg. *Bamberger Tageblatt* 69: 531 (10. März).

Anonymous (1868a) Overzigt van de Boeken, Kaarten, Penningen Enz. Van Februarij 1867 tot en met Decembre 1867. Koninklijke Akademie van Wetenschappen, Amsterdam. In: *Verslagen en Mededeelingen der Koninklijke Akademie van Wetenschappen. Afdeeling Natuurkunde* 2(2): 145.

Anonymous (1868b) Jahres-Bericht über das Königl. Bayer. Lyceum, Gymnasium und über die lateinische Schule in Bamberg. Druck der Gärtner'schen Officin. Bamberg.

Anonymous (1871) Programm des Kais. Königl. Ober-Gymnasiums in Troppau für das Schuljahr 1871. Alf. Trassler. Troppau.

Anonymous (1872a) Verzeichniss der in den Bänden I.–IX. der Verhandlungen des Naturforschenden Vereins in Brünn enthaltenen Abhandlungen. *VNV* 10: VII.

Anonymous (1872b) Verwaltungs-Bericht des Stadtmagistrates Bamberg, für das Jahr 1870. Druck J. M. Reindl. Bamberg.

Anonymous (1873) Neuestes aus der Garten- und Gärtnerwelt. *Vereinigte Frauendorfer Blätter* Nr. 2: 10–11.

Anonymous (1875) Katalog der Bibliothek des Naturforschenden Vereines in Brünn. Verlag des Vereines, Druck der W. Burkart'schen Buchdruckerei. Brünn.

Anonymous (1878) Zur mähr.-schles. Biographie. CXLIV. Franz Thomas Bratranek. *Notizen-Blatt der historisch-statistischen Section der kais. königl. mährisch-schlesischen Gesellschaft zur Beförderung des Ackerbaues, der Natur- und Landeskunde. Beilage der Mittheilungen* 1878, Nr. 11: 86.

Anonymous (1879) Catalogue of Scientific Papers (1864–1873) compiled by the Royal Society of London. Vol. VIII: 378.

Anonymous (1883) Bibliotheca Historico-Naturalis et Mathematica – Lager-Catalog von R. Friedländer & Sohn – Naturwissenschaften. Exacte Wissenschaften. R. Friedländer & Sohn. Berlin.

Anonymous (1886) Verzeichniss derjenigen wissenschaftlichen Arbeiten, welche in den bisher erschienenen 25 Bänden der Verhandlungen des Naturforschenden Vereins in Brünn unter den „Abhandlungen" veröffentlicht worden sind. *VNV* 25: 239–241.

Anonymous (1894) Mummy pea. *Bulletin of Miscellaneous Information* (Royal Botanic Gardens, Kew) 94: 371.

Anonymous (1895) Feierliche Decorirung. *Mährisches Tagblatt*, 7. Dezember 1895: 4.

Anonymous (1898) Botanischer Lagerkatalog von Oswald Weigel's Antiquarium. Anatomia et Physiologia Plantarum. (Werbebeilage in: *Beihefte des Botanischen Centralblattes* 8: 26.

Anonymous (1899) Festschrift der k. k. Technischen Hochschule in Brünn zur Feier ihres fünfzigjährigen Bestehens und der Vollendung des Erweiterungsbaues im October 1899. Verlag der K. K. Technischen Hochschule. Brünn

Anonymous (1900a) Hugo de Vries: Das Spaltungsgesetz der Bastarde / C. Correns: G. Mendels Regel über das Verhalten der Nachkommenschaft der Rassenbastarde. *Naturwissenschaftliche Rundschau*. 15: 390–392.

Anonymous (1900b) The dissociation of hybrid characters. *Gard. Chron.* 28: 391–392.

Anonymous (1900c) The dissociation of hybrid characters. *Gard. Chron.* 28: 432.

Anonymous (1902) Die Enthüllung der Gedenktafel für Prälat Gregor Mendel in Heinzendorf. *Österreichische Illustrierte Zeitung* 44: 772–773 (3. August).

Anonymous (1906) Sitzungs-Berichte – Jahresversammlung am 11. Jänner 1905. *VNV* 44: 5–9.

Anonymous (1912) XVI: Augustinerpater und Vererbungslehre: Der Mendelismus. *Historisch-politische Blätter für das katholische Deutschland*. (Hrsg. Franz Binder und Georg Jochner) 150: 202–208.

Anonymous (1921) Commemorazione dell'Academico prof G. Cuboni, letta dal Socio Pirotta nella seduta del 6 marzo 1921. *Atti della Reale Accademia Nazionale dei Lincei. Serie Quinta, Rendiconti. Classe di scienze fisiche, mathmetiche e naturali* 30: 182–187.

Anonymous (1923) Zwei Jahrhundertfeiern. *Schweizer-Schule* 9: 140–141.

Anonymous (1948) Der Sieg der Lehre Mitschurins. *Neues Deutschland* 3: 3 (21. August).

Anonymous (1951) Mitschurin-Biologie in jedes Dorf. Prof. Kreß tritt für die Anwendung sowjetischer Methoden ein. *Neues Deutschland* 6: 5 (17. November).

Anonymous (1960) Um die Verbesserung der Biologielehrbücher. PdN – *Biologie in der Schule* 9: 497–504.

Anonymous (1962) Biografia del Professor Emilio Robledo C. Universidad de Antioquia, Facultad de Medicina. *Boletin de las actividades de la facultad de Medicina* Nro. 7 [o. S.].

Anonymous (2005/2006) Notes and comments on Mendel's experiments with plant hybrids presenting his discovery paper in a historical context. A guide to 21st century reader of Mendel. In: Gregor Mendel – Experiments in plant hybrids. A commented edition of Mendel's original papers on Pisum, Hieracium and his scientific correspondence. *FM* 41/42: [1–90] & 91–108.

Antolín, F., & Schäfer, M. (2020). Insect Pests of Pulse Crops and their Management in Neolithic Europe. *Environmental Archaeology*, https://doi.org/10.1080/14614103.2020.1713602.

Arenstein (1855) Das Haus Vilmorin in Paris. *Allgemeine Land- und Forstwirthschaftliche Zeitung*, 1855 Nr. 44: 345–347.

Artzet S, Brichet N, Cabrera L, Chen T-W, Chopard J, Mielewczik M, Fournier C & Pradal C (2016) Image workflows for high throughput phenotyping platforms. In: *BMVA technical meeting: Plants in Computer Vision*.

Artzet S, Chen TW, Chopard J, Brichet N, Mielewczik M, Cohen-Boulakia S, Cabrera-Bosquet L, Tardieu F, Fournier C & Pradal C (2019) Phenomenal: An automatic open source library for 3D shoot architecture reconstruction and analysis for image-based plant phenotyping. https://www.biorxiv.org/content/10.1101/805739v1.abstract.

Asimov I (1963) The Genetic Code. New American Library. New York.

Assmuss E (1864) Naturgeschichte und Zucht der gemeinen und italienischen Honigbiene. Leipzig.

Assmuss E (1865) Die Parasiten der Honigbiene und die durch dieselben bedingten Krankheiten dieses Insects. Berlin.

Aubry S, Mani J & Hörtensteiner S (2008) Stay-green protein, defective in Mendel's green cotyledon mutant, acts independent and upstream of pheophorbide a oxygenase in the chlorophyll catabolic pathway. *Plant Molecular Biology* 67: 243–256.

Auspitz JA (1854) Jahres-Bericht der kaiserl. koenigl. Ober-Realschule in Brünn für das Schuljahr 1853/1854, in: Programm der k. k. Realschule in Brünn. Veröffentlicht am Schluße des Schul-Jahres.

Autorenkollektiv (1984) Schulbuch Biologie Klasse 10. Volk und Wissen, Berlin.

Ayala F (2007) Darwin's gift to science and religion. Joseph Henry Press, Washington D.C.

Baader G & Hofer V & Mayer T (Hrsg.) (2007) Eugenik in Österreich. Biopolitische Strukturen von 1900–1945. Czernin. Wien.

Bach H & Bernhardt D & Crome et al. (1967) Entwicklung der Organismen. Lehrbuch der Biologie. durchges. Neuaufl. Volk und Wissen, Berlin.

Bailey LH (1892) Cross-breeding and hybridizing. The Rural Library Series Vol. 1. Rural Publishing. New York: 1–44.

Bailey LH (1895) Plant Breeding. MacMillan and Co. New York.

Bailey LH (1915) Plant-Breeding. New edition revised by A.W. Gilbert. MacMillan Company. New York.

Bakhteev FK (1971) Introduction of the Mendelian Theory in some nations of the U.S.S.R. *FM* 6: 275–276.

Balcárek P & Paleček P (2001) „Gregor Mendel Forschungsinstitut". *Univerzitní noviny MU* 6: 31–33.

Basch-Ritter R (2008) Die Weltumsegelung der Novara 1857-1859. Österreich auf allen Meeren. Akademische Druck- und Verlags-Anstalt, Graz.

Bateson B (1928) William Bateson, F.R.S.. Naturalist. His Essays & Addresses together with a short account of his life. University Press. Cambridge.

Bateson P (2002) William Bateson: A biologist ahead of its time. *Journal of Genetics* 81: 49–58.

Bateson W (1894) Materials for the study of variation treated with especial regard to discontinuity in the origin of species. Macmillan and Co., London.

Bateson W (1899) Hybridisation and Cross-Breeding as a method of scientific investigation. Hybrid Conference Report. *Journal of the Royal Horticultural Society* 24: 59–66.

Bateson W (1902) Mendel's Principles of Heredity. A Defence. University Press. Cambridge.

Bateson W (1909a) Mendel's Principles of Heredity. University Press. Cambridge. (First impression from March 1909).

Bateson W (1909b) Mendel's Principles of Heredity. University Press. Cambridge. (Second edition reprinted in August 1909).

Bateson W (1909c) Mendel's Principles of Heredity. Cambridge University Press. Cambridge. G.P. Putnam`s Sons. New York.

Bateson W (1913a) Mendel's Principles of Heredity. Third Impression with Additions. University Press. Cambridge. (Third impression with additions).

Bateson W (1913b) Mendel's Principles of Heredity. Third Impression with Additions. Cambridge University Press. Cambridge. G.P. Putnam`s Sons. New York.

Bateson W (1913c) Problems of Genetics. Yale University Press. New Haven. Humphrey Milford. London. Oxford University Press. Oxford.

Bateson W (1930) Mendel's Principles of Heredity. University Press. Cambridge.

Bateson W (1979) Problems of Genetics. With an Historical Introduction by G. Evelyn Hutchinson and Stan Rachootin. Silliman Milestones in Science. Yale University Press. New Haven and London.

Bäumer-Schleinkofer Ä (1992) NS-Biologie und Schule. Lang. Frankfurt/Main-Berlin-Bern-New York-Paris-Wien.

Baumgartner A v & Ettingshausen A v (1842) Die Naturlehre nach ihrem gegenwärtigen Zustande mit Rücksicht auf mathematische Begründung. 7. Auflage. Gedruckt und im Verlage bei Carl Gerold. Wien.

Baur E (1909) Das Wesen und die Erblichkeitsverhältnisse der „Varietates albomarginatae hort" von *Pelargonium zonale*. *Zeitschrift für induktive Abstammungs- und Vererbungslehre* 1: 330–351.

Bauer J (1935) Gefährliche Schlagworte auf dem Gebiete der Erbbiologie. *Schweizerische Medizinische Wochenschrift* 65: 633–635.

Bayer J (1862) Monographia *Tiliae generis*. Verhandlungen der k. k. zool.-bot. Gesellschaft in Wien 12: 3–62. (Separatabdruck).

Bayer J-N (1869) Botanisches Excursionsbuch für das Erzherzogthum Oesterreich ob und unter der Enns. Braumüller. Wien.

Becker J (1922) Grundlagen und Technik der gärtnerischen Pflanzenzüchtung. Ein Handbuch auf wissenschaftlicher Grundlage. Verlagsbuchhandlung Paul Parey. Berlin.

Beer GR de (1964) Mendel, Darwin and Fisher. *Notes and Records of the Royal Society of London* 19: 192–226.

Beer GR de (1966) Mendel, Darwin and Fisher: Addendum. *Notes and Records of the Royal Society of London* 21: 64–71.

Berger LR, Hawks J, de Ruiter DJ et al. (2015) Homo naledi, a new species of the genus Homo from the Dinaledi Chamber, South Africa. *eLife* 4: e09560.

Bernstein F (1925) Zusammenfassende Betrachtungen über die erblichen Blutstrukturen des Menschen. *Zeitschrift für Induktive Abstammungs- und Vererbungslehre* 37: 103–138.

Belcredi E (1857) Referats-Vortrag über die Errichtung einer agrikultur-chemischen Versuchsstation in Raitz. *Mittheilungen der kaiserl. königl. Mährisch-Schlesischen Gesellschaft zur Beförderung des Ackerbaues, der Natur- und Landeskunde* Nr. 19 vom 10. Mai 1857: 145–147.

Bemmann W, Klinke E, Lübke G & Räuber H (1956) Lehrbuch der Biologie für die Fachschulen für Landwirtschaft. Deutscher Bauernverlag. Berlin.

Bengtson H (1988) Hundert Jahre Handbuch der Altertumswissenschaft. In: Der Aquädukt 1763–1988: ein Almanach aus dem Verlag C.H. Beck im 225. Jahr seines Bestehens. Verlag C.H. Beck, München: 256–265.

Bendikt XVI (2009a) Ansprache des Heiligen Vaters. Internationaler Flughafen "Stará Ruzyně" - Prag. Samstag, 26. September 2009. https://www.vatican.va/content/benedict-xvi/de/speeches/2009/september/documents/hf_ben-xvi_spe_20090926_welcome-praga.html

Bendikt XVI (2009b) Ansprache von Benedikt XVI. an die Teilnehmer der Vollversammlung der Päpstlichen Akademie für das Leben. Samstag 21. Februar 2009. https://www.vatican.va/content/benedict-xvi/de/speeches/2009/february/documents/hf_ben-xvi_spe_20090221_accademia-vita.html

Bennett JH (Hrsg.) (1983) Natural Selection, Heredity, and Eugenics. Including selected correspondence of R.A. Fisher with Leonard Darwin and others. Clarendon Press. Oxford.

Bennett JH (Hrsg.) (1990) Statistical Inference and Analysis: Selected correspondence of R.A. Fisher. Clarendon Press. Oxford.

Bcránek V & Orel V (1988) New documents pertaining to Mendel's experiments with bees. *FM* 23: 5–16.

Berchtold BV & Pfund JDC (1840) Monographiae Generis Verbasci prodromus Deutschland's Bärtlinge oder Wollkräuter (Königskerzen), mit besonderer Berücksichtigung der böhmischen Arten. Gedruckt bei Th. Thabor, im ehemaligen Annakloster, Nr. 948. Prag.

Beresnevičiūtė-Nosálová H (2018) Artists and nobility in east-central Europe: Elite socialization in Vilnius and Brno newspaper discourse in 1795–1863. De Gruyter. Oldenbourg.

Berger LR, Hawks J, de Ruiter DJ, Churchill SE, Schmid P, Delezene LK et al. (2015) Homo naledi, a new species of the genus Homo from the Dinaledi Chamber, South Africa. *Elife* 4.

Bergh GD v. d., Kaifu Y, Kurniawan I, Kono RT, Brumm A, Setiyabudi E, et al. (2016) Homo floresiensis-like fossils from the early Middle Pleistocene of Flores. *Nature* 534(7606): 245–248.

Berlepsch A (1860) Die Biene und die Bienenzucht in honigarmen Gegenden nach dem gegenwärtigen Standpunkte der Theorie und Praxis. Verlag der Friedrich Heinrichshofenschen Buchhandlung. Mühlhausen in Thüringen.

Berlepsch A (1869). Die Biene und ihre Zucht mit beweglichen Waben in Gegenden ohne Spätsommertracht. Zweite Auflage. Druck und Verlag von J. Schneider, Mannheim. [im Katalog d. Brünner Bienenzucht-Vereines mit dem Jahr 1868 vermerkt].

Berlepsch A (1873). Die Biene und ihre Zucht mit beweglichen Waben in Gegenden ohne Spätsommertracht. Dritte Auflage. Druck und Verlag von J. Schneider, Mannheim.

Berry A & Browne J (2022) Mendel and Darwin. *PNAS* 119(30): e2122144119.

Bersch W (1891) Über die Umsetzung von Oxyden und Hydroxyden schwerer Metalle mit Halogenverbindungen der Alkalien. Leipzig 1891, Univ., Diss. *Zeitschrift für physikalische Chemie* 8: 383–395.

Bertioli DJ, Cannon SB, Froenicke L, Huang G, Farmer AD, Cannon EK, et al. (2016) The genome sequences of *Arachis duranensis* and *Arachis ipaensis*, the diploid ancestors of cultivated peanut. *Nature Genetics* 48: 438–446.

Besnard A (1835) Inaugural-Abhandlung über den Unterschied zwischen genus (Geschlecht), species (Art), und varietas (Abart), und über die Ursachen, wodurch in der organischen Natur das Entstehen der Ab- oder Spielarten begründet wird. Dr. Carl Wolf. München.

Besnard A (1864) Altes und Neues zur Lehre über die organische Art (Species). Eine gedrängte Zusammenstellung des bis jetzt Erschienenen. Friedrich Pustet. Regensburg.

Besnard A (1872) Alphabetische Uebersicht der speciellen Literatur des „Genus Hieracium L.". *Flora* 55(25): 390–394.

Besnard A (1873) Alphabetische Uebersicht der speciellen Literatur des „Genus Hieracium L.". *Neues Repertorium für die Pharmacie* 22: 551–556.

Bhattacharyya M, Smith AM, Ellis THN, Hedley C & Martin C (1990) The wrinkled-seed character of pea described by Mendel is caused by a transposon-like insertion in a gene encoding starch-branching enzyme. *Cell* 60: 115–122.

Bicknell R, Catanach A, Hand M & Koltunow A (2016) Seeds of doubt: Mendel's choice of Hieracium to study inheritance, a case of right plant, wrong trait. *Theoretical and Applied Genetics* 129(12): 2253–2266.

Birchler JA (2014) Paul C. Mangelsdorf (1899–1989). A Biographical Memoir. Biographical Memoirs. National Academy of Sciences. http://www.nasonline.org/publications/biographical-memoirs/memoir-pdfs/mangelsdorf-paul.pdf.

Blackman VH (1902) Some recent work on hybrids in plants. *New Phytologist* 1: 73–80.

Blakeslee AF (1945) Biological abstracts, statement of the editor on dissemination of scientific information. Hearings on Science Legislation (S. 1297 and Related Bills). Hearings before a Subcommitee of the Comitee on Military Affairs – United States Senate – Seventy-Ninth Congress. First Session. Pursuant to S. Res. 107 (78th Congress) and S. Res. 146 (70th Congress). Authorizing a study of the possibilities of better mobilizing the national resources of the United States. Part 5 Including statements submitted for the record. United States Government Printing Office. Washington: 1188–1192.

Blakeslee AF & Avery AG (1937) Methods of inducing doubling chromosomes in plants: By treatment with Colchicine. *Journal of Heredity* 28(12): 393–411.

Blamey M & Grey-Wilson C (1989) The Illustrated Flora of Britain and Northern Europe. Hodder & Stoughton. London Sydney Auckland Toronto.

Blixt S (1975) Why didn't Gregor Mendel find linkage? *Nature* 256: 206.

Blomberg A (1872) Om Hybridbildning – Hos de Fanerogama Växterna. P.A. Nymans Tryckeri. Stockholm.

Böhme H (1999) Einige Bemerkungen zu wissenschaftspolitischen Aspekten genetischer Forschungen der fünfziger Jahre in der DDR im Zusammenhang mit der Lyssenko-Problematik. *Sitzungsberichte der Leibniz-Sozietät* 29: 55–79.

Bonneuil C (2006) Mendelism, plant breeding and experimental cultures: Agriculture and the development of Genetics in France. *Journal of the History of Biology* 39(2): 281–308.

Bock DG, Kane NC, Eber DP & Rieseberg LH (2013) Genome skimming reveals the origin of the Jerusalem Artichoke tuber crop species: neither from Jerusalem nor an artichoke. *New Phytologist* 201: 1021–1030. doi: https://doi.org/10.1111/nph.12560.

Boring EG (1954) The nature and history of experimental control. *The American Journal of Psychology* 67: 573–89.

Borlaug N (1968) Wheat breeding and its impact on world food supply. *Proceedings of the. 3rd Int. Wheat Genetics Symp. Canberra 1968*, Australian Acad. Sci. Canberra. 5th-9th August 1968.

Borlaug N (1970) Feeding a world of 10 billion people. The miracle ahead. *In Vitro Cellular & Developmental Biology – Plant* 38(2): 221–228.

Borlaug N (2000) The Green Revolution Revisited and the Road Ahead. https://www.nobelprize.org/uploads/2018/06/borlaug-lecture.pdf.

Borrill P, Harrington SA & Uauy C (2019) Applying the latest advances in genomics and phenomics for trait discovery in polyploid wheat. *The Plant Journal* 97: 56–72.

Borrutau H (1922) Zum 100jährigen Geburtstag Gregor Mendels. *Deutsche Medizinische Wochenschrift* 48(26): 876–877.

Bowler P (1989) The Mendelian revolution. The Emergence of Hereditarian Concepts in Modern Science and Society. Athlone. London.

Box JF (1978) R.A. Fisher. The Life of a Scientist. John Wiley & Sons. New York.

Box JF (1980) R.A. Fisher and the Design of Experiments, (1922–1926). The *American Statistician* 34(1): 1–7.

Box JF (1989) Fisher: The Early Years. In: R.A. Fisher: An Appreciation (Hrsg.: Fienberg SE & Hinkley DV). Lecture Notes in Statistics 1 (Hrsg. Berger J, Fienberg S, Gani J, Krickeberg K, Olkin I, Singer B). 2. Auflage. Springer-Verlag. Berlin – Heidelberg – New York – London – Paris – Tokyo – Hong Kong: 6–8.

Brannigan A (1979) The reification of Mendel. *Social Studies of Science* 9: 423–454.

Brannigan A (1981) The social basis of scientific discoveries. Cambridge University Press. Cambridge London New York New Rochelle Melbourne Sydney.

Bratranek TF (1863) Die romantische Schule. Eine Vorlesung, gehalten am 1. März 1863. Separat-Abruck aus den populär-wissenschaftlichen Vorträgen, gehalten in Brünn im Winter des Jahres 1863 zum Besten dreier gemeinnütziger Vereine. Druck von Rudolf M. Rohrer. Brünn.

Bratranek TF (1864) Die Sturm und Drang-Periode. Eine Vorlesung zum Besten der Gablenz-Stiftung, gehalten in Brünn am 14. März 1864. Druck und Verlag von Rudolf M. Rohrer. Brünn.

Bratranek TF (1866). Das junge Deutschland. Eine Vorlesung zum Besten der Schiller-Stiftung gehalten in Brünn am 18. März 1866. Druck und Verlag von Rudolf M. Rohrer. Brünn.

Bratranek FT (1874) Goethe's Naturwissenschaftliche Correspondenz. (1812–1832.) Erster Band. F.A. Brockhaus. Leipzig.

Braun A (1853) Das Individuum der Pflanze in seinem Verhältniss zur Species. Generationsfolge, Generationswechsel und Generationstheilung der Pflanze. Druckerei der Königlichen Akademie der Wissenschaften. Berlin.

Braun A (1854) Betrachtungen über die Erscheinung der Verjüngung in der Natur insbesondere in der Lebens- und Bildungsgeschichte der Pflanzen. Verlag von Wilhelm Engelmann. Leipzig.

Bretschneider E (1898) History of European Botanical Discoveries in China. Sampson Low, Marston. London.

Brázdil R, Řezníčková L & Valášek H (2013) Meteorologická pozorování Alexandra Zawadzkého v Brně v letech 1861–1867. [Die meteorologischen Beobachtung von Alexander Zawadzki in Brünn, 1861-1867]. *Geografie* 118: 334–355.

Brehm G. (2017) 150 Jahre Mendelsche Regeln. Vom Erbsenzählen zum Gen-Editieren. *Nova Acta Leopoldina* N.F. 413: 7–17.

Breslawetz LP (1916) On the number of chromosomes and on the dimension of the nucleus of some forms of Antirrhinum. *Trudy Biuro Prikl. Bot.* [*Bull. appl. Bot.*] *Petrograd* 9: 281–293. (mit englischer Zusammenfassung)

Breslawetz LP (1918a) Sur l'hétérogénéité des hybrides F1 de Viola tricolor L. *Bulletin de l'Académie des Sciences de Russie*, VI. Série 12(7): 729–732.

Breslavets LP (1960) Plants and X rays. American Institute of Biological Sciences. Washington.

Bretschneider E (1881) Early European Researches into the Flora of China. *Journal of the North-China Branch of the Royal Asiatic Society* N.S. XV: 1–192.

Brichet N, Fournier C, Turc O, Strauss O, Arztet S, Pradal C, Welcker C, Tardieu F & Cabreara-Bosquet (2017) A robot-assisted imaging pipeline for tracking the growths of maize ear and silks in a high-throughput phenotyping platform. *Plant Methods* 13: 96.

Broberg G & Roll-Hansen N (2005) Eugenics and the Welfare State. Sterilization Policy in Denmark, Sweden, Norway, and Finland. Michigan State University Press. East Lansing, Michigan.

Broda E (1973) Gibt es biopositive Wirkungen ionisierender Strahlen? *Biologie in unserer Zeit* 3: 108–115.

Bronn H (Hrsg.) (1860) Charles Darwin, über die Entstehung der Arten im Thier- und Pflanzen-Reich durch natürliche Züchtung, Erhaltung der vervollkommneten Rassen im Kampfe um's Daseyn. E. Schweizerbart'sche Verlagshandlung und Druckerei. Stuttgart.

Brown P, Sutikna T, Morwood MJ, Soejono RP, Jatmiko, Wayhu Saptomo E, Awe Due R (2004) A new small-bodied hominin from the Late Pleistocene of Flores, Indonesia. *Nature* 431: 1055–1061.

Brožek's A (1926) G. J. Mendelovy bastardační pokusy na Pisum a Hieracium. Jubilejní spisek na paměť 60. výročí prvého uveřejnění prací Mendelových, vydaný Českou akademií věd a umění v Praze. [G. J. Mendel's Hybridisierungs Experimente mit Pisum und Hieracium. Jubiläumsausgabe zum 60. Jahrestag der Erstveröffentlichung von Mendels Werken, herausgegeben von der Tschechischen Akademie der Wissenschaften und Künste in Prag.] In: *Zvláštní otisk ze Sborníku přírodovědeckého* 2: 1–53. Nákladem Vlastním – Tiskem Alois Wiesnera V. Praze.

Buchenau F (1863) Die Botanischen Produkte der Londoner internationalen Ausstellung. Hermann Gesenius. Bremen.
Büchner L (1855) Kraft und Stoff. Empirisch-naturphilosophische Studien. Verlag von Meidinger Sohn & Cie. Frankfurt (Main).
Bunge A v. [& Candolle A de] (1838) Anleitung zum Studium der Botanik, oder, Grundriss dieser Wissenschaft, enthaltend: die Organographie, Physiologie Methodologie, Pflanzengeographie, eine Uebersicht der fossilen Gewächse, der pharmaceutischen Botanik und der Geschichte der Botanik. Erster Theil. Karl Franz Köhler, Leipzig.
Burian RM, Gayon J & Zallen D (1988) The singular fate of genetics in the history of french biology, 1900–1940. *Journal of the History of Biology* 21(3): 357–402.
Burkard D (2009) Eugenik, Euthanasie und kirchliches Lehramt in den 1930er Jahren. In: Ignacio Czeguhn, Eric Hilgendorf, Jürgen Weitzel (Hrsg.): Eugenik und Euthanasie 1850–1945. Frühformen, Ursachen, Entwicklungen, Folgen. 1. Auflage. Schriftenreihe des Zentrums für rechtswissenschaftliche Grundlagenforschung Würzburg, Bd. 2. Nomos. Baden-Baden. Seite 87 – 126.
Burkart AE (1933) Untersuchungen über eine spontane Chromosomenverlagerung bei *Drosophila melanogaster*. *Zeitschrift für Induktive Abstammungs- und Vererbungslehre* 64: 310–325.
Burkart AE [& Mendel G] (1934) Experimentos sobre híbridos en plantas [Versuche über Pflanzen-Hybriden]. *Revista Argentina de Agronomía* 1: 3–38.
Burkart AE & Burkart NST de (1976) Lista de publicaciones del botánico argentino Arturo Burkart. *Darwiniana* 20(1–2): XIII–XXIV.
Burmeister H (1843) Die Geschichte der Schöpfung. Verlag O. Wigand. Leipzig.
Buttel-Reepen H v. (1903) Die stammesgeschichtliche Entstehung des Bienenstaates sowie Beiträge zur Lebensweise der solitären und sozialen Bienen (Hummeln, Meliponinen etc.). Vortrag gehalten auf dem Zoologen-Congress in Giessen (1902). Stark erweitert mit Anmerkungen und Zusätzen herausgegeben. Verlag von Georg Thieme. Leipzig.
Buttel-Reepen H v. (1915) Leben und Wesen der Biene. Druck und Verlag von Fried. Vieweg & Sohn. Braunschweig.
Cabrera AL (1976) Arturo Burkart 1906–1975. *Darwiniana* 20(1–2): I–XII.
Cabrera-Bosquet L, Fournier C, Brichet N, Welcker C, Suard B & Tardieu F (2016) High-throughput estimation of incident light, light interception and radiation-use efficiency of thousands of plants in a phenotyping platform. *New Phytologist* 212: 269–281.
Calabrese EJ & Baldwin LA (2000) Radiation hormesis: its historical foundations as a biological hypothesis. *Human & Experimental Toxicology* 19: 41–75.
Camargo JMF & Moure JS (1994) Meliponinae neotropicais. Os géneros Paratrigona Schwarz, 1938 e
Candeias A (1940) A Personalidade e a obra de Darwin. *Seara Nova*, No. 655, 2 de Março de 1940: 327-329; No. 656, 9 de Março de 1940: 343-345; No. 657, 16 de Março de 1940: 10-13; No. 658, 23 de Março de 1940: 28-30.
Candeias A (1941a) A vida e a Obra de Darwin. Cosmos (Biblioteca Cosmos, nº 6), Lisboa. 2ª edição 1943, Lisboa.
Candeias A (1941b) A B C de Hereditariedade. *Seara Nova*, No. 735, 13 de Setembro de 1941: 294–296; No. 736, 20 de Setembro de 1941: 311–314.
Candeias A [& Mendel G] (1965) Experiências sobre Híbridos das Plantas. *Naturalia* (Lisboa) 9: 1–63.
Candolle A de (1835) Introduction à L'étude de la Botanique. Tome Premier. Librairie Encyclopedique de Roret, Paris.
Candolle AP de & Candolle A de (1841) Monstruosités Végétales, Premier fascicule. *Neue Denkschriften der Schweizerischen Gesellschaft für die gesammten Naturwissenschaften* 5, beigeheftet S. 1–23.

Cannon SB, May GD & Jackson SA (2009) Three sequenced legume genomes and many crop species: Rich opportunities for translational genomics. *Plant Physiology* 151: 970–977.
Carlson EA (1973) A Mendel reprint in the United States. *FM* 8: 255–258.
Carlson EA (2004) Mendel's Legacy: The Origin of Classical Genetics. Cold Spring Harbor Laboratory Press. New York.
Cassata F (2011) Building the New Man. Eugenics, Racial Science and Genetics in Twentieth-Century Italy. CEU Press Studies in the History of Medicine. Budapest – New York.
Castle WE (1903) Mendel's Law of Heredity. *Science* 19 [N.S.]: 396–406.
Castle WE (1916) Genetics and Eugenics. A text-book for students of biology and a reference book for animal and plant breeders. Harvard University Press. Cambridge.
Castle WE (1921) Genetics and Eugenics. A text-book for students of biology and a reference book for animal and plant breeders. Harvard University Press. Cambridge.
Černošek L & Karel J (2013) Johann Gregor Mendel a jeho působení ve Znojmě [Johann Gregor Mendel und seine Wirkung in Znaim]. *Sborník SOkA Znojmo*: 7–26.
Cetl I (1973a) Significance of Mendel's hybridizing experiments carried out after 1865. *FM* 8: 213–221.
Cetl I (1973b) Mendel´s hybridization experiments with other plants than Pisum. *Folia Facultatis Scientarium Naturalium Universitatis Purkynianae Brunensis Biologia* 41, 14(7): 3–42.
Cetl I (1983) The chronology of Mendel's scientific activities. In: Orel V, Matalová A, (eds.) *Gregor Mendel and the Foundation of Genetics. Proceedings of the Symposium "The Past, Present and Future of Genetics"*, Part 1, Kupařovice, Czechoslovakia, August 26–28, 1982, Brno Mendelianum, Moravian Museum: 289–297.
Cetl I (2002/2003) Mendel's hybridization experiments with other plants than *Pisum*. *FM* 37–38: 5–36.
Chappellier A [& Mendel G] (1907) Recherches sur des hybrides végétaux. *Le Bulletin Scientifique de la France et de la Belgique* 41: 371–419.
Chappellier A (1911a) La ponte et l'œuf chez les hybrides provenant du croisement: canard de ferme ♂ et canard de Barbarie ♀. *IV. Conférence Internationale de Génétique. Comptes Rendus et Rapports*. Paris: 503–506.
Chappellier A (1911b) Oiseaux hybrides. I. Femelles; activité de là glande génitale dans le croisement Chardonneret ♂ x Serin ♀. *Comptes rendus hebdomadaires des séances et mémoires de la Société de biologie* 70: 328–329.
Chappellier A (1912a) La segmentation parthénogénétique de l'œuf des hybrides: Canard domestique (Anas boschas) ♂ X Canard de Barbarie (Cairina moschata) ♀. *Comptes rendus hebdomadaires des séances et mémoires de la Société de biologie* 70: 1010–1012.
Chappellier A (1912b) La cicatricule de l'œuf dans le croisement: Canard de Rouen [Anas boschas var. domestica (L.)] ♀ X Canard de Barbarie [Cairina moschata (L.)] ♂ et les espèces parentes. *Compt. Rend. Assoc. Franc. Avancem. Sci.*, 40e session: 541–544.
Chappellier A (1914) Pendant combien de jours les spermatozoïdes gardent-ils leur pouvoir fécondateur, dans l'oviducte de la Poule ou de la Cane ? *Ass. fr. p. l'Avancement des Sciences*, Congrès du Havre, 42e session: 519–526.
Chappellier A (1917) A propos de la durée du pouvoir fécondateur des spermatozoïdes chez les oiseaux. *Bulletin de la Société nationale d'acclimatation de France* 64: 21–29.
Chappellier A (1921) Contribution à l'étude de l'hybridation et de l'intersexualité chez les oiseaux. Edition du Bulletin Biologique de la France et de la Belgique. Thèses. Paris.
Chevalier L (1901) Nachruf. *Zeitschrift für die Oesterreichischen Gymnasien* 52: 959–960.
Chyba K (1966) Slovník knihtiskařů v Československu od nejstarších dob do roku 1860 [Das Lexikon der Buchdrucker in der Tschechoslowakei seit der ältesten Zeit bis 1860]. PNP. Praha.

Cizmár J (1979) Botanist Carl Theimer (1823-1870) in the cultural context of Brno during the period of Mendel's research. *FM* 14: 265–270.

Clark RW (1969) JBS: The life and work of J. B. S. Haldane. Coward-McCann, Inc. New York.

Clarke T (1866) On a certain phenomenon observed in the genus Matthiola. The International Horticultural Exhibition, and Botanical Congress, held in London from May 22nd to May 31st, 1866. Report of Proceedings: 142–144.

Cock A & Forsdyke DR (2008) Treasure your exceptions. The Science and Life of William Bateson. Springer Science & Business Media.

Coe EH Jr (2001) The origins of maize genetics. *Nature Review Genetics* 2. 898–905.

Coleman K, Muhammed SE, Milne AE, Todman LC, Dailey AG, Glendining MJ & Whitmore AP (2017) The landscape model: a model for exploring trade-offs between agricultural production and the environment. *Science of the Total Environment* 609: 1483–1499.

Compton RH (1911) The anatomy of the mummy pea. *New Phytologist* 10: 249–255.

Cook R (1937) A Chronology of Genetics. In: Fundamentals of Heredity for Breeders. United States Department of Agriculture. Yearbook Separate No. 1605: 1457–1477.

Cook RC (1949a) Lysenko's Marxist Genetics: Science or Religion? *Journal of Heredity* 40: 169–202.

Cook RC (1949b) Walpurgis week in the Soviet Union. *The Scientific Monthly* 68: 367–372.

Cooley DA (2003) The total artificial heart. *Nature Medicine* 9: 108–111.

Corcos A & Monaghan F (1986) Correction: Chi-square and Mendel's experiments. *Journal of Heredity* 77: 283–283.

Corcos AF & Monaghan FV (1993) Gregor Mendel's experiments on plant hybrids. Rutgers University Press. New Brunswick – New Jersey.

Corcos A & Monaghan FV (1993/94) A young student's experience on reading Mendel's paper a year before it's "rediscovery". *FM* 28–29: 73.

Cori E (1868a) Die Bienenarten. In: Melicher, Ludwig Josef (Hrsg.) (1868) Die Bienenzucht in der Weltausstellung zu Paris 1867 und die Bienencultur in Frankreich und in der Schweiz. Wilhelm Braumüller. Wien: 38–44.

Cori E (1868b) Ein Beitrag zur Acclimatisation der asiatischen und Veredelung der Bienenracen, so wie einer neuen Art des Transportirens der Biene von überseeischen Ländern. In: Melicher, Ludwig Josef (Hrsg.) (1868) Die Bienenzucht in der Weltausstellung zu Paris 1867 und die Bienencultur in Frankreich und in der Schweiz. Wilhelm Braumüller. Wien: 45–60.

Correns C (1899) Untersuchungen über die Xenien bei Zea Mays. *Berichte der Deutschen Botanischen Gesellschaft* 17: 410–417.

Correns C (1900a) Mendel's Regel über das Verhalten der Nachkommenschaft der Rassenbastarde. *Berichte der Deutschen Botanischen Gesellschaft* 18: 158–168.

Correns C (1900b) Gregor Mendel's „Versuche über Pflanzen-Hybriden" und die Bestätigung ihrer Ergebnisse durch die neuesten Untersuchungen. *Botanische Zeitung* 58: 229–235.

Correns C (1900c) Ueber Levkojenbastarde. Zur Kenntnis der Grenzen der Mendel'schen Regeln. *Botanisches Centralblatt* 84: 97–113.

Correns C (1900d) [Referat über de Vries' und seine eigenen Beobachtungen über Mais-Xenien.]. *Botanische Zeitung* 58: 235–238.

Correns C (1901a) Ueber Bastarde zwischen Rassen von Zea Mays, nebst einer Bemerkung über die „faux hybrides" Millardet's und die „unechten Bastarde" de Vries'. *Berichte der Deutschen Botanischen Gesellschaft* 19: 211–220.

Correns C (1901b) Bastarde zwischen Maisrassen, mit besonderer Berücksichtigung der Xenien. *Bibliotheca botanica*, H. 53.

Correns C (1902) Ueber Bastardirungsversuche mit Mirabilis-Sippen. Erste Mittheilung. *Berichte der Deutschen Botanischen Gesellschaft* 20(10): 594–608.

Correns C (1906) Gregor Mendels Briefe an Carl Nägeli 1866–1873. Ein Nachtrag zu den veröffentlichten Bastardierungsversuchen Mendels. *Abhandlungen der Königlich Sächsischen Gesellschaft der Wissenschaften* 29: 187–263.

Correns C (1907) Brief von C. Correns an H. Iltis vom 7. Juni 1907. Digitalisierte Handschrift in der *Iltis Mendeliana Collection*, University of Illinois Archives, Archiveinheit 75. https://digital.library.illinois.edu/items/75e8e750-495d-0135-3563-0050569601ca-2 .

Correns C (1909) Vererbungsversuche mit blass(gelb)grünen und buntblättrigen Sippen bei *Mirabilis jalapa*, *Urtica pilulifera* und *Lunaria annua*. *Zeitschrift für induktive Abstammungs- und Vererbungslehre* 1: 291–329.

Correns C (1922) Etwas über Gregor Mendels Leben und Wirken. *Naturwissenschaften* 10: 623–631.

Correns C (1924) Gesammelte Abhandlungen zur Vererbungswissenschaft aus periodischen Schriften 1899–1924. Springer-Verlag. Berlin.

Correns C (1950) The Birth of Genetics. Mendel. De Vries – Correns – Tschermak in English Translation. Genetics 35(5 Part 2): 1–29. Supplement to Genetics. A periodical record of investigations bearing on heredity and evolution. Brooklyn Botanical Garden, Menasha Wisconsin.

Correvon H (1926) The "Mummy Pea". *The California Garden* 18(5): 6.

Costas R & van Leeuwen TN & van Raan AFJ (2011) The "Mendel syndrome" in science: durability of scientific literature and its effects on bibliometric analysis of individual scientists. *Scientometrics* 89: 177–205.

Cox TM (1999) Mendel and his legacy. *QJM An International Journal of Medicine* 92: 183–186.

Crane E (1999) The World History of Beekeeping and Honey Hunting. Routledge, Taylor & Francis Group, New York London.

Cremer T (1985) Von der Zellenlehre zur Chromosomentheorie. Naturwissenschaftliche Erkenntnis und Theorienwechsel in der frühen Zell- und Vererbungsforschung. Springer Verlag. Berlin Heidelberg New York Tokyo.

Crew FAE (1966a) The Foundations of Genetics. Pergamon Press. Oxford – London – Edinburgh – New York – Toronto – Paris – Frankfurt.

Crew FAE (1966b) Mendelism comes to England. *G. Mendel Memorial Symposium 1865–1965. Proceedings of a Symposium held in Brno in August 4–7, 1965*. Milan Sosna (ed.). Academia – Publishing House of the Czechoslovak Academy of Sciences. Prague.

Crow JF (1992) Centennial: J. B. S. Haldane, 1892–1964. *Genetics* 130: 1–6.

Crow JF (2005) Early American genetics journals. *Nature Reviews Genetics* 6: 715–720.

Cruz CAO & Peña AKR (2016) Degeneración, regeneración y raza: el proyecto moderno en Antioquia, 1903–1930. *Anuario Colombiano de Historia Social y de la Cultura* 43(2): 215–241.

Cuboni G (1903) Le leggi dell'ibridismo secondo i recenti studi. *Bollettino quindicinale della Società degli Agricoltori italiani* VIII: 554–64.

Cuboni G (1911) L'opera dell'abate Mendel e il suo significato teorice e pratico. *Atti Soc. ital. Progr. Sci.* 4: 393–403.

Curtis J (1860) Farm Insects: Being the natural history and economy of the insects injurious to the field crops of Great Britain and Ireland, and those which infest barns and granaries. Blackie and Son. Glasgow Edinburgh London.

Czihak G (1984) Johann Gregor Mendel. Dokumentierte Biographie und Katalog zur Gedächtnisausstellung anlässlich des hundertsten Todestages mit Facsimile seines Hauptwerkes: „Versuch über Pflanzen-Hybriden". Salzburg.

Czihak G, Langer H & Ziegler H (1981) Biologie. ein Lehrbuch. 3. neubearbeitete Auflage. Springer Verlag. Berlin Heidelberg New York.

Czihak G & Sladek P (1991/1992). Die Persönlichkeit des Abtes Cyrill Franz Napp (1792–1867) und die innere Situation des Klosters zu Beginn der Versuche Gregor Mendels. *FM* 26–27: 31–66.

Dannemann F (1913) Die Naturwissenschaften in ihrer Entwicklung und in ihrem Zusammenhange. Vierter Band. Verlag von Wilhelm Engelmann. Berlin und Leipzig.

Darbishire AD (1911) Breeding an the Mendelian Discovery. Cassell and Company Ltd. London New York Toronto Melbourne.

Darwin C (1845) Reisebilder aus der Südsee. *Moravia. Ein Blatt zur Unterhaltung, zur Kunde des Vaterlandes, des gesellschaftlichen und industriellen Fortschrittes* 8: 269–270.

Darwin C (1859) On the Origin of Species. Murray. London.

Darwin C (1860) Charles Darwin über die Entstehung der Arten im Thier- und Pflanzen-Reich durch natürliche Züchtung. E. Schweizbart'sche Verlagshandlung und Druckerei Stuttgart.

Darwin C (1866) Cross-fertilising papilionaceous flowers. *The Gardener's Chronicle and Agricultural Gazette* 32: 756.

Darwin C (1868) Das Variiren der Thiere und Pflanzen im Zustande der Domestication. Zwei Bände. E. Schweizbart'sche Verlagshandlung (E. Koch). Stuttgart.

Darwin C, Burkhardt F & Smith S (1988) The Correspondence of Charles Darwin. Volume 4. 1847–1850. Cambridge University Press. Cambridge – New York – New Rochelle – Melbourne – Sydney.

Darwin C (1877) Die Wirkung der Kreuz- und Selbst-Befruchtung im Pflanzenreich. Aus dem Englischen übersetzt von J. Victor Carus. E. Schweizerbart´sche Verlagshandlung (E. Koch). Stuttgart.

Das N (1979) China's hundred weeds: a study of the anti-rightist campaign in China, 1957–58. KP Bagchi. Calcutta.

Dathe G. (1866) Kurzer Bericht über die 14. Wanderversammlung deutscher Bienenwirthe in Brünn. *Bienenwirthschaftliches Centralblatt* 2(1): 4–10.

d'Elvert C (1868a) Zur Cultur-Geschichte Mährens und Oest. Schlesiens. 2. Theil. Bildet den 18. Band der *Schriften der hist.-stat. Sektion der k. k. m. schl. Gesellschaft zur Beförderung des Ackerbaues, der Natur- und Landeskunde*. Verlag der histor. statist. Sektion. Brünn.

d'Elvert C (1868b) Zur Geschichte der Pflege der Naturwissenschaften in Mähren und Schlesien. Verlag der histor. Statist. Sektion. Brünn.

DeJong-Lambert W (2017a) H.J. Muller and J.B.S. Haldane: Eugenics and Lyssenkoism. In: The Lyssenko controversy as a global phenomenon, Volume 2, (Eds.: William DeJong-Lambert & Nikolai Krementsov). Genetics and Agriculture in the Soviet Union and beyond. Palgrave Studies in the History of Science and Technology. Palgrave Macmillan. Cham (Switzerland): 103–136.

DeJong-Lambert W (2017b) J. B. S. Haldane and Lysenkovschina. *Journal of Genetics* 96: 837–844.

Denffer D v, Schumacher W, Mägdefrau K & Ehrendorfer F (Hrsg.) (1971) Strasburger. Lehrbuch der Botanik. 30. Auflage. Gustav Fischer Verlag. Stuttgart.

Deschka R (1958) Eduard Fenzl. Leben, Leistung und Wertung eines österreichischen Botanikers, bearbeitet auf Grund des bisher nicht veröffentlichten Briefnachlasses. Dissertation. Wien (unveröffentlicht).

Deutsche Zentralverwaltung für Volksbildung in der Sowjetischen Besatzungszone Deutschlands (Hrsg.) (1946). Lehrpläne für die Grund- und Oberschulen in der Sowjetischen Besatzungszone Deutschlands. Biologie. Volk und Wissen, Berlin.

Deutsche Verwaltung für Volksbildung in der Sowjetischen Besatzungszone Deutschlands (Hrsg.) (1947). Lehrpläne für die Grund- und Oberschulen in der Sowjetischen Besatzungszone Deutschlands. Biologie. 2. Aufl. Volk und Wissen, Berlin.

DeWitt TJ & Scheiner SM (2004) Phenotypic Variation from Single Genotypes. A Primer. In: DeWitt TJ & Scheiner SM (eds.), Phenotypic Plasticity: Functional and Conceptual Approaches: 1–9.

Di Trocchio F (1989) Legge e caso nella genética Mendeliana. Franco Angeli Libro s.r.l., Milano.
Di Trocchio F (1990) Le traduzioni italiane di Mendel. *Cult. Scu.* 29: 302–311.
Di Trocchio F (1991) Mendel's experiments: a reinterpretation. *Journal of the History of Biology* 24(3): 485–519.
Diebl F (1825) Wichtigkeit der Topinambour (Helianthus tuberosus), als Futterpflanze. *Mittheilungen der k. k. Mährisch-Schlesischen Gesellschaft zur Beförderung des Ackerbaues, der Natur- und Landeskunde in Brünn* Juni 1825 Nro. 26: 207–208.
Diebl F (1835a) Abhandlungen über die allgemeine und besondere Naturgeschichte, R. Rohrer. Brünn.
Diebl F (1835b) Abhandlungen aus der Landwirthschaftskunde für Landwirthe, besonders aber für diejenigen, welche sich der Erlernung dieser Wissenschaft widmen. Aus den öffentlichen Vorträgen über die Wissenschaft von Franz Diebl. Zweite Abtheilung. Von dem Pflanzenbaue. Gedruckt bei Rudolph Rohrer, Brünn.
Diebl F (1836) Ueber die Erdbirne, oder Topinambour, auch Erdartischocke, Helianthus tuberosus. *Mittheilungen der k. k. Mährisch-Schlesischen Gesellschaft zur Beförderung des Ackerbaues, der Natur- und Landeskunde in Brünn* Mai 1836 Nro. 20: 157.
Diebl F (1840) Etwas über den Riesenhanf, nebst dem Antrage der unentgeltlichen Vertheilung des dießfälligen Samens. *Mittheilungen der k. k. Mährisch-Schlesischen Gesellschaft zur Beförderung des Ackerbaues, der Natur- und Landeskunde in Brünn* März 1840, Nro. 11; 82–83.
Diebl F (1844) Lehre von der Baum-Zucht überhaupt, und von der Obstbaumzucht, dem Weinbaue und der wilden oder Waldbaumzucht insbesondere. Zum Behufe der öffentlichen und Privaten-Belehrung. Rudolph Rohrer's sel. Wittwe. Brünn.
Dišlera V [& Mendelis G] (1979) Pētījumi par augu hibrīdiem. Zvaigzne, Rīga.
Dittmar G (1972) Zur Reise von Gregor Mendel von Brünn nach Kiel im September 1871. *FM* 7: 37–42.
Dobzhansky T (1949) The suppression of a Science. *Bulletin of the Atomic Scientists* 5: 144–146.
Dobzhansky T (1965) Mendelism, Darwinism, and Evolutionism. *Proceedings of the American Philosophical Society* 109(4): 205–215.
Dodson EO (1955) Mendel and the rediscovery of his work. *The Scientific Monthly* 81: 87–195.
Dönhoff Dr (1860) Beiträge zur Bienenkunde (LVIII.). *Bienenzeitung* 16(1): 7–9.
Doležal E (1907) Hofrat Professor Gustav Nießl von Mayendorf. *Österreichische Zeitschrift für Vermessungswesen* 5(23–24): 370–380.
Domoradzki S (2011) The growth of mathematical culture in the Lvov area in the autonomy period (1870–1920). Matfyzpress. Praha.
Domschke JP & Hofmann H (2012) Der Physikochemiker und Nobelpreisträger Wilhelm Ostwald (1853–1932). Ein Lebensbild (Sonderheft 23 der Schriftenreihe *Mitteilungen der Wilhelm-Ostwald-Gesellschaft zu Grossbothen e. V.*). Vorstand der Wilhelm-Ostwald-Gesellschaft. Grossbothen.
Dorsey MJ (1944) Appearance of Mendel's paper in American libraries. *Science* 99: 199–200.
Douglas L & Novitski E (1977) Notes and Comments. What chance did Mendel's experiments give him of noticing linkage? *Heredity* 38: 253–257.
Doupovec A (1965) Erinnerungen von Antonin Doupovec an Mendels Tod (1884). In: Kříženecký 1965, S. 107–108.
Drazen JM (2015) Is anybody listening? *Circulation* 131: 1739–1740.
Dröscher A (2015) Gregor Mendel, Franz Unger, Carl Nägeli and the magic of numbers. *History of Science* 53: 492–508.
Dronamraju K (2010) J. B. S. Haldane's Last Years: His Life and Work in India (1957–1964). *Genetics* 185: 5–10.
Druery CT (1873) Versatile Verses. Printed by the author. London.

Druery CT (1882) The Rocking of the lilies, and other Poems, Grave and Humorous. Printed by the author. London.
Druery CT (1888) Choice British Ferns: Their Varieties and Culture. L. Upcott Gill, 170, Strand, E.C. London.
Druery CT (1903) The Book of British Ferns. Offices of Country Life. London.
Druery CT (1910) British Ferns and their Varieties. George Routledge and Sons, Limited. London.
Druery CT (1914) The pigs tale. A goblin story and other recitations. Elliot Stock. London.
Dubec K & Orel V (1980) Gregor Mendel's scientific activity in Meteorology. *FM* 15: 215–242.
Dunn LC (1951) Genetics in the 20th century. Essays on the progress of Genetics during its first 50 Years. New York.
Dunn LC (1953) Hugo Iltis: 1882–1952. *Science* 117: 3–4.
Dunn LC (1965a) A Short History of Genetics. McGraw-Hill Book Co. New York.
Dunn LC (1965b) Mendel, his Work and Place in History. *Proc. Am. Phil. Soc.* 109(4): 189–198.
Dunsch L & Müller H (Hrsg.) (1989) Ein Fundament zum Gebäude der Wissenschaften. 100 Jahre Ostwalds Klassiker. Akademische Verlagsgesellschaft. Leipzig.
Dvořáková Z (1976) František Matouš Klácel. Melantrich. Prag.
Dzierzon J (1861) Rationelle Bienenzucht, oder Theorie und Praxis des schlesischen Bienenfreundes Pfarrer Dzierzon in Carlsmarkt. Brieg.
East EM (1923) Mendel and his contemporaries. *The Scientific Monthly* 16: 225–237.
Ebel W (1922) Voraussetzung der seelischen Entwicklung des Kindes. *Pädagogische Post – Katholische Zeitschrift für Erziehung und Bildung: Wissenschaft – Kunst – Politik* 1(3): 39–41.
Ebel W (1923) Ueber das Vererbungsproblem. *Pädagogische Post – Katholische Zeitschrift für Erziehung und Bildung: Wissenschaft – Kunst – Politik* 2(47): 434–438.
Edelson E (1999) Gregor Mendel, and the Roots of Genetics. Oxford University Press Inc. New York.
Edwards AWF (1986) Are Mendel's results really too close? *Biological Reviews* 61: 295–312.
Edwards J, Green JH & Rees T (1988) Activity of branching enzyme as a cardinal feature of the *Ra* locus in *Pisum sativum*. *Phytochemistry* 27: 1615–1620.
Edwardson JR (1962) Another reference to Mendel before 1900. *Journal of Heredity* 53: 152.
Eichler W (1992) Abrechnung mit Lyssenko. *Rudolstädter naturhistorische Schriften* 4: 27–35.
Eichling CW (1942) I talked with Mendel. *Journal of Heredity* 33: 243–246.
Elina O (2010) Plants, private estates, and public assistance: development of plant experimentation in Russia, 18th – 19th centuries. *Annals of the History and Philosophy of Biology* 15: 51–84.
Elina O (2014) Between local practices and global knowledge: Public initiatives in the development of agricultural science in Russia in the 19th Century and Early 20th century. *Centaurus* 56: 305–329.
Ellis THN, Hofer JMI, Swain MT & Van Dijk PJ (2019) Mendel's pea crosses: varieties, traits and statistics. *Hereditas* 156(1): 1–11.
Ellis THN, Hofer JMI, Timmerman-Vaughan GM, Coyne CJ & Hellens RP (2011) Mendel, 150 years on. *Trends in Plant Science* 16: 590–596.
Endlicher S (1842) Die Medicinal-Pflanzen der österreichischen Pharmakopöe. Ein Handbuch für Aerzte und Apotheker. Gedruckt und im Verlage bei Carl Gerold. Wien.
Endlicher S & Unger F (1843) Grundzüge der Botanik. Gedruckt und im Verlage bei Carl Gerold. Wien.
Engels E-M & Glick TF (2008) The reception of Charles Darwin in Europe. Vol. I. *The Athlone Critical Traditions Series: The Reception of British and Irish Authors in Europe*. Series Editor: Elinor Shaffer. Continuum. London–New York.
Ens F (1835) Geschichte der Stadt Troppau. Mit einem Anhange: Die Entstehung und den gegenwärtigen Bestand des vaterländischen Museums enthaltend. Gedruckt und im Verlage bei Carl Gerold. Wien.

Erk FC (2005) Remembering Bentley Glass (1906–2005). *The Quarterly Review of Biology* 80: 165–173.

Ettingshausen A von (1826) Die combinatorische Analysis als Vorbereitungslehre zum Studium der theoretischen höhern Mathematik. Wallishausser. Wien.

Fairbanks DJ (2015) The Conclusion of the Mendel-Fisher Controversy. *FM* 51: 11–38.

Fairbanks DJ & Abbott S (2016) Darwin's influence on Mendel: Evidence from a new translation of Mendel's paper. *Genetics* 204: 401–405.

Fairbanks DJ & Rytting B (2001) Mendelian controversies: A botanical and historical review. *American Journal of Botany* 88: 737–752.

Falk R (2009) Genetic analysis. A history of genetic thinking. Cambridge University Press. Cambridge.

Falk R & Sarkar S (1991) The Real Objective of Mendel's Paper: A Response to Monaghan and Corcos. *Biology and Philosophy* 6: 447–451.

Fan M-S, Zhao F-J, Fairweather-Tait SJ, Poulton PR, Dunham SJ & McGrath SP (2008) Evidence of decreasing mineral density in wheat grain over the last 160 years. *Journal of Trace Elements in Medicine and Biology* 22: 315–324.

Fantham HB & Porter A (1914) The morphology, biology and economic importance of Nosema bombi, N. sp., parasitic in various bumble bees (Bombus spp.). *Ann. Trop. Med. Parasitol.* 8: 623–638.

Farrall LA (1975) Controversy and conflict in science: A case study – The English Biometric School and Mendel's Laws. *Social Studies of Science* 5: 269–301.

Fayfar MM (1876) Das ehemalige Cistercienserinen-Stift Frauenthal (bei Deutschbrod in Böhmen) nunmehr Domäne Ihr. Exe. der Grafin Clam-Gallas. Druck von W. Burkart in Brünn. Verlag des Verfassers. Nikolsburg.

Fenzl E (1854) Cyperus Jacquini Schrad., Prolixus Kunth. und Comostemum Montevidensis N. AB ES. Ein Beitrag zur näheren Kenntniss des relativen Werthes Differential-Charaktere der Arten der Gattung Cyperus. *Denkschriften der kaiserlichen Akademie der Wissenschaften. Mathematisch-naturwissenschaftliche Classe* 8: 45–64.

Festetics E (1819) Weitere Erklärung des Herrn Grafen Emmerich von Festetics über Inzucht. Oekonomische Neuigkeiten und Verhandlungen. *Zeitschrift für alle Zweige der Land- und Hauswirthschaft-, des Forst- und Jagdwesens im Oesterreichischen Kaiserthum und dem ganzen Deutschland. Mit Theilname der k.k. Mährisch-Schlesischen Gesellschaft des Ackerbaues, der Natur- und Landeskunde in Brünn*. Im Verlage der Caleveschen Buchhandlung. Prag. Aussordentliche Beilage: 169–170.

Fietz A (1944) Gregor Mendel, der Bahnbrecher der Vererbungslehre (= Niederdonau. Ahnengau des Führers – Schriftenreihe für Heimat und Volk, H. 99). St. Pöltners-Zeitungs-Verlags-Gesellschaft. St. Pölten.

Fischer H (1912) Die Vererbungslehre im Lichte neuer Forschungen. *Naturwissenschaftliche Wochenschrift* (Neue Folge) 11: 97–106.

Fischer E (1930) Die Fortschritte der menschlichen Erblehre als Grundlage eugenischer Bevölkerungspolitik. *Deutsche Medizinische Wochenschrift* 59(28): 1069–1073.

Fischer E (1933) Eugenik. In: Handwörterbuch der Naturwissenschaften. G. Fischer Verlag. Jena: 898–901.

Fischer E (1942) Mendels Weltbedeutung. *Böhmen und Mähren* 3: 224–225.

Fischer G (1871). Ueber Faulbrut und ihre Heilung, oder Beiträge zur Anatomie und Physiologie der Biene. Separatabdruck aus der Bienenzeitung, Organ des Vereins deutscher Bienenwirthe, Jg. 27, 1871. Druck und Verlag der C. H. Beck´schen Buchhandlung, Nördlingen.

Fischer MS, Hoßfeld U, Krause J & Richter S (2019) Jenaer Erklärung – Das Konzept der Rasse ist das Ergebnis von Rassismus und nicht dessen Voraussetzung. *Biologie in unserer Zeit* 49 (6): 399–402.

Fischer MS, Hoßfeld U, Krause J & Richter S (2020) Jena, Haeckel und die Frage nach den Menschenrassen oder der Rassismus macht Rassen. Zoologie 2020 – *Mitteilungen der Deutschen Zoologischen Gesellschaft*, S. 7–32

Fischer MS, Hoßfeld U, Krause J & Richter S (2021) The Jena Declaration. Jena, Haeckel and the Question of Human Races, or, Racism Creates Races. *Annals of the History and Philosophy of Biology* 24/2019: 91–123.

Fisher RA (1912) R.A. Fisher on (1) Mendelism and Biometry (1912) and (2) Social Selection. In: Benett (ed.) (1983) Natural Selection, Heredity, and Eugenics: Including selected correspondence of R.A. Fisher with Leonard Darwin and others. Clarendon Press. Oxford.

Fisher RA (1932) The bearing of genetics on theories of evolution. *Science Progress in the Twentieth Century* 27: 273–287.

Fisher RA (1935) The Design of Experiments. Oliver & Boyd. Edinburgh. Insgesamt gab es zwischen 1935 und 1971 neun Auflagen.

Fisher RA (1936) Has Mendel's work been rediscovered? *Annals of Science* 1: 115–137.

Fisher RA (1952) Statistical methods in Genetics. (The Bateson Lecture delivered at the John Innes Horticultural Institution 6th July 1951). *Heredity* 6: 1–12.

Fisher RA [& Mendel G] (1965) Experiments in Plant Hybridisation. (ed. J.H. Bennett).

Fiutting H, Schenck LJH & Karsten (1923) Lehrbuch der Botanik für Hochschulen. 16. Auflage. Gustav Fischer. Jena.

Flaksberger C (1929) Eutriticum verschiedener Länder in Herbarien und Kollektionen von Deutschland, Österreich, Frankreich, Dänemark und Schweden. *Repertorium novarum specierum regni vegetabilis* 27: 167–178.

Flasar I (1997) Prof. Dr. Friedrich Anton Kolenati. *Vespertilio* 2: 149–171.

Floericke C (1908) Wanderungen und Streifzüge: Die Schmetterlinge und Käfer unserer Heimat. Verlag E. Ritter. Nürnberg.

Focke WO (1881) Die Pflanzenmischlinge. Gebrüder Borntraeger. Berlin.

Fol H (1877) Sur le commencement de l'hémogénie chez divers animaux. *Archives de zoologie expérimentale et générale* 6: 145–169.

Frahm J-P & Eggers J (2001) Lexikon deutschsprachiger Bryologen. Band 1. Zweite Auflage. Selbstverlag der Autoren. Norderstedt.

Frankl AL (1848a) Die Universität. *Sonntagsblätter* N. F. 1: 146.

Frankl AL (1848b) Die Universität. *Moravia* vom 18. März 1848: 136.

Franklin A, Edwards AWF, Fairbanks DJ, Hartl DL & Seidenfeld T (2008) Ending the Mendel-Fisher Controversy. University of Pittsburgh Press. Pittsburgh, PA.

Freeman RB (1977) The works of Charles Darwin. An annotated bibliographical handlist. Second revised and enlarged edition. Dawson – Archon Books. Chatham GB.

Frey FM, Dunton J & Garland K (2011) Floral color variation and associations with fitness-related traits in Malva moschata (Malvaceae). *Plant Species Biology* 26(3): 235–243.

Frimmel F (1939) Gustav Nießl von Mayendorf zum Gedenken. Zur hundertsten Wiederkehr seines Geburtsjahres. *Leistungen und Fortschritte. Mitteilungen der Deutschen Gesellschaft für Wissenschaft und Kunst in Brünn*, Jahrgang 1939 (7. Folge): Titelblatt.

Fröschel P (1961) Einige Briefe von Hugo de Vries mit einem Facsimile im Text. *Acta Botanica Neerlandica* 10: 202–208.

Früh D (1997) Der Einfluss der Mendelgenetik auf die Humangenetik in Deutschland zwischen 1900 und 1914 im Spiegel ausgewählter populärwissenschaftlicher Zeitschriften. Reutlingen (Dissertation).

Fournier C, Artzet S, Chopard J, Mielewczik M, Brichet N, Cabrera L, Sirault X, Cohen-Boulakia S & Pradal C (2015) Phenomenal: a software framework for model-assisted analysis of high throughput plant phenotyping data. In: *IAMPS* 2015 (Internation Workshop on Image Analysis Methods for the Plant Sciences).

Fritsch K (1862a) Nachricht von den in Oesterreich im Laufe des Jahres 1859 angestellten phänologischen Beobachtungen. *Verhandlungen der kaiserlich-königlichen zoologisch-botanischen Gesellschaft* 12: 221–244.

Fritsch K (1862b) Nachricht von den in Oesterreich im Laufe des Jahres 1860 angestellten phänologischen Beobachtungen. *Verhandlungen der kaiserlich-königlichen zoologisch-botanischen Gesellschaft* 12: 617–623.

Fritsch K (1862c) Nachricht von den in Oesterreich im Laufe des Jahres 1861 angestellten phänologischen Beobachtungen. *Verhandlungen der kaiserlich-königlichen zoologisch-botanischen Gesellschaft* 12: 849–864.

Fruwirth C (1887) Erbsenzüchtung und Erbsenvarietäten. *Wiener Illustrirte Garten-Zeitung* 12: 195–202.

Fruwirth C (1901) Die Züchtung der landwirtschaftlichen Kulturpflanzen. Verlagsbuchhandlung Paul Parey. Berlin.

Fruwirth C (1910) Die Entwicklung der Auslesevorgaenge bei den landwirtschaftlichen Kulturpflanzen. *Fortschritte der Botanik* 3: 259–330.

Fu J-L, Chu Ehy & Tan J-Z (Tan CC) (1995) Perspectives on Genetics in China. *Annual Review of Genetics* 29: 1–18.

Fühling JJ (1860) Anleitung zum Rübenbau mit ganz besonderer Berücksichtigung der Zuckerrübencultur; nebst einer Abhandlung über die Erschöpfung des Bodens durch anhaltend fortgesetzten Zuckerrübenbau, ihre Ursachen und Vermeidung. Verlag von Henry und Cohen. Bonn.

Furbank RT (2009) Plant phenomics: from gene to form and function. *Functional Plant Biology* 36(10): 5–6.

Furbank RT & Tester M (2011) Phenomics – technologies relieve the phenotyping bottleneck. *Trends in Plant Science* 16: 635–44.

Fux J (1839) Vorlesungen über reine Mathematik. Erste Abtheilung. Arithmetik und niedere Algebra. Druck und Papier von Alois Skarnitzl. Olmütz.

Gärtner CF (1826) Nachricht über Versuche, die Befruchtung einiger Gewächse betreffend. Naturwissenschaftliche Abhandlungen. Herausgegeben von einer Gesellschaft in Würtemberg (bei Heinrich Laupp, Tübingen) 1(1): 35–66.

Gärtner CF (1827) Notice sur des Expériences concernant la fécondation de quelques végétaux. *Annales des Sciences Naturelles* 10: 113–148 (Übersetzung der Abhandlung von 1826 ins Französische).

Gärtner CF (1831) Fortgesetzte Nachrichten ueber Bastardgewaechse. *Allgemeine Botanische Zeitung* 14: 569–576.

Gärtner CF (1833) Ueber Fruchtbildung und Bastard-Pflanzen. *Allgemeine Botanische Zeitung* 16: 209–217.

Gärtner CF (1838/1844) Verhandeling ter Beantwoording der Vraag: „Wat leert de ondervinding aangaande het ontstaan van nieuwe soorten of bijsoorten van planten door kunstige bevruchting van bloemen van de eene met het bloemstof van andere soorten? En welke niuewe, nuttige of fraaije plantgewassen kunnen op die wijze worden voortgebragt en vermenigvuldigt?" *Natuurkundige Verhandelingen van de hollandsche Maatschappij der Wetenschappen te Haarlem* 24; bij de Wed. A. Loosjes, Pz, Haarlem: 1–202 (Anm.: Dieser Druck wird manchmal irrtümlich mit der Jahreszahl 1844 zitiert).

Gärtner CF (1849) Versuche und Beobachtungen über die Bastarderzeugung im Pflanzenreich. K. F. Hering & Comp. Stuttgart.
Galfert I (1950) Die Pioniere von „Volk und Wissen". *Neues Deutschland* 5, 6.6.1950: 9.
Gallesio G (1811) Traité du Citrus. Louis Fantin. Paris.
Gallesio G (1816) Teoria della Reproduzione vegetale. Capurro. Pisa.
Gaissinovitch AE (1935) Gregor Mendel und seine Vorläufer. [In Russisch: Izbrannye raboty o rastitelnych gibridach.] Staatsdruckerei. Moskau, Leningrad.
Gaissinovitch AE (1966) An early account of G. Mendel's work in Russia (I. F. Shmalhausen, 1874). In: Sosna, M. (Ed.): *Proceedings of the G. Mendel Memorial Symposium 1865–1965*. Academia, Prague: 39–40.
Gaissinovitch AE (1973) Problems of variation and heredity in Russian biology in the late nineteenth century. *Journal of the History of Biology* 6: 97–123.
Gaissinovitch AE (1980) The origins of Soviet Genetics and the struggle with Lamarckism, 1922–1929. *Journal of the History of Science* 13: 1–51.
Gale MD & Youssefian S (1985) Dwarfing genes in wheat. In: "Progress in Plant-Breeding" (ed.: G.E. Russell). Butterworths. London Boston Durban Singapore Sydney Toronto Wellington: 1–35.
Galeta J (2018) Wanderley, Germano (1845–1904), Architekt und Lehrer. *ÖBL 1815–1950*, Bd. 15 (Lfg. 69, 2018): 479f.
Garfield E, Sher IH & Torpie RJ (1964) The use of citation data in writing the history of science. Institute for Scientific Information Inc. Philadelphia.
Garfield E (1970) Citation indexing for studying science. *Nature* 227: 669–671.
Garfield E (1979) Is citation analysis a legitimate evaluation tool? *Scientometrics* 1: 359–375.
Garland AE (2002) The Classical Gene. Its Nature and Its Legacy. In: Parker LS – Ankeny RA (Hrsg.): Mutating Concepts, Evolving Disciplines: Genetics, Medicine and Society (= Philosophy and Medicine). Springer. Amsterdam: 11–41.
Garsiashvili I & Mendel G (1929) Versuche über Pflanzen-Hybriden von Gregor Mendel (in Georgisch). Übersetzung von I. Garsiashvili. Publishing House of the Tiflis National University. Tiflis.
Gasking EB (1959) Why was Mendel's work ignored? *Journal of the History of Ideas* 20: 60–84.
Gayon J & Zallen DT (1998) The role of the Vilmorin Company in the promotion and diffusion of the experimental science of heredity in France, 1840–1920. *Journal of the History of Biology* 31: 241–262.
Gedda L (1956) Novant'Anni Delle Leggi Mendeliane, 1865–1955. Instituto "Gregorio Mendel". Roma.
Gedda L, Pinkus R & Mendel G (1967) Ricerche sugli Ibridi delle Plante. Überarbeitete Übersetzung durch L. Gedda und R. Pinkus, in: *Acta Geneticae Medicae et Gemellologiae* (Rome): 3–58.
Geißler G, Blask F & Scholze T (1996) Geschichte, Struktur und Funktionsweise der DDR-Volksbildung (Bd. 1. Schule: Streng vertraulich! Die Volksbildung der DDR in Dokumenten). Basisdr. Berlin.
George W (1975) Gregor Mendel and Heredity. Priory Press. London.
George W (1983) The Making of Mendel, in: Orel, Vítězslav – Anna Matalová (Hrsg.), *Gregor Mendel and the Foundation of Genetics* (= Proceedings of the symposium The Past, Present and Future of Genetics, Kupařovice August 26–28, 1982), Moravium Museum. Brno: 279–287.
Gerarde J (1597) The Herbal of or Generall Historie of Plantes. Imprinted at London by John Norton.
Germann P (2016) Laboratorien der Vererbung: Rassenforschung und Humangenetik in der Schweiz 1900–1970. Wallstein Verlag GmbH, Stuttgart.

Gest H (1991) The legacy of Hans Molisch (1856-1937), photosynthesis savant. *Photosynthesis Research* 30: 49–59.

Giannitsopoulos ML, Burgess PJ, Richter GM, Bell MJ, Topp CF, Ingram J & Takahashi T (2021) Modelling the interactions of soils, climate, and management for grass production in England and Wales. *Agronomy* 11(4): 677.

Gicklhorn J (1950) Gregor Mendel und Erich Tschermak-Seysenegg. Gedenkfeier und Ehrenpromotion. *Wiener Universitätszeitung* vom 1. Juli 1950, 2(13): 1 & 4.

Giernoth J (1917) Die Sprache des Kuhländchens nach der Mundart von Kunewald. *Mitteilungen der Schlesischen Gesellschaft für Volkskunde* 19: 157–173.

Ginzberger A (1900) Das Spaltungsgesetz der Bastarte. *Naturwissenschaftliche Wochenschrift* 15: 577–580.

Girtanner C (1796) Ueber das Kantische Prinzip für die Naturgeschichte: ein Versuch diese Wissenschaft philosophisch zu behandeln. Vandenhoek und Ruprecht. Göttingen.

Gistel J (1848) Naturgeschichte des Thierreichs für höhere Schulen. Hoffmann'sche Verlags Buchhandlung. Stuttgart.

Glass HB (1943) Genes and the man. (The Science of Modern Living Series – Basic Material for Use in Modern Education. Bureau of Publications, Teachers College, Columbia University. New York.

Gliboff S (1998) Evolution, Revolution, and Reform in Vienna: Franz Unger's Ideas on Descent and Their Post-1848 Reception. *Journal of the History of Biology* 31: 179–209.

Gliboff S (1999) Gregor Mendel and the laws of evolution. *History of Science* 37: 217–235.

Gliboff S (2015) Breeding better peas, pumpkins, and peasants: The practical Mendelism of Erich Tschermak. In New Perspectives on the History of Life Sciences and Agriculture (eds. Denise Phillips & Sharon E. Kingsland), Springer-Verlag: 419–439.

Godron DA (1863) Des Hybrides Végétaux. *Annales des sciences naturelles Ser. 4. Botanique Tom.* 19: 135–179.

Goldschmidt R (1913) Einführung in die Vererbungswissenschaft; in zweiundzwanzig Vorlesungen für Studierende, Ärzte, Züchter. Zweite völlig umgearbeitete und stark vermehrte Auflage. Verlag von Wilhelm Engelmann. Leipzig und Berlin.

Goldschmidt R (1922) Zwei Jahrzehnte Mendelismus. *Naturwissenschaften* 10: 631–635.

Gómez-Robles A (2016) Palaeoanthropology: The dawn of *Homo floresiensis*. *Nature* 534: 188–189.

Gomis A (2017a) Darwin between Spain and Portugal: a look from the books. *Bol. R. Soc. Esp. Hist. Nat. Sec. Geol.* 111: 17–24.

Gomis A (2017b) Darwin, la evolución y la censura de libros en el franquismo (1938–1966). *Llull: Revista de la Sociedad Española de Historia de las Ciencias y de las Técnicas* 40(84): 83–105.

Gomperz T (1905) Essays und Erinnerungen. Deutsche Verlags-Anstalt. Stuttgart und Leipzig.

Goss J (1822) On the variation in the colour of peas, occasioned by cross impregnation. [Read October 5, 1822]. *Transactions of the Horticultural Society of London* 5 (1824): 234–237.

Gottschalk R (1954) Das Ziel des Biologieunterrichts in den allgemeinbildenden Schulen. *PdN – Biologie in der Schule* 3: 267–271.

Graham LR (1993) Science in Russia and the Soviet Union. A Short History. Cambridge University Press. Cambridge.

Granin D (1987) Zubr. Novy Mir, Teil 1: 19–95; Teil 2: 7–92. Moskau.

Granin D (1988a) Der Genetiker: Das Leben des Nikolai Timofejew-Ressowski genannt Ur. Köln.

Granin D (1988b) Sie nannten ihn Ur. Roman eines Lebens. Verlag Volk und Welt. Berlin.

Grant V (1956) The development of a theory of heredity. *American Scientist* 44: 158–179.

Graw J (2010) Genetik. 5. Auflage. Springer. Dordrecht Heidelberg London New York.

Green RE, Krause J, Briggs AW, Maricic T, Stenzel U, Kircher M et al. (2010) A draft sequence of the Neandertal genome. *Science* 328(5979): 710–722.

Gregory RP (1903) The seed characters of *Pisum sativum*. *New Phytologist* 2: 226–228.

Gremli A (1890) Die Gattung Hieracium (Nach Nägeli und Peter Monogr.). *Neue Beiträge zur Flora der Schweiz* 5: 29–53.

Gritton ET (1980) Field Pea. In: Hybridization of Crop Plants (eds.: Walter R. Fehr & Henry H. Hadley). American Society of Agronomy and Crop Science Society of America. Madison, Wisconsin, USA, S. 347–358.

Großkinsky DK, Svensgaard J, Christensen S & Roitsch T (2015) Plant phenomics and the need for physiological phenotyping across scales to narrow the genotype-to-phenotype knowledge gap. *Journal of Experimental Botany* 66(18): 5429–5440.

Gruenberg BC (1948) Spillman and genetics. *Journal of Heredity* 39: 359–360.

Grunert P (2006) Leben und Werk von Lukas Friedrich Zekeli (1823–1881): Mehr als eine Fußnote in der Geschichte der Erdwissenschaften in Österreich? *Berichte der Geologischen Bundesanstalt* 69: 24–26.

Gruner H-E, Reinhard H, Renatus K et al. (1953) Lehrbuch der Biologie für das 12. Schuljahr. 2. Aufl., Volk und Wissen. Berlin.

Gustafsson Å (1969) The life of Gregor Johann Mendel – Tragic or not? *Hereditas* 62: 239–258.

Gyula H & Mendel G (1980) „Kísérletek növényhibridekkel" [Versuche mit Pflanzenhybriden]. Ford.: Horváth Gyula. In: Frolov I. T. és Pasztusnij S. A. A genetika száz éve. [Einhundert Jahre Genetik]. Kossuth Kiadó. Budapest.

Hagemann R (1985) Einige Hauptentwicklungslinien der Genetik seit 1945. *Beiträge zur Wissenschaftsgeschichte*, Heft „Wissenschaftsentwicklung von 1945 bis zur Gegenwart": 93–110.

Hagemann R (2000) How did East German genetics avoid Lysenkoism? *Trends in Genetics* 18: 320–324.

Hagemann R (2006) Curt Stern (1902–1981): Drosophila-Genetiker und Human-Genetiker in Deutschland und den USA. *Annals of the History and Philosophy of Biology* 11: 31–46.

Hagemann R (2008) Forscherpersönlichkeiten – Mendels starke persönliche Motivation für seine Vererbungsversuche. *Biospektrum* 14: 770–772.

Hagemann R (2010) The foundation of extranuclear inheritance: plastid and mitochondrial genetics. *Molecular Genetics and Genomics* 283(3): 199–209.

Hajime Uda [& Gregor Mendel] (1931) G. Mendel, Syokubutu no Zassyu ni kansuru Kenkyu. In: Hajidme Uda, „Zikken-idengakukogi" [Lehren zur Experimentellen Genetik]. Tokio.

Hambidge G (1940) A Mendel Museum in America. *Heredity* 31: 259–263.

Hammer F (1911) Zur Erforschung d. Mendelschen Vererbung beim Menschen. Eine Umfrage. *Frankfurter Blätter für Familien-Geschichte* 4(12): 188–192.

Hamoir G (1992) The discovery of meiosis by E. Van Beneden, a breakthrough in the morphological phase of heredity. *International Journal of Developmental Biology* 36: 9–15.

Harker CL, Ellis THN & Coen ES (1990) Identification and genetic regulation of the chalcone synthease multigene family in pea. *Plant Cell* 2: 185–194.

Harman OS (2003) C.D. Darlington and the British and American reaction to Lysenko and the Soviet conception of science. *Journal of the History of Biology* 36: 309–352.

Hart, H & Eggli U (2003) Sedums of Europe - Stonecrops and Wallpeppers. A.A. Balkema Publishers, Lisse / Abingdon / Exton (PA) / Tokyo.

Hartl DL & Fairbanks DJ (2007) Mud sticks: on the alleged falsification of Mendel's data. *Genetics* 175(3): 975–979.

Hartl DL & Orel V (1992) What did Gregor Mendel think he discovered? *Genetics* 131: 245–253.

Harwood J (2000) The rediscovery of Mendelism in agricultural context: Erich von Tschermak as plant-breeder. *Comptes Rendus de l'Académie des Sciences-Series III-Sciences de la Vie* 323(12), 1061–1067.

Harwood J (2015) Did Mendelism Transform Plant Breeding? Genetic Theory and Breeding Practice, 1900–1945. In: New Perspectives on the History of Life Sciences and Agriculture (Eds. Denise Phillips & Sharon Kingsland), S: 345–370.

Hasan H (2005) Mendel and the Laws of Genetics. Rosen Publishing Group. New York.

Haslinger F (1880) Botanisches Excursionsbuch für den Brünner Kreis und das angrenzende Gebiet, sowie für Theile des Znaimer und Iglauer Kreises mit Einschluss der Nutz- und Zierhölzer der Gärten und öffentlichen Anlagen Brünn´s. Zweite, vermehrte und verbesserte Auflage. Druck und Verlag von Buschak & Irrgang. Brünn.

Haupt A (1854) Die Bestrebungen der naturforschenden Gesellschaft in Bamberg. „Landwirthschaftliche Sektion". Ueber das Bestehen und Wirken des Naturforschenden Vereins zu Bamberg – Zweiter Bericht: 63–75.

Haupt A (1864) Mittheilung bezüglich der Zucht der wilden Seidenraupe Yama-mayu (Saturnia Cynthia) in Japan. *Correspondenz-Blatt des zoologisch-mineralogischen Vereins in Regensburg* 18: 62–78.

Haupt A (1866) Die Bamberger Gärtnerei, ein Theil der freien Wirthschaft. In: Jahresbericht über das Königl. Bayer. Lyceum, Gymnasium und über die lateinische Schule zu Bamberg nebst einem Programme zur Schlußfeier des Schuljahres 1865/1866. Druck der Gärtner'schen Officin. Bamberg.

Haynald L (1885) Denkrede auf Dr. Eduard Fenzl. *Ungarische Revue* 5: 7–34.

Hedden P (2003) The genes of the Green Revolution. *Trends in Genetics* 19: 5–9.

Heimans J (1969) Ein Notizblatt aus dem Nachlass Gregor Mendels mit Analysen seiner Kreuzungsversuche. *FM* 4: 5–37.

Heimans J (1970) A recently discovered note on hybridization in Mendel's handwriting. *FM* 5: 13–25.

Heinen W (1941) Der junge Genius. Johann Gregor Mendel. Fels-Verlag. Essen.

Hellens RP, Moreau C, Lin-Wang K, Schwinn KE, Thomson SJ et al. (2010) Identification of Mendel's white flower character. *PLoS ONE* 5: 1–8.

Hellmer K (1899) Geschichte der k.k. technischen Hochschule in Brünn. Sonderabdruck aus der Festschrift der k. k. technischen Hochschule in Brünn. Verlag der k. k. technischen Hochschule. Druck von Rudolf M. Rohrer.

Henig RM (2001) The Monk in the Garden. The Lost and Found Genius of Gregor Mendel, the Father of Genetics. Houghton Mifflin Company. Boston, New York. (in deutscher Übersetzung erschienen 2001 als Der Mönch im Garten. Die Geschichte des Gregor Mendel und die Entstehung der Genetik. Argon. Berlin).

Henniger KA (1879) Über Bastarderzeugung im Pflanzenreich. *Botanische Zeitung* 62: 225–233, 247–254, 265–272, 298–302, 314–317, 321–329, 344–352, 365–368, 380–384, 391–396, 424–429, 459–464, 490–495, 505–510, 522–527, 540–544.

Henslow G (1912) The origin and history of our garden vegetables, to which is added their dietetic values. Royal Horticultural Society, London.

Herbert W (1822) On the production of hybrid vegetables. With the result of many experiments made in the investigation of the subject. *Trans. Hort. Soc. London* 5: 15–50.

Herbert W (1837) Amaryllidaceae: Preceded by an attempt to arrange the Monocotyledonous orders, and followed by a treatise on cross-bred vegetables and supplement. James Ridgway and Sons. London

Herbert W (1847) On hybridization amongst vegetables. *Journal of the Horticultural Society of London* 2: 81–107.

Hering v H (1912) Nachruf. Dr. Theodor Peckolt. *Revista do Museu Paulista* IX: 67–84.

Herrmann, E (2019) Live Digitisation for BHL at the Long Night of Museums in Berlin. https://blog.biodiversitylibrary.org/2019/09/long-night-of-museums-berlin.html (zuletzt eingesehen am 2. Sept. 2023).

Hertwig O (1876) Beiträge zur Kenntniss der Bildung, Befruchtung und Theilung des thierischen Eies. *Morphol. Jahrb.* 1: 347–434.

Hertwig O (1885) Das Problem der Befruchtung und der Isotropie des Eies, eine Theorie der Vererbung. *Jenaische Ztschr. f. Naturwiss.* 18 [N.F. 11]: 276–318.

Hertwig O (1918) Das Werden der Organismen; zur Widerlegung von Darwin's Zufallstheorie durch das Gesetz in der Entwicklung von Oscar Hertwig. Zweite vermehrte und verbesserte Auflage. Verlag von Gustav Fischer. Jena.

Hertwig P (1964) Warum interessieren Störungen der Mendelschen Spaltzahlen, und wie können sie im Fall der schwanzlosen Mäuse erklärt werden? *Forschungen und Fortschritte* 38: 353–357.

Hesse R (1921) Über Akklimatisation. *Geographische Zeitschrift* 27: 97–114.

Hessler JF (1850) Handbuch der Physik. Wilhelm Braumüller. Wien.

Heym R (1848a) Ueber Magazinirung und das Schulzesche Aufspeicherungssystem auf Gegenseitigkeit. Verlag von Otto Spamer. Leipzig.

Heym, R (1848b) Maschinen oder Handarbeit? Ein Wort an die deutschen Arbeiter. Verlag von G. Ernesti´s Buchhandlung. Chemnitz.

Heym, R (1848c) Maschinen oder Handarbeit ? Ein Wort an die deutschen Arbeiter. *Deutsche Gewerbezeitung und Sächsisches Gewerbeblatt* No. 63: 374–376 & 64: 382–384.

Heym, R (1848d) Staatsfabriken. *Dresdner Journal*, Herold für sächsische und deutsche Interessen No. 38: 297–298 & No. 39: 305–306.

Himmelbaur W (1910) Johann Gregor Mendel (1822–1884). *Mitteilungen des naturwissenschaftlichen Vereins der Universität Wien* 9: 157–161.

Hirano M (1973) Freshwater Algae from Mesopotamia. *Contributions from the Biological Laboratory, Kyoto University* 24: 105–137.

Hirsch-Kauffmann M, Schweiger M & Schweiger M-R (2009) Biologie und molekulare Medizin für Mediziner und Naturwissenschaftler. 7. Auflage. Georg Thieme Verlag. Stuttgart - New York.

Höbelt L, Kalwoda J & Malíř J (Hg.) (2016) Die Tagebücher des Grafen Egbert Belcredi 1850-1894. 1. Auflage. Böhlau Verlag. Wien.

Hofer J (1850) Populäre Physik. Gedruckt bei A. Pichler's Witwe. Wien.

Hofmann F (1861) Gegen den Erbsenkäfer. *Mittheilungen der kaiserlich-königlich Mährisch-Schlesischen Gesellschaft für Ackerbau, Natur- und Landeskunde* 15: 114–117.

Hoffmann H (1869) Bestimmung des Werthes von Species und Varietät. Ein Beitrag zur Kritik der Darwin'schen Hypothese. Ricker'sche Buchhandlung. Gießen.

Hoffmann H (1871) Der Krieg im Pflanzenreiche. *Georgika – Zeitschrift für Landwirtschaft und einschlagende Wissenschaft* 2: 30–72.

Holdhaus C & Migerka F (1873) Weltausstellung 1873 in Wien. Die Verwendung weiblicher Arbeitskräfte in der Fabriks-Industrie und in einzelnen Zweigen des Verkehrswesens Österreichs. Erläuternder Text zu einer Ausstellung im Frauen-Pavillon. Verlag des leitenden Comités. Druck von Březa, Winiker & Comp. Brünn.

Hoppe (1971) Die Beziehung zwischen J. G. Mendel und C. W. Nägeli auf Grund neuer Dokumente. *FM* 6: 123–138.

Horn F (1987) Standpunkte und ihre Umsetzung in den neuen Lehrplänen für die Klasse 5 bis 10. PdN – *Biologie in der Schule* 36: 209–215.

Horn F & Kaiser G (1986) Zur Weiterentwicklung des Biologieunterrichts in den Klassen 5 bis 10. PdN – *Biologie in der Schule* 35: 49–61.
Höxtermann E (2000) „Klassenbiologen" und „Formalgenetiker" – zur Rezeption Lyssenkos unter den Biologen der DDR. *Acta Hist. Leopoldina* 36: 273–300.
Hoßfeld U (1999) Im Spannungsfeld von ‚Deutscher Biologie', Lyssenkoismus und evolutionsideologischer Axolotl-Forschung. *Lomonossow – DAMU-Hefte* 3: 30–44.
Hoßfeld U (2001) Im ‚unsichtbaren Visier': Die Geheimdienstakten des Genetikers Nikolaj V. Timoféeff-Ressovsky. *Medizinhist. Journal* 36(3/4): 335–367.
Hoßfeld U (2007) Lyssenko versus Darwin: Georg Schneiders Vorlesungsmanuskript „Geschichte der Evolutionslehre" von 1957. In: Gibas M, Stutz R & Ulbricht JH (Hg.): Couragierte Wissenschaft. Eine Festschrift fuer Jürgen John zum 65. Geburtstag. Glaux Verlag. Jena: 246–276.
Hoßfeld U (2015) Institute, Geld, Intrigen. Rassenwahn in Thüringen 1930 bis 1945. Landeszentrale für politische Bildung Thüringen. Erfurt.
Hoßfeld U (2016) Geschichte der biologischen Anthropologie in Deutschland. F. Steiner Verlag. Stuttgart.
Hoßfeld U & Olsson L (2003) Documenting Lysenkoism. *Science* 297: 1646–1647.
Hoßfeld U & Olsson L (2014) Charles Darwin: Zur Evolution der Arten und zur Entwicklung der Erde. 2. Auflage. Springer Spektrum. Berlin Heidelberg.
Hoßfeld U & Simunek MV (2011) Frühe Geschichte der Genetik revidiert. *Biospektrum* 17: 712–713.
Hoßfeld U, Simunek MV & Mielewczik M (2017) Die „Wiederentdeckung" der Mendelschen Gesetze im Kontext neuer Forschungen. *Nova Acta Leopoldina* N.F. 413: 135–153.
Hubeny K (1949) Prof. Dr. Ing. Karl Zaar. *Österreichische Zeitschrift für Vermessungswesen* 37: 2–6.
Humboldt A v (1845, 1847, 1850, 1858) Kosmos. Entwurf einer physischen Weltbeschreibung. 4 Bände. Stuttgart Tübingen.
Hurst CC (1911) Mendelian Characters in Plants, Animals and Man. *VNV* 49: 192–193.
Hutchinson J (1984) Sydney Cross Harland. 19 July 1891–8 November 1982. *Biographical Memoirs of Fellows of the Royal Society* 30: 297–316.
Hutter C (1888) Scriptores Ord. Erem. S. Augustini – Germani, Belgae, Bohemi, Poloni et Hungari (Conclusio.). *La Ciudad de Dios* 17: 534–542.
Ikeno S & Mendel G (1927) „Syokubutu no Zassyu ni tuiteno Kenkyu". In: S. Ikeno's „Zikkenidengaku" [Experimentelle Genetik], Nippon-no-Romazisya. Tokio: 173–220.
Iltis H (1906) Johann Gregor Mendels Leben. *Tagesbote aus Mähren und Schlesien* vom 21. Juli 1906, Nr. 337: S.1–3.
Iltis H (1911a) Vorwort zu Gregor Mendels, Versuche über Pflanzenhybriden. *VNV* 49: 3–6.
Iltis H (1911b) Vom Mendeldenkmal und von seiner Enthüllung. Festschrift zum Andenken an Gregor Mendel. *VNV* 49: 335–363.
Iltis H (1912) Die Geschichte des Naturforschenden Vereines in Brünn in den Jahren 1862–1912. *VNV* 50: 297–335.
Iltis H (1913) Gregor Mendel als Student. Verhandlungen der Gesellschaft Deutscher Naturforscher und Ärzte. 85. Versammlung zu Wien. Vom 21. bis 28. September 1913. Zweiter Teil. 2. Hälfte, S. 350. Verlag von F. C. W. Vogel. Leipzig.
Iltis H (1923) Studia mendeliana. Ad centessimum diem natalem Gregorii Mendelii a grata patria celebrandum. M. Poppe. Leipzig.
Iltis H (1924) Johann Gregor Mendel – Leben, Werk und Wirkung. Springer. Berlin.
Iltis H (1926) Gregor Mendels Selbstbiographie. *Genetica: An International Journal of Genetics and Evolution* 8(3–4): 329–334.

Iltis H (1932a) Life of Mendel. Eden and Cedar. New York 1932 und Allen and Unwin. London 1966

Iltis H (1932b) Das Gregor-Mendel-Museum der Deutschen Gesellschaft für Wissenschaft und Kunst in Brünn. Verlag der Deutschen Gesellschaft für Wissenschaft und Kunst in Brünn. Brünn.

Iltis H (1934a) Ein „Spleeniger" Pfarrer entdeckt das Gesetz der Rassenmischung. Fünfzig Jahre nach Gregor Mendels Tod. *Der Kuckuck* vom 21. Januar 1934: 4.

Iltis H (1934b) Fünfzig Jahre nach Gregor Mendels Tod. *Volksfreund* 54(4) vom 6. Januar 1934: 3.

Itis A (1954) Gregor Mendel's autobiography. *Journal of Heredity* 45: 231–234.

Iltis H (2017) Race, Genetics, and Science: Resisting Racism in the 1930s. Masaryk University Press. Brno.

Jackson, BD (1876) A catalogue of plants cultivated in the garden of John Gerard, in the years 1596–1599. Private Print, London.

Jackson BD (1881) Guide to the Literature of Botany. Being a Classified Selection of Botanical Works, including nearly 6000 Titles not given in Pritzel's "Thesaurus". Published for the Index Society by Longmans, Green & Co., and Dulau & Co. London.

Jäger G (1867) Die Wunder der unsichtbaren Welt enthüllt durch das Mikroskop. Eine populäre Darstellung der durch das Mikroskop erlangten Aufschlüsse über die Geheimnisse der Natur. Gustav Hempel. Berlin. Zweite Auflage 1868.

Jahn I (1958) Zur Geschichte der Wiederentdeckung der Mendelschen Gesetze. *Wiss. Ztschr. d. Friedrich-Schiller-Universität Jena—Mathematisch-naturwissenschaftliche Klasse* 7(2–3): 215–227.

Jahn I (1964) Gärtner, Karl Friedrich von. In: *Neue Deutsche Biographie* 6: 22–23. [Online-Version]; URL: https://www.deutsche-biographie.de/pnd118716093.html#ndbcontent.

Jahn I (1965) W. O. Focke & M. W. Beijerinck und die Geschichte der „Wiederentdeckung" Mendels. *Biologische Rundschau* 3: 12–25.

Jain M, Misra G, Patel RK, Priya P, Jhanwar S, Khan AW, et al. (2013) A draft genome sequence of the pulse crop chickpea (*Cicer arietinu*m L.). *The Plant Journal* 74: 715–729.

Jakubíček M (1970) Bibliographia Mendeliana. Suplementum 1965–1969. Univerzitní knihovna v Brně. Brno.

Jakubíček M (1976) Bibliographia Mendeliana. Supplementum 1970–1974. Univerzitní knihovna v Brně. Brno.

Jakubíček M & Kubíček J (1965) Bibliographia Mendeliana. Univerzitní knihovna v Brně. Brno.

Janáček L (1928) Meine Stadt. In: Brünn, die Hauptstadt von Mähren (Hrsg. Orbis). Orbis Verlag. Prag. S. 43–46.

Janchen E (1933) Richard Wettstein: Sein Leben und Wirken. Verlag von Julius Springer. Wien

Janick J (ed.) (1989) Classic papers in horticultural science. Prentice Hall. Englewood Cliffs N.J.

Janko J (2009) Notes on the margin of the influence of Naturphilosophie on Mendel. *FM* 44–45: 29–43.

Johansson I (1979) Meilensteine der Genetik. Eine Einführung – dargestellt an den Entdeckungen ihrer bedeutendsten Forscher. Verlag Paul Parey. Hamburg-Berlin.

Johannes Paul II. (1984) Discorso di Giovanni Paolo II per la commemorazione dell´abate Gregorio Mendel nella ricorrenza del i centenario della morte. Aula del Sinodo - Sabato, 10 marzo 1984. https://www.vatican.va/content/john-paul-ii/it/speeches/1984/march/documents/hf_jp-ii_spe_19840310_commemorazione-mendel.html

Johannsen W (1926) Elemente der exakten Erblichkeitslehre mit Grundzügen der biologischen Variationsstatistik. Gustav Fischer. Jena (3. Auflage).

Johnson BP (1863) Report on International Exhibition of Industry and Art, London, 1862. Steam Press of C. van Benthuysen. Albany.
Jones DA (1971) Genetics. In: The use of biological literature. (Eds.: R.T. Bottle & H.V. Wyatt). Second Edition. Archon Books. Hamden.
Joravsky D (1970) The Lysenko affair. The University of Chicago Press. Chicago & London.
Jost L (1915) Hermann Graf zu Solms-Laubach. *Berichte der Deutschen Botanischen Gesellschaft* 33: 95–112.
Judaš M & Sedmák G (2011) Purkyně's contributions to Neuroscience and Biology: Part I. *Translational Neuroscience* 2: 270–280.
Junker T (2011) Der Darwinismus-Streit in der deutschen Botanik. Evolution, Wissenschaftstheorie und Weltanschauung im 19. Jahrhundert. 2. verbesserte und korrigierte Auflage. Books on Demand. Norderstadt.
Kaasch M, Kaasch J & Hoßfeld U (2006) „Für besondere Verdienste um Evolutionsforschung und Genetik". Die Darwin-Plakette der Leopoldina 1959. Vorträge und Abhandlungen zur Wissenschaftsgeschichte. *Acta Hist. Leopoldina* 46: 333–427.
Käding E (1999) Engagement und Verantwortung. Hans Stubbe, Genetiker und Züchtungsforscher. Eine Biographie. Müncheberg.
Kalivodová E (2017) 19th-Century Czech Translations of Uncle Tom´s Cabin: What has been left unspoken. *Hermēneus* 19: 96–120
Kähsbauer P (1959) Intendant Dr. Franz Steindachner, sein Leben und Werk. *Ann. Naturhist. Mus. Wien* 63: 1–30 (+Tafel 1).
Kalm P (1756) En resa till Norra Amerika. Tom. II., Lars Salvii. Stockholm. [Insg. 3 Bände (1753, 1756 & 1761)].
Kalm P (1757) Des Herren Peter Kalms, Professors der Haushaltungskunst in Aobo, und Mitgliedes der königlichen Schwedischen Akademie der Wissenschaften. Beschreibung der Reise die er nach dem nördlichen Amerika auf den Befehl gedachter Akademie und öffentliche Kosten unternommen hat. Der zweite Theil. Unter dem königlichen Polnischen und Chur-fürstl. Sächsischen allergnädigsten Privilegio. Im Verlage der Wittwe Abrams Vandenhoek. Göttingen. [Insg. drei Bände (1753, 1757 und 1764).]
Kalm P (1770) Travels into North America; containing its Natural History, and A circumstantial Account of its Plantations and Agriculture in general, […]. Translated into English by John Reinhold Forster, F.A.S. […]. Vol. 1. William Eyres. Warrington. [Insg. 3 volumes (1770, 1771)].
Karsten (1856) Organographische Betrachtung der Zamia muricata Willd; Ein Beitrag zur Kenntniss der Organisations-Verhältnisse der Cycadeen. [mitgeteiilt durch Hr. Klotzsch]. In: *Monatsberichte der Königlichen Preuss. Akademie der Wissenschaften zu Berlin*. Sitzung vom 18. Dezember 1856, S. 649–652.
Kellermann, C (1878) Pflanzenkrankheiten. *Jahresbericht über die Fortschritte auf dem Gesammtgebiete der Agricultur-Chemie* 20: 279–336.
Kellogg V (1923) Recent biology and its significance. *The North American Review* 217: 746–751.
Kerner A (1865a) Gute und schlechte Arten. *Oesterreichische Botanische Zeitung* 15: 6–8.
Kerner A (1865b) Gute und schlechte Arten. II. *Oesterreichische Botanische Zeitung* 15: 35–38.
Kerner A (1865c) Gute und schlechte Arten. III. *Oesterreichische Botanische Zeitung* 15: 137–145.
Kerner A (1865d) Gute und schlechte Arten. IV. *Oesterreichische Botanische Zeitung* 15: 192–195.
Kerner A (1865e) Gute und schlechte Arten. V. *Oesterreichische Botanische Zeitung* 15: 250–256.
Kerner A (1865f) Gute und schlechte Arten. VI. *Oesterreichische Botanische Zeitung* 15: 348–352.
Kerner A (1865g) Gute und schlechte Arten. VII. *Oesterreichische Botanische Zeitung* 15: 374–378.

Kerner A (1865h) Aus dem botanischen Garten in Innsbruck. *Oesterreichische Botanische Zeitung* 15: 205–213.
Kerner A (1866a) Gute und schlechte Arten. VIII. *Oesterreichische Botanische Zeitung* 16: 51–57.
Kerner A (1866b) Gute und schlechte Arten. IX. *Oesterreichische Botanische Zeitung* 16: 71–76.
Kerner A (1866c) Gute und schlechte Arten. Postscriptum. *Oesterreichische Botanische Zeitung* 16: 119–124.
Kerner A (1869): Die Abhängigkeit der Pflanzengestalt von Klima und Boden. Ein Beitrag zur Lehre von der Entstehung und Verbreitung der Arten, gestützt auf die Verwandtschaftsverhältnisse, geographische Verbreitung und Geschichte der Cytisusarten aus dem Stamme Tubocystis D.C. In: Festschrift zu Ehren der 43. Versammlung Deutscher Naturforscher und Ärzte zu Innsbruck 1869. (Hrsg.: Prof. Rembold & Prof. v. Barth). Druck und Verlag der Wagner'schen Universitäts-Buchhandlung. Innsbruck: 1–49.
Kessel R (2002) Mendel – forgotten and ignored? *Journal of the Royal Society of Medicine* 95: 474.
Kevles D (1985) In the Name of Eugenics. Genetics and the Uses of Human Heredity. Knopf. New York.
Kevles DJ & Hood LE (Eds.) (1993) The Code of Codes: Scientific and Social Issues in the Human Genome Project. Harvard University Press. Cambridge (Mass.) – London.
Keynes M & Cox TM (2008) William Bateson, the rediscoverer of Mendel. *Journal of the Royal Society of Medicine* 101: 104.
Kihara H (1982) Wheat Studies – Retrospect and Prospects. Developments in Crop Science 3. Kodansha Ltd. Tokyo & Elsevier Scientific Publishing Company. Amsterdam – Oxford – New York
Kijima T & Hoquet T (2013) Translating "natural selection" in Japanese: from "shizen tōta" to "shizen sentaku", and back? *Bionomina* 6: 26–48.
Kimmelmann BA (2006) Mr. Blakeslee Builds His Dream House: Agricultural Institutions, Genetics, and Careers 1900-1915. *Journal of the History of Biology* 39: 241–280.
Kinter PM (1868) Zur m. schl. Biographie. XXXXVII. Dr. Franz Sušil. *Notizen-Blatt der historisch-statistischen Section der kais. königl. mährisch-schlesischen Gesellschaft zur Beförderung des Ackerbaues, der Natur- und Landeskunde. Beilage der Mittheilungen* Nro. 10: 73–76.
Kleine G (1864) Die Biene und ihre Zucht. 2. Auflage Weicheltsche Buchdruckerei. Nienburg.
Krings M, et al (2000) A view of Neandertal genetic diversity. *Nature genetics* 26(2): 144–146.
Kingsbury N (2009) Hybrid: The History and Science of Plant Breeding. The University of Chicago Press. Chicago London.
Klebs G (1900) Einige Ergebnisse der Fortpflanzungsphysiologie. *Berichte der Deutschen Botanischen Gesellschaft* 18: 201–215.
Klein J & Klein N (2013) Solitude of a Humble Genius – Gregor Mendel. Vol. 1: Formative Years. Springer. Berlin, Heidelberg.
Klin E & Loužil J (1987) František Tomáš Bratranek: ein polonophiler Mittler zwischen den Nationen. WSP. Zielona Gora.
Knauer F (1872) Der Rübenbau – Handbuch für Landwirthe und Zucker-Fabrikanten. Wiegandt und Hempel. Berlin. (3. Auflage).
Kner R (1851) Leitfaden zum Studium der Geologie. Zweite Auflage (1855) Verlag von L. W. Seidel. Wien.
Knight TA (1799) An account of some Experiments on the Fecundation of Vegetables. In a Letter from Thomas Andrew Knight, Esq. to the Right Hon. Sir Joseph Banks, K.B. P.R.S. *Philosophical Transactions of the Royal Society of London* 89: 195–204.

Knight TA (1800) Versuche über die Befruchtung der Pflanzen, von Thomas Andrew Knight. Oekonomische Hefte oder Sammlung von Nachrichten, Erfahrungen und Beobachtungen für den Stadt- und Landwirth 15: 322–338.

Knight TA (1824a) An Account of an improved Method of obtaining Early Crops of peas after severe Winters. [Read May 23d, 1823]. *Transaction of the Royal Horticultural Society of London* 5: 341–345.

Knight TA (1824b) Some remarks on the supposed influence of the pollen, in cross breeding, upon the colour of the seed-coats of plants, and the qualities of their fruits. *Transaction of the Royal Horticultural Society of London* 5: 377 380.

Koch K (1860) Die neueren, so wie besseren Gemüse und Vilmorin's Annuaire. *Wochenschrift des Vereins zur Beförderung des Gartenbaues in den Königl. Preuss. Staaten für Gärtnerei und Pflanzenkunde* 3: 219–224.

Koch K (1873) Der Bamberger Gemüsebau. *Wochenschrift des Vereins zur Beförderung des Gartenbaues in den Königl. Preuss. Staaten für Gärtnerei und Pflanzenkunde* 16: 168–181.

Köhler H (2008) Datenhandbuch zur deutschen Bildungsgeschichte, Bd. 9. Schulen und Hochschulen in der Deutschen Demokratischen Republik. 1949–1989. Vandenhoeck & Ruprecht. Göttingen.

Köhler P (2014) Was Mendelian Genetics taught during the Lysenkoist period in Polen? *FM* 50: 15–23.

Koizumi M. (1943) Nihon Kagakushi shikō [日本科学史私攷, Anthologie zur Geschichte der japanischen Wissenschaft]. Iwanami Shoten. Tokio.

Kolchinsky EI, Kutschera U, Hoßfeld U & Levit GS (2017) Russia's new Lysenkoism. *Current Biology* 27: 1042–1047.

Kolenati FA (1855a) Elemente der Krystallographie. Druck und Verlag von Carl Winiker. Brünn. Neuauflage 1872.

Kolenaty FA (1855b) Zoologie für Lehrende und Lernende, fasslich nach dem gegenwärtigen Standpunkte der Wissenschaft. Carl Winiker. Brünn.

Kölliker A (1864a) Über die Darwin'sche Schöpfungstheorie. Ein am 13. Februar 1864 in der Phys. Med. Gesellschaft von Würzburg gehaltener Vortrag. Verlag von Wilhelm Engelmann. Leipzig.

Kölliker A (1864b) Über die Darwin'sche Schöpfungstheorie. Ein am 13. Februar 1864 in der Phys. Med. Gesellschaft von Würzburg gehaltener Vortrag. *Zeitschrift für wissenschaftliche Zoologie* 14: 174–187.

Komai T (1956) Genetics of Japan, Past and Present. *Science* 123: 823–826.

Kooistra E (1962) On the differences between smooth and three types of wrinkled peas. *Euphytica*,11(3): 357–373.

Kořalka J (2007) František Palacký (1798–1876): der Historiker der Tschechen im österreichischen Vielvölkerstaat (= Studien zur Geschichte der österreichisch-ungarischen Monarchie. Band 30). Herausgegeben von der Historischen Kommission für die Geschichte der Habsburgermonarchie der Österreichischen Akademie der Wissenschaften, Deutschsprachige Neubearbeitung vom Verfasser unter Mitarbeit von Helmut Rumpler und Peter Urbanitsch, Verlag der Österreichischen Akademie der Wissenschaften. Wien.

Kosakai F [& Mendel G] (1928) „G. Mendel, Syokubutuzasshuho no Zikken". Übersetzung durch Fukobu Kosakai, in: Fukobu Kosakai, „Mendel no Idengenri" [Mendels Prinzipien der Heredität, in der japanischen Ausgabe von W. Batesons Buch], Tokio: 432–484.

Kosakai F (2019) An artificial heart. Introduction and Translation by Max Zimmermann. *The Asia-Pacific Journal* 17(2): 1–16.

Krasan F (1865) Auch etwas ueber gute und schlechte Arten. *Oesterreichische Botanische Zeitung* 15: 214–218.

Krementsov N (1996) A "second front" in Soviet genetics: The international dimension of the Lysenko controversy, 1944–1947. *Journal of the History of Biology* 29: 229–250.

Kress H & Wiesner E (1957) Die Züchtung von Pflanzen und Tieren. Lehrheft für den Biologieunterricht in den 12. Klassen. Volk und Wissen. Berlin.

Krestovnikova LP (1909) [The concentration of asparagin in different portions of the seedlings Vicia faba. *Izv. Moskov. Selsk. Khoz. Inst.* 15(2): 235–237.

Kreuzinger E (1862) Chronik der alten und neuern Zeit Troppau's oder Troppau und seine Merkwürdigkeiten. Im Selbstverlage des Herausgebers. Troppau.

Krings, M et al. (2000) A view of Neandertal genetic diversity. *Nature Genetics* 26: 144–146.

Krinkels M (2018) First and Foremost a Breeder. Ancient newspapers reveal true motivation of Mendel. *Prophyta – Journal for breeders and producers of plant material* 2018: 18–19.

Křiwanek L & Suchanek T (1898) Geschichte des mährischen Obst-, Wein- und Gartenbauvereines als Section der k. k. mährisch-schlesischen Ackerbaugesellschaft, bzw. seit 1892 der k. k. mährischen Landwirtschafts-Gesellschaft in Brünn 1816 bis 1898. Festschrift aus Anlass des fünfzigjährigen Regierungs-Jubiläums Sr. k. u. k. Apostolischen Majestät des Kaisers Franz Joseph I. Verlag des mähr. Obst-, Wein- und Gartenbau-Vereines. Brünn.

Kříženecký J (1938) The Importance of J. G. Mendel for Agricultural Sciences. Věstník ČAZ 14: 25–30.

Kříženecký J (1963) Mendels zweite erfolglose Lehramtsprüfung im Jahre 1856. *Sudhoffs Archiv für Geschichte der Medizin und der Naturwissenschaften* 47: 305–310.

Kříženecký J (1965a) Fundamenta Genetica. The revised edition of Mendel's classic paper with a collection of 27 original papers published during the rediscovery era. Academia. Prague.

Kříženecký J (1965b) Gregor Johann Mendel 1822–1884. Texte und Quellen zu seinem Wirken und Leben. Barth, Leipzig.

Kronfeld EM (1908) Anton Kerner von Marilaun. Leben und Arbeit eines deutschen Naturforschers. Chr. Herm. Tauchnitz. Leipzig.

Krüger G (1902) Gregor Mendels Hybridisationsgesetze. *Rosen-Zeitung* 17: 58–64.

Krumbiegel I (1967) Gregor Mendel und das Schicksal seiner Entdeckung. Wissenschaftliche Verlagsgesellschaft. Stuttgart.

Kruse E & Wiedow P (1942) Lebenskunde für Mittelschulen (Klasse 1). B. E. Teubner. Leipzig-Berlin.

Kugler H (1980) Kölreuter, Joseph Gottlieb. In: *Neue Deutsche Biographie* 12: S. 325 f. [Online-Version]; URL: https://www.deutsche-biographie.de/pnd116288000.html#ndbcontent.

Kühne F (1881) Miscellen. *Ungarische Biene*. Temesvar: 2–8, 12–22, 25–26 [mit Auszügen aus einem Brief Mendels Versuchen mit tropischen Bienen].

Kummer G (2017) Geleitwort von Gertrud Kummer. In: Porges K (2018) Evolutionsbiologie im Biologieunterricht der SBZ/DDR. Deutsche Gesellschaft für Geschichte und Theorie der Biologie (Eds.). *Annals of the History and Philosophy of Biology* 18 (2013). Universitätsverlag Göttingen 2018: 9–10.

Kunzek A (1847) Leichtfassliche Darstellung der Meteorologie. Braumüller und Seidel. Wien.

Kunzek A (1850) Lehrbuch der Meteorologie leichtfaßlich dargestellt. Zweite Auflage, Wilhelm Braumüller. Wien.

Kuroiwa T (2010) 100 years since the discovery of non-Mendelian plastid phenotypes. *Journal of Plant Research* 123(2): 125–129.

Kvet R (1996/97) Mendel's birthplace Hyncice from the old trails and historical borders of Moravia and Silesia. *FM* 31–32: 53–57.

Lack HW & Sydow CO von (1984) Dörflers Sammlung von Botanikerbriefen in der Universitätsbibliothek Uppsala I. Einführung. Verzeichnis der Briefschreiber AF. *Willdenowia* 13: 397–428.

Lamprecht H (1935) Zur Genetik von *Phaseolus vulgaris*. X. Über Infloreszenztypen und ihre Vererbung. *Hereditas* 20: 71–93.

Lamprecht H (1942) Genstudien an Pisum sativum: V. Multiple Allele für Punktierung der Testa. *Hereditas* 28: 157–164.

Lamprecht H (1961) Die Genenkarte von *Pisum* bei normaler Struktur der Chromosomen. *Agri Hortique Genetica* 19: 360–401.

Langen FR de, Oost EH & Jarvis CE (1984) Lectotypification of Dianthus caryophyllus L. and D. chinensis L. (Caryophyllaceae). *Taxon* 33: 716–724.

Langstroth LL (1866). Practical Treatise on the Hive and Honey-Bee. Third edition. J. B. Lippincott & Co.. Philadelphia.

Larsson R (1915) Mendel citerad i svensk text 1872. *Botaniska Notiser* 1: 35–38.

Larsson R [& Mendel G] (1917) Försök med växtbastarder. Två afhandlingar från 1865. (Övers. av R. Larsson.) Bonnier. Stockholm.

Lauer JC (1855) Die Beschickung der Pariser Industrie- und Agricultur-Ausstellung mit mährischen Natur- und Landbauerzeugnissen durch die Brünner Handelskammer. *Brünner Zeitung* vom 16. Mai 1855: 729–730.

Lauprecht E (1966) Zur Begegnung von Mendel mit dem Bienenzüchter Dathe. FM 1: 19–22.

Laxton T (1866) Observation on the Variations effected by Crossing in the Color and Character of the Seeds of the Peas. *Report of the international Horticultural Exhibition and Botanical Congress*, S. 156.

Lazaridis I, Nadel D, Rollefson G, et al. (2016) Genomic insights into the origin of farming in the ancient Near East. *Nature* 536: 419–424. http://dx.doi.org/10.1038/nature19310.

Leclair A von (1877) Kritische Beiträge zur Kategorienlehre Kants. Verlag von F. Tempsky, Prag.

Lecoq H (1845) De la fécondation naturelle et artificielle des végétaux et de l'hybridation, considérée dans ses rapports avec l'horticulture, l'agriculture et la sylviculture. Audot. Paris; deutsche Übersetzung von Ferd. Freiherr von Biedenfeld: Von der natürlichen und künstlichen Befruchtung der Pflanzen und von der Hybridisation. 1846 (1. Auflage), Wismar 1856 (2. vermehrte Auflage).

Lenay C (2000) Hugo De Vries: from the theory of intracellular pangenesis to the rediscovery of Mendel. *Comptes Rendus de l'Académie des Sciences - Series III - Sciences de la Vie* 323(12) 1053–1060.

Lenz W (1959) Was heißt rezessiv, was heißt dominant? Über Relativität und praktische Brauchbarkeit dieser Begriffe. *Deutsche Med. Wochenschr.* 84.47: 2131–2134.

Lewis EW (1967) Genes and gene complexes. In: Heritage from Mendel (ed. A. Brink). University of Wisconsin Press. Madison, Wisconsin & London.

Lierde PCJ van (1956) Carattere e religiosità di Gregorio Mendel. In: Novant'anni delle Leggi Mendeliane (ed. Luigi Gedda). Instituto Gregorio Mendel. Roma: 101–112.

Litschmann T & J Rožnovský (2014) Meteorological measurements in the St.Thomas's Abbey in Brno. J. Rožnovský & T. Litschmann (eds.) Mendel a bioklimatologie. Brno, 3. – 5. 9. 2014, International Conference.

Liznar J (1882) Die periodische Aenderung des Grundwasserstandes. *Zeitschrift der Österreichischen Gesellschaft für Meteorologie* 17: 368–371.

Liznar J (1886) Ueber das Klima von Brünn. *VNV* 24: 3–70.

Liznar J (1902) Über die Änderungen des Grundwasserstandes nach den vom Prälaten Mendel in den Jahren 1865–1880 in Mähren ausgeführten Messungen. In: Festschrift zur Erinnerung an die Feier des 50jährigen Bestandes der Deutschen Staatsrealschule in Brünn. Brünn: 225–233.

Leonhard KE v (1845) Populäre Geologie oder die Naturgeschichte der Erde. E. Schweizbart. Stuttgart.

Lester DR, Ross JJ, Davies PJ, & Reid JB (1997) Mendel's stem length gene (*Le*) encodes gibberellin 3b-Hydroxylase. *Plant Cell* 9: 1435–1443.
Levit GS & Hoßfeld U (2009) From Molecules to the Biosphere: Nikolai V. Timoféeff-Ressovsky's (1900–1981) Research Program within the Totalitarian Landscapes. *Theory in Biosciences* 128: 237–248.
Levit GS & Hoßfeld U (2010) Nikolaj Vladimirovic Timoféeff-Ressovsky (1900–1981) zwischen Deutschland und der UdSSR: Hat er ein einheitliches Forschungsprogramm entwickelt oder war er ein Spielzeug der totalitären Supermächte? *Verhandlungen zur Geschichte und Theorie der Biologie* 16: 143–168.
Lewis D (1983) Cyril Dean Darlington, 19 December 1903–26 March 1981. *Biographical Memoirs of Fellows of the Royal Society* 29: 113–157.
Liebisch F, Kirchgessner N, Schneider D, Walter A & Hund A (2015) Remote, aerial phenotyping of maize traits with a mobile multi-sensor approach. *Plant Methods* 11: 9.
Löbe W (1868) Anleitung zum rationellen Anbau der Handelsgewächse: der Fabrik-, Farbe-, Gewürz-, Gespinnst-, Oel-, Arznei- und Spezereipflanzen behufs Erzielung einer höheren Bodenernte. Erste Abtheilung: Gewürzpflanzen. Verlag von Cohen und Risch. Stuttgart.
Löbel F & Maschke W (Hrsg.) (1948) Lehrbuch der Biologie für das 7. und 8. Schuljahr. Volk und Wissen. Berlin. (3. durchgesehene Auflage).
Lenay C (2000) Hugo De Vries: from the theory of intracellular pangenesis to the rediscovery of Mendel. *Comptes Rendus de l'Académie des Sciences - Series III - Sciences de la Vie* 323(12) 1053–1060.
Loužil J (1972) Franz Thomas Bratraneks Leben und Philosophie. *Bohemia* 13: 182–210.
Loužil J (1983) Zur tschechischen Ausgabe der „Erläuterungen zu Goethes Faust" von F. T. Bratranek. *Goethe Jahrbuch* 101: 84–110.
Luca I (2013) Agricultural Genetics and Plant Breeding in Early Twentieth-Century Italy. PhD thesis. Università di Bologna.
Luglia R (2014) La place des femmes dans l'éveil d'un courant naturaliste de protection de la nature en France (années 1850–1940). Rev. sci. Bourgogne-Nature 20: 203–214.
Lužný J (1968) The 80th anniversary of birth of the late Professor Franz Frimmel-Traisenau, PH. D. – A prominent European pioneer in the heterosis plant breeding. *FM* 4: 45–46.
MacRoberts MH (1984) LH Bailey's citation to Gregor Mendel. *Journal of Heredity* 75: 500–501.
MacRoberts MH (1985) Was Mendel's paper on *Pisum* neglected or unknown? *Annals of Science*. 42: 339–345.
Makovsky A (1860) Sumpf- und Ufer-Flora von Olmütz. K. k. Universitäts-Buchdruckerei von Anton Halauska. Olmütz.
Makowsky A (1862) Die Flora des Brünner Kreises. *VNV* 1: 45–210.
Makowsky A (1863) Die Flora des Brünner Kreises. Nach pflanzengeographischen Principien. Mit einer meteorologischen Tabelle v. G. Mendel (Sep. Abdr. a. d. 1. Jahresheft des NfV). Brünn.
Malý J (1862) Charles D.[arwin]. In: Rieger František Ladislav. Slovník naučný II (C-Ezzelino). I. L. Kober, Praha: S. 66.
Mangelsdorf PC (1948) The history of hybrid corn. Critical comments on Richey's review of Creabb's book. *Journal of Heredity* 39: 177–180.
Mangelsdorf PC (1965) Genetics, agriculture, and the world food problem. *Proceedings of the American Philosophical Society* 109: 242–248.
Mann W (1992) Erinnerung an Johann Gregor Mendel von Walther Mann. Mit einem Faksimile des Manuskriptes von Mendel's Arbeit „Versuche über Pflanzen-Hybriden" Brünn 1865. Selbstverlag. Darmstadt.
Mann W (2009) Memories of Gregor Mendel. *FM* 44–45: 5–12.

Marcus M (1863) Theoretisch-practischer Wegweiser für Liquerfabrikanten und Destillateure, enthaltend in 800 durch vielfache Erfahrung bewährten Recepten eine sichere Anleitung zur Erzeugung aller einfachen und doppelten Branntweine, Crêmes, Ratafias, Elixire und Oele durch Extraction und Destillation, ferner die Kunst, fuselfreien Spiritus darzustellen, und Rhum, Cognak, Arak, Pflaumengeist, Slivovitz so zu bereiten, dass sie von dem echten nicht zu unterscheiden sind, sowie auch die Angabe aller zur Fabrikation und Destillation nöthigen Apparate. Verlag von Fr. Karafiat. Brünn.

Mareck F (1862) Die Chemie in der Schule und im Leben. In: Programm der selbständigen Communal-Unter-Realschule in Brünn. Veröffentlicht am Schlusse des Schul-Jahres 1861/62. Gedruckt bei Carl Winiker. Brünn: 3–13.

Margadant WD (1979) Vries, Hugo de (1848–1935). In: Biografisch Woordenboek van Nederland. The Hague. Online Version http://resources.huygens.knaw.nl/bwn1880-2000/lemmata/bwn1/vriesh.

Marsden-Jones E (1930) The genetics of *Geum intermedium* Willd. haud Ehrh., and its back-crosses. *Journal of Genetics* 23: 377–395.

Martens G v (1860) Die Gartenbohne – Ihre Verbreitung, Cultur und Benützung. Verlag von Ebner & Seubert Stuttgart.

Martin DN, Proebsting WM & Hedden P (1997) Mendel's dwarfing gene: cDNAs from the *Le* alleles and function of the expressed proteins. *Proc. Natl. Acad. Sci. USA* 94: 8907–8911.

Martini S (1961a) Gregor Mendel als Agronom und als Förderer der Landwirtschaft. *Schweizerische Landwirtschaftliche Monatshefte* 39: 22–29.

Martini S (1961b) Giorgio Gallesio, pomologist and precursor of Gregor Mendel. Fruit Varieties and Horticultural Digest, East Lansing (Mich.).

Marvanová L (1966) Mendels dichterische Versuche aus seinen Studentenjahren. *FM* 1: 15–19.

Marvanová L (1967) Ein unbekannter Brief Mendels. *FM* 2: 39–40.

Marvanová L (1968) Le centenaire de l'election abbatiale de Mendel. *FM* 3: 13–20.

Marvanová L (1971) First impulse to Mendel's scientific education. *FM* 6: 31–35.

Marvanová L & Orel V (1968) Mendel in the history of the Moravian Museum. *FM* 3: 9–11.

Marza VD & Cerchez N (1967) Charles Naudin, a pioneer of contemporary biology (1815–1899). *Journal d'agriculture traditionnelle et de botanique appliquée* 14: 369–401.

Matalová A (1973) A critical review of different editions of Mendel's Pisum paper. *FM*: 243–255.

Matalová A (1974) Bibliographical note on Mendel's Hieracium Paper. *FM* 9: 225–231.

Matalová A (1978) Was Mendel a member of the society for the philosophy of harmony? *FM* 13: 267–269.

Matalová, A (1981) Published primary sources to Gregor Mendel's biography. *FM* 16: 239–255.

Matalová A (1983) Mendel's Personality – Still an Enigma? In: Orel V & Matalová A (Eds.), *Gregor Mendel and the Foundation of Genetics (= Proceedings of the symposium "The Past, Present and Future of Genetics 1982")*. Moravské muzeum. Brno: 299–308.

Matalová A (1984) Response to Mendel's death in 1884. *FM* 19: 217–222.

Matalová A (1988) Apiculture literature in the Gregor Mendel archives. *FM* 23: 17–20.

Matalová A (1991) The Laws on the Origin of Crystal Forms and Mendel's Theory on the Origin and Development of Plant Forms. *Acta Historiae Rerum Naturalium Necnon Technicarum* 23: 79–92.

Matalová A (1991/92) Gregor Mendel and Franz Cyrill Napp. *FM* 26–27: 5–8.

Matalová A (1993/94) In search for the original manuscript of Mendel's discovery paper on peas. *FM* 28–29: 149–154.

Matalová A (2007/2008) Primary sources to Gregor Mendel`s early years. *FM* 42–43: 7–82.

Matalová A (2008) Pokusy s hybridy rostlin [Versuche über Pflanzenhybriden]. K-public. Brno.

Matalová A (2009) The Pathway of Mendel's Discovery Paper. *FM* 44–45: 13–27.

Matalová A (2010) Mendel's contribution to the implementation of the postrevolutionary school reform in Brno. *FM* 45: 5–21.

Matalová A & Kabelka A (1982) The beehouse of Gregor Mendel. *FM* 17: 207–213.

Matalová A & Matalová E (2022) Gregor Mendel - The Scientist. Based on Primary Sources 1822–1884. Springer. Cham.

Mathias CE (1949) Idealistische und materialistische Biologie! *Neues Deutschland* vom 14. Januar: 3.

Matsubara Y (2004) The reception of Mendelism in Japan, 1900–1920. *Historia Scientiarum* 13(3): 232–240.

Matsuura H [& Mendel G] (1927) Syokubutu no Zassyu ni kansuru Kenkyu. In: Hajime Matsuura, „Idengaku-genri" [Prinzipien der Genetik]. Tokio: 513–574.

Matsuura H (1929) A Biographical Monograph on Plant Genetics (Genic Analysis) 1900–1925. Tokyo Imperial University. Tokyo.

Matsuura H (1933) A bibliographical monograph on plant genetics (Genic Analysis) 1900–1929. Second edition, revised and elarged. Hokkaido Imperial University. Sapporo.

Matsuura H (1934) The theory of Genotypic Parallelism as a Basis of Group-variability. *Journal of the Faculty of Science, Hokkaido Imperial University*, Ser. 5, Botany, 3(5): 139–167.

Matters GL & Boyer CD (1982) Soluble starch synthases and starch branching enzymes from cotyledons of smooth- and wrinkled-seeded lines of *Pisum sativum* L. *Biochemical Genetics*. 20: 833–848.

Matzek F (1865) Die Methoden der orthographischen Parallel-Perspective oder der Axonometrie. Druck von Carl Winiker. Brünn. (Separat-Abdruck aus dem Programm der k. k. Ober-Realschule in Brünn für das Jahr 1865).

May E (1990) Science Fiction. In: Japan-Handbuch: Land und Leute, Kultur- und Geistesleben (Hrsg. Horst Hammitzsch). 3. Auflage. Franz Steiner Verlag. Stuttgart.

Mayer CE (1832) Neuestes allgemeines deutsches Gartenbuch mit Ruecksicht auf Boden und Klima. Verlag von Mörschner und Jasper, Wien.

Mayer A (1887) Wiens Buchdrucker-Geschichte 1482–1882. Zweiter Band 1682–1882. Verlag des Comités zur Feier der vierhundertj. Einführungen der Buchdruckerkunst in Wien, in Commission bei Wilhelm Frick, K. K. Wien.

Mayr E (1984) Die Entwicklung der biologischen Gedankenwelt. Vielfalt, Evolution u. Vererbung. Übersetzt v. K. de Soussa Ferreira. Springer-Verlag. Berlin Heidelberg New York Tokyo.

Mayr E (1986) Joseph Gottlieb Kölreuter's contributions to biology. *Osiris* 2: 135–176.

McComas WF (2012) Darwin's Invention: Inheritance & the "Mad Dream" of Pangenesis. *The American Biology Teacher* 74: 86–91.

Meding CH (1861) Goethe als Naturforscher in Beziehung zur Gegenwart. In Commission bei Adler und Dietze. Dresden.

Mees CEK (1946) The Path of Science. John Wiley & Sons, Inc. New York.

Meijer AK de (1984) Gregor Johann Mendel (1822–1884): Ergänzende Dokumente zu seiner Abtswahl und seinem Tod. *Augustiniana* 34(3–4): 213–235.

Meijer OG (1985) Hugo de Vries no Mendelian? *Annals of Science* 42(3): 189–232.

Meijknecht JG (1950) Gregor Mendel. De Ontdekker der Erfelijkheidswetten. Utigeverij Paul Brand N.V. Bussum.

Melcher R (1922) Gregor Johann Mendel und sein Werk. *Das Kuhländchen* 4: 57–64.

Melicher LJ (1868) Die Bienenzucht in der Weltausstellung zu Paris 1867 und die Bienencultur in Frankreich und in der Schweiz. Wilhelm Braumüller. Wien.

Mendel G (1853) [Ueber Verwüstungen am Gartenrettich durch Raupen (*Botys margaritalis*)]. *Verhandlungen des zool.-bot. Vereins in Wien* 3: 116–118. (Sitzungsbericht).

Mendel G (1854) Beschreibung des sog. Erbsenkäfers, Bruchus pisi. Mitgeteilt von V. Kollar. *Verh. Zool-Bot. Verein Wien* 4: 27–30.

Mendel G (1857) Ueber das Gewitter in Brünn am 7. August. *Brünner Zeitung*, 18. August 1857 (No. 186): 1.

Mendel G (1863) Bemerkungen zu der graphisch-tabellarischen Uebersicht der meteorologischen Verhältnisse von Brünn. *VNV* 1: 246–249.

Mendel G (1864) Meteorologische Beobachtungen aus Mähren und Schlesien für das Jahr 1863. *VNV* 2: 99–121.

Mendel G (1865) Meteorologische Beobachtungen aus Mähren und Schlesien für das Jahr 1864. *VNV* 3: 209–220.

Mendel G (1866a) Versuche über Pflanzenhybriden. *VNV* 4: 3–47.

Mendel G (1866b) Meteorologische Beobachtungen aus Mähren und Schlesien für das Jahr 1865. *VNV* 4: 318–330.

Mendel G (1867) Meteorologische Beobachtungen aus Mähren und Schlesien für das Jahr 1866. *VNV* 5: 160–172.

Mendel G (1870a) Ueber einige aus künstlicher Befruchtung gewonnenen Hieracium-Bastarde. *VNV* 8: 26–31.

Mendel G (1870b) Meteorologische Beobachtungen aus Mähren und Schlesien für das Jahr 1869. *VNV* 8: 131–143.

Mendel G (1871) Die Windhose vom 13. October 1870. *VNV* 9: 229–246.

Mendel G (1879) Regenfall und Gewitter zu Brünn im Juni 1879. *Zeitschrift der österreichischen Gesellschaft für Meteorologie* 14: 315–316.

Mendel G (1882) Gewitter in Brünn und Blansko am 13. August. *Zeitschrift der österreichischen Gesellschaft für Meteorologie* 17: 407–408.

Mendel G (Hrsg. Erich von Tschermak-Seysenegg) (1901a) Versuche über Pflanzenhybriden. Zwei Abhandlungen 1866 und 1870 (= *Ostwalds Klassiker der exakten Wissenschaften*, Bd. 121). W. Engelmann. Leipzig.

Mendel G (1901b) Versuche über Pflanzenhybriden. *Allgemeine Botanische Zeitung* 89: 364–403.

Mendel, G (1901c) Experiments in Plant Hybridisation. With an introductory note by W. Bateson. *J. Hort. Soc. London* 26: 1–32.

Mendel G, Bateson W (1901) Experiments in Plant Hybridisation. J. Hort. Soc. London 16: 1–32.

Mendel G (Hrsg. Erich von Tschermak) (1911) Versuche über Pflanzenhybriden. Zweite Auflage. Verlag von Wilhelm Engelmann. Leipzig.

Menge E J v K (1930b) A Survey of National Trends in Biology. A Series of Lectures Prepared for the National University of Cordoba and for the Sociedade de Medicina e Cirurgia do Rio de Janeiro (Brazil) and Delivered at the National Universities of Cordoba (Argentina), Montevideo (Uruguay), and Santiago (Chile), and for the Sociedade de Medicina e Cururgia of Rio de Janeiro during August and September 1927. The Bruce Publishing Company. Milwaukee.

Menge E J v K (1930b) Biological Problems and opinions. *The Quarterly Review of Biology* 5: 348–359.

Menzel A (1869) Die Biene in ihren Beziehungen zur Kulturgeschichte und ihr Leben im Kreislaufe des Jahres. Druck von Zürcher und Furrer. Zürich.

Merkel F (1875) Das Mikroskop und seine Anwendung. Druck und Verlag von R. Oldenbourg. München.

Michelis F (1855) Der kirchliche Standpunkt in der Naturforschung. Ein Wort zur Verständigung über das Verhältniß der Naturforschung zu dem Glauben und der Hoffnung des Christen. Sendschreiben an Dr. M. J. Schleiden. Druck und Verlag der Theissing'schen Buchhandlung. Münster.

Mielewczik M (2017) Gregor Mendel as Entomologist – A Historiographical Reminiscence. *Entomologie heute* 29: 121–129.
Mielewczik M, Francis DP, Studer B, Simunek MV & Hoßfeld U (2017) Die Rezeption von Gregor Mendels Hybridisierungsversuchen im 19. Jahrhundert – Eine bio-bibliographische Studie. *Nova Acta Leopoldina* 413: 83–114.
Mielewczik M & Moll J (2019) Spinach in Blunderland: How the myth that spinach is rich in iron became an urban academic legend. *Annals of the History and Philosophy of Biology* 21: 61–142.
Mielewczik M, Jowett K & Moll J (2019) Beehives, Booze and Suffragettes: The "Sad Case" of Ellen S. Tupper (1822–1888), the "Bee Woman" and "Iowa Queen Bee". *Entomologie heute* 31: 113–227.
Mielewczik M, Moll-Mielewczik J, Šimunek M & Hossfeld U (2022a) 200 Jahre Gregor Mendel. „Versuche über Pflanzen-Hybriden" - neue Einsichten. *Biospektrum* 28(5): 565.
Mielewczik M, Vollmann J, Moll-Mielewczik J, Šimunek M & Hossfeld U (2022b) Die Bedeutung der Erkenntnisse Gregor Mendels für die Pflanzenzüchtung. Geschäftsbericht der Gemeinschaft zur Förderung von Pflanzeninnovation e.V. (GFPi) 2022: 2-5.
Mielewczik M, Moll-Mielewczik J, Šimunek M & Hossfeld U (2022c) Some oddities on the early origins and inspirations of Mendel's experiments and the ‚rediscovery' of the Mendelian Laws in 1900. *FM* 58/2: 17–31.
Mielewczik M, Moll-Mielewczik J, Šimunek M & Hossfeld U (2022d) A previously unknown meteorological publication of Gregor J. Mendel from 1857. *FM* 58/2: 11–16.
Mielewczik M, Vollmann J, Moll-Mielewczik J, Simunek MV & Hoßfeld U (2023) Ein verkanntes Genie? Mendels Entdeckungen und ihre Bedeutung für Pflanzenzüchtung und Grüne Revolution. *Naturwissenschaftliche Rundschau* 76(7): 362–369.
Migerka F (1857) Ueber die Bedeutung der Industrie-Ausstellungen. Druck von Karl Ueberreuter. Wien. (Besonderer Abdruck des Aufsatzes, welcher in dem von J. Auspitz, Director der k. k. Ober-Realschule in Brünn, herausgegebenen Gerwerbskalender für 1856 erschien.).
Migerka F (1870) Bericht über den Suezcanal. Auf Grund eigener Wahrnehmung erstattet an die Handels- und Gewerbekammer in Brünn. Brünn.
Migerka F (1877) Administrativer Bericht der Commission über die Theilnahme Österreichs an der Weltausstellung in Philadelphia 1876. Bericht über die Weltausstellung in Philadelphia 1876. Heft XXVI. Commissions-Verlag von Faesy & Frick, k. k. Hofbuchhandlung. Wien.
Miksch FL (1969) Johann Gregor Mendel (1822–1884) als Mensch Ordenspriester und Abt. In: Kirche, Recht und Land. Festschrift. Weihbischof Prof. Dr. Adolf Kindermann dargeboten zum 70. Lebensjahr im Auftrage des Sudetendeutschen Priesterwerkes und der Ackermann Gemeinde von Mons. Dr. Karl Reiß und Staatsminister a.D. Hans Schütz. Königstein im Taunus und München: 269–275.
Miksch FL (1975) Der Anteil des Augustinerordens an der Erforschung der Persönlichkeit Gregor Mendel und seiner Lehre. *Augustiniana* 25: 88–113.
Milach SCK & Federizzi LC (2001) Dwarfing genes in plant improvement. *Advances in Agronomy* 73: 35–63.
Milovidov PF (1935) Mendel as a Microscopist. A New Chapter in the Life of Gregor Mendel. *Journal of Heredity* 26(9): 337–348.
Milovidov P (1968) Gregor Mendel's microscopic preparations. *FM* 3: 35–53.
Milovidov P (1971) To the discovery of Mendels's microscopic preparations. *FM* 6: 197.
Ministerium für Volksbildung der Deutschen Demokratischen Republik (Hrsg.) (1953). Lehrplan für Oberschulen. Biologie. 9. bis 12. Schuljahr. Volk und Wissen. Berlin.
Ministerium für Volksbildung der Deutschen Demokratischen Republik (Hrsg.) (1956). Lehrplan für Mittelschulen. Biologie 10. Klasse. Volk und Wissen. Berlin.

Ministerium für Volksbildung der Deutschen Demokratischen Republik (Hrsg.) (1959). Lehrplan der zehnklassigen allgemeinbildenden polytechnischen Oberschule. Volk und Wissen. Berlin.

Ministerium für Volksbildung der Deutschen Demokratischen Republik (Hrsg.) (1967a). Lehrplan für den Biologieunterricht der Vorbereitungsklassen 9 und 10 zum Besuch der Erweiterten Oberschule (Präzisierter Lehrplan). Volk und Wissen. Berlin.

Ministerium für Volksbildung der Deutschen Demokratischen Republik (Hrsg.) (1967b). Anweisung und Korrektur des Lehrplans Biologie der Erweiterten Oberschule. Volk und Wissen. Berlin.

Ministerium für Volksbildung der Deutschen Demokratischen Republik (Hrsg.) (1968). Präzisierter Lehrplan für Biologie Klasse 8. Volk und Wissen. Berlin.

Ministerium für Volksbildung der Deutschen Demokratischen Republik (Hrsg.) (1969). Lehrplan für Biologie. Klassen 9 und 10. Volk und Wissen. Berlin.

Ministerium für Volksbildung der Deutschen Demokratischen Republik (Hrsg.) (1988). Lehrplan Biologie. Klassen 5 und 10. Volk und Wissen. Berlin.

Mitrofanova OP & Udachin RA (2007) КОНСТАНТИН АНДРЕЕВИЧ ФЛЯКСБЕРГЕР – ОСНОВОПОЛОЖНИК НАУЧНОГО ИЗУЧЕНИЯ ПШЕНИЦЫ В РОССИИ. [Konstantin Andreevich Flaksberger – The founder of wheat scientific investigations in Russia]. *The Herald of Vavilov Society for Geneticists and Breeding Scientists* 11: 591–608.

Mohr F (1854) Commentar zur Preussischen Pharmacopoe nebst Übersetzung des Textes. Nach der sechsten Auflage der Pharmacopoea Borussica. Zweite vermehrte und verbesserte Auflage. 1. Band. Druck und Verlag von Friedrich Vieweg und Sohn. Braunschweig.

Mohr H & Schopfer P (1978) Lehrbuch der Pflanzenphysiologie. 3. Auflage. Springer-Verlag. Berlin Heidelberg New York.

Moleschott J (1857) Der Kreislauf des Lebens. Physiologische Antworten auf Liebig's Chemische Briefe. Dritte, vermehrte und verbesserte Auflage. Verlag von Victor von Zabern. Mainz.

Molisch H (1930) Pflanzenphysiologie als Theorie der Gärtnerei. Sechste, neubearbeitete Auflage. Verlag von Gustav Fischer. Jena.

Molisch H (1934) Erinnerungen und Welteindrücke eines Naturforschers. Emil Haim. Wien und Leipzig.

Monaghan F & Corcos A (1985) Chi-square and Mendel's experiments: where's the bias? *Journal of Heredity* 76: 307–309.

Monaghan F & Corcos A (1986) Tschermak: A non-discoverer of Mendelism. I. An historical note. *Journal of Heredity* 77: 468–469.

Monaghan FV & Corcos AF (1987) Reexamination of the fate of Mendel's paper. *Journal of Heredity* 78: 116–118.

Monaghan FV & Corcos AF (1990) The real objective of Mendel's paper. *Biology and Philosophy* 5: 267–292.

Montez L (1851) Memoiren der Lola Montez. Bd. 9. Druck und Verlag Carl Schultze's Buchdruckerei. Berlin.

Morgan TH (1919) The Physical Basis of Heredity. Monographs on Experimental Biology. J. B. Lippincott Company. Philadelphia and London.

Morgan TH (1923) The bearing of Mendelism on the Origin of Species. *The Scientific Monthly* 16(3): 237–247.

Morwood MJ, Soejono RP, Roberts RG, Sutikna T, Turney CS, Westaway KE et al. (2004) Archaeology and age of a new hominin from Flores in eastern Indonesia. *Nature* 431(7012): 1087–1091.

Moore R (2001) The "Rediscovery" of Mendel's work. *Bioscene* 27: 13–24.

Moosbeckhofer P (2007) Autochthone Bienenrassen in Österreich. Fachtagung „Biodiversität in Österreich", 28. Juni 2007: 25–27.

Moreau C, Ambrose MJ, Turner L, Hill L, Ellis THN & Hofer JMI (2012) The *b* gene of pea encodes a defective flavonoid 3' 5' hydroxylase and confers pink flower colour. *Plant Physiology* 159: 759–768.

Müller I (2002) Repräsentation der biologischen Forschung in der Leopoldina von 1880 bis 1945. In: 350 Jahre Leopoldina - Anspruch und Wirklichkeit: Festschrift der Deutschen Akademie der Naturforscher Leopoldina 1652–2002. Herausgegeben von Benno Parthier, Halle (Saale) und Dietrich von Engelhardt, Lübeck. Deutsche Akademie der Naturforscher Leopoldina, Halle (Saale). Druck-Zuck GmbH Halle. S. 419–470.

Müller J (1843a) Pouillet's Lehrbuch der Physik und Meteorologie für deutsche Verhältnisse frei bearbeitet. Erster Band. Druck und Verlag von Friedrich Vieweg. Braunschweig.

Müller J (1843b) Pouillet's Lehrbuch der Physik und Meteorologie für deutsche Verhältnisse frei bearbeitet. Zweiter Band. Druck und Verlag von Friedrich Vieweg. Braunschweig.

Muller HJ (1948) The Crushing of Genetics in the USSR. *Bulletin of the Atomic Scientists* 4: 369–371.

Muller HJ (1966) Message of Professor Hermann J. Muller to Mendel Memorial Symposium in Brno. *G. Mendel Memorial Symposium 1865–1965*. Proceedings of a Symposium held in Brno in August 4–7, 1965. Milan Sosna (ed.). Academia – Publishing House of the Czechoslovak Academy of Sciences. Prague: XXII–XXIII.

Müller-Wille S & Orel V (2007) From Linnaean Species to Mendelian Factors: Elements of Hybridism, 1751–1870. *Annals of Science* 64: 171–215.

Müller-Wille S & Hall K (2016) Experiments on Plant Hybrids (1866). Translation and commentary by Staffan Müller-Wille and Kersten Hall. British Society for the History of Science Translation Series. http://www.bshs.org.uk/bshs-translations/mendel.

Müller-Wille S & Richmond ML (2016) Revisiting the Origins of Genetics. In: Heredity explored: Between Public Domain and Experimental Science, 1850–1930. (Eds. Staffan Müller-Wille & Christina Brandt). The MIT Press. Cambridge, London.

Müller-Wille S, Hall, K & Dostal O (2022) Versuche über Pflanzen-Hybriden. Experiments on Plant Hybrids. (New Translation with Commentary). Masaryk University Press. Brno.

Müntz K & Wobus U (2013) Das Institut Gatersleben und seine Geschichte. Genetik und Kulturpflanzenforschung in drei politischen Systemen. Springer Spektrum. Berlin, Heidelberg.

Munzar J (1971) G. Mendel's erste, bis jetzt unveröffentlichte Abhandlung über Meteorologie. *FM* 6: 185–187.

Munzar J (1994) Gregor Mendel and urban environment. *Moravian Geographical Reports* 2(2): 49–51.

Murfet I (2018) Pisum sativum. In: Handbook of Flowering Volume IV (Ed. Abraham H. Haley): 97–126. [Reprint of the edition of 1985]. CRC Press. Boca Raton London New York.

Mylechreest M (1995) The contributions to science and the development of horticultural science by Thomas Andrew Knight in the nineteenth century. *FM* 30: 7–11.

Mylechreest M (2010) Thomas Andrew Knight (1759–1838) and the application of experimentation to horticulture. *Annals of the History and Philosophy of Biology* 15: 15–27.

Nagai I [& Mendel G] (1916) G. Mendel: Syokubutuzassyu ni kansuru Siken". In: Nippon-ikusyugakkai (日本育種学会) [Die Japanische Gesellschaft für Züchtung]. Tokio: 1–52.

Nägeli CW (1841) Die Cirsien der Schweiz. Allgemeine Schweizerische Gesellschaft für die Gesammten Naturwissenschaften.

Nägeli C (1859) [Über die neue Krankheit der Seidenraupe und verwandte Organismen.] In: Bericht über die Verhandlungen der botanischen Sektion der 33. Versammlung deutsche Naturforscher und Ärzte, gehalten in Bonn vom 18. bis 24. September 1857, von Dr. Rob. Caspary. *Botanische Zeitung* 15: 749–760 [760].

Nägeli C (1865) Die Bastardbildung im Pflanzenreich. *Botanische Mittheilungen* Bd. 2, F. Straub: München: 187–235.
Nägeli C (1866a) Ueber die abgeleiteten Pflanzenbastarde. *Botanische Mittheilungen* Bd. 2, F. Straub: München: 237–258.
Nägeli C (1866b) Ueber die abgeleiteten Pflanzenbastarde. S*itzungsberichte der königl. Bayer. Akademie der Wissenschaften zu München* 1: 71–93.
Nägeli C (1866c) Die Theorie der Bastardbildung. *Sitzungsberichte der königl. Bayer. Akademie der Wissenschaften zu München* 1: 93–127.
Nägeli C (1866d) Ueber die Zwischenformen zwischen den Pflanzenarten. *Sitzungsberichte der königl. Bayer. Akademie der Wissenschaften zu München* 1: 190–221.
Nägeli C (1884) Mechanisch-physiologische Theorie der Abstammungslehre. R. Oldenbourg, München und Leipzig.
Nägeli C & Peter A (1885) Die Hieracien Mittel-Europas. Monographische Bearbeitung der Piloselloiden mit besonderer Berücksichtigung der Mitteleuropäischen Sippen. Druck und Verlag R. Oldenbourg. München.
Nakazawa S (1986) Increasing attention to Gregor Mendel in Japan. *FM* 21: 91–93.
Nakazawa S (1991/1992) Yosito Sinoto. *FM* 26–27: 125–127.
Naudin C (1863a) Nouvelles Recherches sur l'hybridité dans les vegetaux. *Annales des sciences naturelles Ser. 4. Botanique Tom.* 19: 180–203.
Naudin C (1863b) New Researches on Hybridity in Plants. *The Edingburgh New Philosophical Journal* 18: 221–239.
Naudin C (1865) Nouvelles recherches sur l'hybridité dans les végétaux. Mémoire présente a l'academie des sciences par M. Ch. Naudin en Décembre 1861 et couronné dans la séance du 29 Décembre 1862. *Nouvelles Arch. Mus. nat. Paris* 1: 25–176.
Neilreich A (1846) Flora von Wien. Eine Aufzählung der in den Umgebungen Wiens wild wachsenden oder im Grossen gebauten Gefässpflanzen, nebst einer pflanzengeografischen Uebersicht. Fr. Beck's Universitäts-Buchhandlung. Wien.
Neilreich A (1852) Über hybride Pflanzen der Wiener Flora. *Verh. Zool.-Bot. Vereins Wien* 1: 114–140.
Neilreich A (1871) Kritische Zusammenstellung der in Österreich-Ungarn bisher beobachteten Arten, Formen und Bastarte der Gattung Hieracium. S*itz. Ber. K. k. Akad. Wiss. Wien, Math-Nat. Classe* 63: 424–500.
Němec B (1966) Mendel's Discovery and Mendel's Time. *Proceedings of the G. Mendel Memorial Symposium 1865–1965* (Ed. by M. Sosna). Academia, Prague: 3–14.
Netolička E (1851) Leitfaden beim ersten Unterrichte der Physik. Gedruckt und in Commission bei Carl Winiker. Brünn.
Netolička E (1854) Lehrbuch der Zoologie: mit besonderer Rücksicht auf das praktische Leben für einen auf Anschauung gegründeten, und auf Verstandesbildung gerichteten Unterricht an unseren Lehranstalten.
Netolička E (1855a) Elemente der Pflanzenphysiologie mit den Grundbegriffen der Anatomie, Chemie und Geographie der Pflanzen für Schulen und zum Selbstunterricht / bearbeitet von Eugen Netolička. Buschack & Irrgang. Brünn.
Netolička E (1855b) Leitfaden beim ersten Unterricht in der Physik für Unterrealschulen. Brünn. (5. Auflage).
Netolička E (1857) Lehrbuch der Mineralogie mit besonderer Rücksicht auf das praktische Leben. Verlag von Buschak und Irrgang. Brünn.
Netolička E (1865) Zur Geschichte der Physik. Ueber die ältesten Bestrebungen in der Akustik. Vierzehnter Jahresbericht über die steiermärkisch-landschaftliche Ober-Realschule in Graz. Im Verlage der st. l. Ober-Realschule. Graz.

Netolička E (1886) Illustrierte Geschichte der Elektricität von den ätesten Zeiten bis auf unsere Tage. Verlag von A. Pichler's Witwe & Sohn, Wien.

Neuner G (1989) Allgemeinbildung. Volk und Wissen. Berlin.

Nilsson E (1929a) Erblichkeitsversuche mit Pisum. I. Unterdrückung der Dominanz eines Faktors durch die Wirkung anderer genetischer Faktoren. *Hereditas Genetiskt Arkiv* 12(1/2): 17–32.

Nilsson E (1929b) Erblichkeitsversuche mit Pisum. II. Die Vererbung der rezessiv gelben Kotyledonenfarbe sowie einiger Nebenresultate. *Hereditas Genetiskt Arkiv* 12(3): 223–268.

Nilsson E (1932a) Erblichkeitsversuche mit Pisum, III-V. *Hereditas Genetiskt Arkiv* 17(1): 71–99,

Nilsson E (1932b) Erblichkeitsversuche mit Pisum. VI. Neue Fälle von Semisterilität. *Hereditas Genetiskt Arkiv* 17(2): 197–222.

Nilsson E (1936) Erblichkeitsversuche mit Pisum. IX. Fortgesetzte Studien über semisterile Formen. *Hereditas Genetiskt Arkiv* 21(2/3): 167–84.

Nilsson E [& Mendel G] (1967) Ärftlighetslärans urkunder. Mendelismens födelse och pånyttfödelse. Bokförlaget Corona. Lund.

Nogler GA (2006) The Lesser-Known Mendel: His Experiments on Hieracium. *Genetics* 172: 1–6.

Novitski E & Blixt S (1978) Mendel, linkage, and synteny. *Bioscience* 28: 34–35.

Nowikow EA (1953) Grundlagen der Züchtung landwirtschaftlicher Nutztiere. Deutscher Bauernverlag. Berlin.

Nunez O (2000) Bibliografía Mendeliana. Lista De Artículos Y Libros Sobre La Obra Y Vida De Johann Gregor Mende. *Bol. Soc. Argent. Bot.* 35(3–4): 259–267.

Oettl JN (1857) Klaus, der Bienenvater aus Böhmen. Verlag von Friedrich Ehrlich's Buch- und Kunsthandlung. Prag.

Ostenfeld CH (1904) Weitere Beiträge zur Kenntnis der Fruchtentwicklung bei der Gattung Hieracium. *Berichte der Deutschen Botanischen Gesellschaft* 22: 537–541.

Ostenfeld CH & Rosenberg O (1906) Experimental and cytological studies in the Hieracia. I. Castration and hybridization experiments with some species of Hieracia. *Botanisk Tidsskrift* 27: 225–248.

Ostenfeld CH (1910) Further studies on the apogamy and hybridization of the Hieracia. *Zeitschrift für induktive Abstammungs- und Vererbungslehre* 3: 241–285.

Olby RC & Gautrey P (1968) Eleven references to Mendel before 1900. *Annals of Science*. 24: 7–20.

Olby RC (1971) The influence of physiology on hereditary theories in the nineteenth century. *FM* 6: 99–103.

Olby RC (1979) Mendel no mendelian? *History of Science* 17: 53–72.

Olby RC (1985) Origins of Mendelism, 2nd edition. University of Chicago Press. Chicago.

Olby RC (1987) William Bateson's Introduction of Mendelism to England: A Reassessment. *The British Journal for the History of Science* 20, 399–420.

Olby RC (1989) The dimensions of scientific controversy: The biometric-Mendelian debate. *The British Journal for the History of Science* 22: 299–320.

Olby RC (2000) Mendelism: from hybrids and trade to a science. *Comptes Rendus de l'Académie des Sciences-Series III-Sciences de la Vie* 323: 1043–1051.

Onaga L (2010) Toyama Kametaro and Vernon Kellog: Silkworm Inheritance experiments in Japan, Siam, and the United States, 1900–1912. *Journal of the History of Biology* 43: 215–264.

Oppenheimer J (1932) Aus dem Archiv des Naturforschenden Vereins in Brünn. *Tagesbote* [Brünn] 82(331): 11.

Orel V (1965a) Mendel zakladatel genetiky [Gregor Mendel, Begründer der Genetik]. Brno.

Orel V (1965b) Gregor Mendel und sein Nachlaß in Brno. Biologische Rundschau 3(1): 2–11.

Orel V (1966a) Die Publizität der klassischen Arbeit Gregor Mendels vor der Wiederentdeckung im Jahre 1900. *FM* 1: 23–31.

Orel V (1966b) The Mendel centenary celebrations. *Euphytica* 15 (3): 319–322

Orel V (1968) Will the story on "too good" results of Mendel's data continue? *Bioscience* 18: 776–778.
Orel V (1969a) Rozdílné výklady postoje G. Mendela k evoluci a dawinismu [Unterschiedliche Erklärungen der Einstellung von G. Mendel zur Evolution und zum Darwinismus]. *DVT* [Geschichte der Wissenschaften und Technik] 2: 9–17.
Orel V (1969b) Abbot Mendel's expert opinion on the first weather forecasts for agriculture. *FM* 4: 37–40.
Orel V (1970a) Die Auseinandersetzung um die Organisation der Brünner Naturforscher in der Zeit, da G. Mendel seine Pisum Versuche durchführte. *FM* 5: 55–72.
Orel V (1970b) Mendel in the Central Board of the Agricultural Society. *FM* 5: 245–253.
Orel V (1971a) A reconstruction of Mendel's *Pisum* experiments and an attempt at an explanation of Mendel's way of presentation. *FM* 6: 41–61.
Orel V (1971b) Mendel and the evolution idea. *FM* 6: 161–172.
Orel V (1971c) Mendel's publishing activities in the Agricultural Society. *FM* 6: 213–227.
Orel V (1971d) Gregor Mendel und die Tierzucht Mendels. *Schweizer Archiv für Tierheilkunde* 113(2): 82–84.
Orel V (1972) Professor Alexander Zawadzki (1798–1868) - Mendel`s Superior at the Technical Modern School in Brno. *FM* 7: 13–20.
Orel V (1973a) The scientific milieu in Brno during the era of Mendel's research. *Journal of Heredity* 64: 314–318.
Orel V (1973b) Response to Mendel's Pisum experiments in Brno since 1865. *FM* 8: 199–213.
Orel V (1973c) The enigma of hybrid constancy in Mendel's Pisum paper perceived by Albert Blomberg in 1872. *Hereditas* 73: 41–44.
Orel V (1974a) Analýza podstaty a vzniku Mendelova objevu [Analyse des Fundaments und der Entstehung der Entdeckung Mendels]. Brno (Dissertation).
Orel V (1974b) Experimentos sobre hibridos de Plantas. Comentario por V. Orel. In: Gregorio Mendel. Sesquicentenario de su Nacimiento. Academia de ciencias de Cuba. Museo historico de las ciencias "Carlos J. Finlay". La Habana.
Orel V (1975a) The building of greenhouses in the monastery gardens of old Brno at the time of Mendel's experiments. *FM* 10: 201–207.
Orel V (1975b) Das Interesse Franz Cyrill Napps (1792–1867) für den Unterricht der Landwirtschaftslehre und die Forschung und Hybridisation. *FM* 10: 20–28.
Orel V (1978) Newly found notes relating to Mendel's research. *FM* 13: 225–227.
Orel V (1980) Mendel's scientific activity in Meteorology. *FM* 15: 215–234.
Orel V (1981) Die Idee der Pflanzenentwicklung aus einer Pollenzelle im 19. Jahrhundert. *Acta Historiae Rerum Naturalium Nec Non Technicarum* 16: 275–286.
Orel V (1984) Mendel. Oxford University Press. Oxford.
Orel V (1985) Gregor Mendels wissenschaftlicher Nachlaß 100 Jahre nach seinem Ableben. Urania. Berlin.
Orel V (1996) Gregor Mendel: The First Geneticist. Oxford University Press. Oxford.
Orel V (2003) Gregor Mendel a počátky genetiky [Gregor Mendel und die Anfänge der Genetik]. Academia, Praha.
Orel V (2009) The "Useful questions of heredity" before Mendel. *Journal of Heredity* 100: 421–423.
Orel V & Armogathe JR (1985) Mendel. Un Inconnu celebre. Belin. Paris.
Orel V & Čunderlik S (1985) What was Mendel's intention in preparing microscopic slides. *FM* 20: 9–14.

Orel V & Czihak G (1984) Johann Gregor Mendel (1822–1884). Dokumentierte Biographie und Katalog zur Gedächtnisausstellung anlässlich des hundertsten Todestages mit Facsimile seines Hauptwerkes: „Versuch über Pflanzenhybriden". Druckhaus Nonntal. Salzburg.

Orel V, Czihak G & Wieseneder H (1983) Mendel's examination paper on the geological formation of the earth of 1850. *FM* 18: 223–235.

Orel V & Fantini B (1983) The enthusiasm of the Brno Augustinians for science and their courage in defending it. In: Orel V & Matalová A (eds.), Gregor Mendel and the Foundation of Genetics *(Proceedings of the symposium "The Past, Present and Future of Genetics 1982")*. Moravské muzeum. Brno: 105–110.

Orel V & Hartl DL (1994) Controversies in the interpretation of Mendels discovery. *History and Philosophy of Life Sciences* 16: 436–455.

Orel V & Kuptsov IV (1983) Preconditions of Mendel's discovery in the body of knowledge in the middle of the 19th century. In: Orel, V., and Matalová, A. (Eds.): *Gregor Mendel and the Foundation of Genetics: Proceedings of the Symposium "The Past, Present and Future of Genetics"*; The Mendelianum of the Moravian Museum 1983. Brno: 189–227.

Orel V, Marvanová L & Sajner J (Hrsg.) (1965) Iconographia Mendeliana. Moravské muzeum. Brno.

Orel V & Peaslee MH (2008) The echo of Darwin in Mendel's Brno In: Engels E-M & Glick T F (Eds.), The Reception of Charles Darwin in Europe. Vol. I. Continuum Books. London. New York: 259–268.

Orel V & Vávra M (1968) Mendel's program for the hybrization of apple trees. *Journal of the History of Biology* 1(2): 219–224.

Orel V & Vávra M (1979) Pedagogue Johann Andreas Edmond Schreiber (1769–1850) evoked in Gregor Mendel first interest in natural science. *FM* 14: 243–250.

Orel V & Verbik A (1984) Mendel's involvement in the plea for freedom of teaching in the revolutionary year of 1848. *FM* 19: 223–233.

Ortlepp K (1909) Über Vererbung und Pflanzenzüchtung. *Berliner Tageblatt* (18. Januar 1909): 14–15.

Ortmann J (1857) Beitrag zur Geschichte von Cirsium Chailleti. *Verhandlungen des zoologisch-botanischen Vereins in Wien* 7: 105–110.

Ostwald W (1926) Lebenslinien. Klausing und. Co. Berlin.

Owen R (1989) M. R. Irwin and the Beginnings of Immunogenetics. *Genetics* 123(1): 1–4.

Padtberg A (1908/1909) Augustinerpraelat Johann Gregor Mendel, Entdecker der Vererbungsgesetze. Natur und Kultur 6: 237–241. Neu abgedruckt in: Simunek MV, Hoßfeld U, Thümmler F & Sekarak J (Eds.) (2011) The letters on G.J. Mendel. Correspondence of William Bateson, Hugo Iltis, and Erich von Tschermak-Seysenegg with Alois and Ferdinand Schindler, 1902–1935. *Studies in the History of Sciences and Humanities* 28. Pavel Mervart. Prag. Appendix III, S. 107–112.

Palmer A (1972) Metternich. Harper & Row Publishers. New York, Evanston, San Francisco, London.

Pantanelli E (1920) Giuseppe Cuboni. *Ber. Dtsch. Bot. Ges.* 38: 85–92.

Panzer MA (2014) Lola Montez, ein Leben als Bühne. Verlag Friedrich Pustet. Regensburg.

Pardy F, Fialová D & Doubek M (2022) Genom, Herkunft und Gesundheitszustand von G. J. Mendel. In: G . J. Mendel. Begründer der Genetik – die Wege zu seinem Genom (eds.: Eva Drozdová, Michael Doubek, Šarka Pospíšilova). Masaryk University Press, Brno. S. 145–166.

Parent B, Millet EJ & Tardieu F (2019) The use of thermal time in plant studies has a sound theoretical basis provided that confounding effects are avoided. *Journal of Experimental Botany* 70(9): 2359–2370.

Parini M (1981) Origins and Development of Science Fiction in Japan. In: Tradition and modern Japan (Ed. P.G. O'Neill). Paul Norbury Publications Limited. Tenterden, Kent: 251–256.

Parkes Riley H (1955) George Harrison Shull 1874–1955. *Journal of Heredity* 46(2): 65–66
Pas PW van der (1959) A Note on the Bibliography of Gregor Mendel. *Medical History* 3(4): 331–332.
Pas PW van der (1972) The date of Gregor Mendel´s Birth. *FM* 7: 7–12.
Pas PW van der (1976) A note on the reprints of Mendel's Pisum paper. *FM* 11: 53–54.
Patek J (1849a) Vollständiger Katechismus der Obstbaumzucht. Ein nothwendiges Unterrichtshilfsbuch für alle Freunde des Obstbaues, insbesondere für die liebe Schuljugend bearbeitet. Druck und Verlag von Carl Winiker. Brünn. Ebenso in Tschechischer Übersetzung unter dem Titel: Pátka, Jana (1849) Úplný katechismus o owocnictwj čili sstěparstwj. Ponaučná a pomocnj knjžka pro wssecky přátele sstěparstwj, obzwlásstě pro sskolnj mládež. Tiskem nákladem Karla Winikera. Brno.
Patek J (1849b) Systematische Darstellung der Klassifikation des Obstes, nach den besten Systemen berühmter Pomologen. Druck und Verlag von Carl Winiker.
Patek J (1851) Lehrbuch des Seidenbaues. Druck und Verlag von Karl Winiker. Brünn.
Patellani S [& Mendel G] (1914) Gregor Mendel e l'opera sua. Milano: *Societa edit. libr. il Morgagni* 56: 148–154, 161–176, 201–233.
Paul DB (1983) A War on Two Fronts: J. B. S. Haldane and the Response to Lysenkoism in Britain. *Journal of the History of Biology* 16: 1–37.
Paul HW (1996) Science, Vine and Wine in Modern France. Press Syndicate of the University of Cambridge. Cambridge, New York, Melbourne.
Pearson K, Lee A, Warren E, Fry A & Fawcett CD (1901) Mathematical contributions to the theory of evolution. IX. On the principle of homotyposis and its relation to heredity, to the Variability of the individual, and to that of the race. Part I. Homotyposis in the Vegetable Kingdom. *Philosophical Transactions of the Royal Society of London. Series A, Containing Papers of a Mathematical or Physical Character* 197: 285–379.
Pearson K & Magnello (1902). Cooperative investigations on plants: I. On inheritance in the Shirley Poppy. *Biometrika* 2: 56–100.
Pearson K. et al. (1906). Cooperative investigations on plants: III. On heritance in the Shirley Poppy. Second Memoir. *Biometrika* 4: 394–426.
Peaslee MH & Orel V (2007) The evolutionary ideas of F.M. Klacel, teacher of Gregor Mendel. *Biomed. Pap. Med. Fac. Univ. Palacky Olomouc Czech Repub.* 151(1): 151–156.
Peishan L (1988) Genetics in China: The Qingdao Symposium of 1956. *Isis* 79: 227–236.
Peng J, Richards DE, Hartley NM, Murphy GP, Devos KM, et al. (1999) 'Green Revolution' genes encode mutant gibberellin response modulators. *Nature* 400: 256–261.
Perger A (1858) Studien über die deutschen Namen der in Deutschland heimischen Pflanzen. *Denkschriften der kaiserlichen Akademie der Wissenschaften. Math.-nat. Classe* 14: 123–236.
Peter A (1884a) Über spontane und künstliche Gartenbastarde der Gattung Hieracium sect. Piloselloide. *Botanische Jahrbücher für Systematik* 5: 203–239.
Peter A (1884b) Über spontane und künstliche Gartenbastarde der Gattung Hieracium sect. Piloselloide. *Botanische Jahrbücher für Systematik* 5: 448–496.
Peter A (1885) Über spontane und künstliche Gartenbastarde der Gattung Hieracium sect. Piloselloide. *Botanische Jahrbücher für Systematik* 6: 111–136.
Peter A (1888) Geschichte der Stadt Teschen. Verlag der k. k. Hofbuchhandlung Karl Prochaska. Teschen.
Petermann WL (1847) Das Pflanzenreich: in vollständigen Beschreibungen aller wichtigen Gewächse dargestellt, nach dem natürlichen Systeme geordnet und durch naturgetreue Abbildungen erläutert. Zweite Ausgabe. Verlag von Eduard Eisenach. Leipzig.

Petermann WL (1857) Das Pflanzenreich: in vollständigen Beschreibungen aller wichtigen Gewächse dargestellt, nach dem natürlichen Systeme geordnet und durch naturgetreue Abbildungen erläutert. Zweite Ausgabe. Verlag von Julius Werner. Leipzig.
Peters JA (ed.) (1959) Classic Papers in Genetics, Prentice-Hall, Inc. Englewood Cliffs, N. J.
Peters JA (ed.) (1961) Classic Papers in Genetics. Prentice-Hall, Inc. Englewood Cliffs, N. J.
Petrbok V (2016) Ludwig August Frankl als tschechischer Dichter? In: Hecht L (Hrsg.), Ludwig August Frankl (1810–1894): Eine jüdische Biographie zwischen Okzident und Orient. Böhlau Verlag. Köln – Weimar – Wien.
Pettenkofer M v (1862) Die Bewegung des Grundwassers in Wien. *Sitzungsber. d. k. bayr. Akademie d. Wissenschaften* 1: 272–290.
Petzval J (1853) Integration der linearen Differentialgleichungen mit constanten und veränderlichen Coefficienten. Erster Band. In Commission bei Wilhelm Braumüller, Wien.
Pfeffer W (Hrsg.) (1893) D. Joseph Gottlieb Kölreuter's Vorläufige Nachricht von einigen das Geschlecht der Pflanzen betreffenden Versuchen und Beobachtungen, nebst Fortsetzung 1, 2 und 3. (1761–1766.) Verlag von Wilhelm Engelmann. Leipzig.
Pflug (1871) Ueber die Zeugung. Vom Standpunkt der landwirthschaftlichen Thierzucht. *Georgika – Zeitschrift für Landwirtschaft und einschlagende Wissenschaft* 2: 1–21.
Phelps RH & Jack Stein (1962) The German Scientific Heritage. Holt, Rinehart and Winston. New York.
Philipson J (1888) XIV. – The vitality of seeds found in the wrappings of egyptian mummies. *Archaelogia Aeliana* (N.S.) 15: 102–124.
Philiptchenko YA (1925) Francis Galton und Gregor Mendel. [In Russisch: Frensis Galton i Gregor Mendel.] Gosizdat. Moskau.
Piegorsch WW (1981) Whatever happened to the Gregor Mendel controversy? BU-734-M in the *The Biometrics Unit Mimeo Series.* Cornell University. Ithaca, New York.
Pichler M (2015) Das Land Vorarlberg 1861 bis 2015. Geschichte Vorarlbergs Band 3. Universitätsverlag Wagner. Innsbruck.
Piegorsch WW (1982) Has J. G. Mendel been "too accurate" in his experiments? The X2-Test and its significance to the evaluation of genetic segregation. By Franz Weiling. A translation of the German version entitled: Hat J.G. Mendel bei seinen Versuchen „zu genau" gearbeitet? Der X2 Test und seine Bedeutung fuer die Beurteilung genetischer Spaltungsverhaeltnisse. *Der Züchter* 36, 1966: 359–365. https://ecommons.cornell.edu/bitstream/handle/1813/32818/BU-718-M.Revised.pdf?sequence=1.
Piegorsch WW (1986) The Gregor Mendel controversy: Early issues of goodness-of-fit and recent issues of genetic linkage. *History of Science* 24: 173–182.
Piegorsch WW (1990) Fisher's contributions to genetics and heredity, with special emphasis on the Gregor Mendel controversy. *Biometrics* 12: 915–924.
Pieruschka R & Poorter H (2012) Phenotyping plants: genes, phenes and machines. *Functional Plant Biology* 39(11): 813–820.
Pilger P (1902) Entstehung von Arten, Variabilitäten und Vererbung, Hybridisation. Nachtrag. *Just's Bot. Jahresber.* 1900 28: 503–517.
Pilgrim I (1984) The too-good-to-be-true paradox and Gregor Mendel. *Journal of Heredity* 75: 501–502.
Pilgrim I (1986) A solution to the too-good-to-be-true paradox and Gregor Mendel. *Journal of Heredity* 77: 218–220.
Pilpel A (2007) Statistics is not enough: revisiting Ronald A. Fisher's critique (1936) of Mendel's experimental results (1866). *Studies in History and Philosophy of Science Part C: Studies in History and Philosophy of Biological and Biomedical Sciences* 38: 618–626
Pires AM & Branco JA (2010) A Statistical Model to Explain the Mendel—Fisher Controversy. *Statistical Science* 25: 545–565.

Pirie NW (1966) John Burdon Sanderson Haldane, 1892–1964. *Bibliographical Memoirs of Fellows of the Royal Society* 12: 219–249.

Pisko FJ (1853) Foucault's Beweis für die Axendrehung der Erde. Druck und Verlag von Carl Winiker. Brünn.

Pisko FJ (1854) Lehrbuch der Physik für Unter-Realschulen. Vierte verbesserte und vermehrte Auflage (1859). Sechste sehr verbesserte und vermehrte Auflage (1864), diese erneut abgedruckt (1865). Siebente sehr verbesserte und vermehrte Auflage (1869). Achte Auflage sehr verbesserte und vermehrte Auflage (1871).

Pisko FJ (1859) Lehrbuch der Physik für Ober-Realschulen. Druck und Verlag bei Carl Winiker. Brünn. Zweite Auflage (1869). Dritte verbesserte und vermehrte Auflage (1873).

Pisko FJ (1860) Physik für Ober-Gymnasien. Druck und Verlag bei Carl Winiker. Brünn. 2. umgearbeitete Auflage (1869).

Pisko FJ (1873) Lehrbuch der Physik für die oberen Klassen der Gymnasien und Realschulen. Dritte Auflage. Vierte verbesserte und theilweise umgearbeitete Auflage (1877).

Paul VI. (1965) Apostolisches Schreiben von Papst Paul VI. an den Generalprior des Augustinerordens Lucianus Rubio zum Mendel Jubiläum 1965. In deutscher Übersetzung in: Miksch (1975), S. 105–106.

Platt R (1959) Darwin, Mendel, Galton. *Medical History* 3: 87–99.

Plischke KO (2012) Zur Geschichte des Gens. Die Entstehung der Begriffsmerkmale im 19. Jahrhundert und ihre Weiterentwicklung bis zur Formulierung durch Rosalind Franklin, Francis Crick, James Watson, Maurice Wilkins. Dissertation – Medizinische Fakultät der Heinrich-Heine-Universität Düsseldorf.

Plischke KO & Labisch A (2017a) Zur Wissenschaftsgeschichte des biologischen Terminus ‚Gen'. Ein Beitrag zur Modellbildung in der Biologie. *Sudhoffs Archiv* 101(2017/2): 184–215.

Plischke KO & Labisch A (2017b) On the biological term "gene" in the history of science. *Endoxa* 40: 103–133.

Pluskal FS (1849) Biographie der berühmten, jetzt lebenden Pflanzenforscherin Oesterreich's, Frau Josephine Kablik. Mitgliedes der königl. botanischen Gesellschaft in Regensburg. Gedruckt bei Franz Gastl. Brünn.

Pohl WG, Reiter WL, Rosner RW, Schlögl RW, Schuster P, Sexl H & Soukup RW (2004) Die wissenschaftliche Welt von gestern: die Preisträger des Ignaz L. Lieben-Preises 1865–1937 und des Richard Lieben-Preises 1912–1928. Ein Kapitel österreichischer Wissenschaftsgeschichte in Kurzbiografien. (Hrsg. R. Werner Soukup im Auftrag der Universität Wien). Böhlau Verlag. Wien, Köln, Weimar.

Pollmann A (1879) Werth der verschiedenen Bienenracen und deren Varietäten, bestimt durch Urtheile namhafter Bienenzüchter. H. Voigt. Leipzig 1879; 70 S. (2. Auflage 1889).

Polowick PL, Vandenberg A & Mahon JD (2002) Field assessment of outcrossing from transgenic pea (Pisum sativum L.) plants. *Transgenic Research* 11: 515–519.

Popovskiĭ MA (1977) N. I. Vavilov und die biologische Diskussion in der UdSSR. Berichte des Osteuropa-Instituts an der Freien Universität Berlin. H. 116, Reihe Medizin.

Porges K (2015) Die Geschichte des Biologieunterrichtes in der SBZ/DDR von 1945 bis 1989 am Beispiel der Evolutionsbiologie – eine Dokumentenanalyse. Jena: Dissertation.

Porges K (2018) Evolutionsbiologie im Biologieunterricht der SBZ/DDR. Deutsche Gesellschaft für Geschichte und Theorie der Biologie (Eds.). *Annals of the History and Philosophy of Biology* Vol. 18 (2013). Universitätsverlag Göttingen.

Porges K, Hoßfeld U, Mielewczik M & Simunek MV (2016) Zur Fachdisziplin Genetik und Gregor Johann Mendel in den Lehr- und Lernmaterialien der SBZ/DDR. *FM* 52: 45–66.

Porges K & Hoßfeld U (2017) Evolutionsbiologie im Biologieunterricht der SBZ und DDR. *MNU Journal* 70: 369–375.

Porges K, Hoßfeld U & Krause J (2020): Real sind Gradienten. Die „Jenaer Erklärung" im Unterricht. *MINT-Zirkel* 9 (4): 9.
Porges K, Bergens F, Hoßfeld U & Krause J (2021) Die „Jenaer Erklärung" im (Biologie-)Unterricht. *MNU* 74 (2): 154–158.
Porteous JW (2004) We still fail to account for Mendel's observations. *Theoretical Biology and Medical Modelling* 1: 4.
Posner E (1966) The enigmatic Mendel. *Bulletin of the History of Medicine* 40(5): 430–40.
Posner E & Skutil J (1968) The great neglect: the fate of Mendel's classic paper between 1865 and 1900. *Medical History* 12(2): 122–136.
Pradal C, Artzet S, Chopard J, Dupuis D, Fournier C, Mielewczik M, Negre V, Neveu P, Parigot D, Valduriez P & Cohen-Boulakia S (2017) InfraPhenoGrid: a scientific workflow infrastructure for plant phenomics on the grid. *Future Generation Computer Systems* 67: 341–353.
Price DN & Hedley CL (1988) The effect of the *gp* gene on fruit development in *Pisum sativum* L. II. Photosynthetic implications. *New Phytologist* 110: 271–277.
Price DN, Smith CM, Hedley CL (1988) The effect of the *gp* gene on fruit development in *Pisum sativum* L. I. Structural and physical aspects. *New Phytologist* 110: 261–269.
Procházka M (1868) Materialismus a křesťanstvi s ohledem na přírodovědecké časopisectví české. [Der Materialismus und das Christentum im Hinblick auf das naturwissenschaftliche Zeitschriftenwesen.] Darvinismus VI. *Časopis katol. duch.* IX(II): 95–122.
Procházka L (1985) Mikroskope von Gregor Mendel. *FM* 20: 15–27.
Proctor RN (1988) Racial Hygiene. Medicine under the Nazis. Harvard University Press. Cambridge, Mass.–London.
Proskowetz E v (1889) Zur Charakteristik typischer Zuckerrübenvarietäten. *Oesterr.-Ung. Z. Zuckerind.* 18: 372–406.
Proskowetz E v (1893) Nutation und Begrannung in ihren correlativen Beziehungen und als zuechterische Indices bei der langen zweizeiligen Gerste. *Landw. Jahrb.* 22: 629–727.
Proskowetz E v (1902) Zur Erinnerung an den österreichischen Forscher Gregor Mendel. *Neue Freie Presse* [Wien] Nr. 13619: 16–17 (24. Juli).
Punnett RC (1925) An early reference to Mendel's work. *Nature* 116: 606.
Punnett RC (1952) Bateson and Mendel's principles of heredity. *Notes and Records of the Royal Society of London* 9: 336–347.
Purkinje JE (1825) [Symbolae ad ovi avium historiam ante incubationem]. Joan. Fried. Blumenbachio eq. Guelph. viro de omni scientia naturali uni omnium maxime merito Universitatis Georgiae Augustae decori eximio die XIX. Septembri MDCCCXXV summorum in medicina honorum semisaecularia faustis ominibus celebranti gratulatur ordo medicorum Vratislaviensium / interprete Joanne Ev. Purkinje, P. P. O. Subjectae sunt symbolae ad ovi avium historiam ante incubationem, cum duobus lithographis. Vratislaviae. Typis Universitatis. http://mdz-nbn-resolving.de/urn:nbn:de:bvb:12-bsb10972575-6.
Purkinje JE (1830) Symbolae ad ovi avium historiam ante incubationem. Lips.
Purkyně JE (1855) O vytvořování vajec uvnitř těla slepičího. *Živa* 3: 54–61.
Quadrat B (1853) Lehrbuch der Chemie für Oberrealschulen und technische Anstalten sowie zum Selbst-Unterrichte. Erste Abtheilung. Unorganische Chemie. Druck und Verlag von Carl Winiker. Brünn. Zweite Auflage (1855). Dritte Auflage (1859). Vierte Auflage (1866).
Quadrat B (1854) Lehrbuch der Chemie für Oberrealschulen und technische Anstalten sowie zum Selbst-Unterrichte. 2. Abtheilung. Organische Chemie. Druck und Verlag bei Carl Winiker. Brünn. Zweite Auflage (1857). Dritte Auflage (1867).
Quadrat B (1855) Anleitung zur qualitativen und quantitativen chemischen Analyse für Ober-Realschulen und höhere Gewerbeschulen. Druck und Verlag von Carl Winiker. Brünn.
Radick G (2015): Beyond the Mendel-Fisher controversy. *Science* 350: 159–160.

Raicu P & Vlădescu B (1971) Mendel's theory in Rumania. *FM* 6: 281–283.
Raipulis J (2017): Ģenētikas studijas un pētījumi Latvijas Universitātē – Studies and Investigations of Genetics at the University of Latvia. In: Zinātņu vēsture un muzejniecība (Latvijas Universitātes Raksti, 815. sēj.): 200–221.
Rasmusson J (1927) Genetically changed linkage values in Pisum. *Hereditas* 10: 1–150.
Raymund R & Mendel G (1944) Kísérletek növényhibridekkel; ford., bev. Rapaics Raymund; Királyi Magyar Természettudományi Társulat. Budapest. *A természettudományok elemei* 16: 27–70.
Rayner T, Moreau C, Ambrose M, Isaac PG, Ellis N & Domoney C (2017) Genetic Variation Con trolling Wrinkled Seed Phenotypes in *Pisum*: How Lucky Was Mendel? *Int. J. Mol. Sci.* 18: 1205.
Reese G (1950) Beiträge zur Wirkung des Colchicins bei der Samenbehandlung. *Planta* 38(3): 324–376.
Regel EA (1851) Ueber einige Formen von Alpenpflanzen. *Botanische Zeitung* 9: 609–617.
Regel EA (1853) Die Zeugung des Samens der blüthentragenden Pflanzen und die Entstehung der Pflanzen-Bastarde. *Gartenflora. Monatsschrift für deutsche und schweizerische Garten- und Blumenkunde* 2: 222–247.
Regel EA (1855) Allgemeines Gartenbuch. Ein Lehr- und Handbuch für Gärtner und Gartenfreunde. 1. Bd. Druck und Verlag von Friedrich Schultheß. Zürich.
Regelmann J-P (1980) Die Geschichte des Lyssenkoismus. Rita G. Fischer. Frankfurt (Main).
Rehwitsch (1902) *Jahresberichte über das höhere Schulwesen* 1901, 16: 37.
Reich D, Green RE, Kircher M, Krause J, Patterson N, Durand EY, et al. (2010) Genetic history of an archaic hominin group from Denisova Cave in Siberia. *Nature* 468(7327): 1053–1060.
Reich D, Patterson N, Kircher M, Delfin F, Nandineni MR, Pugach I, et al. (2011) Denisova admixture and the first modern human dispersals into Southeast Asia and Oceania. *The American Journal of Human Genetics* 89(4): 516–528.
Reichardt HW (1861) *Verbascum pseudo-phoeniceum*. (*V. Blattaria-phoeniceum*) ein neuer Blendling. [vorgelegt in der Sitzung vom 7. November 1861]. *Verhandlungen der Zoologisch-Botanischen Gesellschaft in Wien* 11: 403–404.
Reichenbach HGL (1830–1833) Flora germanica excursoria ex affinitate regni vegetabilis naturali disposit. Cnobloch. Leipzig.
Reid JB & Ross JJ (2011) Mendel's Genes: Toward a full molecular characterization. *Genetics* 189: 3–10.
Reitler (1913) Deszendenztheorie und Vererbungslehre. (Fortsetzung und Schluß). *Monatsblätter für den katholischen Religionsunterricht an höheren Lehranstalten* 14: 129–139.
Reiß C, Hoßfeld U, Olsson L, Levit GS & Lemuth O (2009) Das autobiographische Manuskript des Entwicklungsbiologen Julius Schaxel (1887–1943) vom 24. Juli 1938 – Versuch einer Kontextualisierung. *Annals of the History and Philosophy of Biology* 13: 3–51.
Remy (1900) Ueber die Abänderung der Gerste mit besonderer Rücksicht auf das Verhältnis zwischen Gewicht und Stickstoffgehalt des Kornes. *Blätter für Gersten, Hopfen- und Kartoffelbau. Monatsschrift herausgegeben von der Rohstoffabtheilung des Institutes für Gährungsgewerbe in Berlin* 2: 62–70.
Renner O (1924) Die Botanik vor Mendels Auferstehung. *Naturwissenschaften* 12: 752–756.
Renner O (1957) Correns, Carl Erich. In: *Neue Deutsche Biographie* 3: S. 368 [Online-Version]; URL: https://www.deutsche-biographie.de/pnd118676938.html#ndbcontent.
Rheinberger H-J (1995) When did Carl Correns read Gregor Mendel's paper? A research note. *Isis* 86: 612–616.
Rheinberger H-J (2000) Carl Correns' experiments with *Pisum*, 1896–1899. *History and philosophy of the life sciences* 22: 187–218.

Rheinberger H-J (2003) Carl Correns' experiments with *Pisum*, 1896–1899. In: Frederic L. Holmes, Jürgen Renn & Hans-Jörg Rheinberger (eds.), Reworking the bench: Research notebooks in the history of science. Springer. Dordrecht: 221–252.

Rheinberger H-J (Ed.) (2008) A cultural history of heredity IV: Heredity in the century of the gene (= Preprint 343 of the Max-Planck-Institut für Wissenschaftsgeschichte). MPIWG. Berlin.

Rheinberger H-J (Ed.) (2015) Re-discovering Mendel: The case of Carl Correns. *Science & Education* 24: 51–60.

Rhoades MM (1984) The early years of maize genetics. *Annual Review of Genetics* 18: 1–29.

Richter O (1917) Herrn Univ.-Prof. Dr. Hans Molisch zum 60. Geburtstag! *Lotos – Zeitschrift für Naturwissenschaften* 65: 33–42.

Richter O (1924) Ein kleiner Beitrag zur Biographie P. Gregor Mendels. In: Festschrift der Deutschen Technischen Hochschule in Brünn zur Feier ihres fünfundsiebzigjährigen Bestandes im Mai 1924. Verlag der Deutschen Technischen Hochschule. Brünn: 123–141.

Richter O (1925) Biographisches über Pater Gregor Mendel aus Brünns Archiven. In: Pamětní spis ku oslavě stých narozenin J.G. Mendela / Memorial-Volume in the Honor of the 100th Birthday of J.G. Mendel. Nákladem Fr. Borového v Praze: 266–277.

Richter O (1926) Sr. Magnifizenz Herrn Hofrat Prof. Dr. Hans Molisch zum siebzigsten Geburtstag!

Richter O (1931a) Mendel und seine Heimat. Vortrag gehalten anläßlich der 7. Schlessischer Kulturwoche am 5. Juli 1931 im Deutschen Vereinshause Neu-Titschein, o. O. 1931 (Sonderdruck).

Richter O (1931b) Gregor Mendels Reisen. *VNV* 63: 1–11.

Richter O (1931c) Mendel und seine Heimat. Aufwärts 5(10–11): 4–9.

Richter O (1937) Seinem hochverehrten Lehrer und Freunde Hofrat Hans Molisch zum Gedenken. *VNV* 69: 143–148.

Richter O (1941) 75 Jahre seit Mendels Großtat und Mendels Stellungnahme zu Darwins Werken auf Grund seiner Entdeckungen. *VNV* 72: 110–173.

Richter O (1943) Johann Gregor Mendel wie er wirklich war. Neue Beiträge zur Biographie des berühmten Biologen aus Brünns Archiven. *VNV* 74: 1–262.

Richter O (1947) Ein großer Naturforscher, Leben und Werk von Hans Molisch. *Austria, Zeitschrift für Kultur und Geistesleben* 2: 197–199.

Richter I (2001) Katholizismus und Eugenik in der Weimarer Republik und im Dritten Reich. Zwischen Sittlichkeitsreform und Rassenhygiene. 1. Auflage. In: Veröffentlichungen der Kommission für Zeitgeschichte Reihe B: Forschungen. Bd. 88. Ferdinand Schöningh Verlag. Paderborn.

Riecke VA (1831) Mittheilungen über die morgenländische Brechruhr. Zweite unveränderte Auflage. Carl Hoffmann. Stuttgart.

Riedl H (1976) Nave, Johann (1831–1864), Botaniker und Beamter. *ÖBL* 1815–1950, Bd. 7 (Lfg. 31, 1976): 45.

Riedl-Dorn C (2013) Steindachner, Franz. *Neue Deutsche Biographie* 25: 171–172.

Riley (1877a) The Colorado Beetle. *The Gardeners´ Chronicle. A Weekly Illustrated Journal of Horticulture and Allied Subjects* 7(N.S.): 669 (26th May 1877).

Riley (1877b) The Colorado Beetle. *The Garden an Illustrated Weekly Journal of Horticulture in all its branches*, 2nd June 1877, 11: 460 (2nd June 1877).

Roberts HF (1902) The International Plant Breeding Conference. *The Industrialist* (Manhattan, Kansas) 19(9): 136–139.

Roberts HF (1919a) The founders of the art of breeding. *Journal of Heredity* 10: 99–106.

Roberts HF (1919b) The founders of the art of breeding – II. Work of the earlier hybridists – Other great discoverers long neglected, as was the case with Mendel. *Journal of Heredity* 10: 147–152.

Roberts HF (1919c) The founders of the art of breeding – III. Pre-Mendelian breeders of the nineteenth century. *Journal of Heredity* 10: 229–239.

Roberts HF (1919d) The founders of the art of breeding – IV. Pre-Mendelian breeders of the nineteenth century. Concluded. *Journal of Heredity* 10: 257–270.

Roberts HF (1929) Plant Hybridization before Mendel. Princeton University Press. Princeton.

Robertson MJ, Carberry PS, Huth NI, Turpin JE, Probert ME, Poulton PL, Bell M, Wright GC, Yeates SJ & Brinsmead RB (2002) Simulation of growth and development of diverse legume species in APSIM. *Australian Journal of Agricultural Research* 53(4): 429–446.

Robledo E (1920) Existe una degeneración colectiva en Colombia? Tipografía Industrial. Medellín.

Robledo E [& Mendel G] (1940) Experimentos en hibridacion, por Gregorio Mendel. Traduccion introduccion y notas por Emilio Robledo. Tip. Sanson. Medellin.

Rodnyj NI & Solowjew JI (1977) Wilhelm Ostwald. Teubner. Leipzig.

Roelcke V (2007) Die Etablierung der psychiatrischen Genetik in Deutschland, Grossbritannien und den USA, ca. 1910–1960. Zur untrennbaren Geschichte von Humangenetik und Eugenik. *Acta Hist. Leopoldina* 48: 173–190.

Rožnovský J (2014) G.J. Mendel's meteorological observations. J. Rožnovský & Litschmann T, (eds): Mendel a bioklimatologie. Brno, 3. – 5. 9. 2014, International Conference.

Rössler W (1988) II. Rückblick. Zur Geschichte des Institutes für systematische Botanik (heute: Institut für Botanik) der Karl-Franzens-Universität Graz. *Mitteilung des Naturwissenschaftlichen Vereines für Steiermark* 118: 17–88.

Rolfe RA (1900) Hybridisation viewed from the standpoint of systematic botany. *Journal of the Royal Horticultural Society* 24: 181–203.

Roll-Hansen N (2005) The Lysenko Effect. The Politics of Science. Humanity Books. Amherst; New York.

Rolleder A (1903) Geschichte der Stadt und des Gerichtsbezirkes Odrau. Selbstverlag. Steyr.

Romanes GJ (1881) Hybridism. In: *Encyclopedia Britannica*. 9. Ed. Vol. 12: 422–462.

Ruckenbauer P (2000) E. von Tschermak-Seysenegg and the Austrian contribution to plant breeding. *Vortr. Pflanzenzüchtg.* 48: 31–46.

Rupli K (1944) Johann Gregor Mendel. Prag Film AG. Prag (Film-Drehbuch: Heinz Graupner).

Růžička Vl (1925) Memorial-Volume on the 100th Anniversary of J.G. Mendel. Eugenická knihovna III. F. Borový; Praha.

Sajner J (1963) Gregor Mendels Krankheit und Tod. *Sudhoffs Archiv für Geschichte der Medizin und der Naturwissenschaften* 47: 377–382.

Sajner J (1965) G. Mendel Memorial Symposium 1865–1965 – Symposium on the Mutational Process. *Naturwissenschaftliche Rundschau* 18: 201–202.

Sajner J (1966) Neue Forschung über Gregor Mendel. *Schriften des Vereins zur Verbreitung naturwissenschaftlicher Kenntnisse in Wien* 106: 163–182.

Sajner J (1967) Entwicklung und Ergebnisse der Gregor Mendel-Forschung. *Medizinhistorisches Journal* 2: 78–91.

Sajner J (1971a) Eine quantitative Analyse der Autorenzitate in G. Mendel's Werk ‚Versuche über Pflanzen-Hybriden'. *FM* 6: 79–87.

Sajner J (1971b) Gregor Johann Mendels Mitgliedschaft in wissenschaftlichen Vereinen und Gesellschaften. *FM* 6: 199–209.

Sajner J (1971c) G. J. Mendels Mitgliedschaft in nicht wissenschaftlich orientierten Vereinen und Gesellschaften. FM 6: 239–246.

Sajner J (1974) G. J. Mendels Wappen. *FM* 9: 263–268.

Sajner J (1975) Johann Gregor Mendel. Augustinus-Verlag. Würzburg.

Sajner J (1983) Johann Gregor Mendel. Leben und Werk des Abtes und Forschers. 2. verbesserte und erweiterte Auflage. St. Benno-Verlag GmbH. Leipzig.

Sajner J (1984) Johann Gregor Mendel und Znaim. Zu seinem hundertsten Todestag. *Bohemia* 25: 116–123.
Sanchez JL & Orel V (1974) Gregorio Mendel. Sesquicentenario de su Nacimiento. Academia de ciencias de Cuba. Museo historico de las ciencias "Carlos J. Finlay". La Habana.
Salvini-Plawen L (2001) Die Akten und Daten zu den Lehramtsprüfungen von Gregor Johann Mendel. – Mensch-Wissenschaft-Magie – *Mitteilungen der österreichischen Gesellschaft für Wissenschaftsgeschichte* 21: 155–162.
Sander K (1988) Darwin und Mendel. Wendepunkte im biologischen Denken. *Biologie in unserer Zeit* 18: 161–167.
Sandler I (2000) Development: Mendel's legacy to Genetics. *Genetics* 154: 7–11.
Sandler I & Sandler L (1986) On the origin of Mendelian genetics. *American Zoologist* 26: 753–768.
Sapp J (1990) The nine lives of Gregor Mendel, in: Le Grand H E (Hrsg.): Experimental Inquiries. Springer. Dordrecht (Netherlands): 137–166.
Sargsyan N [& Mendel G] (1936) Versuche über Pflanzen-Hybriden von Gregor Mendel (in Armenisch). Übersetzung von Nik. Sargsyan. National Publishing House of the Armenian S.S.R. Yerevan.
Sato Y, Morita R, Nishimura M, Yamaguchi H & Kusaba M (2007) Mendel's green cotyledon gene encodes a positive regulator of the chlorophyll-degrading pathway. *Proceedings of the National Academy of Science* 104: 14169–14174.
Sato S, Nakamura Y, Kaneko T, Asamizu E, Kato T, Nakao M, et al. (2008) Genome structure of the legume, *Lotus japonicus. DNA research* 15: 227–239.
Schanz P v (1895) Apologie des Christentums. Erster Theil: Gott und die Natur. Zweite, vermehrte und verbesserte Auflage. Herder'sche Verlagshandlung. Freiburg im Breisgau.
Scherzer K v (1861a) Reise der Oesterreichischen Fregatte Novara um die Erde, in den Jahren 1857–1859 unter den Befehlen des Commodore B. von Wüllerstorf-Urbair. 3 Bände Wien.
Scherzer, K (1861b) Narrative of the Circumnavigation of the Globe by the Austrian Frigatte Novara. Undertaken by the Order of the Imperial Government, in the years 1857, 1858, & 1859, under the immediate auspices of his I. and R. Highness the Archduke Ferdinand Maximilian, Commander-In-Chief of the Austrian Navy. Saunders, Otley, and Co., London.
Schiffner VF (1886) Über Verbascum–Hybriden und einige neue Bastarde des *Verbascum pyramidatum* M.B. *Bibl. Bot.* 1: 3ff.
Schilberszky K (1900) De Vries, Hugo: Das Spaltungsgesetz der Bastarde. *Pótfüzetek a Természettudományi Közlönyhöz* 32 (8/4. Pótfüzetek): 283–284.
Schindler A (1902) Praelat Gregor Mendel – ein berühmter schlesischer Naturforscher. *Mährisch-Schlesische Presse* 19: 6 (4. Januar).
Schindler F (1893) Der Weizen in seinen Beziehungen zum Klima und das Gesetz der Korrelation. Parey, Berlin.
Schindler F (1896) Die Lehre vom Pflanzenbau auf physiologischen Grundlagen. Parey, Berlin.
Schindler F (1922) Gregor Johann Mendels Beziehung zur Heimat. *Das Kuhländchen* 4: 64–65.
Schleiden M (1850) Grundzüge der wissenschaftlichen Botanik nebst einer Methodologischen Einführung als Anleitung zum Studium der Pflanze. Zweiter Theil: Morphologie. Organologie. Dritte verbesserte Auflage. Verlag von Wilhelm Engelmann, Leipzig.
Schleiden MJ (1852) Handbuch der Medicinisch-pharmaceutischen Botanik und Botanischen Pharmacognosie. Verlag von Wilhelm Engelmann, Leipzig.
Schlosser JC (1843) Anleitung, die im Mährischen Gouvernement wildwachsenden und am häufigsten cultivirten phanerogamen Pflanzen nach der analytischen Methode durch eigene Untersuchungen zu bestimmen. Rud. Rohrer's sel. Wittwe. Brünn.

Schmid A (1865) Bericht über die am 12., 13. und 14. September 1865 in Brünn abgehaltene XIV. Wanderversammlung der deutschen Bienenwirthe. *Bienen-Zeitung* 21(21/22 u. 23/24): 237–304.

Schmid A & Kleine G (1865) Leitfaden für den Unterricht in Theorie und Praxis einer rationellen Bienenzucht. Verlag der C. H. Beck´schen Buchhandlung. Nördlingen.

Schmidt CJ (1851) Brünn und seine Umgebungen: ein Gemälde dieser königl. provinzial-Hauptstadt. Ludw. Wilh. Seidel's Verlag. Brünn.

Schmidt I (2004): Gaissinovitch [Gajsinovič], Abba Evseevič. In: Geschichte der Biologie (Hrsg. Ilse Jahn). 3., neubearbeitete und erweiterte Auflage d. Sonderausgabe für Nikol Verlagsgesellschaft mbH & Co. KG. Hamburg: S. 827–828.

Schmuhl H-W (Hrsg.) (2003) Rassenforschung an Kaiser Wilhelm-Instituten vor und nach 1933 (= Geschichte der K-W-G im Nationalsozialismus, Bd. 4). Göttingen.

Schmalhausen IO (1874) O rastitelnych pomesjach nabludenja iz peterburkoy flori. St. Petersburg.

Schmutz J, Cannon SB, Schlueter J, Ma J, Mitros T, Nelson W, et al. (2010) Genome sequence of the palaeopolyploid soybean. *Nature* 463: 178–183.

Schneider G (1889) Die Hieracien der Westsudeten. G. Pohl. Cunnersdorf.

Schneider G (1888–1895) Die Hieracien der Westsudeten. Das Riesengebirge in Wort und Bild. Bd. 8–15.

Schneider G (1950) Die Evolutionstheorie. Das Grundproblem der modernen Biologie. Ein Abriß des Entwicklungsgedankens von Kaspar Friedrich Wolff über Darwin bis Lysenko, Berlin 1950. (2. verb. Aufl. 1951, 3. Aufl. 1958).

Schneider L (2005) Biology and Revolution in Twentieth-Century China. Rowman & Littlefield Publishers, Inc., Lanham – Boulder – New York – Toronto – Oxford.

Schneider L (2012) Michurinist Biology in the People's Republic of China, 1948–1956. *Journal of the History of Biology* 45: 525–556.

Schoeneberger H (1915) Die Erhebungsmethode in der Psychologie. *Pharus – Katholische Monatsschrift für Orientierungen in der gesamten Pädagogik* 6(2): 385–408.

Schram W (1889) Zur mähr.-schl. Biographie. CCLXXIII. Hochschulprofessor Anton Tomaschek. *Notizen-Blatt der historisch-statistischen Section der kais. königl. Mährisch-Schlesischen Gesellschaft zur Beförderung des Ackerbaues, der Natur- und Landeskunde* 9: 65–66.

Schramm M (2021) „Gemeinschädlich" und „nervtötend" oder „treuer Hund" und „bester Broterwerber"? Arbeiter/innen und Maschinen in der westsächsischen Textilindustrie, 1790-1914. Universitätsverlag. Chemnitz.

Schwartz J (2008) In pursuit of the gene – from Darwin to DNA. Harvard University Press. Cambridge (Massachusetts), London.

Schwarz HF (1932) The Genus Meliopona. The Type Genus of the Meliponidae or Stingless Bees. *Bull. Am. Mus. Nat. Hist.* 63: 231ff. [Separat-Abdr.].

Schwarz HF (1948) Stingless bees (Meliponidae) of the Western Hemisphere. *Bull. Am. Mus. Nat. Hist.* 90: 1-546.

Schwarzbach E, Smýkal P, Dostál O, Jarkovská M & Valová S (2014) Gregor J. Mendel – Genetics founding father. *Czech Journal of Genetics and Plant Breeding* 50: 43–51.

Schwippel C (1857a) Naturwissenschaftliche Section. Bericht über die Sitzung vom 5. Mai 1857. *Mittheilungen der k. k. Mährisch-Schlesischen Gesellschaft zur Beförderung des Ackerbaues, der Natur- und Landeskunde in Brünn* Nr. 22, 31. Mai 1857: 175–176.

Schwippel C (1857b) Naturwissenschaftliche Section. Bericht über die Sitzung vom 7. Juli 1857. *Mittheilungen der k. k. Mährisch-Schlesischen Gesellschaft zur Beförderung des Ackerbaues, der Natur- und Landeskunde in Brünn* Nr. 30 vom 26. Juli 1857: 239.

Schwippel K (1857c) Naturwissenschaftliche Section. Bericht über die Sitzung vom 8. April 1857. *Mittheilungen der K. K. Mährisch-Schlesischen Gesellschaft zur Beförderung des Ackerbaues, der Natur- und Landeskunde in Brünn* Nr. 17, 26. April 1857: 135.

Schwippel K (1857d) Aufruf an alle Freunde der Naturwissenschaften in Mähren und Schlesien. *Mittheilungen der k. k. Mährisch-Schlesischen Gesellschaft zur Beförderung des Ackerbaues, der Natur- und Landeskunde in Brünn* Nr. 23, 7. Juni 1857: 177.

Schwippel C (1858) Jahresbericht der naturwissenschaftlichen Section für 1857. *Mittheilungen der kaiserl. königl. Mährisch-Schlesischen Gesellschaft zur Beförderung Ackerbaues, der Natur- und Landeskunde* Nr. 5 vom 31. Jänner 1858: 37–38.

Schwippel C (1878) III. Abtheilung der Geschichte des Gymnasiums vom Jahre 1848 bis zum Jahre 1878. In: Geschichte des Deutschen Staats-Ober-Gymnasiums in Brünn von der Gründung desselben im Jahre 1578 bis zum Jahre 1878. Festschrift zur Jubel-Feier seines 300-jährigen Bestandes. Im Verlage des Deutschen Staats-Obergymnasiums. Brünn: 95ff.

Sclater A (2003) The extent of Charles Darwin's knowledge of Mendel. *Georgia Journal of Science* 61: 134–137.

Šebánek J (2012) Plant Physiology at the institute for Philosophy in Brno in Mendel's teacher F. Diebl textbook from 1835. *Acta univ. agric. et silvic. Mendel. Brun.* 60: 277–282.

Šebela J. & Obermajer J. (1992) The Portrait of the Abbot Gregor Mendel by Alois Zenker. *FM* 26–27: 9–15.

Seidl J (2021) Zekeli, Lukas Friedrich (1823–1881), Paläontologe und Geologe. *ÖBL 1815–1950*, Bd. 16 (Lfg. 72), S. 471f.

Sekerák J (2006) Gregor Mendel and the scientific milieu of his discovery. In: Kokowski M (Ed.), *The Global and the Local: The History of Science and the Cultural Integration of Europe. Proceedings of the 2nd ICESHS*. Cracow, Poland, September 6–9, 2006: 242–247.

Sekerák J (2022) Mendel´s Date of Birth. *FM* 58/1: 63–75.

Sekerák J & Pončíková P (Eds.) (2022) Iconographia Mendeliana 2022. Half a century of international research into the life and work of Gregor Johann Mendel and the beginnings of genetics in pictures and documents. Moravian Museum, Brno.

Selya R (2012) Defending scientific freedom and democracy: The Genetics Society of America's response to Lysenko. *Journal of the History of Biology* 45: 415–442.

Semenov MA, Mitchell RAC, Whitmore AP, Hawkesford MJ, Parry MA & Shewry (2012) Shortcomings in wheat yield predictions. *Nature Climate Change* 2: 380.

Setoguchi A (2009) Darwin Commemorations and Three Generations of Historians of Biology. *East Asian Science, Technology and Society: An International Journal* 3(4): 531–537.

Shan Y (2016) Exemplarising the origin of a science: a path to genetics (from Mendel to Bateson). Doctoral thesis, UCL (University College London).

Shull CA & Fisher Stanfield J (1939) Thomas Andrew Knight in Memoriam. *Plant Physiology* 14: 1–8.

Shumeiko L (2000) Der lebende Stoff und die Umwandlung der Arten – Die „neue" Zellentheorie von Olga Borisovna Lepesinskaja (1871–1963). *Verhandlungen zur Geschichte und Theorie der Biologie* 6: 213–228.

Siegel L (1909) Znaim als erste Lehrstätte des grossen Naturforschers Johann Gregor Mendel. *Znaimer Wochenblatt* 60(5): 1–2 vom 16. Januar 1909.

Šimeček Z (2011) Knižní obchod v Brně od sklonku 15. do konce 18. století [Der Buchhandel in Brünn seit dem Ende des 15. bis zum Ende des 18. Jahrhunderts]. Archiv města Brna. Brno.

Simunek MV (2007) Eugenics, Social Genetics and Racial Hygiene: Plans for the Scientific Regulation of Human Heredity in the Czech Lands, 1900–1925. In: Turda M & Weindling PJ (eds.), Blood and Homeland. Eugenics and Racial Nationalism in Central and Southeast Europe 1900–1940. CEUP. Budapest: 145–166.

Simunek MV, Mayer T, Hoßfeld U & Breidbach O (2009) Johann Gregor Mendel. Mendelianismus in Böhmen und Mähren 1900–1930. *Jahrbuch für Europäische Wissenschaftskultur* 4: 183–204.

Simunek MV & Hoßfeld U (2010). Mendel's Manuscript of ‚Versuche über Pflanzenhybriden': The (Never) Ending Story? *Annals of the History and Philosophy of Biology* 15: 323–338.

Simunek MV, Hoßfeld U & Wissemann V (2011a) 'Rediscovery' revised – the co-operation of Erich and Armin von Tschermak-Seysenegg in the context of 'rediscovery' of Mendels laws in 1899–1901. *Plant Biology* 13: 835–841.

Simunek MV, Thümmler F, Hoßfeld U & Breidbach O (Hrsg.) (2011b) The Mendelian Dioskuri. Correspondence of Armin with Erich von Tschermak-Seysenegg, 1898–1951. *Studies in the History of Sciences and Humanities* 27. Pavel Mervart. Prague-Červený.

Simunek MV, Hoßfeld U, Thümmler F & Sekarak J (2011c) The Letters on G.J. Mendel. Correspondence of William Bateson, Hugo Iltis, and Erich von Tschermak-Seysenegg with Alois and Ferdinand Schindler, 1902–1935. *Studies in the History of Sciences and Humanities* 28. Pavel Mervart. Prague-Červený Kostelec.

Simunek MV, Hoßfeld U & Breidbach O (2012) 'Further Development' of Mendel's legacy? Erich von Tschermak-Seysenegg in the context of Mendelian–biometry controversy, 1901–1906. *Theory in Biosciences* 131: 243–252.

Simunek MV & Hoßfeld U (2013). Bibliography on Heredity, Medicine, and Eugenics in Bohemia and Moravia, 1900–1950. *FM* 49(2): 5–31.

Simunek MV, Hoßfeld U & Ruckenbauer P (2014) A half forgotten album. Photographs of 133 pioneers of early plant breeding/genetics. *FM* 50: 5–62.

Simunek MV, Mielewczik M, Levit GS & Hossfeld U (2017) Armin von Tschermak-Seysenegg (1870–1952): Physiologist and Co-'Rediscoverer'of Mendel's laws. *Theory in Biosciences* 136(1): 59–67.

Simunek MV, Hoßfeld U & Mielewczik M (2017) „Parallel" und „unabhängig" – Erich von Tschermak-Seyseneggs Darstellung der „Wiederentdeckung" der Mendelschen Gesetze. *Nova Acta Leopoldina* NF 413: 155–154.

Simunek MV & Hoßfeld U (2018) Der symbolische Neuanfang der Genetik im Europa nach dem Ersten Weltkrieg. *Biospektrum* 24: 107.

Simunek MV, Hoßfeld U & Sekarák J (2018) Das Mendelianum – Ort der Dokumentation der Genetik-Geschichte. *Biospektrum* 24: 656.

Singh NK, Gupta DK, Jayaswal PK, Mahato AK, Dutta S, Singh S, et al. (2012) The first draft of the pigeonpea genome sequence. *Journal of Plant Biochemistry and Biotechnology* 21: 98–112.

Sinnott EW, Dunn LC & Dobzhansky T (1950) Principles of Genetics. Fourth edition. McGraw Hill Company Inc. New York Toronto London.

Sinnott, EW (1959) Albert Francis Blakeslee 1874–1954. National Academy of Sciences, Washington D.C.

Sinoto Y (1935) Mendel to sono Zengo (Mendel antau kaj lia epoko). Tokio 1935.

Sinoto Y (1943) Syokubuzassyu no Kenkyu. Tokio.

Sinotó Y (1971a) Mendel's two papers on Genetics, considered from the standpoint of evolution. *FM* 6: 151–155.

Sinotó Y (1971b): Mr. Katsuzo Usui, the first introducer of Mendelism to Japan. *FM* 6: 285–287.

Sinjushin AA & Gostimskii SA (2008) Genetic control of fasciation in pea (*Pisum sativum* L.). *Russ. J. Genet.* 44: 702–708.

Sirks MJ (1956) General Genetics. Translated from the 5th dutch edition by Jan Weijer & D. Weijer-Tolmie. Springer. Dordrecht.

Sladek P (1984) Zur inneren Gestalt Johann Gregor Mendels. *Augustiniana* 34(3/4): 236–243.

Smékalová K & Vokřínková L (2014) History of the Carl Winiker's Music Store. *Opus musicum* 45: 35–45.

Smith CM (1986) Genetic variation for fruit development of Pisum sativum L., with special reference to the effects of the rugosus locus. PhD Thesis, University of Plymouth.

Smith AM (1988) Major differences in isoforms of starch-branching enzyme between developing embryos of round- and wrinkled-seeded peas (*Pisum sativum* L.). *Planta* 175: 270–279.

Smýkal P, Aubert G, Burstin J, Coyne C, Ellis NTH, Flavell AJ, Ford R, Hýbl M, Macas J, Neumann P, McPhee, KE, Redden RJ, Rubiales D, Weller JL & Warketin TD (2012) Peas (Pisum sativum L.) in the Genomic Era. *Agronomy* 2: 74–115. doi:https://doi.org/10.3390/agronomy2020074

Smýkal P (2014) Pea (*Pisum sativum* L.) in Biology prior and after Mendel's Discovery. *Czech Journal of Genetics and Plant Breeding* 50: 52–64.

Šohajková M (2000) Naturforschender Verein – významné moravské centrum rozvoje přírodovědeckého poznání 2. poloviny 19. století [Naturforschender Verein – das bedeutende Zentrum der Entwicklung des naturwisenschafzlichen Erkenntnisses der zweiten Hälfte des 19. Jahrhunderts]. Brno 2000 (Abschlußarbeit Philosophische Fakultät der Masaryk Universität).

Solbrig OT (1976): Arturo Burkart; A Personal Appreciation. *Journal of the Arnold Arboretum* 57: 217–218.

Sorsby A (1965) Gregor Mendel. *British Medical Journal* 1: 333–338.

Soudek D (1984) Gregor Mendel and the people around him (Commemorative of the centennial of Mendel's death. *American Journal of Human Genetics* 36: 495–498.

Spačil V (1871) Bericht über die im Sekzionsgarten im Jahre 1870 angestellten Versuche. *Monats-Bericht der Obst- Wein- und Gartenbau-Sekzion der k. k. mähr. schles. Gesellschaft für Ackerbau, Natur- und Landeskunde* No. 3: 41–43.

Sparrow AH (1954) Charles Leonard Huskins: 1987–1953. *Science* 119: 306–307.

Spausta, Olexik P & Zhuber (1831) Amtliche Nachrichten über die Cholera in Russland. Medizinische Jahrb. d. k. k. Oesterr. Staates 11: 299–312.

Speta F (2007) Biographisches und Botanisches zu zwei ober-österreichischen Pedicularis-Forschern: Hans Steiniger (1856–1891) und Josef Stadlmann (1881–1964). *Phyton* 46: 295–334.

Spillman WJ (1903) Mendel's law. *Popular Science Monthly* 62: 269–280.

Stadlmann J (1908) Gregor Mendel und seine Lehre in ihrer heutigen Ausdehnung. *Mitteilungen des Naturwissenschaftlichen Vereins an der Universität Wien* 6: 32–33.

Stafleu FA & Cowan RS (1983) Taxonomic literature. A selective guide to botanical publications and collections with dates, commentaries and types. Vol. IV P-Sak, Second edition. Bohn, Scheltma & Holkema, Utrecht/Antwerpen; Dr. W. Junk b.v., The Hague/Boston.

Stansfield W (2000) Death of a rat. Understandings and Appreciations of Science. Prometheus Book. New York.

Stansfield WD (2009) Mendel's search for true-breeding hybrids. *Journal of Heredity* 100: 2–6.

Statham CM, Crowden RK & Harborne JB (1972) Biochemical genetics of pigmentation in *Pisum sativum*. *Phytochemistry* 11: 1083–1088.

Steche O (1933) Gesundes Volk, Gesunde Rasse. Grundriss der Rassenlehre. Quelle & Meyer. Leipzig.

Stein E (1950) Dem Gedächtnis von Carl Erich Correns nach einem halben Jahrhundert der Vererbungswissenschaft. *Naturwissenschaften* 37: 457–463.

Stekl H (1975) Migerka Franz. In: *ÖBL*, Bd 6: 73.

Stenseth NC, Andersson L & Hoekstra HE (2022) Gregor Johann Mendel and the development of modern evolutionary biology. *Proceedings of the National Academy of Sciences* 119(30): e2201327119.

Stern C & Sherwood ER (1966) The Origin of Genetics: A Mendel Source Book. W.H. Freeman. San Francisco.

Stern C (1969) Note on the Facsimile Reproduction of Mendel's Manuscript on 'Versuche über Pflanzen-Hybriden'. *FM* 4: 218–219.

Stomps TJ (1954) On the rediscovery of Mendel's work by Hugo de Vries. *Journal of Heredity* 45: 293–294.
Strable J & Scanlon MJ (2009) Maize (zea mays): A model Organism for Basic and Applied Research in plant Biology. Cold Spring Harbor Protocol. doi:https://doi.org/10.1101/pdb.emo132
Stringer CB & Andrews P (1988) Genetic and fossil evidence for the origin of modern humans. *Science* 239(4845): 1263–68.
Strohal J (1861) Anleitung zur rationellen Bienenzucht. Brünn.
Strohal J, Wildt E & Kroczak F (1859) Der landwirthschaftliche Gartenbau. Eine leitende Darstellung für den theoretischen und praktischen Schul-Unterricht in der Gartenpflege. Herausgegeben von der kais. königl. mährisch-schlesischen Gesellschaft zur Beförderung des Ackerbaues, der Natur- und Landeskunde. Verlag von Nitsch und Große. Brünn.
Strohmayer W (1920) Zur Frage der künstlichen Sterilisation der Frau aus eugenischer Indikation. *Deutsche Medizinische Wochenschrift* 46(14/15): 387–388.
Stubbe H (1955) Über die Umwandlung von Winterweizen in Sommerweizen. *Der Züchter* 25: 321–330.
Stubbe H (1963). Kurze Geschichte der Genetik bis zur Wiederentdeckung der Vererbungsregeln Gregor Mendels. G. Fischer, Jena. (2. Auflage ebd. 1965).
Stubbe H (1972) History of genetics, from prehistoric times to the rediscovery of Mendel's laws. The MIT Press. Cambridge, Massachusetts and London.
Stubbe H (1981) Albrecht Daniel Thaer (1752–1828) als Vorläufer Gregor Mendel. *FM* 16: 255–262.
Sturtevant AH (1965) A History of Genetics. Cold Spring Harbor Laboratory Press. New York.
Sturtevant AH (1967) Mendel and the Gene Theory. In: Brink A (ed.), Heritage from Mendel (*Proceedings of the Mendel Centennial Symposium* 1965). The University of Wisconsin Press, Madison: 11–15.
Sturtevant EL (1890) The History of Garden Vegetables. *The American Naturalist* 24: 143–157.
Sturtevant EL (1919) Sturtevant´s notes on edible plants. State of New York - Department of Agriculture, 27th Annual Report, Vol. 2 - Part II (Ed. U. P. Hedrick). J. B. Lyon Company, State Printers. Albany.
Sullivan LR & Liu NY (2015) Historical Dictionary of Science and Technology in Modern China. Rowman & Littlefield. Lanham (Maryland).
Svojtka M (2014) Tkany, Wilhelm (1792–1863), Botaniker und Beamter. *ÖBL* 1815–1950, Bd. 14 (Lfg. 65, 2014): 360.
Svojtka M (2015) Tomaschek, Anton (Antonín) (1826–1891), Lehrer und Naturforscher. *ÖBL* 1815–1950, Bd. 14 (Lfg. 66, 2015): 358.
Swaminatan MS (2009) Norman E. Borlaug. *Nature* 461: 894.
Szabó TEA (1976) A genetika évszázada. Kriterion. Bukarest.
Szybalski W (2010) Professor Alexander Zawadzki of Lvov university – Gregor Mendel's mentor and inspirer. *Biopolymers and Cell* 26: 83–86.
Takhtajan AL (Ed.) (2012) Caucasian Flora Conspectus. Volume 3(2). Russian Academy of Sciences. V.L. Komarov Botanical Institute. KMK Press. Saint-Petersburg – Moscow.
Tanaka Y (1913a) Gametic coupling and repulsion in the silkworm, *Bombyx mori. Journal of the College of Agriculture, Tohoku Imperial University, Sapporo* 5: 115–148.
Tanaka Y (1913b) A study of Mendelian factors in the silkworm, *Bombyx mori. Journal of the College of Agriculture, Tohoku Imperial University, Sapporo* 5: 91–113.
Tanaka Y (1916) Genetic Studies on the silkworm. *Journal of the College of Agriculture, Tohoku Imperial University, Sapporo* 7: 129–255.
Tanghe KB (2015) Mendel at the sesquicentennial of 'Versuche über Pflanzen-Hybriden' (1865): The root of the biggest legend in the history of science. *Endeavour* 39: 105–115.

Tardieu F, Cabrera-Bosquet L, Pridmore T & Bennett M (2017) Plant Phenomics, From Sensors to Knowledge. *Current Biology* 27: R770–R783.

Tatsumi T (2005) Japanese and Asian Science Fiction. In: A Companion to Science Fiction (Ed. David Seed). Blackwell Publishing Ltd. Malden, USA.

Taylor JM (2014) Visions of Loveliness. Great flower breeders of the past. Swallow Press. Athens, Ohio.

Teräsvuori K (1915) Über in Finnland feldmässig gebaute Erbsenformen. Experimentelle Vererbungsuntersuchungen mit besonderer Berücksichtigung der Anzahl der Samenanlagen und Samen in Hülsen. *Acta Societatis pro Fauna et Flora Fennica* 40(9). J. Simeliusén Perillisten Kirjapaing-Osakeyhtio. Helsinki (Sonderdruck).

Timofeeff-Ressovsky NV (1981) On Mendel. *FM* 16: 229–127.

Thompson W (1855) English Flower Garden of Hardy and Half-hardy Plants. Simpkin, Marshall, and Co., Stationers' Hall Court. London.

Todes DP (1989) Darwin Without Malthus: The Struggle for Existence in Russian Evolutionary Thought. Oxford University Press. New York – Oxford.

Tollenaar M & Lee EA (2002) Yield potential, yield stability and stress tolerance in maize. *Field Crops Research* 75: 161–169.

Tollenaar M. & Lee EA (2006) Dissection of physiological processes underlying grain yield in maize by examining genetic improvements and heterosis. *Maydica* 51: 399–408.

Tomaschek A (1873a) Studien über das Wärmebedürfniss der Pflanzen mit Rücksicht auf den Darwinismus. *VNV* 11: 111–123.

Tomaschek A (1873b) Uebersicht der im Jahre 1873 in Mähren und österr. Schlesien sowie zu Freistadt in Ober-Oesterreich angestellten phänologischen Beobachtungen. *VNV* 12: 155–165.

Tomaschek A (1873c) Studien über das Wärme-Bedürfniss der Pflanzen. II. Thermo-physiologische Untersuchungen über die Entwicklung der Blüthenkätzchen von Corylus Avellana. *VNV* 12: 50–77.

Tomaschek A (1876a) Mitteltemperaturen als thermische Vegetationsconstanten. *VNV* 14: 70–81.

Tomaschek A (1876b) Mitteltemperaturen als thermische Vegetationsconstanten. *Zeitschrift der österreichischen Gesellschaft für Meteorologie* 11(6): 81–84.

Tomaschek A (1878) Herr Prof. Tomaschek macht einige Mittheilungen über die Charaktere meteorologisch-phänologischer Epochen. VNV 16: 29–30. [In den Sitzungsberichten].

Tomaschek A (1879a) Ein Schwarm der amerikanischen Bienenart Trigona lineata Lep. lebend in Europa. *Zoologischer Anzeiger* 2: 582–587 [mit Informationen zu Mendels Versuchen mit tropischen Bienen].

Tomaschek A (1879b) Bemerkungen über die Sojabohne. *Monats-Bericht der Obst- Wein- und Gartenbau-Section der k. k. mähr.-schles. Gesellschaft für Ackerbau, Natur- und Landeskunde* 12(4): 69–70.

Tomaschek A (1879c) Systematisches Verzeichnis der in den Anlagen Brünns gepflanzten und den Winter überdauernden Bäume und Sträucher mit Hinweisungen auf die Standorte derselben. Druck von W. Burkart in Brünn. Verlag des Verfassers.

Tomaschek A (1879d) Systematisches Verzeichnis der in den Anlagen Brünns gepflanzten und den Winter überdauernden Bäume und Sträucher. Nachtrag (Nr. 148 bis 158). *Monats-Bericht der Obst- Wein- und Gartenbau-Section der k. k. mähr.-schles. Gesellschaft für Ackerbau, Natur- und Landeskunde* 12(8): 138–141.

Tomaschek A (1880) Ein Schwarm der amerikanischen Bienenart Trigona lineata Lep. lebend in Europa. *Zoologischer Anzeiger* 3: 60–65 [mit Informationen zu Mendels Versuchen mit tropischen Bienen].

Tomaschek A (1885) --. N.I. Zograf in Moskau, *Zoologitscheskii sad i akklimatisatsiya* 2: 12, 14 [mit Informationen zu Mendels Versuchen mit tropischen Bienen].

Torrey RA (1926) Introductory Botany Part II – The Anatomy and Physiology of Seed Plants. Second Edition. Amherst, Mass.
Toyama K (1894a) On the Spermatogenesis of the Silk-Worm. *Bulletin of the College of Agriculture, Tokyo Imperial University* 2: 125–157.
Toyama K (1894b) Preliminary Note on the Spermatogenesis of *Bombyx mori*, L. *Zoologischer Anzeiger* 17: 20–24.
Toyama K (1906a) Studies on the hybridology of insects. I. On some silkworm crosses with special reference to Mendel's law of heredity. *Bulletin of the College of Agriculture, Tokyo Imperial University* 7: 259–393.
Toyama K (1906b) Mendel's law of heredity as applied to the silk-worm crosses. *Biologisches Centralblatt* 26: 321–334.
Toyama K (1912a) On the varying dominance of certain white breeds of the silk-worm, *Bombyx mori*, L. *Zeitschrift für induktive Abstammungs- und Vererbungslehre* 7: 252–288.
Toyama K (1912b) On certain characteristics of the silk-worm which are apparently Non-Mendelian. *Biologisches Centralblatt* 32: 593–607.
Toyama K (1913) Maternal inheritance and Mendelism. *Zeitschrift für induktive Abstammungs-und Vererbungslehre* 2: 351–405.
Toyama K & Mori S (1913) On the zygotic constitution of dominant and recessive white in the silkworm, *Bombyx mori* L. *Zeitschrift für induktive Abstammungs- und Vererbungslehre* 10: 233–241.
Traverso GB (1920) Giuseppe Cuboni. *Bullettino della Società botanica italiana* No. 4–9: 44–50.
Tredoux G (2018) Comrade Haldane Is Too Busy to Go on Holiday: The Genius Who Spied for Stalin. Encounter Books. New York–London.
Treviranus LC (1863) Ueber Dichogamie nach C. C. Sprengel und Ch. Darwin. *Botanische Zeitung*. 21: 1–7.
Trummer E (1861) Lehrbuch der Logik. Wilhelm Braumüller k. k. Hofbuchhändler. Wien.
Tschermak-Seysenegg A v (1917) Über das verschiedene Ergebnis reziproker Kreuzung von Hühnerrassen und über dessen Bedeutung für die Vererbungslehre (Theorie der Anlagenschwächung oder Genasthenie). *Biologisches Centralblatt* 37: 217–277.
Tschermak-Seysenegg A v (1918) Der gegenwärtige Stand des Mendelismus und die Lehre von der Schwächung der Erbanlagen durch Bastardierung. *Naturwissenschaftliche Wochenschrift* (Neue Folge) 17: 609–611.
Tschermak-Seysenegg A v (1923) Gregor Mendel zum Gedächtnis. *Lotos* 71: 29–44.
Tschermak E (1900a) Ueber künstliche Befruchtung bei *Pisum sativum*. *Zeitschrift für das landwirthschaftliche Versuchswesen in Oesterreich* 3: 465–555.
Tschermak E (1900b) Ueber künstliche Befruchtung bei *Pisum sativum*. *Biologisches Centralblatt* 20: 593–595.
Tschermak E (1900c) Ueber künstliche Kreuzung bei Pisum sativum. *Ber. Deutsch. Bot. Ges.* 18: 232–239.
Tschermak E (1900d) Über künstliche Kreuzung bei Pisum sativum. *Jahresber. über die Fortschritte auf dem Gesamtgebiete der Agrikultur-Chemie* 3: 345–347.
Tschermak E (1901a) Weitere Beiträge über Verschiedenwerthigkeit der Merkmale bei Kreuzung von Erbsen und Bohnen. Vorläufige Mittheilung. *Zeitschrift für das landwirthschaftliche Versuchswesen in Oesterreich* 4: 641–731.
Tschermak E (1901b) Weitere Beiträge über Verschiedenwerthigkeit der Merkmale bei Kreuzung von Erbsen und Bohnen. *Berichte der Deutschen Botanischen Gesellschaft* 19: 35–51.
Tschermak E (1904) Weitere Kreuzungsstudien an Erbsen, Levkojen und Bohnen. Sonderabdruck aus der „Zeitschrift für landwirtschaftliches Versuchswesen in Oesterreich."

Tschermak E v (1910) Johann Gregor Mendel. Zur Enthüllung seines Denkmals in Brünn am 2. Oktober 1910. *Neuer Freie Presse* vom 29. September 1910: 21–23.

Tschermak-Seysenegg E v (1907a) Welche Bedeutung besitzt die Individualzüchtung für die Schaffung neuer und wertvoller Formen? (Beleuchtet durch die neueren Ergebnisse auf dem Gebiete der Selektion, Mutation, Anpassung und Bastardierung). Sektion III/B, Referat 3, [erstattet auf dem landwirtschaftlichen Kongresse in Wien im Mai 1907]. Sonderdruck aus dem ehem. Besitz von W.E. Castle. Internet Archiv: http://books.google.com/books?id=7Y8ZAAA-AIAAJ&oe=UTF-8 (Vgl. hierzu auch die gleichnamige Publikation Wettstein 1907, *Österreichische Botanische Zeitschrift* 57(6): 231–235).

Tschermak-Seysenegg E v (1907b) Gregor Mendel und seine Vererbungsgesetze. *Neue Freie Presse* vom 16.5.1907, Nr. 15349: 20–22.

Tschermak-Seysenegg E v (1908) Die Mendelschen Vererbungsgesetze. (Vortrag, gehalten am 15. Januar 1908). *Schriften des Vereins zur Verbreitung naturwissenschaftlicher Kenntnisse in Wien* 48: 147–164.

Tschermak-Seysenegg E v (1912) Bastardierungsversuche an Levkojen, Erbsen und Bohnen mit Rücksicht auf die Faktorenlehre. *Zeitschrift für induktive Abstammungs-und Vererbungslehre* 7: 80–234.

Tschermak-Seysenegg E v (1933) Carl E. Correns. *Akademie der Wissenschaften in Wien. Almanach für das Jahr 1933.* 83 Jg.: 290–293. Hölder-Pichler-Tempsky, A.-G., Wien und Leipzig.

Tschermak-Seysenegg E v (1937) Erinnerung an die Wiederentdeckung der Mendel'schen Vererbungsgesetze vor 37 Jahren. *Der Züchter* 9: 144–146.

Tschermak-Seysenegg E v (1941a) Ein Leben für die Züchtung. Aus der Werkstatt eines alten Pflanzenzüchters. *Odal* 10: 768–769.

Tschermak-Seysenegg E v (1941b) Über einige selbst beobachtete Parallelvariationen der Samenschalenfarbe und Samenform bei Hülsenfrüchten. *Der Züchter* 13: 73–77.

Tschermak-Seysenegg E v (1942a) Über Bastarde zwischen Fisole (*Phaseolus vulgaris* L) und Feuerbohne (*Phaseolus multiflorus* Lam.) und ihre eventuelle praktische Verwertbarkeit. *Der Züchter* 14: 153–164.

Tschermak-Seysenegg E v (1942b) Wien als Ausgangspunkt des praktischen Mendelismus. *Böhmen und Mähren* 3: 242–244.

Tschermak-Seysenegg E v (1951a) Historischer Rückblick auf die Wiederentdeckung der Gregor Mendelschen Arbeit. *Verhandlungen der Zoologisch-Botanischen Gesellschaft in Wien* 92: 25–35.

Tschermak-Seysenegg E v (1951b) The rediscovery of Gregor Mendel's work: An historical retrospect. *Journal of Heredity* 42: 163–171.

Tschermak-Seysenegg E v (1956) Gregor Mendels Versuchstätigkeit und die Zeit der Wiederentdeckung seiner Vererbungsgesetze. In: Gedda, L. (Hrsg.): Novant'Anni delle Leggi Mendeliane; Instituto Gregorio Mendel. Rom: 113–117.

Tschermak-Seysenegg E v (1958) Leben und Wirken eines österreichischen Pflanzenzüchters. Beitrag zur Geschichte der Wiederentdeckung der Mendelschen Gesetze und ihre Anwendung für die Pflanzenzüchtung. Berlin-Hamburg: Verlag Paul Parey.

Tschermak-Seysenegg E v (1960) 60 Jahre Mendelismus. *Verhandlungen des Zoologisch-Botanischen Vereins in Wien* 100: 14–25.

Tudge C. (2002) In Mendel's Footnotes. An introduction to the Science and Technologies of Genes and Genetics from the 19th century to the 22nd. Vintage, London.

Twrdy N (1871a) Bericht über neu eingeführte Pflanzen und Culturen. *Monats-Bericht der Obst-Wein- und Gartenbau-Sekzion der k. k. mähr. schles. Gesellschaft für Ackerbau, Natur- und Landeskunde* No. 3: 34–41.

Twrdy N (1871b) Ein Wort über künstliche Befruchtung. *Monats-Bericht der Obst- Wein- und Gartenbau-Sekzion der k. k. mähr. schles. Gesellschaft für Ackerbau, Natur- und Landeskunde* No. 2: 23–28.

Uda H (1919) On the relations between blood color and cocoon color in silkworms, with special reference to Mendel's law of heredity. *Genetics* 4: 395–416.

Uda H (1923) On "Maternal Inheritance". *Genetics* 8(4): 322–335.

Uda H (1957) Sex ratio and the "Sexal Age". *The Japanese Genetics Journal* 32(2): 48–56.

Ullrich I (1907) Gregor Joh. Mendel. Biographische Skizze. III. Neutitsch. Volkskalender 1908. Neutitschein.

Ullrich J (1922) Heinzendorf im Jahre 1817. *Das Kuhländchen* 4: 66–68.

Ullrich J [1925] Volkssagen aus dem Kuhländchen. Gesammelt und herausgegeben von Josef Ullrich. Vierte Auflage. Druck und Verlag der L. V. Enders'schen Kunst-Anstalt. Neutitschein und Wien.

Unger F (1852) Versuch einer Geschichte der Pflanzenwelt. Wilhelm Braumüller. Wien.

Unger F (1853) Versuche ueber die Luftausscheidung lebender Pflanzen. *Sitzungsber. d. Mathematisch-Naturwiss. Classe* 10: 404–414.

Unger F (1855) Anatomie und Physiologie der Pfanzen. C. A. Hartleben, Pest, Wien und Leipzig.

Unger F (1866) Grundlinien der Anatomie und Physiologie der Pflanzen. Wilhelm Braumüller. Wien.

Urban E (1860) Die Vegetations-Verhältnisse. In: C. Kořistka, Die Markgrafschaft Mähren und das Herzogthum Schlesien in ihren geographischen Verhältnissen. Eduard Hölzel's Verlags-Expedition. Wien und Olmütz: 187–204.

Uschmann G (1969) „Hertwig, Oscar". In: *Neue Deutsche Biographie* 8: 706–707 [Online-Version]; URL: https://www.deutsche-biographie.de/pnd118703919.html#ndbcontent.

Usui K (1903/4) Mendel's Laws. Sinano-hakubutugaku-zassi. *The Sinano J. Nat. Hist.* 6/7: 2–6, 6/8: 10–15, 6/9: 13–16.

Van Dijk PJ (2020) Gregor Mendel's meeting with Pope Pius IX: the truth in the story. Preprint.

Van Dijk PJ & Ellis THN (2016) The Full Breadth of Mendel's Genetics. *Genetics* 204: 1327–1336.

Van Dijk PJ & Ellis THN (2020) Mendel's journey to Paris and London: Context and significance for the origin of genetics. *FM* 50(1–2): 5–30.

Van Dijk PJ, Weissing FJ & Ellis THN (2018) How Mendel's Interest in Inheritance Grew out of Plant Improvement. *Genetics* 210: 347–355.

Varshney RK, Chen W, Li Y, Bharti AK, Saxena RK, Schlueter JA, et al. (2012) Draft genome sequence of pigeonpea (*Cajanus cajan*), an orphan legume crop of resource-poor farmers. *Nature Biotechnology* 30: 83–89.

Varshney RK, Song C, Saxena RK, Azam S, Yu S, Sharpe AG, et al. (2013) Draft genome sequence of chickpea (*Cicer arietinum*) provides a resource for trait improvement. *Nature Biotechnology* 31: 240–246.

Vávra M (1972) Josef Liznar - Ein persönlicher Freund Mendels. *FM* 7: 51–52.

Vávra M (1977) Olexik, Paul (1801–1878), Epidemiologe, Biologe und Meteorologe. *ÖBL 1815–1950*, Bd. 7 (Lfg. 33, 1977): 227f.

Vávra V (1984) Mendel's cooperation with the Fuchsia breeder J.N. Tvardy. *FM* 19: 251–256.

Vávra V & Orel V (1971) Hybridization of pear varieties by Gregor Mendel. *Euphytica* 20: 60–67.

Verschuer O von (1944) 10 Jahre Rassenpolitisches Amt. *Der Erbarzt* 10: 54.

Vieweg K & Loužil J (Hrsg.) (2001) Franz Thomas Bratranek. Neue Bestimmung des Menschen. Herausgegeben nach dem Manuskript aus dem Jahr 1840–1841. (= *Hegeliana* 14). Peter Lang.

Vilmorin L (1856) Note sur la création d'une nouvelle race de betteraves à sucre. – Considérations sur l'hérédité dans les végétaux. *Comptes Rendus des séances hebdomadaires de l'Académie des Sciences* 43: 871–874.

Vilmorin L (1857a) Ueber die Erzeugung einer neuen Zuckerrüben-Race. *Polytechnisches Journal* 143: 459–461.

Vilmorin L (1857b) Ueber die Erzeugung einer neuen Zuckerrüben-Race. *Zeitschrift des Vereines für die Rübenzuckerindustrie im Zollverein* 7: 105–107.

Vilmorin L (1859) Notices sur l'amélioration des plantes par les semis et considération sur l'hérédité dans les végétaux. Libraire Agricole. Paris.

Voeller BR (ed.) (1968) The chromosome theory of Inheritance: Classic papers in Development and Heredity. Appleton. New York.

Vogel FW (1865) Die ägyptische Biene (Apis fasciata), ihre Einführung durch den Akklimatisations-Verein in Berlin und ihre glückliche Eingewöhnung und Vermehrung in Deutschland. Verlag von Ernst Schott & Co. Berlin.

Vogel FW (1867) Handbuch der Bienenzucht, oder vollständige Anleitung zur naturgemäss-rationellen und einträglichen Pflege der Honigbiene in allen praktischen Stockformen. Verlag von Ernst Schotte & Co. Berlin.

Vogel H (1862) Geographie für Schule und Haus mit besonderer Berücksichtigung des Kaiserthums Österreich. Druck und Verlag von Carl Winiker. Brünn.

Vogel J (1867) Das Mikroskop: ein Mittel der Belehrung und Unterhaltung für Jedermann sowie des Gewinns für Diese. Ludwig Denicke. Leipzig.

Vogel J (1981) Leoš Janáček. A biography. Revised and edited by Karel Janovický. W. W. Norton & Company. New York London.

Vogel K (2003) Das Deutsche Hygiene Museum Dresden: 1911–1990. DHM. Sandstein Verlag. Dresden.

Vogt C (1851a) Natürliche Geschichte der Schöpfung des Weltalls. Vieweg. Braunschweig.

Vogt C (1851b) Zoologische Briefe. Naturgeschichte der lebenden und untergegangenen Thiere. Literarische Anstalt. Frankfurt (Main).

Vogt C (1863) Vorlesungen über den Menschen, seine Stellung in der Schöpfung und in der Geschichte der Erde. Rickers. Gießen.

Vogt D (1927) Die Entdeckung und Wiederentdeckung der Mendel´schen Gesetze. (Ein Beitrag zur Geschichte der Vererbungslehre.) *Deutsche Wissenschaftliche Zeitschrift für Polen*. Sonderheft zum 90jährigen Bestehen des Deutschen Naturwissenschaftlichen Vereins zu Posen. Heft 9: 5–50.

Vollmann J & Grausgruber H (2017) Gregor Mendel und sein wissenschaftliches Umfeld: Von der Pflanzenzüchtung zur Genetik. *Nova Acta Leopoldina* (Neue Folge) 413: 83–134.

Vollmann J & Matalová A (2016a) Resonanz auf Gregor Mendels Leben und Wirken in Zeitungen zwischen 1850 und 1884. *FM* 52: 5–19.

Vollmann J & Matalová A (2016b) Echoes of Gregor Mendel's life and work in newspapers between the years 1850–1884. *FM* 52: 21–37.

Volpone A (2005) The Early Spreading of Genetics in Italy and the Role of the Stazione Zoologica di Napoli (SZN). *Verhandlungen zur Geschichte und Theorie der Biologie* 11: 75–89.

Vorzimmer PJ (1968) Darwin and Mendel: The historical connection. *Isis* 59: 77–82.

Vries H de (1899) Sur la fécondation hybride de l'albumen. Note de M. Hugo de Vries, présentée par M. Gaston Bonnier. *Comptes rendus hebdomadaires des séances de l'Académie des sciences* 129: 973–975.

Vries H de (1889) Intracellulare Pangenesis. Verlag von Gustav Fischer. Jena.

Vries H de (1900a) Das Spaltungsgesetz der Bastarde. *Berichte der Deutschen Botanischen Gesellschaft* 18: 83–90.

Vries H de (1900b) Sur les unités des caractères spécifiques et leur application a l'étude des hybrides. *Revue générale de botanique* 12: 257–271.

Vries H de (1900c) Ueber erbungleiche Kreuzungen. *Berichte der Deutschen Botanischen Gesellschaft* 18: 435–443.

Vries H de (1900d) Sur la loi de disjonction des hybrides. Note de M. Hugo de Vries présentée par M. Gaston Bonnier. *Comptes rendus hebdomadaires des séances de l'Académie des sciences* 130: 845–847.

Vries H de (1900e) Hybridizing monstrosities. *Journal of the Royal Horticultural Society* 24: 69–75.

Vries H de (1900f) Sur la fecondation hybride de l'endosperme chez le Maïs. *La Revue Générale de Botanique* 12: 129–130.

Vries H de (1900g) Sur la fécondation hybride de l'albumen. *Biologisches Centralblatt* 20(5): 129–130.

Vries H de (1901) Die Mutationstheorie. Versuche und Beobachtungen über die Entstehung von Arten im Pflanzenreich. Erster Band. Die Entstehung der Arten durch Mutation. Verlag von Veit & Comp. Leipzig.

Vries H de (1903) Die Mutationstheorie. Versuche und Beobachtungen über die Entstehung von Arten im Pflanzenreich. Zweiter Band. Elementare Bastardlehre. Verlag von Veit & Comp. Leipzig.

Vries H de (1910) The Mutation Theory. Experiments and observations on the origin of species in the vegetable kingdom. Volume 1 – The origin of species by mutation. Translated by J.B. Farmer & A.D. Darbishire. Kegan Paul, Trench, Trübner & Co., Ltd. London.

Vries H de (1911) The Mutation Theory. Experiments and observations on the origin of species in the vegetable kingdom. Volume 2 – The origin of varieties by mutation. Translated by J.B. Farmer & A.D. Darbishire. Kegan Paul, Trench, Trübner & Co., Ltd. London.

Vries H de (1912) Species and Varieties. Their Origin by Mutation. Lectures delivered at the University of California. Daniel Trembly MacDougal (ed.). Corrected and revised third edition. The Open Court Publishing Company. Chicago.

Vybral V (1968) Die leitende Funktion des Abtes Gregor Mendel in der Mährischen Hypothekenbank und ihr politischer Hintergrund. *FM* 3: 21–35.

Vybral V (1971) Der Streit Mendels mit der Staatsverwaltung über die Beitragspflicht des Klosters zum Religionsfonde. *FM* 6: 231–239.

Wallace B (1992) The Search for the Gene. Cornell University Press. Ithaca & London.

Wallbrecht CC (1860) Die Bienenwirthschaft. Ein Handbuch zur Förderung der neuesten Zuchtmethode mit Berücksichtigung der verschiedenen Betriebsweisen als: Schwarm-, Zeidel-, Garten- und Wanderbienenzucht nach den besten Hülfsquellen und den neuesten Erfahrungen für angehende Bienenfreunde. Zweite, ganz umgearbeitete und vielfach vermehrte Auflage. Vandenhoeck und Ruprechts Verlag. Göttingen.

Walsh JA (2014) The jealousy of scientific men. *The American Biology Teacher* 76: 23–27.

Walter A, Liebisch F & Hund A (2015) Plant phenotyping: from bean weighing to image analysis. *Plant Methods* 11: 14.

Wanitschek F (1837) Die PP. Piaristen der böhmisch-mährischen Provinz. *Jurende's vaterländischer Pilger: Geschäfts- und Unterhaltungsbuch für alle Provinzen des österreichischen Kaiserstaates*, 24. Jahrgang, gedruckt bei Rudolf Rohrer, Brünn: 424.

Ward T (2009) Gregor Mendel's "Covington Connection". *The Mendel Newsletter – Archival Resources for the History of Genetics & Allied Sciences. New Series* 17: 11–18.

Weeber (1857) Agrikultur-chemische Versuchs-Stationen. *Mittheilungen der kaiserl. königl. Mährisch-Schlesischen Gesellschaft zur Beförderung des Ackerbaues, der Natur- und Landeskunde* Nr. 9 vom 1. März 1857: 65–68.

Wegelin C (1964) Girtanner, Christoph. In: *Neue Deutsche Biographie* 6: S. 411 f.

Weiling F (1966) J. G. Mendels „Versuche über die Pflanzen-Hybriden" und ihre Würdigung in der Zeit bis zu ihrer Wiederentdeckung. *Der Züchter* 36: 273–282.

Weiling F (1967) J. G. Mendels Wiener Studienaufenthalt 1851–1853. *Sudhoffs Archiv* 51: 260–266.

Weiling F (1968a) Über Exsikkatenbelege der Hieracium-Kreuzungen J. G. Mendels. *Sudhoffs Archiv* 52: 395–397.

Weiling F (1968b) F.C. Napp und J.G. Mendel. Ein Beitrag zur Vorgeschichte der Mendelschen Versuche. *Theoretical and applied Genetics* 38: 144–148.

Weiling F (1969a) Über weitere unbekannte Hinweise auf J. G. Mendels „Versuche über Pflanzen-Hybriden", u. a. aus dem Jahr 1867. *Sudhoffs Archiv* 53: 77–85.

Weiling F (1970a) Gregor Mendel – Versuche über Pflanzenhybriden. *Ostwalds Klassiker der exakten Wissenschaften*. Neue Folge, Band 6. Springer Fachmedien Wiesbaden GmbH. Wiesbaden.

Weiling F (1970b) Die statistische Auswertung der meteorologischen Daten eines Monats durch Johann Gregor Mendel als Beispiel seiner Arbeitsweise, dargestellt anhand der zwei Foliobögen, erhalten gebliebenen Rechnungen. *FM* 5: 25–39.

Weiling F (1970c) J. G. Mendels Hieracium-Bastarde. *FM* 5: 9–12.

Weiling F (1971a) Der Niederschlag der Arbeiten J. G. Mendels in der Literatur bis 1900. *FM* 6: 139–142.

Weiling F (1971b) Der statistische Gehalt der Kreuzungsversuche Mendels sowie die möglichen Quellen seiner statistischen Kenntnisse. *FM* 6: 113–116.

Weiling F (1971c) Neue Ergebnisse zur statistischen Vorgeschichte der Mendelschen Versuche. *Biometrics* 27: 709–719.

Weiling F (1971d) J. G. Mendel vor 100 Jahren auf der Durchreise durch Bonn. *Decheniana* 124(1): 67-68.

Weiling F (1973) Die wissenschaftliche Tätigkeit J. G. Mendels und ihr Milieu sowie der Niederschlag seiner wissenschaftlichen Intentionen und Arbeit in Bonner Bibliotheken. *Decheniana* 126: 1–68.

Weiling F (1975) J. G. Mendel sowie die von M. Pettenkofer angeregten Untersuchungen des Zusammenhanges von Cholera- und Typhus-Massenerkrankungen mit dem Grundwasserstand. *Sudhoffs Archiv* 59(1): 1–19.

Weiling F (1983) Friedrich Franz. *Archiv der Geschichte der Naturwissenschaften* 7: 331–332 u. 341..

Weiling F (1984a) Fünf weitere Sonderdrucke der „Versuche über Pflanzen-Hybriden" J. G. Mendels aufgetaucht. *FM* 19: 257–265.

Weiling F (1984b) Die Übernahme der Brünner Meteorologischen Station durch J.G. Mendel im Jahre 1878 im Rahmen seiner langjährigen meteorologischen Tätigkeit. *FM* 19: 235–250.

Weiling F (1984c) J.G. Mendel's "Experiments in Plant Hybridization" and the then prevailing theory of the fertilization of higher plants. In: Orel V & Matalová A (eds.) Gregor Mendel and the Foundation of Genetics. *Proceedings of the Symposium "The Past, Present and Future of Genetics"*, Part 1, Kupařovice, Czechoslovakia, August 26–28, 1982. Moravian Museum. Brno: 237–258.

Weiling F (1984d) Dem Schlesier Johann Gregor Mendel zum 100. Todestag. *Schlesien* 29: 65–71.

Weiling F (1984e) Johann Fux. *Archiv der Geschichte der Naturwissenschaften* 10: 471.

Weiling F (1986) What about RA Fisher's statement of the "too good" data of JG Mendel's Pisum paper? *Journal of Heredity* 77: 281–283.

Weiling F (1991) Historical Study: Johann Gregor Mendel 1822–1884. *American Journal of Medical Genetics* 40: 1–25.

Weiling F (1991/92) Zur zeitlichen Datierung des genetischen ‚Notizblattes' Johann Gregor Mendels. *FM* 26–27: 17–26.
Weiling F (1993a) Johann Gregor Mendel. Der Mensch und Forscher. I. Teil. *Medizinische Genetik* 1: 36–51.
Weiling F (1993b) Johann Gregor Mendel. Der Mensch und Forscher. II. Teil. *Medizinische Genetik* 2: 208–222.
Weiling F (1993c) Johann Gregor Mendel – Der Mensch und Forscher IV. Teil. *Medizinische Genetik* 3: 274–289.
Weiling F (1993d) Johann Gregor Mendel – Der Mensch und Forscher III. Teil. *Medizinische Genetik* 4: 379–394.
Weiling F (1993/94a) Johann Gregor Mendel. Der Mensch und Forscher in der Kontroverse. *Medizinische Genetik* 5 u. 6: 235–256 (Sonderdruck).
Weiling F (1993/94b) Die Original-Handschrift der Pisum-Arbeit Mendels. *FM* 28–29: 19–37.
Weiling F (1994a) Johann Gregor Mendel – Forscher in der Kontroverse V. Teil. *Medizinische Genetik* 6: 35–50.
Weiling F (1994b) Johann Gregor Mendel – Forscher in der Kontroverse VI. Teil. *Medizinische Genetik* 6: 241–255.
Weiling F (1998/1999) J. G. Mendel und die Eingabe der sechs Capitularen des Stiftes St. Thomas an den Österreichischen Reichstag von 8. August 1848. *FM* 33–34: 5–10.
Weiling F & Gottschalk W (1961) Die genetische Konstitution der X1-Pflanzen nach Röntgenbestrahlung ruhender Samen. *Biologisches Zentralblatt* 80: 579–612.
Weiling F & Orel V (1967) Wo erhielt Johann Gregor Mendel die Anregung zu seiner „Graphisch-Tabellarischen Übersicht der Meteorologischen Verhältnisse von Brünn". *FM* 2: 17–23.
Weindling P (1989) Health, race and German politics between national unification and Nazism 1870–1945. Cambridge University Press. Cambridge.
Weingart P, Kroll J & Bayertz K (1992) Rasse, Blut und Gene. Geschichte der Eugenik und Rassenhygiene in Deutschland. Suhrkamp. Frankfurt (Main).
Weinstein A (1977) An overlooked citation of Mendel. *Journal of the History of Biology* 10: 341–364.
Weldon WFR (1902) Mendel's Laws of Alternative Inheritance in Peas. *Biometrika* 1: 228–254.
Wels A (1857) Die Düngerfrage. *Mittheilungen der kaiserl. königl.Mährisch-Schlesischen Gesellschaft zur Beförderung des Ackerbaues, der Natur- und Landeskunde in Brünn* Nr. 1: 1–3.
Welzl H (1890) Zur mähr.-schl. Biographie. CCLXXVIII. Mathias Procházka. *Notizen-Blatt der historisch-statistischen Section der kais. königl. mährisch-schlesischen Gesellschaft zur Beförderung des Ackerbaues, der Natur- und Landeskunde* Nr. 2: 9–10.
Wettstein R (1925) Johann Gregor Mendel. In: *Neue Österreichische Biographie 1815–1918*. Erste Abteilung: Biographien: II. Bd.: 9–16.
White OE (1916) Inheritance Studies in Pisum. I. Inheritance of Cotyledon Color. *The American Naturalist* 50: 530–547.
White OE (1917) Studies of inheritance in Pisum. II. The present state of knowledge of heredity and variation in peas. *Proceedings of the American Philosophical Society* 56: 487–588.
White OE (1948) Fasciation. *The Botanical Review* 14: 319–358.
Wichura ME (1865) Die Bastardbefruchtung im Pflanzenreich erläutert an den Bastarden der Weiden. Verlag von E. Morgenstern. Breslau.
Widmer E (1891) Die europäischen Arten der Gattung Primula. R. Oldenbourg. München.
Wiesner J (1854) Ueber die Flora der Umgebung Brünn's. In: Programm der k.k. Ober-Realschule in Brünn: veröffentlicht am Schluße des Schul-Jahres 1854: 8–22.
Wiesner J (1901) Gustav Theodor Fechner und Gregor Mendel. *Wiener Abendpost*, 22.11.1901, Beilage zu Nr. 269: 9–10.

Wiesner J (1910a) Natur – Geist – Technik. Ausgewählte Reden, Vorträge und Essays. Verlag von Wilhelm Engelmann. Leipzig.
Wiesner J (1910b) Gregor Mendel. *Neue Freie Presse*, 2.10.1910, Nr. 16563: 11.
Wilczyński J (1938) Some new generalisations of genotypical formulae for Mendelian expectations. *Biol. gen.* 14: 47–54.
Wilczyński J (1939) Über die allgemeine Gleichung der Mendel Gesetze. Zum Teil ein Beitrag zur Deutung des Dominanzwesens. *Biol. gen.* 14: 447–455.
Wilczyński J (1942a) Contributions to the theory and evolution of Mendelian generalisations. *Acta biother.* 6: 99–153.
Wilczyński J (1942b) Les états asexués et la sexualité du point de vuz biometriwue (binmien). *Acta biotheor.* 6: 155–164.
Wilczyński J (1943) Mendel and Darwin. A new link in the old quarrel. *Acta biotheor.* 7: 81–88.
Wilkomm M (1878) Die Wunder des Mikroskops oder die Welt im kleinsten Raume. Vierte, wesentlich vermehrte und umgearbeitete Auflage. Verlag von Otto Spamer. Leipzig.
Windle BCA (1912) Facts & theories: being a consideration of some biological conceptions of today. Catholic Truth Society. London.
Wisnar J (1909) Gregor Johann Mendel. Ein Gedenkblatt, gewidmet dem Andenken an den genialen Forscher vom Gymnasial-Direktor Julius Wisnar. In: Jahresbericht des k. k. Gymnasiums in Znaim fuer das Schuljahr 1908/1909. K. k. priv. Buchdruckerei M. F. Lenk – Verlag des k. k. Gymnasiums. Znaim: 21–35.
Witte U (1971) Vergleichende Untersuchung der in den Abhandlungen der königlich sächsischen Gesellschaft der Wissenschaften abgedruckten, von C. Correns herausgegebenen „Gregor Mendels Briefe an Carl Nägeli 1866–1873". *FM* 6: 117–138.
Wolfe JJ (1915) An outline bearing the theory of descent. *Journal of the Elisha Mitchell Scientific Society* 31: 12–26.
Wolfe AJ (2010) What does it mean to go public? The American response to Lysenkoism, reconsidered. *Historical Studies in the Natural Sciences* 40: 48–78.
Wolfe AJ (2012) The Cold War context of the Golden Jubilee, or, why we think of Mendel as the father of Genetics. *Journal of the History of Biology* 45: 389–414.
Wolny (1836) Die Markgrafschaft Mähren, topographisch, statistisch und historisch geschildert. II. Band. Brünner Kreis. I. Abtheilung. Selbstverlag des Verfassers. Brünn.
Wood RJ (2003) The Sheep Breeders' View of Heredity (1723–1843). Preprint 247 – *Conference A Cultural History of Heredity II: 18th and 19th Centuries. Max-Planck-Institute for the History of Science*: 21–46.
Wood RJ & Orel V (2005) Scientific Breeding in Central Europe during the Early Nineteenth Century: Background to Mendel's Later Work. *Journal of the History of Biology* 38: 239–272.
Wunderlich R (1982) Der wissenschaftliche Streit über die Entstehung des Embryos der Blütenpflanzen im zweiten Viertel des 19. Jahrhunderts (bis 1856) und Mendels „Versuche über Pflanzenhybriden". *FM* 17: 225–242.
Yamashita K (1960) A Preliminary report of the Botanical Mission of the University of Kyoto (B.M.U.K.) to the Eastern Mediterranean Countries, April-July 1959. *Plant Introduction Newsletter (FAO)* 8: 6–11.
Yamashita K (Ed.) (1965) Cultivated plants and their relatives. Results of the Kyoto University scientific expedition to the Karakoram and Hindukush, 1955. Vol. 1. Kyoto: The Committee of the Kyoto University Scientific Expedition to the Karakoram and Hindukush, Kyoto University. Kyoto.
Yokoyama (1968) A scientist and a link of the chain uniting Thailand and Japan. *Japan Agricultural Research Quarterly* 3(4): 30–33.

Young ND, Debellé F, Oldroyd GE, Geurts R, Cannon SB, Udvardi MK, et al. (2011) The *Medicago* genome provides insight into the evolution of rhizobial symbioses. *Nature* 480: 520–524.

Žaar K (1902) Festschrift zur Erinnerung an die Feier des fünfzigjährigen Bestandes der deutschen Staats-Oberrealschule in Brünn. Im Verlage der Schülerlade der deutschen Staats-Oberrealschule. Druck von Carl Winiker. Brünn.

Zankl A (1942) Johann Gregor Mendel. Zum 120. Geburtstag des Forschers. *Böhmen und Mähren* 3: 229–236.

Zevenhuizen E (1998) Hugo de Vries: life and work. *Acta Botanica Neerlandica* 47: 409–417.

Zevenhuizen E (2008) Vast in het Spoor van Darwin. Biografie van Hugo de Vries. Uitgeverij Atlas. Amsterdam / Antwerpen.

Zhang H, Chen W & Sun K (2017) Mendelism: new insights from Gregor Mendel's lectures in Brünn. *Genetics* 207: 1–8.

Zhencheng H (1989) Review: Development of Genetics in China. *IGE Newsletter from the Institute of Genetic Ecology* (Tohoku University) 1: 6–14.

Zichy H (1863) Section A. Landwirthschaftliche Produkte. In: Arenstein J (Hrsg.): Österreichischer Bericht über die Internationale Ausstellung in London 1862. Kaiserlich-Königlichen Hof- und Staatsdruckerei. Wien: 96–103.

Živansky F (1873) Kurze Anleitung zum Betriebe der Vernunftgemässen Bienenzucht. Verlag des Bienenzucht-Vereines. Brünn.

Žlik O (1864) Ueber Akklimatisation der Thiere und Pflanzen. In: Programm der k. k. Evangelischen Gymnasiums in Teschen am Schlusse des Schuljahres 1864: 3–91. (Auch erschienen als Sonderdruck).

Zimmermann WFA (1861) Die Wunder der Urwelt. Eine populäre Darstellung der Geschichte der Schöpfung und des Urzustandes unseres Weltkörpers so wie der verschiedenen Entwickelungsperioden seiner Oberfläche, seiner Vegetation und seiner Bewohner bis auf die Jetztzeit. Nach den Resultaten der Forschung und Wissenschaft. Achzehnte Auflage. Mit 279 in den Text eingedruckten Abbildungen und einem lithographirten Titelbild. Gustav Hempel. Berlin.

Zimmermann VFA (1866) Divy prasvěta prostonárodní vypsání dějin stvoření a prvotného stavu země jakož i převratův a proměn povrchu její, rostlinstva a obyvatelstva až do času nynějšího. Na základě výsledkův bádání a vědy. Fr. Karafiat. V Brně.

Zimmermann (1924) Carl Erich Correns. Zu seinem sechzigsten Geburtstage. *Die Naturwissenschaften* 12(38): 751–752.

Zlámal B (1991/1992) Cyrill Franz Napp (1792–1867), Augustiner Abt in Altbrünn. Biographische Skizze. *FM* 26–27: 67–102.

Zirkle C (1951) Gregor Mendel & his precursors. *Isis* 42: 97–104.

Zirkle C (1964) Some oddities in the delayed discovery of Mendelism. *Journal of Heredity* 55: 65–72.

Zirkle C (1968) The role of Liberty Hyde Bailey and Hugo de Vries in the rediscovery of Mendelism. *Journal of the History of Biology* 1: 205–218.

Żukowski PM (2020) Uniwersytet Stefana Batorego w Wilnie w latach 1929–1939 we wspomnieniach Jana Wilczyńskiego. Archiwum Emigracji 2018–2019: Zeszyt (1–2) 26–27: 137–168.

Zumkeller A (1971) Recently discovered sermon sketches of Gregor Mendel. *FM* 6: 247–256.

Stichwortverzeichnis

A
AB-Blutgruppensystem, 145
Abbot, Scott, 85
Abdomen, 239
Abendvorlesung, 2
Abschiedsbrief, 336
Abschrift
　der Toten-Besichtigungs-Anzeige, 336
　des Taufscheins, 294
　eines Briefs von Mathias Klácel, 323
Abstraktionsgrad, 481
Abstufungen, 148, 149, 167, 184
Abt, XV, 45–48, 52, 285, 286, 299, 312, 327, 329, 338, 343, 441, 479, 480, 484, 487, 503
Académie Impériale des Sciences
　Rouen, 385
　Toulouse, 385
Academy of Sciences in Chicago, 384
Acanthocystideen, 75
Achse, 148, 182
　hohe, 181
　zwergartige, 148, 181
Achsendrehung, 34
Achsenlänge, 11, 175
Ackerbaugesellschaft, 25
Ackerbaugesellschaft in Brünn, 38
Ackerkratzdistel, 263
Adelaide, 80
Adelsstand, XI, 7
Aesculus Hippocastanum L., 352
Afrika, 357, 496, 497
Agram, 356
Agraringenieur, 88

Agrarpflanzen, 22
Agronom, 76, 89, 199, 430, 456
Ähren, 416
Akademie der Wissenschaften der ukrainischen SSR, 97
Akazienblüte, 223
Akelei s. auch *Aquilegia*, 181
　Gewöhnliche, 191, 255
　Grünblütige, 191
　Kanadische, 191, 255
　Kaukasische, 255
Akklimatisation, 17, 18, 20
Akklimatisationsgarten, 19
Akklimatisationsverein, 18
Akklimatisationsversuch, 15–18, 273, 350, 356, 358, 395, 488, 489
Akklimatisierung, 44, 281, 359, 489
Akklimatisierungsexperimente, 355
Akklimatisierungsgesellschaft, 362
Akklimatisierungsversuche, 280, 488
Aktenbogen, 58, 59
Aktion T4, 471
Alantapfel, 286
Albumen, 134, 136, 148, 150, 153, 162, 163, 165, 172, 179, 424, 425
　Färbung, 134, 149, 150, 162, 163, 179
Algebra, 34, 299
Algen, 11, 359
Algenflora, 40
Algerien, 355
Algier, 355
Alipius Winkelmayer (1829–1868), 46
Allele, 136, 137, 145, 148, 151, 156, 501–503
　homologe, 136

Allelvariation, 136
Allgemeine Poliklinik in Wien, 451
Allunionsinstitut für Genetik und Zuchtverfahren in Odessa, 456
Alpenbohnenstrauch, 284
Alt, Antonin František (1806–1888), 35, 45–47
Altai-Gebirge, 497
Altbrünn, 15, 38, 46, 125, 215, 220, 228, 231, 286, 296, 300, 306, 311, 312, 423, 442
Altbrünner Friedhof, 338
Altbrünner Stiftskirche, 345
Altbrünner Volksschule, 442
American Society of Naturalists, 77
Amerika, XIV, 45, 52
Aminosäure, 136
Anatomie, 66, 239, 437, 446
Anbaugebiete, 457
Anbaumanagment, 20
Anbauversuche, XXII, 272, 278, 280
Andersen, Johannes Carl (1873–1962), XLII
Anerkennung, 63, 161, 318, 378, 426, 430, 432, 472
    gesellschaftliche, 63, 426
    wissenschaftliche, 432
Angers, 383, 384, 416
Anmerkungen zur englischen Übersetzung, 80
Antheren, 143, 171, 193, 264, 282, 501
Anthocyan, 136
    Akkumulation, 136
    Biosynthese, 136
Anthocystideen, 75
Anthropologie, XVIII, 454, 455, 498
Antiquariat, 55, 97, 387, 389
Antiquariatskatalog, 74, 88, 388, 389, 414
Antirrhinum
    majus L., 268
    sp., 98, 181
    striatum L., 269
Apfelbäume, 247, 286
Apis
    mellifera, 235
        carnica POLLMANN, 211, 222
        cypria POLLMANN, 217
        fasciata POLLMANN, 218
        ligustica SPINOLA, 212
    mellifica, 235, 237
    mellifica carnica, 211
    mellifica fasciata, 218
    mellifica ligustica, 212
Aposporie, 71
Aquilegia, 255, 401
    atropurpurea-canadensis, 191
    atropurpurea-canadensis WILLD., 199
    atropurpurea WILLD., 191, 255
    canadensis L., 199, 255
    sp. L., 195, 255, 401
    viridiflora PALL., 191
        var. *atropurpurea* WILLD., 191
    vulgaris L., 191, 255
    Wittmaniana, 191
Arabisch, 49
Arachis
    duranensis, 249
    ipaensis, 249
Arad, 356
Arbeiter, 27, 230, 231, 233, 306, 310, 334, 365, 370
Arbeiterbiene, 233
Arbeiterbildungsausschuss, 442, 445
Arbeiterbrut, 213, 222
Arbeiterklasse, 304
Arbeiter- und Bauernstaat, 472
Arbeiter-Wohnungen, 27
Arbeitsbiene, 237
Arbeitsperiode, 241
Architekt, 338
Archivalie, XIV, XV, 448
Archivar, 391
Arenstein, Josef (1816–1892), 417
Argentinien, 100, 101
Aristoteles, 421
Arithmetik, 34, 295, 299, 313
Armogathe, Jean Robert, 88
Artbegriff, 132, 191, 502
Arten, 191, 217
    konstante, 191
    wildwachsende, 187
Artenchaos, 192
Arzneimittel, 254, 335
Arzt, 39, 41, 90, 94, 99, 124, 252, 297, 336, 342, 440, 469
Aserbaidschan, 456
Asiaten, 497
Asimov, Isaac (1920–1992), 381
Asparagin, 98
Asparagingehalt, 98
Aspirantur, 99

Assistent, 2, 7, 8, 30, 33, 38, 75, 83, 88, 94, 96, 107, 305, 321, 429, 440, 446, 448
Astronomie, 7, 34
Audienz, 6, 303, 325
Auditorium, 7, 11, 177
Aufgabensammlung, 70
Aufklärungsamt für Bevölkerungspolitik, 466
Auflage, 54, 385, 487
Auflichtprojektor, 468
Aufpfropfen, 285
Augartensaal, 7
Augenheilkunde, 42
Augenleiden, 261
Augustiner, IX, 45, 52, 296, 338, 483
Augustinerabt, 480
Augustinerbibliothek, 391
Augustinerbruder, 390
Augustinerkloster, 45, 60, 281, 301, 307, 479, 484
Augustinerkonvent, 44, 296, 299
Augustinermönch, 46, 62, 110, 337, 480, 481
Augustinerorden, 44, 49, 52, 61, 62, 109, 291, 296, 300, 390, 501
Augustinerpater, XX, 15, 35, 100, 108
Augustinerstift, XIV, 15, 25, 45, 49, 286, 301, 306, 307, 320, 334, 337, 338, 391, 418, 423, 442
Auktion, 29
Ausgedingezimmer, 298
Ausgleichsverfahren, 29
Ausgrenzungsstrategien, 455
Auspitz, Josef (1812–1889), XXXIII, 26, 38, 39, 51, 330, 413
Ausprägung, 145
Außenministerium
    tschechisches, 62
Austausch, 24
Authentizität, 9
Autochromverfahren, 59
Autorenkollektiv, 478
Auxerre, 383, 384
Avé-Lallemant, Julius Léopold Eduard (1803–1867), XLI
Axonometrie, 32
Azalea indica
    Baron Adalb. Widmann, 123
    Director Patek, 123
    Erzherzogin Elisabeth, 123
    Professor Mendl, 123
    Sophie Schrötter, 123
Azaleen, 53, 123, 142
Azaleen-Sorte, 123

B

Bádal, Karl J., 33
Baer, Karl Ernst von (1792–1876), 80, 171
Bahia de Campeche, 231
Baigar, Julius Joannes (geb. 1807), 294
Bailey, Liberty Hyde (1858–1954), 411, 412
Baillet de Latour, Theodor (1780–1848), 310
Baker, John Gilbert (1834–1920), XLI
Bakteev, F. K., 88
Bakteriologie, 448
Balliol College, 246
Bamberg, 65, 67, 70, 302, 334, 378, 396–399, 412, 418, 493
Bamberger, Heinrich von (1822–188), 334
Bamberger Gartenbauverein, 399
Bamberger Hof, 302
Bamberger Lyzeum, 398
Bangkok, 91
Bank of England, 324
Baratta
    Ritter von, 280
Bärenkraut, 253
Barina, Franciscus Silesius (1863–1943), 46
Barometer, 200
Barr-Körperchen, 485
Bary, Anton de (1831–1888), 64
Basenpaar, 136
Bastard, 11, 84, 124–126, 143, 146, 148, 157, 158, 160, 172, 181, 196, 251, 253, 256–259, 264, 265, 394, 406, 407, 424–426, 480
Bastardbefruchtung, 125, 191
Bastardbildung, 10, 15, 205–207, 264, 394, 406
Bastarde, 268
Bastarderzeugung, 123–125, 160, 189, 195
Bastardgenerationen, 270
Bastardgewächse, 124, 125
Bastardierung, XIV, 11, 14, 15, 147, 187, 430, 431, 502
Bastardierungsversuche, 428, 443
Bastardlehre, XX
Bastardpflanze, 179, 395, 423

Bateson, William (1861–1926), XIII, XIV, XIX, XV, XVI, XXXI, XXXIV, 59, 67, 71–73, 79, 81, 83, 85, 87, 93, 99, 134, 138, 139, 180, 292, 312, 377, 410, 412, 432, 433, 444, 449, 484
Bauer, Julius (1887–1979), 451
Bauern, 224, 290–292, 463
  unfreien, 310
Bauernfamilie, 72
Bauerngrund, 292
Bauernstand, 306
Baugewerkschule Eckernförde, 338
Bauhin, Caspar (1560–1624), XLI
Baumgartner, Andreas von (1793–1865), 24, 127, 315, 317, 319, 408
Baumwolle, 266, 461
Baur, Erwin (1875–1933), 98, 101, 263
Bauthätigkeit, 236
Bayer, Johann-Nepomuk (1802–1870), 158, 407
Bayer, Konrad (1828–1897), 323
BBC Radio, 463
Beadle, George Wells (1903–1989), 78
Becher, Alfred Julius (1803–1848), 311
Beck, Martin (gest. 1849), 295
Bedeutung, XVIII
Beecher-Stowe, Harriet (1811–1896), 35
Beecher Wilson, Edmund (1856–1939), 84
Befruchtung, 11, 13, 16–18, 66, 84, 123–125, 134, 140, 141, 148, 157, 162, 168–170, 172, 173, 176–181, 185, 187, 188, 195–198, 235, 246, 251, 256, 258, 259, 261, 263–265, 267, 269, 276–278, 285, 286, 300, 338, 341, 348, 386, 393, 395, 401, 443, 470
  künstliche, 11, 13, 16–18, 123–125, 127, 131, 148, 192, 246, 258, 259, 263, 265, 267, 276, 278, 285, 300, 338, 341, 348, 386, 393, 395, 401
  spontane, 187
Befruchtungsausflug, 228
Befruchtungsorgan, 132, 143, 187
Befruchtungstüchtigkeit, 261
Befruchtungsversuche, 261, 265
Befruchtungsvorgang, 84, 170, 357, 489
Befruchtungszelle, 192
Befruchtungszellen, 170, 192, 193, 492
Begleitbiene, 218, 220, 349
Beibibliothek, 434

Beijerinck, Martinus W. (1851–1931), 387, 412, 413
Beleg, 75, 188, 263, 288, 411
Belege, 17, 22, 24, 133, 361, 363, 384, 411, 421
Belegexemplar, 29
Belegschaft, 335
Belegstücke, 12, 13
Belozersk, 456
Benary, Ernst (1819–1893), 132, 263, 281, 282, 412
Beneden, Edouard van (1846–1910), 84
Beneš-Dekrete, XV
Bennett, John Henry (1926–2015), 80, 81
Benton, Frank (1852–1919), 218
Beobachtungen, XXII, 4, 6, 11, 12, 18, 20, 28, 35, 36, 40, 42, 56, 66, 79, 81, 119, 124, 125, 129, 172, 173, 177, 188, 189, 208, 213, 225, 236, 237, 239, 241–243, 247, 248, 272, 277, 333, 342–344, 346–348, 350–353, 358–360, 366, 402, 403, 418, 420, 425, 461, 489
  entomologische, 30
  meteorologische, 333
  phänologische, 350
Berg- und Forstakademie Schemnitz, 34
Berlin, X, XLIV, 18, 43, 63, 67, 70, 75, 84, 101, 124, 273, 367, 369, 372, 387–389, 434, 452, 454, 455, 457, 465–467, 473, 493, 499
Berlin-Dahlem, X
Berliner Bauakademie, 338
Berr, Franz (gest. 1886), 39
Bersch, Wilhelm J. K. (1868–1918), 429
Besatzungszone
  sowjetische, 471–474, 482
Besnard, Anton (1814–1885), 409
Bestäubung, 124, 247, 501, 502
Bestellzettel, 132, 280, 281, 412
Bestimmungsschlüssel, 135, 254
Bibel, 94, 337
Bibliographia Mendeliana, 96, 200, 347
Bibliographie, 74, 93, 101, 200, 364, 379, 381, 387, 389–391, 396, 410, 411, 418, 499
Bibliothek, XLI, 2, 3, 7, 40, 49, 57, 125, 126, 133, 141, 286, 296, 361, 378, 384, 385, 389, 405, 414, 499

der Oberrealschule, 2, 324
des Franzens-Museums, 126
des Königinklosters, 286
des Naturforschenden Vereins, 3, 7, 126, 359, 389, 405
in Kremsier, 294
Bibliothekar, 294, 391
Bibliothekdiener, 141
Bibliothekskataloge, 73, 88, 92
Bieberstein, Friedrich August Marschall von (1768–1826), XLII
Biene, XXII, 44, 211, 213–215, 217–225, 227, 228, 230–234, 236–239, 241, 278, 282, 330, 350, 357, 359, 360
   ägyptische, 218
   Dalmatiner, 217
   Europäische, 217
   italienische, 212
   Krainer, 211, 222
   kroatischen, 222
   stachellose, 234
   tropische, 229, 350, 353, 357, 359, 489
   ungarische, 217
   Westliche, 211
   zyprische, 217, 218, 220, 227
Bienenarten, 44, 217, 219, 229, 230, 233, 234, 236, 237, 240, 241
Bienenforscher, 451
Bienengattungen, 234
Bienenhaus, 333
Bienenjahr, 222
Bienenkästchen, 233, 234
Bienenkeller, 215
Bienenkönigin, 220, 235
Bienenkunde, 361, 415
Bienenrasse, 217, 218, 222, 333, 348, 415
Bienenrasseaus der, 333
Bienenräuberei, 211, 217, 348, 349
Bienenschwarm, 230, 239
Bienensorte, 20, 44
Bienenstand, 213, 215, 219, 220, 222, 224, 228
Bienenstock, 223, 228, 348, 444
Bienenstöckchen, 231
Bienenstudien, XIV
Bienenvölker, 240
Bienenwachs, 234
Bienenweide, 228
Bienenwirte, 240
Bienenwirtschaft, 225

Bienenzucht, XLIII, 38, 293, 324, 338, 372, 416
   rationelle, 222
Bienenzüchter, 217, 219, 231, 238, 415
Bienenzuchtverein, 223, 228, 348
Bignon, Jean-Paul (1662–1743), 199
Bildungsprogramm, 451
Bildungsprozess, 353
Bildungstrieb, 127
Biologie, X, XII, XIX, XVII, XVIII, XXI, 30, 75, 79, 85, 99, 104, 434, 435, 455, 458, 459, 464, 465, 472, 474, 476, 479, 482, 492–494
   Lehrplan, 479
   moderne, XVI, 249, 420, 487
   quantitative, XVIII
   Schulfach, 465
   systematische, 158
   theoretische, XVIII
   Wendepunkt in der, XII
Biologiebücher, 74
Biologiegeschichte, 60, 99, 246
Biologie in der Schule, 475, 477
Biologielehrer, 74, 85
Biologieunterricht, 456, 474, 478
Biometriker, XIX, XVI, 71, 81, 151, 435
Biometriker-Streit, 436
Biowissenschaften, XII, XXI, 455, 458
Birnbaum, Johann Michael Franz (1792–1877), 365
Birnbaum, Karl Joseph Eugen (1829–1907), 365, 367, 368
Birnbäumen, 287
Birnen, 287
Bisamduftende Malve, 281
Bisam-Malve, 281
Bishop Howard – Thomas Moore College Mendel Collection, XIV
Bistritz, 43
Bistritz am Hostein/Bystřice pod Hostýnem, 43
Blakeslee, Albert Francis (1874–1954), 76, 85
Blanc, Marcel, 89
Blattachsel, 137
Blattachseln, 137, 147
Blattern, 293
Blatterseuche, 297
Blattrippen, 137, 147, 148
Blauglockenbaum, 284
Blauholz, 230, 231

Blauholzbaum, 231
Blitz, 345, 421
Blitzen, 269
Blitzstrahl, 201
Blomberg, Karl Albert (1844–1922), 406
Blum, Robert (1807–1848), 311
Blumen, 183, 259, 267
Blumenausstellung, 53, 279, 283, 286
Blumenbach, Johann Friedrich (1752–1840), 127
Blumenblätter, 259
Blumenfarbe, 183–185, 188, 267
Blumengärtnerei, 367
Blumenhandel, 15, 123
Blumenkohl, 54, 281
Blumensorten, 16
Blumenzucht, 286
Blumenzwiebeln, 281
Blut, 252
Blüte, 131, 136, 141, 142, 147, 176, 183, 191, 252, 258, 261, 269, 358
    achsenständige, 154
    endständige, 133
    marmorierte, 262
    venöses, 252
Blüten, 11, 15, 121, 123, 131, 136, 151, 152, 154, 162, 170, 173, 176, 179, 182, 184, 186, 191, 197, 223, 224, 247, 252, 258, 259, 262, 264, 265, 267
    radiärsymmetrische, 281
Blütenachse, 139
Blütenbau, 131, 143, 263, 276
Blütenbildung, 127
Blütenbiologie, 124
Blütenblätter, 258
Blütenfarbe, 11, 45, 134, 136, 175, 184, 185, 188, 252, 256, 262, 269, 282, 489
Blütenform, 11, 45, 134, 188, 247
Blütengrösse, 134, 269
Blütenkalender, 258, 260
Blütenmerkmale, 252
Blütenorgan, 131
Blütenpflanzen, 93, 232, 268, 278
Blütenstand, 148, 258, 259
Blütenstaub, 11, 14, 15, 231–234, 240
Blütenstellung, 138, 176, 269
Blütenstiel, 134, 169
Bluterkrankheit, 440, 470

Blütezeit, 17, 130, 138, 143, 168, 188, 258, 260, 276, 492
Blütezeitpunkt, 22, 43, 177, 255, 276, 352, 487
Blutgruppe, 146
Blüthenfarbe, 186
Blüthenstaub, 231, 232
Blutholzbaum, 231
Blutlaus, 369
Boas, Franz (1858–1942), XVII
Bockshorn-Klee, 357
Boehm, Hermann Alois (1884–1962), 469
Böhmen, 18, 38, 41, 217, 218, 220, 307, 311, 456
Böhmen und Mähren, XVII
Bohne s. auch ItalicPhaseolus, 15, 181, 397
Bohnen, 355
Bohnenbaum, 284
Bohnensämlinge, 246
Bois de Bolougne, 19, 324
Boissier, Pierre Edmond (1810–1885), XLI
Bölten, 291
Bonn, XLIII, 84
Bonpland, Aimé Jacques Alexandre (1773–1858), XLII
Bordeaux, 239, 383, 384, 396, 397, 402
Bordeauxbrühe, 89
Borlaug, Norman (1914–2009), 77
Borsdorfer, 286
Borstenkranz, 118
Botanik, X, XI, XVII, 2, 10, 30, 35, 40, 57, 76, 89, 94, 96, 100, 102, 127, 130, 132, 171, 183, 229, 253, 321, 366, 378, 400, 410, 421, 427, 437, 438, 440, 441, 448, 461, 475
    ästhetische, 123
    systematische, 438
    wissenschaftliche, 132
Botanikbücher, 118
Botaniker, XI, XLI, XLII, XLIII, XV, XVII, 2, 7, 8, 10, 11, 14, 15, 39, 52, 57, 63, 64, 71, 72, 76, 89, 94, 96, 97, 99, 101, 107, 116, 124, 130, 131, 138, 145, 158, 179, 199, 229, 246, 252, 253, 260, 264, 274, 321, 343, 380, 384, 386, 390, 392–394, 400, 406, 407, 410, 412, 421, 437, 440, 446, 449, 461, 489, 493
Botanikerin, 35
Botanikers Charles, 270

Botanische Gesellschaft in Regensburg, 408
Botanischer Garten in Amsterdam, XI
Botanischer Garten in Berlin, XLII, XLIV, 388
Botanischer Garten in Clermont-Ferrand, 124
Botanischer Garten in Dorpat/Tartu, XLII
Botanischer Garten in Erlangen, XLII
Botanischer Garten in Gießen, 362, 400
Botanischer Garten in Leipzig, 389
Botanischer Garten in Rom, 89
Botanischer Garten in Wien, 321, 438
Botanischer Garten von Amsterdam, XI
Botanische Tauschanstalt in Prag, 7
Botys margaritalis, 116, 117, 119, 168, 341, 347
Boussingault, Jean-Baptiste (1801–1887), 353
Boveri, Theodor (1862–1915), 57, 84, 86, 387, 399
Boveri, Theodor Sen., 387
Boxer Indemnity Scholarship, 104
Brachydaktylie, 440
Brahe, Tycho (1546–1601), 128
Brasilien, 238, 239
Brassica Rapa, 118
Bratkovic, Jakob, 39
Bratránek, Tomáš (1815–1884), 44, 50, 51, 57, 301, 302, 307–309, 311, 323, 327, 357, 437
Braun, Alexander Carl Heinrich von (1805–1877), 64, 388
BRD, 61, 62, 457
Bregenz, 296
Bremen, XLIII, 384
Bremerhaven, 29
Breslau, XLIII
Breslawetz, Lidija Petrovna (1882–1946), 87, 98
Breza, Winiker & Comp., Brünn, 28
Bridges, Calvin Blackman (1889–1938), 85
Brief, V, X, XII, XIV, XV, XXII, 10, 14, 17, 25, 30, 57, 60, 82–84, 89, 99, 101, 121, 125, 128, 140, 141, 143, 168, 186, 194, 245, 251–253, 255, 257, 258, 260, 261, 263–265, 268, 272–278, 292, 293, 303, 310–312, 323, 325, 326, 329, 331, 334, 339, 342, 343, 360, 361, 374, 386, 387, 390, 391, 394, 403, 408, 412, 414, 421, 428–430, 432, 437, 439, 444, 489
Briefmarke, 77, 481

Briefnachlass, 57
Briefsammlung, XXXI, XXXIV
Briefwechsel, 45, 82, 191, 343, 391, 397, 429, 432, 493
Briggs, George Edward (1893–1985), 461
Brightsche Krankheit, 336
British Pteridological Society, 71
British Society for the History of Science, 85
Broch, Hjalmar (1882–1969), 435
Brombeere, 407
Bromme, Traugott (1802–1865), 317
Bronn, Heinrich Georg (1800–1862), 4, 133
Brooks, William Keith (1848–1908), XV
Brožek, Artur (1882–1934), 87, 102, 449
Bruchus pisi, 17, 119–122, 142, 168, 341, 343, 401
Brücke, Ernst Wilhelm von (1819–1892), 66
Brümmer, Johannes (1851–1895), 371
Brünn, XI, XIV, XV, XVI, XVII, XX, XXII, XXXII, XXXIII, XXXIV, 1–8, 10–12, 15, 18, 23, 25, 27–30, 33, 34, 36, 38–45, 48, 52, 53, 57, 89, 120, 132, 138, 161, 168, 171, 195, 223, 229, 254, 255, 260, 263–265, 268, 269, 272, 274–278, 280, 281, 299, 323, 335–337, 347, 351, 383, 384, 390, 398, 412, 413, 441, 442, 445, 446, 448, 451, 479, 483, 487, 489, 491, 493–495, 499
Brünner Augarten, 53, 278
Brünner Augustinerstift, XIV, 301, 391, 418
Brünner Bahnhof, 6
Brünner Blinden-Institut, 9
Brünner Credit-Verein, 9
Brünner Damenstift, 6
Brünner Diözese, 301
Brünner Domkapitel, 404
Brünner Escompte-Bank, 60
Brünner Fürsorgeanstalten, 41
Brünner Gymnasium, 33, 34, 40, 45, 46, 229, 307
Brünner Handelskammer, 9, 21, 23
Brünner Handelsschule, 9
Brünner Hypotheken-Bank, 330
Brünner Konservatorium, 337
Brünner Landespräsidium, 301
Brünner Lehrerverein, 442
Brünner Männergesangsverein, 304
Brünner Nordbahnhof, 408

Brünner Oberrealschule, 2, 26, 33, 34, 38, 39, 45, 58
Brünner Studenten, 304
Brünner Volkshochschule, XIV
Brünner Zentralfriedhof, 337
Brünner Zweigverein der deutschen Schillerstiftung, 33
Brustkasten, 218
Brut, 213, 216, 219, 224, 233, 234, 237, 240, 241
Bruthöhle, 238
Brutscheibe, 236, 239
Bruttafel, 222
Brutturm, 233–235, 239, 241
Brutwabe, 217, 231, 232, 234, 236, 237
Brüx/Most, 217
Buch, V, XVI, XXXIV, 17, 71–73, 92, 93, 95, 97, 98, 107, 108, 124, 126, 129, 132, 145, 159, 161, 191, 198
Buchdruckerei, 29
Bücherleihe Brünn, 28
Bücherwart, 10
Buchhandlung, 28, 29
   Georg Gastl, 28
   Seidl und Braunmüller, 30
Büchner, Ludwig Friedrich (1824–1899), 404
Buchredaktion, 476
Buchrezension, 364
Buchstabe, 59, 158, 408, 409
Buchstabensyntax, 158, 163
Buchweizen, 357
Budar, Ignaz (1812–1883), 39
Buenos Aires, 101
Bukarest, 107
Bunge, Alexander von (1803–1890), 158
Bunsen, Robert Wilhelm (1811–1899), 398
Bunsen, Theodor von (1832–1892), 273
Burbank, Luther (1849–1926), 93
Bürgercorps, 6, 306
Bürgerkrieg, 310
   kolumbianischer, 99
Bürgermeister, 30, 335, 344
Burkart, Arturo Eduardo (1906–1975), 101
Burmeister, Hermann (1807–1892), 316
Büro für angewandte Botanik, 96
Buttel-Reepen, Hugo von (1860–1933), 230
Bystrice pod Hostýnem, 43

C

Café Fetzer, 441
Cajanus
   bicolor (L.) Millsp., 356
   cajan L., 249
Calceolaria, 181
   hybrida
      integrifolia, 268
   rugosa Murray, 268
   salicifolia, 268
   salicifolia Ruiz & Pav., 268
   sp., 199
Caldas, 99
Calw, 124
Calycanthus floridus L., 284
Cambridge, XV, XVI, 80
Cambridge University Eugenics Society, 81
Camerarius, Rudolf Jakob (1665–1721), 66, 124
Campanula
   media-pyramidalis, 251
   sp., 181
Candeias, Alberto J. (1891–1972), 108
Candolle, Alphonse Pyrame de (1806–1893), XLI, 10, 145, 158
Cannabis
   gigantea, 281
Carex
   sp., 181, 255, 269
Carlson, Elof Axel (geb. 1931), 414
Carothers, Eleanor (1882–1957), 84
Carus, Julius Victor (1823–1903), 390
Castle, William E. (1867–1962), 72
Celesta'scher Konvikt, 296
Central-Anstalt für Meteorologie und Erdmagnetismus, 200, 202, 343, 488
Centro Internacional de Mejoramiento de Maiz y Trigo, 76
Cetl, Ivo (1925–2008), 251
Chaldäisch, 49
Champagner Reinette, 286
Chappellier, Albert (1873–1949), 87, 88, 433
Chappellier, Paul (1822–1919), 433
Charakter, 6, 11, 153, 169, 174, 184, 267, 299, 362
Charaktere, 56, 257, 259, 277, 337, 360
Charakteristiken, 318, 319, 395

Charakteristikum, 474
Charlemont, Theodor (1859–1938), XV, 445
Chavannes, Marc-Antoine Puvis de (1776-1851), 199
Cheiranthus annuus, 268
Chemie, X, XIX, 8, 31, 32, 77, 155, 171, 321
    Allgemeine, 34
    Analytische, 34
    Spezielle, 33
Chemiebuch, 33
Chemiker, 8, 34, 39, 65, 252, 350, 398, 429
Chen, Zhen (1894–1957), 104
Cherubini, Luigi (1760–1842), 304
Cherubinis Requiem, 304
Chetverikov, Sergei (1880–1959), 99
Chicago, 384
Chile, 15, 268
China, 103–106, 191, 199, 281, 356, 357
Chinesisch, 86, 104, 106
Chinesische Genetische Gesellschaft, 106
Chirurg, 43
Chiyomatsu, Ishikawa (1861–1934), 91
Chlorophyll, 263
Chlorophyllabbau, 136
Chlorophyllgehalt, 137
Chloroplasten, 263
Chloroplastenstruktur, 137
Chlumecký, Johann (1834–1924), 330
Cholera, 326, 351
Cholerabekämpfung, 41
Choleraepidemie, 41, 351, 390
    in Böhmen und Mähren, 41
    in Russland, 41
Chorknaben, 337
Chorleiter, 46, 337
Chotek, Ferdinand Maria (1781–1836), 294
Christdorn, 284
Christiania, 384
Chromosom, 95, 167, 454, 461, 484, 485
Chromosomen, 75, 84, 95, 167, 454, 461, 484, 485, 501, 502, 504
Chromosomenforschung, 92
Chromosomenkonfiguration, 75
Chromosomensatz, 470, 502, 503
Chromosomentheorie, 83, 84, 97, 151, 172, 469, 472, 475, 478
Chromsomenstruktur, 167
Chruschtchow, Nikita (1994–1971), 458
Cicer arietinum L., 249

Cirsien, 10, 18, 145, 158, 263
Cirsium, 264, 276
    arvense (L.) Scop., 263
    canum M. Bieb., 264
    lanceolatum Scop., 264
    oleraceum (L.) Scop., 264
    praemorsum Michl., 264
    rivulare (Jacq.) All., 264
Cirsium sp., 181
Citation Indices, 381
Citrus
    australis,, 142
    sp., 145
Clarke, Richard Trevor (1813–1897), 266
Clement, J., 369
Clermont-Ferrand, 124
CO_2, 137
Cohen, I. Bernard (1914–2003), 80
Collegium Borromaeum, 132
Columbia University, 75, 104
Communal-Unter-Realschule in Brünn, 33, 43, 171
Computerprogramm, 381
Cook, Robert Carter (1890–1991), 74
Corcos, Alain F. (geb. 1925), 85
Cori, Eduard (1812–1889), 217
Corpus Christie, 299
Correns, Carl (1864–1933), X
Correns, Carl Erich Franz Joseph (1864–1933), X, XIX, XVI, 63, 64, 67, 83, 98, 102, 106, 134, 137, 141, 168, 171, 172, 260, 262, 273, 374, 377, 379, 391, 419–427, 429, 431–433, 436, 444, 475, 480, 484, 493
Correns, Elisabeth (1862–1952) s. Widmer Elisabeth
Coste, Jan Victor (1807–1873), 171
Coster, Laurens Janszoon (ca. 1370–1440), 282
Cremer, Thomas (geb. 1945), XVIII
Crossing-Over, 75, 461, 485
Croydon, 71
Cuboni, Giuseppe (1852–1920), 89
Cucurbita, 282
    sp., 282
Cuenot, Lucien (1866–1951), 89
Cunningham, Allan (1791–1839), XLI
Cunningham, Richard (1793–1835), XLIII
Cuzko-Mais, 273
Cygánek, Chrystomus, 309

Cytisus
  alpinum L., 284
  laburnum L., 284
  purpureus Scop., 284
Czastka, Franz, 54
Czastka, Laurenz, 53
Czermak, Franz (1834–1911), 3, 8, 39

D
Daguerreotypie, 299
Daorong, Lin, 104
Darbishire, Arhur Dukinfield (1879–1915), 380
Darlington, Cyril Dean (1903–1981), 461–463
Darwin, Charles (1809–1882), XII, 2–6, 14, 19, 36, 50, 57, 88, 91, 93, 105, 106, 108, 124, 133, 145, 151, 193, 194, 261, 262, 266, 267, 352, 361–363, 379, 385, 388, 390, 394, 400, 403–405, 409, 410, 418, 427, 449, 480, 484, 495, 501
Darwinianer, 50
Darwinisierung, 85
Darwinismus, 50, 99, 352, 400, 403
  schöpferischer, 457, 458, 472–475, 478–480, 482
Darwin-Kritik, 400
Darwinrezeption, 404
Datenfälschung, XIV, 463, 494
Dathe, Gustav (1813–1880), 332
Davenport, Charles (1866–1944), 414, 416
DDR, 456, 458, 459, 471–473, 476, 477, 482, 496
DDT, 382
Deduktion, 128
Deismus, 502
deistische, 405
Delegation, 488
Demonstrator, 438
Denison-University, 72
Denisova-Mensch, 497
Denkmal, 60, 89, 179, 335, 338, 378, 442–446
Denkmalkomitee, XVII
Denkmalsfond, 446
Denkrichtung, 130
Denkschrift, 366
Denkschule, 130, 431
Denunziation, 457
Desinteresse, 398

Deszendenz, 442
Deszendenzlehre, 89
Deszendenztheorie, XII, 10, 89, 501
Detailversuch, 127
Deutsche Akademie der Landwirtschaftswissenschaften, 459
Deutsche Botanische Gesellschaft, 422–424, 431
Deutsche Gesellschaft für Rassenhygiene, Berlin, 454
Deutsches Gymnasium in Brünn, XVII, 404
Deutsches Haus in Brünn, 449
Deutsches Reich, 451
Deutsche Technische Hochschule in Brünn, XVII, 2, 7, 10, 34, 59, 60, 161, 448, 456
Deutschland, 118
Dianthus, 188, 191
  Armeria-deltoides, 192
  caryophyllus L., 188
  Caryophyllus L., 199
  chinensis L., 199
  japonicus Thunb., 199
  sp., 124, 181, 191, 192, 195, 199
Dianthus-Hybrid, 191
Didaktik, 70, 464
  der Mathematik, 70
Diebl, Franz (1770–1859), 24, 300, 305
Differentiale, 194
Differentialgleichung, 130
Differenzen, 193, 194
Differenzierung, 191
Differenzmerkmal, 11
Dikotyledon, 130
Diktaturen, 464
Dimorphismen, XVI
Diözese, 61, 301
Dišlera, Valda (1928–1985), 108
Dissertation, XXXV, 88, 91, 101, 406, 409, 437
Diuretikum, 335
Dobzhansky, Theodosius G. (1900–1975), 74
Dokumentarfilm, 456, 496
Doldige Habichtskraut, 276
Dolichos
  Catjang, 357
  myodies, 357
  soja L., 357
Domestikation, 145, 262, 266
Dominanz, 146

Dominanzregel, XII
Dönhoff, Eduard (1820–1884), 226
Doppler, Christian (1803–1853), 34, 321
Dorfbevölkerung, 291
Dorfgemeinden, 365
Dorfkinder, 293
Dorflehrer, 294
Dorfpfarrer, 290
Dorfschule, 293
Dornröschenschlaf, 378
Dorpat, 96
Doupovec, Antonin (1870–1954), 54
Dove, Heinrich Wilhelm (1803–1879), 388
Drahorad, Fritz (1891–1972), 451
Dresden, 6, 366, 367, 370, 398, 469, 471
Drohne, 218, 228, 235
Drosophila, 75, 104
   melanogaster M*eigen*, 72, 486
Drosophilamutante, 99, 101
Druck, XIV, 1, 24, 25, 28, 46, 54, 58, 82, 114, 122, 126, 151, 155, 159, 160, 326, 366, 390, 392, 406, 462, 484, 487, 495
Druckauflage, 66, 73, 399
Druckausgaben, 70, 72
Druckbogen, 365
Drucker, 30, 58
Druckerei, 28, 29, 37, 386
   Carl Winiker, Brünn, 30
   Franz Gastl, 29, 200
   Georg Gastl, 25, 29, 36, 58, 200
   Winiker, 29
Druckerschwärze, 59
Druckerzeugnisse, 29
Druckexemplare, 78
Druckfehler, 56, 64, 390
Druckjahr, 396
Druckkosten, 58
Drucklegung, 54, 159, 171, 392, 429, 432
Druckort, 72, 391
Druckschrift, 364
Druckwerke, 55
Druckzylinder, 29
Druery, Charles Thomas (1843–1917), 71–73, 83, 87, 139, 180, 433
Dudik, Beda (1815–1890), 305
Dunn, Leslie Clarence (1893–1974), XXI, 76, 77, 87, 100
Dunstdruck, 200

Durchlichtprojektor, 468
Durchschnittsziffer, 226
Durchschnitt, 179, 180, 225
Durchschnitte, 64, 150, 164, 166, 178, 179
Durchschnittsverhältnis, 148, 152, 155, 164, 185
Dürre, K, 451
Düsseldorf, 450
Dvorák, Joseph Arthur (1823–1894), 41
DVV, 474
d'Elvert, Christian (1803–1896), 30, 344

E
East, Edward Murray (1879–1938), 76
Ebbe, 129
Echte Leinkraut, 268
Eckernförde, 338
Edinburgh, 105, 252
Editionsgeschichte, XXI
Effenberg, Anton (1842–1925), 33
Ehrendomherr, 404
Ehrenmitglied, 338
Ehrenmitglieder der Vereins Lotos in Prag, 40
Ehrenmitglieder des Gewerbe-Vereins in Bamberg, 399
Ehrenmitglieder des Naturforschenden Vereins in Brünn, 57, 130, 385, 386, 388, 390, 398, 449
Ehrenpreis s. Veronica
Eichling, Carl W. (geb. 1856), 412
Eickstedt, Egon Freiherr von (1892–1965), 469
Eidgenössisches Polytechnikum, 10
Einkorn, 95
Einstein, Albert (1878–1955), XVII
Einzelversuch, 134
Eisenach, 366
Eisgrub, 444, 451
Eizelle, 84, 170, 171, 470
Elektrizität, 34
Elementaranalyse
   biologische, 134
Elementarmathematik, 158, 483
Elemente, 31, 32, 192, 193, 319
Elodea candensis M*ichx*., 362
Eltern, XV, 7, 84, 144, 146, 148, 149, 160, 179, 259, 270, 290, 292, 295, 296, 342, 374, 394, 503
Elterngeneration, 147, 272, 428, 503

Elternhaus, 298
Elternpflanze, 268
Elternpflanzen, 144, 146
Emaus, 291
Embryo, 127, 170, 192, 271, 368
    hybrider, 193
Embryologe, XV
Embryologie, 84
Embryosack, 171
Embryosackkern, 170
Emeritierung, XI, 72, 76, 461
Emigration, XVII, 83, 451, 457
Empiriker, 277
Empirismus, 20
Encyclopædia Britannica, 410
Encyclopédie pratique de l'agriculteur, 255
Enders, J. N., 364
Endokarp, 137
Endosperm, 134, 136, 171
Energieerhaltungssatz, 404
Engelmann, Christiane Therese (1820–1907), 65
Engelmann, Wilhelm (1808–1878), 65, 67, 68
England, XVI, 15, 60, 324, 423, 461
Ens, Faustin (1782–1858), 35, 296
Entartung, 100
Entomogamie, 124, 502
Entomoligca carniolica, XLIII
Entomologe, XLII, XLIII, 8, 39, 117, 218
Entomologie, XLII, 116, 237
Entourage, 6
Entstehungsgeschichte, XXI, 2, 74
Entwickelungsdauer, 237
Entwicklung, XIX, 6, 10, 12, 16, 84, 97, 117, 118, 120, 122, 124, 126, 135, 143, 149, 151, 166, 169, 171, 181, 184, 186, 188–190, 192, 193, 224, 237, 290, 316, 352, 354, 381, 416, 427, 435, 454, 456, 458, 472, 473, 475, 478, 489, 493, 494, 496, 503
    der Befruchtungszellen, 193, 479
    der Farben, 256
    der Formen, 196
    der Genetik, 484
    der Hybriden, 124, 126, 166, 168, 171, 183, 189, 193
    der konstanten Verbindungen, 181
    der Kulturformen, 145
    der Organismen, 476
    der Pflanze, 151, 186, 352, 353
    der Vererbungslehre, 475, 478
    des Samens, 135, 148
    des Schiffchens, 143
    des Wetters, 224
    gesellschaftliche, 478
    historische, 290
    menschliche, 458, 496
    organischen Lebens, 316
    von Ideen, 381
Entwicklungen
    parallele, 93, 416, 490
Entwicklungsbiologie, 83, 99
Entwicklungserscheinungen, 344
Entwicklungsformel, 186, 266
Entwicklungsgeschichte, 128, 191
Entwicklungsgesetz, 125, 162, 179, 181
Entwicklungsgesetze, 126, 156
Entwicklungsglieder, 130
Entwicklungslehre, 478
Entwicklungsplan, 194
Entwicklungsreihe, 130, 157, 165, 166, 169, 177, 180, 185, 190, 299
Entwicklungsstadium, 5, 6, 18, 117, 256, 370
Entwicklungsstufe, 130
Entwicklunsgverlauf, 130
Epi-Bilder, 468
Epidermis, 137
Epidiaskop, 468
Epikarte, 470
Epileptiker, 471
Episkop, 468
Epistase, XVI
Erbanlagen, 84, 246
Erbe
    wissenschaftliches, 450
Erbfaktoren, 454
Erbformel, 454
Erbforscher, 157, 160, 161, 179
Erbgang, 144, 148, 182, 451
    alternativer, 134, 144, 148, 149, 153, 163, 168, 182, 262, 388, 440, 454, 477, 503
    autosomaler, 144
    dihybrider, 144
    dominant-rezessiver, 153, 440
    intermediärer, 144, 148, 153, 440
    mendelistische, 142, 143, 146, 148, 263, 503

trihybrider, 182
Erbgut, 468, 469
Erbhygiene, 454
Erbinformationen, 263
Erbkunde, 474
Erblehre, 467, 468, 478
Erblichkeit, 353, 358, 388
Erbpathologie, 471
Erbpflege, 471
Erbprognose
  empirische, 454
Erbschaft, 298
Erbschaftsformel, 160
Erbse s. auch Italic Pisum sp.; Italic Pisum sp, 14–16, 120, 149, 161, 181, 246
  Golderbse s. auch Italic Pisum sp.
  riesenschottige s. auch Italic Pisum sp.
  Schwarznabelige s. auch Italic Pisum sp.
  Schwedische s. auch Italic Pisum sp.
  Wildtyp, 137
Erbsen s. auch Italic Pisum sp., 122
Erbsenarbeit, 409
Erbsenart, 133
Erbsenartikel, 397
Erbsenbau, 22, 121, 122, 168
Erbsenhülsen, 121
Erbsenhybriden, 11
Erbsenkäfer, 17, 168, 341–343, 401
Erbsenkörner, 120, 122
Erbsenkreuzungen, 247, 275, 422, 427, 428
Erbsenlinien, 135
  JI 5, 138
Erbsenmutanten, 136
Erbsenpflanze, 17
Erbsenpflanzen, 133, 138, 142, 144, 153, 247
Erbsenplantagen, 142
Erbsenrassen, 147, 422, 426
Erbsensamen, 138, 151, 277, 428
Erbsensammlung, 138
Erbsensorte, 21, 25
Erbsensorten, 21, 25, 132, 134, 136, 138, 167, 488
Erbsenvariante, 136
Erbsenvarietät, 247, 414
Erbsenversuche, 135, 246, 248, 277, 397, 401, 412
Erbsenzüchtung, 414
Erbse s. auch *Pisum* sp., X, XI, XXII, XXXVII, 487, 492
Erbsünde, 51

Erbversuche, XXI, 396
Erdäpfelfaulniß, 342
Erdbeeren, 53, 246
Erdnuss, 249
Erfurt, 132, 138, 186, 265, 281, 367, 369, 412, 428
Erica sp., 199
Ernte, 25, 168, 174, 290, 373
Ernteberichte, 372, 373
Ernteertrag, 147
Erscheinungsjahr, XII
Erstausgabe, 4
Erstbesiedelung, 362
Erstdruck, 1, 27, 65, 66, 124, 166
Erster Weltkrieg, XVII, 60, 88, 98, 102, 405, 444, 449, 461, 464
Erstschwarm, 216
Ertrag, 18, 21, 140, 150, 151, 222, 224, 292, 417, 491
Ertragspotential, 147
Ertragssteigerungen, 140, 147
Erwachsenenbildung, XVII
Erzherzog Carl Ferdinand (1818–1874), 6, 123
Erzherzog Franz Karl von Österreich (1802–1878), 303
Esparsette, 216, 224, 227, 229
Eßerbse, 133
Esslingen, 428
Esterak, Anton, 9
Ettingshausen, Andreas von (1796–1878), 22, 127
Eugenics Record Office, 72
Eugenik, 72, 78, 90, 436, 449, 450, 454, 459, 467, 468, 471
Eugeniker, 102, 414, 450
Euler, Leonhard (1707–1783), 80
Europa, XI, 15, 19, 43, 45, 91, 93, 94, 109, 142, 229, 231, 236, 252, 255, 256, 273, 278, 281, 334, 342, 359, 382, 411, 415, 455, 488, 497
Europäer, 497
Evolution, XV, 45, 104, 403, 436, 479
  synthetische, 78
Evolutionsbiologe, 81, 91
Evolutionsbiologie, XVIII
Evolutionsfaktor, 502
Evolutionstheorie, XIX, 2, 3, 5, 6, 19, 91, 405, 418, 423, 461, 495, 503
Evolutionsvorstellungen, XVI, 36, 435, 489
Evonymus nana Bieb., 284

Exegese, 49, 423
Experiment, 124, 161, 169, 182, 196, 222, 261, 487
Experimentalforschung, 63
Experimentalphysik, 321
Experimente, XIX, XXXVII, 1, 14–17, 43, 44, 65, 81, 82, 89, 102, 107, 124, 128, 134, 142, 161, 167, 168, 170, 171, 181, 195, 260, 261, 264, 267, 270, 275, 278, 287, 324, 329, 358, 378, 379, 381, 388, 391–393, 396, 398, 401, 404, 411, 413–415, 419, 432, 435, 447, 463, 484, 487, 488, 490, 493
  züchterische, XVI
Exponat, 60

F
Fachdisziplin, 471, 475, 479
Fachliteratur, 14, 331, 361, 378, 387
Fackel, 254
Fackelblumen, 253
Fackelkraut, 253
Fahne, 137, 183
Fairbanks, Daniel J. (geb. 1956), 85
Faksimile, XV, 59, 60, 62, 66–69, 90, 108, 281, 374, 375
Faktoren, 13, 21, 56, 126, 148, 156, 161, 179, 185, 265, 353, 362, 489
Faktorenaustausch, 75
Faktorengenetik, 492
Familienlegende, 292
Farbabstufung, 185
Farbe, 151, 186
Farben, 123, 185–187, 247, 262, 265–267, 274, 490
Farbenblindheit, 441
Farbenentwicklung, 185, 256
Farbenmerkmal, 185
Farbenpracht, 15, 16
Farbenreihe, 185
Farbenschmelz, 53
Farbenskala, 186, 265
Farbenstufe, 266
Farbenunterschied, 136
Farbenverbindungen, 185
Farbenversuch, 186
Farbgebung, 123

Farbphotographie, 59
Farbsättigung, 185, 266
Farbsegmentierung, 266
Farbspektrum, 149
Färbung, 134, 234
Farbvarianten, 123, 186, 191
Farnpfanze, 359
Farnpflanze, 71
Fasziation, 138
Faulbrut, 219, 348, 349
Fechner, Gustav Theodor (1801–1887), 127
Fehling, Hermann Christian (1811–1885), 398
Feiertagen, 324
Felder, 201, 291
Feldexperiment, 168
Feldversuch, 17, 21
Fenzl, Eduard (1808–1879), XI, 40, 229, 321, 384, 389, 392–394
Ferdinand I. (Österreich) (1793–1875), 303
Ferien, 141, 295
Ferienzeit, 277
Fertilität, 147
Festschrift, XVII, 191, 285, 351, 360, 444
Fett, 130
Fetthenne
  Englische, 281
Feuerbohne s. Phaseolus multiflorus
Feyerfeil, Karl (1822–1879), 323
Fiala, Franz (gest. 1894), 39
Fietz, Alois (1890–1968), 9, 10
Finanzministerium, 29, 330
Fingerkraut s. Potentilla
Fischer, Eugen (1874–1967), 454
Fischer, Friedrich Ernst Ludwig von (1782–1854), XLI
Fisher, Ronald Aylmer (1890–1962), 80–83, 87, 108, 128, 154, 155, 161, 172, 245, 354, 461, 463, 489, 491
Fisole, 15, 16
Flaksberger, Konstantin Andreevich (1880–1942), 87, 96
Flavonoidbiosynthese, 136
  Regulation, 136
Fleck, 137
Flemming, Walther (1843–1905), 84
Flora, XLI, 362
  Australiens, XLI
  des Brünner Kreises, 2, 8, 32, 253, 263, 276, 359, 437

in Niederösterreich, XLII, 393
Neuseelands, XLI
Orientalis, XLI
von Mähren, 34
von Wien, 392
Flora altaica, XLII
Flora Brasiliensis, 253
Flora carniolica, XLIII
Flora rossica, XLII
Florenz, 325
Flug, 213, 232
Flugblatt, 78, 305
Flugbrett, 213
Flugloch, 215, 219, 221, 232, 239, 241
Flugzeit, 118, 241
Flut, 129, 201
Focke, Wilhelm Olbers (1834–1922), 379, 380, 402, 406, 407, 410, 411, 420, 433
Fogler, Benedikt (1812–1886), XXXIII, 25, 39, 45, 47, 309, 327, 374
Fol, Hermann (1845–1892), 84
Folgegeneration, 122
Forel, August (1848–1931), 454
Formen, 164
Formenlehre, 130
Form
    konstante, 170
Forschungsaufenthalt, 80
Forschungsprogramm, 97
Forschungsprojekt, 21, 43, 358, 488
Forschungsreise, 43, 91, 96, 97, 252, 274, 486
Forschungsrichtung, 430
Forschungsströmung, XIII, 378
Forschungstradition, 434
Forschungszentrum in Brünn, 456
Forstakademie Mariabrunn, 437
Forstlehranstalt in Mariabrunn, 42
Forststatistik, 368
Fortpflanzung, 12, 157, 192, 443
Fortpflanzungszelle, 122, 192, 193
Fotografie, 481
Frankl, Ludwig August (1810–1894), 304
Frankreich, 15, 88, 97, 122, 212, 273, 281, 293, 383, 384, 396
Franz, Friedrich (1796–1860), 299
Franzens-Museum, 29, 126
Französisch, 25, 45, 86, 87, 405
Französische Reinette, 287

Frauenfeld, Georg von (1807–1873), 116, 117, 384
Frauenflachs, 268
Fredericksburg, XVII
Fregatte „Novara", 253
Freiburg, 10
Freistudium, 298
Fremdsprachen, 66
Frenštát pod Radhoštem, 447
Frercks, Rudolf (1908–1985), 469
Frick, Wilhelm (1877–1946), 467
Friedlaender, Julius (1827–1882), 387, 389
Friedlaender, 389
Fries, Elias Magnus (1794–1878), 205
Frimmel, Franz (1888–1968), 451
Fritsch, Karl (1812–1879), 344, 358, 360, 488, 491
Frondienst, 290
Frucht, 120–122
Fruchtbarkeit, 11, 157, 183, 184, 233, 256, 258, 264, 492
    Störung, 130
    verminderte, 130
Fruchtbildung, 163, 165, 174
Fruchtfliege, 101, 486
Fruchtknoten, 171, 179, 193
Fruwirth, Carl (1862–1930), 414, 416, 430, 434
Fu, Gu, 103
Fuchs, E., 69
Fuchs, Leonhard (1501–1566), 15
Fuchsia
    coccinea AITON, 15
    gracilis LINDL., 15
    microphylla H. B. et K., 15
    sp., 199
Fuchsie, 15, 16, 142
Fuchsienzüchtung, 15, 123
Fulnek, 291, 373
Fungizid, 89
Fürstlich Jablonowskische Gesellschaft, Leipzig, 384
Fußnote, 8, 13, 36, 56, 381
Futtererbse, 357
Futterkästchen, 240
Futterpflanzen, 101, 249
Fux, Johann (1786–1848), 299

G

GA$_3$-Oxidase, 139
GA$_3$ß-Hydroxylase, 139
Gabelsberger System, 229, 358
Gabriel, Philipp Vinzenz (1811–1885), 46, 309, 327, 330
Gaissinovitch, Abba Yevseevitch (1907–1989), 87, 99
Galilei, Galileo (1564–1642), 128
Gallesio, Giorgio (1772–1839), 145
Gameten, s.a. Keim- & Pollenzellen, 156, 157, 170, 172, 173, 179, 180, 502
  männliche, 170
  weibliche, 170, 173
Gametenbildung, 156
Garfield, Eugene (1925–2017), 381
Garsiashvili, I., 87, 106
Garten, 15, 52, 71, 142, 192, 231, 252, 259, 264, 292, 308, 355, 484
Gärten, 20, 201, 255, 345, 355, 372
Gartenbauwissenschaft, 85
Gartenbeet, 142, 186
Gartenbesitzer, 15, 293
Gartenbohne s. auch ItalicPhaseolus vulgaris
Gartenerbse, 1, 391, 487
Gartengrund, 186
Gartenhaus, 142
Gartenpflege, 292
Gartenrettig, s. a. *Raphanus sativus* L., 116, 347
Gartenschnecke, 470
Gartenzüchter, 266
Gärtner, Carl Friedrich von (1772–1850), 14, 123–126, 142, 143, 146, 148, 157, 170, 188–192, 195–199, 257, 258, 274, 394, 400, 403
Gärtner, 15, 25, 41, 53, 123, 125, 399, 400, 412, 428, 446, 448
Gastl, Franz de Paula Christian (1798–1855), 29
Gastl, Georg, 29
Gastl, Johann Georg (1766–1814), 28
Gastl, Johann Nepomuck (1795–?), 28
Gauleitung, 466
Gauß, Carl Friedrich (1777–1855), 80
Geburtshaus, 292
Geburtsort, 291
Gedächtnisausstellung, 69, 471
Gedächtnisband, 106

Gedächtniskonferenz, 105
Gedächtnisort, XV, 494
Gedda, Luigi (1902–2000), 87, 90
Gedenkblatt, XXXIV, 337, 442
Gedenktafel in Heinzendorf, XXXI, 441
Geer, Carl de (1720–1778), 122
Gemeindekirche, 291
Gemüsart, 17
Gemüse, 16, 183
Gemüsebau, 365, 373
Gemüsegarten, 116, 118
Gemüsehandel, 399
Gemüsesorte, 16, 54, 246, 418
Gemüsezucht, 24, 331
Gen, 10, 137, 138, 454, 485
  kodierendes, 167
Generation, 5, 6, 84, 128, 130, 141, 146, 148, 152–154, 156, 164, 165, 171, 174, 182, 184, 196
  F1, 144
  F2, 166
  F3, 166
Genese, 64
Genetics Society of America, 77
Genetik, XII, XIX, XVI, XVII, XVIII, 6, 17, 61, 63, 71, 74–79, 83, 84, 91, 92, 94, 97, 99–101, 103–106, 114, 124, 134, 136, 137, 145, 148, 151, 246, 270, 378, 434, 437, 440, 448, 457, 459, 461, 462, 476, 479, 482, 485, 487, 498
  chinesischen, 103, 105, 106
  experimentelle, 92, 93
  Geschichte der, XIX, 79, 83, 107, 262
  klassische, XII, XVI, 86, 114, 135, 440, 457, 472
  Mendelsche, 77, 78, 151, 469, 472
  moderne, 114, 249
  molekulare, 114
  Neuausrichtung d., XIX
  russische, 97
  sowjetische, 99
Genetiker, X, XIX, XXI, XXXII, XXXIV, 72, 74–76, 80, 89, 90, 92, 94, 97, 99, 101, 106–108, 114, 134, 137, 162, 172, 251, 263, 380, 382, 391, 414, 432, 434, 459
Genetikerin, 83
Genexpression, 485, 492

Genkarte, 167, 485
Genkopplung, XVI, 139, 167, 461, 485
Genkopplungsgruppe, 136, 167
　　III, 139
　　V, 137
Genlokus, 137, 167
Genom, 249, 502
Genotyp, 93, 137, 149, 156, 157, 485, 490, 502
Genprodukt, 145
Gen-Symbol, 136
Gentheorie, XVIII, 494
Gent, XI
Genus, 131, 133, 183, 191, 252, 253, 255, 265, 409
Geodäsie, 34, 59
Geognosie, 2, 42, 366
Geografie, 32, 229, 295
Geologie, 42, 50, 155, 315, 316, 388
Geometrie, 7, 31, 32, 34
Gerichtshalle, 29
Germanist, 44
Gerste, 291
Gerüchte, 29, 306, 310
Geschichte, 66
　　der Physik, 35
Geschlechter, 156
Geschlechtlichkeit, 124
Geschmacksqualität, 287
Gesellschaft, XVIII
Gesetz, 186
Gesetze der Erblichkeit, 353
Gesetz von der Selbständigkeit der Merkmale, XII
Gestalt, 151, 174
Gestaltungsprozess, 353
Getreidepflanzen, 147
Getreidezucht, 89
Geum, 135, 181, 191, 223, 257–260, 276, 401
　　intermedium EHRH., 257
　　rivale L., 257–259
　　sp., 181, 195, 401
　　urbano-rivale, 191, 257, 259
　　urbanum L., 257–259
Gewächshaus, 142, 143
Gewerbeschule, 398
Gewerbeverein in Bamberg, 398
Gewitsch, 49
Gewitter, XXII, 200, 201, 223, 347
Gewitternacht, 269

Gewitterregen, 201
Gewitterwolke, 200
Gewöhnliche Kratzdistel, 264
Giard, Alfred Mathieu (1846–1908), 88
Gibberellin, 139
Gießen, 400
Ginster-Leinkraut, 269
Ginzberger, August (1873–1940), 387
Girtanner, Christoph (1760–1800), 252, 256
Gläser, Hubert, 327
Glashaus, 188
Glass, Hiram Bentley (1906–2005), 74
Glaube, 403
Glockenblume s. auch ItalicCampanula
　　unechte s. auch ItalicCampanula
Glycine max L., 356
Göding, 372
Goebel, Karl Ritter von (1855–1932), 64, 67
Goethe, Johann Wolfgang (1749–1832), 44
Gomperz, Julius Ritter von (1824–1909), 444
Gomperz, Max (1822–1913), 23, 24
Gomperz, Theodor (1832–1912), 44, 52
Goss, John (1787–1833), 247
Gottesdienst, 296
Göttingen, 30, 69, 252, 398
Gottschalk, Rudolph (1901–1971), 458
Graf Baillet von Latour (1780–1848), 310
Grafendorf/Hrabetice, 291
Grammatikalklasse, 295
Grana, 137
Graue französische Reinette, 286
Graue Kratzdistel, 264
Gravitationsgesetz, 129
Gravitropismus, 246
Graz, 26, 33, 34, 57, 60, 446
Great Neglect, 63, 378–381, 493
Gregor-Mendel-Haus, 456
Grenoble, 18, 19
Gretchenfrage, XVIII
Griechisch, 42, 94, 294, 295, 313, 483
Griffel, 131, 143, 274
Grodno, 96
Große Kasseler Reinette, 286
Groß-Petersdorf, 291, 297, 322
Großvater, XI, 292, 321, 433
Groß Kapuzinerkresse, 269
Groß-Petersdorf, 293
Gründervater, XIII, 487
Grundschule, 474

Grundsteuer, 330
Gründungsjahr, 7, 43
Gründungsmitglied, 116, 384, 408
Gründungsmythos, 378, 420
Gründungsversammlung, 303
Grundwasserstandmessungen, 360
Grundzelle, 192, 194
Grüne Revolution, 77
Guichard, Jules (1827–1896), 274
Gummi, 130
Gurke, 15, 16
Gutachten, 224, 313, 319, 375
Gymnasiallehrer, 41, 229, 296, 315, 404
Gymnasium, 483
    in Brünn, XVII, XXXIII, 30, 33, 40, 41, 44, 52, 229, 307, 404, 442
    in Cilli/Celje, XXXIII, 229
    in Eindhoven, 108
    in Iglau/Jihlava, 42, 49, 295
    in Lemberg/Lwiw, 229
    in Olmütz/Olomouc, 41
    in Prag, 7, 42
    in Preßburg/Bratislava, 46
    in Teschen/Těšín, 45, 46
    in Troppau/Opava, 34, 46, 295, 483
    in Wien, 42, 116, 440
    in Znaim/Znojmo, 41, 312, 314, 315

H
Haarlem, 282
Haberlandt, Friedrich (1826–1878), 356
Habernek, Friedrich (1815–1907), 332
Habichtskraut s. Hieracium
Habilitation, 59, 75, 424, 432, 446
Habilitationsschrift, 429, 430
Habitus, 193, 197
Hackspiel, Johann Konrad (1830–1901), 42
Hadiberg, 254
Haecker, Valentin (1864–1927), 98
Haematoxylon campechianum L., 231
Hafer, 291
Haldane, John Burdon Sanderson (1892–1964), XXXII, 461
Hall, Kersten T., 85
Halle an der Saale, XI, 390, 427, 458, 469, 479
Hallett, Frederic (1831–1901), 416
Hamburg, 231, 398
Hammermüller, Andreas (1799–1876), 327
Hammerschlag, Victor (1870–1943), 440
Handelsministerium, 21, 488
Handpresse, 29
Handschrift, 58–62, 90, 114, 345, 374
Hanf, 281
Hannover, 398, 448, 464
Harland, Sydney Cross (1891–1982), 461, 462
Harrison, Ross Granville (1870–1959), V
Hartmann, Arnulf, 375
Harvard University, 72
Harvard University Press, 73
Haslinger, Franz (1835–1902), 8, 39
Hauber, Anton (1820–1900), 331
Haufenwolke, 200, 201
Haupt, Andreas (1813–1893), 397
Haupt, Leopold (1827–1904), 9
Hauptachse, 139, 149
Hauptversuch, 142
Haupt von Buchenrode, Stefan Viktor (1869–1954), 444
Hausbiene, 234, 237
Haustierstand, 502
Havlíček, Karel (1821–1856), 303
Havlíček, 303
Haynald, Ludwig (Lajos) (1816–1891), 389
Heering, Ernst Johann (1816–1871), 24
Heidelberg, 92, 398
Heilbohne, 357
Heinzendorf/Hynčice, XXXI, 289–292, 297, 423, 441
Heisler, Adolph (1826–1866), 9
Heissler, Franz, 327
Helcelet, Jan (1812–1878), 319
Helianthus
    tuberosus L., 278
Helmbohne, 357
Herbarbelege, 116
Herbarium, 40
Herbert, William (1778–1847), 124, 403
Herbst, 211, 457
Herbstferien, 295
Hereford Agricultural Society, 246
Herefordshire, 246
Herring, Johann (1816–1871), 23
Hertwig, Oscar (1849–1922), 84
Hertz, Heinrich (1857–1894), 70
Herzbeutel, 4
Herzversagen, 336
Hesch, Michael (1893–1979), 469

Hessisches Sozialministerium, 69
Hessler, J. Ferdinand (1803–1865), 317
Heterosis, 147, 151, 247
heterozygot, 173
Heufler zu Rasen und Perdonegg, Ludwig Ritter von (1817–1885), 116
Heym, Robert (1816–1866), 9
Hieracien, 14, 18, 90, 194, 276–278, 341, 343, 360, 390, 397, 409, 410
Hieracium, 133, 181
  acutifolium, 210
  albidum, 210
  alpicola, 210
  alpinum L., 277
  amplexicaule L., 277
  aurantiacum bicolor, 210
  aurantiacum L., 277
  Auricula, 276
  auriculaeforme, 210
  auricula L., 276, 277
  bruennense, 210
  callomastix, 210
  canum, 210
  cymigerum, 210
  cymnosum L., 277
  echiodes, 210
  flagellare, 210
  fuscum, 210
  glaciale, 210
  glanduliferum, 210
  glaucum, 277
  gothicum, 210
  hispidum, 210
  humile, 210
  inops, 210
  Jacquini, 210
  laevigatum,, 210
  magyaricum, 210
  Mendelii, 210
  monasteriale, 210
  murorum L., 276, 277
  neglectum, 210
  ochroleucum, 210
  piliferum, 210
  pilosella, 275
  pilosella L., 275, 277
  porriferum, 210
  praealtum Vill., 276, 277
  pratense Tausch, 276
  prenanthoides L., 277
  pulmonaroides, 210
  Sendtneri, 210
  setigerum, 210
  staticifolium, 210
  stoloniflorum (Waldst. & Kit.) F.W. Schultz & Sch. Bip., 276
  tridentatum Fr., 277
  trigenes, 210
  umbellatum L., 276
  villosum, 210
  vulgatum Fr., 277
Himmelbaur, Wolfgang (1886–1937), 440
Himmelbrand, 253
Himmelsgegend, 201
Himmelskerze, 253
Hindukusch, 95
Hirse, 357
Hitlerputsch, 469
Hochschule für Bodenkultur, XI, 446
Hochschullehrer, 44
Hochstetter, Carl Christian (1818–1880), 274
Hochstetter, Christian Ferdinand Friedrich (1787–1860), 274
Hochwald, 42
Hoffmann, Hermann (1819–1891), 131, 400–402
Hoffmann, Josef, 39
Hoffmann, M. J. C., 248
Hofstaedter, Gotthard (1826–1864), 323
Holz, 130
Holzmühle, 292
Holzstamm, 290
Homo floresiensis, 497
Homo naledi, 497
Homo sapiens, 497
Homotyposis, 71
homozygot, 173
Honig, 212, 215–222, 224–226, 228, 229, 231, 234–237, 240, 243
Honigbehälter, 235
Honigbiene, 211–215, 217, 219, 220, 223, 228, 230, 232, 349
Honigernte, 222
Honigertrag, 44, 223, 225, 350
Honigjahr, 215, 229
Honigkrügen, 235, 240
Honigquelle, 229
Honigwabe, 222

Honorar, 33
Honorarprofessur, 70
Hooker, William Jackson (1817–1911), 20
Horizont, 200
Hormesis, 98
Hornklee, 249
    gewöhnlicher, 249
Hortensien, 142
Hortikultur, 3, 361
Hostein, 43
Hrottowitz, 373
Hruschau/Hrušov, 274
Hsinhua News Agency, 105
Hüllhaut, 120
Hülse, Julius Ambrosius (1812–1876), 398
Hülse, 137, 149, 152, 163, 167, 182
    eingeschnürte, 154
    gelbe, 137
    gewölbte, 154
    grüne, 137
Hülsenfarbe, 137, 176, 182
Hülsenform, 162, 176
Humanitätsklasse, 295
Humanitätslehrer, 296
Humboldt, Alexander von (1769–1859), XLII, 273, 316, 353
Hummel, 238, 282
Hundert-Blumen-Bewegung, 105
Hurst, Charles Chamberlain (1870–1947), XIX
Husfeld, Bernhard (1900–1970), 59
Huskins, Charles Leonard (1897–1953), 76
Hutter, Clemens (1829–1892), 391
Hyacinthen, 283
Hybrid, 74, 122, 124, 128, 130, 131, 143, 144, 146, 147, 151, 153, 156–158, 160, 164, 166, 169, 170, 173, 178, 180, 181, 189, 192, 193, 195, 197, 256, 260
    Bildung, 126
    Entwicklung, 126
    erste Generation, 141
    Merkmale, 11
Hybridationsversuch, 17
Hybride, 253, 259
Hybridenexperimente, 400
Hybriden-Grundzelle, 192
Hybridensorte, 123
Hybridform, 124, 130, 146, 148, 153, 156, 157

Hybridisierung, XI, XVI, 14, 76, 124, 178, 199, 406
Hybridisierungskonferenz, XVI
Hypothese, 12, 13, 194, 258, 362, 485

I

Iglau/Jihlava, 34, 42, 253, 373
Ikeno, Seijiro (1867–1943), 87, 92
Illek, Moriz (1828–1884), 335
Iller, Joseph, 9
Iltis, Anni (1900–1987), 60
Iltis, Hugo (1882–1952), XVII, XXXI, XXXIV, 6, 7, 60, 73, 82, 104, 416, 442, 446, 451
Iltis, Karl (1885–1942), 442
Iltis Mendeliana Collection, XIV
Imker, 211, 212, 214, 215, 217, 219, 223, 228, 348
Impfpflicht, 297
Indien, 356
Individualzucht, 416, 417
Individualzucht-Experimente, 416
Individuum, 161, 180, 195, 197
Induktion, 128
Informationsweitergabe, 381
Insekt, 17, 124, 142, 151
Insektenbefall, 168
Inspirationsquelle, XIII, XIX
Inspiration, XVIII
Institut für Kulturpflanzenforschung in Gatersleben, 479
Institut für philosophische Studien, Olmütz, 483
Institut für Technische Photographie, 60
Instituto de Botánica Darwinion, 101
Instrument, 212
International Christian University (in Tokio), 94
Internationales Komitee für die Errichtung des Mendel Denkmals, 446
International Rice Research Institutes (IRRI), 76
Interpretationen, XVIII
Ipomoeae L.
    purpurae, 268
    sp., 181
Irwin, Malcolm Robert (1897–1987), 77
Italien, 89, 90, 273

J

Jackl, Johann (1827–1909), 42
Jackson, Benjamin Daydon (1846–1927), 410
Jacquin, Joseph Franz von (1766–1839), 321
Jäger, Gustav (1832–1917), 19
Jäger, H., 365
Jahn, Auremundus, 320
Jahrhundertwende, XII
Jamaica, 231
Janácek, Leoš (1854–1928), 337
Japan, 91, 92, 94, 356, 357, 398
Jaschke, Felix, 291
Jasminum nudiflorum LINDL, 284
Java, 356
Jeitteles, Alois Isidor (1794–1858), 200
Jena, 10, 373, 437, 458
Johannesgasse, 2
John Innes Centre, 138
Johns Hopkins University, 74
Judeich (Förster in Tharand), 369
Juniperus sabina L., 284

K

k. k. Central-Anstalt für Meteorologie und Erdmagnetismus, 344
Kablik, Josephine (1787–1862), 35
Kablukov, Ivan (1857–1942), 242
Kafka, Franz (1883–1924), 42
Kahlig, Franz (geb. 1804), 322
Kaiser, Kajetan Georg von (1803–1871), 398
Kaiser Carl V. (1500–1558), 15
Kaiser Franz I. [Franz II. (HRR)] (1768–1835), 41
Kaiser Franz Joseph I (1830–1916), XI, 8, 41, 286, 305, 331, 343
Kaiserin, 6
Kaiserin Elisabeth (Sisi) (1837–1898), 6
Kaiserliche Gesellschaft für die gesammte Mineralogie, 384
Kaiserliche Jurjew-Universität, 96
Kaiser Wilhelm-Institut für Biologie, X, 101
Kaiser-Wilhelm-Institut für Psychiatrie, 455, 471
Kakteen, 142
Kalkbrennerei, 292
Kalm, Peter (1716–1779), 120
Kalmus, Alexander (1831–1869), 7
Kalmus, Jakob (1834–1870), 7, 9, 13, 39, 40, 43, 44
Kalmus, Jakob, 14
Kalter Krieg, 61
Kalthaus, 258
Kamel, 4
Kamelien, 142
Kandler, Karl (1841–1913), 335
Kansas State Agricultural College, 76, 421
Kansas State University, 76
Kanzleischrift, 59
Kapitular, 38, 45
Kapusta, Jakob, 327
Kapuzinerkresse s. Tropaeolum
Karl-Ferdinands Universität in Prag, 446
Karlowka, 456
Karlsruhe, 324
Karmarsch, Karl (1803–1879), 398
Kartoffel, 16
Katechet, 404
Keimbläschen, 171
Keimkraft, 122
Keimsack, 192
Keimzelle, 157, 170–173, 176, 178–180, 192, 196, 485
  hybride, 174
Keller, 211
Keltsch, 294
Kepler, Johannes (1571–1630), 80, 128
Kerner von Marilaun, Anton Joseph (1831–1898), 55, 57, 386
Kernsubstanz, 84
Kichererbse, 249, 357
Kichern, 398
Kiefer, 232
Kiel, 70, 456
Kilian, F., 42
Kiowsky, Augustin (1816–1887), 327
Kirche, 404
Kirchensteuer, 330
Kirschblüte, 215, 227
Kirschenplantage, 215
Klácel, František Matouš (1808–1882), 45, 47, 52, 142, 339
Klassenlehrer, 323
Klausurarbeit, 318
Klausurprüfung, 324
Kleine Habichtskraut, 275
Kleine Kapuzinerkresse, 269

Klima, 237, 274, 388
Kloster, 14, 50, 324, 480
Klosterbibliothek, 125, 361, 405
Klosterfesten, 6
Klostergarten in Brünn, 480
Klostergütern, 285
Klosterleben, 54
Klotzbeuten, 293
Klotzsch, Johann Friedrich (1805–1860), 273
Knechtl, Peter (geb. 1780), 294
Kner, Rudolf (1810–1869), 42
Knight, Thomas Andrew (1759–1838), 66, 246
Knospe, 131
Knox College, 72
Koch, Carl, 9
Koch, Johann (1808–1872), 332
Koch, Karl Heinrich Emil (1809–1879), 138
Koch, Wilhelm Daniel Joseph (1771–1849), XLII
Kochsalz, 219
Kodominanz, 145, 146, 263
Kohlarten, 118
Kohldistel, 264
Koidzumi, Makoto (1882–1952), 93
Kolenatý, Friedrich Anton Rudolph (1812–1864), 30, 31, 38, 319, 408
Kollar, Vincenz (1797–1860), 117
Koller, Marian (1792–1866), 327
Kölliker, Albert (1817–1905), 194
Kolorado-Käfer, 370
Kolowrat-Krakowsky, Rudolph (1830–1903), 218
Kolowrat-Liebsteinsky, Franz Anton Graf von, 303
Kölreuter, Joseph Gottlieb (1733–1806), 66, 124, 403
Kolumbien, 100
Kombinationsreihe, 165, 167
Kombinatorik, 34, 158, 165
Kommunismus, 45, 370
Komponist, 46, 337
Konfession, 293
Königin, 233
Königinzuchtstock, 214, 221
Königliche Universität in Christiania, 384
Königlich Ungarische Gesellschaft für Naturwissenschaften, 107
König Ludwig I. von Bayern (1786–1868), 302
Königskerze s. auch ItalicVerbascum

Konkurs, 29
Konkursverfahren, 29
Konstanz, 296
Kontrollversuch, 132, 142
Konvent, 44
Konvent der barmherzigen Brüder, 335
Konventsgruft, 337
Konzeption, 128
Konzeptpapier, 59
Kooperationspartner, 383
Koristka, Karl (1825–1906), 34
Kork, 130
Körnicke, Friedrich August (1828–1908), 96, 273, 414
Korrekturen, 114
Korrespondenz, 397
    mit Mettenius, 390
    mit von Nägeli, 391
Kosakai, Fuboku (1890–1929), 93
Kotyledon, 134, 136, 139, 149
    Farbe, 136
Krankheitsbilder, 440
Krasan, Franz (1840–1907), 57, 353
Krátký, Anton (1829–1907), 39, 46, 47
Kratzdistel s. Cirsium
Krcmar, Franz (gest. 1866), 9
Kreil, Karl (1798–1862), 229, 343, 344, 488, 491
Krejcí, Jan (1825–1887), 32
Kremsier, 294
Kreuzung, 12, 122–124, 131, 145, 149, 161, 181
    reziproke, 142
    wechselseitige, 141
Kreuzungsexperiment, IX, X, XI, 143, 380, 480
Kreuzungsplan, 287
Kreuzungstechnik, 401
Kreuzungsversuch, XIII, 123, 191, 252, 253, 324, 417, 484
Krieg, 449
    preußisch-österreichischer, 28
Kritik, 16
Kriz, Rudolph, 9
Krizkowsky, Pavel (1820–1885), 45, 47, 49, 304, 337
Krökel, Fritz, 452
Kromau, 373
Kronland, 27
Kudler, Hans, 335

Kudlich, Hans (1823–1917), 307
Kuhländchen, 27, 290
Kuhländer Rind, 293
Kühlewein, Paul Eduard (1798–1870), 13
Kühne, Franz (1845–1908), 350
Kuhpocken, 297
Kuhpockenimpfstoff, 297
Kultur, 186
Kulturform, 186
Kulturgewächs, 187
Kulturgut, 62
Kulturpflanz, 355
Kulturpflanze, 355
Kulturpflanzen, 187, 199
Kulturrevolution, 106
Kulturversuch, 397
Kultusministerium, 2
Kunstgärtner, 125
Kunth, Karl Sigismund (1788–1850), XLII
Kuntscher, Karl, 290
Kunzek, August (1795–1865), 317
Kupferkalkbrühe, 89
Kurarzt, 43
Kürbis s. Cucurbita, 282
Kürbisse, 282
Kürzel, 100, 265, 361
Kustos, 2, 33
Kuzela, Anton, 9
Kuznetsov, Nikolai? I. (1864–1932), 96
KZ Theresienstadt, 440

L
Laienpublikum, 398
Lamprecht, Herbert (1889–1969), 137
Landesheilanstalt Hildburghausen, 471
Landespräsidium, 312
Landesschulinspektor, 38
Landesschulrat, 38
Landgericht, 29
Landshut, 70
Landwirtschaft, 105, 458
Lang, Josef, 42
Längenmaß, 147, 200
La Plata, 101
Larsson, Carl Robert (1885–1956), 101
Larve, 120, 121, 241
Laslett, Peter (1915–2001), 462
Latein, 295

Lathyrus Sp., 143
Latreille, Pierre André (1762–1833), XLII
Lauer, Joseph C. (1788–1869), 23, 24
Lausanne, 252
Lavatera
  pseudolbia-thuringiaca, 191
  sp., 401
Lažanský, Leopold Graf von Bukowa (1808–1860), 304–306, 310, 311
Lebedour, Carl Friedrich von (1786–1851), XLII
Lebensbedingung, 187
Lebensunterhalt, 298
Leberleiden, 28
Leclair, Anton v. (1848–1919), 161
Lecoq, Henri (1802–1871), 124, 125, 403
Lednice s. Eisgrub
Legende, 379
Leguminose, 101, 131, 161, 187, 249, 354, 357, 358
Lehramtskandidat, 2, 323
Lehramtsprüfung, 323
Lehramtsstudium, 448
Lehrauftrag, 70
Lehrbefähigung, 45, 229
Lehrbuch, 33, 471, 476, 478
  Biologie, 479
  Chemie, 31, 33
  Geometrie, 33
  Logarithmus, 32
  Logik, 161
  Mathematik, 32
  Naturgeschichte, 31
  Obstbau, 31
  Obstzucht, 31
  Physik, 31–33
  Seidenbau, 31
  Wissenschaftsgeschichte, 479
  Zoologie, 31
Lehrbuchausgabe, 481
Lehrbuchautoren, 475
Lehrbücher, 35, 36
Lehrer, 36, 323
Lehrerpersonal, 30
Lehrinhalt, 30
Lehrkanzel für Pflanzenzüchtung, XI
Lehrmittelsammlung, 33
Lehrplan, 458, 473, 474, 476
Lehrstuhl, 105

Leiden, XI
Leihbibliothek, 29
Leinkraut s. Linaria
Leipnik, 294, 483
Leipzig, X, 124, 248, 384, 389, 458
Leipziger Konservatorium, 337
Leitner, Bartholomäus Rud. Leitner (1811–1875), 310
Leitomischl, 294
Lemberg/Lwiw, 229
Lenin-Akademie für Landwirtschaftswissenschaften (VASKhNIL), 456
Leningrad, 97
Lens culinaris L., 355
Lenz, Fritz (1887–1976), 454
Leo, O.V., 368
Leonhard, Karl Cäsar von (1779–1862), 316
Leonorus cardiaca L., 216
Leopoldina, 390
Le Peletier, Amédée Louis Michel (1770–1845), XLII
Lepeshinskaia, Olga Borisovna (1871–1963), 458
Lerner, Israel Michael (1910–1977), 76
Lernmaterial, 476
Lettland, 108
Levkoje s. Matthiola
Levkojen, 489
Library
    of Congress, 73
    of the University of California, 73
Lichtbildvortrag, 449
Lichterdochte, 253
Lichtnelken, 181
Liebenberg, Adolf v. (1851–1920), 428
Liebig, Justus (1803–1873), 10
Liechtenstein, Fürst Johann II. von und zu (1840–1929), 444
Likör, 254
Linaria
    genistifolia (L.) MILL., 269
    purpurea (L.) MILL., 269
    striata DC., 269
    vulgaris MILL, 268
Linde, 216
Lindenthal, Joseph (1810–1871), 46, 47, 53, 309, 357, 374
Lindentracht, 215
Lingua franca, 27
Linnean Society, 410

Linné
    Carl v (1707–1778), XLII, 269
    Elisabeth (1743–1782), 269
Linse, ägyptische, 354
Linsen, 291, 355, 357, 398
Linsenart, 355
Linsenvarietät, 354
Liptaer Alpen, 217
Listing, Johann Benedict (1808–1882), 398
Literatur, 487
    biologische, 114
    botanische, 114
    volkstümliche, XIII
Literaturdatenbank, 381
Literaturübersicht, 409
Liznar, Josef (1852–1932), 336, 351, 352, 360
Löbe, W., 369
Lokalverhältnis, 215
Lokus, 135
Lo-Ma, 281
London, 71, 99, 252, 416
London Horticultural Society, 246
López, Hipólito Ruiz (1754–1815), XLIII
Los Angeles Public Library, 73
Lotus japonicus L., 249
Löwenmaul s. Antirrhinum
Löwenschwanz, 216, 350
Ludlow Natural History Society, 246
Lunten, 253
Lupe, 142
Luxurieren, 151, 247
Lychnis
    sp., 195
Lyell, Charles (1797–1875), 20
Lyssenko, Trofim D. (1898–1976), 74, 97, 456–464, 472, 474, 482, 496
Lyssenkoismus, 95, 97–99, 104–106, 108, 437, 457–461, 472, 496

M

Machtergreifung, 75, 464, 469
Machtübernahme, 453, 495
Made, 237
Madrid, 100
Magnetismus, 34, 318
Magnetnadel, 42
Magnolia, 275
Mähr.-Neustadt, 373

Mähren, XXII, XXXII, 4, 17, 21, 22, 27, 28, 34, 35, 40, 46, 61, 122, 138, 168, 177, 253, 255, 264, 279, 282, 297, 299, 305, 307, 312, 326, 330, 337, 343, 344, 346, 347, 360, 365, 367, 368, 370, 372, 404, 414, 426, 435, 441, 448, 456, 487
Mährisches Landesmuseum, Brünn (MZM), 60, 62, 69, 437
Mährisch-Schlesien, 290
Mährisch-Schlesische Gesellschaft zur Beförderung des Ackerbaues, 38, 126
Mailand, 325
Maille, Alphonse (1813–1865), 116
Mais s. auch ItalicZea mays, 76
Makitta, Thomas (1774–?), 294
Makowsky, Alexander (1833–1908), 2, 3, 5–7, 9, 10, 25, 32, 34, 38, 39, 45, 254, 259, 275, 408, 443
Malaria, 99
Malomerice s. Malomierschitz
Malomierschitz, 254
Malphigi, Marcello (1628–1694), 66
Malva
    moschata L., 281
    sp., 195
Malý, Jakub (1811–1885), 36
Mangelsdorf, Paul Christoph (1899–1989), 76–79, 88
Manhattan-Projekt, 75
Mann, Walther (geb. 1932), 60
Mantgold'sche Buch-, Kunst- und Musikalienhandlung, 28
Manuskript, XIV, 33, 45, 56, 58, 60, 62, 86, 95, 114, 124, 126, 127, 144, 151, 155, 166, 171, 180
Marburg, 67, 70, 75
Maresch, Josef, 53, 282, 283, 285
Markustag, 201
Martens, Georg von (1788–1872), 397
Marxismus, 459
Mary Washington College, XVII
Masaryk Universität, 62
Masaryk-Volkshochschule, XVII
Maskenball, 7
Maskenbiene, 238
Matalová, Anna (geb. 1944), 103
Materialismus, 50, 195, 403–405, 457
    wissenschaftlicher, 404
Materialismusstreit, 404
Materialist, 130, 194, 405

Mathematik, 130, 298, 313
Mathematikdidaktiker, 70
Mathematiker, 70, 80, 199, 398, 463
Matoušek, Anselm (1881–1939), 87
Matsuura, Hajime (1904–?), 93
Matthiola
    annua, 265
    annua L., 186, 265
    incana W.T.AITON, 265
    sp., 181, 267
Maturitätsprüfung, 25
Matzek, Franz (1833–1870), 32, 33, 39
Matzenauer, Anton (gest. 1894), 39
Mauerpfeffer s. Sedum
Max-Planck-Institut in Tübingen, 386
Mayer, Robert (1814–1878), 70
Mayr, Ernst (1904–2005), XII
Mayßl, Anton (gest. 1899), 39
McClintock, Barbara (1902–1992), 415
McClung, Clarence Erwin (1870–1946), 84
McKie, Douglas (1896–1967), 82
Mechanik, 34
Medellín, 99
Medikation, 336
Medikus, Friedrich Kasimir (1738–1808), XLII
Medizin, 66, 454, 458, 498
Meijknecht, Johann Georg (1901–1967), 108
Meiose, 461
Meisterwerk, 74
Melipona
    inhati mirim, 240
    scutellaris LATREILLE, 239
Meliponen, 238
Mendel, Anton (1794–1857), 289
Mendel, Anton (geb. 1725), 292
Mendel, Gregor (1822–1884), IX, XI, XIII, XIV, XIX, XVII, XVIII, 1, 2, 5, 6, 9–17, 20, 21, 24–28, 32–35, 38, 40, 41, 43, 44, 56–59, 64, 77, 78, 84, 113, 114, 122–126, 128–130, 134–137, 139, 142, 143, 148, 151, 154, 156, 162, 165, 167, 168, 170–172, 179, 181, 183, 185, 186, 189, 190, 194, 198, 200, 211, 213, 215–219, 223, 225, 245, 247, 254, 255, 257, 258, 260–264, 268, 269, 272–290, 293, 294, 296–298, 300, 312, 320, 323, 332, 333, 335–338, 341, 342, 348, 350, 362, 364, 378, 463, 484, 487, 488, 494, 495
Mendel, Judita, 290

Mendel, Rosina (1825–1828), 292
Mendel, Rosine (1794–1862), 289, 290
Mendel, Theresia (1829–1908), 292
Mendel, Veronika (1820–1882), 292
Mendel, 488
Mendelbiografie, XVII
Mendel-Biographie, XVII
Mendel-Denkmalkomitee, XVII
Mendel-Denkmal, XV
Mendeleums, 451
Mendelforschung, 84
Mendel-Gedächtnis-Konferenz in Brünn, 105
Mendelianer, 71
Mendelianum, 4, 62, 444
Mendelismus, XII, XIII, XVI, XVII, 92, 95, 416, 442, 445, 454, 487
Mendelist, 71
Mendeljahrhundertfeier, XVII
Mendel-Jubiläum, 106
Mendel-Lesebogen, 70
Mendel-Museum, 60
Mendelsche Gesetze s. Mendelsche Regeln
Mendelsche Regeln, X, XI, XII, XIX, XVI, 71, 434, 436
Mendel-Tradition, XVI
Mengele, Josef (1911–1979), 455
Menispermum canadense, 284
Menschen, 496
Mentor, 34
Mentor-Methode, 457
Menzel, Fulgentius (gest. 1879), 328
Merkmal/Merkmale, XVI, 13, 129, 134, 135, 138, 147, 150, 155, 157, 165, 167, 169, 173, 185, 187, 247
  differierendes, 149, 163, 179, 181
  dominante, 144
  dominierende, 155
  dominierendes, 146, 148, 152, 153, 162, 190
  hybrides, 144, 152
  konstantes, 139, 153
  rezessives, 148, 152, 153, 174
  wesentliche, 247
  wesentliches, 161
Merkmalsanalyse, 252
Merkmalsanlage, 157
Merkmalspaare, 492
Merkmalsträger, 162
Mesembryanthemum sp., 199

Mesopotamien, 95
Messstationen in Brünn, 41
Metaphysik, 405
Meteorologie, 200, 212, 324, 388
Mettenius, Georg Heinrich (1823–1866), 390
Metternich, Klemens Wenzel Lothar Fürst von (1773–1859), 303
Mexiko, 29, 100
Meyer, Carl Anton von (1795–1855), XLI
Meyerinck, R. von, 370
Michelis, Friedrich (1815–1886), 132, 161
Miescher, Friedrich (1844–1895), 484
Migerka, Franz (1828–1915), 8, 9
Mikrochemie, 448
Mikroskop, 11, 359
Militärdienst, 290
Mineralogie, XI, 2, 30, 323, 384
Ministerium für Volksbildung, 476
Mirabilis
  jalapa L., 261–263, 480
  longiflora L., 262
  sp., 181
Mischform, 145
Mischling, 403
Mitgliederverzeichnis der Zoologisch-botanischen Gesellschaft in Wien, 390
Mitschka, Ernst (geb. 1854), 447
Mitschurin, Iwan Wladimirowitsch (1855–1935), 457
Mitschurin-Biologie, 459
Mitteldeutsche Rundfunk, 452
Mittelform, 143, 144, 148, 259, 260
Mittelschule, 478
Mittelstellung, 144
Mitteltemperatur, 240
Mittrowsky, Anton Friedrich (1770–1842), 41
Modell, 246
Modellpflanze, 246, 262
Modena, 89
Moderation, 452
Modernisierungsdruck, 476
Moench, Conrad (1744–1805), XLII
Mohnpflanze, 71
Moleschott, Jakob (1822–1893), 404
Molisch, Hans (1856–1937), XVII, 446–449
Molisch, Johann (1820–1870), 123
Monaghan, Floyd V. (1916–1999), 85
Monatsversammlung, 13, 217

Mongolei, 191
Monokotyledon, 130
Montanwissenschaft, 34
Montez, Lola (1821–1861), 302
Montgomery, Thomas Harrison Jr. (1873–1912), 84
Moos, 11
Morbus Brightii, 336
Morgan, Thomas Hunt (1866–1945), XII, XIX, 75, 85, 97, 104, 105, 107, 460, 478
Morphin, 336
Morse, Edward S. (1838–1925), 91
Moschus-Malve, 281
Moskau, 41, 98, 457
Mösslang, Carl (1826–1888), 322, 323
Mucha, Franz, 9
Muller, Hermann Joseph (1890–1967), XIX, 74
Müller, Johann Heinrich Jacob (1809–1875), 318
Mumienerbse, 138
Mumiengrab, 138
Müncheberg, 101
München, 324, 351, 390, 398, 469, 471
Mungbohne, 356
Mungsprossen, 356
Münnerstadt, 391
Münster, X
Murfet, Ian C., 137
MURRAY, 268
Museum, 386
Museum Mendelianum, XVII
Museumsbibliothek, 389
Mutabilität, 454
Mutant, 135–137
Mutation, 135, 152
Mutationstheorie, XI, 63, 493
Mutterbiene, 213
Mutterpflanze, 192, 286
Mykololgie, 448
Mythos, 379

N
N. G. Elwertsche Verlagsbuchhandlung, 67
Nabicht, J., 53
Nachdruck, 44, 59, 140, 379, 397
Nachhilfelehrer, 298
Nachhilfeunterricht, 296

Nachkommen, 5, 124, 130, 151, 152, 154, 156, 184, 188, 190, 219, 252
Nachkriegsauflage, 74
Nachlass, XIV
Nachschwarm, 216
Nagai, Isaburo (1887–1971), 92
Nagano Präfektur, 92
Nägeli, Carl Wilhelm von (1817–1891), X, XV, 10, 14, 55–57, 82–84, 89, 99, 101, 110, 125, 126, 128, 130, 140, 143, 145, 151, 158, 159, 168, 179, 186, 202–204, 206, 207, 209, 210, 214, 245, 249, 250, 253, 257, 261–263, 265, 266, 268–272, 274, 275, 277, 278, 329, 331, 343, 361, 374, 386, 391, 409, 421, 444, 489
Namiest, 373
Nanjing, 104
Napp, Franz Cyrill (1792–1867), 49, 327
Narbe, 15, 131
Nassonov, Nikolas Victorowitsch (1855–1939), 242
Nationalbestrebungen, 404
National Museum Tokyo, 91
Nationalsozialismus, XIV, XVIII, 75, 451, 464
Nationalsozialisten, XVII, 290
Nationalsozialistischer Deutscher Ärztebund (NSDÄB), 469
Naturforschende Gesellschaft in Gießen, 402
Naturforschender Verein in Brünn, XI, 3, 6–8, 17, 18, 20, 27, 28, 38, 40, 55, 60, 67, 122, 254, 258, 259, 382, 383, 385, 392, 396, 398, 405, 438, 442, 449, 488
Naturforscher, 34, 212, 397
Naturgeschichte, 25, 26, 33, 293, 315, 323
Naturgesetz, 129
Naturhistorischer Verein Lotos, 40
Naturkalender, 254, 255, 265
Naturkunde, 293
Naturkundeunterricht, 323
Naturlehre, 33, 293
Naturschutz, 88
Naturwissenschaft, IX, XII, 440, 472
Naturwissenschaftlicher Verein, Bremen, 384
Naudin, Charles Victor (1815–1899), 270, 433
Nave, Johann (1831–1864), 40
Neandertaler, 497

Nebenachse, 149
Nebenblätter, 258
Nechay, Carl (gest. 1865), 327
Nees von Esenbeck, Christian Gottfried Daniel (1776–1858), 199
Neilreich, August (1803–1871), XLII, 116, 393, 409
Nekrolog, 413
Nelke s. auch Italicdianthus, 16
Nelkenwurz s. Geum
Neodarwinismus, 478
Neophyte, 281, 362
Nephritis, 336
Netolicka, Eugen (1829–1889), 31, 34
Neuauflage, 63, 66, 493
Neuausgabe, 166
Neugebauer, Joseph, 9
Neureisch/Nová Říše, 299
Neuschöpfung, 363
Neuseeland, 232
Neuseeländischem Spinat, 488
Neutitschein/Nový Jičín, 449
Neuübersetzung, 76
Newton, Isaac (1642–1727), 128
New York, 30
Nichte, X
Nicotiana
  paniculata L., 199
  rustica L., 199
  sp., 195
Niederlande, 396
Niederösterreich, XLII, 393
Niederrist, Joseph (1809–1865), 31
Niessl, Josef (gest. 1864), 7
Niessl, Lousie (gest. 1875), 7
Niessl von Mayendorf, Gustav (1839–1919), 14, 65
Nilsson, Ernst (1895–1986), 102
Niltal, 356
Nomenklatur, XLII
Nordamerika, 191, 255
Norwegen, 454
Notizblatt, 246
Notkästen, 228
Notstock, 228
NSDAP, 455, 456
NS-Euthanasie, 454
NS-Ideologie, 453
NS-Propaganda, 10

NS-Regime, 455, 482
NS-Staat, 455
Nuklearforschung, 98
Nukleinsäure, 484
Nutzpflanzen, 397

O

Obergymnasium in Iglau, 42, 49
Obergymnasium in Brünn, 34
Oberrealklasse, 323
Oberrealschule, 2, 33
Oberrealschule in Brünn, XXXII, XXXIII, 2, 25, 33, 34, 45, 47, 54, 59, 323, 437
Oberrealschule in Graz, 34
Oberschule, 469, 474, 475, 478
Oberschulrat, 70
Obst-, Wein- und Gartenbausektion der Ackerbaugesellschaft, 41, 45, 282, 285, 287, 332, 369, 413
Obst-, Wein – und Gartenbauverein, 335, 338
Obstbau, 31, 293
Obstbaumzucht, 181, 284, 292
Obstblüte, 215, 227
Obstgarten, 292
Obstsorten, 246
Obstveredelung, 293
Obstzucht, 31, 300
Odertal, 291
Odessa, 97, 456, 462
Odrau/Odry, 291
Oenothera
  sp., 195
Öffentlichkeit, 1, 25, 78, 405, 416, 447, 459, 460, 462, 463, 487
Ohéral, Jan (1810–1868), 308
Okkupation, 57
Olexik, Paul (1801–1878), 41, 352
Olmütz/Olomouc, 4, 28, 40, 41, 44, 229, 297, 299, 303, 311, 364, 366, 483
Ondracek, Karl Joseph (1848–1908), 46, 336, 442
Onobrychis sativa LAM., 216
Opiz, Phillip Maximilian (1787–1858), 7
Oppenheimer, Robert J., 108
Opus, 390
Opus botanicum de plantarum hybridis, 390
Oran, 355, 356
Orangerie, 142

Ordensgelübde, 49
Ordensmitglied, IX, 109, 339
Ordenspriester, 296
Ordensvertreter, 62
Ordinarius, 33, 239, 446, 455
Orel, Vítezslav (1926–2015), 4
Organismus, 173, 186, 192, 238, 352
   hybrider, 193
Orgelschule, 337
Orient, 44, 354
Originalausgabe, 114, 495
Ornithologe, 43
Ortmann, Johann (1814–1890), 116
Ostafrika, 497
Ostblockstaat, 456
Österreich, XVII, 3, 8, 19, 22, 27, 32, 33, 97,
   189, 248, 303, 308, 337, 344, 346,
   368, 414, 434, 451, 454, 455, 471
Österreichische Akademie der Wissenschaften,
   XIV
Österreich-Ungarn, 34
Ostrawitz, 42
Ostwald, Wilhelm (1853–1932), 65, 429, 430
Ostwaldsche Klassiker, 65–67, 69, 70, 113,
   190, 430, 438
Otto, Josef, 358
Oxford, 246, 461
Oxidationstheorie, 252
Ozon, 220, 346
Ozonmessungen, 333

P
Palacký, František (1797–1876), 303
Paläontologie, 42, 321
Paliurus australis GAERTN., 284
Pallas, Peter Simon (1741–1811), XLIII
Pangenesis, 423
Pantoffelblume s. Calceolaria
   Garten-Weidenblättrige, 268
Papilionaceen, 12, 14, 249
Papst Benedikt XVI. (1927–2022), 109
Papst Johannes Paul II. (1920–2005), 109
Papst Johannes XXIII (1881–1963), 109
Papst Paul VI. (1897–1978), 109
Papst Pius IX. (1792–1878), 109
Paradigma, 397
Paris, 99, 116, 252, 324, 416, 417

Pariser Industrie- und Agrikultur-Ausstellung
   im Jahr 1855, 21
Pariser Linien, 200
Partnerinstitution, 2
Pas, Peter (1915–2004), 72, 73, 88
Pasadena, 75
Pátek, Jan (1820–1872), 31, 38, 123, 305, 323
Patellani, Serafino (1868–1925), 90
Paulownia imperialis S. et Z. fl. japon., 284
Pavlicek, Anton (gest. 1866), 327
Pavón y Jiménez, José Antonio (1754–1844),
   XLIII
Pearson, Karl (1857–1936), XVI, 71
Pech, 254
Peckolt, Theodor (1822–1912), 238
Pedigree-Weizen, 416
Peking, 105
Pelargonien, 142
Pelargonium, 199, 263
Pelegrin, Antoni Prevosti (1919–2011), 100
Penizillin, 382
Perger, Anton (1809–1876), 202
Permutation, 34
Pernstein, 43
Peru, 273
Petale, 71
Peter, Albert (1853–1937), 203
Petermann, Wilhelm Ludwig (1806–1855), 183
Peters, James Arthur (1922–1972), 79
Petersburg, 289
Petition, 374
Pettenkofer, Max von (1818–1901), 350
Petunie, 15
Pfeifer, Johann, 39
Pflanzenanatomie, 448
Pflanzenanbau, 25
Pflanzenart, 128, 181, 193, 194
Pflanzenarten, 391
Pflanzenausstellung, 256
Pflanzen
   exotische, 142
   perenierende, 191
   winterharte, 191
Pflanzenfamilie, 127
Pflanzengeneration, 124
Pflanzengruppe, 128, 129
Pflanzenhybride, IX, X, XVI, 1, 2, 12, 63, 64,
   96, 100, 105, 378, 391, 400, 418, 493
Pflanzenkenner, 189

Pflanzenkultur, 142
Pflanzenmaterial, 11, 18, 95, 191
Pflanzenmerkmal, 146, 165
Pflanzenpathologie, 89
Pflanzenphänologie, 400
Pflanzenphysiologie, XI, 20, 35, 57, 445, 448
Pflanzenschädling, 17
Pflanzenselektion, 97
Pflanzensippe, 168
Pflanzensystematik, XII
Pflanzenwachstum, 98, 354
Pflanzenwelt, 192
Pflanzenzucht, XI, 25, 89, 90
Pflanzenzüchter, 187
Pflanzenzüchtung, 114, 147
    Deutschland, 97
    Schweden, 97
Phanerogame, 192
Phänologische Beobachtungen, 351
Phänotyp, 6, 21, 157, 485, 492
Phänotypisierung, 21
Phaseolus
    coccineus L., 182
    hispidus OKEN, 356
    multiflorus WILLD., 182, 183
    Mungo L., 356
    nanus L., 181, 182
    radiatus (L). WILCZEK, 356
    sp., 181, 187, 401
    vulgaris L., 181, 182
Phelps, Reginald H. (1909–2006), 80
Phillip Miller (1691–1771), XLII
Philologie, 298
Philosophie, 66, 438
Philosophiestudium, 298
Philosophische Lehranstalt in Brünn, 300
Photochemie, 448
Photogrammetrie, 59
Photographie, 26, 59, 60, 299, 480
Photokopien, XIV
Physik, 26, 33, 298, 315, 323
Physiologie, 437
Phytopathologie, 89
Piaristengymnasium, 294
Piaristenkollegium, 294
Piaristenorden, 294
Piaristenschule, 294, 483
Piescu, Andrei (1896–1978), 107
Pillersdorf, Franz von (1786–1862), 303
Pilosellen, 276

Pilz, 11
Pinçette, 131
Pinsel, 15
Pisko, Franz Joseph (1827–1888), 31, 32, 34
Pisum, 188, 190, 192
    arvense L., 147
    quadratum C. BAUHIN, 1, 11, 133
    saccharatum L., 1, 11, 133, 487
    sativum L., 1, 11, 132, 487
    sp., 131, 143, 170, 181, 187, 192, 401
    umbellatum L., 133, 138
Piternick, George (1918–1999), 101, 111, 374
Piternick, Leonie Kellen (1918–1992), 374
Planimetrie, 299
Plasmopara viticola, 89
Platte, photographische, 60
Platterbse s. Lathyrus
Platzregen, 201
Ploetz, Alfred (1860–1940), 454
Poillet, Claude Servais Mathias (1790–1868), 318
Pokorny, Alois (1826–1886), 116, 253
Polen, 95
Politik, XVIII
Pollen, 130, 131, 142, 143, 148, 157, 170, 197, 247, 261, 264, 269, 274
    fremder, 131
Pollenart, 178, 179
Pollenform, 180
Pollenkorn, 84, 170, 261
Pollenpflanze, 142, 146, 162, 163, 169, 183, 189, 192, 198, 286
Pollenzellen, 142, 170–173, 176–178, 180, 192, 357
Pollmann, August (1813–1898), XLIII
Polyploidie, 146
Pommern, 357
Popularisierung, XV, XVII, XVIII, 36, 440, 450
    der Genetik, 434
Portugal, 108, 357
Positivismus, 50
Potentilla, 181, 255, 269
Poye, Ambros Ferdinand (1842–1900), 47
Prag, XVII, 30, 34, 35, 62, 102, 299, 418, 445–448, 456
Prager Polytechnikum, 30
Prälat, 48, 215, 312
Prälatbild, 339
Prävalenzregel, XII
Preisaufgabe, 124

Preisschrift, 124
Prerowsky, Anton (1826–1866), 327
Preßburg, 229
Presseaufsicht, 57
Preußen, 27
Prezent, Isai, 458
PR-Firma, 78
Priesterweihe, 49
Primärquelle, XXXI
Primula, 281
Prinzessin von Sachsen, Sophie (1845–1867), 6
Pritzel, Georg August (1815–1874), 389
Privatdozent, X
Privatgelehrter, XV, 487
Probe, 22, 132
Probejahre, 132
Prochazka, Mathias (1811–1889), 403, 404
Prognosticon, 119
Projektionsfläche, XX, 468
Projektor, 468
Prokurator, 336
Promber, Adolf (1843–1899), 9
Pronukleus, 84
Propädeutik, 34
Propaganda, 464
Proskowetz, Max Ritter, 354
Proskowetz von Proskow und Marstorff der Jüngere, Emanuel (1849–1944), 413
Prosopis sp., 238
Protokollant, 14
Protokollauszug, 11
Provenienz, 57
Provinzialschulkollegium Kassel, 70
Prüfung, 466, 483
Prüfungskommission, 320
Prunus
  avium L., 352
  padus L., 352
Pseudowissenschaft, 456
Publikationslisten, 347
Publikationsstruktur, 382
Publikationsverzeichnis, XXII
Publikumsliteratur, 138
Puel, Jean Jacques Timothée (1813–1890), 116
Puffereffekte, 146
Puls, 334
Punett, Reginald (1875–1967), XVI
Punktierung, 147
Puppe, 120
Purpurrote Leinkraut, 268

Puvis de Chavannes, Marc-Anton (1776–1851), 199
Pyrophorus noctilucus, 230
Pytllik, Johann (gest. 1875), 39

Q
Qingdao Symposium, 105
Qing-Dynastie, 103
Quadrát, Bernard B. (1821–1895), 31, 32, 34
Quantifizierung, 492
Quellenangabe, 125
Quellensammlung, 79, 83, 84, 100, 107
Querschnitte, 138

R
R. Friedlaender & Sohn, Berlin, 387
Radio, 451
Radiozeitung, 451
Rahmenlehrplan, 474, 478
Rambousek, Anselm Evangelista (1824–1901), XIV, 46, 47, 49, 300, 308, 326
Rassebegriff, 496
Rassen, 217, 497
Rassenbiologie, XVII, 454
Rassenhygiene, 454, 466, 469
Rassenkunde, XVII, 467
Rassenpolitik, 471
Rassenpolitisches Amt der NSDAP, 455
Rassismus, XVII, 455, 497
Ratzeburg, Julius Theodor Christian (1801–1871), 368
Raupe, 117, 118, 347
Raymund, Rapaics (1885–1954), 107
Raynoschek, Gustav, 9
Réamur, René-Antoine Ferchault de (1683–1757), 212
Réaumur, 212
Rechtschreibung, 113
Redakteur, 397
Redeübung, 442
Redtenbacher, Josef (1810–1870), 321
Regel, Eduard August von (1815–1892), 414
Regel, Robert Eduardowitsch (1867–1920), 96
Regelmässigkeit, 124
Regen, 201
Regenmenge, 201
Regensburg, 398
Reichardt, Heinrich Wilhelm (1835–1885), 253

Reichenbach, Heinrich Gottlieb Ludwig (1793–1879), 133, 135, 182, 199
Reichsausschuß für den Volksgesundheitsdienst, 469
Reichsministerium für Wissenschaft, Erziehung und Volksbildung, 464, 465
Reinlichkeit, 239
Reinschrift, 1, 58, 487
Reis, 92
Reisbohne, 357
Reisgenetik, 92
Reissig, Karl (1832–1908), 335
Rektor, 437, 446, 448
Religion, 295, 297
Religionslehrer, 296
Rentél, Joseph, 9
Repression, 457
Requiem, 337
Resistenzen, 147
Resultate, 1, 487
Rettig, 118
Revolution, 186
Revolutionsjahr, 30
Rezension, 361
Rezeption, XVII, XVIII, 7, 385, 495
Rheinische Friedrich-Wilhelms-Universität in Münster, XLIII
Rhododendron, 142
Richter, Clemens (geb. 1933), 61
Richter, Oswald (1878–1955), 9, 448, 449, 451
Riedgras s. Carex
Riesenhanf, 281
Riesenmöhre, 24
Rieti, 89
Rimpau, Arnold Diedrich Wilhelm (1842–1903), 427
Roberts, Herbert Fuller (1870–1937), 421
Robinia Pseudacacia, 352
Robledo Correa, Emilio (1875–1961), 99
Robot, 290
Rockefeller Foundation, 75, 77
Roggen, 122, 147, 291
Rohan, Kamil Josef Idesbald Filip (1800–1892), 308
Röhm-Putsch, 467
Rohrzuckerlösung, 240
Rolfe, Allen (1855–1921), 411
Roller, Josef (gest. 1892), 39
Rom, 89
Romanes, George (1848–1894), 410

Römpler, Louis, 412
Römpp, Hermann (1901–1964), 469
Rose, 15
Rösner, Wilhelm (1822–1888), 47, 300
Roßbach, 292
Rostock, XLIII, 13, 70
Roter Oster-Kalvill, 286
Roter Stettiner, 286
Roter Winter Taubenapfel, 286
Rot-Grün-Sehschwäche, 440
Rother Berg, 222
Rothmaler, Werner (1908–1962), 458
Rotter, Josef (gest. 1879), 39
Rotter, Richard (gest. 1886), 39
Rouen, 385
Roux, Wilhelm (1850–1924), 84
Rovigo, 89
Royal Botanical Gardens in London (Kew), XLI
Royal Horticultural Society, 71, 246
Royal Society, 388
Royal Society Catalogue of Scientific Papers, 411
Rožínka, 43
Rüben, 291, 417
Rübenzucht, 89
Rübsaatpfeifer, 118
Rubus bellidiflorus, 284
Rückkreuzung, 172
Rüdin, Ernst (1874–1952), 454
Rühlmann, Moritz (1811–1896), 398
Rümker, Kurt von (1859–1940), 427
Rundbohne, 356
Ruprich, Wenzel, 39
Russische Entomologische Gesellschaft, 384
Russische Kaiserliche Akademie der Wissenschaften, 124
Russland, XLII, XLIII, 41, 96, 98, 357, 385, 406, 421
Rust, Berndhard (1883–1945), 464–466
Ryan, Denise, 80

S

Sachs, Julius (1832–1897), XI
Sachsen-Lauenburg, 396
Šafárik, Pavel Jozef (1795–1861), 303
Sage, 291
Saint-Hillaire, Isidore Geoffroy (1805–1861), 19

Salamina (Kolumbien), 99
Salzburg, 324
Samen, 24, 132, 137, 138, 148–151, 163, 164, 172, 174, 261, 272, 274, 277, 280, 281, 396
  Färbung, 151
  Gestalt, 151
  runder, 153
Samenart, 175
Samenbildung, 11
Samenfarbe, 136, 183, 184
Samenform, 167
Samenhandlung, 132, 281
Samenhülse, 11
Samenmerkmal, 146, 165
Samenpflanze, 11, 142, 162, 163, 165, 176, 182, 189, 190, 192
Samenprobe, 22, 24
Samenschale, 134, 147
  Farbe, 163
  Färbung, 134, 184
  graubraune, 147, 151
  graue, 147
  lederbraune, 147
Samenverzeichnis, 15
Sammelrezension, 362
Sammlung, 488
Sammlung Dörfler in Uppsala, 386
Sankt Petersburg, 30, 124
Sapegin, Andrei Afanasyevich (1883–1946), 97
Sapetza, Josef (1829–1868), 323
Sargsyan, N., 106
Satinierpresse, 29
Saunders, Edith R. (1865–1945), XVI
Saussure, Nicolas-Théodore de (1767–1845), 66
Savery, Annie N. (1831–1891), 415
SBZ, 472, 482
Schaaffgotsch, Anton Ernst Graf von (1804–1870), 301, 327
Schafhäutl, Karl Emil von (1803–1890), 398
Schallmayer, Wilhelm (1857–1919), 454
Schanz, Paul von (1841–1905), 423
Schaumann, Ferdinand (1791–1846), 296
Schauprozess, Moskauer, 457
Schebanek, Anton (1819–1870), 123
Schelver, Franz J. (1778–1832), 198
Schematismen, 28
Schiffchen, 131, 142, 143, 187

Schiffner, Victor Félix (1862–1944), 179
Schildberg, 373
Schildkröte, 4
Schiller, Friedrich (1759–1805), 30
Schindler, Alois (1859–1930), XIV, XXXI, XXXIV
Schindler, Ferdinand (1864–1940), XIV, XXXIV
Schindler, Florian (1809–1885), 320
Schindler, Franz Ferdinand (1854–1937), 161
Schindler, Leopold (1827–1902), 325, 326, 328, 329
Schindler, Marie, 441
Schizoneura laningera, 369
Schlaflosigkeit, 336
Schleiden, Matthias Jacob (1804–1881), 10, 130, 132, 161, 387, 388
Schließfach, 61
Schlüter, Curt (1891–1944), 469, 470
Schmalhausen, Iwan Fjodorowitsch Johannes Theodor (1849–1894), 406
Schmetterling, 117
Schmidt, Eduard Oskar (1823–1886), 50, 57, 437
Schneckenklee, 249
Schnedar, Rudolf (1828–1862), 31–33
Schnee, 287
Schneider, Georg (1909–1970), 458
Schnellpresse, 29
Schöpfungsgeschichte, 363
Schote, 117
Schottky, Johannes (1902–1992), 471
Schreiber, Johann Andreas Edmond (1769–1850), 293
Schreibweise, 56, 115, 157, 495
Schriftaustausch, 383, 396
Schriftführer, XVII, 61
Schriftgießerei, 29
Schukow, Georgi K. (1896–1974), 474
Schulbuch, 36, 450, 469, 472, 475
Schuldienst, 70
Schülern, 323
Schulgeld, 295, 296
Schulhaus, 294
Schullaufbahn, 296
Schulmaterial, 482
Schulpolitik, 25
Schultafel
  botanische, 38

physikalische, 38
Schultradition, 464
Schulunterricht, 74
Schulwechsel, 295
Schulwesen, 49
Schulze-Delitzsch, Hermann (1808–1883), 9
Schwab, Carl (gest. 1877), 43
Schwab, Sebald (1801–1877), 43
Schwarm, 229, 231
Schwarz, Johann (geb. 1822), 9
Schweden, 386
Schwefel, 219
Schweindeldarstellung, 141
Schweiz, 33
Schwetz, Ernst Franz (1844–1912), 46, 47
Schwippel, Carl (1821–1911), 4
Schwirtlich, Anton, 294
Schwirtlich, Rosina s. Mendel, Rosine
Science Citation Index, 381
Science Fiction, 381
Scolopendra indica, 230
Scuola di viticoltura di Conegliano, 89
SED, 456, 458
Sedgwick, Adam (1854–1913), XII
Sedum
   Aizoon L., 281
   anglicum L., 281
   caeruleum L., 281
   Eversi, 281
   hybridum, 281
   ibericum, 283
   Maximowiczii, 283
   oppositifolium, 283
   pallidum, 283
   purpurascens, 283
   reflexum, 283
   rupestre, 283
   sieboldi, 283
   spurium, 283
   Wallichianum, 283
Seelsorgedienst, 311
Seidenraupe, 91, 398
Sekerák, Jirí, VII, 62
Sekundärliteratur, 385, 475
Selbständigkeit, XII, 187, 199
Selbstbefruchtung, 131, 141, 179, 197, 261, 276, 428
Selektion, XVI
   natürlicher, XVI
Selektionstheorie, XII

Šembera, Wenzel (1808–1881), 46, 47, 339
Senf, 119, 357
Sepalen, 191
Separatdruck, 386
Serebrovskij, A. S., 99
Seton Alexander (1810–1835), 247
Sexualkunde, 363
Sherwood, Eva R. (1919–1968), 83
Shibata, Keita (1877–1949), 91
Shirley Mohn, 71
Shull, George Harrison (1874–1954), 76
Sibirien, 191, 281
Siebold, Carl Theodor Ernst von (1804–1885), 239
Siedler'sche Buch-, Kunst- und Musikalienhandlung, 28
Singleton, Willard Ralph (1900–1982), 75
Sinnott, Edmund Ware (1888–1968), 73, 87, 100
Sinoto, Yosito (1895–1989), 87, 93, 94
Sitzungsprotokoll, 6, 13, 14, 214, 259
Sklerenchym, 137
Slovák, Alysius Joseph (1860–1906), 47
Smita, Johann (1830–1891), 31, 33
Société de sciences naturelles Luxembourg, 384
Société d'acclimatation, 88, 274
Société d'histoire naturelle de département de la Moselle, Metz, 384
Société Linnéenne de département de Maine et Loire, 384
Society for Economic Botany, 77
Sograf, Nikolai Jurjewitsch (1851–1919), 242
Sojabohne, 249, 479
   Gelbliche, 356
   Immergrüne, 356
   Kaffebraune, 356
   Kleine rötliche, 356
   Rothbraun weissfleckige, 356
   Schwarze, 356
Sojasprossen, 356
Solms-Laubach, Hermann zu (1848–1915), 64
Sommerlevkoje, 265
Sommerraps, 119
Sommerstand, 211
Sommerweizen, 459
Sonderdruck, 28, 55–58, 114, 191, 386–390, 487
Sonnenflecken, 358
Sonnenlicht, 220

Sorten, 132
sowie Sekundärliteratur., 475
Sowjetenzyklopädie, 99
Sowjetunion, 98, 99, 105, 457, 459
Sozial-Darwinismus, 91
Sozialhygiene, 100
Sozialismus, 45, 370
Spacil, Vinzenz, 250
Spaltung, 161
Spaltungsregel, XII
Spaltungsverhalten, 245
Spaltungsverhältnis, 152
Spanien, 390
Spanischer Tragant, 357
Speisebohne, 356
Spermakern, 84
Spermatogenese, 91
Spermium, 84
Sperrschrift, 114
Spezialkatalog, 387
Spezies, 133, 191
Speziesfrage, 124
Spezieshybrid, 189
Spielart, 15
Spielberg, 201
Spillman, William Jasper (1863–1931), 91
Spinat, 15, 16
  neuseeländischer, 16, 280, 488
Spindelbaum, Zwergwüchsiger, 284
Spinola, Massimiliano (1780–1857), XLIII
Spott, 9
Sprengel, Christian Konrad (1750–1816), 66
Spundöffnung, 218
St. Gallen, 252
St. Petersburg, 96, 98, 385
St. Petersburger Weizensammlung, 96
Staatsgymnasium Weinberge, 448
Staatspresse, 472, 473
Staatsprüfung, 448
Stabilität, 186
Stadler, Joseph, 9
Stadlmann, Josef (1881–1964), 440
Stadtlegende, 399
Stamen, 131
Stammart, 11, 12, 130, 143, 157, 162, 165, 166, 168, 188–190, 193, 196, 401
Stammbäumen, XII
Stammcharakter, 152
Stammeltern, 151

Stammform, 178, 189, 190, 192
Stammformen, 270
Stammmerkmal, 178
Stammpflanze, 11, 151, 168, 172, 194, 198
Stärke, 130
Stärkebiosynthese, 135
Stärkekorn, 10
Statistik, 71, 361
Staubblatt, 131
Staubfaden, 131
Stay Green Mutant, 136
Stazione di Patologia vegetale, 89
Steiner, Ernest (1820–1894), 8, 9
Steiner, Johann (1811–1879), 332
Steininger, Anton (1821–1881), 332
Steinmann, Gustav (1856–1929), 98
Stengel, 137, 147, 182
Stenografie, 229
Sterbeurkunde, 336
Sterblichkeit, 240
Stereometrie, 299
Sterilität, 130
Stern, Curt (1902–1981), XIX, 75, 83, 100, 101
Steven, Christian von (1781–1863), XLIII
Stevens, Nettie (1861–1912), 84
Stiftnovize, 483
Stiftskapitular, 200
Stiftsschule, 293
Stipendium, 297
Stockholm, 102
Stoffaufnahme, 192
Stomata, 96
Strahlenmutagenese, 97
Strasburger, Eduard (1844–1912), 84
Straßburg, 124, 252
Straucherbse, 249
Strauchveronika, 232
Stubbe, Hans (1902–1989), 459
Stuckart, Wilhelm (1902–1953), 464
Studienaufenthalt, 123
Studium, XI, XV, 341
Sturm, Alois, 298
Sturtevant, Alfred Henry (1891–1970), 85
Stuttgart, 61, 324, 397, 398
Stuttgart-Sillenbuch, 61
Südeuropa, 355, 356
Suezkanal, 8, 9
Sulz, 124
Sumpf-Kratzdistel, 265

Supplent, 33
Sušil, František (1804–1868), 404
Süsser, Fulgenz (1789–1847), 328
Süsser Holaart, 286
Sutton, Walter (1877–1916), 84
Svalöf, 97
Syllogismus, 129
Syrisch, 49
Systematik, 133, 395
Systemmodellierung, 354
Szabó, T. Attila (geb. 1941), 107

T

Tabakforschungs-Institut Bucuresti-Baneasa, 107
Tagesordnung, 13
Tageszeitung, 10, 12, 311, 385, 435
Tagungsband, 106
Tausch, Ignaz Friedrich (1793–1848), XLIII
Taxonomie, XLII, 158, 260
Technische Hochschule Graz, 60
Technische Lehranstalt in Brünn, 7, 27, 30, 319
Tee, 254
Teilabdruck, 70
Tell-el-Kebir, 274
Temperatur, 122, 236, 237, 240, 315, 346, 352, 353, 355
Temperaturabhängigkeit, 354
Temperaturkonstanten, 354
Temperaturmessungen, 169, 212, 214
Terminologie, 33, 130, 144, 299, 419, 426, 459, 473
Terpentinöl, 220
Teschen/Těšín, 17, 45, 46, 296
Tessin, Graf Carl Gustav (1695–1770), 120
Testa, 136
Testafärbung, 246
Testudo indica, 4
Texas Agriculutral Experimental Station, 76
Textausgabe, 123, 147
Textfehler, 115
Textkontextualisierung, 114
Textkorpus, 30, 473
Thaler, Aurelius Anton (1796–1843), 52
Theimer, Carl (1823–1870), 8, 11–14, 39, 40, 264, 310, 409
Theodor von Bunsen (1832–1892), 273

Theologiestudium, 300
Theologischen Lehranstalt in Brünn, 49
Theorie, antigenetische, 457
Theoriebildung biologische, 114
Theorie der plastidären Vererbung, 263
Theorie der Verstärkung elterlicher Merkmale, 147
Theorie einer diskontinuierlichen Vererbung, 133
Theorie von Gedächtnis der Keimsubstanz, 443
Thermal-Time, 354
Thermometer, 122, 200, 212
Thüringen, 467
Tichomirov, Alexander (1850–1931), 242
Tierzucht, 105, 127, 361, 475
Tiflis, 106
Tilia, 158
Timoféeff-Ressovsky, Nikolai V. (1900–1981), 457, 458
Tippfehler, 56, 114
Tkany, Wilhelm (1792–1863), 40
Tod, XIV, 2, 28, 40, 46, 52, 54, 60, 71, 80, 89, 98, 101, 108, 110, 171, 246, 252, 293, 329, 330, 334, 336, 339, 352, 387, 413, 443, 448, 458, 462, 487
Todesanzeigen, 33, 326, 337
Todestag, 106, 451, 471
Todesursache, 336
Todtenbeschreibamt, 336
Toff, Leopold (1831–1906), 43
Tomaschek, Anton (1826–1891), 35, 42, 229, 236–239, 241, 242, 251, 284, 323, 350, 352–355, 357–360, 489, 491
Tomola, Johann [Jan] E. (1845–1907), 338
Topfpflanze, 142
Topinambur, 278
Toulouse, 385
Touristen, 138
Tournefort, Joseph Pitton de (1656–1708), 199
Toyama, Kametaro (1867–1918), 91, 94
Transactions of the Chicago Academy of Sciences, 384
Transformation, 79, 485
Transkript, XV, 66, 67, 69, 70, 95, 348, 350, 374, 408
Transkription, 114, 492
Transkriptionsfaktor bHLH, 136
Translation, 492

Trassler, Josef G. (1759–1816), 28
Trauben, 182
Traubenkirsche s. Prunus padus
Traubensorte, 49
Treibhaus
   Inventar, 142
   temperiertes, 142
Treibitsch, 373
Treviranus, Gottfried Reinhold (1776–1837), 198
Treviranus, Ludolf Christian (1779–1864), XLIII
Trigona, 234
   angulata, 240
   angustulata, 240
   carbonaria SMITH, 237
   cilipes FABR., 240
   crassipes FABR., 240
   flaveola, 240
   flaveola FRIESE, 240
   lineata LEP., 229, 236, 237, 239, 240, 359
   ruficrus, 238
   ruficrus LAT., 238
   sp., 239
   spinipes FAB., 234–237
Trigone, 238
Trigonometrie, 299
Tripelentdeckung, 63, 493
Triumvirat, 404
Trivialnamen, 253
Tropaeolum, 256
   majus L., 256, 269
   minus L., 256
   sp., 181
Tropenmedizin, 99
Troppau/Opava, XXXIII, 34, 41, 295, 365, 483
Troppau, 34, 35, 42
   Gymnasium, 295
Troppauer Museum, 35
Trübau/Moravská Trebová, 294
Truchsess-Waldburg-Zeil, Gräfin Maria Walpurga (1762–1828), 293
Trugdolde, 138
Trummer, Eduard (geb. 1823), 161
Truppenarzt, 99
Tschechien, 61, 62, 344
Tschechische Republik, 62
Tschechoslowakei, 61, 83, 290, 364, 449, 459, 472

Tschermak, Gustav (1836–1927), XI, 437
Tschermak-Seysenegg, Armin von (1870–1952), 63, 141, 430, 432, 439, 456, 484, 493
Tschermak-Seysenegg, Erich von (1871–1962), XVI, XXXI, XXXIV, 59, 63–65, 67, 95, 96, 102, 106, 131, 134, 136, 139, 141, 148, 150, 168, 171, 190, 321, 387, 419, 422, 424–434, 436–438, 445, 449, 451, 456, 475, 484, 493, 494
Tschermak-Seysenegg, Erich von, XI
Tuberkuloseerkrankung, 99
Tübingen, X, 15, 124, 386, 423, 469
Tupper, Ellen S. (1822–1888), 415
Türkei, 355
Turkestan, 355
Twrdy, Johann Nepomuk (1806–1883), 15, 123, 125, 285, 287
Tydenik, 308

U
Übergangsform, 148
Übergewicht, 334
Übersetzungen, XV, XX, 32, 35, 59, 66, 67, 72, 73, 76, 79, 80, 82, 83, 85, 87–89, 92, 94–96, 98–101, 103, 104, 106, 108, 113, 114, 138, 139, 158, 177, 180, 194, 271, 374, 382, 405, 415, 421, 423, 433–437, 462, 463, 494
   armenische, 87, 106
   chinesische, XVII, 87, 103, 105, 106
   deutsche, 125, 133, 156, 158, 248, 398
   englische, XVII, 71–73, 80, 83, 85, 87, 88, 138, 139, 177, 180, 194, 374, 405, 432–436
   französische, 87–89, 125, 374, 405, 433
   georgische, 87, 106
   italienische, 86, 87, 89, 90
   japanische, XVII, 86, 87, 90–93, 104
   lettische, 108
   niederländische, 108
   polnische, 86, 87, 95
   portugiesische, 87, 106, 108
   rumänische, 87, 107
   russische, 86, 87, 96, 98, 99, 108, 405
   schwedisch, 86
   schwedische, 87, 101, 102

spanische, 86, 87, 99–101
tschechische, 86, 87, 102, 103, 305, 415
ungarische, 87, 107
vietnamesische, 110
Übersetzungsfehler, 85
Übertragung, 264
Überwinterung, 120, 214, 221, 228, 252, 258, 264
Überwinterungsversuch, 214, 348–350
Uda, Hajime (1893–?), 93
UdSSR s. Sowjetunion, 98
Ukraine, 118, 344, 456
Ullepitsch, Josef (1827–1896), 13
Umwandlung, 195, 196, 198, 258, 312, 459
Umwandlungsdauer, 195, 196, 198
Umwelt, 158, 344
Umweltbedingungen, 18, 21, 151, 169, 187, 354, 457, 490–492, 497
Umwelteinfluss, 20, 21, 44, 353
Umweltfaktoren, 169, 353
Umweltwissenschaften, XXI
Unabhängigkeitsregel, XII, 162
Unfruchtbarkeit, 184
Ungarn, 118
Unger, Franz (1800–1870), 40, 57, 127, 132, 151, 170, 171, 229, 321, 358, 387, 393, 404, 409
Unger, Michael (1803–?), 58
Unglückstelle, 229
Uniformitätsregel, XII, 144
United States Department of Agriculture, 421
Universität
  Amsterdam, XI
  Antioquia, 99
  Berlin, X, 467
  Brünn, 62
  Cambridge, 81, 461
  Christiania, 384
  Coimbra, 108
  Columbia, 414
  Frankfurt am Main, 465
  Freiburg, 10, 91
  Genf, 84
  Graz, X, 57
  Halle, 366, 479
  Huazhong, 105
  Jena, 467
  Keiogijuku, 93
  Krakau, 44, 57
  Kyoto, 95
  Leipzig, X, 390, 429, 469
  Lemberg/Lwiw, 34
  Marburg, 70
  München, X, 10, 239, 465
  Nanjing, 104
  Odessa, 97
  Olmütz (Franzens-Universität), 44
  Olmütz, 229
  Peking, 105
  Prag (Karl-Ferdinands-Universität), 438, 445, 447
  Prag (Karls-Universität), 102
  Sapporo, 93
  Straßburg, 124
  Tartu, 96
  Thorn/Torun, 95
  Tohoku, 94
  Tokio, 91, 93
  Tübingen (Eberhard-Karls-Universität), 124, 423
  Tulane, 412
  Warschau, 96
  Wien, 8, 22, 34, 41, 43, 44, 49, 57, 229, 253, 313, 318, 320, 321, 358, 394, 425, 437, 438, 440, 446, 448, 483
  Zürich, 10
Universitäts-Bibliothek Brünn, 125
Universitäts-Bibliothek J. Ch. Senckenberg, 70
Universitätsfach, 454
Université de Nantes, 89
University College London, 461
University of California in Berkeley, 76, 83, 93
University of Illinois, XIV, XV
University of Manchester, 461
University of North Carolina, 77
University of Rochester, 75, 83
University of Wisconsin-Madison, 72
Unterart, 132, 158, 211, 217
Unterrealklassen, 323
Unterrealschule, 33
Unterricht, 2, 29, 31–34, 38, 45, 49, 100, 153, 285, 293, 295, 297, 298, 301, 323, 336, 464, 466–468, 471, 473, 475, 478, 480
Unterrichtsfach, Physik, 31, 32, 42
Unterrichtsfach Chemie, 31–33
Unterrichtsfach Deutsch, 42
Unterrichtsfächer, 25, 41, 42
Unterrichtsfach Französisch, 25, 45
Unterrichtsfach Geographie, 32

Unterrichtsfach Italienisch, 45
Unterrichtsfach Mathematik, 42, 52
Unterrichtsfach Naturgeschichte, 26, 31, 52
Unterrichtsmaterial, 464, 467, 475, 494
Unterrichtsrath, 26
Unterrichtssprache, 49, 304, 442
Unterrichtsstunde, 476, 477, 479
Unterrichtstradition, 464, 493, 494
Unterrichtswesen, 304
Uppsala, 386, 406
Urban, Emanuel (1821–1901), 35
Urdbohne, 356
Ureinwohner Australien, 497
Urzeugung, 363
USA, XV, XVII, 60, 80, 83, 280, 421
Uschmann, Georg (1913–1986), 4
Usui, Katsuzo (1871–1945), 91

V
Vakuole, 136
Vandelli, Domenico Agostino (1735–1816), XLIV
Variation, XV, XVI, 50, 71, 104, 145, 146, 151, 158, 182, 191, 255, 273, 362, 395, 433, 443, 470, 495
Varietät, 133, 182, 186, 188
Varietäten, 126, 131, 133, 137, 149, 158, 160, 182, 186, 188, 247, 259, 260, 262, 263, 267, 269, 273, 287, 355, 400
Varietätenbastarde, 270
Varietätenbastarden, 157
Varietätenbildung, 186
Vatikan, 62, 106, 481
Vavilov, Nikolai (1887–1943), 93, 97, 98, 107, 462
Vavilov, Sergei I. (1891–1951), 98
Vegetation, 66, 116, 271, 287, 344, 388, 417
Vegetationsbedingung, 187
Vegetationsbedingungen, 187
Vegetationsdauer, 131, 193
Vegetationskonstanten, 352, 489
Vegetationsperiode, 417
Vegetationsverhältnisse, 35
Veilchen s. Viola
Venedig, 325
Venezuela, 356
Venia legendi, X, 161
Ventilationsvorrichtung, 215, 221
Verbascum, 179, 252–254

blattaria L., 251–254
lychnitis L., 254
orientale M. BIEB., 254
phlomoides L., 254
phlomoidi-orientale NEIL., 254
phoeniceum L., 251–253
pseudo-phoeniceum, 253
Schraderi MEYER, 254
sp., 181, 199
thapsiforme SCHRADER, 254
Thapsiformi-nigrum KOCH, 254
thapsus L., 254
Verbascum-Hybriden, 179, 251
Veredelung, 217, 284, 287, 291
Verein/Vereine, 7, 332, 383, 388, 389, 394
  Arbeiter-Invaliden-Pensions-Verein, 27
  Bamberger Gartenbauverein, 399
  Bienenzüchterverein in Brünn, 348
  Brünner Credit-Verein, 9
  Brünner Lehrerverein, 442
  Brünner Zweigverein der deutschen Schillerstiftung, 33
  Gewerbeverein in Bamberg, 65, 67, 378, 397, 398
  Lesehalle, 40
  Lotos, 40, 408
  Mährische Gewerbeverein, 8, 26, 33
  Musterschutz-Verein, 27
  Naturforschende Verein in Bamberg, 398
  Naturforschende Verein in Brünn, 389, 408
  Naturwissenschaftliche Verein zu Bremen, 384
  Verein nördlich der Elbe zur Verbeitung wissenschaftlicher Kenntnisse, 396
  Verein zur Verbreitung landwirtschaftlicher Kenntnisse, 430
  Zoologisch-botanische Verein in Wien, 42, 116, 119, 384, 389, 392
Vereinigungsregel, XII
Vereinsbibliothek, 390, 405
Vereinsleben, 383
Vereinsleitung, 65, 438
Vereinsmitglied, 2
Vereinsmitglieder, 55, 220, 222
Vereinsrähmchen, 222
Vereinssitzung, 58, 65, 326
Vereinsständer, 221, 224
Vereinsversammlung, 11, 12, 116
Vereinswaben, 214, 221

Vererbung, X, XIX, XVIII, 5, 61, 75, 79, 84, 98, 103, 104, 145, 172, 186, 238, 265, 343, 363, 398, 399, 422, 433, 442, 449, 451, 457, 470, 471, 473, 475–478, 480, 484, 489, 494, 495
   diskontinuierliche, 433
   maternale, 94, 263
   mendelscher, 262
   plastidäre, 263
   Regeln der, XVIII
Vererbungserscheinungen, 443
Vererbungsforschung, 435, 454, 455, 470, 487
Vererbungsfragen, 451
Vererbungsgänge, 431
Vererbungsgesetze, 96, 440, 450, 452
Vererbungskraft, 371
Vererbungskunde, 361
Vererbungslehre, XII, 98, 379, 442, 445, 451, 464–466, 468–471, 473–475, 478, 479, 485, 494
Vererbungsregel, 63
Vererbungstheorie, 442, 495
Vererbungswissenschaft, XII, XV, 494
Verfolgungswahn, XIV
Verhältnisse, 148
Verhältniszahlen, 150
Verhandlungen des Naturforschenden Vereins in Brünn, 487, 495
Verlag/Verlage, 25, 28–31, 67, 69, 70, 73, 125, 360, 382, 444, 454, 457, 473
   A. Pichler's Witwe & Sohn, XXXII
   Akademische Verlagsgesellschaft, Leipzig, 67
   Carl Winiker, XXXIII, 35, 270, 342
   E. Morgenstern, 125
   Ernst Klett, 69
   Friedr. Vieweg und Sohn, 68
   Gastl, 35, 38
   Georg Gastl, XXXII
   H. Voigt, 371
   Harri Deutsch, 69
   Hartleben, 371
   Harvard University Press (HUP), 73
   J.F. Lehmann, 454, 470
   Johann Ambrosius Barth, 68
   Karafiat, 36
   Kosmos, 469
   Orell, Füßli und Comp., 371
   Rudolf Rohrer, XXXII
   Teubner, 67
   Veith und Comp., 165
   Velhagen und Klasing, 67, 70
   Volk und Wissen, 457, 473, 476
   Wilhelm Engelmann, 65, 67, 68, 147
Verlagsartikel, 29
Verlagshandlung, 372, 469
Vermail-Medaille, 123
Vermehrung, 12, 119, 121, 241, 278, 287, 485
Vermittlungszelle, 193
Veröffentlichung, 18
Veronica, 255
   sp., 181, 255, 269
   speciosa Cunningh., 232
Verordnungsblatt für den Dienstbereich, 29
Versandliste, 55
Verschuer, Otmar Freiherr von (1896–1969), 455
Versteigerung, 29, 58, 339
Versuche, X, XI, XVI, XVII, XXII, 2, 5, 6, 9, 11–18, 20–22, 27, 36, 43, 45, 48, 50–52, 63, 66, 73, 78, 83, 86, 110, 113, 115, 121, 122, 124–130, 132–134
Versuchsanordnung, 20, 394, 492, 495
Versuchsart, 199
Versuchsdaten, 494
Versuchsdauer, 132
Versuchsdesign, 148, 354, 491
Versuchseinteilung, 134
Versuchserbsen, 82
Versuchsergebnisse, 14, 160, 426, 459, 495
Versuchsfeld, 16, 142, 362, 417
Versuchsjahr, 148, 149, 175, 196
Versuchskreuzung, 18, 414
Versuchsmaterial, 492
Versuchsobjekt, 246
Versuchspflanze, 128, 129, 134, 135, 150, 152, 155, 167, 169, 183, 186, 189, 190, 196, 197, 247, 252, 277, 278, 414, 492
Versuchsplan, 286
Versuchsplanung, XIX
Versuchsprotokoll, 480
Versuchsreihe, 82, 150
Versuchsresultate, 428
Versuchsstation, 90, 344, 347, 362, 398, 429
Vervielfältigungsverfahren, 59

Verweis, XXXI, XXXIV, 4, 14, 16, 19, 36, 80, 82, 127, 137, 145, 161, 200, 255, 286, 302, 311, 335, 353, 357, 362, 378–380, 390, 402, 409, 410, 418, 420, 422, 479
Victoria Medal of Honour, 71
Viehfutter, 342
Viehzucht, 5, 293, 366, 369
Vikar, 71
Villers, Charles Joseph de (1724–1810), XLIV
Vilmorin, Louis (1816–1860), 416, 417
Vilmorin, 25
Vinkovce, XXXII, 295
Viola, 98, 181, 255, 269
Virchow, Rudolf (1821–1902), 388
Visualisierung, 492
v-Lokus, 137
Voeller, Bruce R. (1934–1994), 83
Vogel, August (1817–1889), 398
Vogel, Friedrich Wilhelm (1808–1897), 325
Vogel, Hilarius (ca. 1828–1897), 32, 38, 39
Vogel, Julius, 359
Vogel, W., 372
Vogelsammlung, 43
Vogt, [August Christoph] Carl (1817–1895), 404, 405
Voigt, Johann Heinrich (1751–1823), 199
Volksausschuß für Volksgesundheit, 469
Volksschule, 44, 294, 442
Volksspruch, 201
Vollmer, Carl Gottfried Wilhelm (1797–1864), 36
Voorheim Schneevogt, George (1775–1850), XLIII
Vorbereitungsklasse, 476, 479, 480
Vorlesung, XI, XVI, 2, 8, 10–14, 45, 51, 57, 122, 284, 299, 300–321, 358, 393, 405, 437, 438, 440, 442, 443, 448, 461
Vorlesungsjubiläum, 10
Vorlesungsreihen, 52
Vormärz, 49
Vorthey, Baptist, 47
Vortrag, XVII, 1–3, 5, 6, 9–13, 25, 26, 51, 81, 82, 116, 122, 126, 128, 160, 170, 177, 222, 229, 269, 326, 351, 391, 393, 397, 420, 423, 433, 440–444, 446, 447, 449, 451, 462, 484, 487
Vortragsabende, 398

Vortragsheft, 469
Vortragsreihe, 449
Vorwelt, 36, 191
Vries, Hugo Marie de (1848–1935), XI, XVI, 63, 71, 83, 102, 107, 260, 377, 380, 387, 407, 412, 419, 420, 422–424, 427–433, 436, 443, 475, 484, 485, 493
Vymazal, František (1841–1917), 36

W
Wabe, 236, 241
Wabenetagen, 240
Wabenreste, 239
Wabenstückchen, 240
Wabenturm, 232, 236, 240
Wabenwand, 235
Wachs, 238
Wachsblättchen, 218
Wachsschicht, 240
Wachstum, 147, 427, 491
Wachstums, 492
Wachstumsgesetz, 10
Wachstumsgesetze, 362
Wachstumshormon, 139
Wachstumsraten, 147
Wachstumsvermögen, 267
Wahre Wollblume, 254
Wahrscheinlichkeit, 81, 178
Waldarbeiten, 290
Waldhabichtskraut, 276
Wall.-Klabouk, 373
Wallaschek, Carl (1820–1896), 29
Wallauschek, Eduard (1823–1901), 9, 39
Walzel, Juliana, 290
Wandel, Paul (1905–1995), 474
Wandtafel, 444
Wannieck, Friedrich (1838–1919), 444
Wärmegrad, 212
Warschau, 95
Wasserleitungen, 351
Wassermühle, 292
Wasserödem, 336
Wasserpest s. a.*Elodea*, 362
Wasserreis, 280, 488
Wechselwirkung, 194
Weide, 125
Weidenart, 191

Weidenhybrid, 124, 129, 191
Weigand, Johann Georg (1712–1788), 28
Weigel, Oswald (1812–1882), 387
Weiling, Franz (1904–1999), 61, 113, 114
Weinbau, 284
Weiner, Anton (1811–1865), 42
Weiner, Ignaz, 39
Weinstöcke, 287
Weiselhäuschen, 213, 218
Weiselzelle, 213
Weisman, August (1834–1914), 84
Weisser Winter-Kalvill, 286
Weißer Winter Taffetapfel, 286
Weissmann, August Leopold (1834–1914), 485
Weizen, 96, 146, 291
Weizensorte, 97, 421
Weizenspezialist, 96
Weldon, Frank Walter Raphael (1860–1906), XVI, 71
Weltausstellung
    London (1862), 324
    Paris (1855), 256, 272, 488
    Paris (1867), 217
    Paris, 38, 217
    Philadelphia (1876), 8, 9
Welternährung, 79
Wendepunkt der Biologie, XII, 464, 493
Wenzel, Ruprich, 39
Werbebroschüre, 387
Werner, Clemens Fritz (1898–1970), 458
Werner, Hugo (1839-1912), 273
Wespe, XLIII, 234, 238, 239
Wespenarten, 232, 237
Wespennest, 233
Wetter, 13, 201, 213, 219, 224, 228, 232, 303, 358
Wetterbedingungen, 223, 350
Wetterbeobachtungen, 345, 364
Wetterbericht, 13
Wetterdaten, 352
Wetterprognosen, 224, 364, 371, 373, 375
Wettervorhersagen, 224
Wettstein, Adele, 438
Wettstein, Richard von (1863–1931), 98, 437
White, Orland E. (1885–1972), 149
Wichura, Max Ernst (1817–1866), 124–126, 129, 159, 191, 403
Wicken, 223, 357
Widerspruch, dialektischer, 191
Widmann, Adalbert von (1804–1888), 332

Widmann, Ferdinand Ritter von, 9
Widmer, Eilsabeth (1862–1952), X
Wiebel, Karl Werner Maximilan (1808–1888), 398
Wiederauflage, 31–33, 63, 67, 493
Wiederentdecker, XI, XVI, 64, 82, 83, 102, 114, 141, 168, 171, 172, 262, 321, 377, 379, 380, 387, 388, 391, 407, 412, 418, 420, 422, 426, 427, 429, 431–434, 436, 437, 443, 447
Wiederentdeckung, X, XI, XII, XIII, XVI, 16, 22, 44, 46, 63, 64, 71, 73, 75, 79, 84, 89, 91, 93, 109, 151, 161, 179, 187, 315, 321, 339, 343, 377–383, 387, 397, 407, 408, 411, 413, 414, 419–422, 426, 430, 432–438, 440, 447, 449, 464, 475, 478, 480, 482, 484, 493, 494
Wiederholung, 129, 194, 246, 492
Wiegmann, Arend Joachim Friedrich (1770–1853), 253
Wien, XI, 4, 7, 8, 19, 22, 25, 26, 30, 34, 40, 41, 62, 117, 130, 253, 321, 323, 324, 389, 390, 393, 409, 423, 425, 427–429, 435, 437, 440, 445, 446, 456
Wiener Centralanstalt für Meteorologie und Erdmagnetismus, 200, 202, 229, 230, 343, 488
Wiener Fuß, 139
Wiener Neustadt, 441
Wiener Pädagogische Gesellschaft, 447
Wiesbaden, 30
Wiesenhütten, Ludwig Friedrich Wilhelm von (1786–1859), 302
Wiesner, Julius von (1838–1916), XIII, 118, 437–440, 446, 447, 449
Wiesneriade, 439
Wilczynski, Jan Z. (1891–1970), 87, 95
Wildner, Franz (1815–1866), 8, 9, 327
Wildtyp, 71
Wilhelminenspital, 440
Wilks, William (1843–1923), 71
Willdenow, Carl Ludwig (1765–1812), XLIV
Willkomm, Heinrich Moritz (1821–1895), 359
Willmannbund, 449
Wilson, Edmund Beecher (1856–1939), 84
Winde s. Ipomoea
Windisch-Graetz, Alfred C.F. [General] (1787–1862), 309
Windrichtung, 201

Winiker, Johann H. Carl (1807–1877), 30
Winkelmayer, Alipius (1829–1868), 46, 329
Winnipeg, 421
Wintergetreide, 457
Winterlevkoje, 265
Winterraps, 119
Winterruhe, 215
Winterweizen, 459
Wirbelorkan, 201
Wirkungsort, 494
Wirkungsstätte, XV
Wissenschaftsgeschichte, 63, 381, 418, 493
Wissenschaftstradition, 472
Wissenschaft, XVIII
Wittelsbach, Elisbeth Amalie Eugenie von (1834–1870), s.a. Kaiserin Sisi, 6
Wittelsbach, Karl Theodor von (1839–1909), 6
Witterung, 129, 200, 223, 228, 229
Wittik, Vincenz (1808–1888), 332
Wittstein, Georg Christian v. (1810–1887), 398
Wöhler, Friedrich (1800–1882), 398
Wolff, Caspar Friedrich (1733–1794), 66
Wolke, 201
Wollkraut, 253
Wolska, Wanda (1841–1926), 95
Wright, Sewall (1889–1988), 83
Wu, Zhong Xian (1911–?), 105
Wunderblume s. Mirabilis
Wurzelgemüse, 278

X

Xenien, 422, 424, 425, 427
Xinhai-Revolution, 103

Y

Yamashita, Kosuke (1909–1988), 95
Yegunova, S., 87, 97

Z

Zaar, Karl (1880–1949), 59, 60
Zacharias, Martin (1927–1988), 479
Zahlenverhältnis, 149, 157, 162, 170, 173, 177, 181, 183, 246, 247, 266, 395, 407, 422
Zawadzki, Alexander (1798–1868), 34, 38, 39, 123, 265, 269, 342
Zea
   macrosperma, 273
   mays L., 181, 272, 273, 424, 425
   mays major, 274
Zedong, Mao (1893–1976), 105
Zeitschriften und Fachzeitschriften
   Acta Geneticae Medicae & Gemellologiae, 90
   American Naturalist, 238
   Annales de la Société Linnéenne de département de Maine et Loire, 384
   Annals of Science, 82
   Berichte der Deutschen Botanischen Gesellschaft, 424, 425
   Bibliotheca botanica, 425
   Bienenvater aus Böhmen, 217
   Biological Abstracts, 74, 381, 382
   Biologisches Centralblatt, 424, 425
   Botanisches Centralblatt, 387
   Botanische Zeitung, 424
   British Fern Gazette, 71
   Bulletin de la Société des sciences historique et naturelles de L'Yonne, 384
   Bulletin de la Société impériale zoologique d'acclimatation, 274
   Casopis katolického duchovenstva, 404
   Comptes rendus hebdomadaires des séances de l'Académie des sciences, 424
   Cyrill a Method, 404
   Der Züchter, 59, 61, 459
   Deutschen Bienenzeitung, 217
   Deutsche Stimmen aus Mähren – Politische Wochenschrift, 337
   Flora, 64, 65, 67, 397, 402
   Folia Mendeliana, 69
   Georgika, 362, 363
   Hlas jednoty katolické, 404
   Honigbiene von Brünn, 348, 350
   Jurendes Mährischer Wanderer, 28
   Jurende's vaterländischer Pilger im Kaiserstaate Oesterreichs, 28
   Le Bulletin Scientifique de la France et de la Belgique, 88
   Leseheft Naturwissenschaften, 69
   Mémoires de la Société de physique et d'histoire naturelle de Genève, 384
   Mémoires de la Société des Sciences physiques et naturelles de Bordeaux, 396
   Mémoires de l'Académie impériale des sciences, inscriptions et belles-lettres de Toulouse, 385

Mittheilungen der k. k. Mährisch-Schlesischen Gesellschaft zur Beförderung des Ackerbaues, der Natur- und Landeskunde, 24, 364–373, 488
Neues Archiv für Pharmacie, 409
Oekonomische Hefte, 248
Österreichische botanische Zeitschrift, 126
Ostwalds Klassiker, 67
Radio Wien, 451
Science, 61, 73
Svetozor, 404
Verhandlungen des Naturforschenden Vereins in Brünn, 1, 67, 384
Wochenschrift des Gewerbevereins in Bamberg, 65, 397
Zeitschrift für die gesammten Naturwissenschaften, 4
Zeitungen, 7, 45, 200, 265, 302, 303, 308, 326, 337, 345, 435, 438, 442
  Botanische Zeitung, 14
  British Fern Gazette, 71
  Brünner Morgenpost, 12, 14
  Brünner Zeitung, 4, 5, 12, 15, 16, 29, 123, 386
  Die Neue Zeit - Olmüzer Zeitung, 4
  Die Presse, 4, 30
  Eichstädter Bienen-Zeitung, 217
  Fremden-Blatt, 29
  Mährischer Correspondent, 7, 13, 16, 25, 29, 188, 254, 279
  Mährisches Volksblatt, 30
  Mährisch-schlesischer Correspondent, 30
  Moravia, 4, 310
  Morgenblatt der Bayerischen Zeitung, 195
  Neuigkeiten, 5, 6, 10, 11, 16
  Pesther Lloyd, 279
  Rosenzeitung, 70
  Tagesbote, 59, 123
  Tagesbote aus Mähren und Schlesien, 230, 338, 413, 442, 443
  Tagespost Graz, 26, 413
  The Manchester Guardian, 462
  Troppauer Zeitung, 338
  Tydeník, 305
  Vcela Brnenská, 211, 212, 214–217, 219, 223, 228, 350
  Verordnungsblatt für den Dienstbereich, 29
  Weisskirchen-Leipniker Local-Anzeiger, 337
  Wiener Abendpost, 439, 447
  Wiener Abendzeitung, 307
  Wiener Lloyd, 121
  Wiener Zeitung, 437, 447
  Zentralblatt für die Gesamte Unterrichtsverwaltung in Preußen, 465, 467, 468
  Znaimer Wochenblatt, 300
Zeitungsannoncen, 29, 281
Zeitungsanzeigen, 35, 279, 351
Zeitungsartikel, XXII, 4, 6, 13–15, 26, 58, 122, 170, 194, 439, 460, 462
Zeitungsberichte, 13, 46
Zeitungsdruckerei, 30
Zeitungsleser, 441
Zeitungsliteratur, 14, 29, 133, 364
Zeitungsnotizen, 5, 8, 14, 58, 123, 133, 351
Zeitungswesen, 30
Zellbildung, 130
Zelle, 192, 219, 231, 233, 234, 237, 239, 358, 363, 470
  generative, 170
  lignifizierte, 137
Zellelemente, 194
Zellenbildung, 11, 13
Zellenboden, 241
Zellenkern, 358
Zellenwände, 241
Zellkern, 84
Zell-Theorie, 388
Zenker, Alois (1845–1903), 339
Zenker, Thomas, 295
Zensur, 4, 108, 303, 304
Zhou Enlai (1898–1976), 105
Ziege, 362
Ziegel, 345, 346
Zierpflanze, 20, 123, 143, 186, 188, 281, 283
  Farbgebung, 123
Zimmermann, V.F.A., 36
Zimmerpflanze, 255
Zimpelberg, 49
Zitat, XIX, 6, 72, 195, 337, 348, 379–381, 400, 414, 418, 428
Zitat-Datenbanken, 381
Zitierung, 73, 82, 95, 348, 379–381, 383, 397, 400, 407, 409, 412, 414, 416, 418, 493
Zitierungsnetzwerk, 381
Žiwansky, Franz Xaver (1817–1873), 332
Zizania
  aquatica L., 280
  palustris L., 280
Zlatoust, 97

Znaim/Znojmo, 42, 312, 313, 319, 369, 442, 483
Znaim, 41, 313, 483
Zograf, N.I., 360
Zoologie, 30, 31, 35, 71, 72, 75, 76, 91, 105, 171, 229, 239, 321, 366, 498
Züchter, 216
Zuchtstöckchen, 211, 214
Züchtung, 123, 218, 266, 293, 398, 421, 475, 478
Zuckerbestimmung, 417
Zuckererbsen, 22, 133
Zuckerfabrik, 279, 281
Zuckergehalt, 416
Zuckerindustrie, 429
Zuckermais, 272
Zuckerrübe, 364, 370, 416, 417
Zuckerschote, 137
Zuckerwasser, 217
Zuckmantel/Zlaté Hory, XXXI
Zühlke, Paul (1877–1957), 70
Zunder, 253
Zunkel, Gustav (1886–1934), 467
Zürich, XVII, 10, 371, 448, 499

Zweiter Weltkrieg, XIV, XIX, XV, XVIII, 61, 75, 98, 107, 290, 378, 456, 459, 471, 489, 496
Zweitschwarm, 217
Zwergerbse, 139
   Bretagner, 139
   dicke süsse, 139
   frühe, 139
   gewöhnliche spanische, 139
   holländische, 139
   preußische grüne, 139
Zwergmutante, 139
Zwergvarianten, 167
Zwergwuchs, XXXVII, 139
Zwischenkreuzung, 187
Zygote, 173, 180
Zypern, 217, 218
Zytoplasma, 84

C
Celakovský, František Ladislav (1799–1852), 310

If you have any concerns about our products,
you can contact us on
ProductSafety@springernature.com

In case Publisher is established outside the EU,
the EU authorized representative is:
**Springer Nature Customer Service Center GmbH
Europaplatz 3, 69115 Heidelberg, Germany**

Printed by Libri Plureos GmbH
in Hamburg, Germany